疯狂Java学习路线图（第三版）

说明：

1. 没有背景色覆盖的区域稍有难度，请谨慎尝试。

2. 路线图上背景色与对应教材的封面颜色相同。

3. 已发现不少培训机构抄袭、修改该学习路线图，务请各培训机构保留对路线图的名称、引用说明。

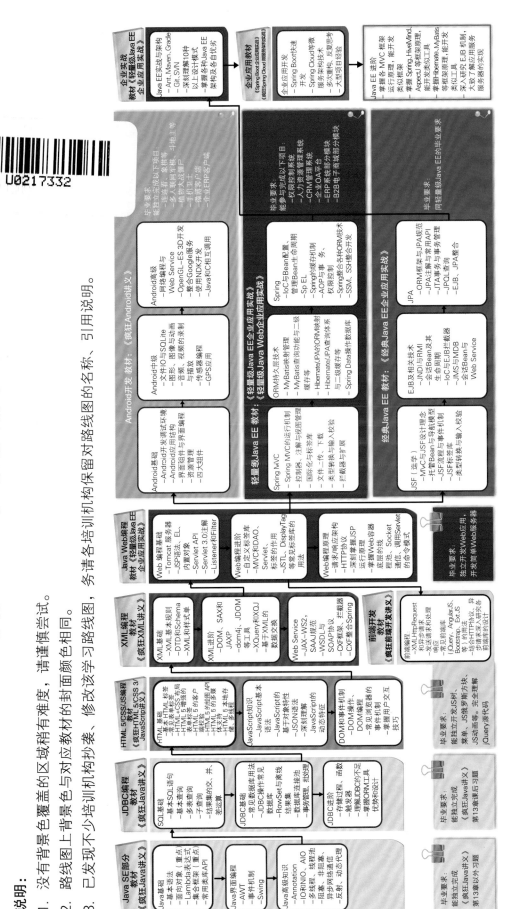

U0217332

Java SE 部分
教材《疯狂Java讲义》

Java基础
- 基本语法
- 面向对象（重点）
- Lambda表达式（重点）
- 集合框架（重点）
- 常用类库API

Java界面编程
- AWT
- 事件机制
- Swing

Java高级知识
- Annotation
- IO与NIO、AIO
- 多线程、线程池
- 阻塞、非阻塞、异步网络通信
- 反射、动态代理

> 毕业要求：
> 能独立完成
> 《疯狂Java讲义》
> 第13章以外习题

JDBC编程
教材《疯狂Java讲义》

SQL基础
- 基本SQL语句
- 基本查询
- 多表查询
- 子查询
- 结果集输入的交、并、差运算

JDBC基础
- 常见数据库用法
- JDBC常见数据库
- RowSet离线结果集
- 数据库连接池
- 事务管理、批处理

JDBC进阶
- 存储过程、函数
- 触发器
- 理解JDBC的不足
- 掌握ORM工具优势与设计

> 毕业要求：
> 能独立完成
> 《疯狂Java讲义》
> 第13章课后习题

HTML 5/CSS/JS编程
教材《疯狂HTML 5/CSS 3/JavaScript讲义》

HTML基础
- 基本HTML标签
- 常见单标签
- HTML+CSS布局
- HTML 5增强的表单标签
- HTML 5的客户端存储
- HTML 5的多媒体支持
- HTML 5本地存储
- HTML 5增程

JavaScript知识
- JavaScript基本语法
- JavaScript的基于对象特性
- JSON语法
- 深刻理解JavaScript动态特征

DOM和事件机制
- DOM操作、函数
- DOM编程
- 常见浏览器的事件机制
- 掌握用户交互技巧

> 毕业要求：
> 能独立开发JS特效、
> 菜单、JS俄罗斯方块、
> JS动画等。完全理解
> jQuery源代码

XML编程
教材《疯狂XML讲义》

XML基础
- XML基本规则
- DTD和Schema
- XML和样式单

XML进阶
- DOM、SAX和JDOM
- dom4j、JAXP
- XQuery和XQJ等工具
- 基于XML的数据交换

Web Service
- JAX-WS2、SAAJ规范
- WSDL与SOAP协议
- CXF框架、拦截器
- CXF整合Spring

前端开发
教材《疯狂前端开发讲义》

前端编程
- XML HttpRequest和异步处理
- 发送请求和处理响应
- 常见前端框架（jQuery、AngularJS、Bootstrap、Ext.JS等）的用法
- 结合HTTP协议、逐步追求JavaScript前端库的设计

> 毕业要求：
> 独立开发Web应用，
> 开发简单Web服务器

Java Web编程
教材《轻量级Java EE企业应用实战》

Web编程基础
- Tomcat服务器
- JSP语法、EL、内置对象
- Servlet API
- Servlet 3.0详解
- Listener和Filter

Web编程进阶
- 自定义标签库
- MVC和DAO、Servlet、标签的作用
- JSTL、DisplayTag等常见标签库的用法

Web编程原理
- 请求响应架构
- HTTP协议
- 深刻掌握JSP运行原理
- 底层原理、Socket编程、调用Servlet的命令模式

> 毕业要求：
> 独立开发Web应用，
> 开发简单Web服务器

Android开发教材：《疯狂Android讲义》

Android基础
- Android开发调试环境
- Android组件与结构
- 界面组件的用法
- 资源管理
- 四大组件

Android中级
- 文件与SQLite
- 图形、图像与动画
- 音频、视频的录制与播放
- 传感器编程
- GPS应用

Android高级
- 网络编程与Web Service
- OpenGL-ES 3D开发
- 整合Google服务
- 使用NDK开发
- Java和C相互调用

> 毕业要求：
> 能独立完成以下项目：
> -连连看、象棋等
> -多人联网五子棋、
> 植物大战僵尸
> -手机卫士
> -微博客户端
> -企业ERP客户端

轻量级Java EE教材：《轻量级Java Web企业应用实战》

Spring MVC
- Spring MVC的运行流程
- 控制器、注解与视图管理
- 国际化与标签库
- 文件二次、下载
- 类型转换与输入校验
- 拦截器与扩展

ORM持久层技术
- MyBatis映射管理
- MyBatis查询功能与二级缓存等
- Hibernate/JPA的ORM映射
- Hibernate/JPA查询体系与二级缓存
- Spring Data操作数据库

Spring
- IoC与Bean配置
- 管理Bean生命周期
- Sp EL
- Spring的缓存机制
- AOP与事务、权限控制
- Spring整合各种ORM技术
- SSM、SSH整合开发

> 毕业要求：
> 能参与或完成以下项目：
> -权限控制系统
> -人力资源管理系统
> -CRM管理系统
> -企业OA平台
> -ERP系统部分模块
> -B2B电子商城部分模块

经典Java EE教材：《经典Java EE企业应用实战》

JSF（选学）
- MVC与JSF设计理念
- 托管Bean与导航模型
- JSF流程与事件机制
- JSF标签库
- 类型转换与输入校验

EJB及相关技术
- JNDI与RMI
- 会话Bean与真实生命周期
- IoC与EJB拦截器
- JMS与MDB
- 会话Bean与Web Service

JPA
- ORM框架与JPA规范
- JPA注解与常用API
- JTA事务与事务管理
- JPQL查询
- EJB、JPA整合

> 毕业要求：
> 同《轻量级Java EE的毕业要求

企业实战教材《轻量级Java EE企业应用实战》

Java EE实战与架构
- Ant、Maven、Gradle、Git、SVN
- 深刻理解10种以上设计模式
- 掌握各种Java EE架构及各自优劣

企业应用实战（掌握Spring Cloud微服务架构实战）

企业应用开发
- Spring Boot快速开发
- Spring Cloud等微服务架构和技术
- 多次连贯、反复验证、反复实验

Java EE实战

- 掌握各类MVC框架运行原理，能开发类似框架
- 掌握Spring、HiveMind、Aspect J等掌握架构原理，能开发类似工具
- 掌握Hibernate、MyBatis等框架架构原理，能开发类似工具
- 深入研究EJB机制，大型项目经验
- 了解各种应用服务器的实现

疯狂Java体系

疯狂源自梦想　技术成就辉煌

疯狂Java程序员的基本修养

作　　者：李刚
定　　价：59.00元
出版时间：2013-01
书　　号：978-7-121-19232-6

**疯狂HTML 5＋CSS 3＋
JavaScript 讲义（第2版）**

作　　者：李刚
定　　价：89.00元
出版时间：2017-05
书　　号：978-7-121-31405-6

**轻量级Java Web企业应用实战：
Spring MVC+Spring+MyBatis
整合开发**

作　　者：李刚
定　　价：139.00元
出版时间：2020-04
书　　号：978-7-121-38500-1

**经典Java EE企业应用实战
——基于WebLogic/JBoss的
JSF+EJB 3+JPA整合开发**

作　　者：李刚
定　　价：79.00元（含光盘1张）
出版时间：2010-08
书　　号：978-7-121-11534-9

疯狂Java讲义（第5版）

作　　者：李刚
定　　价：139.00元（含光盘1张）
出版时间：2019-03
书　　号：978-7-121-36158-6

**疯狂前端开发讲义——
jQuery+AngularJS+Bootstrap
前端开发实战**

作　　者：李刚
定　　价：79.00元
出版时间：2017-10
书　　号：978-7-121-32680-6

疯狂XML讲义（第3版）

作　　者：李刚
定　　价：99.00元
出版时间：2019-11
书　　号：978-7-121-37502-6

疯狂Android讲义（第4版）

作　　者：李刚
定　　价：139.00元
出版时间：2019-03
书　　号：978-7-121-36009-9

轻量级Java Web
企业应用实战
Spring MVC+Spring+MyBatis 整合开发

李 刚 编著

电子工业出版社·
Publishing House of Electronics Industry
北京·BEIJING

内 容 简 介

本书介绍了 Java EE 开发非常流行的三个开源框架：Spring MVC、Spring 和 MyBatis，其中 Spring MVC、Spring 用的是 5.1 版本，MyBatis 用的是 3.5 版本。

本书重点介绍了如何整合 Spring MVC + Spring + MyBatis 进行开发，内容主要包括三部分。第一部分介绍 Java EE 开发的基础知识，以及如何搭建开发环境。第二部分详细讲解 MyBatis、Spring 和 Spring MVC 三个框架的用法，并从 Eclipse IDE 的使用上手，一步步带领读者深入三个框架的核心。这部分是本书的核心内容，也是重点部分。这部分并不是简单地讲授三个框架的基本用法，而是真正剖析它们在实际开发场景中面临的挑战及最佳实践，并对其诸多关键技术实现提供了源代码解读，这样既能加深读者对框架本质的理解，也能直接提升读者的 Java 功底。第三部分示范开发了一个包含 7 个表，表之间具有复杂的关联映射、继承映射等关系，且业务也相对复杂的工作流案例，帮助读者理论联系实际，将三个框架真正运用到实际开发中。该案例采用目前非常流行、规范的 Java EE 架构，整个应用分为领域对象层、Mapper（DAO）。层、业务逻辑层、MVC 层和视图层，各层之间分层清晰，层与层之间以松耦合的方式组织在一起。该案例既提供了与 IDE 无关的、基于 Ant 管理的项目源代码，也提供了基于 Eclipse IDE 的项目源代码，最大限度地满足读者的需求。

本书配有读者答疑交流群，读者可通过扫描本书封面勒口上的二维码，按照指引加入，本书作者将通过交流群提供线上不定期答疑服务。

在阅读本书之前，建议读者先认真阅读笔者所著的《疯狂 Java 讲义》一书。本书适合有较好的 Java 编程基础，或者有初步 JSP、Servlet 基础的读者，尤其适合对 Spring MVC、Spring、MyBatis 的了解不够深入，或者对 Spring MVC+Spring+MyBatis 整合开发不太熟悉的开发人员阅读。

图书在版编目（CIP）数据

轻量级 Java Web 企业应用实战：Spring MVC+Spring+MyBatis 整合开发 / 李刚编著. —北京：电子工业出版社，2020.4

ISBN 978-7-121-38500-1

Ⅰ. ①轻… Ⅱ. ①李… Ⅲ. ①JAVA 语言—程序设计 Ⅳ. ①TP312.8

中国版本图书馆 CIP 数据核字（2020）第 028947 号

责任编辑：张月萍
印　　刷：北京天宇星印刷厂
装　　订：北京天宇星印刷厂
出版发行：电子工业出版社
　　　　　北京市海淀区万寿路 173 信箱　　　　　邮编：100036
开　　本：787×1092　1/16　　印张：45.25　　　字数：1401 千字　　　彩插：1
版　　次：2020 年 4 月第 1 版
印　　次：2023 年 3 月第 6 次印刷
定　　价：139.00 元

凡所购买电子工业出版社图书有缺损问题，请向购买书店调换。若书店售缺，请与本社发行部联系，联系及邮购电话：（010）88254888，88258888。

质量投诉请发邮件至 zlts@phei.com.cn，盗版侵权举报请发邮件至 dbqq@phei.com.cn。

本书咨询联系方式：010-51260888-819，faq@phei.com.cn。

前　言

经过多年沉淀，Java EE 平台已经成为电信、金融、电子商务、保险、证券等各行业的大型应用系统的首选开发平台。在企业级应用的开发选择上，.NET 已趋式微，PHP 通常只用于开发一些企业展示站点或小型应用，因此这些开发语言、开发平台基本上已无法与 Java EE 进行对抗了。

目前轻量级 Java EE 企业开发平台中最核心的框架是 Spring，而 MVC 框架大致存在两个选择：Spring MVC 或 Struts 2。由于技术方面的原因，Struts 2 也渐趋没落；持久层框架则可选择 JPA/Hibernate、MyBatis 或 Spring Data。

一般来说，JPA/Hibernate 属于全自动的 ORM 框架，使用它可以非常方便地操作底层数据库，开发者无须直接编写 SQL 语句；而 MyBatis 则属于半自动的 SQL Mapping 框架，它依然要求开发者自己编写 SQL 语句。MyBatis 的主要功能就是帮助开发者执行 SQL 语句，并将 SQL 查询结果映射成 Java 对象。

由此可见，MyBatis 有它自己的优势：上手门槛低。即使是初级的 Java 开发者，上手 MyBatis 也很简单——直接把 MyBatis 当成单表数据库操作工具来用即可（在实际开发中确实有一些项目就是这么干的）；而高级开发者依然可以利用 MyBatis 的关联映射和继承映射，而且可以灵活地对 SQL 语句进行优化，从而提高应用的数据库访问性能。

本书介绍的主要内容就是 Spring MVC、Spring 和 MyBatis 这三个框架，其中 Spring 是核心框架，Spring MVC 是目前流行的 MVC 框架，MyBatis 则作为应用的持久层框架。

虽然初级开发者可以把 MyBatis 当成单表数据库操作工具来用，但这样的开发者显然并没有真正掌握 MyBatis 的精髓，本书则会带领读者掌握真正的 MyBatis。本书不仅详细介绍了 MyBatis 框架的基本用法，而且详细讲解了 MyBatis 复杂的关联映射、继承映射，还详细介绍了 MyBatis 的一级缓存、二级缓存的功能与用法，深入分析了这些缓存技术的优点和缺点，并对缓存技术的缺点提出了解决方法。

本书在讲解这些框架时不仅深入介绍了各自的功能与用法，而且直接对这些框架关键部分的源代码进行了解读，阅读框架源代码既能帮助读者真正掌握框架的本质，也能让读者参考优秀框架的源代码快速提高技术功底。

比如书中介绍 VendorDatabaseIdProvider 的实现时，直接通过以下源代码进行讲解：

> VendorDatabaseIdProvider 为不同数据库分配别名的规则是什么呢？在该类的源代码中可以看到如下方法：
>
> ```
> private String getDatabaseProductName(DataSource dataSource)
>     throws SQLException {
> Connection con = null;
> try {
>         con = dataSource.getConnection();
>         DatabaseMetaData metaData = con.getMetaData();
>         return metaData.getDatabaseProductName();
> } finally {
>         if (con != null) {
>             try {
>                 con.close();
>             } catch (SQLException e) {
>                 // ignored
>             }
>         }
>     }
> }
> ```
>
> 从粗体字代码可以看到，该方法调用 DatabaseMetaData 的 getDatabaseProductName()方法来获取当前连接的数据库的产品名。

再比如讲解 MyBatis 的插件实现机制时，本书深入到底层 InterceptorChain 类的源代码层次进行解读。在书中可以看到如下内容：

> InterceptorChain 就是一个插件工具类，专门用于管理所有的 Interceptor 插件，其源代码很简单，只有短短的几行：
>
> ```
> public class InterceptorChain
> {
>     private final List<Interceptor> interceptors = new ArrayList<>();
>     public Object pluginAll(Object target)
>     {
>         for (Interceptor interceptor : interceptors)
>         {
>             target = interceptor.plugin(target);
>         }
>         return target;
>     }
>     public void addInterceptor(Interceptor interceptor)
>     {
>         interceptors.add(interceptor);
>     }
>     public List<Interceptor> getInterceptors()
>     {
>         return Collections.unmodifiableList(interceptors);
>     }
> }
> ```
>
> 从上面源代码可以清楚地看到，所谓 addInterceptor()方法，无非就是把 Interceptor 对象添加到 List 集合中。

本书对框架的源代码进行解读并不是直接贴出框架中某个类的源代码，相信这样做的意义并不大——因为找到并打开这些开源框架的源代码并不难。本书要做的是：带着读者找到各功能实现所对应的方法以及方法之间的调用关系，对方法实现的代码进行讲解，并分析框架在这些方法上的设计理念。

通过学习本书介绍的这种解读源代码的方法，相信可以消除读者对阅读框架源代码的恐惧心理，让读者在遇到技术问题时能冷静分析问题，从框架源代码层次找到问题根源，从而真正提高自己的技术实力，尽快摆脱遇到技术问题就"面向百度编程"的入门层次。

本书有什么特点

本书不是一份"X 天精通 Java EE 开发"的"心灵鸡汤",本书依然是一本令人生畏的"砖头"书。如果你只想找一本让你轻松、好过的图书,请放过这本书,它不适合你。

只有当你真的想掌握 Spring MVC、Spring、MyBatis,甚至希望学习这三个框架关键部分的源代码实现时,才应该考虑选择这本书。真正掌握本书内容的读者,不仅可以学会 Spring MVC、Spring、MyBatis 的用法及整合开发,还能掌握这三个框架核心部分的源代码实现。

总之,这不是一本"从简单出发"的技术图书,而是一本真正面向技术本身、全面深入编程的图书。虽然本书在讲解上力求简单,并且为代码添加了丰富的注释,并用粗体字标出了程序中的关键代码,但请记住:本书内容并不简单,阅读本书需要读者具有较强的毅力。总结起来,本书具有以下三个典型特征。

1. 内容实际,针对性强

本书介绍的 Java EE 应用示例,采用了目前企业流行的开发架构,严格遵守 Java EE 开发规范,而不是将各种技术杂乱地糅合在一起号称 Java EE。读者参考本书的架构,完全可以身临其境地感受企业实际开发。

2. 框架源代码级的讲解,深入透彻

本书针对 Spring MVC、Spring、MyBatis 框架核心部分的源代码进行了讲解,不仅能帮助读者真正掌握框架的本质,而且能让读者参考优秀框架的源代码快速提高自己的技术功底。

本书介绍的源代码解读方法还可消除开发者对阅读框架源代码的恐惧,让开发者在遇到技术问题时能冷静分析问题,从框架源代码层次找到问题根源。

3. 丰富、翔实的代码,面向实战

本书是面向实战的技术图书,坚信所有知识点必须转换成代码才能最终变成有效的生产力,因此本书为所有知识点提供了对应的可执行的示例代码。代码不仅有细致的注释,还结合理论对示例进行了详细的解释,真正让读者做到学以致用。

本书写给谁看

如果你已经掌握了 Java SE 内容,或者已经学完了《疯狂 Java 讲义》一书,那么你非常适合阅读此书。此外,如果你已有初步的 JSP、Servlet 基础,甚至对 Spring MVC、Spring、MyBatis 有所了解,但希望掌握它们在实际开发中的应用,或者深入掌握它们的原理、本质,本书也非常适合你。如果你对 Java 的掌握还不熟练,则建议遵从学习规律,循序渐进,暂时不要购买、阅读此书,而是按照"疯狂 Java 学习路线图"中的建议顺序学习。

提示:本书中提到的"链接 1"至"链接 23",请从 http://www.broadview.com.cn/38500 下载"参考资料.pdf"进行查询。

2020-03-15

微信扫码

获取免费 100 分钟 SSM 教学视频

博文视点学院 20 元付费内容抵扣券

购买"跟着李刚老师学 SSM"完整版视频课程将获得

课程内容（120 余节&3500+分钟配套教学视频+讲师社群答疑+配套课件、代码、学习笔记）

加入本书学习交流群，与更多读者互动

获取更多其他免费增值视频学习资源

目 录 CONTENTS

第 1 章
Java EE 应用和开发环境

本章要点

- ❥ Java EE 应用的基础知识
- ❥ Java EE 应用的模型和相关组件
- ❥ Java EE 应用的结构和优势
- ❥ 轻量级 Java EE 应用的相关技术
- ❥ Tomcat 的下载和安装
- ❥ Tomcat 的相关配置
- ❥ 下载和安装 Eclipse
- ❥ 安装 Eclipse 插件
- ❥ 使用 Eclipse 开发项目
- ❥ Ant 的下载和安装
- ❥ 使用 Ant
- ❥ 定义 Ant 生成文件
- ❥ Maven 的下载和安装
- ❥ Maven 的通用设置和基本用法
- ❥ Maven 生命周期、阶段、插件、目标
- ❥ Maven 依赖管理
- ❥ Git 和 TortoiseGit 的下载与安装
- ❥ 创建本地资源库
- ❥ 添加、提交文件和目录
- ❥ 使用 Git、TortoiseGit 删除文件和目录
- ❥ 使用 Git、TortoiseGit 克隆项目
- ❥ 使用 Git、TortoiseGit 创建分支，合并分支
- ❥ 使用 Eclipse 作为 Git 客户端
- ❥ 使用 GitStack 配置远程中央资源库
- ❥ 使用 Git、TortoiseGit 推送，获取，拉取项目

时至今日，轻量级 Java EE 平台在企业开发中占有绝对的优势，Java EE 应用以其稳定的性能、良好的开放性及严格的安全性，深受企业应用开发者的青睐。实际上，对于信息化要求较高的行业，如银行、电信、证券及电子商务等行业，都不约而同地选择了 Java EE 开发平台。

对于一个企业而言，选择 Java EE 构建信息化平台，更体现了一种长远的规划：企业的信息化是不断整合的过程，在未来的日子里，经常会有不同平台、不同的异构系统需要整合。Java EE 应用提供的跨平台性、开放性及各种远程访问的技术，为异构系统的良好整合提供了保证。

对于一些高并发、高稳定要求的电商网站（如淘宝、京东等），公司创立之初并没有采用 Java EE 技术架构（淘宝早期用 PHP，京东早期用.NET），但当公司的业务一旦真正开始，他们马上就发现 PHP、.NET 无法支撑公司业务运营，后来全部改为使用 Java EE 技术架构。就目前的局面来看，Java EE 绝对是真正的企业级应用的不二之选。

1.1 Java EE 应用概述

今天所说的 Java EE 应用，往往超出了 Sun 公司当初所提出的经典 Java EE 应用规范，而是一种更广泛的开发规范。经典 Java EE 应用往往以 EJB（企业级 Java Bean）为核心，以应用服务器为运行环境，所以通常开发、运行成本较高。本书所介绍的轻量级 Java EE 应用具备了 Java EE 规范的种种特征，例如面向对象建模的思维方式、优秀的应用分层及良好的可扩展性、可维护性。轻量级 Java EE 应用保留了经典 Java 应用的架构，但开发、运行成本更低。

▶▶ 1.1.1 Java EE 应用的分层模型

不管是经典的 Java EE 架构，还是本书所介绍的轻量级 Java EE 架构，大致上都可分为如下几层。

- ➤ Domain Object（领域对象）层：此层由一系列的 POJO（Plain Old Java Object，普通的、传统的 Java 对象）组成，这些对象是该系统的 Domain Object，往往包含了各自所需实现的业务逻辑方法。
- ➤ DAO（Data Access Object，数据访问对象）层：此层由一系列的 DAO 组件组成，这些 DAO 实现了对数据库的创建、查询、更新和删除（CRUD）等原子操作。如果使用 MyBatis 持久化技术，则 DAO 层通常由一系列 Mapper 组件组成。

提示：

在经典 Java EE 应用中，DAO 层也被改称为 EAO 层，EAO 层组件的作用与 DAO 层组件的作用基本相似。只是 EAO 层主要完成对实体（Entity）的 CRUD 操作，因此简称为 EAO 层。

- ➤ 业务逻辑层：此层由一系列的业务逻辑对象组成，这些业务逻辑对象实现了系统所需要的业务逻辑方法。这些业务逻辑方法可能仅仅用于暴露 Domain Object 所实现的业务逻辑方法，也可能是依赖 DAO 组件实现的业务逻辑方法。
- ➤ 控制器层：此层由一系列控制器组成，这些控制器用于拦截用户请求，并调用业务逻辑组件的业务逻辑方法，处理用户请求，并根据处理结果转发到不同的表现层组件。
- ➤ 前端层：此层由一系列 JSP 页面、FreeMarker 页面，以及 jQuery、Angular、Vue 等各种前端框架组成，负责收集用户请求，并显示处理结果。

注意

在现代的企业级应用中，前端层也可以做得功能非常丰富，它们甚至可能抛弃传统的 JSP、FreeMarker 等视图技术，而是直接使用 HTML 5 页面、JS 脚本以及各种前端框架来实现，甚至可能在前端层又分成控制器层、Service 层、数据访问层（负责与 MVC 控制器交互），比如 Angular 就是这么做的。本书不会涉及前端开发的内容，具体可参考《疯狂前端开发讲义》。

大致上，Java EE 应用的架构如图 1.1 所示。

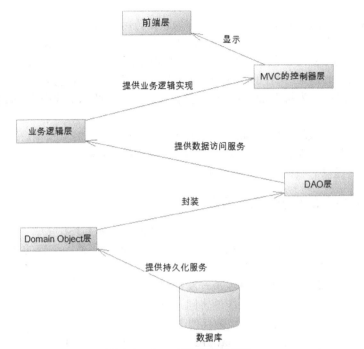

图 1.1　Java EE 应用的架构

各层的 Java EE 组件之间以松耦合的方式耦合在一起，各组件并不以"硬编码"方式耦合，这种方式是为了应用以后的扩展性。从上向下，上面组件的实现依赖下面组件的功能；从下向上，下面组件支持上面组件的实现。

▶▶ 1.1.2　Java EE 应用的组件

通过上一节的讲解，可以看到 Java EE 应用提供了系统架构上的飞跃，Java EE 架构提供了良好的分离，隔离了各组件之间的代码依赖。

总体而言，Java EE 应用大致包含如下几类组件。

➢ 前端组件：主要负责收集用户输入数据，或者向客户显示系统状态。传统的 Java EE 架构可能会采用简单的 JSP、FreeMarker 等表现层技术作为前端组件。今天的前端组件往往会采用更丰富的前端开发技术，比如 jQuery、Angular，它们甚至抛弃了传统的 JSP、FreeMarker，直接使用 JSON 作为数据交换格式，使用 HTML 5＋CSS 作为表现层技术。

➢ 控制器组件：对于 Java EE 的 MVC 框架而言，框架负责提供一个核心控制器，而核心控制器负责拦截用户请求，并将请求转发给用户实现的控制器组件。而这些用户实现的控制器则负责处理调用业务逻辑方法，处理用户请求。

➢ 业务逻辑组件：系统的核心组件，实现系统的业务逻辑。通常，一个业务逻辑方法对应一次用户操作。一个业务逻辑方法应该是一个整体，因此要求对业务逻辑方法增加事务性。业务逻辑方法仅仅负责实现业务逻辑，不应该进行数据库访问。因此，在业务逻辑组件中不应该出现原始的 MyBatis、JDBC 等 API。

> **注意**
> 保证在业务逻辑组件中不出现 MyBatis、JDBC 等 API，有一个更重要的原因，就是保证业务逻辑方法的实现与具体的持久层访问技术分离。当系统需要在不同的持久层技术之间切换时，系统的业务逻辑组件无须任何改变。

> DAO 组件：Data Access Object，也被称为数据访问对象。这种类型的对象比较缺乏变化，每个 DAO 组件都提供 Domain Object 基本的创建、查询、更新和删除等操作，这些操作对应于数据表的 CRUD（创建、查询、更新和删除）等原子操作。当然，如果采用不同的持久层访问技术，DAO 组件的实现会完全不同。为了分离业务逻辑组件的实现与 DAO 组件的实现，程序应该为每个 DAO 组件都提供接口，业务逻辑组件面向 DAO 接口编程，这样才能提供更好的解耦。

> 领域对象组件：领域对象（Domain Object）抽象了系统的对象模型。通常而言，这些领域对象的状态都必须保存在数据库里。因此，每个领域对象通常对应一个或多个数据表，领域对象需要提供对数据记录访问的方式。

▶▶ 1.1.3 Java EE 应用的结构和优势

对于 Java EE 的初学者而言，常常有一个问题：明明可以使用 JSP 完成一个系统，为什么还要使用 Spring 等技术？难道仅仅是为了听起来高深一点？明明可以使用纯粹的 JSP 完成整个系统，为什么还要将系统分层？

要回答这些问题，就不能仅仅考虑系统开发过程，还需要考虑系统后期的维护、扩展；而且不能仅仅考虑小型系统，还要考虑大型系统的协同开发。对于用于学习、娱乐的个人站点，的确没有必要使用复杂的 Java EE 应用架构，采用纯粹的 JSP 就可以实现整个系统。

对于大型的信息化系统而言，采用 Java EE 应用架构则有很大的优势。

软件不是一次性系统，不仅与传统行业的产品有较大的差异，甚至与硬件产品也有较大的差异。硬件产品可以随时间的流逝而宣布过时，更换新一代硬件产品。但是软件不能彻底替换，只能在其原来的基础上延伸，因为软件往往是信息的延续，是企业命脉的延伸。如果支撑企业系统的软件不具备可扩展性，当企业平台发生改变时，如何面对这种改变？如果新开发的系统不能与老系统有机地融合在一起，那么老系统的信息如何重新利用？这种损失将无法用金钱来衡量。

对于信息化系统，前期开发工作对整个系统的工作量而言，仅仅是小部分，而后期的维护、升级往往占更大的比重。更极端的情况是，可能在前期开发期间，企业需求已经发生改变……这种改变是客观的，而软件系统必须适应这种改变，这要求软件系统具有很好的伸缩性。

最理想的软件系统应该如同计算机的硬件系统，各种设备可以支持热插拔，各设备之间的影响非常小，设备与设备之间的实现完全透明，只要有通用的接口，各设备就可以良好协作。虽然目前的软件系统还达不到这种理想状态，但这应该是软件系统努力的方向。

上面介绍的这种框架，致力于让应用的各组件以松耦合的方式组织在一起，让应用之间的耦合停留在接口层次，而不是代码层次。

▶▶ 1.1.4 常用的 Java EE 服务器

本书将介绍一种优秀的轻量级 Java EE 架构：Spring MVC+Spring+MyBatis。采用这种架构的软件系统，无须专业的 Java EE 服务器支持，只需要简单的 Web 服务器就可以运行。Java 领域常见的 Web 服务器都是开源的，而且具有很好的稳定性。

常见的 Web 服务器有如下三个。

> Tomcat：Tomcat 和 Java 结合得最好，是 Oracle 官方推荐的 JSP 服务器。Tomcat 是开源的 Web 服务器，经过长时间的发展，在性能、稳定性等方面都非常优秀。

> ➤ Jetty：另一个优秀的 Web 服务器。Jetty 有一个更大的优点，就是 Jetty 可作为一个嵌入式服务器——如果在应用中加入 Jetty 的 JAR 文件，应用可在代码中对外提供 Web 服务。
>
> ➤ Resin：目前最快的 JSP、Servlet 运行平台，支持 EJB。个人学习该服务器是免费的，但如果想将该服务器用作商业用途，则需要交纳相应的费用。

除了上面提到的 Web 服务器，还有一些专业的 Java EE 服务器，相对于 Web 服务器而言，Java EE 服务器支持更多的 Java EE 特性，例如分布式事务、EJB 容器等。常用的 Java EE 服务器有如下几个。

> ➤ JBoss：开源的 Java EE 服务器，全面支持各种最新的 Java EE 规范。
>
> ➤ GlassFish：Oracle 官方提供的 Java EE 服务器，通常能最早支持各种 Java EE 规范。比如最新的 GlassFish 可以支持目前最新的 Java EE 8。
>
> ➤ WebLogic 和 WebSphere：这两个是专业的商用 Java EE 服务器，价格不菲，但在性能等方面也是相当出色的。

对于轻量级 Java EE 而言，没有必要使用 Java EE 服务器，使用简单的 Web 容器完全能胜任。

📁 1.2　轻量级 Java EE 应用相关技术

轻量级 Java EE 应用以传统的 JSP 作为表现层技术，以一系列开源框架作为 MVC 层、中间层、持久层解决方案，并将这些开源框架有机地组合在一起，使得 Java EE 应用具有高度的可扩展性、可维护性。

➤➤ 1.2.1　JSP、Servlet 4.x 和 JavaBean 及替代技术

JSP 是最早的 Java EE 规范之一，也是最经典的 Java EE 技术之一，直到今天，JSP 依然被广泛地应用于各种 Java EE 应用中，充当 Java EE 应用的表现层角色。

JSP 具有简单、易用的特点。JSP 的学习路线平坦，而且国内有大量的 JSP 学习资料，所以大部分 Java 学习者学习 Java EE 开发都会选择从 JSP 开始。

Servlet 和 JSP 其实是完全统一的，二者在底层的运行原理是完全一样的。实际上，JSP 必须被 Web 服务器编译成 Servlet，真正在 Web 服务器内运行的是 Servlet。从这个意义上看，JSP 相当于一个"草稿"文件，Web 服务器根据该"草稿"文件来生成 Servlet，真正提供 HTTP 服务的是 Servlet，因此广义的 Servlet 包含了 JSP 和 Servlet。

就目前的 Java EE 应用来看，纯粹的 Servlet 已经很少使用了，毕竟 Servlet 的开发成本太高，而且使用 Servlet 充当表现层技术将导致表现层页面难以维护，不利于美工人员参与 Servlet 开发。所以，在实际开发中大都使用 JSP 作为表现层技术。

Servlet 4.x 规范的出现，再次为 Java Web 开发带来了巨大的便捷。Servlet 4.x 提供了异步请求、注解、增强的 Servlet API、非阻塞 IO，这些功能都很好地简化了 Java Web 开发。

由于 JSP 只负责简单的显示逻辑，所以 JSP 无法直接访问应用的底层状态。Java EE 应用会选择使用 JavaBean 来传输数据，在严格的 Java EE 应用中，中间层的组件会将应用底层的状态信息封装成 JavaBean 集，这些 JavaBean 也被称为 DTO（Data Transfer Object，数据传输对象），并将 DTO 集传到 JSP 页面，从而让 JSP 可以显示应用的底层状态。

在目前阶段，Java EE 应用除可以使用 JSP 作为表现层技术之外，还可以使用 FreeMarker 或 Velocity 充当表现层技术，这些表现层技术更加纯粹，使用更加简捷，完全可替代 JSP。

➤➤ 1.2.2　Spring MVC 及替代技术

Spring MVC 是伴随着 Spring 框架，以 Spring 框架的一部分出现的 MVC 框架，Spring 3 以前的 Spring MVC 还停留在对传统 MVC 框架进行模仿的层次，那时的 Spring MVC 并没有太多特别

的地方。

伴随着 Spring 3 出现的 Spring MVC，已经是一个脱胎换骨般重生的 MVC 框架，它具有：

➤ 功能丰富而强大的注解。

➤ 简单而强大的请求映射和参数绑定。

➤ 基于 AOP 的异常处理机制。

➤ 以 ConversionService 为中心的类型转换。

➤ 基于 JSR 303 的声明式数据校验。

......

无论从底层设计来看，还是从上层用户接口来看，Spring MVC 确实已超过昔日的 MVC 王者：Struts 2。虽然 Struts 2 有着"先入为主"的市场优势，但 Spring MVC 凭借着绝对的优势，已逐渐超过 Struts 2，成为 Java Web 中 MVC 框架的新王者。

目前，Spring MVC 是最优秀的 Java Web MVC 框架，而 Struts 2 在 Spring MVC 的紧逼下会逐渐萎缩；如果未来不出现更强大的 MVC 框架，Spring MVC 将会一直保持这种领先的优势。

➤➤ 1.2.3　MyBatis 及替代技术

传统的 Java 应用都是采用 JDBC 访问数据库的，但传统的 JDBC 采用的是一种基于 SQL 的操作方式，这种操作方式与 Java 语言的面向对象特征不太一致，所以 Java EE 应用需要一种技术，通过这种技术让 Java 以面向对象的方式操作关系数据库。

这种特殊的技术就是 ORM（Object Relation Mapping），最早的 ORM 是 Entity EJB（Enterprise JavaBean），EJB 就是经典 Java EE 应用的核心，从 EJB 1.0 到 EJB 2.X，很多人觉得 EJB 非常烦琐，所以导致 EJB 备受诟病。

在这种背景下，MyBatis 和 Hibernate 应运而生，它们二者都是开源的、轻量级的 ORM 框架。

但 MyBatis 和 Hibernate 的处理思路有所不同：MyBatis 属于一种"半自动"的框架，它只是将 SQL 语句查询结果映射成对象集，因此常常也将 MyBatis 称为 SQL Mapping 工具。严格来说，MyBatis 并不是真正的 ORM 框架。但 Hibernate 则是"全自动"的 ORM 框架，它允许将普通的、传统的 Java 对象（POJO）映射成持久化类，允许应用程序以面向对象的方式来操作 POJO，而 Hibernate 框架则负责将这种操作转换成底层的 SQL 操作。

如果使用 MyBatis 作为持久层框架，所有的持久化操作都需要开发者手动编写 SQL 语句，再将 SQL 语句映射成对象集，因此在多表连接查询、多态查询方面，MyBatis 用起来比较烦琐；如果使用 Hibernate 作为持久层框架，开发者基本不需要手动编写 SQL 语句（也可使用原生 SQL 查询，这样也可手动提供 SQL 语句），因此在多表连接查询、多态查询方面，Hibernate 用起来比较方便。

优势往往也会变成劣势——正因为 Hibernate 是"全自动"的 ORM 框架，用起来比较方便，但有些人出于性能考虑，宁愿自己手动编写 SQL 语句，他们反而会选择灵活性更强的 MyBatis 框架（虽然 Hibernate 也可使用原生 SQL 查询）。

总体来说，MyBatis 和 Hibernate 各有合适的应用场景：在更强调实体的关联、继承及复杂业务规则的应用中，使用 Hibernate 是不错的选择；在更强调对单表数据执行 CRUD 的更单纯的增删改查应用中，使用 MyBatis 是不错的选择。

此外，Oracle 的 TopLink、Apache 的 OJB 都可作为 Hibernate 的替代方案，但由于种种原因，它们并未得到广泛的市场支持，所以这两个框架的资料、文档相对较少，选择它们需要一定的勇气和技术功底。

➤➤ 1.2.4　Spring 及替代技术

如果你有五年以上的 Java EE 开发经验，并主持过一些大型项目的设计，你会发现 Spring 框架似曾相识。Spring 没有太多的新东西，它只是抽象了大量 Java EE 应用中的常用代码，将它们抽象成一个框架，通过使用 Spring 可以大幅度地提高开发效率，并可以保证整个应用具有良好的设计。

在 Spring 框架中充满了各种设计模式的应用，如单例模式、工厂模式、抽象工厂模式、命令模式、职责链模式、代理模式等，Spring 框架的用法、源码则更是一道丰盛的 Java 大餐。

Spring 框架号称 Java EE 应用的一站式解决方案，Spring 本身提供了一个设计优良的 MVC 框架：Spring MVC，使用 Spring 框架则可直接使用该 MVC 框架。但实际上，Spring 并未提供完整的持久层框架——这可以理解成一种"空"，但这种"空"正是 Spring 框架的魅力所在——Spring 能与大部分持久层框架无缝整合，如 Hibernate、JPA、MyBatis、TopLink，甚至直接使用 JDBC。随便你喜欢，无论选择哪种持久层框架，Spring 都会为你提供无缝的整合以及极好的简化。

从这个意义上看，Spring 更像一种中间层容器，Spring 向上可以与 MVC 框架无缝整合，向下可以与各种持久层框架无缝整合，的确具有强大的生命力。由于 Spring 框架的特殊地位，轻量级 Java EE 应用通常都不会拒绝使用 Spring。实际上，轻量级 Java EE 这个概念也是由 Spring 框架衍生出来的，Spring 框架暂时没有较好的替代框架。

Spring 的最新版本是 5.1.9，本书所介绍的 Spring 也是基于该版本的。

上面介绍的 Spring 5.1.9、MyBatis 3.5.2 都是 Java 领域最常见的框架，这些框架得到开发者的广泛支持，能极好地提高 Java EE 应用的开发效率，并能保证应用具有稳定的性能。

但常常有些初学者，甚至一些所谓的企业开发人士提出：为什么需要使用框架？用 JSP 和 Servlet 已经足够了。

提出这种疑问的人通常还未真正进入企业开发，或者从未开发过一个真正的项目。因为真实的企业应用开发有两个重要的关注点：可维护性和复用。

从软件的可维护性来考虑，对于全部采用 JSP 和 Servlet 的应用，因为分层不够清晰，业务逻辑的实现没有单独分离出来，造成系统后期维护困难。甚至在开发初期，如果多个程序员各自的习惯迥异，也可能造成业务逻辑实现的位置不同而发生冲突。

从软件复用的角度来考虑，这是一个企业开发的生命，企业以追求利润为最大目标，企业希望以最快的速度开发出最稳定、最实用的软件。因为系统没有使用任何框架，每次开发系统都需要重新开发，重新开发的代码具有更多的漏洞，这增加了系统出错的风险。另外，每次开发新代码都需要投入更多的人力和物力。

以多年的实际开发经验来看，即使在早期使用 PowerBuilder 和 Delphi 开发的时代，每个公司也都会有自己的基础类库，这些基础类库将在后续开发中多次重复使用——这就是软件的复用。对于信息化系统而言，总有一些开发过程是重复的，为什么不将这些重复的开发工作抽象成基础类库？这种抽象既提高了开发效率，而且因为重复使用，也降低了引入错误的风险。

只要是一个有实际开发经验的软件公司，就一定会有自己的一套基础类库，这就是需要使用框架的原因。从某个角度来看，框架也是一套基础类库，它抽象了软件开发的通用步骤，让开发人员可以直接利用这部分实现。当然，即使是使用 JSP 和 Servlet 开发的公司，也可以抽象出自己的一套基础类库，这也是框架！一个从事软件开发的公司，不管它是否意识到，它已经在使用框架了。区别只有：使用的框架到底是别人提供的，还是自己抽象出来的。

到底是使用第三方提供的框架更好，还是使用自己抽象出的框架更好？这个问题就见仁见智了。通常而言，使用第三方提供的框架更稳定、更有保证，因为第三方提供的框架往往经过了更多人的测试。而使用自己抽象出的框架则更加熟悉底层运行原理，出了问题更好把握。如果没有非常特殊的理由，还是推荐使用第三方框架，特别是那些流行的、广泛使用的、开源的框架。

1.3　Tomcat 的下载和安装

Tomcat 是 Java 领域最著名的开源 Web 容器，简单、易用，稳定性极好，既可以作为个人学习之用，也可以用作发布商业产品。Tomcat 不仅提供了 Web 容器的基本功能，还支持 JAAS 和 JNDI 绑定等。

Tomcat 最新的发布版本为 9.0.26，本书所介绍的应用也是基于该版本的 Tomcat，建议读者安装这个版本的 Tomcat。

▶▶ 1.3.1　安装 Tomcat 服务器

因为 Tomcat 完全是纯 Java 实现，所以它是平台无关的，在任何平台上运行都完全相同。在 Windows 和 Linux 平台上安装及配置 Tomcat 基本相同。本节以 Windows 平台为例，介绍 Tomcat 的下载和安装。

①　登录 Tomcat 的官方站点，下载 Tomcat 合适的版本，本书使用了 Java 11，而且需要使用 Servlet 4.0 规范，因此必须使用 Tomcat 9.0.X 或更新的版本系列。

Tomcat 9.0.X 的最新稳定版本是 9.0.26，建议下载该版本，Windows 平台下载 ZIP 包，Linux 平台下载 TAR 包。建议不要下载安装文件，因为安装文件的 Tomcat 看不到启动、运行时控制台的输出，不利于开发者使用。

②　解压缩刚下载到的压缩包，解压缩后应有如下文件结构。

➢ bin：存放启动和关闭 Tomcat 的命令的路径。
➢ conf：存放 Tomcat 的配置，所有 Tomcat 的配置都在该路径下设置。
➢ lib：存放 Tomcat 服务器的核心类库（JAR 文件），如果需要扩展 Tomcat 功能，也可将第三方类库复制到该路径下。
➢ logs：这是一个空路径，该路径用于保存 Tomcat 每次运行后产生的日志。
➢ temp：保存 Web 应用运行过程中生成的临时文件。
➢ webapps：该路径用于自动部署 Web 应用，将 Web 应用复制到该路径下，Tomcat 会将该应用自动部署在容器中。
➢ work：保存 Web 应用在运行过程中编译生成的 class 文件。该文件夹可以删除，但每次启动 Tomcat 服务器时，系统将再次建立该文件夹。
➢ LICENSE 等相关文档。

将解压缩后的文件夹放在任意路径下。

运行 Tomcat 只需要一个环境变量：JAVA_HOME。不管是 Windows 还是 Linux，只需要增加该环境变量即可，该环境变量的值指向 JDK 安装路径。

> **提示：**
> 　　如果读者还不懂如何配置环境变量，请先阅读疯狂 Java 体系的《疯狂 Java 讲义》的第 1 章。本书由于篇幅关系，将不会详细介绍如何配置环境变量的相关步骤。

> **注意**
> 　　此处 JAVA_HOME 环境变量应该指向 JDK 安装路径，不是 JRE 安装路径。在 JDK 安装路径下应该包含 bin 目录，在该目录下应该有 javac.exe、javadoc.exe 等程序。

③　启动 Tomcat，对于 Windows 平台，只需要双击 Tomcat 安装路径下 bin 目录中的 startup.bat 文件即可。

启动 Tomcat 之后，打开浏览器，在地址栏中输入 http://localhost:8080，然后按回车键，浏览器中出现如图 1.2 所示的界面，即表示 Tomcat 安装成功。

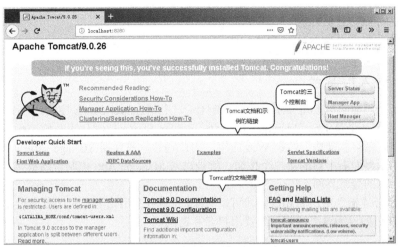

图 1.2　Tomcat 安装成功界面

Tomcat 安装成功后，必须对其进行简单的配置，包括对 Tomcat 的端口、控制台的配置等。下面详细介绍这些配置过程。

虽然 Tomcat 是一个免费的 Web 服务器，但也提供了图形界面控制台，通过控制台，用户可以方便地部署 Web 应用、监控 Web 应用的状态等。但对于一个开发者而言，通常建议通过修改配置文件来管理 Tomcat 配置，而不是通过图形界面。

▶▶ 1.3.2　配置 Tomcat 的服务端口

Tomcat 的默认服务端口是 8080，可以通过修改 Tomcat 配置文件来改变该服务端口，甚至可以通过修改配置文件让 Tomcat 同时在多个端口提供服务。

Tomcat 的配置文件都放在 conf 目录下，控制端口的配置文件也放在该目录下。打开 conf 下的 server.xml 文件，务必使用记事本或 vi 等无格式的编辑器，不要使用如写字板等有格式的编辑器。定位到 server.xml 文件的第 69 行处，看到如下代码：

```
<Connector port="8080" protocol="HTTP/1.1"
    connectionTimeout="20000"
    redirectPort="8443" />
```

其中，port="8080"就是 Tomcat 提供 Web 服务的端口，将 8080 修改成任意端口，建议使用 1024 以上的端口，避免与公用端口冲突。此处修改为 8888，即 Tomcat 的 Web 服务的提供端口为 8888。

修改成功后，重新启动 Tomcat，在浏览器地址栏中输入 http://localhost:8888，按回车键，将再次看到如图 1.2 所示的界面，即显示 Tomcat 端口修改成功。

 提示：
　　如果要让 Tomcat 运行多个服务，只需要复制 server.xml 文件中的<Service>元素，并修改相应的参数，便可以实现 Tomcat 运行多个服务。当然，必须在不同的端口提供服务。

在 Web 应用的开发阶段，通常希望 Tomcat 能列出 Web 应用根路径下的所有页面，这样能更方便地选择需要调试的 JSP 页面。在默认情况下，出于安全考虑，Tomcat 并不会列出 Web 应用根路径下的所有页面。为了让 Tomcat 列出 Web 应用根路径下的所有页面，可以打开 Tomcat 的 conf 目录下的 web.xml 文件，在该文件的第 121 和第 122 两行，看到一个 listings 参数，该参数的值默认是 false，将该参数的值改为 true，即可让 Tomcat 列出 Web 应用根路径下的所有页面。即将这两行改为如下形式：

```
<init-param>
    <param-name>listings</param-name>
    <param-value>true</param-value>
</init-param>
```

▶▶ 1.3.3 进入控制台

在图 1.2 所示界面的右上角显示有三个控制台：一个是 Server Status 控制台，另一个是 Manager App 控制台，还有一个是 Host Manager 控制台。Server Status 控制台用于监控服务器的状态，而 Manager App 控制台可以部署、监控 Web 应用，因此通常只需使用 Manager App 控制台即可。

如图 1.2 所示界面右上角的第二个按钮，就是进入 Manager App 控制台的链接，单击该按钮将出现如图 1.3 所示的登录界面。

这个控制台必须输入用户名和密码才可以登录，控制台的用户名和密码是通过 Tomcat 的 JAAS 控制的。下面介绍如何为这个控制台配置用户名和密码。

 提示：
　　JAAS 的全称是 Java Authentication Authorization Service（Java 验证和授权 API），它用于控制对 Java Web 应用的授权访问。关于 JAAS 的全面介绍，请参看《经典 Java EE 企业应用实战》。

图 1.3　Manager App 控制台登录界面

在前面关于 Tomcat 文件结构的介绍中已经指出，webapps 路径是 Web 应用的存放位置，而 Manager App 控制台对应的 Web 应用也放在该路径下。进入 webapps/manager/WEB-INF 路径下，该路径存放了 Manager 应用的配置文件，用无格式编辑器打开 web.xml 文件。

在该文件的最后部分，看到如下配置片段：

```
<security-constraint>
    <!-- 访问/html/*资源需要 manager-gui 角色 -->
    <web-resource-collection>
        <web-resource-name>HTML Manager interface (for humans)</web-resource-name>
        <url-pattern>/html/*</url-pattern>
    </web-resource-collection>
    <auth-constraint>
        <role-name>manager-gui</role-name>
    </auth-constraint>
</security-constraint>
<security-constraint>
    <!-- 访问/text/*资源需要 manager-script 角色 -->
    <web-resource-collection>
        <web-resource-name>Text Manager interface (for scripts)</web-resource-name>
        <url-pattern>/text/*</url-pattern>
    </web-resource-collection>
    <auth-constraint>
```

```
                    <role-name>manager-script</role-name>
            </auth-constraint>
    </security-constraint>
    <security-constraint>
            <!-- 访问/jmxproxy/*资源需要 manager-jmx 角色 -->
            <web-resource-collection>
                    <web-resource-name>JMX Proxy interface</web-resource-name>
                    <url-pattern>/jmxproxy/*</url-pattern>
            </web-resource-collection>
            <auth-constraint>
                    <role-name>manager-jmx</role-name>
            </auth-constraint>
    </security-constraint>
    <security-constraint>
            <!-- 访问/status/*资源可使用以下任意一个角色 -->
            <web-resource-collection>
                    <web-resource-name>Status interface</web-resource-name>
                    <url-pattern>/status/*</url-pattern>
            </web-resource-collection>
            <auth-constraint>
                    <role-name>manager-gui</role-name>
                    <role-name>manager-script</role-name>
                    <role-name>manager-jmx</role-name>
                    <role-name>manager-status</role-name>
            </auth-constraint>
    </security-constraint>
    <!-- 确定 JAAS 的登录方式 -->
    <login-config>
            <!-- BASIC 表明使用弹出式窗口登录 -->
            <auth-method>BASIC</auth-method>
            <realm-name>Tomcat Manager Application</realm-name>
    </login-config>
```

通过上面的配置文件可以知道，登录 Manager App 控制台可能需要不同的 manager 角色。对于普通开发者来说，通常需要访问匹配/html/*、/status/*的资源，因此为该用户分配一个 manager-gui 角色即可。

Tomcat 默认采用文件安全域，即用文件存放用户名和密码，Tomcat 的用户由 conf 路径下的 tomcat-users.xml 文件控制。打开该文件，发现有如下内容：

```
<?xml version='1.0' encoding='utf-8'?>
<tomcat-users>
</tomcat-users>
```

上面的配置文件显示了 Tomcat 默认没有配置任何用户，所以无论在图 1.3 所示的登录界面中输入任何内容，系统都不能登录成功。为了正常登录 Manager App 控制台，可以通过修改 tomcat-users.xml 文件来增加用户，并让该用户属于 manager 角色即可。Tomcat 允许在<tomcat-users> 元素中增加<user>元素来增加用户，将 tomcat-users.xml 文件内容修改如下：

```
<?xml version='1.0' encoding='utf-8'?>
<tomcat-users>
    <!-- 增加一个角色，指定角色名即可 -->
    <role rolename="manager-gui"/>
    <!-- 增加一个用户，指定用户名、密码和角色即可 -->
    <user username="manager" password="manager" roles="manager-gui"/>
</tomcat-users>
```

上面的配置文件中的粗体字代码行增加了一个用户，用户名为 manager，密码为 manager，角色属于 manager-gui。这样即可在图 1.3 所示的登录界面中输入 manager、manager 来登录 Manager App 控制台了，成功登录后可以看到如图 1.4 所示的界面。

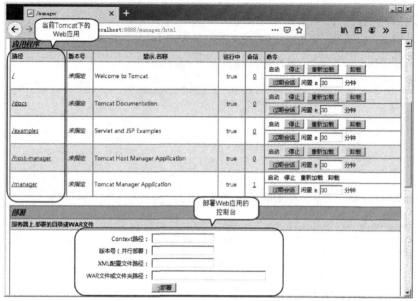

图 1.4　Tomcat 的 Manager 控制台

图 1.4 所示的控制台可监控所有部署在该服务器下的 Web 应用，左边列出了所有部署在该 Web 容器内的 Web 应用程序，右边的 5 个按钮则用于控制，包括启动、停止、重新加载等。

控制台下方的"部署"区则用于部署 Web 应用。Tomcat 控制台提供两种方式部署 Web 应用：一种是将整个路径部署成 Web 应用；另一种是将 WAR 文件部署成 Web 应用（在图 1.4 中看不到这种方式，在"部署"区下面，还有一个"服务器上部署的目录或 WAR 文件"区，用于部署 WAR文件）。

▶▶ 1.3.4　部署 Web 应用

在 Tomcat 中部署 Web 应用的方式主要有如下几种。

➢ 利用 Tomcat 的自动部署。
➢ 利用控制台部署。
➢ 增加自定义的 Web 部署文件。
➢ 修改 server.xml 文件部署 Web 应用。

利用 Tomcat 的自动部署是最简单、最常用的方式，只要将 Web 应用复制到 Tomcat 的 webapps 目录下，系统就会把该应用部署到 Tomcat 中。

利用控制台部署 Web 应用也很简单，只要在部署 Web 应用的控制台按图 1.5 所示输入即可。

图 1.5　利用控制台部署 Web 应用

按图 1.5 所示输入后，单击":)部署"按钮，将会看到 Tomcat 的 webapps 目录下多了一个名为aaa 的文件夹，该文件夹的内容和 G:\publish\codes\02\2.1\路径下 webDemo 文件夹的内容完全相同

——这表明：当利用控制台部署 Web 应用时，其实质依然是利用 Tomcat 的自动部署。

第三种方式则无须将 Web 应用复制到 Tomcat 安装路径下，只是部署方式稍稍复杂一点，需要在 conf 目录下新建 Catalina 目录，再在 Catalina 目录下新建 localhost 目录，最后在该目录下新建一个名字任意的 XML 文件——该文件就是部署 Web 应用的配置文件，该文件的主文件名将作为 Web 应用的虚拟路径。例如在 conf/Catalina/localhost 下增加一个 dd.xml 文件，该文件的内容如下：

```
<Context docBase="G:/publish/codes/01/aa" debug="0" privileged="true">
</Context>
```

上面配置文件中的粗体字代码指定了 Web 应用的绝对路径，再次启动 Tomcat，Tomcat 将会把 G:/publish/codes/01/aa 路径下的 webDemo 文件夹部署成 Web 应用。该应用的 URL 地址为：

```
http://<server_address>:<port>/dd
```

其中，URL 中的 dd 就是 Web 部署文件的主名。

还有一种方式是修改 conf 目录下的 server.xml 文件，修改该文件可能破坏 Tomcat 的系统文件，因此不建议采用。

▶▶ 1.3.5 配置 Tomcat 的数据源

从 Tomcat 5.5 开始，Tomcat 内置了 DBCP 的数据源实现，所以可以非常方便地配置 DBCP 数据源。

Tomcat 提供了两种配置数据源的方式，这两种方式所配置的数据源的访问范围不同：一种数据源可以让所有的 Web 应用都访问，被称为全局数据源；另一种数据源只能在单个的 Web 应用中访问，被称为局部数据源。

不管配置哪种数据源，都需要提供特定数据库的 JDBC 驱动。本书以 MySQL 为例来配置数据源，所以读者必须将 MySQL 的 JDBC 驱动程序复制到 Tomcat 的 lib 路径下。

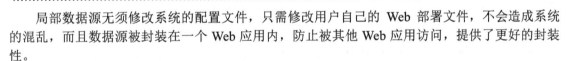

> ☀ **注意** ☀
> 如果读者不了解数据库驱动程序的概念，请查阅疯狂 Java 体系的《疯狂 Java 讲义》。MySQL 数据库驱动可以到 MySQL 官方站点下载。本书配套代码中 codes\02\lib 目录下的 mysql-connector-java-8.0.16.jar 就是 MySQL 驱动程序。

局部数据源无须修改系统的配置文件，只需修改用户自己的 Web 部署文件，不会造成系统的混乱，而且数据源被封装在一个 Web 应用内，防止被其他 Web 应用访问，提供了更好的封装性。

局部数据源只与特定的 Web 应用相关，因此在该 Web 应用对应的部署文件中配置。例如，为上面的 Web 应用增加局部数据源，修改 Tomcat 下的 conf/Catalina/localhost 中的 dd.xml 文件即可。为 Context 元素增加一个 Resource 子元素，增加局部数据源后的 dd.xml 文件内容如下。

程序清单：codes\01\dd.xml

```
<Context docBase="G:/publish/codes/01/aa" debug="0" privileged="true">
    <!-- 其中，name 指定数据源在容器中的 JNDI 名
    driverClassName 指定连接数据库的驱动
    url 指定数据库服务的 URL
    username 指定连接数据库的用户名
    password 指定连接数据库的密码
    maxActive 指定数据源最大活动连接数
    maxIdle 指定数据池中最大的空闲连接数
    maxWait 指定数据池中最大等待获取连接的客户端
    -->
    <Resource name="jdbc/dstest" auth="Container"
```

```
            type="javax.sql.DataSource"
            driverClassName="com.mysql.cj.jdbc.Driver"
            url="jdbc:mysql://localhost:3306/javaee?serverTimezone=UTC"
            username="root" password="32147" maxActive="5"
            maxIdle="2" maxWait="10000"/>
</Context>
```

上面配置文件中的粗体字代码标出的 Resource 元素就为该 Web 应用配置了一个局部数据源，该元素的各属性指定了数据源的各种配置信息。

> **提示：** ....
>
> JNDI 的全称是 Java Naming Directory Interface，即 Java 命名和目录接口，听起来非常专业，其实很简单：就是为某个 Java 对象起一个名字。例如，以上 JNDI 的用途就是为 Tomcat 容器中的数据源起一个名字：jdbc/dstest，从而让其他程序可以通过该名字访问该数据源对象。

再次启动 Tomcat，该 Web 应用即可通过该 JNDI 名字来访问该数据源。下面是测试访问数据源的 JSP 页面代码片段。

程序清单：codes\01\aa\tomcatTest.jsp

```
// 初始化 Context, 使用 InitialContext 初始化 Context
Context ctx = new InitialContext();
/*
通过 JNDI 查找数据源，该 JNDI 为 java:comp/env/jdbc/dstest, 分成两个部分
java:comp/env 是 Tomcat 固定的, Tomcat 提供的 JNDI 绑定都必须加该前缀
jdbc/dstest 是定义数据源时的数据源名
*/
DataSource ds = (DataSource) ctx.lookup("java:comp/env/jdbc/dstest");
// 获取数据库连接
Connection conn = ds.getConnection();
// 获取 Statement
Statement stmt = conn.createStatement();
// 执行查询，返回 ResultSet 对象
ResultSet rs = stmt.executeQuery("select * from news_inf");
while (rs.next())
{
    out.println(rs.getString(1)
        + "\t" + rs.getString(2) + "<br>");
}
```

上面的粗体字代码实现了 JNDI 查找数据源对象，一旦获取了该数据源对象，程序就可以通过该数据源取得数据库连接，从而访问数据库。

上面的方式是配置局部数据源，如果需要配置全局数据源，则应通过修改 server.xml 文件来实现。全局数据源的配置与局部数据源的配置基本类似，只是修改的文件不同。局部数据源只需修改 Web 应用的配置文件，而全局数据源需要修改 Tomcat 的 server.xml 文件。

> **提示：** ....
>
> 上面的测试代码需要读者在本机安装 MySQL 数据库，并提供一个名为 javaee 的数据库，该数据库下必须有一个名为 news_inf 的数据表，读者可以使用 codes\01 路径下的 data.sql 脚本来建立这些数据库对象——这些都是 JDBC 编程知识，读者可以阅读疯狂 Java 体系的《疯狂 Java 讲义》的第 13 章来掌握相关知识。

> **注意** ⁕
>
> 　使用全局数据源需要修改 Tomcat 原有的 server.xml 文件，所以可能导致破坏 Tomcat 系统，因而尽量避免使用全局数据源。

1.4　Eclipse 的安装和使用

　　Eclipse 平台是 IBM 向开源社区捐赠的开发框架，IBM 宣称为开发 Eclipse 投入了 4 千万美元，这种巨大投入开发出了一个成熟的、精心设计的、可扩展的开发工具。Eclipse 允许增加新工具来扩充 Eclipse 的功能，这些新工具就是 Eclipse 插件。

　　对于时下的软件开发者而言，Eclipse 是一个免费的 IDE（集成开发环境）工具，而且 Eclipse 并不局限于 Java 开发，它可支持多种开发语言。在免费的 Java 开发工具中，Eclipse 是最受欢迎的。

　　Eclipse 本身提供的功能比较有限，但它的插件则大大丰富了它的功能。Eclipse 的插件非常多，借助这些插件，Eclipse 工具的表现相当出色。下面简单介绍 Eclipse 及其插件的安装和使用。

➤➤ 1.4.1　Eclipse 的下载和安装

　　登录 Eclipse 的官方站点，下载 Eclipse IDE for Java EE Developers 的最新版本。Eclipse 当前的最新版本是 Eclipse-jee-2019-09，本书使用的正是该版本的 Eclipse。

> **提示：**
>
> 　　Eclipse IDE for Java EE Developers 是 Eclipse 为 Java EE 开发者准备的一个 IDE 工具，它在 "纯净" Eclipse 的基础之上，集成了一些 Eclipse 插件，允许开发者无须额外添加插件即可进行 Java EE 开发。

　　Windows 平台下载 eclipse-jee-2019-09-R-win32-x86_64.zip 文件，Linux 平台下载 eclipse-jee-2019-09-R-linux-gtk-x86_64.tar.gz 文件。解压缩下载得到的压缩文件，解压缩后的文件夹可放在任意目录下。

　　直接双击 eclipse.exe 文件，即可看到 Eclipse 的启动界面，表明 Eclipse 已经安装成功。

　　Eclipse 本身的开发能力比较有限，通过插件可以大大增强它的功能。Eclipse 插件的安装方式主要分为如下 4 种。

　　➤ 通过 Eclipse 插件市场安装。这种方式逐渐成为主流。本章 1.7 节会介绍这种方式。

　　➤ 在线安装。

　　➤ 手动安装。

　　➤ 使用本地压缩包安装。

　　下面详细介绍 Eclipse 插件的后三种安装方式。

➤➤ 1.4.2　在线安装 Eclipse 插件

　　在线安装简单、方便，适合网络畅通的场景。在线安装可以保证插件的完整性，并可自由选择最新的版本。如果网络环境允许，在线安装是一种较好的安装方式。

　　在线安装插件请按如下步骤进行。

　　① 单击 Eclipse 的 "Help" 菜单，选择 "Install New Software..." 菜单项，如图 1.6 所示。

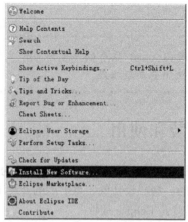

图 1.6 选择安装 Eclipse 插件的菜单项

② 弹出如图 1.7 所示的对话框，该对话框用于选择安装新插件或升级已有插件。该对话框的上面有一个"Work with"下拉列表框，通过该列表框可以选择 Eclipse 已安装过的插件。选择指定的插件项后，该对话框的下面将会列出该插件所有可升级的项目。

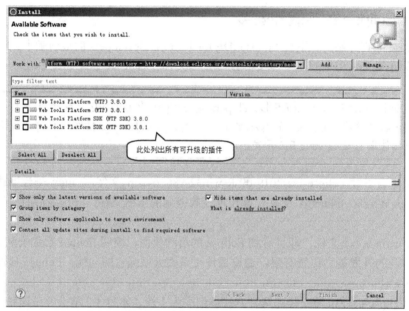

图 1.7 选择升级或安装新插件

一定要保证网络畅通，而且 Eclipse 可以访问网络，否则选择指定的插件项后将看不到可升级的项目。

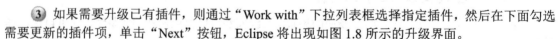

③ 如果需要升级已有插件，则通过"Work with"下拉列表框选择指定插件，然后在下面勾选需要更新的插件项，单击"Next"按钮，Eclipse 将出现如图 1.8 所示的升级界面。

等待 Eclipse 升级完成（可能会弹出要求用户接受协议的对话框，选择"Accept"即可），单击"Finish"按钮。

④ 如果需要安装新插件，则单击图 1.7 所示对话框中的"Add..."按钮，Eclipse 弹出如图 1.9 所示的对话框。

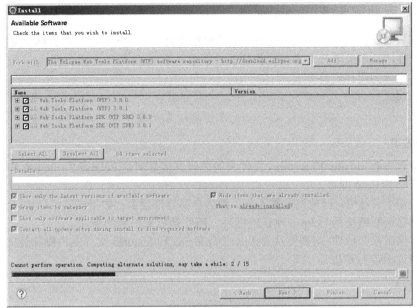

图 1.8　等待指定插件项升级完成

图 1.9　安装新插件

⑤ 在"Name"文本框中输入插件名（该名称是任意的，只用于标识该安装项），在"Location"文本框中输入插件的安装地址，输入完成后单击"OK"按钮，返回图 1.7 所示的对话框。此时，新增的插件安装项已被添加在图 1.7 所示的空白处。

　　Eclipse 插件的安装地址需要从各插件的官方站点查询。

⑥ 在图 1.7 所示的对话框中选择需要安装的插件（勾选插件安装项之前的复选框），单击"Finish"按钮，进入安装界面。后面的过程随插件不同可能存在些许差异，但通常只需要等待即可。

提示：

　　目前在线安装插件的方式，是 Eclipse 主流的插件安装方式，只要网络状态良好，使用这种方式安装插件非常方便。

▶▶ 1.4.3　从本地压缩包安装插件

从本地压缩包安装插件，请按如下步骤进行。

① 按前面步骤打开图 1.9 所示的对话框，单击"Archive..."按钮，系统弹出一个普通的文件选择对话框，用于选择 Eclipse 插件的本地压缩包。

② 选择指定的插件压缩包，然后返回图 1.9 所示的对话框，此时将会看到"Location"文本框内已经填入了插件压缩包的位置。单击"OK"按钮，系统返回图 1.7 所示的对话框。

③ 勾选需要安装或升级的插件项，单击"Next"按钮，等待插件安装完成即可。

▶▶ 1.4.4 手动安装 Eclipse 插件

手动安装只需要已经下载的插件文件，无须网络支持。手动安装适合没有网络支持的环境，手动安装的适应性广，但需要开发者自己保证插件版本与 Eclipse 版本的兼容性。

手动安装也分为两种安装方式。

> ➤ 直接安装。
> ➤ 扩展安装。

1. 直接安装

将插件中包含的 plugins 和 features 文件夹的内容直接复制到 Eclipse 的 plugins 和 features 文件夹内，重新启动 Eclipse 即可。

直接安装简单、易用，但效果非常不好。因为容易导致混乱：如果安装的插件非常多，可能导致用户无法精确判断哪些是 Eclipse 默认的插件，哪些是后来扩展的插件。

如果需要停用某些插件，则需要从 Eclipse 的 plugins 和 features 文件夹内删除这些插件的内容，安装和卸载的过程较为复杂。

2. 扩展安装

通常推荐使用扩展安装，扩展安装请按如下步骤进行。

① 在 Eclipse 安装路径下新建 links 文件夹。

② 在 links 文件夹内建立 xxx.link 文件，该文件的文件名是任意的，但为了有较好的可读性，通常推荐该文件的主文件名与插件名相同，文件名后缀为.link。

③ 编辑 xxx.link 的内容，该文件内通常只需如下一行：

```
path=<pluginPath>
```

上面内容中的 path=是固定的，而<pluginPath>是插件的扩展安装路径。

④ 在 xxx.link 文件中的<pluginPath>路径下新建 eclipse 文件夹，然后在 eclipse 文件夹内建立 plugins 和 features 文件夹。

⑤ 将插件中包含的 plugins 和 features 文件夹的内容，复制到上面建立的 plugins 和 features 文件夹中，重新启动 Eclipse 即完成安装。

扩展安装方式使得每个插件都被放在单独的文件夹内，因而结构非常清晰。如果需要卸载某个插件，只需将该插件对应的 link 文件删除即可。

▶▶ 1.4.5 使用 Eclipse 开发 Java Web 应用

下面以开发一个简单的 Web 应用为例，向读者介绍通过 Eclipse 开发 Java Web 应用的通用步骤。

> **提示：**
> 　　此处介绍的 Eclipse 是以 Eclipse IDE for Java EE Developers 为例，如果读者选择不同的 Eclipse 插件，其开发方式和步骤可能略有差异。比如读者选择使用 MyEclipse 插件，那么可能会略有不同。

为了开发 Web 应用，必须先在 Eclipse 中配置 Web 服务器，这里以 Tomcat 为例来介绍如何在 Eclipse 中配置 Web 服务器。在 Eclipse 中配置 Tomcat 按如下步骤进行。

① 单击 Eclipse 主界面下方的 "Servers" 面板，在该面板的空白处单击鼠标右键，在弹出的快捷菜单中选择 "New" → "Server" 菜单项，如图 1.10 所示。

图 1.10　选择添加服务器

提示：

如果读者在 Eclipse 主界面的下方看不到 Servers 面板，请通过单击 Eclipse 主菜单 "Window" → "Open Perspective" → "Other..." 来打开 "Java EE" Perspective。在通常情况下，Eclipse 默认打开该 Perspective —— 因为该版本的 Eclipse 的默认 Perspective 就是 "Java EE"。

② 系统弹出如图 1.11 所示的对话框，单击 "Apache" → "Tomcat v9.0 Server" 节点，这也是本书将要使用的 Web 服务器，然后单击 "Next" 按钮，系统出现如图 1.12 所示的对话框。

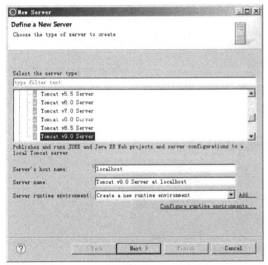

图 1.11　选择配置 Tomcat 9.0

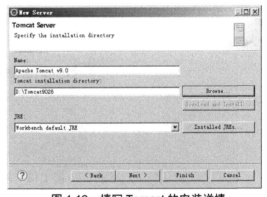

图 1.12　填写 Tomcat 的安装详情

③ 填写 Tomcat 安装的详细情况，包括 Tomcat 的安装路径、JRE 的安装路径等。填写完成后，单击 "Finish" 按钮即可。

建立一个 Web 应用，请按如下步骤进行。

① 单击 Eclipse 主菜单 "File" → "New" → "Other..."，弹出如图 1.13 所示的对话框。

② 选择 "Web" → "Dynamic Web Project" 节点，然后单击 "Next" 按钮，将弹出如图 1.14 所示的对话框。

③ 在 "Project name" 文本框中输入项目名，并选择使用 Servlet 4.0 规范，最后单击 "Finish" 按钮，即可建立一个 Web 应用。

④ 右击 Eclipse 主界面左边项目导航树中的 "WebContent"，选择 "New" → "JSP File" 菜单项，如图 1.15 所示，该菜单项用于创建一个 JSP 页面。

⑤ Eclipse 弹出如图 1.16 所示的创建 JSP 页面对话框，填写 JSP 页面的文件名之后，单击 "Next" 按钮，系统弹出如图 1.17 所示的选择 JSP 页面模板对话框。

图 1.13　新建 Web 项目

图 1.14　建立 Web 应用

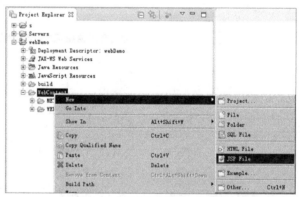

图 1.15　选择新建 JSP 页面

图 1.16　填写 JSP 页面的文件名

图 1.17　选择 JSP 页面模板

⑥ 选择需要使用的 JSP 页面模板。如果不想使用 JSP 页面模板，则取消勾选"Use JSP Template"复选框，单击"Finish"按钮，即可创建一个 JSP 页面。

⑦ 编辑 JSP 页面。Eclipse 提供了一个简单的"所见即所得"的 JSP 编辑环境，开发者可以通过该环境来开发 JSP 页面。如果要美化该 JSP 页面，可能需要借助其他专业工具。

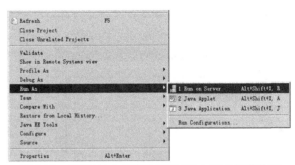

⑧ Web 应用开发完成后，应将 Web 应用部署到 Tomcat 中进行测试。部署 Web 应用，可右键单击 Eclipse 主界面左边项目导航树中的该项目节点，选择"Run As"→"Run on Server"菜单项，如图 1.18 所示。

图 1.18　部署 Web 应用和启动 Web 服务器菜单项

⑨ Eclipse 弹出如图 1.19 所示的对话框，选择将项目部署到已配置的服务器上，并选中下面的"Tomcat v9.0 Server at localhost"（这是刚才配置的 Web 服务器），然后单击"Next"按钮，系统将弹出如图 1.20 所示的对话框。

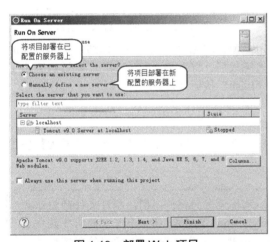

图 1.19　部署 Web 项目

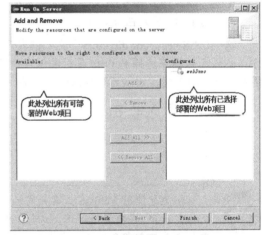

图 1.20　选择部署 Web 项目

⑩ 将需要部署的 Web 项目移动到右边列表框内，然后单击"Finish"按钮，Web 项目部署完成。

⑪ 返回 Eclipse 主界面下方的"Servers"面板，右键单击该面板中的"Tomcat v9.0 Server at localhost"节点，在弹出的快捷菜单中单击"Start"或"Stop"菜单项，即可启动或停止所指定的 Web 服务器。

当 Web 服务器启动之后，在浏览器地址栏中输入刚编辑的 JSP 页面的 URL，即可访问到该 JSP 页面的内容。

经过上面的步骤，就开发并部署了一个简单的 Web 应用，只不过该 Web 应用中仅有一个简单的 JSP 页面。关于如何利用 Spring MVC 开发 Web 应用，本书后面会有更详细的介绍。

▶▶ 1.4.6　导入 Eclipse 项目

很多时候，可能需要向 Eclipse 中导入其他项目。比如，在实际开发中可能需要导入其他开发者提供的 Eclipse 项目，在学习过程中可能需要导入网络、书籍中提供的示例项目。

向 Eclipse 中导入一个 Eclipse 项目比较简单，只需按如下步骤进行即可。

① 单击"File"→"Import..."菜单项，Eclipse 将弹出如图 1.21 所示的对话框。

②选择"General"→"Existing Projects into Workspace"节点，单击"Next"按钮，系统将弹出如图 1.22 所示的对话框。

图 1.21 导入 Eclipse 项目

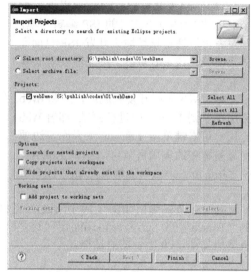

图 1.22 选择需要导入的项目

③在"Select root directory"文本框内输入 Eclipse 项目的保存位置，也可以通过单击后面的"Browse..."按钮来选择 Eclipse 项目的保存位置。输入完成后，将看到"Projects"文本域内列出了所有可导入的项目，勾选需要导入的项目后，单击"Finish"按钮即可。

▶▶ 1.4.7 导入非 Eclipse 项目

有些时候，也可能需要将一些非 Eclipse 项目导入 Eclipse 中，因为不能要求所有开发者都使用 Eclipse 工具。

 提示：

即使是使用 Eclipse 工具开发的项目，如果所使用的插件不同，项目文件的组织方式也有差异。在典型情况下，如果读者使用 MyEclipse(Eclipse 的一个有名的商业插件)，开发方式与本书介绍的方式也有一定的区别。因此，本书一直强调：学习编程不能限于某种 IDE 工具，而是应该学习技术的本质，这样才能做到以不变应万变，万变不离其宗。

由于不同 IDE 工具对项目文件的组织方式存在一些差异，所以向 Eclipse 中导入非 Eclipse 项目相对复杂一点。向 Eclipse 中导入非 Eclipse 项目应该采用分别导入指定文件的方式。

向 Eclipse 中导入指定文件请按如下步骤进行。

①新建一个普通的 Eclipse 项目。

②单击"File"→"Import..."菜单项，Eclipse 将弹出如图 1.21 所示的对话框。

③选择"General"→"File System"节点，单击"Next"按钮，系统将弹出如图 1.23 所示的对话框。

此对话框的左边有三个按钮，它们的作用分别如下。

➢ Filter Types...：根据指定文件后缀来导入文件。

➢ Select All：导入指定目录下的所有文件。

➢ Deselect All：取消全部选择。

④ 按图 1.23 所示分别输入需要导入文件的路径，选中需要导入的文件，并输入需要导入 Eclipse 项目的哪个目录下，然后单击 "Finish" 按钮，即可将指定文件导入 Eclipse 项目中。

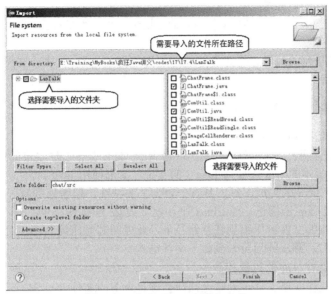

图 1.23　向 Eclipse 中导入文件

提示： 不要指望将一个非 Eclipse 项目整体导入 Eclipse 工具中！毕竟，不同 IDE 工具对项目文件的组织方式完全不同！如果需要导入非 Eclipse 项目，只能采用导入文件的方式依次导入。

将其他项目导入 Eclipse 中还有一种方式：直接进入需要被导入的项目路径下，将相应的文件复制到 Eclipse 项目的相应路径下即可。

以 Eclipse 的一个 Web 项目为例，将另一个 Web 项目导入 Eclipse 下只需如下三步。

① 将其他 Web 项目的所有 Java 源文件（通常位于 src 目录下）所在路径下的全部内容一起复制到 Eclipse Web 项目的 src 目录下。

② 将其他 Web 项目的 JSP 页面、WEB-INF 整个目录一起复制到 Eclipse Web 项目的 WebContent 目录下。

③ 返回 Eclipse 主界面，选择 Eclipse 主界面左边项目导航树中指定项目对应的节点，按 F5 键即可。

1.5　Ant 的安装和使用

Ant 是一种基于 Java 的生成工具。从作用上看，它有些类似于 C 编程（UNIX 平台上使用较多）中的 Make 工具，C/C++项目经常使用 Make 工具来管理整个项目的编译、生成。

提示： Make 使用 Shell 命令来定义生成任务，并定义任务之间的依赖关系，以便它们总是以必需的顺序来执行。

Make 工具主要有如下两个缺陷。

➢ Make 工具的本质还是依赖 UNIX 平台的 Shell 语言，所以 Make 工具无法跨平台。

➤ Make 工具的生成文件的格式比较严格，容易导致错误。

Ant 是基于 Java 语言的生成工具，所以具有跨平台的能力；而且 Ant 工具使用 XML 来编写生成文件，因而具有更好的适应性。

由此可见，Ant 是 Java 世界的 Make 工具，而且这个工具是跨平台的，并且具有简单、易用的特性。

由于 Ant 具有跨平台的特性，所以编写 Ant 生成文件时可能会失去一些灵活性。为了弥补这个不足，Ant 提供了一个 "exec" 核心任务，这个任务允许执行特定操作系统上的命令。

▶▶ 1.5.1 Ant 的下载和安装

下载和安装 Ant 请按如下步骤进行。

① 登录 Apache 官网上的 Ant 站点下载 Ant 最新版，本书成书之时，Ant 的最新稳定版是 1.10.7，建议下载该版本。该版本的 Ant 需要有 Java 8 的支持，本书使用 Java 11。

虽然 Ant 是基于 Java 的生成工具，具有平台无关的特性，但考虑到解压缩的方便性，通常建议 Windows 平台下载*.zip 压缩包，而 Linux 平台则下载.gz 压缩包。

② 将下载到的压缩文件解压缩到任意路径下，此处将其解压缩到 D:\根路径下，并将 Ant 文件夹重命名为 Ant1107。解压缩后可看到如下文件结构。

➤ bin：启动和运行 Ant 的可执行命令。
➤ etc：包含一些样式单文件，通常无须理会该目录下的文件。
➤ lib：包含 Ant 的核心类库，以及编译和运行 Ant 所依赖的第三方类库。
➤ manual：Ant 工具的相关文档，这些文档对学习使用 Ant 有很大的作用。
➤ LICENSE 等说明性文档。

提示：
> 重命名 Ant 文件夹仅仅是为了方便、简捷，并不是必需的。读者既可以像此处一样重命名该文件夹，也可以不重命名该文件夹。

③ Ant 的运行需要如下两个环境变量。

➤ JAVA_HOME：该环境变量应指向 JDK 安装路径。如果已经成功安装了 Tomcat，则该环境变量应该是正确的。
➤ ANT_HOME：该环境变量应指向 Ant 安装路径。

按照前面介绍的方式配置 ANT_HOME 环境变量。

提示：
> Ant 安装路径就是前面释放 Ant 压缩文件的路径。在 Ant 安装路径下应该包含 bin、etc、lib 和 manual 这 4 个文件夹。

④ Ant 工具的关键命令就是%ANT_HOME%/bin 路径下的 ant.bat 命令，如果读者希望操作系统可以识别该命令，还应该将%ANT_HOME%/bin 路径添加到操作系统的 PATH 环境变量之中。

提示：
> 当在命令行窗口、Shell 窗口输入一条命令后，操作系统会到 PATH 环境变量所指定的系列路径下搜索，如果找到了该命令所对应的可执行程序，即运行该命令，否则将提示找不到命令。如果读者不嫌麻烦，愿意每次都输入%ANT_HOME%/bin/ant.bat 全路径来运行 Ant 工具，则可不将%ANT_HOME%/bin 路径添加到 PATH 环境变量之中。

经过上面 4 个步骤，Ant 安装成功。读者可以启动命令行窗口，输入 ant.bat 命令（如果读者未将%ANT_HOME%/bin 路径添加到 PATH 环境变量中，则应该输入%ANT_HOME%/bin/ant.bat），则应该看到如下提示信息：

```
Buildfile: build.xml does not exist!
Build failed
```

如果看到上面的提示信息，则表明 Ant 安装成功。

➤➤ 1.5.2　使用 Ant 工具

使用 Ant 非常简单，当正确安装 Ant 后，只要输入 ant 或 ant.bat 即可。

如果运行 ant 命令时没有指定任何参数，Ant 会在当前目录下搜索 build.xml 文件。如果找到了就以该文件作为生成文件，并执行默认的 target。

提示：
关于生成文件和 target 的概念请参看 1.5.3 节内容，关于生成文件中默认 target 的介绍也请参看 1.5.3 节内容。

如果运行时使用-find 或者-s 选项（这两个选项的作用完全相同），Ant 就会到上级目录中搜索生成文件，直至到达文件系统的根路径。

要想让 Ant 使用其他生成文件，可以用-buildfile <生成文件>选项，其中-buildfile 可以使用-file 或-f 来代替，这三个选项的作用完全一样。例如以下命令：

```
ant -f a.xml      // 显式指定使用 a.xml 作为生成文件
ant -file b.xml      // 显式指定使用 b.xml 作为生成文件
```

如果希望 Ant 运行时只输出少量的必要信息，则可使用-quiet 或-q 选项；如果希望 Ant 运行时输出更多的提示信息，则可使用-verbose 或-v 选项。

如果希望 Ant 运行时将提示信息输出到指定文件中，而不是直接输出到控制台，则可使用-logfile <file>或-l <file>选项。例如以下命令：

```
ant -verbose -l a.log  // 运行 Ant 时生成更多的提示信息，并将提示信息输出到 a.log 文件中
```

除此之外，Ant 还允许运行时指定一些属性来覆盖生成文件中指定的属性值（使用 Property task 来指定）。比如使用-D<property>=<value>，则此处指定的 value 将会覆盖生成文件中 property 的属性值。例如以下命令：

```
ant -Dbook=Spring5  // 该命令将会覆盖生成文件中的 book 属性值
```

通过该方法可以将操作系统的环境变量值传入生成文件中。例如，在运行 Ant 工具时使用如下命令：

```
ant -Denv1=%ANT_HOME%
```

上面命令中的粗体字代码用于向生成文件中传入一个 env1 属性，而该属性的值并没有直接给出，而是用%ANT_HOME%的形式给出——这是 Windows 下访问环境变量的方式。通过这种方式，就可以将 Windows 环境变量值传入生成文件中了。如果希望在生成文件中访问到该环境变量的值，则使用$env1 即可。

上面命令在 Linux 平台上则改为：ant -Denv1=$ANT_HOME，Linux 平台用"$"符号来访问环境变量。

在默认情况下，Ant 将运行生成文件中指定的默认 target，如果运行 Ant 时显式指定希望运行的 target，则可采用如下命令格式：

```
ant [target [target2 [target3] ...]]
```

实际上，如果读者需要获取 ant 命令的更多信息，直接使用 ant -help 选项即可。运行 ant -help，将看到如图 1.24 所示的提示信息。

```
C:\Windows\system32\cmd.exe

C:\Users\yeeku>ant -help
ant [options] [target [target2 [target3] ...]]
Options:
  -help, -h              print this message and exit
  -projecthelp, -p       print project help information and exit
  -version               print the version information and exit
  -diagnostics           print information that might be helpful to
                         diagnose or report problems and exit
  -quiet, -q             be extra quiet
  -silent, -S            print nothing but task outputs and build failures
  -verbose, -v           be extra verbose
  -debug, -d             print debugging information
  -emacs, -e             produce logging information without adornments
  -lib <path>            specifies a path to search for jars and classes
  -logfile <file>        use given file for log
    -l     <file>                ''
  -logger <classname>    the class which is to perform logging
  -listener <classname>  add an instance of class as a project listener
  -noinput               do not allow interactive input
  -buildfile <file>      use given buildfile
    -file    <file>              ''
    -f       <file>              ''
  -D<property>=<value>   use value for given property
  -keep-going, -k        execute all targets that do not depend
```

图 1.24　ant 命令的用法

▶▶ 1.5.3　定义生成文件

实际上，使用 Ant 的关键就是编写生成文件，生成文件定义了项目的各个生成任务（以 target 来表示，每个 target 表示一个生成任务），并定义了生成任务之间的依赖关系。

Ant 生成文件的默认名为 build.xml，也可以取其他名字。但如果为该生成文件起了其他名字，则意味着要将这个文件名作为参数传给 Ant 工具。生成文件可以放在项目的任何位置，但通常放在项目的顶层目录中，这样有利于保持项目的简洁和清晰。

下面是一个典型的项目层次结构。

<project>：该文件夹存放了整个项目的全部资源

　　├──src：存放源文件、各种配置文件

　　├──classes：存放编译后的 class 文件

　　├──lib：存放第三方 JAR 包

　　├──dist：存放项目打包、项目发布文件

　　└──build.xml：Ant 生成文件

Ant 生成文件的根元素是<project.../>，每个项目可以定义多个生成目标，每个生成目标以一个<target.../>元素来定义，它是<project.../>元素的子元素。

<project.../>元素可以有多个属性，该元素的常用属性如下。

➢ default：指定默认 target，这个属性是必需的。如果运行 ant.bat 命令时没有显式指定想执行的 target，Ant 将执行该 target。

➢ basedir：指定项目的基准路径，生成文件中的其他相对路径都是基于该路径的。

➢ name：指定项目名，该属性仅指定一个名字，对编译、生成项目没有太大的实际作用。

➢ description：指定项目的描述信息，对编译、生成项目没有太大的实际作用。

例如，如下代码片段：

```
<?xml version="1.0" encoding="utf-8"?>
<!-- 下面的配置信息指定基准路径是当前路径，默认 target 为空 -->
<project name="spring" description="demo" basedir="." default="" >
    ...
</project>
```

每个生成目标对应一个<target.../>元素，该元素可指定如下属性。

- name：指定该 target 的名称，该属性是必需的。该属性非常重要，当希望 Ant 执行指定的生成目标时，就是根据该 name 来确定生成目标的。因此可以得出一个结论——在同一个生成文件中不能有两个同名的<target.../>元素。
- depends：该属性可指定一个或多个 target 名，表示在执行该 target 之前应先执行该 depends 属性所指定的一个或多个 target。
- if：该属性指定一个属性名，用属性表示仅当设置了该属性时才执行此 target。
- unless：该属性指定一个属性名，用属性表示仅当没有设置该属性时才执行此 target。
- description：指定该 target 的描述信息。

例如，如下配置片段：

```
<!-- 下面表示执行 run target 之前，必须先执行 compile target -->
<target name="run" depends="compile"/>
<!-- 只有设置了 prop1 属性，才会执行 exA target -->
<target name="exA" if="prop1"/>
<!-- 只要没有设置 prop2 属性，就可以执行 exB target -->
<target name="exB" unless="prop2"/>
```

每个生成目标又可能由一个或多个任务序列组成，当执行某个生成目标时，实际上就是依次完成该目标所包含的全部任务。每个任务由一段可执行的代码组成。

定义任务的代码格式如下：

```
<name attribute1="value1" attribute2="value2" ... />
```

上面代码中的 name 是任务的名称，attribute*N* 和 value*N* 用于指定执行该任务所需的属性名和属性值。

简而言之，Ant 生成文件的基本结构是<project.../>元素里包含多个<target.../>元素，而每个<target.../>元素里包含多个任务。由此可见，Ant 生成文件具有如图 1.25 所示的结构。

Ant 的任务可以分为如下三类。

- 核心任务：Ant 自带的任务。
- 可选任务：来自第三方的任务，因此需要一个附加的 JAR 文件。
- 用户自定义的任务：用户自己开发的任务。

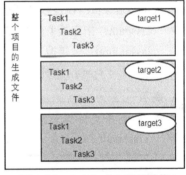

图 1.25　Ant 生成文件的结构

　提示：

关于 Ant 所支持的核心任务和可选任务，可参考 Ant 解压缩路径下 manual 目录下的 tasksoverview.html 页面，本书下一节也会详细介绍常见 Ant 任务的用法。

此外，<project.../>元素还可拥有如下两个重要的子元素。

- <property.../>：用于定义一个或多个属性。
- <path.../>：用于定义一个或多个文件和路径。

1．property 元素

元素用于定义一个或多个属性，Ant 生成文件中的属性类似于编程语言中的宏变量，它们都具有名称和值。与编程语言不同的是，Ant 生成文件中的属性值不可改变。

定义一个属性的最简单形式如下：

```
<!-- 下面代码定义了一个名为 builddir 的属性，其值为 dd -->
<property name="builddir" value="dd"/>
```

如果需要获取属性值，则使用\${propName}的形式。例如，如下代码即可获取 builddir 属性值：

```
<!-- 输出 builddir 属性值 -->
${builddir}
```

由此可见，"$"符号在 Ant 生成文件中具有特殊意义，如果希望 Ant 将生成文件中的"$"当成普通字符，则应该使用"$$"。例如，如下配置片段：

```
<echo>$${builddir}=${builddir}</echo>
```

上面代码中的$${builddir}不会获取 builddir 属性值，而${builddir}才会获取 builddir 属性值。执行上面任务，将会输出：

```
[echo] ${builddir}=dd
```

提示： ——

　　echo 是 Ant 的核心任务之一，该任务直接输出某个字符串，通常用于输出某些提示信息。

实际上，<property.../>元素可以接受如下几个常用属性。

➢ name：指定需要设置的属性名。
➢ value：指定需要设置的属性值。
➢ resource：指定属性文件的资源名称，Ant 将负责从属性文件中读取属性名和属性值。
➢ file：指定属性文件的文件名，Ant 将负责从属性文件中读取属性名和属性值。
➢ url：指定属性文件的 URL 地址，Ant 将负责从属性文件中读取属性名和属性值。
➢ environment：指定系统环境变量的前缀。通过这种方式允许 Ant 访问系统环境变量。
➢ classpath：指定搜索属性文件的 classpath。
➢ classpathref：指定搜索属性文件的 classpath 引用，该属性并不是直接给出 classpath 值，而是引用了<path.../>元素定义的文件集或路径集。

提示： ——

　　关于文件集和路径集以及文件集和路径集引用的知识，请参考<path.../>元素和<classpath.../>元素。

下面给出几个使用<property.../>元素的例子。

```
<!-- 指定读取 foo.properties 属性文件中的属性名和属性值 -->
<property file="foo.properties"/>
```

从网络中读取属性名和属性值：

```
<!-- 指定从指定 URL 处读取属性名和属性值 -->
<property url="http://www.crazyit.org/props/foo.properties"/>
```

通过<property.../>元素所读取的属性文件就是普通的属性文件，该文件的内容由一系列的 name=value 组成，如下面的配置片段所示。

```
author=Yeeku.H.Lee
book=Light Weight Java EE
price=128
```

此外，通过<property.../>元素可以让 Ant 生成文件访问到操作系统的环境变量值，例如以下代码：

```
<!-- 定义访问操作系统环境变量的前缀是 env -->
<property environment="env"/>
```

定义了上面的<property.../>元素之后，就可以在 Ant 生成文件中通过如下形式来访问操作系统

的环境变量：

```
<!-- 输出 JAVA_HOME 环境变量的值 -->
<echo>${env.JAVA_HOME}</echo>
```

在笔者的机器上运行上面任务，即可看到输出：[echo] D:\Java\jdk-11.0.1，这就是该机器上 JAVA_HOME 环境变量的值。

2. path 元素和 classpath 元素

使用 Ant 编译、运行 Java 文件时常常需要引用第三方 JAR 包，这就需要使用<classpath.../>元素了。<path.../>元素和<classpath.../>元素都用于定义文件集和路径集，区别是<classpath.../>元素通常作为其他任务的子元素，既可引用已有的文件集和路径集，也可临时定义一个文件集和路径集；而<path.../>元素则作为<project.../>元素的子元素，用于定义一个独立的、有名称的文件集和路径集，用于被引用。

因为<path.../>和<classpath.../>都用于定义文件集和路径集，所以也将<path.../>和<classpath.../>元素定义的内容称为 Path-like Structure（似目录结构）。

和元素都用于收集文件集和路径集，这两个元素都可接受如下子元素。

➤ ：采用模式字符串的方式指定系列目录。

➤ ：采用模式字符串的方式指定系列文件。

➤ ：采用直接列出系列文件名的方式指定系列文件。

➤ ：用于指定一个或多个目录。该元素可以指定如下两个属性中的一个。

- path：指定一个或多个目录（或者 JAR 文件），多个目录或 JAR 文件之间以英文冒号（:）或英文分号（;）分开。
- location：指定一个目录和 JAR 文件。

因为 JAR 文件还可以包含更多层次的文件结构，所以可以将 JAR 文件看成一个文件路径。例如，如下配置片段：

```
<!-- 定义/path/to/file2.jar、/path/to/class2 和/path/to/class3 所组成的路径集 -->
<pathelement path="/path/to/file2.jar:/path/to/class2;/path/to/class3"/>
<!-- 定义由 lib/helper.jar 单个文件对应的目录 -->
<pathelement location="lib/helper.jar"/>
```

如果需要指定路径集，则应该使用<dirset.../>元素，该元素需要一个 dir 属性，该属性指定该路径集的根路径。除此之外，<dirset...>还可以使用<include.../>和<exclude.../>两个子元素来指定包含和不包含哪些目录。例如下面的配置片段：

```
<!-- 指定该路径集的根路径是 build 目录 -->
<dirset dir="build">
    <!-- 指定包含 apps 目录下的所有 classes 目录 -->
    <include name="apps/**/classes"/>
    <!-- 指定排除目录名中有 Test 子串的目录 -->
    <exclude name="apps/**/*Test*"/>
</dirset>
```

上面的配置文件代表 build/apps 目录下所有名为 classes 且文件名中不包含 Test 子串的目录。

如果希望配置多个文件，则可用<fileset.../>或<filelist.../>元素，通常<fileset.../>使用模式字符串来匹配文件集，而<filelist.../>则通过列出文件名的方式来指定文件集。

元素需要指定如下两个属性。

➤ dir：必需属性，指定文件集里多个文件所在的基准路径。

➤ files：文件列表，多个文件之间以英文逗号（,）或空白隔开。

例如下面的配置片段：

```
<!-- 配置 src/foo.xml 和 src/bar.xml 文件组成的文件集 -->
<filelist id="docfiles" dir="src" files="foo.xml,bar.xml"/>
```

几乎所有的 Ant 元素都可以指定两个属性：id 和 refid，其中 id 用于为该元素指定一个唯一标识，而 refid 用于指定引用另一个元素。例如下面的 filelist 配置：

```
<filelist refid="docfiles"/>
```

该<filelist.../>元素所包含的文件和前面 docfiles 文件集里包含的文件完全一样。

实际上，<filelist.../>还允许使用多个<file.../>子元素来指定文件列表，例如下面的配置片段：

```
<filelist id="docfiles" dir="${doc.src}">
    <!-- 通过两个 file 子元素指定的文件列表和通过 files 属性指定的文件列表完全一样 -->
    <file name="foo.xml"/>
    <file name="bar.xml"/>
</filelist>
```

元素可指定如下两个属性。

➢ dir：必需属性，指定文件集里多个文件所在的基准路径。

➢ casesensitive：指定是否区分大小写。默认区分大小写。

此外，元素还可以使用和两个子元素来指定包含和不包含哪些文件。例如下面的配置片段：

```
<!-- 定义 src 路径下的文件集 -->
<fileset dir="src" casesensitive="yes">
    <!-- 包含所有的*.java 文件 -->
    <include name="**/*.java"/>
    <!-- 排除文件名中有 Test 子串的文件 -->
    <exclude name="**/*Test*"/>
</fileset>
```

掌握了、、和4 个元素的用法之后，就可以使用或者将它们组合在一起使用了，例如下面的配置片段：

```
<path id="classpath">
    <!-- 定义 classpath 属性值所代表的路径 -->
    <pathelement path="${classpath}"/>
    <!-- 定义 lib 路径下的所有*.jar 文件 -->
    <fileset dir="lib">
        <include name="**/*.jar"/>
    </fileset>
    <!-- 定义 classes 路径 -->
    <pathelement location="classes"/>
    <!-- 定义 build/apps 路径下的所有 classes 路径 -->
    <dirset dir="build">
        <include name="apps/**/classes"/>
        <exclude name="apps/**/*Test*"/>
    </dirset>
    <!-- 定义 res 路径下的 a.properties 和 b.xml 文件 -->
    <filelist dir="res" files="a.properties,b.xml"/>
</path>
```

▶▶ 1.5.4 Ant 的任务

现在已经掌握了 Ant 生成文件的基本结构，以及<project.../>、<target.../>、<property.../>等元素的配置方式。而<target.../>元素的核心就是 task（任务），即每个<target.../>由一个或多个 task 组成。

Ant 提供了大量的核心 task 和可选 task，除此之外，Ant 还允许用户定义自己的 task，这大大扩展了 Ant 的功能。

由于篇幅关系，本书不可能详细介绍 Ant 所有的核心 task 和可选 task，只简要介绍一些常用的核心 task。

- javac：用于编译一个或多个 Java 源文件，通常需要 srcdir 和 destdir 两个属性，用于指定 Java 源文件的位置和编译后 class 文件的保存位置。
- java：用于运行某个 Java 类，通常需要 classname 属性，用于指定需要运行哪个类。
- jar：用于生成 JAR 包，通常需要指定 destfile 属性，用于指定所生成的 JAR 包的文件名。此外，通常还应指定一个文件集，表明需要将哪些文件打包到 JAR 包里。
- sql：用于执行一条或多条 SQL 语句，通常需要 driver、url、userid 和 password 等属性，用于指定连接数据库的驱动类、数据库 URL、用户名和密码等，还可以通过 src 来指定所需要的 SQL 脚本文件，或者直接使用文本内容的方式指定 SQL 脚本字符串。
- echo：输出某个字符串。
- exec：执行操作系统的特定命令，通常需要 executable 属性，用于指定想执行的命令。
- copy：用于复制文件或路径。
- delete：用于删除文件或路径。
- mkdir：用于创建文件夹。
- move：用于移动文件或路径。

在%ANT_HOME%/manual/Tasks 路径下包含了 Ant 的所有 task 的详细介绍文档，读者可以参考这些文档来了解各 task 所支持的属性和选项。

下面定义了一份简单的生成文件，这份生成文件里包含了编译 Java 文件、运行 Java 程序、生成 JAR 包等常用的 target，通过这份文件就可以非常方便地管理该项目。

程序清单：codes\01\antQs\build.xml

```xml
<?xml version="1.0" encoding="utf-8"?>
<!-- 定义生成文件的 project 根元素，默认的 target 为空 -->
<projcot name="antQs" basedir="." default="">
    <!-- 定义三个简单属性 -->
    <property name="src" value="src"/>
    <property name="classes" value="classes"/>
    <property name="dest" value="dest"/>
    <!-- 定义一组文件和路径集 -->
    <path id="classpath">
        <pathelement path="${classes}"/>
    </path>
    <!-- 定义 help target，用于输出该生成文件的帮助信息 -->
    <target name="help" description="打印帮助信息">
        <echo>help - 打印帮助信息</echo>
        <echo>compile - 编译 Java 源文件</echo>
        <echo>run - 运行程序</echo>
        <echo>build - 打包 JAR 包</echo>
        <echo>clean - 清除所有编译生成的文件</echo>
    </target>
    <!-- 定义 compile target，用于编译 Java 源文件 -->
    <target name="compile" description="编译 Java 源文件">
        <!-- 先删除 classes 属性所代表的文件夹 -->
        <delete dir="${classes}"/>
        <!-- 创建 classes 属性所代表的文件夹 -->
        <mkdir dir="${classes}"/>
        <!-- 编译 Java 文件，将编译后的 class 文件放到 classes 属性所代表的文件夹内 -->
        <javac destdir="${classes}" debug="true" includeantruntime="yes"
            deprecation="false" optimize="false" failonerror="true" encoding="utf-8">
            <!-- 指定需要编译的 Java 文件所在的位置 -->
            <src path="${src}"/>
            <!-- 指定编译 Java 文件所需要的第三方类库所在的位置 -->
            <classpath refid="classpath"/>
        </javac>
```

```xml
        </target>
        <!-- 定义 run target，用于运行 Java 源文件，
            在运行该 target 之前会先运行 compile target -->
        <target name="run" description="运行程序" depends="compile">
            <!-- 运行 lee.HelloTest 类，其中 fork 指定启动另一个 JVM 来执行 java 命令 -->
            <java classname="lee.HelloTest" fork="yes" failonerror="true">
                <classpath refid="classpath"/>
                <!-- 在运行 Java 程序时传入两个参数 -->
                <arg line="测试参数 1 测试参数 2"/>
            </java>
        </target>
        <!-- 定义 build target，用于打包 JAR 文件，
            在运行该 target 之前会先运行 compile target -->
        <target name="build" description="打包 JAR 文件" depends="compile">
            <!-- 删除 dest 属性所代表的文件夹 -->
            <delete dir="${dest}"/>
            <!-- 创建 dest 属性所代表的文件夹 -->
            <mkdir dir="${dest}"/>
            <!-- 指定将 classes 属性所代表的文件夹下的所有
                *.classes 文件都打包到 app.jar 文件中 -->
            <jar destfile="${dest}/app.jar" basedir="${classes}"
                includes="**/*.class">
                <!-- 为 JAR 包的清单文件添加属性 -->
                <manifest>
                    <attribute name="Main-Class" value="lee.HelloTest"/>
                </manifest>
            </jar>
        </target>
        <!-- 定义 clean target，用于删除所有编译生成的文件 -->
        <target name="clean" description="清除所有编译生成的文件">
            <!-- 删除两个目录，目录下的文件也一并删除 -->
            <delete dir="${classes}"/>
            <delete dir="${dest}"/>
        </target>
</project>
```

在上面的生成文件中，在定义 java task 时粗体字代码指定了 fork="yes"（或 fork="true"，效果一样），这表明启动另一个 JVM 进程来运行 lee.HelloTest 类，这个属性通常是一个陷阱！如果不指定该属性，该属性值默认是 false，这表明使用运行 Ant 的同一个 JVM 来运行 Java 程序，这将导致随着 Ant 工具执行完成，被运行的 Java 程序也不得不退出——这当然不是开发者希望看到的。

上面配置定义的生成文件里包含了 5 个 target，这些 target 分别完成打印帮助信息、编译 Java 文件、运行 Java 程序、打包 JAR 包和清除编译生成的文件。执行这些 target 可使用如下命令。

➤ ant help：输出该生成文件的帮助信息。

➤ ant compile：编译 Java 文件。

➤ ant run：运行 lee.HelloTest 类。

➤ ant build：将 classes 路径下的所有 class 文件打包成 app.jar，并放在 dest 目录下。

➤ ant clean：删除 classes 和 dest 两个目录。

1.6 Maven 的安装和使用

Maven 是一个比 Ant 更先进的项目管理工具，它采用一种"约定优于配置（CoC）"的策略来管理项目。使用 Maven 不仅可以把源代码构建成可发布的项目（包括编译、打包、测试和分发），还可以生成报告、生成 Web 站点等。在某些方面，Maven 比 Ant 更加优秀，因此不少企业已经开始使用 Maven。

➤➤ 1.6.1　下载和安装 Maven

下载和安装 Maven 请按如下步骤进行。

① 登录 Apache 官网上的 Maven 站点下载 Maven 最新版本，本书成书之时，Maven 的最新稳定版本是 3.6.2，建议下载该版本。

虽然 Maven 是基于 Java 的生成工具，具有平台无关的特性，但考虑到解压缩的方便性，通常建议 Windows 平台下载*.zip 压缩包，而 Linux 平台则下载.gz 压缩包。

② 将下载得到的 apache-maven-3.6.2-bin.zip 文件解压缩到任意路径下，此处将其解压缩到 D:\ 根路径下，并将 Maven 文件夹重命名为 Maven362。解压缩后可看到如下文件结构。

- ➤ bin：保存 Maven 的可执行命令。其中 mvn 和 mvn.bat 就是执行 Maven 工具的命令。
- ➤ boot：该目录只包含一个 plexus-classworlds-2.6.0.jar。plexus-classworlds 是一个类加载器框架，与默认的 Java 类加载器相比，它提供了更丰富的语法以方便配置，Maven 使用该框架加载自己的类库。通常无须理会该文件。
- ➤ conf：保存 Maven 配置文件的目录，该目录包含 settings.xml 文件，该文件用于设置 Maven 的全局行为。通常建议将该文件复制到~/.m2/目录下（~表示用户目录），这样可以只设置当前用户的 Maven 行为。
- ➤ lib：该目录包含所有 Maven 运行时需要的类库，Maven 本身是分模块开发的，因此用户能看到诸如 maven-core-3.6.2.jar、maven-repository-metadata-3.6.2.jar 等文件。此外，还包含 Maven 所依赖的第三方类库。
- ➤ LICENSE、README.txt 等说明性文档。

提示：
重命名 Maven 文件夹仅仅是为了方便、简捷，并不是必需的。读者既可以像这里一样重命名该文件夹，也可以不重命名该文件夹。

③ 运行 Maven 需要如下两个环境变量。

- ➤ JAVA_HOME：该环境变量应指向 JDK 安装路径。如果已经成功安装了 Tomcat，则该环境变量应该是正确的。
- ➤ M2_HOME：该环境变量应指向 Maven 安装路径。以前面介绍的解压缩方式为例，M2_HOME 的值应该为 D:\Maven362。

按照前面介绍的方式配置 M2_HOME 环境变量。

提示：
Maven 安装路径就是前面释放 Maven 压缩文件的路径。在 Maven 安装路径下应该包含 bin、boot、conf 和 lib 这 4 个文件夹。

④ Maven 工具的关键命令就是%M2_HOME%\bin 路径下的 mvn.bat 命令，如果读者希望操作系统可以识别该命令，还应该将%M2_HOME%\bin 路径添加到操作系统的 PATH 环境变量之中。

提示：
当在命令行窗口或 Shell 窗口输入一条命令后，操作系统会到 PATH 环境变量所指定的系列路径下搜索，如果找到了该命令所对应的可执行程序，即运行该命令，否则将提示找不到命令。如果读者不嫌麻烦，愿意每次都输入%M2_HOME%\bin\mvn.bat 全路径来运行 Maven 工具，则可以不将%M2_HOME%\bin 路径添加到 PATH 环境变量之中。

经过上面 4 个步骤，Maven 安装成功，读者可以启动命令行窗口，输入如下命令（如果读者未将%M2_HOME%\bin 路径添加到 PATH 环境变量之中，则应该输入 mvn.bat 命令的全路径）：

```
mvn help:system
```

通过该命令应该先看到 Maven 不断地从网络上下载各种文件，然后会显示如下两类信息：

➢ System Properties

➢ Environment Variables

如果能看到 Maven 输出如上两类信息，即表明 Maven 安装成功。

▶▶ 1.6.2 设置 Maven

设置 Maven 行为有两种方式。

➢ 全局方式：通过 Maven 安装目录下的 conf\settings.xml 文件进行设置。

➢ 当前用户方式：通过用户 Home 目录（以 Windows 7 为例，用户 Home 目录为 C:\Users\用户名\）的.m2\目录下的 settings.xml 文件进行设置。

上面两种方式只是起作用的范围不同，它们都使用 settings.xml 作为配置文件，而且这两种方式中 settings.xml 文件允许定义的元素也是相同的。

通常来说，Maven 允许设置如下参数。

➢ localRepository：该参数通过<localRepository.../>元素设置，该元素的内容是一个路径字符串，该路径用于设置 Maven 的本地资源库路径。如果用户不设置该参数，Maven 本地资源库默认保存在用户 Home 目录的.m2/repository 路径下。考虑到 Windows 经常需要重装、恢复系统，因此建议将该 Maven 本地资源库设置到其他路径下。例如，此处将该属性设置为 E:\maven_repo，这意味着 Maven 将会把所有插件都下载到 E:\maven_repo 目录下。

提示：

　　资源库是 Maven 的一个重要概念，Maven 构建项目所使用的插件、第三方依赖库都被集中存放在本地资源库中。

➢ interactiveMode：该参数通过<interactiveMode.../>元素设置。该参数设置 Maven 是否处于交互模式——如果将 Maven 设为交互模式，每当 Maven 需要用户输入时，Maven 都会提示用户输入。但如果将该参数设置为 false，那么 Maven 将不会提示用户输入，而是"智能"地使用默认值。

➢ offline：该参数设置 Maven 是否处于离线状态。如果将该参数设置为 false，每当 Maven 找不到插件、依赖库时，Maven 总会尝试从网络上下载。

➢ proxies：该参数用于为 Maven 设置代理服务器。该参数可包含多个<proxy.../>，每个<proxy.../>设置一个代理服务器，包括代理服务器的 ID、协议、代理服务器地址、代理服务器端口、用户名、密码等信息，Maven 可通过代理服务器访问网络。

➢ mirrors：该参数用于设置一系列 Maven 远程资源库的镜像。有时候连接不上 Maven 的国外资源库时，可连接国内镜像。

如果网络畅通，通常只需通过 localRepository 设置 Maven 的本地资源库路径，接下来即可正常使用 Maven 工具了。

前面已经提到，Maven 工具的命令主要是 mvn，该命令的基本格式如下：

```
mvn <plugin-prefix>:<goal> -D<属性名>=<属性值> ...
```

以上 mvn 命令中，plugin-prefix 是一个有效的插件前缀，goal 是该插件所包含的指定目标，-D 用于为该目标指定属性，每次运行 mvn 命令都可通过多个-D 选项来指定属性名、属性值。

提示：

除使用 plugin-prefix 的形式来代表指定插件之外，还可使用如下命令来运行指定插件：

```
mvn <plugin-group-id>:<plugin-artifact-id>[:<plugin-version>]:<goal>
```

其中，plugin-group-id、plugin-artifact-id、plugin-version 被称为 Maven 坐标，可用于唯一表示某个项目。

对于前面验证 Maven 是否安装成功所用的命令：mvn help:system，其中的 help 就是一个典型的 Maven 插件，system 就是 help 插件中的 goal。

Maven 插件是一个非常重要的概念，从某种程度来看，Maven 核心是一个空的"容器"，Maven 核心其实并不做什么实际的事情，它只是解析一些 XML 文档，管理生命周期和插件，除此之外，Maven 什么也不懂。Maven 的强大来自它的插件，这些插件可以编译源代码、打包二进制代码、发布站点等。换句话说，Maven 的"空"才是它的强大之处，因为 Maven 是"空"的，它可以装各种插件，因此它的功能可以无限扩展。直接从 Apache 下载的 Maven 不知道如何编译 Java 代码，不知道如何打包 WAR 文件，也不知道如何运行单元测试……它什么都不懂。当开发者第一次使用全新的 Maven 运行诸如 mvn install 命令时，Maven 会自动从远程资源库下载大部分核心 Maven 插件。

▶▶ 1.6.3　创建简单的项目

创建项目使用 Maven 的 archetype 插件，关于 Maven 插件的功能和用法可登录 Maven 官网上"Maven Plugins"中查看，该页面中显示了各种 Maven 插件的列表，如图 1.26 所示。

surefire-report	R	3.0.0-M3	2018-12-23	Generate a report based on the results of unit tests.	Git / GitHub	Jira SUREFIRE
Tools				**These are miscellaneous tools available through Maven by default.**		
antrun	B	1.8	2014-12-26	Run a set of ant tasks from a phase of the build.	Git / GitHub	Jira MANTRUN
archetype	B	3.1.2	2019-08-22	Generate a skeleton project structure from an archetype.	Git / GitHub	Jira ARCHETYPE
assembly	B	3.1.1	2019-01-02	Build an assembly (distribution) of sources and/or binaries.	Git / GitHub	Jira MASSEMBLY
dependency	B+R	3.1.1	2018-05-19	Dependency manipulation (copy, unpack) and analysis.	Git / GitHub	Jira MDEP
enforcer	B	3.0.0-M2	2018-06-16	Environmental constraint checking (Maven Version, JDK etc), User Custom Rule Execution	Git / GitHub	Jira MENFORCER

图 1.26　查看 Maven 插件

其中包括创建项目需要使用的 archetype 插件，单击该链接即可打开如图 1.27 所示的 archetype 插件使用说明。

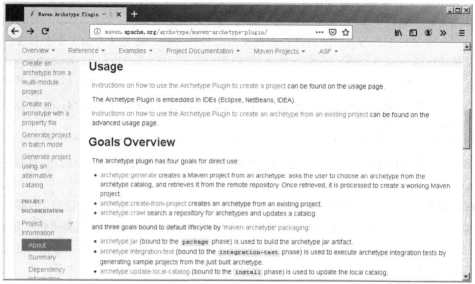

图 1.27   archetype 插件使用说明

从图 1.27 中可以看出，Maven 的 archetype 插件包含如下目标（goal）。

➤ archetype:generate：使用指定原型创建一个 Maven 项目。

➤ archetype:create-from-project：使用已有的项目创建 Maven 项目。

➤ archetype:crawl：从仓库中搜索原型。

从上面的介绍可以看出，使用 mvn archetype:generate 命令即可创建 Maven 项目。使用该命令还需要指定一些参数（通过-D 选项指定），单击"archetype:generate"链接即可看到如图 1.28 所示的参数页面。

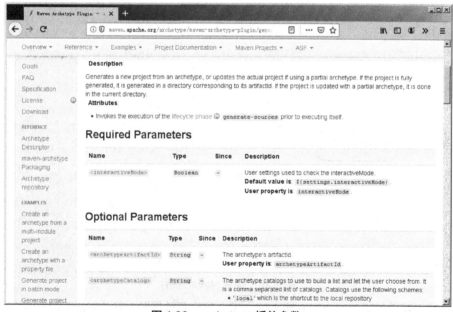

图 1.28   archetype 插件参数

上面介绍的过程就是通过官方站点查看 Maven 插件的过程。由于 Maven 支持的插件非常多，而且每个插件又可能包含多个目标，读者应该掌握查阅 Maven 插件的技巧。

掌握 archetype 插件的用法之后，即可使用如下命令来创建简单的 Java 项目：

```
mvn archetype:generate -DinteractiveMode=false -DgroupId=org.fkjava -DartifactId=mavenQs
-Dpackage=org.fkjava.mavenqs
```

如果读者第一次执行该命令，将可以看到 Maven 不断地从网络上下载各种文件的信息，这是
Maven 正从网络上下载 archetype 插件的各种相关文件。

实际执行该命令时，可能执行失败——只要网络状态不好，就可能无法正常从网络上下载
archetype 插件的各种相关文件，上面的命令就会下载失败。第一次执行 Maven 的某个插件时往往
很容易失败，读者可以多尝试几次。

上面的命令执行完成后，会生成一个 mavenQs 文件夹，该文件夹的内容如下：

```
mavenQs
├──pom.xml
└──src
    ├──main
    │   └──java
    │       └──org
    │           └──fkjava
    │               └──mavenqs
    │                   └──App.java
    └──test
        └──java
            └──org
                └──fkjava
                    └──mavenqs
                        └──AppTest.java
```

上面项目中的 App.java 是 archetype 插件生成的一个简单的 Java 类，而 AppTest 则是该插件为
App 生成的测试用例。

此外，还可以看到该项目的根路径下包含一个 pom.xml 文件，该文件的作用类似于 Ant 的
build.xml 文件，但它的内容比 build.xml 文件的内容简洁得多。

打开 pom.xml 文件可以看到如下内容：

```xml
<project xmlns="http://maven.apache.org/POM/4.0.0"
    xmlns:xsi="http://www.w3.org/2001/XMLSchema-instance"
    xsi:schemaLocation="http://maven.apache.org/POM/4.0.0
http://maven.apache.org/maven-v4_0_0.xsd">
    <modelVersion>4.0.0</modelVersion>
    <groupId>org.fkjava</groupId>
    <artifactId>mavenQs</artifactId>
    <packaging>jar</packaging>
    <version>1.0-SNAPSHOT</version>
    <name>mavenQs</name>
    <url>http://maven.apache.org</url>
    <dependencies>
        <dependency>
            <groupId>junit</groupId>
            <artifactId>junit</artifactId>
            <version>3.8.1</version>
            <scope>test</scope>
        </dependency>
    </dependencies>
</project>
```

pom.xml 文件被称为项目对象模型（Project Object Model，POM）描述文件，Maven 使用项目
对象模型的方式来管理项目。POM 用于描述该项目是什么类型的、该项目的名称是什么、该项目
的构建能否自定义，Maven 使用 pom.xml 文件来描述项目对象模型。因此，pom.xml 并不是简单
的生成文件，而是项目对象模型描述文件。

由于本书使用 Java 11 作为默认的编译、运行环境，Java 11 不再支持编译 Java 5 的源代码，而

Maven 默认使用 Java 5 的编译级别，因此需要通过属性告诉 compiler 插件使用更高的编译级别。可以在上面的 pom.xml 文件的<project.../>根元素中增加如下配置：

```
<properties>
    <maven.compiler.source>1.6</maven.compiler.source>
    <maven.compiler.target>1.6</maven.compiler.target>
</properties>
```

上面所看到的 pom.xml 文件将是 Maven 项目中最简单的。一般来说，实际的 pom.xml 文件将比这个文件复杂，它会定义多个依赖、定义额外的插件等。上面 pom.xml 中的<groupId.../>、<artifactId.../>、<packaging.../>、<version.../>定义了该项目的唯一标识（几乎所有的 pom.xml 文件都需要定义它们），这个唯一标识被称为 Maven 坐标（coordinate）。<name.../>和<url.../>元素只是 pom.xml 提供的描述性元素，用于提供可阅读的名字。

上面的 pom.xml 文件中还包含了一个<dependencies.../>元素，该元素定义了一个单独的测试范围的依赖，这表明该项目的测试依赖 JUnit 测试框架。

从上面的代码中可以看出，pom.xml 文件仅仅包含了该项目的版本、groupId、artifactId 等坐标信息，并未指定任何编译 Java 程序、打包、运行 Java 程序的详细指令。那么这份文件是否能编译、打包项目呢？

在 pom.xml 文件所在的路径中输入如下命令：

```
mvn compile
```

以上命令使用 mvn 运行 compiler 插件的 compile 目标（compiler 插件是核心插件）。如果读者第一次执行该命令，将可以看到 Maven 不断地从网络上下载各种文件的信息，这是 Maven 正从网络上下载 compiler 插件的各种相关文件。

如果网络状态没有问题，Maven 将会先下载 compiler 插件，然后即可成功执行 compiler 插件的 compile 目标，这样将会正常编译该项目。

项目编译完成后，接下来可以使用 Maven 的 exec 插件来执行 Java 类。使用 Maven 执行 Java 程序的命令如下：

```
mvn exec:java -Dexec.mainClass="org.fkjava.mavenqs.App"
```

这条命令中的 org.fkjava.mavenqs.App 就是该 Maven 项目所生成的主类。

执行这条命令，Maven 将再次通过网络不断地下载 exec 插件所需要的各种文件，当 exec 插件下载完成后，成功执行该插件将可以看到如下输出：

```
Hello World!
```

上面输出的就是 org.fkjava.mavenqs.App 类中 main()方法的输出结果。

读者可能会感到好奇：Maven 怎么这么神奇呢？这份 pom.xml 文件如此简单，Maven 怎么知道如何编译项目，Maven 怎么知道项目源文件放在哪里，Maven 怎么知道编译生成的二进制文件放在哪里……

实际上，Maven 运行时 pom.xml 是根据设置组合来运行的，每个 Maven 项目的 pom.xml 都有一个上级 pom.xml，当前项目的 pom.xml 的设置信息会被合并到上级 pom.xml 中。上级 pom.xml（相当于 Maven 默认的 pom.xml）定义了该项目大量的默认设置。如果用户希望看到 Maven 项目实际起作用的 pom.xml（也就是上级 pom.xml 与当前 pom.xml 合并后的结果），可以运行如下命令：

```
mvn help:effective-pom
```

第一次运行该命令时，Maven 也会不断地从网络上下载一些文件，然后就会看到一个庞大的、完整的 pom.xml 文件，它包含 Maven 大量的默认设置。如果开发者希望改变其中的某些默认设置，则可以在当前项目的 pom.xml 中定义对应的元素来覆盖上级 pom.xml 中的默认设置。

在这个庞大的、完整的 pom.xml 文件中可以看到如下片段：

```
<plugin>
```

```
<artifactId>maven-compiler-plugin</artifactId>
 <version>3.1</version>
 <executions>
  <execution>
   <id>default-compile</id>
   <phase>compile</phase>
  <goals>
    <goal>compile</goal>
  </goals>
  </execution>
   ...
<plugin>
```

以上片段指定了编译该项目所使用的 compiler 插件，该插件默认执行 compile 目标。

▶▶ 1.6.4　Maven 的核心概念

从前面介绍的过程来看，只要将项目的源文件按照 Maven 要求的规范组织，并提供 pom.xml 文件，即使 pom.xml 文件中只包含极少的信息，开发者也依然可以使用 Maven 来编译项目、运行程序，甚至可以运行测试用例、打包项目，这是因为 Maven 采用了"约定优于配置（Convention over Configuration，CoC）"的原则，根据此原则，Maven 的主要约定有如下几条。

➤ 源代码应该位于${basedir}/src/main/java 路径下。

➤ 资源文件应该位于${basedir}/src/main/resources 路径下。

➤ 测试代码应该位于${basedir}/src/test 路径下。

➤ 编译生成的 class 文件应该位于${basedir}/target/classes 路径下。

➤ 项目应该会产生一个 JAR 文件，并将生成的 JAR 包放在${basedir}/target 路径下。

通过这种约定，就可以避免像 Ant 构建那样必须为每个子项目定义这些目录。此外，Maven 对核心插件也使用了一组通用的约定，用来编译源代码、打包可分发的 JAR、生成 Web 站点，以及许多其他过程。

Maven 的强大很大程度来自它的"约定"，Maven 预定义了一个固定的生命周期，以及一组用于构建和装配软件的通用插件。如果开发者完全遵循这些约定，只需要将源代码放到正确的目录下，Maven 即可处理剩下的事情。

使用 CoC 的一个副作用是，用户可能会觉得他们被强迫使用一种固定的流程和方法，甚至对某些约定感到反感。不过这一点无须担心，所有遵守 CoC 原则的技术通常都会提供一种机制允许用户进行配置。以 Maven 为例，项目源代码的资源文件的位置可以被自定义，JAR 文件的名字可以被自定义……换句话说，如果开发者不想遵循约定，Maven 也会允许自定义默认值来改变约定。

下面简单介绍 Maven 的一些核心概念。

1. Maven 的生命周期（lifecycle）

依然使用前面介绍的 mavenQs 项目，进入 pom.xml 文件所在的路径下，然后运行如下命令：

```
mvn install
```

第一次运行该命令同样会看到 Maven 不断地从网络上下载各种插件，下载完成后可以看到该命令将会依次运行如下插件：

```
maven-resources-plugin:2.6:resources (default-resources)
maven-compiler-plugin:3.1:compile (default-compile)
maven-resources-plugin:2.6:testResources (default-testResources)
maven-compiler-plugin:3.1:testCompile (default-testCompile)
maven-surefire-plugin:2.12.4:test (default-test)
maven-jar-plugin:2.4:jar (default-jar)
maven-install-plugin:2.4:install (default-install)
```

以上命令只是告诉 Maven 运行 install，但从实际的运行结果来看，Maven 不仅运行了 install，还在运行该插件之前运行了大量的插件。这就是 Maven 生命周期所导致的结果。

生命周期是指 Maven 构建项目包含多个有序的阶段（phase），Maven 可以支持许多不同的生命周期，最常用的生命周期是 Maven 默认的生命周期。

Maven 生命周期中的元素被称为 phase（阶段），每个生命周期由多个阶段组成，各阶段总是按顺序依次执行，Maven 默认的生命周期的开始阶段是验证项目的基本完整性，结束阶段是将该项目发布到远程仓库。

实际上，mvn 命令除了可以使用<plugin-prefix>:<goal>运行指定插件的目标，还可以使用如下命令格式：

```
mvn <phase1> <phase2>...
```

以上命令告诉 Maven 执行 Maven 生命周期中的一个或多个阶段。当使用 mvn 命令告诉 Maven 执行生命周期的某个阶段时，Maven 会自动从生命周期的第一个阶段开始执行，直至 mvn 命令指定的阶段。

Maven 包含三个基本的生命周期。

➤ clean 生命周期。

➤ default 生命周期。

➤ site 生命周期。

clean 生命周期用于在构建项目之前进行一些清理工作，该生命周期包含如下三个核心阶段。

➤ pre-clean：在构建之前执行预清理。

➤ clean：执行清理。

➤ post-clean：最后清理。

进入 mavenQs 项目中 pom.xml 所在的路径下，执行如下命令：

```
mvn post-clean
```

执行上面命令将会清理项目编译过程中生成的文件。执行该命令后，将可以看到 mavenQs 目录下只剩下 src 目录和 pom.xml 文件。

默认的生命周期则包含了项目构建的核心部分。默认的生命周期包含如下核心阶段。

➤ compile：编译项目。

➤ test：单元测试。

➤ package：项目打包。

➤ install：安装到本地仓库。

➤ deploy：部署到远程仓库。

mvn compile、mvn install 命令所执行的都是上面列出的阶段。当使用 Maven 执行 mvn install 时，实际将会先执行 install 阶段之前的阶段。图 1.29 显示了 Maven 默认的生命周期所包含的核心阶段的执行过程。

图 1.29 Maven 默认的生命周期所包含的核心阶段的执行过程

上面列出的只是 Maven 默认的生命周期的核心阶段。实际上，Maven 默认的生命周期包含如下阶段。

➤ validate：验证项目是否正确。

➤ generate-sources：生成源代码。

➤ process-sources：处理源代码。

➤ generate-resources：生成项目所需的资源文件。

➤ process-resources：复制资源文件至目标目录。

➢ compile：编译项目的源代码。

➢ process-classes：处理编译生成的文件。

➢ generate-test-sources：生成测试源代码。

➢ process-test-sources：处理测试源代码。

➢ generate-test-resources：生成测试的资源文件。

➢ process-test-resources：复制测试的资源文件至测试目标目录。

site 生命周期用于生成项目报告站点、发布站点。该生命周期包含如下核心阶段。

➢ pre-site：生成站点之前做验证。

➢ site：生成站点。

➢ post-site：生成站点之后做验证。

➢ site-deploy：发布站点到远程服务器。

进入 mavenQs 项目中 pom.xml 所在的路径下，执行如下命令：

```
mvn post-site
```

第一次执行该命令时，将会看到 Maven 不断地下载插件及相关文件。成功执行该命令后，将可以看到 mavenQs 目录下多出一个 target 目录，该目录下包含一个 site 子目录。打开 site 子目录下的 index.html 文件，将可以看到如图 1.30 所示的页面。

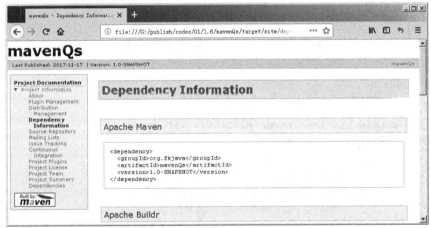

图 1.30　使用 site 生命周期生成的站点报告

2. 插件和目标（plugins and goal）

前面已经提到，Maven 的强大来自它的插件，Maven 的所有功能几乎都是由插件完成的，Maven 插件甚至可以把 Ant 整合进来，使用 Maven 来运行 Ant 的生成文件。

提示：

Maven 提供了 ant 插件为 Maven 项目生成 Ant 生成文件，还提供了 antrun 插件来运行 Ant 生成文件。

除了可以使用 Maven 官方、第三方提供的各种插件，开发者还可以开发自定义插件，通过自定义插件来完成任意任务。本书出于实用性考虑和篇幅限制，将不会介绍 Maven 自定义插件的开发细节。

每个插件又可以包含多个可执行的目标（goal），前面已经介绍过，使用 mvn 命令执行指定目标的格式如下：

```
mvn <plugin-prefix>:<goal> -D<属性名>=<属性值> ...
```

当使用 mvn 运行 Maven 生命周期的指定阶段时，各阶段所完成的工作其实也是由插件实现的。插件目标可以被绑定到生命周期的各阶段，每个阶段可能绑定了零个或者多个目标。随着 Maven 沿着生命周期的阶段移动，它会自动执行绑定在各特定阶段上的所有目标。

Maven 生命周期的各阶段也是一个抽象的概念，对于软件构建过程来说，默认的生命周期被划分为 compile、test、package、install、deploy 5 个阶段，但这 5 个阶段分别运行什么插件、目标，其实是抽象的——这些阶段对于不同项目来说意味着不同的事情。例如，在某些项目中，package 阶段对应于生成一个 JAR 包，这意味着"将一个项目打包成一个 JAR 包"；而在另一些项目中，package 阶段可能对应于生成一个 WAR 包。

图 1.31 示范了 mavenQs 项目的默认生命周期的各阶段，以及 mavenQs 项目绑定到各阶段上的插件和目标。

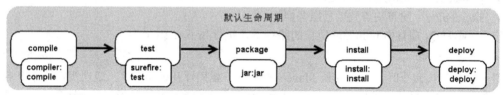

图 1.31　mavenQs 项目的默认生命周期的各阶段上绑定的插件和目标

开发者完全可以将任意插件绑定到指定的生命周期，例如，将上面的 mavenQs 项目复制一份，并在其 pom.xml 文件的 <project.../> 根元素中增加如下元素。

程序清单：codes\01\1.6\plugin\pom.xml

```
<build>
    <plugins>
        <plugin>
            <!-- 下面三个元素定义了 exec 插件的坐标 -->
            <groupId>org.codehaus.mojo</groupId>
            <artifactId>exec-maven-plugin</artifactId>
            <version>1.3.1</version>
            <executions>
                <execution>
                <!-- 指定绑定到 compile 阶段 -->
                <phase>compile</phase>  <!-- ① -->
                <!-- 指定运行 exec 插件的 java 目标 -->
                <goals>
                    <goal>java</goal>  <!-- ② -->
                </goals>
                <!--- configuration 元素用于为插件的目标配置参数 -->
                <configuration>
                    <!-- 下面的元素配置 mainClass 参数的值为 org.fkjava.mavenqs.App -->
                    <mainClass>org.fkjava.mavenqs.App</mainClass>
                </configuration>
                </execution>
            </executions>
        </plugin>
    </plugins>
</build>
```

上面配置文件中的前三行粗体字代码可以唯一标识某个插件（被称为坐标）。①号配置代码指定将该插件、目标绑定到 compile 阶段；②号配置代码指定运行 exec 插件的 java 目标。通过上面这段配置，即可将 exec 插件的 java 目标绑定到 compile 阶段。

进入该项目中 pom.xml 所在的路径下，然后执行如下命令：

```
mvn compile
```

执行这条命令，不仅可以看到 Maven 执行 compile 插件的 compile 目标来编译项目，还可以看到 Maven 执行 exec 插件的 java 目标来运行项目的 org.fkjava.mavenqs.App 类。

3. Maven 坐标（coordinate）

POM 需要为项目提供一个唯一标识，这个标识就被称为 Maven 坐标。Maven 坐标由如下 4 个元素组成。

> groupId：该项目的开发者的标识名（通常使用域名）。
> artifactId：指定项目名。
> packaging：指定项目打包的类型。
> version：指定项目的版本。

例如，mavenQs 项目的 pom.xml 文件中的如下配置定义了该项目的 Maven 坐标：

```
<groupId>org.fkjava</groupId>
<artifactId>mavenQs</artifactId>
<packaging>jar</packaging>
<version>1.0-SNAPSHOT</version>
```

Maven 坐标可用于精确定位一个项目。例如，mavenQs 项目中还有如下配置片段：

```
<dependency>
    <groupId>junit</groupId>
    <artifactId>junit</artifactId>
    <version>3.8.1</version>
    <scope>test</scope>
</dependency>
```

以上配置片段定义了一个依赖关系，这段配置表明该项目依赖 junit 3.8.1，其中的三行粗体字代码就是 junit 项目的坐标。

Maven 坐标通常用英文冒号作为分隔符来书写，即以 groupId:artifactId:packaging:version 格式书写。例如，mavenQs 项目的坐标可写成 org.fkjava:mavenQs:jar:1.0-SNAPSHOT，而 mavenQs 项目所依赖的项目的坐标则可写成 junit:junit:jar:3.8.1。

4. Maven 资源库（repository）

第一次运行 Maven 时，Maven 会自动从远程资源库下载许多文件，包括各种 Maven 插件，以及项目所依赖的库。实际上，初始的 Maven 工具非常小，这是因为 Maven 工具本身的功能非常有限，几乎所有功能都是由 Maven 插件完成的。

Maven 资源库用于保存 Maven 插件，以及各种第三方框架。简单来说，Maven 用到的插件、项目依赖的各种 JAR 包，都会保存在资源库中。

Maven 资源库可分为如下三种。

> 本地资源库：Maven 用到的所有插件、第三方框架都会被下载到本地资源库中。只有当在本地资源库中找不到时才采取从远程下载。开发者可以通过 Maven 安装目录下的 conf\settings.xml 文件，或者用户 Home 目录下的 .m2\settings.xml 文件中的 <localRepository.../>元素进行设置。
> 远程资源库：远程资源库通常由公司或团队进行集中维护。通过远程资源库，可以让全公司的项目使用相同的 JAR 包系统。
> 中央资源库（默认）：中央资源库由 Maven 官方维护，中央资源库包含了各种公开的 Maven 插件、第三方项目。几乎所有的开源项目都会选择中央资源库发布框架。中央资源库的地址为：链接 1。

当 Maven 需要使用某个插件或 JAR 包时，Maven 的搜索顺序为：本地资源库 → 远程资源库 → 中央资源库。当 Maven 从中央资源库下载了某个插件或 JAR 包时，Maven 都会自动在本地资源库中保存它们，只有当 Maven 第一次使用某个插件或 JAR 包时，才需要通过网络下载。

➤➤ 1.6.5 依赖管理

下面使用 Maven 开发一个简单的 Spring MVC 项目，读者可能对 Spring MVC 还不太熟悉（本书后面会详细介绍），但这不是本节介绍的重点，本节主要介绍如何使用 Maven 构建 Web 项目，并为 Web 项目添加第三方框架。

首先使用如下命令创建一个 Web 项目：

```
mvn archetype:generate -DgroupId=org.crazyit -DartifactId=smqs
-Dpackage=org.crazyit.smqs -DarchetypeArtifactId=maven-archetype-webapp
-DinteractiveMode=false
```

通过上面命令创建的项目具有如下结构：

```
smqs
└─src
   └─main
      ├─resources
      ├─webapp
         └─WEB-INF
            └─web.xml
```

其中，WEB-INF 路径和 web.xml 文件就是 Web 应用必需的文件夹和配置文件。

接下来打开 smqs 目录下的 pom.xml 文件，在该文件的<project.../>根元素内、坐标信息之后（<version.../>元素的后面）添加如下配置内容（删除原来的<name.../>和<url.../>元素）。

程序清单：codes\01\1.6\smqs\pom.xml

```xml
<name>smqs</name>
<url>http://www.crazyit.org</url>
<!-- 定义该项目所使用的 License -->
<licenses>
    <license>
        <name>Apache 2</name>
        <url>http://www.apache.org/licenses/LICENSE-2.0.txt</url>
        <distribution>repo</distribution>
        <comments>A business-friendly OSS license</comments>
    </license>
</licenses>
<!-- 声明该项目所属的组织 -->
<organization>
    <name>CrazyIt</name>
    <url>http://www.crazyit.org</url>
</organization>
<!-- 声明项目开发者 -->
<developers>
    <developer>
        <id>kongyeeku</id>
        <name>kongyeeku</name>
        <email>kongyeeku@gmai.com</email>
        <url>http://www.crazyit.org</url>
        <organization>CrazyIt</organization>
        <!-- 声明开发者的角色 -->
        <roles>
            <role>developer</role>
        </roles>
        <timezone>+8</timezone>
    </developer>
</developers>
<!-- 声明对项目有贡献的人 -->
<contributors>
    <contributor>
        <name>fkjava</name>
```

```
            <email>fkjava@hotmail.com</email>
            <url>http://www.fkjava.org</url>
            <organization>疯狂软件教育中心</organization>
            <roles>
                <role>developer</role>
            </roles>
        </contributor>
    </contributors>
```

上面的配置内容用于定制该项目的配置信息，这段配置信息指定了该项目遵守的 License，并指定了该项目所属的组织、项目的开发者，以及对项目有贡献的人。这些信息都用于定制该 Maven 项目，这些信息主要起描述作用。

为该项目添加 Spring MVC 的支持，可以在 pom.xml 中的<dependencies.../>元素内增加 <dependency.../>元素——每个<dependency.../>元素定义一个依赖框架或依赖类库。

元素可接受如下子元素。

➤ ：指定依赖框架或依赖类库所属的组织 ID。

➤ ：指定依赖框架或依赖类库的项目名。

➤ ：指定依赖框架或依赖类库的版本号。

➤ ：指定依赖库起作用的范围。该子元素可接受 compile、provided、test、system、runtime、import 等值。

➤ ：指定依赖框架或依赖类库的类型，该元素的默认值是 jar。另外，还可以指定 war、ejb-client、test-jar 等值。

➤ ：指定该依赖库是否为可选的。

➤ ：指定 JDK 版本号，如 jdk14 或 jdk15 等，指定被依赖的 JAR 包是在 JDK 哪个版本下编译的。

➤ ：用于排除依赖。

元素用于指定依赖库起作用的范围。该元素可指定如下值。

➤ compile：默认的范围，编译、测试、打包时需要。

➤ provided：表示容器会在运行时提供。

➤ runtime：表示编译时不需要，但测试和运行时需要，最终打包时会包含进来。

➤ test：只用于测试阶段。

➤ system：与 provided 类似，但要求该 JAR 是系统自带的。

➤ import：继承父 POM 文件中用 dependencyManagement 配置的依赖，import 范围只能在 dependencyManagement 元素中使用（为了解决多继承）。

关于 Maven 的依赖配置，需要说明的是，Maven 依赖管理具有传递性，比如配置文件设置了项目依赖 a.jar，而 a.jar 又依赖 b.jar，那么该项目无须显式声明依赖 b.jar，Maven 会自动管理这种依赖的传递。

由于 Maven 的依赖管理具有传递性，因此有时需要用<exclusions.../>子元素排除指定的依赖。例如以下配置：

```
<dependency>
    <groupId>javax.activation</groupId>
    <artifactId>mail</artifactId>
    <type>jar</type>
    <exclusions>
        <exclusion>
            <artifactId>activation</artifactId>
            <groupId>javax.activation</groupId>
        </exclusion>
    </exclusions>
</ dependency>
```

上面配置指定该项目依赖 mail.jar。由于 Maven 的依赖具有传递性，因此 Maven 会自动将 mail.jar 依赖的 activation.jar 也包含进来。为了将 activation.jar 排除出去，即可进行如上面配置文件中所示的粗体字配置。

掌握了依赖关系的配置方法之后，接下来可以在 smqs 项目的 pom.xml 文件的 <dependencies.../> 元素中增加如下配置。

程序清单：codes\01\1.6\smqs\pom.xml

```xml
<!-- 配置该项目依赖 Spring MVC -->
<dependency>
    <groupId>org.springframework</groupId>
    <artifactId>spring-webmvc</artifactId>
    <!-- 此处指定依赖的 Spring MVC 版本 -->
    <version>5.2.0.RELEASE</version>
</dependency>
```

上面三行粗体字代码就是 Spring MVC 框架的 Maven 坐标，每个框架的坐标除可以通过该框架自身的文档获取之外，也可以登录 链接2 站点查询。

进入 smqs 项目的 pom.xml 文件所在的路径下，执行如下命令：

```
mvn package
```

由于此时 Maven 项目中的文件组织形式符合 Web 应用的格式，而且 pom.xml 文件中 <packaging.../>元素的值为 war，因此执行上面的命令将会把该项目打包成 WAR 包。

执行上面的命令，同样也会从网络上下载插件和文件，当该命令执行成功后，即可在 target 目录下看到一个 smqs.war 文件，如果用 WinRAR 工具解压缩该文件，即可看到该压缩包内 WEB-INF\lib 中包含了 Spring MVC 框架的各种 JAR 包，如图 1.32 所示。

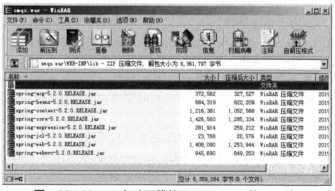

图 1.32　Maven 自动下载的 Spring MVC 的 JAR 包

从图 1.32 可以看出，使用 Maven 之后，开发者只需要在 pom.xml 文件中配置该项目依赖 Spring MVC，剩下的事情就交给 Maven 搞定，开发者无须关心 Spring MVC 的官网，无须关心从哪里下载 Spring MVC 的 JAR 包，无须关心 Spring MVC 框架依赖哪些第三方 JAR 包，所有依赖关系都交给 Maven 处理即可。依赖管理，可以说是 Maven 最大的魅力之一。

由于本节并不打算介绍 Spring MVC 的开发过程，因此 smqs 项目只是添加了 Spring MVC 框架及其依赖的 JAR 包，实际并不包含任何功能——因为并未书写任何代码。

▶▶ 1.6.6　POM 文件的元素

Maven 使用 pom.xml 文件来描述项目对象模型，因此 pom.xml 文件可以包含大量元素用于描述该项目。前面已经通过示例介绍了 pom.xml 文件中大量常用的元素。实际上，pom.xml 文件还可包含如下元素。

➢ <properties.../>：该元素用于定义全局属性。

> ➢ <dependencies.../>：该元素用于定义依赖关系。该元素可以包含 0~N 个<dependency.../>子元素，每个< dependency.../>子元素定义一个依赖关系。
> ➢ <dependencyManagement.../>：该元素用于定义依赖管理。
> ➢ <build.../>：该元素用于定义构建信息。
> ➢ <reporting.../>：该元素用于定义站点报告的相关信息。
> ➢ <licenses.../>：该元素用于定义该项目的 License 信息。
> ➢ <organization.../>：该元素指定该项目所属的组织信息。
> ➢ <developers.../>：该元素用于配置该项目的开发者信息。
> ➢ <contributors.../>：该元素用于配置该项目的贡献者信息。
> ➢ <issueManagement.../>：该元素用于定义该项目的 bug 跟踪系统。
> ➢ <mailingLists.../>：该元素用于定义该项目的邮件列表。
> ➢ <scm.../>：该元素指定该项目源代码管理工具，如 CVS、SVN 等。
> ➢ <repositories.../>：该元素用于定义远程资源库的位置。
> ➢ <pluginRepositorie.../>：该元素用于定义插件资源库的位置。
> ➢ <distributionManagement.../>：该元素用于部署管理。
> ➢ <profiles.../>：该元素指定根据环境调整构建配置。

关于 pom.xml 文件的详细语句约束可参考 http://maven.apache.org/maven-v4_0_0.xsd 文件。

1.7　使用 Git 进行软件配置管理（SCM）

SVN 是一个广泛使用的版本控制系统，但 SVN 的主要弱点在于：它必须时刻连着服务器，一旦断开网络，SVN 就无法正常工作。

由于 Linus（Linux 系统的创始人）对 SVN 非常 "不感冒"（因为 SVN 必须联网才能使用），因此 Linus 在 2005 年着手开发了一个新的分布式版本控制系统：Git。不久，很多人就感受到了 Git 的魅力，纷纷转投 Git 门下。

2008 年，GitHub 网站上线了，它为开源项目免费提供 Git 存储，无数开源项目开始迁移至 GitHub，包括 jQuery 和 MyBatis 等。

SVN 与 Git 相比，二者的本质区别在于：SVN 是集中式的版本控制系统，而 Git 是分布式的版本控制系统。

先简单回顾集中式版本控制系统（以 SVN 为例），SVN 的版本库是集中存放在中央服务器上的，每个开发者工作时，都必须先从中央服务器同步最新的代码（下载最新的版本），然后开始修改，修改完了再提交给服务器。

下面介绍分布式版本控制系统（以 Git 为例）。对于 Git 而言，每个开发者的本地磁盘上都存放着一份完整的版本库，因此开发者工作时无须联网，直接使用本地版本库即可。只有需要多人相互协作时，才通过 "中央服务器" 进行管理。

 提示:
　　简单来说，与 SVN 相比，Git 的改变相当于让每个开发者都在本地 "缓存" 了一份完整的资源库，因此开发者对自己开发的项目文件执行添加、删除、返回之前版本时不需要通过服务器来完成。

▶▶ 1.7.1　下载和安装 Git、TortoiseGit

Git 是 Linus 开发的，因此起初 Git 自然是运行在 Linux 平台上的。后来 Git 也为 Windows、

Mac OS X 等平台提供了相应的版本。本书以 Windows 7 为例来介绍 Git 的安装和使用。

下载和安装 Git 请按如下步骤进行。

① 登录 Git 官网下载站点，下载 Git 的最新版本。本书成书之时，Git 的最新稳定版本是 2.23.0。

② 下载 Git 2.23.0，下载完成后得到一个 Git-2.23.0-64-bit.exe 文件（这是 64 位的安装文件。如果读者使用的是 32 位的操作系统，请下载 32 位的安装文件）。

③ 双击 Git-2.23.0-64-bit.exe 文件即可开始安装。首先看到的是 Git 所遵守的协议（GNU 协议），直接单击"Next"按钮，随后显示的对话框询问用户要将 Git 安装在哪个目录下（通常建议直接安装在根目录下），接下来可以看到如图 1.33 所示的选择安装组件的对话框。

④ 在选择安装组件的对话框中，取消勾选"Windows Explorer Integration"复选框——这是因为我们不打算使用 Git 本身提供的 GUI 工具，而是打算使用 TortoiseGit。单击"Next"按钮。

⑤ 安装程序询问是否需要在 Windows 的"开始"菜单中为 Git 创建菜单，通常无须修改，直接单击"Next"按钮，安装程序显示如图 1.34 所示的对话框，选择是否修改 PATH 环境变量。

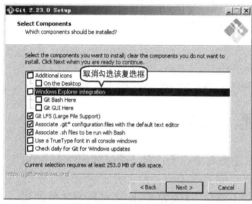

图 1.33　选择安装组件

图 1.34　选择是否修改 PATH 环境变量

⑥ 出于方便的考虑，需要将 git 命令添加到 Windows 命令行窗口；出于安全的考虑，不需要将 UNIX 工具添加到 Windows 命令行窗口。因此，在图 1.34 所示的对话框中选择第二个单选钮，然后单击"Next"按钮。安装程序显示如图 1.35 所示的对话框，选择使用哪种 SSH 工具。

⑦ 如果机器上安装过 TortoiseSVN，Git 会询问是使用默认的 OpenSSH 工具，还是使用 TortoiseSVN 提供的 Plink 工具。此处没必要调整，因此直接选择默认的 OpenSSH 工具，然后单击"Next"按钮。接下来为 HTTPS 连接选择传输协议，这里选择默认的 OpenSSL 库后单击"Next"按钮。安装程序显示如图 1.36 所示的对话框，选择如何处理文件的换行符。

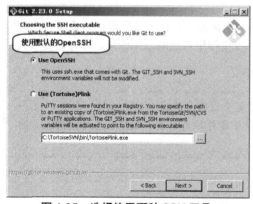

图 1.35　选择使用哪种 SSH 工具

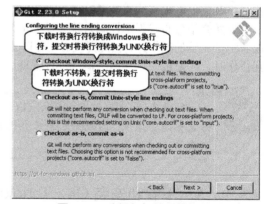

图 1.36　选择如何处理换行符

⑧ 从图 1.36 可以看出，第一个选项表示在下载文件时将换行符转换为 Windows 换行符，提

交文件时则将换行符转换成 UNIX 换行符——这是最适合 Windows 开发者的方式，因此此处选择第一个选项；第二个选项适合于 Linux、UNIX 开发者；第三个选项表示不做任何转换，因此不适合跨平台的项目。选择后单击"Next"按钮，安装程序询问使用哪种终端模拟器，保持默认设置并单击"Next"按钮。在接下来出现的对话框中单击"Install"按钮开始安装 Git。

安装完成后，即可在 Windows 命令行窗口使用 git 命令了。在命令行窗口输入 git 命令并按回车键，即可看到如下提示信息：

```
C:\Users\yeeku>git
usage: git [--version] [--help] [-C <path>] [-c name=value]
           [--exec-path[=<path>]] [--html-path] [--man-path] [--info-path]
           [-p | --paginate | --no-pager] [--no-replace-objects] [--bare]
           [--git-dir=<path>] [--work-tree=<path>] [--namespace=<name>]
           <command> [<args>]

These are common Git commands used in various situations:
...
```

上面的提示信息表明 Git 安装成功。

如果用户非常喜欢命令行工具，则可以直接在命令行窗口使用 git 命令来进行软件配置管理。但是，对于大部分读者而言，直接使用 git 命令会比较费劲，因此本书还会介绍一个非常好用的工具：TortoiseGit。

下载和安装 TortoiseGit 非常简单，按如下步骤进行即可。

① 登录 TortoiseGit 官方下载站点，下载 TortoiseGit 的最新版本。本书成书之时，TortoiseGit 的最新稳定版本是 2.8.0。

② 下载 TortoiseGit 2.8.0，下载完成后得到一个 TortoiseGit-2.8.0.0-64bit.msi 文件（这是 64 位的安装文件。如果读者使用的是 32 位的操作系统，请下载 32 位的安装文件），双击该文件即可开始安装，安装 TortoiseGit 与安装普通软件并无太大区别。

TortoiseGit 已经被整合到 Windows 资源管理器中，因此使用 TortoiseGit 非常简单，在 Windows 资源管理器的任何文件、文件夹或者空白处单击鼠标右键，即可在弹出的快捷菜单中看到 TortoiseGit 对应的工具菜单，如图 1.37 所示。

图 1.37 在快捷菜单中集成的 TortoiseGit 工具菜单

提示：
> TortoiseGit 还提供了一个语言包，可以将该软件汉化成简体中文界面，但考虑到软件开发者的工作环境（大部分人用英文，甚至与国外开发者协作开发），因此推荐保持英文界面。

▶▶ 1.7.2 创建本地资源库

创建本地资源库非常简单：选择需要版本管理的工作目录，然后在该工作目录下创建资源库即可。具体操作按以下步骤执行即可。

① 选择需要版本管理的工作目录，比如此处打算对 G:\gitJava 目录进行版本管理。通过资源管理器进入该目录，在空白处单击鼠标右键，弹出如图 1.37 所示的 TortoiseGit 工具菜单，单击"Git Create repository here..."菜单项，系统弹出如图 1.38 所示的对话框。

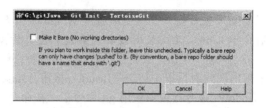

图 1.38　创建资源库

② 该对话框中有一个"Make it Bare"复选框，如果勾选该复选框，则意味着将该目录初始化为"纯版本库"（开发者不能在该目录下干活），因此此处不要勾选该复选框。单击"OK"按钮，即可成功创建本地资源库。

提示：
> 以上步骤相当于在 G:\gitJava 目录下执行 git init 命令，该命令同样用于在指定目录下创建本地资源库。执行 git init --bare 命令，则相当于勾选了图 1.38 所示对话框中的"Make it Bare"复选框。

创建完成后，Git 将会在 G:\gitJava 目录下新建一个隐藏的.git 文件夹，该文件夹就是 Git 的本地版本库，它负责管理 G:\gitJava 目录下文件的添加、删除、修改、分支等操作。

创建本地资源库之后，接下来可对该资源库进行一些初步配置。

在资源库目录（G:\gitJava）的空白处单击鼠标右键，系统弹出如图 1.37 所示的菜单，单击"TortoiseGit"→"Settings"菜单项，系统弹出如图 1.39 所示的参数设置对话框。

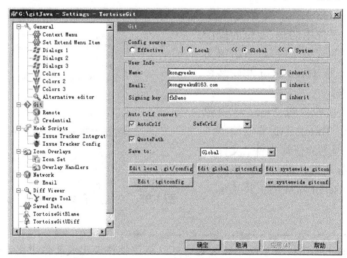

图 1.39　TortoiseGit 的参数设置对话框

在图 1.39 所示的参数设置对话框中提供了常用的设置分类。

➢ General：该分类主要用于设置界面语言、字体、字体大小、字体颜色等通用信息。

➢ Git：该分类主要用于设置 Git 本身的相关信息。

➢ Diff Viewer：该分类用于设置 Diff 文件比较器的比较界面。

➢ TortoiseGitUDiff：该分类用于设置 TortoiseGitUDiff 文件比较器的比较界面。

此处主要介绍 Git 相关设置，因此单击图 1.39 所示对话框左边的"Git"节点，并选中上方的"Global"单选钮，即可看到如图 1.40 所示的对话框。

在图 1.40 所示对话框中输入 Name、E-mail、Signing key 信息，这些信息将作为用户提交代码的标识（就是告诉 Git 谁在提交代码）。后面会看到，每次提交代码时，Git 都会记录这些用户信息。

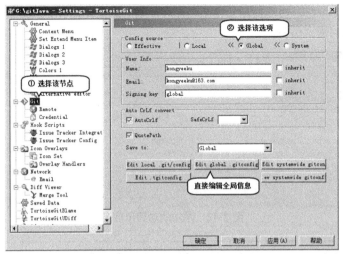

图 1.40 为 Git 设置全局用户信息

通过图 1.40 所示对话框设置的是 Git 的全局信息，全局信息以明文保存在用户 HOME 目录（Windows 的用户 HOME 目录为 C:\Users\<用户名>）下的.git-credentials 文件中，开发者也可通过图 1.40 所示对话框下方的 "Edit global .gitconfig" 按钮直接编辑.git-credentials 文件，这种方式更直接——但对于初级用户来说，容易产生错误。

选中图 1.40 所示对话框上方的 "Local" 单选钮，表明为当前项目设置 Git 相关信息，此时可以重新设置 Name、E-mail、Signing key 等信息。局部信息以明文保存在.git 目录下的 config 文件中，开发者也可通过图 1.40 所示对话框下方的 "Edit local .git/config" 按钮直接编辑 config 文件，这种方式更直接——但对于初级用户来说，容易产生错误。

当局部信息和全局信息不一致时，局部信息取胜。如果 "Global" 选项和 "Local" 选项下输入的用户信息不一致，则选中 "Effective" 单选钮（该选项用于显示实际生效的用户信息），即可看到实际生效的是 "Local" 选项下输入的用户信息。

▶▶ 1.7.3　添加文件和文件夹

Git 添加文件和文件夹也很简单，先把文件和文件夹添加到 Git 系统管理之下，然后提交修改即可。

例如，在 G:\gitJava 目录下添加一个 a.jsp 文件，该文件内容可以随便写，并在该目录下添加一个 WEB-INF 文件夹，在该文件夹下添加 web.xml 文件。接下来，打算将 a.jsp 文件和 WEB-INF 文件夹添加到 Git 管理之下，步骤如下。

① 同时选中 a.jsp 文件和 WEB-INF 文件夹，单击鼠标右键，在弹出的快捷菜单中选择 "TortoiseGit" → "Add..." 菜单项，系统弹出如图 1.41 所示的对话框。

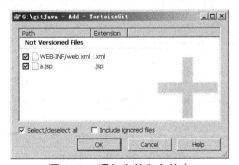

图 1.41　添加文件和文件夹

② 单击"OK"按钮，该文件和文件夹就被添加到 Git 管理之下了。添加完成后，TortoiseGit 显示如图 1.42 所示的提示信息。

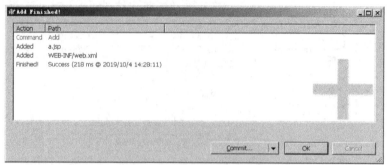

图 1.42　添加成功提示信息

提示：
　　添加操作相当于执行 git add 命令，因此上面步骤相当于在 G:\gitJava 目录下执行 git add a.jsp WEB-INF 命令。

▶▶ 1.7.4　提交修改

与 SVN 相似，添加文件和文件夹之后，还需要执行提交操作才能真正将修改提交到版本库中。实际上，Git 的操作总是按"操作→提交"模式执行的，此处的操作包括添加文件、修改、删除等。

创建本地资源库之后，Git 在资源库下创建一个.git 文件夹，该文件夹被称为 Git 版本库（用于记录各文件的修改历史）。Git 版本库中存了很多东西，其中包括名为 stage（index）的暂存区。

开发者对文件所做的各种操作（比如添加、删除、修改等），都只是保存在 stage 暂存区中，只有等到执行提交时才会将暂存区中的修改批量提交到指定分支。在创建 Git 本地资源库时，Git 会自动创建唯一的 master 主分支。

执行提交操作请按如下步骤进行。

① 在 G:\gitJava 目录的空白处单击鼠标右键，在弹出的快捷菜单中单击"Git Commit"→"master..."菜单项，系统显示如图 1.43 所示的提交确认对话框。

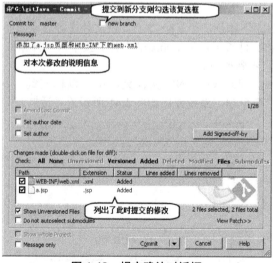

图 1.43　提交确认对话框

② 在图 1.43 所示的提交确认对话框中，可以为本次提交输入说明信息，也可以通过勾选"new

branch"复选框提交给新的分支（默认提交给 master 主分支，这是 Git 默认创建的主分支），下面则列出了本次提交所产生的修改。按图 1.43 所示方式输入说明信息后，单击"Commit"按钮即可开始提交，TortoiseGit 显示如图 1.44 所示的提交进度对话框。

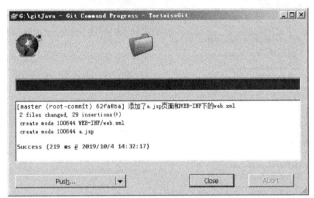

图 1.44　提交进度对话框

当提交进度条完成时，表明 Git 提交完成，可单击"Close"按钮关闭该对话框。

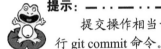

　　提交操作相当于执行 git commit 命令，因此上面步骤相当于在 G:\gitJava 目录下执行 git commit 命令。

　　此外，开发者可以使用自己喜欢的工具（文本编辑器或 IDE 工具）对工作区的代码进行开发，Git 会自动将这些修改放入 stage 暂存区中。

　　当项目开发到某个步骤，需要将 stage 暂存区中的修改提交给指定分支时，提交修改操作也按刚刚介绍的步骤进行。

　　此处可以尝试对 a.jsp 页面进行一些修改，然后通过 git commit 命令或 TortoiseGit 菜单中的"Git Commit"→"master..."菜单项执行提交。

▶▶ 1.7.5　查看文件或文件夹的版本变更

　　通过 TortoiseGit 也可查看文件或文件夹的版本变更历史，并比较任意两个版本之间的差异。

　　查看文件或文件夹的版本变更历史非常简单，在 G:\gitJava 目录的空白处单击鼠标右键，在弹出的快捷菜单中单击"TortoiseGit"→"Show log"菜单项，即可看到如图 1.45 所示的版本变更历史。

　　从图 1.45 可以看出，Git 会集中管理整个项目的版本变更。我们在窗口上方选中某个提交信息，在窗口中间可以看到本次提交的唯一标识（以 SHA-1 名表示）和说明信息；在窗口下方可以看到本次提交涉及的文件。比如图 1.45 所示，选中了第一次提交的添加操作，在窗口中可以看到本次提交操作添加了 WEB-INF/web.xml 和 a.jsp 两个文件。

　　查看版本变更历史也可以使用 git log 命令，该命令将以文字界面的方式显示资源库的版本变更历史，文字界面就不如图 1.45 所示界面直观了。

　　TortoiseGit 的很多"撤回"操作都可通过图 1.45 所示的窗口来完成。比如在 a.jsp 文件上单击鼠标右键，即可弹出如图 1.46 所示的菜单。

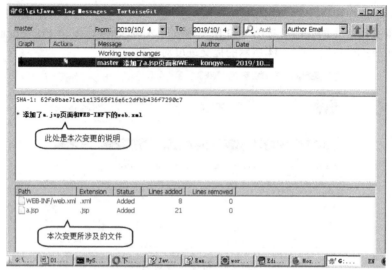

图 1.45　查看文件或文件夹的版本变更历史

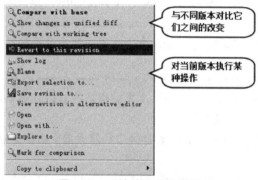

图 1.46　版本变更操作菜单

其中前三个菜单项主要用于对比该版本的文件与其他版本（查看具体做过哪些修改，修改部分会以高亮显示）；中间部分的菜单项主要用于对当前版本执行某种操作，比如退回该版本，可单击"Revert to this revision"菜单项；将该版本文件另存，则可单击"Save revision to..."菜单项。

▶▶ 1.7.6　删除文件或文件夹

删除文件或文件夹操作同样按"删除→提交"模式执行。通过 TortoiseGit 删除指定的文件或文件夹非常简单，按如下步骤执行即可。

① 通过资源管理器删除指定文件或文件夹。

 提示：

也可通过 git rm <文件或文件夹>命令来删除文件或文件夹。

② 在资源库的空白处单击鼠标右键，在弹出的快捷菜单中单击"TortoiseGit"→"Commit"菜单项，提交修改即可。

 注意

删除文件或文件夹之后，还必须执行提交操作；否则，在本地所做的删除操作不会提交到服务器。提交修改同样可使用 git commit 命令来完成。

▶▶ 1.7.7　从以前版本重新开始

使用版本管理工具最大的好处在于：开发者可以随时返回以前的某个版本。如果在开发过程中把某个文件改坏了，希望重新找回该文件以前的某个版本，或者想从前面的某个阶段重新开始，TortoiseGit 都提供了方便的操作允许"重返"（重设，Reset 操作）以前的某个版本。

如果要将整个资源库重返以前的某个版本，则按如下步骤进行。

① 按前面介绍的方式查看版本库的变更历史。

② 在图 1.45 所示的窗口中选中上方版本列表中希望恢复的版本，单击鼠标右键，在弹出的快捷菜单中单击"Reset 'master' to this"菜单项，如图 1.47 所示。

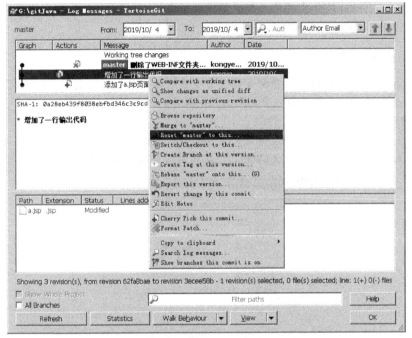

图 1.47　重设指定版本

③ 系统显示如图 1.48 所示的对话框，该对话框用于设置重设的相关选项。其中上半部分用于指定哪个分支、重设到哪个版本；下半部分则用于指定重设类型。Git 支持如下三种重设类型。

> Soft：软重设，只将指定分支重设到指定版本，不改变当前工作空间和 stage 暂存区。

> Mixed：混合，将指定分支重设到指定版本，将 stage 暂存区也重设到指定版本，但不改变工作空间。

> Hard：将指定分支、stage 暂存区、工作空间全部重设到指定版本。

图 1.48　设置重设选项

由于前一步删除了 WEB-INF 文件夹和 a.jsp 文件，如果希望能将整个工作空间（就是 G:\gitJava 目录）都恢复到删除之前的状态，那么应该选中"Hard"重设类型。

④ 根据需要选择重设类型，然后单击"OK"按钮，整个项目即可恢复到指定版本。此时将会看到工作空间下的 WEB-INF 文件夹和 a.jsp 文件又回来了。

> **提示：**
> 　　重设指定版本也可使用 git reset <版本标识>命令来完成，其中 "版本标识" 就是前面所看到的每次提交的 SHA-1 名。

如果只想将单个文件恢复到指定版本，则按如下步骤进行。

① 按前面介绍的方式查看版本库的变更历史。

② 在图 1.47 所示对话框中选中上方版本列表中希望恢复的版本，然后在下方的文件列表中选中希望恢复的文件，单击鼠标右键，TortoiseGit 将会弹出如图 1.46 所示的快捷菜单，单击 "Revert to this revision" 菜单项，该文件就会被恢复到指定版本的状态。

③ 恢复单个文件后，实际上相当于对文件进行了修改，如果希望将这种修改保存到版本库中，则同样需要执行提交操作。

▶▶ 1.7.8　克隆项目

克隆（Clone）项目就是将所选资源库当前分支的所有内容复制到新的工作空间下。如果当前分支不是 master 主分支，而是其他分支，那么克隆操作自然就是复制其他分支的内容。

克隆项目按如下步骤进行即可。

① 进入打算克隆项目的文件夹（此处以 E:\newGit 目录为例），在该文件夹的空白处单击鼠标右键，在弹出的快捷菜单中单击 "Git Clone..." 菜单项，系统弹出如图 1.49 所示的克隆对话框。

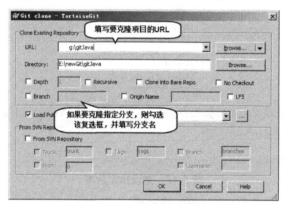

图 1.49　克隆对话框

② 在图 1.49 所示对话框的 "URL" 中填写被克隆项目的 URL，如果是本地项目，则直接填写该项目所在的路径；如果是远程项目，则填写远程项目的 URL。"Directory" 则用于指定将项目克隆到本地的哪个目录下。如果项目中可能包含有大文件，则勾选 "LFS" 复选框。设置完成后单击 "OK" 按钮。

TortoiseGit 将会显示克隆过程的进度，克隆完成后，在 E:\newGit\目录下将会多出一个 gitJava 文件夹，这就是刚刚克隆出来的项目。

> **提示：**
> 　　克隆项目可通过 git.exe "被克隆项目的 URL" "本地存储路径"命令来完成。克隆本地项目与克隆远程项目其实差不多，只是填写被克隆项目的 URL 有所不同而已。

▶▶ 1.7.9　创建分支

有些时候不想继续沿着开发主线开发，而是希望试探性地添加一些新功能，这时候就需要在原来的开发主线上创建一个分支（Branch），进而在分支上进行开发，避免损坏原有的稳定版本。

创建分支请按如下步骤进行。

① 在项目所在工作空间的空白处单击鼠标右键，在弹出的快捷菜单中单击"TortoiseGit"→"Create Branch..."菜单项，系统弹出如图 1.50 所示的对话框。

② 在图 1.50 所示对话框中输入新分支的名字，并指定该分支基于哪个版本来创建，然后单击"OK"按钮，创建分支成功。

创建分支之后，接下来就可以在新分支上进行开发了，从而避免损坏原有的文件版本。

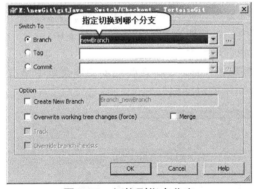

图 1.50　创建分支

▶▶ 1.7.10　沿着分支开发

为了沿着分支进行开发，要求先切换到分支所在的版本（可通过勾选图 1.50 所示对话框中的"Switch to new branch"复选框，在创建分支时切换到指定分支）。

为了切换到指定分支继续开发，可按如下步骤进行。

① 在工作空间的空白处单击鼠标右键，在弹出的快捷菜单中单击"TortoiseGit"→"Switch/Checkout..."菜单项，系统弹出如图 1.51 所示的对话框。

图 1.51　切换到指定分支

② 在图 1.51 所示对话框中选择要切换的分支，然后单击"OK"按钮，当前文件就会被切换到指定分支，接下来对该文件所做的修改都将沿着该分支进行。

提示：

切换到指定分支，也可通过 git.exe checkout <分支名>命令来完成。

例如，切换到 newBranch 分支之后继续对 a.jsp 文件进行修改，修改完成后，将所做的修改提交到版本库中，再次查看该项目的版本变更历史，将看到如图 1.52 所示的对话框。

从图 1.52 所示对话框的上方可以看出，此时所做的修改不是在 master 主分支上进行的，而是在 newBranch 分支上进行的。

如果开发者沿着分支开发了一段时间之后，想继续维护 master 主分支上的开发，则还可以切换回 master 主分支继续开发。从新分支切换回 master 主分支与切换到其他分支并无任何区别，故此处不再赘述。

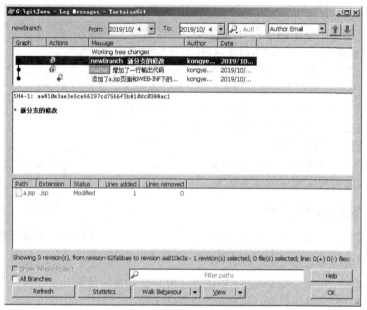

图 1.52　沿着分支开发

▶▶ 1.7.11　合并分支

当项目沿着分支试探性开发新功能达到一定的稳定状态之后，还可以将开发分支和 master 主分支进行合并，从而将分支中的新功能添加到 master 主分支中。

为了实现合并，可以按如下步骤进行。

① 在工作空间的空白处单击鼠标右键，在弹出的快捷菜单中单击"TortoiseGit"→"Merge..."菜单项，系统弹出如图 1.53 所示的对话框。

图 1.53　设置合并信息

② 在图 1.53 所示对话框的上方设置要合并的目标分支，在下方填写合并的说明信息，然后单击"OK"按钮，TortoiseGit 开始执行合并。

> **提示：**
> 执行合并可通过 git.exe merge -m "合并信息" <分支名>命令来完成。在执行合并之前，可以先通过 TortoiseGit 提供的文件对比工具查看两个分支的文件之间存在的差异。

▶▶ 1.7.12　使用 Eclipse 作为 Git 客户端

最新的 Eclipse IDE for Java EE Developers（2019-09 版）默认已经集成了 Git 客户端，因此可使用 Eclipse 作为 Git 客户端。

如果要使用 Eclipse 导入 Git 项目，则可通过如下步骤进行。

① 单击 Eclipse 的"File"→"Import"菜单，打开 Eclipse 的 Import 对话框，如图 1.54 所示。

② 选择"Git"→"Projects from Git"节点，单击"Next"按钮，Eclipse 将会显示如图 1.55 所示的对话框。

图 1.54　Eclipse 导入项目

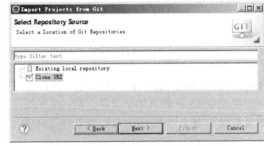

图 1.55　选择导入 Git 项目的类型

③ 在图 1.55 所示对话框中显示了"Existing local repository"和"Clone URI"两个节点，它们分别代表克隆本地资源库和克隆远程资源库。此处打算克隆前面的 G:\gitJava 资源库（本地资源库），因此选择第一个节点，然后单击"Next"按钮。

④ Eclipse 显示选择 Git 资源库的对话框。在初始状态下，Eclipse 不会显示任何 Git 资源库，这是因为还没有为 Eclipse 配置 Git 资源库。单击该对话框右边的"Add..."按钮，Eclipse 显示如图 1.56 所示的对话框。

图 1.56　添加 Git 资源库

⑤ 填写本地 Git 项目的路径后，单击"Finish"按钮，返回选择 Git 资源库的对话框，此时将看到 Eclipse 列出了刚刚添加的 Git 资源库。选择该 Git 资源库，然后单击"Next"按钮，Eclipse 显示如图 1.57 所示的对话框。

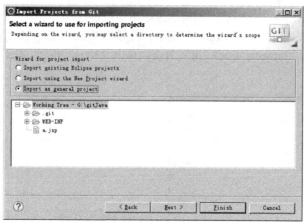

图 1.57　为导入项目选择向导

⑥ 在图 1.57 所示的对话框中，第一个选项表示导入一个已有的 Eclipse 项目；第二个选项表示启用新项目向导来执行导入；第三个选项表示作为一个通用项目导入。此处选择第三个选项"Import as general project"，然后单击"Finish"按钮完成导入。

在 Eclipse 中导入 Git 项目之后，在该项目上单击鼠标右键，在弹出的快捷菜单中选择"Team"，即可看到如图 1.58 所示的 Git 管理的菜单项。

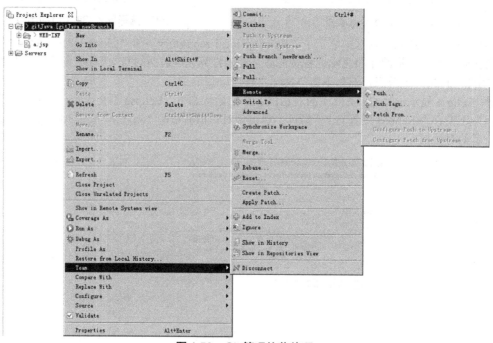

图 1.58　Git 管理的菜单项

从图 1.58 所示的菜单项可以看出，Git 操作最常用的添加（Add）、提交（Commit）、重返以前的版本（Reset）等都非常直观，此处不再赘述。

此外，对于一个已有的 Eclipse 项目（非 Git 项目），也可在该项目上单击鼠标右键，在弹出的快捷菜单中单击"Team"→"Share Project"菜单项，选择通过 Git 将该项目放入 Git 资源库中。

▶▶ 1.7.13　配置远程中央资源库

前面介绍的 Git 操作都是直接通过本地资源库进行的（无须连接远程资源库），这就是 Git 分布式的典型特点。但是当多个开发者需要对项目进行协作开发时，最后还是需要连接远程中央资源库的，所有开发者都需要通过远程中央资源库进行项目交换。

GitHub 就是免费的远程中央服务器，如果是个人、小团队的开源项目，则可以直接使用 GitHub 作为中央服务器进行托管。但如果是公司开发的项目，则通常不会选择 GiHub 作为中央服务器，往往会在企业内部搭建自己的中央服务器。

本节将会介绍使用 GitStack 来配置远程中央资源库。GitStack 是 Windows 平台上的远程中央资源库，具有简单、易用的特征。

提示：
　　在企业实际开发中大多会采用 Linux 平台来配置 Git 中央资源库，在 Linux 上配置中央资源库其实更方便。在 Windows 平台上配置 Git 中央服务器，除使用 GitStack 之外，也可使用 Gitblit GO。

下载和安装 GitStack 请按如下步骤进行。

① 登录 GitStack 官网下载站点，下载 GitStack 的最新版本。本书成书之时，GitStack 的最新稳定版本是 2.3.11。

② 下载 GitStack 2.3.11，下载完成后得到一个 GitStack_2.3.11.exe 文件。

③ 双击 GitStack_2.3.11.exe 文件即可开始安装。安装 GitStack 与安装普通的 Windows 软件基本没有什么区别，在安装过程中注意以下两点即可。

➢ 不要将 GitStack 安装在带空格的路径（比如 Program files）下，推荐直接安装在根路径下。

➢ 即使机器上已经安装了 Git，GitStack 也依然要使用它自带的 Git，因此推荐安装 GitStack 时一并安装 Git。

GitStack 安装完成后，启动浏览器，在地址栏中输入 http://localhost/gitstack/（如果访问远程主机，则将 localhost 换成主机 IP 地址），即可看到 GitStack 的登录界面，GitStack 默认内置了一个 admin 账户，密码也是 admin。

在登录界面中输入账户名 admin 和密码 admin，即可登录 GitStack 管理界面，如图 1.59 所示。

图 1.59　GitStack 管理界面

从图 1.59 中可以看出，GitStack 的管理主要分为三类。

➤ Repositoies：用于管理 Git 资源库，包括创建资源库、删除资源库、管理资源库权限等。

➤ Users & Groups：主要用于管理用户和组，包括添加、删除用户和组，以及管理用户和组的权限。

➤ Settings：主要是 GitStack 的一些通常设置。可通过 Settings 下的 General 设置来修改 admin 账户的密码、修改服务端口、修改 GitStack 管理的资源库的存储路径。通常，只需修改 admin 账户的密码即可，其他设置暂时无须改变。

通过图 1.59 所示的界面来创建一个资源库——在服务端创建的资源库是纯资源库（开发者不能在纯资源库下开发），创建完成后可以看到如图 1.60 所示的界面。

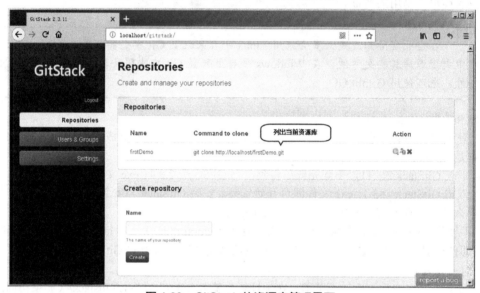

图 1.60 GitStack 的资源库管理界面

在图 1.60 所示的界面中列出了刚刚创建的 firstDemo.git 资源库，还提供了克隆该资源库的命令：git clone http://localhost/firstDemo.git。在该资源库条目的右边支持三个操作。

➤ 查看（放大镜图标）：通过浏览器查看资源库的内容。

➤ 管理用户权限（人像图标）：为该资源库管理用户以及对应的权限。

➤ 删除（删除图标）：删除该资源库。

> **提示：**
> 资源库创建完成后，可以在 C:\GitStack\repositories 目录下（假设 GitStack 安装在 C 盘根目录下）看到多了一个 firstDemo.git 文件夹，该文件夹就是刚刚创建的纯资源库。

接下来，我们为 GitStack 新增一个用户，单击 GitStack 管理界面左边的"Users & Groups"分类下的 Users 标签，系统显示如图 1.61 所示的用户管理界面。

在 Username 和 Password 框中分别输入用户名、密码后，单击"Create"按钮，即可创建一个新用户。

创建完用户之后，返回图 1.60 所示的资源库管理界面，单击资源库条目右边的"管理用户权限"图标，系统显示如图 1.62 所示的界面。

从图 1.62 中可以看出，此时该资源库下没有任何用户，也没有任何用户组。单击该管理界面上的"Add user"按钮，即可为该资源库添加用户（此处添加的用户需要先通过"Users & Groups"分类下的 Users 标签进行配置）。用户添加完成后，可以看到如图 1.63 所示的界面。

图 1.61 GitStack 的用户管理界面

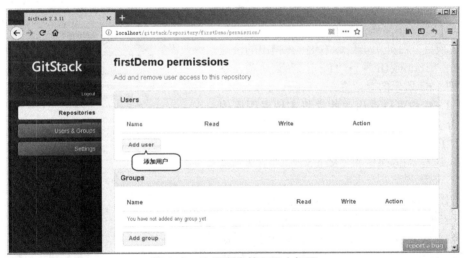

图 1.62 为资源库管理用户权限

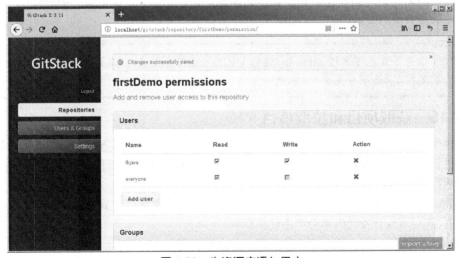

图 1.63 为资源库添加用户

从图 1.63 中可以看出，fkjava 用户对该资源库具有 Read、Write 权限（勾选代表有权限），这意味着 fkjava 可以读取资源库，也可以向资源库中提交代码。everyone（任何人）用户则只具有 Read 权限，因此其只能读取资源库。

经过上面的步骤，我们就通过 GitStack 创建并配置了一个简单的资源库。

▶▶ 1.7.14　推送项目

推送（Push）项目指的是将本地资源库的更新推送给中央资源库。为了演示推送功能，先通过 TortoiseGit 来克隆远程资源库。

按 1.7.8 节介绍的方式来克隆远程资源库，只是在图 1.49 所示对话框的"URL"中填写远程资源库的 URL，刚刚配置的远程资源库的 URL 为 http://192.168.1.188/firstDemo.git（其中 192.168.1.188 是笔者电脑的 IP 地址），然后单击"OK"按钮，即可克隆远程的中央资源库。

比如再次在 E:\newGit 目录下克隆远程的中央资源库，克隆完成后将会看到 E:\newGit 目录下多出一个 firstDemo 目录，这就是中央资源库的本地克隆版。

开发者可以进入 firstDemo 目录工作了，比如添加一个 HelloWorld.java 文件，然后将该文件提交到本地资源库中。

接下来即可将该修改推送给远程的中央资源库，推送项目按如下步骤进行。

① 在项目空白处单击鼠标右键，在弹出的快捷菜单中单击"TortoiseGit"→"Push..."菜单项，系统弹出如图 1.64 所示的对话框。

从图 1.64 中可以看出，此处将本地资源库的 master 主分支推送给远程资源库的 master 主分支。如果勾选"Push all branches"复选框，则代表推送所有分支，这样"Local"和"Remote"两个文本框就会变成不可用。

② 按图 1.64 所示方式输入推送信息，然后单击"OK"按钮开始推送，系统会提示输入用户名、密码——输入前一节配置 GitStack 中央资源库时添加的用户名（fkjava）和密码，如果用户名、密码正确，且该用户具有写远程资源库的权限，那么本地分支的修改就会被推送给远程的中央资源库。

图 1.64　推送项目

提示：

推送项目也可通过 git pull <远程 URL> <远程分支名>:<本地分支名>命令来完成，如果不指定<远程分支名>:<本地分支名>，则默认推送本地和远程当前分支。

▶▶ 1.7.15　获取项目和拉取项目

多人协作开发时，如果团队中有人向远程的中央版本库中提交了更新，那么团队中其他人就需要将这些更新取回本地，这时就要获取（Fetch）项目或拉取（Pull）项目。

获取项目或拉取项目的区别在于：

➢ 获取项目只是取回中央版本库中的更新，不会自动将更新合并到本地项目中，因此它取回的代码对本地开发代码不会产生任何影响。

➢ 拉取项目会取回中央版本库中的更新，且自动将更新合并到本地项目中。

通过获取项目所取回的更新，在本地主机上要用"远程主机名/分支名"的形式读取。比如 origin

主机的 master 分支，就要用 origin/master 来读取。

　　获取项目之后，既可将远程分支创建成本地项目的新分支，按前面介绍的创建分支的方式执行创建即可，也可将远程分支合并到本地项目的指定分支上，按前面介绍的合并分支的方式执行合并即可。

　　在默认情况下，获取项目将取回所有分支的更新。如果想取回中央资源库的所有分支，则执行如下格式的命令。

```
git fetch <远程主机 URL>
```

　　如果只想取回特定分支的更新，则可以指定分支名，执行如下格式的命令。

```
git fetch <远程主机 URL> <分支名>
```

　　拉取项目用于取回远程中央资源库的某个分支的更新，然后与本地的指定分支合并。该命令的完整格式如下：

```
git pull <远程主机 URL> <远程分支名>:<本地分支名>
```

　　如果希望将远程中央资源库的某个分支合并到本地资源库的当前分支上，则可省略本地分支名，即执行如下格式的命令即可。

```
git pull <远程主机 URL> <远程分支名>
```

　　由此可见，拉取项目操作相当于获取项目操作再加上合并操作。

　　下面还是通过 TortoiseGit 的图形界面来示范如何拉取项目。为了更好地示范拉取项目操作，我们先在另一个路径下克隆前一节提交的 firstDemo.git 资源库。

　　比如将该项目克隆到 G 盘根路径下，此时将会在 G 盘中看到一个 firstDemo 文件夹，进入该文件夹中，再次添加一个新文件：User.java，该文件内容随便写，然后将该文件提交到本地版本本库中。

　　接下来执行前一节介绍的推送操作，将本地版本库中的修改推送给远程中央服务器。

　　最后返回前一节克隆出来的工作空间（E:\newGit\firstDemo）下，此时该工作空间下依然只有一个 HelloWorld.java 文件，而远程的中央资源库已经发生了改变，这时可通过拉取操作来获取中央资源库的更新并合并到本地分支中。

　　执行拉取操作请按如下步骤进行。

　　① 在本地工作空间（E:\newGit\firstDemo）的空白处单击鼠标右键，在弹出的快捷菜单中单击"TortoiseGit"→"Pull"菜单项，系统弹出如图 1.65 所示的对话框。

　　② 填写远程资源库的 URL，以及要拉取的分支名，然后单击"OK"按钮，TortoiseGit 就会显示拉取进度框。拉取完成后，可以看到本地工作空间下多出了一个 User.java 文件，这就是执行拉取操作的结果。

　　获取项目与拉取项目的操作方式基本相似，由于篇幅限制，此处不再重复介绍。

　　最后需要指出的是，前面在介绍推送项目、拉取项目时，填写远程主机时都是直接通过"Arbitrary

图 1.65　拉取项目

URL"完成的，这种方式需要每次都填写远程资源库的 URL，这有点烦琐。实际上，通过图 1.64 和图 1.65 可以看出，TortoiseGit 也允许通过"Romote"直接填写远程主机名，采用这种方式会更方便，但这个远程主机名来自哪里呢？

　　远程主机名其实就是为远程资源库的 URL 起的一个代号，TortoiseGit 可通过设置进行配置。在任何本地工作空间（比如 E:\newGit\firstDemo）的空白处单击鼠标右键，在弹出的快捷菜单中单击"TortoiseGit"→"Settings"菜单项，系统将会显示 TortoiseGit 的设置对话框，单击该对话框左边的"Git"节点下的"Remote"节点，即可看到如图 1.66 所示的设置对话框。

图 1.66　设置远程主机名

按图 1.66 所示方式输入远程主机名，并为该主机名设置对应的远程资源库的 URL，然后单击"应用"按钮，此时系统就添加了一个远程主机。

提示：

通过图 1.66 所示方式配置的远程主机，实际上保存在本地版本库（.git 目录）的 config 文件中，因此也可通过直接修改该文件来配置远程主机。

1.8　本章小结

本章主要介绍了 Java EE 应用的相关基础知识，简要介绍了 Java EE 应用应该遵循怎样的架构模型，通常应该具有哪些组件，以及这些组件通常使用什么样的技术来实现。本章还简单归纳了 Java EE 应用所具有的优势和吸引力。

本章重点讲解了如何搭建轻量级 Java EE 应用的开发平台，介绍了安装及配置 Apache Tomcat Web 服务器的详细步骤，也详细讲解了如何安装 Eclipse 开发工具，并简要介绍了 Eclipse 开发工具的用法。此外，本章详细讲解了 Ant 工具的安装和用法，并介绍了 Ant 生成文件的常见元素，并通过示例示范了如何利用 Ant 来管理项目。本章也详细讲解了 Maven 工具的安装和用法。

本章最后介绍了一个主流软件配置管理（SCM）工具——Git 的用法，包括创建本地资源库，添加文件和文件夹，提交修改，使用 Git 或 TortoiseGit 删除文件和文件夹，使用 Git 或 TortoiseGit 克隆项目，使用 Git 或 TortoiseGit 创建分支、合并分支，使用 Eclipse 作为 Git 客户端，使用 GitStack 配置远程的中央资源库，使用 Git 或 TortoiseGit 推送、获取、拉取项目等。

第 2 章
MyBatis 的基础用法

本章要点

- ORM 框架与 MyBatis 的关系
- 初步掌握 MyBatis 的用法（CRUD 操作）
- 掌握并理解 MyBatis 的 Mapper
- 使用 MyBatipse 插件开发 MyBatis 应用
- 掌握并理解 MyBatis 核心 API 及作用域
- 掌握并理解 Mapper 组件的作用域
- MyBatis 的三种属性配置方式及其优先级
- 设置（settings）配置的方法及作用
- 类型别名的配置方法
- 配置对象工厂（Object Factory）及自定义对象工厂
- 加载 Mapper 的 4 种方式
- 掌握并理解 MyBatis 内置的类型处理器
- 开发自定义的类型处理器
- 使用类型处理器处理枚举
- 数据库环境配置与事务管理器配置
- 数据源配置及配置第三方数据源
- 使用 databaseIdProvider 自适应不同类型的数据库
- select 的用法
- insert 的用法
- 使用 useGeneratedKeys 返回自增长主键的值
- 使用 selectKey 生成主键
- update 和 delete 的用法
- 使用 sql 元素定义可复用的 SQL 片段
- Mapper 管理的 SQL 中的参数处理
- 为参数提供额外的声明
- SQL 中的字符串替换
- 掌握 MBG 的功能和用法

虽然 MyBatis 是一个"古老"的框架，但它依然具有强大的生命力，现在很多 Java EE 项目依然在使用 MyBatis 作为持久化技术，而且还有一些项目从其他持久化技术切换为使用 MyBatis。

MyBatis 与普通 ORM 框架不同，MyBatis 并不是真正的 ORM 框架，它只是一个半自动的 SQL 映射框架。从字面上看，MyBatis 不如 ORM 框架的功能强大（毕竟它只是半自动的），但正是由于这种半自动，反而让 MyBatis 拥有更多的灵活性：①MyBatis 需要开发者自己编写 SQL 语句，因此开发者可充分自由地执行 SQL 优化；②MyBatis 需要开发者自己定义 ResultSet 与对象之间的映射关系，因此可以更简单地避免循环引用等问题。

总之，MyBatis 是一个很独特的持久化框架，它的劣势就是它的优势：它做的事情很少，熟练使用 MyBatis 后，你可以轻易地阅读、理解 MyBatis 框架的源码，本书也会引导读者理解 MyBatis 源码。但这也正是它的原则：只做必要的事情，把更多的灵活性交给框架的使用者。

下面就从 MyBatis 与 ORM 框架的对比开始讲解吧。

2.1　MyBatis 是 ORM 框架吗

MyBatis 是一个很奇怪的框架，它经历了式微，又再次壮大的过程。MyBatis 的前身是 iBatis，iBatis 诞生于 2001 年（起初它甚至并不是持久化技术框架），这是一个相当古老的持久化技术框架。伴随着 Hibernate 等 ORM 框架的兴起，到 2005 年左右时，使用 iBatis 的开发者越来越少。

2010 年，iBatis 更名为 MyBatis，更名之后的 MyBatis 却获得越来越多开发者的青睐。现在，MyBatis 已经完成了逆袭，完全成为主流的持久化技术框架。

▶▶ 2.1.1　何谓 ORM

ORM 的全称是 Object/Relation Mapping，即对象/关系映射。可以将 ORM 理解成一种规范，它概述了这类框架的基本特征：完成面向对象的编程语言到关系数据库的映射。当 ORM 框架完成映射后，既可利用面向对象的程序设计语言的简单易用性，又可利用关系数据库的技术优势。因此，可以把 ORM 框架当成应用程序和数据库的桥梁。

当使用一种面向对象的程序设计语言来进行应用开发时，从项目开始起一直采用的是面向对象分析、面向对象设计、面向对象编程，但到了持久层数据库访问时，又必须重返关系数据库的访问方式，这是一种非常糟糕的感觉。于是需要一种工具，它可以把关系数据库包装成面向对象的模型，这个工具就是 ORM 框架。

> **提示：**
> 　　其实 Java EE 规范里的 JPA 规范就是一种 ORM 规范，JPA 规范并不提供任何 ORM 实现，它提供了一系列编程接口，而 JPA 实现（本质上就是 ORM 框架）则负责为这些编程接口提供实现。如果开发者面向 JPA 编程，那么应用程序底层可以在不同的 ORM 框架之间自由切换。关于 JPA 的详细介绍和用法，请参考《经典 Java EE 企业应用实战》。

ORM 框架是面向对象的程序设计语言与关系数据库发展不同步时的中间解决方案。随着面向对象数据库的发展，其理论逐步完善，最终会取代关系数据库。只是这个过程不可一蹴而就，ORM 框架在此期间会蓬勃发展。但随着面向对象数据库的广泛使用，ORM 工具会自动消亡。

对时下所有流行的编程语言而言，面向对象的程序设计语言代表了目前程序设计语言的主流和趋势，具备非常多的优势。比如：

- ➤ 面向对象的建模、操作。
- ➤ 多态、继承。
- ➤ 摒弃难以理解的过程。
- ➤ 简单易用、易理解。

但数据库的发展并未与程序设计语言同步，而且关系数据库的某些优势非常明显。比如：

➤ 大量数据查找、排序。

➤ 集合数据的连接操作、映射。

➤ 数据库访问的并发、事务。

➤ 数据库的约束、隔离。

面对这种面向对象的程序设计语言与关系数据库系统并存的局面，采用 ORM 就变成一种必然。只要依然采用面向对象的程序设计语言，底层依然采用关系数据库，中间就少不了 ORM 工具。采用 ORM 框架之后，应用程序不再直接访问底层数据库，而是以面向对象的方式来操作持久化对象（例如创建、修改、删除等），ORM 框架则将这些面向对象的操作转换成底层的 SQL（结构化查询语言）操作。

图 2.1 显示了 ORM 工具作用的示意图。

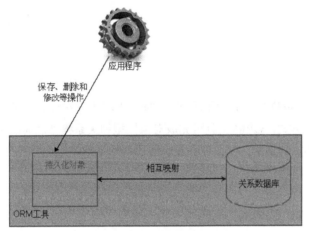

图 2.1　ORM 工具作用的示意图

正如图 2.1 所示，ORM 工具的唯一作用就是把对持久化对象的保存、删除、修改等操作，转换成对数据库的操作。从此，程序员可以以面向对象的方式操作持久化对象，而 ORM 框架则负责将其转换成对应的 SQL 操作。

➤➤ 2.1.2　ORM 的映射方式

ORM 工具提供了持久化类和数据表之间的映射关系，通过这种映射关系的过渡，程序员可以很方便地通过持久化类实现对数据表的操作。实际上，所有的 ORM 工具大致都遵循相同的映射思路，ORM 基本映射有如下几种映射关系。

➤ **数据表映射类**：持久化类被映射到一个数据表。当程序使用这个持久化类来创建实例、修改属性、删除实例时，系统会自动转换为对这个表进行 CRUD 操作。图 2.2 显示了这种映射关系。

图 2.2　数据表对应 Model 类

正如图 2.2 所示，受 ORM 管理的持久化类（就是一个普通 Java 类）对应一个数据表，只要程序对这个持久化类进行操作，系统就可以转换成对对应数据表的操作。

➤ **数据表的行映射对象（即实例）**：持久化类会生成很多实例，每个实例都对应数据表的一行记录。当程序在应用中修改持久化类的某个实例时，ORM 工具将会转换成对对应数据表中特定行的操作。每个持久化对象对应数据表的一行记录的示意图如图 2.3 所示。

➤ **数据表的列（字段）映射对象的属性**：当程序修改某个持久化对象的指定属性时（持久化实例映射到数据行），ORM 将会转换成对对应数据表中指定数据行、指定列的操作。数据表的列被映射到对象属性的示意图如图 2.4 所示。

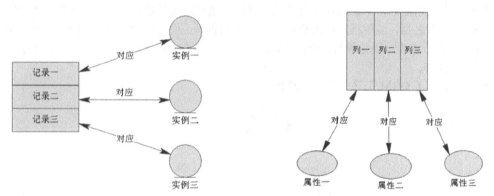

图 2.3　每个持久化对象对应数据表的一行记录的示意图　　图 2.4　数据表的列被映射到对象属性的示意图

基于这种基本映射方式，ORM 工具可完成对象模型和关系模型之间的相互映射。由此可见，在 ORM 框架中，持久化对象是一种中间媒介，应用程序只需操作持久化对象，ORM 框架则负责将这种操作转换为底层数据库操作——这种转换对开发者透明，无须开发者关心，从而将开发者从关系模型中解放出来，使得开发者能以面向对象的思维操作关系数据库。

▶▶ 2.1.3　MyBatis 的映射方式

虽然有不少人把 MyBatis 也称为 ORM 框架，但 MyBatis 与真正的 ORM 框架存在相当大的差异，如果将 Hibernate、TopLink 等 ORM 框架的经验直接移植到 MyBatis 上，往往会发现并不适用。

严格来说，MyBatis 并不是真正的 ORM 框架，它只是一个 ResultSet 映射框架，在正式开始学习 MyBatis 的使用之前，先介绍 MyBatis 的映射方式对后面的学习应该大有裨益。

MyBatis 与 ORM 框架不同，MyBatis 并不会将表映射到持久化类。实际上，MyBatis 完全没有"持久化类"的概念。

MyBatis 只负责将 JDBC 查询得到的 ResultSet 映射成实体对象——同一条查询语句，在不同的地方完全可以被映射成不同的实体。

MyBatis 的映射方式大致如图 2.5 所示。

从图 2.5 可以看出，MyBatis 先使用 JDBC（默认使用 PreparedStatement）执行查询，查询结果通常会返回一个 ResultSet。

> **提示**：
> ResultSet 相当于一个包含多行、多列的数据表，ResultSet 的每列都有列名，JDBC 可通过 ResultSetMetaData 获取 ResultSet 包含的列信息，如各列的名称、类型等。如需学习 ResultSet、ResultSetMetaData 的详细用法，可参考疯狂 Java 体系的《疯狂 Java 讲义》的 13.5 节。

使用 JDBC 查询得到 ResultSet 是很简单的（熟悉 JDBC 的读者应该觉得并不难），接下来才是 MyBatis 真正起作用的地方，MyBatis 会将 ResultSet 的每一行转换成一个 Java 对象（如图 2.5 所示）。

问题是，MyBatis 怎么知道将每一行转换成哪个 Java 对象呢？MyBatis 当然不知道啦！这需要开发者通过 resultType 或 resultMap 属性来指定（暂时不要着急，后面会见到大量的关于这两个属性的例子）。

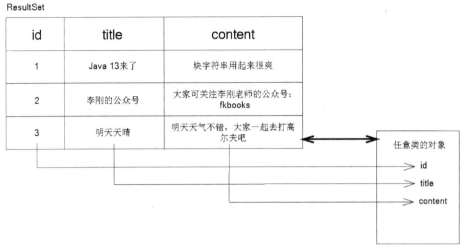

图 2.5　MyBatis 的映射方式

从上面的介绍不难看出，即使是一个 ResultSet，程序也完全可以通过不同的 resultType 或 resultMap 属性值让 MyBatis 将它转换成不同的 Java 对象——这是 MyBatis 令人着迷的魅力：MyBatis 很灵活；MyBatis 也让人感到烦琐：对于每条 select 查询语句，都必须指定 resultType 或 resultMap 属性，否则 MyBatis 就会报错。

在指定了 resultType 或 resultMap 属性之后，MyBatis 就知道将每行记录转换为哪个 Java 类的实例了。接下来的问题是：MyBatis 如何将各列的值传给 Java 对象的属性呢？MyBatis 有两种方式。

> ➤ **列名（或列别名）和属性名相同**：这种方式如图 2.5 所示。例如，如果查询的 ResultSet 中包含 id 列，那么该列的值就会被传给 Java 对象的 id 属性；如果查询的 ResultSet 中包含 name 列，那么该列的值就会被传给 Java 对象的 name 属性……总之，ResultSet 有几个列和 Java 对象的属性同名，MyBatis 就为 Java 对象的几个属性设置值。
> ➤ **显式指定**：不可避免地，ResultSet 的列名并不能总是与 Java 对象的属性名保持相同，MyBatis 提供了 result 元素（或 @Result 注解）来指定列名与对象属性之间的对应关系。

使用 MyBatis 执行 select 查询才会返回 ResultSet，此时才需要将 ResultSet 映射成 Java 对象；如果使用 MyBatis 执行 insert、update、delete 语句，则大致等同于使用 PreparedStatement 执行 insert、update、delete 语句，并不需要执行任何映射。

通过上面的介绍不难发现，MyBatis 的映射方式与 ORM 框架（如 Hibernate）的映射方式完全不同，因此 MyBatis 并不是严格意义上的 ORM 框架。实际上，MyBatis 官方也称 MyBatis 是基于 SQL 的数据映射工具（SQL based data mapping solution），反倒是国内有些初、中级开发者喜欢似是而非地将 MyBatis 称为 ORM 框架。

在真正理解了 MyBatis 的映射方式之后，上手使用 MyBatis 其实是一件很简单的事情，下面就开始吧。

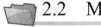 2.2　MyBatis 入门

MyBatis 的用法非常简单，只要在 Java 项目中引入 MyBatis 框架，就能以 MyBatis 的方式操作关系数据库了。

▶▶ 2.2.1 MyBatis 的下载和安装

本书成书之时，MyBatis 的最新版本是 3.5.2，本章的代码也是基于该版本测试通过的。

下载和安装 MyBatis 请按如下步骤进行。

① 访问 链接3，即可看到 MyBatis 3.5.2 的下载链接。单击该页面中的"mybatis-3.5.2"下载链接，即可开始下载 MyBatis 的压缩包。

提示：

> 推荐使用 MyBatis 3.5.2 版本，因为 MyBatis 各版本之间可能存在一些细节差异，对于初学者而言，如果在学习过程中遇到由于 MyBatis 版本差异导致的错误，将会给其造成巨大的挫折感，不利于学习。

② 解压缩刚下载的压缩包，得到一个名为 mybatis-3.5.2 的文件夹，在该文件夹下包含如下文件结构。

➤ lib：该路径下存放了编译和运行 MyBatis 所依赖的第三方类库。

➤ mybatis-3.5.2.jar：MyBatis 的核心 JAR 包。

➤ mybatis-3.5.2.pdf：MyBatis 的官方手册，这是学习 MyBatis 的基础文档。本书的内容比 MyBatis 官方文档更丰富。

提示

> 在 MyBatis 官网上可以找到 MyBatis 官方手册的中文版。

➤ LICENSE、NOTICE 等说明性文档。

③ 将解压缩路径下的 mybatis-3.5.2.jar 文件添加到应用的类加载路径中——既可通过添加环境变量的方式，也可使用 Ant 或 IDE 工具来管理应用程序的类加载路径。

④ 如果直接在控制台编译时使用了 MyBatis API 的类，则需要将 mybatis-3.5.2.jar 包添加到 CLASSPATH 里。如果使用 Ant 或者 Eclipse 等 IDE 工具，则无须修改环境变量。

经过上面的步骤，就可以在应用中使用 MyBatis 框架的功能了。

注意

> MyBatis 底层依然是基于 JDBC 的，因此在应用程序中使用 MyBatis 执行持久化时同样少不了 JDBC 驱动。本示例程序底层采用 MySQL 数据库，因此还需要将 MySQL 数据库驱动添加到应用程序的类加载路径中。

如果使用 Maven，则需要在 pom.xml 文件中添加如下依赖配置。在网络良好的前提下，Maven 会帮你下载 MyBatis 的核心 JAR 包。

```xml
<dependency>
    <groupId>org.mybatis</groupId>
    <artifactId>mybatis</artifactId>
    <version>x.x.x</version>
</dependency>
```

▶▶ 2.2.2 MyBatis 的数据库操作

前面已经说了，MyBatis 默认使用 PreparedStatement 来执行 SQL 语句，因此，MyBatis 同样需要先获取数据库连接（Connection）。但如果 MyBatis 还需要让程序自己去获取数据库连接（虽然 MyBatis 允许这么做），那 MyBatis 就算不上一个框架了。

与所有持久层框架类似，MyBatis 也采用 XML 文件来配置必要的数据库连接信息。下面是本例所用的 MyBatis 配置文件。

程序清单：codes\02\MyBatisQs\src\mybatis-config.xml

```xml
<?xml version="1.0" encoding="UTF-8" ?>
<!DOCTYPE configuration
    PUBLIC "-//mybatis.org//DTD Config 3.0//EN"
    "http://mybatis.org/dtd/mybatis-3-config.dtd">
<configuration>
    <!-- default 指定默认的数据库环境为MySQL，引用其中一个 environment 元素的 id -->
    <environments default="mysql">
        <!-- 配置名为mysql（该名字任意）的环境 -->
        <environment id="mysql">
            <!-- 配置事务管理器，JDBC 代表使用 JDBC 自带的事务提交和回滚 -->
            <transactionManager type="JDBC"/>
            <!-- dataSource 配置数据源，此处使用 MyBatis 内置的数据源 -->
            <dataSource type="POOLED">
                <!-- 配置连接数据库的驱动、URL、用户名、密码 -->
                <property name="driver" value="com.mysql.cj.jdbc.Driver"/>
                <property name="url"
                    value="jdbc:mysql://127.0.0.1:3306/mybatis?serverTimezone=UTC"/>
                <property name="username" value="root"/>
                <property name="password" value="32147"/>
            </dataSource>
        </environment>
    </environments>
    <mappers>
        <!-- 配置 MyBatis 需要加载的 Mapper -->
        <mapper resource="org/crazyit/app/dao/NewsMapper.xml"/>
    </mappers>
</configuration>
```

上面的配置文件大致可分为两部分，这两部分也是 MyBatis 核心配置文件的主要部分。

➢ environments：这部分主要配置 MyBatis 的数据库环境。数据库环境就是前面所说的连接数据库的驱动、URL、用户名、密码以及事务处理方式等。MyBatis 允许配置多个数据库环境，从而保证 MyBatis 应用可在不同的数据库之间切换。

上面的配置文件使用<environment.../>元素配置了一个名为 mysql 的数据库环境，该元素中的<transactionManager.../>用于配置事务管理器；而<dataSource.../>元素则用于配置数据源，该元素中的 4 个<property.../>元素的作用很清晰，就是指定连接数据库的驱动、URL、用户名和密码，如配置文件中的 4 行粗体字代码所示。

MyBatis 提供了内置的数据源来管理数据库连接，因此可以无须使用第三方数据源。当然，MyBatis 也支持切换使用第三方更优秀的数据源（比如 C3P0 等），后面会介绍使用第三方数据源的示例。

> **提示：**
> 数据源是一种提高数据库连接性能的常规手段，数据源会负责维持一个数据连接池，当程序创建数据源实例时，系统会一次性地创建多个数据库连接，并把这些数据库连接保存在连接池中。当程序需要进行数据库访问时，无须重新获取数据库连接，而是从连接池中取出一个空闲的数据库连接。当程序使用数据库连接访问数据库结束后，无须关闭数据库连接，而是将数据库连接归还给连接池即可。通过这种方式，就可避免因频繁地获取数据库连接、关闭数据库连接所导致的性能下降。

➢ mappers：该元素用于配置 MyBatis 需要加载的 Mapper（映射器）。

Mapper 是 MyBatis 最核心的东西，Mapper 负责管理 MyBatis 要执行的 SQL 语句，也负责将 ResultSet 映射成 Java 对象。虽然有些地方会将 Mapper 翻译为映射器，但实际上 Mapper 覆盖的范畴比映射器更广——Mapper 其实相当于 Java EE 应用的 DAO（Data Access Object）组件，这一点在后面的内容中会有详细示例。

不难发现，MyBatis 的核心配置文件其实很简单，主要就是配置两个东西：数据库环境（包括连接数据库的信息和事务配置）和加载 Mapper。

接下来看本例的 Mapper 文件。

程序清单：codes\02\MyBatisQs\src\org\crazyit\app\dao\NewsMapper.xml

```xml
<?xml version="1.0" encoding="UTF-8" ?>
<!-- MyBatis Mapper 文件的 DTD -->
<!DOCTYPE mapper PUBLIC "-//mybatis.org//DTD Mapper 3.0//EN"
    "http://mybatis.org/dtd/mybatis-3-mapper.dtd">
<mapper namespace="org.crazyit.app.dao.NewsMapper">
    <!-- 用 insert 元素定义一条 insert SQL 语句，id 指定了这条语句的名称 -->
    <insert id="saveNews">
        insert into news_inf values(null, #{title}, #{content})
    </insert>
</mapper>
```

这个 Mapper 文件更是简单，该文件的根元素是<mapper.../>，该元素需要指定一个 namespace 属性，建议将该属性值指定为该文件所在的包+文件名。namespace 属性值指定了该 Mapper 的命名空间——相当于该 Mapper 的唯一标识。

在<mapper.../>元素内包含了一个<insert.../>元素，这个<insert.../>元素的作用更简单：定义一条 insert SQL 语句，并通过 id 属性指定这条 insert 语句的名称为 saveNews。

上面 Mapper 文件中定义的 insert 语句与标准的 insert SQL 语句略有差异：

```
insert into news_inf values(null, #{title}, #{content})
```

其差异就体现在#{title}、#{content}这两个"像占位符"一样的东西上。这到底是什么意思呢？别忘了 MyBatis 默认是使用 PreparedStatement 来执行 SQL 语句的，因此 MyBatis 会将 SQL 语句中的#{}部分都替换成问号（?），这意味着上面的 SQL 语句就变成了以下形式：

```
insert into news_inf values(null, ?, ?)
```

掌握了 JDBC PreparedStatement 编程的读者对上面的 SQL 语句应该很熟悉，这条 SQL 语句就是通过 JDBC Connection 创建 PreparedStatement 时传入参数的。

由于创建 PreparedStatement 时传入的 SQL 语句中有两个问号（?），PreparedStatement 自然就需要为这两个问号设置参数值——现在这个过程由 MyBatis 来完成，MyBatis 会将#{title}的值传给第一个问号，将#{content}的值传给第二个问号。

那 MyBatis 又如何计算#{title}、#{content}的值呢？MyBatis 会基于 OGNL 表达式来计算#{title}、#{content}的值，不要被 OGNL 这个名称吓着了，其实 MyBatis 只用了 OGNL 的部分规则，因此比较简单。

简单来说，MyBatis 计算#{title}、#{content}的值有两种方式。

➤ 命名参数： MyBatis 执行 SQL 语句时传入 title、content 两个命名参数（命名参数必须使用@Param 注解或利用 Java 8 中命名参数的特性），title 就作为#{title}的值，content 就作为#{content}的值……依此类推。

➤ 唯一参数：MyBatis 执行 SQL 语句时只传入一个参数，要么该参数是一个 Java 对象，此时该 Java 对象的 title 属性值作为#{title}的值，content 属性值作为#{content}的值……依此类推；要么该参数是一个 Map 对象，此时该 Map 中 title 对应的 value 将作为#{title}的值，content 对应的 value 将作为#{content}的值……依此类推。

提示：
关于 OGNL 的详细介绍，本书不想过多介绍，有兴趣的读者可参考《轻量级 Java EE 企业应用实战》的 3.11 节。

MyBatis 并不支持自动建表，因此开发者必须手动创建数据表。本例中创建数据表的脚本如下。

程序清单：codes\02\MyBatisQs\table.sql

```sql
create database mybatis;
use mybatis;
# 创建数据表
create table news_inf
(
 news_id integer primary key auto_increment,
 news_title varchar(255),
 news_content varchar(255)
);
```

现在已为该 MyBatis 项目提供了两个配置文件。

➤ mybatis-config.xml 文件：核心配置文件，该文件配置了数据库连接环境，并告诉 MyBatis 要加载哪些 Mapper 文件。

➤ XML Mapper 文件：该文件负责管理 SQL 语句，并为 SQL 语句指定名称。

MyBatis 底层依然使用 JDBC 访问数据库，因此同样少不了数据库驱动。此外，为了方便观察 MyBatis 底层执行的每条 SQL 语句及参数（这对于 MyBatis 学习有帮助），本书使用 Log4j 2 作为 MyBatis 的日志工具，因此还需要添加 Log4j 2 的两个 JAR 包。

运行 MyBatis 应用必需的类库如图 2.6 所示。

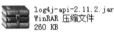
log4j-api-2.11.2.jar
WinRAR 压缩文件
260 KB

log4j-core-2.11.2.jar
WinRAR 压缩文件
1.55 MB

mybatis-3.5.2.jar
WinRAR 压缩文件
1.61 MB

mysql-connector-java-8.0.16.jar
WinRAR 压缩文件
2.18 MB

图 2.6 运行 MyBatis 应用必需的类库

为了让 Log4j 2 能正确地显示 MyBatis 的运行日志，还需要为 Log4j 2 提供如下配置文件。

程序清单：codes\02\MyBatisQs\src\log4j2.xml

```xml
<?xml version="1.0" encoding="utf-8" ?>
<Configuration status="WARN">
    <Appenders>
        <Console name="Console" target="SYSTEM_OUT">
            <PatternLayout pattern="%5p [%t] %logger{36} %m%n"/>
        </Console>
    </Appenders>
    <Loggers>
        <!-- 全局日志配置 -->
        <Root level="error">
            <AppenderRef ref="Console"/>
        </Root>
        <!-- MyBatis 日志配置，将其设为 debug 级别 -->
        <Logger name="org.crazyit.app.dao" level="debug"/>
    </Loggers>
</Configuration>
```

该日志配置文件中的<Appenders.../>指定将日志输出到哪些 IO 节点，此处只配置了将日志输出到控制台；<Logger.../>元素用于定义日志的输出级别，其中粗体字代码指定 MyBatis 会输出 org.razyit.app.dao 包下 debug 级别的运行日志。

如果读者对 Log4j 2 不太熟，暂时也不用花太多时间来理解这份配置文件，因为对于这份文件通常只需要修改粗体字代码，将 name 修改成 Mapper 所在的包名即可。

接下来就可以使用 MyBatis 来执行 Mapper 中定义的 SQL 语句了。下面是完成消息插入的代码。

程序清单：codes\02\2.2\MyBatisQs\src\lee\NewsManager.java

```java
public class NewsManager
{
    private static SqlSessionFactory sqlSessionFactory;
    public static void main(String[] args) throws Exception
    {
        var resource = "mybatis-config.xml";
        // 使用 Resources 工具从类加载路径下加载指定文件
        var inputStream = Resources.getResourceAsStream(resource);
        // 构建 SqlSessionFactory
        sqlSessionFactory = new SqlSessionFactoryBuilder()
            .build(inputStream);
        // 打开 Session
        var sqlSession = sqlSessionFactory.openSession();
        insertTest(sqlSession);
    }
    public static void insertTest(SqlSession sqlSession)
    {
        // 创建消息实例
        var news = new HashMap<String, String>();
        // 设置消息标题和消息内容
        news.put("title", "李刚的公众号");
        news.put("content", "大家可关注李刚老师的公众号：fkbooks");
        // 调用 insert 方法执行 SQL 语句
        var n = sqlSession.insert("org.crazyit.app.dao.NewsMapper.saveNews", news);
        System.out.printf("插入了%d条数据%n", n);
        // 提交事务
        sqlSession.commit();
        // 关闭资源
        sqlSession.close();
    }
}
```

上面的持久化操作代码非常简单，程序只需要调用 SqlSession 的 insert()方法来执行 SQL 语句。该 insert()方法需要两个参数：

➢ 第一个参数指定它要执行的 SQL 语句。此处第一个参数为 org.crazyit.app.dao.NewsMapper.saveNews（去看看前面 NewsMapper.xml 的介绍），其中 org.crazyit.app.dao.NewsMapper 是 NewsMapper.xml 的唯一标识（namespace），saveNews 是<insert.../>元素的 id 属性值。通过 org.crazyit.app.dao.NewsMapper.saveNews 参数，即可让 MyBatis 定位到要执行的 SQL 语句——对应于位于 NewsMapper.xml 文件中、id 为 saveNews 的 insert 语句。

➢ 第二个参数用于为 SQL 语句传入参数。正如前面所介绍的，saveNews 对应的 insert 语句需要计算#{title}、#{content}的值，故此处第二个参数传入一个 Map 对象，该 Map 包含了 title、content 两个 key 对应的 value，这两个 value 将会作为#{title}、#{content}的值。

可见，SqlSession 的 insert()方法其实就是执行一条 insert SQL 语句——MyBatis 的 insert()方法在底层封装了下面的过程。

① 获取 Connection 对象（数据库连接）。

② 根据 insert()方法的第一个参数指定的 SQL 语句（现将#{}部分替换成问号）创建 PreparedStatement。

③ 根据 insert()方法的第二个参数为 PreparedStatement 设置参数。

④ 调用 PreparedStatement 的 execute()方法执行 SQL 语句。

这个过程就是 MyBatis 底层的源代码实现。其实实现也非常简单，但对于开发者来说，使用 MyBatis 操作数据库就变得更简洁了，开发者只要关心两点：

➢ 定义合适的 SQL 语句。

➢ 为 SQL 语句中的问号占位符（替换#{}而来）指定值。

至于如何调用 JDBC API 来执行 SQL 语句、返回结果，这些都交给 MyBatis 负责搞定。

运行上面的程序，可以在控制台看到如下输出。

```
[java] DEBUG [main] org.crazyit.app.dao.NewsMapper.saveNews ==> Preparing: insert
into news_inf values(null, ?, ?)
    [java] DEBUG [main] org.crazyit.app.dao.NewsMapper.saveNews ==> Parameters: 李刚
的公众号(String)，大家可关注李刚老师的公众号：fkbooks(String)
    [java] DEBUG [main] org.crazyit.app.dao.NewsMapper.saveNews <==    Updates: 1
    [java] 插入了 1 条数据
```

看到 MyBatis 在底层执行的 SQL 语句了吗？

```
insert into news_inf values(null, ?, ?)
```

这就是在 NewsMapper 中定义的 SQL 语句，只是将#{}部分替换成了问号。

上面的运行日志的第二条则显示了 MyBatis 传给 SQL 语句中两个问号占位符的值，这两个值正是来自调用 SqlSession 的 insert()方法时传入的第二个 Map 参数。

至于程序的运行结果，已经没什么悬念了，使用 PreparedStatement 执行 insert 语句当然会向数据表中插入记录了。查看 news_inf 数据表的数据，即可看到该表中包含了新插入的记录，如图 2.7 所示。

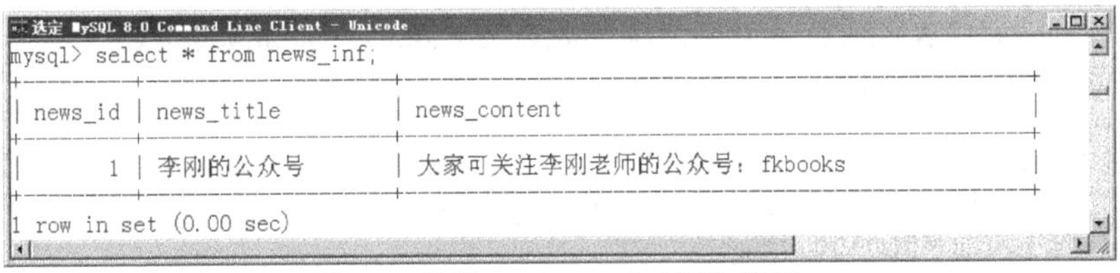

图 2.7 使用 MyBatis 成功插入记录

从上面的执行过程也可以看出，MyBatis 并不是真正的 ORM 框架，MyBatis 只是对 JDBC 的简单封装。对比 MyBatis 和 JDBC 操作数据库的方式，不难发现这种封装至少带来了两点优势：

➢ 程序只要调用 SqlSession 的方法即可完成数据库操作，避免了烦琐的 JDBC API 调用。

➢ MyBatis 使用 Mapper 集中管理 SQL 语句，这样可将 SQL 语句从 Java 代码中分离出来，提高了项目的可维护性。

正如前面的示例所示，MyBatis 操作数据库的核心 API 是 SqlSession，因此在调用 MyBatis 执行持久化操作之前，必须先获得 SqlSession。

为了使用 MyBatis 进行持久化操作，通常有如下操作步骤。

① 使用 Mapper 定义 SQL 语句。

② 创建 SqlSessionFactoryBuilder。

③ 调用 SqlSessionFactoryBuilder 对象的 build()方法创建 SqlSessionFactory。

④ 获取 SqlSession（同时会打开事务）。

⑤ 调用 SqlSession 的方法执行 Mapper 中定义的 SQL 语句（或者通过 Mapper 对象来操作数据库，后面会看到这种方式的示例）。

⑥ 关闭事务，关闭 SqlSession。

➤➤ 2.2.3 使用 MyBatis 执行 CRUD

如果需要对数据表中的记录进行更新，同样只需按上面步骤进行。上面步骤可简化为两个核心步骤：

① 在 Mapper 中定义 SQL 语句。
② 使用 SqlSession 执行 SQL 语句。

如果要对数据表中的记录进行更新，则需要先在 Mapper 中定义如下 SQL 语句。

程序清单：codes\02\MyBatisQs\src\org\crazyit\app\dao\NewsMapper.xml

```xml
<!-- 用 update 元素定义一条 update SQL 语句，id 指定了这条语句的名称 -->
<update id="updateNews">
    update news_inf set news_title=#{title}, news_content=#{content}
    where news_id=#{id}
</update>
```

> **☀ 注意 ☀**
>
> 其实 Mapper 文件中的<insert.../>、<update.../>还有后面的<delete.../>元素的功能差不多，只是出于可读性考虑，才建议用<insert.../>定义 insert 语句，用<update.../>定义 update 语句，用<delete.../>定义 delete 语句。事实上，你完全可以用<insert.../>定义 delete 语句，这样<insert.../>元素实际执行时会删除记录。

接下来在 NewsManager 中使用如下方法来调用 updateNews 对应的 SQL 语句。

程序清单：codes\02\2.2\MyBatisQs\src\lee\NewsManager.java

```java
public static void updateTest(SqlSession sqlSession)
{
    // 创建消息实例
    var news = new HashMap<String, String>();
    // 设置消息标题和消息内容
    news.put("id", "1");
    news.put("title", "Java 13 来了");
    news.put("content", "Java 13 新增了块字符串，用起来更爽了");
    // 调用 update 方法执行 SQL 语句
    var n = sqlSession.update("org.crazyit.app.dao.NewsMapper.updateNews", news);
    System.out.printf("更新了%d 条数据%n", n);
    // 提交事务
    sqlSession.commit();
    // 关闭资源
    sqlSession.close();
}
```

该方法与前面的 insertTest()没什么差别，只是改成了使用 SqlSession 的 update()方法执行 Mapper 中定义的 update 语句。

> **提示：**
>
> 如果还记得前面讲解的关于 MyBatis 底层原理的话，其实此处使用 SqlSession 同样可用 insert()方法，甚至 delete()方法来执行 Mapper 中定义的 update 语句——因为 MyBatis 底层用的是 PreparedStatement，而 PreparedStatement 执行 DML 语句都用 execute()方法。

重复上面先定义 SQL 语句，再执行 SQL 语句的步骤，即可为该示例添加删除记录的方法，同样是先在 Mapper 中定义如下 SQL 语句。

程序清单：codes\02\MyBatisQs\src\org\crazyit\app\dao\NewsMapper.xml

```xml
<!-- 故意用 insert 元素定义一条 delete SQL 语句,
    证明 insert、delete、update 元素的功能几乎相同 -->
<insert id="deleteNews">
    delete from news_inf
    where news_id=#{id}
</insert>
```

上面代码使用<insert.../>元素定义了一条 delete 语句——这影响 MyBatis 的功能吗？当然不影响，MyBatis 只管帮你执行你定义的 SQL 语句。

接下来在 NewsManager 中使用如下方法来调用 deleteNews 对应的 SQL 语句。

程序清单：codes\02\2.2\MyBatisQs\src\lee\NewsManager.java

```java
public static void deleteTest(SqlSession sqlSession)
{
    // 故意调用 insert 方法执行 delete SQL 语句
    // 证明 SqlSession 的 insert、update、delete 方法的功能几乎相同
    var n = sqlSession.insert("org.crazyit.app.dao.NewsMapper.deleteNews", 1);
    System.out.printf("删除了%d条数据%n", n);
    // 提交事务
    sqlSession.commit();
    // 关闭资源
    sqlSession.close();
}
```

上面的粗体字代码调用 SqlSession 的 insert()方法来执行定义好的 delete 语句——这影响 MyBatis 的功能吗？当然不影响，MyBatis 底层就是使用 PreparedStatement 来执行 Mapper 中定义的 SQL 语句的。

此处通过 insert()方法给 SQL 语句只传入唯一的参数：1，此时 MyBatis 如何处理 SQL 语句中的#{id}呢？如果传给 SQL 语句的参数是唯一的参数，且该属性是标量类型（String、8 个基本类型或其包装类），MyBatis 会直接将这个参数本身传给 SQL 语句中的#{id}，而且花括号中的名字可以随便写。

也就是说，当 SQL 语句中只有一个#{}占位符，且程序给 SQL 语句传入了唯一的、标量类型的参数时，花括号中的名字可以随便写。这意味着将上面的<insert.../>元素改为如下形式也是可以的。

```xml
<insert id="deleteNews">
    delete from news_inf
    where news_id=#{abc}
</insert>
```

执行上面的方法，将会看到虽然 SqlSession 调用的是 insert()方法——但由于底层执行的是 delete 语句，因此数据表中对应的记录被删除，而不是插入记录。

如需使用 MyBatis 查询数据，同样还是执行上面两步，先在 Mapper 中定义查询的 SQL 语句。

程序清单：codes\02\MyBatisQs\src\org\crazyit\app\dao\NewsMapper.xml

```xml
<!-- 使用 select 元素定义一条 select SQL 语句,
    resultType 指定将每行记录映射成什么 Java 对象 -->
<select id="getNews" resultType="map">
    select * from news_inf where news_id = #{id}
</select>
```

元素用于定义 select 语句，由于 select 语句要返回 ResultSet，因此程序需要告诉 MyBatis 将 ResultSet 的每行记录映射成哪个 Java 对象。这需要通过的 resultType 或 resultMap 属性来指定，此处将 resultType 指定为 map（map 是 MyBatis 的内置别名，代表 Map 接口），就是告诉 MyBatis 将每行记录映射成 Map。

接下来程序将会调用 SqlSession 的 selectOne()方法来执行该 select 语句，该方法的代码如下。

程序清单：codes\02\2.2\MyBatisQs\src\lee\NewsManager.java

```java
public static void selectTest(SqlSession sqlSession)
{
    // 调用 selectOne 方法执行 select SQL 语句
    var news = sqlSession.selectOne("org.crazyit.app.dao.NewsMapper.getNews", 1);
    System.out.println("查询得到的记录为: " + news);
    // 提交事务
    sqlSession.commit();
    // 关闭资源
    sqlSession.close();
}
```

SqlSession 提供了 selectOne()、selectList()两个常用的方法来执行查询，正如它们的名称所暗示的，当 select 语句查询的结果集只有一行时，使用 selectOne()来获取查询结果会更方便（不需要处理集合）；当 select 语句查询的结果集可能多于一行（包括一行）时，则建议使用 selectList()来获取查询结果，此时 MyBatis 会将每行记录封装成一个 Java 对象，再将多个 Java 对象封装成 List 集合后返回。

与执行 DML 语句略有不同的是，MyBatis 执行 select 语句会返回 ResultSet，当 MyBatis 拿到 ResultSet 之后，MyBatis 接下来需要执行 ResultSet 映射。

MyBatis 处理映射的底层过程如下：

① 开发者需要在 XxxMapper.xml 中为<select.../>元素指定 resultType 或 resultMap 属性。其中，resultType 指定 ResultSet 的每行记录要映射的类型；resultMap 对应一个<resultMap.../>元素，该元素的 type 元素同样指定了 ResultSet 的每行记录要映射的类型——只不过 resultMap 支持更具体的映射——它可具体指定 ResultSet 的列名和 Java 对象属性名的对应关系。

② MyBatis 通过反射为结果集的每行记录创建一个 resultType（或 resultMap）所指定的 Java 对象。

③ MyBatis 根据列名（列别名）与 Java 对象属性名的对应关系将每行记录的数据设置为 Java 对象的属性。

④ 整个 ResultSet 被依次转换成多个 Java 对象，多个 Java 对象被封装成 List 集合后返回。

运行上面的程序（保证 news_inf 表中有 id 为 1 的记录），可以看到如下输出：

```
    [java] DEBUG [main] org.crazyit.app.dao.NewsMapper.selectNews ==> Preparing:
select * from news_inf where news_id = ?
    [java] DEBUG [main] org.crazyit.app.dao.NewsMapper.selectNews ==> Parameters:
1(Integer)
    [java] DEBUG [main] org.crazyit.app.dao.NewsMapper.selectNews <==      Total: 1
    [java] 查询得到的记录为: {news_content=大家可关注李刚老师的公众号: fkbooks, news_title=
李刚的公众号, news_id=1}
```

至此，本示例已经完整地演示了使用 MyBatis 执行 CRUD 操作的步骤和过程。通过这个示例充分证实了 MyBatis 的映射方式：开发者通过 Mapper 定义、管理 SQL 语句，然后使用 SqlSession 的方法执行 SQL 语句。

▶▶ 2.2.4 利用 Mapper 对象

前面的程序都是利用 SqlSession 的方法来执行 SQL 语句的，这些例子虽然上手简单，但它们至少存在如下两点不足：

- ➤ 对数据库的 CRUD 操作都是通过 SqlSession 的方法来执行的，这种方式的代码不够安全（引用 SQL 语句时命名空间和 id 都可能写错），也不能利用 Java 的类型检查（编译器无法检查 selectOne()方法的返回值类型）。

➢ ResultSet 只被映射成 Map，而不是更有业务意义的领域对象。

接下来，对上一个示例针对这两点进行改进。首先为项目中的每一个领域对象都创建对应的类，而不是使用 Map 来处理它们。因此，本例应该增加一个 News 类，该类的代码如下。

程序清单：codes\02\2.2\MapperTest\src\org\crazyit\app\domain\News.java

```
public class News
{
    private Integer id;
    private String title;
    private String content;
    // 无参数的构造器
    public News()
    {
    }
    // 初始化全部成员变量的构造器
    public News(Integer id, String title, String content)
    {
        this.id = id;
        this.title = title;
        this.content = content;
    }
    // 省略各成员变量的getter、setter方法
    ...
}
```

上面 News 类的代码也很简单，该类只需为数据表中各列定义相应的成员变量，并为各成员变量定义 getter、setter 方法即可。有了该 News 类之后，接下来程序就无须将 ResultSet 的记录映射成 Map 了，而是映射成 News。

接下来对 Mapper 进行改进，改进后的 Mapper 不再是简单地管理 SQL 语句，而是会变成 DAO 组件。这种改进非常简单，开发者只需为 Mapper 增加一个接口即可。建议该接口遵守如下约定：

➢ Mapper 接口的接口名应该与对应的 XML 文件同名。

➢ Mapper 接口的源文件应该与对应的 XML 文件放在相同的包下。

➢ Mapper 接口中抽象方法的方法名与 XML Mapper 中 SQL 语句的 id 相同。

现在为上一个示例的 Mapper 增加如下接口。

程序清单：codes\02\2.2\MapperTest\src\org\crazyit\app\dao\NewsMapper.java

```
// 定义 Mapper 接口（DAO 接口），该接口由 MyBatis 负责提供实现类
public interface NewsMapper
{
    // 下面这些方法的方法名必须与 NewsMapper.xml 文件中 SQL 语句的 id 对应
    // 下面这些方法的参数需要与 NewsMapper.xml 文件中 SQL 语句的参数对应
    int saveNews(News news);

    int updateNews(News news);

    int deleteNews(int a);

    News getNews(int a);
}
```

开发者只需定义 Mapper 接口，无须为该接口提供实现类，MyBatis 会负责为这些 Mapper 接口提供实现类。

留意到上面 NewsMapper 接口中 getNews()方法的返回值是 News，这表明还需要对上一个示例的 NewsMapper.xml 文件中 id 为 getNews 的 SQL 语句的 resultType 略做修改，修改后的<select.../>元素如下：

```
<!-- 使用 select 元素定义一条 select SQL 语句,
```

```
        resultType 指定将每行记录映射成什么 Java 对象 -->
<select id="getNews" resultType="org.crazyit.app.domain.News">
    select news_id id, news_title title, news_content content
    from news_inf where news_id = #{id}
</select>
```

看到上面粗体字部分的修改了吧，先将 resultType 由原来的 map 改为 News，这意味着 MyBatis
会将 ResultSet 的每行记录映射成 News 对象。

接下来看到<select.../>元素中的 select 语句也发生了改变，主要是为 news_id 列指定别名 id，
为 news_title 指定别名 title，为 news_content 指定别名 content。为什么要这么做呢？这是由 MyBatis
的映射方式决定的——MyBatis 默认根据列名（列别名）和属性名的对应关系来完成映射。News
对象包含的三个属性分别为 id、title、content，因此需要将查询的 ResultSet 的三列重命名为 id、title、
content。

定义完上面的 Mapper 组件之后，接下来程序即可通过 Mapper 组件来操作底层数据库了。下
面是本示例中操作数据库的代码。

程序清单：codes\02\2.2\MapperTest\src\lee\NewsManager.java

```java
public class NewsManager
{
    private static SqlSessionFactory sqlSessionFactory;
    public static void main(String[] args) throws Exception
    {
        var resource = "mybatis-config.xml";
        // 使用 Resources 工具从类加载路径下加载指定文件
        var inputStream = Resources.getResourceAsStream(resource);
        // 构建 SqlSessionFactory
        sqlSessionFactory = new SqlSessionFactoryBuilder()
            .build(inputStream);
        // 打开 Session
        var sqlSession = sqlSessionFactory.openSession();
        selectTest(sqlSession);
    }
    public static void insertTest(SqlSession sqlSession)
    {
        // 创建消息实例
        var news = new News();
        // 设置消息标题和消息内容
        news.setTitle("李刚的公众号");
        news.setContent("大家可关注李刚老师的公众号：fkbooks");
        // 获取 Mapper 对象
        var newsMapper = sqlSession.getMapper(NewsMapper.class);
        // 调用 Mapper 对象的方法执行持久化操作
        var n = newsMapper.saveNews(news);
        System.out.printf("插入了%d 条数据%n", n);
        // 提交事务
        sqlSession.commit();
        // 关闭资源
        sqlSession..close();
    }
    public static void updateTest(SqlSession sqlSession)
    {
        // 创建消息实例
        var news = new News();
        // 设置消息标题和消息内容
        news.setId(1);
        news.setTitle("Java 13 来了");
        news.setContent("Java 13 新增了块字符串，用起来更爽了");
        // 获取 Mapper 对象
```

```
        var newsMapper = sqlSession.getMapper(NewsMapper.class);
        // 调用 Mapper 对象的方法执行持久化操作
        var n = newsMapper.updateNews(news);
        System.out.printf("更新了%d条数据%n", n);
        // 提交事务
        sqlSession.commit();
        // 关闭资源
        sqlSession.close();
    }
    public static void deleteTest(SqlSession sqlSession)
    {
        // 获取 Mapper 对象
        var newsMapper = sqlSession.getMapper(NewsMapper.class);
        // 调用 Mapper 对象的方法执行持久化操作
        var n = newsMapper.deleteNews(1);
        System.out.printf("删除了%d条数据%n", n);
        // 提交事务
        sqlSession.commit();
        // 关闭资源
        sqlSession.close();
    }
    public static void selectTest(SqlSession sqlSession)
    {
        // 获取 Mapper 对象
        var newsMapper = sqlSession.getMapper(NewsMapper.class);
        // 调用 Mapper 对象的方法执行持久化操作
        var news = newsMapper.getNews(2);
        System.out.println("查询得到的记录为: " + news);
        // 提交事务
        sqlSession.commit();
        // 关闭资源
        sqlSession.close();
    }
}
```

上面程序中后 4 个方法都包含两行粗体字代码，其中第一行粗体字代码用于获取 Mapper 组件（相当于 DAO 组件），第二行粗体字代码则调用 Mapper 组件的方法来操作数据库。上面程序中后 4 个方法的测试效果与上一个示例的测试效果大致相同，此处不再赘述。

对于这种采用 Mapper 操作数据库的方式，最让初学者苦恼的地方就是：为何这些 Mapper 组件只有接口也能使用？难道接口能创建对象吗？

很明显，接口不能创建对象，只有实现类才能创建对象，这是 Java 的语法规定。那么，SqlSession 的 getMapper()方法返回的 Mapper 组件是什么呢？

在上面程序的后 4 个方法中增加如下一行代码，打印 Mapper 组件的实现类：

```
System.out.println(newsMapper.getClass());
```

运行上面的代码，可以看到如下输出：

```
[java] class com.sun.proxy.$Proxy17
```

这说明 Mapper 组件确实有自己的实现类，而且这个实现类不需要由开发者提供实现，而是 MyBatis 自动提供实现——如果读者还记得《疯狂 Java 讲义》的 18.5 节中关于动态代理的介绍，就会发现这个$Proxy17（17 会动态变化）就是 MyBatis 通过反射生成动态代理类的。

 提示: ┈┈┈┈┈┈┈┈┈┈┈┈┈┈┈┈┈┈┈┈┈┈┈┈┈┈

　　　JDK 的动态代理可以为接口动态生成实现类，这个实现类的 class 文件在内存中。关于 JDK 动态代理的介绍请参考《疯狂 Java 讲义》的 18.5 节内容。

由此可见，开发者只需要为 Mapper 组件定义接口，MyBatis 最神奇的地方就是通过反射为 Mapper 组件生成动态代理，那么 MyBatis 是怎么知道如何实现这些抽象方法的呢？

MyBatis 对这些方法的实现非常简单，每个 Mapper 组件都持有一个 SqlSession 对象，Mapper 组件的方法主要就是以下伪码：

```
Class clz = 获取 Mapper 接口的类;
String statementId = clz.getName() + 当前方法名;
// 执行不同元素定义的 SQL 语句用对应的方法，如执行<insert.../>元素定义的 SQL 语句用 insert()方法
return sqlSession.xxx(statementId, 参数);
```

使用 Mapper 方式（MyBatis 推荐这种方式）操作数据库时，MyBatis 在 SqlSession 上又包装了一层，这使得开发者能以更面向对象的方式来操作数据库，而且代码更加安全。

由于 Mapper 组件直接就能充当 DAO 组件，这一点比 Hibernate 等 ORM 框架更方便——Hibernate 等 ORM 框架完成持久化类与数据表的映射之后，还需要另外开发 DAO 组件；但如果使用 MyBatis，Mapper 组件开发完成之后（而且只需要定义接口），就已经完成了 DAO 组件的开发，这一点是 MyBatis 的优势。

使用 Mapper 组件操作数据库，使用领域对象（而不是 Map）映射 ResultSet 的方式，才是 MyBatis 推荐的方法。采用这种方式操作数据库的核心步骤如下：

① 根据查询结果定义 Java 类（充当领域对象）。

② 开发 Mapper 组件，关于 Mapper 组件有如下公式。

Mapper 组件 = Mapper 接口 + XML 文档（或注解）

③ 调用 SqlSession 的 getMapper()方法获取 Mapper 组件。

④ 调用 Mapper 组件的方法操作数据库。

▶▶ 2.2.5 在 Eclipse 中使用 MyBatis

正如前面所提到的，在使用任何 IDE 工具辅助开发之前，开发者都应该很清楚不使用工具如何使用该技术。IDE 工具仅用于辅助开发，提高开发效率，绝对无法弥补开发者的知识缺陷。

MyBatis 为 Eclipse 提供了一个 MyBatipse 插件，该插件为 XML Mapper 编辑器提供了如下常用功能。

➢ 自动完成：与大部分插件类似，MyBatipse 插件为命名空间、映射类型、属性、SQL 语句 ID 等提供了自动完成功能，安装该插件后，按下 "Alt+/" 快捷键即可体验到该功能。

➢ 有效性验证：MyBatipse 插件可对类型别名、属性名、SQL 语句 ID 等的有效性进行检查，如果发现 XML Mapper 中引用的类型、属性名、SQL 语句 ID 有错，该插件会立即报错。

➢ Mapper 声明视图：该视图能让开发者以更直观的方式查看 XML Mapper 文件的关键内容。

MyBatipse 插件也为 Java 编辑器提供了如下常用功能。

➢ 自动完成：MyBatipse 为 Java 编辑器提供了大量与 MyBatis 相关的自动完成功能，安装该插件后，按下 "Alt+/" 快捷键即可体验到该功能。

➢ 快速辅助：该功能能让开发者更方便地使用映射注解。

提示：
> 前面介绍的例子都是使用 XML Mapper 定义 SQL 语句、映射关系的，实际上 MyBatis 同样允许不使用 XML Mapper，而是直接在 Mapper 接口中使用注解来定义 SQL 语句、映射关系，本书后面的示例都会同时使用 XML Mapper 和注解两种方式。

➢ 有效性验证：MyBatipse 插件也可对映射注解中的 resultMap ID 等属性进行验证。

此外，MyBatipse 插件还允许使用向导式的方式来创建 XML Mapper，也允许在 XML Mapper 或 Java 编辑界面对 MyBatis 元素进行重命名，熟悉这些功能可以加速 MyBatis 的开发。

为 Eclipse 安装 MyBatipse 插件请按如下步骤进行。

① 单击 Eclipse 主菜单中的"Help"→"Eclipse Marketplace..."菜单项，Eclipse 弹出如图 2.8 所示的安装插件对话框。

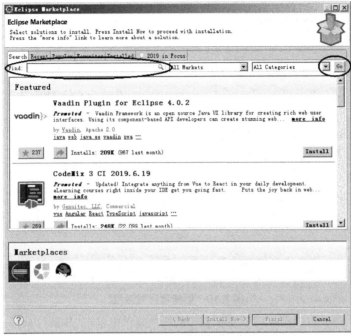

图 2.8　安装插件对话框

② 在"Find"文本框内输入"MyBatipse"，然后单击右上角的"Go"按钮，即可看到如图 2.9 所示的效果。

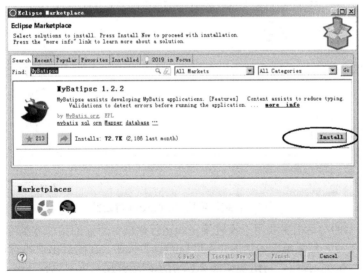

图 2.9　安装 MyBatipse 插件

③ 单击右边的"Install"按钮，Eclipse 将会自动下载 MyBatipse 插件。接下来弹出需要确认协议的对话框，选择"I accept ..."单选钮接受协议，然后单击"Finish"按钮，将立即开始安装 MyBatipse 插件，安装完成后重启 Eclipse 让插件生效即可。

在 Eclipse 中开发 MyBatis 应用，请按如下步骤进行。

① 单击 Eclipse 主菜单中的"File"→"New"→"Java Project"菜单项，出现如图 2.10 所示的新建项目对话框。在"Project name"文本框中输入项目名，这里输入项目名为 MyBatisDemo。项目创建成功后，将会在 Eclipse 的项目导航界面中看到一个名为 MyBatisDemo 的项目。

图 2.10　新建项目对话框

② 右键单击"MyBatisDemo"节点，在弹出的快捷菜单中单击"Build Path"→"Configure Build Path..."菜单项，将出现如图 2.11 所示的对话框。

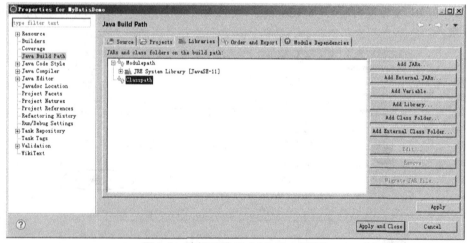

图 2.11　编辑项目 Build Path 对话框

③ 图 2.11 所示的对话框主要用于设置编译和运行该项目所需的第三方类库。先选中中间区域内的"Classpath"节点，然后单击右边的"Add Library"按钮，在随后出现的对话框中选中"User Library"，并单击"Next"按钮，将出现如图 2.12 所示的选择用户库对话框——这个过程表示将选择指定的用户库，在每个用户库中可管理多个 JAR 文件。

提示：

可以看到图 2.12 所示的对话框中已经有了几个用户库，这些用户库是以前添加的——可以重复使用已有的用户库。如果读者是第一次进入该对话框，则应该不会看到任何用户库。

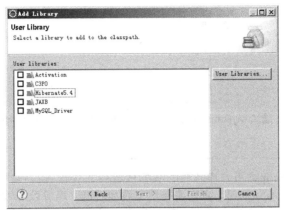

图 2.12　选择用户库对话框

④ 如果 Eclipse 中没有任何用户库，则需要添加自己的用户库。单击图 2.12 所示对话框右边的"User Libraries"按钮，将出现如图 2.13 所示的编辑用户库对话框。

⑤ 如果需要添加自己的用户库，则应该单击"New..."按钮，将出现新建用户库对话框，如图 2.14 所示。

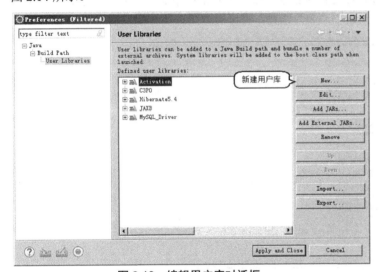

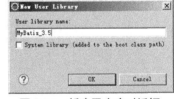

图 2.13　编辑用户库对话框　　　　　图 2.14　新建用户库对话框

⑥ 输入用户库的名字，然后单击"OK"按钮，将返回到图 2.13 所示的对话框。

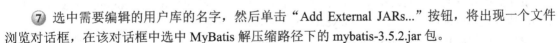

注意

新建的用户库仅有一个用户库名，并不包含任何 JAR 文件，必须通过编辑用户库来为用户库添加 JAR 文件。

⑦ 选中需要编辑的用户库的名字，然后单击"Add External JARs..."按钮，将出现一个文件浏览对话框，在该对话框中选中 MyBatis 解压缩路径下的 mybatis-3.5.2.jar 包。

⑧ 单击"OK"按钮，将返回到图 2.12 所示的对话框，勾选刚添加的"MyBatis_3.5"用户库，然后单击"Finish"按钮，返回到 Eclipse 主界面。

⑨ 重复第 4~8 步的操作，为该项目添加 MySQL 数据库驱动、Log4j 2 对应的 JAR 包。添加 MyBatis 编译和运行所需的所有 JAR 文件后，可以看到 Eclipse 主界面左上角的包结构如图 2.15 所示。

图 2.15　添加 MyBatis 编译和运行所需的所有 JAR 文件后的包结构图

　　刚才所添加的 Eclipse 用户库只能保证在 Eclipse 下编译、运行该程序可找到相应的类库；如果需要发布该应用，则还要将刚刚添加的用户库所引用的 JAR 文件随应用一起发布。对于一个 Web 应用，由于在 Eclipse 中部署 Web 应用时不会将用户库的 JAR 文件复制到 Web 应用的 WEB-INF/lib 路径下，因此需要主动将用户库所引用的 JAR 文件复制到 Web 应用的 WEB-INF/lib 路径下。

⑩ 右键单击"MyBatisDemo"节点下的"src"子节点，在弹出的快捷菜单中单击"New"→"Others..."菜单项，将出现新建项目或文件对话框。单击该对话框中的"XML"节点，并选中该节点的"XML File"子节点，然后单击"Next"按钮，将出现如图 2.16 所示的对话框。

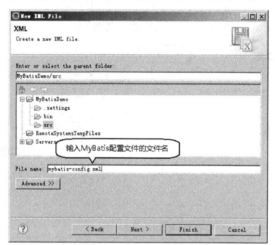

图 2.16　新建 mybatis-config.xml 配置文件

⑪ 设置 mybatis-config.xml 文件的保存位置，通常将该文件保存在 src 路径下。MyBatis 配置文件的文件名通常是 mybatis-config.xml，因此为该配置文件输入相应的文件名。单击"Finish"按钮，将出现 XML 文件的编辑界面。

⑫ 编辑 mybatis-config.xml 配置文件，与上一个示例相似，此处同样需要为 mybatis-config.xml 文件配置两个部分：数据库环境配置和 Mapper 配置。

　　其实此处建立的 mybatis-config.xml 文件的内容与上一个示例的 mybatis-config.xml 文件的内容相同，读者完全可以将上一个示例的 mybatis-config.xml 文件复制过来使用。

　　至此，已经成功使用 Eclipse 创建了一个 MyBatis 项目，接下来即可按①定义实体类；②开发 Mapper 组件；③使用 Mapper 组件操作数据库的步骤来操作数据库了。具体的开发步骤如下：

① 右键单击"MyBatisDemo"节点下的"src"子节点，在弹出的快捷菜单中单击"New"→"Class"菜单项，创建一个位于 org.crazyit.app.domain 包下的 News 类，该类的代码与前面示例的 News 类的代码完全相同。

② 右键单击"MyBatisDemo"节点下的"src"子节点，在弹出的快捷菜单中单击"New"→

"Interface" 菜单项，创建一个位于 org.crazyit.app.dao 包下的 NewsMapper 接口，该接口的代码与前面示例的 NewsMapper 接口的代码完全相同。

③ 右键单击 "MyBatisDemo" 节点下的 "src" 子节点，在弹出的快捷菜单中单击 "New" →
"Others..." 菜单项，将出现新建项目或文件对话框。单击该对话框中的 "MyBatis" 节点（这就是
MyBatipse 插件发挥作用了），并选中该节点下的 "MyBatis XML Mapper" 子节点，然后单击 "Next"
按钮，将出现如图 2.17 所示的对话框。

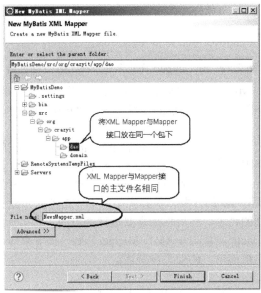

图 2.17　创建 XML Mapper 文件

④ 为 XML Mapper 选择保存位置，输入文件名之后，单击 "Finish" 按钮，即可成功创建 XML
Mapper 文件。接下来使用 Eclipse 编译该文件时，可随时通过 "Alt + /" 快捷键调出 MyBatipse 插
件的辅助功能。例如，在<mapper.../>根元素内输入小于号（<），按下 "Alt + /" 快捷键，即可看到
如图 2.18 所示的提示。

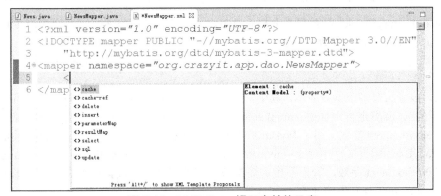

图 2.18　MyBatipse 提示有效的元素

从图 2.18 中可以看出，MyBatipse 提示了 XML Mapper 允许在<mapper.../>元素内添加的所有
子元素，例如前面见过的<insert.../>、<select.../>等元素都被列出来了，开发者根据需要进行选择即
可。

假如选择定义<insert.../>元素，MyBatipse 就会自动补齐<insert.../>元素的核心部分，当为
元素输入 id 属性值时，按下 "Alt + /" 快捷键，即可看到如图 2.19 所示的提示。

图 2.19　MyBatipse 为元素提示有效的 id 属性值

从图 2.19 中可以看出，MyBatipse 列出了<insert.../>元素的所有有效的 id 属性值——这些属性值就是对应 Mapper 接口中的方法名——前面已经说过，Mapper 接口中的方法名必须与 SQL 声明中的 id 属性值对应。

总之，读者随时可通过"Alt + /"快捷键调出 MyBatipse 的辅助功能，这样在某种程度上可以提高开发效率。但最终编辑得到的 NewsMapper.xml 文件的内容依然与上一个示例完全相同。

这里还是要忠告开发者：不要过度依赖 MyBatipse 的提示功能！毕竟是开发人员利用工具，而不是工具利用开发人员。真正熟练的开发人员其实基本不靠这种插件提示——这样效率太低了！他们通常都是先复制之前定义的内容，然后根据需要进行修改的。

开发完 Mapper 组件（Mapper 接口＋XML Mapper）后，接下来即可调用 Mapper 组件的方法来操作数据库了。这些代码很简单，此处不再赘述。

2.3　MyBatis 核心 API 及作用域

从前面的程序中可以看到，在实现了 Mapper 组件之后，主程序要用到 SqlSessionFactoryBuilder、SqlSessionFactory、SqlSession 等核心 API。下面详细介绍这些核心 API。

▶▶ 2.3.1　SqlSessionFactoryBuilder 的作用域

SqlSessionFactoryBuilder 甚至算不上核心 API，从它的源代码来看，它甚至没有专门定义构造器（Java 会提供默认的、无参数的构造器），它主要提供了如下方法：

```
SqlSessionFactory build(Reader | InputStream reader, String environment, Properties properties)
```

实际上，该方法有多个重载版本。其中，第一个 reader 参数既可使用字符流，也可使用字节流（本质是一样的），都指定告诉 SqlSessionFactoryBuilder 到哪里去加载 MyBatis 配置文件。

第二个 environment 参数引用了 MyBatis 配置文件中<environment.../>元素的 id 属性值——也就是指定使用 MyBatis 配置文件中哪个<environment.../>元素的数据库配置。在重载的 build()方法中，可以不指定 environment 参数，如果不指定该参数，则使用默认的数据库配置——相当于为该参数传入了<environments.../>元素的 default 属性值。

第三个 properties 参数用于为 MyBatis 配置文件传入额外的属性配置。在重载的 build()方法中，也可以不指定 properties 参数，表明不传入额外的属性配置。

提示

关于 properties 参数的作用，可参考 2.4.1 节关于属性配置的介绍。

由此可见，SqlSessionFactoryBuilder 的唯一作用就是创建 SqlSessionFactory，一旦 SqlSessionFactory

对象创建成功，就再也不需要 SqlSessionFactoryBuilder 了。因此，建议在应用启动时，使用局部变量的 SqlSessionFactoryBuilder 来创建 SqlSessionFactory，这样能保证该对象被尽快销毁，从而释放它底层用到的 XMLConfigBuilder 及 XML 资源。

> **提示：** ----------------------------------
>
> 　　以作者的经验来看，SqlSessionFactoryBuilder 其实根本没有必要创建实例，Clinton（MyBatis 的作者）在设计该类时将 build() 方法定义成 static 方法会更加简洁，可是他没有这么做。

▶▶ 2.3.2　SqlSessionFactory 的作用域

SqlSessionFactory 由 SqlSessionFactoryBuilder 创建，在 SqlSessionFactoryBuilder 的源代码中可以看到如下方法：

```
public SqlSessionFactory build(Configuration config) {
    return new DefaultSqlSessionFactory(config);
}
```

SqlSessionFactoryBuilder 中其他重载的 build() 方法最终都是调用该 build() 方法来创建 SqlSessionFactory 的，实际上返回的是 DefaultSqlSessionFactory 实例。

在创建 SqlSessionFactory 时，程序需要传入一个 Configuration 参数，Configuration 对象代表了 MyBatis 的核心配置文件，因此它提供了大量方法来获取或修改 MyBatis 的核心配置。

SqlSessionFactory 提供了一个 getConfiguration() 方法来获取底层的 Configuration 对象。

SqlSessionFactory 的主要作用就是获取 SqlSession，因此它提供了如下几个重载的 openSession() 方法来获取 SqlSession。

- ➢ SqlSession openSession()
- ➢ SqlSession openSession(boolean autoCommit)
- ➢ SqlSession openSession(Connection connection)
- ➢ SqlSession openSession(TransactionIsolationLevel level)
- ➢ SqlSession openSession(ExecutorType execType,TransactionIsolationLevel level)
- ➢ SqlSession openSession(ExecutorType execType)
- ➢ SqlSession openSession(ExecutorType execType, boolean autoCommit)
- ➢ SqlSession openSession(ExecutorType execType, Connection connection)

上面这些方法允许在获取 SqlSession 时进行以下控制。

- ➢ 事务处理：由 autoCommit 参数控制，如果将该参数设为 false，则意味着不使用自动提交，而是使用显式的事务控制（这也是 MyBatis 推荐的方式）。
- ➢ 连接对象：由 connection 参数控制，如果显式传入 connection 参数，则意味着 SqlSession 底层使用用户提供的 JDBC Connection 对象；否则，MyBatis 会使用底层配置的数据源来获取数据库连接。
- ➢ 执行语句的类型：由 execType 参数控制，它可控制 MyBatis 底层是否复用 PreparedStatement，是否使用 JDBC 的批量更新（包括插入或删除）。
- ➢ 隔离级别：由 level 参数控制。

如果调用 openSession() 方法时不传入任何参数（前面的示例就是这么做的），那么该方法将会打开一个具有如下特征的 SqlSession。

- ➢ 不自动提交，相当于为 autoCommit 参数传入 false。
- ➢ 使用底层配置的数据源来获取数据库连接。
- ➢ 使用最简单的 PreparedStatement（既不复用，也不启用批量更新），相当于为 execType 参数传入 ExecutorType.SIMPLE 值。

➢ 事务隔离级别将会使用驱动或数据源的默认级别。

execType 参数支持以下三个枚举值。

➢ ExecutorType.SIMPLE：它意味着 MyBatis 每次执行时都创建新的 PreparedStatement，既不会复用 PreparedStatement，也不会启用批量更新。

➢ ExecutorType.REUSE：复用 PreparedStatement。

➢ ExecutorType.BATCH：启用批量更新。

SqlSessionFactory 底层封装了数据库配置环境（包括 Datasource 和事务配置），SqlSessionFactory 应该是整个应用相关的，因此，建议在应用启动时创建 SqlSessionFactory，整个应用在运行期间它应该一直存在，没有任何理由丢弃它或重新创建另一个实例。

SqlSessionFactory 的最佳作用域是应用作用域，例如，使用单例模式或静态单例模式即可实现这一点。简单来说，应用不退出，SqlSessionFactory 就不退出。

SqlSessionFactory 被设计成线程安全的实例，因此，它可以被多个线程共享。

➢➢ 2.3.3　SqlSession 及其作用域

SqlSession 是 MyBatis 执行数据库操作最核心的 API，它提供了如下常用方法来执行 SQL 语句。

➢ <T> T selectOne(String statement, Object parameter)：执行 select 查询语句，返回单条记录封装的对象。

➢ <E> List<E> selectList(String statement, Object parameter)：执行 select 查询语句，返回一条或多条记录封装的对象所组成的 List 集合。

➢ <T> Cursor<T> selectCursor(String statement, Object parameter)：该方法的功能与 selectList() 方法大致相同，只是该方法不返回 List 集合，而是返回 Cursor 对象，该对象可延迟获取实际的记录。

➢ int insert(String statement, Object parameter)：通常用于执行 insert 语句。

➢ int update(String statement, Object parameter)：通常用于执行 update 语句。

➢ int delete(String statement, Object parameter)：通常用于执行 delete 语句。

正如前面所介绍的，上面的 insert()、update()、delete()方法都可用于执行 DML 语句，它们只是语义上的区别，在功能上基本相似。这些方法在本章的第一个示例中已经给出了示范，实际上 MyBatis 不再推荐直接使用这些方法执行数据库操作。

SqlSession 还提供了如下方法用于控制事务。

➢ commit()：提交事务。

➢ commit(boolean force)：提交事务，其中 force 参数指定是否强制提交。

➢ rollback()：回滚事务。

➢ rollback(boolean force)：回滚事务，其中 force 参数指定是否强制回滚。

SqlSession 提供了如下方法来支持批量更新。

➢ List<BatchResult> flushStatements()：该方法用于执行存储在 JDBC 驱动中的批量更新语句。

如果要使用 MyBatis 执行批量更新，则需要在获取 SqlSession 时将 ExecutorType 参数设为 ExecutorType.BATCH。

SqlSession 底层封装了 Connection，实际上 SqlSession 提供了一个 getConnection()方法来返回它封装的 SqlSession。

正如 Connection 是线程不安全的，SqlSession 也是线程不安全的，因此 SqlSession 不能被共享。与 JDBC Connection 的用法类似，SqlSession 的最佳作用域是方法作用域（将 SqlSession 定义成局部变量）或请求作用域（对于 Web 应用）。

不要将 SqlSession 定义成成员变量（实例变量或类变量也不行），因为这样可能导致 SqlSession 被多个线程共享；更不能将 SqlSession 放入 Web 应用的 HttpSession 或 ServletContext 作用域中，也不能将 SqlSession 设为 Spring 容器中的 singleton 行为。

　　如果在 Java 项目中使用 MyBatis，那么每个方法用 SqlSession 操作完数据库之后都应该立即关闭它，正如前面示例中每个方法的最后一行代码都关闭了 SqlSession，如果 SqlSession 没有被成功关闭，就可能引起物理资源泄露。

　　在实际项目中，为了保证 SqlSession 一定被成功关闭，建议使用 finally 块来关闭它。例如，如下代码片段：

```
var session = sqlSessionFactory.openSession();
try {
    // 你的应用逻辑代码
    ...
} finally {
    session.close();
}
```

　　如果在 Java Web 应用中使用 MyBatis，则可以考虑将 SqlSession 放在一个与 HTTP request 对象相似的作用域中，这样可以让整个 HTTP 请求都使用同一个 SqlSession——每次应用接收到用户请求后，都可以打开一个 SqlSession，在成功生成服务器响应数据之后，程序同样应该使用 finally 块来关闭它。

　　当程序要批量插入、更新多条数据时，建议使用 BATCH 类型的 Executor 进行批处理，这样可以显著提升性能。

　　下面示例将会对比使用两种方式（普通 Executor 的方式和 BATCH 类型的 Executor 的方式）来插入 5000 条记录的时间成本。本例的 Mapper 组件非常简单，只是定义了一个简单的 saveNews() 方法，因此，此处不再给出 NewsMapper 组件的接口代码和 XML 映射代码。

　　下面两个方法分别示范了使用普通 Executor 插入和使用 BATCH 类型的 Executor 插入的代码。

程序清单：codes\02\2.3\Batch\src\lee\NewsManager.java

```
public static void insertTest1()
{
    // 打开使用普通 (SIMPLE) Executor 的 SqlSession
    var sqlSession = sqlSessionFactory.openSession();
    var start = System.currentTimeMillis();
    var newsMapper = sqlSession.getMapper(NewsMapper.class);
    for (var i = 0; i < 5000; i++ )
    {
        // 创建消息实例
        var news = new News(null, "1111", "22222222222");
        // 调用 Mapper 组件的方法保存实例
        newsMapper.saveNews(news);
    }
    // 提交事务
    sqlSession.commit();
    System.out.printf("不使用批处理费时：%d%n", (System.currentTimeMillis() - start));
    // 关闭资源
    sqlSession.close();
}
public static void insertTest2()
{
    // 打开使用 BATCH Executor 的 SqlSession
    var sqlSession = sqlSessionFactory.openSession(ExecutorType.BATCH);
    var start = System.currentTimeMillis();
    var newsMapper = sqlSession.getMapper(NewsMapper.class);
    for (var i = 0; i < 5000; i++ )
    {
        // 创建消息实例
        var news = new News(null, "1111", "22222222222");
        // 调用 Mapper 组件的方法保存实例
```

```
        newsMapper.saveNews(news);
    }
    // 执行批处理语句（这条语句可省略）
    sqlSession.flushStatements();
    // 提交事务
    sqlSession.commit();
    System.out.printf("使用批处理费时：%d%n", (System.currentTimeMillis() - start));
    // 关闭资源
    sqlSession.close();
}
```

上面两个方法的代码基本相同，只是它们打开 SqlSession 的方式略有差别。第一个方法在打开 SqlSession 时并未传入任何参数，因此程序默认打开使用 SIMPLE Executor 的 SqlSession；第二个方法在打开 SqlSession 时传入了 ExecutorType.BATCH 参数，因此程序打开使用 BATCH Executor 的 SqlSession。

使用基于 BATCH Executor 的 SqlSession 添加批量操作之后，可以调用 flushStatements()方法来执行批处理。实际上，这条语句完全可以省略——这是由于当程序调用 SqlSession 的 commit()方法提交事务时，SqlSession 会自动执行 flushStatements()方法。

运行上面两个方法，可能看到如下输出（在不同的机器上运行看到的结果并不完全相同）：

```
[java] 不使用批处理费时：2939
[java] 使用批处理费时：592
```

可以看到，使用批处理的方式插入5000条记录耗时明显更少，这就是使用ExecutorType.BATCH 执行批处理的优势，它可以显著提升批量插入、批量更新的性能。

> **注意**
>
> MySQL 等数据库本身支持批量插入，它们支持在 insert 语句的 values 后用逗号隔开多条记录，这样即可使用一条 insert 语句来插入多条记录，这种来自数据库底层支持的批量插入肯定具有更好的性能。因此，如果数据库本身支持批量插入（使用一条 insert 语句可插入多条记录），则建议使用 MyBatis 的 foreach 元素来利用该特性。关于 foreach 元素，本书第 3 章中会有详细介绍。

▶▶ 2.3.4　Mapper 组件的作用域

SqlSession 提供了如下方法来获取 Mapper 组件。

➤ getMapper(Class<T> type)：根据 Mapper 接口获取 Mapper 组件。

正如前面所介绍的，MyBatis 通常会使用 JDK 动态代理为 Mapper 组件生成实例，由于 Mapper 组件由 SqlSession 创建而来，因此 Mapper 组件的作用域不应该超过创建它的 SqlSession 的作用域。

一般来说，建议使用局部变量保存 Mapper 组件。换句话说，程序每次需要执行数据库操作时，都应该先获取 Mapper 组件，用完后立即丢弃它。例如，如下代码片段示范了 Mapper 组件的最佳实践。

```
var session = sqlSessionFactory.openSession();
try {
    var newsMapper = session.getMapper(NewsMapper.class);
    // 你的应用逻辑代码
} finally {
    session.close();
}
```

2.4　MyBatis 配置详解

MyBatis 使用核心配置文件来管理相关配置信息，下面就来详细介绍这些配置的作用和用法。

➤➤ 2.4.1　属性配置

MyBatis 可以在核心配置文件中使用<properties.../>元素配置属性——所谓属性就是一个一个的 key-value 对，接下来即可在核心配置文件中通过属性名（key）来引用属性值（value）。

通过使用属性，可以将核心配置文件中的部分信息（比如数据库连接信息）提取到属性文件中集中管理，或者以参数形式传给 SqlSessionFactory 的 build()方法。

总结来说，MyBatis 允许在三个地方配置属性。

➤ 使用额外的属性文件配置，再使用<properties.../>元素加载该属性文件。

➤ 在<properties.../>元素中使用<property.../>子元素配置，每个<property.../>子元素配置一个属性。

➤ 在 SqlSessionFactory 的 build()方法中传入 Properties 参数。

当多处配置存在同名的属性时，优先级高的属性会覆盖优先级低的属性。上述三种方式所配置的属性优先级如下：

```
build()方法 > 额外的属性文件 > <property.../>子元素
```

下面示例使用如下属性文件来管理数据库连接信息。

程序清单：codes\02\2.4\properties\src\db.properties

```
# 故意将 driver 配错
driver=crazyit
url=jdbc:mysql://127.0.0.1:3306/mybatis?serverTimezone=UTC
user=root
```

提供上面的属性文件之后，接下来即可在 MyBatis 核心配置文件中加载并使用该属性文件。下面的核心配置文件示范了这种用法。

程序清单：codes\02\2.4\properties\src\mybatis-config.xml

```
<?xml version="1.0" encoding="UTF-8" ?>
<!DOCTYPE configuration
    PUBLIC "-//mybatis.org//DTD Config 3.0//EN"
    "http://mybatis.org/dtd/mybatis-3-config.dtd">
<configuration>
    <!-- 加载 db.properties 文件中的属性 -->
    <properties resource="db.properties">
        <!-- 如果属性名相同, db.properties 文件中的属性会覆盖此处的配置 -->
        <property name="user" value="dev_user"/>
        <property name="passwd" value="32147"/>
    </properties>
    <!-- default 指定默认的数据库环境为 MySQL, 引用其中一个 environment 元素的 id -->
    <environments default="mysql">
        <!-- 配置名为 mysql（该名字任意）的环境 -->
        <environment id="mysql">
            <!-- 配置事务管理器, JDBC 代表使用了 JDBC 自带的事务提交和回滚 -->
            <transactionManager type="JDBC"/>
            <!-- dataSource 配置数据源, 此处使用 MyBatis 内置的数据源 -->
            <dataSource type="POOLED">
                <!-- 下面配置通过${属性名}来引用属性值 -->
                <property name="driver" value="${driver}"/>
                <property name="url" value="${url}"/>
                <property name="username" value="${user}"/>
                <property name="password" value="${passwd}"/>
            </dataSource>
        </environment>
    </environments>
    <mappers>
        <!-- 配置 MyBatis 需要加载的 Mapper -->
        <mapper resource="org/crazyit/app/dao/NewsMapper.xml"/>
```

```
    </mappers>
</configuration>
```

上面配置文件中的第一段粗体字代码定义了<properties.../>元素，该元素的 resource 属性指定加载哪个属性文件。除使用 resource 属性之外，也可以使用 url 属性来指定加载哪个属性文件。resource 属性与 url 属性的区别如下。

➢ resource：指定从应用的类加载路径下搜索属性文件。例如，此时将 db.properties 文件放在 src 目录下（编译时会复制到 classes 目录下），因此直接将 resource 属性指定为 db.properties。

➢ url：指定加载 URL 对应的属性文件。例如，根据 HTTP 协议加载网络上的资源文件，可将 url 指定为 http://domain/资源文件；也可加载指定磁盘路径下的文件，如将 url 指定为 file:///g:/abc/db.properties，这意味着加载 G:/abc 目录下的 db.properties 文件。

一般来说，通过 resource 属性指定要加载的属性文件比较实用——对于 Java 项目来说，从类加载路径下搜索具有更好的可移植性。

上面代码中的第二段粗体字代码负责引用属性文件中定义的属性。不难看出，引用属性值的语法格式如下：

${属性名}

为了更好地演示 MyBatis 属性配置的加载机制，本例的属性配置略微有点复杂。

➢ 在 db.properties 文件中已有名为 user 的属性，在<properties.../>元素中也配置了名为 user 的属性，但该属性配置是错误的。由于 db.properties 中的属性的优先级更高，因此它会覆盖<properties.../>中配置的 user 属性值。

➢ 在 db.properties 文件中没有配置名为 passwd 的属性，因此在<properties.../>中配置的 passwd 属性值会发挥作用。

➢ 在 db.properties 文件中配置了名为 driver 的属性，但该属性配置是错误的，接下来在 build() 方法中传入的 Properties 对象会覆盖该属性。

下面是主程序的代码，该程序会在使用 build()方法时传入 Properties 参数。

程序清单：codes\02\2.4\properties\src\lee\NewsManager.java

```java
public class NewsManager
{
    private static SqlSessionFactory sqlSessionFactory;
    public static void main(String[] args) throws Exception
    {
        var resource = "mybatis-config.xml";
        // 使用 Resources 工具从类加载路径下加载指定文件
        var inputStream = Resources.getResourceAsStream(resource);
        // 创建 Properties 对象
        var props = new Properties();
        props.setProperty("driver", "com.mysql.cj.jdbc.Driver");
        // 传入 Properties 作为参数来构建 SqlSessionFactory
        sqlSessionFactory = new SqlSessionFactoryBuilder()
            .build(inputStream, props);
        // 打开 Session
        var sqlSession = sqlSessionFactory.openSession();
        insertTest(sqlSession);
    }
    // 省略 insertTest()方法
    ...
}
```

上面的粗体字代码为 build()方法传入了 Properties 参数，build()方法传入属性的优先级最高，此处配置了名为 driver 的属性，该属性会覆盖 db.properties 文件中配置的 driver 属性。

运行该示例，将看到程序完全可以正常连接数据库，这充分说明了 MyBatis 的三种属性配置方式及其优先级。

上面示例演示了在三个地方配置属性，但实际项目中通常不需要搞得这么复杂，一般来说，将某种特定的信息（比如数据库连接信息）集中放在属性文件中配置，然后使用\<properties.../\>元素的 resource 或 url 属性加载该属性文件即可。

当使用${属性名}来引用属性值时，可能存在属性值并不存在的情况，MyBatis 还允许在引用属性值时指定默认值。

为引用的属性指定默认值的语法格式如下：

```
${属性名:默认值}
```

从上面的语法可以看出，只要将默认值放在属性名之后，并以英文冒号隔开即可。

需要说明的是，在引用属性时指定默认值默认是关闭的，如果要启用该特性，则需要在\<properties.../\>中增加如下属性：

```
<property name="org.apache.ibatis.parsing.PropertyParser.enable-default-value"
    value="true"/>
```

在默认情况下，被引用属性的默认值与属性名之间的分隔符是英文冒号（:），MyBatis 同样允许改变这个分隔符，可以通过在\<properties.../\>中增加如下属性来改变分隔符：

```
<!-- 将被引用属性的默认值与属性名之间的分隔符改为两个减号 -->
<property name="org.apache.ibatis.parsing.PropertyParser.default-value-separator"
    value="--"/>
```

下面示例的 db.properties 文件只配置了两个属性。

程序清单：codes\02\2.4\properties-default\src\db.properties

```
url=jdbc:mysql://127.0.0.1:3306/mybatis?serverTimezone=UTC
user=root
```

接下来的 mybatis-config.xml 文件示范了为属性配置默认值。

程序清单：codes\02\2.4\properties-default\src\mybatis-config.xml

```
<?xml version="1.0" encoding="UTF-8" ?>
<!DOCTYPE configuration
    PUBLIC "-//mybatis.org//DTD Config 3.0//EN"
    "http://mybatis.org/dtd/mybatis-3-config.dtd">
<configuration>
    <!-- 加载 db.properties 文件中的属性 -->
    <properties resource="db.properties">
        <!-- 启用为属性指定默认值的特性 -->
        <property name="org.apache.ibatis.parsing.PropertyParser.enable-default-value"
            value="true"/>
        <!-- 将被引用属性的默认值与属性名之间的分隔符改为两个减号 -->
        <property name="org.apache.ibatis.parsing.PropertyParser.default-value-
separator" value="--"/>
    </properties>
    <!-- default 指定默认的数据库环境为 MySQL，引用其中一个 environment 元素的 id -->
    <environments default="mysql">
        <!-- 配置名为 mysql（该名字任意）的环境 -->
        <environment id="mysql">
            <!-- 配置事务管理器，JDBC 代表使用了 JDBC 自带的事务提交和回滚 -->
            <transactionManager type="JDBC"/>
            <!-- dataSource 配置数据源，此处使用 MyBatis 内置的数据源 -->
            <dataSource type="POOLED">
                <!- 在引用属性时指定默认值 -->
                <property name="driver" value="${driver--com.mysql.cj.jdbc.Driver}"/>
                <property name="url" value="${url}"/>
                <property name="username" value="${user}"/>
```

```
                <!-- 在引用属性时指定默认值 -->
                <property name="password" value="${passwd--32147}"/>
            </dataSource>
        </environment>
    </environments>
    <mappers>
        <!-- 配置 MyBatis 需要加载的 Mapper -->
        <mapper resource="org/crazyit/app/dao/NewsMapper.xml"/>
    </mappers>
</configuration>
```

上面程序中的第一行粗体字代码启用了在引用属性时指定默认值的特性，第二行粗体字代码将属性名与属性值之间的分隔符改为两个减号（默认是英文冒号）。

上面配置文件中的后面两行粗体字配置分别引用了 driver、passwd 两个属性，并为这两个属性指定了默认值。

▶▶ 2.4.2 设置配置

MyBatis 有一些全局行为需要设置，比如是否使用缓存、日志设置等，这些设置（settings）都被放在<settings.../>元素中，每个<setting.../>子元素配置一个设置。

例如，如下设置启用 MyBatis 的延迟加载功能。

```
<settings>
    <!-- 启用延迟加载功能 -->
    <setting name="lazyLoadingEnabled" value="true"/>
</settings>
```

从上面的配置可以看出，<setting.../>元素的 name 属性指定名称，value 用于配置合适的值。

正如从前面示例中所看到的，很多时候项目可能并不需要为 MyBatis 配置这些设置，因为这些设置都有一个比较合理的默认值，通常使用默认值就能让 MyBatis 具有较好的行为。MyBatis 支持的设置及其有效值、默认值如表 2.1 所示。

表 2.1　MyBatis 支持的设置及其有效值、默认值

设置名	意义	有效值	默认值
cacheEnabled	全局启用或关闭 Mapper 中配置的缓存设置	true | false	true
lazyLoadingEnabled	设置全局的延迟加载行为。启用该设置后，所有的关联对象默认都使用延迟加载，也可在 Mapper 映射中通过 fetchType 属性来改变延迟加载行为	true | false	false
aggressiveLazyLoading	启用该设置后，调用该对象的任何方法都会加载该对象的所有延迟属性；否则，各延迟属性按需加载（参考 lazyLoadTriggerMethods）	true | false	false（3.4.1 以前为 true）
multipleResultSetsEnabled	是否支持返回多结果集（后面会看到多结果集示例）	true | false	true
useColumnLabel	是否允许使用列别名代替列名。不同的驱动在这方面会有不同的表现，具体可参考相关驱动文档或实践测试	true | false	true
useGeneratedKeys	设置是否允许将数据库自动生成的主键传给映射对象（后面会看到该设置的相关示例）	true | false	false

设置名	意义	有效值	默认值
autoMappingBehavior	设置 MyBatis 的自动映射行为。它支持以下三个值。 • NONE：不使用自动映射 • PARTIAL：部分自动映射，只映射没有定义嵌套结果集映射的结果集 • FULL：完全自动映射，总是自动映射任意复杂的结果集	NONE | PARTIAL | FULL	PARTIAL
autoMappingUnknownColumnBehavior	指定自动映射检测到未知列时的行为。该设置支持如下行为。 • NONE：不做任何反应 • WARNING：输出警告级别的日志 • FAILING：抛出 SqlSessionException	NONE | WARNING | FAILING	NONE
defaultExecutorType	设置 SQL 执行器的默认类型，即控制 openSession()方法中 execType 参数的默认值。该设置支持的三个值对应于 ExecutorType 的三个枚举值	SIMPLE | REUSE | BATCH	SIMPLE
defaultStatementTimeout	设置默认的超时秒数。如果数据库驱动程序在指定秒数内没有收到数据库响应，则判断超时	正整数	无
defaultFetchSize	设置数据库驱动批量抓取的记录数。该属性只是给底层驱动的建议，并不保证效果	正整数	无
defaultResultSetType	设置查询返回的 ResultSet 的默认类型。该设置支持如下属性值。 • FORWARD_ONLY：不可滚动的结果集 • SCROLL_SENSITIVE：可滚动，对修改敏感 • SCROLL_INSENSITIVE：可滚动，对修改不敏感 • DEFAULT：等同于未设置	FORWARD_ONLY | SCROLL_SENSITIVE | SCROLL_INSENSITIVE | DEFAULT	无
safeRowBoundsEnabled	设置是否允许对嵌套语句使用 RowBounds（分页）。如果允许使用，则设置为 false	true | false	false
safeResultHandlerEnabled	设置是否允许对嵌套语句使用 ResultHandler（结果集处理器）。如果允许使用，则设置为 false	true | false	true
mapUnderscoreToCamelCase	是否启用下画线命名法则与驼峰命名法则的映射。启用该行为后，数据库列名 abc_xyz 将会自动映射到 Java 对象的 abcXyz 属性	true | false	false
localCacheScope	设置局部缓存的作用域。MyBatis 采用局部缓存来防止循环引用和加速重复的嵌套查询，局部缓存的默认作用域是整个 SqlSession；如果将该设置改为 STATEMENT，则只在一次 Statement 内缓存	SESSION | STATEMENT	SESSION

设置名	意义	有效值	默认值
jdbcTypeForNull	当传入参数值为 null 时，该设置控制参数默认的 JDBC 类型	JdbcType 的任意枚举值，通常使用 NULL、VARCHAR 或 OTHER	OTHER
lazyLoadTriggerMethods	指定哪些方法会触发延迟加载	用英文逗号隔开的多个方法名	equals,clone, hashCode, toString
defaultScriptingLanguage	指定动态 SQL 所使用的脚本语言（后面会有关于动态 SQL 的详细介绍）	类型别名或全限定类名	org.apache. ibatis.scripting. xmltags.XMLL anguageDriver
defaultEnumTypeHandler	为枚举类型指定默认的类型处理器（后面会有关于类型处理器的详细介绍和示例）	类型别名或全限定类名	org.apache. ibatis.type. EnumTypeHan dler
callSettersOnNulls	当查询结果的某列值为 null 时，该设置控制是否需要调用 Java 对象的 setter 方法（Map 则使用 put 方法）设置 null 值。当程序希望通过 Map 的 keySet()获取所有列名，或者希望执行 null 初始化时，将该设置改为 true	true | false	false
returnInstanceForEmptyRow	当查询记录的所有列都为空时，MyBatis 默认返回 null。如果启用该设置，MyBatis 将会返回一个映射的 Java 对象，只是所有属性都没有设置。该设置也适用于嵌套的结果集（如集合或关联）	true | false	false
logPrefix	指定 MyBatis 会添加到日志名之前的前缀	任何字符串	无
logImpl	设置默认的日志实现。如果不设置，则按 SLF4J、Commons Logging、Log4j 2、Log4j、JDK logging 的顺序自动查询。所以，在前面的示例中即使不设置日志，也能看到 MyBatis 日志输出	SLF4J | LOG4J | LOG4J2 | JDK_LOGGING | COMMONS_LOGGING | STDOUT_LOGGING | NO_LOGGING	无
proxyFactory	指定 MyBatis 启用延迟加载时使用哪种代理技术来生成代理对象	CGLIB | JAVASSIST	JAVASSIST
vfsImpl	指定 VFS 的实现	自定义的 VFS 实现类的全限定类名，多个类名之间用英文逗号隔开	无
useActualParamName	指定在 Mapper 中配置 SQL 语句时是否可以根据形参传值。如需使用该特性，必须启用 Java 8 的命名参数特性（使用-parameters 编译选项）	true | false	true
configurationFactory	指定自定义的 Configuration 工厂类。该工厂类必须提供 static Configuration getConfiguration()方法，该方法负责返回自定义的 Configuration	类型别名或全限定类名	无

▶▶ 2.4.3　为类型配置别名

在 MyBatis 的 Mapper 配置中必然涉及大量的类，在默认情况下，开发者必须为每个类都指定全限定类名，这样的代码不仅冗长，而且十分烦琐。

MyBatis 允许在<typeAliases.../>元素内通过如下两个元素为 Java 类指定别名。

➢ <typeAlias.../>：为单个 Java 类指定别名。

➢ <package.../>：为指定包下的所有 Java 类集中指定别名。

为了简化开发，MyBatis 默认已经为常见的 Java 类型提供了别名。常见的 Java 类型及其别名如表 2.2 所示。

表 2.2　常见的 Java 类型及其别名

别名	对应的 Java 类型
_byte	byte
_long	long
_short	short
_int	int
_integer	int
_double	double
_float	float
_boolean	boolean
string	String
byte	Byte
long	Long
short	Short
int	Integer
integer	Integer
double	Double
float	Float
boolean	Boolean
date	Date
decimal	BigDecimal
bigdecimal	BigDecimal
object	Object
map	Map
hashmap	HashMap
list	List
arraylist	ArrayList
collection	Collection
iterator	Iterator

除了上面这些内置的别名，如果希望在 MyBatis 中使用其他别名，则需要开发者自己配置。

下面介绍通过<typeAlias.../>为单个 Java 类指定别名的用法。先在 MyBatis 核心配置文件中添加如下配置。

程序清单：codes\02\2.4\typeAlias1\src\mybatis-config.xml

```xml
<?xml version="1.0" encoding="UTF-8" ?>
<!DOCTYPE configuration
    PUBLIC "-//mybatis.org//DTD Config 3.0//EN"
    "http://mybatis.org/dtd/mybatis-3-config.dtd">
<configuration>
    <typeAliases>
        <!-- 为 org.crazyit.app.domain.News 类指定别名 news -->
```

```
            <typeAlias alias="news" type="org.crazyit.app.domain.News"/>
        </typeAliases>
        <!-- 其他配置与前面示例相同 -->
        ...
</configuration>
```

上面配置文件中的粗体字代码为 org.crazyit.app.domain.News 类指定了别名：news，接下来即可在 Mapper 中需要用到 org.crazyit.app.domain.News 类的地方使用 news 别名。

例如，下面 XML Mapper 文件为<select.../>元素指定一个 resultType 属性，该属性指定执行该 SQL 语句时传入的参数类型。下面是该 Mapper 文件的代码。

程序清单：codes\02\2.4\typeAlias1\src\org\crazyit\app\dao\NewsMapper.xml

```
<?xml version="1.0" encoding="UTF-8" ?>
<!-- MyBatis Mapper 文件的 DTD -->
<!DOCTYPE mapper PUBLIC "-//mybatis.org//DTD Mapper 3.0//EN"
    "http://mybatis.org/dtd/mybatis-3-mapper.dtd">
<mapper namespace="org.crazyit.app.dao.NewsMapper">
    <!-- 使用 news 别名指定结果集中每条记录映射的类型 -->
    <select id="getNews" resultType="news">
        select news_id id, news_title title, news_content content
        from news_inf where news_id = #{id}
    </select>
</mapper>
```

正如从上面粗体字代码所看到的，此时 resultType 属性值被指定为 news 别名，无须使用 org.crazyit.app.domain.News 这样的全限定类名，因此配置文件就简洁多了。

如果希望为指定包下的所有类指定别名，则可通过<package.../>元素来指定，该元素的 name 属性指定 MyBatis 自动为哪个包下的所有类指定别名。

在没有注解的情况下，MyBatis 会自动将所有类的类名的首字母小写来作为别名。此外，也可以在类上使用@Alias 注解显式指定别名。

下面示例演示了在核心配置文件中通过<package.../>元素为指定包下的所有类指定别名。

程序清单：codes\02\2.4\typeAlias2\src\mybatis-config.xml

```
<?xml version="1.0" encoding="UTF-8" ?>
<!DOCTYPE configuration
    PUBLIC "-//mybatis.org//DTD Config 3.0//EN"
    "http://mybatis.org/dtd/mybatis-3-config.dtd">
<configuration>
    <typeAliases>
        <!-- 为 org.crazyit.app.domain 包下的所有类指定别名 -->
        <package name="org.crazyit.app.domain"/>
    </typeAliases>
    <!-- 其他配置与前面示例相同 -->
    ...
</configuration>
```

上面配置文件中的粗体字代码为 org.crazyit.app.domain 包下的所有类指定别名。在默认情况下，如果程序在该包下有 News 类，那么该类对应的别名为 news。如果不希望使用这个 news 别名，则可通过为 News 类增加@Alias 注解来指定别名。例如如下代码。

程序清单：codes\02\2.4\typeAlias2\src\org\crazyit\app\domain\News.java

```
@Alias("fkNews")
public class News
{
    // 省略该类的其他代码
    ...
}
```

在该 News 类上定义了@Alias("fkNews")注解，这意味着该 News 类的别名是 fkNews，接下来即可在 XML Mapper 中使用 fkNews 别名来代表 News 类的全限定类名，如下面的代码所示。

程序清单：codes\02\2.4\typeAlias2\src\org\crazyit\app\dao\NewsMapper.xml

```xml
<?xml version="1.0" encoding="UTF-8" ?>
<!-- MyBatis Mapper 文件的 DTD -->
<!DOCTYPE mapper PUBLIC "-//mybatis.org//DTD Mapper 3.0//EN"
    "http://mybatis.org/dtd/mybatis-3-mapper.dtd">
<mapper namespace="org.crazyit.app.dao.NewsMapper">
    <!-- 使用 fkNews 别名指定结果集中每条记录映射的类型 -->
    <select id="getNews" resultType="fkNews">
        select news_id id, news_title title, news_content content
        from news_inf where news_id = #{id}
    </select>
</mapper>
```

▶▶ 2.4.4　对象工厂

当 MyBatis 将 ResultSet 映射成对象时，MyBatis 需要为每行记录创建一个对象，这个对象就由对象工厂（Object Factory）负责创建。

读者不用担心，MyBatis 其实已经内置了工作良好的 DefaultObjectFactory（实现了 ObjectFactory 接口），因此，MyBatis 用户大部分时候并不需要自己实现对象工厂。这就是为什么前面示例都没有提供对象工厂，但程序依然运行良好的原因。

在某些极端的情况下，开发者可能希望实现自己的对象工厂来执行某些定制行为，这时可通过开发自定义对象工厂来实现。

提示： --

对象工厂的本质属于对 MyBatis 的扩展，这并不是 MyBatis 用户日常开发的工作。

为 MyBatis 开发自定义对象工厂只需两步。

① 定义一个实现 ObjectFactory 接口的类，该类可作为对象工厂。

② 在 MyBatis 核心配置文件中使用<objectFactory.../>元素注册对象工厂。

1. 开发自定义工厂类

自定义工厂类需要实现 ObjectFactory 接口，但在实际开发时往往并不从头开始，而是基于 MyBatis 默认的对象工厂开发的，因此，通常建议继承 DefaultObjectFactory，这样开发起来更加简单。

如果实现 ObjectFactory 接口，则需要实现以下 4 个方法；如果继承 DefaultObjectFactory 基类，也可重写以下 4 个方法。

➢ <T> T create (Class<T> type)：该方法负责创建对象。当 MyBatis 通过无参数的构造器创建对象时，实际上由对象工厂调用该方法来创建对象。

➢ <T> T create(Class<T> type, List<Class<?>> constructorArgTypes, List<Object> constructorArgs)：该方法负责创建对象。当 MyBatis 通过带参数的构造器创建对象时，实际上由对象工厂调用该方法来创建对象。该方法比上一个方法多了两个参数，其中 constructorArgTypes 代表多个构造器参数的类型，constructorArgs 则代表多个构造器参数的值。

➢ <T> boolean isCollection (Class<T> type)：该方法返回 true，代表创建的对象是集合。

➢ void setProperties (Properties properties)：该方法负责将配置对象工厂时配置的多个属性以 Properties 整体传入。

本示例将开发一个自定义对象工厂，该对象工厂会对生成的 News 对象进行额外处理——为该对象添加 author 和 queryDate 两个元数据。下面是该对象工厂的实现类。

程序清单：codes\02\2.4\ObjectFactory\src\org\crazyit\mybatis\FkObjectFactory.java

```java
// 继承 DefaultObjectFactory 创建自定义对象工厂
public class FkObjectFactory extends DefaultObjectFactory
{
    private String author;
    // 使用无参数的构造器创建对象时，调用该方法
    public Object create(Class type)
    {
        System.out.println("无参数的构造器创建：" + type);
        var obj = super.create(type);
        return processObject(obj);
    }
    // 使用带参数的构造器创建对象时，调用该方法
    public Object create(Class type,
        List constructorArgTypes, List constructorArgs)
    {
        System.out.printf("调用带参数的构造器创建%s 对象，构造器参数为：%s",
            type, constructorArgs);
        var obj = super.create(type, constructorArgTypes, constructorArgs);
        return processObject(obj);
    }
    // 该方法负责将 objectFactory 元素内配置的属性传入该对象
    public void setProperties(Properties properties)
    {
        super.setProperties(properties);
        System.out.println("设置属性值" + properties);
        this.author = properties.getProperty("author");
    }
    public <T> boolean isCollection(Class<T> type)
    {
        System.out.println("==isCollection==");
        // 直接调用父类的方法
        return super.isCollection(type);
    }
    private Object processObject(Object obj)
    {
        // 如果 type 是 News 的子类或本身
        if (News.class.isAssignableFrom(obj.getClass()))
        {
            var news = (News) obj;
            // 为 news 放入额外的信息
            news.getMeta().put("author", this.author);
            news.getMeta().put("queryDate", new Date());
        }
        return obj;
    }
}
```

上面程序的关键就是重写了两个 create()方法，这两个方法都是先调用父类
（DefaultObjectFactory)的方法来创建对象的，然后调用 processObject() 方法对继承
DefaultObjectFactory 创建的 News 对象进行额外处理——添加元数据。

 提示： ┈┈┈┈┈┈┈┈┈┈┈┈┈┈┈┈┈┈┈┈┈┈┈┈┈┈┈┈┈┈┈┈┈

上面程序调用了 News 的 getMeta()方法，因此本例需要对 News 类进行一些改变，
为 News 类增加一个 Map 类型的 meta 属性，具体可参考本书配套代码中 codes\02\2.4
目录下的 ObjectFactory 示例。

该自定义工厂类还重写了 setProperties()方法，该方法用于将在<objectFactory.../>元素内配置的
所有属性以 Properties 参数传入。

2. 配置自定义工厂类

在核心配置文件中可以使用<objectFactory.../>元素配置自定义工厂类，在该元素内还可以使用<property.../>元素配置属性——无论配置多少个属性，它们都会被整体封装成一个 Properties 参数传给对象工厂的 setProperties()方法。

在下面的 mybatis-config.xml 文件中配置了自定义对象工厂。

程序清单：codes\02\2.4\ObjectFactory\src\mybatis-config.xml

```xml
<?xml version="1.0" encoding="UTF-8" ?>
<!DOCTYPE configuration
    PUBLIC "-//mybatis.org//DTD Config 3.0//EN"
    "http://mybatis.org/dtd/mybatis-3-config.dtd">
<configuration>
    <typeAliases>
        <!-- 为 org.crazyit.app.domain 包下的所有类指定别名 -->
        <package name="org.crazyit.app.domain"/>
    </typeAliases>
    <!-- 配置自定义的对象工厂 -->
    <objectFactory type="org.crazyit.app.mybatis.FkObjectFactory">
        <!-- 为对象工厂配置属性 -->
        <property name="author" value="crazyit"/>
    </objectFactory>
    <!-- 其他配置与前面示例相同 -->
    ...
</configuration>
```

经过以上两步，MyBatis 就会改为使用自定义对象工厂来创建对象。例如，在主程序中查询 id 为 3 的 News 对象，将会看到查询出来的 News 对象会携带 meta 属性，该属性保存了 author（由配置属性传入）和 queryDate（代表查询时间）两个元数据。

▶▶ 2.4.5　加载 Mapper

正如从前面示例中所看到的，在开发完 Mapper 组件之后，还需要在核心配置文件中进行配置，用于告诉 MyBatis 加载这些 Mapper。

前面在加载 Mapper 时使用了类似于如下的配置片段：

```xml
<mappers>
    <!-- 配置 MyBatis 需要加载的 Mapper -->
    <mapper resource="org/crazyit/app/dao/NewsMapper.xml"/>
</mappers>
```

那么问题来了，MyBatis 是否还支持加载 Mapper 的其他配置方式？答案是肯定的。MyBatis 共支持 4 种加载 Mapper 的配置方式。

➤ 为<mapper.../>指定 resource 属性加载 Mapper：这种方式会基于类加载路径来定位 XML Mapper 文件。

➤ 为<mapper.../>指定 url 属性加载 Mapper：这种方式根据 URL 来定位 XML Mapper 文件。通过这种方式，可以使用 file://协议加载指定磁盘路径下的 Mapper。例如如下配置片段：

```xml
<mappers>
    <mapper url="file:///G:/abc/NewsMapper.xml"/>
</mappers>
```

➤ 为<mapper.../>指定 class 属性加载 Mapper：这种方式的 class 属性值为 Mapper 接口。例如如下配置片段：

```xml
<mappers>
    <mapper class="org.crazyit.app.dao.NewsMapper "/>
</mappers>
```

➤ 使用<package.../>元素加载指定包下的所有 Mapper：这种方式可以加载指定包下的所有 Mapper。

虽然 MyBatis 提供了 4 种配置方式来加载 Mapper，但前三种方式大同小异，每个<mapper.../>元素只能加载一个 Mapper，尤其是为<mapper.../>指定 url 属性的方式，其实这是一种极为少用的方式——很少有开发者会根据磁盘路径加载 Mapper，因为这样可移植性太差了。

使用<package.../>元素加载指定包下的所有 Mapper 的方式，在实际项目中会比较常用，开发者只要告诉 MyBatis 去哪些包下加载 Mapper，然后将所有的 Mapper 组件放在这些包下，即可避免对每个 Mapper 都需要配置一次。

下面示例示范了使用<package.../>元素来加载 Mapper。

程序清单：codes\02\2.4\packageLoadMapper\src\mybatis-config.xml

```xml
<?xml version="1.0" encoding="UTF-8" ?>
<!DOCTYPE configuration
    PUBLIC "-//mybatis.org//DTD Config 3.0//EN"
    "http://mybatis.org/dtd/mybatis-3-config.dtd">
<configuration>
    <!-- 其他配置与前面示例相同 -->
    ...
    <mappers>
        <!-- 告诉 MyBatis 加载指定包下的所有 Mapper -->
        <package name="org.crazyit.app.dao"/>
    </mappers>
</configuration>
```

上面的粗体字代码配置 MyBatis 自动加载 org.crazyit.app.dao 包下的所有 Mapper。

2.5 类型处理器

MyBatis 的功能就是处理 Java 对象与底层数据库之间的转换，无论是 JavaMyBatis 为 PreparedStatement 设置参数时，还是从 ResultSet 取出记录来封装 Java 对象时，都需要使用类型处理器（Type Handler）来处理 Java 类型与数据库类型之间的转换。

 提示：

简单来说，MyBatis 的类型处理器类似于其他语言的类型转换器，它负责完成 Java 类型与 JDBC 类型之间的相互转换。

类型处理器同样可以在 MyBatis 核心配置文件中配置，不过类型处理器的内容较多，故本章将它单独作为一节来介绍。

▶▶ 2.5.1 内置的类型处理器

对于绝大部分开发场景而言，MyBatis 使用者根本意识不到类型处理器的存在，这是因为 MyBatis 内置了大量的类型处理器，这些类型处理器基本可以处理日常开发的各种类型。

MyBatis 内置的类型处理器如表 2.3 所示。

表 2.3 MyBatis 内置的类型处理器

类型处理器	Java 类型	JDBC 类型
BooleanTypeHandler	java.lang.Boolean，boolean	任何兼容 BOOLEAN 的类型
ByteTypeHandler	java.lang.Byte，byte	任何兼容 NUMERIC 或 BYTE 的类型
ShortTypeHandler	java.lang.Short，short	任何兼容 NUMERIC 或 SMALLINT 的类型
IntegerTypeHandler	java.lang.Integer，int	任何兼容 NUMERIC 或 INTEGER 的类型
LongTypeHandler	java.lang.Long，long	任何兼容 NUMERIC 或 BIGINT 的类型

类型处理器	Java 类型	JDBC 类型
FloatTypeHandler	java.lang.Float，float	任何兼容 NUMERIC 或 FLOAT 的类型
DoubleTypeHandler	java.lang.Double，double	任何兼容 NUMERIC 或 DOUBLE 的类型
BigDecimalTypeHandler	java.math.BigDecimal	任何兼容 NUMERIC 或 DECIMAL 的类型
StringTypeHandler	java.lang.String	CHAR，VARCHAR
ClobReaderTypeHandler	java.io.Reader	无
ClobTypeHandler	java.lang.String	CLOB，LONGVARCHAR
NStringTypeHandler	java.lang.String	NVARCHAR，NCHAR
NClobTypeHandler	java.lang.String	NCLOB
BlobInputStreamTypeHandler	java.io.InputStream	无
ByteArrayTypeHandler	byte[]	任何兼容字节流的类型
BlobTypeHandler	byte[]	BLOB，LONGVARBINARY
DateTypeHandler	java.util.Date	TIMESTAMP
DateOnlyTypeHandler	java.util.Date	DATE
TimeOnlyTypeHandler	java.util.Date	TIME
SqlTimestampTypeHandler	java.sql.Timestamp	TIMESTAMP
SqlDateTypeHandler	java.sql.Date	DATE
SqlTimeTypeHandler	java.sql.Time	TIME
ObjectTypeHandler	任何其他类型	无
EnumTypeHandler	枚举	VARCHAR 或其他兼容字符串的类型，默认存储枚举值的名称
EnumOrdinalTypeHandler	枚举	任何兼容 NUMERIC 或 DOUBLE 的类型，默认存储枚举值的序号
SqlxmlTypeHandler	java.lang.String	SQLXML
InstantTypeHandler	java.time.Instant	TIMESTAMP
LocalDateTimeTypeHandler	java.time.LocalDateTime	TIMESTAMP
LocalDateTypeHandler	java.time.LocalDate	DATE
LocalTimeTypeHandler	java.time.LocalTime	TIME
OffsetDateTimeTypeHandler	java.time.OffsetDateTime	TIMESTAMP
OffsetTimeTypeHandler	java.time.OffsetTime	TIME
ZonedDateTimeTypeHandler	java.time.ZonedDateTime	TIMESTAMP
YearTypeHandler	java.time.Year	INTEGER
MonthTypeHandler	java.time.Month	INTEGER
YearMonthTypeHandler	java.time.YearMonth	VARCHAR 或 LONGVARCHAR
JapaneseDateTypeHandler	java.time.chrono.JapaneseDate	DATE

从上面的类型处理器可以看出，MyBatis 已能支持 Java 8 新增的日期、时间类型，MyBatis 从 3.4.5 版本开始提供了内置的类型处理器来支持这些新增的日期、时间类型。

➤➤ 2.5.2　自定义类型处理器

对于一些特殊的类型，MyBatis 没有提供相应的类型处理器，此时可以通过自定义类型处理器进行转换。

与开发自定义对象工厂一样，开发自定义类型处理器同样只需两步。

① 开发自定义类型处理器类。

② 在核心配置文件中配置类型处理器。

1. 开发自定义类型处理器类

自定义类型处理器类需要实现 TypeHandler<T>接口，实际上，通常会通过继承 BaseTypeHandler<T>

基类来实现。

> **提示：**
>
> MyBatis 内置的类型处理器，也是通过继承 BaseTypeHandler<T>基类来实现的。

通过继承 BaseTypeHandler<T>基类开发自定义类型处理器，只要实现以下 4 个抽象方法即可。

➢ void setNonNullParameter(PreparedStatement ps, int i, T parameter, JdbcType jdbcType)：该方法负责将 Java 对象转换成合适的 PreparedStatement 能接受的类型，并为 PreparedStatement 设置参数值。

➢ T getNullableResult(CallableStatement cs, int columnIndex)：该方法负责将从数据库查询得到的数据转换成目标 Java 类型的实例。

➢ T getNullableResult(ResultSet rs, int columnIndex)：该方法负责将从数据库查询得到的数据转换成目标 Java 类型的实例。

➢ T getNullableResult(ResultSet rs, String columnName)：该方法负责将从数据库查询得到的数据转换成目标 Java 类型的实例。

虽然上面列出了 4 个方法，但实际上只有两个，其中 setNonNullParameter 负责将 Java 类型的实例转换成数据库类型；而 getNullableResult 则负责将数据库类型的值转换成 Java 类型的实例。图 2.20 显示了这两个方法的功能示意图。

图 2.20　类型处理器中两个方法的功能示意图

本例将会示范把 Name 类型的属性值存入底层数据库的 VARCHAR 列。本例用到一个 User 类，该类包含一个 Name 类型的属性。下面是该 User 类的代码。

程序清单：codes\02\2.5\TypeHandler\src\org\crazyit\app\domain\User.java

```
public class User
{
    // 标识属性
    private int id;
    // 名字
    private Name name;
    // 年龄
    private int age;
    // 省略该类的构造器和 setter、getter 方法
    ...
}
```

上面 User 类中的 name 属性是 Name 类型的，Name 是一个复合类。

程序清单：codes\02\2.5\TypeHandler\src\org\crazyit\app\domain\Name.java

```
public class Name
{
    private String first;
    private String last;
    // 省略 Name 的构造器和 setter、getter 方法
    ...
}
```

下面的类继承了 BaseTypeHandler 基类，并实现了该抽象基类中的 4 个抽象方法，这 4 个方法负责完成 Name 对象与 VARCHAR（对应 Java 的 String 类型）之间的相互转换，这样就实现了一个类型处理器。

程序清单：codes\02\2.5\TypeHandler\src\org\crazyit\app\mybatis\NameTypeHandler.java

```java
@MappedJdbcTypes(JdbcType.VARCHAR) // 声明该类型处理器处理哪些 JDBC 类型
@MappedTypes(Name.class) // 声明该类型处理器处理哪些 Java 类型
public class NameTypeHandler extends BaseTypeHandler<Name>
{
    // 将 Java 类型转换成 JDBC 支持的类型
    @Override
    public void setNonNullParameter(PreparedStatement ps, int i,
        Name param, JdbcType jdbcType) throws SQLException
    {
        ps.setString(i, param.getFirst() + "-" + param.getLast());
    }
    // 以下三个方法都负责将查询得到的数据转换成目标 Java 类型的实例
    @Override
    public Name getNullableResult(ResultSet rs, String columnName)
        throws SQLException
    {
        String[] nameTokens = rs.getString(columnName).split("-");
        return new Name(nameTokens[0], nameTokens[1]);
    }
    @Override
    public Name getNullableResult(ResultSet rs, int columnIndex)
        throws SQLException
    {
        String[] nameTokens = rs.getString(columnIndex).split("-");
        return new Name(nameTokens[0], nameTokens[1]);
    }
    @Override
    public Name getNullableResult(CallableStatement cs, int columnIndex)
        throws SQLException
    {
        String[] nameTokens = cs.getString(columnIndex).split("-");
        return new Name(nameTokens[0], nameTokens[1]);
    }
}
```

上面的类型处理器还使用了@MappedJdbcTypes 和@MappedTypes 两个注解修饰，这两个注解的作用如下。

➤ @MappedJdbcTypes：该注解声明该类型处理器负责处理哪些 JDBC 类型。

➤ @MappedTypes：该注解声明该类型处理器负责处理哪些 Java 类型。

其实这两个注解是可选的，这意味着即使不添加这两个注解，MyBatis 也可通过反射识别该类型处理器负责处理哪些 JDBC 类型与 Java 类型之间的转换。出于准确性考虑，建议添加这两个注解（至少添加@MappedJdbcTypes）。

2. 配置自定义类型处理器

在实现了自定义类型处理器之后，接下来还要在核心配置文件中使用<typeHandler.../>配置它。使用<typeHandler.../>元素时同样可指定两个属性。

➤ javaType：指定该类型处理器负责处理的 Java 类型。

➤ jdbcType：指定该类型处理器负责处理的 JDBC 类型。

正如大家所想的，这两个属性与@MappedTypes 和@MappedJdbcTypes 两个注解的功能是类似的。因此，如果在定义类型处理器时已经添加了@MappedTypes 和@MappedJdbcTypes 两个注解，那么在配置类型处理器时可以不用指定 javaType 和 jdbcType 属性。

需要指出的是，在<typeHandler.../>元素中指定的 javaType 会覆盖@MappedTypes 注解的值。也就是说，如果为<typeHandler.../>元素指定了 javaType 属性值，那么@MappedTypes 注解就会被忽略；类似的，如果为<typeHandler.../>元素指定了 jdbcType 属性值，那么@MappedJdbcTypes 注解也会被忽略。

下面在配置文件中配置了上面开发的自定义类型处理器。

程序清单：codes\02\2.5\TypeHandler\src\mybatis-config.xml

```xml
<?xml version="1.0" encoding="UTF-8" ?>
<!DOCTYPE configuration
    PUBLIC "-//mybatis.org//DTD Config 3.0//EN"
    "http://mybatis.org/dtd/mybatis-3-config.dtd">
<configuration>
    <typeAliases>
        <!-- 为 org.crazyit.app.domain 包下的所有类指定别名 -->
        <package name="org.crazyit.app.domain"/>
    </typeAliases>
    <typeHandlers>
        <typeHandler handler="org.crazyit.app.mybatis.NameTypeHandler" />
    </typeHandlers>
    <!-- 其他配置与前面示例相同 -->
    ...
</configuration>
```

经过上面两步，NameTypeHandler 就可以在 MyBatis 中发挥作用了，它会负责完成 Name 类型与 VARCHAR 之间的相互转换。

接下来在 XML Mapper 中定义 SQL 语句时，程序可以直接将 Name 类型的属性值插入 VARCHAR 类型的数据列中，也可以将从底层查询得到的 VARCHAR 类型的值转换成 Name 类型的属性值，例如如下代码。

程序清单：codes\02\2.5\TypeHandler\src\org\crazyit\app\dao\UserMapper.xml

```xml
<?xml version="1.0" encoding="UTF-8" ?>
<!DOCTYPE mapper
    PUBLIC "-//mybatis.org//DTD Mapper 3.0//EN"
    "http://mybatis.org/dtd/mybatis-3-mapper.dtd">
<mapper namespace="org.crazyit.app.dao.UserMapper">
    <!-- User 对象的 name 属性是 Name 类型的，它可以被直接插入 VARCHAR 类型的数据列中 -->
    <delete id="insertUser" parameterType="user">
        insert into user_inf values (null, #{name}, #{age})
    </delete>
    <!-- user_name 列是 VARCHAR 类型的，但它会被自动转换成 User 对象的 name 属性（Name 类型）-->
    <select id="selectUser" parameterType="int" resultType="user">
        select user_id id, user_name name, user_age age from user_inf where
user_id=#{a}
    </select>

</mapper>
```

上面配置中的第一行粗体字代码将 User 对象的 name 属性插入 user_inf 表的 user_name 数据列中，虽然 User 的 name 属性是 Name 类型的，而 user_name 列是 VARCHAR 类型的，但这完全没有问题，因为 NameTypeHandler 会负责将 Name 对象转换成 String 类型（对应 VARCHAR）。

上面配置中的第二行粗体字代码选出的 user_name 列（别名是 name）将会被映射成 User 对象的 name 属性，虽然查询得到的 user_name 列是 VARCHAR 类型的，而 User 对象的 name 属性是 Name 类型的，但这完全没有问题，因为 NameTypeHandler 会负责将 String 类型（对应 VARCHAR）转换成 Name 对象。

➤➤ 2.5.3　枚举的类型处理器

MyBatis 为枚举提供了如下两个类型处理器。

➢ EnumTypeHandler：该类型处理器将枚举值转换成对应的名称（字符串）。

➢ EnumOrdinalTypeHandler：该类型处理器将枚举值转换成对应的序号（整数）。

EnumTypeHandler 和 EnumOrdinalTypeHandler 是比较特别的，其他类型处理器通常专门处理某个特定的类型，但 EnumTypeHandler 和 EnumOrdinalTypeHandler 能处理所有的枚举类型——只要该类型是 Enum 的子类，它们都可处理。

为什么 EnumTypeHandler 和 EnumOrdinalTypeHandler 与众不同呢？其实也没啥特别的，主要是因为它们都是泛型类型处理器。如果打开 EnumTypeHandler 的源代码，就会发现如下代码：

```
public class EnumTypeHandler<E extends Enum<E>> extends BaseTypeHandler<E> {
    // 实现类型处理器的 4 个方法
    ...
}
```

从上面的粗体字代码可以看出，EnumTypeHandler 类型处理器可以处理所有 Enum 的子类。EnumOrdinalTypeHandler 类的定义与此类似。

实际上，MyBatis 也允许开发自定义的泛型类型处理器，只要按如下方式定义类型处理器即可。

```
public class BaseTypeHandler<E extends Base> extends BaseTypeHandler<E>
{
    private final Class<E> type;
    public BaseTypeHandler (Class<E> type) {
        if (type == null) throw new IllegalArgumentException("type 参数不允许为 null! ");
        this.type = type;
    }
    ...
    // 实现类型处理器的 4 个方法
    ...
}
```

只要定义上面所示的类型处理器，那么该类型处理器就可处理所有 Base 的子类。

在默认情况下，MyBatis 使用 EnumTypeHandler 处理枚举，而且该类型处理器已由 MyBatis 配置完成，因此可以直接使用。

例如，下面示例为 News 类增加了一个 happenSeason 属性，该属性是 Season 枚举类型的。该 News 类的代码如下。

程序清单：codes\02\2.5\Enum\src\org\crazyit\app\domain\News.java

```
public class News
{
    private Integer id;
    private String title;
    private String content;
    private Season happenSeason;
    // 省略构造器和 setter、getter 方法
    ...
}
```

上面 News 类的 happenSeason 属性是 Season 枚举类型的，下面是 Season 枚举类的代码。

程序清单：codes\02\2.5\Enum\src\org\crazyit\app\domain\Season.java

```
public enum Season
{
    SPRING, SUMMER, FALL, WINTER;
}
```

虽然 News 类包含了 Season 枚举类型的属性，但是 MyBatis 用户几乎不需要对它进行任何额

外的处理，这是由于 EnumTypeHandler 会自动发挥作用。

在 XML Mapper 中配置对 News 对象的操作，与上一个示例相比几乎没有任何变化，如下面的代码所示。

程序清单：codes\02\2.5\Enum\src\org\crazyit\app\dao\UserMapper.xml

```xml
<?xml version="1.0" encoding="UTF-8" ?>
<!-- MyBatis Mapper 文件的 DTD -->
<!DOCTYPE mapper PUBLIC "-//mybatis.org//DTD Mapper 3.0//EN"
    "http://mybatis.org/dtd/mybatis-3-mapper.dtd">
<mapper namespace="org.crazyit.app.dao.NewsMapper">
    <!-- happenSeason 属性是 Season 枚举类型的 -->
    <insert id="saveNews">
        insert into news_inf values
        (null, #{title}, #{content}, #{happenSeason})
    </insert>
    <select id="getNews" resultType="news">
        select news_id id, news_title title,
        news_content content, happen_season happenSeason
        from news_inf where news_id = #{id}
    </select>
</mapper>
```

从上面的 XML Mapper 可以看出，程序只要照常将 happenSeason 属性（Season 枚举类型）插入数据表中，EnumTypeHandler 就会负责将枚举值转换为它的名称（String 类型），这样 MyBatis 就可正常地将枚举值存入底层数据库了。

使用程序保存一条 News 记录，将会看到在底层数据表中增加了如图 2.21 所示的记录。

图 2.21　使用名称保存枚举值

从图 2.21 中可以看出，当 News 的 happenSeason 属性值是 Season.SUMMER 时，该属性值就会被保存为该枚举值的名称：SUMMER（字符串类型）。

➤➤ 2.5.4　存储枚举值的序号

MyBatis 默认使用 EnumTypeHandler 来处理枚举类型，因此默认保存枚举值的名称。如果程序需要保存枚举值的序号，则需要开发者自行将 EnumOrdinalTypeHandler 注册成枚举的类型处理器。

　提示：
> Java 的所有枚举值都有默认的序号，Java 可通过枚举值的 ordinal()方法获取它的序号。如欲了解关于 Java 枚举的详细介绍，可参考疯狂 Java 体系的《疯狂 Java 讲义》的第 6 章。

现在对上一个示例略做修改，只要修改 MyBatis 的核心配置文件即可，在核心配置文件中增加类型处理器的配置部分。下面是修改后的配置文件。

程序清单：codes\02\2.5\EnumOrdinal\src\mybatis-config.xml

```xml
<?xml version="1.0" encoding="UTF-8" ?>
<!DOCTYPE configuration
    PUBLIC "-//mybatis.org//DTD Config 3.0//EN"
    "http://mybatis.org/dtd/mybatis-3-config.dtd">
<configuration>
    <typeAliases>
```

```
            <!-- 为 org.crazyit.app.domain 包下的所有类指定别名 -->
            <package name="org.crazyit.app.domain"/>
        </typeAliases>
        <typeHandlers>
            <!-- 指定使用 EnumOrdinalTypeHandler 负责处理 Season 枚举类型 -->
            <typeHandler handler="org.apache.ibatis.type.EnumOrdinalTypeHandler"
                javaType="org.crazyit.app.domain.Season"/>
        </typeHandlers>
        <!-- 其他配置与前面示例相同 -->
        ...
    </configuration>
```

上面配置的粗体字代码告诉 MyBatis 使用 EnumOrdinalTypeHandler 负责处理 Season 枚举类型。

程序的其余地方完全不用修改，甚至连底层数据表中 happen_season 列的类型都不需要修改，依然使用 VARCHAR 类型。重新保存一条 News 记录，将会看到在底层数据表中增加了如图 2.22 所示的记录。

图 2.22　使用序号保存枚举值

从图 2.22 中可以看出，当 News 的 happenSeason 属性值是 Season.SUMMER 时，该属性值就会被保存为该枚举值的序号：1（int 类型）。

虽然 news_inf 表的 happen_season 列依然是 VARCHAR 类型的，但这并不影响 MyBatis 的正常工作，这是因为 MyBatis 非常智能，它会自动将 int 类型的序号转换成字符串后存入底层数据表中。

当然，出于程序性能和一致性考虑，当程序使用 EnumOrdinalTypeHandler 将枚举值保存为它的序号时，还是建议将它对应的数据列定义为 INTEGER 类型。

▶▶ 2.5.5　同时存储枚举值的名称和序号

在极端情况下，项目需要对同一个枚举类型分别存储名称和序号，假如还是上面的 News 类，不过需要为它增加一个 recordSeason 属性，该属性同样属于 Season 类型，但是要求很奇葩：用 happenSeason 属性存储枚举值序号，而用 recordSeason 属性存储枚举值名称。

如果直接为上一个示例的 News 类增加一个 Season 类型的属性，那么由于在核心配置文件中配置了 EnumOrdinalTypeHandler 作为 Name 的类型处理器，因此程序在保存 News 对象时，它的 happenSeason 和 recordSeason 属性都会被保存为枚举值序号。

如果要对同一个枚举类型分别存储名称和序号，则需要一种临时指定类型处理器的方式，MyBatis 允许在 Mapper 中为特定属性指定类型处理器。

提示： ·－·
　　　在 MyBatis 的核心配置文件中配置的类型处理器是全局性的，它会自动处理所有对应类型的属性；在 Mapper 中为特定属性指定的类型处理器是局部性的，它只对特定属性起作用。

在 Mapper 中为特定属性指定类型处理器的方式有两种：

➤ 在<result.../>元素或@Result 注解中通过 typeHandler 属性指定类型处理器。
➤ 在#{}中通过 typeHandler 属性指定类型处理器。

本示例先为上一个示例的 News 类增加一个 recordSeason 属性，该 News 类的代码如下。

程序清单：codes\02\2.5\EnumOrdinal-Name\src\org\crazyit\app\domain\News.java

```java
public class News
{
    private Integer id;
    private String title;
    private String content;
    private Season happenSeason;
    private Season recordSeason;
    // 省略构造器和 setter、getter 方法
    ...
}
```

上面 News 类中包含了两个 Season 类型的属性，项目需要将 happenSeason 属性保存为枚举值序号，这一点可以得到保证：在核心配置文件中配置的 EnumOrdinalTypeHandler 会发挥作用；项目还需要将 recordSeason 属性保存为枚举值名称，这就需要在 Mapper 中进行配置了。

下面是 XML Mapper 中的配置。

程序清单：codes\02\2.5\EnumOrdinal-Name\src\org\crazyit\app\dao\NewsMapper.xml

```xml
<?xml version="1.0" encoding="UTF-8" ?>
<!-- MyBatis Mapper 文件的 DTD -->
<!DOCTYPE mapper PUBLIC "-//mybatis.org//DTD Mapper 3.0//EN"
    "http://mybatis.org/dtd/mybatis-3-mapper.dtd">
<mapper namespace="org.crazyit.app.dao.NewsMapper">
    <!-- happenSeason、recordSeason 属性都是 Season 枚举类型的。
    没有为 happenSeason 指定 typeHandler，它使用默认的类型处理器；
    为 recordSeason 指定了 typeHandlder，它使用该属性指定的类型处理器
    -->
    <insert id="saveNews">
        insert into news_inf values
        (null, #{title}, #{content}, #{happenSeason}, #{recordSeason,
        typeHandler=org.apache.ibatis.type.EnumTypeHandler})
    </insert>
    <!-- 根据 resultMap 属性指定的 resultMap 来完成 ResultSet 与 Java 对象的映射 -->
    <select id="getNews" resultMap="newsMap" >
        select news_id id, news_title title,
        news_content content, happen_season happenSeason, record_season
        from news_inf where news_id = #{id}
    </select>
    <resultMap id="newsMap" type="news">
        <!-- 为 record_season 列指定映射成 recordSeason 属性，则使用 typeHandler
            属性指定的类型处理器；
            没有为其他列指定映射关系，则依然使用默认的"同名映射"规则
            -->
        <result column="record_season" property="recordSeason"
            typeHandler="org.apache.ibatis.type.EnumTypeHandler"/>
    </resultMap>
</mapper>
```

上面代码中前两行粗体字代码在 insert 语句的最后一个#{}处使用了如下代码：

```
#{recordSeason, typeHandler=org.apache.ibatis.type.EnumTypeHandler}
```

这个配置与前面配置的差别就在于多了 typeHandler 属性，该属性指定使用 EnumTypeHandler 类型处理器来处理 recordSeason 属性，这样就可保证将 recordSeason 属性存储为枚举值名称。

第三行粗体字代码在配置<select.../>元素时指定了 resultMap 属性，这是一个较为高级的属性，本书后面还会详细介绍它，此处先简单介绍一下：对于<select.../>元素而言，它总是定义一条查询语句，因此 MyBatis 必须将它查询得到的 ResultSet 中的每行记录封装成对象。所以，要么为<select.../>元素指定 resultType 属性，要么指定 resultMap 属性。它们的区别如下。

➤ resultType：该属性值只能指定一个类型，因此 MyBatis 只能根据"同名映射"规则进行映

射——也就是要求属性名和列名（或列别名）同名。

➤ resultMap：该属性值为一个<resultMap.../>元素的 id，这样即可在<resultMap.../>元素中详细定义数据列与属性之间的对应关系。

根据上面介绍不难发现，指定 resultType 属性时配置文件更加简洁，但它的功能较弱，它只能根据"同名映射"规则进行映射；指定 resultMap 属性时则比较复杂（需要额外配置<resultMap.../>元素，但它的功能较强）。

由于此处需要将 record_season 列映射成 recordSeason 属性，而且需要为该属性指定类型处理器，因此程序必须使用功能强大的<resultMap.../>元素进行配置。上面配置中的最后两行粗体字代码完成了从 record_season 列到 recordSeason 属性的映射，并通过 typeHandler 属性指定了类型处理器。

经过在 Mapper 中进行如上所示的配置，MyBatis 就知道了使用 EnumTypeHandler 来处理 recordSeason 属性。

接下来，使用程序保存一条 News 记录，将会看到在底层数据表中增加了如图 2.23 所示的记录。

提示： --

在运行该程序之前应该先删除 news_inf 数据表，然后重新创建 news_inf 数据表，重新创建的 news_inf 数据表多了 record_seasong 列。

图 2.23　同时使用序号、名称保存枚举值

从图 2.23 可以看出，News 的 happenSeason 属性值是 Season.SUMMER，该属性值被保存为该枚举值的序号：1（int 类型）；News 的 recordSeason 属性值是 Season.FALL，该属性值被保存为该枚举值的名称：FALL（字符串类型）。

这种在 Mapper 中指定类型处理器的方式，既适用于在 XML Mapper 中指定，也适用于使用注解指定。使用注解指定类型处理器时，对于#{}的形式，同样在花括号中用 typeHandler 指定类型处理器，这与 XML Mapper 的形式并没有什么区别；至于 XML Mapper 中的<result.../>元素，MyBatis 则提供了对应的@Result 注解。

将上一个示例中的 NewsMapper.xml 文件删除，然后在 NewsMapper.java 文件中使用注解来管理 SQL 语句，配置映射。下面是 NewsMapper.java 接口的代码。

程序清单：codes\02\2.5\EnumOrdinal-Name 注解\src\org\crazyit\app\dao\NewsMapper.Java

```java
// 定义 Mapper 接口（DAO 接口），该接口由 MyBatis 负责提供实现类
public interface NewsMapper
{
    @Insert("insert into news_inf values" +
        " (null, #{title}, #{content}, #{happenSeason}, #{recordSeason," +
        " typeHandler=org.apache.ibatis.type.EnumTypeHandler})")
    int saveNews(News news);

    @Select("select news_id id, news_title title," +
        " news_content content, happen_season happenSeason, record_season" +
        " from news_inf where news_id = #{id}")
    @Results({
        @Result(property = "recordSeason", column = "record_season",
            typeHandler = EnumTypeHandler.class)
    })
    News getNews(int id);
}
```

从上面的第一段粗体字代码可以看出，@Insert 注解与<insert.../>元素的用法基本相同，区别只

是形式不同而已——<insert.../>元素将 SQL 语句放在元素里定义；而@Insert 注解则将 SQL 语句定义为该注解的 value 属性。

第二段粗体字代码则使用@Result 定义了 record_season 列与 recordSeason 属性之间的对应关系，并通过 typeHandler 指定类型处理器。通过这段粗体字代码也可以看出，@Result 注解与<result.../>元素的用法基本相同，它们同样都指定了 column、property 和 typeHandler 属性。

> **提示：**
>
> 很多 Java 框架都同时支持 XML 配置和注解两种方式，对于真正掌握了框架的开发者而言，无论是 XML 配置还是注解，用起来应该没有太大的差别，因为它们的本质其实完全一样，它们需要提供的配置信息也是完全相同的，区别只是提供信息的载体不同而已。

2.6 数据库环境配置

在本章第一个示例的 MyBatis 核心配置文件中，<configuration.../>元素下只有两个子元素：<environments.../>和<mappers.../>，前面已经详细介绍了使用<mappers.../>元素加载 Mapper 的 4 种方式；而<environments.../>元素就是 MyBatis 配置文件的重点，下面将详细介绍有关<environments.../>元素的配置。

▶▶ 2.6.1 环境配置与默认环境配置

元素正如它的名称所暗示的，它的主要作用就是包含多个元素，每个元素定义一个数据库环境。

由此可见，MyBatis 允许在配置文件中配置多个数据库环境，这样可以为 MyBatis 项目的开发、测试或生产环境提供不同的配置，也可在相同环境下分别使用不同的数据库。总之，每个环境对应一个数据库配置。

使用元素时可指定一个 id 属性，该属性值就是该配置环境的唯一标识。

使用元素时唯一可指定的属性是 default，该属性必须引用一个已有的元素的 id 属性值，default 属性指定默认的数据库配置环境。

例如如下配置片段：

```xml
<!-- default 指定默认的数据库环境为 MySQL, 引用其中一个 environment 元素的 id 属性值 -->
<environments default="mysql">
    <!-- 配置名为 mysql（该名字任意）的环境 -->
    <environment id="mysql">
        <!-- 配置事务管理器, JDBC 代表使用了 JDBC 自带的事务提交和回滚 -->
        <transactionManager type="JDBC"/>
        <!-- dataSource 配置数据源, 此处使用 MyBatis 内置的数据源 -->
        <dataSource type="POOLED">
            <!-- 配置连接数据库的驱动、URL、用户名、密码 -->
            <property name="driver" value="com.mysql.cj.jdbc.Driver"/>
            <property name="url"
                value="jdbc:mysql://127.0.0.1:3306/mybatis?serverTimezone=UTC"/>
            <property name="username" value="root"/>
            <property name="password" value="32147"/>
        </dataSource>
    </environment>
</environments>
```

上面配置片段中定义了一个 id 为 mysql（该名字任意）的<environment.../>元素，字符串 mysql 就是这个配置环境的唯一标识。

<environments.../>元素中的 default 属性值为 mysql，这个 mysql 代表将 id 为 mysql 的数据库环境设为默认值。这个默认值有什么用呢？

回忆一下 SqlSessionFactoryBuilder 中 build()方法的参数：

➢ build(InputStream inputStream, String environment)

➢ build(Reader reader, String environment)

这两个 build()方法都可传入一个 environment 参数——其实将该参数名定义成 environmentId 会更合适，该参数不能随便填写，它也对应于引用<environment.../>元素的唯一标识（id 属性值）。

假如有如下配置片段：

```
<environments default="env2">
    <environment id="env1">
        ...
    </environment>
    <environment id="env2">
        ...
    </environment>
    <environment id="env3">
        ...
    </environment>
</environments>
```

上面配置片段中配置了三个数据库环境，它们的 id 分别为 env1、env2、env3，这意味着当程序调用 SqlSessionFactoryBuilder 的 build()方法时，传给 environment 参数的值只能是 env1 或 env2 或 env3，否则程序就会报错。

在调用 build()方法时为 environment 参数传入哪个<environment.../>元素的 id，MyBatis 就会使用这个<environment.../>元素定义的数据库环境来创建数据源、处理事务管理。

如果在调用 build()方法时没有传入 environment 参数，那么<environments.../>元素的 default 属性就会起作用，MyBatis 就会使用 default 属性指定的数据库环境来创建数据源、处理事务管理。

由此可见，如果在调用 build()方法时传入了 environment 参数，那么<environments.../>元素的 default 属性不会起作用；只有当不传入 environment 参数时，default 属性才会起作用。

虽然 MyBatis 可以配置多个数据库环境，但每个 SqlSessionFactory 实例只能选择一个环境：要么根据 build()方法的 environment 参数选择，要么根据<environments.../>的 default 属性选择。

MyBatis 项目底层也可支持多个数据库，如果想连接两个数据库，就需要创建两个 SqlSessionFactory 实例，每个数据库对应一个 SqlSessionFactory 实例；而如果需要连接三个数据库，就需要创建三个 SqlSessionFactory 实例，依此类推。

 提示：

> 每个数据库对应一个 SqlSessionFactory 实例。

<environment.../>元素除可通过 id 指定唯一标识之外，还可包含如下两个有序的子元素。

➢ transactionManager：配置事务管理器。

➢ dataSource：配置数据源。

下面详细介绍事务管理器和数据源配置。

➢➢ 2.6.2　事务管理器

配置事务管理器使用<transactionManager.../>元素，该元素唯一可指定的属性为

➢ type：指定事务管理器的类型。

该 type 指定事务管理器的实现类，此处同样既可使用全限定类名，也可使用预定义的类别名。MyBatis 默认提供了两个事务管理器的实现类。

➢ org.apache.ibatis.transaction.jdbc.JdbcTransactionFactory：该实现类直接使用 JDBC 自带的事务提交和回滚，它依赖于从数据源得到的数据库连接（Connection）来管理事务。该实现类预定义的类别名是 JDBC，因此在前面配置文件中都将 type 属性设为 JDBC。

➢ org.apache.ibatis.transaction.managed.ManagedTransactionFactory：该实现类对事务控制什么都不做，它既不会提交事务，也不会回滚事务，而是直接让容器（比如 JEE 应用服务器的事务上下文）来管理事务的生命周期。该实现类预定义的类别名是 MANAGED，因此一般将 type 属性设为 MANAGED 即可。

在默认情况下，ManagedTransactionFactory 事务管理工厂会自动关闭数据库连接，但有些容器却希望自己来处理数据库连接，不希望 MyBatis 自动关闭数据库连接，因此可通为将 closeConnection 属性设为 false 来阻止它默认的关闭行为。例如如下配置片段：

```
<transactionManager type="MANAGED">
    <property name="closeConnection" value="false"/>
</transactionManager>
```

需要说明的是，如果使用 Spring+MyBatis 整合开发，Spring 的事务管理器会接管底层的事务，因此不再需要配置事务管理器。

MyBatis 完全允许开发者使用自定义的事务管理器，开发者只要提供一个 TransactionFactory 接口的实现类（JdbcTransactionFactory、ManagedTransactionFactory 都实现了该接口），接下来即可将该实现类的全限定类名或类别名设为 type 属性值，这样 MyBatis 就会使用自定义的事务管理器了。

TransactionFactory 接口内有三个抽象方法。

➢ void setProperties(Properties props)：该方法负责将<transactionManager.../>元素内配置的所有属性以 Properties 对象传入。

➢ Transaction newTransaction(Connection conn)：该方法使用 Connection 开启一个新事务。

➢ Transaction newTransaction(DataSource dataSource, TransactionIsolationLevel level, boolean autoCommit)：该方法使用指定的事务隔离、自动提交属性开启一个新事务。

由于两个 newTransaction()方法都必须返回一个 Transaction 对象，因此开发自定义事务工厂还必须提供自定义的 Transaction 实现类，其中 Transaction 接口的代码如下：

```
public interface Transaction {
    Connection getConnection() throws SQLException;
    void commit() throws SQLException;
    void rollback() throws SQLException;
    void close() throws SQLException;
    Integer getTimeout() throws SQLException;
}
```

通过为 TransactionFactory、Transaction 接口提供实现类，开发者可以使用自定义的事务管理器来代替 MyBatis 内置的事务管理器。

下面示例开发了一个基于 JDBC 数据库连接的事务管理器，该事务管理器的实现类可以代替 MyBatis 内置的 JdbcTransactionFactory 实现类，而且该事务管理器允许设置超时时长，因此比 JdbcTransactionFactory 更实用。

下面首先实现一个 TransactionFactory 接口的实现类，该实现类的代码较为简单，如下所示。

程序清单：codes\02\2.6\CustomTransaction\src\org\crazyit\app\transaction\FkTransactionFactory.java

```
// 自定义事务工厂，实现 TransactionFactory 接口
public class FkTransactionFactory implements TransactionFactory
{
    private Integer timeout;
    @Override
    public void setProperties(Properties props)
    {
```

```
    // 将配置的 timeout 属性转换成整数后赋值给 timeout 属性
    this.timeout = Integer.parseInt(props.getProperty("timeout"));
}
@Override
public Transaction newTransaction(Connection conn)
{
    // 返回自定义的 FkTransaction
    return new FkTransaction(timeout, conn);
}
@Override
public Transaction newTransaction(DataSource ds,
    TransactionIsolationLevel level, boolean autoCommit)
{
    // 返回自定义的 FkTransaction
    return new FkTransaction(timeout, ds, level, autoCommit);
}
}
```

从上面的实现类代码可以看出，FkTransactionFactory 实现了 setProperties()方法，该方法可获取在事务管理器中配置的 timeout 属性，该属性将会用于控制超时时长。

上面实现类还实现了两个重载的 newTransaction()方法，这两个方法都返回了 FkTransaction 对象，FkTransaction 才是自定义事务管理器的关键实现类，该实现类必须实现 Transaction 接口中定义的 5 个抽象方法。

程序清单：codes\02\2.6\CustomTransaction\src\org\crazyit\app\transaction\FkTransaction.java

```
public class FkTransaction implements Transaction
{
    private Integer timeout;
    protected Connection connection;
    protected DataSource dataSource;
    protected TransactionIsolationLevel level;
    protected boolean autoCommit;
    public FkTransaction(Integer timeout, DataSource ds,
        TransactionIsolationLevel desiredLevel, boolean desiredAutoCommit)
    {
        this.timeout = timeout;
        dataSource = ds;
        level = desiredLevel;
        autoCommit = desiredAutoCommit;
    }
    public FkTransaction(Integer timeout, Connection connection)
    {
        this.timeout = timeout;
        this.connection = connection;
    }
    @Override
    public Connection getConnection() throws SQLException
    {
        if (connection == null)
        {
            openConnection();
        }
        return connection;
    }
    @Override
    public void commit() throws SQLException
    {
        // 如果连接不为 null，且不是自动提交
        if (connection != null && !connection.getAutoCommit())
        {
            // 提交事务
            connection.commit();
```

```
            }
        }
        @Override
        public void rollback() throws SQLException
        {
            // 如果连接不为 null，且不是自动提交
            if (connection != null && !connection.getAutoCommit())
            {
                // 回滚事务
                connection.rollback();
            }
        }
        @Override
        public void close() throws SQLException
        {
            if (connection != null)
            {
                // 将自动提交行为恢复为 true
                connection.setAutoCommit(true);
                // 关闭连接
                connection.close();
            }
        }
        // 定义打开数据库连接的方法
        protected void openConnection() throws SQLException
        {
            connection = dataSource.getConnection();
            // 设置事务隔离级别
            if (level != null)
            {
                connection.setTransactionIsolation(level.getLevel());
            }
            // 设置自动提交行为
            connection.setAutoCommit(autoCommit);
        }
        @Override
        public Integer getTimeout() throws SQLException
        {
            return this.timeout;
        }
    }
}
```

从上面第一行粗体字代码可以看出，提交事务的行为其实就是依赖 Connection 对象的 commit()
方法；第二行粗体字代码表明，回滚事务的行为其实就是依赖 Connection 对象的 rollback()方法，
这说明该事务管理器其实是基于 Connection（JDBC 数据库连接对象）管理事务的。第三行粗体字
代码则负责关闭底层数据库连接。

提供上面两个实现类之后，接下来即可在<transactionManager.../>元素中启用该事务管理器。
下面的配置代码即可启用自定义的事务管理器。

程序清单：codes\02\2.6\CustomTransaction\src\mybatis-config.xml

```xml
<?xml version="1.0" encoding="UTF-8" ?>
<!DOCTYPE configuration
    PUBLIC "-//mybatis.org//DTD Config 3.0//EN"
    "http://mybatis.org/dtd/mybatis-3-config.dtd">
<configuration>
    <typeAliases>
        <!-- 为 org.crazyit.app.domain 包下的所有类指定别名 -->
        <package name="org.crazyit.app.domain"/>
    </typeAliases>
    <!-- default 指定默认的数据库环境为 MySQL，引用其中一个 environment 元素的 id 属性值 -->
    <environments default="mysql">
```

```
        <!-- 配置名为mysql（该名字任意）的环境 -->
        <environment id="mysql">
            <!-- 配置事务管理器，JDBC 代表使用了 JDBC 自带的事务提交和回滚 -->
            <transactionManager type="org.crazyit.app.transaction.FkTransactionFactory">
                <property name="timeout" value="5"/>
            </transactionManager>
            <!-- dataSource 配置数据源，此处使用 MyBatis 内置的数据源 -->
            <dataSource type="POOLED">
                <property name="driver" value="com.mysql.cj.jdbc.Driver"/>
                <property name="url" value="jdbc:mysql://127.0.0.1:3306/mybatis?
serverTimezone=UTC"/>
                <property name="username" value="root"/>
                <property name="password" value="32147"/>
            </dataSource>
        </environment>
    </environments>
    <mappers>
        <!-- 告诉 MyBatis 加载指定包下的所有 Mapper -->
        <package name="org.crazyit.app.dao"/>
    </mappers>
</configuration>
```

上面粗体字代码指定使用 FkTransactionFactory 作为事务管理器，而且程序还为该事务管理器配置了 timeout 属性，该 timeout 属性会控制事务的超时时长。

▶▶ 2.6.3　数据源配置

MyBatis 使用数据源管理数据库连接，这样以便更好地复用数据库连接来提高程序性能。MyBatis 内置了三种数据源实现。

➢ UNPOOLED：不使用连接池，这种方式每次都会重新打开连接。

➢ POOLED：使用 MyBatis 内置连接池的数据源。

➢ JNDI：使用容器管理的数据源，这种方式需要在提供数据源支持的容器（如 Tomcat）中使用。

 提示：

　　事务管理器类型，此处的数据源配置同样也是别名，上面的 UNPOOLED、POOLED 和 JNDI 分别对应于 UnpooledDataSourceFactory、PooledDataSourceFactory 和 JndiDataSourceFactory 实现类。

当使用 UNPOOLED 类型的配置时，只需指定如下属性。

➢ driver：指定 JDBC 驱动的全限定类名。

➢ url：指定数据库的 URL 地址。

➢ username：指定登录数据库的用户名。

➢ password：指定登录数据库的密码。

➢ defaultTransactionIsolationLevel：配置默认的事务隔离级别。

此外，如果需要传递额外的属性给数据库驱动，则可选择在属性名之前添加"driver."。例如，要为数据库驱动指定字符集的属性，则可进行如下配置：

```
driver.encoding=UTF8
```

由于 UNPOOLED 并不是基于连接池的，因此它不需要配置与连接池相关的信息；而 POOLED 采用连接池来管理数据库连接，因此它除可指定上面列出的属性之外，还可指定以下与连接池相关的配置信息。

➢ poolMaximumActiveConnections：指定最大的活动连接（正在使用的连接）的数量。

➢ poolMaximumIdleConnections：指定最大的空闲连接（不是正在使用的连接）的数量。

- ➢ poolMaximumCheckoutTime：指定连接池中的连接在强制返回之前，从连接池中被检出（check out）的时间，默认值为 20 000 毫秒（即 20 秒）。
- ➢ poolTimeToWait：如果获取数据库连接超过该配置指定的时间，连接池就会打印日志，并重新尝试获取新的连接。默认值为 20 000 毫秒（即 20 秒）。
- ➢ poolMaximumLocalBadConnectionTolerance：这是一个关于坏连接容忍度的底层配置。当一条线程尝试从连接池获取连接时，如果该线程获取到一个无效的连接，该配置允许该线程尝试重新获取一个新的有效连接，但重新尝试的次数不能超过 poolMaximumIdleConnections 与 poolMaximumLocalBadConnectionTolerance 之和。默认值为 3。
- ➢ poolPingQuery：指定用于执行查询检测的 SQL 语句。默认值为 "NO PING QUERY SET"，它会在数据库驱动失败时显示合适的错误消息。
- ➢ poolPingEnabled：配置是否启用查询检测。如果开启该配置，连接池会周期性地执行 poolPingQuery 属性指定的查询语句，因此 poolPingQuery 应该被设为一条可执行的 SQL 语句（最好耗时非常少），开启该配置会降低连接池的性能。默认值为 false。
- ➢ poolPingConnectionsNotUsedFor：配置 poolPingQuery 的频率，建议将该属性设为与数据库连接的超时时长相同，从而避免不必要的检查。默认值为 0，该属性仅当 poolPingEnabled 为 true 时有效。

如果使用 JNDI 的连接池配置，则意味着使用第三方容器提供的连接池，因此只要配置容器提供的连接池的 JNDI 名称即可。

- ➢ initial_context：该属性用于在 JNDI 上下文中获取 InitialContext。
- ➢ data_source：该属性指定数据源在 JDNI 上下文中的 JNDI 路径。如果提供 initial_context 配置，则会使用该配置返回的 InitialContext 实例的 lookup()方法来查找数据源；否则，将直接调用 InitialContext 类的 lookup()方法来查找数据源。

此外，如果要将配置属性传给 InitialContext，则可通过添加 "env." 前缀来实现。例如，下面配置将 encoding 属性传给 InitialContext。

```
env.encoding=UTF8
```

除 MyBatis 官方提供的上述三种数据源配置之外，如果开发者需要使用其他数据源，则可通过自定义 DataSourceFactory 来实现。接下来介绍如何在 MyBatis 中使用 C3P0 数据源。

➢➢ 2.6.4　配置第三方 C3P0 数据源

配置第三方 C3P0 数据源的关键是提供自定义的 DataSourceFactory 实现类，实现该接口需要实现两个方法。

- ➢ void setProperties(Properties props)：该方法用于将在<dataSource.../>元素内配置的所有属性以 Properties 参数传入。
- ➢ DataSource getDataSource()：该方法用于返回自定义的 DataSource 实例，这是自定义数据源的关键方法。

通过实现 DataSourceFactory 接口来实现自定义数据源不仅要实现上面两个方法，而且要实现所有的细节，因此，在实际开发中一般会通过继承 UnpooledDataSourceFactory 来实现自定义数据源。

> 🐸 **提示：**
> 　　MyBatis 内置的 PooledDataSourceFactory 也继承了 UnpooledDataSourceFactory 基类。

下面程序基于 C3P0，通过继承 UnpooledDataSourceFactory 提供了一个自定义数据源实现类。

程序清单：codes\02\2.6\C3P0\src\org\crazyit\app\mybatis\C3P0DataSourceFactory.java

```java
// 通过继承 UnpooledDataSourceFactory 实现自定义数据源实现类
public class C3P0DataSourceFactory extends UnpooledDataSourceFactory
{
    public C3P0DataSourceFactory()
    {
        // 返回 C3P0 实现的 DataSource
        this.dataSource = new ComboPooledDataSource();
    }
}
```

上面程序中的粗体字代码返回了一个 ComboPooledDataSource 实例，这是 C3P0 数据源提供的 DataSource 实现类，这意味着该 DataSourceFactory 将返回一个 C3P0 数据源实现类。

在提供了上面的 DataSourceFactory 实现类之后，接下来即可在 MyBatis 核心配置文件中启用该数据源了，配置代码如下。

程序清单：codes\02\2.6\C3P0\src\mybatis-config.xml

```xml
<?xml version="1.0" encoding="UTF-8" ?>
<!DOCTYPE configuration
    PUBLIC "-//mybatis.org//DTD Config 3.0//EN"
    "http://mybatis.org/dtd/mybatis-3-config.dtd">
<configuration>
    <typeAliases>
        <!-- 为 C3P0DataSourceFactory 指定别名 C3P0 -->
        <typeAlias type="org.crazyit.app.mybatis.C3P0DataSourceFactory" alias="C3P0"/>
        <!-- 为 org.crazyit.app.domain 包下的所有类指定别名 -->
        <package name="org.crazyit.app.domain"/>
    </typeAliases>
    <!-- default 指定默认的数据库环境为 MySQL，引用其中一个 environment 元素的 id 属性值 -->
    <environments default="mysql">
        <!-- 配置名为 mysql（该名字任意）的环境 -->
        <environment id="mysql">
            <!-- 配置事务管理器，JDBC 代表使用了 JDBC 自带的事务提交和回滚 -->
            <transactionManager type="JDBC"/>
            <!-- 配置使用自定义的 C3P0 数据源 -->
            <dataSource type="org.crazyit.app.mybatis.C3P0DataSourceFactory">
                <!-- 下面这些属性是直接注入 C3P0 数据源（ComboPooledDataSource 对象）的，
                    因此这些属性名必须与 ComboPooledDataSource 类的各 setter 方法对应 -->
                <property name="driverClass" value="com.mysql.cj.jdbc.Driver"/>
                <property name="jdbcUrl"
                    value="jdbc:mysql://127.0.0.1:3306/mybatis?serverTimezone=UTC"/>
                <property name="user" value="root"/>
                <property name="password" value="32147"/>
                <property name="maxPoolSize" value="40"/>
                <property name="minPoolSize" value="2"/>
                <property name="initialPoolSize" value="2"/>
                <property name="maxIdleTime" value="200"/>
            </dataSource>
        </environment>
    </environments>
    <mappers>
        <!-- 告诉 MyBatis 加载指定包下的所有 Mapper -->
        <package name="org.crazyit.app.dao"/>
    </mappers>
</configuration>
```

上面粗体字代码中的 type 属性指定了 org.crazyit.app.mybatis.C3P0DataSourceFactory，这就是前面提供的 DataSourceFactory 实现类。虽然此处的 type 属性值为 DataSourceFactory 实现类的全限

定类名，但其实在该配置文件的<typeAliases...>元素内已经为该实现类配置了别名，因此该 type 属性值也可使用别名：C3P0。

> **注意**
>
> 上面配置文件中的粗体字代码与 MyBatis 官方文档中提供的配置有差别，应该是官方文档中提供的配置并未经过实际测试，故存在一定的纰漏。

在使用主程序来运行上面的示例之前，别忘了为项目添加 C3P0 的两个 JAR 包：c3p0-0.9.5.2.jar 和 mchange-commons-java-0.2.11.jar。MyBatis 并未提供这两个 JAR 包，因此，读者需要自行下载并添加这两个 JAR 包（可直接使用本书示例中提供的 JAR 包）。

2.7 支持不同类型的数据库

虽然标准的 SQL 语句的语法是一样的，但不同数据库支持的 SQL 语句总会存在一些差异。通常，不同数据库的分页语句就存在显著的差别，例如，MySQL 的分页语句只要使用简单的 limit 即可；PostgreSQL 的分页语句则需要使用 limit offset；Oracle 的分页语句就需要使用 ROWNUM……

为了支持不同类型的数据库，MyBatis 允许为<select...>、<insert.../>、<update.../>和<delete.../>元素指定 databaseId 属性，该属性值是一个数据库类型的别名。如果为这些元素指定了 databaseId 属性，那么就表明通过这些元素配置的 SQL 语句仅对特定的数据库有效。

> **提示：**
>
> Hibernate 为不同类型的数据库提供了数据库方言的功能，Hibernate 用户主要在配置文件中设置方言，Hibernate 会自动针对不同类型的数据库选择对应的 SQL 语句；MyBatis 并不是全自动的 ORM 框架，因此，MyBatis 需要开发者为不同类型的数据库配置不同的 SQL 语句。

那么问题来了，数据库类型的别名从哪里来呢？数据库类型的别名同样需要在 MyBatis 核心配置文件中配置，MyBatis 使用<databaseIdProvider.../>元素为数据库类型配置别名。

可以为<databaseIdProvider.../>元素指定一个 type 属性，该属性指定由哪个类负责为不同类型的数据库分配别名。MyBatis 提供了一个 VendorDatabaseIdProvider 类来为不同类型的数据库分配别名，MyBatis 为该类预置的别名是 DB_VENDOR，因此只要将该 type 属性指定为 DB_VENDOR 即可。

VendorDatabaseIdProvider 为不同类型的数据库分配别名的规则是什么呢？在该类的源代码中可以看到如下方法：

```
private String getDatabaseProductName(DataSource dataSource)
    throws SQLException {
    Connection con = null;
    try {
        con = dataSource.getConnection();
        DatabaseMetaData metaData = con.getMetaData();
        return metaData.getDatabaseProductName();
    } finally {
        if (con != null) {
            try {
                con.close();
            } catch (SQLException e) {
                // ignored
            }
        }
    }
}
```

从上面的粗体字代码可以看出，该方法调用 DatabaseMetaData 的 getDatabaseProductName()方法来获取当前连接的数据库产品名。

接下来在该类的源代码中可以看到如下方法：

```
private String getDatabaseName(DataSource dataSource)
    throws SQLException {
    String productName = getDatabaseProductName(dataSource);
    if (this.properties != null) {
        for (Map.Entry<Object, Object> property : properties.entrySet()) {
            if (productName.contains((String) property.getKey())) {
                return (String) property.getValue();
            }
        }
        // no match, return null
        return null;
    }
    return productName;
}
```

从上面的粗体字代码可以看出，该方法会从 properties 中查找与数据库产品名对应的字符串作为数据库类型的别名，其中 properties 就是配置<databaseIdProvider.../>元素时传入的多个属性。

简单来说，在配置<databaseIdProvider.../>元素时，必须为它配置多个属性，其中属性名应该为数据库产品名（也可以是产品名的子串），属性值就是该数据库类型的别名。

本示例项目将会配置两个数据库环境，分别用于连接 MySQL 和 PostgreSQL，当该项目需要在不同类型的数据库之间切换时，只要修改<environments.../>元素的 default 属性，整个项目就会自动切换为使用另一个数据库。下面是配置文件的代码。

程序清单：codes\02\2.7\DatabaseProvider\src\mybatis-config.xml

```
<?xml version="1.0" encoding="UTF-8" ?>
<!DOCTYPE configuration
    PUBLIC "-//mybatis.org//DTD Config 3.0//EN"
    "http://mybatis.org/dtd/mybatis-3-config.dtd">
<configuration>
    <typeAliases>
        <!-- 为 org.crazyit.app.domain 包下的所有类指定别名 -->
        <package name="org.crazyit.app.domain"/>
    </typeAliases>
    <environments default="pgsql">
        <!-- 配置一个针对 MySQL 数据库的环境，将它命名为 mysql -->
        <environment id="mysql">
            <!-- 配置事务管理器，JDBC 代表使用了 JDBC 自带的事务提交和回滚 -->
            <transactionManager type="JDBC"/>
            <!-- dataSource 配置数据源，此处使用 MyBatis 内置的数据源 -->
            <dataSource type="POOLED">
                <property name="driver" value="com.mysql.cj.jdbc.Driver"/>
                <property name="url"
                    value="jdbc:mysql://127.0.0.1:3306/mybatis?serverTimezone=UTC"/>
                <property name="username" value="root"/>
                <property name="password" value="32147"/>
            </dataSource>
        </environment>
        <!-- 配置一个针对 PostgreSQL 数据库的环境，将它命名为 pgsql -->
        <environment id="pgsql">
            <!-- 配置事务管理器，JDBC 代表使用了 JDBC 自带的事务提交和回滚 -->
            <transactionManager type="JDBC"/>
            <!-- dataSource 配置数据源，此处使用 MyBatis 内置的数据源 -->
            <dataSource type="POOLED">
                <property name="driver" value="org.postgresql.Driver"/>
                <property name="url" value="jdbc:postgresql://localhost:5432/mybatis"/>
                <property name="username" value="postgres"/>
```

```
                <property name="password" value="32147"/>
            </dataSource>
        </environment>
    </environments>
    <databaseIdProvider type="DB_VENDOR">
        <!-- name 属性值来自数据库驱动,
            DatabaseMetaData 的 getDatabaseProductName()方法返回数据库名称,
            value 是自定义的别名 -->
        <property name="PostgreSQL" value="pgsql"/>
        <property name="MySQL" value="mysql"/>
    </databaseIdProvider>
    <mappers>
        <!-- 告诉 MyBatis 加载指定包下的所有 Mapper -->
        <package name="org.crazyit.app.dao"/>
    </mappers>
</configuration>
```

上面配置文件中的前两段粗体字代码分别配置了 mysql 和 pgsql 两个环境，并将 pgsql 指定为默认的数据库环境，这意味着该程序默认会连接 PostgreSQL 数据库。

> **提示：**
>
> 在运行该示例项目之前，读者需要先自行安装 PostgreSQL 数据库，并使用该项目的 pgsql.sql 脚本在 PostgreSQL 中创建数据库、数据表，并插入测试数据。此外，由于该项目需要连接 PostgreSQL 数据库，因此还要将 PostgreSQL 的驱动添加到项目的类加载路径中，读者可在本书配套代码的 codes\02\lib 目录下找到一个 postgresql-42.2.6.jar 文件，它就是 PostgreSQL 的驱动。如果读者不想测试基于 PostgreSQL 数据库的运行效果，那么只要将<environments.../>的 default 属性值改为 mysql 即可。

上面配置文件中的第三段粗体字代码的<databaseIdProvider.../>为数据库类型配置别名，该元素中的每个<property.../>元素配置一个别名，其中 name 属性指定数据库产品名（也可以是产品名的子串），value 属性则指定数据库类型的别名。从这段配置可以看到，此处为 PostgreSQL 指定了别名 pgsql，为 MySQL 指定了别名 mysql。

接下来在 XML Mapper 中为定义 SQL 语句的元素指定 databaseId 属性，用于说明该 SQL 语句仅对指定数据库有效。下面是该项目的 XML Mapper 文件。

程序清单：codes\02\2.7\DatabaseProvider\src\org\crazyit\app\dao\NewsMapper.xml

```xml
<?xml version="1.0" encoding="UTF-8" ?>
<!-- MyBatis Mapper 文件的 DTD -->
<!DOCTYPE mapper PUBLIC "-//mybatis.org//DTD Mapper 3.0//EN"
    "http://mybatis.org/dtd/mybatis-3-mapper.dtd">
<mapper namespace="org.crazyit.app.dao.NewsMapper">
    <!-- 指定 databaseId 为 mysql, 表明当连接的数据库类型别名为 mysql 时,
        findNews 代表该元素定义的 SQL 语句 -->
    <select id="findNews" resultType="news" databaseId="mysql">
        select news_id id, news_title title, news_content content
        from news_inf limit #{offset}, #{num};
    </select>
    <!-- 指定 databaseId 为 pgsql, 表明当连接的数据库类型别名为 pgsql 时,
        findNews 代表该元素定义的 SQL 语句 -->
    <select id="findNews" resultType="news" databaseId="pgsql">
        select news_id as id, news_title as title, news_content as content
        from news_inf limit #{num} offset #{offset};
    </select>
</mapper>
```

上面配置文件中配置了两个 id 为 findNews 的<select.../>元素，但它们的 databaseId 并不相同，这意味着 id 为 mysql 的<select.../>元素定义的 SQL 语句仅当连接 MySQL 时有效，id 为 pgsql 的

元素定义的 SQL 语句仅当连接 PostgreSQL 时有效。

接下来使用程序来调用该 Mapper 的 findNews()方法时，将会看到数据库类型别名的作用——如果程序连接的是 PostgreSQL 数据库，MyBatis 底层将会使用 limit...offset 的 SQL 语句执行查询（databaseId 为 pgsql 的元素配置的 SQL 语句）；如果程序连接的是 MySQL 数据库，MyBatis 底层将会使用简单的 limit 的 SQL 语句执行查询（databaseId 为 mysql 的元素配置的 SQL 语句）。

读者可能还记得，在前面的示例中并没有为、、和元素指定 databaseId 属性，这种不指定 databaseId 属性的元素配置的 SQL 语句将适用于所有数据库。

对于指定数据库而言，MyBatis 会加载不带 databaseId 属性和带有匹配当前数据库的 databaseId 属性的所有 SQL 语句，如果同时找到带 databaseId 属性和不带 databaseId 属性的相同的 SQL 语句，则不带 databaseId 属性的 SQL 语句会被舍弃；只有当找不到 databaseId 属性的 SQL 语句时，不带 databaseId 属性的 SQL 语句才会起作用。

最后需要指出的是，虽然使用 VendorDatabaseIdProvider 为不同类型的数据库处理别名简单、方便，但是 MyBatis 同样提供了良好的可扩展性，允许开发者提供自定义的 DatabaseIdProvider，开发者只要提供一个 DatabaseIdProvider 接口的实现类，并在核心配置文件中配置启用它即可。

实现 DatabaseIdProvider 接口只要实现以下两个方法。

➢ void setProperties(Properties p)：该方法用于将< databaseIdProvider.../>元素内配置的所有属性以 Properties 形式传入。

➢ String getDatabaseId(DataSource dataSource)：该方法根据传入的 DataSource 返回数据库类型的别名。简单来说，该方法返回什么，该 DataSource 连接的数据库类型的别名就是什么。

通常来说，在实际开发中使用 VendorDatabaseIdProvider 处理数据库类型的别名已完全足够，故此处不再给出自定义 DatabaseIdProvider 实现类的示例。

至此，MyBatis 的核心配置文件基本已经介绍完成，下面开始讲解 Mapper 开发的详细内容。

2.8　Mapper 基础

XML Mapper 的根元素是<mapper.../>，在该元素内只能包含如下几个无序的子元素。

➢ cache：用于启用当前命名空间的缓存设置。

➢ cache-ref：用于引用其他命名空间的缓存设置。

➢ resultMap：用于定义 ResultSet 与 Java 对象之间的映射。该元素的功能非常强大，用起来也较为复杂。

➢ sql：用于定义可复用的 SQL 语句块。

➢ insert：通常用于定义 insert 语句。从功能上看，它完全可用于定义其他 DML 语句。

➢ update：用于定义 update 语句。从功能上看，它完全可用于定义其他 DML 语句。

➢ delete：用于定义 delete 语句。从功能上看，它完全可用于定义其他 DML 语句。

➢ select：用于定义 select 语句。

读者可能会发现，MyBatis 官方文档中说上面这些元素应按顺序定义（in the order that they should be defined），但实际上查看<mapper.../>元素的 DTD 定义，会发现如下内容：

```
<!ELEMENT mapper (cache-ref | cache | resultMap* | parameterMap* | sql* | insert*
| update* | delete* | select* )+>
<!ATTLIST mapper
namespace CDATA #IMPLIED
>
```

从该 DTD 片段可明显地看到，<mapper.../>元素内的子元素其实是无序的，而且从实际代码的测试结果来看，<mapper.../>的子元素也不要求按顺序排列，可见此处应该也是 MyBatis 官方文档的纰漏。

提示：

如果读者需要进一步掌握 DTD 的详细内容，可参考疯狂 Java 体系的《疯狂 XML 讲义》。

MyBatis 早期还支持在<mapper.../>元素中定义多个<parameterMap.../>子元素，但这个元素现已被标记为过时，而且该元素现在也没什么使用价值了，故本书不再介绍该元素。

▶▶ 2.8.1 select 的用法

正如前面示例所介绍的，<select.../>元素或@Select 注解用于定义一条 select 语句，在使用<select.../>元素时必须指定 id 属性，该属性值将作为这条 select 语句的唯一标识。

此外，还可为<select.../>元素指定如下属性。

- ➤ parameterType：指定传给这条 SQL 语句的参数的类型，该属性值支持全限定类名或别名。实际上该属性是可选的，因此 MyBatis 的类型处理器能通过反射推断出参数的类型。
- ➤ resultType：指定 ResultSet 的每行记录需要映射的 Java 对象的类型。可见，当查询返回集合时，该属性值应该是集合元素的类型，而不是集合本身的类型。该属性值支持全限定类名或别名。
- ➤ resultMap：指定对<resultMap.../>元素的引用，该属性值应该是另一个<resultMap.../>元素的 id 属性值。

注意 ✳

元素要么使用 resultType 属性指定 ResultSet 的每行记录对应的 Java 类型，要么使用 resultMap 引用另一个元素，这两个属性不能同时使用。

- ➤ flushCache：如果将该属性设置为 true，则意味着只要语句被调用，总会清空局部缓存和二级缓存。默认值为 false。
- ➤ useCache：如果将该属性设置为 true，则意味着该语句的执行结果将被二级缓存所缓存。默认值：对 select 语句为 true。

提示：

本书第 3 章将会详细介绍 MyBatis 缓存的应用。

- ➤ timeout：指定查询返回结果集的超时时长，时间单位是秒。默认值为 unset（依赖于底层驱动）。
- ➤ fetchSize：设置数据库驱动批量抓取的记录数，该属性只是给底层驱动的建议，并不保证效果。
- ➤ statementType：指定 MyBatis 用于 SQL 语句的 Statement 的类型。该属性支持 STATEMENT（普通 Statment）、PREPARED（PreparedStatement）或 CALLABLE（CallableStatement，用于执行存储过程）其中之一，默认值为 PREPARED。

提示：

尽量不要将该属性设置为 STATEMENT，这意味着强制 MyBatis 使用普通 Statement 来执行 SQL 语句，普通 Statement 不仅性能差，而且有 SQL 注入漏洞，《疯狂 Java 讲义》的第 13 章详细介绍了普通 Statement 的缺陷。当使用<select.../>指定存储过程时，该属性应被设置为 CALLABLE，本书后面会有使用 MyBatis 执行存储过程的详细示例。

➢ resultSetType：设置 ResultSet 的类型，即控制查询返回的 ResultSet 是否为可滚动的结果集。该属性支持 FORWARD_ONLY（不可滚动）、SCROLL_SENSITIVE（可滚动，对修改敏感）、SCROLL_INSENSITIVE（可滚动，对修改不敏感）或 DEFAULT（等价于 unset）其中之一，默认值为 unset（依赖于底层驱动）。

➢ databaseId：设置数据库类型的别名，如果设置了该属性，则意味着这条 SQL 语句仅对该类型的数据库有效。

➢ resultOrdered：该属性仅对嵌套结果的 select 语句适用，如果将该属性设置为 true，即认为包含了嵌套结果集或分组，这样当返回一个主结果行的时候，就不会发生对前面结果集进行引用的情况了。默认值为 false。

➢ resultSets：该属性仅对查询返回多结果集（调用存储过程）时有效。该属性用于为多结果集分配名称，各名称之间以英文逗号隔开。

提示：

本书第 3 章将会详细介绍多结果集的应用。

如果使用@Select 注解，该注解仅能指定一个 value 属性，用于定义 SQL 语句。如需为@Select 注解指定类似于<select.../>元素的额外属性，则需要使用@Options 注解。

@Options 注解支持如下属性。

➢ int fetchSize：等同于<select.../>元素的 fetchSize 属性。

➢ Options.FlushCachePolicy　flushCache：等同于 flushCache 属性。

➢ String keyColumn：等同于<insert.../>元素的 keyColumn 属性。

➢ String keyProperty：等同于<insert.../>元素的 keyProperty 属性。

➢ String resultSets：等同于<select.../>元素的 resultSets 属性。

➢ ResultSetType resultSetType：等同于<select.../>元素的 resultSetType 属性。

➢ StatementType statementType：等同于 statementType 属性。

➢ int timeout：等同于 timeout 属性。

➢ boolean useCache：等同于 useCache 属性。

➢ boolean useGeneratedKeys：等同于<insert.../>元素的 useGeneratedKeys 属性。

从上面介绍不难看出，@Options 注解不仅用于为@Select 注解提供支持，也用于为@Insert、@Delete、@Update 注解提供支持。

当使用@Select 注解定义 select 语句时，如果只是基于简单的"同名映射"规则，MyBatis 可通过反射推断出 ResultSet 的每行记录映射的 Java 对象的类型，因此无须指定 resultType 属性。

例如，如下示例的 Mapper 接口使用了@Select 注解定义 select 语句。

程序清单：codes\02\2.8\@Select\src\org\crazyit\app\dao\NewsMapper.java

```
public interface NewsMapper
{
    // 基于"同名映射"规则，MyBatis 自动推断出 ResultSet 的每行记录映射的 Java 对象的类型
    @Select("select news_id id, news_title title, news_content content" +
        " from news_inf where news_id>#{id}")
    List<News> findNews(int id);
}
```

上面程序中的粗体字代码使用@Select 定义了 select 语句，但由于 findNews()方法的返回值类型是 List<News>，因此 MyBatis 可推断出 ResultSet 的每行记录映射的 Java 对象为 News 类型。

需要说明的是，当使用@Select 注解定义 select 语句时，由于没有指定 resultType 属性，因此必须将该方法的返回值类型声明为 List<News>，这样 MyBatis 才可推断出 ResultSet 的每行记录映射的 Java 对象的类型；如果开发者将该方法的返回值类型声明为简单的 List，那么 MyBatis 就无

法推断出 ResultSet 的每行记录映射的 Java 对象的类型，程序就会报错。

使用主程序调用上面 Mapper 组件的 findNews()方法，将会看到程序运行完全正常。

其实 select 语句是数据库操作中最复杂的用法之一，这种复杂的用法通常都需要结合 resultMap 来进行结果集映射。本书第 3 章将会详细介绍 resultMap 的内容，故此处不再进一步讲解。

➤➤ 2.8.2　insert 的用法

元素或@Insert 注解用于定义一条 insert 语句。实际上，元素（或@Update 注解）、元素（或@Delete 注解）与元素（或@Insert 注解）的用法非常相似，它们都可用于定义 DML 语句。

在使用、或元素时同样必须指定 id 属性，该属性值将作为它们定义的 DML 语句的唯一标识。

此外，这可为这三个元素指定如下属性。

- ➤ parameterType：指定传给这条 SQL 语句的参数的类型，该属性值支持全限定类名或别名。实际上该属性是可选的，因此 MyBatis 的类型处理器能通过反射推断出参数的类型。
- ➤ flushCache：如果将该属性设置为 true，则意味着只要语句被调用，总会清空局部缓存和二级缓存。默认值为 true。
- ➤ timeout：指定查询返回结果集的超时时长，时间单位是秒。默认值为 unset（依赖于底层驱动）。
- ➤ statementType：指定 MyBatis 用于 SQL 语句的 Statement 的类型，该属性支持 STATEMENT（普通 Statment）、PREPARED（PreparedStatement）或 CALLABLE（CallableStatement，用于执行存储过程）其中之一。默认值为 PREPARED。
- ➤ useGeneratedKeys：该属性通常仅对 insert 语句有效。该属性指定是否将数据库内部（自增长）生成的主键值传给作为参数的 Java 对象。默认值为 false。
- ➤ keyProperty：该属性需要与 useGeneratedKeys 结合使用，用于告诉 MyBatis 将数据库内部生成的主键值传给 Java 对象的哪个属性——主键列对应于 key 属性。默认值为 unset（未设置）。如果希望得到多个列的值，也可指定用逗号分隔的多个属性名的列表。
- ➤ keyColumn：该属性指定用于保存 keyProperty 的列名，该属性可不用指定。
- ➤ databaseId：设置数据库类型的别名。如果设置了该属性，则意味着这条 SQL 语句仅对该类型的数据库有效。

当使用@Insert 注解来定义 insert 语句时，如果程序需要为该注解指定额外的属性，则可使用 @Options 注解来定义这些属性。虽然<insert.../>元素或@Options 注解都可以指定上面这些属性，但在实际开发时通常都无须指定这些属性，直接使用默认值即可。

例如，如下 Mapper 接口直接使用@Insert 注解定义了 insert 语句。

程序清单：codes\02\2.8\@Insert\src\org\crazyit\app\dao\NewsMapper.java

```
public interface NewsMapper
{
    @Insert("insert into news_inf values "
        + "(null, #{title}, #{content})")
    int saveNews(News news);
}
```

上面程序中的粗体字代码使用@Insert 注解定义了 insert 语句，但由于 saveNews()方法的参数类型是 News，因此无须使用@Options 注解指定 parameterType 属性。

使用主程序调用上面 Mapper 组件的 saveNews ()方法，将会看到程序运行完全正常。

▶▶ 2.8.3　使用 useGeneratedKeys 返回自增长的主键值

当为数据库的主键列设置了自增长特性之后，程序在插入记录时会自动生成主键值，如果需要 MyBatis 将数据库自动生成的主键值传回参数对象，则可将 useGeneratedKeys 属性设置为 true。

当将 useGeneratedKeys 属性设置为 true 之后，还需要通过 keyProperty 告诉 MyBatis 将主键值传给参数对象的哪个属性。

例如，如下 XML Mapper 配置会让 MyBatis 将数据库自动生成的主键值传给参数对象的 id 属性。

程序清单：codes\02\2.8\useGeneratedKeys\src\org\crazyit\app\dao\NewsMapper.xml

```xml
<?xml version="1.0" encoding="UTF-8" ?>
<!-- MyBatis Mapper 文件的 DTD -->
<!DOCTYPE mapper PUBLIC "-//mybatis.org//DTD Mapper 3.0//EN"
    "http://mybatis.org/dtd/mybatis-3-mapper.dtd">
<mapper namespace="org.crazyit.app.dao.NewsMapper">
    <!-- useGeneratedKeys="true" 指定要使用数据库自动生成的主键值，
        keyProperty="id" 指定将主键值传给参数对象的 id 属性
    -->
    <insert id="saveNews" useGeneratedKeys="true" keyProperty="id">
        insert into news_inf values
        (null, #{title}, #{content})
    </insert>
</mapper>
```

上面配置中的粗体字代码配置了 useGeneratedKeys 和 keyProperty 属性，这样程序在插入记录时，MyBatis 会将数据库生成的主键值传给参数对象的 id 属性。

下面是主程序中插入记录的方法代码。

程序清单：codes\02\2.8\useGeneratedKeys\src\lee\NewsManager.java

```java
public static void selectTest(SqlSession sqlSession)
{
    var news = new News(null, "李刚的公众号",
        "大家可关注李刚老师的公众号：fkbooks");
    // 获取 Mapper 对象
    var newsMapper = sqlSession.getMapper(NewsMapper.class);
    // 调用 Mapper 对象的方法执行持久化操作
    var n = newsMapper.saveNews(news);
    System.out.printf("插入了%d 条记录%n", n);
    System.out.println("数据库为新插入记录生成主键为：" + news.getId());
    // 提交事务
    sqlSession.commit();
    // 关闭资源
    sqlSession.close();
}
```

由于底层 news_inf 数据表的 news_id 列是自增长的，程序在插入记录时无须为该列分配值，因此上面程序在创建 News 对象时将 id 属性设置为 null 即可。

上面方法依然按原有的方式添加记录，当添加记录完成后，方法中的粗体字代码获取了 news 参数的 id 属性——该 id 属性值就是新插入记录的自增长主键值。

如果使用@Select 注解定义 SQL 语句，那么配置@Options 注解指定 useGeneratedKeys 和 keyProperty 属性同样可获取数据库生成的自增长主键值。

下面 Mapper 接口中的注解示范了这种用法。

程序清单：codes\02\2.8\useGeneratedKeys 注解\src\org\crazyit\app\dao\NewsMapper.java

```java
public interface NewsMapper
{
```

```
@Insert("insert into news_inf values "
    + "(null, #{title}, #{content})")
@Options(useGeneratedKeys = true, keyProperty = "id")
int saveNews(News news);
}
```

使用上面的 Mapper 组件保存 News 对象后，同样可通过 getId()方法来获取数据库生成的自增长主键值。

▶▶ 2.8.4 使用 selectKey 生成主键值

还有一种数据库（如 Oracle、PostgreSQL 等）并不支持自增长主键值，而是使用 sequence 来生成序列值，再将序列值作为新记录的主键值。

提示：

虽然 PostgreSQL 并不支持自增长主键值，但只要在创建数据表时将主键列定义成 serial 类型，PostgreSQL 就会在底层为该列创建序列，并将该序列关联到该主键列，这样该主键列其实也相当于拥有了自增长功能。

为了演示使用序列生成主键值的情形，本书并未利用 PostgreSQL 的 serial 类型的主键列，而是分开创建数据表和序列的。下面是本例所用的 PostgreSQL 数据库的 SQL 脚本。

程序清单：codes\02\2.8\selectKey\table.sql

```
create database mybatis;
\c mybatis;
-- 创建数据表
create table news_inf
(
 news_id integer primary key,
 news_title varchar(255),
 news_content varchar(255)
);
-- 创建序列
create sequence news_inf_seq;
```

程序需要在保存参数对象之前，先设置参数对象的主键列属性的值——该值应该是从数据库序列中获取的。此时可借助<selectKey.../>元素来实现。

通常将<selectKey.../>元素放在<insert.../>或<update.../>元素内使用，在使用该元素时可指定如下属性。

➢ keyProperty：指定 selectKey 定义的语句获取的值用于设置参数对象的哪个属性。如果希望为多个列生成值，该属性也可以是用逗号分隔的属性名列表。

➢ keyColumn：该属性指定用于保存 keyProperty 的列名。该属性可不用指定。

➢ resultType：指定 selectKey 定义的语句获取的值的类型。通常 MyBatis 可以推断出该值的类型，但明确指定类型会更加精确。

➢ order：该属性可被设置为 BEFORE 或 AFTER。如果被设置为 BEFORE，MyBatis 会执行 selectKey 语句来获取主键值，为参数对象的 keyProperty 属性设置值，然后执行插入语句；如果被设置为 AFTER，MyBatis 会先执行插入语句，然后再执行 selectKey 语句来获取主键值，为参数对象的 keyProperty 属性设置值。

➢ statementType：指定用哪种 Statement 来执行 selectKey 语句。该属性同样支持 STATEMENT、PREPARED 或 CALLABLE 其中之一，其意义与<select.../>等元素的 statementType 属性的意义完全相同。

下面 XML Mapper 使用<selectKey.../>元素先为参数对象设置了主键属性值，然后保存数据。

程序清单：codes\02\2.8\selectKey\src\org\crazyit\app\dao\NewsMapper.xml

```xml
<?xml version="1.0" encoding="UTF-8" ?>
<!-- MyBatis Mapper 文件的 DTD -->
<!DOCTYPE mapper PUBLIC "-//mybatis.org//DTD Mapper 3.0//EN"
    "http://mybatis.org/dtd/mybatis-3-mapper.dtd">
<mapper namespace="org.crazyit.app.dao.NewsMapper">
    <insert id="saveNews">
        <!-- 先从序列获取主键值，
             该 SQL 语句返回的值将被设置给参数对象的 id 属性 -->
        <selectKey keyProperty="id" resultType="int" order="BEFORE">
          select nextval('news_inf_seq')
        </selectKey>
        insert into news_inf values (#{id}, #{title}, #{content})
    </insert>
</mapper>
```

上面<selectKey.../>元素配置的 SQL 语句为 select nextval('news_inf_seq')，这条 SQL 语句用于获取 news_inf_seq 序列的下一个序列值。

 提示：

不同数据库获取下一个序列值的语法并不相同，比如 Oracle 就不用这条语句，具体请参考各数据库的相关文档。

该<selectKey.../>元素的 keyProperty 属性值为 id，说明它对应的 SQL 语句获取的值将会被设置给参数对象的 id 属性。order="BEFORE"表明先执行<selectKey.../>定义的 SQL 语句。

使用主程序调用该 Mapper 组件的 saveNews()方法插入记录，插入成功后同样可通过 News 对象的 getId()方法来获取对应的新增记录的主键值。

运行该程序，可以在控制台看到如下日志：

```
[java] DEBUG [main] org.crazyit.app.dao.NewsMapper.saveNews!selectKey ==>
Preparing: select nextval('news_inf_seq')
    [java]  DEBUG  [main]  org.crazyit.app.dao.NewsMapper.saveNews!selectKey  ==>
Parameters:
    [java]  DEBUG  [main]  org.crazyit.app.dao.NewsMapper.saveNews!selectKey  <==
Total: 1
    [java] DEBUG [main] org.crazyit.app.dao.NewsMapper.saveNews ==>  Preparing: insert
into news_inf values (?, ?, ?)
    [java]  DEBUG  [main]  org.crazyit.app.dao.NewsMapper.saveNews  ==>  Parameters:
1(Integer), 李刚的公众号(String), 大家可关注李刚老师的公众号: fkbooks(String)
    [java] DEBUG [main] org.crazyit.app.dao.NewsMapper.saveNews <==    Updates: 1
    [java] 插入了 1 条记录
    [java] 数据库为新插入记录生成主键为: 1
```

从上面的执行日志可以看出，程序先执行 select nextval('news_inf_seq')语句，这就是<selectKey.../>元素定义的 SQL 语句，程序通过执行这条 SQL 语句来获取序列值，再将该序列值设置给 News 对象的 id 属性，然后才执行 insert into news_inf values (?, ?, ?)这条插入语句。

@SelectKey 注解可代替<selectKey.../>元素，该注解支持如下属性。

➢ boolean before：等同于<selectKey.../>的 order 属性。

➢ String keyProperty：等同于<selectKey.../>的 keyProperty 属性。

➢ Class<?> resultType：等同于<selectKey.../>的 resultType 属性。

➢ String[] statement：等同于<selectKey.../>元素中定义的 SQL 语句。

➢ String keyColumn：等同于<selectKey.../>的 keyColumn 属性。

➢ StatementType statementType：等同于<selectKey.../>的 statementType 属性。

下面示例使用@SelectKey 注解代替<selectKey.../>元素实现同样的功能。

程序清单：codes\02\2.8\selectKey\src\org\crazyit\app\dao\NewsMapper.java

```java
public interface NewsMapper
{
    @Insert("insert into news_inf values (#{id}, #{title}, #{content})")
    // 先从序列获取主键值，该 SQL 语句返回的值将被设置给参数对象的 id 属性 -->
    @SelectKey(keyProperty = "id", resultType = Integer.class, before = true,
        statement = "select nextval('news_inf_seq')")
    int saveNews(News news);
}
```

上面粗体字代码配置的@SelectKey 注解基本等同于前面示例中的<selectKey.../>元素的功能。

▶▶ 2.8.5　update 和 delete 元素的用法

（或@Update 注解）与（或@Delete 注解）通常用于定义 update、delete
语句（虽然完全也可定义 insert 语句），它们支持的属性与元素支持的属性也差不多。

下面的 Mapper 接口则示范了使用@Update、@Delete 定义 SQL 语句。

程序清单：codes\02\2.8\@Update_@Delete\src\org\crazyit\app\dao\NewsMapper.java

```java
public interface NewsMapper
{
    @Update("update news_inf set news_title=#{title}, "
        + "news_content=#{content} where news_id=#{id}")
    int updateNews(News news);

    @Delete("delete from news_inf where news_id=#{id}")
    int deleteNews(int id);
}
```

上面 XML Mapper 的两行粗体字代码示范了使用@Update 和@Delete 来定义 update、delete 语
句，该 Mapper 组件的这两个方法即可用于更新、删除 news_inf 表中的记录。

▶▶ 2.8.6　使用 sql 元素定义可复用的 SQL 片段

使用<sql.../>元素定义可复用的 SQL 片段，可以简化 XML Mapper 中的 SQL 定义。<sql.../>元
素需要与<include.../>元素结合使用，其中：

➤ <sql.../>元素定义 SQL 片段，并指定 id 属性。

➤ <include.../>元素通过 refid 属性来引用指定的 SQL 片段。

当使用<sql.../>元素定义 SQL 片段时，可以通过${}形式定义参数占位符；而使用
元素则可通过子元素为 SQL 片段中的参数占位符传入值。

MyBatis 会在加载 XML Mapper 时，将子元素中定义的参数值传给${}形式的占位
符。这是一种基于"字符串"替换的方式，当 MyBatis 实际执行 SQL 语句时，${}形式的占位符已
经被替换成相应的参数值了。

例如，如下 XML Mapper 使用元素定义了 SQL 片段。

程序清单：codes\02\2.8\sql1\src\org\crazyit\app\dao\NewsMapper.xml

```xml
<?xml version="1.0" encoding="UTF-8" ?>
<!-- MyBatis Mapper 文件的 DTD -->
<!DOCTYPE mapper PUBLIC "-//mybatis.org//DTD Mapper 3.0//EN"
    "http://mybatis.org/dtd/mybatis-3-mapper.dtd">
<mapper namespace="org.crazyit.app.dao.NewsMapper">
    <!-- 定义 SQL 片段，其 id 为 newsColumns -->
    <sql id="newsColumns">
        ${alias}.news_id id,
        ${alias}.news_title title,
        ${alias}.news_content content
    </sql>
```

```
<select id="getNews" resultType="news">
    select
    <!-- 引用 newsColumns 对应的 SQL 片段，将其中的 alias 替换成 ni -->
    <include refid="newsColumns">
        <property name="alias" value="ni"/>
    </include>
    from news_inf ni where ni.news_id = #{id}
</select>
<select id="findNewsByTitle" resultType="news">
    select
    <!-- 引用 newsColumns 对应的 SQL 片段，将其中的 alias 替换成 t -->
    <include refid="newsColumns">
        <property name="alias" value="t"/>
    </include>
    from news_inf t where t.news_title like #{titlePattern}
</select>
</mapper>
```

上面程序中的第一段粗体字代码定义了一个 SQL 片段，该 SQL 片段的 id 为 newsColumns；第二段粗体字代码使用<include.../>元素引用了 id 为 newsColumns 的 SQL 片段，并将其中的 alias 参数替换成 ni；第三段粗体字代码使用<include.../>元素引用了 id 为 newsColumns 的 SQL 片段，并将其中的 alias 参数替换成 t。

使用主程序调用该 Mapper 组件的 getNews()方法，将会看到该方法底层执行的 SQL 语句如下：

```
select ni.news_id id, ni.news_title title, ni.news_content content
from news_inf ni where ni.news_id = ?
```

如果调用该 Mapper 组件的 findNewsByTitle()方法，将会看到该方法底层执行的 SQL 语句如下：

```
select t.news_id id, t.news_title title, t.news_content content
from news_inf t where t.news_title like ?
```

从这两条 SQL 语句可以看出，它们引用了相同的 SQL 片段，区别只是 SQL 片段中的${alias}占位符不同。

从这两条 SQL 语句已经看不出${alias}占位符存在的痕迹，这是由于 MyBatis 在加载 XML Mapper 时已经处理了${alias}参数。

MyBatis 会在 XML Mapper 加载阶段将${}占位符参数替换成对应的值，因此${}占位符参数不仅可用于 SQL 片段中，甚至可用于<include.../>元素的 refid 属性值中或该元素的内部语句中。

下面示例充分利用了 MyBatis 中 SQL 片段复用的功能，因此该 XML Mapper 稍微有点复杂。

程序清单：codes\02\2.8\sql2\src\org\crazyit\app\dao\NewsMapper.xml

```
<?xml version="1.0" encoding="UTF-8" ?>
<!-- MyBatis Mapper 文件的 DTD -->
<!DOCTYPE mapper PUBLIC "-//mybatis.org//DTD Mapper 3.0//EN"
    "http://mybatis.org/dtd/mybatis-3-mapper.dtd">
<mapper namespace="org.crazyit.app.dao.NewsMapper">
    <!-- 定义 SQL 片段，其 id 为 newsColumns -->
    <sql id="newsColumns">
        ${alias}.news_id id,
        ${alias}.news_title title,
        ${alias}.news_content content
    </sql>
    <sql id="selectClause">
        select
        <!-- 引入 SQL 片段，具体引用哪个 SQL 片段由 someColumns 参数决定 -->
        <include refid="${someColumns}">
            <!-- 将当前 SQL 片段中的 table_alias 属性传给被引用 SQL 片段中的 alias 属性 -->
            <property name="alias" value="${table_alias}"/>
        </include>
        from ${table_name} ${table_alias}
        where ${table_alias}.${prefix}id = #{id}
```

```xml
        </sql>
        <select id="getNews" resultType="news">
            <!-- 引用 selectClause SQL 片段，为 4 个参数传入值 -->
            <include refid="selectClause">
                <property name="someColumns" value="newsColumns"/>
                <property name="table_name" value="news_inf"/>
                <property name="table_alias" value="t"/>
                <property name="prefix" value="news_"/>
            </include>
        </select>
        <sql id="userColumns">
            ${alias}.user_id id,
            ${alias}.user_name name,
            ${alias}.user_passwd passwd
        </sql>
        <select id="getUser" resultType="user">
            <!-- 引用 selectClause SQL 片段，为 4 个参数传入值 -->
            <include refid="selectClause">
                <property name="someColumns" value="userColumns"/>
                <property name="table_name" value="user_inf"/>
                <property name="table_alias" value="t"/>
                <property name="prefix" value="user_"/>
            </include>
        </select>
</mapper>
```

上面 XML Mapper 中最复杂的就是粗体字代码部分，尤其是其中的<include.../>元素，该元素的 refid 属性值并不是静态的字符串，而是${}形式的占位符参数，该元素内<property.../>元素的 value 属性值又是${}形式的占位符参数——这两个占位符参数都要等到 selectClause SQL 片段被引用时传入。

selectClause SQL 片段是相当灵活的，该 SQL 片段要选择的数据列可动态改变、数据表可动态改变、主键列的列名可动态改变——因此这个 SQL 片段几乎可用于选择任意表的记录。例如，上面代码中分别定义了 getNews 和 getUser 两条 SQL 语句，它们都引用了 selectClause SQL 片段，但通过传入不同的参数即可选择不同表的记录。

使用程序调用该 Mapper 的 getNews()方法，将会看到该方法底层执行的 SQL 语句如下：

```
select t.news_id id, t.news_title title, t.news_content content
from news_inf t where t.news_id = ?
```

使用程序调用该 Mapper 的 getUser()方法，将会看到该方法底层执行的 SQL 语句如下：

```
select t.user_id id, t.user_name name, t.user_passwd passwd
from user_inf t where t.user_id = ?
```

从运行结果来看，这两条 SQL 语句其实都引用了 selectClause SQL 片段，这个 SQL 片段的灵活性非常大。由此可见，<sql.../>元素确实是简化 XML Mapper 中 SQL 配置的一大利器。

> **提示：**
> 上面的 NewsMapper 组件既可用于获取 News 对象，也可用于获取 User 对象，但这种方式并不推荐。在实际项目开发中，还是推荐为每个实体类都提供单独的 Mapper 组件，不同的 Mapper 组件管理不同实体的持久化操作。

▶▶ 2.8.7 参数处理

现在，是时候详细归纳一下 Mapper 中 SQL 配置的参数处理情况了。Mapper 接口中方法的参数可分为以下几种情况。

> ➤ 单个标量参数，标量类型代表 8 个基本类型及其包装类、String 类型等。
> ➤ 单个复合参数或 Map 参数。

➢ 多个参数。

1. 单个标量参数

当 Mapper 接口中的方法只包含单个标量类型的参数时（这是在前面示例中最常见的情况），由于标量类型没有相关属性，参数值会被直接传给 Mapper 中 SQL 语句的#{}占位符，而且#{}中的参数名可以随意定义。

例如，在 Mapper 接口中有如下方法：

```
List<News> findNewsByTitle(String title);
```

上面方法只包含一个 String 类型的 title 参数，该参数是标量类型的，因此该方法对应的<select.../>元素可被定义成如下形式：

```
<select id="findNewsByTitle" resultType="news">
    select news_id id, news_title title, news_content content
    from news_inf
    where news_title like #{a}
</select>
```

虽然 findNewsByTitle 方法的参数名为 title，但在 SQL 语句中用#{a}就可代表该参数！实际上，完全可以用#{abc}、#{xyz}、#{foo}等，#{}中的名称可以任意填写。

程序调用 findNewsByTitle()方法的参数值会被直接传给 SQL 语句中唯一的#{}占位符——不管#{}中的名称是什么。

前面已经有很多单个标量参数的示例，故此处不再重复给出示例。

2. 单个复合参数或 Map 参数

当 Mapper 接口中的方法只包含单个复合类型的参数或 Map 参数时，参数对象的属性值或 Map 的 value 会被传给 Mapper 中 SQL 语句的#{}占位符，此时#{}中的参数名必须是复合对象的属性名或 Map 的 key。

此外，#{}还支持表达式，例如#{user.name}，如果参数是复合对象，那么它代表获取参数对象的 getUser().getName()方法的值；如果参数是 Map，那么它代表获取 Map 中 user 对应的 value 的 getName()的返回值。

例如，如下 Mapper 接口中的方法只定义了一个复合类型的参数。

程序清单：codes\02\2.8\param_expr\src\org\crazyit\app\dao\UserMapper.java

```
// 定义 Mapper 接口（DAO 接口），该接口由 MyBatis 负责提供实现类
public interface UserMapper
{
    int saveUser(User user);
}
```

接下来，在 XML Mapper 定义的 SQL 语句中，#{}占位符里的参数名只能是 User 对象的属性——还可支持表达式。下面是 UserMapper.xml 的代码。

程序清单：codes\02\2.8\param_expr\src\org\crazyit\app\dao\UserMapper.xml

```
<?xml version="1.0" encoding="UTF-8" ?>
<!-- MyBatis Mapper 文件的 DTD -->
<!DOCTYPE mapper PUBLIC "-//mybatis.org//DTD Mapper 3.0//EN"
    "http://mybatis.org/dtd/mybatis-3-mapper.dtd">
<mapper namespace="org.crazyit.app.dao.UserMapper">
    <!-- 在#{}中使用表达式 -->
    <insert id="saveUser">
        insert into user_inf values
        (null, #{name.firstname}, #{name.lastname}, #{age})
```

```
    </insert>
</mapper>
```

正如从上面的粗体字代码所看到的，在 SQL 语句中使用了#{name.firstname}和#{name.lastname}，这就是表达式形式，其中#{name.firstname}用于获取参数对象（User）的 getName().getFirstname()的返回值；#{name.firstname}用于获取参数对象（User）的 getName().getLastname()的返回值。

因此，本例的 User 类的 name 属性也是一个复合类型。User 类的代码如下。

程序清单：codes\02\2.8\param_expr\src\org\crazyit\app\domain\User.java

```
public class User
{
    private Integer id;
    private Name name;
    private int age;
    // 省略构造器和 setter、getter 方法
    ...
}
```

上面 name 的类型是 Name，该 Name 类的代码如下。

程序清单：codes\02\2.8\param_expr\src\org\crazyit\app\domain\Name.java

```
public class Name
{
    private String firstname;
    private String lastname;
    // 省略构造器和 setter、getter 方法
    ...
}
```

使用程序来调用该 Mapper 对象的 saveUser()方法，将会在控制台看到如下日志：

```
[java] DEBUG [main] org.crazyit.app.dao.UserMapper.saveUser ==>  Preparing: insert
into user_inf values (null, ?, ?, ?)
    [java] DEBUG [main] org.crazyit.app.dao.UserMapper.saveUser ==> Parameters: 悟空
(String), 孙(String), 500(Integer)
```

从上面的执行日志可以看到，MyBatis 完全可以成功地处理#{}中的表达式。

如果要将该示例改为使用注解，其实变化并不大，只要使用@Insert 注解来定义该 SQL 语句即可。例如如下代码。

程序清单：codes\02\2.8\param_expr 注解\src\org\crazyit\app\dao\UserMapper.java

```
public interface UserMapper
{
    @Insert("insert into user_inf values "
        + "(null, #{name.firstname}, #{name.lastname}, #{age})")
    int saveUser(User user);
}
```

3. 多个参数

当 Mapper 接口中的方法包含多个参数（不管参数是什么类型），并将这些参数传给#{}占位符时，#{}占位符中的名称必须先指定参数本身，接下来也可使用表达式。例如，#{user.name.last}代表获取 user 参数的 getName().getLast()的返回值。

在#{}占位符中指定参数，通常支持三种方式。

➢ 使用 MyBatis 的内置名称。MyBatis 使用 arg0、arg1、arg2 等分别代表第一个、第二个、第三个参数等，也可使用 param1、param2、param3 等分别代表第一个、第二个、第三个参数等。

> 如果使用 arg*N* 代表参数，*N* 从 0 开始；如果使用 param*N* 代表参数，*N* 从 1 开始。

➤ 使用@Param 注解修饰方法形参，通过该注解可以为 Mapper 接口中方法的参数指定参数名，接下来即可在#{}中通过名称来引用参数了。
➤ 使用 Java 8 及以上版本中的-parameters 选项编译项目。通过这种方式编译的*.class 文件可以保留方法的形参名，接下来即可在#{}中通过形参名来引用参数了。
首先看第一种处理方式。此时在 Mapper 接口中定义了如下两个方法。

程序清单：codes\02\2.8\param_implicitname\src\org\crazyit\app\dao\NewsMapper.java

```java
public interface NewsMapper
{
    int updateNewsInRange(News news, int from, int end);

    int deleteNewsInRange(int from, int end);
}
```

上面 Mapper 接口中的两个方法都包含了多个参数，此时在#{}中获取参数值时，必须先指定参数。下面 XML Mapper 分别使用了 arg0、arg1、arg2 和 param1、param2 两种方式来指定参数。

程序清单：codes\02\2.8\param_implicitname\src\org\crazyit\app\dao\NewsMapper.xml

```xml
<?xml version="1.0" encoding="UTF-8" ?>
<!DOCTYPE mapper
    PUBLIC "-//mybatis.org//DTD Mapper 3.0//EN"
    "http://mybatis.org/dtd/mybatis-3-mapper.dtd">
<mapper namespace="org.crazyit.app.dao.NewsMapper">
    <!-- 通过 arg0、arg1 指定第一个、第二个参数 -->
    <update id="updateNewsInRange">
        update news_inf set news_title=#{arg0.title},
        news_content=#{arg0.content}
        where news_id between #{arg1} and #{arg2}
    </update>
    <!-- 通过 param1、param2 指定第一个、第二个参数 -->
    <delete id="deleteNewsInRange">
        delete from news_inf
        where news_id between #{param1} and #{param2}
    </delete>
</mapper>
```

上面 XML Mapper 中的第一段粗体字代码使用 arg0、arg1、arg2 分别代表第一个、第二个、第三个参数，而且在#{}中使用了表达式；第二段粗体字代码则使用 param1、param2 代表第一个、第二个参数（param1、param2……这种形式同样也支持表达式）

使用主程序来调用 Mapper 中的这两个方法，将可以看到调用方法的参数完全可以正确传入 SQL 语句中。

如果将上面示例改为使用注解，其实变化并不大，只要使用@Update、@Delete 注解来定义这两条 SQL 语句即可。例如如下代码。

程序清单：codes\02\2.8\param_implicitname 注解\src\org\crazyit\app\dao\NewsMapper.java

```java
public interface NewsMapper
{
    @Update("update news_inf set news_title=#{arg0.title}, "
        + "news_content=#{arg0.content} "
        + "where news_id between #{arg1} and #{arg2}")
    int updateNewsInRange(News news, int from, int end);
```

```
@Delete("delete from news_inf "
+ "where news_id between #{param1} and #{param2}")
int deleteNewsInRange(int from, int end);
}
```

接下来介绍使用@Param 注解修饰方法形参，为方法形参指定参数名的方式。@Param 注解的用法非常简单，只要使用该注解修饰方法形参，该注解唯一支持的 value 属性值就为被修饰的形参指定了参数名。

例如，下面 Mapper 接口使用@Param 注解来修饰方法形参。

程序清单：codes\02\2.8\param_Param\src\org\crazyit\app\dao\NewsMapper.java

```
public interface NewsMapper
{
    int updateNewsInRange(@Param("news") News news,
        @Param("from") int from, @Param("end") int end);

    int deleteNewsInRange(@Param("from") int from,
        @Param("end") int end);
}
```

上面 Mapper 接口中的方法使用@Param 注解为形参指定名称，这样就可以在 Mapper 定义的 SQL 语句中通过参数名来引用这些参数了。

下面是该 Mapper 对应的 XML 文件。

程序清单：codes\02\2.8\param_Param\src\org\crazyit\app\dao\NewsMapper.xml

```
<?xml version="1.0" encoding="UTF-8" ?>
<!DOCTYPE mapper
    PUBLIC "-//mybatis.org//DTD Mapper 3.0//EN"
    "http://mybatis.org/dtd/mybatis-3-mapper.dtd">
<mapper namespace="org.crazyit.app.dao.NewsMapper">
    <!-- 使用@Param 定义的参数名来引用参数 -->
    <update id="updateNewsInRange">
        update news_inf set news_title=#{news.title},
        news_content=#{news.content}
        where news_id between #{from} and #{end}
    </update>
    <!-- 使用@Param 定义的参数名来引用参数 -->
    <delete id="deleteNewsInRange">
        delete from news_inf
        where news_id between #{from} and #{end}
    </delete>
</mapper>
```

上面粗体字代码示范了通过参数名来引用参数，以 updateNewsInRange 为例，程序在 Mapper 接口中使用@Param 注解将三个参数的名称指定为 news、from、end，接下来就可以在 XML Mapper 定义的 SQL 语句的#{}中通过 news、from、end 来引用这三个参数的值了。

如果将上面示例改为使用注解，其实变化并不大，只要使用@Update、@Delete 注解来定义这两条 SQL 语句即可。例如如下代码。

程序清单：codes\02\2.8\param_Param 注解\src\org\crazyit\app\dao\NewsMapper.java

```
public interface NewsMapper
{
    @Update("update news_inf set news_title=#{news.title}, "
        + "news_content=#{news.content} "
        + "where news_id between #{from} and #{end}")
    int updateNewsInRange(@Param("news") News news,
        @Param("from") int from, @Param("end") int end);

    @Delete("delete from news_inf "
        + "where news_id between #{from} and #{end}")
```

```
    int deleteNewsInRange(@Param("from") int from,
        @Param("end") int end);
}
```

最后介绍使用 Java 8 及以上版本中的-parameters 编译选项的方式。这种方式必须在 Java 8 及以上版本的 JDK 中使用，必须添加额外的-parameters 选项，编译得到的*.class 文件会保留方法的形参名信息。

使用 Java 8 及以上版本中的-parameters 编译选项来保留形参名这种方式，Mapper 接口的代码完全无须任何改变，也不需要添加注解。下面是该 NewsMapper.java 的代码。

程序清单： codes\02\2.8\param_parameters\src\org\crazyit\app\dao\NewsMapper.java

```
public interface NewsMapper
{
    int updateNewsInRange(News news, int from, int end);

    int deleteNewsInRange(int from, int end);
}
```

只要使用 Java 8 及以上版本中的-parameters 选项来编译该接口文件，这些方法中的形参名信息就会被保留下来。

本书的示例使用 Ant 编译，因此，只要在其<javac.../>元素内添加<compilerarg value="-parameters"/>编译选项即可。下面是本例所用的编译脚本的片段。

程序清单： codes\02\2.8\param_parameters\build.xml

```
<javac destdir="${dest}" debug="true" includeantruntime="yes"
    encoding="UTF-8"
    deprecation="false" optimize="false" failonerror="true">
    <src path="${src}"/>
    <classpath refid="classpath"/>
    <compilerarg value="-parameters"/>
</javac>
```

上面粗体字代码用于编译 Java 源文件时增加-parameters 选项。

使用-parameters 选项让*.class 文件保留方法的形参名信息之后，接下来即可在 Mapper 定义的 SQL 语句中通过形参名来引用这些参数了。例如如下 XML Mapper 代码。

程序清单： codes\02\2.8\param_parameters\src\org\crazyit\app\dao\NewsMapper.xml

```
<?xml version="1.0" encoding="UTF-8" ?>
<!DOCTYPE mapper
    PUBLIC "-//mybatis.org//DTD Mapper 3.0//EN"
    "http://mybatis.org/dtd/mybatis-3-mapper.dtd">
<mapper namespace="org.crazyit.app.dao.NewsMapper">
    <!-- 使用-parameters 选项编译之后，可以通过形参名来引用参数 -->
    <update id="updateNewsInRange">
        update news_inf set news_title=#{news.title},
        news_content=#{news.content}
        where news_id between #{from} and #{end}
    </update>
    <!-- 使用-parameters 选项编译之后，可以通过形参名来引用参数 -->
    <delete id="deleteNewsInRange">
        delete from news_inf
        where news_id between #{from} and #{end}
    </delete>
</mapper>
```

如果将上面示例改为使用注解，其实变化并不大，只要使用@Update、@Delete 注解来定义这两条 SQL 语句即可。例如如下代码。

程序清单：codes\02\2.8\param_parameters 注解\src\org\crazyit\app\dao\NewsMapper.java

```
public interface NewsMapper
{
    @Update("update news_inf set news_title=#{news.title}, "
        + "news_content=#{news.content} "
        + "where news_id between #{from} and #{end}")
    int updateNewsInRange(News news, int from, int end);

    @Delete("delete from news_inf "
    + "where news_id between #{from} and #{end}")
    int deleteNewsInRange(int from, int end);
}
```

▶▶ 2.8.8 参数的额外声明

正如从 2.5 节中的示例所看到的，#{}占位符除可指定参数名之外，还可通过 typeHandler 指定类型处理器。总结来说，#{}还可指定如下额外属性。

- ➢ javaType：指定该参数的 Java 类型。
- ➢ jdbcType：指定该参数的 JDBC 类型。
- ➢ numericScale：对于数值类型的参数，指定小数点后的位数。
- ➢ typeHandler：指定处理该参数的类型处理器。
- ➢ mode：指定该参数的传参模式，通常只有在调用存储过程时才需要设置该属性，因此该属性支持的属性值与存储过程的传参模式对应，它支持 IN、OUT 或 INOUT 这三个属性值。
- ➢ resultMap：当该参数是游标类型时，可通过该属性将游标对应的结果集映射到指定 Java 对象。

虽然上面为#{}占位符列出大量属性，但大部分时候其实并不需要搞得这么复杂，因为 MyBatis 几乎都可以自行推断出 javaType、jdbcType 等类型，而且通常并不需要额外通过 typeHandler 指定类型处理器。

需要说明的是，如果某一列允许为 null，而且可能需要为该参数传入 null 作为参数值，那么就必须为该参数指定 jdbcType 属性——这是因为 PreparedStatement 中 setNull(int parameterIndex, int sqlType)方法的第二个参数必须指定 sqlType，而 MyBatis 无法根据 null 来推断出它的类型。

> 🔹 **注意** ⚡ ┈┈┈┈┈┈┈┈┈┈┈┈┈┈┈┈┈┈┈┈┈┈┈┈┈┈┈┈┈┈┈┈┈┈┈┈
> 　　对于允许为 null 的列，如果该列对应的参数可能传入 null 值，那就必须为参数
> 对应的#{}部分指定 javaType 属性。

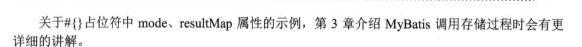

关于#{}占位符中 mode、resultMap 属性的示例，第 3 章介绍 MyBatis 调用存储过程时会有更详细的讲解。

▶▶ 2.8.9 字符串替换

前面介绍<sql.../>元素时已经看到，在 Mapper 中定义 SQL 语句既可使用#{}形式的占位符，也可使用$()形式的占位符。那么这两种占位符有什么区别呢？

如果在 SQL 语句中使用#{}形式的占位符，MyBatis 会先用"?"代替#{}形式的占位符，再以这条 SQL 语句为参数创建 PreparedStatement，然后调用 PreparedStatement 的 setXxx()方法为 SQL 语句中的"?"占位符设置值——其值就来自#{}占位符中的参数值。

简单来说，#{}形式的占位符会被替换成 SQL 语句中的问号（?）。

对$()的处理方式不同，MyBatis 会直接用其参数值来执行字符串替换。比如在 SQL 语句中保留如下写法：

```
ORDER BY ${columnName}
```

如果为上面 SQL 语句中的 columnName 参数传入"name"字符串作为参数值，那么上面的写法就会被直接替换为如下形式：

```
ORDER BY name
```

简单来说，${}形式的占位符会被直接替换成它的值，不会执行任何修改或转义。

当 SQL 语句中的元数据（如表名或列名）是动态生成的时候，字符串替换功能将会非常有用。比如程序需要定义一个方法：根据 news_inf 表的 news_title 列或 news_content 列来查询记录，这意味着在 SQL 语句中查询的列名也要动态变化，此时即可利用${}形式的字符串替换功能。

下面 Mapper 接口中的方法定义了两个参数，其中第一个参数定义了查询的列名，第二个参数则定义了查询的目标值。

程序清单：codes\02\2.8\str_substitute\src\org\crazyit\app\dao\NewsMapper.java

```java
public interface NewsMapper
{
    List<News> findNewsByColumn(@Param("column") String column,
        @Param("value") String value);
}
```

上面粗体字方法中的 column 参数代表要查询的列名，value 参数代表要查询的目标值。很明显，在 JDBC 用于创建 PreparedStatement 的 SQL 语句中，"?"占位符不能代表列名，因此将 column 参数放在#{}占位符（MyBatis 将这种占位符替换成 "?"）中。

下面使用 NewsMapper.xml 为上面的方法定义 SQL 语句。

程序清单：codes\02\2.8\str_substitute\src\org\crazyit\app\dao\NewsMapper.xml

```xml
<?xml version="1.0" encoding="UTF-8" ?>
<!DOCTYPE mapper
    PUBLIC "-//mybatis.org//DTD Mapper 3.0//EN"
    "http://mybatis.org/dtd/mybatis-3-mapper.dtd">
<mapper namespace="org.crazyit.app.dao.NewsMapper">
    <select id="findNewsByColumn" resultType="news">
        select news_id id, news_title title, news_content content
        from news_inf where ${column} like #{value}
    </select>
</mapper>
```

正如从上面粗体字代码所看到的，SQL 语句中出现了两种形式的占位符，其中#{column}会被直接执行字符串替换，而#{value}则会先被替换成问号（?），然后再使用 PreparedStatement 来执行它。

主程序使用如下代码两次调用 Mapper 组件的 findNewsByColumn()方法。

程序清单：codes\02\2.8\str_substitute\src\lee\NewsManager.java

```java
public static void selectTest(SqlSession sqlSession)
{
    // 获取 Mapper 对象
    var newsMapper = sqlSession.getMapper(NewsMapper.class);
    // 根据 news_title 列执行查询
    var newsList = newsMapper.findNewsByColumn("news_title", "%2%");
    System.out.println("查询返回的记录为：" + newsList);
    // 根据 news_content 列执行查询
    newsList = newsMapper.findNewsByColumn("news_content", "%3%");
    System.out.println("查询返回的记录为：" + newsList);
    // 提交事务
    sqlSession.commit();
```

```
    // 关闭资源
    sqlSession.close();
}
```

上面两行粗体字代码都调用了 findNewsByColumn()方法，调用该方法传入的第一个参数会被执行字符串替换，第二个参数则会被替换成问号（?）。

执行上面程序，可以看到程序在后台日志中显示如下两条 SQL 语句：

```
select news_id id, news_title title, news_content content
from news_inf where news_title like ?
select news_id id, news_title title, news_content content
from news_inf where news_content like ?
```

从上面这两条日志可以清楚地看到，每次调用 Mapper 的方法时，${column}参数都被直接替换成它的参数值，这就是${}占位符的意义。

如果将上面示例改为使用注解，其实变化并不大，只要使用@Select 注解来定义 SQL 语句即可。例如如下代码。

程序清单：codes\02\2.8\str_substitute 注解\src\org\crazyit\app\dao\NewsMapper.java

```
public interface NewsMapper
{
    @Select("select news_id id, news_title title, news_content content "
        + "from news_inf where ${column} like #{value}")
    List<News> findNewsByColumn(@Param("column") String column,
        @Param("value") String value);
}
```

此处的示例是使用${}占位符来代替列名的情形；类似的，MyBatis 也支持使用${}占位符来代替表名。

需要说明的是，由于 MyBatis 对${}占位符的处理方式是字符串替换，完全不会进行任何转义或修改，因此程序千万不能用用户输入的字符串去替换${}占位符，这样会导致潜在的 SQL 注入。

> **注意**
>
> 不要用用户输入的内容去替换${}占位符，否则可能导致 SQL 注入的安全漏洞。
> 关于 SQL 注入的解释，可参考《疯狂 Java 讲义》的 13.4 节。

 ## 2.9 MyBatis 代码生成器

为了简化编程，提高 MyBatis 的编程效率，MyBatis 还提供了一个 MyBatis Generator 项目（简称 MBG），这个项目可根据底层数据库包含的数据表来生成实体类、Mapper 接口和 XML Mapper 文件，基本上每个数据表对应一个实体类、一个 Mapper 接口和一个 XML Mapper 文件。

MBG 代码生成器用起来非常方便，只要两步。

① 提供一个简单的配置文件，告诉 MBG 连接数据库的必要信息，以及生成代码的保存位置、包名等信息。

② 执行 MBG 生成代码。

下面示例使用如下 SQL 脚本来创建一个数据库。

程序清单：codes\02\2.9\MBGQs\table.sql

```
create database mybatis;

use mybatis;
```

```
create table person_inf
(
 person_id integer primary key auto_increment,
 person_name varchar(255),
 person_age int
);

create table address_inf
(
 addr_id integer primary key auto_increment,
 addr_detail varchar(255),
 person_id int,
 foreign key(person_id) references person_inf(person_id)
);
```

出于简单考虑，上面的 SQL 脚本只是创建了一个包含两个数据表的数据库，接下来将使用 MBG 为该数据库中的两个表创建实体类、Mapper 接口和 XML Mapper 文件。当然，你也可以创建一个包含更多数据表的数据库，同样可以看到 MBG 为每个表都创建了实体类、Mapper 接口和 XML Mapper 文件。

▶▶ 2.9.1　提供配置文件

MBG 官网文档（链接 4）提供了一个示例性的配置文件，开发者可参考该文件来提供自己的配置文件。

下面是本项目的配置文件。

程序清单：codes\02\2.9\MBGQs_Ant\src\conf.xml

```xml
<?xml version="1.0" encoding="UTF-8"?>
<!DOCTYPE generatorConfiguration
        PUBLIC "-//mybatis.org//DTD MyBatis Generator Configuration 1.0//EN"
        "http://mybatis.org/dtd/mybatis-generator-config_1_0.dtd">
<!-- MBG 配置文件的根元素 -->
<generatorConfiguration>
    <!-- 引用外部属性文件 -->
    <properties resource="src/db.properties" />
    <!-- 指定数据库驱动 JAR 包的位置 -->
    <classPathEntry location="../../lib/mysql-connector-java-8.0.16.jar"/>
    <!-- id 属性是必需的，可任意指定，targetRuntime 指定使用哪种运行时，
    对于 MyBatis 3 来说，目前它支持 MyBatis3、MyBatis3Simple 或 MyBatis3DynamicSql 三个值
    -->
    <context id="MySQL2Tables" targetRuntime="MyBatis3Simple" defaultModelType="flat">
        <commentGenerator>
            <!-- 设置是否去除生成的注释，true 代表去除注释，false 代表保留注释 -->
            <property name="suppressAllComments" value="true"/>
            <!-- 设置生成的注释是否包含时间戳，true 代表不包含，false 代表包含 -->
            <property name="suppressDate" value="true"/>
        </commentGenerator>

        <!-- 配置 JDBC 连接信息，MBG 要根据该信息来连接数据库 -->
        <jdbcConnection driverClass="${driver}"
            connectionURL="${url}"
            userId="${user}"
            password="${passwd}">
        </jdbcConnection>

        <javaTypeResolver>
            <!-- 指定是否强制使用 BigDecimal 类型，默认值为 false。
            如果数据列是 DECIMAL 或 NUMERIC 类型，则将根据数据列的
            length、scale 值决定该列对应的属性使用 BigDecimal、Short、Integer 或 Long 类型。
            如果将该属性设置为 true，则只要数据列是 DECIMAL 或 NUMERIC 类型，
```

```
                该数据列对应的属性就总是使用 BigDecimal 类型
                -->
                <property name="forceBigDecimals" valuc="false"/>
        </javaTypeResolver>

        <!-- 设置实体类的包名和目标项目名 -->
        <javaModelGenerator targetPackage="org.crazyit.app.domain"
            targetProject="src"/>
        <!-- 设置 XML Mapper 的包名和目标项目名 -->
        <sqlMapGenerator targetPackage="org.crazyit.app.dao"
            targetProject="src"/>
        <!-- 设置 Mapper 接口的包名和目标项目名 -->
        <javaClientGenerator targetPackage="org.crazyit.app.dao"
            targetProject="src" type="XMLMAPPER"/>

        <!-- 指定为哪些表生成实体类、Mapper 组件,
        tableName 指定表名, %是通配符, 代表任意表;
        catalog (还有 schema) 指定只为特定 catalog 或 schema 下的表生成实体类、Mapper 组件
        -->
        <table tableName="%" catalog="mybatis">
            <property name="useActualColumnNames" value="false"/>
        </table>
    </context>
</generatorConfiguration>
```

上面配置文件中列出了 MBG 的配置文件所需的各种常用元素及其对应的说明，通常来说，读者只要以该文件为模板进行适当修改即可。

MBG 的配置文件还支持不少配置元素，各配置元素还能指定数量不等的属性，但通常并不需要把这份配置文件搞得那么复杂——毕竟它只是代码生成器的配置文件，无论你配置得多么详细，依然需要对 MBG 所生成的代码进行调整、修改。如果读者需要查阅该配置文件支持的所有元素及其相应的属性，则可参考 链接 5。

上面的配置文件使用 db.properties 文件来管理数据库的连接信息，该文件的代码如下。

程序清单：codes\02\2.9\MBGQs\src\db.properties

```
driver=com.mysql.cj.jdbc.Driver
url=jdbc:mysql://127.0.0.1:3306/mybatis?serverTimezone=UTC
user=root
passwd=32147
```

▶▶ 2.9.2 运行 MBG

在提供了配置文件之后，接下来只要运行 MBG，即可根据底层数据库的表来生成实体类、Mapper 接口和 XML Mapper 文件。

在运行 MBG 之前，同样需要先下载和安装 MBG。

本书成书之时，MBG 的最新版本是 1.3.7，本章的示例也是基于该版本测试通过的。

下载和安装 MBG 请按如下步骤进行。

① 访问 链接 6，即可看到 MBG 1.3.7 的下载链接。单击 "mybatis-generator-core-1.3.7.zip" 下载链接，即可开始下载 MBG 的压缩包。

② 解压缩刚下载的压缩包，得到一个名为 mybatis-generator-core-1.3.7 的文件夹。

③ 将解压缩路径中 lib 目录下的 mybatis-generator-core-1.3.7.jar 文件添加到应用的类加载路径下——既可通过添加环境变量的方式，也可使用 Ant 或 IDE 工具来管理应用程序的类加载路径。

④ 如果直接在控制台编译时使用了 MBG 的类，则需要将 mybatis-generator-core-1.3.7.jar 包添加到 CLASSPATH 中。如果使用 Ant 工具或者 Eclipse 等 IDE 工具，则无须修改环境变量。

经过上面的步骤，就可以在应用中使用 MBG 代码生成器的功能了。

> **注意**
>
> 由于 MyBatis 底层依然是基于 JDBC 的，因此，在应用程序中使用 MyBatis 执行持久化操作时同样少不了 JDBC 驱动。本示例程序底层采用 MySQL 数据库，因此，还需要将 MySQL 数据库驱动添加到应用程序的类加载路径下。

如果使用 Maven，则只要在 pom.xml 文件中添加如下依赖配置即可。在网络良好的前提下，Maven 会帮你下载 MyBatis 的核心 JAR 包及 Maven 插件包。

```xml
<dependency>
    <groupId>org.mybatis.generator</groupId>
    <artifactId>mybatis-generator</artifactId>
    <version>1.3.7</version>
</dependency>
<dependency>
    <groupId>org.mybatis.generator</groupId>
    <artifactId>mybatis-generator-maven-plugin</artifactId>
    <version>1.3.7</version>
</dependency>
```

MBG 提供了很多方式来运行代码生成器，你可以通过如下几种方式来运行它。

➤ 在命令行窗口中使用命令运行 MBG 来生成代码。

➤ 使用 Ant 任务运行 MBG 来生成代码。

➤ 使用 Eclipse 插件运行 MBG 来生成代码。

➤ 使用 Maven 插件来运行 MBG。

➤ 专门写一个程序来运行 MBG。

本节会介绍前三种运行 MBG 的方式，至于第四种使用 Maven 运行的方式其实也很常见，但由于 Maven 会自动从网络下载 JAR 包，有些毛躁的读者在运行 Maven 项目时，常常会因为网络不通而备受挫折（往往迁怒于图书），本节就暂不介绍了。第五种方式则不太常用，一般不会再写一个程序来运行 MBG。

1. 在命令行窗口中使用命令运行 MBG 来生成代码

mybatis-generator-core-1.3.7.jar 包本身是一个可执行的 JAR 包，它的主类是

```
org.mybatis.generator.api.ShellRunner
```

因此，既可直接运行 mybatis-generator-core-1.3.7.jar 来生成代码。例如如下两条命令：

```
java -jar ../../lib/mybatis-generator-core-1.3.7.jar -configfile src/conf.xml
java -jar ../../lib/mybatis-generator-core-1.3.7.jar -configfile src/conf.xml
-overwrite
```

上面命令中的-jar 选项指定要运行的 JAR 包；-configfile 指定 MBG 的配置文件，此处使用相对路径：src/conf.xml；-overwrite 指定生成代码覆写已有的文件，如果不指定该选项，那么每次运行该命令生成的文件都不会覆盖原有的文件，而是添加.N 后缀。

运行上面任意一条命令，即可看到 MBG 在 src 目录下根据底层数据表生成的实体类、Mapper 接口和 XML Mapper 文件。

也可将 mybatis-generator-core-1.3.7.jar 当成 JAR 包，显式执行 ShellRunner 类来运行 MBG。例如如下两条命令：

```
java -cp %CLASSPATH%;../../lib/mybatis-generator-core-1.3.7.jar
org.mybatis.generator.api.ShellRunner -configfile src/conf.xml
java -cp %CLASSPATH%;../../lib/mybatis-generator-core-1.3.7.jar
org.mybatis.generator.api.ShellRunner -configfile src/conf.xml -overwrite
```

上面两条命令使用-cp 选项将 mybatis-generator-core-1.3.7.jar 添加到 Java 的类加载路径下，这

样"java"命令才能找到 org.mybatis.generator.api.ShellRunner 类。

2. 使用 Ant 任务运行 MBG 来生成代码

在命令行窗口中使用命令运行 MBG 其实比较烦琐，因为必须临时管理 Java 的类加载路径。使用 Ant 任务运行 MBG 来生成代码则简单多了，Ant 负责集中管理项目所需的 JAR 包（包括 MBG 的 JAR 包和数据库驱动 JAR 包等）。然后在 Ant 的生成文件中定义如下 target。

程序清单：codes\02\2.9\MBGQs_Ant\build.xml

```xml
<?xml version="1.0" encoding="utf-8"?>
<project name="hibernate" basedir="." default="">
    <property name="src" value="src"/>
    <property name="dest" value="classes"/>
    <!-- 管理项目的类加载路径 -->
    <path id="classpath">
        <fileset dir="../../lib">
            <include name="**/*.jar"/>
        </fileset>
        <pathelement path="${dest}"/>
    </path>
    <!-- 定义运行 MBG 的 target -->
    <target name="genfiles" description="生成 MyBatis 代码">
        <!-- 先定义运行 MBG 的 task -->
        <taskdef name="mbgenerator"
            classname="org.mybatis.generator.ant.GeneratorAntTask">
            <classpath refid="classpath"/>
        </taskdef>
        <!-- 运行 MBG 的 task -->
        <mbgenerator overwrite="true" configfile="src/conf.xml" verbose="true">
            <propertyset>
                <propertyref name="src"/>
            </propertyset>
        </mbgenerator>
    </target>
</project>
```

上面粗体字代码为 MBG 定义了一个 task，该 task 就负责运行 MBG 来生成 Java 代码。

在提供了如上所示的 build.xml 生成文件后，在该生成文件中定义了名为"genfiles"的 target 来运行 MBG，因此，只要在该 build.xml 文件所在目录下执行如下命令即可。

```
ant genfiles
```

上面命令就是执行 genfiles target，而该 target 则负责执行自定义 task：mbgenerator——该 task 对应的实现类由 mybatis-generator-core-1.3.7.jar 提供，因此，只要将该 JAR 包放在../../lib 目录下即可。

3. 使用 Eclipse 插件运行 MBG 来生成代码

在使用 Eclipse 运行 MBG 之前，必须先安装 MBG 插件。安装该插件的方法与安装 MyBatipse 插件的方法大致相似，只是在图 2.8 所示的插件搜索框中改为输入"Mybatis Generator"，即可找到需要安装的 MBG 插件，剩下的安装过程与安装 MyBatipse 插件的过程基本相同。

安装完成后，使用 Eclipse 创建配置文件、运行 MBG 的过程如下：

① 按前面介绍的方式先创建一个空的 Java 项目。

② 单击 Eclipse 主菜单中的"File"→"New"→"Others..."菜单项，出现如图 2.24 所示的新建 MBG 配置文件对话框。

③ 选择"MyBatis Generator Configuration File"节点，代表创建 MBG 配置文件，然后单击"Next"按钮，接下来出现如图 2.25 所示的对话框。

图 2.24　选择新建 MBG 配置文件

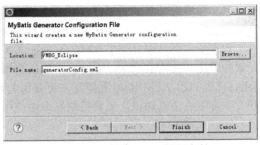

图 2.25　创建 MBG 配置文件

④ 选择 MBG 配置文件的文件名和保存位置，然后单击"Finish"按钮，即可创建 MBG 配置文件（默认文件名为 generatorConfig.xml）。

⑤ 按照前面介绍的方式将 MGB 配置文件修改完整——无论如何，至少需要补充连接数据库的驱动、URL、用户名和密码。

提示：
　　Eclipse 可使用"Build Path"→"Add Library"的方式管理 JAR 包，因此，只要将数据库驱动 JAR 包添加到 Build Path 中即可，所以可以删除 MBG 配置文件中使用 <classPathEntry.../>加载数据库驱动的代码。

⑥ 当修改完成 MGB 配置文件后，在 Eclipse 的项目导航窗口中右键单击 MGB 配置文件（generatorConfig.xml），在弹出的快捷菜单中选择"Run As"→"Run MyBatis Generator"菜单项，即可运行 MBG 来生成代码，如图 2.26 所示。

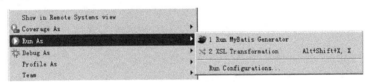

图 2.26　选择运行 MBG 生成代码

运行"Run MyBatis Generator"命令，即可看到 MBG 在该项目的 src 目录下生成实体类、Mapper 接口和 XML Mapper 文件。

提示：
　　虽然使用代码生成器可以加快开发速度，但这个代码生成器只能生成一些通用性代码，而且往往还需要手动修改这些代码。其实 MyBatis 的熟手写这些通用性代码通过复制、粘贴很快就可以完成，那些复杂的功能往往才需要花时间、精力，但 MBG 对这部分显然无能为力。

2.10　本章小结

本章主要介绍了 MyBatis 的基础用法。本章首先简单介绍了 MyBatis 与 ORM 框架之间的差异，并详细讲解了 MyBatis 的映射方式，让读者对 MyBatis 有一个大致的印象。

本章第一部分通过一个简单的示例示范了 MyBatis 的基本功能：对数据库执行 CRUD 操作，详细介绍了 MyBatis 支持的两种数据库操作方式——使用 SqlSession 和 Mapper 操作数据库，并详细讲解了这两种方式的底层原理和源码实现。理解这个部分是掌握 MyBatis 的关键。

本章第二部分详细介绍了 MyBatis 核心配置文件的功能和用法，包括 MyBatis 的属性配置、设置配置、类型别名配置、对象工厂配置及自定义对象工厂、加载 Mapper 的 4 种方式、内置的类型处理器、开发自定义的类型处理器、数据库环境配置和 databaseIdProvider 配置等，这些配置内容是 MyBatis 开发的核心知识，读者需要熟练掌握它们。

本章第三部分则介绍了 XML Mapper 与 Mapper 注解的初步功能，包括 select 元素的用法、insert 元素的用法、使用 useGeneratedKeys 返回自增长的主键值、使用 selectKey 生成主键值、update 和 delete 元素的用法、使用 sql 元素定义可复用的 SQL 片段、SQL 中的参数处理等，这些内容是 MyBatis 开发中常用的基本知识，需要特别熟练地使用它们。

第 3 章
深入使用 MyBatis

本章要点

- 使用简单的 resultMap 映射结果集
- 使用构造器映射
- 使用 autoMapping 属性指定自动映射
- 调用返回结果集的存储过程
- 调用带 out 模式参数的存储过程
- 调用传出参数为游标引用的存储过程
- 基于嵌套 select 的一对一映射
- 基于嵌套 select 映射策略的性能缺陷
- 延迟加载的原理
- 基于多表连接查询的一对一映射
- 基于多结果集的一对一映射
- 基于嵌套 select 的一对多映射
- 基于多表连接查询的一对多映射
- 基于多结果集的一对多映射
- 多对多映射的三种策略
- 基于辨别者列的继承映射
- 动态 SQL 之 if 元素的功能和用法
- choose、when、otherwise 元素的功能和用法
- where 与 trim 的功能和用法
- set 与 trim 的功能和用法
- 使用 trim 实现动态插入
- 动态 SQL 之 foreach 元素的功能和用法
- bind 元素的功能和用法
- 一级缓存的用法、脏数据与解决方法
- 二级缓存的用法、脏数据与解决方法
- MyBatis 整合第三方缓存实现二级缓存
- MyBatis 插件（拦截器）接口及作用原理
- MyBatis 插件可拦截的目标
- 通过插件为 MyBatis 增加分页功能

作为一个 SQL Mapping 框架，MyBatis 最大的优势就在于结果集映射，结果集映射也是 MyBatis 用户使用最频繁的部分，本章将会全面而深入地介绍 MyBatis 的结果集映射。本章将从简单的结果集映射开始介绍，逐步深入到 MyBatis 调用存储过程，再深入到 MyBatis 的关联映射、继承映射。

本章另一个需要浓墨重彩介绍的知识点是：MyBatis 的动态 SQL。别被动态 SQL 这个名称吓着了，说穿了很简单，其实就是在标准 SQL 语句中加入分支、循环的流程控制，从而对标准 SQL 语句进行增强。后面会看到其实动态 SQL 不仅使用简单，而且功能强大，相信读者一定会喜欢上动态 SQL 的。

此外，本章还会介绍 MyBatis 的缓存机制和插件机制，缓存机制主要用于提升 MyBatis 的性能，插件机制则允许开发者对 MyBatis 进行扩展。这部分内容会稍微复杂一些，但读者只要认真阅读并加以练习，一定也能掌握它们。

3.1　结果集映射

第 2 章已经介绍了 MyBatis 查询的映射方式：将查询得到的 ResultSet 的每行记录映射为一个 Java 对象。

为了处理映射，MyBatis 为<select.../>元素（或@Options 注解）提供了 resultType 和 resultMap 属性——这两个属性不会同时出现。如果指定 resultType，则表明使用"同名映射"规则：ResultSet 结果集的列名（列别名）与被映射对象的目标属性同名；如果指定 resultMap，则表明使用自定义的映射规则，resultMap 属性值为一个<resultMap.../>元素的 id 属性值。

是 XML Mapper 中功能最复杂的，也是最强大的元素。下面开始全面而深入地介绍元素及对应注解的用法。

▶▶ 3.1.1　简单 resultMap 映射

在定义元素时必须指定如下两个属性。
- ➢ id：指定该的唯一标识。
- ➢ type：指定该映射的 Java 对象的类型。

在元素中最常用的两个子元素是和，这两个元素的功能类似，都用于定义数据列与属性之间的对应关系。

和的唯一区别在于：元素用于定义对象的标识属性（通常对应于主键列），标识属性在对象比较时可能会用到，尤其是在处理缓存及嵌套结果映射时，标识属性是实体对象的唯一标识。因此，合理选择元素对提高性能很有帮助。

 提示：
　　一般来说，数据表的主键列选择使用元素映射，其他列选择使用元素映射。

和都可指定以下属性。
- ➢ column：指定列名。
- ➢ property：指定对应的属性名。
- ➢ javaType：指定属性的 Java 类型。一般无须指定，MyBatis 可以自动推断。
- ➢ jdbcType：指定数据列的 JDBC 类型。一般无须指定，MyBatis 可以自动推断。
- ➢ typeHandler：为数据列与属性之间的转换指定类型转换器。一般无须指定，MyBatis 已内置了大量类型处理器，除非需要临时为该列指定自定义的类型处理器。

虽然和共支持 5 个属性，但绝大部分时候都只需指定 column 和 property 两个属性，这两个属性的作用完全能"顾名思义"，因此使用非常方便。

下面示例示范了使用<resultMap.../>来定义映射。

程序清单：codes\03\3.1\resultMap\src\org\crazyit\app\dao\NewsMapper.xml

```xml
<?xml version="1.0" encoding="UTF-8" ?>
<!-- MyBatis Mapper 文件的 DTD -->
<!DOCTYPE mapper PUBLIC "-//MyBatis.org//DTD Mapper 3.0//EN"
    "http://MyBatis.org/dtd/MyBatis-3-mapper.dtd">
<mapper namespace="org.crazyit.app.dao.NewsMapper">
    <select id="findNewsByTitle" resultMap="newsMap">
        select * from news_inf where news_title like #{title}
    </select>
    <!-- 指定该 resultMap 映射的 Java 对象是 news 类型 -->
    <resultMap id="newsMap" type="news">
        <!-- 指定数据列与属性之间的对应关系 -->
        <id column="news_id" property="id"/>
        <result column="news_title" property="title"/>
        <result column="news_content" property="content"/>
    </resultMap>
</mapper>
```

上面粗体字代码定义了一个<resultMap.../>元素，该元素完成结果集与 news 对象（此处是别名）之间的对应关系。接下来在该元素内定义了三个子元素：定义了 news_id 列对应于 id 属性（标识属性），news_title 列对应于 title 属性，news_content 列对应于 content 属性。

不难看出，使用<resultMap.../>定义结果集映射在代码配置上稍微复杂一些，但功能更强大。

元素对应的注解是@Results，该注解支持如下两个属性。

> id：类似于元素的 id 属性。

> value：该属性对应于元素内的多个和子元素，该属性值应该为@Result 数组。

和元素对应的注解为@Result，该注解同样支持和元素支持的 5 个属性，其意义也是完全相同的。此外，该注解还支持如下三个额外的属性。

> id：指定是否为标识属性。简单来说，该属性值为 true，就相当于元素；该属性值为 false，就相当于元素。

> one：该属性值为@One 注解，用于定义 1—1 或 N—1 关联。后面在介绍关联映射时会详细介绍该属性的用法。

> many：该属性值为@Many 注解，用于定义 1—N 或 N—N 关联。后面在介绍关联映射时会详细介绍该属性的用法。

在理解了@Results 与的对应关系、@Result 与、的对应关系之后，如果要将以上示例改为使用注解，只要将改为@Results 注解，将、子元素改为@Results 的 value 属性值即可。

下面是使用注解定义映射的代码

程序清单：codes\03\3.1\resultMap 注解\src\org\crazyit\app\dao\NewsMapper.java

```java
public interface NewsMapper
{
    @Select("select * from news_inf where news_title like #{title}")
    @Results({
        // 指定 id 为 true，相当于<id.../>子元素
        @Result(column = "news_id", property = "id", id = true),
        @Result(column = "news_title", property = "title"),
        @Result(column = "news_content", property = "content")
    })
    List<News> findNewsByTitle(String title);
}
```

上面粗体字注解代码正好对应于前面 XML Mapper 中的<resultMap.../>元素定义的映射。

➤➤ 3.1.2　构造器映射

前面介绍的示例都为实体类提供了无参数的构造器，MyBatis 默认也会使用无参数的构造器创建实体对象，然后根据<id.../>或<result.../>元素来执行 setter 方法将 ResultSet 的数据传给实体的属性。

但在某些时候，可能需要让 MyBatis 调用有参数的构造器来创建实体对象，此时就需要在<resultMap.../>元素内添加<constructor.../>子元素来实现了。

元素不能指定任何属性，它的唯一作用就是包含多个和子元素，这两个元素的功能类似，都用于定义数据列与构造参数之间的对应关系。

和的唯一区别在于：元素用于定义作为标识属性的构造参数，而元素则用于定义普通参数。

和都可指定如下属性。

- ➤ column：指定列名。
- ➤ javaType：指定属性的 Java 类型。一般无须指定，MyBatis 可以自动推断。
- ➤ jdbcType：指定数据列的 JDBC 类型。一般无须指定，MyBatis 可以自动推断。
- ➤ typeHandler：为数据列与属性之间的转换指定类型转换器。一般无须指定，MyBatis 已内置了大量类型处理器，除非需要临时为该列指定自定义的类型处理器。
- ➤ name：指定构造参数的参数名。如果希望构造参数的参数名起作用，则要么使用@Param 修饰实体类的构造器形参，要么使用 Java 8 及以上版本中的-parameters 选项来编译实体类。
- ➤ select：该属性引用另一个元素的 id，指定使用嵌套查询来检索数据。后面在介绍关联映射时会详细介绍该属性的用法。
- ➤ resultMap：该属性引用另一个元素的 id，用于完成嵌套结果集的映射。后面在介绍关联映射时会详细介绍该属性的用法。

虽然和共支持 7 个属性，但绝大部分时候都只需指定 column 和 javaType 两个属性，这两个属性的作用完全能 "顾名思义"，因此使用非常方便。

下面示例示范了使用来定义构造器映射。

程序清单：codes\03\3.1\constructor\src\org\crazyit\app\dao\NewsMapper.xml

```xml
<?xml version="1.0" encoding="UTF-8" ?>
<!-- MyBatis Mapper 文件的 DTD -->
<!DOCTYPE mapper PUBLIC "-//MyBatis.org//DTD Mapper 3.0//EN"
    "http://MyBatis.org/dtd/MyBatis-3-mapper.dtd">
<mapper namespace="org.crazyit.app.dao.NewsMapper">
    <select id="findNewsByTitle" resultMap="newsMap">
        select * from news_inf where news_title like #{title}
    </select>
    <!-- 指定该 resultMap 映射的 Java 对象是 news 类型 -->
    <resultMap id="newsMap" type="news">
        <constructor>
            <!-- 配置两个参数，表明调用带两个参数的构造器。
                此处的配置顺序，决定了构造器参数的顺序：(Integer,String) -->
            <idArg column="news_id" javaType="int"/>
            <arg column="news_title" javaType="String"/>
        </constructor>
        <!-- 指定数据列与属性之间的对应关系 -->
        <result column="news_content" property="content"/>
    </resultMap>
</mapper>
```

上面粗体字代码部分配置了<constructor.../>元素，该元素内包含一个<idArg.../>和一个子元素，分别用于映射 news_id 和 news_title 列。由于这两个元素都没有指定 name 属性，因此 MyBatis 会根据它们的参数顺序来匹配实体的构造器。

上面<constructor.../>元素中的第一个<idArg.../>子元素定义的参数是 int 类型（int 是 Integer 的别名），第二个<arg.../>子元素定义的参数是 String 类型，因此 MyBatis 要求目标实体类（news 类）必须有一个形参列表为（Integer, String)的构造器。

下面是该 News 类（别名为 news）的代码。

程序清单：codes\03\3.1\constructor\src\org\crazyit\app\domain\News.java

```java
public class News
{
    private Integer id;
    private String title;
    private String content;
    // 初始化全部成员变量的构造器
    public News(Integer id, String title)
    {
        this.id = id;
        this.title = title;
    }
    // 省略属性的 getter、setter 方法
    ...
}
```

上面粗体字代码的构造器恰好与上面<constructor.../>配置的构造器对应，因此 MyBatis 将会调用该粗体字代码的构造器来创建实体对象。

元素对应的注解是@ConstructorArgs，该注解只支持一个 value 属性，该属性值对应于元素内的多个和子元素，该属性值为@Arg 数组。

和元素对应的注解为@Arg，该注解同样支持和元素支持的 7 个属性，其意义也是完全相同的。此外，该注解还支持一个额外的 id 属性：如果 id 属性值为 true，就相当于元素；如果 id 属性值为 false，就相当于元素。

在理解了@ConstructorArgs 与的对应关系、@Arg 与、的对应关系之后，如果要将以上示例改为使用注解，只要将改为@ConstructorArgs 注解，将、子元素改为@ConstructorArgs 的 value 属性值即可。

下面是使用注解定义映射的代码。

程序清单：codes\03\3.1\constructor 注解\src\org\crazyit\app\dao\NewsMapper.java

```java
public interface NewsMapper
{
    @Select("select * from news_inf where news_title like #{title}")
    @ConstructorArgs({
        // 配置两个参数，表明调用带两个参数的构造器
        // 此处的配置顺序，决定了构造器参数的顺序：(Integer, String)
        // 指定 id 为 true，相当于<idArg.../>子元素
        @Arg(column = "news_id", javaType = Integer.class, id = true),
        @Arg(column = "news_title", javaType = String.class)
    })
    @Results({
        @Result(column = "news_content", property = "content")
    })
    List<News> findNewsByTitle(String title);
}
```

上面粗体字注解代码正好对应于前面 XML Mapper 中的<constructor.../>元素定义的映射。

如果启用了实体类的构造器参数名（使用了@Param 注解修饰构造器参数或使用了 Java 8 及以上版本中的-parameters 选项编译），接下来就可以在<idArg.../>或<arg.../>（对应于@Arg 注解）中

使用 name 属性定义构造器参数了。

例如，下面实体类使用了@Param 注解修饰构造器参数。

程序清单：codes\03\3.1\constructor_name\src\org\crazyit\app\domain\News.java

```
public class News
{
    private Integer id;
    private String title;
    private String content;
    // 初始化全部成员变量的构造器
    public News(@Param("id") Integer id, @Param("title") String title)
    {
        this.id = id;
        this.title = title;
    }
    // 省略属性的getter、setter 方法
    ...
}
```

上面粗体字代码使用了@Param 注解修饰构造器参数，这样就可以在<idArg.../>或<arg.../>元素中使用 name 属性来定义构造器参数了。例如如下 XML Mapper 配置。

程序清单：codes\03\3.1\constructor_name\src\org\crazyit\app\domain\News.xml

```
<?xml version="1.0" encoding="UTF-8" ?>
<!-- MyBatis Mapper 文件的DTD -->
<!DOCTYPE mapper PUBLIC "-//MyBatis.org//DTD Mapper 3.0//EN"
    "http://MyBatis.org/dtd/MyBatis-3-mapper.dtd">
<mapper namespace="org.crazyit.app.dao.NewsMapper">
    <select id="findNewsByTitle" resultMap="newsMap">
        select * from news_inf where news_title like #{title}
    </select>
    <!-- 指定该resultMap 映射的Java 对象是news 类型 -->
    <resultMap id="newsMap" type="news">
        <constructor>
            <!-- 在配置name 属性之后，就不再根据参数顺序匹配构造器了 -->
            <idArg column="news_id" name="id" javaType="int"/>
            <arg column="news_title" name="title" javaType="String"/>
        </constructor>
        <!-- 指定数据列与属性之间的对应关系 -->
        <result column="news_content" property="content"/>
    </resultMap>
</mapper>
```

为<idArg.../>和<arg.../>元素指定 name 属性之后，MyBatis 不再根据参数顺序匹配构造器，而是根据参数名来匹配构造器。对于本示例，此处配置了 id 和 title 两个构造器参数，MyBatis 会匹配 News 类中包含 id、title 两个参数的构造器。

需要说明的是，虽然 MyBatis 不再根据参数顺序来匹配构造器，但由于<constructor.../>包含的<idArg.../>和<arg.../>子元素是有序的：所有的<idArg.../>必须在<arg.../>前面，因此，此处依然必须将<idArg.../>放在<arg.../>前面。但如果使用了多个<arg.../>子元素来配置构造器参数，而且指定了 name 属性，那么它们的顺序可以是任意的。

如果要将以上示例改为使用注解，只要将<constructor.../>改为@ConstructorArgs 注解，将<idArg.../>、<arg.../>子元素改为@ConstructorArgs 的 value 属性值即可。例如如下代码。

程序清单：codes\03\3.1\constructor_name 注解\src\org\crazyit\app\domain\News.java

```
public interface NewsMapper
{
    @Select("select * from news_inf where news_title like #{title}")
    @ConstructorArgs({
```

```
            // 在指定 name 属性后，就不再根据参数顺序来匹配构造器了，因此下面两个注解的顺序可以颠倒
            @Arg(column = "news_title", name = "title", javaType = String.class),
            // 指定 id 为 true, 相当于<idArg.../>子元素
            @Arg(column = "news_id", name = "id", javaType = Integer.class, id = true)
        })
    @Results({
        @Result(column = "news_content", property = "content")
    })
    List<News> findNewsByTitle(String title);
}
```

上面粗体字注解代码正好对应于前面 XML Mapper 中的<constructor.../>元素定义的映射，此处 @ConstructorArgs 注解的 value 属性值对应的两个@Arg 注解的顺序可以是任意的。

▶▶ 3.1.3 自动映射

在介绍 resultMap 之前的大量示例都是基于"同名映射"规则的，这是因为 MyBatis 提供了自动映射支持，在 MyBatis 的 setting（设置）配置中可以通过 autoMappingBehavior 来改变自动映射行为。MyBatis 支持以下三种自动映射策略。

➢ NONE：不使用自动映射。

➢ PARTIAL：部分自动映射，只映射没有定义嵌套结果集映射的结果集。

➢ FULL：完全自动映射，总是自动映射任意复杂的结果集。

MyBatis 默认的自动映射策略是 PARTIAL，这意味着即使使用了<resultMap.../>元素定义映射，自动映射也同样会起作用——对于在<resultMap.../>元素中没有定义<result.../>或<id.../>映射的列，MyBatis 同样会按"同名映射"规则进行处理。

关于 MyBatis 的"同名映射"规则，是指 MyBatis 会获取结果集中的列名（列别名），然后在 Java 类中查找相同名字的属性（忽略大小写）。这意味着如果发现了 ID 列和 id 属性，MyBatis 就会将 ID 列的值赋给对象的 id 属性。

此外，MyBatis 还提供了一个 mapUnderscoreToCamelCase 设置来处理列名与 Java 属性名的对应关系。数据列名通常由大写字母的单词组成，单词间用下画线分隔；而 Java 属性名一般遵循驼峰命名法则，只要将 mapUnderscoreToCamelCase 设置为 true，MyBatis 就自动处理下画线命名法则与驼峰命名法则的自动映射。这意味着如果发现了 NEWS_ID（或 news_id）列和 newsId 属性，MyBatis 就会将 NEWS_ID（或 news_id）列的值赋给对象的 newsId 属性。

如下示例在 MyBatis 的核心配置文件中增加了 mapUnderscoreToCamelCase 设置，该核心配置文件的代码如下。

程序清单：codes\03\3.1\autoMapping\src\MyBatis-config.xml

```xml
<?xml version="1.0" encoding="UTF-8" ?>
<!DOCTYPE configuration
    PUBLIC "-//MyBatis.org//DTD Config 3.0//EN"
    "http://MyBatis.org/dtd/MyBatis-3-config.dtd">
<configuration>
    <settings>
        <setting name="mapUnderscoreToCamelCase" value="true"/>
    </settings>
    <typeAliases>
        <!-- 为 org.crazyit.app.domain 包下的所有类指定别名 -->
        <package name="org.crazyit.app.domain"/>
    </typeAliases>
    <!-- 其余配置与其他示例相同 -->
    ...
</configuration>
```

上面配置文件指定了将 mapUnderscoreToCamelCase 设置为 true，这意味着 MyBatis 能将 NEWS_ID（或 news_id）列的值赋给对象的 newsId 属性。

本例依然使用前面的数据表，但对实体类略做修改，修改后的 News 类的代码如下。

程序清单：codes\03\3.1\autoMapping\src\org\crazyit\app\domain\News.java

```
public class News
{
    private Integer newsId;
    private String newsTitle;
    private String content;

    // 省略构造器和 setter、getter 方法
}
```

上面该 News 类中的 newsId、newsTitle 两个成员变量（提供 getter、setter 方法之后就变成了同名属性）与数据表中的 news_id 列、news_title 列，遵守驼峰命名法则与下画线命名法则的对应关系。

下面是部分使用自动映射的 XML Mapper 代码。

程序清单：codes\03\3.1\autoMapping\src\org\crazyit\app\dao\NewsMapper.xml

```
<?xml version="1.0" encoding="UTF-8" ?>
<!-- MyBatis Mapper 文件的 DTD -->
<!DOCTYPE mapper PUBLIC "-//MyBatis.org//DTD Mapper 3.0//EN"
    "http://MyBatis.org/dtd/MyBatis-3-mapper.dtd">
<mapper namespace="org.crazyit.app.dao.NewsMapper">
    <select id="findNewsByTitle" resultMap="newsMap">
    select * from news_inf where news_title like #{title}
    </select>
    <resultMap id="newsMap" type="news" autoMapping="true">
        <!-- 只指定数据列与属性之间的对应关系，其他列使用自动映射 -->
        <result column="news_content" property="content"/>
    </resultMap>
</mapper>
```

上面粗体字代码中的<resultMap.../>只定义了 news_content 列与 content 属性之间的映射关系。MyBatis 默认的自动映射策略为 PARTIAL，因此 news_id 列与 newsId 属性之间的映射、news_title 列与 newsTitle 属性之间的映射，就靠 MyBatis 的下画线命名法则与驼峰命名法则的自动映射进行处理。

虽然上面粗体字代码为<resultMap.../>元素指定了 autoMapping 为 true，但其实这个属性配置是多余的，这是由于<resultMap.../>元素的 autoMapping 属性值默认就是 true。

使用程序调用该 Mapper 的 findNewsByTitle()方法，将可以看到 resultMap 与自动映射共同作用的结果。如果将<resultMap.../>元素的 autoMapping 改为 false，则会看到 MyBatis 不会将 news_id 列、news_title 列的值赋给对象的 newsId、newsTitle 属性；或者取消全局配置中关于 mapUnderscoreToCamelCase 的设置，也会看到 MyBatis 不会将 news_id 列、news_title 列的值赋给对象的 newsId、newsTitle 属性

如果要将以上示例改为使用注解，同样只需为@Results 注解的 value 属性定义一个@Result 映射，其他使用自动映射即可。例如如下代码。

程序清单：codes\03\3.1\autoMapping 注解\src\org\crazyit\app\dao\NewsMapper.java

```
public interface NewsMapper
{
    @Select("select * from news_inf where news_title like #{title}")
    @Results({
        @Result(column = "news_content", property = "content")
    })
    List<News> findNewsByTitle(String title);
}
```

3.2　调用存储过程

MyBatis 完全支持调用存储过程。其实使用 MyBatis 调用存储过程并没有什么特别的地方，只要在定义 SQL 语句的地方写成"{call 存储过程(参数)}"的形式即可。

 提示：

> 使用 JDBC 的 CallableStatement 调用存储过程时，同样要使用"{call 存储过程(参数)}"形式的 SQL 语句。关于 CallableStatement 的功能和用法，可参考疯狂 Java 体系的《疯狂 Java 讲义》的第 13 章。

▶▶ 3.2.1　调用返回结果集的存储过程

首先看一个返回简单结果集的存储过程。本例用到的 SQL 脚本（针对 MySQL 数据库）如下。

程序清单：codes\03\3.2\resultSet\table.sql

```
create database MyBatis;
use MyBatis;
# 创建数据表
create table news_inf
(
 news_id integer primary key auto_increment,
 news_title varchar(255),
 news_content varchar(255)
);

insert into news_inf
values (null, '11', '11111111111111');
insert into news_inf
values (null, '11', '22222222222222');
insert into news_inf
values (null, '22', '33333333333333');
insert into news_inf
values (null, '22', '44444444444444');

drop procedure if exists p_get_news_by_id;
delimiter $$
create procedure p_get_news_by_id(v_id integer)
begin
    select * from news_inf where news_id > v_id;
end
$$
delimiter ;
```

上面粗体字代码负责创建一个存储过程，该存储过程需要传入一个 v_id 参数，返回 news_inf 表中 news_id 大于 v_id 的所有记录。

在使用 MyBatis 调用存储过程时，Mapper 定义的 SQL 语句只是简单地调用存储过程，通常无法保证存储过程返回的列名（列别名）与实体对象的属性同名，因此，通常需要使用<resultMap.../>来定义结果集映射。

下面是本例的 XML Mapper 文件。

程序清单：codes\03\3.2\resultSet\src\org\crazyit\app\dao\NewsMapper.xml

```
<?xml version="1.0" encoding="UTF-8" ?>
<!-- MyBatis Mapper 文件的 DTD -->
<!DOCTYPE mapper PUBLIC "-//MyBatis.org//DTD Mapper 3.0//EN"
    "http://MyBatis.org/dtd/MyBatis-3-mapper.dtd">
<mapper namespace="org.crazyit.app.dao.NewsMapper">
    <!-- statementType="CALLABLE"表明使用 CallableStatement 调用存储过程 -->
```

```xml
<select id="findNewsByProcedure" resultMap="newsMap"
    statementType="CALLABLE">
    {call p_get_news_by_id(#{id, mode=IN})}
</select>
<resultMap id="newsMap" type="news">
    <id column="news_id" property="id"/>
    <result column="news_title" property="title"/>
    <result column="news_content" property="content"/>
</resultMap>
</mapper>
```

上面粗体字代码定义的<select.../>元素负责调用存储过程，该<select.../>元素的 SQL 语句就是"{call 存储过程(参数)}"的形式，这就是调用存储过程与执行普通查询的区别。

上面<select.../>元素还指定了 statementType="CALLABLE"，这表明使用 CallableStatement 来调用存储过程。其实该属性也可省略，MyBatis 会自动推断出该属性的值。

在调用 p_get_news_by_id()存储过程时，传入参数使用了#{id, mode=IN}，此处 mode=IN 指定该参数为传入参数——这是由于该存储过程所需的参数是传入模式的。其实 mode=IN 选项也可省略，因为 MyBatis 参数的 mode 选项默认就是 IN。

由于该 p_get_news_by_id()存储过程返回了 news_inf 表中的记录，因此，上面 XML Mapper 还使用<resultMap.../>定义了结果集与 Java 对象之间的映射关系。

使用程序来调用上面的 Mapper 的 findNewsByProcedure()方法，将会看到 MyBatis 在控制台生成如下调用日志：

```
[java] DEBUG [main] org.crazyit.app.dao.NewsMapper.findNewsByProcedure ==>
Preparing: {call p_get_news_by_id(?)}
    [java] DEBUG [main] org.crazyit.app.dao.NewsMapper.findNewsByProcedure ==>
Parameters: 1(Integer)
```

如果要将该示例改为使用注解，只要使用@Select 和@Options 注解代替上面的<select.../>元素，使用@Results 注解代替<resultMap.../>元素即可。使用注解的 Mapper 接口代码如下。

程序清单：codes\03\3.2\resultSet 注解\src\org\crazyit\app\dao\NewsMapper.java

```java
public interface NewsMapper
{
    @Select("{call p_get_news_by_id(#{id, mode=IN})}")
    @Options(statementType = StatementType.CALLABLE)
    @Results({
        @Result(column = "news_id", property = "id", id = true),
        @Result(column = "news_title", property = "title"),
        @Result(column = "news_content", property = "content")
    })
    List<News> findNewsByProcedure(Integer id);
}
```

▶▶ 3.2.2 调用带 out 模式参数的存储过程

MyBatis 为调用存储过程的参数提供了 mode 选项，用于支持传入参数、传出参数等。如果调用存储过程的参数是传出参数，那么就必须为参数指定 mode="OUT"，并且必须指定 jdbcType 选项。

注意

当存储过程的参数是传入参数时，无须指定 mode="IN"，因为这是 MyBatis 的默认值；但如果参数是传出参数，则必须指定 mode="OUT"；如果参数是传入参数、传出参数，也必须指定 mode="INOUT"。

本例的 SQL 脚本的建表部分和插入数据部分与上一个示例相同，下面只给出创建存储过程的脚本。

程序清单：codes\03\3.2\out\table.sql

```
-- 省略了建表和插入数据的代码
...
drop procedure if exists p_insert_news;
delimiter $$
create procedure p_insert_news
(out v_id integer, v_title varchar(255), v_content varchar(255))
begin
    insert into news_inf
    values (null, v_title, v_content);
    -- last_insert_id 是 MySQL 的内置函数，用于获取自增长的主键值
    set v_id = last_insert_id();
end
$$
delimiter ;
```

上面脚本定义了一个 p_insert_news()存储过程，该存储过程的第一个参数使用了 out 声明，因此该参数是一个传出参数。

接下来在 XML Mapper 中调用该存储过程，代码如下。

程序清单：codes\03\3.2\out\src\org\crazyit\app\dao\NewsMapper.xml

```
<?xml version="1.0" encoding="UTF-8" ?>
<!-- MyBatis Mapper 文件的 DTD -->
<!DOCTYPE mapper PUBLIC "-//MyBatis.org//DTD Mapper 3.0//EN"
    "http://MyBatis.org/dtd/MyBatis-3-mapper.dtd">
<mapper namespace="org.crazyit.app.dao.NewsMapper">
    <!-- statementType="CALLABLE"表明使用 CallableStatement 调用存储过程  >
    <insert id="saveNewsByProcedure" statementType="CALLABLE">
        {call p_insert_news(#{id, mode=OUT, jdbcType=INTEGER}, #{title},
#{content})}
    </insert>
</mapper>
```

上面程序中的粗体字代码同样使用了"{call 存储过程(参数)}"的形式调用存储过程，只不过第一个参数是传出参数，因此此处需要指定 mode=OUT 和 jdbcType=INTEGER。

该 Mapper 组件的接口代码如下。

程序清单：codes\03\3.2\out\src\org\crazyit\app\dao\NewsMapper.java

```
public interface NewsMapper
{
    void saveNewsByProcedure(News news);
}
```

下面方法负责调用 Mapper 组件的 saveNewsByProcedure()方法。

程序清单：codes\03\3.2\out\src\lee\NewsManager.java

```
public static void insertTest(SqlSession sqlSession)
{
    var news = new News(null, "李刚的公众号",
        "大家可关注李刚老师的公众号：fkbooks");
    // 获取 Mapper 对象
    var newsMapper = sqlSession.getMapper(NewsMapper.class);
    // 调用 Mapper 对象的方法执行持久化操作
    newsMapper.saveNewsByProcedure(news);
    System.out.println("新插入的记录的 id 为：" + news.getId());
    // 提交事务
    sqlSession.commit();
```

```
    // 关闭资源
    sqlSession.close();
}
```

正如从第一行粗体字代码所看到的，程序创建的 News 对象并没有指定 id 属性，但由于在调用存储过程时该 News 对象的 id 属性是传出参数——这意味着存储过程会将值传给该参数，因此在调用存储过程之后，News 的 id 属性值会被改变。

运行以上方法，可以看到在控制台生成如下输出信息：

```
    [java] DEBUG [main] org.crazyit.app.dao.NewsMapper.saveNewsByProcedure ==>
Preparing: {call p_insert_news(?, ?, ?)}
    [java] DEBUG [main] org.crazyit.app.dao.NewsMapper.saveNewsByProcedure ==>
Parameters: 李刚的公众号(String), 大家可关注李刚老师的公众号：fkbooks(String)
    [java] 新插入的记录的 id 为：3
```

如果要将以上示例改为使用注解，只需使用 @Insert 和 @Options 注解来代替上面 NewsMapper.xml 中的<insert.../>元素即可。使用注解的 Mapper 接口代码如下。

程序清单：codes\03\3.2\out 注解\src\org\crazyit\app\dao\NewsMapper.java

```
public interface NewsMapper
{
    @Insert("{call p_insert_news(#{id, mode=OUT, jdbcType=INTEGER}, #{title},
#{content})}")
    @Options(statementType = StatementType.CALLABLE)
    void saveNewsByProcedure(News news);
}
```

▶▶ 3.2.3 调用传出参数为游标引用的存储过程

对于 Oracle、PostgreSQL 这种数据库而言，当其存储过程需要返回结果集时，它们会以游标引用的方式返回，此时需要使用传出参数来调用这些存储过程，而且将该参数的 jdbcType 设置为 CURSOR 类型（对于 PostgreSQL，应该设置为 OTHER 类型）。

下面的 SQL 脚本用于在 PostgreSQL 中创建数据库及其存储过程。

程序清单：codes\03\3.2\cursor_out\table.sql

```
create database MyBatis;
\c MyBatis;
-- 创建数据表
create table news_inf
(
 news_id serial primary key,
 news_title varchar(255),
 news_content varchar(255)
);

insert into news_inf (news_title, news_content)
values('11', '1111111111111');
insert into news_inf (news_title, news_content)
values('11', '2222222222222');
insert into news_inf (news_title, news_content)
values('22', '3333333333333');
insert into news_inf (news_title, news_content)
values('22', '4444444444444');

create function p_get_news_by_id(in v_id integer) RETURNS refcursor as $$
declare
    ref refcursor;
begin
    -- 打开并返回游标引用
    OPEN ref for select * from news_inf where news_id > v_id;
```

```
        return ref;
end;
$$ language plpgsql;
```

上面程序中的粗体字代码用于在存储过程中打开并返回游标引用。PostgreSQL 的存储过程并不是用 create procedure 命令创建的，而是用 create function 命令创建的，这是 PostgreSQL 的特色。

上面 SQL 脚本定义的 p_get_news_by_id() 看上去似乎只有一个参数，但由于它返回了一个 refcursor（游标引用），这个返回值的本质其实是一个传出参数。

> **提示：**
>
> 如果读者使用 Oracle 数据库，则依然使用 create procedure 命令来创建存储过程，并将上面存储过程的 RETURNS refcursor 返回值声明改为 out 模式的参数，且参数类型为 sys_refcursor（与 PostgreSQL 的 refcursor 对应）。

在使用 MyBatis 调用带 out 模式的、游标引用类型的参数存储过程时，Mapper 定义的 SQL 语句会稍微复杂一些，SQL 语句必须详细指定该参数的 out、jdbcType 选项，并为该参数指定 resultMap 选项——因为将该参数返回的 ResultSet 映射成 Java 对象。

下面是本例的 XML Mapper 文件。

程序清单：codes\03\3.2\cursor_out\src\org\crazyit\app\dao\NewsMapper.xml

```xml
<?xml version="1.0" encoding="UTF-8" ?>
<!-- MyBatis Mapper 文件的 DTD -->
<!DOCTYPE mapper PUBLIC "-//MyBatis.org//DTD Mapper 3.0//EN"
    "http://MyBatis.org/dtd/MyBatis-3-mapper.dtd">
<mapper namespace="org.crazyit.app.dao.NewsMapper">
    <!-- statementType="CALLABLE"表明使用 CallableStatement 调用存储过程 -->
    <select id="findNewsByProcedure" statementType="CALLABLE">
        {call p_get_news_by_id(#{id},
        #{result, jdbcType=OTHER, mode=OUT, javaType=ResultSet, resultMap=newsMap})}
    </select>
    <resultMap id="newsMap" type="news">
        <id column="news_id" property="id"/>
        <result column="news_title" property="title"/>
        <result column="news_content" property="content"/>
    </resultMap>
</mapper>
```

上面粗体字代码定义的 <select.../> 元素负责调用存储过程，该 <select.../> 元素的 SQL 语句就是"{call 存储过程(参数)}"的形式，这就是调用存储过程与执行普通查询的区别。

在调用 p_get_news_by_id() 时第二个参数非常复杂，此处一共指定了 jdbcType=OTHER（这是 PostgreSQL 的奇葩之处，如果使用 Oracle 数据库，则该选项被指定为 CURSOR）、mode=OUT、javaType=ResultSet、resultMap=newsMap 这些选项，它们都不能省略，而且这些选项都用于定义一个参数，因此在 XML Mapper 中不应换行。

如果使用 Oracle 数据库，则应该将 jdbcType 指定为 CURSOR，这样就可以省略 javaType=ResultSet——因为 MyBatis 会自动推断：当 jdbcType 为 CURSOR 时，javaType 被自动推断为 ResultSet。

由于该 p_get_news_by_id() 存储过程传出的游标引用实际返回了 news_inf 表中的记录，因此上面的该传出参数还使用了 resultMap 选项指定 <resultMap.../> 元素来定义结果集与 Java 对象之间的映射关系。

在调用带传出参数的存储过程时，程序也不能直接传一个变量给存储过程——Java 的参数传递都是值传递，Java 程序没有办法改变传入的参数本身，所以要么以 Map 对象为参数，要么以复合对象为参数。

因此，上面 XML Mapper 中的 findNewsByProcedure 查询对应的方法签名可以是如下两种形式。

程序清单：codes\03\3.2\cursor_out\src\org\crazyit\app\dao\NewsMapper.java

```java
public interface NewsMapper
{
    // 以 Map 为参数
    void findNewsByProcedure(Map<String, Object> params);
    // 以复合对象为参数
    void findNewsByProcedure(NewsWrapper params);
}
```

上面第二个方法用了一个 NewsWrapper 类，该类用于封装 id 和 result 参数——其中 result 参数用于接收存储过程传出的值。

下面是 NewsWrapper 类的代码。

程序清单：codes\03\3.2\cursor_out\src\org\crazyit\app\domain\NewsWrapper.java

```java
public class NewsWrapper
{
    // 封装传入存储过程的 id 参数
    private Integer id;
    // 封装存储过程的 result 参数传出的数据
    private List<News> result;
    // 省略构造器和 setter、getter 方法
    ...
}
```

上面的 NewsWrapper 中定义了一个 result 属性，该属性用于封装存储过程的 result 参数传出的数据。

下面两个方法分别用于调用上面 Mapper 中的两个方法。

程序清单：codes\03\3.2\cursor_out\src\lee\NewsManager.java

```java
public static void selectTest(SqlSession sqlSession) throws Exception
{
    // 获取 Mapper 对象
    var newsMapper = sqlSession.getMapper(NewsMapper.class);
    var map = new HashMap<String, Object>();
    map.put("id", 1);
    // 调用 Mapper 对象的方法执行持久化操作
    newsMapper.findNewsByProcedure(map);
    System.out.println("查询返回的记录为：" + map.get("result"));
    // 提交事务
    sqlSession.commit();
    // 关闭资源
    sqlSession.close();
}

public static void selectTest2(SqlSession sqlSession) throws Exception
{
    // 获取 Mapper 对象
    var newsMapper = sqlSession.getMapper(NewsMapper.class);
    var nw = new NewsWrapper(1, null);
    // 调用 Mapper 对象的方法执行持久化操作
    newsMapper.findNewsByProcedure(nw);
    System.out.println("查询返回的记录为：" + nw.getResult());
    // 提交事务
    sqlSession.commit();
    // 关闭资源
    sqlSession.close();
}
```

上面 selectTest()方法中的粗体字代码示范了以 Map 为参数调用 findNewsByProcedure()方法，

此时 Map 中 id 为 key 对应的 value 将作为传入参数，在调用存储过程之后，存储过程的传出参数返回的数据就被存入 id 为 result 对应的 value 中（该 value 是一个元素为 News 的 List）。

上面 selectTest2() 方法中的粗体字代码示范了以 NewsWrapper 为参数调用 findNewsByProcedure()方法，此时 NewsWrapper 对象的 id 属性值将作为传入参数，在调用存储过程之后，存储过程的传出参数返回的数据就被存入 NewsWrapper 对象的 result 属性中（该 result 属性值是一个元素为 News 的 List）。

如果要将以上示例改为使用注解，只需使用@Select 注解代替<select.../>元素，使用@Options 注解的属性代替<select.../>元素的其他属性即可。

下面是改为使用注解之后的 Mapper 接口文件。

> 程序清单：codes\03\3.2\cursor_out 注解\src\org\crazyit\app\dao\NewsMapper.java

```java
public interface NewsMapper
{
    @Select("{call p_get_news_by_id(#{id}, " +
        "#{result, jdbcType=OTHER, mode=OUT, javaType=ResultSet, resultMap=newsMap})}")
    @Options(statementType = StatementType.CALLABLE)
    void findNewsByProcedure1(Map<String, Object> params);

    @Select("{call p_get_news_by_id(#{id}, " +
        "#{result, jdbcType=OTHER, mode=OUT, javaType=ResultSet, resultMap=newsMap})}")
    @Options(statementType = StatementType.CALLABLE)
    // 以复合对象为参数
    void findNewsByProcedure2(NewsWrapper params);
}
```

留意上面两条 SQL 语句中的 result 参数的 resultMap 选项，此处依然使用 newsMap，但此处的 newsMap 很难使用@Results 注解配置——虽然@Results 注解的功能等同于<resultMap.../>元素，但@Results 注解不支持指定<resultMap.../>元素中的 type 属性，因此本例依然需要在 NewsMapper.xml 文件中保留 id 为 newsMap 的<resultMap.../>元素。

📁 3.3　关联映射

数据表之间的关联关系是很常见的，这样就对应到了实体之间的关联关系。例如，老师往往与被授课的学生之间存在关联关系，如果已经得到某个老师的实例，那么应该可以直接获取该老师对应的全部学生。反过来，如果已经得到一个学生的实例，那么也应该可以访问该学生对应的老师——这种实例之间的互相访问就是关联关系。

关联关系是面向对象分析、面向对象设计最重要的知识，MyBatis 作为一个 ResultSet 映射框架，自然也对这种关系提供了支持。

从用法的角度来看，关联关系大致有如下两个分类。

➢ 单向关系：只需单向访问关联端。例如，只能通过老师访问学生，或者只能通过学生访问老师。

➢ 双向关系：关联的两端可以互相访问。例如，老师和学生之间可以互相访问。

从 MyBatis 映射的角度来看，只需要分成两类。

➢ 关联实体为单个：包括 $N-1$、$1-1$。此时使用<association.../>或@One 映射。

➢ 关联实体为多个：包括 $1-N$、$N-N$。此时使用<collection.../>或@Many 映射。

下面详细介绍 MyBatis 的关联映射。

▶▶ 3.3.1　基于嵌套 select 的一对一映射

对于 $1-1$ 关联关系而言，无论从哪一端来看，关联实体都是单个的，因此两端都使用

<association.../>或@One 映射即可。

下面以 Person 与 Address 的关联关系为例，假设每个 Person 只有一个对应的 Address，每个 Address 也只有一个对应的 Person，也就是 Person 与 Address 之间存在 1—1 关联关系。

下面是 Person 类的代码。

程序清单：codes\03\3.3\association_select\src\org\crazyit\app\domain\Person.java

```
public class Person
{
    private Integer id;
    private String name;
    private int age;
    private Address address;
    // 下面省略构造器和 setter、getter 方法
    ...
}
```

下面是 Address 类的代码。

程序清单：codes\03\3.3\association_select\src\org\crazyit\app\domain\Address.java

```
public class Address
{
    private Integer id;
    // 定义地址详细信息的成员变量
    private String detail;
    private Person person;
    // 下面省略构造器和 setter、getter 方法
    ...
}
```

对于关联实体是单个的情况，MyBatis 使用<association.../>元素进行映射。MyBatis 为关联实体是单个的情况提供三种映射策略：

- ➢ 基于嵌套 select 的映射策略。
- ➢ 基于多表连接查询的映射策略。
- ➢ 基于多结果集的映射策略。

<association.../>元素支持的属性较多，部分属性专对某种映射策略起作用，下面这些属性是所有映射策略都支持的通用属性。

- ➢ property：指定关联属性的属性名。该属性名可支持表达式，例如 owner.address。
- ➢ javaType：指定该属性的 Java 类型。通常而言，如果该属性是 Java Bean 类，MyBatis 可推断出该属性值，因此可省略该属性值；但如果该属性被映射到 HashMap 类型，则应该明确指定 javaType 属性。
- ➢ jdbcType：指定该属性对应的 JDBC 类型。通常来说，只需在可能执行插入、更新和删除操作，且允许空值的列上指定 JDBC 类型，这完全是 JDBC 编程的要求。
- ➢ typeHandler：为该属性指定局部的类型处理器。

对于基于嵌套 select 的映射策略来说，MyBatis 需要使用额外的 select 语句来查询关联实体，因此，这种策略需要为<association.../>元素指定如下三个额外的属性。

- ➢ select：指定 Mapper 定义的一条 select 语句的 id，MyBatis 会使用该 select 语句来查询关联实体，当前实体对应的 column 列的值将作为参数传给该 select 语句。
- ➢ column：指定当前实体对应的数据表的列名，当前实体对应的 column 列的值将作为参数传给 select 属性指定的查询语句。如果底层数据表采用了复合主键的设计，该属性还可通过 column="{prop1=col1,prop2=col2}"的形式来指定多个列名，这样 prop1 和 prop2 将作为参数传给 select 属性指定的查询语句。

➢ fetchType：指定是否使用延迟加载。该属性可支持 lazy（延迟加载）和 eager（立即加载）。
如果将该属性指定为 lazy，MyBatis 会等到程序实际访问关联实体时才会执行 select 属性指定的查询语句去抓取实体；如果将该属性指定为 eager，MyBatis 会在加载当前实体时立即执行 select 属性指定的查询语句去抓取实体。

对于这种映射策略，column 属性稍微有点难以理解，下面通过一个具体的示例进行详细讲解。假设有如图 3.1 所示的主从表设计。

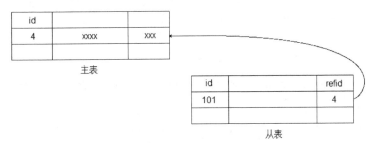

图 3.1　主从表设计

> **提示：**
> 　　在数据表设计中，主从表是最常见的关联设计，为从表增加外键列（如图 3.1 中的 refid 列），外键列的值引用（references）主表记录。比如图 3.1 中从表 id 为 101 的记录，其外键列的值为 4，表明引用了主表中 id 为 4 的记录。简单一句话：从表通过外键列引用对应的主表记录。形象来记：就像一对情侣，如果其中一人在自己身上文上对方的名字，那么 ta 肯定是从属的一方。
> 　　另：国内大部分数据库理论资料喜欢将 references 翻译为“参照”——这都是早期的胡乱翻译。

对于基于嵌套 select 的映射策略，它可分为两种情况：第一种是先加载了主表实体，接下来 MyBatis 需要使用额外的 select 语句来抓取关联的从表实体；第二种是先加载了从表实体，接下来 MyBatis 需要使用额外的 select 语句来抓取关联的主表实体。

先看“先加载了主表实体”的情况，此时 MyBatis 已经加载了主表中 id 为 4 的记录，接下来 MyBatis 需要使用一条额外的 select 语句从从表中抓取它关联的实体。那么这条 select 语句应该写成如下形式：

```
select * from 从表 where refid=#{id}
```

对于上面的 select 语句，必须让 MyBatis 将“4”作为参数传给它——这个“4”来自哪里？来自已加载的实体（主表实体）的 id 列的值，故此时 select 和 column 分别写成：

➢ select = "select * from 从表　where refid=#{id}"
➢ column = "id"

再看“先加载了从表实体”的情况，此时 MyBatis 已经加载了从表中 id 为 101 的记录，接下来 MyBatis 需要使用一条额外的 select 语句从主表中抓取它关联的实体。那么这条 select 语句应该写成如下形式：

```
select * from 主表 where id = #{id}
```

对于上面的 select 语句，必须让 MyBatis 将“4”作为参数传给它——这个“4”来自哪里？来自已加载的实体（从表实体）的 refid 列的值，故此时 select 和 column 分别写成：

➢ select = "select * from 主表　where id=#{id}"
➢ column = "refid"

在认真理解了上面的讲解之后，接下来即可使用<association.../>元素定义 Person 与 Address 之间的 1—1 关联关系。下面是 PersonMapper 接口的代码。

> 程序清单：codes\03\3.3\association_select\src\org\crazyit\app\dao\PersonMapper.java

```java
public interface PersonMapper
{
    Person getPerson(Integer id);
}
```

该 Mapper 接口中定义了一个 getPerson()方法，该方法根据 id 获取 Person 实体（主表实体），如果采用"基于嵌套 select 的映射策略"，MyBatis 必须使用额外的 select 语句去抓取 Address 实体（从表实体）。

该 PersonMapper 的 XML Mapper 文件的代码如下。

> 程序清单：codes\03\3.3\association_select\src\org\crazyit\app\dao\PersonMapper.xml

```xml
<?xml version="1.0" encoding="UTF-8" ?>
<!-- MyBatis Mapper 文件的 DTD -->
<!DOCTYPE mapper PUBLIC "-//MyBatis.org//DTD Mapper 3.0//EN"
    "http://MyBatis.org/dtd/MyBatis-3-mapper.dtd">
<mapper namespace="org.crazyit.app.dao.PersonMapper">
    <select id="getPerson" resultMap="personMap">
        select * from person_inf where person_id=#{id}
    </select>
    <resultMap id="personMap" type="person">
        <id column="person_id" property="id"/>
        <result column="person_name" property="name"/>
        <result column="person_age" property="age"/>
        <!-- 使用 select 指定的 select 语句去抓取关联实体，
        将当前实体中 person_id 列的值作为参数传给 select 语句 -->
        <association property="address" javaType="Address"
            column="person_id"
select="org.crazyit.app.dao.AddressMapper.findAddressByOwner"
            fetchType="eager"/>
    </resultMap>
</mapper>
```

该 XML Mapper 文件的重点就是粗体字代码，该粗体字代码的 select 属性为 AddressMapper 中的 findAddressByOwner——也就是 AddressMapper 中定义的 select 语句。column 属性为 person_id，这意味着 Person 实体对应的数据表记录的 person_id 列的值将作为参数传给 select 语句。

此外，上面粗体字代码还指定了 fetchType="eager"，这表明 MyBatis 在加载 Person 实体时，会立即执行 select 属性指定的 select 语句去抓取关联的 Address 实体。

AddressMapper 接口同样很简单，它只是定义了一个简单的 getAddress(Integer id)方法，此处不再给出该接口的代码。

AddressMapper 的 XML 文件同样使用<association.../>元素来定义关联的 Person 实体，下面是该映射文件的代码。

> 程序清单：codes\03\3.3\association_select\src\org\crazyit\app\dao\AddressMapper.xml

```xml
<?xml version="1.0" encoding="UTF-8" ?>
<!-- MyBatis Mapper 文件的 DTD -->
<!DOCTYPE mapper PUBLIC "-//MyBatis.org//DTD Mapper 3.0//EN"
    "http://MyBatis.org/dtd/MyBatis-3-mapper.dtd">
<mapper namespace="org.crazyit.app.dao.AddressMapper">
    <select id="getAddress" resultMap="addressMap">
        select * from address_inf where addr_id=#{id}
    </select>
    <resultMap id="addressMap" type="address">
        <id column="addr_id" property="id"/>
        <result column="addr_detail" property="detail"/>
        <!-- 使用 select 指定的 select 语句去抓取关联实体，
```

```
           将当前实体中 owner_id 列的值作为参数传给 select 语句 -->
           <association property="person" javaType="Person"
             column="owner_id" select="org.crazyit.app.dao.PersonMapper.getPerson"
             fetchType="lazy"/>
   </resultMap>
   <select id="findAddressByOwner" resultMap="addressMap">
     select * from address_inf where owner_id=#{id}
   </select>
</mapper>
```

上面粗体字代码的 select 属性为 PersonMapper 中的 getPerson——也就是 PersonMapper 中定义的 select 语句。column 属性为 owner_id，这意味着 Address 实体对应的数据表记录的 owner_id 列的值将作为参数传给 select 语句。

此外，上面粗体字代码还指定了 fetchType="lazy"，这表明 MyBatis 在加载 Address 实体时，不会立即执行 select 属性指定的 select 语句去抓取关联的 Person 实体，而是等到程序实际访问关联的 Person 实体时才会执行 select 语句去抓取。

本例将两个关联实体的 fetchType 分别设置为 eager 和 lazy，只是为了向读者演示延迟加载和立即加载的差异。就实际的运行性能来说，如果采用"基于嵌套 select 的映射策略"，则通常建议采用延迟加载的抓取策略。

在开发完上面的 Mapper 组件之后，接下来分别使用如下两个方法来调用 Mapper 的方法。

程序清单：codes\03\3.3\association_select\src\lee\PersonManager.java

```
public static void selectAddress(SqlSession sqlSession)
{
    // 获取 Mapper 对象
    var addrMapper = sqlSession.getMapper(AddressMapper.class);
    // 调用 Mapper 对象的方法执行持久化操作
    var addr = addrMapper.getAddress(2);
    System.out.println(addr.getDetail());   // ①
    System.out.println("------------------");
    // 访问关联实体
    System.out.println(addr.getPerson());
    // 提交事务
    sqlSession.commit();
    // 关闭资源
    sqlSession.close();
}
public static void selectPerson(SqlSession sqlSession)
{
    // 获取 Mapper 对象
    var personMapper = sqlSession.getMapper(PersonMapper.class);
    // 调用 Mapper 对象的方法执行持久化操作
    var person = personMapper.getPerson(2);
    System.out.println(person.getName());
    System.out.println("------------------");
    // 访问关联实体
    System.out.println(person.getAddress());
    // 提交事务
    sqlSession.commit();
    // 关闭资源
    sqlSession.close();
}
```

上面程序中的第一行粗体字代码通过 Address 实体访问它的关联实体：Person 对象，Address 实体采用延迟加载策略来获取关联的 Person 实体，因此将看到 MyBatis 会在输出横线之后才执行 select 语句去抓取关联的 Person 对象。运行 selectAddress() 方法时会在控制台看到如下日志：

```
[java] DEBUG [main] org.crazyit.app.dao.AddressMapper.getAddress ==> Preparing:
select * from address_inf where addr_id=?
```

```
    [java] DEBUG [main] org.crazyit.app.dao.AddressMapper.getAddress ==> Parameters:
2(Integer)
    [java] DEBUG [main] org.crazyit.app.dao.AddressMapper.getAddress <==        Total: 1
    [java] 花果山水帘洞
    [java] ------------------
    [java] DEBUG [main] org.crazyit.app.dao.PersonMapper.getPerson ==>  Preparing:
select * from person_inf where person_id=?
    [java] DEBUG [main] org.crazyit.app.dao.PersonMapper.getPerson ==> Parameters:
1(Integer)
    [java] DEBUG [main] org.crazyit.app.dao.AddressMapper.findAddressByOwner ====>
Preparing: select * from address_inf where owner_id=?
    [java] DEBUG [main] org.crazyit.app.dao.AddressMapper.findAddressByOwner ====>
Parameters: 1(Integer)
    [java] DEBUG [main] org.crazyit.app.dao.AddressMapper.findAddressByOwner <====
Total: 1
    [java] DEBUG [main] org.crazyit.app.dao.PersonMapper.getPerson <==        Total: 1
    [java] Person[id=1, name=孙悟空, age=500]
```

从上面的粗体字日志可以看到，程序先输出了横线，然后再输出 MyBatis 抓取 Address 实体关联的 Person 实体的 select 语句——这就是延迟加载的效果：只有等到程序实际访问 Address 关联的 Person 时，才去真正执行 select 语句。

使用延迟加载的好处很明显：

➢ 程序可能只需要使用 Address 对象的普通属性，可能永远都不需要访问它关联的 Person 对象，这样程序就可以减少数据库的连接，执行 select 交互。

➢ 即使程序后面需要访问 Address 关联的 Person 对象，MyBatis 也要等到程序真正需要使用 Person 实体时才把它加载到内存中，这样减少了 Person 对象在内存中的驻留时间，这也是节省内存空间的一种方式。

上面程序中的第二行粗体字代码通过 Person 实体访问它的关联实体：Address 对象，由于 Person 实体采用立即加载策略来获取关联的 Address 实体，因此将看到 MyBatis 在加载 Person 实体时，会立即执行 select 语句去抓取关联的 Address 对象。运行 selectAddress()方法时会在控制台看到如下日志：

```
    [java] DEBUG [main] org.crazyit.app.dao.PersonMapper.getPerson ==>  Preparing:
select * from person_inf where person_id=?
    [java] DEBUG [main] org.crazyit.app.dao.PersonMapper.getPerson ==> Parameters:
2(Integer)
    [java] DEBUG [main] org.crazyit.app.dao.AddressMapper.findAddressByOwner ====>
Preparing: select * from address_inf where owner_id=?
    [java] DEBUG [main] org.crazyit.app.dao.AddressMapper.findAddressByOwner ====>
Parameters: 2(Integer)
    [java] DEBUG [main] org.crazyit.app.dao.AddressMapper.findAddressByOwner <====
Total: 1
    [java] DEBUG [main] org.crazyit.app.dao.PersonMapper.getPerson <==        Total: 1
    [java] 猪八戒
    [java] ------------------
    [java] Address[id=3, detail1=福陵山云栈洞, person=Person[id=2, name=猪八戒, age=280]]
```

从上面的粗体字日志可以看到，程序获取 Person 实体后，立即输出 MyBatis 抓取该 Person 实体关联的 Address 实体的 select 语句——这就是立即加载的效果。

如果要将该示例改为使用注解，则需要使用@One 注解来代替<association.../>元素——严格来说，@One 并不等于<association.../>元素，而是@Result+@One 才等于<association.../>元素。

@One 注解根本不能单独使用（它不能修饰任何程序单元），它只能作为@Result 的 one 属性的值。该注解只能指定如下两个属性。

➢ select：等同于<association.../>元素的 select 属性。

➢ fetchType：等同于<association.../>元素的 fetchType 属性。

至于<association.../>元素支持的 property、javaType、jdbcType、typeHandler、column 等属性，

直接放在@Result 注解中指定。

总结起来，可以得到如下等式：

$$<association.../> = @Result + @One$$

下面是采用注解后的 PersonMapper 组件的接口代码。

程序清单：codes\03\3.3\association_select 注解\src\org\crazyit\app\dao\PersonMapper.java

```java
public interface PersonMapper
{
    @Select("select * from person_inf where person_id=#{id}")
    @Results({
        @Result(column = "person_id", property = "id", id = true),
        @Result(column = "person_name", property = "name"),
        @Result(column = "person_age", property = "age"),
        @Result(property = "address", javaType = Address.class, column = "person_id",
            one = @One(select = "org.crazyit.app.dao.AddressMapper.selectAddressByOwner",
            fetchType = FetchType.EAGER))
    })
    Person getPerson(Integer id);
}
```

上面的粗体字代码就等同于 PersonMapper.xml 中<association.../>元素的配置。

下面是采用注解后的 AddressMapper 组件的接口代码。

程序清单：codes\03\3.3\association_select 注解\src\org\crazyit\app\dao\AddressMapper.java

```java
public interface AddressMapper
{
    @Select("select * from address_inf where addr_id=#{id}")
    @Results(id = "addressMap", value = {
        @Result(column = "addr_id", property = "id", id = true),
        @Result(column = "addr_detail", property = "detail"),
        @Result(property = "person", javaType = Person.class, column = "owner_id",
            one = @One(select = "org.crazyit.app.dao.PersonMapper.getPerson",
            fetchType = FetchType.LAZY))
    })
    Address getAddress(Integer id);

    @Select("select * from address_inf where owner_id=#{id}")
    @ResultMap("addressMap")
    Address selectAddressByOwner(Integer ownerId);
}
```

上面的粗体字代码就等同于 AddressMapper.xml 中<association.../>元素的配置。

上面的 selectAddressByOwner()方法使用了@ResultMap 注解修饰，该注解的作用是引用一个已有的@Results 注解或<resultMap.../>元素——当程序使用<resultMap.../>或@Results 注解已经定义好一个结果映射之后，如果其他查询方法需要直接复用已定义好的结果映射，则可通过@ResultMap来引用它。

@ResultMap 注解只能指定一个 value 属性，该属性被指定为需要引用的@Results 注解或<resultMap.../>元素的 id 值。

➤➤ 3.3.2　基于嵌套 select 映射策略的性能缺陷

对于这种基于嵌套 select 的映射策略，它有一个很严重的性能问题：MyBatis 总需要使用额外的 select 语句去抓取关联实体，这个问题被称为"N+1"查询问题。具体来说，比如你希望获取一个 Person 列表，MyBatis 的执行过程可概括为两步。

① 执行一条 select 语句来查询 person_inf 表中的记录，该查询语句返回的结果是一个列表。这是 N+1 中的 1 条 select 语句。

② 对于列表中的每个 Person 实体，MyBatis 都需要额外执行一条 select 查询语句来为它抓取

关联的 Address 实体。这是 *N*+1 中的 *N* 条 select 语句。

假如在 PersonMapper.xml 中增加如下定义。

程序清单：codes\03\3.3\association_select\src\org\crazyit\app\dao\PersonMapper.xml

```
<select id="findPersonById" resultMap="personMap">
    select * from person_inf where person_id>#{id}
</select>
```

上面的粗体字 select 语句（*N*+1 中的 1）会从 person_inf 表中选出多条记录，接下来 MyBatis 会为每个 Person 对象都生成一条额外的 select 语句来抓取关联的 Address 实体（*N*+1 中的 *N*）。

使用程序调用 PersonMapper 组件中的 findPersonById()方法，可以在控制台看到如下日志：

```
[java] DEBUG [main] org.crazyit.app.dao.PersonMapper.findPersonById ==> Preparing:
select * from person_inf where person_id>?
    [java] DEBUG [main] org.crazyit.app.dao.PersonMapper.findPersonById ==> Parameters:
2(Integer)
    [java] DEBUG [main] org.crazyit.app.dao.AddressMapper.findAddressByOwner ====>
Preparing: select * from address_inf where owner_id=?
    [java] DEBUG [main] org.crazyit.app.dao.AddressMapper.findAddressByOwner ====>
Parameters: 3(Integer)
    [java] DEBUG [main] org.crazyit.app.dao.AddressMapper.findAddressByOwner <====
Total: 1
    [java] DEBUG [main] org.crazyit.app.dao.AddressMapper.findAddressByOwner ====>
Preparing: select * from address_inf where owner_id=?
    [java] DEBUG [main] org.crazyit.app.dao.AddressMapper.findAddressByOwner ====>
Parameters: 4(Integer)
    [java] DEBUG [main] org.crazyit.app.dao.AddressMapper.findAddressByOwner <====
Total: 1
    [java] DEBUG [main] org.crazyit.app.dao.AddressMapper.findAddressByOwner ====>
Preparing: select * from address_inf where owner_id=?
    [java] DEBUG [main] org.crazyit.app.dao.AddressMapper.findAddressByOwner ====>
Parameters: 5(Integer)
    [java] DEBUG [main] org.crazyit.app.dao.AddressMapper.findAddressByOwner <====
Total: 1
    [java] DEBUG [main] org.crazyit.app.dao.PersonMapper.findPersonById <==    Total: 3
```

从上面的日志可以看到，select * from person_inf where person_id>?从 person_inf 表中查询出符合条件的 Person 实体（此处的测试数据只有三条符合条件的记录），接下来 MyBatis 会额外执行三条 select 语句——幸好此处的测试数据只有三条符合条件的记录，因此只需额外执行三条 select 语句。对于实际运行的项目，符合条件的数据记录可能有几十万、几百万条，MyBatis 就会额外生成几十万、几百万条记录，这样会导致严重的性能缺陷。

> **注意**
>
> 实际运行并没有那么糟糕，由于 MyBatis 缓存机制的缘故，当多个实体的关联实体相同时，只有第一个实体加载它的关联实体时需要执行 select 语句，如果后面的实体要加载的关联实体之前已被加载过（处于缓存中），MyBatis 就会直接使用缓存中的关联实体，不需要重新执行 select 语句。

那么，基于嵌套 select 的映射策略是否完全没有价值呢？这倒不是，如果将这种映射策略与延迟加载结合使用，也许会有不错的效果。

例如，将上面 Person 实体获取关联的 Address 实体的加载策略改为延迟加载，假如 MyBatis 执行第一条 select 语句获取了 1000 个 Person 实体，此时 MyBatis 并不会立即为每个 Person 实体抓取关联的 Address 实体，因此不会额外生成 *N* 条 select 语句。

在极端情况下，程序也许永远不会访问这 1000 个 Person 实体所关联的 Address 实体，这样 MyBatis 将永远不需要生成额外的 select 语句；在更常见的情况下，这 1000 个 Person 实体中也许只有三个需要访问它关联的 Address 实体，这样 MyBatis 最多只需要额外生成三条 select 语句——考虑到延迟加载在内存开销方面的优势，额外执行三条 select 语句的开销也许可以忽略。

总结：将基于嵌套 select 的映射策略与立即加载策略结合使用，几乎是一个非常糟糕的设计。建议将基于嵌套 select 的映射策略总是与延迟加载策略结合使用。

> **注意**
>
> 基于嵌套 select 的映射策略需要与延迟加载策略结合使用。

如果主表采用了复合主键设计，那么从表也需要对应地增加多个外键列，此时 column 属性可通过{prop1=column1, prop2=column2}形式来指定多个列。

例如，如下数据库脚本创建的主从表采用了复合主键设计。

程序清单：codes\03\3.3\association_multifk\table.sql

```sql
create database MyBatis;
use MyBatis;
create table person_inf
(
person_name varchar(255),
person_age int,
primary key(person_name, person_age)
);

create table address_inf
(
addr_id integer primary key auto_increment,
addr_detail varchar(255),
owner_name varchar(255),
owner_age int,
-- 对外键增加唯一约束，意味着 1—1 关联
unique(owner_name, owner_age),
foreign key(owner_name, owner_age) references person_inf(person_name, person_age)
);
```

上面粗体字代码为 person_inf 主表定义了复合主键：person_name 和 person_age，这样 address_inf 从表也需要增加两个外键列，如上面脚本中的第二行粗体字代码所示。

对于这种复合主键的情形，MyBatis 也可以很好地支持它。下面是 PersonMapper.xml 的代码。

程序清单：codes\03\3.3\association_multifk\src\org\crazyit\app\dao\PersonMapper.xml

```xml
<?xml version="1.0" encoding="UTF-8" ?>
<!-- MyBatis Mapper 文件的 DTD -->
<!DOCTYPE mapper PUBLIC "-//MyBatis.org//DTD Mapper 3.0//EN"
    "http://MyBatis.org/dtd/MyBatis-3-mapper.dtd">
<mapper namespace="org.crazyit.app.dao.PersonMapper">
    <resultMap id="personMap" type="person">
        <id column="person_id" property="id"/>
        <result column="person_name" property="name"/>
        <result column="person_age" property="age"/>
        <!-- 使用 select 指定的 select 语句去抓取关联实体，
        将当前实体中 person_name 列的值作为 ownerName 参数、
        person_age 列的值作为 ownerAge 参数传给 select 语句 -->
        <association property="address" javaType="Address"
            column="{ownerName=person_name, ownerAge=person_age}"
            select="org.crazyit.app.dao.AddressMapper.findAddressByOwner"
            fetchType="lazy"/>
    </resultMap>
    <select id="findPersonByAge" resultMap="personMap">
    select * from person_inf where person_age > #{age}
```

```
    </select>
    <select id="getPerson" resultMap="personMap">
        select * from person_inf
        where person_name = #{ownerName} and person_age = #{ownerAge}
    </select>
</mapper>
```

上面粗体字代码将 column 属性指定为{ownerName=person_name, ownerAge=person_age}，这意味着 MyBatis 会将当前实体中 person_name 列的值作为 ownerName 参数、person_age 列的值作为 ownerAge 参数传给目标 select 语句——目标 select 语句由 AddressMapper 的 findAddressByOwner 定义。

上面 PersonMapper.xml 文件中的第二个<select.../>元素定义的 getPerson select 语句并不是为本 Mapper 组件使用的，而是为了提供 AddressMapper 组件来获取关联实体。

下面是 AddressMapper.xml 的代码。

程序清单：codes\03\3.3\association_multifk\src\org\crazyit\app\dao\AddressMapper.xml

```
<?xml version="1.0" encoding="UTF-8" ?>
<!-- MyBatis Mapper 文件的 DTD -->
<!DOCTYPE mapper PUBLIC "-//MyBatis.org//DTD Mapper 3.0//EN"
    "http://MyBatis.org/dtd/MyBatis-3-mapper.dtd">
<mapper namespace="org.crazyit.app.dao.AddressMapper">
    <select id="getAddress" resultMap="addressMap">
        select * from address_inf where addr_id=#{id}
    </select>
    <resultMap id="addressMap" type="address">
        <id column="addr_id" property="id"/>
        <result column="addr_detail" property="detail"/>
        <!-- 使用 select 指定的 select 语句去抓取关联实体，
        将当前实体中 owner_name 列的值作为 ownerName 参数、
        owner_age 列的值作为 ownerAge 参数传给 select 语句 -->
        <association property="person" javaType="Person"
            column="{ownerName=owner_name, ownerAge=owner_age}"
            select="org.crazyit.app.dao.PersonMapper.getPerson"
            fetchType="lazy"/>
    </resultMap>
    <select id="findAddressByOwner" resultMap="addressMap">
        select * from address_inf
        where owner_name = #{ownerName} and owner_age = #{ownerAge}
    </select>
</mapper>
```

上面粗体字代码将 column 属性指定为{ownerName=owner_name, ownerAge=owner_age}，这意味着 MyBatis 会将当前实体中 owner_name 列的值作为 ownerName 参数、owner_age 列的值传作为 ownerAge 参数传给目标 select 语句——目标 select 语句由 PersonMapper 的 getPerson 定义。

如果要将该示例改为使用注解，程序同样很简单，只要将@Result 注解的 column 属性改为使用{prop1=column1, prop2=column2}这种形式即可。

下面是使用注解的 PersonMapper.java 的代码。

程序清单：codes\03\3.3\association_multifk 注解\src\org\crazyit\app\dao\PersonMapper.java

```
public interface PersonMapper
{
    @Select("select * from person_inf where person_age > #{age}")
    @Results(id = "personMap", value = {
        @Result(column = "person_id", property = "id", id = true),
        @Result(column = "person_name", property = "name"),
        @Result(column = "person_age", property = "age"),
        @Result(property = "address", javaType = Address.class,
            column = "{ownerName=person_name, ownerAge=person_age}",
            one = @One(select = "org.crazyit.app.dao.AddressMapper.selectAddressByOwner",
```

```
        fetchType = FetchType.LAZY))
    })
    List<Person> findPersonByAge(Integer age);

    @Select("select * from person_inf where person_name = #{ownerName}"
        + " and person_age = #{ownerAge}")
    @ResultMap("personMap")
    Person getPerson(@Param("ownerName") String ownerName,
            @Param("ownerAge") Integer ownerAge);
}
```

正如从上面粗体字代码所看到的，此处@Result 注解的 column 属性值为{ownerName=person_name, ownerAge=person_age}，其作用等同于<association.../>元素中的 column 属性的作用。

下面是使用注解的 AddressMapper.java 的代码。

程序清单：codes\03\3.3\association_multifk 注解\src\org\crazyit\app\dao\AddressMapper.java

```
public interface AddressMapper
{
    @Select("select * from address_inf where addr_id=#{id}")
    @Results(id = "addressMap", value = {
        @Result(column = "addr_id", property = "id", id = true),
        @Result(column = "addr_detail", property = "detail"),
        @Result(property = "person", javaType = Person.class,
            column = "{ownerName=owner_name, ownerAge=owner_age}",
            one = @One(select = "org.crazyit.app.dao.PersonMapper.getPerson",
            fetchType = FetchType.LAZY))
    })
    Address getAddress(Integer id);

    @Select("select * from address_inf where owner_name=#{ownerName}"
        + " and owner_age=#{ownerAge}")
    @ResultMap("addressMap")
    Address selectAddressByOwner(String ownerName, Integer ownerAge);
}
```

▶▶ 3.3.3 延迟加载的原理

MyBatis 中的延迟加载在底层是如何实现的呢？比如，本例中 Address 实体采用了延迟加载策略来获取关联的 Person 实体，那么 MyBatis 在加载 Address 实体时如何来处理它的 person 变量呢？

在 selectAddress()方法的①号代码处（见 3.3.1 节）添加一个端点，然后使用 Eclipse 来调试该程序，当 Eclipse 执行到①号代码处时，我们可以在变量窗口中看到如图 3.2 所示的信息。

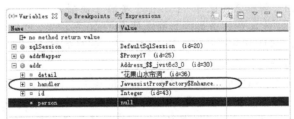

图 3.2 延迟加载的底层处理

从图 3.2 中可以看到，当设置 MyBatis 采用延迟加载策略来处理关联实体时，程序在加载主实体时，它的代表关联实体的变量会被设为 null，即 person 变量为 null。但 addr 实体多出了一个 handler 变量，如图 3.2 中黑框所示。

可是 Address 类并没有定义 handler 变量啊？仔细查看图 3.2 中 addr 变量的类型，它并不是 Address 类的实例，而是 Address_$$_jvst6c3_0 类的实例——这个类是 MyBatis 调用 Javassist 库时动态生成的代理类。

还记得第 2 章中介绍设置（settings）时，提到一个 proxyFactory 设置吗？该设置用于指定 MyBatis 的代理工厂，如果不改变该设置，MyBatis 默认使用 Javassist 作为代理工厂，此处就看到了 MyBatis 使用 Javassist 为 Address 生成的代理。

> **提示：**
> Java 领域常用的有三种代理技术：JDK 动态代理（详细用法请参考《疯狂 Java 讲义》的第 18 章）、CGLIB 和 Javassist，其中 JDK 动态代理存在一个很大的限制——它要求被代理类必须实现了接口；而 CGLIB 和 Javassist 的动态代理则不存在该限制，它们生成的代理类是目标类的子类。

由于 Javassist 和 CGLIB 生成的代理类是目标类的子类，因此，无论是使用 CGLIB 作为代理工厂，还是使用 Javassist 作为代理工厂，被代理类都不能是 final 类，否则 MyBatis 的延迟加载就要引发异常！所以，此处的 Address 类不能有 final 修饰，否则程序会引发异常。

当程序通过 Address 实体去获取它关联的 Person 实体时，Address 对象的 handler 对象就会起作用，该对象负责执行 select 语句，并用查询的结果来填充关联的 Person 实体。

3.3.4 基于多表连接查询的一对一映射

正如前面所分析的，当使用基于嵌套 select 的映射策略时，MyBatis 总会额外生成一条 select 语句来抓取关联实体，"基于嵌套 select 的关联映射 + 立即抓取"的策略几乎可以被断定为垃圾策略。

> **注意**
> 网络上有很多"基于嵌套 select 的关联映射 + 立即抓取"的示例文章，这些内容大部分都是 MyBatis 入门者写成或转载的，在实际项目开发中没有什么参考价值。如果你在某些公司的实际项目中看到这种搞法，也没什么好奇怪的，毕竟很多开发者都是"面向百度"编程的：当他们遇到一个搞不定的问题时，其解决方法就是查"百度"，当他们查到一段看上去能行的代码之后，就会将这段代码复制到项目中，然后运行项目，如果项目不能跑起来，他们会继续查"百度"；如果项目能跑起来，那就万事大吉了。

难道使用 MyBatis 就不能"立即抓取"关联实体？当然能，否则 MyBatis 就太弱了！

当关联实体为单个时（包括 N—1、1—1），由于关联实体最多只有一个，因此立即抓取关联实体其实是一种不错的策略。比如程序查询的当前实体有 1000 条记录，即使程序立即把这 1000 条记录的关联实体（关联实体都是单个的）都加载出来，最多就是额外多加载 1000 条记录——实际可能更少，因为多个实体可能会共享同一个关联实体。

如果需要让 MyBatis"立即抓取"关联实体，那么应该怎么做？其实不要问 MyBatis 怎么做，回忆以前使用 JDBC 时是怎么做的，当然是用多表连接查询，通过一条 select 语句就将关联表的数据同时查询出来——这种方式 MyBatis 同样支持，这就是基于多表连接查询的关联映射。

在这种映射策略下，<association.../>元素提供了如下属性专门为这种策略服务。

- resultMap：该属性用于引用一个结果映射的 id，该结果映射负责将指定列映射成关联实体的属性。
- columnPrefix：当连接两个以上的数据表时，多表连接的 select 语句可能需要使用不同的列别名来避免在 ResultSet 中导致重复的列名。指定 columnPrefix 列名前缀可以更好地区分不同的列。后面会有使用该属性的示例。
- notNullColumn：在默认情况下，只要关联实体的任意属性映射的列不为 null，MyBatis 就会创建关联实体的实例，指定该属性则可改变这种行为。比如指定 notNullColumn= "addr_detail,addr_zip"，这意味着只有当关联实体的对应的 addr_detail 和 addr_zip 列都不为 null 时，MyBatis 才会创建关联实体的实例。默认值为 unset（未设置）。

➢ autoMapping：如果将该属性设为 true，则表明对关联实体按"同名映射"规则进行自动映射。该属性会覆盖全局的 autoMappingBehavior 设置。

上面的详细讲解有点烦琐，但归纳来说，这种映射策略的总体思想为：

① 使用多表连接的 select 语句将多个关联表的记录全部选择出来。

② 使用多个结果映射将多表连接查询得到的不同列映射到不同的实体。

当使用基于多表连接查询的映射策略时，在<select.../>元素中定义的 select 语句已经是多表连接了，因此无须指定 column 属性，也不需要指定 select 属性（道理很简单，这种策略无须额外的 select 语句），更不需要指定 fetchType 属性（道理很简单，这种策略的多表查询已查询得到关联记录，因此肯定不可能是延迟加载的）。

> ❋ 注意 ❋
>
> 当使用基于多表连接查询的映射策略时，指定了 column、fetchType 属性也不会报错，只是它们不会起作用，MyBatis 官方文档中的示例就指定了 column 属性，估计是其疏忽所致。

下面是 PersonMapper 组件的接口代码。

程序清单：codes\03\3.3\association_join\src\org\crazyit\app\dao\PersonMapper.java

```java
public interface PersonMapper
{
    List<Person> findPersonById(Integer id);
}
```

下面为该 Mapper 接口定义对应的 XML Mapper 文件。

程序清单：codes\03\3.3\association_join\src\org\crazyit\app\dao\PersonMapper.xml

```xml
<?xml version="1.0" encoding="UTF-8" ?>
<!-- MyBatis Mapper 文件的 DTD -->
<!DOCTYPE mapper PUBLIC "-//MyBatis.org//DTD Mapper 3.0//EN"
    "http://MyBatis.org/dtd/MyBatis-3-mapper.dtd">
<mapper namespace="org.crazyit.app.dao.PersonMapper">
    <!-- 使用多表连接查询 -->
    <select id="findPersonById" resultMap="personMap">
        select p.*,
        a.addr_id addr_id, a.addr_detail addr_detail
        from person_inf p
        join address_inf a
        on a.owner_id = p.person_id
        where person_id > #{id}
    </select>
    <resultMap id="personMap" type="person">
        <!-- 指定将 person_id、person_name、person_age 映射到 person 实体 -->
        <id column="person_id" property="id"/>
        <result column="person_name" property="name"/>
        <result column="person_age" property="age"/>
        <!-- 指定将其他列（addr_id、addr_detail）映射到关联的 address 实体，
        使用 AddressMapper.addressMap 执行映射 -->
        <association property="address" javaType="address"
            resultMap="org.crazyit.app.dao.AddressMapper.addressMap"/>
    </resultMap>
</mapper>
```

留意上面<select.../>元素中定义的 select 语句是一个多表连接查询,这条 select 语句查询返回的结果集既包括 person_inf 表的列,也包括 address_inf 表的列。

上面<resultMap.../>元素中的前三行粗体字代码完成了 person 实体的映射,它们只完成了person_id、person_name、person_age 这三列的映射;在<association.../>元素中使用了一个 resultMap属性,该属性指定的结果映射将会完成关联实体的属性映射,它会负责 addr_id、addr_detail 列的映射,该结果映射被放在 AddressMapper.xml 中定义。

下面是 AddressMapper 组件的接口代码。

程序清单：codes\03\3.3\association_join\src\org\crazyit\app\dao\AddressMapper.java

```java
public interface AddressMapper
{
    Address getAddress(Integer id);
}
```

下面为该 Mapper 接口定义对应的 XML Mapper 文件。

程序清单：codes\03\3.3\association_join\src\org\crazyit\app\dao\AddressMapper.xml

```xml
<?xml version="1.0" encoding="UTF-8" ?>
<!-- MyBatis Mapper 文件的 DTD -->
<!DOCTYPE mapper PUBLIC "-//MyBatis.org//DTD Mapper 3.0//EN"
    "http://MyBatis.org/dtd/MyBatis-3-mapper.dtd">
<mapper namespace="org.crazyit.app.dao.AddressMapper">
    <select id="getAddress" resultMap="addressMap">
        <!-- 使用多表连接查询 -->
        select a.addr_id addr_id, a.addr_detail addr_detail,
        p.*
        from address_inf a
        join person_inf p
        on a.owner_id = p.person_id
        where a.addr_id = #{id}
    </select>
    <resultMap id="addressMap" type="address">
        <!-- 指定将 addr_id、addr_detail 映射到 address 实体 -->
        <id column="addr_id" property="id"/>
        <result column="addr_detail" property="detail"/>
        <!-- 指定将其他列 (person_id、person_name、person_age) 映射到关联的 person 实体,
        使用 PersonMapper.personMap 执行映射 -->
        <association property="person" javaType="person"
            resultMap="org.crazyit.app.dao.PersonMapper.personMap"/>
    </resultMap>
</mapper>
```

上面 XML Mapper 文件的代码与 PersonMapper.xml 的代码大同小异,都是在<select.../>元素中定义多表连接查询,然后在<association.../>元素中使用 resultMap 属性指定关联实体的映射的。

接下来,使用如下两个方法来调用上面两个 Mapper 组件的方法。

程序清单：codes\03\3.3\association_join\src\lee\PersonManager.java

```java
public static void selectAddress(SqlSession sqlSession)
{
    // 获取 Mapper 对象
    var addrMapper = sqlSession.getMapper(AddressMapper.class);
    // 调用 Mapper 对象的方法执行持久化操作
    var addr = addrMapper.getAddress(2);
    System.out.println(addr.getDetail());
    // 访问关联实体
    System.out.println(addr.getPerson());
    // 提交事务
    sqlSession.commit();
    // 关闭资源
```

```
            sqlSession.close();
        }
        public static void selectPerson(SqlSession sqlSession)
        {
            // 获取 Mapper 对象
            var personMapper = sqlSession.getMapper(PersonMapper.class);
            // 调用 Mapper 对象的方法执行持久化操作
            var personList = personMapper.findPersonById(2);
            personList.forEach(person -> {
                // 访问 Person 实体及其关联实体的属性
                System.out.println(person.getName() + " -> "
                    + person.getAddress().getDetail());
            });
            // 提交事务
            sqlSession.commit();
            // 关闭资源
            sqlSession.close();
        }
```

上面两行粗体字代码分别调用了 AddressMapper 的 getAddress()方法和 PersonMapper 的 findPersonById()方法。运行上面两个方法，可以在控制台看到如下日志：

```
[java] DEBUG [main] org.crazyit.app.dao.AddressMapper.getAddress ==> Preparing:
select a.addr_id addr_id, a.addr_detail addr_detail, p.* from address_inf a join
person_inf p on a.owner_id = p.person_id where a.addr_id = ?
    [java] DEBUG [main] org.crazyit.app.dao.AddressMapper.getAddress ==> Parameters:
2(Integer)
    [java] DEBUG [main] org.crazyit.app.dao.AddressMapper.getAddress <==        Total: 1
    [java] 花果山水帘洞
    [java] Person[id=1, name=孙悟空, age=500]
    [java] DEBUG [main] org.crazyit.app.dao.PersonMapper.findPersonById ==>
Preparing: select p.*, a.addr_id addr_id, a.addr_detail addr_detail from person_inf p
join address_inf a on a.owner_id = p.person_id where person_id > ?
    [java] DEBUG [main] org.crazyit.app.dao.PersonMapper.findPersonById ==> Parameters:
2(Integer)
    [java] DEBUG [main] org.crazyit.app.dao.PersonMapper.findPersonById <==        Total: 3
    [java] 白鼠精 -> 陷空山无底洞
    [java] 玉面狐狸 -> 积雷山摩云洞
    [java] 蜘蛛精 -> 盘丝岭盘丝洞
```

从上面的运行日志可以看出，当使用基于多表连接查询的映射策略时，MyBatis 只需执行一条 select 语句，即可将目标实体及其关联实体全部查询出来——当关联实体是单个时，使用这种策略将会获得较好的性能。这种策略的唯一缺点是：多表连接的 select 语句比较难写，因此有些开发者会放弃 MyBatis 的关联映射，把 MyBatis 当作单表映射工具使用。

在实际开发中，多表连接往往需要连接两个以上的数据表，或者对一个数据表连接多次，此时就需要指定 columnPrefix 属性进行区分。

先看如下数据场景：address_inf 表与 person_inf 表存在两种关联关系，其中一种是属主关系（房东）；另一种是租赁关系（租客）。具体来说，比如"花果山水帘洞"这个地址属于"孙悟空"，但"蜘蛛精"是该地址的租客，这就是 address_inf 表与 person_inf 表存在的两种关联关系。

图 3.3 显示了本示例所使用的测试数据（对应的数据库脚本位于 code\03\3.3\association_columnPrefix 目录下）。

此时 Address 实体需要包含两个 Person 类型的属

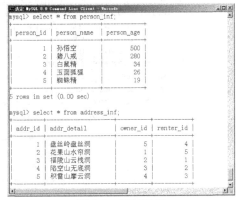

图 3.3　测试数据

性，分别代表该地址的属主和租客；Person 实体也需要包含两个 Address 类型的属性，分别代表该用户的所属地址和租赁地址。

下面是 Address 类的代码。

程序清单：codes\03\3.3\association_columnPrefix\src\org\crazyit\app\domain\Address.java

```java
public class Address
{
    private Integer id;
    // 定义地址详细信息的成员变量
    private String detail;
    private Person owner;
    private Person renter;
    // 下面省略了构造器和 getter、setter 方法
    ...
}
```

上面两行粗体字代码定义了 owner 和 renter 两个变量，分别代表该 Address 的属主和租客。

下面是 Person 类的代码。

程序清单：codes\03\3.3\association_columnPrefix\src\org\crazyit\app\domain\Person.java

```java
public class Person
{
    private Integer id;
    private String name;
    private int age;
    private Address ownerAddr;
    private Address rentalAddr;
    // 下面省略了构造器和 getter、setter 方法
    ...
}
```

上面两行粗体字代码分别定义了 ownerAddr 和 rentalAddr 两个变量，分别代表该 Person 的所属地址和租赁地址。

当程序抓取 Person 实体时，程序必须与 address_inf 表连接两次，这样才能分别选出该 Person 实体关联的所属地址和租赁地址。下面是 PersonMapper.xml 的代码。

程序清单：codes\03\3.3\association_columnPrefix\src\org\crazyit\app\dao\PersonMapper.xml

```xml
<?xml version="1.0" encoding="UTF-8" ?>
<!-- MyBatis Mapper 文件的 DTD -->
<!DOCTYPE mapper PUBLIC "-//MyBatis.org//DTD Mapper 3.0//EN"
    "http://MyBatis.org/dtd/MyBatis-3-mapper.dtd">
<mapper namespace="org.crazyit.app.dao.PersonMapper">
    <!-- 使用多表连接查询 -->
    <select id="findPersonById" resultMap="personMap">
        select p.*,
        oa.addr_id addr_id, oa.addr_detail addr_detail,
        ra.addr_id rental_addr_id, ra.addr_detail rental_addr_detail
        from person_inf p
        join address_inf oa
        on oa.owner_id = p.person_id
        join address_inf ra
        on ra.renter_id = p.person_id
        where p.person_id > #{id}
    </select>
    <resultMap id="personMap" type="person">
        <!-- 指定将 person_id、person_name、person_age 映射到 person 实体 -->
        <id column="person_id" property="id"/>
        <result column="person_name" property="name"/>
        <result column="person_age" property="age"/>
        <!-- 指定将其他列（addr_id、addr_detail）映射到关联的 address 实体,
```

```
        使用 AddressMapper.addressMap 执行映射 -->
        <association property="ownerAddr" javaType="address"
            resultMap="org.crazyit.app.dao.AddressMapper.addressMap"/>
        <!-- 指定 columnPrefix="rental_"，这意味着结果映射将会去掉列名的 rental_前缀-->
        <association property="rentalAddr" javaType="address" columnPrefix="rental_"
            resultMap="org.crazyit.app.dao.AddressMapper.addressMap"/>
    </resultMap>
</mapper>
```

留意上面 <select.../> 元素中定义的 select 语句，该查询语句连接了两次 address_inf 表，因此这条查询语句从 address_inf 表中选出了 addr_id、addr_detail 两列，这两列代表该 Person 对象的所属地址数据。这条查询语句还从 address_inf 表中选出了 rental_addr_id、rental_addr_detail 两列，这两列代表该 Person 对象的租赁地址信息——由于它们都是从 address_inf 表中查询得到的数据列，因此需要使用前缀（rental_）加以区分。

上面映射代码中的第二个 <association.../> 元素与第一个 <association.../> 元素大致相同，只是额外指定了 columnPrefix="rental_"，这意味着该结果映射将会处理所有列名以 "rental_" 开头的列的映射，它会自动去掉列名的 "rental_" 前缀（列名就变成了 addr_id、addr_detail），然后就可以使用 AddressMapper 的 addressMap 结果映射执行映射了。

类似的，当程序抓取 Address 实体时，程序必须与 person_inf 表连接两次，这样才能分别选出该 Address 实体关联的属主和租客。下面是 AddressMapper.xml 的代码。

程序清单：codes\03\3.3\association_columnPrefix\src\org\crazyit\app\dao\AddressMapper.xml

```
<?xml version="1.0" encoding="UTF-8" ?>
<!-- MyBatis Mapper 文件的 DTD -->
<!DOCTYPE mapper PUBLIC "-//MyBatis.org//DTD Mapper 3.0//EN"
    "http://MyBatis.org/dtd/MyBatis-3-mapper.dtd">
<mapper namespace="org.crazyit.app.dao.AddressMapper">
    <select id="getAddress" resultMap="addressMap">
        <!-- 两次连接 person_inf 表 -->
        select a.addr_id addr_id, a.addr_detail addr_detail,
        p.*, renter.person_id renter_person_id, renter.person_name renter_person_name,
        renter.person_age renter_person_age
        from address_inf a
        join person_inf p
        on a.owner_id = p.person_id
        join person_inf renter
        on a.renter_id = renter.person_id
        where a.addr_id = #{id}
    </select>
    <resultMap id="addressMap" type="address">
        <!-- 指定将 addr_id、addr_detail 映射到 address 实体 -->
        <id column="addr_id" property="id"/>
        <result column="addr_detail" property="detail"/>
        <!-- 指定将其他列（person_id、person_name、person_age）映射到关联的 person 实体，
        使用 PersonMapper.personMap 执行映射 -->
        <association property="owner" javaType="person"
            resultMap="org.crazyit.app.dao.PersonMapper.personMap"/>
        <!-- 指定 columnPrefix="renter_"，这意味着结果映射将会去掉列名的 renter_前缀-->
        <association property="renter" javaType="person"
            columnPrefix="renter_"
            resultMap="org.crazyit.app.dao.PersonMapper.personMap"/>
    </resultMap>
</mapper>
```

上面 <select.../> 元素中定义的 select 语句同样连接了两次 person_inf 表，其中 person_id、person_name、person_age 列代表 Address 关联的属主实体信息，renter_person_id、renter_person_name、renter_person_age 列代表 Address 关联的租客实体信息。

上面映射代码中的第二个 <association.../> 元素指定了 columnPrefix="renter_"，这意味着该结果

映射将会处理 renter_person_id、renter_person_name、renter_person_age 列的映射，它会先去掉这些列名的"renter_"前缀，然后再使用 PersonMapper 的 personMap 结果映射执行映射。

▶▶ 3.3.5 基于多结果集的一对一映射

某些数据库（如 MySQL 等）允许使用存储过程返回多个结果集，有些数据库甚至允许一次执行多条查询语句，每条语句返回一个结果集——总之，程序只要访问一次数据库，就能得到两个以上实体的多个结果集。而 MyBatis 则可以将多个结果集映射成实体及其关联实体，这种方式被称为基于多结果集的关联映射。

对于基于多结果集的关联映射，在映射时需要两步。

① 为返回多个结果集的<select.../>元素指定 resultSets 属性，该属性指定多个结果集的名称，多个名称之间以英文逗号隔开（注意：多个名称之间不能有空格）。

② 在<association.../>元素（关联实体为单个时用该元素）或<collection.../>元素（关联实体为多个时用该元素）中指定如下属性来完成关联映射。

➢ resultSet：指定结果集的名称，将该结果集映射成关联实体。
➢ column：指定当前实体对应的表的列名。当当前实体对应的表是从表时，该属性值为外键列的列名；当当前实体对应的表是主表时，该属性值为被从表引用的主键列的列名。
➢ foreignColumn：该属性与 column 属性结合使用。当当前实体对应的表是从表时，该属性值为被从表引用的主键列的列名；当当前实体对应的表是主表时，该属性值为从表中外键列的列名。

本示例中包含两个存储过程，它们都可以返回多个结果集。下面是该示例所使用的 SQL 脚本。

程序清单：codes\03\3.3\association_resultSets\table.sql

```
-- 省略建表和插入数据的脚本
...
delimiter $$
-- 创建存储过程
create procedure p_get_address_person(in id int)
begin
    select * from address_inf where addr_id > id;
    select * from person_inf where person_id in
    (select owner_id from address_inf where addr_id > id);
end $$

-- 创建存储过程
create procedure p_get_person_address(in id int)
begin
    select * from person_inf where person_id > id;
    select * from address_inf where owner_id in
    (select person_id from person_inf where person_id > id);
end $$
delimiter ;
```

上面脚本创建了 p_get_address_person()和 p_get_person_address()两个存储过程，这两个存储过程都会返回多个结果集。

下面是 PersonMapper.xml 文件的代码：

程序清单：codes\03\3.3\association_resultSets\src\org\crazyit\app\dao\PersonMapper.xml

```
<?xml version="1.0" encoding="UTF-8" ?>
<!-- MyBatis Mapper 文件的 DTD -->
<!DOCTYPE mapper PUBLIC "-//MyBatis.org//DTD Mapper 3.0//EN"
    "http://MyBatis.org/dtd/MyBatis-3-mapper.dtd">
<mapper namespace="org.crazyit.app.dao.PersonMapper">
    <!-- statementType="CALLABLE"指定调用存储过程。
```

```
        resultSets 属性指定的多个结果集的名称之间只能用逗号隔开，不能用空格，
        如果用空格，则空格将作为结果集名称的一部分 -->
    <select id="findPersonById" resultSets="persons,addrs"
        resultMap="personMap" statementType="CALLABLE">
        {call p_get_person_address(#{id, jdbcType=INTEGER, mode=IN})}
    </select>
    <!-- 默认映射第一个结果集 -->
    <resultMap id="personMap" type="person">
        <id property="id" column="person_id" />
        <id property="name" column="person_name" />
        <result property="age" column="person_age"/>
        <!-- column 指定 person_inf 表中被引用的主键列，foreignColumn 指定从表中的外键列。
        如果 resultSet 指定的结果集不存在，MyBatis 不会报错 -->
        <association property="address" javaType="address"
            resultSet="addrs" column="person_id" foreignColumn="owner_id"
            resultMap="org.crazyit.app.dao.AddressMapper.addrMap"/>
    </resultMap>
</mapper>
```

上面 id 为 findPersonById 的\<select.../\>元素调用了 p_get_person_address 存储过程，该存储过程返回两个结果集，其中第一个结果集是 person_inf 表的数据，第二个结果集是 address_inf 表的数据。该元素指定了 resultSets="persons,addrs"，这意味着第一个结果集的名称是 persons，第二个结果集的名称是 addrs。程序为该\<select.../\>元素指定的结果映射是 personMap——此处务必请注意：该结果映射默认总是映射第一个结果集，这意味着 p_get_person_address 存储过程返回的第一个结果集必须是 person_inf 表的结果集，否则映射就失败了。

上面代码中后面两行粗体字代码指定 resultSet="addrs"，这意味着此处用于为多个结果集中名为 addrs 的结果集（来自 address_inf 表的结果集）执行映射，其中 column="person_id"指定 person_inf 表中被引用的主键列的列名，而 foreignColumn="owner_id"指定 address_inf 表中外键列的列名——这是由于当前实体对应的数据表（person_inf）是主表，因此 column 应该被指定为被从表引用的主键列的列名，而 foreignColumn 应该被指定为从表中外键列的列名。

下面是 AddressMapper.xml 文件的代码。

程序清单：codes\03\3.3\association_resultSets\src\org\crazyit\app\dao\AddressMapper.xml

```
<?xml version="1.0" encoding="UTF-8" ?>
<!-- MyBatis Mapper 文件的 DTD -->
<!DOCTYPE mapper PUBLIC "-//MyBatis.org//DTD Mapper 3.0//EN"
    "http://MyBatis.org/dtd/MyBatis-3-mapper.dtd">
<mapper namespace="org.crazyit.app.dao.AddressMapper">
    <!-- statementType="CALLABLE"指定调用存储过程。
    resultSets 属性指定的多个结果集的名称之间只能用逗号隔开，不能用空格，
    如果用空格，则空格将作为结果集名称的一部分 -->
    <select id="findAddressById" resultSets="addrs,persons"
        resultMap="addrMap" statementType="CALLABLE">
        {call p_get_address_person(#{id, jdbcType=INTEGER, mode=IN})}
    </select>
    <!-- 默认映射第一个结果集 -->
    <resultMap id="addrMap" type="address">
        <id property="id" column="addr_id" />
        <result property="detail" column="addr_detail"/>
        <!-- column 指定 address_inf 表中的外键列，foreignColumn 指定被引用的主键列。
        如果 resultSet 指定的结果集不存在，MyBatis 不会报错 -->
        <association property="person" javaType="person"
            resultSet="persons" column="owner_id" foreignColumn="person_id"
            resultMap="org.crazyit.app.dao.PersonMapper.personMap"/>
    </resultMap>
</mapper>
```

上面 id 为 findAddressById 的\<select.../\>元素调用了 p_get_address_person 存储过

程返回两个结果集，其中第一个结果集是 address_inf 表的数据，第二个结果集是 person_inf 表的数据。该元素指定了 resultSets="addrs,persons"，这意味着第一个结果集的名称是 addrs，第二个结果集的名称是 persons。程序为该<select.../>元素指定的结果映射是 addrMap——同样，该结果映射默认总是映射第一个结果集，这意味着 p_get_address_person 存储过程返回的第一个结果集必须是 address_inf 表的结果集，否则映射就失败了。

上面代码中后面两行粗体字代码指定 resultSet="persons"，这意味着此处用于为多个结果集中名为 persons 的结果集（来自 person_inf 表的结果集）执行映射，其中 column="owner_id"指定 address_inf 表中外键列的列名，而 foreignColumn="person_id"指定 person_inf 表中被外键列引用的主键列的列名——这是由于当前实体对应的数据表（person_inf）是从表，因此 column 应该被指定为外键列的列名，而 foreignColumn 应该被指定为被从表引用的主键列的列名。

接下来，使用如下两个方法来调用 Mapper 组件的方法。

程序清单：codes\03\3.3\association_resultSets\src\lee\PersonManager.java

```java
public static void selectAddress(SqlSession sqlSession)
{
    // 获取 Mapper 对象
    var addrMapper = sqlSession.getMapper(AddressMapper.class);
    // 调用 Mapper 对象的方法执行持久化操作
    var addrList = addrMapper.findAddressById(2);
    addrList.forEach(addr -> {
        // 访问 Address 实体及其关联实体的属性
        System.out.println(addr.getDetail() + " -> "
            + addr.getPerson().getName());
    });
    // 提交事务
    sqlSession.commit();
    // 关闭资源
    sqlSession.close();
}
public static void selectPerson(SqlSession sqlSession)
{
    // 获取 Mapper 对象
    var personMapper = sqlSession.getMapper(PersonMapper.class);
    // 调用 Mapper 对象的方法执行持久化操作
    var personList = personMapper.findPersonById(2);
    personList.forEach(person -> {
        // 访问 Person 实体及其关联实体的属性
        System.out.println(person.getName() + " -> "
            + person.getAddress().getDetail());
    });
    // 提交事务
    sqlSession.commit();
    // 关闭资源
    sqlSession.close();
}
```

运行以上方法，将看到 MyBatis 基于多结果集的关联映射完全可以正常运行。

对于这种基于多结果集的映射策略，其优点是充分利用数据库的优势，MyBatis 只需与数据库交互一次就可同时抓取实体及关联实体的数据，具有不错的性能表现；但其缺点也很明显，往往需要使用数据库的存储过程，甚至高度依赖底层数据库的某些特征，因此这种方式的可移植性并不高。

▶▶ 3.3.6 基于嵌套 select 的一对多映射

当关联实体为多个时（实际包括 1—N 或 N—N 两种情况），首先需要使用集合（如 List 或 Set）来容纳多个关联实体，然后在 XML Mapper 文件中使用<collection.../>元素进行映射。

元素与前面介绍的元素非常相似，它们支持的属性也基本相同，区别只是元素额外支持一个 ofType 属性，该属性用于指定关联实体（集合元素）的类型，而 javaType 属性则用于指定集合本身的类型（如 ArrayList、HashSet 等）。

 提示：
如果在定义代表关联实体的属性时使用了泛型（如 List<Address>、Set<Address.../> 等），则可以省略指定 ofType 属性，MyBatis 会自动推断出 ofType 为 Address。

元素的其他属性与元素完全相同，元素同样支持三种映射策略：

> 基于嵌套 select 的一对多映射。
> 基于多表连接查询的一对多映射。
> 基于多结果集的一对多映射。

下面先介绍基于嵌套 select 的一对多映射策略。在使用这种映射策略时，除需要为指定 property、javaType、ofType、jdbcType、typeHandler 等通用属性之外，还需要指定 select、column、fetchType 这三个属性——元素中这三个属性的功能和用法与元素完全相同。

本示例同样使用 Person 和 Address 两个实体，只不过这里一个 Person 对应多个 Address 实体。本示例所使用的数据库脚本如下。

程序清单：codes\03\3.3\collection_select\table.sql

```
create database MyBatis;
use MyBatis;
create table person_inf
(
 person_id integer primary key auto_increment,
 person_name varchar(255),
 person_age int
);
create table address_inf
(
 addr_id integer primary key auto_increment,
 addr_detail varchar(255),
 owner_id int,
 foreign key(owner_id) references person_inf(person_id)
);
-- 省略插入测试数据的脚本
...
```

下面是 Address 实体类的代码。

程序清单：codes\03\3.3\collection_select\src\org\crazyit\app\domain\Address.java

```
public class Address
{
    private Integer id;
    // 定义地址详细信息的成员变量
    private String detail;
    private Person person;
    // 省略构造器和 setter、getter 方法
    ...
}
```

Address 实体是 1—N 关联关系中 N 的一端，它的关联实体依然是单个 Person 实体，因此，上面粗体字代码定义了一个 Person 类型的变量来代表关联实体。

下面是 Person 实体类的代码。

程序清单：codes\03\3.3\collection_select\src\org\crazyit\app\domain\Person.java

```java
public class Person
{
    private Integer id;
    private String name;
    private int age;
    private List<Address> addresses;
    // 省略构造器和 setter、getter 方法
    ...
}
```

Person 实体是 1—*N* 关联关系中 1 的一端，它的关联实体依然是多个 Address 实体，因此，上面粗体字代码使用了 List<Address>类型的变量来代表关联实体。

由于 Address 实体的关联实体依然是单个 Person 实体，因此，在 AddressMapper.xml 文件中依然使用<association.../>元素映射关联实体。下面是 AddressMapper.xml 文件的代码。

程序清单：codes\03\3.3\collection_select\src\org\crazyit\app\dao\AddressMapper.xml

```xml
<?xml version="1.0" encoding="UTF-8" ?>
<!-- MyBatis Mapper 文件的 DTD -->
<!DOCTYPE mapper PUBLIC "-//MyBatis.org//DTD Mapper 3.0//EN"
    "http://MyBatis.org/dtd/MyBatis-3-mapper.dtd">
<mapper namespace="org.crazyit.app.dao.AddressMapper">
    <select id="getAddress" resultMap="addressMap">
        select * from address_inf where addr_id=#{id}
    </select>
    <resultMap id="addressMap" type="address">
        <id column="addr_id" property="id"/>
        <result column="addr_detail" property="detail"/>
        <!-- 使用 select 指定的 select 语句去抓取关联实体，
        将当前实体的 owner_id 列的值作为参数传给 select 语句 -->
        <association property="person" javaType="Person"
            column="owner_id" select="org.crazyit.app.dao.PersonMapper.getPerson"
            fetchType="lazy"/>
    </resultMap>
    <select id="findAddressByOwner" resultMap="addressMap">
        select * from address_inf where owner_id=#{id}
    </select>
</mapper>
```

上面粗体字代码定义的<association.../>元素与前面介绍的 1—1 关联关系的示例并没有任何区别。

下面是 PersonMapper.xml 文件的代码，在该文件中会使用<collection.../>元素来映射关联实体。

程序清单：codes\03\3.3\collection_select\src\org\crazyit\app\dao\PersonMapper.xml

```xml
<?xml version="1.0" encoding="UTF-8" ?>
<!-- MyBatis Mapper 文件的 DTD -->
<!DOCTYPE mapper PUBLIC "-//MyBatis.org//DTD Mapper 3.0//EN"
    "http://MyBatis.org/dtd/MyBatis-3-mapper.dtd">
<mapper namespace="org.crazyit.app.dao.PersonMapper">
    <select id="getPerson" resultMap="personMap">
        select * from person_inf where person_id=#{id}
    </select>
    <resultMap id="personMap" type="person">
        <id column="person_id" property="id"/>
        <result column="person_name" property="name"/>
        <result column="person_age" property="age"/>
        <!-- 使用 select 指定的 select 语句去抓取关联实体，
        将当前实体的 person_id 列的值作为参数传给 select 语句
        ofType 属性指定关联实体（集合元素）的类型 -->
        <collection property="addresses" javaType="ArrayList"
```

```
          ofType="address" column="person_id"
          select="org.crazyit.app.dao.AddressMapper.findAddressByOwner"
          fetchType="lazy"/>
    </resultMap>
    <select id="findPersonById" resultMap="personMap">
        select * from person_inf where person_id>#{id}
    </select>
</mapper>
```

上面粗体字代码使用<collection.../>元素定义了 1—N 的关联实体。不难发现，<collection.../>元素的用法与<association.../>元素非常相似，区别只是它增加了 ofType="address"，用于指定关联实体（集合元素）的类型是 Address 类（address 是别名）。

正如前面所介绍的，对于基于嵌套 select 的映射策略，不管是 1—N 还是 1—1，都建议指定fetchType="lazy"应用延迟加载策略。

尤其是当关联实体有多个时（包括 1—N、N—N），出于性能考虑，推荐策略就是"基于嵌套select＋延迟加载"的映射策略。这是因为：关联实体有多个，程序无法预先知道关联实体具体有多少个，可能有 100 个，也可能有 10 000 个。当关联实体有很多时，如果在加载主表实体时就立即把所有关联实体（可能有 10 000 多条记录）全部加载进来，这并不是一种好的做法。

下面使用如下三个方法来测试上面 Mapper 组件的方法。

程序清单：codes\03\3.3\collection_select\src\lee\PersonManager.java

```java
public static void selectAddress(SqlSession sqlSession)
{
    // 获取 Mapper 对象
    var addrMapper = sqlSession.getMapper(AddressMapper.class);
    // 调用 Mapper 对象的方法执行持久化操作
    var addr = addrMapper.getAddress(2);
    System.out.println(addr.getDetail());
    // 访问关联实体
    System.out.println(addr.getPerson());
    // 提交事务
    sqlSession.commit();
    // 关闭资源
    sqlSession.close();
}
public static void selectPerson(SqlSession sqlSession)
{
    // 获取 Mapper 对象
    var personMapper = sqlSession.getMapper(PersonMapper.class);
    // 调用 Mapper 对象的方法执行持久化操作
    var person = personMapper.getPerson(2);
    System.out.println(person.getName());
    person.getAddresses().forEach(addr -> {
        System.out.println(addr.getDetail());
    });
    // 提交事务
    sqlSession.commit();
    // 关闭资源
    sqlSession.close();
}
public static void selectPerson2(SqlSession sqlSession)
{
    // 获取 Mapper 对象
    var personMapper = sqlSession.getMapper(PersonMapper.class);
    // 调用 Mapper 对象的方法执行持久化操作
    var personList = personMapper.findPersonById(2);
    personList.forEach(person -> {
        System.out.println(person.getName());
//        person.getAddresses().forEach(addr -> {
```

```
//            System.out.println(addr.getDetail());
//        });
    });
    // 提交事务
    sqlSession.commit();
    // 关闭资源
    sqlSession.close();
}
```

上面程序中的第一个方法先访问了 Address 实体，然后访问了 Address 关联的 Person 实体，因此，程序会额外执行一条 select 语句来抓取关联实体。

上面程序中的第二个方法先访问了 Person 实体，然后访问了 Person 关联的多个 Address 实体，因此，程序也会额外执行一条 select 语句来抓取关联实体。

执行上面的前两个方法，在控制台会看到如下日志输出：

```
    [java] DEBUG [main] org.crazyit.app.dao.AddressMapper.getAddress ==>  Preparing:
select * from address_inf where addr_id=?
    [java] DEBUG [main] org.crazyit.app.dao.AddressMapper.getAddress ==> Parameters:
2(Integer)
    [java] DEBUG [main] org.crazyit.app.dao.AddressMapper.getAddress <==       Total: 1
    [java] 濯垢泉
    [java] DEBUG [main] org.crazyit.app.dao.PersonMapper.getPerson ==>  Preparing:
select * from person_inf where person_id=?
    [java] DEBUG [main] org.crazyit.app.dao.PersonMapper.getPerson ==> Parameters:
5(Integer)
    [java] DEBUG [main] org.crazyit.app.dao.PersonMapper.getPerson <==        Total: 1
    [java] DEBUG [main] org.crazyit.app.dao.AddressMapper.findAddressByOwner ==>
Preparing: select * from address_inf where owner_id=?
    [java] DEBUG [main] org.crazyit.app.dao.AddressMapper.findAddressByOwner ==>
Parameters: 5(Integer)
    [java] DEBUG [main] org.crazyit.app.dao.AddressMapper.findAddressByOwner <==
Total: 2
    [java] Person[id=5, name=蜘蛛精, age=19]
    [java] DEBUG [main] org.crazyit.app.dao.PersonMapper.getPerson ==>  Preparing:
select * from person_inf where person_id=?
    [java] DEBUG [main] org.crazyit.app.dao.PersonMapper.getPerson ==> Parameters:
2(Integer)
    [java] DEBUG [main] org.crazyit.app.dao.PersonMapper.getPerson <==        Total: 1
    [java] 猪八戒
    [java] DEBUG [main] org.crazyit.app.dao.AddressMapper.findAddressByOwner ==>
Preparing: select * from address_inf where owner_id=?
    [java] DEBUG [main] org.crazyit.app.dao.AddressMapper.findAddressByOwner ==>
Parameters: 2(Integer)
    [java] DEBUG [main] org.crazyit.app.dao.AddressMapper.findAddressByOwner <==
Total: 2
    [java] 福陵山云栈洞
    [java] 高老庄
```

上面程序中的第三个方法先查询了多个 Person 实体，程序只是遍历、访问了每个 Person 实体的 name 属性，注释掉了访问它的关联实体的代码，因此，程序不会额外执行一条 select 语句。运行上面的第三个方法，在控制台会看到如下日志输出：

```
    [java] DEBUG [main] org.crazyit.app.dao.PersonMapper.findPersonById ==>
Preparing: select * from person_inf where person_id>?
    [java] DEBUG [main] org.crazyit.app.dao.PersonMapper.findPersonById ==> Parameters:
2(Integer)
    [java] DEBUG [main] org.crazyit.app.dao.PersonMapper.findPersonById <==     Total: 3
    [java] 白鼠精
    [java] 玉面狐狸
    [java] 蜘蛛精
```

从上面的日志输出可以看到，程序执行 select 语句获取多个 Person 实体之后，虽然程序访问了多个 Person 实体的 name 属性，但由于程序并不需要访问 Person 实体的关联实体，因此，MyBatis 也不需要执行额外的 select 语句——这就是延迟加载的好处：既避免了一次性加载大量数据时所导致的内存压力，也不需要执行额外的 select 语句。

如果要将该示例改为使用注解，则需要使用@Many 注解来代替<collection.../>元素——严格来说，@Many 并不等于<collection.../>元素，而是@Result+@Many 才等于<collection.../>元素。

@Many 注解根本不能被单独使用（它不能修饰任何程序单元），它只能作为@Result 的 many 属性的值。该注解只能指定如下两个属性。

➢ select：等同于<collection.../>元素的 select 属性。
➢ fetchType：等同于<collection.../>元素的 fetchType 属性。

至于<collection.../>元素支持的 property、javaType、jdbcType、typeHandler、column 等属性，则被直接放在@Result 注解中指定。

总结起来，可以得到如下等式：

$$<collection.../> = @Result + @Many$$

下面是采用注解后的 PersonMapper 组件的接口代码。

程序清单：codes\03\3.3\collection_select 注解\src\org\crazyit\app\dao\PersonMapper.java

```java
public interface PersonMapper
{
    @Select("select * from person_inf where person_id=#{id}")
    @Results(id = "personMap", value = {
        @Result(column = "person_id", property = "id", id = true),
        @Result(column = "person_name", property = "name"),
        @Result(column = "person_age", property = "age"),
        @Result(property = "addresses", javaType = java.util.ArrayList.class,
            column = "person_id",
            many = @Many(select = "org.crazyit.app.dao.AddressMapper.selectAddressByOwner"
            , fetchType = FetchType.LAZY))
    })
    Person getPerson(Integer id);
    @Select("select * from person_inf where person_id>#{id}")
    @ResultMap("personMap")
    List<Person> findPersonById(Integer id);
}
```

上面粗体字代码就等同于 PersonMapper.xml 中<collection.../>元素的配置。

下面是采用注解后的 AddressMapper 组件的接口代码。

程序清单：codes\03\3.3\collection_select 注解\src\org\crazyit\app\dao\AddressMapper.java

```java
public interface AddressMapper
{
    @Select("select * from address_inf where addr_id=#{id}")
    @Results(id = "addressMap", value = {
        @Result(column = "addr_id", property = "id", id = true),
        @Result(column = "addr_detail", property = "detail"),
        @Result(property = "person", javaType = Person.class, column = "owner_id",
            one = @One(select = "org.crazyit.app.dao.PersonMapper.getPerson",
            fetchType = FetchType.LAZY))
    })
    Address getAddress(Integer id);

    @Select("select * from address_inf where owner_id=#{id}")
    @ResultMap("addressMap")
    Address selectAddressByOwner(Integer ownerId);
}
```

上面粗体字代码就等同于 AddressMapper.xml 中<association.../>元素的配置。

与<association.../>元素类似的是，<collection.../>元素同样支持复合主键的情况，只要为 column

属性指定{prop1=column1,prop2=column2}形式的值即可。

本示例中 person_inf 表使用了复合主键，该示例的 SQL 脚本如下。

程序清单：codes\03\3.3\collection_multifk\table.sql

```sql
create database MyBatis;
use MyBatis;
create table person_inf
(
 person_name varchar(255),
 person_age int,
 primary key(person_name, person_age)
);
create table address_inf
(
 addr_id integer primary key auto_increment,
 addr_detail varchar(255),
 owner_name varchar(255),
 owner_age int,
 foreign key(owner_name, owner_age) references person_inf(person_name, person_age)
);
```

上面 SQL 脚本中的 person_inf 表使用 person_name、person_age 两列作为复合主键，而 address_inf 表则定义了 owner_name、owner_age 作为复合外键列来引用主表的两个主键列。

对于复合主键的情况，程序需要使用{prop1[=column1, prop2=column2}形式的 column 属性值。下面是 PersonMapper.xml 的代码。

程序清单：codes\03\3.3\collection_multifk\src\org\crazyit\app\dao\PersonMapper.xml

```xml
<?xml version="1.0" encoding="UTF-8" ?>
<!-- MyBatis Mapper 文件的 DTD -->
<!DOCTYPE mapper PUBLIC "-//MyBatis.org//DTD Mapper 3.0//EN"
    "http://MyBatis.org/dtd/MyBatis-3-mapper.dtd">
<mapper namespace="org.crazyit.app.dao.PersonMapper">
    <resultMap id="personMap" type="person">
        <id column="person_id" property="id"/>
        <result column="person_name" property="name"/>
        <result column="person_age" property="age"/>
        <!-- 使用 select 指定的 select 语句去抓取关联实体，
        将当前实体的 person_name 列的值作为 ownerName 参数、
        person_age 列的值作为 ownerAge 参数传给 select 语句 -->
        <collection property="addresses" javaType="ArrayList"
            ofType="address" column="{ownerName=person_name, ownerAge=person_age}"
            select="org.crazyit.app.dao.AddressMapper.findAddressByOwner"
            fetchType="lazy"/>
    </resultMap>
    <select id="findPersonByAge" resultMap="personMap">
        select * from person_inf where person_age > #{age}
    </select>
    <select id="getPerson" resultMap="personMap">
        select * from person_inf
        where person_name = #{ownerName} and person_age = #{ownerAge}
    </select>
</mapper>
```

上面粗体字代码指定了 column="{ownerName=person_name, ownerAge=person_age}"，这样 MyBatis 就会将当前 Person 实体对应的 person_name 列的值作为 ownerName 参数、person_age 列的值作为 ownerAge 参数传给 findAddressByOwner 对应的 select 语句。

至于 AddressMapper.xml 文件，依然使用<association.../>元素定义关联实体，同样也需要为 column 属性指定{prop1=column1, prop2=column2}形式的属性值。

程序清单：codes\03\3.3\collection_multifk\src\org\crazyit\app\dao\AddressMapper.xml

```xml
<?xml version="1.0" encoding="UTF-8" ?>
<!-- MyBatis Mapper 文件的 DTD -->
<!DOCTYPE mapper PUBLIC "-//MyBatis.org//DTD Mapper 3.0//EN"
    "http://MyBatis.org/dtd/MyBatis-3-mapper.dtd">
<mapper namespace="org.crazyit.app.dao.AddressMapper">
    <select id="getAddress" resultMap="addressMap">
        select * from address_inf where addr_id=#{id}
    </select>
    <resultMap id="addressMap" type="address">
        <id column="addr_id" property="id"/>
        <result column="addr_detail" property="detail"/>
        <!-- 使用 select 指定的 select 语句去抓取关联实体，
        将当前实体的 owner_name 列的值作为 ownerName 参数、
        owner_age 列的值作为 ownerAge 参数传给 select 语句 -->
        <association property="person" javaType="Person"
            column="{ownerName=owner_name, ownerAge=owner_age}"
            select="org.crazyit.app.dao.PersonMapper.getPerson"
            fetchType="lazy"/>
    </resultMap>
    <select id="findAddressByOwner" resultMap="addressMap">
        select * from address_inf
        where owner_name = #{ownerName} and owner_age = #{ownerAge}
    </select>
</mapper>
```

关于该示例的注解版，与前面示例并没有太大的差异，故此处不再给出代码，请读者直接参考本书配套代码中 codes\03\3.3\目录下的"collection_multifk 注解"示例。

▶▶ 3.3.7　基于多表连接查询的一对多映射

如果多表连接查询语句一次返回了两个关联表的记录，那么 MyBatis 依然可以使用 <collection.../>元素来映射一对多关联。你唯一需要担心的是：当关联实体有多个时，一次性加载太多的数据记录可能会导致系统的内存压力增加。

与前面介绍的<association.../>元素相似，在使用<collection.../>元素定义基于多表连接查询的一对多映射策略时，同样可指定 resultMap、columnPrefix、nutNullColumn、autoMapping 这 4 个属性，它们的功能和用法也与<association.../>元素的完全相同。

本示例使用多表连接查询来获取 person_inf 表和 address_inf 表的记录，PersonMapper.xml 则使用<collection.../>元素来映射它的关联实体。下面是 PersonMapper.xml 的代码。

程序清单：codes\03\3.3\collection_join\src\org\crazyit\app\dao\PersonMapper.xml

```xml
<?xml version="1.0" encoding="UTF-8" ?>
<!-- MyBatis Mapper 文件的 DTD -->
<!DOCTYPE mapper PUBLIC "-//MyBatis.org//DTD Mapper 3.0//EN"
    "http://MyBatis.org/dtd/MyBatis-3-mapper.dtd">
<mapper namespace="org.crazyit.app.dao.PersonMapper">
    <!-- 使用多表连接查询 -->
    <select id="findPersonById" resultMap="personMap">
        select p.*,
        a.addr_id addr_id, a.addr_detail addr_detail
        from person_inf p
        join address_inf a
        on a.owner_id = p.person_id
        where person_id > #{id}
    </select>
    <resultMap id="personMap" type="person">
        <!-- 指定将 person_id、person_name、person_age 映射到 person 实体 -->
        <id column="person_id" property="id"/>
        <result column="person_name" property="name"/>
```

```
    <result column="person_age" property="age"/>
    <!-- 指定将其他列（addr_id、addr_detail）映射到关联的 address 实体，
    使用 AddressMapper.addressMap 执行映射 -->
    <collection property="addresses" javaType="ArrayList"
        ofType="address"
        resultMap="org.crazyit.app.dao.AddressMapper.addressMap"/>
</resultMap>
<!-- 使用多表连接查询 -->
<select id="getPerson" resultMap="personMap">
    select p.*,
    a.addr_id addr_id, a.addr_detail addr_detail
    from person_inf p
    join address_inf a
    on a.owner_id = p.person_id
    where person_id = #{id}
</select>
</mapper>
```

上面映射文件中<select.../>定义的查询语句都使用了多表连接查询，它们会同时查询出 person_inf 和 address_inf 两个表的记录。

映射文件中粗体字代码定义的<collection.../>元素指定了 resultMap 属性，该属性负责将多表连接查询结果中关于关联实体的列映射成关联实体。

从上面粗体字代码可以看出，使用<collection.../>元素与使用<association.../>元素的区别在于：使用<collection.../>元素时要通过 ofType 属性指定关联实体（集合元素）的类型，通过 javaType 属性指定集合本身的类型。

下面是 AddressMapper.xml 映射文件的代码。

程序清单：codes\03\3.3\collection_join\src\org\crazyit\app\dao\AddressMapper.xml

```
<?xml version="1.0" encoding="UTF-8" ?>
<!-- MyBatis Mapper 文件的 DTD -->
<!DOCTYPE mapper PUBLIC "-//MyBatis.org//DTD Mapper 3.0//EN"
    "http://MyBatis.org/dtd/MyBatis-3-mapper.dtd">
<mapper namespace="org.crazyit.app.dao.AddressMapper">
    <select id="getAddress" resultMap="addressMap">
        <!-- 使用多表连接查询 -->
        select a.addr_id addr_id, a.addr_detail addr_detail,
        p.*
        from address_inf a
        join person_inf p
        on a.owner_id = p.person_id
        where a.addr_id = #{id}
    </select>
    <resultMap id="addressMap" type="address">
        <!-- 指定将 addr_id、addr_detail 映射到 address 实体 -->
        <id column="addr_id" property="id"/>
        <result column="addr_detail" property="detail"/>
        <!-- 指定将其他列（person_id、person_name、person_age）映射到关联的 person 实体，
        使用 PersonMapper.personMap 执行映射 -->
        <association property="person" javaType="person"
            resultMap="org.crazyit.app.dao.PersonMapper.personMap"/>
    </resultMap>
</mapper>
```

由于 Address 实体是 1—N 关联关系中 N 的一端，它的关联实体是单个的，因此在 AddressMapper.xml 中依然使用<association.../>元素来映射关联实体。

▶▶ 3.3.8　基于多结果集的一对多映射

如果执行存储过程（或执行多条查询语句）返回了包括关联实体数据的多个结果集，那么

MyBatis 的<collection.../>元素同样支持将它们映射成关联实体。使用<collection.../>元素与使用<association.../>元素的区别在于：使用<collection.../>元素时可通过 ofType 属性指定关联实体（集合元素）的类型，还可通过 javaType 属性指定集合本身的类型。

本示例同样在数据库中定义了两个存储过程来返回多个结果集。下面是本示例所使用的数据库脚本。

程序清单：codes\03\3.3\collection_resultSets\table.sql

```sql
create database MyBatis;
use MyBatis;
create table person_inf
(
 person_id integer primary key auto_increment,
 person_name varchar(255),
 person_age int
);
create table address_inf
(
 addr_id integer primary key auto_increment,
 addr_detail varchar(255),
 owner_id int,
 foreign key(owner_id) references person_inf(person_id)
);

delimiter $$
-- 创建存储过程
create procedure p_get_address_person(in id int)
begin
    select * from address_inf where addr_id > id;
    select * from person_inf where person_id in
    (select owner_id from address_inf where addr_id > id);
end $$

-- 创建存储过程
create procedure p_get_person_address(in id int)
begin
    select * from person_inf where person_id > id;
    select * from address_inf where owner_id in
    (select person_id from person_inf where person_id > id);
end $$
delimiter ;
--- 省略插入数据的脚本
...
```

程序调用上面脚本中定义的 p_get_address_person 存储过程，即可获取 address_inf 表和 person_inf 表的两个结果集；如果调用 p_get_person_address 存储过程，则可获取 person_inf 表和 address_inf 表的两个结果集。

PerosnMapper.xml 将会调用 p_get_person_address 存储过程返回多个结果集，然后通过<collection.../>元素来映射 Person 实体关联的多个 Address 实体。

下面是 PersonMapper.xml 文件的代码。

程序清单：codes\03\3.3\collection_resultSets\src\org\crazyit\app\dao\PersonMapper.xml

```xml
<?xml version="1.0" encoding="UTF-8" ?>
<!-- MyBatis Mapper 文件的 DTD -->
<!DOCTYPE mapper PUBLIC "-//MyBatis.org//DTD Mapper 3.0//EN"
    "http://MyBatis.org/dtd/MyBatis-3-mapper.dtd">
<mapper namespace="org.crazyit.app.dao.PersonMapper">
    <!-- statementType="CALLABLE"指定调用存储过程。
    resultSets 属性指定的多个结果集名称之间只能用逗号隔开，不能用空格，
    如果用空格，则空格将作为结果集名称的一部分 -->
```

```xml
<select id="findPersonById" resultSets="persons,addrs"
    resultMap="personMap" statementType="CALLABLE">
    {call p_get_person_address(#{id, jdbcType=INTEGER, mode=IN})}
</select>
<!-- 默认映射第一个结果集 -->
<resultMap id="personMap" type="person">
    <id property="id" column="person_id" />
    <id property="name" column="person_name" />
    <result property="age" column="person_age"/>
    <!-- column 指定 person_inf 表中被引用的主键列，foreignColumn 指定从表的外键列，
    如果 resultSet 指定的结果集不存在，MyBatis 不会报错 -->
    <collection property="addresses" javaType="ArrayList" ofType="address"
        resultSet="addrs" column="person_id" foreignColumn="owner_id"
        resultMap="org.crazyit.app.dao.AddressMapper.addrMap"/>
</resultMap>
</mapper>
```

上面映射文件中的<select.../>元素通过 resultSets 指定了该查询语句返回的两个结果集的名称，其中第二个结果集为 addrs，该结果集代表 address_inf 表的记录。

程序最后一段粗体字代码使用<collection.../>元素映射了 addresses 属性——该属性代表 Person 关联的多个 Address 实体，该<collection.../>元素指定了 resultSet="addrs"，这表明该关联实体映射的是 addrs 结果集；该<collection.../>元素指定了 javaType="ArrayList"，这说明用于保存关联实体的集合本身是 ArrayList 类型；该<collection.../>元素指定了 ofType="address"，这说明关联实体（集合元素）的类型是 Address（address 是别名）。

AddressMapper.xml 将会调用 p_get_address_person 存储过程返回多个结果集，Address 关联的 Person 实体是单个的，因此依然使用<association.../>映射关联实体。

下面是 AddressMapper.xml 文件的代码。

程序清单：codes\03\3.3\collection_resultSets\src\org\crazyit\app\dao\AddressMapper.xml

```xml
<?xml version="1.0" encoding="UTF-8" ?>
<!-- MyBatis Mapper 文件的 DTD -->
<!DOCTYPE mapper PUBLIC "-//MyBatis.org//DTD Mapper 3.0//EN"
    "http://MyBatis.org/dtd/MyBatis-3-mapper.dtd">
<mapper namespace="org.crazyit.app.dao.AddressMapper">
    <!-- statementType="CALLABLE"指定调用存储过程。
    resultSets 属性指定的多个结果集名称之间只能用逗号隔开，不能用空格，
    如果用空格，则空格将作为结果集名称的一部分 -->
    <select id="findAddressById" resultSets="addrs,persons"
        resultMap="addrMap" statementType="CALLABLE">
        {call p_get_address_person(#{id, jdbcType=INTEGER, mode=IN})}
    </select>
    <!-- 默认映射第一个结果集 -->
    <resultMap id="addrMap" type="address">
        <id property="id" column="addr_id" />
        <result property="detail" column="addr_detail"/>
        <!-- column 指定 address_inf 表的外键列，foreignColumn 指定被引用的主键列，
        如果 resultSet 指定的结果集不存在，MyBatis 不会报错 -->
        <association property="person" javaType="person"
            resultSet="persons" column="owner_id" foreignColumn="person_id"
            resultMap="org.crazyit.app.dao.PersonMapper.personMap"/>
    </resultMap>
</mapper>
```

➤➤ 3.3.9 多对多映射的三种策略

对于多对多映射的情况，两端的关联实体都是多个的，因此两端都使用<collection.../>元素来映射关联实体即可。

与前面介绍的映射策略类似，MyBatis 同样支持如下三种映射策略：

➢ 基于嵌套 select 的映射。

➢ 基于多表连接查询的映射。

➢ 基于多结果集的映射。

从 MyBatis 的角度来看，$N—N$ 关联关系与 $1—N$ 关联关系的映射策略是相同的，因为关联实体都是多个的，所以 $N—N$ 关联关系与 $1—N$ 关联关系的映射方式完全相同。

1. 基于嵌套 select 的映射

正如前面所介绍的，对于关联实体是多个的情况（包括 $N—N$ 关联关系、$1—N$ 关联关系），建议采用"基于嵌套 select 的映射 + 延迟加载"的策略，这样能保证具有较好的性能。下面示例两端都采用了这种映射策略。

对于 $N—N$ 关联关系，数据表之间必须通过关联表来建立关联关系。下面是本示例所使用的数据库脚本。

程序清单：codes\03\3.3\N2N_select\table.sql

```sql
create database MyBatis;
use MyBatis;
create table person_inf
(
 person_id integer primary key auto_increment,
 person_name varchar(255),
 person_age int
);
create table address_inf
(
 addr_id integer primary key auto_increment,
 addr_detail varchar(255)
);
-- 创建连接表
create table person_address
(
 owner_id int,
 address_id int,
 primary key(owner_id, address_id),
 foreign key(owner_id) references person_inf(person_id),
 foreign key(address_id) references address_inf(addr_id)
);
-- 下面省略插入数据的脚本
...
```

接下来，两个实体的映射文件都使用<collection.../>元素映射关联实体，然后通过 select 属性来指定嵌套 select 语句。

下面是 AddressMapper.xml 文件的代码。

程序清单：codes\03\3.3\N2N_select\src\org\crazyit\app\dao\AddressMapper.xml

```xml
<?xml version="1.0" encoding="UTF-8" ?>
<!-- MyBatis Mapper 文件的 DTD -->
<!DOCTYPE mapper PUBLIC "-//MyBatis.org//DTD Mapper 3.0//EN"
    "http://MyBatis.org/dtd/MyBatis-3-mapper.dtd">
<mapper namespace="org.crazyit.app.dao.AddressMapper">
    <select id="getAddress" resultMap="addressMap">
        select * from address_inf where addr_id=#{id}
    </select>
    <resultMap id="addressMap" type="address">
        <id column="addr_id" property="id"/>
        <result column="addr_detail" property="detail"/>
        <!-- 使用 select 指定的 select 语句去抓取关联实体，
```

```
        将当前实体的 addr_id 列的值作为参数传给 select 语句 -->
        <collection property="persons" javaType="ArrayList"
            ofType="person" column="addr_id"
            select="org.crazyit.app.dao.PersonMapper.findPersonByAddr"
            fetchType="lazy"/>
    </resultMap>
    <select id="findAddressByOwner" resultMap="addressMap">
        <!-- 通过连接表来查询指定主人拥有的全部地址 -->
        select a.* from address_inf a
        join person_address pa
        on a.addr_id = pa.address_id
        where pa.owner_id=#{id}
    </select>
</mapper>
```

上面<collection.../>元素同样指定了 javaType、ofType 属性，其中 javaType 属性指定集合本身的类型，ofType 属性指定关联实体（集合元素）的类型——这与前面介绍的 1—N 关联映射并没有任何区别。区别在于 select 属性指定的查询语句，这条查询语句需要使用连接表来查询指定地址对应的所有 Person 实体——select 属性指定的 findPersonByAddr 查询被定义在 PersonMapper.xml 文件中。

下面是 PersonMapper.xml 文件的代码。

程序清单：codes\03\3.3\N2N_select\src\org\crazyit\app\dao\PersonMapper.xml

```
<?xml version="1.0" encoding="UTF-8" ?>
<!-- MyBatis Mapper 文件的DTD -->
<!DOCTYPE mapper PUBLIC "-//MyBatis.org//DTD Mapper 3.0//EN"
    "http://MyBatis.org/dtd/MyBatis-3-mapper.dtd">
<mapper namespace="org.crazyit.app.dao.PersonMapper">
    <select id="getPerson" resultMap="personMap">
        select * from person_inf where person_id=#{id}
    </select>
    <resultMap id="personMap" type="person">
        <id column="person_id" property="id"/>
        <result column="person_name" property="name"/>
        <result column="person_age" property="age"/>
        <!-- 使用 select 指定的 select 语句去抓取关联实体，
        将当前实体的 person_id 列的值作为参数传给 select 语句，
        ofType 属性指定关联实体（集合元素）的类型 -->
        <collection property="addresses" javaType="ArrayList"
            ofType="address" column="person_id"
            select="org.crazyit.app.dao.AddressMapper.findAddressByOwner"
            fetchType="lazy"/>
    </resultMap>
    <select id="findPersonById" resultMap="personMap">
        select * from person_inf where person_id>#{id}
    </select>
    <select id="findPersonByAddr" resultMap="personMap">
        <!-- 通过连接表来查询指定地址对应的全部 Person 实体 -->
        select p.* from person_inf p
        join person_address pa
        on p.person_id = pa.owner_id
        where pa.address_id=#{id}
    </select>
</mapper>
```

该 PersonMapper.xml 文件的代码与前面 AddressMapper.xml 文件的代码相似，同样使用了<collection.../>元素来定义多个关联实体。

如果要将该示例改为使用注解，只需用@Result+@Many 注解代替<collection.../>元素即可。下面是使用注解后的 PersonMapper.java 的代码。

程序清单：codes\03\3.3\N2N_select\src\org\crazyit\app\dao\PersonMapper.java

```java
public interface PersonMapper
{
    @Select("select * from person_inf where person_id=#{id}")
    @Results(id = "personMap",
        value = {
        @Result(column = "person_id", property = "id", id = true),
        @Result(column = "person_name", property = "name"),
        @Result(column = "person_age", property = "age"),
        @Result(column = "person_id", property = "addresses",
            javaType = ArrayList.class,
            many = @Many(select = "org.crazyit.app.dao.AddressMapper.findAddressByOwner",
            fetchType = FetchType.LAZY))
    })
    Person getPerson(Integer id);

    @Select("select * from person_inf where person_id>#{id}")
    @ResultMap("personMap")
    List<Person> findPersonById(Integer id);

    @Select("select p.* from person_inf p " +
        "join person_address pa " +
        "on p.person_id = pa.owner_id " +
        "where pa.address_id=#{id}")
    @ResultMap("personMap")
    List<Person> findPersonByAddr(Integer id);
}
```

上面粗体字代码定义的 @Result 注解的功能完全类似于前面的 <collection.../> 元素的功能。下面是使用注解后的 AddressMapper.java 的代码。

程序清单：codes\03\3.3\N2N_select\src\org\crazyit\app\dao\AddressMapper.java

```java
public interface AddressMapper
{
    @Select("select * from address_inf where addr_id=#{id}")
    @Results(id = "addressMap", value = {
        @Result(column = "addr_id", property = "id", id = true),
        @Result(column = "addr_detail", property = "detail"),
        @Result(column = "addr_id", property = "persons",
            javaType = ArrayList.class,
            many = @Many(select = "org.crazyit.app.dao.PersonMapper.findPersonByAddr",
            fetchType = FetchType.LAZY))
    })
    Address getAddress(Integer id);

    @Select("select a.* from address_inf a " +
        "join person_address pa " +
        "on a.addr_id = pa.address_id " +
        "where pa.owner_id=#{id}")
    @ResultMap("addressMap")
    List<Address> findAddressByOwner(Integer id);
}
```

2. 基于多表连接查询的映射

如果使用多表连接查询将关联实体对应的数据也查询出来，那么 MyBatis 可以在两端都使用 <collection.../> 元素来映射关联实体，这样即可有效地管理 N—N 关联映射。

本示例先在 AddressMapper.xml 文件中使用多表连接查询来选出 address_inf 与 person_inf 两个表的数据，然后使用 <collection.../> 元素来映射关联实体。下面是 AddressMapper.xml 文件的代码。

程序清单：codes\03\3.3\N2N_join\src\org\crazyit\app\dao\AddressMapper.xml

```xml
<?xml version="1.0" encoding="UTF-8" ?>
```

```xml
<!-- MyBatis Mapper 文件的 DTD -->
<!DOCTYPE mapper PUBLIC "-//MyBatis.org//DTD Mapper 3.0//EN"
    "http://MyBatis.org/dtd/MyBatis-3-mapper.dtd">
<mapper namespace="org.crazyit.app.dao.AddressMapper">
    <select id="getAddress" resultMap="addressMap">
        select a.*, p.*
        from address_inf a
        join person_address pa
        on a.addr_id = pa.address_id
        join person_inf p
        on pa.owner_id = p.person_id
        where addr_id=#{id}
    </select>
    <resultMap id="addressMap" type="address">
        <id column="addr_id" property="id"/>
        <result column="addr_detail" property="detail"/>
        <!-- 指定将其他列（person_id、person_name、person_age）映射到关联的 person 实体，
        使用 PersonMapper.personMap 执行映射 -->
        <collection property="persons" javaType="ArrayList"
            ofType="person" resultMap="org.crazyit.app.dao.PersonMapper.personMap"/>
    </resultMap>
</mapper>
```

上面程序中的<select.../>元素使用多表连接查询选出 address_inf 与 person_inf 两个表的数据，后面粗体字代码使用<collection.../>元素来映射 Person 关联实体，该<collection.../>元素指定了 javaType="ArrayList"、ofType="person"，这与前面基于嵌套 select 的映射策略是完全相同的。

此外，上面<collection.../>元素指定了 resultMap 属性，该属性指定使用 PersonMapper 的 personMap 对查询返回的 person_id、person_name、person_age 进行映射。

下面是 PersonMapper.xml 文件的代码。

> 程序清单：codes\03\3.3\N2N_join\src\org\crazyit\app\dao\PersonMapper.xml

```xml
<?xml version="1.0" encoding="UTF-8" ?>
<!-- MyBatis Mapper 文件的 DTD -->
<!DOCTYPE mapper PUBLIC "-//MyBatis.org//DTD Mapper 3.0//EN"
    "http://MyBatis.org/dtd/MyBatis-3-mapper.dtd">
<mapper namespace="org.crazyit.app.dao.PersonMapper">
    <select id="getPerson" resultMap="personMap">
        select p.*, a.*
        from person_inf p
        join person_address pa
        on p.person_id = pa.owner_id
        join address_inf a
        on pa.address_id = a.addr_id
        where p.person_id=#{id}
    </select>
    <resultMap id="personMap" type="person">
        <id column="person_id" property="id"/>
        <result column="person_name" property="name"/>
        <result column="person_age" property="age"/>
        <!-- 指定将其他列（addr_id、addr_detail）映射到关联的 address 实体，
        使用 AddressMapper.addressMap 执行映射 -->
        <collection property="addresses" javaType="ArrayList"
            ofType="address"
            resultMap="org.crazyit.app.dao.AddressMapper.addressMap"/>
    </resultMap>
    <select id="findPersonById" resultMap="personMap">
        select p.*, a.*
        from person_inf p
        join person_address pa
        on p.person_id = pa.owner_id
        join address_inf a
```

```
            on pa.address_id = a.addr_id
            where p.person_id>#{id}
        </select>
</mapper>
```

由于 PersonMapper 组件定义了两个查询方法，因此上面 XML Mapper 中的两个<select.../>元素都定义了多表连接查询。

上面代码中的粗体字<collection.../>元素同样使用了 AddressMapper 的 addressMap 将查询结果中的 addr_id、addr_detail 映射成关联实体。

3. 基于多结果集的映射

如果执行存储过程（或执行多条查询语句）返回了包括关联实体数据的多个结果集，那么 MyBatis 可以在两端都使用<collection.../>元素来映射关联实体，这样即可完成双向的 *N*—*N* 关联映射。

本示例同样在数据库中定义了两个存储过程来返回多个结果集。下面是本示例所使用的数据库脚本。

程序清单：codes\03\3.3\N2N_resultSets\table.sql

```
create database MyBatis;
use MyBatis;
create table person_inf
(
 person_id integer primary key auto_increment,
 person_name varchar(255),
 person_age int
);
create table address_inf
(
 addr_id integer primary key auto_increment,
 addr_detail varchar(255)
);
-- 创建连接表
create table person_address
(
 owner_id int,
 address_id int,
 primary key(owner_id, address_id),
 foreign key(owner_id) references person_inf(person_id),
 foreign key(address_id) references address_inf(addr_id)
);
-- 省略插入数据的脚本
...
delimiter $$
-- 创建存储过程
create procedure p_get_address_person(in id int)
begin
    select * from address_inf where addr_id > id;
    select p.*, pa.* from person_inf p
    join person_address pa
    on p.person_id = pa.owner_id
    where person_id in
    (select pa.owner_id from person_address pa
    join address_inf a on pa.address_id = a.addr_id
    where a.addr_id > id);
end $$

-- 创建存储过程
create procedure p_get_person_address(in id int)
begin
    select * from person_inf where person_id > id;
    select a.*, pa.* from address_inf a
```

```
    join person_address pa
    on a.addr_id = pa.address_id
    where addr_id in
    (select pa.address_id from person_address pa
    join person_inf p on pa.owner_id = p.person_id
    where p.person_id > id);
end $$
delimiter ;
```

上面脚本中定义的 p_get_address_person 存储过程可以得到 address_inf 和 person_inf 两个表的结果集；p_get_person_address 存储过程可以得到 person_inf 和 address_inf 两个表的结果集。

接下来，程序即可在 AddressMapper.xml 中对 p_get_address_person 存储过程返回的多个结果集进行映射。下面是 AddressMapper.xml 文件的代码。

程序清单：codes\03\3.3\N2N_resultSets\src\org\crazyit\app\dao\AddressMapper.xml

```xml
<?xml version="1.0" encoding="UTF-8" ?>
<!-- MyBatis Mapper 文件的 DTD -->
<!DOCTYPE mapper PUBLIC "-//MyBatis.org//DTD Mapper 3.0//EN"
    "http://MyBatis.org/dtd/MyBatis-3-mapper.dtd">
<mapper namespace="org.crazyit.app.dao.AddressMapper">
    <!-- statementType="CALLABLE"指定调用存储过程。
    resultSets 属性指定的多个结果集名称之间只能用逗号隔开，不能用空格，
    如果用空格，则空格将作为结果集名称的一部分 -->
    <select id="findAddressById" resultSets="addrs,persons"
        resultMap="addrMap" statementType="CALLABLE">
        {call p_get_address_person(#{id, jdbcType=INTEGER, mode=IN})}
    </select>

    <!-- 默认映射第一个结果集 -->
    <resultMap id="addrMap" type="address">
        <id property="id" column="addr_id" />
        <result property="detail" column="addr_detail"/>
        <!-- column 指定 address_inf 表的外键列，foreignColumn 指定被引用的主键列，
        如果 resultSet 指定的结果集不存在，MyBatis 不会报错 -->
        <collection property="persons" javaType="ArrayList" ofType="person"
            resultSet="persons" column="addr_id" foreignColumn="address_id"
            resultMap="org.crazyit.app.dao.PersonMapper.personMap"/>
    </resultMap>
</mapper>
```

上面粗体字代码显示：该<collection.../>元素用于对 persons 结果集（来自 person_inf 表的数据）进行映射，将该结果集映射成关联的 Person 实体。

下面是 PersonMapper.xml 文件的代码。

程序清单：codes\03\3.3\N2N_resultSets\src\org\crazyit\app\dao\PersonMapper.xml

```xml
<?xml version="1.0" encoding="UTF-8" ?>
<!-- MyBatis Mapper 文件的 DTD -->
<!DOCTYPE mapper PUBLIC "-//MyBatis.org//DTD Mapper 3.0//EN"
    "http://MyBatis.org/dtd/MyBatis-3-mapper.dtd">
<mapper namespace="org.crazyit.app.dao.PersonMapper">
    <!-- statementType="CALLABLE"指定调用存储过程。
    resultSets 属性指定的多个结果集名称之间只能用逗号隔开，不能用空格，
    如果用空格，则空格将作为结果集名称的一部分 -->
    <select id="findPersonById" resultSets="persons,addrs"
        resultMap="personMap" statementType="CALLABLE">
        {call p_get_person_address(#{id, jdbcType=INTEGER, mode=IN})}
    </select>

    <!-- 默认映射第一个结果集 -->
    <resultMap id="personMap" type="person">
```

```
        <id property="id" column="person_id" />
        <id property="name" column="person_name" />
        <result property="age" column="person_age"/>
        <!-- column 指定 person_inf 表中被引用的主键列, foreignColumn 指定从表的外键列,
        如果 resultSet 指定的结果集不存在, MyBatis 不会报错 -->
        <collection property="addresses" javaType="ArrayList" ofType="address"
            resultSet="addrs" column="person_id" foreignColumn="owner_id"
            resultMap="org.crazyit.app.dao.AddressMapper.addrMap"/>
    </resultMap>
</mapper>
```

上面粗体字代码显示：该<collection.../>元素用于对 addrs 结果集（来自 address_inf 表的数据）进行映射，将该结果集映射成关联的 Address 实体。

3.4　基于辨别者列的继承映射

对于面向对象的编程语言来说，继承、多态是两个最基本的概念。MyBatis 的继承映射可以被理解为两个持久化类之间的继承关系，例如老师和人之间的关系，老师继承了人，可以认为老师是一个特殊的人，因此在查询人的实例时，老师的实例也应该被查询出来。

▶▶ 3.4.1　继承映射的简单示例

MyBatis 的继承映射策略是将整个继承树的所有实例保存在一个数据表中，为了有效地区分不同记录属于哪个实例，MyBatis 需要为该表额外增加一个辨别者列——该列中不同的值代表不同的实例。

 提示:
> 如果读者有 Hibernate 或 JPA 的编程经验，应该还记得它们默认的 SINGLE_TABLE 映射策略，而 MyBatis 的继承映射就采用了这种策略。

例如，下面示例包括两个实体类：Person 类与 Customer 类，其中 Customer 继承了 Person。下面是 Person 类的代码。

程序清单：codes\03\3.4\simple\src\org\crazyit\app\domain\Person.java

```
public class Person
{
    private Integer id;
    private String name;
    private int age;
    // 省略构造器和 setter、getter 方法
    ...
}
```

下面是 Customer 类的代码。

程序清单：codes\03\3.4\simple\src\org\crazyit\app\domain\Customer.java

```
public class Customer extends Person
{
    private String comments;
    // 省略构造器和 setter、getter 方法
    ...
}
```

正如前文所介绍的，MyBatis 将会使用一个表来保存整个继承树，这意味着底层数据库将会用一个表同时保存 Person 和 Customer 实体，因此需要为该数据表额外增加一个"辨别者列"。

下面是本示例所使用的数据库脚本。

程序清单：codes\03\3.4\simple\table.sql

```sql
create database MyBatis;
usc MyBatis;
create table person_inf
(
 person_id integer primary key auto_increment,
 person_name varchar(255),
 person_age int,
 comments varchar(255),
 person_type int
);

insert into person_inf
values (null, '孙悟空', 500, '最爱打怪升级', 1);
insert into person_inf
values (null, '猪八戒', 280, '美食和美女两不误', 1);
insert into person_inf
values (null, '玉面狐狸', 26, '家有良田千顷', 1);
insert into person_inf
values (null, '蜘蛛精', 19, null, null);
insert into person_inf
values (null, '白鼠精', 34, null, null);
```

上面的数据库脚本在创建 person_inf 表时增加了一个 person_type 列，该列就是辨别者列——该列中不同的值代表不同类的实例，此处用 1 代表 Customer，所以后面插入数据记录时前三条记录的 person_type 的值都是 1。

MyBatis 在<resultMap.../>元素中添加<discriminator.../>子元素来定义辨别者列，该元素的用法很简单，它可支持如下 4 个能"顾名思义"的属性。

➢ column：指定辨别者列的列名。

➢ javaType：指定该辨别者列对应的 Java 类型。

➢ jdbcType：指定该辨别者列对应的 JDBC 类型。

➢ typeHandler：指定处理该辨别者列的类型处理器。

通常建议辨别者列使用 int 类型，这是由于 int 类型的数值在比较时具有更好的性能。不过，MyBatis 也支持使用 String 类型的辨别者列。int 类型的辨别者列具有更好的性能，但 String 类型的辨别者列具有更好的可读性。

接下来需要为<discriminator.../>元素添加<case.../>子元素，该子元素指定不同的值代表不同的类。<case.../>子元素可支持如下属性。

➢ value：指定一个"值"，不同的值代表不同的类。

➢ resultType：指定一个"类"，不同的值代表不同的类。value 和 resultType 的对应关系就指定了"值与类"之间的对应关系。

➢ resultMap：指定一个结果映射的 id，该结果映射负责完成子类的映射。

元素的 resultType 和 resultMap 两个属性只要指定其中之一即可，如果指定 resultType 属性，则意味还需要为元素添加子元素来完成列名与属性之间的对应关系；如果指定 resultMap 属性，则需要额外定义一个元素来完成指定类的映射。

下面是本示例的 PersonMapper 组件的接口代码。

程序清单：codes\03\3.4\simple\src\org\crazyit\app\dao\PersonMapper.java

```java
public interface PersonMapper
{
    List<Person> findPersonByAge(Integer age);
}
```

上面接口代码中只定义了一个简单的方法，该方法用于根据 age 来查询 Person 对象，但由于 Person 是 Customer 的父类，因此该方法也应该能查询出 Customer 对象。

接下来将会在 PersonMapper.xml 中使用元素定义辨别者列，并通过子元素定义辨别者列的不同值与不同类之间的对应关系。下面是 PersonMapper.xml 的代码。

程序清单：codes\03\3.4\simple\src\org\crazyit\app\dao\PersonMapper.xml

```xml
<?xml version="1.0" encoding="UTF-8" ?>
<!-- MyBatis Mapper 文件的 DTD -->
<!DOCTYPE mapper PUBLIC "-//MyBatis.org//DTD Mapper 3.0//EN"
    "http://MyBatis.org/dtd/MyBatis-3-mapper.dtd">
<mapper namespace="org.crazyit.app.dao.PersonMapper">
    <select id="findPersonByAge" resultMap="personMap">
        select * from person_inf where person_age>#{age}
    </select>
    <resultMap id="personMap" type="person">
        <id column="person_id" property="id"/>
        <result column="person_name" property="name"/>
        <result column="person_age" property="age"/>
        <!-- 定义辨别者列，列名为 person_type -->
        <discriminator column="person_type" javaType="int">
            <!- 当辨别者列的值为 1 时，代表该记录对应 Customer 实例 -->
            <case value="1" resultType="customer">
                <result column="comments" property="comments"/>
            </case>
        </discriminator>
    </resultMap>
</mapper>
```

上面粗体字代码指定了 column="person_type"，这意味着辨别者列为 person_type，该列的类型是 Integer（int 是别名）。

在<discriminator.../>元素中添加了一个<case.../>子元素，该子元素指定了当辨别者列的值为 1时，代表该记录对应 Customer 实例。<case.../>元素中的<result.../>子元素则定义了 comments 列与comments 属性之间的对应关系。

下面定义如下方法来测试 PersonMapper 组件的方法。

程序清单：codes\03\3.4\simple\src\lee\PersonManager.java

```java
public static void selectPerson(SqlSession sqlSession)
{
    // 获取 Mapper 对象
    var personMapper = sqlSession.getMapper(PersonMapper.class);
    // 调用 Mapper 对象的方法执行持久化操作
    var personList = personMapper.findPersonByAge(20);
    System.out.println(personList);
    // 提交事务
    sqlSession.commit();
    // 关闭资源
    sqlSession.close();
}
```

上面程序中的粗体字代码测试了 PersonMapper 组件的 findPersonByAge()方法，该方法将会返回符合条件的 Person 对象。运行以上方法，在控制台将会看到生成如下日志：

```
[java] DEBUG [main] org.crazyit.app.dao.PersonMapper.findPersonByAge ==>
Preparing: select * from person_inf where person_age>?
    [java] DEBUG [main] org.crazyit.app.dao.PersonMapper.findPersonByAge ==>
Parameters: 20(Integer)
    [java] DEBUG [main] org.crazyit.app.dao.PersonMapper.findPersonByAge <==
Total: 4
    [java] [Customer[id=1, name=孙悟空, age=500, comments=最爱打怪升级], Customer[id=2,
name=猪八戒, age=280, comments=美食和美女两不误], Customer[id=3, name=玉面狐狸, age=26,
comments=家有良田千顷], Person[id=5, name=白鼠精, age=34]]
```

从上面的日志可以清楚地看到，findPersonByAge()方法不仅返回了 Person 对象，也返回了 Customer 对象，对于 person_type 列的值为 1 的记录，MyBatis 将它映射成了 Customer 对象。

如果要将该示例改为使用注解，则使用@TypeDiscriminator 注解代替元素，并使用@Case 注解代替子元素。

需要说明的是，@TypeDiscriminator 注解并不作为其他注解的属性使用，该注解可直接修饰目标方法。下面是使用注解的 PersonMapper.java 的代码。

程序清单：codes\03\3.4\simple 注解\src\org\crazyit\app\dao\PersonMapper.java

```java
public interface PersonMapper
{
    @Select("select * from person_inf where person_age>#{age}")
    @Results({
        @Result(column = "person_id", property = "id", id = true),
        @Result(column = "person_name", property="name"),
        @Result(column = "person_age", property="age")
    })
    // 定义辨别者列，列名为 person_type
    @TypeDiscriminator(column = "person_type",javaType = Integer.class,
        cases = {
        // 当辨别者列的值为1 时，代表该记录对应 Customer 实例
        @Case(value = "1", type = Customer.class,
            results = {
                @Result(column = "comments", property = "comments")
            })
    })
    List<Person> findPersonByAge(Integer age);
}
```

为<case.../>元素的 resultType 属性指定了辨别者列的值与特定类型的对应关系，因此，通常还需要为<case.../>元素增加<result.../>子元素来定义列名与属性之间的映射关系。

另外还有一种用法：为<case.../>元素指定 resultMap 属性，该属性值为另一个<resultMap.../>的 id 值，表明使用该<resultMap.../>定义的结果映射进行具体的映射。

现在将以上示例改成为<case.../>元素指定 resultMap 属性，下面是 PersonMapper.xml 的代码。

程序清单：codes\03\3.4\simple2\src\org\crazyit\app\dao\PersonMapper.xml

```xml
<?xml version="1.0" encoding="UTF-8" ?>
<!-- MyBatis Mapper 文件的DTD -->
<!DOCTYPE mapper PUBLIC "-//MyBatis.org//DTD Mapper 3.0//EN"
    "http://MyBatis.org/dtd/MyBatis-3-mapper.dtd">
<mapper namespace="org.crazyit.app.dao.PersonMapper">
    <select id="findPersonByAge" resultMap="personMap">
        select * from person_inf where person_age>#{age}
    </select>
    <resultMap id="personMap" type="person">
        <id column="person_id" property="id"/>
        <result column="person_name" property="name"/>
        <result column="person_age" property="age"/>
        <!-- 定义辨别者列，列名为 person_type -->
        <discriminator column="person_type" javaType="int">
            <!-- 当辨别者列的值为1 时，使用 customerMap 进行映射 -->
            <case value="1" resultMap="customerMap"/>
        </discriminator>
    </resultMap>
    <!-- 指定将结果集映射成 Customer 对象，
        该结果映射继承了 personMap，因此它会直接继承 personMap 中定义的 id、result 等子元素
    -->
    <resultMap id="customerMap" type="customer" extends="personMap">
        <result column="comments" property="comments"/>
```

```
    </resultMap>
</mapper>
```

上面代码中的<case.../>元素指定了 resultMap="customerMap"，这意味着对于辨别者列的值为 1 的记录，MyBatis 使用 id 为 customerMap 的结果映射执行映射。

上面代码中的粗体字代码定义了 id 为 customerMap 的结果映射，注意该<resultMap.../>元素中的 extends="personMap"，这表明该结果映射继承了 personMap——千万不要忘记指定该 extends 属性，否则 customerMap 与 personMap 就是完全独立的两个结果映射，这样 customerMap 中将只包含一个<result.../>子元素，那就会导致 Customer 实例只映射了 comments 列，而 person_id、person_name、person_age 列都不会被映射。

▶▶ 3.4.2 继承映射的复杂示例

本节介绍的示例程序中包含了多个持久化类，这些持久化类之间不仅存在继承关系，也存在复杂的关联关系。学习该示例程序不仅可以掌握继承映射的知识，也可以帮助读者复习前面介绍过的关联映射。

本示例程序中一共包含 Person、Employee、Manager、Customer、Address 5 个实体类，这 5 个持久化类之间的继承关系是：Person 派生出 Employee 和 Customer，而 Employee 又派生出了 Manager，Person 和 Address 之间存在单向的 1—1 关联关系。

上面 5 个实体之间的关联关系是：Employee 和 Manager 之间存在双向的 N—1 关联关系，Employee 和 Customer 之间存在双向的 1—N 关联关系。

图 3.4 显示了这 5 个实体之间的关联关系和继承关系。

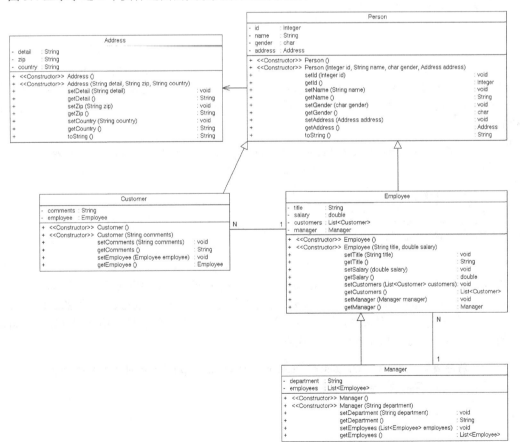

图 3.4　5 个实体之间的关联关系和继承关系

在上面 5 个实体中，Address 实体比较独立，它只和 Person 之间存在单向的 1—1 关联关系，因此 Address 类比较简单，它就是一个普通的 JavaBean。下面是该 Address 类的代码。

程序清单：codes\03\3.4\discriminator\src\org\crazyit\app\domain\Address.java

```java
public class Address
{
    // 定义代表该 Address 详细信息的成员变量
    private String detail;
    // 定义代表该 Address 邮编信息的成员变量
    private String zip;
    // 定义代表该 Address 国家信息的成员变量
    private String country;
    // 下面省略构造器和 setter、getter 方法
    ...
}
```

由于 Person 类与 Address 之间存在单向的 1—1 关联关系，因此在 Person 类中要增加一个 Address 类型的属性。下面是 Person 类的代码。

程序清单：codes\03\3.4\discriminator\src\org\crazyit\app\domain\Person.java

```java
public class Person
{
    private Integer id;
    private String name;
    private char gender;
    // 代表该 Person 关联的 Address 实体
    private Address address;
    // 下面省略构造器和 setter、getter 方法
    ...
}
```

该 Person 类中定义了一个 Address 类型的属性，它代表该 Person 关联的 Address 实体。

Customer 继承了 Person，它与 Employee 之间存在双向的 N—1 关联关系，因此 Customer 类需要定义一个 Employee 类型的属性，用于记录它与 Employee 之间的关联关系。下面是 Customer 类的代码。

程序清单：codes\03\3.4\discriminator\src\org\crazyit\app\domain\Customer.java

```java
public class Customer extends Person
{
    // 顾客的评论信息
    private String comments;
    private Employee employee;
    // 下面省略构造器和 setter、getter 方法
    ...
}
```

Employee 继承了 Person，它与 Customer 之间存在双向的 1—N 关联关系，还与 Manager 之间存在双向的 N—1 关联关系，因此 Employee 类需要定义一个 List<Customer>类型的属性，用于记录它与 Customer 之间的关联关系，还需要定义一个 Manager 类型的属性，用于记录它与 Manager 之间的关联关系。下面是 Employee 类的代码。

程序清单：codes\03\3.4\discriminator\src\org\crazyit\app\domain\Employee.java

```java
public class Employee extends Person
{
    // 定义该员工职位的成员变量
    private String title;
    // 定义该员工工资的成员变量
    private double salary;
```

```
    private List<Customer> customers;
    private Manager manager;
    // 下面省略构造器和 setter、getter 方法
    ...
}
```

Manager 继承了 Employee，它与 Employee 之间存在双向的 1—*N* 关联关系，因此 Manager 类需要定义一个 List<Employee>类型的属性，用于记录它与 Employee 之间的关联关系。下面是 Manager 类的代码。

　　　　　程序清单：codes\03\3.4\discriminator\src\org\crazyit\app\domain\Manager.java

```
public class  Manager extends Employee
{
    // 定义经理管辖部门的属性
    private String department;
    private List<Employee> employees;
    // 下面省略构造器和 setter、getter 方法
    ...
}
```

MyBatis 采用一个表来保存整个继承树的所有实例，因此本示例将使用一个表来保存 Person、Customer、Employee、Manager 与实例对应的记录。下面是本示例所使用的数据库脚本。

　　　　　　　　程序清单：codes\03\3.4\discriminator\table.sql

```
create database MyBatis;
use MyBatis;
create table person_inf (
  person_id int primary key auto_increment,
  address_country varchar(255),
  address_detail varchar(255),
  address_zip varchar(255),
  name varchar(255),
  gender char(1) NOT NULL,
  comments varchar(255),
  salary double,
  title varchar(255),
  department varchar(255),
  employee_id int(11),
  manager_id int(11),
  person_type varchar(31) NOT NULL,
  -- 定义 Employee 与 Manager 之间的关联关系
  foreign key (manager_id) references person_inf (person_id),
  -- 定义 Customer 与 Employee 之间的关联关系
  foreign key (employee_id) references person_inf (person_id)
);
-- 省略插入数据的脚本
...
```

由于本示例的 Person 类存在三层继承关系（顶层父类是 Person，第二层是 Employee 和 Customer，第三层是 Manager），而且 Customer、Employee 和 Manager 之间也存在复杂的关联关系，因此它们的映射文件会比较复杂。

本示例的 PersonMapper 组件的接口中只有一个方法，下面是该 PersonMapper 接口的代码。

　　　　　程序清单：codes\03\3.4\discriminator\src\org\crazyit\app\dao\PersonMapper.java

```
public interface PersonMapper
{
    Person getPerson(int id);
}
```

虽然上面 PersonMapper 接口中只定义了一个方法，但由于 Person 类的复杂性，该组件的映射

文件会比较复杂。下面是 PersonMapper.xml 的代码。

程序清单：codes\03\3.4\discriminator\src\org\crazyit\app\dao\PersonMapper.xml

```xml
<?xml version="1.0" encoding="UTF-8" ?>
<!DOCTYPE mapper
    PUBLIC "-//MyBatis.org//DTD Mapper 3.0//EN"
    "http://MyBatis.org/dtd/MyBatis-3-mapper.dtd">
<mapper namespace="org.crazyit.app.dao.PersonMapper">
    <select id="getPerson" resultMap="personMap">
        select p.*,
        emp.person_id emp_person_id,
        emp.address_country emp_address_country,
        emp.address_detail emp_address_detail,
        emp.address_zip emp_address_zip,
        emp.name emp_name,
        emp.gender emp_gender,
        emp.salary emp_salary,
        emp.title emp_title,
        emp.department emp_department,
        emp.employee_id emp_employee_id,
        emp.manager_id emp_manager_id,
        emp.person_type emp_person_type,
        mgr.person_id mgr_person_id,
        mgr.address_country mgr_address_country,
        mgr.address_detail mgr_address_detail,
        mgr.address_zip mgr_address_zip,
        mgr.name mgr_name,
        mgr.gender mgr_gender,
        mgr.salary mgr_salary,
        mgr.title mgr_title,
        mgr.department mgr_department,
        mgr.employee_id mgr_employee_id,
        mgr.manager_id mgr_manager_id,
        mgr.person_type mgr_person_type
        from person_inf p
        left join person_inf mgr
        on p.manager_id = mgr.person_id
        left join person_inf emp
        on p.employee_id = emp.person_id
        where p.person_id = #{id}
    </select>

    <resultMap id="personMap" type="person" autoMapping="true">
        <id property="id" column="person_id" />
        <!-- 列名（或列别名）与属性名相同时可省略该配置。
        column 指定 person_inf 表中将作为参数的列
        -->
        <association property="address" javaType="address">
            <result property="detail" column="address_detail" />
            <result property="zip" column="address_zip" />
            <result property="country" column="address_country" />
        </association>
        <!-- 定义辨别者列 -->
        <discriminator javaType="string" column="person_type">
            <case value="员工" resultMap="employeeMap"/>
            <case value="顾客" resultMap="customerMap"/>
            <case value="经理" resultMap="managerMap"/>
        </discriminator>
    </resultMap>

    <resultMap id="customerMap" type="customer" extends="personMap" autoMapping="true">
        <association property="employee" javaType="employee"
            columnPrefix="emp_" resultMap="employeeMap">
```

```xml
        </association>
    </resultMap>

    <resultMap id="employeeMap" type="employee" extends="personMap" autoMapping="true">
        <association property="manager" javaType="manager"
            columnPrefix="mgr_" resultMap="managerMap">
        </association>
        <collection property="customers" column="person_id"
            javaType="ArrayList" ofType="customer" fetchType="lazy"
            select="findCustomersByEmployee">
        </collection>
        <!-- 定义辨别者列 -->
        <discriminator javaType="string" column="person_type">
            <case value="经理" resultMap="managerMap"/>
        </discriminator>
    </resultMap>

    <resultMap id="managerMap" type="manager" extends="employeeMap" autoMapping="true">
        <collection property="employees" column="person_id"
            javaType="ArrayList" ofType="employee" fetchType="lazy"
            select="findEmployeesByManager">
        </collection>
    </resultMap>

    <select id="findEmployeesByManager" resultMap="employeeMap">
        select p.*,
        emp.person_id emp_person_id,
        emp.address_country emp_address_country,
        emp.address_detail emp_address_detail,
        emp.address_zip emp_address_zip,
        emp.name emp_name,
        emp.gender emp_gender,
        emp.salary emp_salary,
        emp.title emp_title,
        emp.department emp_department,
        emp.employee_id emp_employee_id,
        emp.manager_id emp_manager_id,
        emp.person_type emp_person_type,
        mgr.person_id mgr_person_id,
        mgr.address_country mgr_address_country,
        mgr.address_detail mgr_address_detail,
        mgr.address_zip mgr_address_zip,
        mgr.name mgr_name,
        mgr.gender mgr_gender,
        mgr.salary mgr_salary,
        mgr.title mgr_title,
        mgr.department mgr_department,
        mgr.employee_id mgr_employee_id,
        mgr.manager_id mgr_manager_id,
        mgr.person_type mgr_person_type
        from person_inf p
        left join person_inf mgr
        on p.manager_id = mgr.person_id
        left join person_inf emp
        on p.employee_id = emp.person_id
        where p.person_type='员工' and p.manager_id = #{id}
    </select>
    <select id="findCustomersByEmployee" resultMap="customerMap">
        select p.*,
        emp.person_id emp_person_id,
        emp.address_country emp_address_country,
        emp.address_detail emp_address_detail,
        emp.address_zip emp_address_zip,
        emp.name emp_name,
```

```
            emp.gender emp_gender,
            emp.salary emp_salary,
            emp.title emp_title,
            emp.department emp_department,
            emp.employee_id emp_employee_id,
            emp.manager_id emp_manager_id,
            emp.person_type emp_person_type,
            mgr.person_id mgr_person_id,
            mgr.address_country mgr_address_country,
            mgr.address_detail mgr_address_detail,
            mgr.address_zip mgr_address_zip,
            mgr.name mgr_name,
            mgr.gender mgr_gender,
            mgr.salary mgr_salary,
            mgr.title mgr_title,
            mgr.department mgr_department,
            mgr.employee_id mgr_employee_id,
            mgr.manager_id mgr_manager_id,
            mgr.person_type mgr_person_type
            from person_inf p
            left join person_inf mgr
            on p.manager_id = mgr.person_id
            left join person_inf emp
            on p.employee_id = emp.person_id
            where p.person_type='顾客' and p.employee_id = #{id}
    </select>
</mapper>
```

上面的映射文件有点复杂，其实本示例尽可能让 MyBatis 具有更好的运行性能——当关联实体是单个时，<select../>元素使用多表连接查询来获取关联实体的信息，采用了基于多表连接查询的映射策略；当关联实体是多个时，采用了"基于嵌套 select 的映射+延迟加载"的策略，

从以上示例可以看出，当表与表之间存在复杂的关联关系，甚至表内还存在复杂的自关联关系时，如果使用 MyBatis 处理这种复杂的关联关系会比较费力，主要体现为如下两点：

➢ 开发时需要编写复杂的多表连接、自连接查询语句，这对于许多开发者来说都是一个挑战。
➢ 使用这种复杂的关联映射在某种程度上必然会降低 MyBatis 的性能。

很显然，MyBatis 在关联映射、继承映射方面存在一定的局限性，如果开发者希望简化 MyBatis 的用法，提高 MyBatis 的运行性能，则可以放弃使用 MyBatis 的关联映射、继承映射，而是尽量简单地使用单表映射的方式来操作数据表。

此外，如果开发者确实需要利用实体类的领域特性，希望充分利用实体之间的关联关系，那么使用 MyBatis 显然不是一个优先项，而使用 JPA（Hibernate）会简单得多。

📁 3.5 动态 SQL

动态 SQL 是 MyBatis 的强大特性之一，通过动态 SQL，MyBatis 允许在 XML Mapper 定义的 SQL 语句中使用分支、循环等控制流程，这样就大大扩展了 SQL 语句的功能。

学习 MyBatis 3.x 的动态 SQL，只要掌握以下几个元素即可。

➢ if：用于为 SQL 语句增加分支功能。
➢ choose (when, otherwise)：用于为 SQL 语句增加分支功能，类似于 switch 的功能。
➢ foreach：用于为 SQL 语句增加循环功能。
➢ trim (where, set)：主要用于去掉多余的空格等字符。

▶▶ 3.5.1 if 元素的用法

如果开发过与图 3.5 所示类似的动态查询页面，开发者一定会对 SQL 语句拼接的噩梦记忆犹新。

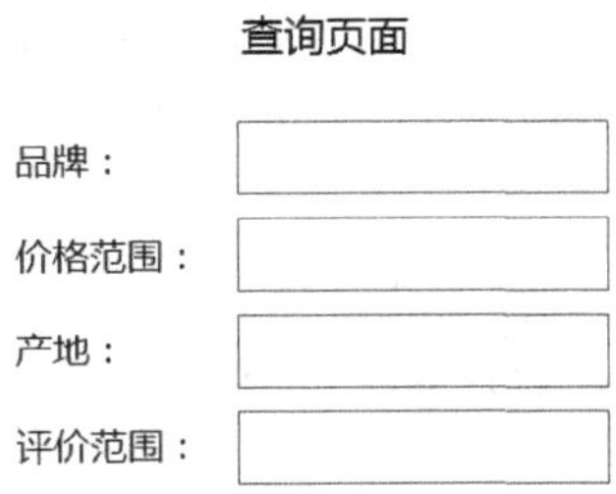

查询页面

品牌：	
价格范围：	
产地：	
评价范围：	

图 3.5　动态查询页面

对于图 3.5 所示的这种动态查询页面（在实际项目中可能包含十几个动态查询条件），不同用户输入的查询条件是完全不同的：有的用户只根据品牌查询；有的用户需要根据品牌、价格范围查询；有的用户要根据品牌和产地查询……每个查询条件都有可能不填写，也有可能填写，这就意味着程序必须动态判断用户是否填写了查询条件，再根据查询条件来拼接 SQL 语句——这是一件非常乏味的事情。

使用动态 SQL 的<if.../>元素可以优雅地解决这个问题，<if.../>元素允许指定一个 test 属性，当该属性为 true 时，SQL 语句才会自动拼接上<if.../>元素中间的内容。

例如，本示例的 NewsMapper 需要根据 title 或 content 查询，但用户可能只输入 title 查询条件，也可能只输入 content 查询条件，或者同时输入这两个查询条件——使用动态 SQL 的<if.../>元素可以优雅地处理这种场景。下面是本示例的 Mapper 接口的代码。

程序清单： codes\03\3.5\if\src\org\crazyit\app\dao\NewsMapper.java

```java
public interface NewsMapper
{
    List<News> findActiveNews(@Param("title") String title,
        @Param("content") String content);
}
```

接下来在 NewsMapper.xml 文件中使用<if.../>元素定义动态查询条件。下面是 NewsMapper.xml 的代码。

程序清单： codes\03\3.5\if\src\org\crazyit\app\dao\NewsMapper.xml

```xml
<?xml version="1.0" encoding="UTF-8" ?>
<!DOCTYPE mapper PUBLIC "-//MyBatis.org//DTD Mapper 3.0//EN"
    "http://MyBatis.org/dtd/MyBatis-3-mapper.dtd">
<mapper namespace="org.crazyit.app.dao.NewsMapper">
    <select id="findActiveNews" resultType="news">
    select news_id id, news_title title,
    news_content content, status
    from news_inf where status = 'active'
    <!-- 当 title 参数不为 null 时，增加根据 title 查询的条件 -->
    <if test="title != null">
        and news_title like #{title}
    </if>
    <!-- 当 content 参数不为 null 时，增加根据 content 查询的条件 -->
    <if test="content != null">
        and news_content like #{content}
    </if>
    </select>
</mapper>
```

上面查询语句中的粗体字代码动态处理了 title、content 参数是否存在的问题，当 title 参数存在时，MyBatis 会在 SQL 语句中添加 "and news_title like #{title}" 部分；当 content 参数存在时，MyBatis 会在 SQL 语句中添加 "and news_content like #{content}" 部分。

现在定义如下三个方法来测试 NewsMapper 组件的 findActiveNews()方法。

程序清单：codes\03\3.5\if\src\lee\NewsManager.java

```java
public static void selectTest(SqlSession sqlSession)
{
    // 获取 Mapper 对象
    var newsMapper = sqlSession.getMapper(NewsMapper.class);
    // 调用 Mapper 对象的方法执行持久化操作
    var newsList = newsMapper.findActiveNews(null, null);
    System.out.println("查询返回的所有记录：" + newsList);
    // 提交事务
    sqlSession.commit();
    // 关闭资源
    sqlSession.close();
}
public static void selectTest2(SqlSession sqlSession)
{
    // 获取 Mapper 对象
    var newsMapper = sqlSession.getMapper(NewsMapper.class);
    // 调用 Mapper 对象的方法执行持久化操作
    var newsList = newsMapper.findActiveNews("%李刚%", null);
    System.out.println("查询返回的所有记录：" + newsList);
    // 提交事务
    sqlSession.commit();
    // 关闭资源
    sqlSession.close();
}
public static void selectTest3(SqlSession sqlSession)
{
    // 获取 Mapper 对象
    var newsMapper = sqlSession.getMapper(NewsMapper.class);
    // 调用 Mapper 对象的方法执行持久化操作
    var newsList = newsMapper.findActiveNews(null, "%李刚%");
    System.out.println("查询返回的所有记录：" + newsList);
    // 提交事务
    sqlSession.commit();
    // 关闭资源
    sqlSession.close();
}
```

上面三行粗体字代码在调用 findActiveNews()方法时分别传入了不同的参数：第一次调用 findActiveNews()方法时传入的 title、content 参数都是 null，动态 SQL 将会生成如下日志：

```
[java] DEBUG [main] org.crazyit.app.dao.NewsMapper.findActiveNews ==> Preparing:
select news_id id, news_title title, news_content content, status from news_inf where
status = 'active'
```

从上面的 SQL 语句可以看到，这条 SQL 语句不对 news_title、news_content 列进行查询。

第二次调用 findActiveNews()方法时传入了 title 参数，而 content 参数是 null，动态 SQL 将会生成如下日志：

```
[java] DEBUG [main] org.crazyit.app.dao.NewsMapper.findActiveNews ==> Preparing:
select news_id id, news_title title, news_content content, status from news_inf where
status = 'active' and news_title like ?
```

从上面的 SQL 语句可以看到，这条 SQL 语句仅对 news_title 列进行查询。

第三次调用 findActiveNews()方法时传入了 content 参数，而 title 参数是 null，动态 SQL 将会生成如下日志：

```
[java] DEBUG [main] org.crazyit.app.dao.NewsMapper.findActiveNews ==> Preparing:
select news_id id, news_title title, news_content content, status from news_inf where
status = 'active' and news_content like ?
```

从上面的 SQL 语句可以看到，这条 SQL 语句仅对 news_content 列进行查询。

上面示例很好地模拟了用户不输入查询条件、仅根据 title 查询、仅根据 content 查询这三种情况，从上面的日志可以看到，使用动态 SQL 可以非常优雅地处理这些情况。

如果要将该示例改为使用注解，则需要使用@SelectProvider 注解代替<select.../>元素。

> **注意**
>
> 通常@Select 注解不能接受动态 SQL，动态 SQL 必须使用@SelectProvider 注解来代替<select.../>元素。如果要在@Select、@Insert、@Update、@Delete 等注解中使用动态 SQL，则需要将这些动态 SQL 放在<script.../>元素内定义，本章 3.5.8 节会有这种示例。

实际上，@SelectProvider 注解只支持两个属性。

➢ type 或 value：指定用于生成动态 SQL 的类。

➢ method：指定前一个类中哪个方法用于生成动态 SQL。该属性可以省略，其默认值为 provideSql。

对于 type 或 value 属性所指定的类，并没有什么特别的要求（无须实现特定接口，也无须继承特别的基类），它只要提供一个方法（既可以是 static 方法，也可以是实例方法），该方法会根据查询参数来动态生成 SQL 语句。

如果直接使用字符串拼接的方式，那么又回到了最初的原点：还是需要使用 String 拼接 SQL 字符串！为了避免使用 String 拼接 SQL 字符串，MyBatis 提供了 SQL 类，该类提供了如下常用方法来拼接 SQL 字符串。

➢ T DELETE_FROM(String table)：该方法用于拼接 SQL 语句的"delete from table"部分。

➢ T FROM(String... tables)：从 MyBatis 3.4.2 开始新增了该方法，该方法可取代早期的单个参数的 FROM(String table)方法。该方法用于拼接查询语句中的 from 子句。

➢ T GROUP_BY(String... columns)：从 MyBatis 3.4.2 开始新增了该方法，该方法可取代早期的单个参数的 GROUP_BY(String columns)方法。该方法用于拼接查询语句中的 group by 子句。

➢ T HAVING(String... conditions)：从 MyBatis 3.4.2 开始新增了该方法，该方法可取代早期的单个参数的 HAVING(String conditions)方法。该方法用于拼接查询语句中的 having 子句。

➢ T INNER_JOIN(String... joins)：从 MyBatis 3.4.2 开始新增了该方法，该方法可取代早期的单个参数的 INNER_JOIN(String join)方法。该方法用于拼接查询语句中的 inner join 子句。

➢ T INSERT_INTO(String tableName)：该方法用于拼接 SQL 语句的"insert into tableName"部分。

➢ T INTO_COLUMNS(String... columns)：该方法用于拼接 SQL 语句的"insert into tableName"之后列名列表部分。

➢ T INTO_VALUES(String... values)：该方法用于拼接 insert into 语句的 values 值列表部分。

➢ T JOIN(String... joins)：从 MyBatis 3.4.2 开始新增了该方法，该方法可取代早期的单个参数的 JOIN(String join)方法。该方法用于拼接查询语句中的 join 子句。

➢ T LEFT_OUTER_JOIN(String... joins)：从 MyBatis 3.4.2 开始新增了该方法，该方法可取代早期的单个参数的 LEFT_OUTER_JOIN(String join)方法。该方法用于拼接查询语句中的 left outer join 子句。

➢ T ORDER_BY(String... columns)：从 MyBatis 3.4.2 开始新增了该方法，该方法可取代早期的单个参数的 ORDER_BY(String columns)方法。该方法用于拼接查询语句中的 order by 子句。

➤ T OUTER_JOIN(String... joins)：从 MyBatis 3.4.2 开始新增了该方法，该方法可取代早期的单个参数的 OUTER_JOIN(String join)方法。该方法用于拼接查询语句中的 outer join 子句。

➤ T RIGHT_OUTER_JOIN(String... joins)：从 MyBatis 3.4.2 开始新增了该方法，该方法可取代早期的单个参数的 RIGHT_OUTER_JOIN(String join)方法。该方法用于拼接查询语句中的 right outer join 子句。

➤ T SELECT(String... columns)：从 MyBatis 3.4.2 开始新增了该方法，该方法可取代早期的单个参数的 SELECT(String columns)方法。该方法用于拼接查询语句中的"select 列列表"部分。

➤ T SELECT_DISTINCT(String... columns)：从 MyBatis 3.4.2 开始新增了该方法，该方法可取代早期的单个参数的 SELECT_DISTINCT(String columns)方法。该方法用于拼接查询语句中的"select distinct 列名列表"部分。

➤ T SET(String... sets)：从 MyBatis 3.4.2 开始新增了该方法，该方法可取代早期的单个参数的 SET(String sets)方法。该方法用于拼接 update 语句的 set 子句。

➤ T UPDATE(String table)：该方法用于拼接 SQL 语句的"update table"部分。

➤ T VALUES(String columns, String values)：该方法用于拼接 SQL 语句的 values 部分。

➤ T WHERE(String... conditions)：从 MyBatis 3.4.2 开始新增了该方法，该方法可取代早期的单个参数的 WHERE(String conditions)方法。该方法用于拼接 SQL 语句的 where 条件。

> **提示：**
> 此处列出这些方法只是提供一个快速查询的列表，读者完全没有必要去记住这些方法，因为这些方法的方法名都能"顾名思义"——只要你熟悉 SQL 语法，看到这些方法名自然就能猜到各方法的功能和作用。这些方法无非就是把 SQL 语句的各部分都拆解成方法，这样能让开发者更方便地拼接 SQL 语句，而且可以根据条件来动态拼接 SQL 语句。

下面将上一个示例改为使用注解，首先在 NewsMapper.java 中使用@SelectProvider 注解代替 <select.../>元素。下面是 NewsMapper.java 的代码。

程序清单：codes\03\3.5\if\src\org\crazyit\app\dao\NewsMapper.java

```java
public interface NewsMapper
{
    // 指定由 NewsSqlBuilder 类的 provideSql 方法（默认）来生成 SQL 语句
    @SelectProvider(NewsSqlBuilder.class)
    List<News> findActiveNews(String title,
        String content);
}
```

上面粗体字代码使用@SelectProvider 注解修饰了查询方法，该注解指定 NewsSqlBuilder 负责动态生成 SQL 语句。由于没有指定 method 参数，因此默认使用 provideSql()方法来生成 SQL 语句。

下面是 NewsSqlBuilder 类的代码。

程序清单：codes\03\3.5\if\src\org\crazyit\app\dao\NewsSqlBuilder.java

```java
public class NewsSqlBuilder
{
    // 如果不使用@Param 注解，该方法的参数必须与 Mapper 参数同名
    // 前面 Mapper 组件没有使用命名参数，因此只能使用默认的查询参数：paramN 或 argN
    public String provideSql(final String param1, final String param2)
    {
        return new SQL(){{
            SELECT("*");
            FROM("news_inf");
            WHERE("status = 'active'");
```

```
        // 动态生成的部分
        if (param1 != null) {
            WHERE("news_title like #{param1}");
        }
        // 动态生成的部分
        if (param2 != null) {
            WHERE("news_content like #{param2}");
        }
    }}.toString();
    }
}
```

上面 NewsSqlBuilder 类中定义了一个 provideSql()方法，该方法会负责根据查询参数动态生成 SQL 语句。

provideSql()方法的参数其实是来自 Mapper 组件的查询参数，如果没有在 provideSql()方法中使用@Param 注解，那么就需要保证 provideSql()方法的参数与 Mapper 组件的查询参数同名。由于前面 NewsMapper 组件的查询方法并未使用命名参数（要么使用@Param 修饰，要么使用 Java 8 及以上版本中的-parameters 编译选项），故此处只能使用默认的查询参数（param*N* 或 arg*N*）。

上面方法中 return 语句的写法有点怪，这需要读者有扎实的 Java 基础——return 语句首先创建了 SQL 类的匿名内部类的实例，这需要写成：

```
new SQL(){

}
```

有了 SQL 对象之后，接下来需要调用 SELECT、FROM、WHERE 等方法来拼接 SQL 语句，此时有两个选择：

➤ 通过匿名内部类创建的 SQL 对象来调用 SELECT、FROM、WHERE 等方法。
➤ 直接在 SQL 类的匿名内部类的实例初始化块中调用 SELECT、FROM、WHERE 等方法。

该示例代码使用的是第二种方式，也就是说，程序直接在 SQL 类的匿名内部类里面定义了实例初始化块，这样就变成了如下形式：

```
new SQL(){{
    ...
}}
```

不要以为 new SQL()后面的两组花括号是乱写的，它们的存在都有特定的语法意义：第一组花括号代表匿名内部类的类体部分；第二组花括号代表匿名内部类里面的实例初始化快。

> **提示**：
> 很想提醒大家，很多初学者总喜欢把框架当成很难的东西，一会儿使用 A 框架，一会儿使用 B 框架……被互联网上所谓的潮流忽悠得两头跑。但实际上真正掌握了扎实的 Java 基础之后（《疯狂 Java 讲义》多啃几遍），学习各种框架都能事半功倍。

该示例的测试代码与前面使用<select.../>元素的示例代码完全相同，运行效果也完全相同。

如果为@SelectProvider 注解指定 method 属性，则可在 NewsSqlBuilder 类中使用任意名称的方法。例如，如下示例在 NewsMapper 接口中使用了@SelectProvider 注解修饰。

程序清单：codes\03\3.5\if\src\org\crazyit\app\dao\NewsMapper.java

```
public interface NewsMapper
{
    // 指定由 NewsSqlBuilder 类的 buildfindActiveNews 方法来生成 SQL 语句
    @SelectProvider(type = NewsSqlBuilder.class, method = "buildfindActiveNews")
    List<News> findActiveNews(String title,
        String content);
}
```

上面@SelectProvider 注解指定由 NewsSqlBuilder 的 buildfindActiveNews()方法来生成 SQL 语句，因此该 NewsSqlBuilder 类不再定义 provideSql()方法，而是定义 buildfindActiveNews()方法。

下面是 NewsSqlBuilder 类的代码。

程序清单：codes\03\3.5\if\src\org\crazyit\app\dao\NewsSqlBuilder.java

```java
public class NewsSqlBuilder
{
    // 使用@Param 注解声明 Mapper 中的 arg0 参数对应 title 参数
    // 使用@Param 注解声明 Mapper 中的 arg1 参数对应 content 参数
    public String buildfindActiveNews(@Param("arg0") final String title,
        @Param("arg1") final String content)
    {
        return new SQL(){{
            SELECT("*");
            FROM("news_inf");
            WHERE("status = 'active'");
            // 动态生成的部分
            if (title != null) {
                WHERE("news_title like #{param1}");
            }
            // 动态生成的部分
            if (content != null) {
                WHERE("news_content like #{param2}");
            }
        }}.toString();
    }
}
```

上面程序中定义了 buildfindActiveNews()方法，而且在该方法中使用了@Param 注解——使用@Param("arg0")修饰第一个参数，这意味着将 Mapper 查询中的 arg0 参数传给第一个参数；使用@Param("arg1")修饰第二个参数，这意味着将 Mapper 查询中的 arg1 参数传给第二个参数，这样该方法的形参名可以使用更有意义的 title、content——此时你可以使用任意的形参名。

该程序的运行效果与上一个示例完全相同。

▶▶ 3.5.2　在 update 更新列中使用 if

与动态查询类似，使用 update 语句更新同样面临这种情况：用户填写了哪几个字段的值，update 语句就应该只更新这几个字段。

为了动态控制 update 语句更新的字段，同样可以使用<if.../>元素进行控制。例如，如下 NewsMapper 组件要实现对 news_inf 表的更新，但程序有时只想更新 news_title 列，有时只想更新 news_content 列，有时想同时更新这两列。

下面是 NewsMapper 组件的接口代码。

程序清单：codes\03\3.5\update_if\src\org\crazyit\app\dao\NewsMapper.java

```java
public interface NewsMapper
{
    Integer updateNews(News news);
}
```

下面是 NewsMapper.xml 的代码。

程序清单：codes\03\3.5\update_if\src\org\crazyit\app\dao\NewsMapper.xml

```xml
<?xml version="1.0" encoding="UTF-8" ?>
<!DOCTYPE mapper PUBLIC "-//MyBatis.org//DTD Mapper 3.0//EN"
    "http://MyBatis.org/dtd/MyBatis-3-mapper.dtd">
<mapper namespace="org.crazyit.app.dao.NewsMapper">
    <update id="updateNews">
        update news_inf
```

```
        set
        <!-- 当 title 参数不为 null 时，增加对 title 的更新 -->
        <if test="title != null">
            news_title = #{title},
        </if>
        <!-- 当 content 参数不为 null 时，增加对 content 的更新 -->
        <if test="content != null">
            news_content = #{content},
        </if>
        status = #{status}
        where news_id = #{id}
    </update>
</mapper>
```

上面第一段粗体字代码进行了判断，当 title 参数不为 null 时，才会在 set 部分增加 news_title=#{title}；当 content 参数不为 null 时，才会在 set 部分增加 news_content=#{content}。

现在使用如下三个测试方法来测试 NewsMapper 的 updateNews()方法。

程序清单：codes\03\3.5\update_if\src\lee\NewsManager.java

```java
public static void updateTest(SqlSession sqlSession)
{
    // 获取 Mapper 对象
    var newsMapper = sqlSession.getMapper(NewsMapper.class);
    var news = new News(1, "美丽新世界", "有一个美丽的新世界，它在远方等我", "inactive");
    // 调用 Mapper 对象的方法执行持久化操作
    Integer n = newsMapper.updateNews(news);
    System.out.printf("更新了%d 条记录%n", n);
    // 提交事务
    sqlSession.commit();
    // 关闭资源
    sqlSession.close();
}

public static void updateTest2(SqlSession sqlSession)
{
    // 获取 Mapper 对象
    var newsMapper = sqlSession.getMapper(NewsMapper.class);
    var news = new News(1, "天开了", null, "inactive");
    // 调用 Mapper 对象的方法执行持久化操作
    var n = newsMapper.updateNews(news);
    System.out.printf("更新了%d 条记录%n", n);
    // 提交事务
    sqlSession.commit();
    // 关闭资源
    sqlSession.close();
}

public static void updateTest3(SqlSession sqlSession)
{
    // 获取 Mapper 对象
    var newsMapper = sqlSession.getMapper(NewsMapper.class);
    var news = new News(1, null, "月满西楼", "inactive");
    // 调用 Mapper 对象的方法执行持久化操作
    var n = newsMapper.updateNews(news);
    System.out.printf("更新了%d 条记录%n", n);
    // 提交事务
    sqlSession.commit();
    // 关闭资源
    sqlSession.close();
}
```

上面第一个方法中传入的 News 对象的 title、content 参数都不为 null，因此 MyBatis 动态生成的 update 语句如下：

```
[java] DEBUG [main] org.crazyit.app.dao.NewsMapper.updateNews ==> Preparing:
update news_inf set news_title = ?, news_content = ?, status = ? where news_id = ?
```

从上面的语句可以看到，News 对象的 title、content 参数都不为 null，因此这条 update 语句同时更新了 news_title 和 news_content 两列。

上面第二个方法中传入的 News 对象的 title 参数不为 null，content 参数为 null，因此 MyBatis 动态生成的 update 语句如下：

```
[java] DEBUG [main] org.crazyit.app.dao.NewsMapper.updateNews ==> Preparing:
update news_inf set news_title = ?, status = ? where news_id = ?
```

从上面的语句可以看到，News 对象的 title 参数不为 null，content 参数为 null，因此这条 update 语句只更新了 news_title 列，没有更新 news_content 列。

上面第三个方法中传入的 News 对象的 title 参数为 null，content 参数不为 null，因此 MyBatis 动态生成的 update 语句如下：

```
[java] DEBUG [main] org.crazyit.app.dao.NewsMapper.updateNews ==> Preparing:
update news_inf set news_content = ?, status = ? where news_id = ?
```

从上面的语句可以看到，News 对象的 title 参数为 null，content 参数不为 null，因此这条 update 语句没有更新 news_title 列，只更新了 news_content 列。

如果要将本示例改为使用注解，则需要使用@UpdateProvider 注解代替<update.../>元素。@UpdateProvider 注解与@SelectProvider 注解一样，同样需要指定 value（或 type）和 method 两个属性，该注解同样用于指定一个额外的类来动态生成 SQL 语句。

下面是改为使用注解的 NewsMapper 接口的代码。

> **程序清单**：codes\03\3.5\update_if 注解\src\org\crazyit\app\dao\NewsMapper.java

```java
public interface NewsMapper
{
    // 指定由 NewsSqlBuilder 类的 provideSql 方法（默认）来生成 SQL 语句
    @UpdateProvider(NewsSqlBuilder.class)
    Integer updateNews(News news);
}
```

上面粗体字注解指定了由 NewsSqlBuilder 类的 provideSql 方法（默认）来生成 SQL 语句。下面是 NewsSqlBuilder 类的代码。

> **程序清单**：codes\03\3.5\update_if 注解\src\org\crazyit\app\dao\NewsSqlBuilder.java

```java
public class NewsSqlBuilder
{
    // 如果不使用@Param 注解，该方法的参数必须与 Mapper 参数同名
    public String provideSql(final News news)
    {
        return new SQL(){{
            UPDATE("news_inf");
            // 动态生成的部分
            if (news != null && news.getTitle() != null) {
                SET("news_title = #{title}");
            }
            // 动态生成的部分
            if (news != null && news.getContent() != null) {
                SET("news_content = #{content}");
            }
            SET("status = #{status}");
            WHERE("news_id = #{id}");
```

```
        }}.toString();
    }
}
```

上面粗体字代码就是根据参数是否为 null 动态生成 SQL 语句的关键代码。

该示例的测试程序与前面使用<update.../>元素的示例的测试程序完全相同，程序的运行结果也是相同的。

➤➤ 3.5.3 在 insert 动态插入列中使用 if

动态插入同样存在这个问题，尤其是当底层数据列指定了默认值时，假如用户只填写了两列对应的值，那么剩下的数据列就应该使用默认值，因此，程序需要根据用户输入动态拼接 SQL 语句，而且拼接动态 insert 语句更复杂，既需要拼接 "insert into ()" 的括号里面的列名列表，也需要拼接 "values()" 的括号里面的值列表，所以比较费劲。

为了动态控制 insert 语句插入的字段，同样可以使用<if.../>元素进行控制。例如，如下 NewsMapper 组件要向 news_inf 表中插入记录，但程序有时只想为 news_title 列插入值，有时只想为 news_content 列插入值，有时想同时为两列插入值。

下面是 NewsMapper 组件的接口代码。

程序清单：codes\03\3.5\insert_if\src\org\crazyit\app\dao\NewsMapper.java

```java
public interface NewsMapper
{
    Integer saveNews(News news);
}
```

下面是 NewsMapper.xml 的代码。

程序清单：codes\03\3.5\insert_if\src\org\crazyit\app\dao\NewsMapper.xml

```xml
<?xml version="1.0" encoding="UTF-8" ?>
<!DOCTYPE mapper PUBLIC "-//MyBatis.org//DTD Mapper 3.0//EN"
    "http://MyBatis.org/dtd/MyBatis-3-mapper.dtd">
<mapper namespace="org.crazyit.app.dao.NewsMapper">
    <insert id="saveNews">
        insert into news_inf (
        <!-- 当 title 参数不为 null 时，增加对 news_title 列的插入 -->
        <if test="title != null">
            news_title,
        </if>
        <!-- 当 content 参数不为 null 时，增加对 news_content 列的插入 -->
        <if test="content != null">
            news_content,
        </if>
        status)
        values(
        <!-- 当 title 参数不为 null 时，增加插入 news_title 列的值 -->
        <if test="title != null">
            #{title},
        </if>
        <!-- 当 content 参数不为 null 时，增加插入 news_content 列的值 -->
        <if test="content != null">
            #{content},
        </if>
        #{status})
    </insert>
</mapper>
```

代码中前面两个<if.../>元素定义了对 news_title、news_content 列的动态控制：当 title 参数不为 null 时，才会在 "insert into ()" 的括号里面增加 news_title 列；当 content 参数不为 null 时，才会在

"insert into ()" 的括号里面增加 news_content 列。

代码中后面两个<if.../>元素定义了对 news_title、news_content 列值的动态控制：当 title 参数不为 null 时，才会在 "values ()" 的括号里面增加#{title}作为列值；当 content 参数不为 null 时，才会在 "values ()" 的括号里面增加#{content}作为列值。

本示例使用的数据库脚本如下。

程序清单：codes\03\3.5\insert_if\table.sql

```sql
create database MyBatis;
use MyBatis;
-- 创建数据表
create table news_inf
(
 news_id integer primary key auto_increment,
 news_title varchar(255) default '默认标题',
 news_content varchar(255) default '默认内容',
 status varchar(255) default 'active'
);
```

上面的数据库脚本在创建 news_inf 表时为 news_title、news_content、status 列指定了默认值，因此，如果在插入数据时没有为 news_title、news_content、status 列插入值，它们就会使用默认值。

现在使用如下三个测试方法来测试 NewsMapper 的 saveNews()方法。

程序清单：codes\03\3.5\insert_if\src\lee\NewsManager.java

```java
public static void insertTest(SqlSession sqlSession)
{
    // 获取 Mapper 对象
    var newsMapper = sqlSession.getMapper(NewsMapper.class);
    var news = new News(null, "美丽新世界", "有一个美丽的新世界，它在远方等我", "active");
    // 调用 Mapper 对象的方法执行持久化操作
    var n = newsMapper.saveNews(news);
    System.out.printf("插入了%d 条记录%n", n);
    // 提交事务
    sqlSession.commit();
    // 关闭资源
    sqlSession.close();
}

public static void insertTest2(SqlSession sqlSession)
{
    // 获取 Mapper 对象
    var newsMapper = sqlSession.getMapper(NewsMapper.class);
    var news = new News(null, "天开了", null, "active");
    // 调用 Mapper 对象的方法执行持久化操作
    var n = newsMapper.saveNews(news);
    System.out.printf("插入了%d 条记录%n", n);
    // 提交事务
    sqlSession.commit();
    // 关闭资源
    sqlSession.close();
}

public static void insertTest3(SqlSession sqlSession)
{
    // 获取 Mapper 对象
    var newsMapper = sqlSession.getMapper(NewsMapper.class);
    var news = new News(null, null, "月满西楼", "active");
    // 调用 Mapper 对象的方法执行持久化操作
    var n = newsMapper.saveNews(news);
```

```
        System.out.printf("插入了%d 条记录%n", n);
        // 提交事务
        sqlSession.commit();
        // 关闭资源
        sqlSession.close();
}
```

上面第一个方法中传入的 News 对象的 title、content 参数都不为 null，因此 MyBatis 动态生成的 insert 语句如下：

```
[java] DEBUG [main] org.crazyit.app.dao.NewsMapper.saveNews ==> Preparing: insert
into news_inf ( news_title, news_content, status) values( ?, ?, ?)
```

从上面语句可以看到，News 对象的 title、content 参数都不为 null，因此这条 insert 语句同时为 news_title、news_content 列插入了值。

上面第二个方法中传入的 News 对象的 title 参数不为 null，content 参数为 null，因此 MyBatis 动态生成的 insert 语句如下：

```
[java] DEBUG [main] org.crazyit.app.dao.NewsMapper.saveNews ==> Preparing: insert
into news_inf ( news_title, status) values( ?, ?)
```

从上面语句可以看到，News 对象的 title 参数不为 null，content 参数为 null，因此这条 insert 语句只为 news_title 列插入了值，没有为 news_content 列插入值。

上面第三个方法中传入的 News 对象的 title 参数为 null，content 参数不为 null，因此 MyBatis 动态生成的 insert 语句如下：

```
[java] DEBUG [main] org.crazyit.app.dao.NewsMapper.saveNews ==> Preparing: insert
into news_inf ( news_content, status) values( ?, ?)
```

从上面语句可以看到，News 对象的 title 参数为 null、content 参数不为 null，因此这条 insert 语句没有为 news_title 列插入值，只为 news_content 列插入了值。

上面三个方法运行结束后，将会看到底层数据表中包含如图 3.6 所示的记录。

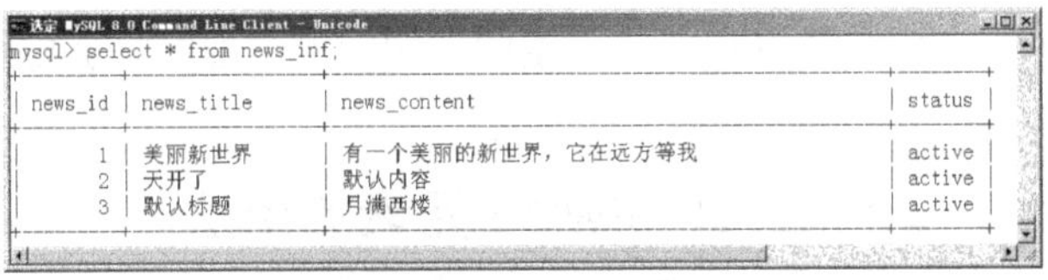

图 3.6 使用默认值的记录

从图 3.6 中可以看出，在插入第二条记录时，没有为 new_content 列插入值，因此第二条记录的 news_content 列使用了默认值；在插入第三条记录时，没有为 new_title 列插入值，因此第三条记录的 news_title 列使用了默认值。

如果要将本示例改为使用注解，则需要使用 @InsertProvider 注解代替 <insert.../> 元素。@InsertProvider 注解与 @SelectProvider 注解一样，同样需要指定 value（或 type）和 method 两个属性，该注解同样用于指定一个额外的类来动态生成 SQL 语句。

下面是改用注解的 NewsMapper 接口的代码。

程序清单：codes\03\3.5\insert_if 注解\src\org\crazyit\app\dao\NewsMapper.java

```
public interface NewsMapper
{
    // 指定由 NewsSqlBuilder 类的 provideSql 方法（默认）来生成 SQL 语句
    @InsertProvider(NewsSqlBuilder.class)
    Integer saveNews(News news);
}
```

上面粗体字注解指定了由 NewsSqlBuilder 类的 provideSql 方法（默认）来生成 SQL 语句。下面是 NewsSqlBuilder 类的代码。

程序清单：codes\03\3.5\insert_if 注解\src\org\crazyit\app\dao\NewsSqlBuilder.java

```java
public class NewsSqlBuilder
{
    // 如果不使用@Param 注解，该方法的参数必须与 Mapper 参数同名
    public String provideSql(final News news)
    {
        return new SQL(){{
            INSERT_INTO("news_inf");
            // 动态生成的部分
            if (news != null && news.getTitle() != null) {
                INTO_COLUMNS("news_title");
            }
            // 动态生成的部分
            if (news != null && news.getContent() != null) {
                INTO_COLUMNS("news_content");
            }
            INTO_COLUMNS("status");
            // 动态生成的部分
            if (news != null && news.getTitle() != null) {
                INTO_VALUES("#{title}");
            }
            // 动态生成的部分
            if (news != null && news.getContent() != null) {
                INTO_VALUES("#{content}");
            }
            INTO_VALUES("#{status}");
        }}.toString();
    }
}
```

上面前两段粗体字代码根据 news 对象的 title、content 参数是否为 null 动态生成"insert into ()"的括号里面的列名列表；后两段粗体字代码根据 news 对象的 title、content 是否为 null 动态生成"values ()"的括号里面的值列表。

该示例的测试程序与前面使用<insert.../>元素的示例的测试程序完全相同，程序的运行结果也是相同的。

▶▶ 3.5.4 choose、when、otherwise 元素的用法

与<if.../>元素类似的还有<choose.../>、<when.../>和<otherwise.../>元素，这些元素也可实现分支，它们的执行流程有点类似于 switch 语句：这些分支都是排他性的，程序只能执行其中之一。

下面示例的要求是：如果用户输入了 title 查询条件，程序就根据 news_title 列执行查询；如果用户输入了 content 查询条件，程序就根据 news_content 列执行查询；否则，默认查询指定用户发表的全部消息。

本示例的 News 实体增加了一个 poster 属性。下面是 News 类的代码。

程序清单：codes\03\3.5\choose\src\org\crazyit\app\domain\News.java

```java
public class News
{
    private Integer id;
    private String title;
    private String content;
    private String poster;
    private String status;
    // 省略构造器和 getter、setter 方法
    ...
}
```

由于该示例的 News 实体增加了 poster 属性，因此底层数据表也需要额外增加一个 news_poster

列。本示例的数据库脚本可参考本书配套代码中 codes\03\3.5\choose 目录下的 table.sql。

本示例的 NewsMapper 接口代码如下。

程序清单：codes\03\3.5\choose\src\org\crazyit\app\dao\NewsMapper.java

```java
public interface NewsMapper
{
    List<News> findActiveNews(@Param("title") String title,
        @Param("content") String content);
}
```

下面是该 NewsMapper.xml 映射文件的代码。

程序清单：codes\03\3.5\choose\src\org\crazyit\app\dao\NewsMapper.xml

```xml
<?xml version="1.0" encoding="UTF-8" ?>
<!DOCTYPE mapper PUBLIC "-//MyBatis.org//DTD Mapper 3.0//EN"
    "http://MyBatis.org/dtd/MyBatis-3-mapper.dtd">
<mapper namespace="org.crazyit.app.dao.NewsMapper">
    <select id="findActiveNews" resultType="news">
        select news_id id, news_title title,
        news_content content, news_poster poster, status
        from news_inf where status = 'active'
        <choose>
            <!-- 当 title 参数不为 null 时，则根据 news_title 列执行查询 -->
            <when test="title != null">
                and news_title like #{title}
            </when>
            <!-- 当 content 参数不为 null 时，则根据 news_content 列执行查询 -->
            <when test="content != null">
                and news_content like #{content}
            </when>
            <!-- 否则根据 news_poster 列执行查询 -->
            <otherwise>
                and lower(news_poster) = 'charlie'
            </otherwise>
        </choose>
    </select>
</mapper>
```

上面的粗体字代码使用<choose.../>元素进行了分支判断，该<choose.../>元素中包含三个分支，这三个分支具有排他性，程序只执行其中一个分支。

当 title 参数不为 null 时，程序将会添加"and news_title like #{title}"查询条件，不再使用其他查询条件；当 title 参数为 null、content 参数不为 null 时，程序将会添加"and news_content like #{content}"查询条件，不再使用其他查询条件；当 title 参数为 null、content 参数也为 null 时，程序才会添加"and lower(news_poster) = 'charlie'"查询条件。

现在使用如下三个测试方法来测试 NewsMapper 的 findActiveNews()方法。

程序清单：codes\03\3.5\update_if\src\lee\NewsManager.java

```java
public static void selectTest(SqlSession sqlSession)
{
    // 获取 Mapper 对象
    var newsMapper = sqlSession.getMapper(NewsMapper.class);
    // 调用 Mapper 对象的方法执行持久化操作
    var newsList = newsMapper.findActiveNews(null, null);
    System.out.println("查询返回的所有记录: " + newsList);
    // 提交事务
    sqlSession.commit();
    // 关闭资源
    sqlSession.close();
}
```

```
public static void selectTest2(SqlSession sqlSession)
{
    // 获取 Mapper 对象
    var newsMapper = sqlSession.getMapper(NewsMapper.class);
    // 调用 Mapper 对象的方法执行持久化操作
    var newsList = newsMapper.findActiveNews("%李刚%", null);
    System.out.println("查询返回的所有记录: " + newsList);
    // 提交事务
    sqlSession.commit();
    // 关闭资源
    sqlSession.close();
}
public static void selectTest3(SqlSession sqlSession)
{
    // 获取 Mapper 对象
    var newsMapper = sqlSession.getMapper(NewsMapper.class);
    // 调用 Mapper 对象的方法执行持久化操作
    var newsList = newsMapper.findActiveNews(null, "%李刚%");
    System.out.println("查询返回的所有记录: " + newsList);
    // 提交事务
    sqlSession.commit();
    // 关闭资源
    sqlSession.close();
}
```

上面第一个方法中传入的 title、content 参数都为 null，因此 MyBatis 动态生成的 select 语句如下：

```
[java] DEBUG [main] org.crazyit.app.dao.NewsMapper.findActiveNews ==> Preparing:
select news_id id, news_title title, news_content content, news_poster poster, status
from news_inf where status = 'active' and lower(news_poster) = 'charlie'
```

从上面语句可以看到，传入的 title、content 参数都为 null，因此这条 select 语句会根据 news_poster 列执行查询。

上面第二个方法中传入的 title 参数不为 null，content 参数为 null，因此 MyBatis 动态生成的 select 语句如下：

```
[java] DEBUG [main] org.crazyit.app.dao.NewsMapper.findActiveNews ==> Preparing:
select news_id id, news_title title, news_content content, news_poster poster, status
from news_inf where status = 'active' and news_title like ?
```

从上面语句可以看到，传入的 title 参数不为 null，content 参数为 null，因此这条 select 语句只根据 news_title 列执行查询。

上面第三个方法中传入的 title 参数为 null、content 参数不为 null，因此 MyBatis 动态生成的 select 语句如下：

```
[java] DEBUG [main] org.crazyit.app.dao.NewsMapper.findActiveNews ==> Preparing:
select news_id id, news_title title, news_content content, news_poster poster, status
from news_inf where status = 'active' and news_content like ?
```

从上面语句可以看到，传入的 title 参数为 null，content 参数不为 null，因此这条 select 语句只根据 news_content 列执行查询。

如果要将本示例改为使用注解，则需要使用@SelectProvider 注解代替<select.../>元素。下面是改用注解的 NewsMapper 接口的代码。

程序清单：codes\03\3.5\choose 注解\src\org\crazyit\app\dao\NewsMapper.java

```
public interface NewsMapper
{
```

```
    // 指定由 NewsSqlBuilder 类的 provideSql 方法（默认）来生成 SQL 语句
    @SelectProvider(NewsSqlBuilder.class)
    List<News> findActiveNews(@Param("title") String title,
        @Param("content") String content);
}
```

上面粗体字注解指定了由 NewsSqlBuilder 类的 provideSql 方法（默认）来生成 SQL 语句。下面是 NewsSqlBuilder 类的代码。

程序清单：codes\03\3.5\choose 注解\src\org\crazyit\app\dao\NewsSqlBuilder.java

```
public class NewsSqlBuilder
{
    public String provideSql(@Param("title") String title,
        @Param("content") String content)
    {
        return new SQL(){{
            SELECT("news_id id, news_title title");
            SELECT("news_content content, news_poster poster, status");
            FROM("news_inf");
            WHERE("status = 'active'");
            // 动态生成的部分
            if (title != null) {
                WHERE("news_title like #{title}");
            }
            // 动态生成的部分
            else if (content != null) {
                WHERE("news_content like #{content}");
            }
            else {
                WHERE("lower(news_poster) = 'charlie'");
            }
        }}.toString();
    }
}
```

上面粗体字代码使用的是 if...else if...else 流程控制，这种流程控制也是只能进入其中一条流程：当 title 参数不为 null 时，上面代码用 "WHERE("news_title like #{title}");" 添加查询条件；当 title 参数为 null、content 参数不为 null 时，上面代码用 "WHERE("news_content like #{content}")" 添加查询条件；当 title 与 content 参数同时为 null 时，上面代码使用 "WHERE("lower(news_poster) = 'charlie'");" 添加查询条件。

该示例的测试程序与前面使用<select.../>元素的示例的测试程序完全相同，程序的运行结果也是相同的。

▶▶ 3.5.5　where 与 trim 的用法

在 SQL 语句的 where 条件中使用<if.../>或<choose.../>元素时，其实是有一个陷阱的，请看如下<select.../>元素：

```
<select id="findActiveNews" resultType="news">
    select news_id id, news_title title,
    news_content content, status
    from news_inf where
    <!-- 当 title 参数不为 null 时，添加根据 title 查询的条件 -->
    <if test="title != null">
        and news_title like #{title}
    </if>
    <!-- 当 content 参数不为 null 时，添加根据 content 查询的条件 -->
    <if test="content != null">
        and news_content like #{content}
```

```
        </if>
    </select>
```

发现该<select.../>元素定义的动态查询语句与前面 if 示例中<select.../>元素的差别了吗？

此处的<select.../>元素定义的查询语句中 where 后面就是<if.../>元素，而前面 if 示例中<select.../>元素定义的查询语句中 where 后面有 status = 'active'。这就是此处的<select.../>元素的问题所在：假如 title 参数不为 null，那么该<select.../>元素动态生成的查询语句为如下形式：

```
    select news_id id, news_title title,
    news_content content, status
    from news_inf where
    and news_title like #{title}
```

发现这条语句的问题了吧，它多了一个 and 运算符！当 where 后面原来就带查询条件时，这个 and 运算符就是必需的；当 where 后面原来没有查询条件时，这个 and 运算符就是多余的。

为了处理 and、or 等运算符的问题，MyBatis 提供了<where.../>元素，该元素不需要指定任何属性，它的用法就是"包含"所有 where 条件，而<where.../>元素可以有效地去除 where 条件中多余的 and、or 等运算符。

例如，下面示例仅需要根据 news_title、news_content 列执行查询，不需要对 status 列进行查询，此时就不需要"status = 'active'"查询条件，因此，下面的 NewsMapper.xml 使用<where.../>元素来定义 where 条件。

程序清单：codes\03\3.5\where\src\org\crazyit\app\dao\NewsMapper.xml

```
<?xml version="1.0" encoding="UTF-8" ?>
<!DOCTYPE mapper PUBLIC "-//MyBatis.org//DTD Mapper 3.0//EN"
    "http://MyBatis.org/dtd/MyBatis-3-mapper.dtd">
<mapper namespace="org.crazyit.app.dao.NewsMapper">
    <select id="findNews" resultType="news">
        select news_id id, news_title title,
        news_content content, status
        from news_inf
        <!-- 使用 where 元素定义查询条件，
        where 元素可以去除查询条件中多余的 and、or 运算符 -->
        <where>
            <!-- 当 title 参数不为 null 时，添加根据 title 查询的条件 -->
            <if test="title != null">
                and news_title like #{title}
            </if>
            <!-- 当 content 参数不为 null 时，添加根据 content 查询的条件 -->
            <if test="content != null">
                and news_content like #{content}
            </if>
        </where>
    </select>
</mapper>
```

现在使用如下三个方法来测试该 NewsMapper 组件的 findNews()方法。

程序清单：codes\03\3.5\where\src\lee\NewsManager.java

```
public static void selectTest(SqlSession sqlSession)
{
    // 获取 Mapper 对象
    var newsMapper = sqlSession.getMapper(NewsMapper.class);
    // 调用 Mapper 对象的方法执行持久化操作
    var newsList = newsMapper.findNews(null, null);
    System.out.println("查询返回的所有记录: " + newsList);
    // 提交事务
    sqlSession.commit();
    // 关闭资源
```

```
        sqlSession.close();
    }
    public static void selectTest2(SqlSession sqlSession)
    {
        // 获取 Mapper 对象
        var newsMapper = sqlSession.getMapper(NewsMapper.class);
        // 调用 Mapper 对象的方法执行持久化操作
        var newsList = newsMapper.findNews("%李刚%", null);
        System.out.println("查询返回的所有记录: " + newsList);
        // 提交事务
        sqlSession.commit();
        // 关闭资源
        sqlSession.close();
    }
    public static void selectTest3(SqlSession sqlSession)
    {
        // 获取 Mapper 对象
        var newsMapper = sqlSession.getMapper(NewsMapper.class);
        // 调用 Mapper 对象的方法执行持久化操作
        var newsList = newsMapper.findNews(null, "%李刚%");
        System.out.println("查询返回的所有记录: " + newsList);
        // 提交事务
        sqlSession.commit();
        // 关闭资源
        sqlSession.close();
    }
```

上面第一个方法中传入的 title、content 参数都为 null，因此 MyBatis 动态生成的 select 语句如下：

```
[java] DEBUG [main] org.crazyit.app.dao.NewsMapper.findNews ==> Preparing: select
news_id id, news_title title, news_content content, status from news_inf
```

从上面语句可以看到，传入的 title、content 参数都为 null，因此这条 select 语句完全没有查询条件，所以<where.../>元素不仅去掉了 and、or 等运算符，还去掉了 where 关键字——这就是<where.../>元素的方便之处。

上面第二个方法中传入的 title 参数不为 null、content 参数为 null，因此 MyBatis 动态生成的 select 语句如下：

```
[java] DEBUG [main] org.crazyit.app.dao.NewsMapper.findNews ==> Preparing: select
news_id id, news_title title, news_content content, status from news_inf WHERE news_title
like ?
```

从上面语句可以看到，传入的 title 参数不为 null，content 参数为 null，因此这条 select 语句只根据 news_title 列执行查询，此时<where../>元素去掉了"and news_title like #{title}"前面的 and 运算符，因为它是多余的。

上面第三个方法中传入的 title 参数为 null、content 参数不为 null，因此 MyBatis 动态生成的 select 语句如下：

```
[java] DEBUG [main] org.crazyit.app.dao.NewsMapper.findNews ==> Preparing: select
news_id id, news_title title, news_content content, status from news_inf WHERE
news_content like ?
```

从上面语句可以看到，传入的 title 参数为 null，content 参数不为 null，因此这条 select 语句只根据 news_content 列执行查询。此时<where../>元素去掉了"and news_content like #{content}"前面的 and 运算符，因为它是多余的。

> **提示：**
> 如果使用注解来处理 where 条件，由于程序本身就需要使用 WHERE 方法来添加查询条件，MyBatis 的 WHERE 方法本来就能动态去掉 and、or 等运算符，因此使用注解不存在上面问题。

从上面的运行结果不难看出，<where.../>元素的主要作用就是去掉 and、or 等运算符，而实际上这些功能都是由<trim.../>元素提供的。

元素支持如下 4 个属性。

➢ prefix：该属性指定元素会动态前置（在前面添加）字符串，比如元素就需要根据是否有查询条件动态前置"WHERE"关键字，因此 prefix 属性就应该被指定为"WHERE"。

➢ suffix：该属性与 prefix 属性的作用类似，只不过它指定动态后置（在后面添加）字符串。

➢ prefixOverrides：该属性指定元素会动态删除前面不需要的内容，比如元素就需要动态删除查询条件之前的 and、or 等运算符，因此 prefixOverrides 属性就应该被指定为"AND |OR"。

➢ suffixOverrides：该属性与 prefixOverrides 属性的作用类似，只不过它指定动态删除后面不需要的内容。

根据上面介绍不难发现，其实元素的本质就是如下元素：

```
<trim prefix="WHERE" prefixOverrides="AND |OR ">
    ...
</trim>
```

▶▶ 3.5.6 set 与 trim 的用法

前面介绍动态更新时同样也存在这个问题，例如如下元素：

```
<update id="updateNews">
    update news_inf
    set
    <!-- 当 title 参数不为 null 时，增加对 title 的修改 -->
    <if test="title != null">
        news_title = #{title},
    </if>
    <!-- 当 content 参数不为 null 时，增加对 content 的修改 -->
    <if test="content != null">
        news_content = #{content}
    </if>
    where news_id = #{id}
</update>
```

当调用该元素定义的更新方法时，如果传入的 title 参数不为 null、content 参数为 null，那么这条 update 语句就变成了如下形式：

```
    update news_inf
    set
    news_title = #{title},
    where news_id = #{id}
```

发现这条语句的问题了吗？它多出一个逗号——update 语句要求 set 更新的列值之间用英文逗号隔开，但最后一个列值后面就不再需要逗号了，因此上面的 update 语句就出现了错误。

MyBatis 提供了元素来处理这个"逗号"问题，元素不需要指定任何属性，它的用法就是"包含"所有的"列名=列值"部分，而元素可以有效地去除多余的逗号。

例如，下面示例使用元素来"包含"对列值的修改。下面是 NewsMapper.xml 的代码。

程序清单：codes\03\3.5\set\src\org\crazyit\app\dao\NewsMapper.xml

```xml
<?xml version="1.0" encoding="UTF-8" ?>
<!DOCTYPE mapper PUBLIC "-//MyBatis.org//DTD Mapper 3.0//EN"
    "http://MyBatis.org/dtd/MyBatis-3-mapper.dtd">
<mapper namespace="org.crazyit.app.dao.NewsMapper">
    <update id="updateNews">
        update news_inf
        <set>
            <!-- 当 title 参数不为 null 时，增加对 title 的修改 -->
            <if test="title != null">
                news_title = #{title},
            </if>
            <!-- 当 content 参数不为 null 时，增加对 content 的修改 -->
            <if test="content != null">
                news_content = #{content}
            </if>
        </set>
        where news_id = #{id}
    </update>
</mapper>
```

现在使用如下三个方法来测试该 NewsMapper 组件的 updateNews()方法。

程序清单：codes\03\3.5\set\src\lee\NewsManager.java

```java
public static void updateTest(SqlSession sqlSession)
{
    // 获取 Mapper 对象
    var newsMapper = sqlSession.getMapper(NewsMapper.class);
    var news = new News(1, "美丽新世界", "有一个美丽的新世界，它在远方等我");
    // 调用 Mapper 对象的方法执行持久化操作
    Integer n = newsMapper.updateNews(news);
    System.out.printf("更新了%d 条记录%n", n);
    // 提交事务
    sqlSession.commit();
    // 关闭资源
    sqlSession.close();
}

public static void updateTest2(SqlSession sqlSession)
{
    // 获取 Mapper 对象
    var newsMapper = sqlSession.getMapper(NewsMapper.class);
    var news = new News(1, "天开了", null);
    // 调用 Mapper 对象的方法执行持久化操作
    var n = newsMapper.updateNews(news);
    System.out.printf("更新了%d 条记录%n", n);
    // 提交事务
    sqlSession.commit();
    // 关闭资源
    sqlSession.close();
}

public static void updateTest3(SqlSession sqlSession)
{
    // 获取 Mapper 对象
    var newsMapper = sqlSession.getMapper(NewsMapper.class);
    var news = new News(1, null, "月满西楼");
    // 调用 Mapper 对象的方法执行持久化操作
    var n = newsMapper.updateNews(news);
    System.out.printf("更新了%d 条记录%n", n);
    // 提交事务
```

```
    sqlSession.commit();
    // 关闭资源
    sqlSession.close();
}
```

上面第一个方法中传入的 News 对象的 title、content 参数都不为 null，因此 MyBatis 动态生成的 update 语句如下：

```
[java] DEBUG [main] org.crazyit.app.dao.NewsMapper.updateNews ==>     Preparing:
update news_inf SET news_title = ?, news_content = ? where news_id = ?
```

从上面语句可以看到，传入的 News 对象的 title、content 参数都不为 null，因此这条 update 语句既包含了对 news_title 列的修改，也包含了对 news_content 列的修改。

上面第二个方法中传入的 News 对象的 title 参数不为 null，content 参数为 null，因此 MyBatis 动态生成的 update 语句如下：

```
[java] DEBUG [main] org.crazyit.app.dao.NewsMapper.updateNews ==>     Preparing:
update news_inf SET news_title = ? where news_id = ?
```

从上面语句可以看到，传入的 News 对象的 title 参数不为 null，content 参数为 null，因此这条 update 语句只更新了 news_title 列，此时<set../>元素去掉了"news_title = #{title},"后面多余的逗号。

上面第三个方法中传入的 News 对象的 title 参数为 null、content 参数不为 null，因此 MyBatis 动态生成的 update 语句如下：

```
[java] DEBUG [main] org.crazyit.app.dao.NewsMapper.updateNews ==>     Preparing:
update news_inf SET news_content = ? where news_id = ?
```

从上面语句可以看到，传入的 News 对象的 title 参数为 null，content 参数不为 null，因此这条 update 语句只更新了 news_content 列。

 提示：

如果使用注解来处理 set 更新，程序本身就需要使用 SET 方法来增加对列的修改，MyBatis 的 SET 方法本来就能动态去掉多余的逗号，因此使用注解不存在上面问题。

从上面的运行结果不难看出，<set.../>元素的主要作用就是去掉多余的逗号，而实际上这些功能都是由<trim.../>元素提供的。

根据上面介绍不难发现，其实<set.../>元素的本质就是如下<trim.../>元素：

```
<trim prefix="SET" suffixOverrides=",">
    ...
</trim>
```

▶▶ 3.5.7 使用 trim 实现动态插入

前面在介绍使用<if.../>元素实现动态插入时，特意对最后一列 status 没有使用<if.../>进行控制，就是为了避免当 status 为 null 时，动态生成的 insert 语句就会多出两个逗号——一个在列名列表后面，一个在列值列表后面。

在掌握了<trim.../>元素的用法之后，接下来就可以使用<trim.../>元素去掉列名列表后面多余的逗号，也可以使用<trim.../>元素去掉列值列表后面多余的逗号，这样该示例就变得更加完善了。

例如，下面示例使用<trim.../>元素来处理多余的逗号。下面是 NewsMapper.xml 的代码。

程序清单：codes\03\3.5\trim\src\org\crazyit\app\dao\NewsMapper.xml

```
<?xml version="1.0" encoding="UTF-8" ?>
<!DOCTYPE mapper PUBLIC "-//MyBatis.org//DTD Mapper 3.0//EN"
    "http://MyBatis.org/dtd/MyBatis-3-mapper.dtd">
<mapper namespace="org.crazyit.app.dao.NewsMapper">
    <insert id="saveNews">
        insert into news_inf (
```

```
       <!-- 去掉列名列表后面多余的逗号 -->
       <trim suffixOverrides=",">
          <!-- 当 title 参数不为 null 时，增加对 news_title 列的插入 -->
          <if test="title != null">
             news_title,
          </if>
          <!-- 当 content 参数不为 null 时，增加对 news_content 列的插入 -->
          <if test="content != null">
             news_content,
          </if>
          <if test="status != null">
             status
          </if>
       </trim>)
       values (
       <!-- 去掉列值列表后面多余的逗号 -->
       <trim suffixOverrides=",">
          <!-- 当 title 参数不为 null 时，增加插入 news_title 列的值 -->
          <if test="title != null">
             #{title},
          </if>
          <!-- 当 content 参数不为 null 时，增加插入 news_content 列的值 -->
          <if test="content != null">
             #{content},
          </if>
          <if test="status != null">
             #{status}
          </if>
       </trim>)
    </insert>
</mapper>
```

现在使用如下两个方法来测试该 NewsMapper 组件的 saveNews()方法。

程序清单：codes\03\3.5\trim\src\lee\NewsManager.java

```java
public static void insertTest(SqlSession sqlSession)
{
   // 获取 Mapper 对象
   var newsMapper = sqlSession.getMapper(NewsMapper.class);
   var news = new News(null, "美丽新世界",
      "有一个美丽的新世界，它在远方等我", "active");
   // 调用 Mapper 对象的方法执行持久化操作
   var n = newsMapper.saveNews(news);
   System.out.printf("插入了%d 条记录%n", n);
   // 提交事务
   sqlSession.commit();
   // 关闭资源
   sqlSession.close();
}

public static void insertTest2(SqlSession sqlSession)
{
   // 获取 Mapper 对象
   var newsMapper = sqlSession.getMapper(NewsMapper.class);
   var news = new News(null, "天开了", null, null);
   // 调用 Mapper 对象的方法执行持久化操作
   var n = newsMapper.saveNews(news);
   System.out.printf("插入了%d 条记录%n", n);
   // 提交事务
   sqlSession.commit();
```

```
        // 关闭资源
        sqlSession.close();
    }
```

上面第一个方法中传入的 News 对象的 title、content、status 参数都不为 null，因此 MyBatis 动态生成的 insert 语句如下：

```
    [java] DEBUG [main] org.crazyit.app.dao.NewsMapper.saveNews ==> Preparing: insert
into news_inf ( news_title, news_content, status ) values ( ?, ?, ? )
    [java] DEBUG [main] org.crazyit.app.dao.NewsMapper.updateNews ==>    Preparing:
update news_inf SET news_title = ?, news_content = ? where news_id = ?
```

从上面语句可以看到，传入的 News 对象的 title、content、status 参数都不为 null，因此这条 insert 语句同时包含了对 news_title、news_content、status 这 3 列的插入。

上面第二个方法中传入的 News 对象的 title 参数不为 null，content、status 参数为 null，因此 MyBatis 动态生成的 insert 语句如下：

```
    [java] DEBUG [main] org.crazyit.app.dao.NewsMapper.saveNews ==>  Preparing: insert
into news_inf ( news_title ) values ( ? )
```

从上面语句可以看到，传入的 News 对象的 title 参数不为 null，content、status 参数为 null，因此这条 insert 语句只为 news_title 列插入值。

▶▶ 3.5.8　foreach 元素的基本用法

元素的主要作用就是对一个集合进行遍历，SQL 语句使用 in 运算符之后需要一个形如(a, b, c)的集合，此时即可使用元素进行构建。

元素的功能非常强大，它可以对任意类型的集合（包括 List、Set、Map、数组）进行遍历，它可支持如下属性。

- ➢ collection：该属性指定要遍历的集合。
- ➢ index：当遍历的对象是 List、Set 或数组时，index 指定的变量代表当前遍历的次数；当遍历的对象是 Map 时，index 指定的变量代表当前遍历的 key。
- ➢ item：当遍历的对象是 List、Set 或数组时，item 指定的变量代表当前遍历的元素；当遍历的对象是 Map 时，item 指定的变量代表当前遍历的 value。
- ➢ open：指定在遍历开始处放置的字符串。
- ➢ close：指定在遍历结束处放置的字符串。
- ➢ separator：指定在迭代元素之间添加的分隔符。

元素最常用的方法就是构建 in 运算符的条件。例如，如下示例需要根据多个 id 来查询 News 对象。下面是该 NewsMapper 组件的接口代码。

程序清单：codes\03\3.5\foreach\src\org\crazyit\app\dao\NewsMapper.java

```
public interface NewsMapper
{
    List<News> findNewsByIds(@Param("ids") Integer... ids);
}
```

从上面代码可以看出，findNewsByIds()方法的参数是一个 Integer[]数组（可变参数的本质就是数组），因此，SQL 查询语句需要将上面数组转换成"in (id1, id2, id3,...)"形式的条件，此时就需要借助元素来实现了。

下面是 NewMapper.xml 的代码。

程序清单：codes\03\3.5\foreach\src\org\crazyit\app\dao\NewsMapper.xml

```
<?xml version="1.0" encoding="UTF-8" ?>
<!DOCTYPE mapper PUBLIC "-//MyBatis.org//DTD Mapper 3.0//EN"
    "http://MyBatis.org/dtd/MyBatis-3-mapper.dtd">
```

```
<mapper namespace="org.crazyit.app.dao.NewsMapper">
    <select id="findNewsByIds" resultType="news">
        select news_id id, news_title title,
        news_content content from news_inf
        where news_id in
        <!-- 遍历 ids 参数, 正在遍历的元素名是 item -->
        <foreach item="item" index="index" collection="ids"
            open="(" separator="," close=")">
            #{item}
        </foreach>
    </select>
</mapper>
```

上面粗体字代码指定遍历 ids 参数，并通过 open="("指定在遍历结果之前添加"("，还通过 close=")"指定在遍历结果之后添加")"，也通过 separator=","指定在遍历元素之间添加逗号——这样就成功地构建了 in 运算符所需的集合。

> **提示：**
> 上面<foreach.../>元素的 collection 属性被指定为 ids，这是由于在 Mapper 接口中使用@Param 注解声明了数组参数名为 ids；如果 Mapper 接口的方法没有使用@Param 注解声明命名参数，那么当 Mapper 的方法参数是单个的且参数类型为数组时，该参数的默认参数名为 array，因此 collection 属性可被指定为 array；当 Mapper 的方法参数是单个的且参数类型为 List 时，该参数的默认参数名为 list，因此 collection 属性可被指定为 list。

现在使用如下方法调用上面 Mapper 组件的 findNewsByIds()方法。

程序清单：codes\03\3.5\foreach\src\lee\NewsManager.java

```
public static void selectTest(SqlSession sqlSession)
{
    // 获取 Mapper 对象
    var newsMapper = sqlSession.getMapper(NewsMapper.class);
    // 调用 Mapper 对象的方法执行持久化操作
    var newsList = newsMapper.findNewsByIds(1, 3);
    newsList.forEach(System.out::println);
    // 提交事务
    sqlSession.commit();
    // 关闭资源
    sqlSession.close();
}
```

正如从上面粗体字代码所看到的，程序可直接向 findNewsByIds()方法传入多个 id 值，这样 MyBatis 就会通过 in 运算符选择出匹配所有 id 值的 News。

运行以上方法，可以在控制台看到如下日志输出：

```
[java] DEBUG [main] org.crazyit.app.dao.NewsMapper.findNewsByIds ==> Preparing:
select news_id id, news_title title, news_content content from news_inf where news_id
in ( ? , ? )
    [java] DEBUG [main] org.crazyit.app.dao.NewsMapper.findNewsByIds ==> Parameters:
1(Integer), 3(Integer)
```

如果要将以上示例改为使用注解，则可直接使用@Select 注解来代替<select.../>元素。但由于@Select 默认不能接受动态 SQL，因此需要将动态 SQL 放在<script.../>元素内。

下面是使用注解的 NewsMapper 组件的接口代码。

程序清单：codes\03\3.5\foreach 注解\src\org\crazyit\app\dao\NewsMapper.java

```
public interface NewsMapper
{
```

```
// 将动态 SQL 放在<script.../>元素内，这样即可使用@Select 注解了
@Select(
    "<script>" +
    "select news_id id, news_title title, " +
    "news_content content from news_inf " +
    "where news_id in " +
    "<foreach item='item' index='index' collection='ids' " +
        "open='(' separator=',' close=')'> " +
        "#{item} " +
    "</foreach> " +
    "</script>"
)
List<News> findNewsByIds(@Param("ids") Integer... ids);
}
```

该示例的测试程序与前面使用<select.../>元素的示例的测试程序完全相同，程序的运行结果也是相同的。

> **提示：**
>
> 可能有读者会感到好奇，为何此时不使用@SelectProvider 来代替<select.../>元素呢？前面之所以使用@SelectProvider 代替<select.../>元素，是因为可以利用 MyBatis 的 SQL 类中提供的大量工具方法来拼接动态 SQL 语句，但 SQL 类并未提供对应的方法来处理 in 运算符后面的列表——这意味着程序还是要采用原始的方式来拼接 in 运算符之后的列表，那使用@SelectProvider 注解还有什么意义？

▶▶ 3.5.9 使用 foreach 实现批量插入

MySQL 等数据库支持一次插入多条记录，只要在 insert 语句的 values 后面列出多条记录即可。例如如下语句：

```
insert into news_inf values
(null, 'a', 'b'),
(null, 'a', 'b'),
(null, 'c', 'd');
```

上面 insert 语句可以一次插入三条记录，这样就可以使用一条 insert 语句来插入多条记录，使用数据库本身提供的批量插入功能可以获得最好的性能。

MyBatis 的 foreach 可用于遍历集合，并构建 values 后面的多条记录，这样就可以在 MyBatis 中使用 foreach 来实现批量插入了。

下面是本示例的 NewsMapper 接口的代码。

> 程序清单：codes\03\3.5\foreach_insert\src\org\crazyit\app\dao\NewsMapper.java

```
public interface NewsMapper
{
    Integer saveNews(@Param("news") List<News> news);
}
```

上面 Mapper 接口中的方法需要接收一个 List<News>类型的参数，它要求 MyBatis 通过一条 insert 语句将多个 News 对象插入底层数据表中，此时程序可借助 foreach 来遍历 List<News>参数，并通过这些 News 对象来构建 values 后面的多条记录。

下面是 NewsMapper.xml 的代码。

> 程序清单：codes\03\3.5\foreach_insert\src\org\crazyit\app\dao\NewsMapper.xml

```
<?xml version="1.0" encoding="UTF-8" ?>
<!DOCTYPE mapper PUBLIC "-//MyBatis.org//DTD Mapper 3.0//EN"
    "http://MyBatis.org/dtd/MyBatis-3-mapper.dtd">
<mapper namespace="org.crazyit.app.dao.NewsMapper">
    <insert id="saveNews">
```

```
    insert into news_inf
    values
    <!-- 遍历 news 集合，每个 News 对象构建一条记录 -->
    <foreach item="news" index="index" collection="news"
        separator=",">
        (#{news.id}, #{news.title}, #{news.content})
    </foreach>
    </insert>
</mapper>
```

上面粗体字代码使用 foreach 构建了多条记录。

现在使用如下方法来测试上面的 saveNews()方法。

程序清单：codes\03\3.5\foreach_insert\src\lee\NewsManager.java

```
public static void insertTest(SqlSession sqlSession)
{
    // 获取 Mapper 对象
    var newsMapper = sqlSession.getMapper(NewsMapper.class);
    var newsList = List.of(
        new News(null, "李刚的公众号", "大家可关注李刚老师的公众号：fkbooks"),
        new News(null, "Java 13 来了", "Java 13 新增了块字符串，用起来更爽了"),
        new News(null, "SSM 图书上市了", "李刚老师创作的 SSM 图书马上就要上市了")
    );
    // 调用 Mapper 对象的方法执行持久化操作
    var n = newsMapper.saveNews(newsList);
    System.out.printf("插入了%d 条记录%n", n);
    // 提交事务
    sqlSession.commit();
    // 关闭资源
    sqlSession.close();
}
```

以上方法中粗体字代码调用了 saveNews()方法，该方法传入了一个 newsList 参数，该参数代表要保存的多个 News 实体。

运行以上方法，将会在控制台看到如下日志输出：

```
   [java] DEBUG [main] org.crazyit.app.dao.NewsMapper.saveNews ==> Preparing: insert
into news_inf values (?, ?, ?) , (?, ?, ?) , (?, ?, ?)
   [java] DEBUG [main] org.crazyit.app.dao.NewsMapper.saveNews ==> Parameters: null,
李刚的公众号(String), 大家可关注李刚老师的公众号：fkbooks(String), null, Java 13 来了(String),
Java 13 新增了块字符串，用起来更爽了(String), null, SSM 图书上市了(String), 李刚老师创作的 SSM
图书马上就要上市了(String)
```

从上面的运行日志不难看出，通过使用 foreach 可以构建 values 后面的多条记录，这样即可使用一条 insert 语句批量插入多条记录。

如果要将以上示例改为使用注解，只要使用@Insert 注解代替<insert.../>元素即可。

下面是本示例改用注解后的 NewsMapper 接口的代码。

程序清单：codes\03\3.5\foreach_insert 注解\src\org\crazyit\app\dao\NewsMapper.java

```
public interface NewsMapper
{
    // 将动态 SQL 语句放在<script...../>元素内，这样即可使用@Insert 注解了
    @Insert(
        "<script>" +
        "insert into news_inf " +
        "values " +
        "<foreach item='news' index='index' collection='news' " +
            "separator=','> " +
            "(#{news.id}, #{news.title}, #{news.content}) " +
        "</foreach> " +
```

```
            "</script>"
    )
    Integer saveNews(@Param("news") List<News> news);
}
```

该示例的测试程序与前面使用\<select.../\>元素的示例的测试程序完全相同，程序的运行结果也是相同的。

▶▶ 3.5.10　使用 foreach 实现批量更新

使用 foreach 实现批量更新有两种方式。

➤ 将多条记录的指定列更新为相同的值，此时只要使用如下语句：

```
update 表名 set column1=value1, column2=value2,
where id in (...)
```

对于上面这种方式，这条 update 语句会将多条记录的 column1 更新为 value1，将 column2 更新为 value2——只要这些记录的 id 处于 in 后面的括号中。

对于上面这种更新多条记录的方式，完全没有任何特别之处——其实就是 foreach 的最常规用法：在 in 运算符后通过圆括号来构建列表。前面已经介绍了这种方式的用法，故此处不再赘述。

➤ 根据多个实体动态更新多条记录，每条记录的更新各不相同。

这种更新方式比较灵活，它要求同时更新多条记录，而且将不同记录更新成不同的值。标准的 update 语句并不支持这种方式，但我们可以通过在 update 语句中嵌套 case 函数来实现这个功能。例如如下 update 语句：

```
update news_inf set
news_title=case when news_id=1 then 'title1' when news_id=2 then 'title2' end,
news_content=case when news_id=1 then 'content1' when news_id=2 then 'content2' end
where news_id in ( 1, 2 )
```

上面 SQL 脚本中为 news_title、news_content 设置的都不是简单的值，而是使用 case 函数动态计算的值：当 news_id 为 1 时，将 news_title 更新为 title1，将 news_content 更新为 content1；当 news_id 为 2 时，将 news_title 更新为 title2，将 news_content 更新为 content2。

在理解了上面 update 语句的语法之后，接下来就可以在 XML Mapper 中使用 foreach 来控制动态 update 语句的生成了。

下面是本示例的 NewsMapper 接口的代码。

程序清单：codes\03\3.5\foreach_update\src\org\crazyit\app\dao\NewsMapper.java

```
public interface NewsMapper
{
    Integer updateNews(@Param("news") List<News> news);
}
```

上面 NewsMapper 接口中方法的参数是 List\<News\>类型的，这意味着调用该方法时可传入由多个 News 组成的 List 集合，而 MyBatis 就要根据多个 News 对象来更新多条记录。

下面是该 NewsMapper 组件的 XML 映射文件。

程序清单：codes\03\3.5\foreach_update\src\org\crazyit\app\dao\NewsMapper.xml

```
<?xml version="1.0" encoding="UTF-8" ?>
<!DOCTYPE mapper PUBLIC "-//MyBatis.org//DTD Mapper 3.0//EN"
    "http://MyBatis.org/dtd/MyBatis-3-mapper.dtd">
<mapper namespace="org.crazyit.app.dao.NewsMapper">
    <update id="updateNews">
        update news_inf
        <set>
            <!-- 控制对 news_title 列的修改，根据 news_id 的不同，传入不同的值 -->
```

```
            <trim prefix="news_title=case" suffix="end,">
                <foreach collection="news" item="item" index="index">
                    <if test="item.title != null">
                        when news_id=#{item.id} then #{item.title}
                    </if>
                </foreach>
            </trim>
            <!-- 控制对 news_content 列的修改, 根据 news_id 的不同, 传入不同的值 -->
            <trim prefix="news_content=case" suffix="end,">
                <foreach collection="news" item="item" index="index">
                    <if test="item.content != null">
                        when news_id=#{item.id} then #{item.content}
                    </if>
                </foreach>
            </trim>
        </set>
        where news_id in
        <foreach collection="news" index="index" item="item"
            separator="," open="(" close=")">
            #{item.id}
        </foreach>
    </update>
</mapper>
```

上面代码的关键就在于那两段粗体字代码,其中第一段粗体字代码负责为 news_title 列设置值,这段粗体字代码使用 case 函数根据 news_id 列的值动态设置 news_title 的值;第二段粗体字代码负责为 news_content 列设置值,这段粗体字代码使用 case 函数根据 news_id 列的值动态设置 news_content 的值。

现在定义如下方法来测试上面的 updateNews()方法。

程序清单: codes\03\3.5\foreach_update\src\lee\NewsManager.java

```java
public static void updateTest(SqlSession sqlSession)
{
    // 获取 Mapper 对象
    var newsMapper = sqlSession.getMapper(NewsMapper.class);
    var newsList = List.of(
        new News(1, "标题 1", "消息内容 1"),
        new News(2, "标题 2", "消息内容 2"),
        new News(3, "标题 3", "消息内容 3")
    );
    // 调用 Mapper 对象的方法执行持久化操作
    Integer n = newsMapper.updateNews(newsList);
    System.out.printf("更新了%d 条记录%n", n);
    // 提交事务
    sqlSession.commit();
    // 关闭资源
    sqlSession.close();
}
```

上面程序使用一个 List<News>集合作为参数来调用 updateNews()方法,该方法将会动态更新多条记录,而且每条记录都被更新成 List<News>参数对应的数据。

运行上面程序,将会在控制台看到如下日志输出:

```
[java] DEBUG [main] org.crazyit.app.dao.NewsMapper.updateNews ==> Preparing:
update news_inf SET news_title=case when news_id=? then ? when news_id=? then ? when
news_id=? then ? end, news_content=case when news_id=? then ? when news_id=? then ? when
news_id=? then ? end where news_id in ( ? , ? , ? )
    [java] DEBUG [main] org.crazyit.app.dao.NewsMapper.updateNews ==> Parameters:
1(Integer), 标题 1(String), 2(Integer), 标题 2(String), 3(Integer), 标题 3(String),
1(Integer), 消息内容 1(String), 2(Integer), 消息内容 2(String), 3(Integer), 消息内容
3(String), 1(Integer), 2(Integer), 3(Integer)
```

从上面的运行日志可以看到，这种批量更新就是利用了在 update 语句中嵌套 case 函数的方式，这样即可在同一条 update 语句中将不同记录行更新成不同实体对应的数据。

如果要将以上示例改为使用注解，只要使用@Update 注解代替<update.../>元素即可。

下面是本示例改用注解后的 NewsMapper 接口的代码。

程序清单：codes\03\3.5\foreach_insert 注解\src\org\crazyit\app\dao\NewsMapper.java

```java
public interface NewsMapper
{
    // 将动态 SQL 语句放在<script.../>元素内，这样即可使用@Update 注解了
    @Update(
    "<script> " +
    "update news_inf " +
    "<set> " +
        "<trim prefix='news_title=case' suffix='end,'> " +
            "<foreach collection='news' item='item' index='index'> " +
            "<if test='item.title != null'> " +
                "when news_id=#{item.id} then #{item.title} " +
            "</if> " +
            "</foreach> " +
        "</trim> " +
        "<trim prefix='news_content=case' suffix='end,'> " +
            "<foreach collection='news' item='item' index='index'> " +
            "<if test='item.content != null'> " +
                "when news_id=#{item.id} then #{item.content} " +
            "</if> " +
            "</foreach> " +
        "</trim> " +
    "</set> " +
    "where news_id in " +
    "<foreach collection='news' index='index' item='item' " +
        "separator=',' open='(' close=')'> " +
        "#{item.id} " +
    "</foreach> " +
    "</script> "
    )
    Integer updateNews(@Param("news") List<News> news);
}
```

该示例的测试程序与前面使用<select.../>元素的示例的测试程序完全相同，程序的运行结果也是相同的。

▶▶ 3.5.11　bind 元素的用法

元素很简单，它的作用就是在 XML 映射文件中定义一个变量，接下来即可在动态 SQL 语句中直接复用该变量。

使用元素只要指定如下两个属性。

➤ name：该属性指定变量名。

➤ value：该属性指定变量值，value 指定一个 OGNL 表达式。

下面示例在 Mapper 组件中定义一个查询方法，该查询方法将会根据用户输入的字符串执行模糊查询，因此，程序可以使用元素定义模糊查询的 pattern 字符串。

下面是本示例的 NewsMapper 组件的接口代码。

程序清单：codes\03\3.5\bind\src\org\crazyit\app\dao\NewsMapper.java

```java
public interface NewsMapper
{
    List<News> findNewsByTitle(@Param("title") String title);
}
```

下面是 NewsMapper.xml 的代码。

程序清单：codes\03\3.5\bind\src\org\crazyit\app\dao\NewsMapper.xml

```xml
<?xml version="1.0" encoding="UTF-8" ?>
<!DOCTYPE mapper PUBLIC "-//MyBatis.org//DTD Mapper 3.0//EN"
    "http://MyBatis.org/dtd/MyBatis-3-mapper.dtd">
<mapper namespace="org.crazyit.app.dao.NewsMapper">
    <select id="findNewsByTitle" resultType="news">
        <!-- 使用 bind 定义变量，变量名为 titlePattern,
        变量值为：'%' + _parameter.title + '%'-->
        <bind name="titlePattern" value="'%' + _parameter.title + '%'" />
        select news_id id, news_title title,
        news_content content from news_inf
        where news_title like #{titlePattern}
    </select>
</mapper>
```

上面程序中的粗体字代码使用<bind.../>元素定义了一个变量，该变量名为 titlePattern，该变量的值为"'%' + _parameter.title + '%'"。<bind.../>元素非常简单，并没有太多需要说明的，只是在 value 属性值中用到了 "_parameter" 的写法，这是 MyBatis 的一个固定用法，用于代表整个参数上下文，因此，_parameter.title 就代表了调用 Mapper 方法时传入的 title 参数。

使用<bind.../>元素成功定义了 titlePattern 变量之后，接下来就可以在动态 SQL 语句中使用 #{titlePattern}访问该变量的值。

通过以上示例可以看出，其实不使用<bind.../>元素也可以实现上面 XML Mapper 的动态 SQL 语句定义，但是使用<bind.../>元素主要有如下两个优势：

➢ 提供复用。例如，以上示例使用<bind.../>元素定义了 titlePattern 变量之后，接下来即可在动态 SQL 语句中多次复用该变量。

➢ 提高可移植性。当在动态 SQL 语句中用到一些与数据库特性相关的代码片段时，可以考虑将这部分代码片段提到<bind.../>元素中定义，这样就避免了系统在不同数据库之间移植时修改动态 SQL 语句，只要修改使用<bind.../>元素定义的代码片段即可。

📁 3.6 缓存

如果短时间内加载两条相同的记录，MyBatis 需要重复执行两次 SQL 语句，那 MyBatis 就太傻了——程序只要将第一次加载的记录缓存起来，就可以避免第二次的数据库交互。可见，缓存是所有持久层框架都提供的基本功能。

与大部分持久层框架类似，MyBatis 同样提供了两级缓存来提高程序性能。

➢ 一级缓存（也叫局部缓存，Local Cache）：SqlSession 级别的缓存。默认打开且不能关闭的缓存。

➢ 二级缓存：Mapper 级别的缓存。

下面详细介绍这两个级别的缓存。

▶▶ 3.6.1 一级缓存

每当程序打开一个新的 SqlSession 对象时，MyBatis 都会创建一个与之关联的一级缓存，该一级缓存默认会缓存所有执行过的查询语句，当程序再次调用该 SqlSession 执行相同的查询语句且参数相同时，MyBatis 将直接使用一级缓存中的数据，从而避免再次访问数据库。

当程序使用 SqlSession 执行增、删、改等 DML 语句时，或者提交事务、关闭 SqlSession 时，

SqlSession 缓存的所有数据都会被清空。

此外，SqlSession 还提供了 clearCache()方法来清空一级缓存。

需要说明的是，MyBatis 本身需要使用一级缓存来处理循环引用问题，并用于提升重复的嵌套查询性能，因此一级缓存不能被禁用，但是你可以在全局设置（settings）中将 localCacheScope 设为 STATEMENT，这意味着一级缓存仅在语句范围内有效，而不是在整个 SqlSession 范围内有效。

下面示例将会示范 MyBatis 一级缓存的功能和特征。该示例所使用的 Mapper 组件非常简单，在该组件中只定义了两个简单的方法。下面是该组件的 XML 映射文件。

程序清单：codes\03\3.6\firstLevelCache\src\org\crazyit\app\dao\NewsMapper.xml

```xml
<?xml version="1.0" encoding="UTF-8" ?>
<!DOCTYPE mapper PUBLIC "-//MyBatis.org//DTD Mapper 3.0//EN"
    "http://MyBatis.org/dtd/MyBatis-3-mapper.dtd">
<mapper namespace="org.crazyit.app.dao.NewsMapper">
    <!-- 为 getNews 方法定义 SQL 语句 -->
    <select id="getNews" resultType="news">
        select news_id id, news_title title,
        news_content content from news_inf
        where news_id=#{id}
    </select>
    <!-- 为 deleteNews 方法定义 SQL 语句 -->
    <delete id="deleteNews">
        delete from news_inf
        where news_id=#{id}
    </delete>
</mapper>
```

上面 XML Mapper 组件中定义了 getNews()和 deleteNews()两个方法。下面示范两次调用 Mapper 的 getNews()方法，但只看到执行一次 select 语句的情形。

程序清单：codes\03\3.6\firstLevelCache\src\lee\NewsManager.java

```java
public static void cacheTest1()
{
    SqlSession sqlSession = sqlSessionFactory.openSession();
    // 获取 Mapper 对象
    var newsMapper = sqlSession.getMapper(NewsMapper.class);
    // 查询 id 为 1 的 News 对象，会执行 select 语句
    var news = newsMapper.getNews(1);
    System.out.println(news.getTitle());
    // 再次查询 id 为 1 的 News 对象，因为是同一个 SqlSession，
    // 所以直接从前面的一级缓存中查找数据，无须重新执行 select 语句
    var news2 = newsMapper.getNews(1);
    System.out.println(news2.getTitle());
    // 提交事务
    sqlSession.commit();
    // 关闭资源
    sqlSession.close();
}
```

以上方法中两行粗体字代码先后查询 id 为 1 的记录，但由于这两个 Mapper 组件使用的是同一个 SqlSession，程序第二次调用 getNews(1)时将直接从一级缓存中获取数据，不会重新查询数据库。

运行以上方法，将会在控制台看到如下日志输出：

```
[java] DEBUG [main] org.crazyit.app.dao.NewsMapper.getNews ==> Preparing: select
news_id id, news_title title, news_content content from news_inf where news_id=?
    [java] DEBUG [main] org.crazyit.app.dao.NewsMapper.getNews ==> Parameters:
1(Integer)
    [java] DEBUG [main] org.crazyit.app.dao.NewsMapper.getNews <==        Total: 1
    [java] 李刚的公众号
    [java] 李刚的公众号
```

从上面的运行日志可以看到，MyBatis 只需执行一条 select 语句，但程序正常输出了两个 News 的 title 属性——这说明第二个 News 就是从一级缓存中加载的。

下面方法将会示范两次调用 Mapper 的 getNews()方法，但在中间执行了一次 deleteNews()方法（底层执行一条 delete DML 语句）的情形。

程序清单：codes\03\3.6\firstLevelCache\src\lee\NewsManager.java

```java
public static void cacheTest2()
{
    SqlSession sqlSession = sqlSessionFactory.openSession();
    // 获取 Mapper 对象
    var newsMapper = sqlSession.getMapper(NewsMapper.class);
    // 查询 id 为 1 的 News 对象，会执行 select 语句
    var news = newsMapper.getNews(1);
    System.out.println(news.getTitle());
    // 执行删除操作，即使所要删除的记录不存在，也会清空一级缓存
    newsMapper.deleteNews(5);
    // 一级缓存已被清空，因此会重新执行 select 语句抓取数据
    var news2 = newsMapper.getNews(1);
    System.out.println(news2.getTitle());
    // 提交事务
    sqlSession.commit();
    // 关闭资源
    sqlSession.close();
}
```

上面程序同样是两次调用 NewsMapper 的 getNews(1)方法，但由于粗体字代码调用了 NewsMapper 的 deleteNews(5)方法——即使 id 为 5 的记录并不存在，执行 DML 语句也总会导致 SqlSession 清空一级缓存，因此，程序第二次执行 getNews(1)方法时将无法从一级缓存中获取数据。所以，程序会重新执行 select 语句来抓取数据。

运行以上方法，将会在控制台看到如下日志输出：

```
[java] DEBUG [main] org.crazyit.app.dao.NewsMapper.getNews ==> Preparing: select
news_id id, news_title title, news_content content from news_inf where news_id=?
    [java] DEBUG [main] org.crazyit.app.dao.NewsMapper.getNews ==> Parameters: 1(Integer)
    [java] DEBUG [main] org.crazyit.app.dao.NewsMapper.getNews <==      Total: 1
    [java] 李刚的公众号
    [java] DEBUG [main] org.crazyit.app.dao.NewsMapper.deleteNews ==> Preparing:
delete from news_inf where news_id=?
    [java] DEBUG [main] org.crazyit.app.dao.NewsMapper.deleteNews ==> Parameters:
5(Integer)
    [java] DEBUG [main] org.crazyit.app.dao.NewsMapper.deleteNews <==      Updates: 0
    [java] DEBUG [main] org.crazyit.app.dao.NewsMapper.getNews ==> Preparing: select
news_id id, news_title title, news_content content from news_inf where news_id=?
    [java] DEBUG [main] org.crazyit.app.dao.NewsMapper.getNews ==> Parameters:
1(Integer)
    [java] DEBUG [main] org.crazyit.app.dao.NewsMapper.getNews <==      Total: 1
    [java] 李刚的公众号
```

从上面的粗体字日志可以看到，程序执行了两次 select 语句，这就是由于一级缓存被 DML 语句清空的缘故。

下面方法将会示范两次调用 Mapper 的 getNews()方法，但在中间执行了 SqlSession 的 clearCache()方法的情形。

程序清单：codes\03\3.6\firstLevelCache\src\lee\NewsManager.java

```java
public static void cacheTest3()
{
    SqlSession sqlSession = sqlSessionFactory.openSession();
    // 获取 Mapper 对象
    var newsMapper = sqlSession.getMapper(NewsMapper.class);
```

```
    // 查询 id 为 1 的 News 对象，会执行 select 语句
    var news = newsMapper.getNews(1);
    System.out.println(news.getTitle());
    // 手动清空缓存
    sqlSession.clearCache();
    // 由于一级缓存已被清空，因此会重新执行 select 语句抓取数据
    var news2 = newsMapper.getNews(1);
    System.out.println(news2.getTitle());
    // 提交事务
    sqlSession.commit();
    // 关闭资源
    sqlSession.close();
}
```

上面程序同样是两次调用 NewsMapper 的 getNews(1)方法，但由于粗体字代码调用了 SqlSession 的 clearCache()方法，该方法将强制 SqlSession 清空一级缓存，因此，程序第二次执行 getNews(1) 方法时将无法从一级缓存中获取数据。所以，程序会重新执行 select 语句来抓取数据。

运行以上方法，将会在控制台看到与运行 cacheTest2()类似的日志输出，此处不再给出。

总结起来，一级缓存底层的实现步骤如下：

① 当 MyBatis 执行某条 select 语句时，MyBatis 将根据该 select 语句、参数来生成 key。

② MyBatis 判断在一级缓存（就是 HashMap 对象）中是否能找到对应的 key。

③ 如果能找到，则称之为"命中缓存"，MyBatis 直接从一级缓存中取出该 key 对应的 value 并返回。

④ 如果没有"命中缓存"，则连接数据库执行 select 语句，得到查询结果；将 key 和查询结果作为 key-value 对放入一级缓存中。

⑤ 判断缓存级别是否为 STATEMENT，如果是的话，则清空一级缓存。

由于 SqlSession 级别的一级缓存本质上就是 HashMap 对象，因此一级缓存只是一个粗粒度的缓存实现，它没有缓存过期的概念，也没有容量的限定，因此不要让 SqlSession 长时间存活，这正符合第 2 章介绍 SqlSession 生命周期时的推荐——将 SqlSession 定义成局部变量，使用完之后立即关闭它。

▶▶ 3.6.2 一级缓存的脏数据与避免方法

如果将 localCacheScope 设为 SESSION（默认值），那么通过 SqlSession（或 Mapper）查询得到的返回值都会被缓存在一级缓存中，这样就带来了一个风险：如果程序对这些返回值所引用的对象进行修改——实际上就是修改一级缓存里的对象（关于对象与引用的关系，请参考《疯狂 Java 讲义》的第 5 章），将会影响整个 SqlSession 生命周期内通过缓存所返回的值，从而造成一级缓存产生脏数据。因此，永远不要对 MyBatis 返回的对象进行修改，这样才能避免一级缓存产生脏数据。

注意

永远不要对 MyBatis 返回的对象进行修改。

为了避免一级缓存产生脏数据，MyBatis 还进行了另一个预防：当 SqlSession 执行 DML 语句时会自动 flush 缓存，这样可以初步避免一级缓存产生脏数据。

假设使用 MyBatis 执行 DML 语句时不会自动 flush 缓存，让我们"推演"一下会发生什么。

① SqlSession 执行 select 语句加载 id 为 1 的 News 对象。

② SqlSession 执行 update 语句更新 id 为 1 的 News 对象——注意，此时 id 为 1 的 News 对象应该已经发生了改变。

③ 当 SqlSession 想再次获取 id 为 1 的 News 对象时，如果第 2 步没有 flush 缓存，MyBatis

将直接返回缓存中 id 为 1 的 News 对象，这个 News 对象依然是修改之前的脏数据——与数据表中实际记录不一致的数据就是脏数据。

对于使用同一个 SqlSession 的情形，由于 SqlSession 执行 DML 语句总会 flush 缓存，因此上面第 3 步 SqlSession 想再次获取 id 为 1 的 News 对象时，MyBatis 会让它重新查询数据，这样就避免了产生脏数据。

请记住：一级缓存的生命周期与 SqlSession 一致，这意味着一级缓存不可能跨 SqlSession 产生作用。在实际应用中，通常存在多条并发线程使用不同的 SqlSession 访问数据，比如一条线程的 SqlSession 读取数据，一条线程的 SqlSession 修改数据，这样就可能在一级缓存中产生脏数据。

如下示例示范了一级缓存产生脏数据的场景。本示例的 NewsMapper 组件只定义了 getNews 和 updateNews 两个方法。下面是 NewsMapper 组件的 XML 映射文件。

程序清单：codes\03\3.6\firstLevelCache_dirty\src\org\crazyit\app\dao\NewsMapper.xml

```xml
<?xml version="1.0" encoding="UTF-8" ?>
<!DOCTYPE mapper PUBLIC "-//MyBatis.org//DTD Mapper 3.0//EN"
    "http://MyBatis.org/dtd/MyBatis-3-mapper.dtd">
<mapper namespace="org.crazyit.app.dao.NewsMapper">
    <!-- 为 getNews 方法定义 SQL 语句 -->
    <select id="getNews" resultType="news">
        select news_id id, news_title title,
        news_content content from news_inf
        where news_id=#{id}
    </select>
    <!-- 为 updateNews 方法定义 SQL 语句 -->
    <update id="updateNews">
        update news inf
        set news_title=#{arg0}
        where news_id=#{arg1}
    </update>
</mapper>
```

接下来使用如下测试程序来模拟多线程并发，从而看到在并发状态下一级缓存的脏数据。

程序清单：codes\03\3.6\firstLevelCache_dirty\src\lee\NewsManager.java

```java
public class NewsManager
{
    private static SqlSessionFactory sqlSessionFactory;
    public static void main(String[] args) throws Exception
    {
        var resource = "MyBatis-config.xml";
        // 使用 Resources 工具从类加载路径下加载指定文件
        var inputStream = Resources.getResourceAsStream(resource);
        sqlSessionFactory = new SqlSessionFactoryBuilder()
            .build(inputStream);
        cacheTest();   // ①
    }
    public static void cacheTest()
    {
        SqlSession sqlSession = sqlSessionFactory.openSession();
        // 获取 Mapper 对象
        var newsMapper = sqlSession.getMapper(NewsMapper.class);
        // 查询 id 为 1 的 News 对象，会执行 select 语句
        var news = newsMapper.getNews(1);
        System.out.println(news.getTitle());
        new Thread(NewsManager::update).start();   // ②
        try
        {
```

```
                 // 线程暂停100ms, 是为了模拟让另外一条线程在此处获得CPU的情形
                 Thread.sleep(100);
             }
         catch (Exception ex){}
         var news2 = newsMapper.getNews(1);
         System.out.println(news2.getTitle());
         // 提交事务
         sqlSession.commit();
         // 关闭资源
         sqlSession.close();
     }
     public static void update()
     {
         SqlSession sqlSession = sqlSessionFactory.openSession();
         // 获取 Mapper 对象
         var newsMapper = sqlSession.getMapper(NewsMapper.class);
         // 更新 id 为 1 的 News 对象
         newsMapper.updateNews("测试", 1);
         // 提交事务
         sqlSession.commit();
         // 关闭资源
         sqlSession.close();
     }
}
```

上面程序中②号粗体字代码执行了 update()方法——但不是直接调用，而是以多线程并发的方式调用。程序中①号粗体字代码正常调用了 cacheTest()方法，该方法将处于主线程内。

为了模拟在实际项目中多线程并发的如下场景：

①　A 线程内的 SqlSession 先获取 id 为 1 的 News 对象。

②　将 CPU 切换给 B 线程，B 线程内的 SqlSession 修改 id 为 1 的 News 对象。

③　A 线程内的 SqlSession 再次获取 id 为 1 的 News 对象。

上面程序在 cacheTest()方法中增加了一行 Thread.sleep(100)代码，这行代码是为了让线程调度在此处切换。

如果发生上面所示的场景，A 线程内的 SqlSession 第二次获取 id 为 1 的 News 对象时，MyBatis不应该使用缓存——因为 B 线程已经更新了底层数据表中的数据，A 线程内的 SqlSession 缓存的News 对象是脏数据。

但实际情况如何呢？实际上，A 线程内的 SqlSession 依然会使用缓存中 id 为 1 的 News 对象——记住：MyBatis 的一级缓存的最大范围是 SqlSession 内部，因此它不可能跨 SqlSession 执行缓存 flush。

实际运行看看吧，将会在控制台看到如下日志输出：

```
    [java] DEBUG [main] org.crazyit.app.dao.NewsMapper.getNews ==> Preparing: select
news_id id, news_title title, news_content content from news_inf where news_id=?
    [java] DEBUG [main] org.crazyit.app.dao.NewsMapper.getNews ==> Parameters:
1(Integer)
    [java] DEBUG [main] org.crazyit.app.dao.NewsMapper.getNews <==      Total: 1
    [java] 李刚的公众号
    [java] DEBUG [Thread-0] org.crazyit.app.dao.NewsMapper.updateNews ==>  Preparing:
update news_inf set news_title=? where news_id=?
    [java] DEBUG [Thread-0] org.crazyit.app.dao.NewsMapper.updateNews ==> Parameters:
测试(String), 1(Integer)
    [java] DEBUG [Thread-0] org.crazyit.app.dao.NewsMapper.updateNews <==  Updates: 1
    [java] 李刚的公众号
```

从上面的运行日志可以清楚地看到，A 线程（此处用 main 线程模拟）第二次读取 id 为 1 的News 对象时，MyBatis 并未重新读取数据表中最新的数据，而是依然使用缓存中 id 为 1 的 News对象——但请记住：此时 B 线程（此处用 Thread-0 线程模拟）已经修改了数据表中 id 为 1 的记录，

这意味着 A 线程第二次读取的 id 为 1 的 News 对象是脏数据。

现在问题来了：如何避免 MyBatis 的一级缓存产生这种脏数据呢？MyBatis 的一级缓存可以关闭吗？

首先需要说明的是，本书已经多次强调：尽量缩短 SqlSession 的生命周期！其中一个理由就是为了避免 SqlSession 一级缓存产生脏数据。

为了避免 MyBatis 的一级缓存产生这种脏数据，最佳实践有两个要点：

➢ 尽量使用短生命周期的 SqlSession！

➢ 避免使用 SqlSession 一级缓存。

先说说第一种实践方式适合的场景：对于对数据实时性要求没那么高（允许有一定的脏数据）的应用，只要项目避免使用长生命周期的 SqlSession，即使 MyBatis 的一级缓存产生了脏数据，但由于 SqlSession 的生命周期特别短暂，这种脏数据也处于可控范围之内。

再说说第二种实践方式适合的场景：对于对数据实时性要求非常高的应用，项目基本不允许使用脏数据，此时就应该避免使用 MyBatis 的一级缓存！但请记住：MyBatis 并不允许关闭一级缓存，因为它需要一级缓存来处理循环引用等问题。

为了避免使用 MyBatis 的一级缓存，程序有两种处理方式：

➢ 每个 SqlSession 永远只执行单次查询。如果要执行第二次查询，请重新打开另一个 SqlSession！以上示例之所以产生脏数据，关键就是因为程序用同一个 SqlSession 两次查询了 id 为 1 的 News 对象。如果每个 SqlSession 只执行单次查询，那么一级缓存几乎就不会产生作用了，这样就可避免一级缓存产生脏数据。

➢ 将 localCacheScope 设为 STATEMENT，这样可避免在 SqlSession 范围内使用一级缓存，但这种方式依然有产生脏数据的风险。

总之，MyBatis 的一级缓存是一个"食之无味，弃之可惜"的机制，如果你打算使用它，就要接受它可能产生脏数据的风险，而且无法避免。通常建议避免在对数据实时性要求较高的应用中使用 MyBatis 的一级缓存。

　　注意

　　避免在对数据实时性要求较高的应用中使用 MyBatis 的一级缓存。

▶▶ 3.6.3　二级缓存

二级缓存是 Mapper 级别的，而且默认是关闭的，因此程序必须在 Mapper 组件中使用<cache.../>元素或@CacheNamespace 注解配置、启用二级缓存。

在定义<cache.../>元素或@CacheNamespace 注解时都可指定如下属性。

➢ eviction：指定缓存的清除算法。默认值为 LRU（最近最少使用的先被清除）。

➢ flushInterval：指定缓存的刷新间隔时间，默认是永不刷新。

➢ type（在注解中用 implementation 属性）：指定缓存的实现类。除非你打算使用自定义缓存或整合第三方缓存，否则不需要填写该属性。

➢ readyOnly（在注解中用 readWrite 属性）：指定该缓存是否为只读缓存（是否为读写缓存），readOnly 属性默认值为 false，readWrite 属性默认值为 true。只读缓存会为所有调用者返回缓存对象的相同实例，因此这些对象不允许被修改，只读缓存的性能很好。读写缓存则通过序列化机制为不同调用者各复制一个缓存对象的副本，因此在性能上会略差一些，但是这样更安全。因此，MyBatis 的二级缓存默认是读写缓存。

➢ size：指定最多缓存多少项，默认缓存 1024 项。

MyBatis 内置的二级缓存实现支持如下缓存清除算法。

➤ LRU：最近最少使用算法，优先清除最长时间不被使用的对象。

➤ FIFO：先进先出算法，优先清除最先进入缓存的对象。

➤ SOFT：软引用，基于垃圾回收器状态和软引用规则清除对象。

➤ WEAK：弱引用，基于垃圾回收器状态和弱引用规则清除对象。

 提示： ------------------------------

关于对象的软引用、弱引用、虚引用的内容，请参考《疯狂 Java 讲义》的第 6 章。

此外，如果程序需要为缓存实现类提供属性，则可在<cache.../>元素内配置多个<property.../>子元素，这些<property.../>子元素将会整体以 Properties 对象传给缓存实现类的 setProperties()方法；如果使用@CacheNamespace 注解配置二级缓存，则直接使用 properties 属性配置即可。

通过上面介绍可以发现，配置、启用二级缓存的最简单代码是在 Mapper 组件中添加如下元素：

```
<cache/>
```

上面元素就为 Mapper 组件配置、启用了默认的二级缓存。当然，也可以为<cache.../>元素指定更多的属性来控制二级缓存。

下面示例将会示范 MyBatis 二级缓存的功能和特征。该示例所使用的 Mapper 组件非常简单，该组件只定义了一个简单的查询方法。下面是该组件的 XML 映射文件。

程序清单：codes\03\3.6\secondLevelCache\src\org\crazyit\app\dao\NewsMapper.xml

```xml
<?xml version="1.0" encoding="UTF-8" ?>
<!DOCTYPE mapper PUBLIC "-//MyBatis.org//DTD Mapper 3.0//EN"
    "http://MyBatis.org/dtd/MyBatis-3-mapper.dtd">
<mapper namespace="org.crazyit.app.dao.NewsMapper">
    <!-- 为 getNews 方法定义 SQL 语句 -->
    <select id="getNews" resultType="news">
        select news_id id, news_title title,
        news_content content from news_inf
        where news_id=#{id}
    </select>
    <!-- 定义缓存,
    使用 FIFO (先进先出) 的缓存清除规则,
    缓存刷新间隔时间为 60 秒,
    最多缓存 512 项,
    该缓存是只读缓存
    -->
    <cache
        eviction="FIFO"
        flushInterval="60000"
        size="512"
        readOnly="true"/>
</mapper>
```

上面粗体字代码为该 Mapper 组件配置、启用了二级缓存，这样同一个 Mapper 组件的多次查询语句相同且参数相同时，将只会执行一次——后面将直接使用二级缓存中的数据。

需要说明的是，二级缓存通常并不保存在内存中，而是可能存储在磁盘或数据库中，因此被缓存的实体类应该实现 Serializable 接口，这样才能方便缓存机制将它们进行序列化保存。

接下来定义如下方法来测试上面 Mapper 组件的 getNews()方法。

程序清单：codes\03\3.6\secondLevelCache\src\lee\NewsManager.java

```java
public static void cacheTest()
{
    SqlSession sqlSession = sqlSessionFactory.openSession();
```

```
        // 获取 Mapper 对象
        var newsMapper1 = sqlSession.getMapper(NewsMapper.class);
        // 查询 id 为 1 的 News 对象，会执行 select 语句
        var news = newsMapper1.getNews(1);
        System.out.println(news.getTitle());
        // 关闭 SqlSession，将数据写入二级缓存中，并关闭一级缓存
        sqlSession.close();    // ①
        // 重新打开 SqlSession 对象
        sqlSession = sqlSessionFactory.openSession();
        // 重新获取 Mapper 对象
        var newsMapper2 = sqlSession.getMapper(NewsMapper.class);
        // 再次查询 id 为 1 的 News 对象，因为从二级缓存中查找数据，所以无须重新执行 select 语句
        var news2 = newsMapper2.getNews(1);
        System.out.println(news2.getTitle());
        // 提交事务
        sqlSession.commit();
        // 关闭资源
        sqlSession.close();
    }
```

上面程序两次调用 NewsMapper 组件的 getNews(1)方法——即使这两个 NewsMapper 组件不是同一个实例，它们也不属于同一个 SqlSession（上面程序中第一行粗体字代码关闭了 SqlSession，第二行粗体字代码重新打开了 SqlSession），但由于二级缓存的缘故，第二次执行 getNews(1)时将不会重新执行 select 语句，而是直接使用二级缓存中的数据。

运行以上方法，将会在控制台看到如下日志输出：

```
    [java] DEBUG [main] org.crazyit.app.dao.NewsMapper Cache Hit Ratio
[org.crazyit.app.dao.NewsMapper]: 0.0
    [java] DEBUG [main] org.crazyit.app.dao.NewsMapper.getNews ==> Preparing: select
news_id id, news_title title, news content content from news_inf where news_id=?
    [java] DEBUG [main] org.crazyit.app.dao.NewsMapper.getNews ==> Parameters:
1(Integer)
    [java] DEBUG [main] org.crazyit.app.dao.NewsMapper.getNews <==    Total: 1
    [java] 李刚的公众号
    [java] DEBUG [main] org.crazyit.app.dao.NewsMapper Cache Hit Ratio
[org.crazyit.app.dao.NewsMapper]: 0.5
    [java] 李刚的公众号
```

从上面的运行日志可以看到，其中有几条包含"Cache Hit Ratio"字符串的日志，它们输出的就是当前方法的二级缓存命中率。在第一次查询 id 为 1 的 News 对象时执行了一条 select 语句，接下来调用 SqlSession 的 close()方法，该方法会关闭 SqlSession 对象，自然也就关闭了一级缓存。

需要说明的是，只有当 SqlSession 提交或关闭时，MyBatis 才会将数据写入二级缓存中，因此上面程序中的①号代码也是很关键的，如果注释掉程序中的①号代码，将看到第二次调用 getNews()方法也会重新执行 select 语句。

程序第二次获取 id 为 1 的 News 对象时，在重新获得的 SqlSession 中并没有缓存任何对象，但是由于启用了二级缓存，当 MyBatis 在一级缓存中没有找到 id 为 1 的 News 对象时，会自动去二级缓存中查找。由于可以直接在二级缓存中找到 id 为 1 的 News 对象，不再重新执行 select 语句。

如果要将该示例改为使用注解，只要使用@CacheNamespace 注解（使用该注解修饰 Mapper接口）代替<cache.../>元素即可。

程序清单：codes\03\3.6\secondLevelCache 注解\src\org\crazyit\app\dao\NewsMapper.xml

```
// 定义二级缓存
@CacheNamespace(eviction = FifoCache.class,
    flushInterval = 60000,
    size = 512,
    readWrite = false)
public interface NewsMapper
```

```
{
    @Select("select news_id id, news_title title, " +
        "news_content content from news_inf " +
        "where news_id=#{id}")
    News getNews(Integer id);
}
```

上面程序中粗体字代码的作用就等同于前面的<cache.../>元素的作用。

MyBatis 的二级缓存是 Mapper 级别的，更严谨的说法是，只有同一个命名空间下的 SQL 语句才能使用该命名空间的二级缓存。

二级缓存实现了 SqlSession 之间缓存数据的共享，它被绑定到 Mapper 组件对应的命名空间下，因此同一个命名空间下的所有 SQL 语句都会对缓存产生作用。在默认情况下，DML 语句（insert、update、delete）会 flush 缓存，select 语句会使用缓存，但不会 flush 缓存。

简单来说，在默认情况下，Mapper 组件中所有 insert、update、delete、select 语句的 flushCache 和 useCache 属性配置如下：

```
<select ... flushCache="false" useCache="true"/>
<insert ... flushCache="true"/>
<update ... flushCache="true"/>
<delete ... flushCache="true"/>
```

某些时候，你可能希望改变上面 SQL 语句默认的缓存行为，比如有时可能希望将 select 排除在缓存之外，则应该将<select.../>元素的 useCache 指定为 false；有时可能希望某条 insert 语句不会 flush 缓存，则应该将该<insert.../>元素的 flushCache 设为 false；有时可能希望某条 select 语句可以 flush 缓存，那么应该将该<select.../>元素的 flushCache 设为 true。

▶▶ 3.6.4　二级缓存的脏数据与避免方法

为了避免二级缓存产生脏数据，MyBatis 已经做了预防：Mapper 组件执行 DML 语句（这些语句会更新底层数据）时默认会 flush 二级缓存，因此在同一个 Mapper 内，只要该 Mapper 组件执行 DML 语句更新底层数据，MyBatis 就会自动 flush 二级缓存，这样就避免了产生脏数据。

虽然二级缓存达到了 Mapper 级别，可以实现 SqlSession 之间缓存数据的共享，但这也暗示了：不同的 Mapper 并发访问时同样可能导致产生脏数据。

当应用中两个实体存在关联关系时，程序可能出现如下流程：

①　A Mapper 组件执行 select 语句加载 id 为 1 的 A 对象，并通过关联关系访问 A 的关联实体 B 对象（假设该 B 对象的 id 为 2）。

②　B Mapper 组件执行 update 语句更新了 id 为 2 的 B 对象（被关联的 B 对象）——注意，此时 id 为 2 的 B 对象应该已经发生了改变。

③　当 A Mapper 组件想再次获取 id 为 1 的 A 对象时，如果第 2 步没有 flush 缓存，MyBatis 将直接返回二级缓存中 id 为 1 的 A 对象及关联的 B 对象，这个 B 对象依然是修改之前的脏数据。

在默认情况下，二级缓存的生命周期与 Mapper 一致，这意味着当多条并发线程使用不同的 Mapper 访问数据时，一条线程的 A Mapper 读取数据，一条线程的 B Mapper 修改数据，这样就可能在二级缓存中产生脏数据。

如下示例示范了二级缓存产生脏数据的场景。本示例用到了两个关联实体：Person 和 Address，它们之间存在 1—1 关联关系。程序的 PersonMapper 组件只定义了一个简单的 getPerson()方法，该方法用于获取 Person 实体，当然，也可以通过 Person 实体来获取关联的 Address 实体。

下面是 PersonMapper 组件的 XML 映射文件。

程序清单：codes\03\3.6\cache-ref\src\org\crazyit\app\dao\PersonMapper.xml

```
<?xml version="1.0" encoding="UTF-8" ?>
<!DOCTYPE mapper PUBLIC "-//MyBatis.org//DTD Mapper 3.0//EN"
    "http://MyBatis.org/dtd/MyBatis-3-mapper.dtd">
```

```xml
<mapper namespace="org.crazyit.app.dao.PersonMapper">
    <!-- 使用多表连接查询 -->
    <select id="getPerson" resultMap="personMap">
        select p.*,
        a.addr_id addr_id, a.addr_detail addr_detail
        from person_inf p
        join address_inf a
        on a.owner_id = p.person_id
        where person_id = #{id}
    </select>
    <resultMap id="personMap" type="person">
        <id column="person_id" property="id"/>
        <result column="person_name" property="name"/>
        <result column="person_age" property="age"/>
        <!-- 映射关联实体 -->
        <association property="address" javaType="address"
            resultMap="org.crazyit.app.dao.AddressMapper.addressMap"/>
    </resultMap>
    <!-- 使用默认的二级缓存设置 -->
    <cache />
</mapper>
```

上面代码只为 PersonMapper 配置了一个简单的 getPerson()方法，并通过<cache.../>元素配置了默认的二级缓存。

AddressMapper 组件则只配置了一个简单的 updateAddress()方法。下面是 AddressMapper 组件的 XML 映射文件。

程序清单：codes\03\3.6\cache-ref\src\org\crazyit\app\dao\AddressMapper.xml

```xml
<?xml version="1.0" encoding="UTF-8" ?>
<!-- MyBatis Mapper 文件的 DTD -->
<!DOCTYPE mapper PUBLIC "-//MyBatis.org//DTD Mapper 3.0//EN"
    "http://MyBatis.org/dtd/MyBatis-3-mapper.dtd">
<mapper namespace="org.crazyit.app.dao.AddressMapper">
    <update id="updateAddress">
        update address_inf
        set addr_detail = #{arg0}
        where addr_id = #{arg1}
    </update>
    <resultMap id="addressMap" type="address">
        <id column="addr_id" property="id"/>
        <result column="addr_detail" property="detail"/>
        <!-- 映射关联实体 -->
        <association property="person" javaType="person"
            resultMap="org.crazyit.app.dao.PersonMapper.personMap"/>
    </resultMap>
    <cache/>
</mapper>
```

上面 AddressMapper 为 updateAddress()方法定义了一条简单的 update 语句，同样使用<cache.../>元素配置了默认的二级缓存。

接下来使用如下测试程序来模拟多线程并发，从而看到在并发状态下二级缓存的脏数据。

程序清单：codes\03\3.6\cache-ref\src\lee\PersonManager.java

```java
public class PersonManager
{
    private static SqlSessionFactory sqlSessionFactory;
    public static void main(String[] args) throws Exception
    {
        var resource = "MyBatis-config.xml";
        // 使用 Resources 工具从类加载路径下加载指定文件
        var inputStream = Resources.getResourceAsStream(resource);
```

```
        sqlSessionFactory = new SqlSessionFactoryBuilder()
            .build(inputStream);
        cacheTest();    // ①
    }
    public static void cacheTest()
    {
        var sess1 = sqlSessionFactory.openSession(true);
        // 获取 Mapper 对象
        var personMapper1 = sess1.getMapper(PersonMapper.class);
        // 调用 Mapper 对象的方法执行持久化操作
        var person1 = personMapper1.getPerson(1);
        // 访问 id 为 1 的 Person 对应的 Address
        System.out.println(person1.getAddress().getDetail());
        sess1.close();
        // 启动新线程执行 updateAddress()方法
        new Thread(PersonManager::updateAddress).start();    // ②
        try
        {
            Thread.sleep(200);
        }
        catch (Exception ex){}
        var sess2 = sqlSessionFactory.openSession(true);
        // 获取 Mapper 对象
        var personMapper2 = sess2.getMapper(PersonMapper.class);
        // 调用 Mapper 对象的方法执行持久化操作
        var person2 = personMapper2.getPerson(1);
        // 访问 id 为 1 的 Person 对应的 Address
        System.out.println(person2.getAddress().getDetail());
        sess2.close();
    }
    public static void updateAddress()
    {
        var sess = sqlSessionFactory.openSession();
        // 获取 Mapper 对象
        var addressMapper = sess.getMapper(AddressMapper.class);
        // 调用 Mapper 对象的方法执行持久化操作
        addressMapper.updateAddress("测试", 2);
        // 提交事务
        sess.commit();
        sess.close();
    }
}
```

上面程序中的②号粗体字代码执行了 updateAddress()方法——但不是直接调用，而是以多线程并发的方式调用。程序中①号粗体字代码正常调用了 cacheTest()方法，该方法将处于主线程内。

为了模拟在实际项目中多线程并发的如下场景：

① A 线程内的 PersonMapper 先获取 id 为 1 的 Person 对象，并访问它关联的 Address 对象（其 id 为 2）。

② 将 CPU 切换给 B 线程，B 线程内的 AddressMapper 修改 id 为 2 的 Address 对象。

③ A 线程内的 PersonMapper 再次获取 id 为 1 的 Person 对象，并访问它关联的 Address 对象。

上面程序在 cacheTest()方法中增加了一行 Thread.sleep(200)代码，这行代码是为了让线程调度在此处切换。

如果发生上面所示的场景，A 线程内的 PersonMapper 第二次获取 id 为 1 的 Person 对象及其关联对象时，MyBatis 不应该使用缓存——因为 B 线程已经更新了底层数据表中的数据，A 线程内 PersonMapper 对应的二级缓存所缓存的 Address 对象是脏数据。

但实际情况如何呢？实际上，A 线程内的 PersonMapper 依然会使用缓存中 Person 所关联的 Address 对象——记住：MyBatis 的二级缓存的默认范围是 Mapper 级别的。

实际运行看看吧，将会在控制台看到如下日志输出：

```
    [java] DEBUG [main] org.crazyit.app.dao.PersonMapper Cache Hit Ratio
[org.crazyit.app.dao.PersonMapper]: 0.0
    [java] DEBUG [main] org.crazyit.app.dao.PersonMapper.getPerson ==> Preparing:
select p.*, a.addr_id addr_id, a.addr_detail addr_detail from person_inf p join
address_inf a on a.owner_id = p.person_id where person_id = ?
    [java] DEBUG [main] org.crazyit.app.dao.PersonMapper.getPerson ==> Parameters:
1(Integer)
    [java] DEBUG [main] org.crazyit.app.dao.PersonMapper.getPerson <==    Total: 1
    [java] 花果山水帘洞
    [java] DEBUG [Thread-0] org.crazyit.app.dao.AddressMapper.updateAddress ==>
Preparing: update address_inf set addr_detail = ? where addr_id = ?
    [java] DEBUG [Thread-0] org.crazyit.app.dao.AddressMapper.updateAddress ==>
Parameters: 测试(String), 2(Integer)
    [java] DEBUG [Thread-0] org.crazyit.app.dao.AddressMapper.updateAddress <==
Updates: 1
    [java] DEBUG [main] org.crazyit.app.dao.PersonMapper Cache Hit Ratio
[org.crazyit.app.dao.PersonMapper]: 0.5
    [java] 花果山水帘洞
```

上面粗体字日志清楚地显示：AddressMapper 的 updateAddress()方法已经成功更新了一条记录，此时该 Address 对象的 detail 属性应该是"测试"，但程序通过 PersonMapper 访问 Person 关联的 Address 对象时，依然看到它的 detail 属性是"花果山水帘洞"，这就是脏数据！

为了避免在这种情况下产生脏数据，可以让有关联关系的 Mapper 组件共享同一个二级缓存，MyBatis 提供了<cache-ref.../>元素或@CacheNamespaceRef 注解来引用另一个二级缓存。

在使用<cache-ref.../>元素时，可以指定一个 namespace 属性（对应于@CacheNamespaceRef 注解的 name 属性），通过该属性指定要引用哪个 Mapper 的二级缓存。

程序只要将 AddressMapper.xml 中的<cache.../>代码改为如下形式：

```
<!-- 引用 PersonMapper 的二级缓存 -->
<cache-ref namespace="org.crazyit.app.dao.PersonMapper" />
```

上面的修改使得 AddressMapper 组件直接使用 PersonMapper 的二级缓存，这样 AddressMapper 和 PersonMapper 将共享同一个二级缓存。因此，AddressMapper 执行 DML 语句时，也会 flush 它们通向的二级缓存，这样即可避免产生脏数据。

再次运行测试程序，将会在控制台看到如下日志输出：

```
    [java] DEBUG [main] org.crazyit.app.dao.PersonMapper Cache Hit Ratio
[org.crazyit.app.dao.PersonMapper]: 0.0
    [java] DEBUG [main] org.crazyit.app.dao.PersonMapper.getPerson ==> Preparing:
select p.*, a.addr_id addr_id, a.addr_detail addr_detail from person_inf p join
address_inf a on a.owner_id = p.person_id where person_id = ?
    [java] DEBUG [main] org.crazyit.app.dao.PersonMapper.getPerson ==> Parameters:
1(Integer)
    [java] DEBUG [main] org.crazyit.app.dao.PersonMapper.getPerson <==    Total: 1
    [java] 花果山水帘洞
    [java] DEBUG [Thread-0] org.crazyit.app.dao.AddressMapper.updateAddress ==>
Preparing: update address_inf set addr_detail = ? where addr_id = ?
    [java] DEBUG [Thread-0] org.crazyit.app.dao.AddressMapper.updateAddress ==>
Parameters: 测试(String), 2(Integer)
    [java] DEBUG [Thread-0] org.crazyit.app.dao.AddressMapper.updateAddress <==
Updates: 1
    [java] DEBUG [main] org.crazyit.app.dao.PersonMapper Cache Hit Ratio
[org.crazyit.app.dao.PersonMapper]: 0.0
    [java] DEBUG [main] org.crazyit.app.dao.PersonMapper.getPerson ==> Preparing:
select p.*, a.addr_id addr_id, a.addr_detail addr_detail from person_inf p join
address_inf a on a.owner_id = p.person_id where person_id = ?
    [java] DEBUG [main] org.crazyit.app.dao.PersonMapper.getPerson ==> Parameters:
1(Integer)
```

```
[java] DEBUG [main] org.crazyit.app.dao.PersonMapper.getPerson <==          Total: 1
[java] 测试
```

从上面的运行日志可以看到，当 AddressMapper 执行 updateAddress()方法更新 Address 对象之后，程序再次通过 Person 访问关联的 Address 对象时，MyBatis 重新执行 select 语句从底层数据表中获取记录，这样就避免了产生脏数据，因此最后一行输出的内容也是 Address 对象修改之后的 detail 属性。

▶▶ 3.6.5　整合 Ehcache 实现二级缓存

除使用 MyBatis 本身提供的二级缓存实现之外，MyBatis 的二级缓存也支持使用第三方缓存实现，比如 OSCache、Ehcache、Hazelcast、Memcached、Redis、Ignit 等，而且 MyBatis 还为这些第三方缓存实现提供了对应的插件，因此整合起来非常方便。出于篇幅的考虑，本书就以整合 Ehcache 为例来介绍 MyBatis 如何整合第三方缓存实现。

为了让 MyBatis 整合 Ehcache 作为二级缓存的实现，首先需要添加 Ehcache 的 JAR 包和 MyBatis 为 Ehcache 提供的插件 JAR 包。

登录 链接7 站点下载 MyBatis 提供的 Ehcache 插件包，下载完成后得到一个 MyBatis-ehcache-1.0.3.zip 压缩包，将该压缩包内的 MyBatis-ehcache-1.0.3.jar、lib 子目录下的 ehcache-core-2.6.8.jar 和 slf4j-api-1.6.1.jar 添加到应用的类加载路径下即可。

如果使用 Maven 工具，由于 Maven 支持自动下载依赖 JAR 包，因此，只要在 Maven 生成文件中添加如下依赖配置即可。

```xml
<dependency>
    <groupId>org.mybatis.caches</groupId>
    <artifactId>MyBatis-ehcache</artifactId>
    <version>1.0.3</version>
</dependency>
```

接下来在 Mapper 组件中配置、启用 Ehcache 二级缓存。下面是本示例中 NewsMapper.xml 文件的代码。

程序清单：codes\03\3.6\Ehcache\src\org\crazyit\app\dao\NewsMapper.xml

```xml
<?xml version="1.0" encoding="UTF-8" ?>
<!DOCTYPE mapper PUBLIC "-//MyBatis.org//DTD Mapper 3.0//EN"
    "http://MyBatis.org/dtd/MyBatis-3-mapper.dtd">
<mapper namespace="org.crazyit.app.dao.NewsMapper">
    <!-- 为 getNews 方法定义 SQL 语句 -->
    <select id="getNews" resultType="news">
        select news_id id, news_title title,
        news_content content from news_inf
        where news_id=#{id}
    </select>
    <!-- 配置使用 Ehcache 二级缓存 -->
    <cache type="org.mybatis.caches.ehcache.LoggingEhcache" >
        <property name="timeToIdleSeconds" value="3600"/>
        <property name="timeToLiveSeconds" value="3600"/>
        <!-- 等同于 Ehcache 的 maxElementsInMemory 参数 -->
        <property name="maxEntriesLocalHeap" value="1000"/>
        <!-- 等同于 Ehcache 的 maxElementsOnDisk 参数 -->
        <property name="maxEntriesLocalDisk" value="10000000"/>
        <!-- 指定缓存清除算法：最近最少使用的元素被清除 -->
        <property name="memoryStoreEvictionPolicy" value="LRU"/>
    </cache>
</mapper>
```

上面粗体字代码为 NewsMapper 组件配置、启用了 Ehcache 二级缓存。不过，Ehcache 缓存本身还需要一个配置文件，该配置文件用于指定 Ehcache 缓存的存储位置以及默认的缓存设置等。

下面是本示例所使用的 ehcache.xml 配置文件。

程序清单：codes\03\3.6\Ehcache\src\ehcache.xml

```xml
<?xml version="1.0" encoding="utf-8"?>
<ehcache>
    <!--表示硬盘上缓存的存储位置。默认使用临时文件夹-->
    <diskStore path="java.io.tmpdir"/>
    <!-- 配置默认的缓存设置，如果类没有进行特别的设置，则使用此处配置的缓存属性。
     maxElementsInMemory：设置缓存中最多可存放多少个对象
     eternal：设置缓存是否永久有效
     timeToIdleSeconds：设置缓存的对象多少秒没有被使用就会被清除
     timeToLiveSeconds：设置缓存的对象在过期之前可以缓存多少秒
     overflowToDisk：设置缓存是否被持久化到硬盘中，保存路径由<diskStore.../>元素指定
    -->
    <defaultCache
        maxElementsInMemory="1500"
        eternal="false"
        timeToIdleSeconds="120"
        timeToLiveSeconds="300"
        overflowToDisk="true"/>
    <!-- 也可以通过 name 配置针对某个类的缓存设置
    <cache name="org.crazyit.app.domain.News"
        maxElementsInMemory="1000"
        eternal="true"
        timeToIdleSeconds="0"
        timeToLiveSeconds="0"
        overflowToDisk="false"
        />-->
</ehcache>
```

只需要添加上面两处配置，MyBatis 即可切换为使用 Ehcache 二级缓存。运行测试程序，同样可以看到二级缓存起作用的效果。

3.7　使用插件扩展 MyBatis

MyBatis 提供了插件机制来扩展其功能：通过插件可以让开发者在 MyBatis 的核心执行流程中"插入"特定的处理过程，这样即可方便地在数据库访问处理中增加某些通用功能，比如分页、日志等。

▶▶ 3.7.1　拦截器接口及作用原理

有趣的是，MyBatis 插件的本质其实是拦截器，因此开发 MyBatis 插件就是开发一个拦截器类，该类必须实现 MyBatis 提供的 Interceptor 接口。

在 Interceptor 接口中定义了如下三个方法（拦截器必须实现的三个方法）。

➤ setProperties(Properties properties)：与 MyBatis 的大部分组件类似，该方法用于接收该组件的多个配置参数，所有的配置参数都将以 Properties 对象的形式传入。

➤ Object intercept(Invocation invocation)：该方法将会彻底"代替"被拦截的方法。该方法有一个 invocation 参数，通过该参数可以获取被拦截的目标对象、被拦截的方法、被拦截的方法参数等信息，也可以回调被拦截的方法。

提示：

MyBatis 插件通常都需要回调被拦截的方法——因为被拦截的方法就是 MyBatis 框架本身提供的处理，我们只是通过插件为 MyBatis 增加某种通用处理，并不是完全代替 MyBatis 的核心功能。

> ➤ Object plugin(Object target)：该方法用于被拦截的对象生成代理。其中 target 参数代表了被拦截的对象。

开发自定义拦截器的步骤很简单，只需要两步。

① 开发一个实现 Interceptor 接口的拦截器类。

② 在 MyBatis 核心配置文件中使用如下代码配置。

```
<plugins>
    <!-- 配置一个插件 -->
    <plugin interceptor="org.crazyit.app.mybatis.XxxPlugin">
        <property name="属性名" value="属性值" />
        ...
    </plugin>
</plugins>
```

MyBatis 使用 XMLConfigBuilder 来解析并处理上面的配置信息，在该类中可以找到如下方法的源代码（注释是本书添加的）。

```
private void pluginElement(XNode parent) throws Exception
{
    // 此处 parent 代表配置文件中的 plugins 元素
    if (parent != null)
    {
        // 遍历所有的 plugin 子元素
        for (XNode child : parent.getChildren())
        {
            // 获取 plugin 元素的 interceptor 属性
            String interceptor = child.getStringAttribute("interceptor");
            // 获取 plugin 元素的所有 property 子元素，并将它们转换成 Properties 对象
            Properties properties = child.getChildrenAsProperties();
            // 通过反射创建拦截器对象
            Interceptor interceptorInstance = (Interceptor)
resolveClass(interceptor).newInstance();
            // 调用拦截器对象的 setProperties()方法
            interceptorInstance.setProperties(properties);  // ①
            // 添加拦截器对象
            configuration.addInterceptor(interceptorInstance);
        }
    }
}
```

上面的源代码非常简单，其中 for 循环体的前两行代码属于 XML 解析，用于解析<plugin.../>元素的 interceptor 属性和所有的<property.../>子元素，第三行代码则通过插件类的 newInstance()来创建对象——这是最简单的反射方法。

上面代码中的①号粗体字代码调用了拦截器实例的 setProperties()方法，将所有<property.../>子元素转换得到的 Properties 对象作为参数传给该方法——这就是实现插件类的 setProperties()方法的作用，该方法只在此处被调用。

上面 for 循环体的最后一行代码调用了 Configuration 对象的 addInterceptor()方法来添加拦截器，打开 Configuration 类的源代码就会发现 addInterceptor()方法的代码如下：

```
public class Configuration
{
    ...
    protected final InterceptorChain interceptorChain = new InterceptorChain();
    public void addInterceptor(Interceptor interceptor)
    {
        // 调用 InterceptorChain 对象添加拦截器
        interceptorChain.addInterceptor(interceptor);
    }
}
```

InterceptorChain 就是一个插件工具类，专门用于管理所有的 Interceptor 插件，它的源代码很简单，只有短短的几行。

```java
public class InterceptorChain
{
    private final List<Interceptor> interceptors = new ArrayList<>();
    public Object pluginAll(Object target)
    {
        for (Interceptor interceptor : interceptors)
        {
            target = interceptor.plugin(target);
        }
        return target;
    }
    public void addInterceptor(Interceptor interceptor)
    {
        interceptors.add(interceptor);
    }
    public List<Interceptor> getInterceptors()
    {
        return Collections.unmodifiableList(interceptors);
    }
}
```

从上面的源代码可以清楚地看到，所谓的 addInterceptor()方法，无非就是把 Interceptor 对象添加到 List 集合中。

InterceptorChain 类中的 pluginAll()方法是对目标对象应用拦截器、生成插件的关键方法，该方法遍历 List 集合中所有的 Interceptor 对象，依次调用 Interceptor 对象的 plugin()方法为 target 参数（目标对象）生成代理——新创建的代理将再次作为下一个 plugin()方法的目标对象，这是典型的"职责链"模式。

图 3.7 显示了 pluginAll()方法的处理流程。

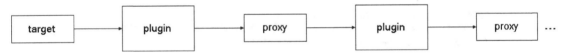

图 3.7 pluginAll()方法的处理流程

图 3.7 显示的处理流程与前面介绍的一致：拦截器的 plugin()方法负责为目标对象生成代理。为了简化开发者生成代理的实现，MyBatis 提供了一个 Plugin 类，使用该类的 wrap(Object target, Interceptor interceptor)方法即可为目标对象生成代理。

Plugin 是一个工具类，该工具类实现了 JDK 动态代理的 InvocationHandler 接口、基于 JDK 动态代理机制为目标对象创建代理，只要理解了 JDK 动态代理的内容，该类的源代码是非常简单的。

提示:- -

> 如果需要学习 JDK 动态代理的知识，请参考《疯狂 Java 讲义》的 18.5 节。

▶▶ 3.7.2 可拦截的目标

拦截器具体可拦截哪些对象呢？MyBatis 的四大核心对象，拦截器都可拦截。

MyBatis 的四大核心对象如下。

➤ Executor：执行器，正如它的名字所暗示的，该执行器负责执行 MyBatis 的所有数据库访问流程，其实 SqlSession 就是通过调用该对象来执行数据访问的。

➤ StatementHandler：Statement 处理器，它负责创建 Statement，为 Statement 设置参数等。

➤ ParameterHandler：参数处理器，正如它的名字所暗示的，该处理器负责处理参数。

➢ ResultSetHandler：结果集处理器，正如它的名字所暗示的，该处理器负责处理结果集、传出参数等。

其实这四个核心组件的功能很清晰，MyBatis 使用这四个不同的组件来处理 JDBC 查询的不同阶段。上面这四个核心组件包含了多个方法，而拦截器可以根据需要来拦截它们的不同方法。

下面示例的拦截器示范了拦截不同组件的不同方法。首先开发一个拦截器类，该类实现了 Interceptor 接口。

程序清单：codes\03\3.7\Plugin\src\org\crazyit\app\MyBatis\FkPlugin.java

```java
@Intercepts({@Signature(
        // type 属性指定要拦截哪个对象的方法
        type= Executor.class,
        // method（指定方法名）和 args（指定形参类型列表）确定要拦截的方法
        // 此处代表拦截 update(MappedStatement, Object)方法
        method = "update",
        args = {MappedStatement.class, Object.class}),
    @Signature(
        // type 属性指定要拦截哪个对象的方法
        type= ParameterHandler.class,
        // method（指定方法名）和 args（指定形参类型列表）确定要拦截的方法
        // 此处代表拦截 setParameters(PreparedStatement)方法
        method = "setParameters",
        args = {PreparedStatement.class}),
    @Signature(
        // type 属性指定要拦截哪个对象的方法
        type= ResultSetHandler.class,
        // method（指定方法名）和 args（指定形参类型列表）确定要拦截的方法
        // 此处代表拦截 handleResultSets(Statement)方法
        method = "handleResultSets",
        args = {Statement.class}),
    @Signature(
        // type 属性指定要拦截哪个对象的方法
        type= StatementHandler.class,
        // method（指定方法名）和 args（指定形参类型列表）确定要拦截的方法
        // 此处代表拦截 prepare(Connection, Integer)方法
        method = "prepare",
        args = {Connection.class, Integer.class})
})
public class FkPlugin implements Interceptor
{
    public Object intercept(Invocation invocation) throws Throwable
    {
        System.out.printf("-----拦截的目标对象为: %s%n", invocation.getTarget());
        System.out.printf("-----拦截的方法为: %s%n", invocation.getMethod());
        System.out.printf("-----拦截的参数为: %s%n", Arrays.toString(invocation.getArgs()));
        // 回调被拦截的目标方法
        return invocation.proceed();
    }
    public Object plugin(Object target)
    {
        System.out.println("------------------" + target);
        // 调用 Plugin 的 wrap()方法为目标对象生成代理
        return Plugin.wrap(target, this);
    }
    public void setProperties(Properties properties)
    {
        System.out.println("===执行 setProperties===");
        System.out.println("传入参数为: " + properties);
    }
}
```

上面的 FkPlugin 类实现了 Interceptor 接口，因此它就是一个插件类。

FkPlugin 还使用了@Intercepts 注解修饰，该注解指定该插件（本质是拦截器）会拦截哪些对象的哪些方法。该注解必须且只能指定一个 value 属性，value 属性值是一个@Signature 注解数组——每个@Signature 注解声明一个拦截点。

上面程序中@Intercepts 注解的 value 属性值是四个@Signature 注解组成的数组，这意味着该注解会依次声明四个拦截点。

@Signature 注解要指定三个属性。

➢ type：指定哪个类。

➢ method：指定方法名。

➢ args：指定形参类型列表。

@Signature 注解的三个属性正好用于准确地确定一个方法——该方法将会由该插件（本质是拦截器）负责拦截。

 提示：

还记得《疯狂 Java 讲义》中关于方法重载的内容吗？Java 语言要确定一个方法需要三要素：类名、方法名和形参类型列表——仅有类名和方法名还不够。此处的@Signature 注解就是用于指定方法的三要素，这样就明确指定了拦截器要拦截的目标方法。

FkPlugin 实现 Interceptor 接口的三个方法时，并未做任何实质性的增强，在实现 intercept()方法时只是通过 invocation 参数输出了被拦截的目标对象、目标方法和调用参数——这里只是让大家感受拦截器的运行流程，至于程序如何利用这些数据，那需要根据项目业务来决定。

FkPlugin 实现 Interceptor 接口的 plugin()方法时，调用了 Plugin 工具类提供的 wrap()方法来生成代理——这是最方便的方式。

在实现了上面的拦截器类（插件类）之后，接下来在 MyBatis-config.xml 文件中添加如下内容即可配置该插件。

程序清单：codes\03\3.7\Plugin\src\MyBatis-config.xml

```xml
<plugins>
    <!-- 配置一个插件 -->
    <plugin interceptor="org.crazyit.app.mybatis.FkPlugin">
        <!-- 为插件配置属性  -->
        <property name="maxNum" value="100"/>
        <property name="testName" value="孙悟空"/>
    </plugin>
</plugins>
```

从上面的粗体字代码可以看出，配置插件其实非常简单，只要通过 interceptor 属性指定拦截器类，然后根据需要通过任意个<property.../>子元素为插件配置属性即可。

本示例的 Mapper 组件只定义了 getNews()和 updateNews()两个方法，其代码非常简单，此处不再给出，读者可自行参考本书配套代码。

当程序执行 Mapper 组件的 getNews()方法时，MyBatis 底层调用 select 语句从底层数据表中抓取记录，插件（拦截器）将会依次拦截四大核心对象的方法，此时在控制台可看到如下日志输出：

```
[java] ===执行 setProperties===
[java] 传入参数为：{maxNum=100, testName=孙悟空}
[java] ----------------org.apache.ibatis.executor.CachingExecutor@1c32386d
[java] ----------------org.apache.ibatis.scripting.defaults.DefaultParameter-
Handler@112f364d
[java] ----------------org.apache.ibatis.executor.resultset.DefaultResultSet-
Handler@4dc8caa7
[java] ----------------org.apache.ibatis.executor.statement.RoutingStatement-
```

```
Handler@53d102a2
    [java] -----拦截的目标对象为：
org.apache.ibatis.executor.statement.RoutingStatementHandler@53d102a2
    [java] -----拦截的方法为：public abstract java.sql.Statement
org.apache.ibatis.executor.statement.StatementHandler.prepare(java.sql.Connection,j
ava.lang.Integer) throws java.sql.SQLException
    [java] -----拦截的参数为：
[org.apache.ibatis.logging.jdbc.ConnectionLogger@106faf11, null]
    [java] DEBUG [main] org.crazyit.app.dao.NewsMapper.getNews ==>  Preparing: select
news_id id, news_title title, news_content content from news_inf where news_id = ?
    [java] -----拦截的目标对象为：
org.apache.ibatis.scripting.defaults.DefaultParameterHandler@112f364d
    [java] -----拦截的方法为：public abstract void org.apache.ibatis.executor.parameter.
ParameterHandler.setParameters(java.sql.PreparedStatement) throws
java.sql.SQLException
    [java] -----拦截的参数为：
[org.apache.ibatis.logging.jdbc.PreparedStatementLogger@71b1a49c]
    [java] DEBUG [main] org.crazyit.app.dao.NewsMapper.getNews ==> Parameters: 1(Integer)
    [java] -----拦截的目标对象为：
org.apache.ibatis.executor.resultset.DefaultResultSetHandler@4dc8caa7
    [java] -----拦截的方法为：public abstract java.util.List org.apache.ibatis.executor.
resultset.ResultSetHandler.handleResultSets(java.sql.Statement) throws
java.sql.SQLException
    [java] -----拦截的参数为：
[org.apache.ibatis.logging.jdbc.PreparedStatementLogger@71b1a49c]
    [java] DEBUG [main] org.crazyit.app.dao.NewsMapper.getNews <==         Total: 1
    [java] 查询得到的 News 对象：News[id=1, title=测试, content=大家可关注李刚老师的公众号：
fkbooks]
```

上面运行日志的前两行表示 MyBatis 调用了拦截器的 setProperties()方法、传入的参数为 {maxNum=100, testName=孙悟空}——这个 Properties 对象就来自<plugin.../>元素内部的多个 <property.../>子元素。

从上面的粗体字日志可以看到，该拦截器依次拦截了 RoutingStatementHandler 对象 （StatementHandler）、DefaultParameterHandler 对象（ParameterHandler）、DefaultResultSetHandler 对象 （ResultSetHandler）——这其实也说明了 MyBatis 的执行流程：StatementHandler → ParameterHandler → ResultSetHandler。

> **提示：** 上面的执行流程与 JDBC 查询过程完全一致：StatementHandler 负责根据传入的 SQL 语句创建 PreparedStatement，然后 ParameterHandler 负责为 SQL 语句传入参数，最后由 ResultSetHandler 将查询得到的 ResultSet 转换成对象或对象 List。

可能有读者产生了疑问，为啥没看到拦截 Executor 对象呢？请留意拦截器中的第一个 @Signature 注解，该注解声明该插件（本质是拦截器）只拦截 Executor 对象的 update(MappedStatement, Object)方法，可此处执行的是 select 语句，自然就看不到拦截该方法了。

接下来让程序执行 Mapper 组件的 updateNews()方法，MyBatis 底层调用 update 语句更新底层 数据表中的记录，此时在控制台可以看到如下日志输出：

```
    [java] ===执行 setProperties===
    [java] 传入参数为：{maxNum=100, testName=孙悟空}
    [java] ------------------org.apache.ibatis.executor.CachingExecutor@1c32386d
    [java] -----拦截的目标对象为：org.apache.ibatis.executor.CachingExecutor@1c32386d
    [java] -----拦截的方法为：public abstract int org.apache.ibatis.executor.Executor.
update(org.apache.ibatis.mapping.MappedStatement,java.lang.Object) throws
java.sql.SQLException
    [java] -----拦截的参数为：[org.apache.ibatis.mapping.MappedStatement@767e20cf,
{arg1=1, arg0=测试, param1=测试, param2=1}]
```

```
    [java] --------------org.apache.ibatis.scripting.defaults.DefaultParameter-
Handler@362045c0
    [java] --------------org.apache.ibatis.executor.resultset.DefaultResultSet-
Handler@626c44e7
    [java] --------------org.apache.ibatis.executor.statement.RoutingStatement-
Handler@35d08e6c
    [java] -----拦截的目标对象为:
org.apache.ibatis.executor.statement.RoutingStatementHandler@35d08e6c
    [java] -----拦截的方法为: public abstract java.sql.Statement
org.apache.ibatis.executor.statement.StatementHandler.prepare(java.sql.Connection,j
ava.lang.Integer) throws java.sql.SQLException
    [java] -----拦截的参数为:
[org.apache.ibatis.logging.jdbc.ConnectionLogger@27a0a5a2, null]
    [java] DEBUG [main] org.crazyit.app.dao.NewsMapper.updateNews ==> Preparing:
update news_inf set news_title = ? where news_id = ?
    [java] -----拦截的目标对象为:
org.apache.ibatis.scripting.defaults.DefaultParameterHandler@362045c0
    [java] -----拦截的方法为: public abstract void
org.apache.ibatis.executor.parameter.ParameterHandler.setParameters(java.sql.Prepar
edStatement) throws java.sql.SQLException
    [java] -----拦截的参数为:
[org.apache.ibatis.logging.jdbc.PreparedStatementLogger@6c2d4cc6]
    [java] DEBUG [main] org.crazyit.app.dao.NewsMapper.updateNews ==> Parameters: 测
试(String), 1(Integer)
    [java] DEBUG [main] org.crazyit.app.dao.NewsMapper.updateNews <==    Updates: 1
    [java] 更新了 1 个的 News 对象
```

从上面的粗体字日志可以看到，该拦截器依次拦截了 CachingExecutor 对象（Executor）、RoutingStatementHandler 对象（StatementHandler）、DefaultParameterHandler 对象（ParameterHandler）——这一次没有拦截到 ResultSetHandler 对象，这是因为执行 update 语句不会返回 ResultSet，自然也就不需要 ResultSetHandler 了。

综合两次的运行日志可以看到，MyBatis 框架中核心对象（可拦截对象）的调用关系如图 3.8所示。

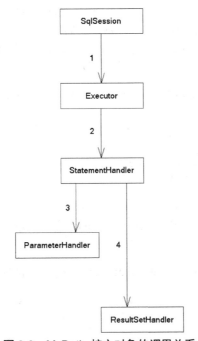

图 3.8　MyBatis 核心对象的调用关系

在理解了这些核心对象的调用关系之后，开发者可以根据业务需要来开发插件，让插件（本质是拦截器）在指定时机、特定的方法中"插入"某种特定的处理代码，从而通过拦截器为 MyBatis 在数据库访问层次上增加某些通用功能。

➤➤ 3.7.3 为 MyBatis 开发分页插件

MyBatis 本身提供了如下两种分页机制。

- ➢ 内存分页：为 Mapper 组件的查询方法额外定义一个 RowBounds 参数（就是为了指定 offset 和 limit 两个参数），MyBatis 就会控制该查询方法返回分页后的结果集。
- ➢ SQL 分页：这种方式需要开发者在 XML Mapper 中定义 SQL 语句时通过 SQL 语法进行分页。

对于上面第一种"内存分页"的方式，MyBatis 并没有改变所执行的 select 语句。假如程序要查询的记录总数为 10 万条，采用这种方式会先从底层数据库中查询得到 10 万条记录，然后在内存中进行分页。这种方式一看就有问题，当数据量较小时，使用这种分页方式还可以接受；但是当数据量较大时，使用这种分页方式就会造成严重的问题——程序一次性就把这 10 万条记录全部加载到内存中，这必然会给程序内存开销带来巨大的压力。

提示：
这种"内存分页"的方式在实际项目开发中基本用不上，因此本书不再给出具体示例。

对于上面第二种"SQL 分页"的方式，在 select 语句层面就完成了分页，即使程序要查询的记录总数为 10 万条，每次分页查询时也只会返回当前页的记录，这才是较为实用的分页方式。

但这种"SQL 分页"的方式也有问题：它要求开发者每次定义 select 语句时都需要添加分页语法，这样必然会增加实际开发的工作量，比较烦琐。

那么是否有一种方式可以同时利用上面两种方式的优点呢？答案是肯定的，就是利用分页插件。分页插件的实现思路并不复杂：程序利用插件（拦截器）拦截 StatementHandler 对象的 prepare 方法，在该方法中对它所执行的 select 语句进行修改，增加分页语法即可。

下面具体示范如何利用 MyBatis 插件来开发分页插件。

首先开发一个类似于 RowBounds 的工具类 Page，该 Page 类只用于封装分页参数：当前页码、每页显示的记录数、总页数。下面是 Page 类的源代码。

程序清单：codes\03\3.7\PagePlugin\src\org\crazyit\app\dao\Page.java

```java
public class Page
{
    private Integer totalPage;
    private Integer pageSize = 3;
    private Integer pageIndex = 1;
    // 省略构造器和 setter、getter 方法
    ...
}
```

接下来实现分页插件类，该类需要实现 Interceptor 接口，并在 intercept()方法中为目标 SQL 语句添加分页语法。下面是该分页插件类的代码。

程序清单：codes\03\3.7\PagePlugin\src\org\crazyit\app\MyBatis\PagePlugin.java

```java
@Intercepts({
    // 指定该插件拦截 StatementHandler 的 prepare(Connection, Integer)方法
    @Signature(type = StatementHandler.class, method = "prepare",
        args = {Connection.class, Integer.class }) })
public class PagePlugin implements Interceptor
{
```

```
@Override
@SuppressWarnings("unchecked")
public Object intercept(Invocation invocation) throws Throwable
{
    // 获取被拦截的目标对象
    var statementHandler = (StatementHandler) invocation.getTarget();
    // 获取 statementHandler 对应的 MetaObject 对象
    var metaObject = SystemMetaObject.forObject(statementHandler);  // ①
    // 通过 MetaObject 获取本次执行的 MappedStatement 对象
    // MappedStatement 代表 XML Mapping 中的 select、insert、update、delete 元素
    var mappedStatement = (MappedStatement) metaObject
        .getValue("delegate.mappedStatement");  // ②
    // 获取执行的 MappedStatement 的 id 属性值（对应于 Mapper 组件的方法名）
    var id = mappedStatement.getId();
    // 如果方法名以 Page 结尾，则说明是需要分页的方法
    if (id.endsWith("Page"))
    {
        var boundSql = statementHandler.getBoundSql();
        // 获取传给 Mapper 方法的参数
        var paramMap = (Map<String, Object>) boundSql
            .getParameterObject();
        // 定义 page 变量用于保存分页参数
        Page page = null;
        // 先尝试获取名为 page 的命名参数（以 @Param("page") 修饰的参数）
        try
        {
            page = (Page) paramMap.get("page");
        }
        // 如果没找到名为 page 的命名参数
        catch (BindingException ex)
        {
            // 遍历 paramMap（paramMap 代表传给 Mapper 方法的实际参数）
            for (var key : paramMap.keySet())
            {
                var val = paramMap.get(key);
                // 如果该参数的类型是 Page，则说明找到了 page 参数
                if (val.getClass() == Page.class)
                {
                    page = (Page) val;
                }
            }
        }
        // 如果 page 依然为 null，则说明没找到分页参数
        if (page == null)
        {
            throw new IllegalArgumentException("Page Parameter can't be null.");
        }
        // 获取 Mapper 组件实际要执行的 SQL 语句
        var sql = boundSql.getSql();
        // 生成一条统计总记录数的 SQL 语句
        var countSql = "select count(*) from (" + sql + ") a";
        var connection = (Connection) invocation.getArgs()[0];
        var preparedStatement = connection
            .prepareStatement(countSql);
        // 获取 ParameterHandler 对象
        var parameterHandler = statementHandler.getParameterHandler();
//        // 也可通过如下代码利用 MetaObject 获取
//        var parameterHandler = (ParameterHandler) metaObject
//            .getValue("delegate.parameterHandler");  // ③
        // 为 PreparedStatement 中的 SQL 语句传入参数
        parameterHandler.setParameters(preparedStatement);
        var rs = preparedStatement.executeQuery();
```

```
                if (rs.next())
                {
                    var totalRec = rs.getInt(1);
                    // 计算总页数
                    page.setTotalPage(totalRec / page.getPageSize() == 0 ?
                        totalRec / page.getPageSize() : totalRec / page.getPageSize() + 1);
                }
                // 修改 SQL 语句, 增加分页语法 (只针对 MySQL)
                var pageSql = sql + " limit "
                    + (page.getPageIndex() - 1) * page.getPageSize() + ", "
                    + page.getPageSize();
                // 改变 Mapper 方法实际要执行的 SQL 语句
                metaObject.setValue("delegate.boundSql.sql", pageSql);   // ④
            }
            return invocation.proceed();
        }
        @Override
        public Object plugin(Object o)
        {
            return Plugin.wrap(o, this);
        }
        @Override
        public void setProperties(Properties properties)
        {
        }
    }
```

该 PagePlugin 类与前面 FkPlugin 类的结构完全相同，二者的区别主要体现在 intercept()方法的实现上——FkPlugin 的 intercept()方法只是简单地演示，因此代码较为简单，而 PagePlugin 的 intercept()方法需要修改 select 语句，为它增加分页语法，因此该方法略微复杂一些。

PagePlugin 同样使用了@Intercepts 注解修饰，该注解的 value 属性只有一个@Signature 注解，这意味着该插件只拦截一个点，而@Signature 注解指定了 type = StatementHandler.class、method = "prepare"、args = {Connection.class, Integer.class })，这意味着该插件将会拦截 StatementHandler 的 prepare(Connection, Integer)方法。

PagePlugin 类的重点就是 intercept()方法，该方法需要访问 StatementHandler 对象的 MappedStatement（代表 XML Mapping 中的 select、insert、update、delete 元素，也可能需要访问 StatementHandler 对象的 ParameterHandler、ResultSetHandler、BoundSql（封装了 select、insert、update、delete 元素定义的 SQL 语句及传入参数）等成员，但这些成员变量都使用了 protected 修饰符修饰。下面是 BaseStatementHandler（StatementHandler 的实现类，它是 SimpleStatementHandler、PreparedStatementHandler、CallableStatementHandler 的共同父类）的源代码片段。

```
public abstract class BaseStatementHandler implements StatementHandler
{
    protected final Configuration configuration;
    protected final ObjectFactory objectFactory;
    protected final TypeHandlerRegistry typeHandlerRegistry;
    protected final ResultSetHandler resultSetHandler;
    protected final ParameterHandler parameterHandler;

    protected final Executor executor;
    protected final MappedStatement mappedStatement;
    protected final RowBounds rowBounds;

    protected BoundSql boundSql;
    ...
}
```

StatementHandler 仅提供了 getBoundSql()和 getParameterHandler()两个方法来返回 boundSql、parameterHandler 这两个成员，如果程序需要访问甚至修改其他成员变量的值，那该怎么办？肯定是使用反射了！

如果自己写反射代码来访问甚至修改 StatementHandler 的各成员变量的值，当然也应该能做到（只要有扎实的 Java 反射知识即可），不过写出来的代码恐怕有点烦琐——尤其是当程序要访问或修改 StatementHandler 的 abc 成员变量（对象）的 xyz 成员变量（又一个对象）的 foo 成员变量——这种嵌套的成员变量的值时，完全自己写反射代码是不是有点烦琐？

为了减少开发的烦琐，MyBatis 提供了一个 MetaObject 类，它提供了如下两个方法。

➢ getValue(String name)：通过反射获取 name 成员变量的值。name 支持路径写法，例如，将 name 写成"abc.xyz.foo"，这意味着获取当前对象的 abc 成员变量（对象）的 xyz 成员变量（又一个对象）的 foo 成员变量的值。

➢ setValue(String name, Object value)：通过反射修改 name 成员变量的值。name 支持路径写法，例如，将 name 写成"abc.xyz.foo"，这意味着修改当前对象的 abc 成员变量（对象）的 xyz 成员变量（又一个对象）的 foo 成员变量的值。

上面程序中①号粗体字代码获取了 StatementHandler 对应的 MetaObject，这意味着该 MetaObject 对象的当前对象是该 StatementHandler 对象。

②号粗体字代码使用 metaObject.getValue("delegate.mappedStatement")获取值，这意味着它会获取该 StatementHandler 对象的 delegate 成员变量的 mappedStatement 成员变量的值——这个 delegate 来自哪里？

回头看一下上一个插件示例的运行结果：插件拦截到的 StatementHandler 对象其实是 RoutingStatementHandler 对象，打开该类的源代码，可以发现如下代码：

```java
public class RoutingStatementHandler implements StatementHandler
{
    // delegate 成员变量
    private final StatementHandler delegate;
    // 根据 MappedStatementd 的 statementType 选择 StatementHandler 的实现类
    public RoutingStatementHandler(Executor executor, MappedStatement ms,
        Object parameter, RowBounds rowBounds, ResultHandler resultHandler,
        BoundSql boundSql)
    {
        switch (ms.getStatementType())
        {
            case STATEMENT:
                delegate = new SimpleStatementHandler(executor, ms,
                    parameter, rowBounds, resultHandler, boundSql);
                break;
            case PREPARED:
                delegate = new PreparedStatementHandler(executor, ms,
                    parameter, rowBounds, resultHandler, boundSql);
                break;
            case CALLABLE:
                delegate = new CallableStatementHandler(executor, ms,
                    parameter, rowBounds, resultHandler, boundSql);
                break;
            default:
                throw new ExecutorException(
                    "Unknown statement type: " + ms.getStatementType());
        }
    }
    @Override
    public Statement prepare(Connection connection,
        Integer transactionTimeout) throws SQLException
    {
        return delegate.prepare(connection, transactionTimeout);
    }
    ....
}
```

看到该类的源代码，一切全明白了：RoutingStatementHandler 只是一个分发代理，它会根据 MapperStatement 的 statementType 属性来选择使用 SimpleStatementHandler、PreparedStatementHandler 或 CallableStatementHandler——RoutingStatementHandler 的所有方法其实都是委托给 delegate 去实现的。

这就是为什么程序通过 MetaObject 访问 StatementHandler 的 mappedStatement 成员变量时，要写成 delegate.mappedStatement，而不是直接写成 mappedStatement 的原因——因为 MetaObject 对应的当前对象的 RoutingStatementHandler，必须先访问它的 delegate 成员变量才能访问到实际使用的 StatementHandler 对象，然后才访问 mappedStatement 成员变量。

③号粗体字代码试图访问 StatementHandler 的 parameterHandler 成员变量，由于 StatementHandler 本身提供了 getParameterHandler()方法，因此直接通过该方法访问更方便——没必要炫耀技术，非用反射访问不可！当然，如果你喜欢，也可以使用③号粗体字代码，通过反射来访问 parameterHandler 成员变量。

④号粗体字代码需要用带分页语法的 SQL 语句代替原来的 SQL 语句——SQL 语句由 BoundSql 对象的 sql 成员变量保存，因此这里使用 MetaObject 修改"delegate.boundSql.sql"的值——其中 delegate 代表访问 RoutingStatementHandler 的 delegate 成员变量（其值是执行实际功能的 PreparedStatementHandler 对象），然后访问 PreparedStatementHandler 对象的 boundSql 成员变量（其值是 BoundSql 对象），最后访问 BoundSql 对象的 sql 成员变量——其值用于保存 SQL 语句。

通过插件修改了底层 SQL 语句，并为之增加了分页语法，这样就完成了该分页插件的功能。

 提示：

> 该分页插件只对 MySQL 数据库起作用，道理很简单——该分页插件修改 SQL 语句、增加分页代码时，只考虑了 MySQL 数据库的分页语法。如果希望让该分页插件支持通用数据库，则可考虑为该插件增加一个属性，用于代表数据库类型，分页插件根据不同的数据库类型添加对应的分页代码即可。只要读者真正掌握了 MyBatis 插件的运行机制，实现支持通用数据库的分页插件将非常简单。

在提供了上面的插件实现类之后，接下来在 MyBatis 核心配置文件中增加如下代码配置插件即可。

```
<plugins>
  <!-- 配置分页插件 -->
  <plugin interceptor="org.crazyit.app.mybatis.PagePlugin" />
</plugins>
```

现在使用如下测试方法调用 Mapper 组件的查询方法。

程序清单：codes\03\3.7\PagePlugin\src\lee\NewsManager.java

```
public static void selectTest(SqlSession sqlSession)
{
    // 获取 Mapper 对象
    var newsMapper = sqlSession.getMapper(NewsMapper.class);
    // 创建 Page 对象（每页显示 3 条记录，当前为第 2 页）
    var page = new Page(3, 2);
    // 调用 Mapper 对象的方法执行持久化操作
    var newsList = newsMapper.findNewsByTitlePage("%", page);
    System.out.println("查询得到的 News 结果: " + newsList);
    System.out.println("总页数为: " + page.getTotalPage());
    // 提交事务
    sqlSession.commit();
    // 关闭资源
    sqlSession.close();
}
```

从上面代码可以看出，只要查询方法以 Page 结尾，且为该方法传入一个 Page 参数，PagePlugin 插件就会执行分页功能。运行上面的方法，将会在控制台看到如下日志输出：

```
    [java] DEBUG [main] org.crazyit.app.dao.NewsMapper.findNewsByTitlePage ==>
Preparing: select count(*) from (select news_id id, news_title title, news_content
content from news_inf where news_title like ?) a
    [java] DEBUG [main] org.crazyit.app.dao.NewsMapper.findNewsByTitlePage ==>
Parameters: %(String)
    [java] DEBUG [main] org.crazyit.app.dao.NewsMapper.findNewsByTitlePage ==>
Preparing: select news_id id, news_title title, news_content content from news_inf where
news_title like ? limit 3, 3
    [java] DEBUG [main] org.crazyit.app.dao.NewsMapper.findNewsByTitlePage ==>
Parameters: %(String)
    [java] DEBUG [main] org.crazyit.app.dao.NewsMapper.findNewsByTitlePage <==
Total: 3
    [java] 查询得到的 News 结果：[News[id=4, title=22, content=4444444444444], News[id=5,
title=33, content=5555555555555], News[id=6, title=33, content=6666666666666]]
    [java] 总页数为：3
```

从粗体字运行日志可以看到，PagePlugin 插件为 SQL 语句增加了分页功能；在执行完查询之后，查询的总页数将会被保存在 Page 对象的 totalPage 变量中，程序可通过 Page 对象的 getTotalPage() 方法来获取本次查询的总页数，见上面运行日志的最后一行。

3.8 本章小结

本章的主要内容就是结果映射。本章首先从简单结果映射开始讲起，详细介绍了 MyBatis 的构造器映射、自动映射等基础内容，也详细介绍了 MyBatis 调用存储过程的各种情况。本章的重点和难点是关联映射，读者不仅需要掌握 MyBatis 关联映射的三种方式（基于嵌套 select 的关联映射、基于多表连接查询的关联映射、基于多结果集的关联映射），还需要掌握三种关联映射策略之间的差别，并能根据实际情况选择合适的关联映射策略。此外，本章也介绍了 MyBatis 的继承映射策略。

本章的另一个重点内容是动态 SQL，通过使用动态 SQL，开发者可以在标准 SQL 语句中加入流程控制机制，从而可以实现动态更新和动态插入，也可以使用 foreach 实现批量插入、批量更新。动态 SQL 是 MyBatis 的重要特色之一，读者务必要熟练掌握。

本章的另一块深入内容是关于 MyBatis 的缓存。本章详细介绍了 MyBatis 的一级缓存和二级缓存，但并不是"浮光掠影"地介绍一级缓存、二级缓存的配置和用法，而是从实际项目、并发角度分析了缓存的脏数据的产生及避免方式，而且针对不同的实际开发场景给出了缓存设计策略。

本章最后介绍的内容是 MyBatis 的插件机制。MyBatis 的插件本质上就是拦截器，该拦截器可以拦截 MyBatis 的四大核心对象的几乎全部方法，通过这种拦截机制，可以让程序代码参与到 MyBatis 的持久化操作中。本章并不是简单地给出拦截器的开发方法，而是对 MyBatis 的四大核心对象的源代码进行分析，帮助读者厘清 MyBatis 的运行原理，这样既能更好地理解 MyBatis 的底层机制，也能随心所欲地利用 MyBatis 插件（拦截器）对 MyBatis 进行扩展。

第 4 章
Spring 的基础用法

本章要点

- Spring 的起源和背景
- 如何在项目中使用 Spring 框架
- 在 Eclipse 中使用 Spring
- 理解依赖注入
- Spring 容器
- 理解 Spring 容器中的 Bean
- 管理容器中的 Bean 及其依赖注入
- 自动装配
- 使用 Java 类进行配置管理
- 使用静态工厂、实例工厂创建 Bean 实例
- 抽象 Bean 与子 Bean
- 容器中的工厂 Bean
- 管理 Bean 的生命周期
- 几种特殊的依赖注入
- Spring 的简化配置
- SpEL 的功能和用法

与一些项目经理、技术总监谈起项目中是否使用了 Spring，可能有人会说，他们不太喜欢"赶时髦"，虽然 Spring 很流行，但他们的项目中依然没有使用 Spring。他们都有多年项目经验，也确实主持开发过一些大型项目，问他们在应用中各组件以怎样的方式耦合时，他们的答案很统一：通常都使用工厂模式、服务定位器模式等。这时笔者就会说，你们没有使用 Spring，但你们自己实现了 Spring 的部分功能——也就是说，他们使用了"Spring"，只是这个"Spring"是他们自己实现的，当然，只是 Spring 的部分功能。

Spring 就是这样一个框架：你可以选择不使用这个框架，但你的开发架构一定会暗合它的思想。一个拥有多年开发经验的人员，可能非常熟悉 Spring 的很多思想、模式——甚至会想：我就是这么做的！没错，Spring 是一个很普通但很实用的框架，它提取了大量的在实际开发中需要重复解决的步骤，将这些步骤抽象成一个框架。

4.1　Spring 简介和 Spring 5 的变化

Spring 框架由 Rod Johnson 开发，2004 年发布了 Spring 框架的第一个版本。经过十多年的发展，Spring 已经发展成 Java EE 开发中最重要的框架之一。对于一个 Java 开发者来说，Spring 已经成为其必须掌握的技能。就如作者在教学过程中所说的，Spring 其实是"大路货"，现在每个做 Java 开发的人员都会。

不仅如此，围绕 Spring，以 Spring 为核心还衍生出了一系列框架，如 Spring Web Flow、Spring Security、Spring Data、Spring Boot、Spring Cloud 等（请登录 Spring 官方网站来了解具体内容），Spring 越来越强大，带给开发者越来越多的便捷。本书所介绍的是 Spring 框架本身。

▶▶ 4.1.1　Spring 简介

Spring 是一个从实际开发中抽取出来的框架，因此它完成了大量的开发中的通用步骤，留给开发者的仅仅是与特定应用相关的部分，从而大大提高了企业应用的开发效率。

Spring 为企业应用的开发提供了一个轻量级的解决方案。该解决方案包括：基于依赖注入的核心机制、基于 AOP 的声明式事务管理、与多种持久层技术的整合，以及优秀的 Web MVC 框架等。Spring 致力于 Java EE 应用各层的解决方案，而不是仅仅专注于某一层的方案。可以说：Spring 是企业应用开发的"一站式"选择，Spring 贯穿表现层、业务层、持久层。然而，Spring 并不想取代那些已有的框架，而是以高度的开放性与它们无缝整合。

总结起来，Spring 具有如下优点。

➢ 低侵入式设计，代码的污染极小。

➢ 独立于各种应用服务器，基于 Spring 框架的应用，可以真正实现"Write Once, Run Anywhere"的承诺。

➢ Spring 的 IoC 容器降低了业务对象替换的复杂性，提高了组件之间的解耦。

➢ Spring 的 AOP 支持将一些通用任务如安全、事务、日志等进行集中式处理，从而提供了更好的复用。

➢ Spring 的 ORM 和 DAO 提供了与第三方持久层框架的良好整合，并简化了底层的数据库访问。

➢ Spring 的高度开放性，并不强制应用完全依赖于 Spring，开发者可自由选用 Spring 框架的部分或全部功能。

图 4.1 显示了 Spring 框架的组成结构图。

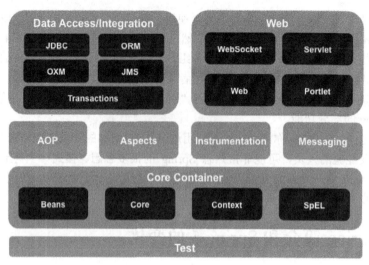

图 4.1　Spring 框架的组成结构图

正如从图 4.1 中所看到的，当使用 Spring 框架时，必须使用 Spring Core Container（即 Spring 容器），它代表了 Spring 框架的核心机制。Spring Core Container 主要由 org.springframework.core、org.springframework.beans、org.springframework.context 和 org.springframework.expression 4 个包及其子包组成，主要提供 Spring IoC 容器支持。其中，org.springframework.expression 及其子包是 Spring 3.0 新增的，它提供了 Spring Expression Language 支持。

➤➤ 4.1.2　Spring 5.x 的变化

与之前的 Spring 版本相比，Spring 5.x 发生了一些变化，这些变化包括：

➤ Spring 5.x 整个框架已经全面基于 Java 8 及以上版本，因此 Spring 5.1 对 JDK 的最低要求就是 Java 8。Spring 5.x 可以在运行时支持 Java 11（最新的 Java 长期支持版）。

➤ 由于 Java 8 的反射增强，因此 Spring 5.x 可以对方法的参数进行更高效的访问。

➤ Spring 5.x 核心接口已加入了 Java 8 接口支持的默认方法。

➤ Spring 5.x 已经自带了通用的日志封装，因此不再需要额外的 common-logging 日志包。当然，新版的日志封装也会对 Log4j 2.x、SLF4J、JUL（java.util.logging）进行自动检测。

➤ 引入@Nullable 和@NotNull 注解来修饰可空的参数及返回值，避免运行时导致 NPE 异常。

➤ Spring 5.x 支持使用组件索引来扫描目标组件，使用组件索引扫描比使用类路径扫描更高效。

➤ Spring 5.x 支持 JetBrains Kotlin 语言，而且新增了对函数式 Bean 定义的支持，包括函数式的 Bean 检索样式等。

➤ Spring 5.x 的 Web 支持已经升级为支持 Servlet 3.1 以及更高版本的规范。

从上面的介绍可以看出，Spring 5.x 的升级主要全面基于 Java 8 及以上版本，并在运行时支持 Java 11 和 Servlet 3.1 规范，也为核心 IoC 容器增强了一些注解，并通过组件索引扫描来提高运行效率。本书所介绍的是 Spring 的最新发布版：Spring 5.1.9，后面会介绍 Spring 5.x 为核心 IoC 容器引入的注解。

 ## 4.2　Spring 入门

本书成书之时，Spring 的最新稳定版本是 5.1.9，本书的代码都基于该版本的 Spring 测试通过，建议读者也下载该版本的 Spring。

▶▶ 4.2.1　Spring 的下载和安装

Spring 是一个独立的框架，它不需要依赖任何 Web 服务器或容器，它既可在独立的 Java SE 项目中使用，也可在 Java Web 项目中使用。下面介绍如何为 Java 项目和 Java Web 项目添加 Spring 支持。

下载和安装 Spring 框架请按如下步骤进行。

① 登录 链接 8 站点，该页面显示一个目录列表，读者沿着 org→springframework→spring 路径进入，即可看到 Spring 框架各版本的压缩包的下载链接。下载 Spring 的最新稳定版本：Spring 5.1.9。

② 下载完成后，得到一个 spring-framework-5.1.9.RELEASE-dist.zip 压缩文件，解压缩该文件，得到一个名为 spring-framework-5.1.9.RELEASE 的文件夹，在该文件夹下包含的子文件夹和文件如下。

➤ docs：该文件夹下存放 Spring 的相关文档，包含开发指南、API 参考文档。
➤ libs：该文件夹下的 JAR 包分为三类，即①Spring 框架 class 文件的 JAR 包；②Spring 框架源文件的压缩包，文件名以-sources 结尾；③Spring 框架 API 文档的压缩包，文件名以-javadoc 结尾。整个 Spring 框架由 21 个模块组成，在该文件夹下将看到 Spring 为每个模块都提供了三个压缩包。
➤ schemas：该文件夹下包含了 Spring 各种配置文件的 XML Schema 文档。
➤ readme.txt、notice.txt、license.txt 等说明性文件。

③ 将 libs 目录下所需模块的 class 文件的 JAR 包复制添加到项目的类加载路径下——既可通过添加环境变量的方式，也可使用 Ant 或 IDE 工具来管理应用程序的类加载路径。如果需要发布该应用，则将这些 JAR 包一同发布即可。如果没有太多要求，建议将 libs 目录下所有模块的 class 文件的 JAR 包（一共 21 个 JAR 包，别弄错了）添加进去。

经过上面三个步骤，接下来即可在 Java 应用中使用 Spring 框架了。

> **· 注意 ·**
>
> 如果需要发布使用了 Spring 框架的 Java Web 项目，还需要将 Spring 框架的 JAR 包（21 个 JAR 包）添加到 Web 应用的 WEB-INF 路径下。

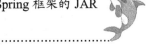

▶▶ 4.2.2　使用 Spring 管理 Bean

Spring 核心容器的理论很简单：Spring 核心容器就是一个超级大工厂，所有的对象（包括数据源、Hibernate SessionFactory 等基础性资源）都会被当成 Spring 核心容器管理的对象——Spring 把容器中的一切对象统称为 Bean。

Spring 容器中的 Bean，与 Java Bean 是不同的。不像 Java Bean，必须遵守一些特定的规范，Spring 对 Bean 没有任何要求。只要是 Java 类，Spring 就可以管理该 Java 类，并将它当成 Bean 处理。

对于 Spring 框架而言，一切 Java 对象都是 Bean。

下面程序先定义一个简单的类。

程序清单：codes\04\4.2\springQs\src\org\crazyit\app\service\Axe.java

```
public class Axe
{
    public String chop()
    {
```

```
        return "使用斧头砍柴";
    }
}
```

从上面的代码可以看出，该 Axe 类只是一个普通的 Java 类，简单到令人难以置信——这也符合前面所介绍的，Spring 对 Bean 类没有任何要求，只要它是 Java 类即可。

下面再定义一个简单的 Person 类，该 Person 类的 useAxe()方法需要调用 Axe 对象的 chop()方法，这种 A 对象需要调用 B 对象方法的情形，被称为依赖。下面是依赖 Axe 对象的 Person 类的源代码。

程序清单：codes\04\4.2\springQs\src\org\crazyit\app\service\Person.java

```
public class Person
{
    private Axe axe;
    // 设值注入所需的 setter 方法
    public void setAxe(Axe axe)
    {
        this.axe = axe;
    }
    public void useAxe()
    {
        System.out.println("我打算去砍点柴火！");
        // 调用 axe 的 chop()方法，
        // 表明 Person 对象依赖 axe 对象
        System.out.println(axe.chop());
    }
}
```

使用 Spring 框架之后，Spring 核心容器是整个应用中的超级大工厂，所有的 Java 对象都交给 Spring 容器管理——这些 Java 对象被统称为 Spring 容器中的 Bean。

现在的问题是：Spring 容器怎么知道管理哪些 Bean 呢？答案是 XML 配置文件（也可用注解，后面会介绍），Spring 使用 XML 配置文件来管理容器中的 Bean。因此，接下来为该项目增加 XML 配置文件，Spring 对 XML 配置文件的文件名没有任何要求，读者可以随意指定。

下面是该示例的配置文件。

程序清单：codes\04\4.2\springQs\src\beans.xml

```
<?xml version="1.0" encoding="utf-8"?>
<!-- Spring 配置文件的根元素，使用 spring-beans.xsd 语义约束 -->
<beans xmlns:xsi="http://www.w3.org/2001/XMLSchema-instance"
    xmlns="http://www.springframework.org/schema/beans"
    xsi:schemaLocation="http://www.springframework.org/schema/beans
    http://www.springframework.org/schema/beans/spring-beans.xsd">
    <!-- 配置名为 person 的 Bean，其实现类是 org.crazyit.app.service.Person -->
    <bean id="person" class="org.crazyit.app.service.Person">
        <!-- 控制调用 setAxe()方法，将容器中的 axe Bean 作为传入参数 -->
        <property name="axe" ref="axe"/>
    </bean>
    <!-- 配置名为 axe 的 Bean，其实现类是 org.crazyit.app.service.Axe -->
    <bean id="axe" class="org.crazyit.app.service.Axe"/>
    <!-- 配置名为 win 的 Bean，其实现类是 javax.swing.JFrame -->
    <bean id="win" class="javax.swing.JFrame"/>
    <!-- 配置名为 date 的 Bean，其实现类是 java.util.Date -->
    <bean id="date" class="java.util.Date"/>
</beans>
```

上面的配置文件很简单，该配置文件的根元素是<beans.../>，根元素包含多个<bean.../>元素，每个<bean.../>元素定义一个 Bean。上面的配置文件中一共定义了 4 个 Bean，其中前两个 Bean 是本示例提供的 Axe 类和 Person 类；后两个 Bean 则直接使用了 JDK 提供的 java.util.Date 类和

javax.swing.JFrame 类。

再次强调：Spring 可以把"一切 Java 对象"当成容器中的 Bean，因此不管该 Java 类是 JDK 提供的，还是第三方框架提供的，抑或是开发者自己实现的……只要是 Java 类，并将它配置在 XML 配置文件中，Spring 容器就可以管理它。

实际上，配置文件中的元素默认以反射方式来调用该类无参数的构造器，以如下元素为例：

```
<bean id="person" class="org.crazyit.app.service.Person">
```

Spring 框架解析该元素后将可以得到两个字符串，其中 idStr 的值为"person"（解析元素的 id 属性得到的值），classStr 的值为"org.crazyit.app.service.Person"（解析元素的 class 属性得到的值）。

也就是说，Spring 底层会执行以下形式的代码：

```
String idStr = ...; // 解析<bean.../>元素的 id 属性得到该字符串值为"person"
// 解析<bean.../>元素的 class 属性得到该字符串值为"org.crazyit.app.service.Person"
String classStr = ...;
Class clazz = Class.forName(classStr);
Object obj = clazz.newInstance();
// container 代表 Spring 容器
container.put(idStr, obj);
```

上面的代码就是最基本的反射代码（实际上，Spring 底层代码会更完善一些），Spring 框架通过反射根据元素的 class 属性指定的类名创建了一个 Java 对象，并以元素的 id 属性的值为 key，将该对象放入 Spring 容器中——这个 Java 对象就成为 Spring 容器中的 Bean。

> **提示：**
> 如果读者看不懂上面的反射代码，可以参考疯狂 Java 体系的《疯狂 Java 讲义》的第 18 章。如果不能真正理解 Spring 框架的底层机制，则只需要记住：每个元素默认驱动 Spring 调用该类无参数的构造器来创建实例，并将该实例作为 Spring 容器中的 Bean。

通过上面的反射代码还可以得到一个结论：在 Spring 配置文件中配置 Bean 时，class 属性的值必须是 Bean 实现类的完整类名（必须带包名)，不能是接口，不能是抽象类（除非有特殊配置），否则 Spring 无法使用反射创建该类的实例。

上面的配置文件中还包含一个子元素，该子元素通常用于作为元素的子元素，它驱动 Spring 在底层以反射方式执行一次 setter 方法。其中，的 name 属性值决定执行哪个 setter 方法，而 value 或 ref 决定执行 setter 方法的传入参数。

➤ 如果传入参数是基本类型及其包装类、String 等类型，则使用 value 属性指定传入参数。
➤ 如果以容器中其他 Bean 作为传入参数，则使用 ref 属性指定传入参数。

只要看到子元素，Spring 框架就会在底层以反射方式执行一次 setter 方法。那么何时执行这个 setter 方法呢？该 Bean 一旦创建出来，Spring 就会立即根据子元素来执行 setter 方法。也就是说，元素驱动 Spring 调用构造器创建对象；子元素驱动 Spring 执行 setter 方法，这两步是先后执行的，中间几乎没有任何间隔。

以上面配置文件中的如下配置为例：

```
<bean id="person" class="org.crazyit.app.service.Person">
    <!-- 控制调用 setAxe()方法，将容器中的 axe Bean 作为传入参数 -->
    <property name="axe" ref="axe"/>
</bean>
```

上面配置中元素的 name 属性值为 axe，该元素将驱动 Spring 以反射方式执行

person Bean 的 setAxe()方法；ref 属性值为 axe，该属性值指定以容器中名为 axe 的 Bean 作为执行 setter 方法的传入参数。

也就是说，Spring 底层会执行以下形式的代码：

```
String nameStr = ...; // 解析<property.../>元素的 name 属性得到该字符串值为"axe"
String refStr = ...; // 解析< property.../>元素的 ref 属性得到该字符串值为"axe"
String setterName = "set" + nameStr.substring(0, 1).toUpperCase()
    + nameStr.substring(1); // 生成将要调用的 setter 方法名
// 获取 Spring 容器中名为 refStr 的 Bean, 该 Bean 将会作为传入参数
Object paramBean = container.get(refStr);
// 此处的 clazz 是前一段反射代码通过<bean.../>元素的 class 属性得到的 Class 对象
Method setter = clazz.getMethod(setterName, paramBean.getClass());
// 此处的 obj 参数是前一段反射代码为<bean.../>元素创建的对象
setter.invoke(obj, paramBean);
```

上面的代码就是最基本的反射代码（实际上，Spring 底层代码会更完善一些），Spring 框架通过反射根据<property.../>元素的 name 属性决定调用哪个 setter 方法，并根据 value 或 ref 决定调用 setter 方法的传入参数。

> **提示：**
> 如果读者看不懂上面的反射代码，则可以参考疯狂 Java 体系的《疯狂 Java 讲义》的第 18 章。如果不能真正理解 Spring 框架的底层机制，则只需要记住：每个<property.../>元素默认驱动 Spring 调用一次 setter 方法。

理解了 Spring 配置文件中<bean.../>元素的作用：默认驱动 Spring 在底层调用无参数的构造器创建对象，就能猜到上面配置中 4 个<bean.../>元素产生的效果——Spring 会依次创建 org.crazyit.app.service. Person、org.crazyit.app.service.Axe、javax.swing.JFrame、java.util.Date 这 4 个类的对象，并把它们当成容器中的 Bean。

其中，id 为 person 的<bean.../>元素还包含一个<property.../>子元素，Spring 会在创建完 person Bean 之后，立即以容器中 id 为 axe 的 Bean 作为参数来调用 person Bean 的 setAxe()方法——这样会导致容器中 id 为 axe 的 Bean 被赋值给 person 对象的 axe 实例变量。

接下来，程序就可通过 Spring 容器来访问容器中的 Bean 了，ApplicationContext 是 Spring 容器最常用的接口，该接口有如下两个实现类。

➤ ClassPathXmlApplicationContext：在类加载路径下搜索配置文件，并根据配置文件来创建 Spring 容器。

➤ FileSystemXmlApplicationContext：在文件系统的相对路径或绝对路径下搜索配置文件，并根据配置文件来创建 Spring 容器。

对于 Java 项目而言，类加载路径总是稳定的，因此，通常总是使用 ClassPathXmlApplicationContex 创建 Spring 容器。下面是本示例的主程序代码。

程序清单：codes\04\4.2\springQs\src\lee\BeanTest.java

```java
public class BeanTest
{
    public static void main(String[] args) throws Exception
    {
        // 创建 Spring 容器
        var ctx = new ClassPathXmlApplicationContext("beans.xml");
        // 获取 id 为 person 的 Bean
        var p = ctx.getBean("person", Person.class);
        // 调用 useAxe()方法
        p.useAxe();
    }
}
```

　　上面程序中的第一行粗体字代码创建了 Spring 容器，第二行粗体字代码通过 Spring 容器获取 id 为 person 的 Bean——Spring 容器中的 Bean，就是 Java 对象。

　　Spring 容器获取 Bean 对象主要有如下两个方法。

> ➢ Object getBean(String id)：根据容器中 Bean 的 id 来获取指定 Bean，获取 Bean 之后需要进行强制类型转换。
>
> ➢ T getBean(String name, Class<T> requiredType)：根据容器中 Bean 的 id 来获取指定 Bean，但该方法带一个泛型参数，因此获取 Bean 之后无须进行强制类型转换。

　　上面程序使用的是带泛型参数的 getBean() 方法，通过该方法获取 Bean 之后无须进行强制类型转换。

　　获得 Bean（即 Java 对象）之后，即可通过该对象来调用方法、访问实例变量（如果访问权限允许）——总之，原来怎么使用 Java 对象，现在还怎么使用它。

　　编译、运行该程序，即可看到如下输出：

```
我打算去砍点柴火！
使用斧头砍柴
```

　　从上面的运行结果可以看出，使用 Spring 框架之后最大的改变之一是：程序不再使用 new 调用构造器创建 Java 对象，所有的 Java 对象都由 Spring 容器负责创建。

▶▶ 4.2.3　在 Eclipse 中使用 Spring

　　下面以开发一个简单的 Java 应用为例，介绍在 Eclipse 工具中开发 Spring 应用。

　　① 启动 Eclipse 工具，通过单击 Eclipse 工具栏上的新建图标，选择新建一个 Java 项目，为该项目命名为 myspring，如图 4.2 所示。

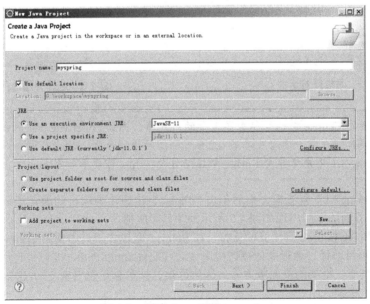

图 4.2　新建 Java 项目 myspring

　　② 单击 "Next" 按钮，再单击随后出现的对话框中的 "Finish" 按钮，在弹出的 "Create module-info.java" 对话框中选择 "Don't Create"（不创建模块文件），项目建立成功。

　　一旦项目建立成功，即可在 Eclipse 主界面的左侧看到项目的导航树，如图 4.3 所示。

　　③ 为该项目添加 Spring 支持。右键单击 "myspring" 节点，在弹出的快捷菜单中单击 "Build Path" → "Add Libraries" 菜单项，如图 4.4 所示。

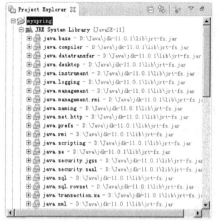

图 4.3　成功建立 myspring 项目后的导航树

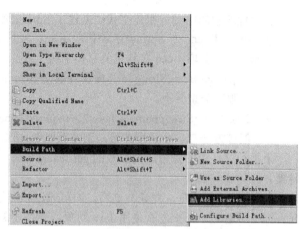

图 4.4　单击为项目添加 Spring 类库的菜单项

④ 出现如图 4.5 所示的添加库对话框，选择"User Library"项，表明此处打算添加用户库。

⑤ 单击"Next"按钮，进入选择并添加用户库对话框，如图 4.6 所示。

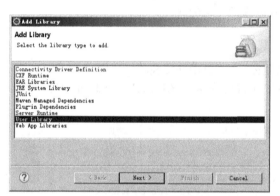

图 4.5　添加库对话框

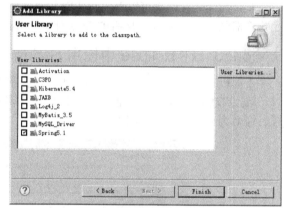

图 4.6　选择并添加用户库

> **提示：**
> 作者的 Eclipse 中已经包含了大量的用户库，例如 Hibernate 5.4 用户库。关于如何添加、编辑用户库，读者可参考 2.2.5 节介绍的操作步骤。读者可添加 Spring 5.1 用户库，Spring 5.1 用户库包含 Spring 解压缩目录下 libs 目录中所有 class 文件的压缩包。

⑥ 勾选"Spring5.1"复选框，然后单击"Finish"按钮，为项目的编译和运行添加用户库成功，在 Eclipse 主界面的左侧出现如图 4.7 所示的项目导航树。

此处并未使用 MyEclipse 等工具的支持，在 Eclipse 等 IDE 工具中使用 Spring 非常简单，只要让 IDE 工具管理项目编译、运行所依赖的类库（通过配置 Build Path）即可。相反，IDE 工具反而不可能支持所有技术、框架的最新版本——因为框架、技术总是先出来，而 IDE 工具的开发则滞后于最新的技术、框架。

⑦ 编写容器中的 Bean 类，或者直接使用 JDK 提供的类，或者使用第三方框架提供的类，反正 Spring 对 Bean 类没有任何要求，想怎么写就怎么写——只要是 Java 类即可。此处就使用本节前面编写的 Person、Axe 两个类。

⑧ 为了创建 Spring 容器，同样需要提供配置文件。此处同样使用本节前面编写的配置文件。

⑨ 编写主程序。该主程序同样先创建 Spring 容器，然后通过 Spring 容器来获取容器中的 Bean——这样就得到了 Java 对象。得到 Java 对象之后，无非就是通过该对象调用方法，或者通

过该对象访问实例变量（如果访问权限允许）。

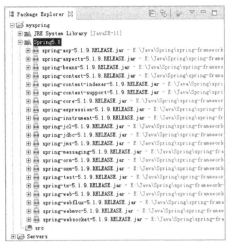

图 4.7　通过用户库添加 Spring 核心 JAR 包后的项目导航树

 注意

　　对于一个 Web 应用，由于 Eclipse 部署 Web 应用时不会将用户库的 JAR 文件复制到 Web 应用的 WEB-INF/lib 路径下，因此需要将 Spring 解压缩路径下 libs 目录中的 21 个 class 文件的 JAR 包复制到 Web 应用的 WEB-INF/lib 路径下。

 ## 4.3　Spring 的核心机制：依赖注入

　　正如在前面代码中所看到的，程序代码并没有主动为 Person 对象的 axe 成员变量设置值，但执行 Person 对象的 useAxe()方法时，该方法完全可以正常访问到 Axe 对象，并可以调用 Axe 对象的 chop()方法。

　　由此可见，Person 对象的 axe 成员变量并不是程序主动设置的，而是由 Spring 容器负责设置的——开发者主要为 axe 成员变量提供一个 setter 方法，并通过<property.../>元素驱动 Spring 容器调用该 setter 方法为 Person 对象的 axe 成员变量设置值。

　　纵观所有的 Java 应用（从基于 Applet 的小应用到多层结构的企业级应用），这些应用中大量存在 A 对象需要调用 B 对象方法的情形，这种情形被 Spring 称为依赖，即 A 对象依赖 B 对象。对于 Java 应用而言，它们总是由一些互相调用的对象构成的，Spring 把这种互相调用的关系称为依赖关系。假如 A 组件调用了 B 组件的方法，即可称 A 组件依赖 B 组件。

　　Spring 框架的核心功能有两个：

  ➢ Spring 容器作为超级大工厂，负责创建、管理所有的 Java 对象，这些 Java 对象被称为 Bean。
  ➢ Spring 容器管理容器中 Bean 之间的依赖关系，Spring 使用一种被称为"依赖注入"的方式来管理 Bean 之间的依赖关系。

　　使用依赖注入，不仅可以为 Bean 注入普通的属性值，还可以注入其他 Bean 的引用。通过这种依赖注入，Java EE 应用中的各种组件不需要以硬编码的方式耦合在一起，甚至无须使用工厂模式。依赖注入达到的效果，非常类似于传说中的"共产主义"，当某个 Java 实例需要其他 Java 实例时，系统自动提供所需要的实例，无须程序显式获取。

　　依赖注入是一种优秀的解耦方式。依赖注入让 Spring 的 Bean 以配置文件的方式组织在一起，而不是以硬编码的方式耦合在一起。

➤➤ 4.3.1　理解依赖注入

虽然 Spring 并不是依赖注入的首创者，但 Rod Johnson 是第一个高度重视以配置文件来管理 Java 实例的协作关系的人，他给这种方式起了一个名字：控制反转（Inversion of Control，IoC）。在后来的日子里，Martine Fowler 为这种方式起了另一个名字：依赖注入（Dependency Injection）。

因此，不管是依赖注入，还是控制反转，其含义完全相同。当某个 Java 对象（调用者）需要调用另一个 Java 对象（被依赖对象）的方法时，在传统模式下通常有如下两种做法。

➢ 原始做法：调用者主动创建被依赖对象，然后调用被依赖对象的方法。

➢ 简单工厂模式：调用者先找到被依赖对象的工厂，然后主动通过工厂去获取被依赖对象，最后调用被依赖对象的方法。

对于原始做法，由于调用者需要通过形如 "new 被依赖对象构造器();" 的代码创建对象，因此必然导致调用者与被依赖对象实现类的硬编码耦合，非常不利于项目升级的维护。

对于简单工厂模式，大致需要把握三点：①调用者面向被依赖对象的接口编程；②将被依赖对象的创建工作交给工厂完成；③调用者通过工厂来获得被依赖组件。通过这三点改造，可以保证调用者只需与被依赖对象的接口耦合，这就避免了类层次的硬编码耦合。

使用简单工厂模式的坏处是：

➢ 调用组件需要主动通过工厂去获取被依赖对象，这就会带来调用组件与被依赖对象工厂的耦合。

➢ 程序需要额外维护一个工厂类，增加了编程的复杂度。

使用 Spring 框架之后，调用者无须主动获取被依赖对象，调用者只要被动接受 Spring 容器为调用者的成员变量赋值即可（只要配置一个<property.../>子元素，Spring 就会执行对应的 setter 方法为调用者的成员变量赋值）。由此可见，使用 Spring 框架之后，调用者获取被依赖对象的方式由原来的主动获取，变成了被动接受——于是，Rod Johnson 将这种方式称为"控制反转"。

从 Spring 容器的角度来看，Spring 容器负责将被依赖对象赋值给调用者的成员变量——相当于为调用者注入它依赖的实例，因此 Martine Fowler 将这种方式称为"依赖注入"。

正因为 Spring 将被依赖对象注入给了调用者，所以调用者无须主动获取被依赖对象，只要被动等待 Spring 容器注入即可。由此可见，控制反转和依赖注入其实是同一个行为的两种表达，只是描述的角度不同而已。

为了更好地理解依赖注入，可以参考人类社会的发展来看以下问题在各种社会形态里如何解决：一个人（Java 实例，调用者）需要一把斧头（Java 实例，被依赖对象）。

在原始社会里，几乎没有社会分工，需要斧头的人（调用者）只能自己去磨一把斧头（被依赖对象）。对应的情形为：Java 程序里的调用者自己创建被依赖对象，通常采用 new 关键字调用构造器创建一个被依赖对象，这是 Java 初学者经常干的事情。

进入工业社会，工厂出现了，斧头不再由普通人完成，而在工厂里被生产出来，此时需要斧头的人（调用者）找到工厂，购买斧头，无须关心斧头的制造过程。对应于简单工厂设计模式，调用者只需要定位工厂，无须理会被依赖对象的具体实现过程。

进入"共产主义"社会，需要斧头的人甚至无须定位工厂，"坐等"社会提供即可。调用者无须关心被依赖对象的实现，无须理会工厂，只需等待 Spring 依赖注入即可。

在第一种情况下，Java 实例的调用者创建被调用的 Java 实例，调用者直接使用 new 关键字创建被依赖对象，程序高度耦合，效率低下。在真实应用中极少使用这种方式。

在这种情况下，有如图 4.8 所示的示意图。

这种模式是 Java 初学者最喜欢使用的，但是它有如下两个缺点。

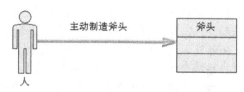

图 4.8　调用者主动创建被依赖对象的示意图

> 可扩展性差。由于"人"组件与"斧头"组件的实现类高度耦合，当程序试图扩展"斧头"组件时，"人"组件的代码也要随之改变。
> 各组件职责不清。对于"人"组件而言，它只需要调用"斧头"组件的方法即可，并不关心"斧头"组件的创建过程。但在这种模式下，"人"组件却需要主动创建"斧头"组件，因此职责混乱。

如果你发现自己还在经常采用这种方式创建 Java 对象，那么表明你对 Java 掌握得相当不够。

在第二种情况下，调用者无须关心被依赖对象的具体实现过程，只需要找到符合某种标准（接口）的实例，即可使用。此时调用的代码面向接口编程，可以让调用者和被依赖对象的实现类解耦，这也是工厂模式大量使用的原因。但调用者依然需要主动定位工厂，调用者与工厂耦合在一起。

第三种情况是最理想的情况：程序完全无须理会被依赖对象的实现，也无须主动定位工厂，这是一种优秀的解耦方式。实例之间的依赖关系由 IoC 容器负责管理。

图 4.9 显示了依赖注入的示意图。

图 4.9　依赖注入示意图

由此可见，使用 Spring 框架之后的两个主要改变是：

> 程序无须使用 new 调用构造器创建对象，所有的 Java 对象都可交给 Spring 容器创建。
> 当调用者需要调用被依赖对象的方法时，调用者无须主动获取被依赖对象，只要等待 Spring 容器注入即可。

依赖注入通常有如下三种方式。

> 设值注入：IoC 容器使用成员变量的 setter 方法注入被依赖对象。
> 构造注入：IoC 容器使用构造器注入被依赖对象。
> 接口注入：调用者实现特定接口，并实现该接口中特定的方法，而 IoC 容器会自动检测并调用这个特定的方法，从而完成依赖注入。本章后面介绍的 ApplicationContextAware、BeanNameAware 都属于接口注入。

▶▶ 4.3.2　设值注入

设值注入是指 IoC 容器通过成员变量的 setter 方法注入被依赖对象。这种注入方式简单、直观，因此在 Spring 的依赖注入中大量使用。

下面示例将会对前面的示例进行改写，使之更加规范。Spring 推荐面向接口编程。不管是调用者，还是被依赖对象，都应该为之定义接口，程序应该面向它们的接口，而不是面向实现类编程，这样以便程序后期的升级、维护。

下面先定义一个 Person 接口，该接口定义了一个 Person 对象应遵守的规范。下面是 Person 接口的代码。

> 程序清单：codes\04\4.3\setter\src\org\crazyit\app\service\Person.java

```
public interface Person
{
    // 定义一个使用斧头的方法
    void useAxe();
}
```

下面是 Axe 接口的代码。

程序清单：codes\04\4.3\setter\src\org\crazyit\app\service\Axe.java

```java
public interface Axe
{
    // 在 Axe 接口中定义一个 chop()方法
    String chop();
}
```

Spring 推荐面向接口编程，这样可以更好地让规范和实现分离，从而提供更好的解耦。对于一个 Java EE 应用，不管是 DAO 组件，还是业务逻辑组件，都应该先定义一个接口，该接口定义了该组件应该实现的功能，但功能的实现则由其实现类提供。

下面是 Person 实现类的代码。

程序清单：codes\04\4.3\setter\src\org\crazyit\app\service\impl\Chinese.java

```java
public class Chinese implements Person
{
    private Axe axe;
    // 设值注入所需的 setter 方法
    public void setAxe(Axe axe)
    {
        this.axe = axe;
    }
    // 实现 Person 接口的 useAxe()方法
    public void useAxe()
    {
        // 调用 axe 的 chop()方法
        // 表明 Person 对象依赖 axe 对象
        System.out.println(axe.chop());
    }
}
```

上面程序中的粗体字代码实现了 Person 接口的 useAxe()方法，在实现该方法时调用了 axe 的 chop()方法，这就是典型的依赖关系。

回忆曾经编写的 Java 程序，除了最简单的 HelloWorld，哪个程序不是 A 调用 B、B 调用 C、C 调用 D……这种方式？那 Spring 容器的作用呢？Spring 容器的最大作用就是以松耦合的方式来管理这种调用关系。在上面的 Chinese 类中，Chinese 类并不知道它要调用的 axe 实例在哪里，也不知道 axe 实例是如何实现的，它只需要调用 Axe 对象的方法，这个 Axe 实例将由 Spring 容器负责注入。

下面提供一个 Axe 的实现类：StoneAxe。

程序清单：codes\04\4.3\setter\src\org\crazyit\app\service\impl\StoneAxe.java

```java
public class StoneAxe implements Axe
{
    public String chop()
    {
        return "石斧砍柴好慢";
    }
}
```

到现在为止，程序依然不知道 Chinese 类和哪个 Axe 实例耦合，Spring 当然也不知道！Spring 需要使用 XML 配置文件来指定实例之间的依赖关系。

Spring 采用了 XML 配置文件，从 Spring 2.0 开始，Spring 推荐采用 XML Schema 来定义配置文件的语义约束。当采用 XML Schema 来定义配置文件的语义约束时，还可利用 Spring 配置文件的扩展性，进一步简化 Spring 配置。

Spring 为基于 XML Schema 的 XML 配置文件提供了一些新的标签，这些新标签使配置更简单，使用更方便。关于如何使用 Spring 所提供的新标签，后面会有更进一步的介绍。

不仅如此，当采用基于 XML Schema 的 XML 配置文件时，Spring 甚至允许程序员开发自定义的配置文件标签，让其他开发人员在 Spring 配置文件中使用这些标签，但这些通常应由第三方供应商来完成。对于普通软件开发人员以及普通系统架构师而言，通常无须开发自定义的 Spring 配置文件标签，所以本书也不打算介绍相关内容。

> **提示：**
>
> 本书并不是一本完整的 Spring 学习手册，本书只会介绍 Spring 的核心机制，包括 IoC、SpEL、AOP 和资源访问等，Spring 和 MyBatis 的整合，Spring 的 DAO 支持和事务管理，以及 Spring MVC 等内容，这些是 Java EE 开发所需的核心知识。而 Spring 框架的其他方面，本书不会涉及。

下面是本应用的配置文件代码。

程序清单：codes\04\4.3\setter\src\beans.xml

```xml
<?xml version="1.0" encoding="utf-8"?>
<!-- Spring 配置文件的根元素，使用 spring-beans.xsd 语义约束 -->
<beans xmlns:xsi="http://www.w3.org/2001/XMLSchema-instance"
    xmlns="http://www.springframework.org/schema/beans"
    xsi:schemaLocation="http://www.springframework.org/schema/beans
    http://www.springframework.org/schema/beans/spring-beans.xsd">
    <!-- 配置 chinese 实例，其实现类是 Chinese -->
    <bean id="chinese" class="org.crazyit.app.service.impl.Chinese">
        <!-- 驱动调用 chinese 的 setAxe()方法，将容器中的 stoneAxe 作为传入参数 -->
        <property name="axe" ref="stoneAxe"/>
    </bean>
    <!-- 配置 stoneAxe 实例，其实现类是 StoneAxe -->
    <bean id="stoneAxe" class="org.crazyit.app.service.impl.StoneAxe"/>
</beans>
```

在配置文件中，Spring 配置 Bean 实例通常会指定两个属性。

➢ id：指定该 Bean 的唯一标识，Spring 根据 id 属性值来管理 Bean，程序通过 id 属性值来访问该 Bean 实例。

➢ class：指定该 Bean 的实现类，此处不可再用接口，必须使用实现类，Spring 容器会使用 XML 解析器读取该属性值，并利用反射来创建该实现类的实例。

可以看到 Spring 管理 Bean 的灵巧性。Bean 与 Bean 之间的依赖关系放在配置文件里组织，而不是写在代码里。通过配置文件的指定，Spring 能精确地为每个 Bean 的成员变量注入值。

Spring 会自动检测每个<bean.../>定义里的<property.../>元素定义，Spring 会在调用默认的构造器创建 Bean 实例之后，立即根据<property.../>元素调用对应的 setter 方法为 Bean 的成员变量注入值。

每个 Bean 的 id 属性都是该 Bean 的唯一标识，程序通过 id 属性值访问 Bean，Spring 容器也通过 Bean 的 id 属性值管理 Bean 与 Bean 之间的依赖关系。

下面是主程序的代码，该主程序只是简单地获取了 Person 实例，并调用该实例的 useAxe()方法。

程序清单：codes\04\4.3\setter\src\lee\BeanTest.java

```java
public class BeanTest
{
    public static void main(String[] args) throws Exception
    {
        // 创建 Spring 容器
        var ctx = new ClassPathXmlApplicationContext("beans.xml");
        // 获取 chinese 实例
```

```
        var p = ctx.getBean("chinese", Person.class);
        // 调用 useAxe()方法
        p.useAxe();
    }
}
```

上面程序中的两行粗体字代码实现了创建 Spring 容器，并通过 Spring 容器来获取 Bean 实例。从上面的程序中可以看出，Spring 容器就是一个巨大的工厂，它可以"生产"出所有类型的 Bean 实例。程序获取 Bean 实例的方法是 getBean()，如上面程序中的第二行粗体字代码所示。

一旦通过 Spring 容器获得了 Bean 实例之后，如何调用 Bean 实例的方法就没什么特别之处了。执行上面的程序，会看到如下执行结果：

```
石斧砍柴好慢
```

当主程序调用 Person 的 useAxe()方法时，在该方法的方法体内需要使用 Axe 实例，但程序没有在任何地方将特定的 Person 实例和 Axe 实例耦合在一起。或者说，程序没有为 Person 实例传入 Axe 实例，Axe 实例由 Spring 在运行期间注入。

Person 实例不仅不需要了解 Axe 实例的实现类，而且无须了解 Axe 的创建过程。Spring 容器根据配置文件的指定，在创建 Person 实例时，不仅创建了 Person 对象，而且为该对象注入了它所依赖的 Axe 实例。

假设有一天，系统需要改变 Axe 的实现——这种改变在实际开发中是很常见的，也许是因为技术的改进，也许是因为性能的优化，也许是因为需求的变化……此时只需要给出 Axe 的另一个实现，而 Person 接口、Chinese 类的代码无须任何改变。

下面是 Axe 的另一个实现类：SteelAxe。

> 程序清单：codes\04\4.3\setter\src\org\crazyit\app\service\impl\SteelAxe.java

```java
public class SteelAxe implements Axe
{
    public String chop()
    {
        return "钢斧砍柴真快";
    }
}
```

将修改后的 SteelAxe 部署在 Spring 容器中，只需在 Spring 配置文件中增加如下一行：

```xml
<!-- 配置 steelAxe 实例，其实现类是 SteelAxe -->
<bean id="steelAxe" class="org.crazyit.app.service.impl.SteelAxe"/>
```

该行配置重新定义了一个 Axe 实例，它的 id 是 steelAxe，实现类是 SteelAxe。然后修改 chinese Bean 的配置，将原来传入 stoneAxe 的地方改为传入 steelAxe。也就是将

```xml
<property name="axe" ref="stoneAxe"/>
```

改成：

```xml
<property name="axe" ref="steelAxe"/>
```

再次执行程序，将得到如下执行结果：

```
钢斧砍柴真快
```

从上面这种切换可以看出，因为 chinese 实例与具体的 Axe 实现类没有任何关系，chinese 实例仅仅与 Axe 接口耦合，这就保证了 chinese 实例与 Axe 实例之间的松耦合——这也是 Spring 强调面向接口编程的原因。

Bean 与 Bean 之间的依赖关系由 Spring 管理，Spring 采用 setter 方法为目标 Bean 注入所依赖的 Bean，这种方式被称为设值注入。

从上面的示例程序中应该可以看出，依赖注入以配置文件管理 Bean 实例之间的耦合，让 Bean

实例之间的耦合从代码层次中分离出来。依赖注入是一种优秀的解耦方式。

经过上面的介绍，不难发现使用 Spring IoC 容器的三个基本要点。

➤ 应用程序的各组件面向接口编程。面向接口编程可以将组件之间的耦合关系提升到接口层次，从而有利于项目后期的扩展。

➤ 应用程序的各组件不再由程序主动创建，而是由 Spring 容器负责生产并初始化。

➤ Spring 采用配置文件或注解来管理 Bean 的实现类、依赖关系，Spring 容器则根据配置文件或注解，利用反射来创建实例，并为之注入依赖关系。

▶▶ 4.3.3　构造注入

前面已经介绍过，通过 setter 方法为目标 Bean 注入依赖关系的方式被称为"设值注入"。另外，还有一种注入方式，当采用这种方式构造实例时，就已经为其完成了依赖关系的初始化。这种利用构造器来设置依赖关系的方式，被称为"构造注入"。

通俗来说，**就是驱动 Spring 在底层以反射方式执行带参数的构造器，在执行带参数的构造器时，就可利用构造器参数对成员变量执行初始化**——这就是构造注入的本质。

现在问题产生了：<bean.../>元素默认总是驱动 Spring 调用无参数的构造器来创建对象的，那么怎样驱动 Spring 调用有参数的构造器来创建对象呢？答案是使用<constructor-arg.../>子元素，每个<constructor-arg.../>子元素代表一个构造器参数，如果<bean.../>元素包含 N 个<constructor-arg.../>子元素，就会驱动 Spring 调用带 N 个参数的构造器来创建对象。

对前面代码中的 Chinese 类做简单的修改，修改后的代码如下。

程序清单：codes\04\4.3\constructor\src\org\crazyit\app\service\impl\Chinese.java

```
public class Chinese implements Person
{
    private Axe axe;
    // 构造注入所需的带参数的构造器
    public Chinese(Axe axe)
    {
        this.axe = axe;
    }
    // 实现 Person 接口的 useAxe()方法
    public void useAxe()
    {
        // 调用 axe 的 chop()方法
        // 表明 Person 对象依赖 axe 对象
        System.out.println(axe.chop());
    }
}
```

上面的 Chinese 类没有为 axe 成员变量提供 setter 方法，仅仅提供了一个带 Axe 参数的构造器，Spring 将通过该构造器为 chinese 注入所依赖的 Bean 实例。

对构造注入的配置文件也需要做简单的修改。为了使用构造注入（也就是驱动 Spring 调用有参数的构造器创建对象），还需要使用<constructor-arg.../>元素指定构造器的参数。修改后的配置文件如下。

程序清单：codes\04\4.3\constructor\src\beans.xml

```
<?xml version="1.0" encoding="utf-8"?>
<beans xmlns:xsi="http://www.w3.org/2001/XMLSchema-instance"
    xmlns="http://www.springframework.org/schema/beans"
    xsi:schemaLocation="http://www.springframework.org/schema/beans
    http://www.springframework.org/schema/beans/spring-beans.xsd">
    <!-- 配置 chinese 实例，其实现类是 Chinese -->
    <bean id="chinese" class="org.crazyit.app.service.impl.Chinese">
        <!-- 下面只有一个 constructor-arg 子元素，
```

```
                      驱动 Spring 调用 Chinese 带一个参数的构造器来创建对象 -->
        <constructor-arg ref="steelAxe"/>
    </bean>
    <!-- 配置 stoneAxe 实例，其实现类是 StoneAxe -->
    <bean id="stoneAxe" class="org.crazyit.app.service.impl.StoneAxe"/>
    <!-- 配置 steelAxe 实例，其实现类是 SteelAxe -->
    <bean id="steelAxe" class="org.crazyit.app.service.impl.SteelAxe"/>
</beans>
```

上面配置文件中的粗体字代码使用<constructor-arg.../>元素指定了一个构造器参数，该参数的类型是 Axe，这指定 Spring 调用 Chinese 类里带一个 Axe 参数的构造器来创建 chinese 实例。也就是说，上面粗体字代码相当于驱动 Spring 执行如下代码：

```
String idStr = ... // Spring 解析<bean...>元素得到 id 属性值为 chinese
String refStr = ... // Spring 解析<constructor-arg.../>元素得到 ref 属性值为 steelAxe
Object paramBean = container.get(refStr);
// Spring 会用反射方式执行下面的代码，此处为了降低阅读难度，该行代码没有使用反射
Object obj = new org.crazyit.app.service.impl.Chinese(paramBean);
// container 代表 Spring 容器
container.put(idStr, obj);
```

从上面的粗体字代码可以看出，由于使用了有参数的构造器创建实例，所以当 Bean 实例被创建完成后，该 Bean 的依赖关系已经设置完成。

该示例的执行效果与设值注入 steelAxe 时的执行效果完全一样。区别在于：创建 Person 实例中 Axe 属性的时机不同——设值注入是先通过无参数的构造器创建一个 Bean 实例，然后调用对应的 setter 方法注入依赖关系的；而构造注入则直接调用有参数的构造器，当 Bean 实例创建完成后，就已经完成了依赖关系的注入。

在配置<constructor-arg.../>元素时可指定一个 index 属性，用于指定该构造参数值将作为第几个构造参数值。例如，指定 index="0"表明该构造参数值将作为第一个构造参数值。

希望 Spring 调用带几个参数的构造器，就在<bean.../>元素中配置几个<constructor-arg.../>子元素。例如如下配置代码：

```
<?xml version="1.0" encoding="utf-8"?>
<beans xmlns:xsi="http://www.w3.org/2001/XMLSchema-instance"
    xmlns="http://www.springframework.org/schema/beans"
    xsi:schemaLocation="http://www.springframework.org/schema/beans
    http://www.springframework.org/schema/beans/spring-beans.xsd">
    <!-- 定义名为 bean1 的 Bean，对应的实现类为 lee.Test1 -->
    <bean id="bean1" class="lee.Test1">
        <constructor-arg value="hello"/>
        <constructor-arg value="23"/>
    </bean>
</beans>
```

上面的粗体字代码相当于让 Spring 调用如下代码（Spring 底层用反射方式执行该代码）：

```
Object bean1 = new lee.Test1("hello", "23");        // ①
```

由于 Spring 本身提供了功能强大的类型转换机制，因此，如果 lee.Test1 只包含一个 Test1(String, int)构造器，那么上面的粗体字配置片段相当于让 Spring 执行如下代码（Spring 底层用反射方式执行该代码）：

```
bean1 = new lee.Test1("hello", 23);        // ②
```

这就产生一个问题：如果 lee.Test1 类既有 Test1(String, String)构造器，又有 Test1(String, int)构造器，那么上面的粗体字配置片段到底让 Spring 执行哪行代码呢？答案是①号代码，因为此时的配置还不够明确：对于<constructor-arg value="23"/>，Spring 只能解析出一个"23"字符串，但它到底需要转换为哪种数据类型——从配置文件中看不出来，只能根据 lee.Test1 的构造器来尝试转换。

为了更明确地指定数据类型，Spring 允许为<constructor-arg.../>元素指定一个 type 属性，例如<constructor-arg value="23" type="int"/>，Spring 明确知道此处配置了一个 int 类型的参数。与此类似的是，<value.../>元素也可指定 type 属性，用于确定该属性值的数据类型。

▶▶ 4.3.4　两种注入方式的对比

在过去的开发过程中，设值注入和构造注入都是非常常用的，Spring 也同时支持这两种依赖注入方式。这两种依赖注入方式并没有绝对的好坏之分，只是适应的场景有所不同。

相比之下，设值注入具有如下优点。

➤ 与传统的 JavaBean 的写法更相似，程序开发人员更容易理解、接受。通过 setter 方法设定依赖关系显得更加直观、自然。

➤ 对于复杂的依赖关系，如果采用构造注入，会导致构造器过于臃肿，难以阅读。Spring 在创建 Bean 实例时，需要同时实例化其依赖的全部实例，因而导致性能下降。而使用设值注入，则能避免这些问题。

➤ 在某些成员变量可选的情况下，多参数的构造器更加笨重。

构造注入也不是绝对不如设值注入，在某些特定的场景下，构造注入比设值注入更优秀。构造注入也有如下优势。

➤ 构造注入可以在构造器中决定依赖关系的注入顺序，优先依赖的优先注入。例如，组件中其他依赖关系的注入，常常需要依赖 Datasource 的注入。采用构造注入，可以在代码中清晰地决定注入顺序。

➤ 对于依赖关系无须变化的 Bean，构造注入更有用处。因为没有 setter 方法，所有的依赖关系全部在构造器内设定。因此，无须担心后续的代码对依赖关系产生破坏。

➤ 依赖关系只能在构造器中设定，只有组件的创建者才能改变组件的依赖关系。对于组件的调用者而言，组件内部的依赖关系完全透明，更符合高内聚的原则。

建议采用以设值注入为主、构造注入为辅的注入策略。对于依赖关系无须变化的注入，尽量采用构造注入；而对于其他依赖关系的注入，则考虑采用设值注入。

4.4　使用 Spring 容器

Spring 有两个核心接口：BeanFactory 和 ApplicationContext，其中 ApplicationContext 是 BeanFactory 的子接口。它们都可代表 Spring 容器，Spring 容器是生成 Bean 实例的工厂，并管理容器中的 Bean。在基于 Spring 的 Java EE 应用中，所有的组件都被当成 Bean 处理，包括数据源、MyBatis 的 SqlSessionFactory 等。

应用中的所有组件都处于 Spring 的管理之下，都被 Spring 以 Bean 的方式管理，Spring 负责创建 Bean 实例，并管理其生命周期。Spring 里的 Bean 是非常广义的概念，任何 Java 对象、Java 组件都被当成 Bean 处理。对于 Spring 而言，一切 Java 对象都是 Bean。

Bean 在 Spring 容器中运行，无须感受 Spring 容器的存在，一样可以接受 Spring 的依赖注入，包括 Bean 成员变量的注入、合作者的注入、依赖关系的注入等。

Java 程序面向接口编程，无须关心 Bean 实例的实现类；但 Spring 容器负责创建 Bean 实例，必须精确知道每个 Bean 实例的实现类，因此 Spring 配置文件必须指定 Bean 实例的实现类。

▶▶ 4.4.1　Spring 容器

Spring 容器最基本的接口就是 BeanFactory。BeanFactory 负责配置、创建、管理 Bean，它有一个子接口：ApplicationContext，因此也被称为"Spring 上下文"。Spring 容器还负责管理 Bean 与 Bean 之间的依赖关系。

BeanFactory 接口包含如下几个基本方法。

➢ boolean containsBean(String name)：判断 Spring 容器是否包含 id 为 name 的 Bean 实例。

➢ <T> T getBean(Class<T> requiredType)：获取 Spring 容器中属于 requiredType 类型的、唯一的 Bean 实例。

➢ Object getBean(String name)：返回容器 id 为 name 的 Bean 实例。

➢ <T> T getBean(String name, Class requiredType)：返回容器中 id 为 name，并且类型为 requiredType 的 Bean。

➢ Class<?> getType(String name)：返回容器中 id 为 name 的 Bean 实例的类型。

调用者只需使用 getBean()方法即可获得指定 Bean 的引用，无须关心 Bean 的实例化过程。Bean 实例的创建、初始化以及依赖关系的注入都由 Spring 容器完成。

BeanFactory 常用的实现类是 DefaultListableBeanFactory。

ApplicationContext 是 BeanFactory 的子接口，因此功能更强大。对于大部分 Java EE 应用而言，使用它作为 Spring 容器更方便。其常用的实现类是 FileSystemXmlApplicationContext、ClassPathXmlApplicationContext 和 AnnotationConfigApplicationContext。如果在 Web 应用中使用 Spring 容器，则通常有 XmlWebApplicationContext 和 AnnotationConfigWebApplicationContext 两个实现类。

在创建 Spring 容器的实例时，必须提供 Spring 容器管理的 Bean 的详细配置信息。Spring 的配置信息通常采用 XML 配置文件来设置，因此，在创建 BeanFactory 实例时，应该提供 XML 配置文件作为参数。XML 配置文件通常使用 Resource 对象传入。

 提示：

Resource 接口是 Spring 提供的资源访问接口，通过使用该接口，Spring 能以简单、透明的方式访问磁盘、类路径以及网络上的资源。关于 Resource 接口的详细介绍请看后面内容。

大部分 Java EE 应用，可在启动 Web 应用时自动加载 ApplicationContext 实例，接受 Spring 管理的 Bean 无须知道 ApplicationContext 的存在，一样可以利用 ApplicationContext 的管理。

对于独立的应用程序，可通过如下方法来实例化 BeanFactory。

```
// 搜索类加载路径下的 beans.xml 文件创建 Resource 对象
var isr = new ClassPathResource("beans.xml");
// 创建默认的 BeanFactory 容器
var beanFactory = new DefaultListableBeanFactory();
// 让默认的 BeanFactory 容器加载 isr 对应的 XML 配置文件
new XmlBeanDefinitionReader(beanFactory).loadBeanDefinitions(isr);
```

或者采用如下代码来创建 BeanFactory：

```
// 搜索文件系统的当前路径下的 beans.xml 文件创建 Resource 对象
var isr = new FileSystemResource("beans.xml");
// 创建默认的 BeanFactory 容器
var beanFactory = new DefaultListableBeanFactory();
// 让默认的 BeanFactory 容器加载 isr 对应的 XML 配置文件
new XmlBeanDefinitionReader(beanFactory).loadBeanDefinitions(isr);
```

如果应用需要加载多个配置文件来创建 Spring 容器，则应该采用 BeanFactory 的子接口 ApplicationContext 来创建 BeanFactory 的实例。ApplicationContext 接口包含 FileSystemXml-ApplicationContext 和 ClassPathXmlApplicationContext 两个常用的实现类。

如果需要同时加载多个 XML 配置文件来创建 Spring 容器，则可以采用如下方式：

```
// 以类加载路径下的 beans.xml、service.xml 文件创建 ApplicationContext
var appContext = new ClassPathXmlApplicationContext("beans.xml", "service.xml");
```

当然，也支持从文件系统的相对路径或绝对路径来搜索配置文件，只要使用 FileSystemXmlApplicationContext 即可，如下面的代码片段所示：

```
// 以类加载路径下的 beans.xml、service.xml 文件创建 ApplicationContext
var appContext = new FileSystemXmlApplicationContext("beans.xml", "service.xml");
```

由于 ApplicationContext 本身就是 BeanFactory 的子接口，因此 ApplicationContext 完全可以作为 Spring 容器来使用，而且功能更强大。当然，如果有需要，也可以把 ApplicationContext 实例赋给 BeanFactory 变量。

▶▶ 4.4.2　使用 ApplicationContext

大部分时候，都不会使用 BeanFactory 实例作为 Spring 容器，而是使用 ApplicationContext 实例作为容器，因此 Spring 容器也被称为 "Spring 上下文"。ApplicationContext 作为 BeanFactory 的子接口，增强了 BeanFactory 的功能。

ApplicationContext 允许以声明式方式操作容器，无须手动创建它。可以利用如 ContextLoader 的支持类，在 Web 应用启动时自动创建 ApplicationContext。当然，也可采用编程方式创建 ApplicationContext。

除提供 BeanFactory 所支持的全部功能外，ApplicationContext 还有如下额外的功能。

➢ ApplicationContext 默认会预初始化所有的 singleton Bean，也可通过配置取消预初始化。
➢ ApplicationContext 继承 MessageSource 接口，因此提供国际化支持。
➢ 资源访问，比如访问 URL 和文件。
➢ 事件机制。
➢ 同时加载多个配置文件。
➢ 以声明式方式启动并创建 Spring 容器。

ApplicationContext 包括 BeanFactory 的全部功能，因此建议优先使用 ApplicationContext。只有对某些内存非常关键的应用，才考虑使用 BeanFactory。

当系统创建 ApplicationContext 容器时，默认会预初始化所有的 singleton Bean。也就是说，当 ApplicationContext 容器初始化完成后，容器会自动初始化所有的 singleton Bean，包括调用构造器创建该 Bean 的实例，并根据<property.../>元素执行 setter 方法。这意味着：系统前期创建 ApplicationContext 时将有较大的系统开销，但一旦 ApplicationContext 初始化完成，程序后面获取 singleton Bean 实例时就会具有较好的性能。

例如有如下配置。

程序清单：codes\04\4.4\lazy-init\src\beans.xml

```xml
<?xml version="1.0" encoding="utf-8"?>
<beans xmlns:xsi="http://www.w3.org/2001/XMLSchema-instance"
    xmlns="http://www.springframework.org/schema/beans"
    xsi:schemaLocation="http://www.springframework.org/schema/beans
    http://www.springframework.org/schema/beans/spring-beans.xsd">
    <!-- 如果不加任何特殊的配置，该 Bean 默认是 singleton 行为的 -->
    <bean id="chinese" class="org.crazyit.app.service.Person">
        <!-- 驱动 Spring 执行 chinese Bean 的 setTest()方法，以"孙悟空"为传入参数 -->
        <property name="test" value="孙悟空"/>
    </bean>
</beans>
```

上面粗体字代码配置了一个 chinese Bean，如果没有任何特殊配置，该 Bean 就是 singleton Bean，ApplicationContext 会在容器初始化完成后，自动调用 Person 类的构造器创建 chinese Bean，并以 "孙悟空"作为传入参数调用 chinese Bean 的 setTest()方法。

该程序用的 Person 类的代码如下。

程序清单：codes\04\4.4\lazy-init\src\org\crazyit\app\service\Person.java

```
public class Person
{
    public Person()
    {
        System.out.println("==正在执行 Person 无参数的构造器==");
    }
    public void setTest(String name)
    {
        System.out.println("正在调用 setName()方法，传入参数为：" + name);
    }
}
```

即使主程序只有如下一行代码：

```
// 创建 Spring 容器
var ctx = new ClassPathXmlApplicationContext("beans.xml");
```

上面代码只是使用 ApplicationContext 创建了 Spring 容器，ApplicationContext 会自动预初始化容器中的 chinese Bean——包括调用它的无参数的构造器，并根据<property.../>元素执行 setter 方法。执行上面的代码，可以看到如下输出：

```
==正在执行 Person 无参数的构造器==
正在调用 setName()方法，传入参数为：孙悟空
```

如果将创建 Spring 容器的代码换成使用 BeanFactory 作为容器，例如改为如下代码：

```
// 搜索类加载路径下的 beans.xml 文件创建 Resource 对象
var isr = new ClassPathResource("beans.xml");
// 创建默认的 BeanFactory 容器
var beanFactory = new DefaultListableBeanFactory();
// 让默认的 BeanFactory 容器加载 isr 对应的 XML 配置文件
new XmlBeanDefinitionReader(beanFactory).loadBeanDefinitions(isr););
```

上面代码以 BeanFactory 创建了 Spring 容器，但 BeanFactory 不会预初始化容器中的 Bean，因此，执行上面的代码不会看到调用 Person 类的构造器、执行 chinese Bean 的 setName()方法。

为了阻止 Spring 容器预初始化容器中的 singleton Bean，可以为<bean...>元素指定 lazy-init="true"，该属性用于阻止容器预初始化该 Bean。因此，如果为上面的<bean...>元素指定了 lazy-init="true"，那么即使使用 ApplicationContext 作为 Spring 容器，Spring 也不会预初始化该 singleton Bean。

▶▶ 4.4.3 ApplicationContext 的国际化支持

ApplicationContext 接口继承了 MessageSource 接口，因此具有国际化功能。下面是 MessageSource 接口中定义的两个用于国际化的方法。

- ➤ String getMessage (String code, Object[] args, Locale loc)
- ➤ String getMessage (String code, Object[] args, String default, Locale loc)

ApplicationContext 正是通过这两个方法来完成国际化的。当程序创建 ApplicationContext 容器时，Spring 自动查找配置文件中名为 messageSource 的 Bean 实例，一旦找到这个 Bean 实例，上述两个方法的调用就被委托给该 messageSource Bean。如果没有该 Bean，ApplicationContex 会查找其父容器中的 messageSource Bean；如果找到，它将被作为 messageSource Bean 使用。

如果无法找到 messageSource Bean，系统将会创建一个空的 StaticMessageSource Bean，该 Bean 能接受上述两个方法的调用。

在 Spring 中配置 messageSource Bean 时，通常使用 ResourceBundleMessageSource 类。看下面的配置文件。

程序清单：codes\04\4.4\I18N\src\beans.xml

```xml
<?xml version="1.0" encoding="utf-8"?>
<beans xmlns:xsi="http://www.w3.org/2001/XMLSchema-instance"
    xmlns="http://www.springframework.org/schema/beans"
    xsi:schemaLocation="http://www.springframework.org/schema/beans
    http://www.springframework.org/schema/beans/spring-beans.xsd">
    <bean id="messageSource"
        class="org.springframework.context.support.ResourceBundleMessageSource">
        <!-- 指定使用 UTF-8 字符集读取国际化资源文件 -->
        <property name="defaultEncoding" value="utf-8"/>
        <!-- 驱动 Spring 调用 messageSource Bean 的 setBasenames()方法，
            该方法需要一个数组参数，使用 list 元素配置多个数组元素 -->
        <property name="basenames">
            <list>
                <value>message</value>
                <!-- 如果有多个资源文件，全部列在此处 -->
            </list>
        </property>
    </bean>
</beans>
```

上面文件中的粗体字代码定义了一个 messageSource Bean，该 Bean 实例只指定了一份国际化资源文件，其 baseName 是 message。

上面配置文件在配置 ResourceBundleMessageSource 时指定了 defaultEncoding 属性，这是由于虽然 Java 9 及以上版本支持使用 UTF-8 字符集保存国际化资源文件，但 Spring 依然默认使用 ISO-8859-1 字符集来读取国际化资源文件，因此，这里要显式指定读取国际化资源文件的字符集为 UTF-8。

接下来，给出如下两份资源文件。

第一份为美式英语的资源文件，文件名为 message_en_US.properties。

```
hello=welcome,{0}
now=now is :{0}
```

第二份为简体中文的资源文件，文件名为 message_zh_CN.properties。

```
hello=欢迎你，{0}
now=现在时间是：{0}
```

Java 9 及以上版本支持使用 UTF-8 字符集保存国际化资源文件，这种国际化资源文件可以包含非西欧字符，因此，只要将包含非西欧字符的国际化资源文件以 UTF-8 字符集保存即可。此时，程序拥有了两份资源文件，可以自适应美式英语和简体中文的环境。主程序部分如下。

程序清单：codes\04\4.4\I18N\src\lee\SpringTest.java

```java
public class SpringTest
{
    public static void main(String[] args) throws Exception
    {
        // 实例化 ApplicationContext
        var ctx = new ClassPathXmlApplicationContext("beans.xml");
        // 使用 getMessage()方法获取本地化消息
        // Locale 的 getDefault()方法返回计算机环境的默认 Locale
        var hello = ctx.getMessage("hello", new String[]{"孙悟空"},
            Locale.getDefault(Locale.Category.FORMAT));
        var now = ctx.getMessage("now", new Object[]{new Date()},
            Locale.getDefault(Locale.Category.FORMAT));
        // 打印出两条本地化消息
```

```
        System.out.println(hello);
        System.out.println(now);
    }
}
```

上面的两行粗体字代码是 Spring 容器提供的获取国际化消息的方法，这两个方法由 MessageSource 接口提供。

上面程序的执行结果会随环境的不同而改变，在简体中文环境下，执行结果如下：

```
欢迎你，孙悟空
现在时间是：19-08-16 下午 9:43
```

在美式英语环境下，执行结果如下：

```
welcome,孙悟空
now is :08/16/19 9:43 PM
```

当然，即使在英文环境下，"孙悟空"这个词也无法变成英文，因为"孙悟空"是被写在程序代码中，而不是从资源文件中获得的。

> **注意**
>
> Spring 的国际化支持，其实是建立在 Java 程序国际化的基础之上的。其核心思路是将程序中需要实现国际化的信息写入资源文件中，而在代码中仅仅使用相应的各信息的 key。

▶▶ 4.4.4 ApplicationContext 的事件机制

ApplicationContext 的事件机制是观察者设计模式的实现，通过 ApplicationEvent 类和 ApplicationListener 接口，可以实现 ApplicationContext 的事件处理。如果容器中有一个 ApplicationListener Bean，每当 ApplicationContext 发布 ApplicationEvent 时，ApplicationListener Bean 将自动被触发。

Spring 的事件框架有如下两个重要成员。

➤ ApplicationEvent：容器事件，必须由 ApplicationContext 发布。

➤ ApplicationListener：监听器，可由容器中的任何监听器 Bean 担任。

实际上，Spring 的事件机制与所有的事件机制都基本相似，它们都需要由事件源、事件和事件监听器组成。只是此处的事件源是 ApplicationContext，且事件必须由 Java 程序显式触发。图 4.10 给出了 Spring 容器的事件机制示意图。

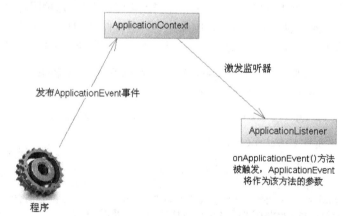

图 4.10 Spring 容器的事件机制示意图

下面的程序将示范 Spring 容器的事件机制。程序先定义了一个 ApplicationEvent 类，其对象就是一个 Spring 容器事件。ApplicationEvent 类的代码如下。

程序清单：codes\04\4.4\EventHandler\src\org\crazyit\app\event\EmailEvent .java

```java
public class EmailEvent extends ApplicationEvent
{
    private String address;
    private String text;
    public EmailEvent (Object source)
    {
        super(source);
    }
    // 初始化全部成员变量的构造器
    public EmailEvent (Object source, String address, String text)
    {
        super(source);
        this.address = address;
        this.text = text;
    }
    // 省略 address、text 的 setter 和 getter 方法
    ...
}
```

上面的 EmailEvent 类继承了 ApplicationEvent 类，除此之外，它就是一个普通的 Java 类。只要一个 Java 类继承了 ApplicationEvent 基类，那么该对象就可作为 Spring 容器的容器事件。

容器事件的监听器类必须实现 ApplicationListener 接口，实现该接口必须实现如下方法。

➢ onApplicationEvent(ApplicationEvent event)：每当容器内发生任何事件时，该方法都会被触发。

本示例的容器监听器类的代码如下。

程序清单：codes\04\4.4\EventHandler\src\org\crazyit\app\listener\EmailNotifier.java

```java
public class EmailNotifier implements ApplicationListener
{
    // 该方法会在容器发生事件时自动触发
    public void onApplicationEvent(ApplicationEvent evt)
    {
        // 只处理 EmailEvent, 模拟发送 E-mail 通知
        if (evt instanceof EmailEvent )
        {
            var emailEvent = (EmailEvent ) evt;
            System.out.println("需要发送邮件的接收地址  "
                + emailEvent.getAddress());
            System.out.println("需要发送邮件的邮件正文  "
                + emailEvent.getText());
        }
        else
        {
            // 对其他事件不做任何处理
            System.out.println("其他事件: " + evt);
        }
    }
}
```

将监听器配置在容器中，配置文件如下。

程序清单：codes\04\4.4\EventHandler\src\beans.xml

```xml
<?xml version="1.0" encoding="utf-8"?>
<beans xmlns:xsi="http://www.w3.org/2001/XMLSchema-instance"
    xmlns="http://www.springframework.org/schema/beans"
    xsi:schemaLocation="http://www.springframework.org/schema/beans
    http://www.springframework.org/schema/beans/spring-beans.xsd">
```

```
        <!-- 配置监听器 -->
        <bean class="org.crazyit.app.listener.EmailNotifier"/>
</beans>
```

从上面的粗体字代码可以看出，为 Spring 容器注册事件监听器，不需要像 AWT 那样采用代码进行编程，只要进行简单配置即可。只要在 Spring 中配置一个实现了 ApplicationListener 接口的 Bean，Spring 容器就会把这个 Bean 当成容器事件的事件监听器。

当系统创建 Spring 容器、加载 Spring 容器时会自动触发容器事件，容器事件监听器可以监听到这些事件。除此之外，程序也可调用 ApplicationContext 的 publishEvent()方法来主动触发容器事件。如下主程序使用 ApplicationContext 的 publishEvent()来触发事件。

程序清单：codes\04\4.4\EventHandler\src\lee\SpringTest.java

```
public class SpringTest
{
    public static void main(String[] args)
    {
        var ctx = new ClassPathXmlApplicationContext("beans.xml");
        // 创建一个 ApplicationEvent 对象
        var ele = new EmailEvent ("test", "spring_test@163.com", "this is a test");
        // 发布容器事件
        ctx.publishEvent(ele);
    }
}
```

上面程序中的两行粗体字代码创建了 ApplicationEvent 对象，并通过 ApplicationContext 的 publishEvent()方法主动触发了该事件。运行上面的程序，将看到如下运行结果：

```
[java] 其他事件: org.springframework.context.event.ContextRefreshedEvent[source=
org.springframework.context.support.ClassPathXmlApplicationContext@1506f20f,
started on Thu Aug 15 18:22:15 EDT 2019]
[java] 需要发送邮件的接收地址  spring_test@163.com
[java] 需要发送邮件的邮件正文  this is a test
```

从上面的运行结果可以看出，监听器不仅监听到程序所触发的事件，也监听到容器内置的事件。实际上，如果开发者需要在 Spring 容器初始化、销毁时回调自定义方法，就可以通过上面的事件监听器来实现。

提示：
> 如果 Bean 希望发布容器事件，则该 Bean 必须先获得对 Spring 容器的引用。为了让 Bean 获得对 Spring 容器的引用，可让 Bean 类实现 ApplicationContextAware 或 BeanFactoryAware 接口。关于让 Bean 获取 Spring 容器的介绍，请参考下一节内容。

Spring 提供了如下几个内置事件。

➢ ContextRefreshedEvent：ApplicationContext 容器初始化或刷新触发该事件。此处的初始化是指所有的 Bean 被成功加载，后处理的 Bean 被检测并激活，所有的 singleton Bean 被预实例化，ApplicationContext 容器已就绪可用。

➢ ContextStartedEvent：当使用 ConfigurableApplicationContext（ApplicationContext 的子接口）接口的 start() 方法启动 ApplicationContext 容器时触发该事件。容器管理生命周期的 Bean 实例将获得一个指定的启动信号，这在经常需要停止后重新启动的场合比较常见。

➢ ContextClosedEvent：当使用 ConfigurableApplicationContext（ApplicationContext 的子接口）接口的 close() 方法关闭 ApplicationContext 容器时触发该事件。

➢ ContextStoppedEvent：当使用 ConfigurableApplicationContext（ApplicationContext 的子接口）接口的 stop()方法使 ApplicationContext 停止时触发该事件。此处的"停止"意味着容器管理生命周期的 Bean 实例将获得一个指定的停止信号，被停止的 Spring 容器可再次调用 start()方法重新启动。

➢ RequestHandledEvent：Web 相关事件，只能应用于使用 DispatcherServlet 的 Web 应用中。在使用 Spring 作为前端的 MVC 控制器时，当 Spring 处理用户请求结束后，系统会自动触发该事件。

Spring 4 还新增了 SessionConnectedEvent、SessionConnectEvent、SessionDisconnectEvent 这三个事件，它们都用于为 Spring 新增的 WebSocket 功能服务。

▶▶ 4.4.5　让 Bean 获取 Spring 容器

前面介绍的几个示例，都是程序先创建 Spring 容器，再调用 Spring 容器的 getBean()方法来获取 Spring 容器中的 Bean 的。在这种访问模式下，程序中总是持有 Spring 容器的引用。

在某些特殊的情况下，Bean 需要实现某个功能（比如该 Bean 需要输出国际化消息，或者该 Bean 需要向 Spring 容器发布事件……），但该功能必须借助 Spring 容器才能实现，此时就必须让该 Bean 获取它所在的 Spring 容器，然后借助 Spring 容器来实现该功能。

为了让 Bean 获取它所在的 Spring 容器，可以让该 Bean 实现 BeanFactoryAware 接口。BeanFactoryAware 接口里只有一个方法。

➢ setBeanFactory(BeanFactory beanFactory)：该方法有一个参数 beanFactory，该参数指向创建它的 BeanFactory。

大部分初学者看到这个 setter 方法会感到比较奇怪，因为以前定义一个 setter 方法之后，该 setter 方法通常都是由程序员来调用的，setter 方法参数值由程序员指定；即使使用 Spring 进行依赖注入时，setter 方法参数值也是由程序员通过配置文件来指定的。但此处的这个 setter 方法将由 Spring 调用，Spring 调用该方法时会将 Spring 容器作为参数传入该方法。与该接口类似的还有 BeanNameAware、ResourceLoaderAware 接口，这些接口里都会提供类似的 setter 方法，这些方法也由 Spring 负责调用。

与 BeanFactoryAware 接口类似的有 ApplicationContextAware 接口，实现该接口的 Bean 需要实现 setApplicationContext(ApplicationContext applicationContext)方法——该方法也不是由程序员负责调用的，而是由 Spring 来调用的。当 Spring 容器调用该方法时，它会把自身作为参数传入该方法。

下面示例假设 Person 类的 sayHi()方法必须能输出国际化消息。由于国际化功能需要借助 Spring 容器来实现，因此程序就需要让 Person 类实现 ApplicationContextAware 接口。下面是 Person 类的源代码。

程序清单：codes\04\4.4\ApplicationContextAware\src\org\crazyit\app\service\Person.java

```java
public class Person implements ApplicationContextAware
{
    // 使用成员变量保存它所在的 ApplicationContext 容器
    private ApplicationContext ctx;
    /* Spring 容器会检测容器中所有的 Bean，如果发现某个 Bean 实现了 ApplicationContextAware 接口,
    Spring 容器就会在创建该 Bean 之后，自动调用该方法，在调用该方法时,
    会将容器本身作为参数传入该方法*/
    public void setApplicationContext(ApplicationContext ctx)
        throws BeansException
    {
        this.ctx = ctx;
    }
    public void sayHi(String name)
    {
        System.out.println(ctx.getMessage("hello", new String[]{name},
            Locale.getDefault(Locale.Category.FORMAT)));
    }
}
```

上面的 Person 类实现了 ApplicationContextAware 接口，并实现了该接口提供的 setApplicationContextAware()方法。

Spring 容器会检测容器中所有的 Bean，如果发现某个 Bean 实现了 ApplicationContextAware 接口，Spring 容器就会在创建该 Bean 之后，自动调用该 Bean 的 setApplicationContextAware()方法，在调用该方法时，会将容器本身作为参数传入该方法——该方法的实现部分将 Spring 传入的参数（容器本身）赋给该 Person 对象的 ctx 实例变量，因此，接下来即可通过该 ctx 实例变量来访问容器本身。

当 Bean 类实现了特定接口及接口中的方法之后，IoC 容器就会自动检测并调用该 Bean 类所实现的方法（该方法由接口声明），容器在调用该方法时即可负责为该 Bean 注入它所依赖的对象（比如，此处该 Bean 依赖 Spring 容器本身），这种方式就是**接口注入**，也就是前面介绍的三种注入方式之一。

将该 Bean 部署在 Spring 容器中，部署该 Bean 与部署其他 Bean 没有任何区别。XML 配置文件如下。

程序清单：codes\04\4.4\ApplicationContextAware\src\beans.xml

```xml
<?xml version="1.0" encoding="utf-8"?>
<beans xmlns:xsi="http://www.w3.org/2001/XMLSchema-instance"
    xmlns="http://www.springframework.org/schema/beans"
    xsi:schemaLocation="http://www.springframework.org/schema/beans
    http://www.springframework.org/schema/beans/spring-beans.xsd">
    <!-- 加载容器国际化所需要的语言资源文件 -->
    <bean id="messageSource"
    class="org.springframework.context.support.ResourceBundleMessageSource">
        <!-- 指定使用 UTF-8 字符集读取国际化资源文件 -->
        <property name="defaultEncoding" value="utf-8"/>
        <property name="basenames">
            <list>
                <value>message</value>
            </list>
        </property>
    </bean>
    <!-- Spring 容器会检测容器中所有的 Bean，如果发现某个 Bean 实现了
    ApplicationContextAware 接口，Spring 容器就会在创建该 Bean 之后，
    自动调用该 Bean 的 setApplicationContext()方法，在调用该方法时，
    会将容器本身作为参数传入该方法-->
    <bean id="person" class="org.crazyit.app.service.Person"/>
</beans>
```

在主程序部分进行简单测试，程序先通过实例化的方法来获得 ApplicationContext，然后通过 person Bean 来获得 BeanFactory，并将二者进行比较。主程序如下。

程序清单：codes\04\4.4\ApplicationContextAware\src\lee\SpringTest.java

```java
public class SpringTest
{
    public static void main(String[] args) throws Exception
    {
        var ctx = new ClassPathXmlApplicationContext("beans.xml");
        var p = ctx.getBean("person", Person.class);
        p.sayHi("孙悟空");
    }
}
```

上面程序执行 Person 对象的 sayHi()方法时，该 sayHi()方法就自动具有了国际化的功能，而这种国际化的功能实际上是由 Spring 容器提供的，这就是让 Bean 获取它所在容器的好处。

4.5　Spring 容器中的 Bean

从本质上看，Spring 容器就是一个超级大工厂，Spring 容器中的 Bean 就是该工厂的产品。Spring 容器能生产哪些产品，则完全取决于开发者在配置文件中的配置。

对于开发者来说，开发者使用 Spring 框架主要做两件事：①开发 Bean；②配置 Bean。对于 Spring 框架来说，它要做的就是根据配置文件来创建 Bean 实例，并调用 Bean 实例的方法完成"依赖注入"——这就是所谓 IoC 的本质。这就要求开发者在使用 Spring 框架时，眼中看到的是"XML 配置"，心中想的是"Java 代码"。本书后面介绍 Spring 框架时，会尽量向读者揭示"每段 XML 配置"在底层所对应的"Java 代码调用"。

 提示：
> 其实 Spring 框架的本质就是通过 XML 配置来驱动 Java 代码的，这样就可以把原本由 Java 代码管理的耦合关系提取到 XML 配置文件中管理，这就实现了系统中各组件的解耦，有利于后期的升级和维护。

▶▶ 4.5.1　Bean 的基本定义和 Bean 别名

元素是 Spring 配置文件的根元素，该元素可以指定如下属性。
- ➢ default-lazy-init：指定该元素下配置的所有 Bean 默认的延迟初始化行为。
- ➢ default-merge：指定该元素下配置的所有 Bean 默认的 merge 行为。
- ➢ default-autowire：指定该元素下配置的所有 Bean 默认的自动装配行为。
- ➢ default-autowire-candidates：指定该元素下配置的所有 Bean 默认是否作为自动装配的候选 Bean。
- ➢ default-init-method：指定该元素下配置的所有 Bean 默认的初始化方法。
- ➢ default-destroy-method：指定该元素下配置的所有 Bean 默认的回收方法。

 提示：
> 在元素下所能指定的属性都可以在每个子元素中指定——将属性名去掉 default 即可。区别是：为元素指定这些属性，只对特定 Bean 起作用；在元素下指定这些属性，这些属性将会对包含的所有 Bean 都起作用。当二者所指定的属性不一致时，在下指定的属性会覆盖在下指定的属性。

元素是元素的子元素，元素可以包含多个子元素，每个子元素定义一个 Bean，每个 Bean 对应 Spring 容器里的一个 Java 实例。

在定义 Bean 时，通常需要指定两个属性。
- ➢ id：确定该 Bean 的唯一标识。容器对 Bean 的管理、访问，以及该 Bean 的依赖关系，都通过该属性完成。Bean 的 id 属性在 Spring 容器中应该是唯一的。
- ➢ class：指定该 Bean 的具体实现类，这里不能是接口。Spring 容器必须知道创建 Bean 的实现类，而不能是接口。在通常情况下，Spring 会直接使用 new 关键字创建该 Bean 的实例，因此，这里必须提供 Bean 实现类的类名。

id 属性是容器中 Bean 的唯一标识，这个 id 属性必须遵循 XML 文档的 id 属性规则，因此有一些特殊要求，例如，不能以"/"等特殊字符作为属性值。但在某些特殊的情况下，Bean 的标识必须包含这些特殊符号，此时可以采用 name 属性，用于指定 Bean 的别名，通过访问 Bean 别名也可访问 Bean 实例。

> **注意**
>
> 在一些特殊的情况下，Spring 会采用其他方式创建 Bean 实例，例如工厂方法等，则可能不再需要 class 属性。本章后面会有详细的介绍。

除可以为<bean.../>元素指定一个 id 属性之外，还可以为<bean.../>元素指定 name 属性，用于为 Bean 实例指定别名。

元素的 id 属性具有唯一性， 而且是一个真正的 XML ID 属性，因此其他 XML 元素在引用该 id 时，可以利用 XML 解析器的验证功能。

由于 XML 规范规定了 XML ID 标识符必须由字母和数字组成，且只能以字母开头，但在一些特殊的情况下（例如与 Struts 1 整合的过程中），必须为某些 Bean 指定特殊标识名，此时就必须为控制器 Bean 指定别名。

指定别名有两种方式。

> 在定义元素时通过 name 属性指定别名。如果需要为 Bean 实例指定多个别名，则可以在 name 属性中使用逗号、冒号或者空格来分隔多个别名，后面通过任一别名即可访问该 Bean 实例。
> 通过元素为已有的 Bean 指定别名。

在一些极端的情况下，程序无法在定义 Bean 时就指定所有的别名，而是需要在其他地方为一个已经存在的 Bean 实例指定别名，则可使用元素来完成。该元素可指定如下两个属性。

> name：该属性指定一个 Bean 实例的标识名，表明将为该 Bean 实例指定别名。
> alias：指定一个别名。

例如以下配置：

```
<!-- 下面代码为该 Bean 指定了三个别名：#abc、@123 和 abc* -->
<bean id="person" class="..." name="#abc,@123,abc*"/>
<alias name="person" alias="jack"/>
<alias name="jack" alias="jackee"/>
```

上面第一行代码的 name 属性为该 Bean 指定了三个别名：#abc、@123 和 abc*，这些别名中包含了一些特殊字符。由此可见，作为别名的字符可以很随意。上面配置的后两行代码则用于为已有的 person Bean 指定别名。

▶▶ 4.5.2 容器中 Bean 的作用域

当通过 Spring 容器创建一个 Bean 实例时，不仅可以完成 Bean 实例的实例化，还可以为 Bean 指定特定的作用域。Spring 支持如下 6 种作用域。

> singleton：单例模式，在整个 Spring IoC 容器中，singleton 作用域的 Bean 只生成一个实例。
> prototype：每次通过容器的 getBean()方法获取 prototype 作用域的 Bean 时，都将生成一个新的 Bean 实例。
> request：对于一次 HTTP 请求，request 作用域的 Bean 只生成一个实例。这意味着在同一次 HTTP 请求内，程序每次请求该 Bean，得到的总是同一个实例。只有在 Web 应用中使用 Spring 时，该作用域才真正有效。
> session：对于一次 HTTP 会话，session 作用域的 Bean 只生成一个实例。这意味着在同一次 HTTP 会话内，程序每次请求该 Bean，得到的总是同一个实例。只有在 Web 应用中使用 Spring 时，该作用域才真正有效。
> application：对应整个 Web 应用，该 Bean 只生成一个实例。这意味着在整个 Web 应用内，

程序每次请求该 Bean，得到的总是同一个实例。只有在 Web 应用中使用 Spring 时，该作用域才真正有效。

➤ websocket：在整个 WebSocket 的通信过程中，该 Bean 只生成一个实例。只有在 Web 应用中使用 Spring 时，该作用域才真正有效。

比较常用的是 singleton 和 prototype 两种作用域，对于 singleton 作用域的 Bean，每次请求该 Bean 都将获得相同的实例。容器负责跟踪 Bean 实例的状态，负责维护 Bean 实例的生命周期行为；如果一个 Bean 被设置成 prototype 作用域，程序每次请求该 id 的 Bean，Spring 都会新建一个 Bean 实例，然后返回给程序。在这种情况下，Spring 容器仅仅使用 new 关键字创建 Bean 实例，一旦创建成功，容器就不再跟踪实例，也不会维护 Bean 实例的状态。

如果不指定 Bean 的作用域，Spring 默认使用 singleton 作用域。Java 在创建 Java 实例时，需要进行内存申请；在销毁实例时，需要完成垃圾回收，这些工作都会导致系统开销的增加。因此，prototype 作用域的 Bean 的创建、销毁代价比较大。而 singleton 作用域的 Bean 实例一旦创建成功，就可以重复使用。因此，应该尽量避免将 Bean 设置成 prototype 作用域。

Spring 配置文件通过 scope 属性指定 Bean 的作用域，该属性可以接受 singleton、prototype、request、session、application 和 websocket 6 个值，分别代表上面介绍的 6 种作用域。

在下面的配置文件中配置 singleton Bean 和 prototype Bean 实例各有一个。

程序清单：codes\04\4.5\scope\src\beans.xml

```xml
<?xml version="1.0" encoding="utf-8"?>
<beans xmlns:xsi="http://www.w3.org/2001/XMLSchema-instance"
    xmlns="http://www.springframework.org/schema/beans"
    xsi:schemaLocation="http://www.springframework.org/schema/beans
    http://www.springframework.org/schema/beans/spring-beans.xsd">
    <!-- 配置一个 singleton Bean 实例 -->
    <bean id="p1" class="org.crazyit.app.service.Person"/>
    <!-- 配置一个 prototype Bean 实例 -->
    <bean id="p2" class="org.crazyit.app.service.Person"
        scope="prototype"/>
    <bean id="date" class="java.util.Date"/>
</beans>
```

从上面的两行粗体字代码中可以看到，在配置 p1 对象时没有指定 scope 属性，它默认是一个 singleton Bean；而 p2 则指定了 scope="prototype"，这表明它是一个 prototype Bean。此外，上面配置文件中还配置了一个 singleton 作用域的 date Bean。

主程序通过如下代码来测试两个 Bean 的区别。

程序清单：codes\04\4.5\scope\src\lee\BeanTest.java

```java
public class BeanTest
{
    public static void main(String[] args) throws Exception
    {
        // 以类加载路径下的 beans.xml 文件创建 Spring 容器
        var ctx = new ClassPathXmlApplicationContext("beans.xml");    // ①
        // 判断两次请求 singleton 作用域的 Bean 实例是否相等
        System.out.println(ctx.getBean("p1")
            == ctx.getBean("p1"));
        // 判断两次请求 prototype 作用域的 Bean 实例是否相等
        System.out.println(ctx.getBean("p2")
            == ctx.getBean("p2"));
        System.out.println(ctx.getBean("date"));
        Thread.sleep(1000);
        System.out.println(ctx.getBean("date"));
```

```
        }
    }
```

程序执行结果如下：

```
[java] true
[java] false
[java] Thu Aug 15 19:18:09 EDT 2019
[java] Thu Aug 15 19:18:09 EDT 2019
```

从上面的执行结果可以看出，对于 singleton 作用域的 Bean，每次请求该 id 的 Bean，都将返回同一个共享实例，因此两次获取的 Bean 实例完全相同；但对于 prototype 作用域的 Bean，每次请求该 id 的 Bean 都将产生新的实例，因此两次请求获取的 Bean 实例不相同。

上面程序的最后还分两次获取并输出了 Spring 容器中 date Bean 代表的时间。虽然程序获取并输出两个 date 的时间相差 1 秒，但由于 date Bean 是一个 singleton Bean，该 Bean 会随着容器的初始化而初始化——也就是在①号代码处，date Bean 已经被创建出来。因此，无论程序何时访问、输出 date Bean 所代表的时间，都永远输出①号代码的执行时间。

> **提示：**
>
> 早期也可通过 singleton 属性指定 Bean 的作用域，该属性只接受两个属性值：true 和 false，分别代表 singleton 和 prototype 作用域。使用 singleton 属性则无法指定其他三种作用域。实际上，Spring 2.x 不推荐使用 singleton 属性指定 Bean 的作用域，singleton 属性是 Spring 1.2.x 的方式。

对于 request 作用域，查看如下 Bean 定义：

```xml
<bean id="loginAction" class="org.crazyit.app.controller.LoginAction" scope="request"/>
```

对于每次 HTTP 请求，Spring 容器都会根据 loginAction Bean 定义创建一个全新的 loginAction Bean 实例，且该 loginAction Bean 实例仅在当前 HTTP Request 内有效。因此，如果程序需要，完全可以自由更改 Bean 实例的内部状态；其他请求所获得的 loginAction Bean 实例无法感受到这种内部状态的改变。当处理请求结束时，request 作用域的 Bean 实例将被销毁。

request、session 作用域的 Bean 只对 Web 应用真正有效。实际上，通常只会将 Web 应用的控制器 Bean 指定成 request 作用域。

session 作用域与 request 作用域类似，区别在于：request 作用域的 Bean 对每次 HTTP 请求都有效；而 session 作用域的 Bean 则对每次 HTTP Session 都有效。

> **提示：**
>
> request、session、application 作用域只在 Web 应用中才有效，并且必须在 Web 应用中增加额外配置才会生效。为了让 request 和 session 作用域生效，必须将 HTTP 请求对象绑定到为该请求提供服务的线程上，这使得具有 request 和 session 作用域的 Bean 实例能够在后面的调用链中被访问到。

在 Web 应用的 web.xml 文件中增加如下 Listener 配置，该 Listener 负责使 request 作用域生效。

程序清单：codes\04\4.5\requestScope\WEB-INF\web.xml

```xml
<listener>
    <listener-class>
        org.springframework.web.context.request.RequestContextListener</listener-class>
</listener>
```

一旦在 web.xml 文件中增加了如上配置，程序就可以在 Spring 配置文件中使用 request 或 session 作用域了。下面的配置文件配置了一个实现类为 Person 的 Bean 实例，其作用域是 request。

程序清单：codes\04\4.5\requestScope\WEB-INF\applicationContext.xml

```xml
<?xml version="1.0" encoding="utf-8"?>
<beans xmlns:xsi="http://www.w3.org/2001/XMLSchema-instance"
    xmlns="http://www.springframework.org/schema/beans"
    xsi:schemaLocation="http://www.springframework.org/schema/beans
    http://www.springframework.org/schema/beans/spring-beans.xsd">
    <!-- 指定使用 request 作用域 -->
    <bean id="p" class="org.crazyit.app.service.Person"
        scope="request"/>
</beans>
```

这样 Spring 容器会为每次 HTTP 请求都生成一个 Person 实例，当该请求响应结束时，该实例也随之消失。

 提示：

如果 Web 应用直接使用 Spring MVC 作为 MVC 框架，即用 SpringDispatcherServlet 或 DispatcherPortlet 来拦截所有的用户请求，则不需要这些额外的配置，因为 Spring DispatcherServlet 和 DispatcherPortlet 已经处理了所有与请求有关的状态。

接下来，本示例使用一个简单的 JSP 脚本来测试该 request 作用域。该 JSP 脚本两次向 Spring 容器请求获取 id 为 p 的 Bean——当用户请求访问该页面时，由于在同一个页面内，因此可以看到 Spring 容器两次返回的是同一个 Bean。该 JSP 脚本如下。

程序清单：codes\04\4.5\requestScope\test.jsp

```jsp
<%
// 获取 Web 应用初始化的 Spring 容器
WebApplicationContext ctx =
    WebApplicationContextUtils.getWebApplicationContext(application);
// 两次获取容器中 id 为 p 的 Bean
Person p1 = (Person) ctx.getBean("p");
Person p2 = (Person) ctx.getBean("p");
out.println((p1 == p2) + "<br/>");
out.println(p1);
%>
```

使用浏览器请求该页面，将可以看到如图 4.11 所示的效果。

图 4.11　在同一个请求内两次获取 request 作用域的 Bean

如果刷新图 4.11 所示的页面，将可以看到该页面依然输出 true，但程序访问、输出的 Person Bean 不再是前一次请求得到的 Bean。

关于 HTTP Request 和 HTTP Session 的作用范围，请参看《轻量级 Java EE 企业应用实战》的第 2 章中关于 Web 编程的介绍。

 注意

Spring 不仅可以为 Bean 指定已经存在的 6 种作用域，还支持自定义作用域。关于自定义作用域的内容，请参看 Spring 官方文档等资料。

▶▶ 4.5.3 配置依赖

根据前面的介绍，Java 应用中各组件相互调用的实质可以归纳为依赖关系，根据注入方式的不同，Bean 的依赖注入通常有如下两种形式。

➤ 设值注入：通过<property.../>元素驱动 Spring 执行 setter 方法。

➤ 构造注入：通过<constructor-arg.../>元素驱动 Spring 执行带参数的构造器。

不管是设值注入，还是构造注入，都视为 Bean 的依赖要接受 Spring 容器管理，依赖关系的值要么是一个确定的值，要么是 Spring 容器中其他 Bean 的引用。

通常不建议使用配置文件管理 Bean 的基本类型的属性值；通常只使用配置文件管理容器中 Bean 与 Bean 之间的依赖关系。

对于 singleton 作用域的 Bean，如果没有强行取消其预初始化行为，系统会在创建 Spring 容器时预初始化所有的 singleton Bean，同时该 Bean 所依赖的 Bean 也被一起实例化。

BeanFactory 与 ApplicationContext 实例化容器中 Bean 的时机不同：前者等到程序需要 Bean 实例时才创建 Bean；而后者在容器创建 ApplicationContext 实例时，会预初始化容器中所有的 singleton Bean。

> **注意**
>
> 因为采用 ApplicationContext 作为 Spring 容器，在创建容器时会同时创建容器中所有 singleton 作用域的 Bean，所以可能需要更大的系统开销。但一旦创建成功，应用后面的响应速度就会更快，因此，对于普通的 Java EE 应用，推荐使用 ApplicationContext 作为 Spring 容器。

在创建 BeanFactory 时不会立即创建 Bean 实例，所以有可能程序可以正确地创建 BeanFactory 实例，但是在请求 Bean 实例时依然会抛出一个异常：在创建 Bean 实例或注入它的依赖关系时出现错误。

配置错误的延迟出现，也会给系统引入不安全因素，而 ApplicationContext 则默认预实例化所有 singleton 作用域的 Bean，所以 ApplicationContext 实例化过程比 BeanFactory 实例化过程的时间和内存开销大，但可以在容器初始化阶段就检验出配置错误。

前面提到 Spring 的作用就是管理 Java EE 组件，Spring 把所有的 Java 对象都称为 Bean，因此完全可以把任何 Java 类都部署在 Spring 容器中——只要该 Java 类具有相应的构造器即可。

除此之外，Spring 可以为任何 Java 对象注入任何类型的属性——只要该 Java 对象为该属性提供了对应的 setter 方法即可。

例如，如下配置片段：

```
<bean id="id" class="lee.AClass">
    <property name="aaa" value="aVal"/>
    <property name="bbb" value="bVal"/>
    ...
</bean>
```

对于上面的配置片段，有效的数据是那些粗体字内容，Spring 将会为每个<bean.../>元素都创建一个 Java 对象——这个 Java 对象就是一个 Bean 实例。对于上面的程序，Spring 将采用类似于如下的代码创建 Java 实例。

```
// 获取 lee.AClass 类的 Class 对象
Class targetClass = Class.forName("lee.AClass");
// 调用 lee.AClass 类的无参数构造器创建对象
Object bean = targetClass.newInstance();
```

在创建该实例后，Spring 接着遍历该<bean.../>元素里所有的<property.../>子元素，<bean.../>元素每包含一个<property.../>子元素，Spring 就为该 Bean 实例调用一次 setter 方法。对于上面的第一行<property.../>子元素，将有类似于如下的代码：

```
// 获取第一个<property.../>元素的 name 属性值对应的 setter 方法名
String _setName1 = "set" +"Aaa";
// 获取 lee.Class 类里的 setAaa()方法
Method setMethod1 = targetClass.getMethod(setName1, aVal.getClass());
// 调用 bean 实例的 setAaa()方法
setMethod1.invoke(bean, aVal);
```

通过类似于上面的代码，Spring 就可根据配置文件的信息来创建 Java 实例，并调用该 Java 实例的 setter 方法（这就是所谓的设值注入）——这是再普通不过的事情，并没有任何神奇的地方。

> **提示：**
> 上面两段代码充斥着反射知识，Spring 框架大量使用了反射知识，如果读者对 Java 的反射知识还不太熟悉，建议阅读《疯狂 Java 讲义》的第 18 章。

对于如下配置片段：

```
<bean id="id" class="lee.AClass">
    <!-- 每个 constructor-arg 元素配置一个构造器参数 -->
    <constructor-arg index="1" value="aVal"/>
    <constructor-arg index="0" value="bVal"/>
    ...
</bean>
```

上面的配置片段指定了两个<constructor-arg.../>子元素，Spring 就不再采用默认的构造器来创建 Bean 实例了，而使用特定构造器来创建该 Bean 实例。

Spring 将会采用类似于如下的代码来创建 Bean 实例：

```
// 获取 lee.AClass 类的 Class 对象
Class targetClass = Class.forName("lee.AClass");
// 获取第一个参数是 bVal 类型、第二个参数是 aVal 类型的构造器
Constructor targetCtr = targetClass.getConstructor(bVal.getClass(), aVal.getClass());
// 以特定构造器创建 Bean 实例
Object bean = targetCtr.newIntance(bVal, aVal);
```

上面的程序片段只是一个示例。实际上，Spring 还需要根据<property.../>、<constructor-arg.../>元素的 value、ref 属性等来判断注入的到底是什么数据类型，并对这些值进行合适的类型转换，所以 Spring 实际的处理过程更复杂。

由此可见，构造注入就是通过<constructor-arg.../>驱动 Spring 执行有参数的构造器；设值注入就是通过<property.../>驱动 Spring 执行 setter 方法。不管哪种注入，都需要为参数传入参数值，而 Java 类的成员变量可以是各种数据类型，除了基本类型值、字符串类型值等，还可以是其他 Java 实例，也可以是容器中的其他 Bean 实例，甚至是 Java 集合、数组等，所以 Spring 允许通过如下元素为 setter 方法、构造器参数指定参数值。

- ➢ value
- ➢ ref
- ➢ bean
- ➢ list、set、map 及 props

上面 4 种情况分别代表 Bean 类的 4 种类型的成员变量。下面详细介绍这 4 种情况。

▶▶ 4.5.4 设置普通属性值

元素用于指定基本类型及其包装类、字符串类型的参数值，Spring 使用 XML 解析器来解析出这些数据，然后利用 java.beans.PropertyEditor 完成类型转换：从 java.lang.String 类型转换

为所需的参数值类型。如果目标类型是基本类型及其包装类，通常都可以正确转换。

下面示例演示了为元素确定属性值的情况。假设有如下 Bean 类，该 Bean 类里包含了两个 int 类型和 double 类型的属性，并为这两个属性提供了对应的 setter 方法。下面是该 Bean 的实现类代码。由于仅仅用于测试注入普通属性值，因此没有使用接口。

程序清单：codes\04\4.5\value\src\org\crazyit\app\service\ExampleBean.java

```
public class ExampleBean
{
    // 定义一个 int 类型的成员变量
    private int integerField;
    // 定义一个 double 类型的成员变量
    private double doubleField;
    // 省略 integerField、doubleField 的 setter 和 getter 方法
    ...
}
```

上面 Bean 类的两个成员变量都是基本类型的，在 Spring 配置文件中使用<value.../>元素即可为这两个成员变量对应的 setter 方法指定参数值。配置文件如下。

程序清单：codes\04\4.5\value\src\beans.xml

```
<?xml version="1.0" encoding="utf-8"?>
<beans xmlns:xsi="http://www.w3.org/2001/XMLSchema-instance"
    xmlns="http://www.springframework.org/schema/beans"
    xsi:schemaLocation="http://www.springframework.org/schema/beans
    http://www.springframework.org/schema/beans/spring-beans.xsd">
    <bean id="exampleBean" class="org.crazyit.app.service.ExampleBean">
        <!-- 指定 int 类型的参数值 -->
        <property name="integerField" value="1"/>
        <!-- 指定 double 类型的参数值 -->
        <property name="doubleField" value="2.3"/>
    </bean>
</beans>
```

本示例的主程序与之前的主程序相差不大，此处不再赘述。运行程序，输出 exampleBean 的两个成员变量值，可以看到输出结果分别是 1 和 2.3，这表明 Spring 已为这两个成员变量成功注入了值。

可能有读者感到奇怪：明明一直说的是用<value.../>元素，为何从上面的粗体字代码看到的是 value 属性呢？这是因为早期 Spring 还支持一种"更为臃肿"的写法，例如配置一个驱动类，可以使用如下配置片段：

```
<property name="driverClass" value="com.mysql.jdbc.Driver"/>
```

上面的配置片段通过为<property.../>元素增加 value 属性，即可指定调用 setDriverClass()方法的参数值为 com.mysql.jdbc.Driver，从而完成依赖关系的设值注入。这种配置方式只要一行代码即可完成一次"依赖注入"。

上面的配置片段用早期 Spring 的配置方式，则需要如下三行代码：

```
<property name="driverClass">
    <value>com.mysql.jdbc.Driver</value>
</property>
```

两种配置方式的效果完全相同，只是因为 Spring 版本的改变，所以提供了多种配置方式。早期 Spring 采用<value.../>子元素的方式来指定属性值；后来 Spring 发现采用<value.../>子元素导致配置文件非常臃肿，而采用 value 属性则更加简洁——两种配置方式所能提供的信息量完全一样，所以后来 Spring 都推荐采用 value 属性的方式来配置。

提示：

　　在使用 value 配置普通参数值时，有两种配置方式。这两种配置方式的效果完全一样，只是其中一种写法更加简洁。类似的是，也可为<constructor-arg.../>元素增加 value 属性，用于设置直接量参数值。实际上，配置合作者 Bean、配置集合属性等都提供了子元素和属性两种配置方式，具体请参考 Spring 的语义约束文档。

▶▶ 4.5.5　配置合作者 Bean

　　如果需要将为 Bean 设置的属性值作为容器中的另一个 Bean 实例，则应该使用<ref.../>元素。在使用<ref.../>元素时可指定一个 bean 属性，该属性用于引用容器中其他 Bean 实例的 id 属性值。看下面的配置片段：

```
<bean id="steelAxe" class="org.crazyit.app.service.impl.SteelAxe"/>
<bean id="chinese" class="org.crazyit.app.service.impl.Chinese">
    <property name="axe">
        <!-- 指定使用容器中 id 为 steelAxe 的 Bean 作为调用 setAxe()方法的参数 -->
        <ref bean="steelAxe"/>
    </property>
</bean>
```

　　与注入普通属性值类似的是，注入合作者 Bean 也有一种简洁的写法，看如下配置方式：

```
<bean id="steelAxe" class="org.crazyit.app.service.impl.SteelAxe"/>
<bean id="chinese" class="org.crazyit.app.service.impl.Chinese">
    <!-- 指定使用容器中 id 为 steelAxe 的 Bean 作为调用 setAxe()方法的参数 -->
    <property name="axe" ref="steelAxe"/>
</bean>
```

　　通过为<property.../>元素增加 ref 属性，一样可以将容器中另一个 Bean 作为调用 setter 方法的参数。这种简洁写法的配置效果与前面使用<ref.../>元素的效果完全相同。

注意

　　也可为<constructor-arg.../>元素增加 ref 属性，从而指定将容器中的另一个 Bean 作为构造器参数。

▶▶ 4.5.6　使用自动装配注入合作者 Bean

　　Spring 能自动装配 Bean 与 Bean 之间的依赖关系，即无须使用 ref 显式指定依赖 Bean，而是由 Spring 容器检查 XML 配置文件内容，根据某种规则，为调用者 Bean 注入被依赖的 Bean。

　　Spring 的自动装配可通过<beans.../>元素的 default-autowire 属性指定，该属性对配置文件中所有的 Bean 起作用；也可通过<bean.../>元素的 autowire 属性指定，该属性只对该 Bean 起作用。

　　从上面的介绍不难发现，在同一个 Spring 容器中完全可以让某些 Bean 使用自动装配，而另一些 Bean 不使用自动装配。

　　自动装配可以减少配置文件的工作量，但降低了依赖关系的透明性和清晰性。

　　autowire、default-autowire 属性可接受如下值。

　▶　no：不使用自动装配。Bean 依赖必须通过<ref.../>元素定义。这是默认的配置，在较大的部署环境中不鼓励改变这个配置，显式配置合作者能够得到更清晰的依赖关系。

　▶　byName：根据 setter 方法名进行自动装配。Spring 容器查找容器中的全部 Bean，找出其 id 与 setter 方法名去掉 set 前缀，并小写首字母后同名的 Bean 来完成注入。如果没有找到匹配的 Bean 实例，则 Spring 不会进行任何注入。

　▶　byType：根据 setter 方法的形参类型来自动装配。Spring 容器查找容器中的全部 Bean，如果正好有一个 Bean 类型与 setter 方法的形参类型匹配，就自动注入这个 Bean；如果找到多个这样的 Bean，就抛出异常；如果没有找到这样的 Bean，则什么都不会发生，setter 方法不会被调用。

> **注意**
>
> byName 策略是根据 setter 方法的方法名与 Bean 的 id 进行匹配的；byType 策略是根据 setter 方法的参数类型与 Bean 的类型进行匹配的。

➢ constructor：与 byType 类似，区别是用于自动匹配构造器的参数。如果容器不能恰好找到一个与构造器参数类型匹配的 Bean，则会抛出异常。

➢ autodetect：Spring 容器根据 Bean 内部结构，自行决定使用 constructor 或 byType 策略。如果找到一个默认的构造函数，那么就会应用 byType 策略。

1. byName 规则

byName 规则是根据 setter 方法的方法名与 Bean 的 id 进行匹配。假如 Bean A 的实现类包含 setB() 方法，而 Spring 配置文件中恰好包含 id 为 b 的 Bean，则 Spring 容器会将 b 实例注入 Bean A 中。如果容器中没有名字匹配的 Bean，则 Spring 不会做任何事情（Spring 不会报错）。

看如下配置文件。

程序清单：codes\04\4.5\byName\src\beans.xml

```xml
<?xml version="1.0" encoding="utf-8"?>
<beans xmlns:xsi="http://www.w3.org/2001/XMLSchema-instance"
    xmlns="http://www.springframework.org/schema/beans"
    xsi:schemaLocation="http://www.springframework.org/schema/beans
    http://www.springframework.org/schema/beans/spring-beans.xsd">
    <!-- 指定使用 byName 策略，Spring 会根据 setter 方法的方法名与 Bean 的 id 进行匹配 -->
    <bean id="chinese" class="org.crazyit.app.service.impl.Chinese"
        autowire="byName"/>
    <bean id="gunDog" class="org.crazyit.app.service.impl.GunDog">
        <property name="name" value="wangwang"/>
    </bean>
</beans>
```

在上面的配置文件中指定了 byName 自动装配策略，而且 Chinese 类恰好有如下 setter 方法：

```java
// dog 的 setter 方法
public void setGunDog(Dog dog)
{
    this.dog = dog;
}
```

上面 setter 方法的方法名为 setGunDog()，Spring 容器就会寻找容器中 id 为 gunDog 的 Bean，如果能找到这样的 Bean，该 Bean 就会作为调用 setGunDog() 方法的参数（此时容器中恰好有一个 id 为 gunDog 的 Bean，因此，Spring 会以该 Bean 为参数调用 setGunDog() 方法，为 Chinese 对象的 dog 实例变量设置值）；如果找不到这样的 Bean，Spring 就不调用 setGunDog() 方法。

2. byType 规则

byType 规则是根据 setter 方法的参数类型与 Bean 的类型进行匹配。假如 A 实例有 setB(B b) 方法，而 Spring 配置文件中恰好有一个类型为 B 的 Bean 实例，容器为 A 注入类型匹配的 Bean 实例，如果容器中没有类型为 B 的实例，Spring 不会调用 setB() 方法；但如果容器中包含多于一个的 B 实例，程序将会抛出异常。

看如下配置文件。

程序清单：codes\04\4.5\byType\src\beans.xml

```xml
<?xml version="1.0" encoding="utf-8"?>
<beans xmlns:xsi="http://www.w3.org/2001/XMLSchema-instance"
    xmlns="http://www.springframework.org/schema/beans"
    xsi:schemaLocation="http://www.springframework.org/schema/beans
    http://www.springframework.org/schema/beans/spring-beans.xsd">
    <!-- 指定使用 byType 策略，Spring 会根据 setter 方法的参数类型与 Bean 的类型进行匹配 -->
    <bean id="chinese" class="org.crazyit.app.service.impl.Chinese"
        autowire="byType"/>
    <bean id="gunDog" class="org.crazyit.app.service.impl.GunDog">
        <property name="name" value="wangwang"/>
    </bean>
</beans>
```

在上面的配置文件中指定了 byType 自动装配策略，而且 Chinese 类恰好有如下 setter 方法。

程序清单：codes\04\4.5\byType\src\org\crazyit\app\service\impl\Chinese.java

```java
// dog 的 setter 方法
public void setDog(Dog dog)
{
    this.dog = dog;
}
```

上面 setter 方法的形参类型是 Dog，而 Spring 容器中的 org.crazyit.app.service.impl.GunDog Bean 类实现了 Dog 接口，因此 Spring 会以该 Bean 为参数来调用 chinese 的 setDog()方法。

但如果在配置文件中再配置一个如下所示的 Bean：

```xml
<!-- 配置 petDog Bean，其实现类也实现了 Dog 接口 -->
<bean id="petDog" class="org.crazyit.app.service.impl.PetDog">
    <property name="name" value="ohoh"/>
</bean>
```

上面配置中的 PetDog 类也实现了 Dog 接口，此时 Spring 将无法按 byType 策略进行自动装配：容器中有两个类型为 Dog 的 Bean，Spring 无法确定应为 chinese Bean 注入哪个 Bean，所以程序将抛出异常。

在某些情况下，程序希望将某些 Bean 排除在自动装配之外，不作为 Spring 自动装配策略的候选者，此时可设置 autowire-candidate 属性，通过为<bean.../>元素设置 autowire-candidate="false"，即可将该 Bean 排除在自动装配之外，容器在查找自动装配 Bean 时将不考虑该 Bean。比如，当上面配置文件中存在两个类型为 Dog 的 Bean 实例时，如果程序希望将 PetDog Bean 排除在自动装配之外，则可为该 Bean 配置增加 autowire-candidate="false"。例如如下配置：

```xml
<!-- 配置 petDog Bean，其实现类也实现了 Dog 接口 -->
<bean id="petDog" class="org.crazyit.app.service.impl.PetDog"
    autowire-candidate="false">
    <property name="name" value="ohoh"/>
</bean>
```

通过指定 autowire-candidate="false"属性，即可让该 PetDog Bean 排除在自动装配之外，这样 Spring 容器依然可按 byType 策略为 chinese Bean 注入 GunDog Bean。

此外，还可通过在<beans.../>元素中指定 default-autowire-candidates 属性将一批 Bean 排除在自动装配之外。default-autowire-candidates 属性的值允许使用模式字符串，例如指定 default-autowire-candidates="*abc"，则表示所有以"abc"结尾的 Bean 都将被排除在自动装配之外。不仅如此，该属性甚至可以指定多个模式字符串，这样所有匹配任一模式字符串的 Bean 都将被排除在自动装配之外。

剩下的两种自动装配策略与 byName、byType 大同小异，此处不再赘述。

当一个 Bean 既使用自动装配的依赖，又使用 ref 显式指定依赖时，则显式指定的依赖覆盖自动装配的依赖。比如在如下配置文件中：

```xml
<?xml version="1.0" encoding="UTF-8"?>
<beans xmlns:xsi="http://www.w3.org/2001/XMLSchema-instance"
    xmlns="http://www.springframework.org/schema/beans"
    xsi:schemaLocation="http://www.springframework.org/schema/beans
    http://www.springframework.org/schema/beans/spring-beans.xsd">
    <!-- 指定 chinese Bean 使用 byName 自动装配策略 -->
    <bean id="chinese" class="org.crazyit.app.service.impl.Chinese" autowire="byName">
        <property name="gundog" ref="petDog" />
    </bean>
    <!-- 配置 gunDog Bean -->
    <bean id="gunDog" class="org.crazyit.app.service.impl.GunDog">
        <property name="name" value="wangwang"/>
    </bean>
    <!-- 配置 petDog Bean, 其实现类也实现了 Dog 接口 -->
    <bean id="petDog" class="org.crazyit.app.service.impl.PetDog">
        <property name="name" value="ohoh"/>
    </bean>
</beans>
```

即使 Chinese 类中有 setGunDog(Dog dog)方法，Spring 也依然以 petDog 作为调用 setGunDog()方法的参数，而不会以 gunDog 作为参数，因为使用 ref 显式指定的依赖关系将覆盖自动装配的依赖关系。

> **注意**
> 对于大型的应用，不鼓励使用自动装配。虽然使用自动装配可减少配置文件的工作量，但大大降低了依赖关系的透明性和清晰性。依赖关系的装配依赖源文件的属性名或属性类型，导致 Bean 与 Bean 之间的耦合降低到代码层次，不利于高层次解耦。

▶▶ 4.5.7 注入嵌套 Bean

如果某个 Bean 所依赖的 Bean 不想被 Spring 容器直接访问，则可以使用嵌套 Bean。

把<bean.../>配置成<property.../>或<constructor-args.../>的子元素，那么该<bean.../>元素配置的 Bean 仅仅作为 setter 注入、构造注入的参数，这种 Bean 就是嵌套 Bean。由于容器不能获取嵌套 Bean，因此它不需要指定 id 属性。

例如如下配置。

程序清单：codes\04\4.5\nestedBean\src\beans.xml

```xml
<?xml version="1.0" encoding="utf-8"?>
<beans xmlns:xsi="http://www.w3.org/2001/XMLSchema-instance"
    xmlns="http://www.springframework.org/schema/beans"
    xsi:schemaLocation="http://www.springframework.org/schema/beans
    http://www.springframework.org/schema/beans/spring-beans.xsd">
    <bean id="chinese" class="org.crazyit.app.service.impl.Chinese">
        <!-- 驱动调用 chinese 的 setAxe()方法, 使用嵌套 Bean 作为参数 -->
        <property name="axe">
            <!-- 嵌套 Bean 配置的对象仅仅作为 setter 方法的参数,
                嵌套 Bean 不能被容器访问, 因此无须指定 id 属性-->
            <bean class="org.crazyit.app.service.impl.SteelAxe"/>
        </property>
    </bean>
</beans>
```

采用上面的配置形式可以保证嵌套 Bean 不能被容器访问，因此不用担心其他程序修改嵌套 Bean。外部 Bean 的用法与之前的用法完全一样，使用效果也没有区别。

> **注意**
>
> 嵌套 Bean 提高了程序的内聚性，但降低了程序的灵活性。只有在完全确定无须通过 Spring 容器访问某个 Bean 实例时，才考虑使用嵌套 Bean 来配置该 Bean。

使用嵌套 Bean 与使用 ref 引用容器中的另一个 Bean 在本质上是一样的。

Spring 框架的本质就是通过 XML 配置文件来驱动 Java 代码的，当程序要调用 setter 方法或有参数的构造器时，程序总需要传入参数值，随着参数类型的不同，当然 Spring 配置文件也要发生改变。

➤ 形参类型是基本类型、String、日期等，直接使用 value 指定直接量值即可。

➤ 形参类型是复合类（如 Person、Dog、DataSource 等），就需要传入一个 Java 对象作为实参，于是有三种方式：①使用 ref 引用一个容器中已配置的 Bean（Java 对象）；②使用 <bean.../>元素配置一个嵌套 Bean（Java 对象）；③使用自动装配。

此外，形参类型还可能是 Set、List、Map 等集合，也可能是数组类型。接下来继续介绍如何在 Spring 配置文件中配置 Set、List、Map、数组等参数值。

▶▶ 4.5.8　注入集合值

如果需要调用形参类型为集合的 setter 方法，或者调用形参类型为集合的构造器，则可使用集合元素<list.../>、<set.../>、<map.../>和<props.../>分别来设置类型为 List、Set、Map 和 Properties 的集合参数值。

下面先定义一个包含大量集合属性的 Java 类，在配置文件中将会通过上面那些元素来为这些集合属性设置属性值。看如下 Java 类的代码。

程序清单：codes\04\4.5\collection\src\org\crazyit\app\service\impl\Chinese.java

```java
public class Chinese implements Person
{
    // 下面是一系列集合类型的成员变量
    private List<String> schools;
    private Map<?, ?> scores;
    private Map<String, Axe> phaseAxes;
    private Properties health;
    private Set axes;
    private String[] books;
    public Chinese()
    {
        System.out.println("Spring 实例化主调 bean：Chinese 实例...");
    }
    // schools 的 setter 方法
    public void setSchools(List<String> schools)
    {
        this.schools = schools;
    }
    // scores 的 setter 方法
    public void setScores(Map scores)
    {
        this.scores = scores;
    }
    // phaseAxes 的 setter 方法
    public void setPhaseAxes(Map<String, Axe> phaseAxes)
    {
        this.phaseAxes = phaseAxes;
    }
    // health 的 setter 方法
    public void setHealth(Properties health)
```

```
    {
        this.health = health;
    }
    // axes 的 setter 方法
    public void setAxes(Set<?> axes)
    {
        this.axes = axes;
    }
    // books 的 setter 方法
    public void setBooks(String[] books)
    {
        this.books = books;
    }
    // 访问上面全部的集合类型的成员变量
    public void test()
    {
        System.out.println(schools);
        System.out.println(scores);
        System.out.println(phaseAxes);
        System.out.println(health);
        System.out.println(axes);
        System.out.println(java.util.Arrays.toString(books));
    }
}
```

在上面的 Chinese 类中，6 行粗体字代码定义了 6 个集合类型的成员变量。下面分别为<property.../>元素增加<list.../>、<set.../>、<map.../>和<props.../>子元素来配置这些集合类型的参数值。

下面是 Spring 配置文件。

程序清单：codes\04\4.5\collection\src\beans.xml

```xml
<?xml version="1.0" encoding="utf-8"?>
<beans xmlns:xsi="http://www.w3.org/2001/XMLSchema-instance"
    xmlns="http://www.springframework.org/schema/beans"
    xsi:schemaLocation="http://www.springframework.org/schema/beans
    http://www.springframework.org/schema/beans/spring-beans.xsd">
    <!-- 定义两个普通的 Axe Bean -->
    <bean id="stoneAxe" class="org.crazyit.app.service.impl.StoneAxe"/>
    <bean id="steelAxe" class="org.crazyit.app.service.impl.SteelAxe"/>
    <!-- 定义 chinese Bean -->
    <bean id="chinese" class="org.crazyit.app.service.impl.Chinese">
        <property name="schools">
            <!-- 为调用 setSchools()方法配置 List 集合作为参数值 -->
            <list>
                <!-- 每个 value、ref、bean 都配置一个 List 元素 -->
                <value>小学</value>
                <value>中学</value>
                <value>大学</value>
            </list>
        </property>
        <property name="scores">
            <!-- 为调用 setScores()方法配置 Map 集合作为参数值 -->
            <map>
                <!-- 每个 entry 都配置一个 key-value 对 -->
                <entry key="数学" value="87"/>
                <entry key="英语" value="89"/>
                <entry key="语文" value="82"/>
            </map>
        </property>
        <property name="phaseAxes">
            <!-- 为调用 setPhaseAxes()方法配置 Map 集合作为参数值 -->
            <map>
```

```
            <!-- 每个 entry 都配置一个 key-value 对 -->
            <entry key="原始社会" value-ref="stoneAxe"/>
            <entry key="农业社会" value-ref="steelAxe"/>
        </map>
    </property>
    <property name="health">
        <!-- 为调用 setHealth()方法配置 Properties 集合作为参数值 -->
        <props>
            <!-- 每个 prop 元素都配置一个属性项，其中 key 指定属性名 -->
            <prop key="血压">正常</prop>
            <prop key="身高">175</prop>
        </props>
        <!--
        <value>
            pressure=normal
            height=175
        </value> -->
    </property>
    <property name="axes">
        <!-- 为调用 setAxes()方法配置 Set 集合作为参数值 -->
        <set>
            <!-- 每个 value、ref、bean 都配置一个 Set 元素 -->
            <value>普通的字符串</value>
            <bean class="org.crazyit.app.service.impl.SteelAxe"/>
            <ref bean="stoneAxe"/>
            <!-- 为 Set 集合配置一个 List 集合作为元素 -->
            <list>
                <value>20</value>
                <!-- 再次为 List 集合配置一个 Set 集合作为元素 -->
                <set>
                    <value type="int">30</value>
                </set>
            </list>
        </set>
    </property>
    <property name="books">
        <!-- 为调用 setBooks()方法配置数组作为参数值 -->
        <list>
            <!-- 每个 value、ref、bean 都配置一个数组元素 -->
            <value>疯狂 Java 讲义</value>
            <value>疯狂 Android 讲义</value>
            <value>轻量级 Java EE 企业应用实战</value>
        </list>
    </property>
</bean>
</beans>
```

上面的粗体字代码是配置集合类型的参数值的关键代码。从配置文件可以看出，Spring 对 List 集合和数组的处理是一样的，都用<list.../>元素来配置。

当使用<list.../>、<set.../>、<map.../>等元素配置集合类型的参数值时，还需要配置集合元素。由于集合元素可以是基本类型值、引用容器中的其他 Bean、嵌套 Bean 或集合属性等，所以<list.../>、<key.../>和<set.../>元素又可接受如下子元素。

➤ value：指定集合元素是基本类型值或字符串类型值。

➤ ref：指定集合元素是容器中的另一个 Bean 实例。

➤ bean：指定集合元素是一个嵌套 Bean。

➤ list、set、map 及 props：指定集合元素又是集合。

元素用于配置 Properties 类型的参数值，Properties 类型是一种特殊的类型，其 key 和 value 都只能是字符串，故 Spring 配置 Properties 类型的参数值比较简单：每个 key-value 对只要分别给出 key 和 value 就足够了——而且 key 和 value 都是字符串类型，所以使用如下格式的 <prop.../>元素就够了。

> <prop key="血压">正常</prop>，其中<prop.../>元素的 key 属性指定 key 的值，
>   元素的内容指定 value 的值。

当使用元素配置 Map 参数值时比较复杂，因为 Map 集合的每个元素都由 key 和 value 两个部分组成，所以在配置文件中每个配置一个 key-value 对。元素支持如下 4 个属性。

> key：如果 Map key 是基本类型值或字符串类型值，则可使用该属性来指定 Map key。
> key-ref：如果 Map key 是容器中的另一个 Bean 实例，则可使用该属性来指定容器中其他 Bean 的 id。
> value：如果 Map value 是基本类型值或字符串类型值，则可使用该属性来指定 Map value。
> value-ref：如果 Map value 是容器中的另一个 Bean 实例，则可使用该属性来指定容器中其他 Bean 的 id。

由于 Map 集合的 key、value 都可以是基本类型值、引用容器中的其他 Bean、嵌套 Bean 或集合属性等，所以也可以采用比较传统、臃肿的写法。例如，将上面关于 scores 属性的配置写成如下形式：

```xml
<property name="scores">
    <!-- 为调用 setScores()方法配置 Map 集合作为参数值 -->
    <map>
        <!-- 每个 entry 配置一个 key-value 对 -->
        <entry>
            <!-- key 元素配置 Map key -->
            <key>
                <!-- key 包含的 value、ref、bean 用于配置 key 的值 -->
                <value>数学</value>
            </key>
            <!-- 每个 value、ref、bean 都配置 value 的值 -->
            <value>87</value>
        </entry>
        <entry>
            <key>
                <value>英语</value>
            </key>
            <value>89</value>
        </entry>
        <entry>
            <key>
                <value>语文</value>
            </key>
            <value>82</value>
        </entry>
    </map>
</property>
```

从上面的配置可以看出，<key.../>元素专门用于配置 Map 集合的 key-value 对的 key，又由于 Map key 有可能是基本类型值、引用容器中已有的 Bean、嵌套 Bean、集合等，因此<key.../>的子元素又可以是 value、ref、bean、list、set、map 和 props 等元素。

Spring 还提供了一种简化语法来支持 Properties 形参的 setter 方法。例如如下配置片段：

```xml
<property name="health">
    <value>
        pressure=normal
        height=175
    </value>
</property>
```

上面这种配置方式同样配置了两组属性——但这种配置语法有一个很大的限制：属性名、属性值都只能是英文、数字，不可出现中文。

从 Spring 2.0 开始，Spring IoC 容器支持集合的合并，子 Bean 中的集合属性值可以从其父 Bean 的集合属性继承和覆盖而来。也就是说，子 Bean 的集合属性的最终值是父 Bean、子 Bean 合并后的最终结果，而且子 Bean 集合中的元素可以覆盖父 Bean 集合中对应的元素。

下面的配置片段示范了集合合并的特性。

```xml
<beans>
    <!-- 将父 Bean 定义成抽象 Bean -->
    <bean id="parent" abstract="true" class="example.ComplexObject">
        <!-- 定义 Properties 类型的集合属性 -->
        <property name="adminEmails">
            <props>
                <prop key="administrator">administrator@crazyit.org</prop>
                <prop key="support">support@crazyit.org</prop>
            </props>
        </property>
    </bean>
    <!-- 使用 parent 属性指定该 Bean 继承了 parent Bean -->
    <bean id="child" parent="parent">
        <property name="adminEmails">
            <!-- 指定该集合属性支持合并 -->
            <props merge="true">
                <prop key="sales">sales@crazyit.org</prop>
                <prop key="support">master@crazyit.org</prop>
            </props>
        </property>
    </bean>
<beans>
```

上面配置片段中的 child Bean 继承了 parent Bean，并为<props.../>元素指定了 merge="true"，这将会把 parent Bean 的集合属性合并到 child Bean 中；在进行合并时，因为 child Bean 再次配置了名为 support 的属性，所以该属性将会覆盖 parent Bean 中的配置定义。于是，child Bean 的 adminEmails 属性值如下：

```
administrator=administrator@crazyit.org
sales=sales@crazyit.org
support=master@crazyit.org
```

从 JDK 1.5 开始，Java 可以使用泛型指定集合元素的类型，因此 Spring 可以通过反射来获取集合元素的类型，这样 Spring 的类型转换器就会起作用了。

例如如下 Java 代码：

```java
public class Test
{
    private Map<String, Double> prices;
    public void setPrices(Map<String, Double> prices)
    {
        this.prices = prices;
    }
}
```

上面的 prices 是 Map 集合，且程序使用泛型限制了 Map 的 key 是 String，value 是 Double，Spring 可根据泛型信息把配置文件的集合参数值转换成相应的数据类型。例如如下配置片段：

```xml
<bean id="test" class="lee.Test">
    <property name="prices">
        <map>
            <entry key="疯狂 Android 讲义" value="99.0"/>
            <entry key="疯狂 Java 讲义" value="109.0"/>
        </map>
```

```
        </property>
    </bean>
```

Spring 会自动将每个 entry 中 key 的值转换成 String 类型，并将 value 指定的值转换成 Double
类型。

▶▶ 4.5.9 组合属性

Spring 还支持组合属性的方式。例如，使用配置文件为形如 foo.bar.name 的属性设置参数值。
为 Bean 的组合属性设置参数值时，除了最后一个属性，其他属性都不允许为 null。

例如有如下 Bean 类。

程序清单：codes\04\4.5\composite\src\org\crazyit\app\service\ExampleBean.java

```
public class ExampleBean
{
    // 定义一个 Person 类型的成员变量
    private Person person = new Person();
    // person 的 getter 方法
    public Person getPerson()
    {
        return this.person;
    }
}
```

上面的 ExampleBean 提供了一个 person 成员变量，该成员变量的类型是 Person 类。Person 是
一个 Java 类，Person 类里有一个 String 类型的 name 属性（有 name 实例变量及对应的 getter、setter
方法），因此可以使用组合属性的方式为 ExampleBean 的 person 的 name 指定值。配置文件如下。

程序清单：codes\04\4.5\composite\src\beans.xml

```
<?xml version="1.0" encoding="utf-8"?>
<beans xmlns:xsi="http://www.w3.org/2001/XMLSchema-instance"
    xmlns="http://www.springframework.org/schema/beans"
    xsi:schemaLocation="http://www.springframework.org/schema/beans
    http://www.springframework.org/schema/beans/spring-beans.xsd">
    <bean id="exampleBean" class="org.crazyit.app.service.ExampleBean">
        <!-- 驱动 Spring 调用 exampleBean 的 getPerson().setName()方法，
        以"孙悟空"作为参数 -->
        <property name="person.name" value="孙悟空"/>
    </bean>
</beans>
```

通过使用这种组合属性的方式，Spring 允许直接为 Bean 实例的复合类型的属性指定值。但是
需要注意：使用组合属性指定参数值时，除了最后一个属性，其他属性都不能为 null，否则将引发
NullPointerException 异常。例如，在上面的配置文件中为 person.name 指定参数值，那么 exampleBean
的 getPerson()返回值一定不可以为 null。

对于这种注入组合属性值的形式，每个<property.../>元素依然是让 Spring 执行一次 setter 方法，
但它不再直接调用该 Bean 的 setter 方法，而是先调用 getter 方法，然后再调用 setter 方法。例如上
面的粗体字代码，相当于让 Spring 执行如下代码：

```
exampleBean.getPerson().setName("孙悟空");
```

也就是说，组合属性只有最后一个属性才调用 setter 方法。实际上，前面各属性对应于调用 getter
方法——这也是它们都不能为 null 的缘由。

例如有如下配置片段：

```
<bean id="a" class="org.crazyit.app.service.AClass">
    <property name="foo.bar.x.y" value="xxx"/>
</bean>
```

上面的组合属性注入相当于让 Spring 执行如下代码：

```
a.getFoo().getBar().getX().setY("xxx");
```

▶▶ 4.5.10　Spring 的 Bean 和 JavaBean

Spring 容器对 Bean 没有特殊要求，甚至不要求该 Bean 像标准的 JavaBean——必须为每个属性都提供对应的 getter 和 setter 方法。Spring 中的 Bean 是 Java 实例、Java 组件；而传统 Java 应用中的 JavaBean 通常作为 DTO（数据传输对象），用来封装值对象，在各层之间传递数据。

Spring 中的 Bean 比 JavaBean 的功能要复杂，用法也更丰富。当然，传统的 JavaBean 也可作为 Spring 的 Bean，从而接受 Spring 的管理。下面的示例把数据源也配置成容器中的 Bean，该数据源 Bean 即可用于获取数据库连接。

程序清单：codes\04\4.5\DataSource\src\beans.xml

```xml
<?xml version="1.0" encoding="utf-8"?>
<beans xmlns:xsi="http://www.w3.org/2001/XMLSchema-instance"
    xmlns="http://www.springframework.org/schema/beans"
    xsi:schemaLocation="http://www.springframework.org/schema/beans
    http://www.springframework.org/schema/beans/spring-beans.xsd">
    <!-- 定义数据源 Bean，使用 C3P0 数据源实现 -->
    <bean id="dataSource" class="com.mchange.v2.c3p0.ComboPooledDataSource"
        destroy-method="close">
        <!-- 指定连接数据库的驱动 -->
        <property name="driverClass" value="com.mysql.cj.jdbc.Driver"/>
        <!-- 指定连接数据库的 URL -->
        <property name="jdbcUrl"
        value="jdbc:mysql://localhost:3306/spring?serverTimezone=UTC"/>
        <!-- 指定连接数据库的用户名 -->
        <property name="user" value="root"/>
        <!-- 指定连接数据库的密码 -->
        <property name="password" value="32147"/>
        <!-- 指定连接数据库连接池的最大连接数 -->
        <property name="maxPoolSize" value="200"/>
        <!-- 指定连接数据库连接池的最小连接数 -->
        <property name="minPoolSize" value="2"/>
        <!-- 指定连接数据库连接池的初始连接数 -->
        <property name="initialPoolSize" value="2"/>
        <!-- 指定连接数据库连接池的连接的最大空闲时间 -->
        <property name="maxIdleTime" value="200"/>
    </bean>
</beans>
```

主程序部分由 Spring 容器来获取该 Bean 的实例，在获取实例时使用 Bean 的唯一标识：id 属性，id 属性是 Bean 实例在容器中的访问点。下面是主程序代码。

程序清单：codes\04\4.5\DataSource\src\lee\BeanTest.java

```java
public class BeanTest
{
    public static void main(String[] args)
        throws Exception
    {
        // 实例化 Spring 容器，Spring 容器负责实例化 Bean
        var ctx = new ClassPathXmlApplicationContext("beans.xml");
        // 获取容器中 id 为 dataSource 的 Bean
        var ds = ctx.getBean("dataSource", DataSource.class);
        // 通过 DataSource 来获取数据库连接
        var conn = ds.getConnection();
        // 通过数据库连接获取 PreparedStatement
        var pstmt = conn.prepareStatement(
```

```
            "insert into news_inf values(null, ?, ?)");
        pstmt.setString(1, "李刚的公众号");
        pstmt.setString(2, "大家可关注李刚老师的公众号：fkbooks");
        // 执行 SQL 语句
        pstmt.executeUpdate();
        // 清理资源，回收数据库连接资源
        if (pstmt != null) pstmt.close();
        if (conn != null) conn.close();
    }
}
```

上面程序从 Spring 容器中获得了一个 DataSource 对象，通过该 DataSource 对象就可以获取简单的数据库连接。执行上面程序，将看到 spring 数据库的 news_inf 数据表中多了一条记录。

从该示例可以看出，Spring 的 Bean 远远超出值对象的 JavaBean 范畴，Bean 可以代表应用中的任何组件、任何资源实例。

虽然 Spring 对 Bean 没有特殊要求，但依然建议 Spring 中的 Bean 应满足如下几个原则。

➢ 尽量为每个 Bean 实现类都提供无参数的构造器。

➢ 接受构造注入的 Bean，则应提供对应的带参数的构造函数。

➢ 接受设值注入的 Bean，则应提供对应的 setter 方法，并不要求提供对应的 getter 方法。

传统的 JavaBean 和 Spring 中的 Bean 存在如下区别。

➢ 用处不同：传统的 JavaBean 更多是作为值对象传递参数的；Spring 的 Bean 的用处几乎无所不包，任何应用组件都被称为 Bean。

➢ 写法不同：传统的 JavaBean 作为值对象，要求每个属性都提供 getter 和 setter 方法；但 Spring 的 Bean 只需为接受设值注入的属性提供 setter 方法即可。

➢ 生命周期不同：传统的 JavaBean 作为值对象传递，不接受任何容器管理其生命周期；Spring 的 Bean 由 Spring 管理其生命周期行为。

4.6 Spring 的 Java 配置管理

Spring 还为不喜欢 XML 配置的开发者提供了一种选择：如果不喜欢使用 XML 配置来管理 Bean 以及它们之间的依赖关系，Spring 允许开发者使用 Java 类进行配置管理。

假如有如下 Person 接口的实现类。

程序清单：codes\04\4.6\AppConfig\src\org\crazyit\app\service\impl\Chinese.java

```java
public class Chinese implements Person
{
    private Axe axe;
    private String name;
    // axe 的 setter 方法
    public void setAxe(Axe axe)
    {
        this.axe = axe;
    }
    // name 的 setter 方法
    public void setName(String name)
    {
        this.name = name;
    }
    // 实现 Person 接口的 useAxe() 方法
    public void useAxe()
    {
        // 调用 axe 的 chop() 方法，表明 Person 对象依赖 axe 对象
        System.out.println("我是：" + name
```

```
                + axe.chop());
    }
}
```

上面的 Chinese 类需要注入两个属性：name 和 axe。当然，本示例也为 Axe 提供了两个实现类：StoneAxe 和 SteelAxe。如果采用 XML 配置，相应的配置文件如下。

程序清单：codes\04\4.6\AppConfig\src\beans.xml

```xml
<?xml version="1.0" encoding="utf-8"?>
<beans xmlns:xsi="http://www.w3.org/2001/XMLSchema-instance"
    xmlns="http://www.springframework.org/schema/beans"
    xsi:schemaLocation="http://www.springframework.org/schema/beans
    http://www.springframework.org/schema/beans/spring-beans.xsd">
    <!-- 配置 chinese 实例，其实现类是 Chinese -->
    <bean id="chinese" class="org.crazyit.app.service.impl.Chinese">
        <!-- 驱动 Spring 执行 setAxe()方法，以容器中 id 为 stoneAxe 的 Bean 为参数 -->
        <property name="axe" ref="stoneAxe"/>
        <!-- 驱动 Spring 执行 setName()方法，以字符串"孙悟空"为参数 -->
        <property name="name" value="孙悟空"/>
    </bean>
    <!-- 配置 stoneAxe 实例，其实现类是 StoneAxe -->
    <bean id="stoneAxe" class="org.crazyit.app.service.impl.StoneAxe"/>
    <!-- 配置 steelAxe 实例，其实现类是 SteelAxe -->
    <bean id="steelAxe" class="org.crazyit.app.service.impl.SteelAxe"/>
</beans>
```

如果开发者不喜欢使用 XML 配置，Spring 还允许开发者使用 Java 类进行配置。

上面的 XML 配置可以被替换为如下的 Java 类配置。

程序清单：codes\04\4.6\AppConfig\src\org\crazyit\app\config\AppConfig.java

```java
@Configuration
public class AppConfig
{
    // 相当于定义一个名为 personName 的变量，其值为"孙悟空"
    @Value("孙悟空") String personName;
    // 配置一个 Bean：chinese
    @Bean(name="chinese")
    public Person person()
    {
        var p = new Chinese();
        p.setAxe(stoneAxe());
        p.setName(personName);
        return p;
    }
    // 配置 Bean：stoneAxe
    @Bean(name="stoneAxe")
    public Axe stoneAxe()
    {
        return new StoneAxe();
    }
    // 配置 Bean：steelAxe
    @Bean(name="steelAxe")
    public Axe steelAxe()
    {
        return new SteelAxe();
    }
}
```

上面使用了 Java 配置类的三个常用注解。

➢ @Configuration：用于修饰一个 Java 配置类。

➢ @Bean：用于修饰一个方法，将该方法的返回值定义成容器中的一个 Bean。

> ➤ @Value：用于修饰一个 Field，为该 Field 配置一个值，相当于配置一个变量。

一旦使用了 Java 配置类来管理 Spring 容器中的 Bean 及其依赖关系，此时就需要使用如下方式来创建 Spring 容器：

```
// 创建 Spring 容器
var ctx = new AnnotationConfigApplicationContext(AppConfig.class);
```

上面的 AnnotationConfigApplicationContext 类会根据 Java 配置类来创建 Spring 容器。不仅如此，该类还提供了一个 register(Class)方法用于添加 Java 配置类。

在获得 Spring 容器之后，接下来利用 Spring 容器获取 Bean 实例、调用 Bean 方法就没有任何特别之处了。

在使用 Java 类配置时，还有如下常用的注解。

> ➤ @Import：用于修饰一个 Java 配置类，用于向当前 Java 配置类中导入其他 Java 配置类。
> ➤ @Scope：用于修饰一个方法，指定该方法对应的 Bean 的生命域。
> ➤ @Lazy：用于修饰一个方法，指定该方法对应的 Bean 是否需要延迟初始化。
> ➤ @DependsOn：用于修饰一个方法，指定在初始化该方法对应的 Bean 之前初始化指定的 Bean。

从普通用户的习惯来看，还是使用 XML 配置管理 Bean 及其依赖关系更为方便——毕竟使用 XML 配置文件来管理 Bean 及其依赖关系是为了解耦。而采用 Java 类配置的方式又退回到 Java 代码耦合层次，只是将这种耦合集中到一个或多个 Java 配置类中。这种方式到底有多少价值呢？

实际上，Spring 提供@Configuration 和@Bean 并不是为了完全取代 XML 配置，只是希望将其作为 XML 配置的一种补充。对于 Spring 框架的用户来说，Spring 配置文件的"急剧膨胀"是一个让人头痛的点，因此 Spring 框架从 2.0 开始就不断地寻找对配置文件"减肥"的各种方法。

后面所介绍的各种注解也都是为了简化 Spring 配置文件而出现的，但由于注解引入时间较晚，因此在一些特殊功能的支持上，注解还不如 XML 配置强大。在目前的多数项目中，要么完全使用 XML 配置方式管理 Bean 的配置，要么使用以注解为主、XML 配置为辅的方式管理 Bean 的配置，想要完全放弃 XML 配置还是比较难的。

之所以会出现两者共存的情况，主要归结为三个原因：其一，目前绝大多数采用 Spring 进行开发的项目，几乎都是基于 XML 配置方式的，Spring 在引入注解的同时，必须保证注解能够与 XML 配置和谐共存，这是前提；其二，由于注解引入时间较晚，因此功能也没有发展多年的 XML 配置强大，对于复杂的配置，注解还很难独当一面，在一段时间内仍然需要 XML 配置的配合才能解决问题；其三，Spring 的 Bean 的配置方式与 Spring 核心模块之间是解耦的，因此，改变配置方式对 Spring 的框架自身是透明的。Spring 可以通过使用 Bean 后处理器（BeanPostProcessor）非常方便地增加对注解的支持，这在技术实现上是非常容易的事情。

因此，在实际项目中可能会混合使用 XML 配置和 Java 类配置。在这种混合下存在一个问题：项目到底以 XML 配置为主，还是以 Java 类配置为主呢？

如果以 XML 配置为主，就需要让 XML 配置文件能加载 Java 配置类。这并不难，只要在 XML 配置文件中增加如下代码即可：

```xml
<?xml version="1.0" encoding="utf-8"?>
<beans xmlns="http://www.springframework.org/schema/beans"
    xmlns:xsi="http://www.w3.org/2001/XMLSchema-instance"
    xmlns:context="http://www.springframework.org/schema/context"
    xsi:schemaLocation="http://www.springframework.org/schema/beans
    http://www.springframework.org/schema/beans/spring-beans.xsd
    http://www.springframework.org/schema/context
    http://www.springframework.org/schema/context/spring-context.xsd">
    <context:annotation-config/>
    <!-- 加载 Java 配置类 -->
    <bean class="org.crazyit.app.config.AppConfig"/>
</beans>
```

由于以 XML 配置为主，因此应用创建 Spring 容器时，应以这份 XML 配置文件为参数来创建 ClassPathXmlApplicationContext 对象作为 Spring 容器。那么，Spring 会先加载这份 XML 配置文件，再根据这份 XML 配置文件的指示去加载指定的 Java 配置类。

如果以 Java 类配置为主，就需要让 Java 配置类能加载 XML 配置文件。这就需要借助 @ImportResource 注解，这个注解可修饰 Java 配置类，用于导入指定的 XML 配置文件。也就是在 Java 配置类上增加如下注解：

```
@Configuration
// 导入 XML 配置文件
@ImportResource("classpath:/beans.xml")
public class MyConfig
{
    ......
}
```

由于以 Java 类配置为主，因此应用创建 Spring 容器时，应以 Java 配置类为参数来创建 AnnotationConfigApplicationContext 对象作为 Spring 容器。那么，Spring 会先加载这个 Java 配置类，再根据这个 Java 配置类的指示去加载指定的 XML 配置文件。

4.7　创建 Bean 的三种方式

在大多数情况下，Spring 容器直接通过 new 关键字调用构造器来创建 Bean 实例，而 class 属性指定 Bean 实例的实现类，但这并不是实例化 Bean 的唯一方法。

> **提示：**
>
> 在使用实例工厂方法创建 Bean 实例，以及使用子 Bean 方法创建 Bean 实例时，都可以不指定 class 属性。

Spring 支持使用如下方式来创建 Bean。

➤ 使用构造器创建 Bean。
➤ 使用静态工厂方法创建 Bean。
➤ 使用实例工厂方法创建 Bean。

▶▶ 4.7.1　使用构造器创建 Bean

使用构造器来创建 Bean 实例是最常见的情况，如果不采用构造注入，Spring 底层会调用 Bean 类的无参数构造器来创建实例，因此要求该 Bean 类提供无参数的构造器。在这种情况下，class 属性是必需的（除非采用继承），class 属性的值就是 Bean 实例的实现类。

如果不采用构造注入，Spring 容器将使用默认的构造器来创建 Bean 实例，Spring 对 Bean 实例的所有属性执行默认初始化，即所有基本类型的值被初始化为 0 或 false；所有引用类型的值被初始化为 null。

接下来，BeanFactory 会根据配置文件决定依赖关系，先实例化被依赖的 Bean 实例，然后为 Bean 注入依赖关系，最后将一个完整的 Bean 实例返回给程序。

如果采用构造注入，则要求在配置文件中为<bean.../>元素添加<constructor-arg.../>子元素，每个<constructor-arg.../>子元素配置一个构造器参数。Spring 容器将使用带对应参数的构造器来创建 Bean 实例，Spring 调用构造器传入的参数即可用于初始化 Bean 的实例变量，最后也将一个完整的 Bean 实例返回给程序。

前面已经有大量示例示范了使用构造器创建 Bean 的方式，此处不再赘述。

➤➤ 4.7.2　使用静态工厂方法创建 Bean

使用静态工厂方法创建 Bean 实例时，也必须指定 class 属性，但此时 class 属性并不是指定 Bean 实例的实现类，而是指定静态工厂类，Spring 通过该属性知道由哪个工厂类来创建 Bean 实例。

此外，还需要使用 factory-method 属性指定静态工厂方法，Spring 将调用静态工厂方法（可能包含一组参数）返回一个 Bean 实例，一旦获得了指定的 Bean 实例，Spring 后面的处理步骤与采用普通方法创建 Bean 实例就完全一样。

下面的 Bean 要由 factory-method 指定的静态工厂方法来创建，所以这个<bean.../>元素的 class 属性指定的是静态工厂类，factory-method 指定的工厂方法必须是静态的。

使用静态工厂方法创建 Bean 实例时，<bean.../>元素需要指定如下两个属性。

➤　class：该属性的值为静态工厂类的类名。

➤　factory-method：该属性指定静态工厂方法来生产 Bean 实例。

如果静态工厂方法需要参数，则使用<constructor-arg.../>元素传入。

下面先定义一个 Being 接口，静态工厂方法所生产的产品是该接口的实例。

> **程序清单**：codes\04\4.7\staticFactory\src\org\crazyit\app\service\Being.java

```java
public interface Being
{
    void testBeing();
}
```

下面是接口的两个实现类，静态工厂方法将会产生这两个实现类的实例。

> **程序清单**：codes\04\4.7\staticFactory\src\org\crazyit\app\service\impl\Dog.java

```java
public class Dog implements Being
{
    private String msg;
    // msg 的 setter 方法
    public void setMsg(String msg)
    {
        this.msg = msg;
    }
    // 实现接口必须实现的 testBeing()方法
    @Override
    public void testBeing()
    {
        System.out.println(msg +
            ", 狗爱啃骨头");
    }
}
```

> **程序清单**：codes\04\4.7\staticFactory\src\org\crazyit\app\service\impl\Cat.java

```java
public class Cat implements Being
{
    private String msg;
    // msg 的 setter 方法
    public void setMsg(String msg)
    {
        this.msg = msg;
    }
    // 实现接口必须实现的 testBeing()方法
    @Override
    public void testBeing()
    {
        System.out.println(msg +
```

```
                    "，猫喜欢吃老鼠");
        }
    }
}
```

下面的 BeingFactory 工厂包含了一个 getBeing()静态方法，该静态方法用于返回一个 Being 实例，这就是典型的静态工厂类。

程序清单：codes\04\4.7\staticFactory\src\org\crazyit\app\factory\BeingFactory.java

```java
public class BeingFactory
{
    // 返回 Being 实例的静态工厂方法
    // arg 参数决定返回哪个 Being 类的实例
    public static Being getBeing(String arg)
    {
        // 调用此静态方法的参数为dog，则返回 Dog 实例
        if (arg.equalsIgnoreCase("dog"))
        {
            return new Dog();
        }
        // 否则返回 Cat 实例
        else
        {
            return new Cat();
        }
    }
}
```

上面的 BeingFactory 类是一个静态工厂类，该类的 getBeing()方法是一个静态工厂方法，该方法根据传入的参数决定返回 Cat 对象还是 Dog 对象。

如果需要指定 Spring 让 BeingFactory 来生产 Being 对象，则应该按如下静态工厂方法的方式来配置 Dog、Cat Bean。本应用中的 Spring 配置文件如下。

程序清单：codes\04\4.7\staticFactory\src\beans.xml

```xml
<?xml version="1.0" encoding="utf-8"?>
<beans xmlns:xsi="http://www.w3.org/2001/XMLSchema-instance"
    xmlns="http://www.springframework.org/schema/beans"
    xsi:schemaLocation="http://www.springframework.org/schema/beans
    http://www.springframework.org/schema/beans/spring-beans.xsd">
    <!-- 下面配置驱动 Spring 调用 BeingFactory 的静态 getBeing()方法来创建 Bean，
    该 bean 元素包含的 constructor-arg 元素用于为静态工厂方法指定参数，
    因此这段配置会驱动 Spring 以反射方式来执行如下代码：
    dog = org.crazyit.app.factory.BeingFactory.getBeing("dog"); -->
    <bean id="dog" class="org.crazyit.app.factory.BeingFactory"
        factory-method="getBeing">
        <!-- 配置静态工厂方法的参数 -->
        <constructor-arg value="dog"/>
        <!-- 驱动 Spring 以"我是狗"为参数来执行 dog 的 setMsg()方法 -->
        <property name="msg" value="我是狗"/>
    </bean>
    <!-- 下面配置会驱动 Spring 以反射方式来执行如下代码：
    dog = org.crazyit.app.factory.BeingFactory.getBeing("cat"); -->
    <bean id="cat" class="org.crazyit.app.factory.BeingFactory"
        factory-method="getBeing">
        <!-- 配置静态工厂方法的参数 -->
        <constructor-arg value="cat"/>
        <!-- 驱动 Spring 以"我是猫"为参数来执行 cat 的 setMsg()方法 -->
        <property name="msg" value="我是猫"/>
    </bean>
</beans>
```

从上面的配置文件可以看出，cat 和 dog 两个 Bean 配置的 class 属性和 factory-method 属性完全相同——这是因为这两个实例都是由同一个静态工厂类、同一个静态工厂方法生产得到的。配置这两个 Bean 实例时指定的静态工厂方法的参数值不同，配置工厂方法的参数值使用 <constructor-arg.../>元素，如上面的配置文件所示。

一旦为<bean.../>元素指定了 factory-method 属性，Spring 就不再调用构造器来创建 Bean 实例了，而是调用工厂方法来创建 Bean 实例。如果同时指定了 class 和 factory-method 两个属性，Spring 就会调用静态工厂方法来创建 Bean。上面两段配置驱动 Spring 执行的 Java 代码已在注释中给出。

主程序获取 Spring 容器的 cat 和 dog 两个 Bean 实例的方法依然无须改变，只需要调用 Spring 容器的 getBean()方法即可。主程序如下。

程序清单：codes\04\4.7\staticFactory\src\lee\SpringTest.java

```java
public class SpringTest
{
    public static void main(String[] args)
    {
        // 以类加载路径下的 beans.xml 配置文件创建 Spring 容器
        var ctx = new ClassPathXmlApplicationContext("beans.xml");
        var b1 = ctx.getBean("dog", Being.class);
        b1.testBeing();
        var b2 = ctx.getBean("cat", Being.class);
        b2.testBeing();
    }
}
```

在使用静态工厂方法创建实例时必须提供工厂类，工厂类包含产生实例的静态工厂方法。通过静态工厂方法创建实例时需要对配置文件进行如下改变。

➢ class 属性的值不再是 Bean 实例的实现类，而是生成 Bean 实例的静态工厂类。

➢ 使用 factory-method 属性指定创建 Bean 实例的静态工厂方法。

➢ 如果静态工厂方法需要参数，则使用<constructor-arg.../>元素指定静态工厂方法的参数。

在使用静态工厂方法创建 Bean 实例时，Spring 将先解析配置文件，并根据配置文件指定的信息，通过反射调用静态工厂类的静态工厂方法，将该静态工厂方法的返回值作为 Bean 实例。在这个过程中，Spring 不再负责创建 Bean 实例，Bean 实例是由用户提供的静态工厂类负责创建的。

当使用静态工厂方法创建了 Bean 实例后，Spring 依然可以管理该 Bean 实例的依赖关系，包括为其注入所需的依赖 Bean、管理其生命周期等。

▶▶ 4.7.3　使用实例工厂方法创建 Bean

实例工厂方法与静态工厂方法只有一点不同：调用静态工厂方法只需使用工厂类即可，而调用实例工厂方法则需要工厂实例。所以，配置实例工厂方法与配置静态工厂方法基本相似，只有一点区别：配置静态工厂方法使用 class 指定静态工厂类，而配置实例工厂方法则使用 factory-bean 指定工厂实例。

在使用实例工厂方法时，配置 Bean 实例的<bean.../>元素无须使用 class 属性，因为 Spring 容器不再直接实例化该 Bean，Spring 容器仅仅调用实例工厂的工厂方法，工厂方法负责创建 Bean 实例。

在使用实例工厂方法创建 Bean 的<bean.../>元素时，需要指定如下两个属性。

➢ factory-bean：该属性的值为工厂 Bean 的 id。

➢ factory-method：该属性指定实例工厂的工厂方法。

与静态工厂方法相似，如果需要在调用实例工厂方法时传入参数，则使用<constructor-arg.../>元素指定参数值。

下面先定义一个 Person 接口，实例工厂方法所产生的对象将实现 Person 接口。

程序清单：codes\04\4.7\instanceFactory\src\org\crazyit\app\service\Person.java

```
public interface Person
{
    // 定义一个打招呼的方法
    String sayHello(String name);
    // 定义一个告别的方法
    String sayGoodBye(String name);
}
```

该接口定义了 Person 的规范，该接口必须拥有两个方法：能打招呼、能告别，实现该接口的类必须实现这两个方法。下面是 Person 接口的第一个实现类：American。

程序清单：codes\04\4.7\instanceFactory\src\org\crazyit\app\service\impl\American.java

```
public class American implements Person
{
    // 实现 Person 接口必须实现如下两个方法
    @Override
    public String sayHello(String name)
    {
        return name + ", Hello!";
    }
    @Override
    public String sayGoodBye(String name)
    {
        return name + ", Good Bye!";
    }
}
```

下面是 Person 接口的第二个实现类：Chinese。

程序清单：codes\04\4.7\instanceFactory\src\org\crazyit\app\service\impl\Chinese.java

```
public class Chinese implements Person
{
    // 实现 Person 接口必须实现如下两个方法
    @Override
    public String sayHello(String name)
    {
        return name + ", 您好";
    }
    @Override
    public String sayGoodBye(String name)
    {
        return name + ", 下次再见";
    }
}
```

PersonFactory 是负责生产 Person 对象的实例工厂，该工厂类提供了一个 getPerson()方法，该方法根据传入的 ethnic 参数决定生产哪种 Person 对象。工厂类的代码如下。

程序清单：codes\04\4.7\instanceFactory\src\org\crazyit\app\factory\PersonFactory.java

```
public class PersonFactory
{
    // 获得 Person 实例的实例工厂方法
    // ethnic 参数决定返回哪个 Person 实现类的实例
    public Person getPerson(String ethnic)
    {
        if (ethnic.equalsIgnoreCase("chin"))
        {
            return new Chinese();
        }
        else
```

```
    {
        return new American();
    }
    }
}
```

上面的 PersonFactory 就是一个简单的 Person 工厂，getPerson()方法就是负责生产 Person 的工厂方法。由于 getPerson()方法没有使用 static 修饰，因此这只是一个实例工厂方法。

配置实例工厂创建 Bean 与配置静态工厂创建 Bean 基本相似，只需将原来的静态工厂类改为现在的工厂实例即可。该应用的配置文件如下。

程序清单：codes\04\4.7\instanceFactory\src\beans.xml

```xml
<?xml version="1.0" encoding="utf-8"?>
<beans xmlns:xsi="http://www.w3.org/2001/XMLSchema-instance"
    xmlns="http://www.springframework.org/schema/beans"
    xsi:schemaLocation="http://www.springframework.org/schema/beans
    http://www.springframework.org/schema/beans/spring-beans.xsd">
    <!-- 配置工厂 Bean，该 Bean 负责产生其他 Bean 实例 -->
    <bean id="personFactory" class="org.crazyit.app.factory.PersonFactory"/>
    <!-- 下面配置驱动 Spring 调用 personFactory Bean 的 getPerson()方法来创建 Bean,
    该 bean 元素包含的 constructor-arg 元素用于为工厂方法指定参数，
    因此这段配置会驱动 Spring 以反射方式来执行如下代码:
    PersonFactory pf = container.get("personFactory"); // container 代表 Spring 容器
    chinese = pf.getPerson("chin"); -->
    <bean id="chinese" factory-bean="personFactory"
        factory-method="getPerson">
        <!-- 配置实例工厂方法的参数 -->
        <constructor-arg value="chin"/>
    </bean>
    <!-- 下面配置会驱动 Spring 以反射方式来执行如下代码:
    PersonFactory pf = container.get("personFactory"); // container 代表 Spring 容器
    american = pf.getPerson("ame"); -->
    <bean id="american" factory-bean="personFactory"
        factory-method="getPerson">
        <constructor-arg value="ame"/>
    </bean>
</beans>
```

调用实例工厂方法创建 Bean 与调用静态工厂方法创建 Bean 基本相似。区别如下：

➢ 配置实例工厂方法创建 Bean，必须将实例工厂配置成 Bean 实例；而配置静态工厂方法创建 Bean，则无须配置工厂 Bean。

➢ 配置实例工厂方法创建 Bean，必须使用 factory-bean 属性确定工厂 Bean；而配置静态工厂方法创建 Bean，则使用 class 元素确定静态工厂类。

相同之处如下：

➢ 都需要使用 factory-method 属性指定产生 Bean 实例的工厂方法。

➢ 如果工厂方法需要参数，则都使用<constructor-arg.../>元素指定参数值。

➢ 普通的设值注入，都使用<property.../>元素确定参数值。

4.8　深入理解容器中的 Bean

Spring 框架的绝大部分工作都集中在对容器中 Bean 的管理上，包括管理容器中 Bean 的生命周期、使用 Bean 继承等特殊功能。通过深入的管理，应用程序可以更好地使用这些 Java 组件（对于应用而言，容器中的 Bean 往往是一个组件）。

▶▶ 4.8.1　抽象 Bean 与子 Bean

在实际开发中,可能出现的场景是:随着项目越来越大,Spring 配置文件中出现了多个<bean.../>配置具有大致相同的配置信息,只有少量信息不同,这将导致配置文件中出现很多重复的内容。如果保留这种配置,则可能导致的问题是:

➢ 配置文件臃肿。

➢ 项目后期难以修改、维护。

为了解决上面的问题,可以考虑把多个<bean.../>配置中相同的信息提取出来,集中成配置模板——这个配置模板并不是真正的 Bean,因此 Spring 不应该创建该配置模板,于是需要为该<bean.../>配置增加 abstract="true"——这就是抽象 Bean。

抽象 Bean 不能被实例化,Spring 容器不会创建抽象 Bean 实例。抽象 Bean 的价值在于被继承,抽象 Bean 通常作为父 Bean 被继承。

抽象 Bean 只是配置信息的模板,指定 abstract="true"即可阻止 Spring 实例化该 Bean,因此抽象 Bean 可以不指定 class 属性。

> **注意**
>
> 抽象 Bean 不能被实例化,因此既不能通过 getBean()显式地获得抽象 Bean 实例,也不能将抽象 Bean 注入成其他 Bean 依赖。只要程序企图实例化抽象 Bean,就将导致错误。

将大部分相同信息配置成抽象 Bean 之后,将实际的 Bean 实例配置成该抽象 Bean 的子 Bean 即可。子 Bean 定义可以从父 Bean 继承实现类、构造器参数、属性值等配置信息。除此之外,子 Bean 配置可以增加新的配置信息,并可指定新的配置信息覆盖父 Bean 的定义。

通过为一个<bean.../>元素指定 parent 属性,即可指定该 Bean 是一个子 Bean,parent 属性指定该 Bean 所继承的父 Bean 的 id。

> **注意**
>
> 当子 Bean 所指定的配置信息与父 Bean 模板所指定的配置信息不一致时,子 Bean 所指定的配置信息将会覆盖父 Bean 模板所指定的配置信息。

子 Bean 无法从父 Bean 继承如下属性:depends-on、autowire、singleton、scope、lazy-init,这些属性将总是从子 Bean 定义中获得,或者采用默认值。

修改上面的配置文件,增加子 Bean 定义。修改后的配置文件如下。

程序清单:codes\04\4.8\abstract\src\beans.xml

```xml
<?xml version="1.0" encoding="utf-8"?>
<beans xmlns:xsi="http://www.w3.org/2001/XMLSchema-instance"
    xmlns="http://www.springframework.org/schema/beans"
    xsi:schemaLocation="http://www.springframework.org/schema/beans
    http://www.springframework.org/schema/beans/spring-beans.xsd">
    <!-- 定义 Axe 实例 -->
    <bean id="steelAxe" class="org.crazyit.app.service.impl.SteelAxe"/>
    <!-- 指定 abstract="true"定义抽象 Bean -->
    <bean id="personTemplate" abstract="true">
        <property name="name" value="crazyit"/>
        <property name="axe" ref="steelAxe"/>
    </bean>
    <!-- 通过指定 parent 属性指定下面的 Bean 配置可从父 Bean 继承得到配置信息 -->
    <bean id="chinese" class="org.crazyit.app.service.impl.Chinese"
        parent="personTemplate"/>
```

```
    <bean id="american" class="org.crazyit.app.service.impl.American"
        parent="personTemplate"/>
</beans>
```

在配置文件中 chinese 和 american Bean 都指定了 parent="personTemplate"，表明这两个 Bean 都可从父 Bean 继承得到配置信息——虽然这两个 Bean 都没有直接指定子元素，但它们会从 peronTemplate 模板继承得到两个子元素。也就是说，上面的配置信息实际上相当于如下配置：

```
<bean id="chinese" class="org.crazyit.app.service.impl.Chinese">
    <property name="name" value="crazyit"/>
    <property name="axe" ref="steelAxe"/>
</bean>
<bean id="american" class="org.crazyit.app.service.impl.American">
    <property name="name" value="crazyit"/>
    <property name="axe" ref="steelAxe"/>
</bean>
```

不使用抽象 Bean 的配置方式不仅会导致配置文件臃肿，而且不利于项目后期的修改、维护，如果有一天项目需要改变 chinese、american 的 name 或所依赖的 Axe 对象，程序需要逐个修改每个 Bean 的配置信息。如果使用了抽象 Bean，则只需要修改 Bean 模板的配置即可，所有继承该 Bean 模板的子 Bean 的配置信息都会随之改变。

如果父 Bean（抽象 Bean）指定了 class 属性，那么子 Bean 连 class 属性都可省略，子 Bean 将采用与父 Bean 相同的实现类。除此之外，子 Bean 也可覆盖父 Bean 的配置信息：当子 Bean 拥有和父 Bean 相同的配置信息时，子 Bean 的配置信息取胜。

▶▶ 4.8.2　Bean 继承与 Java 继承的区别

Spring 中的 Bean 继承与 Java 中的继承截然不同。前者是实例与实例之间参数值的延续，后者则是一般到特殊的细化；前者是指对象与对象之间的关系，后者则是指类与类之间的关系。Spring 中的 Bean 继承和 Java 中的继承有如下区别。

- ➤ Spring 中的子 Bean 和父 Bean 可以是不同类型，但 Java 中的继承则可保证子类是一种特殊的父类。
- ➤ Spring 中的 Bean 继承是指实例之间的关系，因此主要表现为参数值的延续；而 Java 中的继承是指类之间的关系，主要表现为方法、属性的延续。
- ➤ Spring 中的子 Bean 不可作为父 Bean 使用，不具备多态性；Java 中的子类实例完全可被当成父类实例使用。

▶▶ 4.8.3　容器中的工厂 Bean

此处的工厂 Bean，与前面介绍的使用实例工厂方法创建 Bean，或者使用静态工厂方法创建 Bean 的工厂有所区别：前面那些工厂是标准的工厂模式，Spring 只是负责调用工厂方法来创建 Bean 实例；此处的工厂 Bean 是 Spring 的一种特殊 Bean，这种工厂 Bean 必须实现 FactoryBean 接口。

FactoryBean 接口是工厂 Bean 的标准接口，把工厂 Bean（实现 FactoryBean 接口的 Bean）部署在容器中之后，当程序通过 getBean()方法来获取它时，容器返回的不是 FactoryBean 实现类的实例，而是 FactoryBean 的产品（即该工厂 Bean 的 getObject()方法的返回值）。

FactoryBean 接口提供了如下三个方法。

- ➤ T getObject()：实现该方法负责返回该工厂 Bean 生成的 Java 实例。
- ➤ Class<?> getObjectType()：实现该方法返回该工厂 Bean 生成的 Java 实例的实现类。
- ➤ boolean isSingleton()：实现该方法用于标识该工厂 Bean 生成的 Java 实例是否为单例模式。

配置 FactoryBean 与配置普通 Bean 的定义没有区别，但是当程序向 Spring 容器请求获取该 Bean 时，容器返回该 FactoryBean 的产品，而不是该 FactoryBean 本身。

从上面的介绍不难看出，实现 FactoryBean 接口的最大作用在于：Spring 容器并不是简单地返回该 Bean 的实例，而是返回该 Bean 实例的 getObject()方法的返回值，getObject()方法由开发者负责实现，这样开发者希望 Spring 返回什么，只要按需求重写 getObject()方法即可。

下面的示例打算开发一个简单的工厂 Bean，该工厂 Bean 可用于获取指定类的、指定类变量的值，程序把获取指定类的、指定类变量的值的实现逻辑放在 getObject()方法中即可。

下面定义了一个标准的工厂 Bean，该工厂 Bean 可用于获取任意类的静态 Field 值，该工厂 Bean 实现了 FactoryBean 接口。

程序清单：codes\04\4.8\GetFieldFactoryBean\src\org\crazyit\app\factory\PersonFactory.java

```java
public class GetFieldFactoryBean implements FactoryBean<Object>
{
    private String targetClass;
    private String targetField;
    // targetClass 的 setter 方法
    public void setTargetClass(String targetClass)
    {
        this.targetClass = targetClass;
    }
    // targetField 的 setter 方法
    public void setTargetField(String targetField)
    {
        this.targetField = targetField;
    }
    // 返回工厂 Bean 所生产的产品
    public Object getObject() throws Exception
    {
        var clazz = Class.forName(targetClass);
        var field = clazz.getField(targetField);
        return field.get(null);
    }
    // 获取工厂 Bean 所生产的产品的类型
    public Class<? extends Object> getObjectType()
    {
        return Object.class;
    }
    // 返回该工厂 Bean 所生产的产品是否为单例
    public boolean isSingleton()
    {
        return false;
    }
}
```

上面的 GetFieldFactoryBean 是一个标准的工厂 Bean，该工厂 Bean 的关键代码就在于粗体字代码所实现的 getObject()方法，该方法的执行体使用反射先获取 targetClass 对应的 Class 对象，再获取 targetField 对应的类变量的值。GetFieldFactoryBean 的 targetClass、targetField 都提供了 setter 方法，因此可接受 Spring 的设值注入，这样即可让 GetFieldFactoryBean 获取指定类的、指定静态 Field 的值。

由于程序不需要让 GetFieldFactoryBean 的 getObject()方法产生的值是单例的，因此该工厂类的 isSingleton()方法返回 false。

在下面的配置文中将使用 GetFieldFactoryBean 来获取指定类的、指定静态 Field 的值。

程序清单：codes\04\4.8\GetFieldFactoryBean\src\beans.xml

```xml
<?xml version="1.0" encoding="utf-8"?>
<beans xmlns:xsi="http://www.w3.org/2001/XMLSchema-instance"
    xmlns="http://www.springframework.org/schema/beans"
    xsi:schemaLocation="http://www.springframework.org/schema/beans
    http://www.springframework.org/schema/beans/spring-beans.xsd">
```

```
<!-- 下面的配置相当于如下代码：
FactoryBean factory = new org.crazyit.app.factory.GetFieldFactoryBean();
factory.setTargetClass("java.awt.BorderLayout");
factory.setTargetField("NORTH");
north = factory.getObject(); -->
<bean id="north" class="org.crazyit.app.factory.GetFieldFactoryBean">
    <property name="targetClass" value="java.awt.BorderLayout"/>
    <property name="targetField" value="NORTH"/>
</bean>
<!-- 下面的配置相当于如下代码：
FactoryBean factory = new org.crazyit.app.factory.GetFieldFactoryBean();
factory.setTargetClass("java.sql.ResultSet");
factory.setTargetField("TYPE_SCROLL_SENSITIVE");
theValue = factory.getObject(); -->
<bean id="theValue" class="org.crazyit.app.factory.GetFieldFactoryBean">
    <property name="targetClass" value="java.sql.ResultSet"/>
    <property name="targetField" value="TYPE_SCROLL_SENSITIVE"/>
</bean>
</beans>
```

从上面的程序可以看出，部署工厂 Bean 与部署普通 Bean 其实没有任何区别，同样只需为该 Bean 配置 id、class 两个属性即可，但 Spring 对 FactoryBean 接口的实现类的处理有所不同。

Spring 容器会自动检测容器中的所有 Bean，如果发现某个 Bean 实现类实现了 FactoryBean 接口，Spring 容器就会在实例化该 Bean、根据<property.../>执行 setter 方法之后，额外调用该 Bean 的 getObject()方法，并将该方法的返回值作为容器中的 Bean，正如上面配置文件中粗体字注释代码所标出的。

下面程序示范了获取容器中的 FactoryBean 的产品。

程序清单：codes\04\4.8\GetFieldFactoryBean \src\lee\SpringTest.java

```
public class SpringTest
{
    public static void main(String[] args) throws Exception
    {
        var ctx = new ClassPathXmlApplicationContext("beans.xml");
        // 下面的两行代码获取 FactoryBean 的产品
        System.out.println(ctx.getBean("north"));
        System.out.println(ctx.getBean("theValue"));
        // 下面的代码可获取 FactoryBean 本身
        System.out.println(ctx.getBean("&theValue"));
    }
}
```

上面程序中的前两行粗体字代码直接请求容器中的 FactoryBean，Spring 将不会返回该 FactoryBean 本身，而是返回该 FactoryBean 的产品；程序中的第三行粗体字代码在 Bean id 前增加了 "&" 符号，这将会让 Spring 返回 FactoryBean 本身。

编译、运行该程序，可以看到如下输出：

```
North
1005
org.crazyit.app.factory.GetFieldFactoryBean@490ab905
```

从上面的三行输出可以看出，使用该 GetFieldFactoryBean 即可让程序自由获取任意类的、任意静态 Field 的值。实际上，Spring 框架本身提供了一个 FieldRetrievingFactoryBean，这个 FactoryBean 与此处实现的 GetFieldFactoryBean 具有的功能基本相同，4.10 节会详细介绍 FieldRetrievingFactoryBean 的功能和用法。

当程序需要获得 FactoryBean 本身时，并不直接请求 Bean id，而是在 Bean id 前增加 "&" 符号，容器则返回 FactoryBean 本身，而不是其产品 Bean。

实际上，FactoryBean 是 Spring 中非常有用的一个接口，Spring 内置提供了很多实用的工厂

Bean，例如 TransactionProxyFactoryBean 等，这个工厂 Bean 专门用于为目标 Bean 创建事务代理。

> **提示：** ----- - --- - --- - --- - --- -
>
> 　　　Spring 提供的工厂 Bean，大多以 FactoryBean 后缀结尾，并且大多用于生产一批具有某种特征的 Bean 实例，工厂 Bean 是 Spring 的一个重要工具类。

▶▶ 4.8.4　获得 Bean 本身的 id

对于实际的 Java 应用而言，Bean 与 Bean 之间的关系是通过依赖注入管理的，通常不会通过调用容器的 getBean() 方法来获取 Bean 实例。可能的情况是，应用中已经获得了 Bean 实例的引用，但程序无法知道配置该 Bean 时指定的 id，可是程序又确实需要获取配置该 Bean 时指定的 id 属性。

此外，当程序员在开发一个 Bean 类时，该 Bean 何时被部署到 Spring 容器中，以及部署到 Spring 容器时所指定的 id 是什么，开发该 Bean 类的程序员无法提前预知。

在某些极端的情况下，业务要求程序员在开发 Bean 类时能预先知道该 Bean 的配置 id，此时就可借助 Spring 提供的 BeanNameAware 接口，通过该接口即可提前预知该 Bean 的配置 id。

BeanNameAware 接口提供了一个方法：setBeanName(String name)，该方法的 name 参数就是 Bean 的 id，实现该方法的 Bean 类就可通过该方法来获得部署该 Bean 的 id 了。

BeanNameAware 接口中的 setBeanName(String name) 方法与前面介绍的 BeanFactoryAware、ApplicationContextAware 两个接口中的 setter 方法一样，这个 setter 方法不是由程序员来调用的，该方法由 Spring 容器负责调用——当 Spring 容器调用这个 setter 方法时，会把部署该 Bean 的 id 属性作为参数传入。

与 BeanFactoryAware、ApplicationContextAware 接口类似，BeanNameAware 也是一个接口注入的接口：如果容器中某个 Bean 实现了 BeanNameAware 接口，Spring 容器就会自动调用该 Bean 的 setBeanName() 方法为它注入 Bean 的配置 id。

下面定义了一个 Bean，该 Bean 实现了 BeanNameAware 接口。

程序清单：codes\04\4.8\BeanNameAware\src\org\crazyit\app\service\Chinese.java

```java
public class Chinese implements BeanNameAware
{
    // 保存部署该 Bean 时指定的 id 属性
    private String beanName;
    // Spring 容器会在创建该 Bean 之后，自动调用它的 setBeanName() 方法
    // 在调用该方法时，会将该 Bean 的配置 id 作为参数传给该方法
    public void setBeanName(String name)
    {
        this.beanName = name;
    }
    public void info()
    {
        System.out.println("Chinese 实现类"
            + ", 部署该 Bean 时指定的 id 为" + beanName);
    }
}
```

上面的 Chinese 类实现了 BeanNameAware 接口，并实现了该接口提供的 setBeanName() 方法。

Spring 容器会检测容器中的所有 Bean，如果发现某个 Bean 实现了 BeanNameAware 接口，Spring 容器就会在创建该 Bean 之后，自动调用该 Bean 的 setBeanName() 方法，在调用该方法时，会将该 Bean 的配置 id 作为参数传给该方法——该方法的实现部分将 Spring 传入的参数（Bean 的配置 id）赋给该 Chinese 对象的 beanName 实例变量，因此，接下来即可通过该 beanName 实例变量来访问容器本身。

将该 Bean 部署在容器中，该 Bean 的部署与普通 Bean 的部署没有任何区别。在主程序中通过

如下代码测试。

程序清单：codes\04\4.8\BeanNameAware\src\lee\SpringTest.java

```java
public class SpringTest
{
    public static void main(String[] args)
    {
        // 创建 Spring 容器，容器会自动预初始化所有的 singleton Bean 实例
        var ctx = new ClassPathXmlApplicationContext("beans.xml");
        var chin = ctx.getBean("chinese", Chinese.class);
        chin.info();
    }
}
```

从代码的执行结果可以看到，Spring 容器初始化 Chinese Bean 时回调 setBeanName()方法，在回调该方法时，该 Bean 的配置 id 将会作为参数传给 beanName 实例变量，这样该 Bean 的其他方法即可通过 beanName 实例变量来访问该 Bean 的配置 id。

> **提示：**
> 在 Bean 类中需要获得 Bean 的配置 id 的情形并不是特别常见的，但如果有这种需要，即可考虑让 Bean 类实现 BeanNameAware 接口。

▶▶ 4.8.5　强制初始化 Bean

在大多数情况下，Bean 之间的依赖非常直接，Spring 容器在返回 Bean 实例之前，先要完成 Bean 依赖关系的注入。假如 Bean A 依赖 Bean B，程序在请求 Bean A 时，Spring 容器会自动先初始化 Bean B，再将 Bean B 注入 Bean A 中，最后将具备完整依赖的 Bean A 返回给程序。

在极端的情况下，Bean 之间的依赖不够直接。比如，在某个类的初始化块中使用其他 Bean，Spring 总是先初始化主调 Bean，当执行初始化块时，被依赖的 Bean 可能还没实例化，此时将引发异常。

为了显式指定被依赖的 Bean 在目标 Bean 之前初始化，可以使用 depends-on 属性，该属性可以在初始化主调 Bean 之前，强制初始化一个或多个 Bean。配置片段如下：

```xml
<!-- 配置 beanOne，使用 depends-on 强制在初始化 beanOne 之前初始化 manager Bean -->
<bean id="beanOne" class="lee.ExampleBean" depends-on="manager"/>
<bean id="manager" class="org.crazyit.app.service.impl.ManagerBean"/>
```

📂 4.9　容器中 Bean 的生命周期

Spring 可以管理 singleton 作用域的 Bean 的生命周期——Spring 可以精确地知道该 Bean 何时被创建、何时被初始化完成、容器何时准备销毁该 Bean 实例。

对于 prototype 作用域的 Bean，Spring 容器仅仅负责创建，当容器创建了 Bean 实例之后，将 Bean 实例完全交给客户端代码管理，容器不再跟踪其生命周期。每次客户端请求 prototype 作用域的 Bean 时，Spring 都会产生一个新的实例，Spring 容器无从知道它曾经创建了多少个 prototype 作用域的 Bean，也无从知道这些 prototype 作用域的 Bean 什么时候才会被销毁。因此，Spring 无法管理 prototype 作用域的 Bean。

对于 singleton 作用域的 Bean，每次客户端请求时都返回同一个共享实例，客户端代码不能控制 Bean 的销毁，Spring 容器负责跟踪 Bean 实例的产生、销毁。Spring 容器可以在创建 Bean 之后，申请某些通用资源；还可以在销毁 Bean 实例之前，先回收某些资源，比如数据库连接。

对于 singleton 作用域的 Bean，Spring 容器知道 Bean 何时实例化结束、何时销毁，Spring 可以管理实例化结束之后和销毁之前的行为。管理 Bean 的生命周期行为主要有如下两个时机。

> ➤ 注入依赖关系之后。
> ➤ 即将销毁 Bean 之前。

▶▶ 4.9.1　依赖关系注入之后的行为

Spring 提供了两种方式在 Bean 全部属性设置成功后执行特定行为。

> ➤ 使用 init-method 属性。
> ➤ 实现 InitializingBean 接口。

第一种方式：使用 init-method 属性指定某个方法应在 Bean 全部依赖关系设置结束后自动执行。使用这种方式不需要将代码与 Spring 的接口耦合在一起，代码污染小。

第二种方式：也可达到同样的效果，就是让 Bean 类实现 InitializingBean 接口，该接口提供了一个方法——void afterPropertiesSet() throws Exception;。

Spring 容器会在为该 Bean 注入依赖关系之后，调用该 Bean 所实现的 afterPropertiesSet() 方法。

下面示例中的 Bean 类既实现了 InitializingBean 接口，也包含了一个普通的初始化方法——在配置文件中将该方法配置成初始化方法。

下面是该 Bean 实现类的代码。

程序清单：codes\04\4.9\lifecycle-init\src\org\crazyit\app\service\impl\Chinese.java

```java
public class Chinese implements Person, InitializingBean,
    BeanNameAware, ApplicationContextAware
{
    private Axe axe;
    public void setBeanName(String beanName)
    {
        System.out.println("===setBeanName===");
    }
    public void setApplicationContext(ApplicationContext ctx)
    {
        System.out.println("===setApplicationContext===");
    }
    public Chinese()
    {
        System.out.println("Spring 实例化主调 bean：Chinese 实例...");
    }
    // axe 的 setter 方法
    public void setAxe(Axe axe)
    {
        System.out.println("Spring 调用 setAxe() 执行依赖注入...");
        this.axe = axe;
    }
    public void useAxe()
    {
        System.out.println(axe.chop());
    }
    // 测试用的初始化方法
    public void init()
    {
        System.out.println("正在执行初始化方法 init...");
    }
    // 实现 InitializingBean 接口必须实现的方法
    public void afterPropertiesSet() throws Exception
    {
        System.out.println("正在执行初始化方法 afterPropertiesSet...");
    }
}
```

上面程序中的粗体字代码定义了一个普通的 init() 方法。实际上，这个方法的方法名是任意的，并不一定是 init()，Spring 也不会对这个 init() 方法进行任何特别的处理，只是在配置文件中使用

init-method 属性指定该方法是一个"生命周期方法"。

增加 init-method="init"来指定 init()方法应在 Bean 的全部属性设置结束后自动执行，如果 Bean 类不实现 InitializingBean 接口，比如上面的 Chinese 类没有实现任何 Spring 的接口，只是增加一个普通的 init()方法，它依然是一个普通的 Java 文件，没有代码污染。

上面程序中粗体字代码的 afterPropertiesSet()方法是一个特殊的方法，Bean 类实现 InitializingBean 接口必须实现该方法。

此外，该实现类还实现了 Spring 提供的 BeanNameAware、ApplicationContextAware 接口，并实现了这两个接口中定义的 setBeanName()、setApplicationContext()方法，这样即可观察到 Spring 容器在创建 Bean 实例、调用 setter 方法执行依赖注入、执行完 setBeanName()和 setApplicationContext()方法之后，自动执行 Bean 的初始化行为（包括 init-method 指定的方法和 afterPropertiesSet()方法）。

下面的配置文件指定 org.crazyit.app.service.impl.Chinese 的 init()方法是一个"生命周期方法"。

程序清单：codes\04\4.9\lifecycle-init\src\beans.xml

```xml
<?xml version="1.0" encoding="utf-8"?>
<beans xmlns:xsi="http://www.w3.org/2001/XMLSchema-instance"
    xmlns="http://www.springframework.org/schema/beans"
    xsi:schemaLocation="http://www.springframework.org/schema/beans
    http://www.springframework.org/schema/beans/spring-beans.xsd">
    <bean id="steelAxe" class="org.crazyit.app.service.impl.SteelAxe"/>
    <!-- 配置 chinese Bean，使用 init-method="init"
        指定该 Bean 的所有属性设置完成后，自动执行 init 方法 -->
    <bean id="chinese" class="org.crazyit.app.service.impl.Chinese"
        init-method="init">
        <property name="axe" ref="steelAxe"/>
    </bean>
</beans>
```

运行该示例，可以看到如下输出：

```
Spring 实例化依赖 bean：SteelAxe 实例...
Spring 实例化主调 bean：Chinese 实例...
Spring 调用 setAxe()执行依赖注入...
===setBeanName===
===setApplicationContext===
正在执行初始化方法 afterPropertiesSet...
正在执行初始化方法 init...
钢斧砍柴真快
```

通过上面的执行结果可以看出，当 Spring 将 steelAxe 注入 chinese Bean（即完成依赖注入）之后，以及调用了 setBeanName()、setApplicationContext()方法之后，Spring 先调用该 Bean 的 afterPropertiesSet()方法进行初始化，再调用 init-method 属性所指定的方法进行初始化。

对于实现 InitializingBean 接口的 Bean，无须使用 init-method 属性来指定初始化方法，配置该 Bean 实例与配置普通 Bean 实例完全一样，Spring 容器会自动检测 Bean 实例是否实现了特定生命周期接口，并由此决定是否需要执行生命周期方法。

如果某个 Bean 类实现了 InitializingBean 接口，当该 Bean 的所有依赖关系设置完成后，Spring 容器会自动调用该 Bean 实例的 afterPropertiesSet()方法。其执行结果与使用 init-method 属性指定生命周期方法几乎一样。但实现 InitializingBean 接口污染了代码，是侵入式设计，因此不推荐采用。

 **注意**

> 如果既使用 init-method 属性指定初始化方法，又实现 InitializingBean 接口来指定初始化方法，Spring 容器会执行两个初始化方法：先执行 InitializingBean 接口中定义的方法，再执行 init-method 属性指定的方法。

▶▶ 4.9.2　Bean 销毁之前的行为

与定制初始化行为相似，Spring 也提供了两种方式定制 Bean 实例销毁之前的特定行为，这两种方式如下。

➢ 使用 destroy-method 属性。

➢ 实现 DisposableBean 接口。

第一种方式：使用 destroy-method 属性指定某个方法在 Bean 销毁之前被自动执行。使用这种方式，不需要将代码与 Spring 的接口耦合在一起，代码污染小。

第二种方式：也可达到同样的效果，就是让 Chinese 类实现 DisposableBean 接口，该接口内提供一个方法——void destroy() throws Exception;。

实现该接口必须实现该方法，该方法就是 Bean 实例销毁之前应该执行的方法。

下面的示例程序让 Bean 类既包含一个普通方法，在配置时将该方法指定为生命周期方法；也让该 Bean 类实现 DisposableBean 接口，因此也包含一个 destroy()生命周期方法。该 Bean 类的代码如下。

程序清单：codes\04\4.9\lifecycle-destroy\src\org\crazyit\app\service\impl\Chinese.java

```
public class Chinese implements Person, DisposableBean
{
    private Axe axe;
    public Chinese()
    {
        System.out.println("Spring 实例化主调 bean：Chinese 实例...");
    }
    public void setAxe(Axe axe)
    {
        System.out.println("Spring 执行依赖关系注入...");
        this.axe = axe;
    }
    public void useAxe()
    {
        System.out.println(axe.chop());
    }
    public void close()
    {
        System.out.println("正在执行销毁之前的方法 close...");
    }
    public void destroy() throws Exception
    {
        System.out.println("正在执行销毁之前的方法 destroy...");
    }
}
```

上面程序中的粗体字代码定义了一个普通的 close()方法。实际上，这个方法的方法名是任意的，并不一定是 close()，Spring 也不会对这个 close()方法进行任何特别的处理，只是在配置文件中使用 destroy-method 属性指定该方法是一个"生命周期方法"。

增加 destroy-method="close"来指定 close()方法应在 Bean 实例销毁之前自动执行，如果 Bean 类不实现 DisposableBean 接口，比如上面的 Chinese 类没有实现任何 Spring 的接口，只是增加一个普通的 close()方法，它依然是一个普通的 Java 文件，没有代码污染。

上面程序中粗体字代码的 destroy()方法是一个特殊的方法，Bean 类实现 DisposableBean 接口必须实现该方法。

在配置文件中增加 destroy-method="close"，指定 close()方法应该在 Bean 实例销毁之前自动被调用。配置文件如下。

程序清单：codes\04\4.9\lifecycle-destroy\src\beans.xml

```xml
<?xml version="1.0" encoding="utf-8"?>
<beans xmlns:xsi="http://www.w3.org/2001/XMLSchema-instance"
    xmlns="http://www.springframework.org/schema/beans"
    xsi:schemaLocation="http://www.springframework.org/schema/beans
    http://www.springframework.org/schema/beans/spring-beans.xsd">
    <bean id="steelAxe" class="org.crazyit.app.service.impl.SteelAxe"/>
    <!-- 配置 chinese Bean, 使用 destroy-method="close"
        指定该 Bean 实例被销毁之前, Spring 会自动执行指定该 Bean 的 close 方法 -->
    <bean id="chinese" class="org.crazyit.app.service.impl.Chinese"
        destroy-method="close">
        <property name="axe" ref="steelAxe"/>
    </bean>
</beans>
```

配置该 Bean 与配置普通 Bean 没有任何区别，Spring 可以自动检测容器中的 DisposableBean，在 Bean 实例销毁之前，Spring 容器会自动调用该 Bean 实例的 destroy()方法。

通常 singleton 作用域的 Bean 会随容器的关闭而销毁，但问题是：ApplicationContext 容器在什么时候关闭呢？在基于 Web 的 ApplicationContext 实现中，系统已经提供了相应的代码保证在关闭 Web 应用时恰当地关闭 Spring 容器。

当处于非 Web 应用的环境中时，为了让 Spring 容器优雅地关闭，并调用 singleton Bean 上的相应的析构回调方法，需要在 JVM 里注册一个关闭钩子（shutdown hook），这样就可保证 Spring 容器被恰当地关闭，且自动执行 singleton Bean 实例的析构回调方法。

为了注册关闭钩子，只需要调用在 AbstractApplicationContext 中提供的 registerShutdownHook()方法即可。看如下主程序。

程序清单：codes\04\4.9\lifecycle-destroy\src\lee\BeanTest.java

```java
public class BeanTest
{
    public static void main(String[] args)
    {
        // 以 CLASSPATH 路径下的配置文件创建 ApplicationContext
        var ctx = new ClassPathXmlApplicationContext("beans.xml");
        // 获取容器中的 Bean 实例
        var p = ctx.getBean("chinese", Person.class);
        p.useAxe();
        // 为 Spring 容器注册关闭钩子
        ctx.registerShutdownHook();
    }
}
```

上面程序中的最后一行粗体字代码为 Spring 容器注册了一个关闭钩子，程序将会在退出 JVM 之前优雅地关闭 Spring 容器，并保证在关闭 Spring 容器之前调用 singleton Bean 实例的析构回调方法。

运行上面的程序，将可以看到程序退出执行输出如下两行：

```
正在执行销毁之前的方法 destroy...
正在执行销毁之前的方法 close...
```

通过上面的运行结果可以看出，在 Spring 容器关闭之前、注入之后，程序先调用 destroy()方法回收资源，再调用 close()方法回收资源。

如果某个 Bean 类实现了 DisposableBean 接口，在 Bean 实例销毁之前，Spring 容器会自动调用该 Bean 实例的 destroy()方法。其执行结果与使用 destroy-method 属性指定生命周期方法几乎一样。但实现 DisposableBean 接口污染了代码，是侵入式设计，因此不推荐采用。

对于实现 DisposableBean 接口的 Bean，无须使用 destroy-method 属性来指定销毁之前的方法。

配置该 Bean 实例与配置普通 Bean 实例完全一样，Spring 容器会自动检测 Bean 实例是否实现了特定的生命周期接口，并由此决定是否需要执行生命周期方法。

提示：
　　如果既使用 destroy-method 属性来指定销毁之前的方法，又实现 DisposableBean 接口来指定销毁之前的方法，Spring 容器会执行两个方法：先执行 DisposableBean 接口中定义的方法，再执行 destroy-method 属性指定的方法。

此外，如果容器中的很多 Bean 都需要指定特定的生命周期行为，则可以利用\<beans.../\>元素的 default-init-method 属性和 default-destroy-method 属性，这两个属性的作用类似于\<bean.../\>元素的 init-method 属性和 destroy-method 属性的作用，区别是 default-init-method 属性和 default-destroy-method 属性是属于\<beans.../\>元素的，它们将使容器中的所有 Bean 生效。

例如，采用如下配置片段：

```
<beans default-init-method="init">
    ...
</beans>
```

上面配置片段中的粗体字代码指定了 default-init-method="init"，这意味着只要 Spring 容器中的 Bean 实例具有 init()方法，Spring 就会在该 Bean 的所有依赖关系被设置之后，自动调用该 Bean 实例的 init()方法。

图 4.12 显示了 Spring 容器中 Bean 实例的完整的生命周期行为。

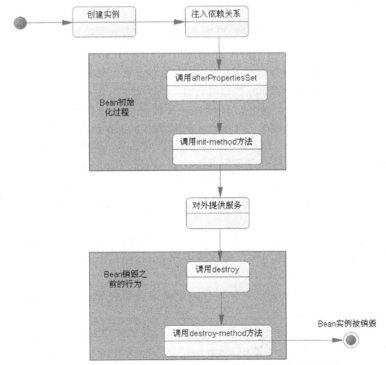

图 4.12　Spring 容器中 Bean 实例的完整的生命周期行为

▶▶ 4.9.3　协调作用域不同步的 Bean

当两个 singleton 作用域的 Bean 存在依赖关系时，或者当 prototype 作用域的 Bean 依赖 singleton 作用域的 Bean 时，使用 Spring 提供的依赖注入进行管理即可。

singleton 作用域的 Bean 只有一次初始化的机会，它的依赖关系也只在初始化阶段设置。当

singleton 作用域的 Bean 依赖 prototype 作用域的 Bean 时，Spring 容器会在初始化 singleton 作用域的 Bean 之前，先创建被依赖的 prototype Bean，再初始化 singleton Bean，并将 prototype Bean 注入 singleton Bean 中。这将会导致以后无论何时通过 singleton Bean 访问 prototype Bean，得到的永远都是最初的那个 prototype Bean——这就相当于 singleton Bean 把它所依赖的 prototype Bean 变成了 singleton 行为。

假如有如图 4.13 所示的依赖关系。

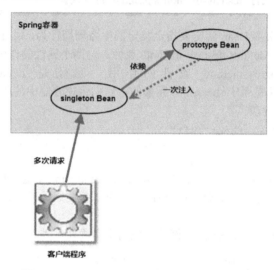

图 4.13　singleton Bean 依赖 prototype Bean

对于图 4.13 所示的依赖关系，当 Spring 容器初始化时，容器会预初始化容器中所有的 singleton Bean。由于 singleton Bean 依赖 prototype Bean，因此 Spring 在初始化 singleton Bean 之前，会先创建 prototype Bean，再创建 singleton Bean，然后将 prototype Bean 注入 singleton Bean 中。一旦 singleton Bean 初始化完成，它就持有了一个 prototype Bean，容器再也不会为 singleton Bean 执行注入了。

由于 singleton Bean 具有单例行为，当客户端多次请求 singleton Bean 时，Spring 返回给客户端的将是同一个 singleton Bean 实例，这不存在任何问题。问题是：如果客户端通过该 singleton Bean 调用 prototype Bean 的方法——始终都是调用同一个 prototype Bean 实例，这就违背了设置 prototype Bean 的初衷——本来希望它具有 prototype 行为，但实际上它却表现出 singleton 行为。

于是，问题产生了：当 singleton 作用域的 Bean 依赖 prototype 作用域的 Bean 时，会产生不同步的现象。解决该问题有如下两种思路。

➢ 放弃依赖注入：singleton 作用域的 Bean 每次需要 prototype 作用域的 Bean 时，主动向容器请求新的 Bean 实例，即可保证每次注入的 prototype Bean 实例都是最新的实例。

➢ 利用方法注入。

第一种思路显然不是一个好的做法，使用代码主动请求新的 Bean 实例，必然导致程序代码与 Spring API 耦合，造成代码污染。

在通常情况下，建议采用第二种思路。利用方法注入，通常使用 lookup 方法注入。在使用 lookup 方法注入时可以让 Spring 容器重写容器中 Bean 的抽象方法或具体方法，返回查找容器中其他 Bean 的结果，被查找的 Bean 通常是一个 non-singleton Bean（也可以是一个 singleton Bean）。Spring 通过使用 JDK 动态代理或 cglib 库修改客户端的二进制码，从而实现上述要求。

假设程序中有一个 Chinese 类型的 Bean，该 Bean 包含一个 hunt()方法，执行该方法时需要依赖 Dog 的方法——而且程序希望每次执行 hunt()方法时都使用不同的 Dog Bean，因此需要先将 Dog Bean 配置为 prototype 作用域。

此外，不能直接使用普通依赖注入将 Dog Bean 注入 Chinese Bean 中，还需要使用 lookup 方法注入来管理 Dog Bean 与 Chinese Bean 之间的依赖关系。

为了使用 lookup 方法注入，大致需要如下两步。

① 将调用者 Bean 的实现类定义为抽象类，并定义一个抽象方法来获取被依赖的 Bean。

② 在<bean.../>元素中添加<lookup-method.../>子元素，让 Spring 为调用者 Bean 的实现类实现指定的抽象方法。

下面先将调用者 Bean 的实现类（Chinese）定义为抽象类，并定义一个抽象方法，该抽象方法用于获取被依赖的 Bean。

程序清单： codes\04\4.9\lookup-method\src\org\crazyit\app\service\impl\Chinese.java

```
public abstract class Chinese implements Person
{
    private Dog dog;
    // 定义抽象方法，该方法用于获取被依赖的 Bean
    public abstract Dog getDog();
    public void hunt()
    {
        System.out.println("我带着: " + getDog() + "出去打猎");
        System.out.println(getDog().run());
    }
}
```

上面程序中的粗体字代码定义了一个抽象的 getDog()方法。在通常情况下，程序不能调用这个抽象方法，也不能使用抽象类创建实例。

接下来需要在配置文件中为<bean.../>元素添加<lookup-method.../>子元素，该子元素告诉 Spring 需要实现哪个抽象方法。Spring 为抽象方法提供实现体之后，这个方法就会变成具体方法，这个类也就变成了具体类，接下来 Spring 就可以创建该 Bean 的实例了。

使用<lookup-method.../>元素需要指定如下两个属性。

➢ name：指定需要让 Spring 实现的方法。

➢ bean：指定 Spring 实现该方法的返回值。

下面是该应用的配置文件。

程序清单： codes\04\4.9\lookup-method\src\beans.xml

```
<?xml version="1.0" encoding="utf-8"?>
<beans xmlns:xsi="http://www.w3.org/2001/XMLSchema-instance"
    xmlns="http://www.springframework.org/schema/beans"
    xsi:schemaLocation="http://www.springframework.org/schema/beans
    http://www.springframework.org/schema/beans/spring-beans.xsd">
    <bean id="chinese" class="org.crazyit.app.service.impl.Chinese">
        <!-- Spring 只要检测到 lookup-method 元素,
        就会自动为该元素的 name 属性所指定的方法提供实现体-->
        <lookup-method name="getDog" bean="gunDog"/>
    </bean>
    <!-- 指定 gunDog Bean 的作用域为 prototype,
    希望程序每次使用该 Bean 时用到的总是不同的实例 -->
    <bean id="gunDog" class="org.crazyit.app.service.impl.GunDog"
        scope="prototype">
        <property name="name" value="旺财"/>
    </bean>
</beans>
```

上面程序中的粗体字代码指定 Spring 应该负责实现 getDog()方法，该方法的返回值是容器中的 gunDog Bean 实例。

在通常情况下，Java 类里的所有方法都应该由程序员来负责实现，系统无法为任何方法提供实现——否则还要程序员干什么。但在有些情况下，系统可以实现一些极其简单的方法。例如，此处 Spring 将负责实现 getDog()方法，Spring 实现该方法的逻辑是固定的，它总采用如下代码来实现该方法：

```
// Spring 要实现哪个方法由 lookup-method 元素的 name 属性指定
public Dog getDog()
{
    // 获取 Spring 容器 ctx
    ...
    // 下面代码中的 gunDog 由 lookup-method 元素的 bean 属性指定
    return ctx.getBean("gunDog");
}
```

从上面的方法实现来看，程序每次调用 Chinese 对象的 getDog()方法时，该方法都可以获取最新的 gunDog 对象。

提示：
Spring 会采用运行时动态增强的方式来实现<lookup-method.../>元素所指定的抽象方法，如果目标抽象类（如上面的 Chinese 类）实现过接口，Spring 就会采用 JDK 动态代理来实现该抽象类，并为之实现抽象方法；如果目标抽象类（如上面的 Chinese 类）没有实现过接口，Spring 就会采用 cglib 实现该抽象类，并为之实现抽象方法。Spring 5.0 的 spring-core-xxx.jar 包中已经集成了 cglib 类库，无须额外添加 cglib 的 JAR 包。

主程序两次获取 chinese Bean，并通过该 Bean 来执行 hunt()方法，将可以看到每次请求时所使用的都是全新的 Dog 实例。

程序清单：codes\04\4.9\lookup-method\src\lee\BeanTest.java

```
public class SpringTest
{
    public static void main(String[] args)
    {
        // 以类加载路径下的 beans.xml 作为配置文件，创建 Spring 容器
        var ctx = new ClassPathXmlApplicationContext("beans.xml");
        var p1 = ctx.getBean("chinese", Person.class);
        var p2 = ctx.getBean("chinese", Person.class);
        // 由于 chinese Bean 是 singleton 行为
        // 因此程序两次获取的 chinese Bean 是同一个实例
        System.out.println(p1 == p2);
        p1.hunt();
        p2.hunt();
    }
}
```

正如前面所介绍的，由于 getDog()方法由 Spring 提供实现，Spring 保证每次调用 getDog()时都会返回最新的 gunDog 实例。执行上面的程序，将看到如下执行结果：

```
true
我带着：org.crazyit.app.service.impl.GunDog@4b553d26 出去打猎
我是一只叫旺财的猎犬，奔跑迅速...
我带着：org.crazyit.app.service.impl.GunDog@69a3d1d 出去打猎
我是一只叫旺财的猎犬，奔跑迅速...
```

执行结果表明：使用 lookup 方法注入后，系统每次调用 getDog()方法时都将生成一个新的 gunDog 实例，这就可以保证当 singleton 作用域的 Bean 需要 prototype Bean 实例时，直接调用 getDog()方法即可获取全新的实例，从而避免一直使用最早注入的 Bean 实例。

> **注意**
>
> 　　要保证使用 lookup 方法注入每次产生新的 Bean 实例，必须将目标 Bean（上例就是 gunDog）部署成 prototype 作用域；否则，如果容器中只有一个被依赖的 Bean 实例，即使使用 lookup 方法注入，每次也依然返回同一个 Bean 实例。

4.10　高级依赖关系配置

　　Spring 允许将 Bean 实例的所有成员变量，甚至基本类型的成员变量都通过配置文件来指定值。这种方式提供了很好的解耦。但是否真的值得呢？如果基本类型的成员变量的值也通过配置文件来指定，虽然提供了很好的解耦，但大大降低了程序的可读性（必须同时参照配置文件才可知道程序中各成员变量的值）。可见，滥用依赖注入也会引起一些问题。

　　通常的建议是，组件与组件之间的耦合，采用依赖注入管理；但基本类型的成员变量的值，应直接在代码中设置。对于组件与组件之间的耦合关系，通过使用控制反转，代码变得非常清晰。因此，Bean 无须管理依赖关系，而是由容器提供注入，Bean 无须知道这些实例在哪里，以及它们具体的实现。

　　前面介绍的依赖关系，要么是指基本类型的值，要么是指直接依赖其他 Bean。在实际的应用中，某个 Bean 实例的属性值可能是某个方法的返回值、类的 Field 值或者另一个对象的 getter 方法的返回值，Spring 同样支持这种非常规的注入方式。Spring 甚至支持将任意方法的返回值、类或对象的 Field 值、其他 Bean 的 getter 方法的返回值，直接定义成容器中的一个 Bean。下面将深入介绍这些特殊的注入形式。

> **提示：**
>
> 　　Spring 框架的本质是开发者在 Spring 配置文件中使用 XML 元素进行配置，实际驱动 Spring 执行相应的代码。例如：
>
> ➢ 使用<bean.../>元素，实际驱动 Spring 执行无参数或有参数的构造器，或者调用工厂方法创建 Bean。
>
> ➢ 使用<property.../>元素，实际驱动 Spring 执行一次 setter 方法。
>
> 　　Java 程序可能还有其他类型的语句，如调用 getter 方法、调用普通方法、访问类或对象的 Field 值，而 Spring 也为这些语句提供了对应的配置语法。
>
> ➢ 调用 getter 方法：使用 PropertyPathFactoryBean。
>
> ➢ 访问类或对象的 Field 值：使用 FieldRetrievingFactoryBean。
>
> ➢ 调用普通方法：使用 MethodInvokingFactoryBean。
>
> 　　可以换一个角度来看 Spring 框架：Spring 框架的功能是什么？它让开发者无须书写 Java 代码就可以进行 Java 编程，当开发者采用合适的 XML 语法进行配置之后，Spring 就可通过反射在底层执行任意的 Java 代码。
>
> 　　如果对 Spring 框架真正用得熟练，至少能达到：别人给你任意一段 Java 代码，你都能用 Spring 配置文件将它配置出来。学完本节内容，要求读者能达到这个程度。

➢➢ 4.10.1　获取其他 Bean 的属性值

　　PropertyPathFactoryBean 用来获取目标 Bean 的属性值（实际上就是它的 getter 方法的返回值），

所获得的值可被注入其他 Bean 中，也可被直接定义成新的 Bean。

使用 PropertyPathFactoryBean 来调用其他 Bean 的 getter 方法需要指定如下信息。

➤ 调用哪个对象。由 PropertyPathFactoryBean 的 setTargetObject(Object targetObject)方法指定。

➤ 调用哪个 getter 方法。由 PropertyPathFactoryBean 的 setPropertyPath(String propertyPath)方法指定。

看如下配置文件。

程序清单：codes\04\4.10\PropertyPathFactoryBean\src\beans.xml

```xml
<?xml version="1.0" encoding="utf-8"?>
<beans xmlns:xsi="http://www.w3.org/2001/XMLSchema-instance"
    xmlns="http://www.springframework.org/schema/beans"
    xsi:schemaLocation="http://www.springframework.org/schema/beans
    http://www.springframework.org/schema/beans/spring-beans.xsd">
    <!--下面配置定义一个将要被引用的目标 Bean-->
    <bean id="person" class="org.crazyit.app.service.Person">
        <property name="age" value="30"/>
        <property name="son">
            <!-- 使用嵌套 Bean 为 setSon()方法指定参数值 -->
            <bean class="org.crazyit.app.service.Son">
                <property name="age" value="11" />
            </bean>
        </property>
    </bean>
    <!-- 将指定 Bean 实例的 getter 方法的返回值定义成 son1 Bean -->
    <bean id="son1" class=
        "org.springframework.beans.factory.config.PropertyPathFactoryBean">
        <!-- 确定目标 Bean, 指定 son1 Bean 来自哪个 Bean 的 getter 方法 -->
        <property name="targetBeanName" value="person"/>
        <!-- 指定 son1 Bean 来自目标 Bean 的哪个 getter 方法, son 代表 getSon() -->
        <property name="propertyPath" value="son"/>
    </bean>
</beans>
```

主程序如下。

程序清单：codes\04\4.10\PropertyPathFactoryBean\src\lee\SpringTest.java

```java
public class SpringTest
{
    public static void main(String[] args)
    {
        var ctx = new ClassPathXmlApplicationContext("beans.xml");
        System.out.println("系统获取 son1: " + ctx.getBean("son1"));
    }
}
```

执行结果如下：

系统获取 son1: Son[age=11]

在上面的配置文件中使用 PropertyPathFactoryBean 来获取指定 Bean 的、指定 getter 方法的返回值，其中粗体字代码指定获取 person 的 getSon()方法的返回值，该返回值将被直接定义成容器中的 son1。

 提示： ━━━━━━━━━━━━━━━━━━━━━━━━━━━━━━━━━━━━

> PropertyPathFactoryBean 就是工厂 Bean。关于工厂 Bean（FactoryBean）的介绍，可参考 4.8.3 节的内容。工厂 Bean 专门返回某个类型的值，而不是返回该 Bean 的实例。在这种配置方式下，配置 PropertyPathFactoryBean 工厂 Bean 时指定的 id 属性，并不是该 Bean 的唯一标识，而是用于指定属性表达式的值。

Spring 获取指定 Bean 的 getter 方法的返回值之后,该返回值不仅可被直接定义成容器中的 Bean 实例,还可被注入另一个 Bean 中。在上面的配置文件中增加如下一段代码。

程序清单:codes\04\4.10\PropertyPathFactoryBean\src\beans.xml

```xml
<!-- 下面定义 son2 Bean -->
<bean id="son2" class="org.crazyit.app.service.Son">
    <property name="age">
        <!-- 使用嵌套 Bean 为调用 setAge()方法指定参数值 -->
        <!-- 以下是访问指定 Bean 的 getter 方法的简单方式,
        person.son.age 代表获取 person.getSon().getAge()-->
        <bean id="person.son.age" class=
            "org.springframework.beans.factory.config.PropertyPathFactoryBean"/>
    </property>
</bean>
```

在主程序部分增加如下输出语句:

```java
System.out.println("系统获取的 son2: " + ctx.getBean("son2"));
```

主程序部分直接输出 son2 Bean,此输出语句的执行结果如下:

```
系统获取的 son2: Son[age=11]
```

从上面的粗体字代码可以看出,程序调用 son2 实例的 setAge()方法时的参数并不是直接指定的,而是将容器中另一个 Bean 实例的属性值(getter 方法的返回值)作为 setAge()方法的参数,PropertyPathFactoryBean 工厂 Bean 负责获取容器中另一个 Bean 的属性值(getter 方法的返回值)。

为 PropertyPathFactoryBean 的 setPropertyPath()方法指定属性表达式时,还支持使用复合属性的形式。例如,想获取 person Bean 的 getSon().getAge()的返回值,可采用 son.age 的形式。

在配置文件中再增加如下一段代码。

程序清单:codes\04\4.10\PropertyPathFactoryBean\src\beans.xml

```xml
<!-- 将基本数据类型的属性值定义成 Bean 实例 -->
<bean id="theAge" class=
    "org.springframework.beans.factory.config.PropertyPathFactoryBean">
    <!-- 确定目标 Bean, 表明 theAge Bean 来自哪个 Bean 的 getter 方法的返回值 -->
    <property name="targetBeanName" value="person"/>
    <!-- 使用复合属性来指定 getter 方法, son.age 代表 getSon().getAge() -->
    <property name="propertyPath" value="son.age"/>
</bean>
```

在主程序部分增加如下输出语句:

```java
System.out.println("系统获取 theAge 的值: " + ctx.getBean("theAge"));
```

程序执行结果如下:

```
系统获取 theAge 的值: 11
```

目标 Bean 既可以是容器中已有的 Bean 实例,也可以是嵌套 Bean 实例。因此,下面的定义也是有效的。

程序清单:codes\04\4.10\PropertyPathFactoryBean\src\beans.xml

```xml
<!-- 将基本数据类型的属性值定义成 Bean 实例 -->
<bean id="theAge2" class=
    "org.springframework.beans.factory.config.PropertyPathFactoryBean">
    <!-- 确定目标 Bean, 表明 theAge2 Bean 来自哪个 Bean 的属性。
        此处采用嵌套 Bean 定义目标 Bean -->
    <property name="targetObject">
        <!-- 目标 Bean 不是容器中已经存在的 Bean, 而是如下的嵌套 Bean-->
        <bean class="org.crazyit.app.service.Person">
            <property name="age" value="30"/>
```

```
    </bean>
  </property>
  <!-- 指定 theAge2 Bean 来自目标 Bean 的哪个 getter 方法，age 代表 getAge() -->
  <property name="propertyPath" value="age"/>
</bean>
```

<util:property-path.../>元素可作为 PropertyPathFactoryBean 的简化配置，使用该元素时可指定如下两个属性。

➢ id：该属性指定将 getter 方法的返回值定义成名为 id 的 Bean 实例。

➢ path：该属性指定将哪个 Bean 实例、哪个属性（支持复合属性）暴露出来。

如果使用<util:property-path.../>元素，则必须在 Spring 配置文件中导入 util:命名空间。关于导入 util:命名空间的详细步骤，请参考 4.11.3 节。

上面的 son1 Bean 可被简化为如下配置：

```
<util:property-path id="son1" path="person.son"/>
```

上面的 son2 Bean 可被简化为如下配置：

```
<bean id="son2" class="org.crazyit.app.service.Son">
  <property name="age">
    <util:property-path path="person.son.age"/>
  </property>
</bean>
```

上面的 theAge Bean 可被简化为如下配置：

```
<util:property-path id="theAge" path="person.son.age"/>
```

▶▶ 4.10.2　获取 Field 值

通过 FieldRetrievingFactoryBean 类，可以访问类的静态 Field 或对象的实例 Field 值。当使用 FieldRetrievingFactoryBean 获得指定 Field 的值之后，既可将所获得的值注入其他 Bean 中，也可将其直接定义成新的 Bean。

使用 FieldRetrievingFactoryBean 访问 Field 值可分为两种情形。

如果要访问的 Field 是静态 Field，则需要指定：

➢ 调用哪个类。由 FieldRetrievingFactoryBean 的 setTargetClass(String targetClass)方法指定。

➢ 访问哪个 Field。由 FieldRetrievingFactoryBean 的 setTargetField(String targetField)方法指定。

如果要访问的 Field 是实例 Field，则需要指定：

➢ 调用哪个对象。由 FieldRetrievingFactoryBean 的 setTargetObject(Object targetObject)方法指定。

➢ 访问哪个 Field。由 FieldRetrievingFactoryBean 的 setTargetField(String targetField)方法指定。

对于 FieldRetrievingFactoryBean 的第一种用法，与前面介绍 FactoryBean 时开发的 GetFieldFactoryBean 基本相同。对于 FieldRetrievingFactoryBean 的第二种用法，在实际编程中几乎没多大用处。原因是：根据良好的封装原则，Java 类的实例 Field 应该用 private 修饰，并使用 getter、setter 来访问和修改；FieldRetrievingFactoryBean 则要求实例 Field 以 public 修饰。

下面的配置用于将指定类的静态 Field 值定义成容器中的 Bean 实例。

程序清单：codes\04\4.10\FieldRetrievingFactoryBean\src\beans.xml

```
<?xml version="1.0" encoding="utf-8"?>
<beans xmlns:xsi="http://www.w3.org/2001/XMLSchema-instance"
  xmlns="http://www.springframework.org/schema/beans"
  xsi:schemaLocation="http://www.springframework.org/schema/beans
  http://www.springframework.org/schema/beans/spring-beans.xsd">
  <!-- 将指定类的静态 Field 值定义成容器中的 Bean 实例-->
  <bean id="theAge1" class=
    "org.springframework.beans.factory.config.FieldRetrievingFactoryBean">
```

```
                <!-- targetClass 指定访问哪个目标类 -->
                <property name="targetClass" value="java.sql.Connection"/>
                <!-- targetField 指定要访问的 Field 名 -->
                <property name="targetField" value="TRANSACTION_SERIALIZABLE"/>
            </bean>
    </beans>
```

在主程序部分访问 theAge1 的代码如下。

程序清单：codes\04\4.10\FieldRetrievingFactoryBean\src\lee\SpringTest.java

```
public class SpringTest
{
    public static void main(String[] args)
    {
        var ctx = new ClassPathXmlApplicationContext("beans.xml");
        System.out.println("系统获取 theAge1 的值: "
            + ctx.getBean("theAge1"));
    }
}
```

上面 XML 配置的粗体字代码指定访问 java.sql.Connection 的 TRANSACTION_SERIALIZABLE 的值，并将该 Field 的值定义成容器中的 theAge1 Bean——查阅 JDK API 文档，即可发现该 Field 的值为 8，因此 theAge1 的值就是 8。

编译、运行该程序，将可看到如下输出：

```
系统获取 theAge1 的值: 8
```

FieldRetrievingFactoryBean 还提供了一个 setStaticField(String staticField)方法，该方法可同时指定获取哪个类的哪个静态 Field 值。因此，上面的配置片段可被简化为如下形式。

程序清单：codes\04\4.10\FieldRetrievingFactoryBean\src\beans.xml

```
<!-- 将指定类的静态 Field 值定义成容器中的 Bean 实例 -->
<bean id="theAge2" class=
    "org.springframework.beans.factory.config.FieldRetrievingFactoryBean">
    <!-- staticField 指定访问哪个类的哪个静态 Field 值 -->
    <property name="staticField"
        value="java.sql.Connection.TRANSACTION_SERIALIZABLE"/>
</bean>
```

使用 FieldRetrievingFactoryBean 获取的 Field 值既可被定义成容器中的 Bean，也可被注入其他 Bean 中。例如如下配置。

程序清单：codes\04\4.10\FieldRetrievingFactoryBean\src\beans.xml

```
<bean id="son" class="org.crazyit.app.service.Son">
    <property name="age">
        <!-- 将 java.sql.Connection 的 TRANSACTION_SERIALIZABLE 的值
            作为调用 setAge()的参数 -->
        <bean id="java.sql.Connection.TRANSACTION_SERIALIZABLE" class=
            "org.springframework.beans.factory.config.FieldRetrievingFactoryBean"/>
    </property>
</bean>
```

在主程序部分使用如下代码来访问、输出容器中的 son：

```
System.out.println("系统获取 son 为: " + ctx.getBean("son"));
```

程序的执行结果如下：

```
系统获取 son 为: Son[age= 8]
```

从程序的执行结果可以看出，son 的 age 成员变量的值等于 java.sql.Connection 接口中 TRANSACTION_SERIALIZABLE 的值。在上面的定义中，定义 FieldRetrievingFactoryBean 工厂

Bean 时指定的 id 属性，并不是该 Bean 实例的唯一标识，而是用于指定 Field 表达式。

<util:constant.../>元素（使用该元素同样需要导入 util:命名空间）可作为 FieldRetrievingFactoryBean 访问静态 Field 的简化配置，使用该元素时可指定如下两个属性。

➢ id：该属性指定将静态 Field 的值定义成名为 id 的 Bean 实例。

➢ static-field：该属性指定访问哪个类的哪个静态 Field。

上面的 theAge1、theAge2 可被简化为如下配置：

```
<util:constant id="theAge1"
    static-field="java.sql.Connection.TRANSACTION_SERIALIZABLE"/>
```

上面的 son Bean 可被简化为如下配置：

```
<bean id="son" class="org.crazyit.app.service.Son">
    <property name="age">
        <util:constant static-field=
            "java.sql.Connection.TRANSACTION_SERIALIZABLE"/>
    </property>
</bean>
```

▶▶ 4.10.3 获取方法的返回值

通过 MethodInvokingFactoryBean 工厂 Bean，可调用任意类的类方法，也可调用任意对象的实例方法。如果调用的方法有返回值，则既可将该指定方法的返回值定义成容器中的 Bean，也可将该指定方法的返回值注入其他 Bean 中。

使用 MethodInvokingFactoryBean 调用任意方法时，可分为两种情形。

如果希望调用的方法是静态方法，则需要指定：

➢ 调用哪个类。通过 MethodInvokingFactoryBean 的 setTargetClass(String targetClass)方法指定。

➢ 调用哪个方法。通过 MethodInvokingFactoryBean 的 setTargetMethod(String targetMethod)方法指定。

➢ 调用方法的参数。通过 MethodInvokingFactoryBean 的 setArguments(Object[] arguments)方法指定。如果希望调用的方法不需要参数，则可以省略该配置。

如果希望调用的方法是实例方法，则需要指定：

➢ 调用哪个对象。通过 MethodInvokingFactoryBean 的 setTargetObject(Object targetObject)方法指定。

➢ 调用哪个方法。通过 MethodInvokingFactoryBean 的 setTargetMethod(String targetMethod)方法指定。

➢ 调用方法的参数。通过 MethodInvokingFactoryBean 的 setArguments(Object[] arguments)方法指定。如果希望调用的方法不需要参数，则可以省略该配置。

假设有如下一段 Java 代码：

```
var win = new JFrame("我的窗口");
var jta = JTextArea(7, 40);
win.add(new JScrollPane(jta));
JPanel jp = new JPanel();
win.add(jp, BorderLayout.SOUTH);
var jb1 = new JButton("确定");
jp.add(jb1);
var jb2 = new JButton("取消");
jp.add(jb2);
win.pack();
win.setVisible(true);
```

　　这是一段很"随意"的 Java 代码（可以是任意一段 Java 代码）——别人给你任意一段 Java 代码，你都应该能用 Spring 配置文件将它配置出来。

　　下面使用 XML 配置文件将上面的一段 Java 代码配置出来。

程序清单：codes\04\4.10\MethodInvokingFactoryBean\src\beans.xml

```xml
<?xml version="1.0" encoding="utf-8"?>
<beans xmlns:xsi="http://www.w3.org/2001/XMLSchema-instance"
    xmlns="http://www.springframework.org/schema/beans"
    xmlns:util="http://www.springframework.org/schema/util"
    xsi:schemaLocation="http://www.springframework.org/schema/beans
    http://www.springframework.org/schema/beans/spring-beans.xsd
    http://www.springframework.org/schema/util
    http://www.springframework.org/schema/util/spring-util.xsd">
    <!-- 下面的配置相当于如下 Java 代码:
    var win = new JFrame("我的窗口");
    win.setVisible(true); -->
    <bean id="win" class="javax.swing.JFrame">
        <constructor-arg value="我的窗口" type="java.lang.String"/>
        <property name="visible" value="true"/>
    </bean>
    <!-- 下面的配置相当于如下 Java 代码:
    var jta = JTextArea(7, 40); -->
    <bean id="jta" class="javax.swing.JTextArea">
        <constructor-arg value="7" type="int"/>
        <constructor-arg value="40" type="int"/>
    </bean>

    <!-- 使用 MethodInvokingFactoryBean 驱动 Spring 调用普通方法,
    下面的配置相当于如下 Java 代码:
    win.add(new JScrollPane(jta)); -->
    <bean class=
        "org.springframework.beans.factory.config.MethodInvokingFactoryBean">
        <property name="targetObject" ref="win"/>
        <property name="targetMethod" value="add"/>
        <property name="arguments">
            <list>
                <bean class="javax.swing.JScrollPane">
                    <constructor-arg ref="jta"/>
                </bean>
            </list>
        </property>
    </bean>
    <!-- 下面的配置相当于如下 Java 代码:
    var jp = new JPanel(); -->
    <bean id="jp" class="javax.swing.JPanel"/>
    <!-- 使用 MethodInvokingFactoryBean 驱动 Spring 调用普通方法,
    下面的配置相当于如下 Java 代码:
    win.add(jp, BorderLayout.SOUTH); -->
    <bean class=
        "org.springframework.beans.factory.config.MethodInvokingFactoryBean">
        <property name="targetObject" ref="win"/>
        <property name="targetMethod" value="add"/>
        <property name="arguments">
            <list>
                <ref bean="jp"/>
                <util:constant static-field="java.awt.BorderLayout.SOUTH"/>
            </list>
        </property>
    </bean>
    <!-- 下面的配置相当于如下 Java 代码:
    var jb1 = new JButton("确定"); -->
    <bean id="jb1" class="javax.swing.JButton">
```

```
        <constructor-arg value="确定" type="java.lang.String"/>
    </bean>
    <!-- 使用 MethodInvokingFactoryBean 驱动 Spring 调用普通方法,
下面的配置相当于如下 Java 代码:
jp.add(jb1); -->
<bean class="org.springframework.beans.factory.config.MethodInvokingFactoryBean">
    <property name="targetObject" ref="jp"/>
    <property name="targetMethod" value="add"/>
    <property name="arguments">
        <list>
            <ref bean="jb1"/>
        </list>
    </property>
</bean>
<!-- 下面的配置相当于如下 Java 代码:
var jb2 = new JButton("取消"); -->
<bean id="jb2" class="javax.swing.JButton">
    <constructor-arg value="取消" type="java.lang.String"/>
</bean>
<!-- 使用 MethodInvokingFactoryBean 驱动 Spring 调用普通方法,
下面的配置相当于如下 Java 代码:
jp.add(jb2); -->
<bean class=
    "org.springframework.beans.factory.config.MethodInvokingFactoryBean">
    <property name="targetObject" ref="jp"/>
    <property name="targetMethod" value="add"/>
    <property name="arguments">
        <list>
            <ref bean="jb2"/>
        </list>
    </property>
</bean>
<!-- 使用 MethodInvokingFactoryBean 驱动 Spring 调用普通方法,
下面的配置相当于如下 Java 代码:
win.pack(); -->
<bean class=
    "org.springframework.beans.factory.config.MethodInvokingFactoryBean">
    <property name="targetObject" ref="win"/>
    <property name="targetMethod" value="pack"/>
</bean>
</beans>
```

该示例的主程序非常简单，只有简单的一行代码：用于创建 Spring 容器。编译、运行该程序，可以看到如图 4.14 所示的界面。

图 4.14 使用 Spring XML 配置文件创建的 Swing 界面

通过上面示例证实了一点：几乎所有的 Java 代码都可以通过 Spring XML 配置文件配置出来——连上面的 Swing 编程都可使用 Spring XML 配置文件来驱动。需要说明的是，此处只是向读者示范如何使用 Spring 配置文件来驱动执行任意一段 Java 代码，并非要大家使用 Spring XML 配置文件进行 Swing 界面编程。

经过上面的介绍不难发现，Spring 框架的本质其实就是通过 XML 配置来执行 Java 代码，因此几乎可以把所有的 Java 代码都放到 Spring 配置文件中管理。归纳如下：

- ➤ 调用构造器创建对象（包括使用工厂方法创建对象），使用\<bean.../\>元素。
- ➤ 调用 setter 方法，使用\<property.../\>元素。
- ➤ 调用 getter 方法，使用 PropertyPathFactoryBean 或\<util:property-path.../\>元素。
- ➤ 调用普通方法，使用 MethodInvokingFactoryBean 工厂 Bean。
- ➤ 获取 Field 的值，使用 FieldRetrievingFactoryBean 或\<util:constant.../\>元素。

那么，是否有必要把所有的 Java 代码都放在 Spring 配置文件中管理呢？答案是否定的。过度使用 XML 配置文件，不仅使配置文件更加臃肿，难以维护，而且导致程序的可读性严重降低。

一般来说，应该将如下两类信息放在 XML 配置文件中管理。

- ➤ 项目升级、维护时经常需要改动的信息。
- ➤ 控制项目内各组件耦合关系的代码。

这样就体现了 Spring IoC 容器的作用：将原来使用 Java 代码管理的耦合关系，提取到 XML 配置文件中进行管理，从而降低了各组件之间的耦合，提高了软件系统的可维护性。

📁 4.11 基于 XML Schema 的简化配置方式

从 Spring 2.0 开始，Spring 允许使用基于 XML Schema 的配置方式来简化 Spring 配置文件。

早期 Spring 使用\<bean.../\>元素即可配置所有的 Bean 实例，而每个设值注入再使用一个\<property.../\>元素即可。这种配置方式简单、直观，而且能以相同的风格处理所有 Bean 的配置——唯一的缺点是配置烦琐，当 Bean 实例的属性足够多，且属性类型复杂（大多是集合属性）时，基于 DTD 的配置文件将变得更加烦琐。

在这种情况下，Spring 提出了使用基于 XML Schema 的配置方式。这种配置方式更加简洁，可以对 Spring 配置文件进行"减肥"，但需要花一些时间来了解这种配置方式。

▶▶ 4.11.1 使用 p:命名空间简化配置

p:命名空间甚至不需要特定的 Schema 定义，它直接存在于 Spring 内核中。与前面使用\<property.../\>元素定义 Bean 的属性不同的是，当导入 p:命名空间之后，就可以直接在\<bean.../\>元素中使用属性来驱动执行 setter 方法。

假设有如下的持久化类。

程序清单：codes\04\4.11\p_namespace\src\org\crazyit\app\service\impl\Chinese.java

```
public class Chinese implements Person
{
    private Axe axe;
    private int age;
    public Chinese(){ }
    // axe 的 setter 方法
    public void setAxe(Axe axe)
    {
        this.axe = axe;
    }
    // age 的 setter 方法
    public void setAge(int age)
    {
        this.age = age;
    }
    // 实现 Person 接口的 useAxe()方法
    public void useAxe()
    {
        System.out.println(axe.chop());
```

```
            System.out.println("age 成员变量的值: " + age);
        }
    }
```

上面的持久化类中有 setAxe()和 setAge()两个 setter 方法可通过设值注入来驱动，如果采用原来的配置方式，则需要使用<property.../>元素来驱动它们；但如果采用 p:命名空间，则可直接使用属性来配置它们。本应用的配置文件如下。

程序清单：codes\04\4.11\p_namespace\src\beans.xml

```xml
<?xml version="1.0" encoding="utf-8"?>
<!-- 指定 Spring 配置文件的根元素和 Schema,
    并导入 p:命名空间的元素 -->
<beans xmlns="http://www.springframework.org/schema/beans"
    xmlns:xsi="http://www.w3.org/2001/XMLSchema-instance"
    xmlns:p="http://www.springframework.org/schema/p"
    xsi:schemaLocation="http://www.springframework.org/schema/beans
    http://www.springframework.org/schema/beans/spring-beans.xsd">
    <!-- 配置 chinese 实例，其实现类是 Chinese -->
    <bean id="chinese" class="org.crazyit.app.service.impl.Chinese"
        p:age="29" p:axe-ref="stoneAxe"/>
    <!-- 配置 steelAxe 实例，其实现类是 SteelAxe -->
    <bean id="steelAxe" class="org.crazyit.app.service.impl.SteelAxe"/>
    <!-- 配置 stoneAxe 实例，其实现类是 StoneAxe -->
    <bean id="stoneAxe" class="org.crazyit.app.service.impl.StoneAxe"/>
</beans>
```

配置文件的第一行粗体字代码用于导入 XML Schema 里的 p:命名空间，第二行粗体字代码则直接使用属性配置了对 age、axe 执行设值注入。因为 axe 设值注入的参数需要引用容器中另一个已存在的 Bean 实例，因此在 axe 后增加了"-ref"后缀，这个后缀指定该值不是一个具体的值，而是对另一个 Bean 的引用。

> **注意**
>
> 使用 p:命名空间没有标准的 XML 格式灵活，如果某个 Bean 的属性名是以"-ref"结尾的，那么采用 p:命名空间定义时就会发生冲突，而采用标准的 XML 格式定义时则不会出现这种问题。

▶▶ 4.11.2 使用 c:命名空间简化配置

p:命名空间主要用于简化设值注入，而 c:命名空间则用于简化构造注入。

假设有如下的持久化类。

程序清单：codes\04\4.11\c_namespace\src\org\crazyit\app\service\impl\Chinese.java

```java
public class Chinese implements Person
{
    private Axe axe;
    private int age;
    // 构造注入所需的带参数的构造器
    public Chinese(Axe axe, int age)
    {
        this.axe = axe;
        this.age = age;
    }
    // 实现 Person 接口的 useAxe()方法
    public void useAxe()
    {
        // 调用 axe 的 chop()方法
```

```
        // 表明 Person 对象依赖 axe 对象
        System.out.println(axe.chop());
        System.out.println("age 成员变量的值: " + age);
    }
}
```

上面 Chinese 类的构造器需要两个参数，传统配置是在\<bean.../>元素中添加两个\<constructor-arg.../>子元素来代表构造器参数；而导入 c:命名空间之后，可以直接使用属性来配置构造器参数。

使用 c:指定构造器参数的格式为：c:构造器参数名="值"或 c:构造器参数名-ref="其他 Bean 的 id"。本应用的配置文件如下。

程序清单：codes\04\4.11\c_namespace\src\beans.xml

```xml
<?xml version="1.0" encoding="utf-8"?>
<beans xmlns:xsi="http://www.w3.org/2001/XMLSchema-instance"
    xmlns="http://www.springframework.org/schema/beans"
    xmlns:c="http://www.springframework.org/schema/c"
    xsi:schemaLocation="http://www.springframework.org/schema/beans
    http://www.springframework.org/schema/beans/spring-beans.xsd">
    <!-- 配置 chinese 实例，其实现类是 Chinese -->
    <bean id="chinese" class="org.crazyit.app.service.impl.Chinese"
        c:axe-ref="steelAxe" c:age="29"/>
    <!-- 配置 stoneAxe 实例，其实现类是 StoneAxe -->
    <bean id="stoneAxe" class="org.crazyit.app.service.impl.StoneAxe"/>
    <!-- 配置 steelAxe 实例，其实现类是 SteelAxe -->
    <bean id="steelAxe" class="org.crazyit.app.service.impl.SteelAxe"/>
</beans>
```

配置文件的第一行粗体字代码用于导入 XML Schema 里的 c:命名空间，第二行粗体字代码则直接使用属性配置了 axe、age 两个构造器参数。由于 axe 构造器参数需要引用容器中另一个已存在的 Bean 实例，因此在 axe 后增加了 "-ref" 后缀，这个后缀指定该值不是一个具体的值，而是对另一个 Bean 的引用。

上面的配置方式是在 c:后使用构造器参数名来指定构造器参数的，Spring 还支持一种通过索引来配置构造器参数的方式。上面的 Bean 也可被改写为如下形式：

```xml
<bean id="chinese2" class="org.crazyit.app.service.impl.Chinese"
    c:_0-ref="steelAxe" c:_1="29"/>
```

上面粗体字代码的 c:_0-ref 指定使用容器中已有的 steelAxe Bean 作为第一个构造器参数，c:_1="29"则指定使用 29 作为第二个构造器参数。在这种方式下，c:_N 中的 N 代表第几个构造器参数。

前面介绍使用构造注入时，通常总是根据构造参数的顺序来注入的。比如希望调用 Person 类的(String, int)构造器，在 XML 配置文件中配置时需要将 String 构造参数对应的\<constructor-arg.../>元素放在第 1 位，将 int 构造参数对应的\<constructor-arg.../>元素放在第 2 位。

如果希望根据构造参数名来配置构造注入，则可使用 java.beans 包的@ConstructorProperties 注解。例如，如下代码使用@ConstructorProperties 注解为构造参数指定参数名。

程序清单：codes\04\4.11\ConstructorProperties\src\org\crazyit\app\service\Person.java

```java
public class Person
{
    private String name;
    private int age;
    @ConstructorProperties({"personName", "age"})
    public Person(String name, int age)
    {
        this.name = name;
        this.age = age;
```

```
    }
    ...
}
```

上面程序中的粗体字代码指定 Person 构造器的两个构造参数的名字为 personName 和 age（并不需要与构造参数实际的名字相同）。

接下来就可以在配置文件中通过构造参数名来执行构造注入的配置了，例如如下代码。

程序清单：codes\04\4.11\ConstructorProperties\src\beans.xml

```xml
<!-- 使用 ConstructorProperties 配置了构造参数名之后，
    接下来即可通过构造参数名来配置构造注入-->
<bean id="person" class="org.crazyit.app.service.Person">
    <constructor-arg name="age" value="500"/>
    <constructor-arg name="personName" value="孙悟空"/>
</bean>
```

当然，也可使用 c:命名空间进行简化配置，上面的配置可被改为如下形式。

```xml
<bean id="person" class="org.crazyit.app.service.Person"
    c:age="500" c:personName="孙悟空"/>
```

▶▶ 4.11.3 使用 util:命名空间简化配置

在 Spring 框架解压缩包的 schema\util\路径下包含有 util:命名空间的 XML Schema 文件，为了使用 util:命名空间的元素，必须先在 Spring 配置文件中导入最新的 spring-util.xsd，也就是需要在 Spring 配置文件中增加如下粗体字配置片段：

```xml
<?xml version="1.0" encoding="utf-8"?>
<!-- 指定 Spring 配置文件的根元素和 Schema，
    导入 p:命名空间和 util:命名空间的元素 -->
<beans xmlns="http://www.springframework.org/schema/beans"
    xmlns:xsi="http://www.w3.org/2001/XMLSchema-instance"
    xmlns:p="http://www.springframework.org/schema/p"
    xmlns:util="http://www.springframework.org/schema/util"
    xsi:schemaLocation="http://www.springframework.org/schema/beans
    http://www.springframework.org/schema/beans/spring-beans.xsd
    http://www.springframework.org/schema/util
    http://www.springframework.org/schema/util/spring-util.xsd">....
    ...
</beans>
```

在 util Schema 下提供了如下几个元素。

➤ constant：该元素用于获取指定类的静态 Field 值。它是 FieldRetrievingFactoryBean 的简化配置。

➤ property-path：该元素用于获取指定对象的 getter 方法的返回值。它是 PropertyPathFactoryBean 的简化配置。

➤ list：该元素用于定义一个 List Bean，支持使用<value.../>、<ref.../>、<bean.../>等子元素来定义 List 集合元素。使用该元素支持如下三个属性。

- id：该属性指定定义一个名为 id 的 List Bean 实例。
- list-class：该属性指定 Spring 使用哪个 List 实现类来创建 Bean 实例。默认使用 ArrayList 作为实现类。
- scope：该属性指定该 List Bean 实例的作用域。

➤ set：该元素用于定义一个 Set Bean，支持使用<value.../>、<ref.../>、<bean.../>等子元素来定义 Set 集合元素。使用该元素支持如下三个属性。

- id：该属性指定定义一个名为 id 的 Set Bean 实例。
- set-class：该属性指定 Spring 使用哪个 Set 实现类来创建 Bean 实例。默认使用 HashSet

作为实现类。
- scope：该属性指定该 Set Bean 实例的作用域。

➢ map：该元素用于定义一个 Map Bean，支持使用<entry.../>来定义 Map 的 key-value 对。使
用该元素支持如下三个属性。
- id：该属性指定定义一个名为 id 的 Map Bean 实例。
- map-class：该属性指定 Spring 使用哪个 Map 实现类来创建 Bean 实例。默认使用
HashMap 作为实现类。
- scope：该属性指定该 Map Bean 实例的作用域。

➢ properties：该元素用于加载一份资源文件，并根据所加载的资源文件创建一个 Properties
Bean 实例。使用该元素可指定如下几个属性。
- id：该属性指定定义一个名为 id 的 Properties Bean 实例。
- location：该属性指定资源文件的位置。
- scope：该属性指定该 Properties Bean 实例的作用域。

假设有如下的 Bean 类文件，这份文件需要 List、Set、Map 等集合属性。

程序清单：codes\04\4.11\util\src\org\crazyit\app\service\impl\Chinese.java

```java
public class Chinese implements Person
{
    private Axe axe;
    private int age;
    private List schools;
    private Map scores;
    private Set axes;
    // 省略各成员变量的 setter 方法
    ...
    // 实现 Person 接口的 useAxe()方法
    public void useAxe()
    {
        System.out.println(axe.chop());
        System.out.println("age 属性值：" + age);
        System.out.println(schools);
        System.out.println(scores);
        System.out.println(axes);
    }
}
```

下面使用基于 XML Schema 的配置文件来简化这种配置。

程序清单：codes\04\4.11\util\src\beans.xml

```xml
<?xml version="1.0" encoding="utf-8"?>
<!-- 指定 Spring 配置文件的根元素和 Schema,
    导入 p:命名空间和 util:命名空间的元素 -->
<beans xmlns="http://www.springframework.org/schema/beans"
    xmlns:xsi="http://www.w3.org/2001/XMLSchema-instance"
    xmlns:p="http://www.springframework.org/schema/p"
    xmlns:util="http://www.springframework.org/schema/util"
    xsi:schemaLocation="http://www.springframework.org/schema/beans
    http://www.springframework.org/schema/beans/spring-beans.xsd
    http://www.springframework.org/schema/util
    http://www.springframework.org/schema/util/spring-util.xsd">
    <!-- 配置 chinese 实例, 其实现类是 Chinese -->
    <bean id="chinese" class="org.crazyit.app.service.impl.Chinese"
        p:age-ref="chin.age" p:axe-ref="stoneAxe"
        p:schools-ref="chin.schools"
        p:axes-ref="chin.axes"
        p:scores-ref="chin.scores"/>
```

```
<!-- 使用 util:constant 将指定类的静态 Field 定义成容器中的 Bean -->
<util:constant id="chin.age" static-field=
    "java.sql.Connection.TRANSACTION_SERIALIZABLE"/>
<!-- 使用 util.properties 加载指定的资源文件 -->
<util:properties id="confTest"
    location="classpath:test_zh_CN.properties"/>
<!-- 使用 util:list 定义一个 List 集合，指定使用 LinkedList 作为实现类，
如果不指定，则默认使用 ArrayList 作为实现类 -->
<util:list id="chin.schools" list-class="java.util.LinkedList">
    <!-- 每个 value、ref、bean 配置一个 List 元素 -->
    <value>小学</value>
    <value>中学</value>
    <value>大学</value>
</util:list>
<!-- 使用 util:set 定义一个 Set 集合，指定使用 HashSet 作为实现类，
如果不指定，则默认使用 HashSet 作为实现类-->
<util:set id="chin.axes" set-class="java.util.HashSet">
    <!-- 每个 value、ref、bean 配置一个 Set 元素 -->
    <value>字符串</value>
    <bean class="org.crazyit.app.service.impl.SteelAxe"/>
    <ref bean="stoneAxe"/>
</util:set>
<!-- 使用 util:map 定义一个 Map 集合，指定使用 TreeMap 作为实现类，
如果不指定，则默认使用 HashMap 作为实现类 -->
<util:map id="chin.scores" map-class="java.util.TreeMap">
    <entry key="数学" value="87"/>
    <entry key="英语" value="89"/>
    <entry key="语文" value="82"/>
</util:map>
<!-- 配置 steelAxe 实例，其实现类是 SteelAxe -->
<bean id="steelAxe" class="org.crazyit.app.service.impl.SteelAxe"/>
<!-- 配置 stoneAxe 实例，其实现类是 StoneAxe -->
<bean id="stoneAxe" class="org.crazyit.app.service.impl.StoneAxe"/>
</beans>
```

上面的配置文件完整地示范了 util Schema 下的各简化标签的用法。从上面的配置文件可以看出，使用这种简化标签可以让 Spring 配置文件更加简洁。

运行该示例程序，可能看到 confTest 所加载的属性文件内容依然是乱码。这是 Spring 的一个小 bug。虽然<util:properties.../>对应的 PropertiesBeanDefinitionParser 类也提供了 setDefaultEncoding()方法来指定属性文件的字符集，但<util:properties.../>并没有暴露该属性。如果不想看到乱码，则可以使用 Java 8 及以下版本提供的 native2ascii 命令先处理该属性文件来避免出现乱码。

此外，关于 Spring 其他常用的简化 Schema 简要说明如下。

➤ spring-aop.xsd：用于简化 Spring AOP 配置的 Schema。
➤ spring-jee.xsd：用于简化 Spring 的 Java EE 配置的 Schema。
➤ spring-jms.xsd：用于简化 Spring 关于 JMS 配置的 Schema。
➤ spring-lang.xsd：用于简化 Spring 动态语言配置的 Schema。
➤ spring-tx.xsd：用于简化 Spring 事务配置的 Schema。

4.12 Spring 表达式语言

SpEL（Spring 表达式语言）是一种与 JSP 2 的 EL 功能类似的表达式语言，它可以在运行时查询和操作对象图。与 JSP 2 的 EL 相比，SpEL 功能更加强大，它甚至支持方法调用和基本字符串模板函数。

SpEL 可以独立于 Spring 容器使用——只是被当成简单的表达式语言来使用；也可以在注解或

XML 配置中使用 SpEL，这样可以充分利用 SpEL 简化 Spring 的 Bean 配置。

▶▶ 4.12.1　使用 Expression 接口进行表达式求值

SpEL 可以单独使用，可以使用 SpEL 对表达式计算求值。SpEL 主要提供了如下三个接口。

➢ ExpressionParser：该接口的实例负责解析一个 SpEL 表达式，返回一个 Expression 对象。

➢ Expression：该接口的实例代表一个表达式。

➢ EvaluationContext：代表计算表达式值的上下文。当 SpEL 表达式中含有变量时，程序将需要使用该 API 来计算表达式的值。

Expression 实例代表一个表达式，它包含了如下方法用于计算，得到表达式的值。

➢ Object getValue()：计算表达式的值。

➢ <T> T getValue(Class<T> desiredResultType)：计算表达式的值，而且尝试将该表达式的值当成 desiredResultType 类型处理。

➢ Object getValue(EvaluationContext context)：使用指定的 EvaluationContext 来计算表达式的值。

➢ <T> T getValue(EvaluationContext context, Class<T> desiredResultType)：使用指定的 EvaluationContext 来计算表达式的值，而且尝试将该表达式的值当成 desiredResultType 类型处理。

➢ Object getValue(Object rootObject)：以 rootObject 作为表达式的 root 对象来计算表达式的值。

➢ T> T getValue(Object rootObject, Class<T> desiredResultType)：以 rootObject 作为表达式的 root 对象来计算表达式的值，而且尝试将该表达式的值当成 desiredResultType 类型处理。

下面的程序示范了如何利用 ExpressionParser 和 Expression 来计算表达式的值。

程序清单：codes\04\4.12\Expression\src\lee\SpELTest.java

```java
public class SpELTest
{
    public static void main(String[] args)
    {
        // 创建一个 ExpressionParser 对象，用于解析表达式
        var parser = new SpelExpressionParser();
        // 最简单的字符串表达式
        var exp = parser.parseExpression("'HelloWorld'");
        System.out.println("'HelloWorld'的结果: " + exp.getValue());
        // 调用方法的表达式
        exp = parser.parseExpression("'HelloWorld'.concat('!')");
        System.out.println("'HelloWorld'.concat('!')的结果: "
            + exp.getValue());
        // 调用对象的 getter 方法
        exp = parser.parseExpression("'HelloWorld'.bytes");
        System.out.println("'HelloWorld'.bytes 的结果: "
            + exp.getValue());
        // 访问对象的属性(相当于 HelloWorld.getBytes().length)
        exp = parser.parseExpression("'HelloWorld'.bytes.length");
        System.out.println("'HelloWorld'.bytes.length 的结果: "
            + exp.getValue());
        // 使用构造器来创建对象
        exp = parser.parseExpression("new String('helloworld')"
            + ".toUpperCase()");
        System.out.println("new String('helloworld')"
            + ".toUpperCase()的结果是: "
            + exp.getValue(String.class));
        var person = new Person(1, "孙悟空", new Date());
        exp = parser.parseExpression("name");
```

```
            // 以指定对象作为 root 对象来计算表达式的值
            // 相当于调用 person.name 表达式的值
            System.out.println("以 person 为 root, name 表达式的值是： "
                + exp.getValue(person, String.class));
            exp = parser.parseExpression("name=='孙悟空'");
            var ctx = new StandardEvaluationContext();
            // 将 person 设为 Context 的 root 对象
            ctx.setRootObject(person);
            // 以指定 Context 来计算表达式的值
            System.out.println(exp.getValue(ctx, Boolean.class));
            var list = new ArrayList<Boolean>();
            list.add(true);
            var ctx2 = new StandardEvaluationContext();
            // 将 list 设置成 EvaluationContext 的一个变量
            ctx2.setVariable("list", list);
            // 修改 list 变量的第一个元素的值
            parser.parseExpression("#list[0]").setValue(ctx2, "false");
            // list 集合的第一个元素被改变
            System.out.println("list 集合的第一个元素为： "
                + parser.parseExpression("#list[0]").getValue(ctx2));
    }
}
```

上面程序中的粗体字代码使用 ExpressionParser 多次解析了不同类型的表达式，ExpressionParser 调用 parseExpression()方法将返回一个 Expression 实例（表达式对象）。程序调用 Expression 对象的 getValue()方法即可获取该表达式的值。

EvaluationContext 代表 SpEL 计算表达式值的"上下文"，这个 Context 对象可以包含多个对象，但只能有一个 root（根）对象。

提示：

EvaluationContext 的作用有点类似于 Struts 2 的 OGNL 中的 StackContext，EvaluationContext 可以包含多个对象，但只能有一个 root 对象。当表达式中包含变量时，SpEL 就会根据 EvaluationContext 中变量的值对表达式进行计算。

为了向 EvaluationContext 中放入对象（SpEL 称之为变量），可以调用该对象的如下方法。

➤ setVariable(String name, Object value)：向 EvaluationContext 中放入 value 对象，该对象名为 name。

为了让 SpEL 访问 EvaluationContext 中的指定对象，应采用与 OGNL 类似的格式：

```
#name
```

StandardEvaluationContext 提供了如下方法来设置 root 对象。

➤ setRootObject(Object rootObject)

在 SpEL 中访问 root 对象的属性时，可以省略 root 对象前缀。例如如下代码：

```
foo.bar  // 访问 rootObject 的 foo 属性的 bar 属性
```

当然，使用 Expression 对象计算表达式的值时，也可以直接指定 root 对象。例如上面程序中的粗体字代码：

```
exp.getValue(person, String.class)   // 以 person 对象作为 root 对象计算表达式的值
```

上面的程序中使用了一个简单的 Person 类，它只是一个普通的 Java Bean，读者可以参考配套代码中的 codes\04\4.12\Expression\src\org\crazyit\app\domain\Person.java 来了解该类的代码。

▶▶ 4.12.2 Bean 定义中的表达式语言支持

SpEL 的一个重要作用就是扩展 Spring 容器的功能，允许在 Bean 定义中使用 SpEL。在 XML

配置文件和注解中都可以使用 SpEL。在 XML 配置文件和注解中使用 SpEL 时，在表达式外面增加#{ }包围即可。

例如，有如下 Author 类。

程序清单：codes\04\4.12\SpEL_XML\src\org\crazyit\app\service\impl\Author.java

```java
public class Author implements Person
{
    private Integer id;
    private String name;
    private List<String> books;
    private Axe axe;
    // 省略所有的 setter 和 getter 方法
    ...
    public void useAxe()
    {
        System.out.println("我是"
            + name + ", 正在砍柴\n" + axe.chop());
    }
}
```

上面的 Author 类需要依赖注入 name、books、axe。当然，可以按照前面介绍的方式来进行配置，但如果使用 SpEL，则可以对 Spring 配置做进一步简化。

 提示：　本应用还使用了 Axe 接口和 SteelAxe 实现类，由于这个接口和这个实现类都非常简单，所以读者可自行参考配套代码中的 codes\04\4.12\SpEL_XML\src\org\crazyit\app\service\ 目录及其 impl 子目录来查看这两个源文件的代码。

下面使用 SpEL 对这个 Bean 进行配置，配置代码如下。

程序清单：codes\04\4.12\SpEL_XML\src\beans.xml

```xml
<?xml version="1.0" encoding="utf-8"?>
<!-- 指定 Spring 配置文件的根元素和 Schema
    导入 p:命名空间和 util:命名空间的元素 -->
<beans xmlns="http://www.springframework.org/schema/beans"
    xmlns:xsi="http://www.w3.org/2001/XMLSchema-instance"
    xmlns:p="http://www.springframework.org/schema/p"
    xmlns:util="http://www.springframework.org/schema/util"
    xsi:schemaLocation="http://www.springframework.org/schema/beans
    http://www.springframework.org/schema/beans/spring-beans.xsd
    http://www.springframework.org/schema/util
    http://www.springframework.org/schema/util/spring-util.xsd">
    <!-- 使用 util.properties 加载指定的资源文件 -->
    <util:properties id="confTest"
        location="classpath:test_zh_CN.properties"/>
    <!--
    配置 setName()的参数时，在表达式中调用方法
    配置 setAxe()的参数时，在表达式中创建对象
    配置调用 setBooks()的参数时，在表达式中访问其他 Bean 的属性 -->
    <bean id="author" class="org.crazyit.app.service.impl.Author"
        p:name="#{T(java.lang.Math).random()}"
        p:axe="#{new org.crazyit.app.service.impl.SteelAxe()}"
        p:books="#{ {confTest.a, confTest.b} }"/>
</beans>>
```

上面的粗体字代码就是利用 SpEL 进行配置的代码，使用 SpEL 可以在配置文件中调用方法、创建对象（这种方式可以代替嵌套 Bean 语法）、访问其他 Bean 的属性……总之，SpEL 支持的语

法都可以在这里使用，SpEL 极大地简化了 Spring 配置。

需要指出的是，在注解中使用 SpEL 与在 XML 配置文件中使用 SpEL 基本相似。关于 Spring 使用注解进行配置管理的内容请参考下一章的知识。

▶▶ 4.12.3 SpEL 语法详述

虽然 SpEL 在功能上大致与 JSP 2 的 EL 类似，但 SpEL 比 JSP 2 的 EL 更强大，接下来详细介绍 SpEL 所支持的各种语法细节。

1. 直接量表达式

直接量表达式是 SpEL 中最简单的表达式，直接量表达式就是在表达式中使用 Java 语言支持的直接量，包括字符串、日期、数值、boolean 值和 null。

例如如下代码片段：

```
// 使用直接量表达式
var exp = parser.parseExpression("'Hello World'");
System.out.println(exp.getValue(String.class));
exp = parser.parseExpression("0.23");
System.out.println(exp.getValue(Double.class));
```

2. 在表达式中创建数组

SpEL 表达式直接支持使用静态初始化、动态初始化两种语法来创建数组。例如如下代码片段：

```
// 创建一个数组
Expression exp = parser.parseExpression(
    "new String[]{'java', 'Spring MVC', 'Spring'}");
System.out.println(exp.getValue());
// 创建二维数组
exp = parser.parseExpression(
    "new int[2][4]");
System.out.println(exp.getValue());
```

3. 在表达式中创建 List 集合

SpEL 直接使用如下语法格式来创建 List 集合：

```
{ele1, ele2, ele3 ...}
```

例如如下代码：

```
//------------使用 SpEL 创建 List 集合------------
var exp = parser.parseExpression(
    "{'java', 'Spring MVC', 'Spring'}");
System.out.println(exp.getValue());
// 创建"二维"List 集合
exp = parser.parseExpression(
    "{{'疯狂 Java 讲义', '疯狂 Android 讲义'}, {'左传', '战国策'}}");
System.out.println(exp.getValue());
```

4. 在表达式中访问 List、Map 等集合元素

为了在 SpEL 中访问 List 集合的元素，可以使用如下语法格式：

```
list[index]
```

为了在 SpEL 中访问 Map 集合的元素，可以使用如下语法格式：

```
map[key]
```

例如如下代码：

```
var list = new ArrayList<String>();
```

```
list.add("Java");
list.add("Spring");
var map = new HashMap<String, Double>();
map.put("Java", 80.0);
map.put("Spring", 89.0);
// 创建一个 EvaluationContext 对象，作为 SpEL 解析变量的上下文
var ctx = new StandardEvaluationContext();
// 设置两个变量
ctx.setVariable("mylist", list);
ctx.setVariable("mymap", map);
// 访问 List 集合的第二个元素
System.out.println(parser
    .parseExpression("#mylist[1]").getValue(ctx));
// 访问 Map 集合的指定元素
System.out.println(parser
    .parseExpression("#mymap['Java']").getValue(ctx));
```

5. 调用方法

在 SpEL 中调用方法与在 Java 代码中调用方法没有任何区别。例如如下代码：

```
// 调用 String 对象的 substring()方法
System.out.println(parser
    .parseExpression("'HelloWorld'.substring(2, 5)")
    .getValue());
var list = new ArrayList<String>();
list.add("java");
list.add("struts");
list.add("spring");
list.add("hibernate");
// 创建一个 EvaluationContext 对象，作为 SpEL 解析变量的上下文
var ctx = new StandardEvaluationContext();
// 设置一个变量
ctx.setVariable("mylist", list);
// 调用指定变量所代表的对象的 subList()方法
System.out.println(parser
    .parseExpression("#mylist.subList(1, 3)").getValue(ctx));
```

6. 支持算术运算符、比较运算符、逻辑运算符、赋值运算符、三目运算符等

与 JSP 2 EL 类似的是 SpEL 同样支持算术运算符、比较运算符、逻辑运算符、赋值运算符、三目运算符等各种运算符。值得指出的是，在 SpEL 中使用赋值运算符的功能比较强大，这种赋值可以直接改变表达式所引用的实际对象。例如如下代码：

```
var list = new ArrayList<String>();
list.add("java");
list.add("struts");
list.add("spring");
list.add("hibernate");
// 创建一个 EvaluationContext 对象，作为 SpEL 解析变量的上下文
var ctx = new StandardEvaluationContext();
// 设置一个变量
ctx.setVariable("mylist", list);
// 对集合的第一个元素进行赋值
parser.parseExpression("#mylist[0]='疯狂 Java 讲义'")
    .getValue(ctx);
// 下面将输出"疯狂 Java 讲义"
System.out.println(list.get(0));
// 使用三目运算符
System.out.println(parser.parseExpression("#mylist.size()>3?"
    + "'myList 长度大于 3':'myList 长度不大于 3'")
    .getValue(ctx));
```

7. 类型运算符

SpEL 提供了一个特殊的运算符：T()，这个运算符用于告诉 SpEL 将该运算符内的字符串当成"类"处理，避免 Spring 对其进行其他解析。尤其是调用某个类的静态方法时，T()运算符特别有用。例如如下代码：

```
// 调用 Math 的静态方法
System.out.println(parser.parseExpression(
    "T(java.lang.Math).random()").getValue());
// 调用 Math 的静态方法
System.out.println(parser.parseExpression(
    "T(System).getProperty('os.name')").getValue());
```

正如从上面的代码中所看到的，在表达式中使用某个类时，推荐使用该类的全限定类名。但如果只写类名，不写包名，SpEL 也可以尝试处理，SpEL 使用 StandardTypeLocator 定位这些类，它默认会在 java.lang 包下查找这些类。

> **注意**
>
> T()运算符使用 java.lang 包下的类时可以省略包名，但使用其他包下的所有类时应使用全限定类名。

8. 调用构造器

SpEL 允许在表达式中直接使用 new 来调用构造器，这种调用可以创建一个 Java 对象。例如如下代码：

```
// 创建对象
System.out.println(parser.parseExpression(
    "new String('HelloWorld').substring(2, 4)")
    .getValue());
// 创建对象
System.out.println(parser.parseExpression(
    "new javax.swing.JFrame('测试')"
    + ".setVisible('true')").getValue());
```

9. 变量

SpEL 允许通过 EvaluationContext 来使用变量，该对象包含了一个 setVariable(String name, Object value)方法，该方法用于设置一个变量。

一旦在 EvaluationContext 中设置了变量，就可以在 SpEL 中通过#name 来访问该变量。前面已经有不少在 SpEL 中使用变量的例子，此处不再赘述。

值得指出的是，在 SpEL 中有如下两个特殊的变量。

➢ #this：引用 SpEL 当前正在计算的对象。

➢ #root：引用 SpEL 的 EvaluationContext 的 root 对象。

10. 自定义函数

SpEL 允许开发者开发自定义函数。类似于 JSP 2 的 EL 中的自定义函数，所谓自定义函数，也就是为 Java 方法重新起个名字而已。

通过 StandardEvaluationContext 的如下方法即可在 SpEL 中注册自定义函数。

➢ registerFunction(String name, Method m)：将 m 方法注册成自定义函数，该函数的名称为 name。

SpEL 自定义函数的作用并不大，因为 SpEL 本身已经允许在表达式语言中调用方法，因此将方法重新定义为自定义函数的意义不大。

11．Elvis 运算符

Elvis 运算符只是三目运算符的特殊写法，例如对于如下三目运算符的写法：

```
name != null ? name : "newVal"
```

上面的语句使用三目运算符需要将 name 变量写两次，因此比较烦琐。SpEL 允许将上面的写法简写为如下形式：

```
name?:"newVal"
```

12．安全导航操作

在 SpEL 中使用如下语句时可能引发 NullPointerException 异常：

```
foo.bar
```

如果 root 对象的 foo 属性本身已经是 null，那么上面的语句尝试访问 foo 属性的 bar 属性时自然就会引发异常。

为了避免上面的语句引发 NullPointerException 异常，SpEL 支持如下用法：

```
foo?.bar
```

上面语句在计算 root 对象的 foo 属性时，如果 foo 属性为 null，计算结果将直接返回 null，而不会引发 NullPointerException 异常。代码如下：

```
// 使用安全操作，将输出 null
System.out.println("----" + parser.parseExpression(
    "#foo?.bar").getValue());
// 不使用安全操作，将引发 NullPointerException 异常
System.out.println(parser.parseExpression(
    "#foo.bar").getValue());
```

13．集合选择

SpEL 允许直接对集合进行选择操作,这种选择操作可以根据指定表达式对集合元素进行筛选，只有符合条件的集合元素才会被选择出来。SpEL 集合选择的语法格式如下：

```
collection.?[condition_expr]
```

在上面的语法格式中，condition_expr 是一个根据集合元素定义的表达式，只有当该表达式返回 true 时，对应的集合元素才会被筛选出来。代码如下：

```
var list = new ArrayList<String>();
list.add("疯狂 Java 讲义");
list.add("疯狂 Ajax 讲义");
list.add("疯狂 iOS 讲义");
list.add("经典 Java EE 企业应用实战");
// 创建一个 EvaluationContext 对象，作为 SpEL 解析变量的上下文
var ctx = new StandardEvaluationContext();
ctx.setVariable("mylist", list);
// 判断集合元素的 length() 方法的返回值的长度大于 7，"疯狂 iOS 讲义"被剔除
var expr = parser.parseExpression
    ("#mylist.?[length()>7]");
System.out.println(expr.getValue(ctx));
var map = new HashMap<String, Double>();
map.put("Java", 89.0);
map.put("Spring", 82.0);
map.put("英语", 75.0);
ctx.setVariable("mymap", map);
// 判断 Map 集合的 value 值大于 80，只保留前面两个 Entry
expr = parser.parseExpression
    ("#mymap.?[value>80]");
System.out.println(expr.getValue(ctx));
```

正如上面的粗体字代码所示，这种集合选择既可对 List 集合进行筛选，也可对 Map 集合进行筛选。当操作 List 集合时，在 condition_expr 中访问的每个属性、方法都是以集合元素为主调的；当操作 Map 集合时，需要显式地用 key 引用 Map Entry 的 key，用 value 引用 Map Entry 的 value。

14. 集合投影运算

SpEL 允许对集合进行投影运算，这种投影运算将依次迭代每个集合元素，迭代时将根据指定表达式对集合元素进行计算得到一个新的结果，依次将每个结果收集成新的集合，这个新的集合将作为投影运算的结果。

SpEL 投影运算的语法格式如下：

```
collection.![condition_expr]
```

在上面的语法格式中，condition_expr 是一个根据集合元素定义的表达式。SpEL 会把 collection 集合中的元素依次传入 condition_expr 中，每个元素得到一个新的结果，所有计算出来的结果所组成的新结果就是该表达式的返回值。

例如，如下代码示范了集合投影运算：

```
var list = new ArrayList<String>();
list.add("疯狂 Java 讲义");
list.add("疯狂前端开发讲义");
list.add("疯狂 iOS 讲义");
list.add("经典 Java EE 企业应用实战");
// 创建一个 EvaluationContext 对象，作为 SpEL 解析变量的上下文
var ctx = new StandardEvaluationContext();
ctx.setVariable("mylist", list);
// 得到的新集合的元素是原集合的每个元素的 length()方法的返回值
Expression expr = parser.parseExpression
    ("#mylist.![length()]");
System.out.println(expr.getValue(ctx));
var list2 = new ArrayList<Person>();
list2.add(new Person(1, "孙悟空", 162));
list2.add(new Person(2, "猪八戒", 182));
list2.add(new Person(3, "牛魔王", 195));
ctx.setVariable("mylist2", list2);
// 得到的新集合的元素是原集合的每个元素的 name 属性值
expr = parser.parseExpression
    ("#mylist2.![name]");
System.out.println(expr.getValue(ctx));
```

上面代码中用到了一个简单的 Person 类，它只是一个非常简单的 Java Bean。关于该类的代码可以参考配套代码中 codes\04\4.12\SpELGrammar\src\org\crazyit\domain\目录下的 Person.java 文件。

15. 表达式模板

表达式模板有点类似于带占位符的国际化消息。例如如下带占位符的国际化消息：

```
今天的股票价格是：{1}
```

上面的消息可能生成如下字符串：

```
今天的股票价格是：123
```

上面字符串中的"123"需要每次动态改变。

实现这种需求可以借助 SpEL 的表达式模板的支持。表达式模板的本质是对"直接量表达式"的扩展，它允许在"直接量表达式"中插入一个或多个#{expr}，#{expr}将会被动态计算出来。

例如，如下程序示范了使用表达式模板：

```
var p1 = new Person(1, "孙悟空", 162);
```

```
var p2 = new Person(2, "猪八戒", 182);
var expr = parser.parseExpression(
    "我的名字是#{name},身高是#{height}",
    new TemplateParserContext());
// 将使用 p1 对象的 name、height 填充上面表达式模板中的#{}
System.out.println(expr.getValue(p1));
// 将使用 p2 对象的 name、height 填充上面表达式模板中的#{}
System.out.println(expr.getValue(p2));
```

正如从上面的程序中所看到的，使用 ExpressionParser 解析字符串模板时需要传入一个 TemplateParserContext 参数，该 TemplateParserContext 实现了 ParserContext 接口，它用于为表达式解析传入一些额外的信息，例如 TemplateParserContext 指定解析时需要计算 "#{" 和 "}" 之间的值。

📁 4.13　本章小结

本章简要介绍了 Spring 框架的相关方面，包括 Spring 框架的起源、背景及大致情况；详细介绍了如何在实际开发中使用 Spring 框架，以及如何利用 Eclipse 工具开发 Spring 应用。本章主要介绍了 Spring 框架的核心：IoC 容器，详细介绍了 Spring 容器的种种用法。在介绍 Spring 容器的同时，也介绍了 Spring 容器中的 Bean，以及 Bean 依赖的配置、各种特殊配置等，并详细介绍了 Bean 之间的继承、生命周期、作用域等知识。

本章也介绍了如何利用 XML Schema 来简化 Spring 配置，最后还介绍了 Spring 的一个重要特性：SpEL（Spring 表达式语言），SpEL 既可单独使用，也可与 Spring 容器结合使用，用于扩展 Spring 容器的功能。

下一章将介绍 Spring 框架的深入使用，包括利用 Spring IoC 容器扩展点，还将介绍 Spring 容器的另一个核心机制：AOP。此外，将重点介绍 Spring 与 MyBatis 框架的整合。

第 5 章
深入使用 Spring

本章要点

- 利用后处理器扩展 Spring 容器
- Bean 后处理器和容器后处理器
- "零配置"支持
- Spring 的资源访问策略
- 使用 Resource 作为属性
- 在 ApplicationContext 中使用资源
- AOP 的基本概念
- AspectJ 使用入门
- 生成 AOP 代理和 AOP 代理的作用
- 使用注解方式配置 AOP 代理
- 使用 XML 配置文件配置 AOP 代理
- 5 种 Advice 各自的特征与区别
- 访问目标方法的调用参数
- Spring 的缓存机制的特征与优势
- 使用@Cacheable 执行缓存
- 使用@CacheEvict 清除缓存
- Spring 的事务策略
- 使用 XML Schema 的事务配置方式
- 使用@Transactional 注解的事务配置方式
- MyBatis 与 Spring 整合的关键点和整合后的变化
- 在 Spring 容器中配置 Mapper 组件的两种方式
- 基于 SqlSession 实现 DAO 组件的两种方式

第 4 章已经介绍了 Spring 框架的基础内容，详细介绍了 Spring 容器的核心机制：依赖注入，并介绍了 Spring 容器对 Bean 的管理。实际上，第 4 章介绍的内容是大部分项目都需要使用的基础部分，很多时候，即使不使用 Spring 框架，在实际项目中也都会采用相同的策略。

但 Spring 框架的功能绝不是只有这些部分，Spring 框架允许开发者使用两种后处理器扩展 IoC 容器，这两种后处理器可以后处理 IoC 容器本身，或者对容器中所有的 Bean 进行后处理。IoC 容器还提供了 AOP 功能，极好地丰富了 Spring 容器的功能。

Spring AOP 是 Spring 框架另一个吸引人的地方。AOP 本身是一种非常前沿的编程思想，它从动态角度考虑程序运行过程，专门用于处理系统中分布于各个模块（不同方法）中的交叉关注点的问题，能更好地抽离出各模块的交叉关注点。

Spring 的声明式事务管理正是通过 AOP 来实现的。当然，如果仅仅想使用 Spring 的声明式事务管理，其实完全无须掌握 AOP，但如果希望开发出结构更优雅的应用，例如集中处理应用的权限控制、系统日志等需求，则应该使用 AOP 来处理。

此外，本章还将详细介绍 Spring 与 MyBatis 框架的整合。

5.1　两种后处理器

Spring 框架提供了很好的扩展性，除了可以与各种第三方框架良好整合，其 IoC 容器也允许开发者进行扩展，这种扩展甚至无须实现 BeanFactory 或 ApplicationContext 接口，而是允许通过两种后处理器对 IoC 容器进行扩展。Spring 提供了两种常用的后处理器。

➢ Bean 后处理器：这种后处理器对容器中的 Bean 进行后处理，对 Bean 进行额外加强。

➢ 容器后处理器：这种后处理器对 IoC 容器进行后处理，用于增强容器功能。

下面将介绍这两种常用的后处理器及其相关知识。

5.1.1　Bean 后处理器

Bean 后处理器是一种特殊的 Bean，这种特殊的 Bean 并不对外提供服务，它甚至无须使用 id 属性，它主要负责对容器中的其他 Bean 执行后处理，例如为容器中的目标 Bean 生成代理等。

Bean 后处理器会在 Bean 实例创建成功之后，对 Bean 实例进行进一步的增强处理。

Bean 后处理器必须实现 BeanPostProcessor 接口，BeanPostProcessor 接口包含如下两个方法。

➢ Object postProcessBeforeInitialization(Object bean, String name) throws BeansException：该方法的第一个参数是系统即将进行后处理的 Bean 实例，第二个参数是该 Bean 的配置 id。

➢ Object postProcessAfterInitialization(Object bean, String name) throws BeansException：该方法的第一个参数是系统即将进行后处理的 Bean 实例，第二个参数是该 Bean 的配置 id。

实现该接口的 Bean 后处理器必须实现这两个方法，这两个方法会对容器中的 Bean 进行后处理，会在目标 Bean 初始化之前、初始化之后分别被回调，这两个方法用于对容器中的 Bean 实例进行增强处理。

❋ **注意** ❋

Bean 后处理器是对 IoC 容器一种极好的扩展，Bean 后处理器可以对容器中的 Bean 进行后处理，而到底要对 Bean 进行怎样的后处理则完全取决于开发者。Spring 容器负责把各 Bean 创建出来，Bean 后处理器（由开发者提供）可以依次对每个 Bean 进行某种修改、增强，从而可以对容器中的 Bean 集中增加某种功能。

下面将定义一个简单的 Bean 后处理器，该 Bean 后处理器将对容器中的其他 Bean 进行后处理。Bean 后处理器的代码如下。

程序清单：codes\05\5.1\BeanPostProcessor\src\org\crazyit\app\util\MyBeanPostProcessor.java

```java
public class MyBeanPostProcessor implements BeanPostProcessor
{
    /**
     * 对容器中的 Bean 实例进行后处理
     * @param bean 需要进行后处理的原 Bean 实例
     * @param beanName 需要进行后处理的 Bean 的配置 id
     * @return 返回后处理完成后的 Bean
     */
    public Object postProcessBeforeInitialization(Object bean, String)
    {
        System.out.println("Bean 后处理器在初始化之前对"
            + beanName + "进行增强处理...");
        // 返回的处理后的 Bean 实例，该实例就是容器中实际使用的 Bean
        // 该 Bean 实例甚至可以与原 Bean 截然不同
        return bean;
    }
    public Object postProcessAfterInitialization(Object bean, String beanName)
    {
        System.out.println("Bean 后处理器在初始化之后对"
            + beanName + "进行增强处理...");
        // 如果该 Bean 是 Chinese 类的实例
        if (bean instanceof Chinese)
        {
            try
            {
                // 通过反射修改其 name 成员变量
                var clazz = bean.getClass();
                var f = clazz.getDeclaredField("name");
                f.setAccessible(true);
                f.set(bean, "FKJAVA:" + f.get(bean));
            }
            catch (Exception ex){ ex.printStackTrace();}
        }
        return bean;
    }
}
```

上面程序中的两行粗体字代码实现了对 Bean 进行增强处理的逻辑，当 Spring 容器实例化 Bean 实例之后，就会依次调用 Bean 后处理器的两个方法对 Bean 实例进行增强处理。

下面是 Chinese Bean 类的代码。该类实现了 InitializingBean 接口（并实现了该接口包含的 afterPropertiesSet()方法），还额外提供了一个初始化方法（init()方法），这两个方法都用于定制该 Bean 实例的生命周期行为。

程序清单：codes\05\5.1\BeanPostProcessor\src\org\crazyit\app\service\impl\Chinese.java

```java
public class Chinese implements Person, InitializingBean
{
    private Axe axe;
    private String name;
    public Chinese()
    {
        System.out.println("Spring 实例化主调 bean：Chinese 实例...");
    }
    public void setAxe(Axe axe)
    {
        this.axe = axe;
    }
    public void setName(String name)
    {
        System.out.println("Spring 执行 setName()方法注入依赖关系...");
```

```
        this.name = name;
    }
    public void useAxe()
    {
        System.out.println(name + axe.chop());
    }
    // 下面是两个生命周期方法
    public void init()
    {
        System.out.println("正在执行初始化方法 init...");
    }
    public void afterPropertiesSet() throws Exception
    {
        System.out.println("正在执行初始化方法 afterPropertiesSet...");
    }
}
```

在配置文件中配置 Bean 后处理器和配置普通 Bean 完全一样，但有一点需要指出，通常程序无须主动获取 Bean 后处理器，因此在配置文件中可以无须为 Bean 后处理器指定 id 属性。在下面的配置文件中因为需要手动注册 Bean 后处理器，所以依然为 Bean 后处理器指定了 id 属性。

程序清单：codes\05\5.1\BeanPostProcessor\src\beans.xml

```xml
<?xml version="1.0" encoding="utf-8"?>
<beans xmlns:xsi="http://www.w3.org/2001/XMLSchema-instance"
    xmlns="http://www.springframework.org/schema/beans"
    xmlns:p="http://www.springframework.org/schema/p"
    xsi:schemaLocation="http://www.springframework.org/schema/beans
    http://www.springframework.org/schema/beans/spring-beans.xsd">
    <!-- 配置两个普通 Bean 实例 -->
    <bean id="steelAxe" class="org.crazyit.app.service.impl.SteelAxe"/>
    <bean id="chinese" class="org.crazyit.app.service.impl.Chinese"
        init-method="init" p:axe-ref="steelAxe" p:name="依赖注入的值"/>
    <!-- 配置 Bean 后处理器，可以无须指定 id 属性 -->
    <bean class="org.crazyit.app.util.MyBeanPostProcessor"/>
</beans>
```

上面文件的粗体字代码配置了一个 Bean 后处理器，这个 Bean 后处理器将会对容器中的所有 Bean 实例进行后处理。为了更好地观察到 Bean 后处理器的后处理方法的执行时机，程序还为 chinese Bean 指定了两个初始化方法。

➤ 通过 init-method 指定了初始化方法。

➤ 实现 InitializingBean 接口，提供了 afterPropertiesSet 初始化方法。

该示例的主程序如下。

程序清单：codes\05\5.1\BeanPostProcessor\src\lee\BeanTest.java

```java
public class BeanTest
{
    public static void main(String[] args) throws Exception
    {
        // 以类加载路径下的 beans.xml 文件来创建 Spring 容器
        var ctx = new ClassPathXmlApplicationContext("beans.xml");
        var p = (Person) ctx.getBean("chinese");
        p.useAxe();
    }
}
```

从上面的代码可以看出，在该程序中根本看不到任何关于 Bean 后处理器的代码，这是因为：如果使用 ApplicationContext 作为 Spring 容器，Spring 容器会自动检测容器中的所有 Bean，如果发现某个 Bean 类实现了 BeanPostProcessor 接口，ApplicationContext 会自动将其注册为 Bean 后处理器。

运行上面的程序，可以看到如下运行结果：

```
...
Spring 执行 setName()方法注入依赖关系...
Bean 后处理器在初始化之前对 chinese 进行增强处理...
正在执行初始化方法 afterPropertiesSet...
正在执行初始化方法 init...
Bean 后处理器在初始化之后对 chinese 进行增强处理...
...
FKJAVA:依赖注入的值钢斧砍柴真快
```

从上面的运行结果可以看出，虽然在配置文件中指定 chinese Bean 的 name 为"依赖注入的值"，但该 chinese Bean 的 name 成员变量的值被修改了，增加了"FKJAVA:"前缀——这就是 Bean 后处理器的作用。

在容器中一旦注册了 Bean 后处理器，Bean 后处理器就会自动启动，当容器中每个 Bean 被创建时自动工作，加入 Bean 后处理器需要完成的工作。从上面的执行过程可以看出，Bean 后处理器的两个方法的回调时机如图 5.1 所示。

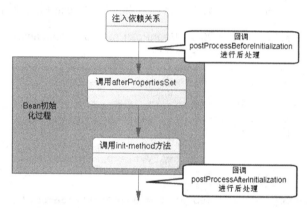

图 5.1　Bean 后处理器的两个方法的回调时机

实现 BeanPostProcessor 接口的 Bean 后处理器可以对 Bean 进行任何操作，包括完全忽略这个回调。通常 BeanPostProcessor 用来检查标记接口，或者做如将 Bean 包装成一个 Proxy 的事情，Spring 的很多工具类就是通过 Bean 后处理器完成的。

如果使用 BeanFactory 作为 Spring 容器，则必须手动注册 Bean 后处理器。程序必须获取 Bean 后处理器实例，然后手动注册。在这种需求下，程序可能需要在配置文件中为 Bean 处理器指定 id 属性，这样才能让 Spring 容器先获取 Bean 后处理器，然后注册它。因此，如果使用 BeanFactory 作为 Spring 容器，则需要将主程序改为如下形式。

程序清单：codes\05\5.1\BeanPostProcessor\src\lee\BeanTest.java

```java
public class BeanTest
{
    public static void main(String[] args) throws Exception
    {
        // 搜索类加载路径下的beans.xml 文件创建 Resource 对象
        var isr = new ClassPathResource("beans.xml");
        // 创建默认的 BeanFactory 容器
        var beanFactory = new DefaultListableBeanFactory();
        // 让默认的 BeanFactory 容器加载 isr 对应的 XML 配置文件
        new XmlBeanDefinitionReader(beanFactory).loadBeanDefinitions(isr);
        // 获取容器中的 Bean 后处理器
        var bp = (BeanPostProcessor) beanFactory.getBean("bp");
        // 注册 Bean 后处理器
        beanFactory.addBeanPostProcessor(bp);
```

```
        var p = (Person) beanFactory.getBean("chinese");
    }
}
```

正如从上面粗体字代码所看到的，程序中的 bp 就是 Bean 后处理器的配置 id，一旦程序获取了 Bean 后处理器，即可调用 BeanFactory 的 addBeanPostProcessor()方法来注册该 Bean 后处理器。

▶▶ 5.1.2　Bean 后处理器的用处

上一节介绍了一个简单的 Bean 后处理器，该 Bean 后处理器负责对容器中的 chinese Bean 进行后处理，不管 chinese Bean 如何初始化，总是为 chinese Bean 的 name 属性添加 "FKJAVA:" 前缀。这种后处理看起来作用并不是特别大。

实际中，Bean 后处理器完成的工作更加实际，例如生成 Proxy。Spring 框架本身提供了大量的 Bean 后处理器，这些后处理器负责对容器中的 Bean 进行后处理。

下面是 Spring 提供的两个常用的后处理器。

➢ BeanNameAutoProxyCreator：根据 Bean 实例的 name 属性，创建 Bean 实例的代理。

➢ DefaultAdvisorAutoProxyCreator：根据提供的 Advisor，对容器中的所有 Bean 实例创建代理。

上面提供的两个 Bean 后处理器都用于根据容器中配置的拦截器，创建代理 Bean。代理 Bean 就是对目标 Bean 进行增强，在目标 Bean 的基础上进行修改得到的新 Bean。

提示：
　　如果要对容器中某一批 Bean 进行通用的增强处理，则可以考虑使用 Bean 后处理器。

▶▶ 5.1.3　容器后处理器

除了上面提到的 Bean 后处理器，Spring 还提供了一种容器后处理器。Bean 后处理器负责处理容器中的所有 Bean 实例，而容器后处理器则负责处理容器本身。

容器后处理器必须实现 BeanFactoryPostProcessor 接口，实现该接口必须实现如下方法。

➢ postProcessBeanFactory(ConfigurableListableBeanFactory beanFactory)

实现该方法的方法体就是对 Spring 容器进行的处理，这种处理可以对 Spring 容器进行自定义扩展。当然，也可以对 Spring 容器不进行任何处理。

注意
　　开发者不可能完全替换 Spring 容器（如果完全替换 Spring 容器，那么就没必要使用 Spring 框架了），因此 postProcessBeanFactory()方法只是对 Spring 容器进行后处理，该方法无须有任何返回值。

类似于 BeanPostProcessor，ApplicationContext 可自动检测到容器中的容器后处理器，并且自动注册容器后处理器。但若使用 BeanFactory 作为 Spring 容器，则必须手动调用该容器后处理器来处理 BeanFactory 容器。

下面定义了一个容器后处理器，这个容器后处理器实现了 BeanFactoryPostProcessor 接口，但并未对 Spring 容器进行任何处理，只是打印出一行简单的信息。

程序清单：codes\05\5.1\BeanFactoryPostProcessor\src\org\crazyit\app\util\MyBeanFactoryPostProcessor.java

```
public class MyBeanFactoryPostProcessor implements BeanFactoryPostProcessor
{
    /**
    * 重写该方法，对 Spring 进行后处理
    * @param beanFactory Spring 容器本身
    */
```

```
public void postProcessBeanFactory(
    ConfigurableListableBeanFactory beanFactory) throws BeansException
{
    System.out.println("程序对 Spring 所做的 BeanFactory 的初始化没有改变...");
    System.out.println("Spring 容器是：" + beanFactory);
}
}
```

将容器后处理器作为普通 Bean 部署在容器中，如果使用 ApplicationContext 作为容器，容器会自动调用 BeanFactoryPostProcessor 来处理 Spring 容器。但如果使用 BeanFactory 作为 Spring 容器，则必须手动调用容器后处理器来处理 Spring 容器。例如如下主程序。

程序清单：codes\05\5.1\BeanFactoryPostProcessor\src\lee\BeanTest.java

```
public class BeanTest
{
    public static void main(String[] args)
    {
        // 以 ApplicationContext 作为 Spring 容器
        // 它会自动注册容器后处理器、Bean 后处理器
        var ctx = new ClassPathXmlApplicationContext("beans.xml");
        var p = (Person) ctx.getBean("chinese");
        p.useAxe();
    }
}
```

上面程序中的粗体字代码使用了 ApplicationContext 作为 Spring 容器，Spring 容器会自动检测容器中的所有 Bean，如果发现某个 Bean 类实现了 BeanFactoryPostProcessor 接口，ApplicationContext 会自动将其注册为容器后处理器。

实现 BeanFactoryPostProcessor 接口的容器后处理器不仅可以对 BeanFactory 执行后处理，也可以对 ApplicationContext 容器执行后处理。容器后处理器还可用来注册额外的属性编辑器。

> **注意**
> Spring 没有提供 ApplicationContextPostProcessor。也就是说，对于 ApplicationContext 容器，一样使用 BeanFactoryPostProcessor 作为容器后处理器。

Spring 提供了如下几个常用的容器后处理器。

➤ PropertyPlaceholderConfigurer：属性占位符配置器。
➤ PropertyOverrideConfigurer：重写占位符配置器。
➤ CustomAutowireConfigurer：自定义自动装配的配置器。
➤ CustomScopeConfigurer：自定义作用域的配置器。

从上面的介绍可以看出，容器后处理器通常用于对 Spring 容器进行处理，并且总是在容器实例化任何其他的 Bean 之前，读取配置文件的元数据，并有可能修改这些元数据。

如果有需要，程序可以配置多个容器后处理器，并且可设置 order 属性来控制容器后处理器的执行次序。

> **注意**
> 为了给容器后处理器指定 order 属性，要求容器后处理器必须实现 Ordered 接口，因此在实现 BeanFactoryPostProcessor 时，就应当考虑实现 Ordered 接口。

容器后处理器的作用域范围是容器级的，即：它只对容器本身进行处理，而不对容器中的 Bean 进行处理；如果需要对容器中的 Bean 实例进行后处理，则应该考虑使用 Bean 后处理器，而不是使用容器后处理器。

▶▶ 5.1.4　属性占位符配置器

Spring 提供了 PropertyPlaceholderConfigurer，它是一个容器后处理器，负责读取 Properties 属性文件中的属性值，并将这些属性值设置成 Spring 配置文件的数据。

通过使用 PropertyPlaceholderConfigurer 后处理器，可以将 Spring 配置文件中的部分数据放在属性文件中设置。这种配置方式的优势是：可以将部分相似的配置（比如数据库的 URL、用户名和密码）放在特定的属性文件中，如果只需要修改这部分配置，则无须修改 Spring 配置文件，修改属性文件即可。

在下面的配置文件中配置了 PropertyPlaceholderConfigurer 后处理器，在配置数据源 Bean 时，使用了属性文件中的属性值。

程序清单：codes\05\5.1\PropertyPlaceholderConfigurer\src\beans.xml

```xml
<?xml version="1.0" encoding="utf-8"?>
<beans xmlns:xsi="http://www.w3.org/2001/XMLSchema-instance"
    xmlns="http://www.springframework.org/schema/beans"
    xmlns:p="http://www.springframework.org/schema/p"
    xsi:schemaLocation="http://www.springframework.org/schema/beans
    http://www.springframework.org/schema/beans/spring-beans.xsd">
    <!-- PropertyPlaceholderConfigurer 是一个容器后处理器，它会读取
    属性文件信息，并将这些信息设置成 Spring 配置文件的数据 -->
    <bean class=
        "org.springframework.beans.factory.config.PropertyPlaceholderConfigurer">
        <property name="locations">
            <list>
                <value>dbconn.properties</value>
                <!-- 如果有多个属性文件，依次在下面列出来 -->
                <!--value>wawa.properties</value-->
            </list>
        </property>
    </bean>
    <!-- 定义数据源 Bean，使用 C3P0 数据源实现 -->
    <bean id="dataSource" class="com.mchange.v2.c3p0.ComboPooledDataSource"
        destroy-method="close"
        p:driverClass="${jdbc.driverClassName}"
        p:jdbcUrl="${jdbc.url}"
        p:user="${jdbc.username}"
        p:password="${jdbc.password}"/>
</beans>
```

在上面的配置文件中，在配置 driverClass、jdbcUrl 等信息时，并未直接设置这些属性的属性值，而是设置了 ${jdbc.driverClassName} 和 ${jdbc.url} 属性值，这表明 Spring 容器将从 propertyConfigurer 指定的属性文件中搜索这些 key 对应的 value，并为该 Bean 的属性值设置这些 value 值。

如前所述，ApplicationContext 会自动检测部署在容器中的容器后处理器，无须额外注册，容器会自动检测并注册 Spring 中的容器后处理器。因此，只需要提供如下 Properties 文件。

程序清单：codes\05\5.1\PropertyPlaceholderConfigurer\src\dbconn.properties

```
jdbc.driverClassName=com.mysql.cj.jdbc.Driver
jdbc.url=jdbc:mysql://localhost:3306/spring?serverTimezone=UTC
jdbc.username=root
jdbc.password=32147
```

通过这种方法，可以从主 XML 配置文件中分离出部分配置信息。如果仅需要修改数据库连接属性，则无须修改主 XML 配置文件，只需要修改该属性文件即可。采用属性占位符的配置方式，支持使用多个属性文件。通过这种方式，可以将配置文件分割成多个属性文件，从而降低修改配置文件产生错误的风险。

> **注意**
>
> 对于数据库连接等信息集中的配置，可以在 Properties 属性文件中配置，但不要过多地将 Spring 配置信息抽离到 Properties 属性文件中，否则可能会降低 Spring 配置文件的可读性。

对于采用基于 XML Schema 的配置文件而言，如果导入了 context:命名空间，则可采用如下方式来配置该属性占位符。

```
<!-- location 指定 Properties 文件的位置 -->
<context:property-placeholder location="classpath:db.properties"/>
```

也就是说，<context:property-placeholder.../>元素是 PropertyPlaceholderConfigurer 的简化配置。

▶▶ 5.1.5 重写占位符配置器

PropertyOverrideConfigurer 是 Spring 提供的另一个容器后处理器，这个后处理器的作用比上面介绍的那个容器后处理器的功能更加强大——PropertyOverrideConfigurer 的属性文件指定的信息可以直接覆盖 Spring 配置文件中的元数据。

如果 PropertyOverrideConfigurer 的属性文件指定了一些配置的元数据，则这些配置的元数据将会覆盖原配置文件中相应的数据。在这种情况下，可以认为 Spring 配置信息是 XML 配置文件和属性文件的总和，当 XML 配置文件和属性文件指定的元数据不一致时，属性文件的信息取胜。

使用 PropertyOverrideConfigurer 的属性文件，每条属性应保持如下格式：

```
beanId.property=value
```

beanId 是属性占位符试图覆盖的 Bean 的 id，property 是试图覆盖的属性名（对应于调用 setter 方法）。看如下配置文件。

程序清单：codes\05\5.1\PropertyOverrideConfigurer\src\beans.xml

```xml
<?xml version="1.0" encoding="utf-8"?>
<beans xmlns:xsi="http://www.w3.org/2001/XMLSchema-instance"
    xmlns="http://www.springframework.org/schema/beans"
    xsi:schemaLocation="http://www.springframework.org/schema/beans
    http://www.springframework.org/schema/beans/spring-beans.xsd">
    <!-- PropertyOverrideConfigurer 是一个容器后处理器，它会读取
    属性文件信息，并用这些信息覆盖 Spring 配置文件的数据 -->
    <bean class=
        "org.springframework.beans.factory.config.PropertyOverrideConfigurer">
        <property name="locations">
            <list>
                <value>dbconn.properties</value>
                <!-- 如果有多个属性文件，依次在下面列出来 -->
            </list>
        </property>
    </bean>
    <!-- 定义数据源 Bean，使用 C3P0 数据源实现，
        在配置该 Bean 时没有指定任何信息，但 Properties 文件里的
        信息将会直接覆盖该 Bean 的属性值 -->
    <bean id="dataSource" class="com.mchange.v2.c3p0.ComboPooledDataSource"
        destroy-method="close"/>
</beans>
```

在上面的配置文件中配置数据源 Bean 时，没有指定任何属性值。很明显，在配置数据源 Bean 时，不指定有效信息是无法连接到数据库服务的。

但因为 Spring 容器中部署了一个 PropertyOverrideConfigurer 容器后处理器，而且 Spring 容器使用 ApplicationContext 作为容器，它会自动检测容器中的容器后处理器，并使用该容器后处理器

来处理 Spring 容器。

PropertyOverrideConfigurer 后处理器读取 dbconn.properties 文件中的属性，用于覆盖目标 Bean 的属性。因此，如果属性文件中有 dataSource Bean 属性的设置，则可在配置文件中为该 Bean 指定属性值，这些属性值将会覆盖 dataSource Bean 的各属性值。

dbconn.properties 属性文件如下。

程序清单：codes\05\5.1\PropertyOverrideConfigurer\src\dbconn.properties

```
dataSource.driverClass=com.mysql.cj.jdbc.Driver
dataSource.jdbcUrl=jdbc:mysql://localhost:3306/spring?serverTimezone=UTC
dataSource.user=root
dataSource.password=32147
```

在属性文件中每条属性的格式必须是：

```
beanId.property=value
```

也就是说，dataSource 必须是容器中真实存在的 Bean 的 id，否则程序将出错。

> **注意**
>
> 　程序无法知道 BeanFactory 定义是否被覆盖。仅仅通过查看 XML 配置文件，无法知道配置文件的配置信息是否被覆盖。如果有多个 PorpertyOverrideConfigurer 对同一个 Bean 属性进行了覆盖，最后一次覆盖将会获胜。

对于采用基于 XML Schema 的配置文件而言，如果导入了 context Schema，则可采用如下方式来配置这种重写占位符。

```
<!-- location 指定 Properties 文件的位置 -->
<context:property-override location="classpath:db.properties"/>
```

也就是说，<context:property-override.../>元素是 PorpertyOverrideConfigurer 的简化配置。

5.2　"零配置"支持

在曾经的岁月里，Java 和 XML 是如此"恩爱"，许多人认为 Java 是跨平台的语言，而 XML 是跨平台的数据交换格式，所以 Java 和 XML 应该是"天作之合"。在这种潮流下，以前的 Java 框架不约而同地选择了 XML 文件作为配置文件。

时至今日，Java 框架又都开始对 XML 配置方式"弃置不顾"，几乎所有的主流 Java 框架都打算支持"零配置"特性，包括前面介绍的 MyBatis，以及现在要介绍的 Spring，都开始支持使用注解来代替 XML 配置文件。

▶▶ 5.2.1　搜索 Bean 类

既然不再使用 Spring 配置文件来配置任何 Bean 实例，那么只能希望 Spring 会自动搜索某些路径下的 Java 类，并将这些 Java 类注册成 Bean 实例。

Spring 没有采用"约定优于配置"的策略，Spring 依然要求程序员显式指定搜索哪些路径下的 Java 类，Spring 将会把合适的 Java 类全部注册成 Spring Bean。现在的问题是：Spring 怎么知道应该把哪些 Java 类当成 Bean 类处理呢？这就需要使用注解了，Spring 通过使用一些特殊的注解来标注 Bean 类。Spring 提供了如下几个注解来标注 Spring Bean。

- ➤ @Component：标注一个普通的 Spring Bean 类。
- ➤ @Controller：标注一个控制器组件类。
- ➤ @Service：标注一个业务逻辑组件类。

> ➢ @Repository：标注一个 DAO 组件类。

如果需要定义一个普通的 Spring Bean，则直接使用@Component 标注即可。但如果用 @Repository、@Service 或@Controller 来标注 Bean 类，那么这些 Bean 类将被作为特殊的 Java EE 组件对待，也许能更好地被工具处理，或与切面进行关联。例如，这些典型化的注解可以成为理想的切入点目标。

@Controller、@Service 和@Repository 能携带更多的语义。因此，如果需要在 Java EE 应用中使用这些标注，则应尽量考虑使用@Controller、@Service 和@Repository 来代替通用的@Component 标注。

当指定了某些类可作为 Spring Bean 类使用后，还需要让 Spring 搜索指定路径，此时需要在 Spring 配置文件中导入 context Schema，并指定一个简单的搜索路径。

下面示例定义了一系列 Java 类，并使用@Component 来标注它们。

程序清单：codes\05\5.2\Component\src\org\crazyit\app\service\impl\Chinese.java

```java
@Component
public class Chinese implements Person
{
    private Axe axe;
    // axe 的 setter 方法
    public void setAxe(Axe axe)
    {
        this.axe = axe;
    }
    // 省略其他方法
    ...
}
```

程序清单：codes\05\5.2\Component\src\org\crazyit\app\service\impl\SteelAxe.java

```java
@Component
public class SteelAxe implements Axe
{
    public String chop()
    {
        return "钢斧砍柴真快";
    }
}
```

程序清单：codes\05\5.2\Component\src\org\crazyit\app\service\impl\StoneAxe.java

```java
@Component
public class StoneAxe implements Axe
{
    public String chop()
    {
        return "石斧砍柴好慢";
    }
}
```

这些 Java 类与前面介绍的 Bean 类没有太大区别，只是每个 Java 类都使用了@Component 注解修饰，这表明这些 Java 类都将作为 Spring 的 Bean 类。

接下来需要在 Spring 配置文件中指定搜索路径，Spring 将会自动搜索该路径下的所有 Java 类，并根据这些 Java 类来创建 Bean 实例。本应用的配置文件如下。

程序清单：codes\05\5.2\Component\src\beans.xml

```xml
<?xml version="1.0" encoding="utf-8"?>
<beans xmlns="http://www.springframework.org/schema/beans"
    xmlns:xsi="http://www.w3.org/2001/XMLSchema-instance"
    xmlns:context="http://www.springframework.org/schema/context"
```

```
xsi:schemaLocation="http://www.springframework.org/schema/beans
http://www.springframework.org/schema/beans/spring-beans.xsd
http://www.springframework.org/schema/context
http://www.springframework.org/schema/context/spring-context.xsd">
<!-- 自动扫描指定包及其子包下的所有 Bean 类 -->
<context:component-scan
    base-package="org.crazyit.app.service"/>
</beans>
```

上面配置文件中的最后一行粗体字代码指定 Spring 将会把 org.crazyit.app.service 包及其子包下的所有 Java 类都当成 Spring Bean 来处理，并为每个 Java 类创建对应的 Bean 实例。经过上面的步骤，在 Spring 容器中就会自动增加三个 Bean 实例（前面定义的三个类都是位于 org.crazyit.app.service.impl 包下的）。主程序如下。

程序清单：codes\05\5.2\Component\src\lee\BeanTest.java

```
public class BeanTest
{
    public static void main(String[] args)
    {
        // 创建 Spring 容器
        var ctx = new ClassPathXmlApplicationContext("beans.xml");
        // 获取 Spring 容器中的所有 Bean 实例的名称
        System.out.println("--------------" +
            java.util.Arrays.toString(ctx.getBeanDefinitionNames()));
    }
}
```

上面程序中的粗体字代码输出了 Spring 容器中所有 Bean 实例的名称。运行上面的程序，将看到如下输出结果：

```
--------------[steelAxe, chinese, stoneAxe,
org.springframework.context.annotation.internalConfigurationAnnotationProcessor,
org.springframework.context.annotation.internalAutowiredAnnotationProcessor,
org.springframework.context.annotation.internalRequiredAnnotationProcessor,
org.springframework.context.event.internalEventListenerProcessor,
org.springframework.context.event.internalEventListenerFactory]
```

从上面的输出结果可以看出，Spring 容器中三个 Bean 实例的名称分别为 steelAxe、chinese 和 stoneAxe。这些名称是从哪里来的呢？在 XML 配置方式下，每个 Bean 实例的名称都是由其 id 属性指定的；在基于注解的方式下，Spring 采用约定的方式来为这些 Bean 实例指定名称，这些 Bean 实例的名称默认是 Bean 类的首字母小写，其他部分不变。

当然，Spring 也允许在使用@Component 标注时指定 Bean 实例的名称，例如如下代码片段：

```
// 指定该类作为 Spring Bean, Bean 实例名为 axe
@Component("axe")
public class SteelAxe implements Axe
{
    ...
}
```

上面程序中的粗体字代码指定该 Bean 实例的名称为 axe。

在默认情况下，Spring 会自动搜索所有以@Component、@Controller、@Service 和@Repository 标注的 Java 类，并将它们当成 Spring Bean 来处理。

Spring 还提供了@Lookup 注解来执行 lookup 方法注入，其实@Lookup 注解的作用完全等同于 <lookup-method.../>元素。前面介绍该元素时已说明，使用该元素需要指定如下两个属性。

➢ name：指定执行 lookup 方法注入的方法名。
➢ bean：指定执行 lookup 方法注入所返回的 Bean 的 id。

而@Lookup 注解则直接修饰需要执行 lookup 方法注入的方法，因此无须指定 name 属性。该注解要指定一个 value 属性，value 属性就等同于元素的 bean 属性。

此外，还可通过为元素添加或子元素来指定 Spring Bean 类，其中用于强制 Spring 处理某些 Bean 类，即使这些类没有使用 Spring 注解修饰；而则用于强制将某些 Spring 注解修饰的类排除在外。

元素指定满足该规则的 Java 类会被当成 Bean 类处理，元素指定满足该规则的 Java 类不会被当成 Bean 类处理。在使用这两个元素时都要求指定如下两个属性。

➢ type：指定过滤器类型。

➢ expression：指定过滤器所需要的表达式。

Spring 内置了如下 4 种过滤器。

➢ annotation：注解过滤器，该过滤器需要指定一个注解名，如 lee.AnnotationTest。

➢ assignable：类名过滤器，该过滤器直接指定一个 Java 类。

➢ regex：正则表达式过滤器，该过滤器指定一个正则表达式，匹配该正则表达式的 Java 类将满足该过滤规则，如 org\.example\.default.*。

➢ aspectj：AspectJ 过滤器，如 org.example..*Service+。

例如，在下面的配置文件中指定所有以 Chinese、Axe 结尾的类都将被当成 Spring Bean 处理。

程序清单：codes\05\5.2\FilterScan\src\beans.xml

```xml
<?xml version="1.0" encoding="utf-8"?>
<beans xmlns="http://www.springframework.org/schema/beans"
    xmlns:xsi="http://www.w3.org/2001/XMLSchema-instance"
    xmlns:context="http://www.springframework.org/schema/context"
    xsi:schemaLocation="http://www.springframework.org/schema/beans
    http://www.springframework.org/schema/beans/spring-beans.xsd
    http://www.springframework.org/schema/context
    http://www.springframework.org/schema/context/spring-context.xsd">
    <!-- 自动扫描指定包及其子包下的所有 Bean 类 -->
    <context:component-scan
        base-package="org.crazyit.app.service">
        <!-- 只将以 Chinese、Axe 结尾的类当成 Spring 容器中的 Bean -->
        <context:include-filter type="regex"
            expression=".*Chinese"/>
        <context:include-filter type="regex"
            expression=".*Axe"/>
    </context:component-scan>
</beans>
```

上面粗体字配置指定将以 Chinese、Axe 结尾的类配置成容器中的 Bean（即使它们没有 Spring 注解修饰），因此程序中的 Chinese、SteelAxe 和 StoneAxe 类无须使用@Component 注解修饰，Spring 也会将它们配置成容器中的 Bean。

➢➢ 5.2.2 指定 Bean 的作用域

当使用 XML 配置方式来配置 Bean 实例时，可以通过 scope 来指定 Bean 实例的作用域，没有指定 scope 属性的 Bean 实例的作用域默认是 singleton。

当采用零配置方式来管理 Bean 实例时，可以使用@Scope 注解，只要在该注解中提供作用域的名称即可。例如可以定义如下 Java 类：

```java
// 指定该 Bean 实例的作用域为 prototype
@Scope("prototype")
// 指定该类作为 Spring Bean，Bean 实例名为 axe
@Component("axe")
public class SteelAxe implements Axe
{
    ...
}
```

在一些极端的情况下，如果不想使用基于注解的方式来指定作用域，而是希望提供自定义的作用域解析器，让自定义的解析器实现 ScopeMetadataResolver 接口，并提供自定义的作用域解析策略，然后在配置扫描器时指定解析器的全限定类名即可。看如下配置片段：

```
<beans ...>
    ...
    <context:component-scan base-package="org.crazyit.app"
        scope-resolver="org.crazyit.app.util.MyScopeResolver"/>
    ...
</beans>
```

此外，Spring 4.3 还新增了@ApplicationScope、@SessionScope、@RequestScope 这三个注解，它们分别对应于@Scope("application")、@Scope("session")、@Scope("request")，且 proxyMode 属性被设为 ScopedProxyMode.TARGET_CLASS。

➤➤ 5.2.3　使用@Resource、@Value 配置依赖

@Resource 位于 javax.annotation 包下，是来自 Java EE 规范的一个注解，Spring 直接借鉴了该注解，通过使用该注解为目标 Bean 指定合作者 Bean。

 提示：
关于@Resource 注解的详细用法，读者可以参考《经典 Java EE 企业应用实战》，这本书中有@Resource 及 Java EE 规范中依赖注入的介绍。

@Resource 有一个 name 属性，在默认情况下，Spring 将其值解释为需要被注入的 Bean 实例的 id。换句话说，使用@Resource 与<property.../>元素的 ref 属性有相同的效果。

@Value 则相当于<property.../>元素的 value 属性，用于为 Bean 的标量属性配置属性值。@Value 注解还可使用表达式。

@Resource、@Value 不仅可以修饰 setter 方法，而且可以直接修饰实例变量。如果使用@Resource、@Value 修饰实例变量将会更加简单，此时 Spring 将会直接使用 Java EE 规范的 Field 注入，连 setter 方法都可以不要。

例如如下 Bean 类。

程序清单：codes\05\5.2\Resource\src\org\crazyit\app\service\impl\Chinese.java

```java
@Component
public class Chinese implements Person
{
    // 修饰实例变量，直接使用 Field 注入
    @Value("#{T(Math).PI}")
    private String name;
    private Axe axe;
    // axe 的 setter 方法
    @Resource(name = "stoneAxe")
    public void setAxe(Axe axe)
    {
        this.axe = axe;
    }
    // 实现 Person 接口的 useAxe()方法
    public void useAxe()
    {
        // 调用 axe 的 chop()方法
        // 表明 Person 对象依赖 axe 对象
        System.out.println(axe.chop());
    }
}
```

上面 Chinese 类中的第一行粗体字代码使用了 @Value 注解为 name 成员变量设置值，且该值使用了 SpEL 表达式；第二行粗体字代码定义了一个 @Resource 注解，该注解指定将容器中的 stoneAxe 作为 setAxe() 方法的参数。

> **提示：**
>
> Java 9 及以上版本采用了模块化设计，Java SE 默认没有提供 @Resource 注解，因此，本示例需要额外增加 javax.annotation-api 这个 JAR 包（读者可在 codes\05\lib 目录下找到 javax.annotation-api-1.3.2.jar 文件）。下面的 @PostConstruct 和 @PreDestroy 两个注解同样也需要该 JAR 包。

Spring 允许使用 @Resource 时省略 name 属性，当使用省略了 name 属性的 @Resource 修饰 setter 方法时，name 属性值默认为该 setter 方法去掉前面的 set 子串、首字母小写后得到的子串。例如，使用 @Resource 标注 setName() 方法，Spring 默认会注入容器中名为 name 的组件；当使用省略了 name 属性的 @Resource 修饰实例变量时，name 属性值默认与该实例变量同名。例如，使用 @Resource 标注 name 实例变量，Spring 默认会注入容器中名为 name 的组件。

▶▶ 5.2.4　使用 @PostConstruct 和 @PreDestroy 定制生命周期行为

@PostConstruct 和 @PreDestroy 同样位于 javax.annotation 包下，也是来自 Java EE 规范的两个注解，Spring 直接借鉴了它们，用于定制 Spring 容器中 Bean 的生命周期行为。

前面介绍 Spring 生命周期时提到了 <bean.../> 元素，它可以指定 init-method 和 destroy-method 两个属性。

- ➢ init-method 指定 Bean 的初始化方法——Spring 容器将会在 Bean 的依赖关系注入完成后回调该方法。
- ➢ destroy-method 指定 Bean 销毁之前的方法——Spring 容器将会在销毁该 Bean 之前回调该方法。

@PostConstruct 和 @PreDestroy 两个注解的作用大致与此相似，它们都用于修饰方法，不需要任何属性。其中前者修饰的方法是 Bean 的初始化方法；而后者修饰的方法是 Bean 销毁之前的方法。

例如如下 Bean 实现类。

程序清单：codes\05\5.2\lifecycle\src\org\crazyit\app\service\impl\Chinese.java

```java
@Component
public class Chinese implements Person
{
    // 执行 Field 注入
    @Resource(name = "steelAxe")
    private Axe axe;
    // 实现 Person 接口的 useAxe() 方法
    public void useAxe()
    {
        // 调用 axe 的 chop() 方法
        // 表明 Person 对象依赖 axe 对象
        System.out.println(axe.chop());
    }
    @PostConstruct
    public void init()
    {
        System.out.println("正在执行初始化的 init 方法...");
    }
    @PreDestroy
    public void close()
    {
```

```
        System.out.println("正在执行销毁之前的 close 方法...");
    }
}
```

上面的 Chinese 类中使用@PostConstruct 修饰了 init()方法，这就让 Spring 在该 Bean 的依赖关系注入完成之后回调该方法；使用@PreDestroy 修饰了 close()方法，这就让 Spring 在销毁该 Bean 之前回调该方法。

▶▶ 5.2.5 @DependsOn 和@Lazy

Spring 还提供了两个注解：@DependsOn 和@Lazy，其中@DependsOn 用于强制初始化其他 Bean；而@Lazy 则用于指定该 Bean 是否取消预初始化。

@DependsOn 可以修饰 Bean 类或方法，在使用该注解时可以指定一个字符串数组作为参数，每个数组元素对应于一个强制初始化的 Bean。例如以下代码：

```
@DependsOn({"steelAxe", "abc"})
@Component
public class Chinese implements Person
{
    ...
}
```

上面代码中使用@DependsOn 修饰了 Chinese 类，这就指定在初始化 chinese Bean 之前，会强制初始化 steelAxe、abc 两个 Bean。

@Lazy 修饰 Spring Bean 类用于指定该 Bean 的预初始化行为，在使用该注解时可指定一个 boolean 类型的 value 属性，该属性决定是否要预初始化该 Bean。

例如如下代码：

```
@Lazy(true)
@Component
public class Chinese implements Person
{
    ...
}
```

上面的粗体字注解指定当 Spring 容器初始化时，不会预初始化 chinese Bean。

▶▶ 5.2.6 自动装配和精确装配

Spring 提供了@Autowired 注解来指定自动装配，@Autowired 可以修饰 setter 方法、普通方法、实例变量和构造器等。当使用@Autowired 标注 setter 方法时，默认采用 byType 自动装配策略。

例如下面的代码：

```
@Component
public class Chinese implements Person
{
    ...
    // axe 的 setter 方法
    @Autowired
    public void setAxe(Axe axe)
    {
        this.axe = axe;
    }
    ...
}
```

上面代码中使用了@Autowired 指定对 setAxe()方法进行自动装配，Spring 将会自动搜索容器中类型为 Axe 的 Bean 实例，并将该 Bean 实例作为 setAxe()方法的参数传入。如果正好在容器中找到一个类型为 Axe 的 Bean，Spring 就会以该 Bean 为参数来执行 setAxe()方法；如果在容器中找到多个类型为 Axe 的 Bean，Spring 会引发异常；如果在容器中没有找到类型为 Axe 的 Bean，Spring 什么都不执行，也不会引发异常。

Spring 还允许使用@Autowired 来标注带多个参数的普通方法，如下面的代码所示：

```
@Component
public class Chinese implements Person
{
    ...
    // 可接受带多个参数的普通方法
    @Autowired
    public void prepare(Axe axe, Dog dog)
    {
        this.axe = axe;
        this.dog = dog;
    }
    ...
}
```

当使用@Autowired 修饰带多个参数的普通方法时，Spring 会自动到容器中寻找类型匹配的 Bean，如果恰好为每个参数都找到一个类型匹配的 Bean，Spring 就会自动以这些 Bean 作为参数来调用该方法。以上面的 prepare(Axe axe, Dog dog)方法为例，Spring 会自动寻找容器中类型为 Axe、Dog 的 Bean，如果在容器中恰好找到一个类型为 Axe 的 Bean 和一个类型为 Dog 的 Bean，Spring 就会以这两个 Bean 作为参数来调用 prepare()方法。

@Autowired 也可用于修饰构造器和实例变量，如下面的代码所示：

```
@Component
public class Chinese implements Person
{
    @Autowired
    private Axe axe;
    @Autowired
    public Chinese(Axe axe, Dog dog)
    {
        this.axe = axe;
        this.dog = dog;
    }
    ...
}
```

当使用@Autowired 修饰一个实例变量时，Spring 将会把容器中与该实例变量类型匹配的 Bean 设置为该实例变量的值。例如，程序中使用@Autowired 标注了 private Axe axe，Spring 会自动搜索容器中类型为 Axe 的 Bean。如果恰好找到一个该类型的 Bean，Spring 就会将该 Bean 设置成 axe 实例变量的值；如果容器中包含多个 Axe 类型的实例，则 Spring 容器会抛出 BeanCreateException 异常。

@Autowired 甚至可以用于修饰数组类型的成员变量，如下面的代码所示：

```
@Component
public class Chinese implements Person
{
    @Autowired
    private Axe[] axes;
    ...
}
```

正如从上面的代码中所看到的，被@Autowired 修饰的 axes 实例变量的类型是 Axe[]数组，在这种情况下，Spring 会自动搜索容器中的所有 Axe 实例，并以这些 Axe 实例作为数组元素来创建数组，最后将该数组赋给上面 Chinese 实例的 axes 实例变量。

与此类似的是，@Autowired 还可用于标注集合类型的实例变量，或标注形参类型的集合方法，

Spring 对这种集合属性、集合形参的处理与前面对数组类型的处理是完全相同的。例如如下代码：

```
@Component
public class Chinese implements Person
{
    private Set<Axe> axes;
    @Autowired
    public void setAxes(Set<Axe> axes)
    {
        this.axes = axes;
    }
    ...
}
```

对于这种集合类型的参数而言，程序中必须使用泛型，正如上面程序中的粗体字代码所示，程序中指定了该方法参数是 Set<Axe>类型，这表明 Spring 会自动搜索容器中的所有 Axe 实例，并将这些实例注入 axes 实例变量中。如果程序中没有使用泛型来指定集合元素的类型，Spring 将会不知所措。

由于@Autowired 默认使用 byType 策略来完成自动装配，系统可能出现有多个匹配类型的候选组件，此时就会导致异常。

Spring 提供了一个@Primary 注解，该注解用于将指定候选 Bean 设置为主候选者 Bean。例如如下 Chinese 类。

程序清单：codes\05\5.2\Primary\src\org\crazyit\app\service\impl\Chinese.java

```
@Component
public class Chinese implements Person
{
    private Dog dog;
    @Autowired
    public void setGunDog(Dog dog)
    {
        this.dog = dog;
    }
    public void test()
    {
        System.out.println("我是一个普通人，养了一条狗："
            + dog.run());
    }
}
```

上面的 Chinese 类使用@Autowired 修饰了 setGunDog(Dog dog)方法，这意味着 Spring 会从容器中寻找类型为 Dog 的 Bean 来完成依赖注入，如果容器中有两个类型为 Dog 的 Bean，Spring 容器就会引发异常。

此时可通过@Primary 注解修饰特定的 Bean 类，将它设置为主候选者 Bean，这样 Spring 将会直接注入有@Primary 修饰的 Bean，不会理会其他符合类型的 Bean。例如如下 PetDog 类。

程序清单：codes\05\5.2\Primary\src\org\crazyit\app\service\impl\PetDog.java

```
@Component
@Primary
public class PetDog implements Dog
{
    @Value("小花")
    private String name;
    ...
}
```

上面程序中使用@Primary 修饰了 PetDog 类，因此该 Bean 将会作为主候选者 Bean，Spring 会把该 Bean 作为参数注入所有需要 Dog 实例的 setter 方法、构造器中。

Spring 4 及以上版本增强后的@Autowired 注解还可以根据泛型进行自动装配。例如，在项目中定义了 Dao 组件（后文会介绍，Dao 组件是 Java EE 应用中最重要的一类组件，用于执行数据库访问），本示例的基础 Dao 组件代码如下。

程序清单：codes\05\5.2\Autowired\src\org\crazyit\app\dao\impl\BaseDaoImpl.java

```java
public class BaseDaoImpl<T> implements BaseDao<T>
{
    public void save(T e)
    {
        System.out.println("程序保存对象：" + e);
    }
}
```

BaseDaoImpl 类中定义了所有 Dao 组件都应该实现的通用方法，而应用的其他 Dao 组件则只要继承 BaseDaoImpl，并指定不同的泛型参数即可。例如如下 UserDaoImpl 和 ItemDaoImpl。

程序清单：codes\05\5.2\Autowired\src\org\crazyit\app\dao\impl\UserDaoImpl.java

```java
@Component("userDao")
public class UserDaoImpl extends BaseDaoImpl<User>
    implements UserDao
{
}
```

ItemDaoImpl 也与此类似。

程序清单：codes\05\5.2\Autowired\src\org\crazyit\app\dao\impl\ItemDaoImpl.java

```java
@Component("itemDao")
public class ItemDaoImpl extends BaseDaoImpl<Item>
    implements ItemDao
{
}
```

接下来程序希望定义两个 Service 组件：UserServiceImpl 和 ItemServiceImp，其中 UserServiceImpl 需要依赖 UserDaoImpl 组件，ItemServiceImpl 需要依赖 ItemDaoImpl 组件，传统的做法可能需要为 UserServiceImpl、ItemServiceImpl 分别定义成员变量，并配置依赖注入。

考虑到 UserServiceImpl、ItemServiceImpl 依赖的都是 BaseDaoImpl 组件的子类，只是泛型参数不同而已——程序可以直接定义一个 BaseServiceImpl，该组件依赖 BaseDaoImpl 即可。例如如下代码。

程序清单：codes\05\5.2\Autowired\src\org\crazyit\app\service\impl\BaseServiceImpl.java

```java
public class BaseServiceImpl<T> implements BaseService<T>
{
    @Autowired
    private BaseDao<T> dao;
    public void addEntity(T entity)
    {
        System.out.println("调用" + dao
            + "保存实体：" + entity);
    }
}
```

上面程序中的两行粗体字代码指定 Spring 应该寻找容器中类型为 BaseDao<T>的 Bean，并将该 Bean 设置为 dao 实例变量的值。注意到 BaseDao<T>类型中的泛型参数 T，Spring 4 及以上版本不仅会根据 BaseDao 类型进行搜索，还会严格匹配泛型参数 T。

接下来程序只要定义如下 UserServiceImpl 即可。

程序清单：codes\05\5.2\Autowired\src\org\crazyit\app\service\impl\UserServiceImpl.java

```java
@Component("userService")
```

```
public class UserServiceImpl extends BaseServiceImpl<User>
    implements UserService
{
}
```

UserServiceImpl 继承了 BaseServiceImpl<User>，这就相当于指定了上面 BaseDao<T>类型中 T 的类型为 User，因此 Spring 会在容器中寻找类型为 BaseDao<User>的 Bean——此时会找到 UserDaoImpl 组件，这就实现了将 UserDaoImpl 注入 UserServiceImpl 组件。

ItemServiceImpl 的处理方法与此类似，这样就可以很方便地将 ItemDaoImpl 注入 ItemServiceImpl 组件——而程序只要在 UserServiceImpl、ItemServiceImpl 的基类中定义成员变量，并配置依赖注入即可。这就是 Spring 4 及以上版本增强的自动装配。

该示例的主程序如下。

程序清单：codes\05\5.2\Autowired\src\lee\BeanTest.java

```
public class BeanTest
{
    public static void main(String[] args) throws Exception
    {
        // 创建 Spring 容器
        var ctx = new ClassPathXmlApplicationContext("beans.xml");
        var us = ctx.getBean("userService", UserService.class);
        us.addEntity(new User());
        var is = ctx.getBean("itemService", ItemService.class);
        is.addEntity(new Item());
    }
}
```

该主程序只是获取容器中的 userService、itemService 两个 Bean，并调用它们的方法。编译、运行该程序，可以看到如下输出：

```
调用 org.crazyit.app.dao.impl.UserDaoImpl@6950e31 保存实体：
org.crazyit.app.domain.User@b7dd107
调用 org.crazyit.app.dao.impl.ItemDaoImpl@42eca56e 保存实体：
org.crazyit.app.domain.Item@52f759d7
```

从上面的输出可以看出，Spring 4 及以上版本的@Autowired 可以精确地利用泛型执行自动装配，这样即可实现将 UserDaoImpl 注入 UserServiceImpl 组件，将 ItemDaoImpl 注入 ItemServiceImpl 组件。

正如从上面所看到的，@Autowired 总是采用 byType 的自动装配策略，在这种策略下，符合自动装配类型的候选 Bean 实例常常有多个，这个时候就可能引发异常（数组类型的参数、集合类型的参数则不会）。

为了实现精确的自动装配，Spring 提供了@Qualifier 注解，使用该注解允许根据 Bean 的 id 来执行自动装配。

 提示：

　　使用@Qualifier 注解的意义并不太大，如果程序使用@Autowired 和@Qualifier 来实现精确的自动装配，还不如直接使用@Resource 注解执行依赖注入。

通常@Qualifier 可用于修饰实例变量，如下面的代码所示。

程序清单：codes\05\5.2\Qualifier\src\org\crazyit\app\service\impl\Chinese.java

```
@Component
public class Chinese implements Person
{
    @Autowired
    @Qualifier("steelAxe")
    private Axe axe;
```

```
// axe 的 setter 方法
public void setAxe(Axe axe)
{
    this.axe = axe;
}
// 实现 Person 接口的 useAxe()方法
public void useAxe()
{
    // 调用 axe 的 chop()方法
    // 表明 Person 对象依赖于 axe 对象
    System.out.println(axe.chop());
}
}
```

上面的配置文件中指定了 axe 实例变量将使用自动装配策略，且精确指定了被装配的 Bean 实例名称是 steelAxe，这意味着 Spring 将会搜索容器中名为 steelAxe 的 Axe 实例，并将该实例设为该 axe 实例变量的值。

此外，Spring 还允许使用@Qualifier 标注方法的形参，如下面的代码所示（程序清单同上）。

```
@Component
public class Chinese
    implements Person
{
    private Axe axe;
    // axe 的 setter 方法
    @Autowired
    public void setAxe(@Qualifier("steelAxe") Axe axe)
    {
        this.axe = axe;
    }
    // 实现 Person 接口的 useAxe()方法
    public void useAxe()
    {
        // 调用 axe 的 chop()方法
        // 表明 Person 对象依赖 axe 对象
        System.out.println(axe.chop());
    }
}
```

上面代码中的粗体字注解指明 Spring 应该搜索容器中 id 为 steelAxe 的 Axe 实例，并将该实例作为 setAxe()方法的参数传入。

➤➤ 5.2.7　Spring 5 新增的注解

当使用@Autowired 注解执行自动装配时，该注解可指定一个 required 属性，该属性默认为true——这意味着该注解修饰的 Field 或 setter 方法必须被依赖注入，否则 Spring 会在初始化容器时报错。

> **注意**
>
> 　　@Autowired 的自动装配与在 XML 配置中指定 autowire="byType"的自动装配存在区别：autowire="byType"的自动装配如果找不到候选 Bean，Spring 容器只是不执行注入，并不报错；但@Autowired 的自动装配如果找不到候选 Bean，Spring 容器会直接报错。

为了让@Autowired 的自动装配找不到候选 Bean 时不报错（只是不执行依赖注入），现在有两种解决方式。

➤ 将@Autowired 的 required 属性指定为 false。

➤ 使用 Spring 5 新增的@Nullable 注解。

例如，如下代码示范了这两种方式。

```
@Component
public class Chinese implements Person
{
    private Dog dog;
    @Autowired(required = false)
    public void setGunDog(@Nullable Dog dog)
    {
        this.dog = dog;
    }
    public void test()
    {
        System.out.println("我是一个普通人,养了一条狗: "
            + dog.run());
    }
}
```

上面代码中同时使用了两种方式来指定 setGunDog()方法找不到被装配的 Bean 时不报错，实际上，只需要使用其中一种方式即可。也就是说，如果指定了 required = false，就可以不使用@Nullable 注解；如果使用了@Nullable 注解，就可以不指定 required=false。

此外，Spring 5 还引入了如下新的注解。

➤ @NonNull：该注解主要用于修饰参数、返回值和 Field，声明它们不允许为 null。

➤ @NonNullApi：该注解用于修饰包，表明该包内 API 的参数、返回值都不应该为 null。如果希望该包内某些参数、返回值可以为 null，则需要使用@Nullable 修饰它们。

➤ @NonNullFields：该注解也用于修饰包，表明该包内的 Field 都不应该为 null。如果希望该包内的某些 Field 可以为 null，则需要使用@Nullable 修饰它们。

从上面的介绍不难看出，这三个注解的功能基本相似，区别只是作用范围不同：@NonNull 每次只能影响被修饰的参数、返回值和 Field；而@NonNullApi、@NonNullFields 则会对整个包起作用，其中@NonNullApi 的作用范围是包内的所有参数+返回值，@NonNullFields 的作用范围是包内的所有 Field。

5.3　资源访问

正如从前面内容所看到的，在创建 Spring 容器时通常需要访问 XML 配置文件。此外，程序中可能有大量地方需要访问各种类型的文件、二进制流等——Spring 把这些文件、二进制流等统称为资源。

在官方提供的标准 API 里，资源访问通常由 java.net.URL 和文件 IO 来完成，如果需要访问来自网络的资源，则通常会选择 URL 类。

 提示:
　关于 URL 类的用法，请参阅疯狂 Java 体系的《疯狂 Java 讲义》一书。

使用 URL 类可以处理一些常规的资源访问问题，但依然不能很好地满足所有底层资源访问的需要，比如，暂时还无法在类加载路径或相对于 ServletContext 的路径中访问资源。虽然 Java 允许使用特定的 URL 前缀注册新的处理类（例如已有的 http:前缀的处理类），但是这样做通常比较复杂，而且 URL 接口还缺少一些有用的功能，比如检查所指向的资源是否存在等。

Spring 改进了 Java 资源访问的策略，Spring 为资源访问提供了一个 Resource 接口，该接口提供了更强的资源访问能力，Spring 框架本身大量使用了 Resource 来访问底层资源。

　　Resource 本身是一个接口，是具体资源访问策略的抽象，也是所有资源访问类所实现的接口。Resource 接口主要提供了如下几个方法。

> getInputStream()：定位并打开资源，返回资源对应的输入流。每次调用都返回新的输入流，调用者必须负责关闭输入流。

> exists()：返回 Resource 所指向的资源是否存在。

> isOpen()：返回资源文件是否打开。如果资源文件不能被多次读取，那么每次读取结束时都应该显式关闭资源文件，以防止资源泄漏。

> getDescription()：返回资源的描述信息。当资源处理出错时输出该信息，通常是全限定文件名或实际 URL。

> getFile：返回资源对应的 File 对象。

> getURL：返回资源对应的 URL 对象。

　　最后两个方法通常无须使用，仅在通过简单方式访问无法实现时，Resource 才提供传统的资源访问功能。

　　Resource 接口本身没有提供访问任何底层资源的实现逻辑，针对不同的底层资源，Spring 将会提供不同的 Resource 实现类，不同的实现类负责不同的资源访问逻辑。

提示：
　　Spring 的 Resource 设计是一种典型的策略模式，通过使用 Resource 接口，客户端程序可以在不同的资源访问策略之间自由切换。

　　Resource 不仅可以在 Spring 的项目中使用，也可以直接作为资源访问的工具类使用。意思是说：即使不使用 Spring 框架，也可以使用 Resource 作为工具类，用来代替 URL。当然，使用 Resource 接口会让代码与 Spring 的接口耦合在一起，但这种耦合只是部分工具集的耦合，不会造成太大的代码污染。

▶▶ 5.3.1　Resource 实现类

　　Resource 接口是 Spring 资源访问的接口，具体的资源访问由该接口的实现类完成。Spring 为 Resource 接口提供了大量的实现类。

> UrlResource：访问网络资源的实现类。

> ClassPathResource：访问类加载路径下资源的实现类。

> FileSystemResource：访问文件系统里资源的实现类。

> ServletContextResource：访问相对于 ServletContext 路径下的资源的实现类。

> InputStreamResource：访问输入流资源的实现类。

> ByteArrayResource：访问字节数组资源的实现类。

　　针对不同的底层资源，这些 Resource 实现类提供了相应的资源访问逻辑，并提供了便捷的包装，以利于客户端程序的资源访问。

1. 访问网络资源

　　访问网络资源通过 UrlResource 类实现。UrlResource 是 java.net.URL 类的包装，主要用于访问之前通过 URL 类访问的资源对象。URL 资源通常应该提供标准的协议前缀。例如，file:用于访问文件系统；http:用于通过 HTTP 协议访问资源；ftp:用于通过 FTP 协议访问资源等。

　　UrlResource 类实现了 Resource 接口，对 Resource 的全部方法提供了实现，完全支持 Resource 的全部 API。下面示例示范了使用 UrlResource 访问文件系统资源。

程序清单：codes\05\5.3\UrlResource\src\lee\UrlResourceTest.java

```
public class UrlResourceTest
{
```

```
public static void main(String[] args) throws Exception
{
    // 创建一个 Resource 对象，指定从文件系统里读取资源
    var ur = new UrlResource("file:book.xml");
    // 获取该资源的简单信息
    System.out.println(ur.getFilename());
    System.out.println(ur.getDescription());
    // 创建基于 SAX 的 Dom4j 解析器
    var reader = new SAXReader();
    var doc = reader.read(ur.getFile());
    // 获取根元素
    var el = doc.getRootElement();
    var l = el.elements();
    // 遍历根元素的全部子元素
    for (var it = l.iterator(); it.hasNext(); )
    {
        // 每个节点都是<书>节点
        var book = (Element) it.next();
        var ll = book.elements();
        // 遍历<书>节点的全部子节点
        for (var it2 = ll.iterator(); it2.hasNext(); )
        {
            var eee = (Element) it2.next();
            System.out.println(eee.getText());
        }
    }
}
```

上面程序中的粗体字代码使用 UrlResource 来访问本地磁盘资源。虽然 UrlResource 是为访问网络资源而设计的，但通过使用 file:前缀也可访问本地磁盘资源。如果需要访问网络资源，则可以使用如下两个常用前缀。

➤ http:——该前缀用于访问基于 HTTP 协议的网络资源。

➤ ftp:——该前缀用于访问基于 FTP 协议的网络资源。

UrlResource 是对 java.net.URL 的封装，所以 UrlResource 支持的前缀与 URL 类所支持的前缀完全相同。

将应用所需的 book.xml 文件放在应用的当前路径下，运行程序，即可看到使用 UrlResource 访问本地磁盘资源的效果。

2．访问类加载路径下的资源

ClassPathResource 用于访问类加载路径下的资源。相对于其他的 Resource 实现类，ClassPathResource 的主要优势是方便访问类加载路径下的资源，尤其对于 Web 应用，ClassPathResource 可自动搜索位于 WEB-INF/classes 下的资源文件，无须使用绝对路径访问。

下面示例示范了将 book.xml 文件放在类加载路径下，然后使用如下程序访问它。

程序清单：codes\05\5.3\ClassPathResource\src\lee\ClassPathResourceTest.java

```
public class ClassPathResourceTest
{
    public static void main(String[] args) throws Exception
    {
        // 创建一个 Resource 对象，从类加载路径下读取资源
        var cr = new ClassPathResource("book.xml");
        // 获取该资源的简单信息
        System.out.println(cr.getFilename());
```

```
            System.out.println(cr.getDescription());
            // 该程序的剩下部分与前一个程序完全相同
            ...
        }
    }
```

上面程序中的粗体字代码用于访问类加载路径下的 book.xml 文件，对比前面进行资源访问的示例程序，发现两个程序除进行资源访问的代码有所区别之外，其他代码基本一致，这就是 Spring 资源访问的优势——消除了底层资源访问的差异，允许程序以一致的方式来访问不同的底层资源。

ClassPathResource 实例可使用 ClassPathResource 构造器显式创建，但更多的时候它都是被隐式创建的。当执行 Spring 的某个方法时，该方法接收一个代表资源路径的字符串参数，当 Spring 识别出该字符串参数中包含 classpath:前缀后，系统将会自动创建 ClassPathResource 对象。

3．访问文件系统资源

Spring 提供的 FileSystemResource 类用于访问文件系统资源。使用 FileSystemResource 访问文件系统资源并没有太大的优势，因为 Java 提供的 File 类也可用于访问文件系统资源。

当然，使用 FileSystemResource 也可消除底层资源访问的差异，程序通过统一的 Resource API 来进行资源访问。下面的程序示范了使用 FileSystemResource 来访问文件系统资源。

程序清单：codes\05\5.3\FileSystemResource\src\lee\FileSystemResourceTest.java

```java
public class FileSystemResourceTest
{
    public static void main(String[] args) throws Exception
    {
        // 默认从文件系统的当前路径下加载book.xml资源
        var fr = new FileSystemResource("book.xml");
        // 获取该资源的简单信息
        System.out.println(fr.getFilename());
        System.out.println(fr.getDescription());
        // 该程序的剩下部分与前一个程序完全相同
        ...
    }
}
```

与前两种使用 Resource 进行资源访问的区别在于：资源字符串确定的资源，位于本地文件系统内，而且无须使用任何前缀。

FileSystemResource 实例可使用 FileSystemResource 构造器显式创建，但更多的时候它都是被隐式创建的。当执行 Spring 的某个方法时，该方法接收一个代表资源路径的字符串参数，当 Spring 识别出该字符串参数中包含 file:前缀后，系统将会自动创建 FileSystemResource 对象。

4．访问应用相关资源

Spring 提供了 ServletContextResource 类来访问 Web Context 下的相对路径下的资源，ServletContextResource 构造器接收一个代表资源位置的字符串参数，该资源位置是相对于 Web 应用根路径位置的。

使用 ServletContextResource 访问的资源，也可通过文件 IO 访问或 URL 访问。通过 java.io.File 访问要求资源被解压缩，而且在本地文件系统中；而使用 ServletContextResource 访问时则无须关心资源是否被解压缩，或者直接存放在 JAR 文件中，总可通过 Servlet 容器访问。

当程序试图直接通过 File 来访问 Web Context 下的相对路径下的资源时，应该先使用 ServletContext 的 getRealPath()方法获得资源绝对路径，再以该绝对路径来创建 File 对象。

下面把 book.xml 文件放在 Web 应用的 WEB-INF 路径下，然后通过 JSP 页面来直接访问该文件。值得指出的是，在默认情况下，不能直接通过 JSP 页面访问 WEB-INF 路径下的任何资源，所以该应用中的 JSP 页面需要使用 ServletContextResource 来访问资源。下面是 JSP 页面的代码。

程序清单：codes\05\5.3\ServletContextResource\test.jsp

```
<h3>测试ServletContextResource</h3>
<%
// 从 Web Context 下的 WEB-INF 路径下读取 book.xml 资源
ServletContextResource src = new ServletContextResource
    (application, "WEB-INF/book.xml");
// 获取该资源的简单信息
out.println(src.getFilename() + "<br>");
out.println(src.getDescription() + "<br>");
// 创建基于 SAX 的 Dom4j 解析器
SAXReader reader = new SAXReader();
Document doc = reader.read(src.getFile());
// 获取根元素
Element el = doc.getRootElement();
List l = el.elements();
// 遍历根元素的全部子元素
for (Iterator it = l.iterator(); it.hasNext(); )
{
    // 每个节点都是<书>节点
    Element book = (Element) it.next();
    List ll = book.elements();
    // 遍历<书>节点的全部子节点
    for (Iterator it2 = ll.iterator(); it2.hasNext(); )
    {
        Element eee = (Element) it2.next();
        out.println(eee.getText());
        out.println("<br>");
    }
}
%>
```

上面程序中的粗体字代码指定应用从 Web Context 下的 WEB-INF 路径下读取 book.xml 资源，该示例恰好将 book.xml 文件放在应用的 WEB-INF 路径下，通过使用 ServletContextResource 就可以让 JSP 页面直接访问 WEB-INF 下的资源了。

将应用部署在 Tomcat 中，然后启动 Tomcat，再打开浏览器访问该 JSP 页面，将看到如图 5.2 所示的效果。

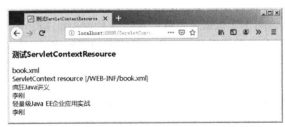

图 5.2　使用 ServletContextResource 的效果

5. 访问字节数组资源

Spring 提供了 InputStreamResource 来访问二进制输入流资源，InputStreamResource 是针对输入流的 Resource 实现，只有当没有合适的 Resource 实现时，才考虑使用该 InputStreamResource。在通常情况下，优先考虑使用 ByteArrayResource，或者基于文件的 Resource 实现。

与其他 Resource 实现不同的是，InputStreamResource 是一个总是被打开的 Resource，所以 isOpen()方法总是返回 true。因此，如果需要多次读取某个流，就不要使用 InputStreamResource。

在创建 InputStreamResource 实例时应提供一个 InputStream 参数。

在一些个别的情况下，InputStreamResource 是有用的。例如，从数据库中读取一个 Blob 对象，程序需要获取该 Blob 对象的内容，就可先通过 Blob 的 getBinaryStream()方法获取二进制输入流，再将该二进制输入流包装成 Resource 对象，然后就可通过该 Resource 对象来访问该 Blob 对象所包含的资源了。

> **注意 ✷**
>
> 虽然 InputStreamResource 是适用性很广的 Resource 实现，但效率并不高。因此，尽量不要使用 InputStreamResource 作为参数，而应尽量使用 ByteArrayResource 或 FileSystemResource 代替它。

Spring 提供的 ByteArrayResource 用于直接访问字节数组资源，字节数组是一种常见的信息传输方式：网络 Socket 之间的信息交换，或者线程之间的信息交换等，字节数组都被作为信息载体。ByteArrayResource 可将字节数组包装成 Resource 使用。

如下程序示范了如何使用 ByteArrayResource 来读取字节数组资源。出于演示的目的，程序中字节数组直接通过字符串来获得。

程序清单：codes\05\5.3\ByteArrayResource\src\lee\ByteArrayResourceTest.java

```java
public class ByteArrayResourceTest
{
    public static void main(String[] args) throws Exception
    {
        var file = "<?xml version='1.0' encoding='gbk'?>"
            + "<计算机书籍列表><书><书名>疯狂 Java 讲义"
            + "</书名><作者>李刚</作者></书><书><书名>"
            + "轻量级 Java EE 企业应用实战</书名><作者>李刚"
            + "</作者></书></计算机书籍列表>";
        var fileBytes = file.getBytes();
        // 以字节数组作为资源来创建 Resource 对象
        var bar = new ByteArrayResource(fileBytes);
        // 获取该资源的简单信息
        System.out.println(bar.getDescription());
        // 该程序的剩下部分与前面程序中解析 XML 文件的代码完全相同
        ...
    }
}
```

上面程序中的粗体字代码用于根据字节数组来创建 ByteArrayResource 对象，接下来就可通过该 Resource 对象来访问该字节数组资源了。在访问字节数组资源时，Resource 对象的 getFile()和 getFilename()两个方法不可用——这是可想而知的事情——因为此时访问的资源是字节数组，当然不存在对应的 File 对象和文件名了。

在实际应用中，字节数组可能通过网络传输获得，也可能通过管道流获得，还可能通过其他方式获得……只要得到了代表资源的字节数组，程序就可通过 ByteArrayResource 将字节数组包装成 Resource 实例，并利用 Resource 来访问该资源。

对于需要采用 InputStreamResource 访问的资源，可先从 InputStream 流中读出字节数组，然后以字节数组来创建 ByteArrayResource。这样，InputStreamResource 也可被转换成 ByteArrayResource，从而方便多次读取。

▶▶ 5.3.2 ResourceLoader 接口和 ResourceLoaderAware 接口

Spring 提供了如下两个标志性接口。

➢ ResourceLoader：该接口实现类的实例可以获得一个 Resource 实例。

➢ ResourceLoaderAware：该接口实现类的实例将获得一个 ResourceLoader 的引用。

在 ResourceLoader 接口中有如下方法。

> Resource getResource(String location)：ResourceLoader 接口仅包含这个方法，该方法用于返回一个 Resource 实例。ApplicationContext 的实现类都实现了 ResourceLoader 接口，因此 ApplicationContext 可用于直接获取 Resource 实例。

当某个 ApplicationContext 实例获取 Resource 实例时，默认采用与 ApplicationContext 相同的资源访问策略。看如下代码：

```
// 通过 ApplicationContext 访问资源
var res = ctx.getResource("some/resource/path/myTemplate.txt");
```

从上面的代码中无法确定 Spring 用哪个实现类来访问指定资源，Spring 将采用与 ApplicationContext 相同的策略来访问资源。也就是说，如果 ApplicationContext 是 FileSystemXmlApplicationContext，res 就是 FileSystemResource 实例；如果 ApplicationContext 是 ClassPathXmlApplicationContext，res 就是 ClassPathResource 实例；如果 ApplicationContext 是 XmlWebApplicationContext，res 就是 ServletContextResource 实例。

从上面的介绍可以看出，当 Spring 应用需要进行资源访问时，实际上并不需要直接使用 Resource 实现类，而是调用 ResourceLoader 实例的 getResource()方法来获得资源。ResourceLoader 将会负责选择 Resource 的实现类，也就是确定具体的资源访问策略，从而将应用程序和具体的资源访问策略分离开来，这就是典型的策略模式。

看如下示例程序，将使用 ApplicationContext 来访问资源。

程序清单：codes\05\5.3\ResourceLoader\src\lee\ResourceLoaderTest.java

```
public class ResourceLoaderTest
{
    public static void main(String[] args)
        throws Exception
    {
        // 创建 ApplicationContext 实例
        var ctx = new ClassPathXmlApplicationContext("beans.xml");
//      var ctx = new FileSystemXmlApplicationContext("beans.xml");
        var res = ctx.getResource("book.xml");
        // 获取该资源的简单信息
        System.out.println(res.getFilename());
        System.out.println(res.getDescription());
        // 该程序的剩下部分与前面程序中解析 XML 文件的代码完全相同
        ...
    }
}
```

上面程序中的第一行粗体字代码创建了一个 ApplicationContext 对象，第二行粗体字代码通过该对象来获取资源。程序中使用了 ClassPathXmlApplicationContext 来获取资源，因此 Spring 将会从类加载路径下访问资源，也就是使用 ClassPathResource 实现类。

上面程序并未明确指定采用哪一个 Resource 实现类，仅仅通过 ApplicactionContext 获得 Resource。程序运行结果如下：

```
book.xml
class path resource [book.xml]
疯狂 Java 讲义
李刚
轻量级 Java EE 企业应用实战
李刚
```

从运行结果可以看出，Resource 采用了 ClassPathResource 实现类，如果将 ApplicationContext 改为使用 FileSystemXmlApplicationContext 实现类，运行上面程序，将看到如下运行结果：

```
book.xml
file [G:\publish\codes\05\5.3\ResourceLoader\book.xml]
疯狂 Java 讲义
```

李刚
疯狂 iOS 讲义
李刚

从上面的运行结果可以看出，程序中使用的 Resource 实现类发生了改变，变为使用 FileSystemResource 实现类。

提示： ﹒﹒﹒﹒﹒﹒﹒﹒﹒﹒﹒﹒﹒﹒﹒﹒﹒﹒﹒﹒﹒﹒﹒﹒﹒﹒﹒﹒﹒﹒﹒﹒﹒﹒﹒﹒﹒﹒
为了保证得到上面的两次运行结果，需要将 beans.xml 和 book.xml 两个文件分别放置在类加载路径下和当前文件路径下（为了区分，本示例故意让两个路径下的 book.xml 文件略有区别）。

另外，使用 ApplicationContext 访问资源时，也可不理会 ApplicationContext 的实现类，强制使用指定的 ClassPathResource、FileSystemResource 等实现类——可通过不同的前缀来指定，如下面的代码所示。

```
// 通过 classpath:前缀，强制使用 ClassPathResource
var r = ctx.getResource("classpath:beans.xml");
```

类似的，还可以使用标准的 **java.net.URL** 前缀来强制使用 UrlResource，代码如下：

```
// 通过标准的 file:前缀，强制使用 UrlResource 访问本地文件资源
var r = ctx.getResource("file:beans.xml");
// 通过标准的 http:前缀，强制使用 UrlResource 访问基于 HTTP 协议的网络资源
var r = ctx.getResource("http://localhost:8888/beans.xml");
```

以下是常见的前缀及对应的访问策略。

➤ classpath:——以 ClassPathResource 实例访问类加载路径下的资源。

➤ file:——以 UrlResource 实例访问本地文件系统的资源。

➤ http:——以 UrlResource 实例访问基于 HTTP 协议的网络资源。

➤ 无前缀——由 ApplicationContext 的实现类来决定访问策略。

ResourceLoaderAware 完全类似于 BeanFactoryAware、BeanNameAware 等接口，也是一个用于接口注入的接口。ResourceLoaderAware 也提供了一个 setResourceLoader()方法，该方法将由 Spring 容器负责调用，Spring 容器会将一个 ResourceLoader 对象作为该方法的参数传入。

如果将实现 ResourceLoaderAware 接口的 Bean 类部署在 Spring 容器中，Spring 容器会将自身当成 ResourceLoader 作为 setResourceLoader()方法的参数传入。由于 ApplicationContext 的实现类都实现了 ResourceLoader 接口，Spring 容器自身完全可作为 ResourceLoader 使用。

例如，如下 Bean 类实现了 ResourceLoaderAware 接口。

程序清单：codes\05\5.3\ResourceLoaderAware\src\org\crazyit\app\service\TestBean.java

```
public class TestBean implements ResourceLoaderAware
{
    private ResourceLoader rd;
    // 实现 ResourceLoaderAware 接口必须实现的方法
    // 如果将该 Bean 部署在 Spring 容器中，该方法将会由 Spring 容器负责调用
    // Spring 容器调用该方法时，Spring 会将自身作为参数传给该方法
    public void setResourceLoader(ResourceLoader resourceLoader)
    {
        System.out.println("--执行 setResourceLoader 方法--");
        this.rd = resourceLoader;
    }
    // 返回 ResourceLoader 对象的引用
    public ResourceLoader getResourceLoader()
    {
```

```
        return rd;
    }
}
```

将该类部署在 Spring 容器中，Spring 将会在创建完该 Bean 的实例之后，自动调用该 Bean 的
setResourceLoader()方法，在调用该方法时会将容器自身作为参数传入。如果需要验证这一点，程
序可用 TestBean 的 getResourceLoader()方法的返回值与 Spring 进行"=="比较，将会发现使用"=="
比较返回 true。

➤➤ 5.3.3　使用 Resource 作为属性

前面介绍了 Spring 提供的资源访问策略，但这些依赖访问策略要么使用 Resource 实现类，要
么使用 ApplicationContext 来获取资源。实际上，当应用程序中的 Bean 实例需要访问资源时，Spring
有更好的解决方法：直接利用依赖注入。

归纳起来，如果 Bean 实例需要访问资源，则有如下两种解决方法。

➤ 在代码中获取 Resource 实例。

➤ 使用依赖注入。

对于第一种方法的资源访问，当程序获取 Resource 实例时，总需要提供 Resource 所在的位置，
不管是通过 FileSystemResource 创建实例，还是通过 ClassPathResource 创建实例，或者通过
ApplicationContext 的 getResource()方法获取实例，都需要提供资源位置。这意味着：资源所在的物
理位置将被耦合到代码中，如果资源位置发生改变，则必须改写程序。因此，通常建议采用第二种
方法，让 Spring 为 Bean 实例依赖注入资源。

看如下 TestBean，它有一个 Resource 类型的 res 实例变量，程序为该实例变量提供了对应的 setter
方法，这就可以利用 Spring 的依赖注入了。

程序清单：codes\05\5.3\Inject_Resource\src\org\crazyit\app\service\TestBean.java

```
public class TestBean
{
    private Resource res;
    // res 的 setter 方法
    public void setRes(Resource res)
    {
        this.res = res;
    }
    public void parse() throws Exception
    {
        // 获取该资源的简单信息
        System.out.println(res.getFilename());
        System.out.println(res.getDescription());
        // 该程序的剩下部分与前面程序中解析 XML 文件的代码完全相同
        ...
    }
}
```

上面程序中的粗体字代码定义了一个 Resource 类型的 res 属性，该属性需要接受 Spring 的依
赖注入。此外，程序中的 parse()方法用于解析 res 资源所代表的 XML 文件。

在容器中配置该 Bean，并为该 Bean 指定资源文件的位置。配置文件如下。

程序清单：codes\05\5.3\Inject_Resource\src\beans.xml

```
<?xml version="1.0" encoding="utf-8"?>
<beans xmlns:xsi="http://www.w3.org/2001/XMLSchema-instance"
    xmlns="http://www.springframework.org/schema/beans"
    xmlns:p="http://www.springframework.org/schema/p"
    xsi:schemaLocation="http://www.springframework.org/schema/beans
    http://www.springframework.org/schema/beans/spring-beans.xsd">
```

```
    <bean id="test" class="org.crazyit.app.service.TestBean"
        p:res="classpath:book.xml"/>
</beans>
```

上面配置文件中的粗体字代码配置了资源的位置，并使用了 classpath:前缀，这指明让 Spring 从类加载路径下加载 book.xml 文件。与前面类似的是，此处的前缀也可使用 http:、ftp:、file:等，这些前缀将强制 Spring 采用对应的资源访问策略（也就是指定具体使用哪个 Resource 实现类）；如果不使用任何前缀，则 Spring 将采用与该 ApplicationContext 相同的资源访问策略来访问资源。

采用依赖注入，允许动态配置资源文件位置，无须将资源文件位置写在代码中，当资源文件位置发生变化时，无须改写程序，直接修改配置文件即可。

➤➤ 5.3.4 在 ApplicationContext 中使用资源

不管以怎样的方式创建 ApplicationContext 实例，都需要为 ApplicationContext 指定配置文件，Spring 允许使用一份或多份 XML 配置文件。

当程序创建 ApplicationContext 实例时，通常也是以 Resource 的方式来访问配置文件的，所以 ApplicationContext 完全支持 ClassPathResource、FileSystemResource、ServletContextResource 等资源访问方式。ApplicationContext 确定资源访问策略通常有两种方法。

➤ 使用 ApplicationContext 实现类指定访问策略。
➤ 使用前缀指定访问策略。

1. 使用 ApplicationContext 实现类指定访问策略

在创建 ApplicationContext 对象时，通常可以使用如下三个实现类。

➤ ClassPathXmlApplicatinContext：对应使用 ClassPathResource 进行资源访问。
➤ FileSystemXmlApplicationContext：对应使用 FileSystemResoure 进行资源访问。
➤ XmlWebApplicationContext：对应使用 ServletContextResource 进行资源访问。

从上面的说明可以看出，当使用 ApplicationContext 的不同实现类时，就意味着 Spring 使用相应的资源访问策略。

当使用如下代码来创建 Spring 容器时，则意味着从本地文件系统来加载 XML 配置文件。

```
// 从本地文件系统的当前路径下加载 beans.xml 文件创建 Spring 容器
var ctx = new FileSystemXmlApplicationContext("beans.xml");
```

程序从本地文件系统的当前路径下读取 beans.xml 文件，然后加载该资源，并根据该配置文件来创建 ApplicationContext 实例。相应的，采用 ClassPathApplicationContext 实现类，则从类加载路径下加载 XML 配置文件。

2. 使用前缀指定访问策略

Spring 也允许使用前缀来指定资源访问策略，例如，采用如下代码来创建 ApplicationContext：

```
var ctx = new FileSystemXmlApplicationContext("classpath:beans.xml");
```

虽然上面的代码采用了 FileSystemXmlApplicationContext 实现类，但程序依然从类加载路径下搜索 beans.xml 配置文件，而不是从本地文件系统的当前路径下搜索。相应的，还可以使用 http:、ftp:等前缀，用来指定对应的资源访问策略。看如下代码。

程序清单：codes\05\5.3\ApplicationContext\src\lee\SpringTest.java

```
public class SpringTest
{
    public static void main(String[] args) throws Exception
    {
        // 通过搜索类加载路径下的 beans.xml 文件创建 ApplicationContext
        // 并通过指定 classpath:前缀强制搜索类加载路径
        var ctx = new FileSystemXmlApplicationContext("classpath:beans.xml");
```

```
        System.out.println(ctx);
        // 使用 ApplicationContext 的资源访问策略来访问资源，没有指定前缀
        var r = ctx.getResource("book.xml");
        // 输出 Resource 描述
        System.out.println(r.getDescription());
    }
}
```

Resource 实例的输出结果是：

```
file [G:\publish\codes\05\5.3\ApplicationContext\book.xml]
```

上面程序中的粗体字代码在创建 Spring 容器时，系统将从类加载路径下搜索 beans.xml；但使用 ApplicationContext 来访问资源时，依然采用的是 FileSystemResource 实现类，这与 FileSystemXmlApplicationContext 的访问策略是一致的。这表明：通过 classpath:前缀指定资源访问策略仅仅对当次访问有效，程序后面进行资源访问时，还是会根据 ApplicationContext 的实现类来选择对应的资源访问策略的。

因此，如果程序需要使用 ApplicationContext 访问资源，建议显式采用对应的实现类来加载配置文件，而不是通过前缀来指定资源访问策略。当然，也可以在每次进行资源访问时都指定前缀，让程序根据前缀来选择资源访问策略（程序清单同上）。

```
public class SpringTest
{
    public static void main(String[] args) throws Exception
    {
        // 通过搜索类加载路径下的资源文件创建 ApplicationContext
        // 因为使用了 classpath:前缀强制搜索类加载路径
        var ctx = new FileSystemXmlApplicationContext("classpath:beans.xml");
        System.out.println(ctx);
        // 使用 ApplicationContext 加载资源，通过 classpath:前缀指定资源访问策略
        var r = ctx.getResource("classpath:book.xml");
        // 输出 Resource 描述
        System.out.println(r.getDescription());
    }
}
```

输出程序中的 Resource 实例，将看到如下输出结果：

```
class path resource [book.xml]
```

由此可见，如果每次进行资源访问时都指定了前缀，则系统会采用通过前缀指定的资源访问策略。

3．classpath*:前缀的用法

classpath*:前缀提供了加载多个 XML 配置文件的能力，当使用 classpath*:前缀来指定 XML 配置文件时，系统将搜索类加载路径，找出所有与文件名匹配的文件，分别加载文件中的配置定义，最后合并成一个 ApplicationContext。看如下代码（程序清单同上）：

```
public class SpringTest
{
    public static void main(String[] args) throws Exception
    {
        // 使用 classpath*:加载多个配置文件
        var ctx = new FileSystemXmlApplicationContext("classpath*:beans.xml");
        // 输出 ApplicationContext 实例
        System.out.println(ctx);
    }
}
```

将配置文件 beans.xml 放在应用的 classes 路径（该路径被设为类加载路径之一）下，并将配置文件放在 classes/aa 路径下（该路径也被设为类加载路径之一），程序实例化 ApplicationContext 时显示：

```
Loading XML bean definitions from URL [file:/G:/publish/codes/
05/5.3/ApplicationContext/classes/beans.xml]
Loading XML bean definitions from URL [file:/G:/publish/codes/
05/5.3/ApplicationContext/classes/aa/beans.xml]
```

从上面的执行结果可以看出，当使用 classpath*:前缀时，Spring 将会搜索类加载路径下所有满足该规则的配置文件。

如果不使用 classpath*:前缀，而是改为使用 classpath:前缀，则 Spring 只加载第一个符合条件的 XML 文件。例如如下代码：

```
var ctx = new FileSystemXmlApplicationContext("classpath:beans.xml");
```

执行上面的代码，将看到如下输出：

```
Loading XML bean definitions from class path resource [beans.sxm]
```

当使用 classpath:前缀时，系统通过类加载路径搜索 beans.xml 文件，如果找到文件名匹配的文件，系统立即停止搜索并加载该文件，即使有多个文件名匹配的文件，系统也只加载第一个文件。资源文件的搜索顺序则取决于类加载路径的顺序，排在前面的配置文件将优先被加载。

> **注意**
>
> classpath*:前缀仅对 ApplicationContext 有效。实际情况是，在创建 ApplicationContext 时，分别访问多个配置文件（通过 ClassLoader 的 getResources()方法实现）。因此，classpath*:前缀不可用于 Resource，Resource 使用 classpath*:前缀一次性访问多个资源是行不通的。

另外，还有一种可以一次性加载多个配置文件的方式，即：在指定配置文件时使用通配符。例如如下代码：

```
var ctx = new ClassPathXmlApplicationContext("beans*.xml");
```

上面的代码指定从类加载路径下搜索配置文件，且搜索所有以 beans 开头的 XML 配置文件。将 classes 下的 beans.xml 文件复制两份，分别重命名为 beans1.xml 和 beans2.xml。运行上面的代码，将看到在创建 ApplicationContext 时有如下输出：

```
Loading XML bean definitions from file [G:\publish\codes\05\5.3\
ApplicationContext\classes\beans.xml]
Loading XML bean definitions from file [G:\publish\codes\05\5.3\
ApplicationContext\classes\beans1.xml]
Loading XML bean definitions from file [G:\publish\codes\05\5.3\
ApplicationContext\classes\beans2.xml]
```

从上面的输出可以看出，位于类加载路径下所有以 beans 开头的 XML 配置文件都将被加载。

此外，Spring 甚至允许将 classpath*:前缀和通配符结合使用，如下代码也是合法的：

```
var ctx = new FileSystemXmlApplicationContext("classpath*:bean*.xml");
```

上面的代码在创建 ApplicationContext 实例时，系统将搜索所有类加载路径下所有文件名匹配 bean*.xml 的 XML 配置文件。运行上面的代码，将看到如下输出：

```
Loading XML bean definitions from file [G:\publish\codes\05\5.3\
ApplicationContext\classes\beans.xml]
Loading XML bean definitions from file [G:\publish\codes\05\5.3\
ApplicationContext\classes\beans1.xml]
Loading XML bean definitions from file [G:\publish\codes\05\5.3\
ApplicationContext\classes\beans2.xml]
Loading XML bean definitions from file [G:\publish\codes\05\5.3\
ApplicationContext\classes\aa\beans.xml]
```

从上面的输出来看，采用这种方式指定配置文件时，Spring 不仅加载了 classes 下所有以 beans 开头的配置文件，也会加载位于 classes\aa 下所有以 beans 开头的配置文件。

4．file:前缀的用法

先看如下代码：

```
public class SpringTest
{
    public static void main(String[] args) throws Exception
    {
        var ctx = new FileSystemXmlApplicationContext("beans.xml");
        var ctx = new FileSystemXmlApplicationContext("/beans.xml");
        System.out.println(ctx);
    }
}
```

程序中两行粗体字代码用于创建 ApplicationContext，其中第一行粗体字代码在指定资源文件时采用了相对路径的写法：

```
var ctx = new FileSystemXmlApplicationContext("beans.xml");
```

第二行粗体字代码在指定资源文件时采用了绝对路径的写法：

```
var ctx = new FileSystemXmlApplicationContext("/beans.xml");
```

任意注释掉两行代码的其中之一，程序正常运行，没有任何区别，两条代码读取了相同的配置资源文件。问题是：程序中明明采用的一个是绝对路径、一个是相对路径，为什么运行效果没有任何区别呢？

产生问题的原因：当 FileSystemXmlApplicationContext 作为 ResourceLoader 使用时，它会发生变化，FileSystemApplicationContext 会简单地让所有绑定的 FileSystemResource 实例把绝对路径都当成相对路径处理，而不管是否以斜杠开头，所以上面两条代码的运行效果是完全一样的。

如果程序中需要访问绝对路径，则不要直接使用 FileSystemResource 或 FileSystemXml-ApplicationContext 来指定绝对路径。建议强制使用 file:前缀来区分相对路径和绝对路径，例如如下两行代码：

```
var ctx = new FileSystemXmlApplicationContext("file:beans.xml");
var ctx = new FileSystemXmlApplicationContext("file:/beans.xml");
```

上面第一行代码访问相对路径下的 beans.xml，第二行代码访问绝对路径下的 beans.xml。相对路径以当前工作路径为路径起点，而绝对路径以文件系统根路径为路径起点（Linux 的根路径）。

> **提示：**
> 　　Linux 或 macOS 系统的绝对路径以斜杠开头，因此直接写成 file:/a/b/beans.xml 即可（表明访问根路径下 a 目录、b 目录中的 beans.xml 文件）；但 Windows 系统的绝对路径以盘符开头，因此应该写成 file:/g:/a/beans.xml——代表访问 G 盘下 a 目录中的 beans.xml 文件。

📁 5.4　Spring 的 AOP

AOP（Aspect Orient Programming），也就是面向切面编程，作为面向对象编程的一种补充，已经成为一种比较成熟的编程方式。AOP 和 OOP 互为补充，面向对象编程将程序分解成各个层次的对象，而面向切面编程将程序运行过程分解成各个切面。可以这样理解：面向对象编程是从静态角度考虑程序结构的，而面向切面编程则是从动态角度考虑程序运行过程的。

▶▶ 5.4.1　为什么需要 AOP

在传统的 OOP 编程里以对象为核心，整个软件系统由一系列相互依赖的对象组成，而这些对象将被抽象成一个个类，并允许使用类继承来管理类与类之间一般到特殊的关系。随着软件规模的增大，应用的逐渐升级，慢慢出现了一些 OOP 很难解决的问题。

面向对象可以通过分析抽象出一系列具有一定属性与行为的类，并通过这些类之间的协作来形成一个完整的软件功能。类可以继承，因此可以把具有相同功能或相同特性的属性抽象到一个层次分明的类结构体系中。随着软件规范的不断扩大，专业化分工越来越细致，以及随着 OOP 应用实践的不断增多，也暴露出了一些 OOP 无法很好解决的问题。

现在假设系统中有三段完全相同的代码，这些代码通常会采用"复制""粘贴"的方式来完成，通过这种"复制""粘贴"的方式开发出来的软件系统结构示意图如图 5.3 所示。

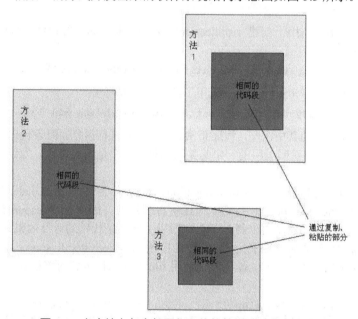

图 5.3　多个地方包含相同代码的软件系统结构示意图

看到图 5.3 所示的示意图，可能有的读者已经发现了这种做法的不足之处——如果有一天，图 5.3 中的深色代码段需要修改，那么是不是要打开三个地方的代码进行修改？如果不是三个地方包含这段代码，而是 100 个地方，甚至 1000 个地方包含这个代码段，那会是什么后果？

为了解决这个问题，通常会将图 5.3 所示的深色代码部分定义成一个方法，然后在三个代码段中分别调用该方法即可。在这种方式下，软件系统结构示意图如图 5.4 所示。

对于图 5.4 所示的软件系统结构，如果需要修改深色代码部分，只要修改一个地方即可。不管整个系统中有多少个地方调用了该方法，程序都无须修改这些地方，只需修改被调用的方法即可——通过这种方式，大大降低了软件后期维护的复杂度。

对于图 5.4 所示的方法 1、方法 2、方法 3，依然需要显式调用深色部分的方法，这样做能够满足大部分应用场景。如果程序希望实现更好的解耦，希望方法 1、方法 2、方法 3 彻底与深色部分的方法分离——方法 1、方法 2、方法 3 无须直接调用深色部分的方法，那该如何解决？

因为软件系统需求变更是很频繁的，系统前期设计方法 1、方法 2、方法 3 时只实现了核心业务功能，过了一段时间，可能需要为方法 1、方法 2、方法 3 增加事务控制；又过了一段时间，客户提出方法 1、方法 2、方法 3 需要进行用户合法性验证，只有合法的用户才能执行这些方法；又过了一段时间，客户又提出方法 1、方法 2、方法 3 应该增加日志记录；又过了一段时间，客户又提出……面对这样的情况，应该怎么处理呢？通常有两种做法。

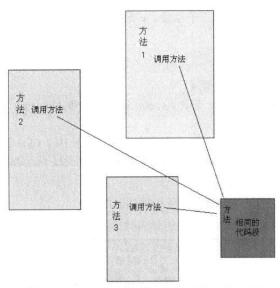

图 5.4　通过方法调用实现的软件系统结构示意图

➤ 根据需求说明书，直接拒绝客户要求。

➤ 拥抱需求，满足客户的需求。

第一种做法显然不好，客户是上帝，开发者应该尽量满足客户的需求。通常会采用第二种做法，那如何解决呢？是不是每次都先定义一个新方法，然后修改方法 1、方法 2、方法 3 的源代码，增加调用新方法？这样做的工作量也不小啊！此时就希望有一种特殊的方式：只要实现新的方法，就无须在方法 1、方法 2、方法 3 中显式调用它，系统会"自动"在方法 1、方法 2、方法 3 中调用这个特殊的新方法。

上面的自动执行的"自动"被加上了引号，是因为在编程过程中，没有所谓自动的事情，任何事情都是代码驱动的。这里的自动是指不需要开发者关心，由系统来驱动。

上面的想法听起来很神奇，甚至有一些不切实际，但其实是完全可以实现的，实现这个需求的技术就是 AOP。AOP 专门用于处理系统中分布于各个模块（不同方法）中的交叉关注点的问题，在 Java EE 应用中，常常通过 AOP 来处理一些具有横切性质的系统级服务，如事务管理、安全检查、缓存、对象池管理等，AOP 已经成为一种非常常用的解决方案。

▶▶ 5.4.2　使用 AspectJ 实现 AOP

AspectJ 是一个基于 Java 语言的 AOP 框架，提供了强大的 AOP 功能，其他很多 AOP 框架都借鉴或采纳了其中的一些思想。Spring 的 AOP 与 AspectJ 进行了很好的集成，因此掌握 AspectJ 是学习 Spring AOP 的基础。

AspectJ 是 Java 语言的一个 AOP 实现，其主要包括两个部分：一个部分定义了如何表达、定义 AOP 编程中的语法规范，通过这套语法规范，可以方便地用 AOP 来解决 Java 语言中存在的交叉关注点的问题；另一个部分是工具部分，包括编译器、调试工具等。

AspectJ 是最早的、功能比较强大的 AOP 实现之一，对整套 AOP 机制都有较好的实现，很多其他语言的 AOP 实现，也借鉴或采纳了 AspectJ 中的很多设计。在 Java 领域中，AspectJ 中的很多语法结构基本上已成为 AOP 领域的标准。

从 Spring 2.0 开始，Spring AOP 已经引入了对 AspectJ 的支持，并允许直接使用 AspectJ 进行 AOP 编程，而 Spring 自身的 AOP API 也努力与 AspectJ 保持一致。因此，学习 Spring AOP 就必然需要从 AspectJ 开始，因为它是 Java 领域最流行的 AOP 解决方案。即使不用 Spring 框架，也可以直接使用 AspectJ 进行 AOP 编程。

AspectJ 是 Eclipse 下面的一个开源子项目，其最新的 1.9.4 版本于 2019 年 5 月 4 日发布，这也是本书所使用的 AspectJ 版本。

1. 下载和安装 AspectJ

下载和安装 AspectJ 请按如下步骤进行。

① 登录 AspectJ 官方下载站点，下载 AspectJ 的最新的版本 1.9.x，本书下载 AspectJ 1.9.4 版本。

② 下载完成后得到一个 aspectj-1.9.4.jar 文件，该文件名中的 1.9.4 表示 AspectJ 的版本号。

③ 启动命令行窗口，进入 aspectj-1.9.4.jar 文件所在的路径，输入如下命令：

```
java -jar aspectj-1.9.4.jar
```

④ 运行上面的命令，将看到如图 5.5 所示的对话框。

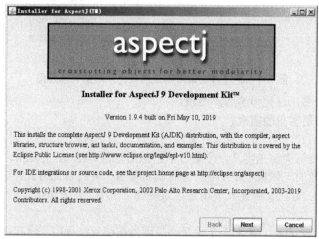

图 5.5　AspectJ 的安装对话框

⑤ 单击"Next"按钮，系统将出现如图 5.6 所示的对话框，该对话框用于选择 JDK 的安装路径。

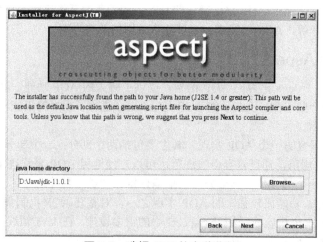

图 5.6　选择 JDK 的安装路径

⑥ 如果 JDK 的安装路径正确，则直接单击"Next"按钮；否则，应该通过右边的"Browse"按钮来选择 JDK 的安装路径。在正确选择了 JDK 的安装路径后，单击"Next"按钮，系统将出现如图 5.7 所示的对话框，该对话框用于选择 AspectJ 的安装路径。

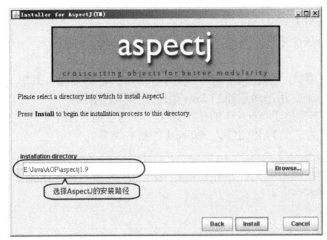

图 5.7 选择 AspectJ 的安装路径

正如从图 5.7 中所看到的，本书没有将 AspectJ 安装在 C 盘，甚至没有安装在 D 盘，这是因为 AspectJ 是"纯绿色"软件，安装 AspectJ 的实质是解压缩了一个压缩包，并不需要向 Windows 注册表、系统路径中添加任何"垃圾"信息，因此保留 AspectJ 安装后的文件夹，即使以后重装 Windows 系统，AspectJ 也不会受到任何影响。

⑦ 在选择了合适的安装路径后，单击"Install"按钮，程序开始安装 AspectJ，安装结束后出现一个对话框，单击该对话框中的"Next"按钮，将弹出安装完成对话框，如图 5.8 所示。

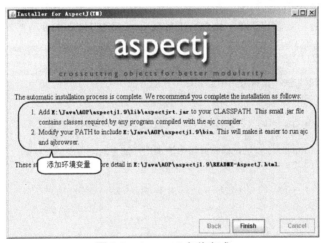

图 5.8 AspectJ 安装完成

⑧ 正如图 5.8 中所提示的，在安装了 AspectJ 之后，系统还应该将 E:\Java\AOP\aspectj1.9\bin 路径添加到 PATH 环境变量中，将 E:\Java\AOP\aspectj1.9\lib\aspectjrt.jar 添加到 CLASSPATH 环境变量中。

 提示：

　　AspectJ 提供了编译、运行 AspectJ 的一些工具命令，这些工具命令在 AspectJ 的 bin 路径下，而 lib 路径下的 aspectjrt.jar 则是 AspectJ 的运行时环境，所以需要分别添加这两个环境变量——就像安装了 JDK 也需要添加环境变量一样。关于如何添加环境变量，请参阅疯狂 Java 体系的《疯狂 Java 讲义》一书。

2. AspectJ 使用入门

在成功安装了 AspectJ 之后，将会在 E:\Java\AOP\aspectj1.9 路径下（AspectJ 的安装路径）看到如下文件结构。

> bin：该路径下存放了 aj、aj5、ajc、ajdoc、ajbrowser 等命令，其中 ajc 命令最常用，它的作用类似于 javac，用于对普通的 Java 类进行编译时增强。

> docs：该路径下存放了 AspectJ 的使用说明、参考手册、API 文档等文档。

> lib：该路径下的三个 JAR 文件是 AspectJ 的核心类库。

> 相关授权文件。

一些文档、AspectJ 入门书籍中一谈到使用 AspectJ，就认为必须使用 Eclipse 工具，似乎离开了该工具就无法使用 AspectJ 了。

> **注意**
>
> 虽然 AspectJ 是 Eclipse 基金组织的开源项目，而且提供了 Eclipse 的 AJDT 插件（AspectJ Development Tools）来开发 AspectJ 应用，但 AspectJ 绝对无须依赖 Eclipse 工具。

实际上，AspectJ 的用法非常简单，就像使用 JDK 编译、运行 Java 程序一样。下面通过一个简单的程序来示范 AspectJ 的用法。

首先编写两个简单的 Java 类，这两个 Java 类用于模拟系统中的业务组件。实际上，无论有多少个类，AspectJ 的处理方式都是一样的。

程序清单：codes\05\5.4\AspectJQs\Hello.java

```
package org.crazyit.app.service;
public class Hello
{
    // 定义一个简单方法，模拟应用中的删除用户的方法
    public void deleteUser(Integer id)
    {
        System.out.println("执行 Hello 组件的 deleteUser 删除用户：" + id);
    }
    // 定义一个 addUser()方法，模拟应用中添加用户的方法
    public int addUser(String name, String pass)
    {
        System.out.println("执行 Hello 组件的 addUser 添加用户：" + name);
        return 20;
    }
}
```

另一个 World 组件类如下。

程序清单：codes\05\5.4\AspectJQs\World.java

```
package org.crazyit.app.service;
public class World
{
    // 定义一个简单方法，模拟应用中的业务逻辑方法
    public void bar()
    {
        System.out.println("执行 World 组件的 bar()方法");
    }
}
```

上面两个业务组件类总共定义了三个方法，用于模拟系统所包含的三个业务逻辑方法。实际上，无论有多少个方法，AspectJ 的处理方式都是一样的。

下面使用一个主程序来模拟系统调用两个业务组件的三个业务方法。

程序清单：codes\05\5.4\AspectJQs\AspectJTest.java

```java
package lee;
public class AspectJTest
{
    public static void main(String[] args)
    {
        var hello = new Hello();
        hello.addUser("孙悟空", "7788");
        hello.deleteUser(1);
        var world = new World();
        world.bar();
    }
}
```

使用最原始的 javac.exe 命令来编译上面三个源程序，然后使用 java.exe 命令来执行 AspectJTest 类，执行结果是没有任何悬念的，程序显示如下输出：

```
执行 Hello 组件的 addUser 添加用户：孙悟空
执行 Hello 组件的 deleteUser 删除用户：1
执行 World 组件的 bar() 方法
```

假设现在客户要求在执行所有业务方法之前先执行权限检查，如果使用传统的编程方式，开发者必须先定义一个权限检查的方法，然后由此打开每个业务方法，并修改业务方法的源代码，增加调用权限检查的方法——这种方式需要对所有业务组件中的每个业务方法都进行修改，因此不仅容易引入新的错误，而且维护成本相当大。

如果使用 AspectJ 的 AOP 支持，则只要添加如下特殊的"Java 类"即可。

程序清单：codes\05\5.4\AspectJQs\AuthAspect.java

```java
package org.crazyit.app.aspect;
public aspect AuthAspect
{
    // 指定在执行 org.crazyit.app.service 包中任意类的任意方法之前执行下面的代码块
    // 第一个星号表示返回值不限；第二个星号表示类名不限
    // 第三个星号表示方法名不限；圆括号中的..代表任意个数、类型不限的形参
    before(): execution(* org.crazyit.app.service.*.*(..))
    {
        System.out.println("模拟进行权限检查...");
    }
}
```

可能读者已经发现了，在上面的类文件中不是使用 class、interface、enum 定义 Java 类的，而是使用了 aspect——难道 Java 又新增了关键字？没有！上面的 AuthAspect 根本不是一个 Java 类，所以 aspect 也不是 Java 支持的关键字，它只是 AspectJ 才能识别的关键字。

上面的粗体字代码也不是方法，它只是指定在执行某些类的某些方法之前，AspectJ 将会自动先调用该代码块中的代码。

正如前面所提到的，Java 无法识别 AuthAspect.java 文件的内容，所以要使用 ajc.bat 命令来编译上面的 Java 程序。

```
ajc -11 -d . *.java
```

可以把 ajc.bat 理解成增强版的 javac.exe 命令，它们都用于编译 Java 程序，区别是 ajc.bat 命令可识别 AspectJ 的语法。

 提示：

　　ajc.bat 命令默认兼容 JDK 1.4 源代码，因此它默认不支持自动装箱、自动拆箱等功能。所以上面使用该命令时指定了 -11 选项，表明让 ajc.bat 命令兼容 JDK 11。

运行该 AspectJTest 类，依然无须做任何改变，因为 AspectJTest 类位于 lee 包下。程序使用如下命令运行 AspectJTest 类：

```
java lee.AspectJTest
```

执行上面命令，将看到一个令人惊喜的结果：

```
模拟进行权限检查...
执行 Hello 组件的 addUser 添加用户：孙悟空
模拟进行权限检查...
执行 Hello 组件的 deleteUser 删除用户：1
模拟进行权限检查...
执行 World 组件的 bar() 方法
```

从上面的运行结果来看，完全不需要对 Hello、World 等业务组件进行任何修改，但同时又可以满足客户的需求——上面的程序只是在控制台打印了"模拟进行权限检查..."来模拟权限检查。实际上，也可用实际的权限检查代码来代替这行简单的语句，这样就可以满足客户的需求了。

如果客户再次提出新需求，比如需要在执行所有的业务方法之后增加记录日志的功能，那么也很简单，只要再定义一个 LogAspect 即可。程序如下。

程序清单：codes\05\5.4\AspectJQs\LogAspect.java

```java
public aspect LogAspect
{
    // 定义一个 Pointcut，其名为 logPointcut
    // 该 Pointcut 代表了后面给出的切入点表达式，这样可复用该切入点表达式
    pointcut logPointcut()
        :execution(* org.crazyit.app.service.*.*(..));
    after(): logPointcut()
    {
        System.out.println("模拟记录日志...");
    }
}
```

上面程序中的粗体字代码定义了一个 Pointcut：logPointcut()，这种用法就是为后面的切入点表达式起个名字，方便后面复用这个切入点表达式——假如程序中有多个代码块需要使用该切入点表达式，这些代码块都可直接复用此处定义的 logPointcut，而不是重复书写烦琐的切入点表达式。

再次使用如下命令来编译上面的 Java 程序：

```
ajc -11 -d . *.java
```

再次运行 lee.AspectJTest 类，将看到如下运行结果：

```
模拟进行权限检查...
执行 Hello 组件的 addUser 添加用户：孙悟空
模拟记录日志...
模拟进行权限检查...
执行 Hello 组件的 deleteUser 删除用户：1
模拟记录日志...
模拟进行权限检查...
执行 World 组件的 bar() 方法
模拟记录日志...
```

假如现在需要在业务组件的所有业务方法之前启动事务，并在方法执行结束时关闭事务，同样只要定义如下 TxAspect 即可。

程序清单：codes\05\5.4\AspectJQs\TxAspect.java

```java
public aspect TxAspect
{
    // 指定在执行 org.crazyit.app.service 包中任意类的任意方法时执行下面的代码块
    Object around(): call(* org.crazyit.app.service.*.*(..))
```

```
    {
        System.out.println("模拟开启事务...");
        // 回调原来的目标方法
        var rvt = proceed();
        System.out.println("模拟结束事务...");
        return rvt;
    }
}
```

上面的粗体字代码指定 proceed()代表回调原来的目标方法，这样位于 proceed()代码之前的代码就会被添加在目标方法之前，位于 proceed()代码之后的代码就会被添加在目标方法之后。

如果再次使用 ajc.bat 命令来编译上面所有的 Java 类，并运行 lee.AspectJTest 类，此时将会发现系统中两个业务组件所包含的业务方法已经变得"十分强大"了，但并未修改过 Hello.java、World.java 的源代码——这就是 AspectJ 的作用：开发者无须修改源代码，但又可以为这些组件的方法添加新的功能。

如果读者安装过 Java 的反编译工具，则可以反编译前面程序生成的 Hello.class、World.class 文件，将发现 Hello.class、World.class 文件不是由 Hello.java、World.java 文件编译得到的，Hello.class、World.class 里新增了很多内容——这表明 AspectJ 在编译时已增强了 Hello.class、World.class 类的功能，因此 AspectJ 通常被称为编译时增强的 AOP 框架。

AOP 要达到的效果是，保证在程序员不修改源代码的前提下，为系统中业务组件的多个业务方法添加某种通用功能。但 AOP 的本质是，依然要去修改业务组件的多个业务方法的源代码——只是这个修改由 AOP 框架完成，程序员不需要修改！

AOP 实现可分为两类（按 AOP 框架修改源代码的时机）。

➤ 静态 AOP 实现：AOP 框架在编译阶段对程序进行修改，即实现对目标类的增强，生成静态的 AOP 代理类（生成的*.class 文件已经被改掉了，需要使用特定的编译器）。以 AspectJ 为代表。

➤ 动态 AOP 实现：AOP 框架在运行阶段动态生成 AOP 代理（在内存中以 JDK 动态代理或 cglib 动态地生成 AOP 代理类），以实现对目标对象的增强。以 Spring AOP 为代表。

一般来说，静态 AOP 实现具有较好的性能，但需要使用特殊的编译器。动态 AOP 实现是纯 Java 实现，因此不需要特殊的编译器，但是通常性能略差。

Spring AOP 就是动态 AOP 实现的代表，Spring AOP 不需要在编译时对目标类进行增强，而是在运行时生成目标类的代理类，该代理类要么与目标类实现相同的接口，要么是目标类的子类——总之，代理类都对目标类进行了增强处理，前者是 JDK 动态代理的处理策略，后者是 cglib 代理的处理策略。关于创建 JDK 动态代理的方式，可参考疯狂 Java 体系的《疯狂 Java 讲义》的第 18 章。一般来说，编译时增强的 AOP 框架在性能上更有优势——因为运行时动态增强的 AOP 框架需要每次运行时都进行动态增强。

可能有读者对 AspectJ 更深入的知识感兴趣，但本书的重点并不是介绍 AspectJ 的，因此，如果读者希望掌握如何定义 AspectJ 中的 Aspect、Pointcut 等内容，可参考 AspectJ 安装路径下的 doc 目录中的 quick5.pdf 文件。

如果开发者喜欢使用 Ant 来管理 AspectJ 应用，此时只要使用 iajc task 来编译 AspectJ Java 程序即可。为了能正常使用 iajc task，应该先使用 taskdef 来定义该 task，只需在应用所使用的 build.xml 文件中添加如下两段：

```
<!-- 定义 iajc task -->
<taskdef resource=
    "org/aspectj/tools/ant/taskdefs/aspectjTaskdefs.properties">
    <classpath refid="classpath"/>
</taskdef>
<!-- 使用 iajc 编译包含 AspectJ 的 Java 程序 -->
<iajc destdir="${dest}" debug="true" encoding="utf-8"
```

```
            deprecation="false" failonerror="true" source="11">
            <src path="${src}"/>
            <classpath refid="classpath"/>
</iajc>
```

需要指出的是，如果开发者希望在 Ant 中使用上面的 iajc task，则应该将 AspectJ 安装目录下的 aspectjtools.jar 文件添加到系统的类加载路径中。

▶▶ 5.4.3 AOP 的基本概念

AOP 从程序运行的角度考虑程序的流程，提取业务处理过程的切面。AOP 面向的是程序运行中的各个步骤，希望以更好的方式来组合业务处理的各个步骤。

AOP 框架并不与特定的代码耦合，它能处理程序执行中特定的切入点（Pointcut），而不与某个具体类耦合。AOP 框架具有如下两个特征。

➤ 各步骤之间的良好隔离性。

➤ 源代码无关性。

下面是关于面向切面编程的一些术语。

➤ 切面（Aspect）：用于组织多个 Advice，Advice 被放在切面中定义。

➤ 连接点（Joinpoint）：程序执行过程中明确的点，如方法的调用或者异常的抛出。在 Spring AOP 中，连接点总是方法的调用。

➤ 增强处理（Advice）：AOP 框架在特定的切入点执行的增强处理。处理有"around""before""after"等类型。

➤ 切入点（Pointcut）：可以插入增强处理的连接点。简而言之，当某个连接点满足指定要求时，该连接点将被添加增强处理，它也就变成了切入点。例如如下代码：

```
pointcut xxxPointcut()
    :execution(void H*.say*())
```

每个方法的调用都只是连接点，但如果该方法属于以 H 开头的类，且方法名以 say 开头，则该方法的执行将变成切入点。如何使用表达式来定义切入点是 AOP 的核心，Spring 默认使用 AspectJ 切入点语法。

➤ 引入：将方法或字段添加到被处理的类中。Spring 允许将新的接口引入任何被处理的对象中。例如，可以通过引入，使任何对象实现 IsModified 接口，以此来简化缓存。

➤ 目标对象：被 AOP 框架进行增强处理的对象，也被称为被增强的对象。如果 AOP 框架采用的是动态 AOP 实现，那么该对象就是一个被代理的对象。

➤ AOP 代理：AOP 框架创建的对象。简单地说，代理就是对目标对象的加强。Spring 中的 AOP 代理既可以是 JDK 动态代理，也可以是 cglib 代理。前者为实现接口的目标对象的代理，后者为不实现接口的目标对象的代理。

➤ 织入（Weaving）：将增强处理添加到目标对象中，并创建一个被增强的对象（AOP 代理）的过程就是织入。织入有两种实现方式——编译时增强（如 AspectJ）和运行时增强（如 Spring AOP）。Spring 和其他纯 Java AOP 框架一样，在运行时完成织入。

> **注意**
>
> 大部分国内翻译人士翻译计算机文献时，总是一边看着各种词典、翻译软件，一边逐词去看文献，而不是从总体上把握知识的架构，因此难免导致一些术语的翻译词不达意，例如 Socket 被翻译成"套接字"等。在面向切面编程的各术语翻译上，也存在较大的差异。对于 Advice 一词，有翻译为"通知"的，有翻译为"建议"的，如此种种，不一而足。实际上，Advice 指 AOP 框架在特定切面所加入的某种处理，以前笔者将它翻译为"处理"，现在将它翻译为"增强处理"，希望可以表达出 Advice 的真正含义。

由前面的介绍知道，AOP 代理就是由 AOP 框架动态生成的一个对象，该对象可作为目标对象使用。AOP 代理包含了目标对象的全部方法，但 AOP 代理中的方法与目标对象的方法存在差异——AOP 方法在特定切入点添加了增强处理，并回调了目标对象的方法。

AOP 代理所包含的方法与目标对象的方法示意图如图 5.9 所示。

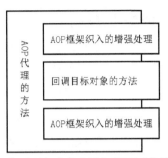

图 5.9　AOP 代理所包含的方法与目标对象的方法示意图

▶▶ 5.4.4　Spring 的 AOP 支持

Spring 中的 AOP 代理由 Spring 的 IoC 容器负责生成、管理，其依赖关系也由 IoC 容器负责管理。因此，AOP 代理可以直接使用容器中的其他 Bean 实例作为目标，这种关系可由 IoC 容器的依赖注入提供。Spring 默认使用 Java 动态代理来创建 AOP 代理，这样就可以为任何接口实例创建代理了。

Spring 也可以使用 cglib 代理，在需要代理类而不是代理接口的时候，Spring 会自动切换为使用 cglib 代理。但 Spring 推荐使用面向接口编程，因此业务对象通常都会实现一个或多个接口，此时默认将使用 JDK 动态代理，但也可强制使用 cglib 代理。

Spring AOP 使用纯 Java 实现。Spring AOP 不需要特定的编译工具，也不需要控制类装载器层次，因此它可以在所有的 Java Web 容器或应用服务器中运行良好。

目前 Spring 仅支持将方法调用作为连接点，如果需要把对成员变量的访问和更新也作为增强处理的连接点，则可以考虑使用 AspectJ。

Spring 实现 AOP 的方法跟其他的框架不同。Spring 并不是要提供最完整的 AOP 实现（尽管 Spring AOP 有这个能力），Spring 侧重于 AOP 实现和 Spring IoC 容器之间的整合，用于帮助解决企业级开发中的常见问题。

因此，Spring AOP 通常和 Spring IoC 容器一起使用，Spring AOP 从来没有打算通过提供一种全面的 AOP 解决方案来与 AspectJ 竞争。Spring AOP 采用基于代理的 AOP 实现方案，而 AspectJ 则采用编译时增强的解决方案。

Spring 可以无缝地整合 Spring AOP、IoC 和 AspectJ，使得所有的 AOP 应用完全融入基于 Spring 的框架中，这样的集成不会影响 Spring AOP API 或者 AOP Alliance API，Spring AOP 保持了向下兼容性，依然允许直接使用 Spring AOP API 来完成 AOP 编程。

一旦掌握了上面的 AOP 相关概念，不难发现进行 AOP 编程其实是很简单的事情。纵观 AOP 编程，其中需要程序员参与的只有三个部分。

➢ 定义普通业务组件。
➢ 定义切入点，一个切入点可能横切多个业务组件。
➢ 定义增强处理，增强处理就是在 AOP 框架为普通业务组件织入的处理动作。

其中第一个部分是最平常不过的事情，所以无须做额外说明。那么进行 AOP 编程的关键就是定义切入点和增强处理。一旦定义了合适的切入点和增强处理，AOP 框架将会自动生成 AOP 代理，而 AOP 代理的方法大致有如下公式：

$$AOP\ 代理的方法\ =\ 增强处理\ +\ 目标对象的方法$$

现在通常建议使用 AspectJ 方式来定义切入点和增强处理，在这种方式下，Spring 依然有如下两种选择来定义切入点和增强处理。

> ➤ 基于注解的"零配置"方式：使用@Aspect、@Pointcut 等注解来标注切入点和增强处理。
> ➤ 基于 XML 配置文件的管理方式：使用 Spring 配置文件来定义切入点和增强处理。

▶▶ 5.4.5 基于注解的"零配置"方式

AspectJ 允许使用注解定义切面、切入点和增强处理，而 Spring 框架则可识别并根据这些注解来生成 AOP 代理。Spring 只使用了和 AspectJ 5 一样的注解，但并没有使用 AspectJ 的编译器或者织入器，底层依然使用的是 Spring AOP，依然是在运行时动态生成 AOP 代理的，并不依赖 AspectJ 的编译器或者织入器。

简单地说，Spring 依然采用运行时生成动态代理的方式来增强目标对象，所以它不需要增加额外的编译，也不需要 AspectJ 的织入器支持；而 AspectJ 采用编译时增强，所以 AspectJ 需要使用自己的编译器来编译 Java 文件，还需要织入器。

为了启用 Spring 对@AspectJ 切面配置的支持，并保证 Spring 容器中的目标 Bean 被一个或多个切面自动增强，必须在 Spring 配置文件中增加如下配置片段：

```xml
<?xml version="1.0" encoding="utf-8"?>
<beans xmlns="http://www.springframework.org/schema/beans"
    xmlns:xsi="http://www.w3.org/2001/XMLSchema-instance"
    xmlns:aop="http://www.springframework.org/schema/aop"
    xsi:schemaLocation="http://www.springframework.org/schema/beans
    http://www.springframework.org/schema/beans/spring-beans.xsd
    http://www.springframework.org/schema/aop
    http://www.springframework.org/schema/aop/spring-aop.xsd">
    <!-- 启用@AspectJ支持 -->
    <aop:aspectj-autoproxy/>
</beans>
```

当然，如果希望完全启动 Spring 的"零配置"功能，则还需要采用如 5.2 节所示的方式进行配置。

所谓自动增强，指的是 Spring 会判断一个或多个切面是否需要对指定 Bean 进行增强，并据此自动生成相应的代理，从而使得增强处理在合适的时候被调用。

如果不打算使用 Spring 的 XML Schema 配置方式，则应该在 Spring 配置文件中增加如下配置片段来启用@AspectJ 支持。

```xml
<!-- 启用@AspectJ支持 -->
<bean class="org.springframework.aop.aspectj.annotation.
    AnnotationAwareAspectJAutoProxyCreator"/>
```

上面配置文件中的 AnnotationAwareAspectJAutoProxyCreator 是一个 Bean 后处理器，该 Bean 后处理器将会为容器中符合条件的 Bean 生成 AOP 代理。

为了在 Spring 应用中启用@AspectJ 支持，还需要在应用的类加载路径下增加两个 AspectJ 库：aspectjweaver.jar 和 aspectjrt.jar，直接使用 AspectJ 安装路径下 lib 目录中的两个 JAR 文件即可。

1. 定义切面 Bean

当启用了@AspectJ 支持后，只要在 Spring 容器中配置一个带@Aspect 注解的 Bean，Spring 就会自动识别该 Bean，并将该 Bean 作为切面处理。

> **提示：**
> 在 Spring 容器中配置切面 Bean（即带@Aspect 注解的 Bean），与配置普通 Bean 没有任何区别，一样使用<bean.../>元素进行配置，一样支持使用依赖注入来配置属性值；如果启动了 Spring 的"零配置"特性，一样可以让 Spring 自动搜索，并加载指定路径下的切面 Bean。

使用@Aspect 标注一个 Java 类，该 Java 类将会作为切面 Bean，如下面的代码片段所示。

```
// 使用@Aspect 定义一个切面类
@Aspect
public class LogAspect
{
    // 定义该类的其他内容
    ...
}
```

切面类（用@Aspect 修饰的类）和其他类一样可以有方法、成员变量定义，还可能包括切入点、增强处理定义。

如果使用@Aspect 来修饰一个 Java 类，Spring 将不会把该 Bean 当成组件 Bean 处理，因此负责自动增强的后处理 Bean 将会略过该 Bean，不会对该 Bean 进行任何增强处理。

在开发时无须担心使用@Aspect 定义的切面类被增强处理，当 Spring 容器检测到某个 Bean 类使用@Aspect 修饰之后，Spring 容器不会对该 Bean 类进行增强。

2. 定义 Before 增强处理

在切面类中使用@Before 来修饰一个方法时，该方法将作为 Before 增强处理。使用@Before 修饰时，通常需要指定一个 value 属性值，该属性值指定一个切入点表达式（既可以是一个已有的切入点，也可以直接定义切入点表达式），用于指定该增强处理将被织入哪些切入点。

下面的 Java 类中使用@Before 定义了一个 Before 增强处理。

程序清单：codes\05\5.4\Before\src\org\crazyit\app\aspect\AuthAspect.java

```
// 定义一个切面
@Aspect
public class AuthAspect
{
    // 匹配 org.crazyit.app.service.impl 包下所有类的
    // 所有方法的执行作为切入点
    @Before("execution(* org.crazyit.app.service.impl.*.*(..))")
    public void authority()
    {
        System.out.println("模拟执行权限检查");
    }
}
```

上面程序中使用@Aspect 修饰了 AuthAspect 类，这表明该类是一个切面类，在该切面类中定义了一个 authority()方法——这个方法本来没有任何特殊之处，但因为使用了@Before 来标注该方法，这就将该方法转换成了一个 Before 增强处理。

上面程序中使用@Before 注解时，直接指定了切入点表达式，指定匹配 org.crazyit.app.service.impl 包下所有类的所有方法的执行作为切入点。

本应用在 org.crazyit.app.service.impl 包下定义了两个类：HelloImpl 和 WorldImpl，它们与前面介绍 AspectJ 时所用的两个业务组件类几乎相同（只是增加实现了一个接口），并使用了@Component 注解进行修饰。下面是其中 HelloImpl 类的代码。

程序清单：codes\05\5.4\Before\src\org\crazyit\app\service\impl\HelloImpl.java

```
@Component("hello")
public class HelloImpl implements Hello
{
    // 定义一个 deleteUser 方法，模拟应用中删除用户的方法
    public void deleteUser(Integer id)
    {
        System.out.println("执行 Hello 组件的 deleteUser 删除用户：" + id);
    }
}
```

```
    // 定义一个 addUser() 方法，模拟应用中添加用户的方法
    public Integer addUser(String name, String pass)
    {
        System.out.println("执行 Hello 组件的 addUser 添加用户： " + name);
    }
}
```

从上面的 HelloImpl 类代码来看，它是一个如此"纯净"的 Java 类，它丝毫不知道将被谁来进行增强，也不知道将被进行怎样的增强——但正因为 HelloImpl 类的这种"无知"，才是 AOP 的最大魅力：目标类可以被无限地增强。

在 Spring 配置文件中配置自动搜索 Bean 组件、自动搜索切面类，Spring AOP 自动对 Bean 组件进行增强。下面是 Spring 配置文件的代码。

程序清单：codes\05\5.4\Before\src\beans.xml

```xml
<?xml version="1.0" encoding="utf-8"?>
<beans xmlns="http://www.springframework.org/schema/beans"
    xmlns:xsi="http://www.w3.org/2001/XMLSchema-instance"
    xmlns:context="http://www.springframework.org/schema/context"
    xmlns:aop="http://www.springframework.org/schema/aop"
    xsi:schemaLocation="http://www.springframework.org/schema/beans
    http://www.springframework.org/schema/beans/spring-beans.xsd
    http://www.springframework.org/schema/context
    http://www.springframework.org/schema/context/spring-context.xsd
    http://www.springframework.org/schema/aop
    http://www.springframework.org/schema/aop/spring-aop.xsd">
    <!-- 指定自动搜索 Bean 组件、自动搜索切面类 -->
    <context:component-scan base-package="org.crazyit.app.service
        ,org.crazyit.app.aspect">
        <context:include-filter type="annotation"
            expression="org.aspectj.lang.annotation.Aspect"/>
    </context:component-scan>
    <!-- 启用@AspectJ支持 -->
    <aop:aspectj-autoproxy/>
</beans>
```

主程序非常简单，通过 Spring 容器获取 hello、world 两个 Bean，并调用了这两个 Bean 的业务方法。执行主程序，将看到如图 5.10 所示的效果。

图 5.10　使用 Before 增强处理的效果

 注意

使用 Before 增强处理只能在目标方法执行之前织入增强，如果 Before 增强处理没有特殊处理，目标方法总会自动执行，如果 Before 增强处理需要阻止目标方法的执行，可通过抛出一个异常来实现。Before 增强处理执行时，目标方法还未获得执行的机会，所以 Before 增强处理无法访问目标方法的返回值。

3. 定义 AfterReturning 增强处理

类似于使用@Before 注解可修饰 Before 增强处理，使用@AfterReturning 可修饰 AfterReturning

增强处理，AfterReturning 增强处理将在目标方法正常完成后被织入。

使用@AfterReturning 注解可指定如下两个常用属性。

➤ pointcut/value：这两个属性的作用是一样的，它们都用于指定该切入点对应的切入点表达式——既可以是一个已有的切入点，也可以直接定义切入点表达式。当指定了 pointcut 属性值后，value 属性值将会被覆盖。

➤ returning：该属性指定一个形参名，用于表示在 Advice 方法中可定义与此同名的形参，该形参可用于访问目标方法的返回值。此外，在 Advice 方法中定义该形参（代表目标方法的返回值）时指定的类型，会限制目标方法必须返回指定类型的值。

下面的程序定义了一个 AfterReturning 增强处理。

程序清单：codes\05\5.4\AfterReturning\src\org\crazyit\app\aspect\LogAspect.java

```java
// 定义一个切面
@Aspect
public class LogAspect
{
    // 匹配 org.crazyit.app.service.impl 包下所有类的
    // 所有方法的执行作为切入点
    @AfterReturning(returning = "rvt",
        pointcut = "execution(* org.crazyit.app.service.impl.*.*(..))")
    // 声明 rvt 时指定的类型会限制目标方法必须返回指定类型的值或没有返回值
    // 此处将 rvt 的类型声明为 Object，这意味着对目标方法的返回值不加限制
    public void log(Object rvt)
    {
        System.out.println("获取目标方法返回值:" + rvt);
        System.out.println("模拟记录日志功能...");
    }
}
```

正如从上面的程序中所看到的，程序中使用@AfterReturning 注解时，指定了一个 returning 属性，该属性值为 rvt，这表明允许在 Advice 方法（log()方法）中定义名为 rvt 的形参，程序可通过 rvt 形参来访问目标方法的返回值。

该应用的目标 Bean 类依然使用前面的 HelloImpl 类和 WorldImpl 类，此处不再给出这两个 Java 类的代码。

运行该应用的主程序，将看到如图 5.11 所示的效果。

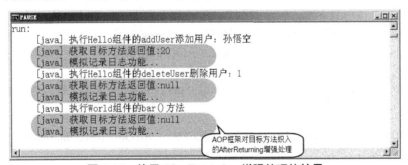

图 5.11 使用 AfterReturning 增强处理的效果

@AfterReturning 注解的 returning 属性所指定的形参名必须对应于增强处理中的一个形参名，当目标方法执行返回后，返回值作为相应的参数值传入增强处理方法。

使用 returning 属性还有一个额外的作用：它可用于限定切入点只匹配具有对应返回值类型的方法——假如在上面的 log()方法中定义 rvt 形参的类型是 String，则该切入点只匹配 org.crazyit.app. service.impl 包下返回值类型为 String 或没有返回值的方法。当然，上面 log()方法的 rvt 形参的类型是 Object，这表明该切入点可匹配任何返回值类型的方法。

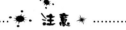 **注意**

虽然 AfterReturning 增强处理可以访问到目标方法的返回值，但它不可以改变目标方法的返回值。

4．定义 AfterThrowing 增强处理

使用@AfterThrowing 注解可修饰 AfterThrowing 增强处理，AfterThrowing 增强处理主要用于处理程序中未处理的异常。

使用@ AfterThrowing 注解时可指定如下两个常用属性。

➢ pointcut/value：这两个属性的作用是一样的，它们都用于指定该切入点对应的切入点表达式——既可以是一个已有的切入点，也可以直接定义切入点表达式。当指定了 pointcut 属性值后，value 属性值将会被覆盖。

➢ throwing：该属性指定一个形参名，用于表示在 Advice 方法中可定义与此同名的形参，该形参可用于访问目标方法抛出的异常。此外，在 Advice 方法中定义该形参（代表目标方法抛出的异常）时指定的类型，会限制目标方法必须抛出指定类型的异常。

下面的程序定义了一个 AfterThrowing 增强处理。

程序清单：codes\05\5.4\AfterThrowing\src\org\crazyit\app\aspect\RepairAspect.java

```java
// 定义一个切面
@Aspect
public class RepairAspect
{
    // 匹配 org.crazyit.app.service.impl 包下所有类的
    // 所有方法的执行作为切入点
    @AfterThrowing(throwing = "ex",
        pointcut = "execution(* org.crazyit.app.service.impl.*.*(..))")
    // 声明 ex 时指定的类型会限制目标方法必须抛出指定类型的异常
    // 此处将 ex 的类型声明为 Throwable，这意味着对目标方法抛出的异常不加限制
    public void doRecoveryActions(Throwable ex)
    {
        System.out.println("目标方法中抛出的异常:" + ex);
        System.out.println("模拟 Advice 对异常的修复...");
    }
}
```

正如从上面的程序中所看到的，程序中使用@AfterThrowing 注解时指定了一个 throwing 属性，该属性值为 ex，这允许在增强处理方法（doRecoveryActions()方法）中定义名为 ex 的形参，程序可通过该形参访问目标方法抛出的异常。

对前面示例中的 HelloImpl 类做一些修改，用于模拟程序抛出异常。修改后的 HelloImpl 类的代码如下。

程序清单：codes\05\5.4\AfterThrowing\src\org\crazyit\app\service\impl\HelloImpl.java

```java
@Component("hello")
public class HelloImpl implements Hello
{
    // 定义一个 deleteUser 方法，模拟应用中删除用户的方法
    public void deleteUser(Integer id)
    {
        if (id < 0)
        {
            throw new IllegalArgumentException("被删除用户的 id 不能小于 0：" + id);
        }
        System.out.println("执行 Hello 组件的 deleteUser 删除用户：" + id);
```

```
    }
    // 定义一个 addUser() 方法，模拟应用中添加用户的方法
    public Integer addUser(String name, String pass)
    {
        System.out.println("执行 Hello 组件的 addUser 添加用户: " + name);
        return 20;
    }
}
```

上面程序中的 deleteUser()方法可能抛出异常——当调用 deleteUser()方法传入的参数值小于 0 时，deleteUser()方法就会抛出异常，且该异常没有被任何程序处理，因此 Spring AOP 会对该异常进行处理。

对该示例的主程序略做改变，将调用 deleteUser()方法传入的参数值改为-2。运行主程序，将看到如图 5.12 所示的效果。

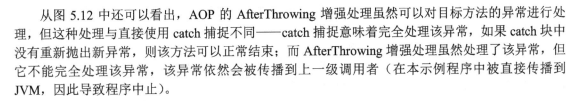

图 5.12　使用 AfterThrowing 增强处理的效果

正如在图 5.12 中所看到的，在@AfterThrowing 注解的 throwing 属性中指定的参数名必须与增强处理方法内的一个形参对应。当目标方法抛出一个未处理的异常时，该异常将会被传给增强处理方法对应的参数。

注意

使用 throwing 属性还有一个额外的作用：它可用于限定切入点只匹配指定类型的异常——假如在上面的 doRecoveryActions()方法中定义了 ex 形参的类型是 NullPointerException，则该切入点只匹配抛出 NullPointerException 异常的方法。上面 doRecoveryActions()方法的 ex 形参类型是 Throwable，这表明该切入点可匹配抛出任何异常的情况。

从图 5.12 中还可以看出，AOP 的 AfterThrowing 增强处理虽然可以对目标方法的异常进行处理，但这种处理与直接使用 catch 捕捉不同——catch 捕捉意味着完全处理该异常，如果 catch 块中没有重新抛出新异常，则该方法可以正常结束；而 AfterThrowing 增强处理虽然处理了该异常，但它不能完全处理该异常，该异常依然会被传播到上一级调用者（在本示例程序中被直接传播到 JVM，因此导致程序中止）。

5．After 增强处理

Spring 还提供了一个 After 增强处理，它与 AfterReturning 增强处理有点相似，但也有区别。

➢ AfterReturning 增强处理只有在目标方法成功完成后才会被织入。
➢ After 增强处理不管目标方法如何结束（包括成功完成和遇到异常中止两种情况），它都会被织入。

不论一个方法是如何结束的，After 增强处理都会被织入，因此 After 增强处理必须准备处理正常返回和异常返回两种情况，这种增强处理通常用于释放资源。After 增强处理有点类似于 finally 块。

使用@After 注解修饰一个方法，即可将该方法转换成 After 增强处理。使用@After 注解时需

要指定一个 value 属性，该属性值用于指定该增强处理被织入的切入点——既可以是一个已有的切入点，也可以直接指定切入点表达式。

下面的程序定义了一个 After 增强处理。

程序清单：codes\05\5.4\After\src\org\crazyit\app\aspect\ReleaseAspect.java

```java
// 定义一个切面
@Aspect
public class ReleaseAspect
{
    // 匹配 org.crazyit.app.service 包下所有类的
    // 所有方法的执行作为切入点
    @After("execution(* org.crazyit.app.service.*.*(..))")
    public void release()
    {
        System.out.println("模拟方法结束后的释放资源...");
    }
}
```

上面程序中的粗体字代码定义了一个 After 增强处理，不管切入点的目标方法如何结束，该增强处理都会被织入。该示例程序的目标对象依然使用 HelloImpl 类和 WorldImpl 类，HelloImpl 组件中的 deleteUser()方法会因为抛出异常而结束。

主程序依然使用-2 作为 deleteUser()方法的参数，此时将看到如图 5.13 所示的效果。

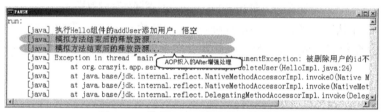

图 5.13　使用 After 增强处理的效果

从图 5.13 中可以看出，虽然 deleteUser()方法因为 IllegalArgumentException 异常结束，但 After 增强处理依然被正常织入。由此可见，After 增强处理的作用非常类似于异常处理中 finally 块的作用——无论如何，它总会在方法执行结束之后被织入，因此特别适用于进行资源回收。

6. Around 增强处理

@Around 注解用于修饰 Around 增强处理。Around 增强处理的功能比较强大，它近似等于 Before 增强处理和 AfterReturning 增强处理的总和，Around 增强处理既可在执行目标方法之前织入增强动作，也可在执行目标方法之后织入增强动作。

与 Before 增强处理、AfterReturning 增强处理不同的是，Around 增强处理可以决定目标方法在什么时候执行、如何执行，甚至可以完全阻止目标方法的执行。

Around 增强处理可以改变执行目标方法的参数值，也可以改变执行目标方法之后的返回值。

Around 增强处理的功能虽然强大，但通常需要在线程安全的环境下使用。因此，如果使用普通的 Before 增强处理、AfterReturning 增强处理就能解决的问题，就没有必要使用 Around 增强处理了。如果需要目标方法执行之前和之后共享某种状态数据，则应该考虑使用 Around 增强处理；尤其是需要改变目标方法的返回值时，就只能使用 Around 增强处理了。

Around 增强处理方法应该使用@Around 来标注，使用@Around 注解时需要指定一个 value 属性，该属性指定该增强处理被织入的切入点。

当定义一个 Around 增强处理方法时，该方法的第一个形参必须是 ProceedingJoinPoint 类型（至少包含一个形参）的，在增强处理方法体内，调用 ProceedingJoinPoint 参数的 proceed()方法才会执行目标方法——这就是 Around 增强处理可以完全控制目标方法的执行时机、如何执行的关键；

如果程序没有调用 ProceedingJoinPoint 参数的 proceed()方法，则目标方法不会被执行。

在调用 ProceedingJoinPoint 参数的 proceed()方法时，还可以传入一个 Object[]对象作为参数，该数组中的值将被传入目标方法作为执行方法的实参。

下面的程序定义了一个 Around 增强处理。

程序清单：codes\05\5.4\Around\src\org\crazyit\app\aspect\TxAspect.java

```java
// 定义一个切面
@Aspect
public class TxAspect
{
    // 匹配 org.crazyit.app.service.impl 包下所有类的
    // 所有方法的执行作为切入点
    @Around("execution(* org.crazyit.app.service.impl.*.*(..))")
    public Object processTx(ProceedingJoinPoint jp)
        throws java.lang.Throwable
    {
        System.out.println("执行目标方法之前，模拟开始事务...");
        // 获取目标方法原始的调用参数
        var args = jp.getArgs();
        if (args != null && args.length > 1)
        {
            // 修改目标方法调用参数的第一个参数
            args[0] = "【增加的前缀】" + args[0];
        }
        // 以改变后的参数去执行目标方法，并保存目标方法执行后的返回值
        var rvt = jp.proceed(args);
        System.out.println("执行目标方法之后，模拟结束事务...");
        // 如果 rvt 的类型是 Integer，将 rvt 改为它的平方
        if (rvt != null && rvt instanceof Integer)
            rvt = (Integer) rvt * (Integer) rvt;
        return rvt;
    }
}
```

上面的程序定义了一个 TxAspect 切面，该切面里包含一个 Around 增强处理：processTx()方法，该方法中第二行粗体字代码用于回调目标方法，在回调目标方法时传入了一个 args 数组，但这个 args 数组是执行目标方法的原始参数被修改后的结果，这样就实现了对调用参数的修改；第三行粗体字代码用于改变目标方法的返回值。

本示例程序中依然使用前面的 HelloImpl 类和 WorldImpl 类，只是主程序增加了输出 addUser()方法返回值的功能。执行主程序，将看到如图 5.14 所示的效果。

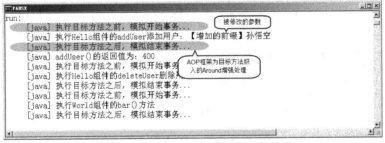

图 5.14　使用 Around 增强处理的效果

从图 5.14 中可以看出，使用 Around 增强处理可以取得对目标方法最大的控制权——既可完全控制目标方法的执行，也可改变执行目标方法的参数，还可改变目标方法的返回值。

当调用 ProceedingJoinPoint 的 proceed()方法时，传入的 Object[]参数值将作为目标方法的参数，如果传入的 Object[]数组长度与目标方法所需参数的个数不相等，或者 Object[]数组元素与目标方

法所需参数的类型不匹配，程序就会出现异常。

为了能获取目标方法的参数的个数和类型，需要增强处理方法能访问执行目标方法的参数。

7. 访问目标方法的参数

访问目标方法最简单的做法是在定义增强处理方法时将第一个参数定义为 JoinPoint 类型，当该增强处理方法被调用时，该 JoinPoint 参数就代表了织入增强处理的连接点。JoinPoint 里包含了如下几个常用的方法。

➤ Object[] getArgs()：返回执行目标方法时的参数。

➤ Signature getSignature()：返回被增强的方法的相关信息。

➤ Object getTarget()：返回被织入增强处理的目标对象。

➤ Object getThis()：返回 AOP 框架为目标对象生成的代理对象。

通过使用这些方法就可访问到目标方法的相关信息。

当使用 Around 增强处理时，需要将第一个参数定义为 ProceedingJoinPoint 类型，该类型是 JoinPoint 类型的子类。

下面的切面类中定义了 Before、Around、AfterReturning、After 4 种增强处理，并分别在 4 种增强处理中访问被织入增强处理的目标方法、执行目标方法的参数、被织入增强处理的目标对象等。

下面是该切面类的代码。

程序清单：codes\05\5.4\JoinPoint\src\org\crazyit\app\aspect\FourAdviceTest.java

```java
// 定义一个切面
@Aspect
public class FourAdviceTest
{
    // 定义 Around 增强处理
    @Around("execution(* org.crazyit.app.service.impl.*.*(..))")
    public Object processTx(ProceedingJoinPoint jp)
        throws java.lang.Throwable
    {
        System.out.println("Around 增强：执行目标方法之前，模拟开始事务...");
        // 访问执行目标方法的参数
        var args = jp.getArgs();
        // 当执行目标方法的参数存在
        // 且第一个参数是字符串时
        if (args != null && args.length > 0
            && args[0].getClass() == String.class)
        {
            // 修改目标方法调用参数的第一个参数
            args[0] = "【增加的前缀】" + args[0];
        }
        // 执行目标方法，并保存目标方法执行后的返回值
        var rvt = jp.proceed(args);
        System.out.println("Around 增强：执行目标方法之后，模拟结束事务...");
        // 如果 rvt 的类型是 Integer，将 rvt 改为它的平方
        if (rvt != null && rvt instanceof Integer)
            rvt = (Integer) rvt * (Integer) rvt;
        return rvt;
    }
    // 定义 Before 增强处理
    @Before("execution(* org.crazyit.app.service.impl.*.*(..))")
    public void authority(JoinPoint jp)
    {
        System.out.println("Before 增强：模拟执行权限检查");
        // 返回被织入增强处理的目标方法
```

```
        System.out.println("Before 增强：被织入增强处理的目标方法为："
            + jp.getSignature().getName());
        // 访问执行目标方法的参数
        System.out.println("Before 增强：目标方法的参数为："
            + Arrays.toString(jp.getArgs()));
        // 访问被增强处理的目标对象
        System.out.println("Before 增强：被织入增强处理的目标对象为："
            + jp.getTarget());
    }
    // 定义 AfterReturning 增强处理
    @AfterReturning(pointcut = "execution(* org.crazyit.app.service.impl.*.*(..))",
        returning = "rvt")
    public void log(JoinPoint jp, Object rvt)
    {
        System.out.println("AfterReturning 增强：获取目标方法返回值:"
            + rvt);
        System.out.println("AfterReturning 增强：模拟记录日志功能...");
        // 返回被织入增强处理的目标方法
        System.out.println("AfterReturning 增强：被织入增强处理的目标方法为："
            + jp.getSignature().getName());
        // 访问执行目标方法的参数
        System.out.println("AfterReturning 增强：目标方法的参数为："
            + Arrays.toString(jp.getArgs()));
        // 访问被增强处理的目标对象
        System.out.println("AfterReturning 增强：被织入增强处理的目标对象为："
            + jp.getTarget());
    }
    // 定义 After 增强处理
    @After("execution(* org.crazyit.app.service.impl.*.*(..))")
    public void release(JoinPoint jp)
    {
        System.out.println("After 增强：模拟方法结束后的释放资源...");
        // 返回被织入增强处理的目标方法
        System.out.println("After 增强：被织入增强处理的目标方法为："
            + jp.getSignature().getName());
        // 访问执行目标方法的参数
        System.out.println("After 增强：目标方法的参数为："
            + Arrays.toString(jp.getArgs()));
        // 访问被增强处理的目标对象
        System.out.println("After 增强：被织入增强处理的目标对象为："
            + jp.getTarget());
    }
}
```

从上面的粗体字代码可以看出，在 Before、Around、AfterReturning、After 4 种增强处理中，其实都可通过相同的代码来访问被增强的目标对象、目标方法和方法的参数，但只有 Around 增强处理可以改变方法参数，如 Around Advice 方法中的粗体字代码所示。

被上面切面类处理的目标类还是前面的 HelloImpl 类和 WorldImpl 类，主程序获取它们的实例，并执行它们的方法，执行结束将看到如图 5.15 所示的执行效果。

Spring AOP 采用和 AspectJ 一样的优先顺序来织入增强处理：在 "进入" 连接点时，具有最高优先级的增强处理将先被织入（所以在给定的两个 Before 增强处理中，优先级高的那个会先执行）；在 "退出" 连接点时，具有最高优先级的增强处理会最后被织入（所以在给定的两个 After 增强处理中，优先级高的那个会后执行）。

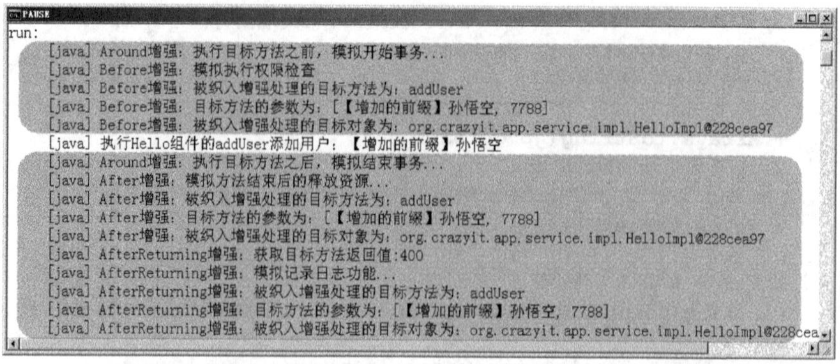

图 5.15　Spring AOP 为目标方法织入各种增强处理的效果

当不同切面类中的两个增强处理需要在同一个连接点被织入时，Spring AOP 将以随机的顺序来织入这两个增强处理。如果应用需要指定不同切面类中增强处理的优先级，Spring 提供了如下两种解决方案。

> ➢ 让切面类实现 org.springframework.core.Ordered 接口。实现该接口只需实现一个 int getOrder()方法，该方法的返回值越小，则优先级越高。
> ➢ 直接使用@Order 注解来修饰一个切面类。使用@Order 注解时可指定一个 int 类型的 value 属性，该属性值越小，则优先级越高。

同一个切面类中的两个相同类型的增强处理在同一个连接点被织入时，Spring AOP 将以随机的顺序来织入这两个增强处理，程序没有办法控制它们的织入顺序。如果确实需要保证它们以固有的顺序被织入，则可考虑将多个增强处理压缩成一个增强处理；或者将不同的增强处理重构到不同的切面类中，在切面类级别进行排序。

如果只需要访问目标方法的参数，Spring 还提供了一种更简单的方法：可以在程序中使用 args 切入点表达式来绑定目标方法的参数。如果在一个 args 表达式中指定了一个或多个参数，则该切入点将只匹配具有对应形参的方法，且目标方法的参数值将被传入增强处理方法中——这段文字确实有点拗口，下面使用一个示例讲解可能更加清晰。

下面定义一个切面类。

程序清单：codes\05\5.4\Args\src\org\crazyit\app\aspect\AccessArgAspect.java

```java
@Aspect
public class AccessArgAspect
{
    // 下面的 args(arg0,arg1)会限制目标方法必须有两个形参
    @AfterReturning(returning = "rvt", pointcut =
        "execution(* org.crazyit.app.service.impl.*.*(..)) && args(arg0, arg1)")
    // 此处指定 arg0、arg1 为 String 类型
    // args(arg0,arg1)还要求目标方法的两个形参都是 String 类型
    public void access(Object rvt, String arg0, String arg1)
    {
        System.out.println("调用目标方法第 1 个参数为:" + arg0);
        System.out.println("调用目标方法第 2 个参数为:" + arg1);
        System.out.println("获取目标方法返回值:" + rvt);
        System.out.println("模拟记录日志功能...");
    }
}
```

上面程序中的粗体字代码用于定义切入点表达式，但该切入点表达式增加了&&args(arg0, arg1)部分，这意味着可以在增强处理方法（access()方法）中定义 arg0、arg1 两个形参——在定义这两个形参时，形参类型可以随意指定，但一旦指定了这两个形参的类型，该类型就会被用于限制目标方法。例如，access()方法声明 arg0、arg1 的类型都是 String，这会限制目标方法必须带两个 String

类型的参数。

　　本示例的主程序还是先通过 Spring 容器获取 HelloImpl 和 WorldImpl 两个组件，然后调用这两个组件的方法。编译、运行该程序，将看到如图 5.16 所示的效果。

　　　　　　　　图 5.16　通过 args 表达式来访问目标方法的参数

　　从图 5.16 中可以看出，使用 args 表达式有如下两个作用。

➤ 提供了一种简单的方式来访问目标方法的参数。

➤ 对切入点表达式增加额外的限制。

　　此外，在使用 args 表达式时还可使用如下形式：args(name, age, ..)，这表明在增强处理方法中可通过 name、age 来访问目标方法的参数。注意上面 args 表达式括号中的两个点，它表示可匹配更多的参数——如果该 args 表达式对应的增强处理方法签名为：

```
@AfterReturning(pointcut = "execution(* org.crazyit.app.service.impl.*.*(..))"
    + " && args(name, age, ..)",
    returning = "retVal")
public void doSomething(String name, int age, Date birth)
```

　　这意味着只要目标方法的第一个参数是 String 类型，第二个参数是 int 类型，该方法就可匹配该切入点。

8．定义切入点

　　正如在前面的 FourAdviceTest.java 程序中所看到的，在这个切面类中定义了 4 个增强处理，在定义 4 个增强处理时分别指定了相同的切入点表达式，这种做法显然不太符合软件设计原则：居然将这个切入点表达式重复了 4 次！如果有一天需要修改该切入点表达式，那不是要修改 4 个地方？

　　为了解决这个问题，AspectJ 和 Spring 都允许定义切入点。所谓定义切入点，其实质就是为一个切入点表达式起一个名字，从而允许在多个增强处理中重用该名字。

　　Spring AOP 只支持将 Spring Bean 的方法执行作为连接点，所以可以把切入点看成所有能和切入点表达式匹配的 Bean 方法。

　　切入点定义包含两个部分：

➤ 一个切入点表达式。

➤ 一个包含名字和任意参数的方法签名。

　　其中，切入点表达式用于指定该切入点和哪些方法进行匹配，包含名字和任意参数的方法签名将作为该切入点的名称。

　　在@AspectJ 风格的 AOP 中，切入点签名采用一个普通的方法定义（方法体通常为空）来提供，且该方法的返回值必须为 void；切入点表达式需要使用@Pointcut 注解来标注。

　　下面的代码片段定义了一个切入点：anyOldTransfer，这个切入点将匹配任何名为 transfer 的方法的执行。

```
// 使用@Pointcut 注解定义切入点
@Pointcut("execution(* transfer(..))")
// 使用一个返回值为void、方法体为空的方法来命名切入点
private void anyOldTransfer(){}
```

　　切入点表达式，也就是组成@Pointcut 注解的值，是正规的 AspectJ 切入点表达式。如果想要更多地了解 AspectJ 的切入点语言，请参考 AspectJ 编程指南。

一旦采用上面的代码片段定义了名为 anyOldTransfer 的切入点之后，程序就可多次重复使用该切入点了，甚至可以在其他切面类、其他包的切面类中使用该切入点，至于是否可以在其他切面类、其他包的切面类中访问该切入点，则取决于该方法签名前的访问控制符。例如，本示例中的 anyOldTransfer()方法使用 private 访问控制符，则意味着仅能在当前切面类中使用该切入点。

如果需要使用本切面类中的切入点，则可在使用@Before、@After、@Around 等注解定义 Advice 时，使用 pointcut 或 value 属性值引用已有的切入点。例如下面的代码片段：

```
@AfterReturning(pointcut = "myPointcut()",
    returning = "retVal")
public void writeLog(String msg, Object retVal)
{
    ...
}
```

从粗体字代码可以看出，指定切入点非常像调用 Java 方法的语法——只是该方法代表一个切入点，其实质是为该增强处理定义一个切入点表达式。

如果需要使用其他切面类中的切入点，则其他切面类中的切入点不能使用 private 修饰。而且在使用@Before、@After、@Around 等注解中的 pointcut 或 value 属性值引用已有的切入点时，必须添加类名前缀。

下面程序的切面类中仅定义了一个切入点。

程序清单：codes\05\5.4\ReusePointcut\src\org\crazyit\app\aspect\SystemArchitecture.java

```
@Aspect
public class SystemArchitecture
{
    @Pointcut("execution(* org.crazyit.app.service.impl.*.*(..))")
    public void myPointcut(){}
}
```

在下面的切面类中将直接使用上面定义的 myPointcut()切入点。

程序清单：codes\05\5.4\ReusePointcut\src\org\crazyit\app\aspect\LogAspect.java

```
@Aspect
public class LogAspect
{
    // 直接使用 SystemArchitecture 切面类的 myPointcut()切入点
    @AfterReturning(returning = "rvt",
        pointcut = "SystemArchitecture.myPointcut()")
    // 声明 rvt 时指定的类型会限制目标方法必须返回指定类型的值或没有返回值
    // 此处将 rvt 的类型声明为 Object，这意味着对目标方法的返回值不加限制
    public void log(Object rvt)
    {
        System.out.println("获取目标方法返回值:" + rvt);
        System.out.println("模拟记录日志功能...");
    }
}
```

上面程序中的粗体字代码就是直接使用 SystemArchitecture 类中切入点的代码。从上面的粗体字代码可以看出，当使用其他切面类中的切入点时，应该使用切面类作为前缀来限制切入点。

正如从上面的 LogAspect.java 中所看到的，该类可以直接使用 SystemArchitecture 类中定义的切入点，这意味着其他切面类也可自由使用 SystemArchitecture 类中定义的切入点，这就很好地复用了切入点所包含的切入点表达式。

9. 切入点指示符

前面在定义切入点表达式时大量使用了 execution 表达式，其中 execution 就是一个切入点指示符。Spring AOP 仅支持部分 AspectJ 的切入点指示符，但 Spring AOP 还额外支持一个 bean 切入点指示符。

不仅如此,因为 Spring AOP 只支持使用方法调用作为连接点,所以 Spring AOP 的切入点指示符仅匹配方法执行的连接点。

> **注意**
> 完整的 AspectJ 切入点语言支持大量的切入点指示符,但是 Spring 并不支持它们。Spring AOP 不支持的切入点指示符有 call、get、set、preinitialization、staticinitialization、initialization、handler、adviceexecution、withincode、cflow、cflowbelow、if、@this 和 @withincode。一旦在 Spring AOP 中使用这些切入点指示符,将会导致抛出 IllegalArgument Exception 异常。

Spring AOP 一共支持如下几种切入点指示符。

> execution:用于匹配执行方法的连接点,这是 Spring AOP 中最主要的切入点指示符。该切入点指示符的用法也相对复杂,execution 表达式的格式如下:

```
execution(modifiers-pattern? ret-type-pattern declaring-type-pattern?
name-pattern(param-pattern) throws-pattern?)
```

上面格式中的 execution 是不变的,用于作为 execution 表达式的开头。整个表达式中各部分的解释如下。

- modifiers-pattern:指定方法的修饰符,支持通配符,该部分可省略。
- ret-type-pattern:指定方法的返回值类型,支持通配符,可以使用 "*" 通配符来匹配所有的返回值类型。
- declaring-type-pattern:指定方法所属的类,支持通配符,该部分可省略。
- name-pattern:指定匹配指定的方法名,支持通配符,可以使用 "*" 通配符来匹配所有方法。
- param-pattern:指定方法声明中的形参列表,支持两个通配符,即 "*" 和 "..",其中 "*" 代表一个任意类型的参数,而 ".." 代表零个或多个任意类型的参数。例如,()匹配了一个不接收任何参数的方法,而(..)匹配了一个接收任意数量参数的方法(零个或更多),(*)匹配了一个接收一个任何类型参数的方法,(*,String)匹配了接收两个参数的方法,第一个可以是任意类型,第二个则必须是 String 类型。
- throws-pattern:指定方法声明抛出的异常,支持通配符,该部分可省略。

例如,如下几个 execution 表达式:

```
// 匹配任意 public 方法的执行
execution(public * * (..))
// 匹配任意方法名以 set 开头的方法的执行
execution(* set* (..))
// 匹配 AccountServiceImpl 中任意方法的执行
execution(* org.crazyit.app.service.impl.AccountServiceImpl.* (..))
// 匹配 org.crazyit.app.service.impl 包中任意类的任意方法的执行
execution(* org.crazyit.app.service.impl.*.*(..))
```

> within:用于限定匹配特定类型的连接点,在使用 Spring AOP 的时候,只能匹配方法执行的连接点。

例如,如下几个 within 表达式:

```
// org.crazyit.app.service 包中的任意连接点（在 Spring AOP 中只是方法执行的连接点）
within(org.crazyit.app.service.*)
// org.crazyit.app.service 包或其子包中的任意连接点（在 Spring AOP 中只是方法执行的连接点）
within(org.crazyit.app.service..*)
```

> this：用于限定 AOP 代理必须是指定类型的实例，匹配该对象的所有连接点。在使用 Spring AOP 的时候，只能匹配方法执行的连接点。

例如，如下 this 表达式：

```
// 匹配实现了 org.crazyit.app.service.AccountService 接口的 AOP 代理的所有连接点
// 在 Spring AOP 中只是方法执行的连接点
this(org.crazyit.app.service.AccountService)
```

> target：用于限定目标对象必须是指定类型的实例，匹配该对象的所有连接点。在使用 Spring AOP 的时候，只能匹配方法执行的连接点。

例如，如下 target 表达式：

```
// 匹配实现了 org.crazyit.app.service.AccountService 接口的目标对象的所有连接点
// 在 Spring AOP 中只是方法执行的连接点
target(org.crazyit.app.service.AccountService)
```

> args：用于对连接点的参数类型进行限制，要求参数类型是指定类型的实例。在使用 Spring AOP 的时候，只能匹配方法执行的连接点。

例如，如下 args 表达式：

```
// 匹配只接收一个参数，且传入的参数类型是 Serializable 的所有连接点
// 在 Spring AOP 中只是方法执行的连接点
args(java.io.Serializable)
```

注意

该示例中给出的切入点表达式与 execution(* *(java.io.Serializable)) 不同：args 版本只匹配动态运行时传入的参数值是 Serializable 类型的情形；而 execution 版本则匹配方法签名中只包含一个 Serializable 类型的形参的方法。

另外，Spring AOP 还提供了一个名为 bean 的切入点指示符，它用于限制只匹配指定 Bean 实例内的连接点。当然，在 Spring AOP 中只能使用方法执行作为连接点。

> bean：用于限定只匹配指定 Bean 实例内的连接点。实际上，只能使用方法执行作为连接点。在定义 bean 表达式时需要传入 Bean 的 id 或 name，表示只匹配该 Bean 实例内的连接点。支持使用 "*" 通配符。

例如，如下 bean 表达式：

```
// 匹配 tradeService Bean 实例内方法执行的连接点
bean(tradeService)
// 匹配名字以 Service 结尾的 Bean 实例内方法执行的连接点
bean(*Service)
```

bean 切入点指示符是 Spring AOP 额外支持的，并不是 AspectJ 所支持的。这个切入点指示符对 Spring 框架来说非常实用：它可以明确指定为 Spring 的哪个 Bean 织入增强处理。

10．组合切入点表达式

Spring 支持使用如下三个逻辑运算符来组合切入点表达式。

> &&：要求连接点同时匹配两个切入点表达式。
> ||：只要连接点匹配任意一个切入点表达式。
> !：要求连接点不匹配指定的切入点表达式。

回忆前面在定义切入点表达式时使用了如下代码：

```
pointcut = "execution(* org.crazyit.app.service.impl.*.*(..)) && args(food, time)"
```

上面 pointcut 属性指定的切入点表达式需要匹配如下两个条件。

> 匹配 org.crazyit.app.service.impl 包下任意类中任意方法的执行。

➤ 被匹配的方法的第一个参数类型必须是 food 的类型，第二个参数类型必须是 time 的类型（food、time 的类型由增强处理方法来决定）。

实际上，上面的 pointcut 切入点表达式由两个表达式组成，而且使用&&来组合这两个表达式，所以要求同时满足这两个切入点表达式的要求。

➤➤ 5.4.6　基于 XML 配置文件的管理方式

除了前面介绍的基于 JDK 1.5 的注解方式来定义切面、切入点和增强处理，Spring AOP 还允许直接使用 XML 配置文件来定义管理它们。

如果应用中没有使用 JDK 1.5，那么就只能选择使用 XML 配置方式了，Spring 提供了一个 aop:命名空间来定义切面、切入点和增强处理。

实际上，使用 XML 配置方式与前面介绍的@AspectJ 方式的实质是一样的，同样需要指定相关信息：配置切面、切入点、增强处理所需要的信息完全一样，只是提供这些信息的位置不同而已。使用 XML 配置方式时是通过 XML 文件来提供这些信息的；而使用@AspectJ 方式时则是通过注解来提供这些信息的。

相比之下，使用 XML 配置方式有如下几个优点。

➤ 如果应用没有使用 JDK 1.5 及以上版本，那么只能使用 XML 配置方式来管理切面、切入点和增强处理等。

➤ 采用 XML 配置方式对早期的 Spring 用户来说更加习惯，而且这种方式允许使用纯粹的POJO 来支持 AOP。当使用 AOP 作为工具来配置企业服务时，XML 配置方式会是一个很好的选择。

当使用 XML 配置风格时，可以在配置文件中清晰地看出系统中存在哪些切面。

使用 XML 配置方式，存在如下几个缺点。

➤ 使用 XML 配置方式不能将切面、切入点、增强处理等封装到一个地方。如果需要查看切面、切入点、增强处理，必须同时结合 Java 文件和 XML 配置文件来查看；但使用@AspectJ时，只需一个单独的类文件即可看到切面、切入点和增强处理的全部信息。

➤ XML 配置方式比@AspectJ 方式有更多的限制：仅支持"singleton"切面 Bean，不能在 XML配置中组合多个命名连接点的声明。

此外，@AspectJ 切面还有一个优点，就是能被 Spring AOP 和 AspectJ 同时支持，如果有一天需要将应用改为使用 AspectJ 来实现 AOP，使用@AspectJ 将非常容易迁移到基于 AspectJ 的 AOP实现中。可见，相比之下，选择使用@AspectJ 风格会有更大的吸引力。

在 Spring 配置文件中，所有的切面、切入点和增强处理都必须定义在<aop:config.../>元素内部。在<beans.../>元素下可以包含多个<aop:config.../>元素，一个<aop:config>中可以包含 pointcut、advisor 和 aspect 元素，且这三个元素必须按照此顺序来定义。<aop:config.../>各子元素的关系如图5.17 所示。

图 5.17 已经非常清楚地绘制出<aop:cofig.../>元素下能包含三个有序的子元素：pointcut、advisor和 aspect，其中在 aspect 下可以包含多个子元素——通过使用这些元素就可以在 XML 文件中配置切面、切入点和增强处理了。

> ❋ **注意** ❋
>
> 使用<aop:config.../>方式进行配置时，可能与 Spring 的自动代理方式相冲突。例如，使用<aop:aspectj-autoproxy/>或类似方式显式启用了自动代理，则可能会导致出现问题（比如有些增强处理没有被织入）。因此建议：要么全部使用<aop:config.../>配置方式，要么全部使用自动代理方式，不要两者混合使用。

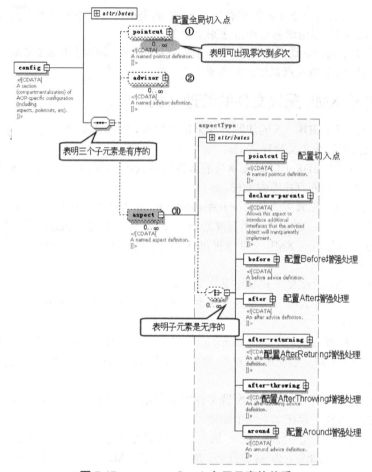

图 5.17 <aop:config.../>各子元素的关系

1．配置切面

定义切面使用图 5.17 中所示的<aop:aspect.../>元素，在使用该元素来定义切面时，其实质是将一个已有的 Spring Bean 转换成切面 Bean，所以需要先定义一个普通的 Spring Bean。

因为切面 Bean 可以被当成一个普通的 Spring Bean 来配置，所以完全可以为该切面 Bean 配置依赖注入。当切面 Bean 定义完成后，通过在<aop:aspect.../>元素中使用 ref 属性来引用该 Bean，就可以将该 Bean 转换成一个切面 Bean 了。

在配置<aop:aspect.../>元素时可以指定如下三个属性。

➢ id：定义该切面的标识名。

➢ ref：用于将 ref 属性所引用的普通 Bean 转换为切面 Bean。

➢ order：指定该切面 Bean 的优先级。该属性的作用与前面@AspectJ 中的@Order 注解、Ordered接口的作用完全一样，order 属性值越小，该切面对应的优先级越高。

例如，如下配置片段定义了一个切面：

```
<aop:config>
    <!-- 将容器中的 afterAdviceBean 转换成切面 Bean,
    切面 Bean 的新名称为 afterAdviceAspect -->
    <aop:aspect id="afterAdviceAspect" ref="afterAdviceBean">
        ...
    </aop:aspect>
</aop:config>
```

```
<!-- 定义一个普通 Bean 实例，该 Bean 实例将作为 Aspect Bean -->
<bean id="afterAdviceBean" class="lee.AfterAdviceTest"/>
```

上面配置文件中的粗体字代码将 Spring 容器中的 afterAdviceBean Bean 转换为一个切面 Bean，该切面 Bean 的 id 为 afterAdviceAspect。

Spring 支持将切面 Bean 当成普通 Bean 来管理，因此完全可以利用依赖注入来管理切面 Bean，管理切面 Bean 的属性值、依赖关系等。

2. 配置增强处理

与使用@AspectJ 完全一样，使用 XML 配置方式一样可以配置 Before、After、AfterReturning、AfterThrowing 和 Around 5 种增强处理，而且完全支持和@AspectJ 完全一样的语义。

正如图 5.17 所示，使用 XML 配置增强处理分别依赖如下几个元素。

➢ <aop:before.../>：配置 Before 增强处理。
➢ <aop:after.../>：配置 After 增强处理。
➢ <aop:after-returning.../>：配置 AfterReturning 增强处理。
➢ <aop:after-throwing.../>：配置 AfterThrowing 增强处理。
➢ <aop:around.../>：配置 Around 增强处理。

上面这些元素都不支持使用子元素，但通常可指定如下属性。

➢ pointcut|pointcut-ref：pointcut 属性指定一个切入点表达式，pointcut-ref 属性指定已有的切入点名称，Spring 将在匹配该表达式的连接点时织入该增强处理。通常 pointcut 和 pointcut-ref 两个属性只需使用其中之一。
➢ method：该属性指定一个方法名，将切面 Bean 的该方法转换为增强处理。
➢ throwing：该属性只对<after-throwing.../>元素有效，用于指定一个形参名，AfterThrowing 增强处理方法可通过该形参访问目标方法抛出的异常。
➢ returning：该属性只对<after-returning.../>元素有效，用于指定一个形参名，AfterReturning 增强处理方法可通过该形参访问目标方法的返回值。

既然应用选择使用 XML 配置方式来配置增强处理，那么在切面类中定义切面、切入点和增强处理的注解全都可以删除了。

当定义切入点表达式时，XML 配置方式和@AspectJ 注解方式支持完全相同的切入点指示符，一样可以支持 execution、within、args、this、target、bean 等切入点指示符。

XML 配置方式和@AspectJ 注解方式一样支持组合切入点表达式，但 XML 配置方式不再使用简单的&&、||和!作为组合运算符（因为在 XML 配置文件中需要使用实体引用来表示它们），而是使用如下三个组合运算符：and（相当于&&）、or（相当于||）和 not（相当于!）。

下面的程序定义了一个简单的切面类，该切面类只是将前面@AspectJ 示例中切面类的全部注解删除后的结果。

程序清单：codes\05\5.4\XML-config\src\crazyit\app\aspect\FourAdviceTest.java

```
public class FourAdviceTest
{
    public Object processTx(ProceedingJoinPoint jp)
        throws java.lang.Throwable
    {
        System.out.println("Around 增强：执行目标方法之前，模拟开始事务...");
        // 访问执行目标方法的参数
        var args = jp.getArgs();
        // 当执行目标方法的参数存在，
        // 且第一个参数是字符串时
        if (args != null && args.length > 0
            && args[0].getClass() == String.class)
        {
```

```
            // 修改目标方法调用参数的第一个参数
            args[0] = "【增加的前缀】" + args[0];
        }
        // 执行目标方法，并保存目标方法执行后的返回值
        var rvt = jp.proceed(args);
        System.out.println("Around 增强：执行目标方法之后，模拟结束事务...");
        // 如果 rvt 的类型是 Integer，将 rvt 改为它的平方
        if (rvt != null && rvt instanceof Integer)
            rvt = (Integer) rvt * (Integer) rvt;
        return rvt;
    }
    public void authority(JoinPoint jp)
    {
        System.out.println("②Before 增强：模拟执行权限检查");
        // 返回被织入增强处理的目标方法
        System.out.println("②Before 增强：被织入增强处理的目标方法为: "
            + jp.getSignature().getName());
        // 访问执行目标方法的参数
        System.out.println("②Before 增强：目标方法的参数为: "
            + Arrays.toString(jp.getArgs()));
        // 访问被增强处理的目标对象
        System.out.println("②Before 增强：被织入增强处理的目标对象为: "
            + jp.getTarget());
    }
    public void log(JoinPoint jp, Object rvt)
    {
        System.out.println("AfterReturning 增强：获取目标方法返回值:"
            + rvt);
        System.out.println("AfterReturning 增强：模拟记录日志功能...");
        // 返回被织入增强处理的目标方法
        System.out.println("AfterReturning 增强：被织入增强处理的目标方法为: "
            + jp.getSignature().getName());
        // 访问执行目标方法的参数
        System.out.println("AfterReturning 增强：目标方法的参数为: "
            + Arrays.toString(jp.getArgs()));
        // 访问被增强处理的目标对象
        System.out.println("AfterReturning 增强：被织入增强处理的目标对象为: "
            + jp.getTarget());
    }
    public void release(JoinPoint jp)
    {
        System.out.println("After 增强：模拟方法结束后的释放资源...");
        // 返回被织入增强处理的目标方法
        System.out.println("After 增强：被织入增强处理的目标方法为: "
            + jp.getSignature().getName());
        // 访问执行目标方法的参数
        System.out.println("After 增强：目标方法的参数为: "
            + Arrays.toString(jp.getArgs()));
        // 访问被增强处理的目标对象
        System.out.println("After 增强：被织入增强处理的目标对象为: "
            + jp.getTarget());
    }
}
```

上面的 FourAdviceTest 几乎是一个 POJO 类，该 Java 类的 4 个方法的第一个参数都是 JoinPoint 类型，如程序中粗体字代码所示——将 4 个方法的第一个参数定义为 JoinPoint 类型是为了访问连接点的相关信息。当然，Spring AOP 只支持使用方法执行作为连接点，所以使用 JoinPoint 只是为了获取目标方法的方法名、参数值等信息。

此外，本示例程序中还定义了如下一个简单的切面类。

程序清单：codes\05\5.4\XML-config\src\crazyit\app\aspect\SecondAdviceTest.java

```java
public class SecondAdviceTest
{
    // 定义 Before 增强处理
    public void authority(String aa)
    {
        System.out.println("①号 Before 增强：模拟执行权限检查");
        System.out.println("目标方法的第一个参数为：" + aa);
    }
}
```

上面切面类的 authority()方法中多了一个 String aa 的形参，应用试图通过该形参来访问目标方法的参数值，这需要在配置该切面 Bean 时使用 args 切入点指示符。

本应用中的 Spring 配置文件如下。

程序清单：codes\05\5.4\XML-config\src\beans.xml

```xml
<?xml version="1.0" encoding="utf-8"?>
<beans xmlns="http://www.springframework.org/schema/beans"
    xmlns:xsi="http://www.w3.org/2001/XMLSchema-instance"
    xmlns:aop="http://www.springframework.org/schema/aop"
    xsi:schemaLocation="http://www.springframework.org/schema/beans
    http://www.springframework.org/schema/beans/spring-beans.xsd
    http://www.springframework.org/schema/aop
    http://www.springframework.org/schema/aop/spring-aop.xsd">
    <aop:config>
        <!-- 将 fourAdviceBean 转换成切面 Bean,
            切面 Bean 的新名称为 fourAdviceAspect,
            指定该切面的优先级为 2 -->
        <aop:aspect id="fourAdviceAspect" ref="fourAdviceBean"
            order="2">
            <!-- 定义一个 After 增强处理,
                直接指定切入点表达式,
                以切面 Bean 中的 release()方法作为增强处理方法 -->
            <aop:after pointcut="execution(* org.crazyit.app.service.impl.*.*(..))"
                method="release"/>
            <!-- 定义一个 Before 增强处理,
                直接指定切入点表达式,
                以切面 Bean 中的 authority()方法作为增强处理方法 -->
            <aop:before pointcut="execution(* org.crazyit.app.service.impl.*.*(..))"
                method="authority"/>
            <!-- 定义一个 AfterReturning 增强处理,
                直接指定切入点表达式,
                以切面 Bean 中的 log()方法作为增强处理方法 -->
            <aop:after-returning pointcut="execution(* org.crazyit.app.service.impl.*.*(..))"
                method="log" returning="rvt"/>
            <!-- 定义一个 Around 增强处理,
                直接指定切入点表达式,
                以切面 Bean 中的 processTx()方法作为增强处理方法 -->
            <aop:around pointcut="execution(* org.crazyit.app.service.impl.*.*(..))"
                method="processTx"/>
        </aop:aspect>
        <!-- 将 secondAdviceBean 转换成切面 Bean,
            切面 Bean 的新名称为 secondAdviceAspect,
            指定该切面的优先级为 1,该切面里的增强处理将被优先织入 -->
        <aop:aspect id="secondAdviceAspect" ref="secondAdviceBean"
            order="1">
            <!-- 定义一个 Before 增强处理,
                直接指定切入点表达式,
                以切面 Bean 里的 authority()方法作为增强处理方法,
```

```
            且该参数必须为 String 类型（由 authority 方法声明中 aa 参数的类型决定） -->
        <aop:before pointcut=
            "execution(* org.crazyit.app.service.impl.*.*(..)) and args(aa,..)"
            method="authority"/>
    </aop:aspect>
</aop:config>
<!-- 定义一个普通 Bean 实例，该 Bean 实例将被作为 Aspect Bean -->
<bean id="fourAdviceBean"
    class="org.crazyit.app.aspect.FourAdviceTest"/>
<!-- 再定义一个普通 Bean 实例，该 Bean 实例将被作为 Aspect Bean -->
<bean id="secondAdviceBean"
    class="org.crazyit.app.aspect.SecondAdviceTest"/>
<bean id="hello" class="org.crazyit.app.service.impl.HelloImpl"/>
<bean id="world" class="org.crazyit.app.service.impl.WorldImpl"/>
</beans>
```

在上面的配置文件中依次配置了 fourAdviceBean、secondAdviceBean、hello、world 这 4 个 Bean，它们没有丝毫特别之处，完全可以像管理普通 Bean 一样管理它们。

上面配置文件中的第一段粗体字代码用于将 fourAdviceBean 转换成一个切面 Bean，并将该 Bean 里包含的 4 个方法转换成 4 个增强处理。在配置 fourAdviceAspect 切面时，为其指定了 order="2"，这将意味着该切面里的增强处理的织入顺序为 2；而在配置 secondAdviceAspect 切面时，为其指定了 order="1"，表示 Spring AOP 将优先织入 secondAdviceAspect 里的增强处理，再织入 fourAdviceAspect 里的增强处理。

完成上面的定义后，运行该示例程序，将看到使用 XML 配置文件来管理切面、增强处理的效果。至于使用 XML 配置方式管理增强处理的各种细节，读者都可从该示例中找到示范，本书就不再赘述了。

3. 配置切入点

类似于@AspectJ 方式，允许定义切入点来重用切入点表达式。采用 XML 配置方式也可通过定义切入点来重用切入点表达式（参见图 5.17），Spring 提供了<aop:pointcut.../>元素来定义切入点。当把<aop:pointcut.../>元素作为<aop:config.../>的子元素定义时，表明该切入点可被多个切面共享；当把<aop:pointcut.../>元素作为<aop:aspect.../>的子元素定义时，表明该切入点只在该切面中有效。

在配置<aop:pointcut.../>元素时，通常需要指定如下两个属性。

➤ id：指定该切入点的标识名。

➤ expression：指定该切入点关联的切入点表达式。

例如，如下配置片段定义了一个简单的切入点：

```
<!-- 定义一个简单的切入点 -->
<aop:pointcut id="myPointcut"
    expression="execution(* org.crazyit.app.service.impl.*.*(..))"/>
```

上面配置片段中的<aop:pointcut.../>元素既可作为<aop:config.../>的子元素，用于配置全局切入点；也可作为<aop:aspect.../>的子元素，用于配置仅对该切面有效的切入点。

此外，如果要在 XML 配置中引用使用注解定义的切入点，在<aop:pointcut..../>元素中指定切入点表达式时还有另外一种用法，看如下配置片段：

```
<aop:config>
    ...
    <!-- 直接引用 org.crazyit.SystemArchitecture 类中用注解定义的切入点 -->
    <aop:pointcut id="myPointcut"
        expression="org.crazyit.SystemArchitecture.myPointcut()"/>
    ...
</aop:config>
```

下面的示例程序定义了一个 AfterThrowing 增强处理，包含该增强处理的切面类如下。

程序清单：codes\05\5.4\XML-AfterThrowing\src\org\crazyit\app\aspect\RepairAspect.java

```java
public class RepairAspect
{
    // 定义一个普通方法作为 Advice 方法
    // 形参 ex 用于访问目标方法中抛出的异常
    public void doRecoveryActions(Throwable ex)
    {
        System.out.println("目标方法中抛出的异常:" + ex);
        System.out.println("模拟 Advice 对异常的修复...");
    }
}
```

与前面的切面类完全类似，该 RepairAspect 类就是一个普通的 Java 类。下面的配置文件将负责配置该 Bean 实例，并将该 Bean 实例转换成切面 Bean。

程序清单：codes\05\5.4\XML-AfterThrowing\src\beans.xml

```xml
<?xml version="1.0" encoding="utf-8"?>
<beans xmlns="http://www.springframework.org/schema/beans"
    xmlns:xsi="http://www.w3.org/2001/XMLSchema-instance"
    xmlns:aop="http://www.springframework.org/schema/aop"
    xsi:schemaLocation="http://www.springframework.org/schema/beans
    http://www.springframework.org/schema/beans/spring-beans.xsd
    http://www.springframework.org/schema/aop
    http://www.springframework.org/schema/aop/spring-aop.xsd">
    <aop:config>
        <!-- 定义一个切入点：myPointcut,
            通过 expression 指定它对应的切入点表达式 -->
        <aop:pointcut id="myPointcut"
            expression="execution(* org.crazyit.app.service.impl.*.*(..))"/>
        <aop:aspect id="afterThrowingAdviceAspect"
            ref="afterThrowingAdviceBean">
            <!-- 定义一个 AfterThrowing 增强处理,
                指定切入点以切面 Bean 中的 doRecoveryActions() 方法作为增强处理方法 -->
            <aop:after-throwing pointcut-ref="myPointcut"
                method="doRecoveryActions" throwing="ex"/>
        </aop:aspect>
    </aop:config>
    <!-- 定义一个普通 Bean 实例, 该 Bean 实例将被作为 Aspect Bean -->
    <bean id="afterThrowingAdviceBean"
        class="org.crazyit.app.aspect.RepairAspect"/>
    <bean id="hello" class="org.crazyit.app.service.impl.HelloImpl"/>
    <bean id="world" class="org.crazyit.app.service.impl.WorldImpl"/>
</beans>
```

上面配置文件中的第一段粗体字代码配置了一个全局切入点：myPointcut，这样其他切面 Bean 就可多次复用该切入点了。上面的配置文件在配置 <aop:pointcut.../> 元素时，使用 pointcut-ref 引用了一个已有的切入点，如配置文件中的第二段粗体字代码所示。

5.5　Spring 的缓存机制

Spring 的缓存机制可与 Spring 容器无缝地整合在一起，对容器中的任意 Bean 或 Bean 的方法增加缓存。Spring 的缓存机制非常灵活，它可以对容器中的任意 Bean 或 Bean 的任意方法进行缓存，因此这种缓存机制可以在 Java EE 应用的任何层次上进行缓存。

> **提示：**
> 　　与 MyBatis Mapper 级别的二级缓存相比，Spring 缓存的级别更高，Spring 缓存可以在控制器组件或业务逻辑组件级别进行缓存，这样应用完全无须重复调用底层的 DAO（数据访问对象，通常基于 MyBatis 等技术实现）组件的方法。

　　Spring 缓存同样不是一种具体的缓存实现方案，其底层同样需要依赖 EhCache、Guava 等具体的缓存工具。但这也正是 Spring 缓存机制的优势，应用程序只要面向 Spring 缓存 API 编程，应用底层的缓存实现就可以在不同的缓存实现之间自由切换，应用程序无须做任何改变，只要对配置文件略作修改即可。

▶▶ 5.5.1　启用 Spring 缓存

　　Spring 配置文件专门为缓存提供了一个 cache:命名空间，为了启用 Spring 缓存，需要在配置文件中导入 cache:命名空间。导入 cache:命名空间与前面介绍的导入 util:、context:命名空间的方式完全一样。

　　导入 context:命名空间之后，启用 Spring 缓存还要两步。

　　① 在 Spring 配置文件中添加<cache:annotation-driven cache-manager="缓存管理器 ID"/>，该元素指定 Spring 根据注解来启用 Bean 级别或方法级别的缓存。

　　② 针对不同的缓存实现配置对应的缓存管理器。

　　对于上面两步，其中第 1 步非常简单，使用<cache:annotation-driven.../>元素时可通过 cache-manager 显式指定容器中缓存管理器的 ID；该属性的默认值为 cacheManager——也就是说，如果将容器中缓存管理器的 ID 设为 cacheManager，则可省略<cache:annotation-driven.../>的 cache-manager 属性。

　　第 2 步则略微有点麻烦，因为 Spring 底层可使用大部分主流的 Java 缓存工具，而不同的缓存工具所需的配置也不同。下面以 Spring 内置的缓存实现和 EhCache 为例来介绍 Spring 缓存的配置。

1. Spring 内置缓存实现的配置

　　Spring 内置的缓存实现只是一种内存中的缓存，并非真正的缓存实现，因此通常只能用于简单的测试环境，不建议在实际项目中使用 Spring 内置的缓存实现。

　　Spring 内置的缓存实现使用 SimpleCacheManager 作为缓存管理器，使用 SimpleCacheManager 配置缓存非常简单，直接在 Spring 容器中配置该 Bean，然后通过<property.../>驱动该缓存管理器执行 setCaches()方法来设置缓存区即可。

　　SimpleCacheManager 是一种内存中的缓存区，底层直接使用了 JDK 的 ConcurrentMap 来实现缓存，SimpleCacheManager 使用了 ConcurrentMapCacheFactoryBean 作为缓存区，每个 ConcurrentMapCacheFactoryBean 配置一个缓存区。

　　例如，如下代码即可配置 Spring 内置的缓存管理器。

```xml
<!-- 使用 SimpleCacheManager 配置 Spring 内置的缓存管理器 -->
<bean id="cacheManager" class=
    "org.springframework.cache.support.SimpleCacheManager">
    <!-- 配置缓存区 -->
    <property name="caches">
        <set>
            <!-- 使用 ConcurrentMapCacheFactoryBean 配置缓存区。
                 下面列出多个缓存区，p:name 用于为缓存区指定名字 -->
            <bean class=
                "org.springframework.cache.concurrent.ConcurrentMapCacheFactoryBean"
                p:name="default"/>
            <bean class=
                "org.springframework.cache.concurrent.ConcurrentMapCacheFactoryBean"
```

```
            p:name="users"/>
        </set>
    </property>
</bean>
```

上面的配置文件使用 SimpleCacheManager 配置了 Spring 内置的缓存管理器，并为该缓存管理器配置了两个缓存区：default 和 users——这些缓存区的名字很重要，因为后面使用注解驱动缓存时，需要根据缓存区的名字将缓存数据放入指定缓存区内。

在实际应用中，开发者可以根据自己的需要配置更多的缓存区，一般来说，应用有多少个组件需要缓存，程序就应该配置多少个缓存区。

从上面的配置文件可以看出，Spring 内置提供的缓存实现本身就是基于 JDK 的 ConcurrentMap 来实现的，所有数据都直接缓存在内存中，因此配置起来非常简单。但 Spring 内置的缓存一般只能作为测试使用，在实际项目中不推荐使用这种缓存。

下面介绍 EhCache 的缓存配置。

2. EhCache 缓存实现的配置

在配置 EhCache 缓存实现之前，需要先将 EhCache 缓存的 JAR 包添加到项目的类加载路径中。登录 EhCache 官方下载站点，下载 EhCache 的最新版本，下载完成后得到一个 ehcache-2.10.5-distribution.tar.gz 文件。

解压缩 ehcache-2.10.5-distribution.tar.gz 文件，将解压缩路径中 lib 子目录下的 ehcache-2.10.5.jar 和 slf4j-api-1.7.25.jar 两个 JAR 包复制到项目类加载路径下即可。其中，ehcache-2.10.5.jar 是 EhCache 的核心 JAR 包，而 slf4j-api-1.7.25.jar 则是该缓存工具所使用的日志工具。

为了使用 EhCache，同样需要在应用的类加载路径下添加一个 ehcache.xml 配置文件。例如，使用如下 ehcache.xml 文件：

```xml
<?xml version="1.0" encoding="utf-8"?>
<ehcache>
    <diskStore path="java.io.tmpdir" />
    <!-- 配置默认的缓存区 -->
    <defaultCache
        maxElementsInMemory="10000"
        eternal="false"
        timeToIdleSeconds="120"
        timeToLiveSeconds="120"
        maxElementsOnDisk="10000000"
        diskExpiryThreadIntervalSeconds="120"
        memoryStoreEvictionPolicy="LRU"/>
    <!-- 配置名为 users 的缓存区 -->
    <cache name="users"
        maxElementsInMemory="10000"
        eternal="false"
        overflowToDisk="true"
        timeToIdleSeconds="300"
        timeToLiveSeconds="600" />
</ehcache>
```

上面的配置文件同样配置了两个缓存区，其中第一个配置的是匿名的、默认的缓存区，第二个配置的是名为 users 的缓存区。如果需要，读者完全可以将<cache.../>元素复制多个，用于配置多个有名字的缓存区。这些缓存区的名字同样很重要，后面使用注解驱动缓存时需要根据缓存区的名字来将缓存数据放入指定缓存区内。

提示：

ehcache.xml 文件中的<defaultCache.../>元素和<cache.../>元素所能接受的属性，在前文介绍 MyBatis 的二级缓存时已经有详细说明，此处不再赘述。

Spring 使用 EhCacheCacheManager 作为 EhCache 缓存实现的缓存管理器，因此，只要该对象被配置在 Spring 容器中，它就可作为缓存管理器使用，但 EhCacheCacheManager 底层需要依赖一个 net.sf.ehcache.CacheManager 作为实际的缓存管理器。

为了将 net.sf.ehcache.CacheManager 纳入 Spring 容器的管理之下，Spring 提供了 EhCacheManagerFactoryBean 工厂 Bean，该工厂 Bean 实现了 FactoryBean<CacheManager>接口。当程序把 EhCacheManagerFactoryBean 部署在 Spring 容器中，并通过 Spring 容器请求获取该工厂 Bean 时，实际返回的是它的产品，也就是 CacheManager 对象。

因此，为了在 Spring 配置文件中配置基于 EhCache 的缓存管理器，只要增加如下两段配置即可。

```
<!-- 配置 EhCache 的 CacheManager,
    通过 configLocation 指定 ehcache.xml 文件的位置 -->
<bean id="ehCacheManager"
    class="org.springframework.cache.ehcache.EhCacheManagerFactoryBean"
    p:configLocation="classpath:ehcache.xml"
    p:shared="false" />
<!-- 配置基于 EhCache 的缓存管理器,
    并将 EhCache 的 CacheManager 注入该缓存管理器 Bean 中 -->
<bean id="cacheManager"
    class="org.springframework.cache.ehcache.EhCacheCacheManager"
    p:cacheManager-ref="ehCacheManager"/>
```

上面配置文件中配置的第一个 Bean 是一个工厂 Bean，它用于配置 EhCache 的 CacheManager；第二个 Bean 才是为 Spring 缓存配置的基于 EhCache 的缓存管理器，该缓存管理器需要依赖 CacheManager，因此程序将第一个 Bean 注入第二个 Bean 中，如上面的粗体字代码所示。

在配置好上面任意一种缓存管理器之后，接下来就可使用注解来驱动 Spring 将缓存数据存入指定缓存区了。

➤➤ 5.5.2 使用@Cacheable 执行缓存

@Cacheable 可用于修饰类或修饰方法，当使用@Cacheable 修饰类时，用于告诉 Spring 在类级别进行缓存——程序调用该类的实例的任何方法时都需要缓存，而且共享同一个缓存区；当使用 @Cacheable 修饰方法时，用于告诉 Spring 在方法级别进行缓存——只有当程序调用该方法时才需要缓存。

1. 类级别的缓存

当使用@Cacheable 修饰类时，就可控制 Spring 在类级别进行缓存，这样当程序调用该类的任何方法时，只要传入的参数相同，Spring 就会使用缓存。

假设本示例有如下 UserServiceImpl 组件。

程序清单：codes\05\5.5\EhCache\src\org\crazyit\app\service\impl\UserServiceImpl.java

```
@Service("userService")
// 指定将数据放入 users 缓存区中
@Cacheable("users")
public class UserServiceImpl implements UserService
{
    public User getUsersByNameAndAge(String name, int age)
    {
        System.out.println("--正在执行 findUsersByNameAndAge()查询方法--");
        return new User(name, age);
    }
    public User getAnotherUser(String name, int age)
    {
        System.out.println("--正在执行 findAnotherUser()查询方法--");
```

```
        return new User(name, age);
    }
}
```

上面程序中的粗体字代码指定对 UserServiceImpl 进行类级别的缓存，这样程序调用该类的任何方法时，只要传入的参数相同，Spring 就会使用缓存。

此处所说的缓存的意义是：当程序第一次调用该类的实例的某个方法时，Spring 缓存机制会将该方法返回的数据放入指定缓存区中——就是放入@Cacheable 注解的 value 属性值所指定的缓存区中（注意，此处指定将数据放入 users 缓存区中，这就要求前面为缓存管理器配置名为 users 的缓存区）。以后程序调用该类的实例的任何方法时，只要传入的参数相同，Spring 就不会真正执行该方法，而是直接利用缓存区中的数据。

例如如下程序。

程序清单：codes\05\5.5\EhCache\src\lee\SpringTest.java

```
public class SpringTest
{
    public static void main(String[] args)
    {
        var ctx = new ClassPathXmlApplicationContext("beans.xml");
        var us = ctx.getBean("userService", UserService.class);
        // 第一次调用 us 对象的方法时会执行该方法，并缓存方法的结果
        var u1 = us.getUsersByNameAndAge("孙悟空", 500);
        // 第二次调用 us 对象的方法时直接利用缓存数据，并不真正执行该方法
        var u2 = us.getAnotherUser("孙悟空", 500);
        System.out.println(u1 == u2); // 输出 true
    }
}
```

上面程序中的两行粗体字代码先后调用了 UserServiceImpl 的两个不同方法，但由于程序传入的方法参数相同，Spring 不会真正执行第二次调用的方法，而是直接复用缓存区中的数据。

编译、运行该程序，可以看到如下输出结果：

```
--正在执行 findUsersByNameAndAge()查询方法--
true
```

从上面的输出结果可以看出，程序并未真正执行第二次调用的 getAnotherUser()方法。

由此可见，类级别的缓存默认以所有的方法参数作为 key 来缓存方法返回的数据——同一个类不管调用哪个方法，只要调用方法时传入的参数相同，Spring 就会直接利用缓存区中的数据。

在使用@Cacheable 时可指定如下属性。

➢ value：必需属性。该属性可指定多个缓存区的名字，用于将方法返回值放入指定的缓存区内。

➢ key：通过 SpEL 表达式显式指定缓存的 key。

➢ condition：该属性指定一个返回 boolean 值的 SpEL 表达式，只有当该表达式返回 true 时，Spring 才会缓存方法返回值。

➢ unless：该属性指定一个返回 boolean 值的 SpEL 表达式，当该表达式返回 true 时，Spring 将不缓存方法返回值。

与@Cacheable 注解功能类似的还有@CachePut 注解，该注解同样会让 Spring 将方法返回值放入缓存区中。与@Cacheable 不同的是，使用@CachePut 修饰的方法不会读取缓存区中的数据——这意味着不管缓存区中是否已有数据，@CachePut 总会告诉 Spring 要重新执行这些方法，并再次将方法返回值放入缓存区中。

例如，将上面程序中 UserServiceImpl 的注解改为如下形式。

程序清单：codes\05\5.5\key\src\org\crazyit\app\service\impl\UserServiceImpl.java

```
@Service("userService")
@Cacheable(value = "users", key = "#name")
public class UserServiceImpl implements UserService
{
    ...
}
```

上面的粗体字代码显式指定以 name 参数作为缓存的 key，这样只要调用的方法具有相同的 name 参数，Spring 缓存机制就会生效。现在使用如下主程序来测试它。

程序清单：codes\05\5.5\key\src\lee\SpringTest.java

```
public class SpringTest
{
    public static void main(String[] args)
    {
        var ctx = new ClassPathXmlApplicationContext("beans.xml");
        var us = ctx.getBean("userService", UserService.class);
        // 第一次调用 us 对象的方法时会执行该方法，并缓存方法的结果
        var u1 = us.getUsersByNameAndAge("孙悟空", 500);
        // 指定使用 name 作为缓存的 key，因此，只要两次调用方法时的 name 参数相同
        // 缓存机制就会生效
        var u2 = us.getAnotherUser("孙悟空", 400);
        System.out.println(u1 == u2); // 输出 true
    }
}
```

上面程序两次调用方法时传入的参数并不完全相同，只有 name 参数相同，但前面使用 @Cacheable 注解时显式指定了 key="#name"，这就意味着使用 name 参数作为缓存的 key。因此，上面两次方法调用依然只执行第一次调用，第二次调用将直接使用缓存数据，不会真正执行该方法。

condition 属性与 unless 属性的功能基本相似，但规则恰好相反：当 condition 指定的条件为 true 时，Spring 缓存机制才会执行缓存；当 unless 指定的条件为 true 时，Spring 缓存机制不执行缓存。

例如，将程序中 UserServiceImpl 类中的注解改为如下形式。

程序清单：codes\05\5.5\condition\src\org\crazyit\app\service\impl\UserServiceImpl.java

```
@Service("userService")
@Cacheable(value = "users", condition = "#age<100")
public class UserServiceImpl implements UserService
{
    ...
}
```

上面的粗体字代码显式指定 Spring 缓存机制生效的条件是#age<100，这样在调用方法时只要 age 参数值小于 100，Spring 缓存机制就会生效。现在使用如下主程序来测试它。

程序清单：codes\05\5.5\condition\src\lee\SpringTest.java

```
public class SpringTest
{
    public static void main(String[] args)
    {
        var ctx = new ClassPathXmlApplicationContext("beans.xml");
        var us = ctx.getBean("userService", UserService.class);
        // 在调用方法时 age 参数值大于 100，因此不会缓存
        // 下面两次方法调用都会真正执行这些方法
        var u1 = us.getUsersByNameAndAge("孙悟空", 500);
        var u2 = us.getAnotherUser("孙悟空", 500);
        System.out.println(u1 == u2); // 输出 false
        // 在调用方法时 age 参数值小于 100，因此会缓存
```

```
        // 下面第二次方法调用不会真正执行该方法，而是直接使用缓存数据
        var u3 = us.getUsersByNameAndAge("孙悟空", 50);
        var u4 = us.getAnotherUser("孙悟空", 50);
        System.out.println(u3 == u4); // 输出 true
    }
}
```

上面程序中的前两行粗体字代码在调用方法时 age 参数值大于 100，因此不会缓存；后两行粗体字代码在调用方法时 age 参数值小于 100，因此会缓存。编译、运行该程序，可以看到如下输出结果：

```
--正在执行 findUsersByNameAndAge()查询方法--
--正在执行 findAnotherUser()查询方法--
false
--正在执行 findUsersByNameAndAge()查询方法--
true
```

2. 方法级别的缓存

当使用@Cacheable 修饰方法时，就可控制 Spring 在方法级别进行缓存，这样当程序调用该方法时，只要传入的参数相同，Spring 就会使用缓存。

例如，将前面的 UserDaoImpl 改为如下形式。

程序清单：codes\05\5.5\MethodCache\src\org\crazyit\app\service\impl\UserServiceImpl.java

```
@Service("userService")
public class UserServiceImpl implements UserService
{
    @Cacheable("users1")
    public User getUsersByNameAndAge(String name, int age)
    {
        System.out.println("--正在执行 findUsersByNameAndAge()查询方法--");
        return new User(name, age);
    }
    @Cacheable("users2")
    public User getAnotherUser(String name, int age)
    {
        System.out.println("--正在执行 findAnotherUser()查询方法--");
        return new User(name, age);
    }
}
```

上面两行粗体字代码指定 getUsersByNameAndAge()和 getAnotherUser()方法分别使用不同的缓存区，这意味着这两个方法都会缓存，但它们使用了不同的缓存区，因此不能共享缓存数据。

上面程序需要分别使用 users1 和 users2 两个缓存区，因此还需要在 ehcache.xml 文件中配置这两个缓存区。

现在使用如下主程序来测试它。

程序清单：codes\05\5.5\MethodCache\src\lee\SpringTest.java

```
public class SpringTest
{
    public static void main(String[] args)
    {
        var ctx = new ClassPathXmlApplicationContext("beans.xml");
        var us = ctx.getBean("userService", UserService.class);
        // 第一次调用 us 对象的方法时会执行该方法，并缓存方法的结果
        var u1 = us.getUsersByNameAndAge("孙悟空", 500);
        // getAnotherUser()方法使用另一个缓存区
        // 因此无法使用 getUsersByNameAndAge()方法缓存数据
        var u2 = us.getAnotherUser("孙悟空", 500);
```

```
            System.out.println(u1 == u2); // 输出 false
            // getAnotherUser("孙悟空", 500) 已经执行过一次，因此下面的代码使用缓存
            var u3 = us.getAnotherUser("孙悟空", 500);
            System.out.println(u2 == u3); // 输出 true
        }
    }
```

上面程序中的前两行粗体字代码分别调用了不同的方法，这两个方法分别使用不同的缓存区，因此它们不能共享缓存数据，第二行粗体字代码也需要真正执行。第三行粗体字代码与第二行粗体字代码调用的是同一个方法，而且方法的参数相同，因此会直接利用缓存数据。

运行上面的程序，将看到如下输出结果：

```
--正在执行 findUsersByNameAndAge()查询方法--
--正在执行 findAnotherUser()查询方法--
false
true
```

▶▶ 5.5.3 使用@CacheEvict 清除缓存数据

被@CacheEvict 注解修饰的方法可用于清除所有的缓存数据。在使用@CacheEvict 注解时，可指定如下属性。

- ➢ value：必需属性，用于指定该方法清除哪个缓存区中的数据。
- ➢ allEntries：该属性指定是否清空整个缓存区。
- ➢ beforeInvocation：该属性指定是否在执行方法之前清除缓存数据。默认在方法成功完成之后才清除缓存数据。
- ➢ condition：该属性指定一个 SpEL 表达式，只有当该表达式为 true 时才清除缓存数据。
- ➢ key：通过 SpEL 表达式显式指定缓存的 key。

例如，为 UserServiceImpl 类增加两个方法，分别用于清除指定的缓存数据和清空整个缓存区。下面是 UserServiceImpl 类的代码。

程序清单：codes\05\5.5\CacheEvict\src\org\crazyit\app\service\impl\UserServiceImpl.java

```java
@Service("userService")
@Cacheable(value = "users")
public class UserServiceImpl implements UserService
{
    public User getUsersByNameAndAge(String name, int age)
    {
        System.out.println("--正在执行 findUsersByNameAndAge()查询方法--");
        return new User(name, age);
    }
    public User getAnotherUser(String name, int age)
    {
        System.out.println("--正在执行 findAnotherUser()查询方法--");
        return new User(name, age);
    }
    // 指定根据 name、age 参数清除缓存数据
    @CacheEvict("users")
    public void evictUser(String name, int age)
    {
        System.out.println("--正在清除"+ name
            + ", " + age + "对应的缓存数据--");
    }
    // 指定清除 users 缓存区中的所有缓存数据
    @CacheEvict(value = "users", allEntries = true)
    public void evictAll()
    {
```

```
        System.out.println("--正在清空整个缓存区--");
    }
}
```

上面程序中的第一个@CacheEvict 注解只为 value 属性指定了"users"值，这表明该注解用于清除 users 缓存区中的数据，程序将会根据传入的 name、age 参数清除对应的缓存数据。第二个 @CacheEvict 注解则指定了 allEntries = true，这表明将会清空整个 users 缓存区。

现在使用如下主程序来测试它。

程序清单：codes\05\5.5\CacheEvict\src\lee\SpringTest.java

```java
public class SpringTest
{
    public static void main(String[] args)
    {
        var ctx = new ClassPathXmlApplicationContext("beans.xml");
        var us = ctx.getBean("userService", UserService.class);
        // 调用 us 对象的两个带缓存的方法，系统会缓存这两个方法返回的数据
        var u1 = us.getUsersByNameAndAge("孙悟空", 500);
        var u2 = us.getAnotherUser("猪八戒", 400);
        // 调用 evictUser()方法清除缓存区中指定的数据
        us.evictUser("猪八戒", 400);
        // 前面根据参数"猪八戒"，400 缓存的数据已经被清除了
        // 因此下面的代码会重新执行，方法返回的数据将被再次缓存
        var u3 = us.getAnotherUser("猪八戒", 400);  // ①
        System.out.println(u2 == u3); // 输出 false
        // 前面已经缓存了参数为"孙悟空"，500 的数据
        // 因此下面的代码不会重新执行，直接利用缓存区中的数据
        var u4 = us.getAnotherUser("孙悟空", 500);   // ②
        System.out.println(u1 == u4); // 输出 true
        // 清空整个缓存区
        us.evictAll();
        // 整个缓存区已经被清空，因此下面的两行代码都会重新执行
        var u5 = us.getAnotherUser("孙悟空", 500);
        var u6 = us.getAnotherUser("猪八戒", 400);
        System.out.println(u1 == u5); // 输出 false
        System.out.println(u3 == u6); // 输出 false
    }
}
```

上面程序中的第一行粗体字代码只是清除了缓存区中""猪八戒",400"对应的数据，因此在①号代码处需要重新执行该方法；但在②号代码处可直接利用缓存区中的数据，无须重新执行该方法。

程序中的第二行粗体字代码清空了整个缓存区，因此以后的两次方法调用都需要重新执行——因为缓存区中已经没数据了。

执行该程序，可以看到如下输出结果：

```
--正在执行 findUsersByNameAndAge()查询方法--
--正在执行 findAnotherUser()查询方法--
--正在清除猪八戒，400 对应的缓存数据--
--正在执行 findAnotherUser()查询方法--
false
true
--正在清空整个缓存区--
--正在执行 findAnotherUser()查询方法--
--正在执行 findAnotherUser()查询方法--
false
false
```

5.6 Spring 的事务

Spring 的事务管理不需要与任何特定的事务 API 耦合。对于不同的持久层访问技术，编程式事务提供了一致的事务编程风格，通过模板化操作一致地管理事务。声明式事务基于 Spring AOP 实现，但并不需要开发者真正精通 AOP 技术，也可容易地使用 Spring 的声明式事务管理。

▶▶ 5.6.1 Spring 支持的事务策略

Java EE 应用的传统事务有两种策略：全局事务和局部事务。全局事务由应用服务器管理，需要底层服务器的 JTA 支持。局部事务和底层所采用的持久化技术有关，当采用 JDBC 持久化技术时，需要使用 Connection 对象来操作事务；而当采用 MyBatis 持久化技术时，需要使用 SqlSession 对象来操作事务。

全局事务可以跨多个事务性资源（典型例子是关系数据库和消息队列），使用局部事务（应用服务器不需要参与事务管理），因此不能保证跨多个事务性资源的事务的正确性。当然，实际上大部分应用都使用单一的事务性资源。

图 5.18 对比了 JTA 全局事务、JDBC 局部事务、MyBatis 事务的操作代码。

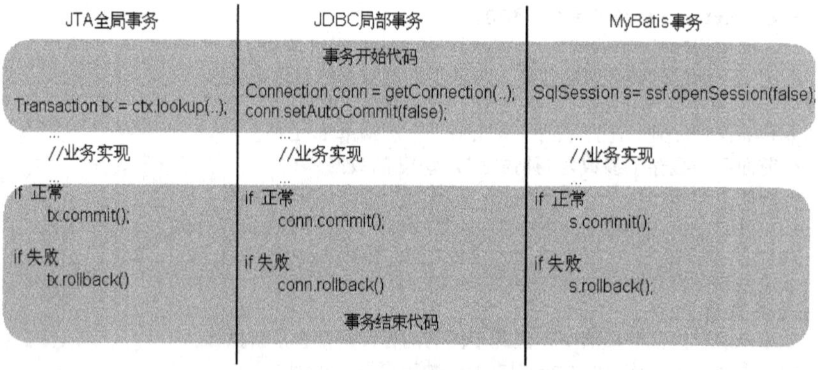

JTA全局事务	JDBC局部事务	MyBatis事务
	事务开始代码	
Transaction tx = ctx.lookup(..);	Connection conn = getConnection(..); conn.setAutoCommit(false);	SqlSession s= ssf.openSession(false);
//业务实现	//业务实现	//业务实现
if 正常 tx.commit();	if 正常 conn.commit();	if 正常 s.commit();
if 失败 tx.rollback()	if 失败 conn.rollback()	if 失败 s.rollback();
	事务结束代码	

图 5.18 三种事务策略的事务操作代码

从图 5.18 可以看出，当采用传统的事务编程策略时，程序代码必然和具体的事务操作代码耦合，这样造成的后果是：当应用需要在不同的事务策略之间切换时，开发者必须手动修改程序代码。如果使用 Spring 事务管理策略，就可以改变这种现状。

Spring 事务策略是通过 PlatformTransactionManager 接口体现的，该接口是 Spring 事务策略的核心。该接口的源代码如下：

```
public interface PlatformTransactionManager
{
    // 与平台无关的获得事务的方法
    TransactionStatus getTransaction(TransactionDefinition definition)
        throws TransactionException;
    // 与平台无关的事务提交方法
    void commit(TransactionStatus status) throws TransactionException;
    // 与平台无关的事务回滚方法
    void rollback(TransactionStatus status) throws TransactionException;
}
```

PlatformTransactionManager 是一个与任何事务策略分离的接口，随着底层不同事务策略的切换，应用必须采用不同的实现类。PlatformTransactionManager 接口没有与任何事务性资源捆绑在一起，它可以适用于任何的事务策略，结合 Spring 的 IoC 容器，可以向 PlatformTransactionManager 注入相关的平台特性。

PlatformTransactionManager 接口有许多不同的实现类，应用程序面向与平台无关的接口编程，当底层采用不同的持久层技术时，系统只需使用不同的 PlatformTransactionManager 实现类即可——而这种切换通常由 Spring 容器负责管理，应用程序既无须与具体的事务 API 耦合，也无须与特定的实现类耦合，从而将应用和持久化技术、事务 API 彻底分离开来。

> **提示：**
>
> Spring 的事务机制是一种典型的策略模式，PlatformTransactionManager 代表事务管理接口，但它并不知道底层到底如何管理事务，它只要求事务管理提供开始事务（getTransaction()）、提交事务（commit()）和回滚事务（rollback()）三个方法，但具体如何实现则交给其实现类来完成——不同的实现类则代表不同的事务管理策略。

即使使用容器管理的 JTA，程序也依然无须执行 JNDI 查找，无须与特定的 JTA 资源耦合在一起，通过配置文件，将 JTA 资源传给 PlatformTransactionManager 的实现类。因此，程序代码可在 JTA 事务管理和非 JTA 事务管理之间轻松切换。

> **注意**
>
> 有读者发来邮件问：Spring 是否支持事务跨多个数据库资源？Spring 完全支持这种跨多个事务性资源的全局事务，前提是底层的应用服务器（如 WebLogic、JBoss 等）支持 JTA 全局事务。可以这样说：Spring 本身没有任何事务支持，它只负责包装底层的事务——应用程序面向 PlatformTransactionManager 接口编程时，Spring 在底层负责将这些操作转换成具体的事务操作代码，因此应用的底层支持怎样的事务策略，Spring 就可支持怎样的事务策略。Spring 事务管理的优势是将应用从具体的事务 API 中分离出来，而不是真正提供事务管理的底层实现。

在 PlatformTransactionManager 接口内包含一个 getTransaction(TransactionDefinition definition) 方法，该方法根据 TransactionDefinition 参数返回一个 TransactionStatus 对象。TransactionStatus 对象表示一个事务，TransactionStatus 被关联在当前执行的线程上。

getTransaction(TransactionDefinition definition) 返回的 TransactionStatus 对象，可能是一个新的事务，也可能是一个已经存在的事务对象。如果当前执行的线程已经处于事务管理之下，则返回当前线程的事务对象；否则，系统将新建一个事务对象后返回。

TransactionDefinition 接口定义了一个事务规则，该接口必须指定如下几个属性值。

> ➤ 事务隔离：当前事务和其他事务的隔离程度。例如，这个事务能否看到其他事务未提交的数据等。
> ➤ 事务传播：通常，在事务中执行的代码都会在当前事务中运行。但是，如果一个事务上下文已经存在，则有多个选项可指定该事务性方法的执行行为。例如，在大多数情况下，简单地在现有的事务上下文中运行；或者挂起现有的事务，创建一个新的事务。Spring 提供了 EJB CMT（Contain Manager Transaction，容器管理事务）中所有的事务传播选项。
> ➤ 事务超时：事务在超时前能运行多久，也就是事务的最长持续时间。如果事务一直没有被提交或回滚，则将在超出该时间后，系统自动回滚事务。
> ➤ 只读状态：只读事务不修改任何数据。在某些情况下，只读事务是非常有用的优化。

TransactionStatus 代表事务本身，它提供了简单的控制事务执行和查询事务状态的方法，这些方法在所有的事务 API 中都是相同的。TransactionStatus 接口的源代码如下：

```
public interface TransactionStatus
{
    // 判断事务是否为新建的事务
    boolean isNewTransaction();
    // 设置事务回滚
    void setRollbackOnly();
```

```
    // 查询事务是否已有回滚标志
    boolean isRollbackOnly();
}
```

Spring 的具体事务管理由 PlatformTransactionManager 的不同实现类来完成。在 Spring 容器中配置 PlatformTransactionManager Bean 时，必须针对不同的环境提供不同的实现类。

下面示例提供了不同的持久层访问环境及其对应的 **PlatformTransactionManager** 实现类的配置。JDBC 数据源的局部事务管理器的配置文件如下：

```xml
<?xml version="1.0" encoding="utf-8"?>
<beans xmlns:xsi="http://www.w3.org/2001/XMLSchema-instance"
    xmlns="http://www.springframework.org/schema/beans"
    xmlns:p="http://www.springframework.org/schema/p"
    xsi:schemaLocation="http://www.springframework.org/schema/beans
    http://www.springframework.org/schema/beans/spring-beans.xsd">
    <!-- 定义数据源 Bean，使用 C3P0 数据源实现，并注入数据源的必要信息 -->
    <bean id="dataSource" class="com.mchange.v2.c3p0.ComboPooledDataSource"
        destroy-method="close"
        p:driverClass="com.mysql.cj.jdbc.Driver"
        p:jdbcUrl="jdbc:mysql://127.0.0.1:3306/mybatis?serverTimezone=UTC"
        p:user="root"
        p:password="32147"
        p:maxPoolSize="40"
        p:minPoolSize="2"
        p:initialPoolSize="2"
        p:maxIdleTime="30"/>
    <!-- 配置 JDBC 数据源的局部事务管理器，使用 DataSourceTransactionManager 类 -->
    <!-- 该类实现了 PlatformTransactionManager 接口，是针对采用数据源连接的特定实现-->
    <!-- 在配置 DataSourceTransactionManager 时需要依赖注入 DataSource 的引用 -->
    <bean id="transactionManager"
        class="org.springframework.jdbc.datasource.DataSourceTransactionManager"
        p:dataSource-ref="dataSource"/>
</beans>
```

当使用 MyBatis 持久化技术时，如果希望 Spring 接管 MyBatis 的 JDBC 事务管理器——MyBatis 底层使用的依然是 JDBC 事务管理器，则直接使用上面的 DataSourceTransactionManager 作为事务管理器实现类即可。

容器管理的 JTA 全局事务管理器的配置文件如下：

```xml
<?xml version="1.0" encoding="utf-8"?>
<beans xmlns:xsi="http://www.w3.org/2001/XMLSchema-instance"
    xmlns="http://www.springframework.org/schema/beans"
    xmlns:p="http://www.springframework.org/schema/p"
    xmlns:tx="http://www.springframework.org/schema/tx"
    xsi:schemaLocation="http://www.springframework.org/schema/beans
    http://www.springframework.org/schema/beans/spring-beans.xsd
    http://www.springframework.org/schema/tx
    http://www.springframework.org/schema/tx/spring-tx.xsd">
    <!-- 配置 JNDI 数据源 Bean，其中 jndiName 指定容器管理数据源的 JNDI -->
    <bean id="dataSource" class="org.springframework.jndi.JndiObjectFactoryBean"
        p:jndiName="jdbc/jpetstore"/>
    <!-- 配置 JTA 全局事务管理器 -->
    <tx:jta-transaction-manager />
</beans>
```

从上面的粗体字配置可以看出，在使用<tx:jta-transaction-manager />配置全局事务管理策略时，无须传入额外的事务性资源。这是因为全局事务的 JTA 资源由 Java EE 服务器提供，而 Spring 容器能自行从 Java EE 服务器中获取该事务性资源，所以无须使用依赖注入来配置。

无论底层采用哪种持久层访问技术，只要使用 JTA 全局事务，Spring 事务管理的配置就完全一样，因为它们采用的都是全局事务管理策略。

<tx:jta-transaction-manager />其实相当于以下元素的简化配置：

```
<bean id="transactionManager"
    class=" org.springframework.transaction.config.JtaTransactionManagerFactoryBean"/>
```

当采用 JTA 全局事务管理策略时，实际上需要底层应用服务器的支持，而不同的应用服务器所提供的 JTA 全局事务可能存在细节上的差异，因此在实际配置全局事务管理器时可能需要使用 JtaTransactionManager 的子类，如 WebLogicJtaTransactionManager（对应于 Oracle 提供的 WebLogic）、WebSphereUowTransactionManager（对应于 IBM 提供的 WebSphere）等，它们分别对应于不同的应用服务器。

使用<tx:jta-transaction-manager />还有一个额外的好处：它可以自动根据 JTA 容器选择合适的事务管理器——它可以根据平台自动选择 WebLogicJtaTransactionManager 或 WebSphereUow-TransactionManager 作为 JTA 事务管理器。

从上面的配置文件可以看出，当采用 Spring 事务管理策略时，应用程序无须与具体的事务策略耦合，应用程序只要面向 PlatformTransactionManager 接口编程，ApplicationContext 就会根据配置文件选择合适的事务策略实现类。

实际上，Spring 提供了如下两种事务管理方式。

➢ 编程式事务管理：即使使用 Spring 的编程式事务，程序也可直接获取容器中的 transactionManager Bean，该 Bean 总是 PlatformTransactionManager 的实例，所以可以通过该接口提供的三个方法来开始事务、提交事务和回滚事务。

➢ 声明式事务管理：无须在 Java 程序中书写任何事务操作代码，而是在 XML 文件中为业务组件配置事务代理（AOP 代理的一种），AOP 为事务代理所织入的增强处理也由 Spring 提供——在目标方法执行之前，织入开始事务；在目标方法执行之后，织入结束事务。

不论采用何种持久化策略，Spring 都提供了一致的事务抽象，因此，开发者能在任何环境下使用一致的编程模型。无须更改代码，应用就可以在不同的事务管理策略中切换。

当使用编程式事务时，开发者使用的是 Spring 事务抽象（面向 PlatformTransactionManager 接口编程），而无须使用任何具体的底层事务 API。Spring 的事务管理将代码从底层具体的事务 API 中抽象出来，该抽象能以任何底层事务为基础。

Spring 的编程式事务还可通过 TransactionTemplate 类来完成，该类提供了一个 execute (TransactionCallback action)方法，可以以更简捷的方式来进行事务操作。

当使用声明式事务时，开发者无须书写任何事务管理代码，不依赖 Spring 或任何其他事务 API。Spring 的声明式事务不需要任何额外的容器支持，Spring 容器本身管理声明式事务。使用声明式事务策略，可以让开发者更好地专注于业务逻辑的实现。

> **提示：**
> Spring 所支持的事务策略非常灵活，允许应用程序在不同的事务策略之间自由切换，即使需要在局部事务策略和全局事务策略之间切换，也只需要修改配置文件即可，而应用程序的代码无须做任何改变。这种灵活的设计，正是面向接口编程带来的优势。

▶▶ 5.6.2　使用 XML Schema 配置事务策略

Spring 同时支持编程式事务策略和声明式事务策略，通常推荐使用声明式事务策略。使用声明式事务策略的优势十分明显。

➢ 声明式事务能大大降低开发者的代码书写量，而且声明式事务几乎不影响应用的代码。因此，无论底层事务策略如何变化，应用程序都无须做任何改变。

➢ 开发者无须编写任何事务处理代码，可以更专注于业务逻辑的实现。

➢ Spring 可对任何 POJO 的方法提供事务管理，而且 Spring 的声明式事务管理不需要容器支持，可以在任何环境下使用。

➤ EJB CMT 无法提供声明式回滚规则；而通过配置文件，Spring 可指定事务在遇到特定异常时自动回滚。Spring 不仅可以在代码中使用 setRollbackOnly 回滚事务，也可以在配置文件中配置回滚规则。

➤ Spring 采用 AOP 的方式管理事务，因此可以在事务回滚动作中插入用户自己的动作，而不仅仅是执行系统默认的回滚。

提示：

本节不打算全面介绍 Spring 的各种事务策略，因此这里不会介绍编程式事务。如果读者需要更全面地了解 Spring 事务的相关方面，请自行参阅 Spring 官方参考手册。

Spring 的 XML Schema 方式提供了简洁的事务配置策略，Spring 提供了 tx:命名空间来配置事务管理，在 tx:命名空间下提供了<tx:advice.../>元素来配置事务增强处理，一旦使用该元素配置了事务增强处理，就可直接使用<aop:advisor.../>元素启用自动代理了。

在配置<tx:advice.../>元素时，除需要 transaction-manager 属性指定事务管理器之外，还需要配置一个<attributes.../>子元素，该子元素中又可包含多个<method.../>子元素。<tx:advice.../>元素的属性、子元素的关系如图 5.19 所示。

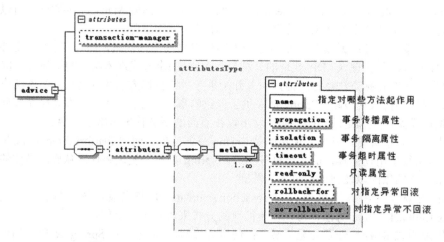

图 5.19 <tx:advice.../>元素的属性、子元素的关系

从图 5.19 可以看出，配置<tx:advice.../>元素的重点就是配置<method.../>子元素。实际上，每个<method.../>子元素都为一批方法指定了所需的事务定义，包括事务传播属性、事务隔离属性、事务超时属性、只读事务、对指定异常回滚、对指定异常不回滚等。

如图 5.19 所示，在配置<method.../>子元素时可以指定如下几个属性。

➤ name：必需属性，指定与该事务语义关联的方法名。该属性支持使用通配符，例如'get*'、'handle*'、'on*Event'等。

➤ propagation：指定事务传播行为，该属性值可为 Propagation 枚举类的任一枚举值，各枚举值的含义后面会进行介绍。该属性的默认值为 Propagation.REQUIRED。

➤ isolation：指定事务隔离级别，该属性值可为 Isolation 枚举类的任一枚举值，各枚举值的具体含义可参考 API 文档。该属性的默认值为 Isolation.DEFAULT。

➤ timeout：指定事务超时时长（以秒为单位），值为-1 表示不超时。该属性的默认值是-1。

➤ read-only：指定事务是否只读。该属性的默认值是 false。

➤ rollback-for：指定触发事务回滚的异常类（应使用全限定类名）。该属性可指定多个异常类，多个异常类之间以英文逗号隔开。

➢ no-rollback-for：指定不触发事务回滚的异常类（应使用全限定类名）。该属性可指定多个异常类，多个异常类之间以英文逗号隔开。

子元素的 propagation 属性用于指定事务传播行为，Spring 支持的事务传播行为如下。

➢ PROPAGATION_MANDATORY：要求调用该方法的线程必须处于事务环境中，否则将抛出异常。

➢ PROPAGATION_NESTED：即使执行该方法的线程已处于事务环境中，也依然启动新的事务，该方法在嵌套的事务里执行；即使执行该方法的线程并未处于事务环境中，也将启动新的事务，然后执行该方法，此时与 PROPAGATION_REQUIRED 相同。

➢ PROPAGATION_NEVER：不允许调用该方法的线程处于事务环境中，否则将抛出异常。

➢ PROPAGATION_NOT_SUPPORTED：如果调用该方法的线程处于事务环境中，则先暂停当前事务，然后执行该方法。

➢ PROPAGATION_REQUIRED：要求在事务环境中执行该方法，如果当前的执行线程已处于事务环境中，则直接调用；如果当前的执行线程不处于事务环境中，则启动新的事务后执行该方法。

➢ PROPAGATION_REQUIRES_NEW：该方法要求在新的事务环境中执行，如果当前的执行线程已处于事务环境中，则先暂停当前事务，启动新事务后执行该方法；如果当前的调用线程不处于事务环境中，则启动新的事务后执行该方法。

➢ PROPAGATION_SUPPORTS：如果当前的执行线程处于事务环境中，则使用当前事务，否则不使用事务。

本示例使用 NewsDaoImpl 组件来测试 Spring 的事务功能。程序将使用<tx:advice.../>元素来配置事务增强处理，再使用<aop:advisor.../>为容器中的一批 Bean 配置自动事务代理。

NewsDaoImpl 组件包含一个 insert()方法，该方法同时插入两条记录，但插入的第二条记录将会违反唯一键约束，从而引发异常。下面是 NewsDaoImpl 类的代码。

程序清单：codes\05\5.6\tx\src\org\crazyit\app\dao\impl\NewsDaoImpl.java

```
public class NewsDaoImpl implements NewsDao
{
    private DataSource ds;
    public void setDs(DataSource ds)
    {
        this.ds = ds;
    }
    public void insert(String title, String content)
    {
        var jt = new JdbcTemplate(ds);
        jt.update("insert into news_inf"
            + " values (null, ?, ?)", title, content);
        // 第二次插入的数据违反唯一键约束
        jt.update("insert into news_inf"
            + " values (null, ?, ?)", title, content);
        // 如果没有事务控制，则第一条记录可以被插入
        // 如果增加事务控制，则将发现第一条记录也插不进去
    }
}
```

下面是本示例所使用的配置文件。

程序清单：codes\05\5.6\tx\src\beans.xml

```xml
<?xml version="1.0" encoding="utf-8"?>
<beans xmlns:xsi="http://www.w3.org/2001/XMLSchema-instance"
    xmlns="http://www.springframework.org/schema/beans"
    xmlns:p="http://www.springframework.org/schema/p"
    xmlns:aop="http://www.springframework.org/schema/aop"
    xmlns:tx="http://www.springframework.org/schema/tx"
    xsi:schemaLocation="http://www.springframework.org/schema/beans
    http://www.springframework.org/schema/beans/spring-beans.xsd
    http://www.springframework.org/schema/aop
    http://www.springframework.org/schema/aop/spring-aop.xsd
    http://www.springframework.org/schema/tx
    http://www.springframework.org/schema/tx/spring-tx.xsd">
    <!-- 定义数据源 Bean，使用 C3P0 数据源实现，并注入数据源的必要信息 -->
    <bean id="dataSource" class="com.mchange.v2.c3p0.ComboPooledDataSource"
        destroy-method="close"
        p:driverClass="com.mysql.cj.jdbc.Driver"
        p:jdbcUrl="jdbc:mysql://127.0.0.1:3306/spring?serverTimezone=UTC"
        p:user="root"
        p:password="32147"
        p:maxPoolSize="40"
        p:minPoolSize="2"
        p:initialPoolSize="2"
        p:maxIdleTime="30"/>
    <!-- 配置 JDBC 数据源的局部事务管理器，使用 DataSourceTransactionManager 类 -->
    <!-- 该类实现了 PlatformTransactionManager 接口，是针对采用数据源连接的特定实现-->
    <!-- 在配置 DataSourceTransactionManager 时需要依赖注入 DataSource 的引用 -->
    <bean id="transactionManager"
        class="org.springframework.jdbc.datasource.DataSourceTransactionManager"
        p:dataSource-ref="dataSource"/>
    <!-- 配置一个 NewsDaoImpl Bean -->
    <bean id="newsDao" class="org.crazyit.app.dao.impl.NewsDaoImpl"
        p:ds-ref="dataSource"/>
    <!-- 配置事务增强处理 Bean，指定事务管理器 -->
    <tx:advice id="txAdvice"
        transaction-manager="transactionManager">
        <!-- 用于配置详细的事务语义 -->
        <tx:attributes>
            <!-- 所有以 get 开头的方法都是只读的 -->
            <tx:method name="get*" read-only="true" timeout="8"/>
            <!-- 其他方法使用默认的事务设置，指定超时时长为 5 秒 -->
            <tx:method name="*" isolation="DEFAULT"
                propagation="REQUIRED" timeout="5"/>
        </tx:attributes>
    </tx:advice>
    <!-- AOP 配置的元素 -->
    <aop:config>
        <!-- 配置一个切入点，匹配 org.crazyit.app.dao.impl 包下
             所有以 Impl 结尾的类中所有方法的执行 -->
        <aop:pointcut id="myPointcut"
            expression="execution(* org.crazyit.app.dao.impl.*Impl.*(..))"/>
        <!-- 指定在 myPointcut 切入点应用 txAdvice 事务增强处理 -->
        <aop:advisor advice-ref="txAdvice"
            pointcut-ref="myPointcut"/>
    </aop:config>
</beans>
```

上面配置文件中的第一段粗体字代码使用 XML Schema 启用了 Spring 配置文件的 tx:、aop:两个命名空间，第三段粗体字代码配置了一个事务增强处理，在配置<tx:advice.../>元素时只需指定一个 transaction-manager 属性，该属性的默认值是"transactionManager"。

提示： 如果事务管理器 Bean（PlatformTransactionManager 实现类）的 id 是 transactionManager，则在配置 <tx:advice.../> 元素时完全可以省略指定 transaction-manager 属性。如果为事务管理器 Bean 指定了其他 id，则需要为 <tx:advice.../> 元素指定 transaction-manager 属性。

上面配置文件中的最后一段粗体字代码是 <aop:config../> 定义，它确保由 txAdvice 切面定义的事务增强处理能在合适的切入点被织入。这段粗体字代码先定义了一个切入点，它匹配 org.crazyit.app.dao.impl 包下所有以 Impl 结尾的类中所包含的所有方法，该切入点被命名为 myPointcut。然后用一个 <aop:advisor.../> 元素把这个切入点与 txAdvice 绑定在一起，表示当 myPointcut 执行时，txAdvice 定义的增强处理将被织入。

提示： <aop:advisor.../> 元素是一个很奇怪的东西，在标准的 AOP 机制里并没有所谓的 "Advisor"，Advisor 是 Spring 1.x 遗留下来的。Advisor 的作用非常简单：将 Advice 和切入点（既可通过 pointcut-ref 指定一个已有的切入点，也可通过 pointcut 指定切入点表达式）绑定在一起，保证 Advice 所包含的增强处理将在对应的切入点被织入。

在使用这种配置策略时，无须专门为每个业务 Bean 配置事务代理，Spring AOP 会自动为所有匹配切入点表达式的业务组件生成代理，程序可以直接请求容器中的 newsDao Bean，该 Bean 的方法已经具有了事务性——因为该 Bean 的实现类位于 org.crazyit.app.dao.impl 包下，且以 Impl 结尾，和 myPointcut 切入点匹配。

本示例的主程序非常简单，直接获取 newsDao Bean，并调用它的 insert() 方法，可以看到该方法已经具有了事务性。

程序清单：codes\05\5.6\tx\src\lee\SpringTest.java

```java
public class SpringTest
{
    public static void main(String[] args)
    {
        // 创建 Spring 容器
        var ctx = new ClassPathXmlApplicationContext("beans.xml");
        // 获取事务代理 Bean
        var dao = (NewsDao) ctx.getBean("newsDao", NewsDao.class);
        // 执行插入操作
        dao.insert("疯狂 Java 讲义", "轻量级 Java EE 企业应用实战");
    }
}
```

上面程序直接获取容器中的 newsDao Bean，因为 Spring AOP 会为该 Bean 自动织入事务增强处理的方式，所以 newsDao Bean 里的所有方法都具有事务性。

运行上面的程序，将出现一个异常，而且 insert() 方法所执行的两条 SQL 语句全部回滚——因为事务控制的缘故。

当使用 <tx:advisor.../> 为目标 Bean 生成事务代理之后，Spring AOP 将会把负责事务操作的增强处理织入目标 Bean 的业务方法中。在这种情况下，事务代理的业务方法将如图 5.20 所示。

当使用 <aop:advisor.../> 元素将 Advice 和切入点绑定时，实际上是由 Spring 提供的 Bean 后处理器完成的。Spring 提供了 BeanNameAutoProxyCreator 和 DefaultAdvisorAutoProxyCreator 两个 Bean 后处理器，它们都可以对容器中的 Bean 执行后处理（为它们织入切面中包含的增强处理）。当配置 <aop:advisor.../> 元素时传入一个 txAdvice 事务增强处理，所以 Bean 后处理器将为所有 Bean 实例里匹配切入点的方法织入事务操作的增强处理。

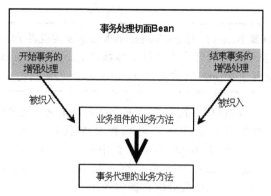

图 5.20　事务代理的业务方法

提示：
　　在 Spring 1.x 中，声明式事务使用 TransactionProxyFactoryBean 来配置事务代理 Bean。正如它的类名所暗示的，它是一个工厂 Bean，该工厂 Bean 专门为目标 Bean 生成事务代理。TransactionProxyFactoryBean 也是基于 AOP 的，但每个 TransactionProxyFactoryBean 只能为一个目标 Bean 生成事务代理 Bean，因此配置比较复杂。如果读者需要了解 TransactionProxyFactoryBean 的用法，可参考配套代码中 codes\05\5.6\路径下的 TransactionProxyFactoryBean 示例。

在这种声明式事务策略下，Spring 也允许为不同的业务逻辑方法指定不同的事务策略，如下面的配置文件所示。

```xml
<?xml version="1.0" encoding="utf-8"?>
<beans xmlns:xsi="http://www.w3.org/2001/XMLSchema-instance"
    xmlns="http://www.springframework.org/schema/beans"
    xmlns:aop="http://www.springframework.org/schema/aop"
    xmlns:tx="http://www.springframework.org/schema/tx"
    xsi:schemaLocation="http://www.springframework.org/schema/beans
    http://www.springframework.org/schema/beans/spring-beans.xsd
    http://www.springframework.org/schema/tx
    http://www.springframework.org/schema/tx/spring-tx.xsd
    http://www.springframework.org/schema/aop
    http://www.springframework.org/schema/aop/spring-aop.xsd">
    <!-- 配置两个事务增强处理 -->
    <tx:advice id="defaultTxAdvice">
        <tx:attributes>
            <tx:method name="get*" read-only="true" timeout="8"/>
            <tx:method name="*" timeout="5"/>
        </tx:attributes>
    </tx:advice>
    <tx:advice id="noTxAdvice">
        <tx:attributes>
            <tx:method name="*" propagation="NEVER"/>
        </tx:attributes>
    </tx:advice>
    <aop:config>
        <!-- 配置一个切入点，匹配 userService Bean 中所有方法的执行 -->
        <aop:pointcut id="txOperation"
            expression="bean(userService)"/>
        <!-- 配置一个切入点，匹配 org.crazyit.app.service.impl 包下
            所有以 Impl 结尾的类中所有方法的执行 -->
        <aop:pointcut id="noTxOperation"
            expression="execution(* org.crazyit..app.service.impl.*Impl.*(..))"/>
        <!-- 将 txOperation 切入点和 defaultTxAdvice 切面绑定在一起 -->
```

```
        <aop:advisor pointcut-ref="txOperation "
            advice-ref="defaultTxAdvice"/>
        <!-- 将 noTxOperation 切入点和 noTxAdvice 切面绑定在一起 -->
        <aop:advisor pointcut-ref="noTxOperation"
            advice-ref="noTxAdvice"/>
    </aop:config>
    <!-- 配置第一个业务逻辑 Bean，该 Bean 的名字为 userService，匹配 txOperation 切入点，
        将被织入 defaultTxAdvice 切面里的增强处理 -->
    <bean id="userService" class="org.crazyit.app.service.UserServiceImpl"/>
    <!-- 配置第二个业务逻辑 Bean，实现类位于 org.crazyit.app.service.impl 包下，
        将被织入 noTxAdvice 切面里的增强处理 -->
    <bean id="anotherFooService" class="org.crazyit.app.service.impl.FooServiceImpl"/>
</beans>
```

如果想让事务在遇到特定的 checked 异常时自动回滚，则可借助 rollback-for 属性。

 提示：

在默认情况下，只有当方法引发运行时异常和 unchecked 异常时，Spring 事务机制才会自动回滚事务。也就是说，只有当抛出一个 RuntimeException 或其子类实例，或者 Error 对象时，Spring 才会自动回滚事务。如果事务方法抛出 checked 异常，则事务不会自动回滚。

通过使用 rollback-for 属性可强制 Spring 遇到特定的 checked 异常时自动回滚事务。下面的 XML 配置片段示范了这种用法。

```
<tx:advice id="txAdvice" transaction-manager="txManager">
    <tx:attributes>
        <!-- 所有以 get 开头的方法都是只读的，
            且当事务方法抛出 NoItemException 异常时自动回滚 -->
        <tx:method name="get*" read-only="true"
            rollback-for="exception.NoItemException"/>
        <tx:method name="*"/>
    </tx:attributes>
</tx:advice>
```

如果想让 Spring 遇到特定的 runtime 异常时强制不回滚事务，则可通过 no-rollback-for 属性来指定，如下面的配置片段所示。

```
<tx:advice id="txAdvice" transaction-manager="txManager">
    <tx:attributes>
        <!-- 所有以 get 开头的方法都是只读的，
            且当事务方法抛出 AuctionException 异常时强制不回滚 -->
        <tx:method name="get*" read-only="true"
            no-rollback-for="exception.AuctionException"/>
        <tx:method name="*"/>
    </tx:attributes>
</tx:advice>
```

▶▶ 5.6.3　使用@Transactional

Spring 还允许将事务配置放在 Java 类中定义，这需要借助@Transactional 注解，该注解既可用于修饰 Spring Bean 类，也可用于修饰 Bean 类中的某个方法。

如果使用@Transactional 修饰 Bean 类，则表明这些事务设置对整个 Bean 类起作用；如果使用@Transactional 修饰 Bean 类的某个方法，则表明这些事务设置只对该方法有效。

在使用@Transactional 时可指定如下属性。

➢ isolation：用于指定事务的隔离级别。默认为底层事务的隔离级别。

➢ noRollbackFor：指定遇到特定的异常时强制不回滚事务。

> ➤ noRollbackForClassName：指定遇到特定的多个异常时强制不回滚事务。该属性值可以指定多个异常类名。
> ➤ propagation：指定事务传播行为。
> ➤ readOnly：指定事务是否只读。
> ➤ rollbackFor：指定遇到特定的异常时强制回滚事务。
> ➤ rollbackForClassName：指定遇到特定的多个异常时强制回滚事务。该属性值可以指定多个异常类名。
> ➤ timeout：指定事务的超时时长。

根据上面的解释不难看出，其实该注解所指定的属性与<tx:advice.../>元素中所指定的事务属性基本上是对应的，它们的意义也基本相似。

下面使用@Transactional 修饰需要添加事务的方法。

程序清单：codes\05\5.6\Transactional\src\org\crazyit\app\dao\impl\NewsDaoImpl

```
public class NewsDaoImpl implements NewsDao
{
    ...
    @Transactional(propagation = Propagation.REQUIRED,
        isolation = Isolation.DEFAULT, timeout = 5)
    public void insert(String title, String content)
    {
        ...
    }
}
```

上面 Bean 类中的 insert()方法使用了@Transactional 修饰，表明该方法具有事务性。仅使用这个注解修饰还不够，还需要让 Spring 根据注解来配置事务代理，所以需要在 Spring 配置文件中增加如下配置片段。

```
<!-- 配置 JDBC 数据源的局部事务管理器，使用 DataSourceTransactionManager 类 -->
<!-- 该类实现了 PlatformTransactionManager 接口，是针对采用数据源连接的特定实现-->
<!-- 在配置 DataSourceTransactionManager 时需要依赖注入 DataSource 的引用 -->
<bean id="transactionManager"
    class="org.springframework.jdbc.datasource.DataSourceTransactionManager"
    p:dataSource-ref="dataSource"/>
<!-- 根据@Transactional 注解来生成事务代理 -->
<tx:annotation-driven transaction-manager="transactionManager"/>
```

📁 5.7 Spring 整合 MyBatis

MyBatis 与 Spring 整合之后用起来更加简洁、方便，而且更符合 Java EE 企业级应用的规范，本节将会介绍 MyBatis 与 Spring 的整合。

▶▶ 5.7.1 整合 MyBatis 的关键点及快速入门

MyBatis 是什么？它是一个 SQL Mapping 框架，它是一个持久化技术框架。再说得简单一点，它只不过是一个操作数据库的框架。

Spring 是什么？Spring 就是一个大容器，不管是 IoC 还是 AOP，都是以 Spring 容器为基础的，因此，Spring 不管整合什么框架，其关键都是利用 Spring 容器来管理其他框架的核心组件。那么 MyBatis 编程的核心组件是什么？就是以下三个：

> ➤ SqlSessionFactory
> ➤ Mapper 组件
> ➤ SqlSession

此外，Java EE 应用的后端大致可分为如图 5.21 所示的几层。

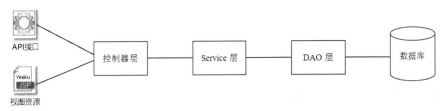

图 5.21 Java EE 应用后端分层

Java EE 应用后端各层组件的大致功能如下。

➢ DAO（Data Access Object）层：本层组件主要负责操作数据库，因此各种持久化技术（如 MyBatis、JPA 等）、索引技术（如 Lucene、Solr 等）主要集中在该层。

➢ Service 层：本层组件主要负责业务逻辑实现，该层组件向下依赖于 DAO 层的持久化功能，向上对控制器组件提供服务。

➢ 控制器层：本层组件主要负责分发、处理请求，该层组件向下依赖于 Service 层的业务逻辑功能。控制器组件既可对外提供 RESTful API 接口，也可直接与视图技术结合生成 Web 页面。

Spring 框架是一个大容器，它的作用就是负责创建并管理容器中的所有 DAO 组件、Service 组件、控制器组件等，并负责将 DAO 组件注入 Service 组件，将 Service 组件注入控制器组件。

MyBatis 实现 DAO 组件的方式有两种：

➢ 传统的基于 SqlSession 实现 DAO 组件。

➢ 使用 Mapper 组件充当 DAO 组件。

不管采用哪种方式，在整合 Spring 之后都会将 DAO 组件纳入 Spring 容器管理之下，并为 DAO 组件注入它所依赖的资源。比如基于 SqlSession 的 DAO 组件需要依赖 SqlSession，而 Mapper 组件则需要依赖 SqlSessionFactory——Spring 会负责将 SqlSessionFactory 或 SqlSession 注入 DAO 组件。

此外，既然 DAO 组件和 Service 组件都在 Spring 容器管理之下，那么 Spring 容器也会将 DAO 组件注入 Service 组件。

归纳起来，在 MyBatis 整合 Spring 之后，Spring 可为 MyBatis 完成如下事情。

➢ Spring 容器负责管理 SqlSessionFactory。

➢ Spring 容器负责创建、管理 Mapper 组件或 DAO 组件。

➢ Spring 容器负责将 Mapper 组件或 DAO 组件注入 Service 组件。

➢ Spring 容器负责为 Mapper 组件或 DAO 组件注入所依赖的 SqlSessionFactory 或 SqlSession。

➢ Spring 的 AOP 机制还可负责管理 Service 层的事务。

下面通过一个主流示例快速入门 Spring 与 MyBatis 的整合。

在开始整合之前，需要先下载 MyBatis 与 Spring 整合的插件，该插件由 MyBatis 团队提供（不是由 Spring 提供的，MyBatis 官网提供了一个 MyBatis-Spring 项目，该项目用于支持 MyBatis 与 Spring 的整合。

登录 链接 9 站点下载 MyBatis-Spring 的最新版本，不要下载 1.x 系列的最新版本（1.x 支持 Spring 3.2 及以上版本和 Java 1.6 及以上版本），要下载 2.x 系列（2.x 支持 Spring 5.0 及以上版本和 Java 1.8 及以上版本），本书下载的是 MyBatis-Spring 2.0.2，下载完成后得到一个 mybatis-spring-2.0.2.jar 文件，它就是 MyBatis 整合 Spring 的插件 JAR 包。

此外，既然要让 Spring 整合 MyBatis，那么当然还需要为项目添加 Spring 的 21 个 JAR 包，以及 MyBatis 的核心 JAR 包：mybatis-3.5.2.jar。

接下来按照前面介绍的方式开发 Mapper 组件：Mapper 接口＋XML Mapper（或注解）。下面是 Mapper 接口的代码。

程序清单：codes\05\5.7\Spring_MyBatis\src\org\crazyit\app\dao\BookMapper.java

```java
public interface BookMapper
{
    int saveBook(Book book);

    Book getBook(int id);
}
```

该 Mapper 组件对应的 XML Mapper 映射文件如下。

程序清单：codes\05\5.7\Spring_MyBatis\src\org\crazyit\app\dao\BookMapper.xml

```xml
<?xml version="1.0" encoding="UTF-8" ?>
<!DOCTYPE mapper PUBLIC "-//mybatis.org//DTD Mapper 3.0//EN"
    "http://mybatis.org/dtd/mybatis-3-mapper.dtd">
<mapper namespace="org.crazyit.app.dao.BookMapper">
    <insert id="saveBook">
        insert into book_inf values(null, #{title}, #{author}, #{price})
    </insert>
    <select id="getBook" resultType="book">
        select book_id id, book_title title, book_author author,
        book_price price from book_inf where book_id=#{id}
    </select>
</mapper>
```

为了更好地模拟 Java EE 应用的架构，本示例也为应用提供了 Service 组件（接口＋实现类）。下面是 BookService 接口的代码。

程序清单：codes\05\5.7\Spring_MyBatis\src\org\crazyit\app\service\BookService.java

```java
public interface BookService
{
    int saveBook(Book book);

    Book getBook(int id);
}
```

可能有读者感到疑惑：该 Service 组件内定义的两个方法与 DAO 组件内定义的两个方法是完全相同的吗？此时确实是这样的，这是由于本例只是一个演示技术的示例，它不涉及业务逻辑。

对于实际项目而言，Service 组件的每个方法应该负责处理、实现一个业务逻辑功能，这个业务逻辑功能通常需要组合调用多个 DAO 组件的方法——具体来说，比如实现一个转账逻辑，该 Service 方法要调用 DAO 组件修改转出账户的余额，还要修改转入账户的余额，还要调用 DAO 组件插入一条转账记录……总之，实现一个业务逻辑方法，通常需要按顺序调用多个 DAO 组件的方法。

本示例的 Service 组件很简单，它不涉及任何业务功能，因此它的每个方法只要调用一次 DAO 组件的方法即可。下面是该 Service 组件的实现类。

程序清单：codes\05\5.7\Spring_MyBatis\src\org\crazyit\app\service\BookServiceImpl.java

```java
public class BookServiceImpl implements BookService
{
    private BookMapper bookMapper;
    // 依赖注入 Mapper 组件所需的 setter 方法
    public void setBookMapper(BookMapper bookMapper)
    {
        this.bookMapper = bookMapper;
    }
    @Override
    public int saveBook(Book book)
    {
        return bookMapper.saveBook(book);
    }
```

```
    @Override
    public Book getBook(int id)
    {
        return bookMapper.getBook(id);
    }
}
```

该 Service 组件定义了 BookMapper 变量代表它所依赖的 DAO 组件。为了让 Spring 容器为 Service 组件注入它所依赖的 DAO 组件，程序还为该 DAO 组件提供了 setter 方法——如果 Service 组件需要调用多个 DAO 组件的方法，就为每个 DAO 组件都定义对应的成员变量，并提供 setter 方法即可。

至此，本示例的 Mapper 组件（DAO 组件）和 Service 组件都已开发完成，接下来需要将它们配置在 Spring 容器中，并让 Spring 容器来管理它们之间的依赖关系。下面是本示例的 Spring 配置文件。

程序清单：codes\05\5.7\Spring_MyBatis\src\beans.xml

```xml
<?xml version="1.0" encoding="utf-8"?>
<beans xmlns="http://www.springframework.org/schema/beans"
    xmlns:xsi="http://www.w3.org/2001/XMLSchema-instance"
    xmlns:p="http://www.springframework.org/schema/p"
    xsi:schemaLocation="http://www.springframework.org/schema/beans
    http://www.springframework.org/schema/beans/spring-beans.xsd">
<!-- 定义数据源 Bean，使用 C3P0 数据源实现 -->
<bean id="dataSource" class="com.mchange.v2.c3p0.ComboPooledDataSource"
    destroy-method="close"
    p:driverClass="com.mysql.cj.jdbc.Driver"
    p:jdbcUrl="jdbc:mysql://localhost:3306/spring?serverTimezone=UTC"
    p:user="root"
    p:password="32147"/>
<!-- 配置 MyBatis 的核心组件：SqlSessionFactory，
    并为该 SqlSessionFactory 配置它依赖的 DataSource，
    还指定将类加载路径下的 mybatis-config.xml 文件作为 MyBatis 的核心配置文件 -->
<bean id="sqlSessionFactory" class="org.mybatis.spring.SqlSessionFactoryBean"
    p:dataSource-ref="dataSource"
    p:configLocation="classpath:mybatis-config.xml"/>
<!-- 使用 MapperFactoryBean 工厂 Bean 配置 Mapper 组件，
    并为该 Mapper 组件配置它所依赖的 SqlSessionFactory -->
<bean id="bookMapper" class="org.mybatis.spring.mapper.MapperFactoryBean"
    p:mapperInterface="org.crazyit.app.dao.BookMapper"
    p:sqlSessionFactory-ref="sqlSessionFactory"/>
<!-- 配置 Service 组件，并为该 Service 组件配置它所依赖的 Mapper 组件 -->
<bean id="bookService" class="org.crazyit.app.service.impl.BookServiceImpl"
    p:bookMapper-ref="bookMapper"/>
</beans>
```

上面配置文件中一共配置了 4 个 Bean，其中第一个 Bean 是一个基于 C3P0 的数据源 Bean，这与前面配置的数据源 Bean 并没有任何区别。

第二个 Bean 是 SqlSessionFactoryBean，它是一个工厂 Bean，它负责配置 MyBatis 的核心组件：SqlSessionFactory。

提示：
还记得前面介绍的 FactoryBean 接口吗？它是工厂 Bean 的标准接口，把实现 FactoryBean 接口的工厂 Bean 部署在容器中后，程序获取该 Bean 时，Spring 容器并不返回该工厂 Bean 本身，而是返回它的产品（getObject() 方法的返回值），SqlSessionFactoryBean 工厂 Bean 的 getObject() 方法返回 SqlSessionFactory。

配置 SqlSessionFactory 为它注入了两个属性：dataSource 和 configLocation，其中 configLocation

指定 MyBatis 的核心配置文件，本示例指定使用类加载路径下的 mybatis-config.xml 作为 MyBatis 的核心配置文件。该文件的代码如下。

程序清单：codes\05\5.7\Spring_MyBatis\src\mybatis-config.xml

```xml
<?xml version="1.0" encoding="UTF-8" ?>
<!DOCTYPE configuration
    PUBLIC "-//mybatis.org//DTD Config 3.0//EN"
    "http://mybatis.org/dtd/mybatis-3-config.dtd">
<configuration>
    <typeAliases>
        <!-- 为 org.crazyit.app.domain 包下的所有类指定别名 -->
        <package name="org.crazyit.app.domain"/>
    </typeAliases>
</configuration>
```

将该配置文件与 MyBatis 独立应用的 mybatis-config.xml 进行对比，可以看到该文件主要少了两个元素：<environments.../>和<mappers.../>——这是由于 Spring 已为 SqlSessionFactory 注入了 dataSource（数据源），不再需要配置数据源环境。另外，Spring 容器接管了 Mapper 组件的发现、注册，也就不需要在 mybatis-config.xml 文件中配置<mappers.../>元素了。

> **注意**
>
> 整合 Spring 之后的 MyBatis 配置文件并不需要是完整的。确切而言，该配置文件中的<environments.../>、<dataSource.../>、<transactionManager.../>元素的配置会被直接忽略，SqlSessionFactoryBean 总会创建它自有的 MyBatis 数据库环境，并按要求设置该数据库环境的值。

Spring 配置文件中的第三个 Bean 是 Mapper 组件（DAO 组件），此处使用 MapperFactoryBean 来配置 Mapper 组件——所有的 Mapper 组件都使用该工厂 Bean 配置，程序获取该 Bean 时，实际返回的只是该工厂 Bean 的产品。

在使用 MapperFactoryBean 工厂 Bean 配置 Mapper 组件时，需要通过 mapperInterface 指定该 Mapper 组件的接口，并通过 sqlSessionFactory 属性为 Mapper 组件注入它所依赖的 SqlSessionFactory。

Spring 配置文件中的第四个 Bean 是 Service 组件，它已经没有任何特别之处了，就是简单地配置该 Service 组件，并为它注入所依赖的 Mapper 组件。

接下来，主程序即可获取 Spring 容器中配置的 Service 组件，并调用它的业务方法。

> **提示：**
>
> 在实际 Java EE 项目中，Service 组件应该由 Spring 容器注入控制器组件中，控制器会调用 Service 组件的方法，后面介绍 Spring MVC 时会见到这种示例。

程序清单：codes\05\5.7\Spring_MyBatis\src\lee\SpringTestjava

```java
public class SpringTest
{
    public static void main(String[] args) throws Exception
    {
        var ctx = new ClassPathXmlApplicationContext("beans.xml");
        // 获取容器中的 Service 组件
        var bookService = ctx.getBean("bookService", BookService.class);
        // 调用 Service 组件的方法
        bookService.saveBook(new Book(null, "疯狂 Java 讲义", "李刚", 109.0));
        var b = bookService.getBook(1);
```

```
            System.out.println(b.getTitle() + "-->" + b.getPrice());
        }
    }
```

上面程序通过 Spring 容器获取了 Service 组件，并调用了 Service 组件的方法——Service 组件依赖于 DAO 组件（Mapper 组件），而 Mapper 组件则由 MyBatis 实现，该程序运行完成后将会看到 book_inf 表多了一条记录，并看到程序显示了 id 为 1 的 Book 实体的 title、price，这说明 Spring 与 MyBatis 整合成功。

▶▶ 5.7.2　配置 SqlSessionFactory

从上面的整合示例可以看出，SqlSessionFactory 是 MyBatis 的核心组件，因此 Spring 整合 MyBatis 的第一步就是在 Spring 容器中配置 SqlSessionFactory，MyBatis 提供了 SqlSessionFactoryBean 工厂 Bean 用于配置 SqlSessionFactory。

SqlSessionFactory 类提供了不少 setter 方法，在 Spring 配置文件中配置 SqlSessionFactory 时，这些 setter 方法都可通过<property.../>元素或 p:命名空间来驱动调用，执行设值注入。

典型地，前面示例的配置中定义了 p:dataSource-ref="dataSource"，这意味着驱动 SqlSessionFactory 调用 setDataSource()方法来注入数据源；而 p:configLocation="classpath:mybatis-config.xml"则驱动 SqlSessionFactory 调用 setConfigLocation()方法来注入 MyBatis 配置文件的位置。

总体而言，SqlSessionFactory 有两种配置风格。

➢ 保留 MyBatis 配置文件：采用这种配置风格时，通过驱动 SqlSessionFactory 调用 setConfigLocation()方法来注入 MyBatis 配置文件的位置。前面示例使用的就是这种配置风格。

➢ 放弃 MyBatis 配置文件：这种风格不需要使用 MyBatis 配置文件，而是直接驱动 SqlSessionFactory 提供的 setter 方法配置 MyBatis 的各种属性。

如果采用第一种配置风格，通常只需要为 SqlSessionFactory 配置 dataSource（用 p:dataSource-ref 配置）、configLocation（用 p:configLocation 配置）两个属性，所有与 MyBatis 相关的配置依然放在 MyBatis 配置文件中。前面示例已经示范了这种配置风格，此处不再赘述。

如果采用第二种配置风格，那么除配置 dataSource 属性之外，还可驱动如下常用的 setter 方法（这些 setter 方法对应于支持设值注入的属性）进行配置。

➢ setConfiguration(Configuration configuration)：该属性允许在不提供 MyBatis 核心配置文件的情况下，为 SqlSessionFactory 注入 Configuration 对象。例如如下配置：

```
<bean id="sqlSessionFactory" class="org.mybatis.spring.SqlSessionFactoryBean"
    p:dataSource-ref="dataSource">
    <property name="configuration">
        <bean class="org.apache.ibatis.session.Configuration">
            <property name="mapUnderscoreToCamelCase" value="true"/>
        </bean>
    </property>
</bean>
```

➢ setConfigurationProperties(Properties sqlSessionFactoryProperties)：该属性的作用就相当于 MyBatis 核心配置文件中的<properties.../>元素的作用。具体可参考 2.4.1 节。

➢ setDatabaseIdProvider(DatabaseIdProvider databaseIdProvider)：用于为 MyBatis 配置 DatabaseIdProvider，详细介绍可参考 2.7 节。通过 DatabaseIdProvider 可以让 MyBatis 应用自动兼容不同类型的数据库。例如如下配置：

```
<bean id="databaseIdProvider"
class="org.apache.ibatis.mapping.VendorDatabaseIdProvider">
    <property name="properties">
        <props>
            <prop key=" PostgreSQL">pgsql</prop>
```

```
        <prop key="MySQL">mysql</prop>
    </props>
</property>
</bean>
<bean id="sqlSessionFactory" class="org.mybatis.spring.SqlSessionFactoryBean"
    p:dataSource-ref="dataSource"
    p:databaseIdProvider-ref="databaseIdProvider"/>
```

➢ setMapperLocations(Resource... mapperLocations)：用于设置 XML Mapper 映射文件的加载路径。该属性的作用大致相当于 MyBatis 核心配置文件中的<mappers.../>元素的作用。

如果 Mapper 组件的接口文件与 XML Mapper 映射文件处于相同的目录中（通常都是这样的），此时并不需要配置 mapperLocations 属性（对应于 setMapperLocations 方法）；只有当 MyBatis 在 Mapper 接口所在路径下找不到对应的 XML Mapper 映射文件时，才需要配置 mapperLocations 属性。例如如下配置片段：

```
<bean id="sqlSessionFactory" class="org.mybatis.spring.SqlSessionFactoryBean"
    p:dataSource-ref="dataSource"
    p:mapperLocations=" classpath*:org/crazyit/config/mappers/**/*.xml "/>
```

➢ setObjectFactory(ObjectFactory objectFactory)：用于设置 MyBatis 使用特定的对象工厂。该属性的作用大致相当于 MyBatis 核心配置文件中的<objectFactory.../>元素的作用。
➢ setPlugins(Interceptor... plugins)：用于为 MyBatis 设置自定义插件。该属性的作用大致相当于 MyBatis 核心配置文件中的<plugins.../>元素的作用。
➢ setTransactionFactory (TransactionFactory transactionFactory)：用于为 MyBatis 配置自定义的事务工厂。在使用容器管理事务时，可能需要配置该属性。具体介绍可参考 5.7.5 节。
➢ setTypeAliases(Class<?>... typeAliases)：用于为 MyBatis 配置类别名，在配置该属性时需要列出所有想注册别名的类（这些类可使用@Alias 注解标注别名），该属性的作用大致相当于在<typeAliases.../>元素中列出的多个<typeAliase.../>子元素。
➢ setTypeAliasesPackage(String typeAliasesPackage)：配置该属性用于告诉 MyBatis 为指定包下的所有类都注册别名，该属性的作用相当于<typeAliases.../>元素中的<package.../>子元素的作用。例如如下配置片段：

```
<bean id="sqlSessionFactory" class="org.mybatis.spring.SqlSessionFactoryBean"
    p:dataSource-ref="dataSource"
    p:typeAliasesPackage="org.crazyit.app.domain"/>
```

➢ setTypeHandlers(TypeHandler<?>... typeHandlers)：用于为 MyBatis 配置类型处理器，在配置该属性时需要列出所有想注册的类型处理器。该属性的作用大致相当于在<typeHandlers.../>元素中列出的多个<typeHandler.../>子元素。
➢ setTypeHandlersPackage(String typeHandlersPackage)：配置该属性用于告诉 MyBatis 到指定包下自动搜索、配置类型处理器。

➤➤ 5.7.3 通过工厂 Bean 配置 Mapper 组件

前面示例就是使用工厂 Bean 配置 Mapper 组件的，MyBatis 为配置 Mapper 组件提供了 MapperFactoryBean 工厂 Bean，在配置该工厂 Bean 时总需要配置如下两个属性。

➢ mapperInterface（对应于 setMapperInterface 方法）：配置该 Mapper 组件的接口。
➢ sqlSessionFactory（对应于 setSqlSessionFactory 方法）：配置该 Mapper 组件底层依赖的 SqlSessionFactory。

使用这种配置方式的好处在于配置清晰、明了——只要查看 Spring 配置文件，就可以清楚地看到 Spring 容器中部署了哪些 Mapper（DAO）组件。

如果打算采用这种配置方式，则强烈建议使用 Spring 的抽象 Bean、子 Bean 来简化配置——毕竟所有 Mapper 组件都需要注入 SqlSessionFactory——多个 Mapper 组件大致可采用如下配置：

```
<!-- 配置抽象 Bean, 该抽象 Bean 指定了 class 属性,
    并配置了 sqlSessionFactory 属性 -->
<bean id="baseMapper" class="org.mybatis.spring.mapper.MapperFactoryBean"
    abstract="true" lazy-init="true" p:sqlSessionFactory-ref="sqlSessionFactory"/>
<!-- 以下两个 Mapper 作为子 Bean, 将继承父 Bean 的配置信息 -->
<bean id="firstMapper" parent="baseMapper"
    p:mapperInterface="org.crazyit.app.dao.FirstMapperInterface" />
<bean id="secondMapper" parent="baseMapper"
    p:mapperInterface="org.crazyit.app.dao.SecondMapperInterface" />
```

采用这种配置方式的缺点也很明显, 它意味着开发者必须为每个 Mapper 组件都提供单独的配置, 当项目需要配置大量的 Mapper 组件时, 重复配置每个 Mapper 组件会显得比较烦琐, 此时可采用下面的配置方式。

▶▶ 5.7.4　通过扫描自动配置 Mapper 组件

MyBatis 为自动扫描提供了 <mybatis:scan.../> 元素——在使用该元素之前肯定需要在 Spring 配置文件中导入 mybatis:命名空间, 该命名空间对应的 XML Schema 也由 MyBatis 提供——使用该元素时可指定如下属性。

- ➤ base-package: 最重要的属性, 指定 Spring 到该包及其子包下搜索 Mapper 组件。
- ➤ lazy-initialization: 指定是否对 Mapper 组件使用延迟初始化。
- ➤ factory-ref: 指定为 Mapper 组件注入哪个 SqlSessionFactory 对象。当 Spring 容器中仅有一个 SqlSessionFactory Bean 时, 并不需要指定该属性, Spring 会自动为 Mapper 注入容器中唯一的 SqlSessionFactory。只有当应用需要配置多个数据源 (对应于多个 SqlSessionFactory) 时, 才需要配置该属性。
- ➤ mapper-factory-bean-class: 指定自定义的 MapperFactoryBean 的全限定类名。通常不需要指定该属性, 只有当你打算使用自定义的 MapperFactoryBean 子类来取代 MapperFactoryBean 时, 才需要指定该属性。

> **提示:**
> 通过扫描自动配置 Mapper 组件的本质依然是使用 MapperFactoryBean 配置 Mapper 组件——只不过不需要开发者逐个配置每个 Mapper 组件, 而是由插件自动扫描 Mapper 接口, 然后使用 MapperFactoryBean 为它们创建 Mapper 组件。

- ➤ name-generator: 指定自定义的 BeanNameGenerator 类。通常不需要指定该属性, Spring 默认的 BeanNameGenerator 会负责为所有 Mapper 组件生成 id——Mapper 接口名的首字母小写, 也可通过 @Named 注解为 Mapper 组件指定 id 值。只有当你希望实现并使用自己的 BeanNameGenerator 时, 才需要指定该属性。
- ➤ annotation: 指定特定的注解, 用于告诉 Spring 只有当 Mapper 接口中具有该注解时才会被配置成容器中的 Mapper 组件。
- ➤ marker-interface: 指定特定的父接口, 用于告诉 Spring 只有当 Mapper 接口继承了该父接口时才会被配置成容器中的 Mapper 组件。

> **提示:**
> 在默认情况下, annotation 和 marker-interface 属性都为空, 因此在 base-package 属性指定的包中所有接口都会被配置成容器中的 Mapper 组件。

虽然 <mybatis:scan .../> 元素还支持其他一些属性, 但它们几乎不会用到。实际上, <mybatis:scan .../> 元素真正可能用到的属性主要就是 base-package 和 lazy-initialization。

lazy-initialization 属性用于控制 Mapper 组件的延迟初始化, 但该属性会在以下几种情况下失效。

➤ 当该 Mapper 组件被其他 Mapper 组件（预加载的）通过（对应于@One 注解）或 元素（对应于@Many 注解）引用时，延迟初始化失败。

➤ 当该 Mapper 组件被其他 Mapper 组件（预加载的）使用元素包含时，延迟初始化失败。

➤ 当该 Mapper 组件被其他 Mapper 组件（预加载的）通过元素（对应于@CacheNamespaceRef 注解）引用时，延迟初始化失败。

➤ 当该 Mapper 组件中的结果映射被其他 Mapper 组件（预加载的）通过<select resultMap="..."/>元素（对应于@ResultMap 注解）引用时，延迟初始化失败。

下面对上一个示例略做修改，改为使用注解来配置 Service 组件和 Mapper 组件（零配置）。首先为 Service 组件添加@Service 注解修饰，修改之后的 Service 组件实现类的代码如下。

程序清单：codes\05\5.7\scan\src\org\crazyit\app\service\impl\BookServiceImpl.java

```java
@Service("bookService")
public class BookServiceImpl implements BookService
{
    // 指定将容器中的 bookMapper Bean 注入给成员变量
    @Resource(name = "bookMapper")
    private BookMapper bookMapper;
    @Override
    public int saveBook(Book book)
    {
        return bookMapper.saveBook(book);
    }
    @Override
    public Book getBook(int id)
    {
        return bookMapper.getBook(id);
    }
}
```

上面程序中的第一行粗体字代码使用@Service 注解修饰了该实现类，这样 Spring 容器就将该实现类注册为容器中的 Bean。

上面第二行粗体字代码使用@Resource(name = "bookMapper")修饰了 bookMapper 变量，Spring 容器会负责将容器中 id 为 bookMapper 的 Bean 注入（对其赋值）给 bookMapper 变量。

本示例的 Mapper 组件不需要任何修改，只要在 Spring 配置文件中配置<mybatis:scan.../>元素自动配置 Mapper 组件即可。

下面是本示例的 Spring 配置文件。

程序清单：codes\05\5.7\scan\src\beans.xml

```xml
<?xml version="1.0" encoding="utf-8"?>
<beans xmlns="http://www.springframework.org/schema/beans"
    xmlns:xsi="http://www.w3.org/2001/XMLSchema-instance"
    xmlns:p="http://www.springframework.org/schema/p"
    xmlns:context="http://www.springframework.org/schema/context"
    xmlns:mybatis="http://mybatis.org/schema/mybatis-spring"
    xsi:schemaLocation="http://www.springframework.org/schema/beans
    http://www.springframework.org/schema/beans/spring-beans.xsd
    http://www.springframework.org/schema/context
    http://www.springframework.org/schema/context/spring-context.xsd
    http://mybatis.org/schema/mybatis-spring
    http://mybatis.org/schema/mybatis-spring.xsd">
<!-- 定义数据源 Bean，使用 C3P0 数据源实现 -->
<bean id="dataSource" class="com.mchange.v2.c3p0.ComboPooledDataSource"
    destroy-method="close"
    p:driverClass="com.mysql.cj.jdbc.Driver"
    p:jdbcUrl="jdbc:mysql://localhost:3306/spring?serverTimezone=UTC"
    p:user="root"
```

```
                 p:password="32147"/>
     <!-- 配置 MyBatis 的核心组件：SqlSessionFactory,
          并为该 SqlSessionFactory 配置它依赖的 DataSource,
          指定为 org.crazyit.app.domain 包下的所有类注册别名 -->
     <bean id="sqlSessionFactory" class="org.mybatis.spring.SqlSessionFactoryBean"
          p:dataSource-ref="dataSource"
          p:typeAliasesPackage="org.crazyit.app.domain"/>
     <!-- 自动扫描指定包及其子包下的所有 Bean 类 -->
     <context:component-scan
          base-package="org.crazyit.app.service"/>
     <!-- 自动扫描指定包及其子包下的所有 Mapper 类 -->
     <mybatis:scan
          base-package="org.crazyit.app.dao"/>
</beans>
```

上面配置文件中第一行粗体字代码导入了 MyBatis 的 mybatis:命名空间，第二行、第三行粗体字代码则负责加载 mybatis:命名空间对应的 XML Schema 文档。

上面配置文件中分别配置了<context:component-scan.../>和<mybatis:scan.../>两个元素，不难发现这两个元素的配置很相似，它们通常只需指定 base-package 属性；区别只是<context:component-scan.../>用于扫描并自动配置常规 Spring Bean，而<mybatis:scan.../>则用于扫描并自动配置 Mapper 组件。

由于<mybatis:scan.../>元素的作用，Spring 容器将会自动扫描并配置 Mapper 组件：bookMapper，并将该组件注入 BookServiceImpl 组件。运行该示例提供的 SpringTest 文件，将会看到 Mapper 组件、Service 组件已经成功装配在一起，表明整合完成。

需要说明的是，<mybatis:scan.../>元素其实是 MapperScannerConfigurer 容器后处理器的简化配置。也就是说，如果不想导入 mybatis:命名空间，也可使用如下配置来代替<mybatis:scan.../>元素（笔者不推荐使用这么臃肿的配置方式）：

```
<bean class="org.mybatis.spring.mapper.MapperScannerConfigurer">
    <property name="basePackage" value="org.crazyit.app.dao" />
</bean>
```

如果打算使用 Spring 的 Java 配置（4.6 节介绍的配置方式），MyBatis 也为之提供了一个@MapperScan 注解，该注解的功能与<mybatis:scan.../>元素的功能完全相同，区别只是<mybatis:scan.../>用于 XML 配置，而@MapperScan 用于 Java 配置——只要使用该注解修饰 AppConfig 类即可。例如如下配置：

```
@Configuration
@MapperScan("org.crazyit.app.dao")
public class AppConfig
{
    // ...
}
```

如有必要，在使用@MapperScan 注解时同样可指定与<mybatis:scan.../>元素相同的属性，只不过<mybatis:scan.../>元素的属性名采用的是"烤串"命名法（所有单词字母小写、单词中间用短横线分隔，看起来就像一根竹签上穿着一串烤腰子），而@MapperScan 注解的属性名采用的是"驼峰"命名法。

▶▶ 5.7.5　基于 SqlSession 实现 DAO 组件

根据新的规范，MyBatis 当然推荐使用 Mapper 组件作为 DAO 组件，但传统的 MyBatis 还可直接基于 SqlSession 来实现 DAO 组件。

基于 SqlSession 来实现 DAO 组件同样有两种方式：

➢ 直接为 DAO 组件注入 SqlSession（用 SqlSessionTemplate 代表）。

➢ 让 DAO 组件继承 SqlSessionDaoSupport，DAO 组件的实现代码可通过 SqlSessionDaoSupport

提供的 getSqlSession()方法来获取 SqlSession。

提示：

强烈不建议基于 SqlSession 来实现 DAO 组件，除非你在维护一个旧的项目（该项目原本采用了基于 SqlSession 实现 DAO 的方式），否则推荐使用 Mapper 组件作为 DAO 组件。如果你没打算基于 SqlSession 来实现 DAO 组件，那么可以直接跳过 5.7.5 节和 5.7.6 节。

下面先介绍直接为 DAO 组件注入 SqlSession 的方式，MyBatis-Spring 插件提供了 SqlSessionTemplate 作为 SqlSession 的实现。

与默认的 SqlSession 实现类 DefaultSqlSession 相比，SqlSessionTemplate 是线程安全的，这意味着它可以被多个 DAO 组件或 Mapper 组件共享。

当调用 SqlSession 的执行 SQL 语句的方法时（包括由 getMapper()方法返回的 Mapper 组件的方法），SqlSessionTemplate 会保证所使用的 SqlSession 与当前 Spring 事务相关，它还能管理 SqlSession 的生命周期，包含必要的关闭、提交或回滚操作。此外，它也负责将 MyBatis 的异常转译成 Spring 的 DataAccessExceptions 异常体系。

总结来说，SqlSessionTemplate 具有以下几个优点。

➤ 线程安全，可以被多个 Mapper 组件共享。

➤ 可以接受 Spring 的事务管理。

➤ 自动处理异常转译。

因此，在整合 Spring 之后，总是应该使用 SqlSessionTemplate 取代 MyBatis 默认的 DefaultSqlSession 实现。

下面示例改为基于 SqlSession 来实现 DAO 组件。该示例的 DAO 组件的接口代码如下。

程序清单：codes\05\5.7\SqlSessionTemplate\src\org\crazyit\app\dao\BookDao.java

```java
public interface BookDao
{
    int saveBook(Book book);

    Book getBook(int id);
}
```

从上面的接口代码不难看出，其实 DAO 组件的接口代码与 Mapper 组件的接口代码几乎是一样的（除了接口名不同）。如果使用 Mapper 组件充当 DAO 组件，只需定义 Mapper 接口＋XML Mapper 文件即可——MyBatis 会采用动态代理的方式为 Mapper 组件生成实现类；但如果基于 SqlSession 来实现 DAO 组件，则必须由程序员为 DAO 组件开发实现类——这就是不推荐使用这种方式的原因！

下面是该 DAO 组件的实现类代码。

程序清单：codes\05\5.7\SqlSessionTemplate\src\org\crazyit\app\dao\impl\BookDaoImpl.java

```java
public class BookDaoImpl implements BookDao
{
    private SqlSession sqlSession;
    // 依赖注入 SqlSession 所需的 setter 方法
    public void setSqlSession(SqlSession sqlSession)
    {
        this.sqlSession = sqlSession;
    }
    @Override
    public int saveBook(Book book)
    {
        return this.sqlSession.insert(
            "org.crazyit.app.dao.BookMapper.saveBook", book);
```

```
    }
    @Override
    public Book getBook(int id)
    {
        return this.sqlSession.selectOne(
            "org.crazyit.app.dao.BookMapper.getBook", id);
    }
}
```

上面 DAO 实现类中的第一行粗体字代码定义了一个 SqlSession 成员变量,并为它提供了 setter 方法,这样即可让 Spring 容器为之注入 SqlSession。

该 DAO 组件是直接调用 SqlSession 的 insert()、selectOne()方法来访问数据库的——这种方式也是 MyBatis 目前所不推荐的。当使用这种方式来实现 DAO 组件时,DAO 组件的所有方法都是直接调用 SqlSession 的 insert()、update()、delete()、selectXxx()等方法来访问数据库的。

这些 DAO 组件的方法通过 SqlSession 的方法执行 SQL 语句时,这些 SQL 语句依然需要在 XML Mapper 文件中配置。下面是本示例的 XML Mapper 文件代码。

程序清单:codes\05\5.7\SqlSessionTemplate\src\org\crazyit\app\dao\BookMapper.xml

```xml
<?xml version="1.0" encoding="UTF-8" ?>
<!DOCTYPE mapper PUBLIC "-//mybatis.org//DTD Mapper 3.0//EN"
    "http://mybatis.org/dtd/mybatis-3-mapper.dtd">
<mapper namespace="org.crazyit.app.dao.BookMapper">
    <insert id="saveBook">
        insert into book_inf values(null, #{title}, #{author}, #{price})
    </insert>
    <select id="getBook" resultType="book">
        select book_id id, book_title title, book_author author,
        book_price price from book_inf where book_id=#{id}
    </select>
</mapper>
```

看到了吧,如果采用基于 SqlSession 的方式来实现 DAO 组件,每个 DAO 组件都需要提供 DAO 接口(相当于 Mapper 接口)、DAO 实现类、XML Mapper 文件三个文件;但如果采用 Mapper 组件充当 DAO 组件,每个 DAO 组件只需提供 DAO 接口(相当于 Mapper 接口)、XML Mapper 文件两个文件即可——结论就是:尽量使用 Mapper 组件充当 DAO 组件,避免基于 SqlSession 实现 DAO 组件。

本示例的 Service 组件改为依赖 BookDao 组件,因此需要为 Service 组件定义一个 BookDao 类型的成员变量,并为之提供 setter 方法(供 Spring 执行设值注入时使用)。由于该 Service 组件的代码非常简单,此处不再给出,读者可直接参考配套代码。

这种方式没有 Mapper 组件的概念,因此在 Spring 配置文件中配置 SqlSessionFactoryBean 时,必须显式配置 XML Mapper 文件的加载路径,否则它不知道到哪里去加载 XML Mapper 文件。

下面是本示例的 Spring 配置文件。

程序清单:codes\05\5.7\SqlSessionTemplate\src\beans.xml

```xml
<?xml version="1.0" encoding="utf-8"?>
<beans xmlns="http://www.springframework.org/schema/beans"
    xmlns:xsi="http://www.w3.org/2001/XMLSchema-instance"
    xmlns:p="http://www.springframework.org/schema/p"
    xmlns:c="http://www.springframework.org/schema/c"
    xsi:schemaLocation="http://www.springframework.org/schema/beans
    http://www.springframework.org/schema/beans/spring-beans.xsd">
    <!-- 定义数据源 Bean, 使用 C3P0 数据源实现 -->
    <bean id="dataSource" class="com.mchange.v2.c3p0.ComboPooledDataSource"
        destroy-method="close"
        p:driverClass="com.mysql.cj.jdbc.Driver"
        p:jdbcUrl="jdbc:mysql://localhost:3306/spring?serverTimezone=UTC"
        p:user="root"
```

```
            p:password="32147"/>
    <!-- 配置 MyBatis 的核心组件: SqlSessionFactory,
        并为该 SqlSessionFactory 配置它依赖的 DataSource,
        指定为 org.crazyit.app.domain 包下的所有类注册别名,
        并通过 mapperLocations 指定 XML Mapper 文件所在的路径 -->
    <bean id="sqlSessionFactory" class="org.mybatis.spring.SqlSessionFactoryBean"
        p:dataSource-ref="dataSource"
        p:typeAliasesPackage="org.crazyit.app.domain"
        p:mapperLocations="classpath:org/crazyit/app/dao/**/*.xml" />
    <!-- 配置 SqlSessionTemplate 组件, 并使用构造注入 sqlSessionFactory -->
    <bean id="sqlSession" class="org.mybatis.spring.SqlSessionTemplate"
        c:_0-ref="sqlSessionFactory"/>   <!-- ① -->
    <!-- 配置 BookDao 组件, 并为它注入 SqlSession -->
    <bean id="bookDao" class="org.crazyit.app.dao.impl.BookDaoImpl"
        p:sqlSession-ref="sqlSession"/>
    <!-- 配置 BookService 组件, 并为它注入 DAO 组件 -->
    <bean id="bookService" class="org.crazyit.app.service.impl.BookServiceImpl"
        p:bookDao-ref="bookDao"/>
</beans>
```

上面配置文件中的第一行粗体字代码为 SqlSessionFactoryBean 配置了 mapperLocations 属性，该属性会告诉它到哪里去加载 XML Mapper 文件。

上面配置文件中的①号粗体字代码配置了 SqlSessionTemplate——它是一个线程安全的、能接受 Spring 事务管理的 SqlSession 实现，因此它会被注入所有 DAO 组件中，这些 DAO 组件即可通过该 SqlSession 来操作数据库。

本示例的主程序与前面示例没有区别，运行该主程序，即可看到 MyBatis 和 Spring 整合成功。

在配置 SqlSessionTemplate 时，需要通过构造注入为之注入 SqlSessionFactory，如上面的①号配置代码所示。此外，如果程序希望获取支持批处理的 SqlSession，还可通过构造注入传入一个 ExecutorType 参数。例如如下配置代码：

```
<bean id="sqlSession" class="org.mybatis.spring.SqlSessionTemplate"
    c:_0-ref="sqlSessionFactory" c:_1="BATCH" />
```

上面粗体字代码用于控制返回一个支持批处理的 SqlSession。

▶▶ 5.7.6 继承 SqlSessionDaoSupport 实现 DAO 组件

继承 SqlSessionDaoSupport 实现 DAO 组件会更简单一些，这是由于 SqlSessionDaoSupport 提供了如下两个方法。

> ➤ setSqlSessionFactory(SqlSessionFactory sqlSessionFactory)：该方法可用于为 DAO 组件设值注入 SqlSessionFactory。
> ➤ getSqlSession()：该方法可返回 SqlSession 对象（其实还是 SqlSessionTemplate 对象），这样 DAO 组件的方法即可通过该 SqlSession 来操作数据库了。

下面是继承 SqlSessionDaoSupport 基类的 DAO 实现类代码。

程序清单：codes\05\5.7\SqlSessionDaoSupport\src\org\crazyit\app\dao\impl\BookDaoImpl.java

```
// 继承 SqlSessionDaoSupport 实现 DAO 组件
public class BookDaoImpl extends SqlSessionDaoSupport implements BookDao
{
    @Override
    public int saveBook(Book book)
    {
        // 通过 SqlSessionDaoSupport 提供的 getSqlSession()方法来获取 SqlSession
        return getSqlSession().insert(
            "org.crazyit.app.dao.BookMapper.saveBook", book);
    }
    @Override
```

```
    public Book getBook(int id)
    {
        return getSqlSession().selectOne(
            "org.crazyit.app.dao.BookMapper.getBook", id);
    }
}
```

从上面粗体字代码可以看到，DAO 实现类继承 SqlSessionDaoSupport 基类之后，该 DAO 组件调用 getSqlSession()即可返回线程安全的、能接受 Spring 事务管理的 SqlSession 对象，接下来即可通过该 SqlSession 对象来操作数据库了。

本示例的 Service 组件同样面向 BookDao 接口编程，依赖 BookDao 组件，因此，只要为 Service 组件定义一个 BookDao 类型的成员变量，并为之提供 setter 方法即可。此处不再给出其代码，读者可自行参考配套代码。

继承 SqlSessionDaoSupport 实现的 DAO 组件无须注入 SqlSession，只要注入 SqlSessionFactory 即可，因此，在 Spring 配置文件中也无须配置 SqlSessionTemplate，只要配置将 SqlSessionFactory 注入 DAO 组件即可。

下面是 Spring 配置文件的代码。

程序清单：codes\05\5.7\SqlSessionDaoSupport\src\beans.xml

```xml
<?xml version="1.0" encoding="utf-8"?>
<beans xmlns="http://www.springframework.org/schema/beans"
    xmlns:xsi="http://www.w3.org/2001/XMLSchema-instance"
    xmlns:p="http://www.springframework.org/schema/p"
    xmlns:c="http://www.springframework.org/schema/c"
    xsi:schemaLocation="http://www.springframework.org/schema/beans
    http://www.springframework.org/schema/beans/spring-beans.xsd">
    <!-- 定义数据源 Bean，使用 C3P0 数据源实现 -->
    <bean id="dataSource" class="com.mchange.v2.c3p0.ComboPooledDataSource"
        destroy-method="close"
        p:driverClass="com.mysql.cj.jdbc.Driver"
        p:jdbcUrl="jdbc:mysql://localhost:3306/spring?serverTimezone=UTC"
        p:user="root"
        p:password="32147"/>
    <!-- 配置 MyBatis 的核心组件：SqlSessionFactory，
        并为该 SqlSessionFactory 配置它依赖的 DataSource，
        指定为 org.crazyit.app.domain 包下的所有类注册别名，
        并通过 mapperLocations 指定 XML Mapper 文件所在的路径 -->
    <bean id="sqlSessionFactory" class="org.mybatis.spring.SqlSessionFactoryBean"
        p:dataSource-ref="dataSource"
        p:typeAliasesPackage="org.crazyit.app.domain"
        p:mapperLocations="classpath:org/crazyit/app/dao/**/*.xml" />
    <!-- 配置 BookDao 组件，并为它注入 sqlSessionFactory -->
    <bean id="bookDao" class="org.crazyit.app.dao.impl.BookDaoImpl"
        p:sqlSessionFactory-ref="sqlSessionFactory"/>
    <!-- 配置 BookService 组件，并为它注入 DAO 组件 -->
    <bean id="bookService" class="org.crazyit.app.service.impl.BookServiceImpl"
        p:bookDao-ref="bookDao"/>
</beans>
```

从上面的粗体字代码可以看出，Spring 只要为 DAO 组件注入 SqlSessionFactory 即可（无须注入 SqlSessionTemplate）——为 DAO 组件设值注入 SqlSessionFactory 的 setter 方法由 SqlSessionDaoSupport 提供。

本示例的主程序与前面示例没有区别，运行该主程序，即可看到 MyBatis 和 Spring 整合成功。

▶▶ 5.7.7　事务管理

不管是使用 Mapper 充当 DAO 组件，还是基于 SqlSession（SqlSessionTemplate）实现 DAO 组

件，它们都可以接受 Spring 的事务管理，既可使用 Spring 的声明式事务，也可使用编程式事务。

声明式事务基于 Spring AOP 实现，因此，只需修改 Spring 配置文件即可为所有 Service 方法添加事务控制，无须修改 Service 组件的代码。本节以声明式事务为例进行介绍。

与 5.6 节介绍的内容相同，声明式事务有两种配置方式：

➢ 使用 XML Schema 进行事务配置。

➢ 使用@Transactional 注解配置事务。

与前面介绍的内容相同，使用 XML Schema 配置事务大致需要三步。

① 配置事务管理器。MyBatis 局部事务管理器使用 DataSourceTransactionManager 作为事务管理器实现类。

② 配置事务 Advice，指定详细的事务语义。

③ 使用<aop:advisor.../>将事务 Advice 织入指定的切入点——通常就是 Service 组件的方法调用。

下面的配置片段为系统的 Service 组件添加事务控制。

程序清单：codes\05\5.7\aop_tx\src\beans.xml

```xml
<!-- 配置事务管理器 -->
<bean id="transactionManager"
    class="org.springframework.jdbc.datasource.DataSourceTransactionManager"
    p:dataSource-ref="dataSource" />
<!-- 配置事务增强处理 Bean，指定事务管理器 -->
<tx:advice id="txAdvice"
    transaction-manager="transactionManager">
    <!-- 用于配置详细的事务语义 -->
    <tx:attributes>
        <!-- 所有以 "get" 开头的方法是只读的 -->
        <tx:method name="get*" read-only="true" timeout="8"/>
        <!-- 其他方法使用默认的事务设置，指定超时时长为 5 秒 -->
        <tx:method name="*" isolation="DEFAULT"
            propagation="REQUIRED" timeout="5"/>
    </tx:attributes>
</tx:advice>
<!-- AOP 配置的元素 -->
<aop:config>
    <!-- 配置一个切入点，匹配 org.crazyit.app.service.impl 包下
        所有以 Impl 结尾的类中所有方法的执行 -->
    <aop:pointcut id="myPointcut"
        expression="execution(* org.crazyit.app.service.implx.*Impl.*(..))"/>
    <!-- 指定在 myPointcut 切入点应用 txAdvice 事务增强处理 -->
    <aop:advisor advice-ref="txAdvice"
        pointcut-ref="myPointcut"/>
</aop:config>
```

上面三个 XML 元素正好对应于前面介绍的三步，关于这三步配置在 5.6 节已经进行了详细介绍，此处不再赘述。

经过上面配置，就完成了对系统中 BookServiceImpl 组件的事务配置（实际上会为 org.crazyit.app.service.impl 包下所有以 Impl 结尾的类添加事务控制），这样将可看到该组件中的 save2Book()方法执行的两次数据库操作要么全部提交，要么全部回滚。

如果打算使用@Transactional 注解配置事务，大体上也需要三步。

① 配置事务管理器。MyBatis 局部事务管理器使用 DataSourceTransactionManager 作为事务管理器实现类。

② 使用@Transactional 注解修饰需要进行事务控制的实现类（通常是 Service 组件实现类）或方法（通常是 Service 方法），在使用@Transactional 注解时指定详细的事务语义。

③ 使用<tx:annotation-driven.../>告诉 Spring 根据注解为目标 Bean 生成事务代理。

如果打算使用这种方式来添加事务控制，则需要为 Service 组件实现类添加@Transactional 注

解。下面是本示例中 Service 组件实现类的代码片段。

程序清单：codes\05\5.7\Transactional\src\org\crazyit\app\service\impl\BookServiceImpl.java

```java
@Service("bookService")
public class BookServiceImpl implements BookService
{
    // 指定将容器中的 bookMapper Bean 注入给成员变量
    @Resource(name = "bookMapper")
    private BookMapper bookMapper;
    @Transactional(propagation = Propagation.REQUIRED,
        isolation = Isolation.DEFAULT, timeout = 5)
    @Override
    public int save2Book(Book book)
    {
        // 两次保存相同的 Book 对象
        // 如果没有事务控制，则第一个 Book 对象能添加进去，第二个 Book 对象添加不了
        // 如果有事务控制，则两个 Book 对象都不能添加进去
        bookMapper.saveBook(book);
        return bookMapper.saveBook(book);
    }
}
```

上面程序中的粗体字代码为 save2Book()方法添加了@Transactional 注解，这意味着该方法会由 Spring 框架添加事务控制。

接下来在 beans.xml 文件中增加如下配置片段。

程序清单：codes\05\5.7\Transactional\src\beans.xml

```xml
<!-- 配置事务管理器 -->
<bean id="transactionManager"
    class="org.springframework.jdbc.datasource.DataSourceTransactionManager"
    p:dataSource-ref="dataSource" />
<!-- 根据注解来生成事务代理 -->
<tx:annotation-driven transaction-manager="transactionManager"/>
```

上面配置中的第一个 XML 元素配置了事务管理器——MyBatis 局部事务管理器是 DataSourceTransactionManager——不管是使用 XML Schema 配置事务，还是使用@Transactional 配置事务，事务管理器的配置方式是完全一样的。

上面配置中的第二个 XML 元素是<tx:annotation-driven.../>，它用于告诉 Spring 容器根据 @Transactional 注解为目标 Bean 生成事务代理。

📁 5.8 本章小结

本章详细介绍了 Spring 框架高级部分，包括如何利用 Spring 的后处理器扩展 Spring 的 IoC 容器，并介绍了 Spring 的资源访问策略，从策略模式的角度深入剖析了 Spring 资源访问的设计思路。

本章介绍的另一个重点是 AOP，这里只介绍了 Spring 的 AOP 支持，简要介绍了 AspectJ 编程，详细介绍了 Spring AOP 对 AspectJ 的支持，深入介绍了如何利用注解、XML 配置两种方式来管理切面、切入点、增强处理等内容，深入掌握这些 AOP 内容对 Java EE 开发将有极大的帮助。

本章的后面部分则介绍了 Spring 与 MyBatis 框架的整合，在介绍框架整合的同时，也简单介绍了 Java EE 应用各组件的组织方式，并给出了如何利用 Spring IoC 容器管理各组件以及声明式事务的配置。

第6章
Spring MVC 的基础用法

本章要点

- MVC 模式与 Spring MVC 框架
- Spring MVC 的入门知识
- 使用 Eclipse 开发 Spring MVC 应用
- Spring MVC 应用的开发步骤
- Spring MVC 的运行流程
- 掌握 Spring MVC 的 DispatcherServlet 核心控制器
- 掌握 Spring MVC 处理静态资源的两种方式
- 深入理解 Spring MVC 的视图解析机制
- 掌握常见视图解析器的功能与用法
- 视图解析器的链式处理
- 重定向视图及传数据给重定向目标的方法
- ContentNegotiatingViewResolver 视图解析器的功能与用法
- 深入理解 Spring MVC 的处理器映射机制
- 掌握常见 HandlerMapping 的功能与用法
- 掌握 @RequestMapping 注解及其变体的用法
- 理解处理方法的不同返回值类型代表的意义
- 使用 @RequestParam 注解获取请求参数的值
- 使用 @PathVariable 注解获取路径变量的值
- 使用 @MatrixVariable 注解获取 Matrix 变量的值
- 使用 @RequestHeader 注解获取请求头的值
- 掌握异步处理的不同实现方式
- 掌握 @ModelAttribute 注解的用法
- 理解 Model、ModelMap 和 RedirectAttributes 之间的关系
- 使用 @SessionAttributes 注解添加 session 属性
- 理解 RESTful 架构的基本设计
- 掌握 @RequestBody 与 @ResponseBody 注解的用法
- 理解 HttpMessageConverter 不同实现类的功能
- 使用 HttpMessageConverter 转换 XML 数据
- 掌握 @RestController 注解的用法
- 使用 @CrossOrigin 注解实现跨域请求
- 理解处理方法中不同形参类型的意义
- 使用 @RequestAttribute 注解获取 session 属性值
- 使用 @SessionAttribute 注解获取 session 属性值
- 在处理方法中定义 Servlet API 类型的形参
- 掌握 WebRequest 和 NativeWebRequest 的用法
- 使用 @CookieValue 注解获取 cookie 的值
- 在处理方法中定义 IO 流参数

作为 Spring 框架的一部分，Spring MVC 可以与 Spring 框架无缝整合。实际上，Spring MVC 本身就是基于 Spring 核心容器的，Spring MVC 的控制器天然就处于 Spring 容器的管理之下，因此 Spring 可以轻易地将 Service 组件注入控制器中。

Spring MVC 已逐渐取代 Struts 2 的地位，成为 Java 领域最流行的 MVC 框架，这不仅仅由于它是 Spring 家族的产品，更由于 Spring MVC 本身更加简单、易用，而且功能非常强大。Spring MVC 的控制器、处理方法都非常简单，通常只需要使用简单的注解修饰它们即可，它们无须实现特定的接口，也无须使用固定的方法签名，使用起来格外方便。

本章将会详细介绍 Spring MVC 的基本用法，这些用法主要集中在如何开发并实现 Spring MVC 控制器、处理方法，以及它们的各种技术细节上。本章内容是 Spring MVC 的基础内容，希望读者能熟练掌握。

6.1　MVC 概述

MVC 将应用中的各组件按功能进行分类，不同的组件使用不同的技术充当，甚至推荐了严格分层，不同的组件被严格限制在其所在层内，各层之间以松耦合的方式组织在一起，从而提供良好的封装。

6.1.1　MVC 模式及其优势

MVC 并不是 Java 语言所特有的设计思想，也不是 Web 应用所特有的思想，它是所有面向对象的程序设计语言都应该遵守的规范。

MVC 思想将一个应用分成三个基本部分：Model（模型）、View（视图）和 Controller（控制器），这三个部分以最低的耦合度协同工作，从而提高应用的可扩展性及可维护性。

在经典的 MVC 模式中，事件由控制器处理，控制器根据事件的类型改变模型或视图。具体地说，每个模型都对应一系列视图列表，这种对应关系通常采用注册来完成，即：把多个视图注册到同一个模型中，当模型发生改变时，模型向所有注册过的视图发送通知，接下来视图从对应的模型中获得信息，然后完成视图显示的更新。

从设计模式的角度来看，MVC 思想非常类似于观察者模式，只与观察者模式存在少许差别：在观察者模式下，观察者和被观察者可以是两个相互对等的对象，但是对于 MVC 思想而言，被观察者往往只是单纯的数据体，而观察者则是单纯的视图页面。

概括起来，MVC 有如下特点。

➢ 多个视图可以对应一个模型。按照 MVC 设计模式，一个模型对应多个视图，可以减少代码的复制操作及代码的维护量，即使模型发生改变，也易于维护。

➢ 模型返回的数据与显示逻辑分离。模型数据可以应用任何显示技术，例如，使用 JSP 页面、FreeMarker 模板或直接生成各种报表文档等。

➢ 应用被分隔为三层，降低了各层之间的耦合度，提高了应用的可扩展性。

➢ 控制层的概念也很有效。由于它把不同的模型和不同的视图组合在一起，完成不同的请求，因此，控制层可以说是包含了用户请求权限的概念。

➢ MVC 更符合软件工程化管理的精神。不同的层各司其职，每一层的组件具有相同的特征，有利于通过工程化和工具化产生管理程序代码。

相对于早期的 MVC 思想，Web 模式下的 MVC 思想则又发生一些变化，对于一个普通的应用程序，可以将视图注册给模型，当模型数据发生改变时，即时通知视图页面发生改变；而对于 Web 应用而言，即使将多个 JSP 页面注册给一个模型，当模型发生变化时，模型也无法主动发送消息给 JSP 页面（因为 Web 应用都是基于请求/响应模式的），只有当用户请求浏览该页面时，控制器才负责调用模型数据来更新 JSP 页面。图 6.1 显示了遵循 MVC 模式的 Java Web 运行流程。

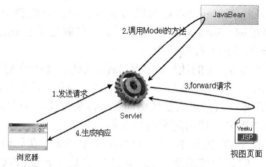

图 6.1　遵循 MVC 模式的 Java Web 运行流程

 注意

> MVC 思想与观察者模式有一定的相似之处，但并不完全相同。经典的 MVC 思想与 Web 应用的 MVC 思想也存在一定的差别，存在差别的主要原因是，Web 应用是一种请求/响应模式下的应用，对于这种应用，如果用户不对应用发出请求，视图无法主动更新自己。

▶▶ 6.1.2　Spring MVC 与 Struts 2 的区别

目前 Java 领域两大主流的 MVC 框架就是 Spring MVC 和 Struts 2，一般旧的项目用 Struts 2 比较多，但新的项目往往用 Spring MVC 比较多，这说明 Spring MVC 正在不断蚕食 Struts 2 的占有率，这也是 Spring MVC 的优点所致。

总体来说，Spring MVC 与 Struts 2 存在以下几个区别。

➢ 核心控制器的区别：Spring MVC 的核心控制器是 Servlet（DispatcherServlet），而 Struts 2 的核心控制器是 Filter（StrutsPrepareAndExecuteFilter）。在这一点上，它们二者只是实现上的不同，并无明显的优劣之分。

 提示：

> Spring 官方称 DispatcherServlet 为 front controller，因此它也被称为前端控制器

➢ 业务控制器的区别：Spring MVC 的业务控制器在容器中以单例模式应用，所有的 HTTP 请求共用同一个业务控制器（Controller）实例——不同的请求对应不同的方法；Struts 2 的业务控制器则不然，Struts 2 会针对每个 HTTP 请求都创建新的业务控制器（Action）实例。在这一点上，Spring MVC 的性能优于 Struts 2。

➢ 处理请求参数的区别：借助 IoC 容器的强大功能，Spring MVC 直接通过方法形参来获取请求参数（只要让方法形参与 HTTP 请求参数同名即可）；而 Struts 2 则需要定义与请求参数同名的属性（实例变量+getter、setter 方法）才能获取请求参数。

比如 HTTP 请求存在 username 和 pass 两个参数，Spring MVC 只要定义带 username 和 pass 两个参数的处理方法即可。例如如下代码：

```
public class FooController
{
    public String 方法名(String username, String pass)
    {
        ...
    }
}
```

只要该方法定义了与请求参数同名的形参（username、pass），接下来即可在该方法中通过

username、pass 来获取 HTTP 请求参数的值——Spring IoC 容器会负责将 username、pass 请求参数的值传给对应的方法参数。

但 Struts 2 必须定义如下代码：

```
public class FooAction
{
    private String username;
    private String pass;
    // username 的 setter 和 getter 方法
    public void setUsername(String username) {
        this.username = username;
    }
    public String getUsername() {
        return this.username;
    }
    // pass 的 setter 和 getter 方法
    public void setPass(String pass) {
        this.pass = pass;
    }
    public String getPass() {
        return this.pass;
    }
    public String 方法名()
    {
        ...
    }
}
```

看到上面粗体字代码了吗？Struts 2 要求为每个请求参数都提供一个实例变量、setter 和 getter 方法——Struts 2 需要使用 Action 的实例变量来封装请求参数。

在这一点上，Spring MVC 几乎完胜 Struts 2，因为：

A. 从开发角度来看，Spring MVC 的代码简洁多了（为每个请求参数定义一个同名的形参即可）；Struts 2 的代码太臃肿了。

B. 从性能角度来看，由于 Struts 2 使用 Action 的实例变量来封装请求参数，这意味着 Struts 2 必须为每个请求都创建不同的 Action 实例——否则就会存在线程安全的问题；但 Spring MVC 的控制器是无状态的（它不使用控制器的实例变量来封装请求参数），因此 Spring MVC 的控制器可被设计成单例模式。

正是出于以上两点考虑，笔者强烈推荐使用 Spring MVC 代替 Struts 2。

➢ 请求参数支持上的区别：Struts 2 主要支持的依然是传统 POST、GET 请求参数（也可处理请求参数，不过比较麻烦）；但 Spring MVC 可以非常方便地支持各种请求参数，也支持 URL 路径中的请求参数、矩阵参数等，Spring MVC 天生就对 RESTful 提供了良好支持。在这一点上，Spring MVC 完胜 Struts 2。

➢ 设计架构的区别：Struts 2 采用的是拦截器机制的设计，Struts 2 既提供了细粒度的拦截器，也允许将细粒度的拦截器组合成粗粒度的拦截器栈；Spring MVC 则采用了 AOP 机制设计。从本质上看，拦截器机制与 AOP 机制基本上殊途同归，二者并无明显的优劣之分。

➢ 数据校验的区别：Spring MVC 的数据校验支持 JSR 303，因此开发起来非常简洁。在这一点上，Spring MVC 略胜 Struts 2。

➢ 文本响应的区别：Spring MVC 只需一个@ResponseBody 注解，它就会自动将处理方法返回的对象转换成 JSON 或 XML 文档响应，非常简洁；Struts 2 要么使用 Stream 二进制流来生成文本响应（非常烦琐），要么使用 JSON 插件将整个 Action 实例转换成 JSON 字符串来作为响应（相对比较简洁）——无论采用哪种方式，Spring MVC 在简洁性上都略胜一筹。

➢ 配置文件的区别：除非 Struts 2 使用了 Convention 插件，否则 Struts 2 应用必须为每个 Action、每个视图映射都提供单独的配置；而 Spring MVC 除要在***-servlet.xml 文件中做一些基础配置之外，基本上是零配置开发，因此使用 Spring MVC 开发更加简洁。

提示：

> 如果读者以前学习过《轻量级 Java EE 企业应用实战》，或者深入学习过 Struts 2，一定会对上面的归纳有深刻的认识，如果你能在技术面试时详细而系统地说出这些差异（只要部分即可），一定能让面试官对你刮目相看。如果读者以前没有任何 MVC 框架方面的经验，则可等学完 Spring MVC 之后再来看这段总结，这样你会更深刻地理解此处的所言非虚。

6.2 Spring MVC 入门

下面通过示例来介绍 Spring MVC 的入门知识。

▶▶ 6.2.1 在 Web 应用中启动 Spring 容器

由于 Spring MVC 是一个针对 Java Web 的 MVC 框架，因此，首先需要建立一个动态的 Java Web 应用。

下面将"徒手"建立一个 Web 应用，请按如下步骤进行。

① 在任意目录下新建一个文件夹，此处将以 smqs 文件夹为例建立一个 Web 应用。

② 在第 1 步所建的文件夹下建立一个 WEB-INF 文件夹（注意大小写，这里区分大小写）。

③ 进入 Tomcat 或其他任何 Web 容器内，找到任何一个 Web 应用，将 Web 应用的 WEB-INF 下的 web.xml 文件复制到第 2 步所建的 WEB-INF 文件夹下。

提示：

> 对于 Tomcat 而言，其 webapps 路径下有大量的示例 Web 应用。

④ 修改复制后的 web.xml 文件，将该文件修改成只有一个根元素的 XML 文件。修改后的 web.xml 文件如下。

程序清单：codes\06\6.2\smqs\WEB-INF\web.xml

```xml
<?xml version="1.0" encoding="UTF-8"?>
<web-app xmlns="http://xmlns.jcp.org/xml/ns/javaee"
    xmlns:xsi="http://www.w3.org/2001/XMLSchema-instance"
    xsi:schemaLocation="http://xmlns.jcp.org/xml/ns/javaee
    http://xmlns.jcp.org/xml/ns/javaee/web-app_4_0.xsd"
    version="4.0">
</web-app>
```

在第 2 步所建的 WEB-INF 文件夹下，新建两个文件夹：classes 和 lib，这两个文件夹的作用完全相同，都用于保存 Web 应用所需要的 Java 类文件；区别是 classes 用于保存单个*.class 文件，而 lib 用于保存打包后的 JAR 文件。

经过以上步骤，已经建立了一个空的 Web 应用。将该 Web 应用复制到 Tomcat 的 webapps 路径下，该 Web 应用会被自动部署在 Tomcat 中。

通常只需将 JSP 页面放在 Web 应用的根路径下（对于本示例而言，就是放在 smqs 目录下），然后就可以通过浏览器来访问这些页面了。

根据上面的介绍，不难发现 Web 应用具有如下文件结构：

```
<webDemo>——这是 Web 应用的名称，可以改变
├─WEB-INF
│    ├─classes：此目录下存放 Web 应用所需的 Java 类文件
```

```
|     ├──lib：此目录下存放 Web 应用所需的 JAR 包
|     └──web.xml
└──<a.jsp>──此处可存放任意多个 JSP 页面
```

为了在 Web 应用中使用 Spring 框架，首先需要将 Spring 框架的全部 JAR 包复制到 Web 应用的 WEB-INF\lib 目录下。

对于使用 Spring 的 Web 应用，无须手动创建 Spring 容器，而是通过配置文件声明式地创建 Spring 容器。因此，在 Web 应用中创建 Spring 容器有如下两种方式。

➢ 直接在 web.xml 文件中配置创建 Spring 容器。

➢ 利用第三方 MVC 框架的扩展点创建 Spring 容器。

其实第一种创建 Spring 容器的方式更加常见。为了让 Spring 容器随 Web 应用的启动而自动启动，借助 ServletContextListener 监听器即可完成，该监听器可以在 Web 应用启动时回调自定义方法——该方法就可以启动 Spring 容器。

Spring 提供了一个 ContextLoaderListener，该监听器类实现了 ServletContextListener 接口。该类可以作为监听器（Listener）使用，它会在创建时自动查找 WEB-INF 下的 applicationContext.xml 文件。因此，如果只有一个配置文件，并且文件名为 applicationContext.xml，那么只需在 web.xml 文件中增加如下配置片段即可。

```xml
<listener>
    <!-- 使用 ContextLoaderListener 在 Web 应用启动时初始化 Spring 容器 -->
    <listener-class>org.springframework.web.context.ContextLoaderListener
</listener-class>
    </listener>
```

如果有多个配置文件需要载入，则考虑使用<context-param.../>元素来确定配置文件的文件名。在 ContextLoaderListener 加载时，会查找名为 contextConfigLocation 的初始化参数。因此，在配置<context-param.../>时应指定参数名为 contextConfigLocation。

带多个配置文件的 web.xml 文件如下。

程序清单：codes\06\6.2\smqs\WEB-INF\web.xml

```xml
<?xml version="1.0" encoding="UTF-8"?>
<web-app xmlns="http://xmlns.jcp.org/xml/ns/javaee"
    xmlns:xsi="http://www.w3.org/2001/XMLSchema-instance"
    xsi:schemaLocation="http://xmlns.jcp.org/xml/ns/javaee
    http://xmlns.jcp.org/xml/ns/javaee/web-app_4_0.xsd"
    version="4.0">
    <!-- 为创建 Spring 容器指定多个配置文件 -->
    <context-param>
        <!-- 参数名为 contextConfigLocation -->
        <param-name>contextConfigLocation</param-name>
        <!-- 多个配置文件之间以 "，" 隔开 -->
        <param-value>/WEB-INF/daoContext.xml
            ,/WEB-INF/appContext.xml</param-value>
    </context-param>
    <listener>
        <!-- 使用 ContextLoaderListener 在 Web 应用启动时初始化 Spring 容器 -->
        <listener-class>org.springframework.web.context.ContextLoaderListener
        </listener-class>
    </listener>
</web-app>
```

如果没有使用 contextConfigLocation 指定配置文件，则 Spring 自动查找/WEB-INF/路径下的 applicationContext.xml 配置文件；如果配置了 contextConfigLocation 参数，则使用该参数指定的配置文件。如果无法找到合适的配置文件，Spring 将无法正常初始化。

上面配置中指定的 appContext.xml 和 daoContext.xml 只是两个空的 Spring 配置文件，与前面介绍 Spring 时所用的配置文件完全相同，此处不再给出源代码。

其实 ContextLoaderListener 的源代码非常简单，由于它实现了 ServletContextListener，因此它必须实现该接口中的两个方法，可以在该类中看到如下源代码片段：

```java
public class ContextLoaderListener extends ContextLoader
    implements ServletContextListener {
    ...
    @Override
    public void contextInitialized(ServletContextEvent event) {
        initWebApplicationContext(event.getServletContext());  // ①
    }
    @Override
    public void contextDestroyed(ServletContextEvent event) {
        closeWebApplicationContext(event.getServletContext());  // ②
        ContextCleanupListener.cleanupAttributes(event.getServletContext());
    }
    ...
}
```

根据 Java Web 规范，当 Web 应用启动时，Web 容器会自动调用 ServletContextListener 实现类的 contextInitialized()方法；当 Web 应用关闭时，Web 容器会自动调用 ServletContextListener 实现类的 contextDestroyed()方法。

这意味着，当 Web 应用启动时，上面①号粗体字代码就会被调用；当 Web 应用关闭时，上面②号粗体字代码会被调用。上面①号粗体字代码调用了父类（ContextLoader）的 initWebApplicationContext()方法——该方法负责初始化 Spring 容器，其源代码片段如下：

```java
public WebApplicationContext initWebApplicationContext(ServletContext servletContext) {
    try {
        if (this.context == null) {
            // 创建 Spring 容器
            this.context = createWebApplicationContext(servletContext);
        }
        // 将 Spring 容器本身设为 servletContext 的属性
        servletContext.setAttribute(
            WebApplicationContext.ROOT_WEB_APPLICATION_CONTEXT_ATTRIBUTE,
            this.context);
    }
    catch (RuntimeException | Error ex) {
        ...
    }
}
```

Spring 根据指定的配置文件创建 WebApplicationContext 对象，并将其保存在 Web 应用的 ServletContext 中。在大部分情况下，应用中的 Bean 无须感受到 ApplicationContext 的存在，只要利用 ApplicationContext 的 IoC 即可。

如果需要在应用中获取 ApplicationContext 实例，则可以通过如下代码获取。

```java
// 获取当前 Web 应用启动的 Spring 容器
var ctx = WebApplicationContextUtils.getWebApplicationContext(servletContext);
```

当然，也可以通过 ServletContext 的 getAttribute()方法获取 ApplicationContext。但使用 WebApplicationContextUtils 类更方便，因为这样无须记住 ApplicationContext 在 ServletContext 中的属性名（属性名为 WebApplicationContext.ROOT_WEB_APPLICATION_CONTEXT_ATTRIBUTE）。使用 WebApplicationContextUtils 还有一个额外的好处：如果 ServletContext 的 WebApplicationContext.ROOT_WEB_APPLICATION_CONTEXT_ATTRIBUTE 属性没有相应的对象，WebApplicationContextUtils 的 getWebApplicationContext()方法将会返回空，而不会引起异常。

还有一种情况，即利用第三方 MVC 框架的扩展点来创建 Spring 容器，比如 Struts 1，但这种情况通常只对特定框架才有效，此处不再赘述。

▶▶ 6.2.2 配置核心控制器

经过上面配置，当 Web 应用启动时，在 web.xml 文件中配置的 ContextLoaderListener 会自动创建并初始化 Spring 容器。

> **提示：**
> 读者可以将该 Web 应用复制到 Tomcat 的 webapps 路径下（部署 Web 应用），然后启动 Tomcat 服务区，就可以在 Tomcat 控制台看到形如 "Root WebApplicationContext initialized in nnn ms" 的输出。

仅有 Spring 容器还不够，还必须在 web.xml 文件中配置 Spring 提供的核心控制器——该核心控制器负责拦截所有的 HTTP 请求。Spring MVC 的核心控制器是 DispatcherServlet，它就是一个标准的 Servlet，因此只要使用标准的 Servlet 配置语法配置它即可。

在 web.xml 文件中增加如下配置片段配置 DispatcherServlet。

程序清单：codes\06\6.2\smqs\WEB-INF\web.xml

```xml
<servlet>
    <!-- 配置 Spring MVC 的核心控制器 -->
    <servlet-name>springmvc</servlet-name>
    <servlet-class>org.springframework.web.servlet.DispatcherServlet</servlet-class>
    <load-on-startup>1</load-on-startup>
</servlet>
<servlet-mapping>
    <!-- 配置 Spring MVC 的核心控制器处理所有请求 -->
    <servlet-name>springmvc</servlet-name>
    <url-pattern>/</url-pattern>
</servlet-mapping>
```

上面配置片段在 Web 应用中配置了 DispatcherServlet，它主要完成两个功能：

➢ 负责拦截 HTTP 请求，此处将它拦截的 URL 配置成 "/"，这意味着它会拦截所有的请求。

➢ 负责初始化另一个 Spring 容器。

可能有读者会问，前面不是已经用 ContextLoaderListener 初始化了一个 Spring 容器吗？难道 DispatcherServlet 又要初始化一个 Spring 容器？

事实就是如此！当使用 Spring 与 Spring MVC 开发 Web 应用时，默认会存在两个 Spring 容器，其中 ContextLoaderListener 初始化的 Spring 容器是 "根容器"（Root WebApplicationContext），DispatcherServlet 初始化的是 "Servlet 容器"（Servlet WebApplicationContext）。

这两个 Spring 容器在功能上的区别如下：

➢ Root 容器主要负责配置、管理应用中的 Service 组件、DAO 组件等后端组件。

➢ Servlet 容器主要负责配置、管理应用中的 Controller 组件、视图解析器、HandlerMapping 组件等——简单来说，它主要管理与 MVC 相关的组件，当程序在 Servlet 容器中找不到某个 Bean 时，Spring 会自动到 Root 容器中继续查找。

> **提示：**
> DispatcherServlet 初始化的 Spring 容器会自动部署默认的视图解析器、HandlerMapping 等组件，ContextLoaderListener 初始化的 Spring 容器则不会。如果只想初始化一个 Spring 容器，这也是允许的，程序可去掉 ContextLoadeListener 的配置，这样 Web 应用启动时就不会初始化 Root 容器了。此外，也可让 DispatcherServlet 直接使用 ContextLoaderListener 加载的 Root 容器（后面会详细介绍），但不推荐只初始化一个 Spring 容器的方式，因为这种方式意味着将控制器容器与后端组件容器混合成一个容器，不利于项目维护。

Root 容器与 Servlet 容器的关系如图 6.2 所示。

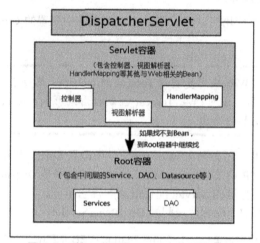

图 6.2　Root 容器与 Servlet 容器的关系

备注：图 6.2 是参考 Spring 官方参考手册附图所绘制的。

可能有读者已经想到了：既然 DispatcherServlet 也要初始化 Spring 容器，那么对应的 Spring 配置文件呢？

在默认情况下，DispatcherServlet 会以<servletname>-servlet.xml 作为 Spring 容器的配置文件，其中 <servletname> 代表配置 DispatcherServlet 时指定的名字。比如上面配置片段中配置 DispatcherServlet 时指定的 servlet-name 为 springmvc，这意味着它会以 springmvc-servlet.xml 作为 Spring 容器的配置文件。

为了让该应用能正常启动，请在 WEB-INF 目录下增加一个 springmvc-servlet.xml 配置文件，该文件的代码如下。

程序清单：codes\06\6.2\smqs\WEB-INF\springmvc-servlet.xml

```xml
<?xml version="1.0" encoding="UTF-8"?>
<beans xmlns="http://www.springframework.org/schema/beans"
    xmlns:xsi="http://www.w3.org/2001/XMLSchema-instance"
    xmlns:p="http://www.springframework.org/schema/p"
    xmlns:context="http://www.springframework.org/schema/context"
    xmlns:mvc="http://www.springframework.org/schema/mvc"
    xsi:schemaLocation="http://www.springframework.org/schema/beans
    http://www.springframework.org/schema/beans/spring-beans.xsd
    http://www.springframework.org/schema/context
    http://www.springframework.org/schema/context/spring-context.xsd
    http://www.springframework.org/schema/mvc
    http://www.springframework.org/schema/mvc/spring-mvc.xsd">
    <!-- 配置 Spring 自动扫描指定包及其子包中的所有 Bean -->
    <context:component-scan base-package="org.crazyit.app.controller" />
    <!-- 下面是一个简化配置，相当于在容器中配置了 HandlerMapping、HandlerAdapter
    和 HandlerExceptionResolver 三个特殊的 Bean,
    且在容器中注册了一系列支持 HTTP 消息转换的 Bean -->
    <mvc:annotation-driven/>
</beans>
```

上面第一行粗体字代码只配置了 Spring 的自动扫描功能，它会告诉 Spring 去 org.crazyit.app.controller 包及其子包中搜索 Bean 类。

第二行粗体字代码是为容器开启 Spring MVC 功能的基础配置，它的主要作用是配置 HandlerMapping（负责将请求映射到控制器的处理方法）、HandlerAdapter（负责对控制器的处理方法进行包装）和 HandlerExceptionResolver（负责处理处理方法引发的异常）这三个特殊的 Bean，后面讲解 DispatcherServlet 时还会详细介绍这些特殊的 Bean。

 提示：

　　<mvc:annotation-driven/>是为容器开启 Spring MVC 支持的快捷配置，它除了配置上面的三个特殊的 Bean，还在容器中注册了大量支持 HTTP 消息转换的 Bean。对于 Spring MVC 的普通使用者而言，直接配置<mvc:annotation-driven/>是开启 Spring MVC 最便捷的方式。

　　如果不想使用默认的 <servletname>-servlet.xml 作为 Spring 配置文件，也可以为 DispatcherServlet 配置一个 contextConfigLocation 参数，该参数用于为 Spring MVC 的 Servlet 容器指定配置文件。例如如下配置片段：

```
<servlet>
    <servlet-name>dispatcher</servlet-name>
    <servlet-class>org.springframework.web.servlet.DispatcherServlet</servlet-class>
    <init-param>
        <param-name>contextConfigLocation</param-name>
        <param-value>/WEB-INF/actionContext.xml </param-value>
    </init-param>
    <load-on-startup>1</load-on-startup>
</servlet>
```

　　上面配置片段为 DispatcherServlet 配置了 contextConfigLocation 参数，这意味着它会加载 /WEB-INF/actionContext.xml 作为 Spring 容器的配置文件。

　　至此，Spring MVC 应用所需的两个 Spring 容器（Root 容器和 Servlet 容器）都已配置完成，接下来即可为该应用来开发控制器、Service 组件了。

提示：

　　如果将该 Web 应用部署在 Tomcat 中并启动 Tomcat，将会在其控制台看到形如 "initServletBean Completed initialization in nnn ms" 的输出。

▶▶ 6.2.3　开发控制器

　　在开发控制器之前，首先编写一个简单的表单页面，该页面提交的请求将会被交给控制器处理。该表单页面的代码片段如下。

程序清单：codes\06\6.2\smqs\loginForm.jsp

```
<form action="login" method="post">
    <table>
        <tr>
            <td>用户名:</td>
            <td><input type="text" name="username"/></td>
        </tr>
        <tr>
            <td>密码:</td>
            <td><input type="password" name="pass"/></td>
        </tr>
        <tr>
            <td colspan="2"><input type="submit" value="登录" /></td>
        </tr>
    </table>
</form>
```

　　上面的表单代码非常简单，就是定义了 username 和 pass 两个简单的表单域——当表单被提交时，它们会变成同名的请求参数。

接下来为该表单提交的请求编写控制器，正如前面所介绍的，开发 Spring MVC 的控制器非常简单，只要留意以下三点即可。

➤ 控制器类使用@Controller 注解修饰。

➤ 处理方法使用@RequestMapping 注解修饰。

➤ 处理方法为每个请求参数定义同名的形参。

提示： ....

@RequestMapping 注解有 @GetMapping、@PostMapping、@PutMapping、@DeleteMapping 和 PatchMapping 几个变体，它们的功能几乎相同，只不过后面几个变体注解专门用于处理 GET、POST、PUT、DELETE、PATCH 请求。

下面是本示例的控制器代码。

程序清单：codes\06\6.2\smqs\WEB-INF\src\org\crazyit\app\controller\UserController.java

```java
@Controller
public class UserController
{
    // 依赖注入 userService 组件
    @Resource(name = "userService")
    private UserService userService;
    // @PostMapping 指定该方法处理/login 请求
    @PostMapping("/login")
    public String login(String username, String pass, Model model)
    {
        if (userService.userLogin(username, pass) > 0)
        {
            model.addAttribute("tip", "欢迎您，登录成功！");
            return "/WEB-INF/content/success.jsp";
        }
        model.addAttribute("tip", "对不起，您输入的用户名、密码不正确！");
        return "/WEB-INF/content/error.jsp";
    }
}
```

上面程序中的粗体字代码定义了一个 login()方法——该方法名是什么无关紧要，关键在于两点：

➤ 该方法使用了@PostMapping("/login")修饰，因此，该方法会负责处理提交给/login 的 POST 请求。

➤ 该方法定义了 username 和 pass 两个形参，程序可以在该方法中通过这两个形参访问 username、pass 请求参数。

正如前面所介绍的，Spring MVC 的控制器 Bean 是无状态的，它没有使用实例变量来封装请求参数，而是通过方法形参来获取请求参数的，这样控制器 Bean 就可以被设计成单例模式。

上面 login()方法还定义了一个 Model 类型的参数，Model 其实就是一个类似于 Map 的接口（addAttribute()方法就类似于 Map 的 put()方法），程序只要向该 Model 添加属性，这些属性就会被自动传递给下一个处理节点——下一个处理节点既可能是视图页面，也可能是下一个处理方法（链式处理）。

由于上面的控制器类已经使用了@Controller 修饰，因此 Spring 会自动识别并在容器中配置该 Bean——对于 Spring 容器来说，一切都是 Bean，控制器自然也是 Bean。

上面的控制器类还使用@Resource 修饰了 userService 成员变量，这表明 Spring 会将容器中 id 为 userService 的 Bean 赋值给该成员变量，userService 是本示例的业务逻辑组件。

UserServiceImpl 实现类（它实现了 UserService 接口）的代码如下。

程序清单：codes\06\6.2\smqs\WEB-INF\src\org\crazyit\app\service\impl\UserServiceImpl.java

```java
public class UserServiceImpl implements UserService
{
    public Integer userLogin(String username, String pass)
    {
        if (username.equals("crazyit.org") &&
                pass.equals("leegang"))
        {
            return 19;
        }
        return -1;
    }
}
```

该 UserServiceImpl 并未真正查询数据库来处理用户登录，它只是简单地对用户名和密码进行了判断——实际上，访问数据库也非常简单，只要按 Spring 与 MyBatis 整合的方式将 Mapper 组件注入该 Service 中即可——此处为了节省篇幅就没有添加 Mapper 组件。

该 Service 组件既可使用@Service 注解修饰，然后让 Spring 容器自动扫描并配置它，也可显式使用 XML 配置文件进行配置。

由于上面的 UserServiceImpl 并未使用@Service 注解修饰，因此，程序在 appContext.xml 文件中增加了如下配置片段来配置该组件。

程序清单：codes\06\6.2\smqs\WEB-INF\appContext.xml

```xml
<!-- 配置 userService 组件 -->
<bean id="userService" class="org.crazyit.app.service.impl.UserServiceImpl" />
```

经过上面配置，该应用的 Root 容器（由 ContextLoaderListener 负责初始化，对应于 appContext.xml、daoContext.xml 两个配置文件）中包含了 userService Bean；而 Servlet 容器（由 DispatcherServlet 负责初始化，对应于 springmvc-servlet.xml 配置文件）中包含了 userController Bean，而且 userService Bean 被注入 userController 中了。

▶▶ 6.2.4　提供视图资源

当浏览器向/login 提交表单时，该请求会被提交给 userController Bean 的 login()方法（该方法由@PostMapping("/login")修饰）处理，该方法会调用 Service 组件（由 IoC 容器注入）处理 HTTP 请求，这就完成了控制器层与 Service 层的整合。

使用 login()方法处理用户的登录请求时，如果登录成功，该方法返回"/WEB-INF/content/success.jsp"字符串；如果登录失败，该方法返回"/WEB-INF/content/error.jsp"字符串——这两个字符串被称为逻辑视图名，Spring MVC 会自动根据该字符串映射到对应的视图页面。因此，接下来需要为应用提供两个视图页面。

下面是 success.jsp 页面的代码。

程序清单：codes\06\6.2\smqs\WEB-INF\content\success.jsp

```
<body>
${tip}
</body>
```

由于前面在控制器处理方法中通过 model 添加了名为 tip 的属性，因此该属性会被传递到下一个节点（视图页面）。所以，上面的页面可以通过${tip}表达式输出该属性值。

error.jsp 页面的代码与此类似，此处不再给出。

在 Web 服务器（如 Tomcat）中部署并启动该应用，然后访问该应用的 loginForm.jsp 页面，将看到如图 6.3 所示的登录页面。

输入用户名 crazyit.org、密码 leegang，单击"登录"按钮，将会显示如图 6.4 所示的登录成功页面。

图 6.3　登录页面　　　　　　　　　　　　　　图 6.4　登录成功页面

如果输入其他用户名、密码，该应用会显示与图 6.4 类似的登录失败页面。

该示例示范了一个最简单的 Spring MVC 应用，通过运行过程可以看出，应用中的视图页面、控制器、Service 组件各司其职，分工良好，而且控制器组件面向 Service 接口编程，由 Spring 容器负责将 Service 组件注入控制器组件中，这样就实现了控制器组件与 Service 组件的解耦。

▶▶ 6.2.5　使用 Eclipse 开发 Spring MVC 应用

首先使用 Eclipse 新建一个动态 Web 项目（Dynamic Web Project）。

为了让 Web 应用具有 Spring MVC 支持功能，依然要将 Spring 的所有 JAR 包复制到 Web 应用的 lib 路径下，也就是复制到 "%workspace%\SpringMVCDemo\WebContent\WEB-INF\lib" 路径下。

返回 Eclipse 主界面，在 Eclipse 主界面左上角的资源导航树中看到了 SpringMVCDem 节点，选中该节点，然后按 F5 键，将看到 Eclipse 主界面左上角的资源导航树显示如图 6.5 所示，这表明该 Web 应用已经加入 Spring MVC 的必需类库中，但还需要修改 web.xml 文件，让该文件负责加载 Spring MVC 的核心控制器，并初始化 Spring 的 Root 容器和 Servlet 容器。

图 6.5　增加 Spring MVC 的支持

在图 6.5 所示的资源导航树中，单击 "WebContent" → "WEB-INF" 节点前的加号，展开该节点，可以看到该节点下包含的 web.xml 文件子节点。

单击 web.xml 文件子节点，编辑该文件，同样是在 web.xml 文件中定义 Spring MVC 的核心控制器（DispatcherServlet），并定义 DispatcherServlet 所拦截的 URL 模式。此外，还需要在 web.xml 文件中配置 ContextLoaderListener 来初始化 Spring 容器，修改后的 web.xml 文件与上一节所介绍的完全一样。

此外，还需要为 DispatcherServlet 初始化的 Spring 容器提供 Spring 配置文件，也需要为 ContextLoaderListener 初始化的 Spring 容器提供 Spring 配置文件，此处提供的 Spring 配置文件与上一节所介绍的完全一样。

至此，该 Web 应用完全具备了 Spring MVC 框架的支持，接下来同样按开发控制器、提供视图页面的方式进行即可。

6.3　Spring MVC 的流程

下面将对开发 Spring MVC 应用的过程进行总结，以期让读者对 Spring MVC 有一个大致的了解。

▶▶ 6.3.1　Spring MVC 应用的开发步骤

下面简单介绍 Spring MVC 应用的开发步骤。

① 在 web.xml 文件中配置核心控制器 DispatcherServlet 处理所有的 HTTP 请求。

由于 Web 应用是基于请求/响应架构的，所以不管使用哪种 MVC Web 框架，都需要在 web.xml 文件中配置该框架的核心 Servlet 或 Filter，这样才可以让该框架介入 Web 应用中。

例如，开发 Spring MVC 应用的第 1 步就是在 web.xml 文件中增加如下配置片段：

```
<!-- 配置 Spring MVC 的核心控制器 -->
<servlet>
    <servlet-name>springmvc</servlet-name>
    <servlet-class>org.springframework.web.servlet.DispatcherServlet</servlet-class>
    <load-on-startup>1</load-on-startup>
</servlet>
<!-- 指定 Spring MVC 的核心控制器拦截所有的请求 -->
<servlet-mapping>
    <servlet-name>springmvc</servlet-name>
    <url-pattern>/</url-pattern>
</servlet-mapping>
```

② 如果需要以 POST 方式提交请求，则定义包含表单数据的视图页面，将该表单的 action 属性指定为请求提交的地址。

如果只是以 GET 方式发送请求，则无须经过这一步，只需定义一个超链接，将该链接的 href 属性指定为请求提交的地址即可。

如果以异步方式提交请求（比如 jQuery、Angular、Vue 等），则需要使用 JS（或 TS）编写提交请求的脚本。

③ 定义处理请求的控制器类，该类通常需要使用 @Controller 注解修饰。

提示：

> 在 Spring 2.5 之前，Spring MVC 要求 Controller 组件必须实现 Controller 接口，并实现该接口中的 handleRequest(HttpServletRequest, HttpServletResponse) 方法来处理请求，那时候的 Spring MVC 框架大致相当于 Struts 1 的层次，其设计糟糕到不忍卒视，因此本书不打算介绍那种方式。

这一步也是所有 MVC 框架中必不可少的，因为这个控制器类就是 MVC 中的 C，它负责调用后端 Service 组件的方法来处理 HTTP 请求。

提示：

> 可能有读者会产生疑问：Controller 并不能直接接收 HTTP 请求啊，它怎么能够处理该请求呢？MVC 框架的底层机制是，当核心控制器（DispatcherServlet）接收到 HTTP 请求后，通常会对该请求进行简单的预处理，例如解析、封装参数等，然后通过反射来创建 Controller 实例，并调用 Controller 的指定方法（由 @RequestMapping 注解或其变体修饰的方法）来处理请求。

> 这里又产生了一个问题：当 DispatcherServlet 拦截 HTTP 请求后，它如何知道创建哪个控制器的实例呢？有两种解决方法。
>
> ➤ 利用 XML 配置文件。比如 Struts 2 或 Spring 2.5 之前的 Spring MVC 框架，都要求在 XML 文件中配置/abc 请求对应于调用哪个类的哪个方法，这样就可以让 MVC 框架知道要创建哪个控制器的实例了。
>
> ➤ 利用注解。现在的 Spring MVC 只要使用@Controller 修饰控制器类，并使用@RequestMapping 或其变体修饰处理方法，即可让 MVC 框架知道创建哪个控制器的实例，并调用哪个方法来处理用户请求。

根据上面的介绍不难发现，在 Spring MVC 框架中，控制器实际上由两个部分组成，即：拦截所有 HTTP 请求和处理请求的通用代码都由核心控制器 DispatcherServlet 完成，而实际的业务控制（诸如调用 Service 组件的方法、返回处理结果等）则由自定义的 Controller 处理——因此，Controller 也被称为业务控制器。

④ 配置控制器类，也就是配置某个请求由哪个类的哪个方法负责处理。

现在的 Spring MVC 只要使用@Controller 修饰控制器类，并使用@RequestMapping 注解或其变体修饰处理方法即可。例如如下代码片段：

```
@Controller
public class HelloController
{
    @RequestMapping(value="/hello")
    public String hello(){
        …
    }
}
```

上面的代码片段指定如果请求的 URL 为/hello，则使用 HelloController 的 hello()方法负责处理。

⑤ 定义视图解析器。

Spring MVC 控制器的处理方法总是返回一个 String 对象，该 String 对象通常并不是具体的视图资源（虽然在前面的示例中处理方法直接返回了"/WEB-INF/content/success.jsp"字符串，但这并不是很好的做法），因此还需要视图解析器负责解析 String 对象与视图资源之间的对应关系。

提示：

> Spring MVC 还允许使用 ModelAndView 作为控制器处理方法的返回值（这也是早期 Spring MVC 遗留的问题），ModelAndView 其实就是 Model 和 View，其中 Model 用于封装传递给下一个处理节点的数据，而 View（其值就是一个 String 对象）就相当于处理方法所返回的字符串。

可能有读者会问：为什么在前面的示例中没有配置视图解析器呢？这也是 Spring MVC 框架的优秀所在：当开发者没有配置任何视图解析器时，Spring MVC 会提供默认的、最基础的视图解析机制。

一般来说，程序没必要为每个控制器都配置单独的视图解析器，一个视图解析器通常可以为一批控制器提供视图解析功能。

⑥ 提供视图资源。

当控制器处理用户请求结束后，通常会返回一个 String 对象（或 ModelAndView 对象）作为逻辑视图名，视图解析器会根据该 String 对象解析到具体的物理视图资源，因此还需要提供对应的物理视图资源。

如果控制器需要将数据传递给视图资源，则通常建议在处理方法中增加一个 Model 类型的参数，并将这些数据添加成 Model 对象的属性；如果采用 Spring MVC 早期的风格，让处理方法返回 ModelAndView 对象，则也可以将这些数据添加成 ModelAndView 对象的属性。

经过上面 6 个步骤，就基本完成了一个 Spring MVC 应用的开发，也就是执行一次完整的请求→响应流程。

▶▶ 6.3.2 Spring MVC 的运行流程

上一节所介绍的 Spring MVC 应用的开发步骤实际上是按请求→响应的流程进行的，下面通过流程图来介绍请求→响应的完整流程。图 6.6 显示了 Spring MVC 应用处理一次请求→响应的完整流程。

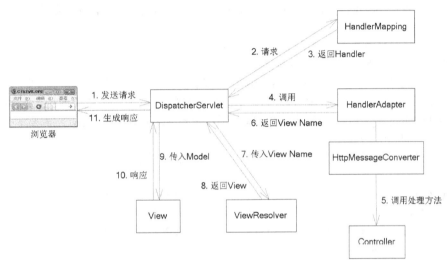

图 6.6　请求→响应的完整流程

按照图 6.6 所示，Spring MVC 应用处理一次请求→响应的完整流程如下：

① 用户通过浏览器向 Web 应用发送请求，该请求由部署在 web.xml 文件中的 DispatcherServlet 负责处理。

② 当 DispatcherServlet 接收到请求时，它会通过容器中的一个或多个 HandlerMapping 对象来处理该 URL。HandlerMapping 对象也是部署在 Spring 容器中的 Bean，它实现了 HandlerMapping 接口来获取对应的 Handler。

③ HandlerMapping 对象会根据 URL 返回对应的 Handler 对象。

> **提示：**
> Spring MVC 又搞了一个新概念：Handler 对象！那 Handler 到底是什么呢？它是对控制器（Controller）中特定方法（用于处理请求的方法）的包装。由于 Spring MVC 的 Controller 可以包含很多个处理方法，因此它的每个处理方法都能被包装成 Handler。

简单来说，HandlerMapping 负责将请求 URL 映射到对应的 Handler（控制器的方法）。

④ 一旦 DispatcherServlet 确定了合适的 Handler，它就会选择合适的 HandlerAdapter 来处理 Handler。

⑤ HandlerAdapter 在准备调用 Handler（控制器的特定方法）之前，会先对请求参数进行一些处理（通过 HttpMessageConverter），主要包括如下处理。

➤ 消息转换：将请求数据（如 JSON、XML 等数据）转换成对象，将对象转换成指定格式（如 JSON 或 XML 等）的响应数据等。

➤ 数据转换：对请求数据进行类型转换，如将 String 转换成 Integer、Double 等。

> ➤ 数据校验：校验数据的有效性（长度、格式等），将校验结果存储到 BindingResult 或 Error 中。

⑥ 当控制器处理完请求后，会将逻辑视图名和 Model（早期也返回 ModelAndView 对象，它同时封装了 Model 和视图名）返回给 DispatcherServlet。Model 包含了控制器要传递给视图进行显示的数据。

⑦ 当 DispatcherServlet 接收到视图名后，它会通过容器中的一个或多个 ViewResolver（视图解析器）来处理该视图名。

⑧ 视图解析器会根据视图名返回视图对象。简单来说，视图解析器负责根据视图名确定对应的视图资源。

⑨ 当 DispatcherServlet 确定了实际要呈现的视图之后，它就会将 Model 数据也传递给对应的视图。

⑩ 视图则负责呈现数据，并生成最终的响应。

⑪ 最后由 DispatcherServlet 将最终的响应呈现给用户。

纵观上面的处理流程，可以发现在 Spring MVC 的运行流程中涉及如下核心组件。

> ➤ DispatcherServlet：核心控制器，由 Spring 框架提供，开发者需要在 web.xml 文件中配置它。
> ➤ HandlerMapping：负责将请求 URL 映射到对应的 Handler。开发者可能需要选择、配置合适的 HandlerMapping 类。
> ➤ Controller：控制器。开发者需要定义 Controller 类，并使用合适的注解修饰该类及其处理方法。
> ➤ HandlerAdapter：它负责在调用 Controller 之前对请求参数进行一些前置处理，通常不需要开发者关心。
> ➤ ViewResolver：视图解析器，它负责根据视图名确定对应的视图资源。开发者可能需要选择、配置合适的视图解析器。
> ➤ View：视图资源。开发者需要编写视图页面。

通过上一个示例，开发者应该已经熟悉了 DispatcherServlet、控制器类和视图这些组件，而对 HandlerMapping 和 ViewResolver 这两个组件可能还没什么感觉——因为上一个示例并未配置它们，但实际上 HandlerMapping 和 ViewResolver 也是非常重要的组件，在后面的章节中会详细介绍它们的功能与配置方法。

➤➤ 6.3.3 DispatcherServlet 详解

首先打开 DispatcherServlet 来看一下它的源代码，在该类中可以看到如下方法片段（该方法中的注释是本书添加的）。

```
protected void initStrategies(ApplicationContext context) {
    // 初始化上传文件解析器
    initMultipartResolver(context);
    // 初始化国际化解析器
    initLocaleResolver(context);
    // 初始化主题解析器
    initThemeResolver(context);
    // 初始化 HandlerMapping 对象
    initHandlerMappings(context);
    // 初始化 HandlerAdapter 对象
    initHandlerAdapters(context);
    // 初始化处理器异常解析器
    initHandlerExceptionResolvers(context);
    // 初始化视图名解析器
    initRequestToViewNameTranslator(context);
    // 初始化视图解析器
    initViewResolvers(context);
```

```
    // 初始化 FlashMap 管理器
    initFlashMapManager(context);
}
```

initStrategies()方法会在 WebApplicationContext 初始化后自动执行，它会自动扫描 Spring 容器中所有的 Bean，根据它们的名称或类型来查找上面这些特殊的 Bean，如果没有找到，DispatcherServlet 会为这些特殊的 Bean 装配一组默认实现。

表 6.1 中列出了 WebApplicationContext 所需的特殊的 Bean。

表 6.1　WebApplicationContext 所需的特殊的 Bean

特殊的 Bean	解释
HandlerMapping	将请求 URL 映射到对应的 Handler，目前的主流实现是基于注解的映射实现
HandlerAdapter	主要用于帮助 DispatcherServlet 调用控制器（Adapter），其主要作用就是对 DispatcherServlet 屏蔽控制器的各种细节
HandlerExceptionResolver	主要作用就是将异常映射到视图
ViewResolver	将逻辑视图名（String 对象）解析到实际视图（View 对象）
LocaleResovler LocaleContextResolver	用于解析客户端正在使用的语言、区域设置及所在的时区，以便应用呈现国际化界面
ThemeResolver	解析 Web 应用程序可以使用的主题，例如，提供个性化布局
MultipartResolver	解析 multi-part 请求，主要用于支持对 HTML 表单的文件上传
FlashMapManager	负责存储和检索从一个请求传递到另一个请求的"input"和"output"属性

在 spring-webmvc-<版本号>.RELEASE.jar 文件的 org\springframework\web\servlet 路径下有一个 DispatcherServlet.properties 配置文件，该文件指定了这些特殊的 Bean 的默认实现。

```
# 定义默认的国际化解析器实现类
org.springframework.web.servlet.LocaleResolver=org.springframework.web.servlet.
i18n.AcceptHeaderLocaleResolver
# 定义默认的主题解析器实现类
org.springframework.web.servlet.ThemeResolver=org.springframework.web.servlet.t
heme.FixedThemeResolver
# 定义默认的 HandlerMapping 实现类（2 个）
org.springframework.web.servlet.HandlerMapping=org.springframework.web.servlet.
handler.BeanNameUrlHandlerMapping,\
    org.springframework.web.servlet.mvc.method.annotation.RequestMappingHandlerMapping
# 定义默认的 HandlerAdapter 实现类（3 个）
org.springframework.web.servlet.HandlerAdapter=org.springframework.web.servlet.
mvc.HttpRequestHandlerAdapter,\
    org.springframework.web.servlet.mvc.SimpleControllerHandlerAdapter,\
    org.springframework.web.servlet.mvc.method.annotation.RequestMappingHandlerAdapter
# 定义默认的处理器异常解析器实现类（3 个）
org.springframework.web.servlet.HandlerExceptionResolver=org.springframework.we
b.servlet.mvc.method.annotation.ExceptionHandlerExceptionResolver,\
    org.springframework.web.servlet.mvc.annotation.ResponseStatusExceptionResolver,\
    org.springframework.web.servlet.mvc.support.DefaultHandlerExceptionResolver
# 定义默认的视图名解析器实现类
org.springframework.web.servlet.RequestToViewNameTranslator=org.springframework
.web.servlet.view.DefaultRequestToViewNameTranslator
# 定义默认的视图解析器实现类
org.springframework.web.servlet.ViewResolver=org.springframework.web.servlet.vi
ew.InternalResourceViewResolver
# 定义默认的 FlashMap 管理器实现类
org.springframework.web.servlet.FlashMapManager=org.springframework.web.servlet
.support.SessionFlashMapManager
```

如果开发者希望改变上面这些特殊的 Bean 的默认实现，则可以在 Spring 配置文件中定义这些特殊的 Bean，Spring 容器会按如下规范来识别、处理它们。

1. 国际化解析器

该解析器只允许有一个实例，其解析步骤如下：

① 查找名为 localeResolver、类型为 LocaleResolver 的 Bean 作为国际化解析器。

② 如果没有找到，则使用默认的实现类 AcceptHeaderLocaleResolver 作为国际化解析器。

2. 主题解析器

该解析器只允许有一个实例，其解析步骤如下：

① 查找名为 themeResolver、类型为 ThemeResolver 的 Bean 作为主题解析器。

② 如果没有找到，则使用默认的实现类 FixedThemeResolve 作为主题解析器。

3. HandlerMapping 映射器

该映射器允许有多个实例，其解析步骤如下：

① 如果 detectAllHandlerMappings 属性值为 true（默认值为 true），则根据类型匹配机制查找 Spring 容器中所有类型为 HandlerMapping 的 Bean，将它们作为 HandlerMapping 映射器。

② 如果 detectAllHandlerMappings 属性值为 false，则查找名为 handlerMapping、类型为 HandlerMapping 的 Bean 作为 HandlerMapping 映射器。

③ 如果通过以上两种方式都没有找到，则使用 DispatcherServlet.properties 配置文件中指定的两个实现类各创建一个映射器，并将它们添加到 HandlerMapping 映射器列表中。

4. HandlerAdapter（处理器适配器）

该适配器允许有多个实例，其解析步骤如下：

① 如果 detectAllHandlerAdapters 属性值为 true（默认值为 true），则根据类型匹配机制查找 Spring 容器中所有类型为 HandlerAdapter 的 Bean，将它们作为处理器适配器。

② 如果 detectAllHandlerAdapters 属性值为 false，则查找名为 handlerAdapter、类型为 HandlerAdapter 的 Bean 作为处理器适配器。

③ 如果通过以上两种方式都没有找到，则使用 DispatcherServlet.properties 配置文件中指定的三个实现类各创建一个适配器，并将它们添加到处理器适配器列表中。

5. 处理器异常解析器

该解析器允许有多个实例，其解析步骤如下：

① 如果 detectAllHandlerExceptionResolvers 属性值为 true（默认值为 true），则根据类型匹配机制查找 Spring 容器中所有类型为 HandlerExceptionResolver 的 Bean，将它们作为处理器异常解析器。

② 如果 detectAllHandlerExceptionResolvers 属性值为 false，则查找名为 handlerExceptionResolver、类型为 HandlerExceptionResolver 的 Bean 作为处理器异常解析器。

③ 如果通过以上两种方式都没有找到，则使用 DispatcherServlet.properties 配置文件中指定的三个实现类各创建一个解析器，并将它们添加到处理器异常解析器列表中。

6. 视图名解析器

该解析器只允许有一个实例，其解析步骤如下：

① 查找名为 viewNameTranslator、类型为 RequestToViewNameTranslator 的 Bean 作为视图名解析器。

② 如果没有找到，则使用默认的实现类 DefaultRequestToViewNameTranslator 作为视图名解析器。

7. 视图解析器

该解析器允许有多个实例，其解析步骤如下：

① 如果 detectAllViewResolvers 属性值为 true（默认值为 true），则根据类型匹配机制查找 Spring 容器中所有类型为 ViewResolver 的 Bean，将它们作为视图解析器。

② 如果 detectAllViewResolvers 属性值为 false，则查找名为 viewResolvers、类型为 ViewResolver 的 Bean 作为视图解析器。

③ 如果通过以上两种方式都没有找到，则使用 DispatcherServlet.properties 配置文件中指定的 InternalResourceViewResolver 作为视图解析器。

> **注意**
>
> 可能有读者被视图解析器和视图名解析器搞晕了：怎么既有视图解析器，又有视图名解析器？视图解析器负责完成 "视图名→View" 的解析过程，简单来说，当控制器的处理方法返回逻辑视图名（String 对象）时，将由视图解析器负责将该 String 对象解析成 View 对象；视图名解析器则较少使用，只有当控制器的处理方法并未显式返回逻辑视图名时（比如控制器的处理方法返回 Map 或 Model 对象），此时就由视图名解析器根据请求生成一个默认的逻辑视图名 —— 接下来还要由视图解析器处理该逻辑视图名。

8. 文件上传解析器

该解析器只允许有一个实例，其解析步骤如下：

① 查找名为 multipartResolver、类型为 MultipartResolver 的 Bean 作为文件上传解析器。

② 如果用户没有在 Spring 容器中定义 MultipartResolver 类型的 Bean，DispatcherServlet 将不会加载该类型的组件。

9. FlashMap 管理器

该管理器只允许有一个实例，其解析步骤如下：

① 查找名为 flashMapManager、类型为 SessionFlashMapManager 的 Bean 作为 FlashMap 管理器。

② 如果没有找到，则使用默认的实现类 SessionFlashMapManager 作为 FlashMap 管理器。

这些特殊的 Bean 有些只允许有一个实例，比如文件上传解析器 MultipartResolver、国际化解析器 LocaleResolver 等；有些则允许有多个实例，如 HandlerMapping、处理器适配器 HandlerAdapter 等。

如果存在多个同一类型的组件，那么如何确定它们的优先级呢？由于这些组件都实现了 org.springframework.core.Ordered 接口，因此可以通过它们重写的 getOrder() 方法的返回值来确定优先级，getOrder() 方法的返回值越小优先级越高。

如果将 DispatcherServlet 的配置文件设为 null（将 DispatcherServlet 的 contextConfigLocation 初始化参数设为空），DispatcherServlet 将不会使用单独的容器，而是直接使用 Root 容器作为 Servlet 容器，此时整个应用中只有一个 Spring 容器。图 6.7 显示了 Root 容器代理 Servlet 容器的示意图。

下面的 web.xml 配置文件示范了这种配置。

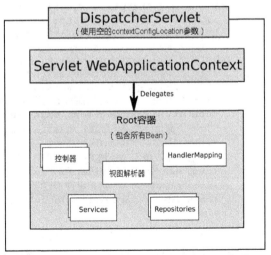

图 6.7　Root 容器代理 Servlet 容器的示意图

程序清单：codes\06\6.3\DispatcherServlet\WEB-INF\web.xml

```xml
<?xml version="1.0" encoding="UTF-8"?>
<web-app xmlns="http://xmlns.jcp.org/xml/ns/javaee"
    xmlns:xsi="http://www.w3.org/2001/XMLSchema-instance"
    xsi:schemaLocation="http://xmlns.jcp.org/xml/ns/javaee
    http://xmlns.jcp.org/xml/ns/javaee/web-app_4_0.xsd"
    version="4.0">
    <servlet>
        <!-- 配置 Spring MVC 的核心控制器 -->
        <servlet-name>springmvc</servlet-name>
        <servlet-class>org.springframework.web.servlet.DispatcherServlet</servlet-class>
        <!-- 指定自定义的 Spring MVC 配置文件，将该文件设为 null，
            将意味着 Spring MVC 直接使用 Root 容器作为 Servlet 容器 -->
        <init-param>
            <param-name>contextConfigLocation</param-name>
            <param-value></param-value>
        </init-param>
        <load-on-startup>1</load-on-startup>
    </servlet>
    <servlet-mapping>
        <!-- 配置 Spring MVC 的核心控制器处理所有请求 -->
        <servlet-name>springmvc</servlet-name>
        <url-pattern>/</url-pattern>
    </servlet-mapping>
    <!-- 省略关于 ContextLoaderListener 的配置 -->
    ...
</web-app>
```

上面粗体字代码将 contextConfigLocation 参数配置为 null，这样 Spring MVC 将会直接使用 Root 容器作为 Servlet 容器，因此需要在 Root 容器对应的配置文件中进行 Spring MVC 相关配置。下面是修改后的 appContext.xml 文件的代码。

程序清单：codes\06\6.3\DispatcherServlet\WEB-INF\appContext.xml

```xml
<?xml version="1.0" encoding="utf-8"?>
<beans xmlns="http://www.springframework.org/schema/beans"
    xmlns:xsi="http://www.w3.org/2001/XMLSchema-instance"
    xmlns:p="http://www.springframework.org/schema/p"
    xmlns:context="http://www.springframework.org/schema/context"
    xmlns:mvc="http://www.springframework.org/schema/mvc"
    xsi:schemaLocation="http://www.springframework.org/schema/beans
    http://www.springframework.org/schema/beans/spring-beans.xsd
    http://www.springframework.org/schema/context
    http://www.springframework.org/schema/context/spring-context.xsd
    http://www.springframework.org/schema/mvc
    http://www.springframework.org/schema/mvc/spring-mvc.xsd">
    <!-- 配置 Spring 自动扫描指定包及其子包中的所有 Bean -->
    <context:component-scan base-package="org.crazyit.app.controller" />
    <!-- 下面是一个简化配置，相当于在容器中配置了 HandlerMapping、HandlerAdapter
    和 HandlerExceptionResolver 三个特殊的 Bean，
    且在容器中注册了一系列支持 HTTP 消息转换的 Bean -->
    <mvc:annotation-driven/>
    <!-- 配置 userService 组件 -->
    <bean id="userService" class="org.crazyit.app.service.impl.UserServiceImpl" />
</beans>
```

使用 Root 容器代理 Servlet 容器之后，同样需要在 Root 容器对应的配置文件中增加 <mvc:annotation-driven.../>元素——用于配置三个特殊的 Bean 和一系列支持 HTTP 消息转换的 Bean。

接下来让本示例的 Controller、Service 实现类都实现 ApplicationContextAware 接口——通过该

接口可访问它们所在的容器，这样即可看到 Controller 组件和 Service 组件处于同一个 Spring 容器中。由于 Controller、Service 实现类的代码都比较简单，此处不再给出，读者可自行参考本书配套代码。

▶▶ 6.3.4　mvc:annotation-driven 详解

<mvc:annotation-driven.../> 元素是为容器开启 Spring MVC 功能的快捷配置，如果为 DispatcherServlet 提供了单独的配置文件，则在该文件中添加该元素；如果 DispatcherServlet 没有单独的配置文件，则直接在 Root 容器的配置文件中添加该元素。

<mvc:annotation-driven.../> 在容器中配置了如下三个特殊的 Bean。

➢ HandlerMapping：使用 RequestMappingHandlerMapping 作为该特殊的 Bean 的实现类。

➢ HandlerAdapter：使用 RequestMappingHandlerAdapter 作为该特殊的 Bean 的实现类。

➢ HandlerExceptionResolver：使用 ExceptionHandlerExceptionResolver 作为该特殊的 Bean 的实现类。

此外，它除支持用于数据绑定的 PropertyEditor 之外，还通过 ConversionService 实例提供了 Spring 3 风格的类型转换功能。

➢ 借助 ConversionService 的支持，可以使用 @NumberFormat 注解对 Number 类型的字段进行格式化。

➢ 借助 ConversionService 的支持，可以使用 @DateTimeFormat 注解对 Date、Calendar、Long 和 Joda Time 类型的字段进行格式化。

➢ 如果应用本身支持 JSR 303 校验机制，则可对控制器通过 @Valid 执行输入校验。

➢ 注册一系列 HttpMessageConverter，支持对 @RequestBody 注解修饰的方法参数和 @ResponseBody 注解修饰的方法返回值进行转换。

HttpMessageConverter 组件主要有如下两个作用。

➢ 将 HTTP 请求数据（如 JSON 或 XML 数据）转换成符合控制器的处理方法要求的参数。

➢ 当控制器的处理方法处理结束后，将该方法的返回值转换成 JSON 或 XML 数据。

HttpMessageConverter 只是一个接口，Spring 为之提供了大量的实现类，<mvc:annotation-driven.../> 设置了如下 HttpMessageConverter 实现类的实例。

➢ ByteArrayHttpMessageConverter：用于处理字节数组数据的转换。

➢ StringHttpMessageConverter：用于处理字符串数据的转换。

➢ ResourceHttpMessageConverter：完成各种媒体类型的数据与 Resource 参数之间的转换。

➢ SourceHttpMessageConverter：完成目标类型与 javax.xml.transform.Source 类型之间的转换。

➢ FormHttpMessageConverter：完成表单数据与 MultiValueMap<String, String> 对象之间的转换。

➢ Jaxb2RootElementHttpMessageConverter：完成 Java 对象与 XML 消息之间的转换。当类加载路径下存在 JAXB 2、不存在 Jackson XML 2 时才注册该转换器。

MappingJackson2XmlHttpMessageConverter：完成 Java 对象与 XML 消息之间的转换。当类加载路径下存在 Jackson XML 2 时才注册该转换器。

> **提示：**
> 根据上面转换器的介绍不难看出，Spring MVC 优先使用 Jackson XML 2 来处理 Java 对象与 XML 消息之间的转换；只有当 Jackson XML 2 不存在时，才会考虑使用 JAXB 2 处理 Java 对象与 XML 消息之间的转换。

➢ MappingJackson2HttpMessageConverter：完成 Java 对象与 JSON 数据之间的转换。当类加载路径下存在 Jackson 2 时才注册该转换器。

➤ AtomFeedHttpMessageConverter：完成 Atom feed 与 Java 对象之间的转换。当类加载路径下存在 Rome 时才注册该转换器。

➤ RssChannelHttpMessageConverter：完成 RSS feed 与 Java 对象之间的转换。当类加载路径下存在 Rome 时才注册该转换器。

 # 6.4 静态资源处理

早期 Spring MVC 拦截的 URL 是类似于*.do、*.xhtml 之类的地址——它们都带有一个特定的后缀，这样即可控制 Spring MVC 只拦截那些需要调用控制器处理的请求，不会拦截那些对静态资源（如*.js、*.css、*.gif 等）的请求。

但现在的 Spring MVC 需要对 RESTful 风格的 URL 提供支持，而真正的 RESTful 风格的 URL 不应该带有任何后缀，因此将 Spring MVC 拦截的 URL 改为 "/"（正如前面在 web.xml 文件中配置的<url-pattern>/</url-pattern>），这意味着 DispatcherServlet 会拦截所有请求——包括所有对静态资源的请求。

Spring 提供了强大的静态资源处理功能，Spring 支持以下两种静态资源处理方法：

➤ 静态资源映射。

➤ 使用容器的默认 Servlet。

▶▶ 6.4.1 静态资源映射

当使用静态资源映射这种方式时，Spring MVC 在配置文件中使用<mvc:resources.../>元素为静态资源映射一个虚拟路径，接下来其他资源（或浏览器）即可通过该虚拟路径来访问静态资源。

在使用<mvc:resources.../>时可指定如下属性。

➤ location：必需属性，指定被映射的静态资源的物理路径。

➤ mapping：必需属性，指定被映射的静态资源的虚拟路径，其他资源或浏览器可以通过该路径来访问静态资源。

➤ cache-period：可选属性，指定该静态资源的缓存时间，单位是秒。默认不发送任何缓存头，仅依赖 last-modified 时间戳进行缓存。

➤ order：可选属性，指定处理静态资源映射的 Handler 的 order 值。该值越小优先级越高。

例如，本示例打算为应用界面添加 Bootstrap 支持，这样就需要为应用添加 Bootstrap 的 CSS 库、JS 库以及 jQuery 的 JS 库，这些 CSS 库和 JS 库都是静态资源，因此需要对它们进行映射。

 提示：

Bootstrap 是一个非常流行的前端界面库，它不仅使用简单（通过简单地添加 CSS 库和 JS 库，即可在页面中使用它提供的各种 CSS 样式），而且可以让普通开发者做出媲美专业美工的界面。读者可以参考《疯狂前端开发讲义》学习 Bootstrap 的用法。

本示例将 Bootstrap 的 CSS 库和 JS 库以及 jQuery 的 JS 库统一放在 resources 目录下，该目录下的静态资源和子目录如图 6.8 所示。

图 6.8 静态资源和子目录

其中，resources 目录下的 bootstrap-4.3.1 子目录用于存放 Boostrap 的 CSS 库和 JS 库；在 resources 目录下还保存了 jquery-3.4.1.min.js 库。

此外，在 images 目录下存放了该应用要使用的图片，因此也需要对 images 目录进行映射。
接下来在 Spring MVC 的配置文件中增加如下配置片段。

程序清单：codes\06\6.4\static-resources\WEB-INF\springmvc-servlet.xml

```
<!-- 将/resources/路径下的资源映射为/res/**虚拟路径下的资源 -->
<mvc:resources mapping="/res/**" location="/resources/" />
<!-- 将/images/路径下的资源映射为/imgs/**虚拟路径下的资源 -->
<mvc:resources mapping="/imgs/**" location="/images/" />
```

上面配置片段添加了两个最简单的<mvc:resources.../>元素，分别为/resources/和/images/两个目录下的资源提供映射。

上面的 mapping 属性值支持 Ant 风格的路径，也就是说，它允许使用?、*、**等通配符，其中"?"代表单个任意字符，"*"代表多个任意字符，"**"代表该目录及其任意深度所有子目录下的任何文件。

通过<mvc:resources.../>元素为静态资源映射了虚拟路径之后，接下来在页面中要通过虚拟路径来引用这些静态资源。例如，如下代码可用于添加 CSS 库和 JS 库。

程序清单：codes\06\6.4\static-resources\loginForm.jsp

```
<head>
    <meta name="author" content="Yeeku.H.Lee(CrazyIt.org)" />
    <meta http-equiv="Content-Type" content="text/html; charset=utf-8" />
    <link rel="stylesheet"
        href="${pageContext.request.contextPath}/res/bootstrap-4.3.1/css/
bootstrap.min.css">
    <script src="${pageContext.request.contextPath}/res/jquery-3.4.1.min.js">
    </script>
    <script src="${pageContext.request.contextPath}/res/bootstrap-4.3.1/js/
bootstrap.min.js">
    </script>
    <title> 用户登录 </title>
</head>
```

上面粗体字代码引入 CSS 库和 JS 库时，都是从"/应用根路径/res/"开始的——代码中的${pageContext.request.contextPath}代表应用根路径，/res/就是前面<mvc:resources.../>元素映射的虚拟路径。

如果要访问应用中的图片资源，同样需要使用<mvc:resources.../>元素映射的虚拟路径。例如如下代码片段：

```
<img src="${pageContext.request.contextPath}/imgs/logo.gif"
class="rounded mx-auto d-block">
```

上面的/imgs/也是<mvc:resources.../>元素映射的虚拟路径。浏览该页面，可以看到呈现如图 6.9 所示的效果。

图 6.9 使用 Bootstrap 美化的页面

从图 6.9 中可以看出，该页面是 Bootstrap 美化后的页面，这说明该页面已成功引入了 Bootstrap 的 CSS 库和 JS 库等静态资源。

如果希望显式控制浏览器对静态资源的缓存，则可为<mvc:resources...../>元素添加 cache-period 属性或<cache-control...../>子元素。其中，cache-period 属性只能指定一个整数值代表缓存时间（单位是秒），而<cache-control...../>子元素则可控制更多的缓存选项。

不管是 cache-period 属性还是<cache-control...../>子元素，都可通过添加"Cache-Control"响应头来控制浏览器缓存；如果不指定 cache-period 属性和<cache-control...../>子元素，则只生成"Last-Modified"响应头。

假如希望控制浏览器对/resources/目录下的静态资源缓存一天，则可在 Spring MVC 的配置文件中增加如下配置片段：

```
<!-- 将/resources/路径下的资源映射为/res/**虚拟路径下的资源 -->
<mvc:resources mapping="/res/**" location="/resources/" cache-period="86400" />
```

也可通过<cache-control...../>子元素来控制缓存，该子元素可指定如下额外的属性，这些属性可为"Cache-Control"响应头生成更多额外的指令。

> must-revalidate：true 或 false，用于为"Cache-Control"响应头添加 must-revalidate 指令。当缓存的响应过期时，该指令控制是否重新验证缓存。

> no-cache：true 或 false，用于为"Cache-Control"响应头添加 no-cache 指令。该指令控制是否总是重新验证缓存的响应。

> no-store：true 或 false，用于为"Cache-Control"响应头添加 no-store 指令。该指令控制是否永不缓存响应。

> no-transform：true 或 false，用于为"Cache-Control"响应头添加 no-transform 指令。该指令控制缓存是否先对响应进行转换（例如压缩、优化以节省空间）。

> cache-public：true 或 false，用于为"Cache-Control"响应头添加 public 指令。该指令控制是否任何缓存都允许缓存服务器响应。

> cache-private：true 或 false，用于为"Cache-Control"响应头添加 private 指令。该指令控制是否使用私人缓存，而不是共享缓存来缓存服务器响应。

> proxy-revalidate：true 或 false，用于为"Cache-Control"响应头添加 proxy-revalidate 指令。该指令与 must-revalidate 指令的功能大致相同，区别是该指令仅对共享缓存有效。

> max-age：用于为"Cache-Control"响应头添加 max-age 指令，控制缓存服务器响应的时间（单位是秒）。该指令与<mvc:resources...../>元素的 cache-period 属性的功能基本相同。

> s-maxage：用于为"Cache-Control"响应头添加 s-maxage 指令，该指令与 max-age 指令的功能大致相同，区别是该指令仅对共享缓存有效。

> stale-while-revalidate：用于为"Cache-Control"响应头添加 stale-while-revalidate 指令，该指令控制缓存数据过期多少秒之内依然有效。

> stale-if-error：用于为"Cache-Control"响应头添加 stale-if-error 指令。当错误发生时，该属性指定的数值控制缓存的过期响应还可使用多少秒。

假如希望控制浏览器对/resources/目录下的静态资源缓存一天，且强制缓存对服务器响应进行优化、压缩以节省空间，则可在 Spring MVC 的配置文件中增加如下配置片段：

```
<mvc:resources mapping="/res/**" location="/resources/">
    <mvc:cache-control max-age="86400" cache-public="true" no-transform="false" />
</mvc:resources>
```

➤➤ 6.4.2 配置默认 Servlet

除静态资源映射之外，Spring MVC 还允许使用默认 Servlet 来处理静态资源，这种方式的大致原理是：当 DispatcherServlet 拦截到所有的 HTTP 请求之后，它会对请求进行分流——对于对静态资源的请求，DispatcherServlet 会将该请求分流给 Web 容器的默认 Servlet（该 Servlet 并不属于该 Web 应用）处理；对于动态处理的请求，DispatcherServlet 才会调用 HandlerMapping 解析该请求。

简而言之，在配置默认 Servlet 之后，Spring MVC 会直接把对静态资源的请求转发给 Web 容器的默认 Servlet。

图 6.10 显示了这种处理的示意图。

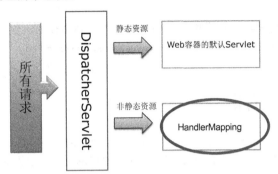

图 6.10　使用默认 Servlet 处理静态资源

Spring MVC 使用<mvc:default-servlet-handler .../>元素配置默认 Servlet，在配置该元素时可指定一个 default-servlet-name 属性，该属性用于指定 Web 容器中默认 Servlet 的名称，如果不指定该属性值，<mvc:default-servlet-handler .../>默认使用 Web 容器中名为"default"的 Servlet 作为默认 Servlet。

对于大部分 Web 容器来说，它们的默认 Servlet 的名称就是"default"，在这种 Web 容器中为 Spring MVC 配置<mvc:default-servlet-handler .../>元素时可省略 default-servlet-name 属性。

以 Tomcat 为例，打开 Tomcat 目录中的 conf/web.xml 文件，在 113 行处可以看到如下配置片段：

```
<servlet>
    <servlet-name>default</servlet-name>
    <servlet-class>org.apache.catalina.servlets.DefaultServlet</servlet-class>
    ...
</servlet>
```

上面配置片段配置了 Tomcat 中默认 Servlet 的名称为"default"，这意味着在 Tomcat 中为 Spring MVC 配置<mvc:default-servlet-handler .../>元素时可省略 default-servlet-name 属性。

本示例同样要在页面中使用 Bootstrap，Bootstrap 的 CSS 库和 JS 库以及 jQuery 的 JS 库同样要存放在 resources 目录下。本示例在 Spring MVC 的配置文件中增加如下配置片段。

程序清单：codes\06\6.4\default-servlet\WEB-INF\springmvc-servlet.xml

```
<!-- 配置使用 Web 容器的默认 Servlet 处理静态资源，
省略 default-servlet-name 属性，要求 Web 容器中默认 Servlet 的名称是"default" -->
<mvc:default-servlet-handler/>
```

从上面配置可以看出，为 Spring MVC 配置默认 Servlet 非常简单，它只是告诉 Spring MVC 把对静态资源的请求"分流"给默认 Servlet 处理，Spring MVC 本身不做任何处理。因此，Spring MVC 既不能为它映射虚拟路径，也不能增加缓存控制。

由于默认 Servlet 不对静态资源映射任何虚拟路径，因此依然使用静态资源所在的实际路径来访问它们。下面是在 JSP 页面中引入 CSS 库和 JS 库的代码。

程序清单：codes\06\6.4\default-servlet\loginForm.jsp

```
<head>
    <meta name="author" content="Yeeku.H.Lee(CrazyIt.org)" />
    <meta http-equiv="Content-Type" content="text/html; charset=utf-8" />
    <link rel="stylesheet"
href="${pageContext.request.contextPath}/resources/bootstrap-4.3.1/css/
bootstrap.min.css">
    <script src="${pageContext.request.contextPath}/resources/jquery-3.4.1.min.js">
    </script>
```

```
    <script src="${pageContext.request.contextPath}/resources/bootstrap-4.3.1/
js/bootstrap.min.js">
    </script>
    <title> 用户登录 </title>
</head>
```

在使用图片等静态资源时，同样也是使用其所在的实际路径的。例如如下代码片段：

```
<img src="${pageContext.request.contextPath}/images/logo.gif"
class="rounded mx-auto d-block">
```

6.5　视图解析器

在配置<mvc:annotation-driven.../>元素之后，它会为 Spring MVC 配置 HandlerMapping、HandlerAdapter、HandlerExceptionResolver 这三个特殊的 Bean，它们解决了"请求 URL→Controller 的处理方法"的映射。

当 Controller 的处理方法处理完成后，该处理方法可返回 String（逻辑视图名）、View（视图对象）、ModelAndView（同时包括 Model 与逻辑视图或 View），而 View 对象才代表具体的视图，因此，Spring MVC 必须使用 ViewResolver 将逻辑视图名（String）解析成实际视图（View 对象）。

 提示：

> 早期 Spring MVC 控制器的处理方法要求返回 ModelAndView 对象，这种方式显得有点过时；现在 Spring MVC 控制器的处理方法只要返回 String(逻辑视图名)，而 Model 只需被定义成处理方法形参即可。

ViewResolver 的作用示意图如图 6.11 所示。

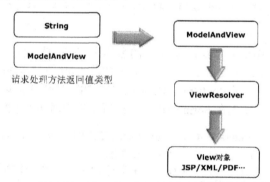

图 6.11　ViewResolver 的作用示意图

ViewResolver 本身是一个接口，它提供了如下常用实现类。

➢ AbstractCachingViewResolver：抽象视图解析器，负责缓存视图。很多视图都需要在使用前做好准备，它的子类视图解析器可以缓存视图。

➢ XmlViewResolver：能接收 XML 配置文件的视图解析器，该 XML 配置文件的 DTD 与 Spring 的配置文件的 dtd 相同。默认的配置文件是/WEB-INF/views.xml。

➢ BeanNameViewResolver：它会直接从已有的容器中获取 id 为 viewName 的 Bean 作为 View。

➢ ResourceBundleViewResolver：使用 ResourceBundle 中的 Bean 定义实现 ViewResolver，这个 ResourceBundle 由 bundle 的 basename 指定。这个 bundle 通常被定义在一个位于 CLASSPATH 中的属性文件中。

➢ UrlBasedViewResolver：该视图解析器允许将视图名解析成 URL，它不需要显式配置，只要视图名。

- ➤ InternalResourceViewResolver：UrlBasedViewResolver 的子类，能方便地支持 Servlet 和 JSP 视图以及 JstlView 和 TilesView 等子类，它是在实际开发中常用的视图解析器，也是 Spring MVC 默认的视图解析器。
- ➤ FreeMarkerViewResolver：UrlBasedViewResolver 的子类，能方便地支持 FreeMarker 视图。与之类似的还有 GroovyMarkupViewResolver、TilesViewResolver 等。
- ➤ ContentNegotiatingViewResolver：它不是一个具体的视图解析器，它会根据请求的 MIME 类型来"动态"选择适合的视图解析器，然后将视图解析工作委托给所选择的视图解析器负责。

ViewResolver 接口及其实现类的继承关系如图 6.12 所示。

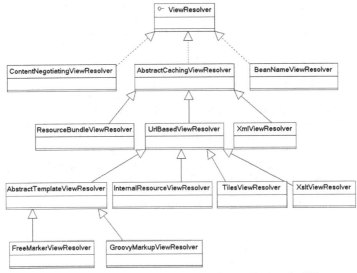

图 6.12　ViewResolver 接口及其实现类的继承关系图

下面对这些视图解析器中的代表实现类进行介绍。

➤➤ 6.5.1　UrlBasedViewResolver 的功能与用法

UrlBasedViewResolver 继承了 AbstractCachingViewResolver 基类，是 ViewResolver 接口的一个简单实现类。UrlBasedViewResolver 使用一种拼接 URL 的方式来解析视图，它可通过 prefix 属性指定一个前缀，也可通过 suffix 属性指定一个后缀，然后将逻辑视图名加上指定的前缀和后缀，这样就得到了实际视图的 URL。

例如，指定 prefix="/WEB-INF/content/", suffix=".jsp"，当控制器的处理方法返回的视图名为"error"时，UrlBasedViewResolver 解析得到的视图 URL 为/WEB-INF/content/error.jsp。默认的 prefix 和 suffix 属性值都是空字符串。

在使用 URLBasedViewResolver 作为视图解析器时，它支持在逻辑视图名中使用 forword:前缀或 redirect:前缀，其中 forword:前缀代表转发到指定的视图资源，redirect:前缀代表重定向到指定的视图资源。

> 转发（forword）代表依然是同一个请求，因此转发到目标资源后请求参数、请求属性都不会丢失；重定向（redirect）表示重新发送请求，重定向会生成一个新的请求，因此重定向后请求参数、请求属性都会丢失。

在使用 UrlBasedViewResolver 时必须指定 viewClass 属性，表示解析成哪种视图，一般使用较多的是 InternalResourceView，用于呈现普通的 JSP 视图；如果希望使用 JSTL，则应该将该属性值指定为 JstlView。

例如，下面示例在 Spring MVC 的配置文件中配置了 UrlBasedViewResolver 作为视图解析器。该配置文件的代码如下。

程序清单：codes\06\6.5\UrlBasedViewResolver\WEB-INF\springmvc-servlet.xml

```xml
<?xml version="1.0" encoding="UTF-8"?>
<beans xmlns="http://www.springframework.org/schema/beans"
    xmlns:xsi="http://www.w3.org/2001/XMLSchema-instance"
    xmlns:p="http://www.springframework.org/schema/p"
    xmlns:context="http://www.springframework.org/schema/context"
    xmlns:mvc="http://www.springframework.org/schema/mvc"
    xsi:schemaLocation="http://www.springframework.org/schema/beans
    http://www.springframework.org/schema/beans/spring-beans.xsd
    http://www.springframework.org/schema/context
    http://www.springframework.org/schema/context/spring-context.xsd
    http://www.springframework.org/schema/mvc
    http://www.springframework.org/schema/mvc/spring-mvc.xsd">
    <!-- 配置 Spring 自动扫描指定包及其子包中的所有 Bean -->
    <context:component-scan base-package="org.crazyit.app.controller" />
    <!-- 将/resources/路径下的资源映射为/res/**虚拟路径下的资源 -->
    <mvc:resources mapping="/res/**" location="/resources/" />
    <!-- 将/images/路径下的资源映射为/imgs/**虚拟路径下的资源 -->
    <mvc:resources mapping="/imgs/**" location="/images/" />
    <mvc:annotation-driven/>
    <!-- 配置 UrlBasedViewResolver 作为视图解析器 -->
    <!-- 指定 prefix 和 suffix 属性 -->
    <!-- 指定 viewClass 属性，该属性指定使用 InternalResourceView 作为视图 -->
    <bean class="org.springframework.web.servlet.view.UrlBasedViewResolver"
        p:prefix="/WEB-INF/content/"
        p:suffix=".jsp"
        p:viewClass="org.springframework.web.servlet.view.InternalResourceView" />
</beans>
```

上面粗体字代码配置了 UrlBasedViewResolver 作为视图解析器，并指定了 prefix="/WEB-INF/content/"和 suffix=".jsp"，这样控制器的处理方法只需返回简单的视图名。例如，如下控制器类的代码。

程序清单：codes\06\6.5\UrlBasedViewResolver\WEB-INF\src\org\crazyit\app\controller\UserController.java

```java
@Controller
public class UserController
{
    // 依赖注入 userService 组件
    @Resource(name = "userService")
    private UserService userService;
    // @PostMapping 指定该方法处理/login 请求
    @PostMapping("/login")
    public String login(String username, String pass, Model model)
    {
        if (userService.userLogin(username, pass) > 0)
        {
            model.addAttribute("tip", "欢迎您，登录成功！");
            return "success";
        }
        model.addAttribute("tip", "对不起，您输入的用户名、密码不正确！");
        return "error";
    }
}
```

正如从上面代码所看到的，当用户登录成功时，该控制器的处理方法仅返回简单的"success"

字符串；当用户登录失败时，仅返回简单的"error"字符串。这意味着经过 UrlBasedViewResolver 的视图解析，当用户登录成功时，系统会呈现/WEB-INF/content/success.jsp 作为视图页面；当用户登录失败时，系统会呈现/WEB-INF/content/error.jsp 作为视图页面。

如果打开 UrlBasedViewResolver 类的源代码，则可以看到它重写了 createView()方法，其代码片段如下（注释是本书添加的，本章后面的源代码分析皆按此规则）：

```
@Override
protected View createView(String viewName, Locale locale)
    throws Exception
{
    // 判断是否不支持处理该视图名，返回 null 则表明传给下一个视图解析器链的下一个节点
    if (!canHandle(viewName, locale))
    {
        return null;
    }
    // 检查视图名是否以 "redirect:" 开头
    if (viewName.startsWith(REDIRECT_URL_PREFIX))
    {
        // 去掉 "redirect:" 前缀
        String redirectUrl = viewName
            .substring(REDIRECT_URL_PREFIX.length());
        // 创建 RedirectView，执行重定向
        RedirectView view = new RedirectView(redirectUrl,
            isRedirectContextRelative(), isRedirectHttp10Compatible());
        String[] hosts = getRedirectHosts();
        if (hosts != null)
        {
            view.setHosts(hosts);
        }
        return applyLifecycleMethods(REDIRECT_URL_PREFIX, view);
    }
    // 检查视图名是否以 "forward:" 开头
    if (viewName.startsWith(FORWARD_URL_PREFIX))
    {
        String forwardUrl = viewName
            .substring(FORWARD_URL_PREFIX.length());
        // 创建 InternalResourceView，执行转发
        InternalResourceView view = new InternalResourceView(
            forwardUrl);
        return applyLifecycleMethods(FORWARD_URL_PREFIX, view);
    }
    // 对于其他情况，则直接调用父类的 createView()方法进行处理
    return super.createView(viewName, locale);
}
```

从上面的源代码可以看出，虽然在配置 UrlBasedViewResolver 视图解析器时指定了 viewClass 属性，但如果返回的逻辑视图名包含 "forward:" 前缀，则意味着 UrlBasedViewResolver 总是使用 InternalResourceView 视图；但如果返回的逻辑视图名包含 "redirect:" 前缀，则意味着 UrlBasedViewResolver 总是使用 RedirectView 视图进行重定向。

在 AbstractCachingViewResolver（UrlBasedViewResolver 的父类）的 createView()方法内部会调用 loadView()抽象方法，UrlBasedViewResolver 则实现了该抽象方法。代码如下：

```
@Override
protected View loadView(String viewName, Locale locale)
    throws Exception
{
    AbstractUrlBasedView view = buildView(viewName);
    View result = applyLifecycleMethods(viewName, view);
    return (view.checkResource(locale) ? result : null);
}
```

在 loadView()内部实际上是调用了 buildView()方法来创建 View 的，buildView()方法的源代码如下：

```java
protected AbstractUrlBasedView buildView(String viewName)
    throws Exception
{
    Class<?> viewClass = getViewClass();
    Assert.state(viewClass != null, "No view class");
    AbstractUrlBasedView view = (AbstractUrlBasedView) BeanUtils
        .instantiateClass(viewClass);
    // 根据 prefix、suffix 属性和视图名来构建视图 URL
    view.setUrl(getPrefix() + viewName + getSuffix());
    String contentType = getContentType();
    // 如果设置了 contentType 属性，则为该视图设置 contentType
    if (contentType != null)
    {
        view.setContentType(contentType);
    }
    // 将 requestContextAttribute 属性直接传给视图对象
    view.setRequestContextAttribute(getRequestContextAttribute());
    // 将 attributesMap 属性直接传给视图对象
    view.setAttributesMap(getAttributesMap());
    // 根据配置为视图设置 exposePathVariables 属性
    Boolean exposePathVariables = getExposePathVariables();
    if (exposePathVariables != null)
    {
        view.setExposePathVariables(exposePathVariables);
    }
    // 根据配置为视图设置 exposeContextBeansAsAttributes 属性
    Boolean exposeContextBeansAsAttributes = getExposeContextBeansAsAttributes();
    if (exposeContextBeansAsAttributes != null)
    {
        view.setExposeContextBeansAsAttributes(
            exposeContextBeansAsAttributes);
    }
    // 根据配置为视图设置 exposedContextBeanNames 属性
    String[] exposedContextBeanNames = getExposedContextBeanNames();
    if (exposedContextBeanNames != null)
    {
        view.setExposedContextBeanNames(exposedContextBeanNames);
    }
    return view;
}
```

上面源代码除根据 prefix、suffix 属性和视图名构建视图 URL 之外，还为视图设置了 contentType、requestContextAttribute、attributesMap 属性,这些属性都是在配置 UrlBasedViewResolver 时可额外设置的属性，其中 contentType、requestContextAttribute 都是字符串属性,attributesMap 则允许设置一个 Map 属性，这些属性都会被直接传给 UrlBasedViewResolver 创建的 View 对象。

从上面的源代码可以看出，UrlBasedViewResolver 还允许设置如下三个属性。

➢ exposePathVariables：设置是否将路径变量（PathVariable）添加到与视图对应的 Model 中。

➢ exposeContextBeansAsAttributes：如果将该属性设为 true，则意味着将 Spring 容器中的 Bean 作为请求属性暴露给视图页面。

➢ exposedContextBeanNames：设置只将 Spring 容器中的哪些 Bean（多个 Bean 之间以英文逗号隔开）作为请求属性暴露给视图页面；如果不指定该属性，则暴露 Spring 容器中的所有 Bean。

例如，将 springmvc-servlet.xml 文件中配置 UrlBasedViewResolver 视图解析器的代码片段改为如下形式。

程序清单：codes\06\6.5\UrlBasedViewResolver\WEB-INF\springmvc-servlet.xml

```
<!-- 配置 UrlBasedViewResolver 作为视图解析器 -->
<!-- 指定 prefix 和 suffix 属性 -->
<!-- 指定 viewClass 属性，该属性指定使用 InternalResourceView 作为视图 -->
<!-- 配置将 Spring 容器中的 Bean 作为请求属性暴露给视图页面 -->
<!-- 指定只暴露 Spring 容器中的 now 和 win 两个 Bean -->
<bean class="org.springframework.web.servlet.view.UrlBasedViewResolver"
    p:prefix="/WEB-INF/content/"
    p:suffix=".jsp"
    p:viewClass="org.springframework.web.servlet.view.InternalResourceView"
    p:exposeContextBeansAsAttributes="true"
    p:exposedContextBeanNames="now,win"
    />
```

上面粗体字代码为 UrlBasedViewResolver 指定了 exposeContextBeansAsAttributes 和 exposedContextBeanNames 两个属性，这意味该视图解析器会将 Spring 容器中的 now 和 win 两个 Bean 以请求属性的形式暴露给视图页面。

接下来可以在 Spring 配置文件中增加如下两个 Bean 配置。

程序清单：codes\06\6.5\UrlBasedViewResolver\WEB-INF\appContext.xml

```
<?xml version="1.0" encoding="utf-8"?>
<beans xmlns="http://www.springframework.org/schema/beans"
    xmlns:xsi="http://www.w3.org/2001/XMLSchema-instance"
    xmlns:p="http://www.springframework.org/schema/p"
    xmlns:c="http://www.springframework.org/schema/c"
    xsi:schemaLocation="http://www.springframework.org/schema/beans
    http://www.springframework.org/schema/beans/spring-beans.xsd">
    <!-- 配置 userService 组件 -->
    <bean id="userService" class="org.crazyit.app.service.impl.UserServiceImpl" />
    <!-- 配置两个测试用的简单 Bean -->
    <bean id="now" class="java.util.Date"/>
    <bean id="win" class="javax.swing.JFrame" c:_0="我的窗口"/>
</beans>
```

由于前面在配置 UrlBasedViewResolver 时已指定将 Spring 容器中的 now 和 win 两个 Bean 以请求属性的形式暴露给视图页面，因此，接下来可以在视图页面中通过 JSP EL 的${}或 JSTL 的 <c:out.../>元素访问 now 和 win。

例如，如下页面代码。

程序清单：codes\06\6.5\UrlBasedViewResolver\WEB-INF\content\success.jsp

```
<div class="container">
<div class="alert alert-primary">${tip}</div>
<div class="alert alert-success">现在时间: ${requestScope.now}</div>
<div class="alert alert-success">窗口: ${requestScope.win}</div>
</div>
```

运行该示例，当用户登录成功时会看到如图 6.13 所示的效果。

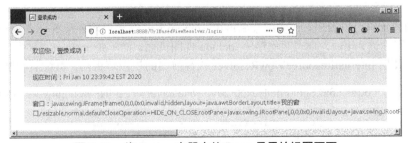

图 6.13 将 Spring 容器中的 Bean 暴露给视图页面

▶▶ 6.5.2 InternalResourceViewResolver 的功能与用法

InternalResourceViewResolver 是 UrlBasedViewResolver 的子类，它与 UrlBasedViewResolver 最大的区别在于：在配置 InternalResourceViewResolver 作为视图解析器时，无须指定 viewClass 属性。原因在于——还是看它的源代码吧。

```
public InternalResourceViewResolver()
{
    // 获取默认的视图类: InternalResourceView
    Class<?> viewClass = requiredViewClass();
    if (InternalResourceView.class == viewClass && jstlPresent)
    {
        viewClass = JstlView.class;
    }
    setViewClass(viewClass);
}
```

上面第一行粗体字代码调用了 requiredViewClass()方法来获取视图类型，该方法的源代码其实只有一行：

```
return InternalResourceView.class;
```

这表明 InternalResourceViewResolver 默认使用 InternalResourceView 作为 viewClass（视图类），接下来的 if 条件判断类加载路径中是否有 JSTL 类库，如果有则使用 JstlView 作为 viewClass。

看到了吗？InternalResourceView 的优势在于：它可以"智能"地选择视图类。

➤ 如果类加载路径中有 JSTL 类库，它默认使用 JstlView 作为 viewClass。

➤ 如果类加载路径中没有 JSTL 类库，它默认使用 InternalResourceView 作为 viewClass。

> **注意**
>
> 虽然 InternalResourceViewResolver 为 viewClass（视图类）"智能"地提供了默认值，但是在配置该视图解析器时依然可指定 viewClass 属性，显式配置的 viewClass 属性将覆盖它"智能"选择的默认值。

此外，还可以在 InternalResourceViewResolver 的源代码中看到如下 buildView()方法的代码：

```
@Override
protected AbstractUrlBasedView buildView(String viewName)
    throws Exception
{
    InternalResourceView view = (InternalResourceView) super.buildView(viewName);
    // 如果 alwaysInclude 属性不为 null, 则为视图设置 alwaysInclude
    if (this.alwaysInclude != null)
    {
        view.setAlwaysInclude(this.alwaysInclude);
    }
    view.setPreventDispatchLoop(true);
    return view;
}
```

从上面的源代码可以看出，在使用 InternalResourceView 时还可额外配置一个 alwaysInclude 属性，如果将该属性设为 true，则表明程序将 include 视图页面，而不是 forward（转发）到视图页面。

下面示例使用 InternalResourceViewResolver 代替前面的视图解析器，其配置更加简单。

程序清单：codes\06\6.5\InternalResourceViewResolver\WEB-INF\springmvc-servlet.xml

```
<?xml version="1.0" encoding="UTF-8"?>
<beans xmlns="http://www.springframework.org/schema/beans"
    xmlns:xsi="http://www.w3.org/2001/XMLSchema-instance"
    xmlns:p="http://www.springframework.org/schema/p"
```

```
xmlns:context="http://www.springframework.org/schema/context"
xmlns:mvc="http://www.springframework.org/schema/mvc"
xsi:schemaLocation="http://www.springframework.org/schema/beans
http://www.springframework.org/schema/beans/spring-beans.xsd
http://www.springframework.org/schema/context
http://www.springframework.org/schema/context/spring-context.xsd
http://www.springframework.org/schema/mvc
http://www.springframework.org/schema/mvc/spring-mvc.xsd">
<!-- 省略其他内容 -->
...
<!-- 配置 InternalResourceViewResolver 作为视图解析器 -->
<!-- 指定 prefix 和 suffix 属性 -->
<bean class="org.springframework.web.servlet.view.InternalResourceViewResolver"
    p:prefix="/WEB-INF/content/"
    p:suffix=".jsp"
    />
</beans>
```

从上面的配置可以看到，在使用 InternalResourceViewResolver 作为视图解析器时，通常只需配置 prefix 和 suffix 两个属性，无须配置 viewClass 属性。

正因为 InternalResourceViewResolver 更加简洁、易用，因此，它是 Spring MVC 应用中使用最广泛的视图解析器。

> **提示：**
> 与 InternalResourceViewResolver 相似的视图解析器还有 TilesViewResolver、FreeMarkerViewResolver、GroovyMarkupViewResolver 等，它们都是 UrlBasedViewResolver 的子类，只不过它们分别使用 Tiles、FreeMarker、GroovyMarkup 视图技术。

▶▶ 6.5.3 XmlViewResolver 及视图解析器的链式处理

虽然 InternalResourceViewResolver 用起来非常简单，但它是一个很"霸道"的视图解析器——它会尝试解析所有的逻辑视图名，比如控制器的处理方法返回了"roma"字符串（逻辑视图名），它总会解析得到/WEB-INF/content/roma.jsp（假设配置了 prefix="/WEB-INF/content/"和 suffix=".jsp"）作为该视图名的视图资源——实际上，应用中可能根本没有/WEB-INF/content/roma.jsp，应用希望使用其他视图页面来显示"roma"逻辑视图。

如果希望应用中存在多个视图解析逻辑，则可以在 Spring MVC 容器中配置多个视图解析器，多个视图解析器会形成链式处理。图 6.14 显示了视图解析器的链式处理示意图。

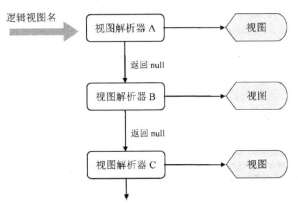

图 6.14　视图解析器的链式处理示意图

视图解析器的作用就是将传入的 String 对象（逻辑视图名）解析成 View 对象（实际视图）。从图 6.14 可以看出，只有当视图解析器 A 解析的结果为 null 时，才会将视图名传给视图解析器 B

（下一个）继续解析——只要视图解析器链上的任意视图解析器将 String 对象解析成 View 对象，解析就结束了，这个视图名不会被继续传给下一个视图解析器进行解析。

所有的视图解析器都实现了 Ordered 接口，并实现了该接口中的 getOrder()方法，该方法的返回值决定了该视图解析器的顺序值——顺序值越大，越排在解析器链的后面。因此，视图解析器都允许配置一个 order 属性，该属性就代表了该视图解析器的顺序值。

由于 InternalResourceViewResolver 太"霸道"了，因此需要将该视图解析器的 order 属性设置为最大，保证该视图解析器排在最后面；否则，排在 InternalResourceViewResolver 后面的视图解析器根本没有执行的机会。

而 XmlViewResolver 解析器则不同，它只对"有限"的逻辑视图名进行解析，对于不归它解析的逻辑视图名，XmlViewResolver 会直接"放行"给下一个视图解析器（返回 null）。

下面示例打算在页面上增加一个链接，该链接用于查看作者的部分图书，但该请求希望生成一个 Excel 文档作为视图，那么 InternalResourceViewResolver 肯定就搞不定了，因为它负责的不是单个的视图名解析，而是要对应用中的绝大部分视图名进行解析。因此，它总按"统一"的规则执行解析，总是为逻辑视图名添加"/WEB-INF/content/"前缀、".jsp"后缀。

此时就考虑使用 XmlViewResolver 与 InternalResourceViewResolver 形成视图解析器链，让 XmlViewResolver 负责解析那些特殊的逻辑视图名，而对于 XmlViewResolver 解析不了的逻辑视图名，它会放行给后面的 InternalResourceViewResolver 处理。

下面是本示例的 Spring MVC 的配置文件。

程序清单：codes\06\6.5\XmlViewResolver\WEB-INF\springmvc-servlet.xml

```xml
<?xml version="1.0" encoding="UTF-8"?>
<beans xmlns="http://www.springframework.org/schema/beans"
    xmlns:xsi="http://www.w3.org/2001/XMLSchema-instance"
    xmlns:p="http://www.springframework.org/schema/p"
    xmlns:context="http://www.springframework.org/schema/context"
    xmlns:mvc="http://www.springframework.org/schema/mvc"
    xsi:schemaLocation="http://www.springframework.org/schema/beans
    http://www.springframework.org/schema/beans/spring-beans.xsd
    http://www.springframework.org/schema/context
    http://www.springframework.org/schema/context/spring-context.xsd
    http://www.springframework.org/schema/mvc
    http://www.springframework.org/schema/mvc/spring-mvc.xsd">
    <!-- 配置 Spring 自动扫描指定包及其子包中的所有 Bean -->
    <context:component-scan base-package="org.crazyit.app.controller" />
    <!-- 将/resources/路径下的资源映射为/res/**虚拟路径下的资源 -->
    <mvc:resources mapping="/res/**" location="/resources/" />
    <!-- 将/images/路径下的资源映射为/imgs/**虚拟路径下的资源 -->
    <mvc:resources mapping="/imgs/**" location="/images/" />
    <mvc:annotation-driven/>
    <!-- 配置 InternalResourceViewResolver 作为视图解析器，
        将 order 属性设置为 10 -->
    <bean class="org.springframework.web.servlet.view.InternalResourceViewResolver"
        p:prefix="/WEB-INF/content/"
        p:suffix=".jsp"
        p:order="10"/>
    <!-- 配置 XmlViewResolver 作为视图解析器，
        将 order 属性设置为 1 -->
    <bean class="org.springframework.web.servlet.view.XmlViewResolver"
        p:location="/WEB-INF/views.xml"
        p:order="1"/>
</beans>
```

上面配置片段配置了两个视图解析器，其中 XmlViewResolver 的 order 为 1，InternalResource-ViewResolver 的 order 为 10，这意味着 XmlViewResolver 在前、InternalResourceViewResolver 在后，它们形成了视图解析器链。

那么 XmlViewResolver 到底如何解析视图名呢？打开该类的源代码，可以看到如下 loadView()
方法：

```
@Override
protected View loadView(String viewName, Locale locale)
    throws BeansException
{
    // 根据 location 属性指定的配置文件创建 Spring 容器
    BeanFactory factory = initFactory();
    try
    {
        // 直接查找容器 id 为 viewName 的 Bean 作为 View
        return factory.getBean(viewName, View.class);
    }
    catch (NoSuchBeanDefinitionException ex)
    {
        // 如果找不到对应的 Bean，则返回 null，“放行”给下一个视图解析器
        return null;
    }
}
```

一看该方法的源代码全明白了，XmlViewResolver 需要根据 location 参数创建 Spring 容器——
因此，上面在配置 XmlViewResolver 解析器时设置了 location 参数。

XmlViewResolver 创建的 Spring 容器是一个全新的容器，它既不是 Root 容器，也不是 Spring
MVC 的 Servlet 容器，这个全新的容器与 Root 容器、Spring MVC 的 Servlet 容器也不发生关系。

在创建了这个全新的 Spring 容器之后，XmlViewResolver 直接返回该容器中 id 为 viewName
的 Bean 作为解析得到的 View——这意味着该 Spring 容器内的所有 Bean 都应该是 View 实例。打
个比方来说，假如控制器的处理方法返回了"books"逻辑视图名，XmlViewResolver 将直接从这个容
器中查找 id 为 books 的 Bean 作为解析得到的 View。

下面为控制器添加如下处理方法。

程序清单：codes\06\6.5\XmlViewResolver\WEB-INF\src\org\crazyit\app\controller\UserController.java

```
// @GetMapping 指定该方法处理/viewBooks 请求
@GetMapping("/viewBooks")
public String viewBooks(Model model)
{
    var bookList = List.of("疯狂 Java 讲义",
        "疯狂 Python 讲义", "疯狂 Android 讲义", "轻量级 Java EE 企业应用实战");
    model.addAttribute("books", bookList);
    return "books";
}
```

上面处理方法返回了"books"作为逻辑视图名，如果希望 XmlViewResolver 解析器能解析该逻
辑视图名，则需要 XmlViewResolve 创建的 Spring 容器中包含 id 为 books 的 Bean，也就是在
/WEB-INF/views.xml 文件中配置 id 为 books 的 Bean。

下面是/WEB-INF/views.xml 文件的代码。

程序清单：codes\06\6.5\XmlViewResolver\WEB-INF\views.xml

```
<?xml version="1.0" encoding="utf-8"?>
<beans xmlns="http://www.springframework.org/schema/beans"
    xmlns:xsi="http://www.w3.org/2001/XMLSchema-instance"
    xmlns:p="http://www.springframework.org/schema/p"
    xsi:schemaLocation="http://www.springframework.org/schema/beans
    http://www.springframework.org/schema/beans/spring-beans.xsd">
    <bean id="books" class="org.crazyit.app.view.BookExcelDoc"
        p:sheetName="XmlViewResolver"/>
</beans>
```

上面粗体字代码配置了一个 id 为 books 的 Bean。上面的配置文件就是标准的 Spring 配置文件，配置该 Bean 与配置其他 Spring 容器中的 Bean 也没有任何区别，唯一的要求是该 Bean 必须是 View 实现类的实例。

上面配置了 BookExcelDoc 类作为 View 实例，下面是该类的代码。

程序清单：codes\06\6.5\XmlViewResolver\WEB-INF\src\org\crazyit\app\view\BookExcelDoc.java

```java
public class BookExcelDoc extends AbstractXlsView
{
    private String sheetName;
    public void setSheetName(String sheetName)
    {
        this.sheetName = sheetName;
    }
    @Override
    @SuppressWarnings("unchecked")
    public void buildExcelDocument(Map<String, Object> model,
        Workbook workbook, HttpServletRequest request,
        HttpServletResponse response)
    {
        // 创建第一页，并设置页标签
        var sheet = workbook.createSheet(this.sheetName);
        // 设置默认列宽
        sheet.setDefaultColumnWidth(20);
        // 定位第一个单元格，即 A1 处
        var cell = sheet.createRow(0).createCell(0);
        cell.setCellValue("Spring-Excel 测试");
        var style = workbook.createCellStyle();
        var font = workbook.createFont();
        // 设置使用红色字体
        font.setColor(Font.COLOR_RED);
        // 设置在文字下面使用双下画线
        font.setUnderline(Font.U_DOUBLE);
        style.setFont(font);
        // 为单元格设置样式
        cell.setCellStyle(style);
        // 获取 Model 中的数据
        var books = (List<String>) model.get("books");
        // 使用 Model 中的数据填充 Excel 表格
        for (var i = 0; i < books.size(); i++)
        {
            var c = sheet.createRow(i + 1).createCell(0);
            c.setCellValue(books.get(i));
        }
    }
}
```

上面 BookExcelDoc 继承了 AbstractXlsView（它实现了 View 接口），它可同构生成 Excel 文档来作为视图。

运行上面的程序，依然访问该应用的 loginForm.jsp 页面，可以看到与图 6.9 类似的页面，在该页面中有一个"查看作者图书"的链接，单击该链接则向 viewBooks 发送请求，该请求返回的"books"逻辑视图名将由 XmlViewResolver 负责解析，此时将看到如图 6.15 所示的对话框。

从图 6.15 中可以看到，向 viewBooks 发送请求会得到一个 Excel 文档——它就是 XmlViewResolver 解析得到的 BookExcelDoc 视图，直接选择打开文件，可以看到如图 6.16 所示的 Excel 文档。

图 6.15 下载或打开文件的对话框

图 6.16 XmlViewResolver 解析得到的 Excel 视图

从上面的运行结果可以看出，XmlViewResolver 解析器主要是对应用中一些特殊的视图名进行解析，因此，它往往会与其他视图解析器（如 InternalResourceViewResolver）结合使用。

▶▶ 6.5.4 ResourceBundleViewResolver 的功能与用法

ResourceBundleViewResolver 与 XmlViewResolver 的本质是一样的，它们都会创建一个全新的 Spring 容器，然后获取该容器中 id 为 viewName 的 Bean 作为解析得到的 View——如果查看 ResourceBundleViewResolver 的源代码，就会发现它的 loadView() 方法与 XmlViewResolver 的 loadView() 方法的源代码几乎完全一样，这说明它们解析 View 的方法是完全相同的。

ResourceBundleViewResolver 与 XmlViewResolver 有什么区别呢？区别主要体现在创建 Spring 容器的方式上——XmlViewResolver 要求提供一个 Spring 配置文件，因此它直接使用该配置文件创建 Spring 容器即可；而 ResourceBundleViewResolver 要求提供一个属性文件（*.properties 文件），因此它要根据该属性文件来创建 Spring 容器，所以稍微复杂一些。

> **提示：**
>
> 如果读者需要了解 ResourceBundleViewResolver 创建 Spring 容器的详细步骤，则可以打开该类的源代码，找到其中的 initFactory(Locale locale) 方法，该方法负责创建 Spring 容器。

下面示例使用 ResourceBundleViewResolver 代替上一个示例的 XmlViewResolver 解析器，因此在 Spring MVC 的配置文件中进行如下配置。

程序清单：codes\06\6.5\ResourceBundleViewResolver\WEB-INF\springmvc-servlet.xml

```xml
<?xml version="1.0" encoding="UTF-8"?>
<beans xmlns="http://www.springframework.org/schema/beans"
    xmlns:xsi="http://www.w3.org/2001/XMLSchema-instance"
    xmlns:p="http://www.springframework.org/schema/p"
    xmlns:context="http://www.springframework.org/schema/context"
    xmlns:mvc="http://www.springframework.org/schema/mvc"
    xsi:schemaLocation="http://www.springframework.org/schema/beans
    http://www.springframework.org/schema/beans/spring-beans.xsd
    http://www.springframework.org/schema/context
    http://www.springframework.org/schema/context/spring-context.xsd
    http://www.springframework.org/schema/mvc
    http://www.springframework.org/schema/mvc/spring-mvc.xsd">
    <!-- 配置 Spring 自动扫描指定包及其子包中的所有 Bean -->
    <context:component-scan base-package="org.crazyit.app.controller" />
    <!-- 将/resources/路径下的资源映射为/res/**虚拟路径下的资源 -->
    <mvc:resources mapping="/res/**" location="/resources/" />
    <!-- 将/images/路径下的资源映射为/imgs/**虚拟路径下的资源 -->
    <mvc:resources mapping="/imgs/**" location="/images/" />
    <mvc:annotation-driven/>
    <!-- 配置 InternalResourceViewResolver 作为视图解析器，
        将 order 属性设置为 10 -->
    <bean class="org.springframework.web.servlet.view.InternalResourceViewResolver"
```

```
      p:prefix="/WEB-INF/content/"
      p:suffix=".jsp"
      p:order="10"/>
  <!-- 配置 ResourceBundleViewResolver 作为视图解析器,
     将 order 属性设置为 1 -->
  <bean class="org.springframework.web.servlet.view.ResourceBundleViewResolver"
     p:basename="views"
     p:order="1"/>
</beans>
```

上面粗体字代码配置了 ResourceBundleViewResolver 解析器，并指定它的 order 为 1，这意味着该解析器会排在视图解析器链的前面。

与配置 XmlViewResolver 解析器不同的是，在配置 ResourceBundleViewResolver 时需要指定 basename 属性（对应于 XmlViewResolver 的 location 属性），ResourceBundleViewResolver 根据 basename 指定的属性文件创建 Spring 容器（XmlViewResolver 要根据 location 属性指定的 XML 文件创建 Spring 容器）。

basename 指定的属性文件的内容必须满足如下格式：

```
beanId.(class)=实现类
beanId.属性=属性值
```

上面配置中 beanId 代表要配置的 Bean 的 id，相当于 Spring 配置文件中<bean.../>元素的 id 属性，(class)用于为该 Bean 指定实现类，相当于<bean.../>元素的 class 属性，因此每个 Bean 只要配置一次(class)属性；每个 beanId.属性配置一个普通属性，相当于<bean.../>元素中的<property.../>子元素。

> **注意**
>
> 为 Bean 指定实现类时，要通过(class)进行指定——别忘了圆括号。

在理解了 ResourceBundleViewResolver 解析器要求的属性文件的格式之后，可以将前面关于 BookExcelDoc 的配置改为如下形式。

程序清单：codes\06\6.5\ResourceBundleViewResolver\WEB-INF\src\views.properties

```
# 配置 books Bean 的实现类
books.(class)=org.crazyit.app.view.BookExcelDoc
# 为 books Bean 的 sheetName 属性指定值
books.sheetName=ResourceBundleViewResolver
```

只需修改这两个地方的配置，其余的地方与上一个示例完全相同。

> **提示：**
> 作者个人认为：ResourceBundleViewResolver 与 XmlViewResolver 这两个解析器的功能几乎是重复的，差别无非是配置 Spring 容器的配置文件的格式不同，其实 Spring MVC 完全可以只提供其中之一即可。

▶▶ 6.5.5 BeanNameViewResolver 的功能与用法

BeanNameViewResolver 是 XmlViewResolver 的简陋版：XmlViewResolver 会自行创建一个全新的 Spring 容器来管理所有的 View 对象，但 BeanNameViewResolver 更偷懒，它并不创建 Spring 容器，而是直接从已有的容器中获取 id 为 viewName 的 Bean 作为解析得到的 View。

下面看看 BeanNameViewResolver 类中 resolveViewName()方法的源代码吧。

```
public View resolveViewName(String viewName, Locale locale)
    throws BeansException
{
```

```
// 直接获取已有的 Spring 容器
ApplicationContext context = obtainApplicationContext();
// 如果容器中不包含 id 为 viewName 的 Bean
if (!context.containsBean(viewName))
{
    // 返回 null，意味着将该视图交给下一个视图解析器处理
    return null;
}
// 要求 viewName 对应的 Bean 必须是 View 实现类的实例
if (!context.isTypeMatch(viewName, View.class))
{
    if (logger.isDebugEnabled())
    {
        logger.debug("Found bean named '" + viewName
            + "' but it does not implement View");
    }
    return null;
}
// 返回容器中 id 为 viewName、类型为 View 的 Bean 作为解析得到的 View
return context.getBean(viewName, View.class);
}
```

在理解了 BeanNameViewResolver 的原理之后，不难理解为何称它为 XmlViewResolver 的简陋版了。但从系统设计的角度来看，BeanNameViewResolver 比 XmlViewResolver 更差，XmlViewResolver 使用专门的配置文件、Spring 容器来管理视图 Bean，但 BeanNameViewResolver 直接使用整个应用的 Spring 配置文件、Spring 容器来管理视图 Bean，这显然有点功能混杂。

将前面示例改为使用 BeanNameViewResolver 解析器，不仅需要在 Spring 容器中配置该视图解析器，还需要在 Spring 容器中配置 View Bean。看如下配置文件。

程序清单：codes\06\6.5\BeanNameViewResolver\WEB-INF\springmvc-servlet.xml

```xml
<?xml version="1.0" encoding="UTF-8"?>
<beans xmlns="http://www.springframework.org/schema/beans"
    xmlns:xsi="http://www.w3.org/2001/XMLSchema-instance"
    xmlns:p="http://www.springframework.org/schema/p"
    xmlns:context="http://www.springframework.org/schema/context"
    xmlns:mvc="http://www.springframework.org/schema/mvc"
    xsi:schemaLocation="http://www.springframework.org/schema/beans
    http://www.springframework.org/schema/beans/spring-beans.xsd
    http://www.springframework.org/schema/context
    http://www.springframework.org/schema/context/spring-context.xsd
    http://www.springframework.org/schema/mvc
    http://www.springframework.org/schema/mvc/spring-mvc.xsd">
    <!-- 配置 Spring 自动扫描指定包及其子包中的所有 Bean -->
    <context:component-scan base-package="org.crazyit.app.controller" />
    <!-- 将/resources/路径下的资源映射为/res/**虚拟路径下的资源 -->
    <mvc:resources mapping="/res/**" location="/resources/" />
    <!-- 将/images/路径下的资源映射为/imgs/**虚拟路径下的资源 -->
    <mvc:resources mapping="/imgs/**" location="/images/" />
    <mvc:annotation-driven/>
    <!-- 配置 InternalResourceViewResolver 作为视图解析器,
        将 order 属性设置为 10 -->
    <bean class="org.springframework.web.servlet.view.InternalResourceViewResolver"
        p:prefix="/WEB-INF/content/"
        p:suffix=".jsp"
        p:order="10"/>
    <!-- 配置 BeanNameViewResolver 作为视图解析器,
        将 order 属性设置为 1 -->
    <bean class="org.springframework.web.servlet.view.BeanNameViewResolver"
        p:order="1"/>
    <!-- 配置一个名为 books 的视图, 该视图将作为 books 逻辑视图解析得到的 View -->
```

```
    <bean id="books" class="org.crazyit.app.view.BookExcelDoc"
        p:sheetName="XmlViewResolver"/>
</beans>
```

上面第一个粗体字<bean.../>元素配置了 BeanNameViewResolver 作为视图解析器，在配置该视图解析器时除了指定 order 属性，无须配置其他额外属性；第二个粗体字<bean.../>元素配置了一个 View Bean，其 id 为 books，因此它将会作为 books 逻辑视图解析得到的 View。

从上面的配置可以看出，在使用 BeanNameViewResolver 解析器时，直接在 Spring 容器中配置 id 为 viewName 的 View 即可，不需要其他额外的配置文件。

运行该示例，将会看到与前面示例完全相同的结果。

▶▶ 6.5.6 重定向视图

前面已经介绍过一种重定向的实现方式：不管是 UrlBasedViewResolver 解析器，还是 InternalResourceViewResolver 解析器，它们都支持为视图名指定"redirect:"前缀，这样即可让视图解析器创建 RedirectView 来重定向指定视图。

实际上，也可让控制器的处理方法直接返回 RedirectView 对象，这样强制 DispatcherServlet 不再使用正常的视图解析，执行重定向。

> **提示：**
> 视图解析器的作用就是根据逻辑视图名（String）解析出 View 对象（视图），如果控制器的处理方法直接返回 View 对象（或者用 ModelAndView 封装 View 对象），那么表明该处理方法返回的已经是 View 对象了，自然就不再需要视图解析器进行解析了。当然，处理方法直接返回 View 对象并不是好的策略，因为这意味着处理方法与视图形成了硬编码耦合，不利于项目后期维护。

不管是使用"redirect:"前缀执行重定向，还是显式使用 RedirectView 执行重定向，model 中的所有数据都会被附加在 URL 后作为请求参数传递，由于在 URL 后追加的请求参数只能是基本类型或 String，因此 model 中复杂类型的数据无法被正常传递。

此外，Spring MVC 的重定向与 HttpServletResponse 的 sendRedirect()方法类似，它们都是控制浏览器重新生成一次请求，即相当于在浏览器地址栏中重新输入 URL 地址发送请求，因此重定向不能访问/WEB-INF/下的 JSP 页面。

下面示例的控制器将返回 RedirectView 对象来执行重定向。

程序清单： codes\06\6.5\BeanNameViewResolver\WEB-INF\src\org\crazyit\app\controller\UserController.java

```java
@Controller
public class UserController
{
    // 依赖注入 userService 组件
    @Resource(name = "userService")
    private UserService userService;
    // @PostMapping 指定该方法处理/login 请求
    @PostMapping("/login")
    public View login(String username, String pass, Model model)
    {
        if (userService.userLogin(username, pass) > 0)
        {
            model.addAttribute("tip", "欢迎您，登录成功！");
            return new RedirectView("success.jsp");
        }
        model.addAttribute("tip", "对不起，您输入的用户名、密码不正确！");
        return new RedirectView("error.jsp");
    }
}
```

　　上面两行粗体字代码使用 RedirectView 作为返回值，这意味着该控制器将会执行重定向，此时 model 中的数据不会通过请求属性的方式传递，而是以 HTTP 请求参数的方式（追加到重定向的 URL 后面）传递。

　　由于重定向不能访问/WEB-INF/路径下的 JSP 页面，因此本示例需要将 success.jsp 和 error.jsp 两个文件移动到 Web 应用的根路径下。

　　运行上面的应用，先访问 loginForm.jsp 页面，输入 crazyit.org 和 leegang 作为用户名、密码后登录系统，将看到如图 6.17 所示的结果。

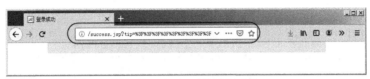

图 6.17　Spring MVC 重定向

　　从图 6.17 可以清楚地看出 Spring MVC 重定向的特征：重定向后浏览器地址栏中的地址变成重定向的地址，这表明是一次新的请求；model 中的数据（tip="欢迎您，登录成功！"）变成地址栏中地址的请求参数。

　　因此，重定向时 model 中的数据不再以请求属性的方式传递到重定向目标，在页面上使用${tip} 访问不到任何数据，输出一片空白。

> **提示：**
> 如果想在页面上使用表达式语言输出请求参数的值，则可使用 param 内置对象，例如，使用${param['tip']}即可输出 tip 请求参数的值——关于 EL 表达式的详细用法，可参考《轻量级 Java EE 企业用实战》的第 2 章。

▶▶ 6.5.7　将数据传给重定向目标

　　重定向能很好地解决"重复提交"的问题，但它带来一个新问题——它会丢失请求属性和请求参数。虽然 Spring MVC 的重定向改进了一步：它会自动将 model 中的数据拼接在转发的 URL 后面。但这种改进依然存在两个限制：

➤ 追加在 URL 后面的 model 数据只能是 String 或基本类型及其包装类；而且追加在 URL 后面的 model 数据长度是有限的。

➤ 追加在 URL 后面的 model 数据直接显示在浏览器的地址栏中，这样可能引起安全性问题。

> **提示：**
> 重复提交，是 Web 开发中的一个老问题，当用户提交表单（比如添加商品、注册用户等）后，如果程序只是转发请求，由于转发后依然是同一个请求，如果焦急的用户再次刷新浏览器，就相当于重新提交了表单，这样就会向后台添加两条记录。

　　为了解决重定向后 model 数据丢失的问题，Spring MVC 提出了一个"Flash 属性"的解决方案，这个解决方案很简单：Spring MVC 会在重定向之前将 model 中的数据临时保存起来，当重定向完成后再将临时保存的数据放入新的 model 中，然后立即清空临时存储的数据。

　　Spring MVC 使用 FlashMap 来保存 model 中的临时数据，FlashMap 继承了 HashMap<String,Object>，其实它就是一个 Map 对象；而 FlashMapManager 对象则负责保存、放入 model 数据，目前 Spring MVC 为 FlashMapManager 接口只提供了一个 SessionFlashMapManager 实现类，这意味着 FlashMapManager 会使用 session 临时存储 model 数据。

　　对于每个请求，FlashMapManager 都会维护"input"和"output"两个 FlashMap 属性，其中 input 属性存储了从上一个请求传入的数据，而 output 属性则存储了将要传给下一个请求的数据。

打开 SessionFlashMapManager，可以看到如下两个方法的源代码：

```
// 获取 HttpSession 中 FlashMap 对象的方法
protected List<FlashMap> retrieveFlashMaps(HttpServletRequest request)
{
    HttpSession session = request.getSession(false);
    return (session != null
        ? (List<FlashMap>) session
            .getAttribute(FLASH_MAPS_SESSION_ATTRIBUTE)
        : null);
}
// 更新 HttpSession 中 FlashMap 对象的方法
@Override
protected void updateFlashMaps(List<FlashMap> flashMaps,
    HttpServletRequest request, HttpServletResponse response)
{
    WebUtils.setSessionAttribute(request, FLASH_MAPS_SESSION_ATTRIBUTE,
        (!flashMaps.isEmpty() ? flashMaps : null));
}
```

在理解了 Spring MVC 关于"Flash 属性"的设计后，接下来的问题就是：在实际开发中如何利用"Flash 属性"在重定向时传递数据呢？Spring MVC 提供了两种方式：

> 对于传统的、没有注解修饰的控制器方法，程序可通过 RequestContextUtils 类的 getInputFlashMap()或 getOutputFlashMap()方法来获取 FlashMap 对象。例如如下代码片段：

```
// 获取 input FlashMap 对象
var flashmap = RequestContextUtils.getOutputFlashMap(request);
// 获取 output FlashMap 对象
var flashmap = RequestContextUtils.getOutputFlashMap(request);
```

> 对于使用注解修饰的控制器方法，Spring MVC 又提供了一个 RedirectAttributes 接口来操作"Flash 属性"。

很明显，第二种方式更符合现在的趋势，而且用起来更简单、方便。

RedirectAttributes 继承了 Model 接口，这说明它是一个特殊的、功能更强大的 Model 接口。事实上，RedirectAttributes 主要提供了如下两类方法。

> addAttribute(Object attributeValue)：等同于 Model 的 addAttribute()方法，使用自动生成的属性名。

> addAttribute(String attributeName, Object attributeValue)：等同于 Model 的 addAttribute()方法。

> addFlashAttribute(Object attributeValue)：将属性添加到"Flash 属性"中，使用自动生成的属性名。

> addFlashAttribute(String attributeName, Object attributeValue)：将属性添加到"Flash 属性"中，使用 attributeName 参数指定的属性名。

看到上面方法不难发现，RedirectAttributes 完全可以取代 Model，当调用 addAttribute()方法（无Flash）添加属性时，其作用等同于 Model 接口中的方法，依然只是将属性添加到 model 中；当调用 addFlashAttribute()方法（有 Flash）添加属性时，这些数据由 FlashMapManager 负责存储、取出，这样可保证通过 addFlashAttribute()方法添加的属性在重定向时不会丢失。

 提示： —

> 对于开发者而言，其实只要记住 RedirectAttributes 是一个增强的 Model 接口，就完全可以用它来取代 Model 接口；如果只希望 model 数据在转发后有效，那么调用普通的 addAttribute()方法即可；如果希望 model 数据在重定向后依然有效，则需要调用 addFlashAttribute()方法。

前面已经介绍了 Model 接口，它的主要作用就是作为模型传递数据，现在又多了一个 RedirectAttributes 接口，可能有读者还听说过或用过 ModelMap，它们都可作为模型来传递数据，那么它们之间的关系是怎样的呢？

图 6.18 显示了 Model、ModelMap、RedirectAttributes 及其实现类的继承关系。

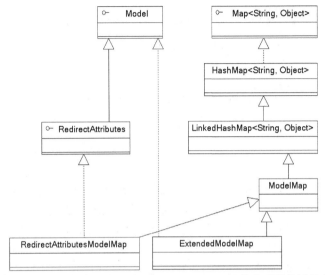

图 6.18 Model、ModelMap、RedirectAttributes 及其实现类的继承关系图

从图 6.18 可以看出，Model 接口是整个继承体系的根接口，不管是 RedirectAttributes 接口，还是 RedirectAttributesModelMap、ExtendedModelMap 实现类，它们要么继承了 Model 接口，要么实现了 Model 接口。

那么 ModelMap 是怎么回事呢？它其实是 Spring 2.0 引入的、设计不足的残品。它本身是一个类，并未实现 Model 接口（Spring 2.5 新增的），但又几乎实现了 Model 接口中的所有方法，从面向接口编程的角度来看，推荐使用 Model 接口或 RedirectAttributes 接口作为模型来传递数据。

> **提示：** ·-·
> 实际上使用 Model 接口，还是使用 ModelMap 类作为模型的，Spring MVC 底层都会使用 ExtendModelMap 类作为具体实现，因此控制器的处理方法还是推荐面向 Model 接口编程，这样具有更大的灵活性。

下面将使用 RedirectAttributes 对控制器的处理方法进行改写，这样可以将数据传给重定向的目标。下面是本示例的控制器类代码。

程序清单：codes\06\6.5\RedirectAttributes\WEB-INF\src\org\crazyit\app\controller\UserController.java

```java
@Controller
public class UserController
{
    // 依赖注入 userService 组件
    @Resource(name = "userService")
    private UserService userService;
    // @PostMapping 指定该方法处理/login 请求
    @PostMapping("/login")
    public View login(String username, String pass, RedirectAttributes attrs)
    {
        if (userService.userLogin(username, pass) > 0)
        {
            // 为 attrs 添加 Flash 属性，该属性将会被传给重定向目标
            attrs.addFlashAttribute("tip", "欢迎您，登录成功！");
```

```
                return new RedirectView("success");
        }
        // 为attrs添加Flash属性，该属性将会传被给重定向目标
        attrs.addFlashAttribute("tip", "对不起，您输入的用户名、密码不正确！");
        return new RedirectView("error");
    }
    @GetMapping("/success")
    public String success(@ModelAttribute("tip") String s)
    {
        System.out.println("访问到的tip:" + s);
        return "success";
    }
    @GetMapping("/error")
    public String error(@ModelAttribute("tip") String s)
    {
        System.out.println("访问到的tip:" + s);
        return "error";
    }
}
```

上面第一行粗体字代码为 login 处理方法定义了 RedirectAttributes 参数，接下来两行粗体字代码则使用 RedirectAttributes 对象添加了"Flash 属性"，然后处理方法使用 RedirectView 执行重定向。

本示例不是直接重定向到 JSP 页面，而是重定向到 success 和 error 两个请求地址的，因此该控制器还为这两个请求提供了对应的处理方法。

重定向目标访问"Flash 属性"也分为两种情况：

➤ 对于控制器方法，只要使用@ModelAttribute 修饰的方法形参——该注解的 value 指定要访问的 Flash 属性名即可。

➤ 对于 JSP 页面，直接使用 JSP 的 EL 表达式或 JSTL 的<c:out.../>都可访问。

上面的控制器方法使用@ModelAttribute 修饰的方法形参访问了"Flash 属性"，下面的 JSP 页面使用 EL 表达式来访问"Flash 属性"。

程序清单：codes\06\6.5\RedirectAttributes\WEB-INF\content\success.jsp

```
<body>
<div class="container">
<div class="alert alert-danger">${tip}</div>
</div>
</body>
```

运行该示例，当用户提交登录请求后，可通过浏览器的地址栏看到请求被执行了重定向，但是可以在页面上看到 tip 属性（Flash 属性）的值，这说明数据被传给了重定向目标。

> **注意**
>
> 如果打算通过"Flash 属性"将数据传给重定向目标，就不再需要将 model 数据拼接到重定向的 URL 后面，因此建议将<mvc:annotation-driven.../>元素的 ignore-default-model-on-redirect 设置为 true（该属性值默认为 false）。

▶▶ 6.5.8 ContentNegotiatingViewResolver 的功能与用法

严格来说，ContentNegotiatingViewResolver 并不是真正的视图解析器，因为它并不负责实际的视图解析，它只是多个视图解析器的代理。图 6.19 显示了 ContentNegotiatingViewResolver 的处理示意图。

从图 6.19 可以看出，当一个逻辑视图名到来之后，ContentNegotiatingViewResolver 并未直接解析得到实际的 View（视图），而是智能地"分发"给系统中已有的视图解析器 A、视图解析器 B、

视图解析器 C······处理。

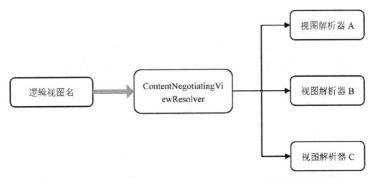

图 6.19　ContentNegotiatingViewResolver 的处理示意图

那么问题来了，ContentNegotiatingViewResolver 怎么知道如何"分发"逻辑视图名呢？它是根据请求的内容类型（contentType）进行分发的，比如用户请求的 contentType 是 applicaton/json，它就会把请求分发给返回 JSON 视图的解析器处理；用户请求的 contentType 是 text/html，它就会把请求分发给返回 HTML 视图的解析器处理。

接下来又产生了两个问题：

➢ ContentNegotiatingViewResolver 如何判断请求的 contentType 呢？

➢ ContentNegotiatingViewResolver 如何知道系统包含哪些视图解析器呢？

先看第一个问题，ContentNegotiatingViewResolver 判断请求的 contentType 一共有三种方式，这三种判断方式是按优先级从高到低排列的，如果通过前面的判断方式已经得到了请求的 contentType，它就不会使用后面的判断方式了。

① 根据请求的后缀，比如请求的后缀是 .json，它就判断请求的 contentType 是 applicaton/json；用户请求的后缀是 .xls，它就判断请求的 contentType 是 application/vnd.ms-excel······依此类推。

② 根据请求参数（通常是 format 参数），比如请求参数为 /aa?format=json，它就判断请求的 contentType 是 applicaton/json；请求参数为 /aa?format=xls，它就判断请求的 contentType 是 application/vnd.ms-excel······依此类推。这种方式默认是关闭的，需要将 favorParameter 参数设为 true 来打开这种判断方式。

③ 根据请求的 Accept 请求头，比如请求的 Accept 请求头包含 text/html，它就判断请求的 contentType 是 text/html。

※ 注意 ※

这种判断方式可能会出现问题，尤其是当用户使用浏览器发送请求时，Accept 请求头完全是由浏览器控制的，用户不能改变这个请求头。比如使用 Firefox 时，它的 Accept 请求头将总是 "text/html,application/xhtml+xml,application/xml;q=0.9,*/*;q=0.8"。

再看第二个问题，ContentNegotiatingViewResolver 如何知道系统包含哪些视图解析器呢？它也有两种处理方法：

➢ 显式通过 viewResolvers 属性进行配置，该属性可接受一个 List 属性值，这样即可显式列出供 ContentNegotiatingViewResolver 转发的视图解析器。

➢ ContentNegotiatingViewResolver 还会自动扫描 Spring 容器中的所有 Bean，它会自动将 ViewResolver 实现类的实例都当成可供 ContentNegotiatingViewResolver 转发的视图解析器。

在掌握了 ContentNegotiatingViewResolver 的处理机制之后，下面示例将会示范它的一个主要应用场景：用户可以向 viewBooks.json、viewBooks.xls、viewBooks.pdf 和 viewBooks（无后缀）发

送请求，这 4 个请求的地址是相同的（只是后缀不同），因此程序会使用同一个处理方法来处理该请求，并且会返回相同的逻辑视图名。

但用户向 viewBooks.json、viewBooks.xls、viewBooks.pdf 和 viewBooks（无后缀）发送请求，肯定希望分别看到 JSON、Excel 文档、PDF 文档和 JSP 响应，此时就轮到 ContentNegotiatingViewResolver "闪亮登场" 了，它会根据用户请求的 contentType 将逻辑视图名分发给不同的视图解析器。

先看本示例的首页代码。

程序清单：codes\06\6.5\ContentNegotiation\index.jsp

```jsp
<div class="container">
<div class="list-group">
<a href="${pageContext.request.contextPath}/viewBooks.pdf"
class="list-group-item list-group-item-action">作者图书（PDF）</a>
<a href="${pageContext.request.contextPath}/viewBooks.xls"
class="list-group-item list-group-item-action">作者图书（Excel）</a>
<a href="${pageContext.request.contextPath}/viewBooks.json"
class="list-group-item list-group-item-action">作者图书（JSON）</a>
<a href="${pageContext.request.contextPath}/viewBooks"
class="list-group-item list-group-item-action">作者图书（JSP）</a>
</div>
</div>
```

从上面的代码可以看出，该页面包含了 4 个链接，分别用于向 viewBooks.json、viewBooks.xls、viewBooks.pdf 和 viewBooks（无后缀）发送请求。

接下来看处理这 4 个请求的控制器的处理方法。

程序清单：codes\06\6.5\ContentNegotiation\WEB-INF\src\org\crazyit\app\controller\BookController.java

```java
@Controller
public class BookController
{
    // @GetMapping 指定该方法处理/viewBooks 请求
    @GetMapping("/viewBooks")
    public String viewBooks(Model model)
    {
        var bookList = List.of("疯狂 Java 讲义",
            "疯狂 Python 讲义", "疯狂 Android 讲义", "轻量级 Java EE 企业应用实战");
        model.addAttribute("books", bookList);
        return "books";
    }
}
```

正如从上面的处理方法所看到的，该处理方法总是返回"books"逻辑视图名。为了让该逻辑视图名能对应到不同的视图，接下来就需要在 Spring MVC 的配置文件中配置 ContentNegotiatingView-Resolver 解析器。

下面是 Spring MVC 的配置文件代码。

程序清单：codes\06\6.5\ContentNegotiation\WEB-INF\springmvc-servlet.xml

```xml
<?xml version="1.0" encoding="UTF-8"?>
<beans xmlns="http://www.springframework.org/schema/beans"
    xmlns:xsi="http://www.w3.org/2001/XMLSchema-instance"
    xmlns:p="http://www.springframework.org/schema/p"
    xmlns:context="http://www.springframework.org/schema/context"
    xmlns:mvc="http://www.springframework.org/schema/mvc"
    xsi:schemaLocation="http://www.springframework.org/schema/beans
    http://www.springframework.org/schema/beans/spring-beans.xsd
    http://www.springframework.org/schema/context
    http://www.springframework.org/schema/context/spring-context.xsd
    http://www.springframework.org/schema/mvc
    http://www.springframework.org/schema/mvc/spring-mvc.xsd">
```

```
<!-- 配置 Spring 自动扫描指定包及其子包中的所有 Bean -->
<context:component-scan base-package="org.crazyit.app.controller" />
<!-- 将/resources/路径下的资源映射为/res/**虚拟路径下的资源 -->
<mvc:resources mapping="/res/**" location="/resources/" />
<!-- 将/images/路径下的资源映射为/imgs/**虚拟路径下的资源 -->
<mvc:resources mapping="/imgs/**" location="/images/" />
<mvc:annotation-driven/>
<!-- 配置 ContentNegotiatingViewResolver 解析器,
     该解析器的 order 默认为最小整数 -->
<bean class="org.springframework.web.servlet.view.ContentNegotiatingViewResolver">
    <property name="viewResolvers">
        <list>
            <ref bean="jspResolver"/>
            <bean class="org.crazyit.app.viewresolver.PdfViewResolver"
                p:viewPackage="org.crazyit.app.view"/>
            <bean class="org.crazyit.app.viewresolver.ExcelViewResolver"
                p:viewPackage="org.crazyit.app.view"/>
            <bean class="org.crazyit.app.viewresolver.JsonViewResolver"/>
        </list>
    </property>
</bean>
<!-- 配置 InternalResourceViewResolver 作为视图解析器 -->
<bean id="jspResolver"
    class="org.springframework.web.servlet.view.InternalResourceViewResolver"
    p:prefix="/WEB-INF/content/"
    p:suffix=".jsp" />
</beans>
```

上面粗体字代码配置了 ContentNegotiatingViewResolver 解析器，该解析器是所有视图解析器的"代理"（负责分发逻辑视图名），因此该解析器应该排在所有视图解析器的最前面。Spring MVC 默认将该解析器的 order 属性设置为最小整数，这就保证了它一定位于所有视图解析器的最前面。

上面粗体字代码还显式配置了 viewResolvers 属性，使用<list.../>元素配置了一个 List 对象作为 viewResolvers 的属性值，<list.../>中的元素既可使用<ref.../>引用容器中已有的视图解析器（如 jspResolver），也可使用<bean.../>元素配置嵌套 Bean 作为视图解析器。

上面配置代码配置了 PdfViewResolver、ExcelViewResolver、JsonViewResolver 作为视图解析器，它们都是本例自定义的视图解析器。

下面是 PdfViewResolver 的代码。

程序清单：codes\06\6.5\ContentNegotiation\WEB-INF\src\org\crazyit\app\viewresolver\PdfViewResolver.java

```
public class PdfViewResolver implements ViewResolver
{
    private String viewPackage;
    public void setViewPackage(String viewPackage)
    {
        this.viewPackage = viewPackage;
    }
    @Override
    public View resolveViewName(String viewName, Locale locale)
            throws Exception
    {
        try
        {
            var lastDotPosition = viewName.lastIndexOf(".");
            if (lastDotPosition > 0)
            {
                viewName = viewName.substring(0, lastDotPosition);
            }
            // 获取 viewName 获取对应的视图类
            Class<?> viewClass = Class.forName(this.viewPackage + "."
                    + StringUtils.capitalize(viewName) + "Pdf");
```

```
            return (View) viewClass.getConstructor().newInstance();
        }
        catch (Exception ex)
        {
            return null;
        }
    }
}
```

从上面的粗体字代码可以看出，PdfViewResolver 的视图解析逻辑也很简单，它使用"viewPackage+viewName 首字母大写+Pdf"作为解析得到的 View 类名，然后创建并返回该 View 类的实例。

简单来说，假如在配置 PdfViewResolver 时指定了 viewPackage 为 org.crazyit.app.view，传入的视图名为 books，PdfViewResolver 将会尝试创建 org.crazyit.app.view.BooksPdf 作为视图类，然后创建并返回该类的实例。

由于前面控制器的处理方法返回的逻辑视图名为 books，这就要求必须提供一个 BooksPdf 类作为视图类。下面是 BooksPdf 类的代码。

程序清单：codes\06\6.5\ContentNegotiation\WEB-INF\src\org\crazyit\app\view\BooksPdf.java

```java
public class BooksPdf extends AbstractPdfView
{
    @Override
    @SuppressWarnings("unchecked")
    protected void buildPdfDocument(Map<String, Object> model,
        Document document, PdfWriter writer, HttpServletRequest request,
        HttpServletResponse response) throws Exception
    {
        var books = (List<String>) model.get("books");
        // 创建一个只有一列的表格
        var table = new PdfPTable(1);
        table.getDefaultCell().setHorizontalAlignment(Element.ALIGN_CENTER);
        table.getDefaultCell().setVerticalAlignment(Element.ALIGN_MIDDLE);
        table.getDefaultCell().setBackgroundColor(Color.lightGray);
        var baseFont = BaseFont.createFont("STSong-Light",
            "UniGB-UCS2-H", BaseFont.NOT_EMBEDDED);
        var titleFont = new Font(baseFont, 20, Font.NORMAL);
        titleFont.setColor(new Color(100, 100, 255));
        // 添加一个单元格
        table.addCell(new Paragraph("作者李刚最畅销的图书：", titleFont));
        var contentFont = new Font(baseFont, 16, Font.NORMAL);
        // 遍历 books 集合，为每个元素添加一个单元格
        for (String book : books)
        {
            table.addCell(new Paragraph(book, contentFont));
        }
        document.add(table);
    }
}
```

上面代码很简单，其实就是使用 iText 在 PDF 文档中创建了一个只有一列的表格，然后为该表格添加了多个单元格——该表格只有一列，因此每添加一个单元格，就代表单独一行。

ExcelViewResolver 视图解析器的类代码如下。

程序清单：codes\06\6.5\ContentNegotiation\WEB-INF\src\org\crazyit\app\viewresolver\
ExcelViewResolver.java

```java
public class ExcelViewResolver implements ViewResolver
{
    private String viewPackage;
    public void setViewPackage(String viewPackage)
```

```
    {
        this.viewPackage = viewPackage;
    }
    @Override
    public View resolveViewName(String viewName, Locale locale)
        throws Exception
    {
        try
        {
            var lastDotPosition = viewName.lastIndexOf(".");
            if (lastDotPosition > 0)
            {
                viewName = viewName.substring(0, lastDotPosition);
            }
            // 获取 viewName 获取对应的视图类
            Class<?> viewClass = Class.forName(this.viewPackage + "."
                + StringUtils.capitalize(viewName) + "Excel");
            // 返回视图类的实例
            return (View) viewClass.getConstructor().newInstance();
        }
        catch (Exception ex)
        {
            return null;
        }
    }
}
```

从上面代码可以看出，该视图解析器的解析机制与 PdfViewResolver 的解析机制大致相同，它们都是根据 viewPackage 属性和逻辑视图名来动态返回视图对象的。简单来说，假如在配置 ExcelViewResolver 时指定了 viewPackage 为 org.crazyit.app.view，传入的视图名为 books，ExcelViewResolver 将会尝试创建 org.crazyit.app.view.BooksExcel 作为视图类，然后创建并返回该类的实例。

由于前面控制器的处理方法返回的逻辑视图名为 books，这就要求必须提供一个 BooksExcel 类作为视图类，本例的 BooksExcel 同样使用 POI 项目来生成一份 Excel 文档，生成 Excel 文档的代码与前面 XmlViewResovler 实例中的视图类代码大致相同，此处不再详细介绍，读者可自行参考本例的配套代码。

JsonViewResolver 视图解析器的类代码如下。

程序清单：codes\06\6.5\ContentNegotiation\WEB-INF\src\org\crazyit\app\viewresolver\
JsonViewResolver.java

```
public class JsonViewResolver implements ViewResolver
{
    @Override
    public View resolveViewName(String viewName, Locale locale) throws Exception
    {
        // 直接使用 Spring MVC 内置的 MappingJackson2JsonView 类的实例作为视图
        var view = new MappingJackson2JsonView();
        view.setPrettyPrint(true);
        return view;
    }
}
```

从上面粗体字代码可以看出，JsonViewResolver 解析器的处理方法很简单，它直接使用 Spring MVC 内置的 MappingJackson2JsonView 类的实例作为视图。这个类的功能很强大，它会自动将 model 中的数据转换成 JSON 响应。

至此，已为 ContentNegotiatingViewResolver 解析器实现了 3 个自定义的视图解析器，分别负责解析 PDF 视图、Excel 视图和 JSON 视图，当请求的数据格式是 PDF、Excel 和 JSON（本例以后缀区分）时，ContentNegotiatingViewResolver 将会把视图名分发给对应的视图解析器。

别忘了还有一个 viewBooks 请求（不带后缀），该请求将会被分发给 InternalResourceViewResolver 解析器，根据配置，该解析器会寻找/WEB-INF/content/目录下与逻辑视图名相同的 JSP 页面作为视图。

该示例使用了多种视图技术：使用 POI 生成 Excel 文档，使用 iText 生成 PDF 文档，使用 Jackson 生成 JSON 响应，因此需要将 poi-4.1.0.jar、itext-4.2.1.jar 和与 Jackson JSON 相关的 JAR 包复制到应用的/WEB-INF/lib 目录下，具体要添加哪些 JAR 包可查看本示例配套代码中的/WEB-INF/lib 目录。

现在运行该示例，使用浏览器访问应用，将看到如图 6.20 所示的页面。

图 6.20 所示的首页列出了 4 个链接，链接地址分别是 viewBooks.pdf、viewBooks.xls、viewBooks.json 和 viewBooks（无后缀），点击这 4 个链接都会向 viewBooks 发送请求，该请求都由 BookController 类的 viewBooks()方法处理，且处理结束总是返回逻辑视图名 books。

但正是由于 ContentNegotiatingViewResolver 的存在，它会根据用户请求的后缀不同，将逻辑视图名分发给不同的视图解析器负责处理，最终用户就能看到不同的视图。

当用户单击"作者图书（PDF）"链接时，将会看到如图 6.21 所示的 PDF 文档。

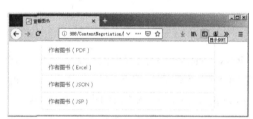

图 6.20 应用首页

图 6.21 访问 viewBooks.pdf 看到 PDF 文档

当用户单击"作者图书（Excel）"链接时，将会看到如图 6.22 所示的 Excel 文档。

图 6.22 访问 viewBooks.xls 看到 Excel 文档

当用户单击"作者图书（JSON）"链接时，将会看到如图 6.23 所示的 JSON 响应。

图 6.23 访问 viewBooks.json 看到 JSON 响应

当用户单击"作者图书（JSP）"链接时，将会看到如图 6.24 所示的视图页面。

通过该示例可以看出，借助 ContentNegotiatingViewResolver 的支持，可以使用同一个处理方法，返回相同的逻辑视图名，但根据请求的数据格式不同，最终呈现不同的视图响应。

图 6.24　访问 viewBooks 看到视图页面

 ## 6.6　请求映射与参数处理

前面已经知道<mvc:annotation-driven.../>元素会为 Spring 配置 RequestMappingHandlerMapping，它会负责将 HTTP 请求映射到控制器的处理方法，而且 HttpMessageConverter 组件会负责完成请求数据（参数）与处理方法参数之间的转换，它也会完成处理方法返回值与响应数据之间的转换。

▶▶ 6.6.1　HandlerMapping 与处理映射

通过前面介绍已经知道，Spring MVC 的两大重要组件分别是 ViewResolver 和 HandlerMapping，其中，ViewResolver 负责将逻辑视图名解析成实际的视图对象，上一节已经详细介绍了 ViewResolver 的各种相关知识；而 HandlerMapping 则负责将请求映射到控制器的处理方法——简单来说，就是当 DispatcherServlet 拦截到 HTTP 请求后，HandlerMapping 负责告诉 DispatcherServlet 调用哪个控制器的哪个方法来处理该请求。

目前最流行的 HandlerMapping 实现类肯定是 RequestMappingHandlerMapping，它可以将 HTTP 请求映射到控制器类中@RequestMapping 修饰的方法。但 Spring MVC 还保留了一些早期版本的 HandlerMapping 实现类。HandlerMapping 接口及其实现类的继承关系如图 6.25 所示。

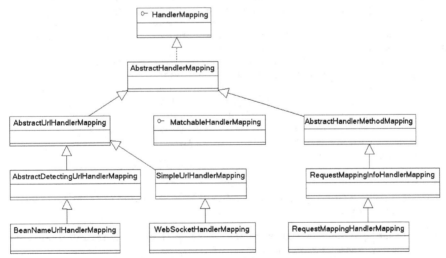

图 6.25　HandlerMapping 接口及其实现类的继承关系

除最常用的 RequestMappingHandlerMapping 映射器之外，Spring MVC 还可能用到的映射器实现类有如下三个。

> ➤ BeanNameUrlHandlerMapping：这是 Spring MVC 提供的一个"古董级"的映射器，它的映射策略就是将"/abc"请求映射到容器中 name 为"/abc"的控制器 Bean，它要求控制器 Bean 的 name 或 alias 必须以斜线开头——Spring MVC 作者自己也承认，这个映射器实现

类似于早期 Struts 1 的策略。毫无疑问，如果 Spring MVC 一直依赖于这个映射器，那么 Spring MVC 这个框架根本无法发展到今天的影响力。

 提示：

　　虽然很不想告诉你，BeanNameUrlHandlerMapping 现在基本上应该被抛弃了，除非你在维护一些很古老的 Spring MVC 项目，你才有可能见到它的身影。本书不打算浪费宝贵的篇幅来介绍它的用法，如果你确实对它感兴趣，则可自行参考本书配套代码中 codes\06\6.6 目录下的 BeanNameUrlHandlerMapping 示例。

➤ SimpleUrlHandlerMapping：这个映射器比 BeanNameUrlHandlerMapping 稍微进步了一点，它不要求控制器 Bean 的 name 或 alias 以斜线开头，但它需要使用 XML 配置来显式指定请求与控制器之间的对应关系。

➤ WebSocketHandlerMapping：这是一个为 WebSocket 提供支持的映射器。

▶▶ 6.6.2　SimpleUrlHandlerMapping 的功能与用法

SimpleUrlHandlerMapping 需要显式配置请求与控制器之间的对应关系，下面通过示例来介绍该映射器的用法。本示例的 web.xml 文件依然是配置 DispatcherServlet 和 ContextLoaderListener，故此处不再给出该文件的代码。

下面在 Spring MVC 的配置文件中配置 SimpleUrlHandlerMapping 映射器。

程序清单：codes\06\6.6\SimpleUrlHandlerMapping\WEB-INF\springmvc-servlet.xml

```xml
<?xml version="1.0" encoding="UTF-8"?>
<beans xmlns="http://www.springframework.org/schema/beans"
    xmlns:xsi="http://www.w3.org/2001/XMLSchema-instance"
    xmlns:p="http://www.springframework.org/schema/p"
    xmlns:context="http://www.springframework.org/schema/context"
    xmlns:mvc="http://www.springframework.org/schema/mvc"
    xsi:schemaLocation="http://www.springframework.org/schema/beans
    http://www.springframework.org/schema/beans/spring-beans.xsd
    http://www.springframework.org/schema/context
    http://www.springframework.org/schema/context/spring-context.xsd
    http://www.springframework.org/schema/mvc
    http://www.springframework.org/schema/mvc/spring-mvc.xsd">
    <!-- 配置 Spring 自动扫描指定包及其子包中的所有 Bean -->
    <context:component-scan base-package="org.crazyit.app.controller" />
    <!-- 将/resources/路径下的资源映射为/res/**虚拟路径下的资源 -->
    <mvc:resources mapping="/res/**" location="/resources/" />
    <!-- 将/images/路径下的资源映射为/imgs/**虚拟路径下的资源 -->
    <mvc:resources mapping="/imgs/**" location="/images/" />
    <mvc:annotation-driven />
    <!-- 配置 InternalResourceViewResolver 作为视图解析器 -->
    <!-- 指定 prefix 和 suffix 属性 -->
    <bean class="org.springframework.web.servlet.view.InternalResourceViewResolver"
        p:prefix="/WEB-INF/content/"
        p:suffix=".jsp" />
    <bean class="org.springframework.web.servlet.handler.SimpleUrlHandlerMapping">
        <property name="mappings">
            <props>
                <!-- 以下每条属性配置一个请求与控制器 Bean 的映射，
                其中 key 指定请求地址，属性值指定控制器 Bean 的 id -->
                <prop key="/login">userLogin</prop>
            </props>
        </property>
    </bean>
    <!-- 显式配置控制器 Bean，此处指定的 id 必须与 SimpleUrlHandlerMapping
        的属性中配置的 id 对应，当然，也可改为使用@Controller 注解修饰控制器类。
```

在使用@Controller 注解时，必须将 value 属性指定为 userLogin -->
```
    <bean id="userLogin" class="org.crazyit.app.controller.UserController"/>
</beans>
```

上面粗体字代码就是 SimpleUrlHandlerMapping 映射器的配置代码，配置该映射器的关键就是 mappings 属性，该属性是一个 Properties 属性对象，该对象的每个 Entry（属性名→属性值）代表一条映射关系，其中属性名代表请求地址，属性值代表控制器 Bean 的 id。

例如上面配置<prop key="/login">userLogin</prop>，就是告诉 Spring MVC：当请求地址为 "/login" 时，Spring MVC 应该调用 id 为 userLogin 的控制器 Bean 处理该请求。

不管是前面提到的 BeanNameUrlHandlerMapping，还是此处的 SimpleUrlHandlerMapping，它们都只能将请求映射到控制器 Bean，不能映射到具体的方法，因此，早期的这种控制器类只能包含一个默认的处理方法：

```
pubic ModelAndView handleRequest(HttpServletRequest req, HttpServletResponse resp)
```

通常来说，早期的这种控制器类都要实现 Controller 接口，下面是本示例的控制器类的代码。

程序清单：codes\06\6.6\SimpleUrlHandlerMapping\WEB-INF\src\org\crazyit\app\controller\
UserController.java

```java
public class UserController implements Controller
{
    // 依赖注入 userService 组件
    @Resource(name = "userService")
    private UserService userService;
    @Override
    public ModelAndView handleRequest(HttpServletRequest request,
            HttpServletResponse response) throws Exception
    {
        // 通过 Servlet API 获取请求参数
        String username = request.getParameter("username");
        String pass = request.getParameter("pass");
        var model = new HashMap<String, String>();
        if (userService.userLogin(username, pass) > 0)
        {
            model.put("tip", "欢迎您，登录成功！");
            return new ModelAndView("success", model);
        }
        model.put("tip", "对不起，您输入的用户名、密码不正确！");
        return new ModelAndView("error", model);
    }
}
```

正如从上面粗体字代码所看到的，该控制器类实现了 Controller 接口，并实现了该接口中唯一的抽象方法：handleRequest()——该方法负责处理请求。

查看该控制器类的源代码就不难发现它的问题，该控制器类的处理方法直接使用 Servlet API，这样带来两个极大的缺点：

➤ 该控制器类与 Servlet API 耦合，不利于代码移植和编写测试用例。

➤ 开发者必须直接通过 Servlet API 获取请求参数。

这种通过 Controller 接口来实现控制器的方式还停留在 Struts 1 时代，这种方式非常不值得推荐。

此外，实现 Controller 接口的控制器的处理方法是固定的，它不能直接声明 Model 或 ModelMap 类型的形参，而且处理方法必须显式创建并返回 ModelAndView 对象——该对象中的 String 参数代表逻辑视图名，Map 参数代表 model 数据。

▶▶ 6.6.3 @RequestMapping 注解及其变体

目前 Spring MVC 推荐的主流 HandlerMapping 当然是 RequestMappingHandlerMapping，它不仅

简单、易用，而且功能强大，它可直接将请求映射到控制器类中@RequestMapping 修饰的方法。

@RequestMapping 注解即可修饰控制器类，也可修饰控制器类中的方法，当使用@RequestMapping 修饰类时，它指定的地址就相当于"基路径"。例如如下控制器类的代码片段：

```
@Controller
@RequestMapping("/items")
public class ItemController
{
    ...
    // 通过赢取者获取物品的方法
    @RequestMapping("/addItem")
    public String addItem(Item item) throws Exception
    {
        ...
    }
}
```

上面控制器类使用了@RequestMapping("/items")修饰，这意味着该控制器类中的所有处理方法映射的路径都应该添加"/items"基路径。

例如，接下来的 addItem()方法使用了@RequestMapping("/addItem")修饰，假如它所在的控制器类没有使用@RequestMapping 注解修饰，那么该方法负责处理的请求地址为"/addItem"；假如它所在的控制器类使用了@RequestMapping("/items")修饰，那么该方法负责处理的请求地址为"基路径"+"/addItem"，也就是"/items/addItem"。

表 6.2 中列出了@RequestMapping 注解支持的属性。

表 6.2　@RequestMapping 注解支持的属性

属性	类型	是否必需	说明
value	String[]	否	指定被修饰的类或方法映射的请求地址，该属性是最常用的属性
name	String	否	给映射地址指定一个名称
method	RequestMethod[]	否	指定被修饰的类或方法只处理哪种方法请求，该属性支持 GET、POST、HEAD、OPTIONS、PUT、PATCH、DELETE、TRACE 这几个枚举值。如果不指定该属性，则代表该注解修饰的方法可处理各种请求
consumes	String[]	否	指定被修饰的类或方法只处理指定内容类型（Content-Type）的请求。假如指定 consumes = "text/plain"，这表明被修饰的目标只处理 Content-Type 为 text/plain 的请求；假如指定 consumes = {"text/plain", "application/*"}，这表明被修饰的目标只处理 Content-Type 为 text/plain 或 application/*的请求
produces	String[]	否	指定被修饰的类或方法只处理包含指定 Accept 请求头的请求。假如指定 produces = "text/plain"，这表明被修饰的目标只处理 Accept 请求头包含 text/plain 的请求；也可为 produces 属性指定形如 {"text/plain", "application/*"}的数组
params	String[]	否	指定被修饰的类或方法只处理包含指定参数的请求。假如指定 params="name"，这表明被修饰的目标只处理包含 name 请求参数的请求；假如指定 params="!name"，这表明被修饰的目标只处理不包含 name 请求参数的请求；假如指定 params="name=crazyit"，这表明被修饰的目标只处理包含 name 请求参数，且参数值为 crazyit 的请求
headers	String[]	否	作用与 params 相似。只不过它是基于请求头进行判断的
path	String[]	否	与 value 属性相同。value 属性其实是 path 属性的别名

下面示例示范了@RequestMapping 注解中各属性的功能和作用。

程序清单：codes\06\6.6\RequestMapping\WEB-INF\src\org\crazyit\app\controller\UserController.java

```java
@Controller
public class UserController
{
    // 依赖注入 userService 组件
    @Resource(name = "userService")
    private UserService userService;
    // @RequestMapping 指定该方法处理/login 请求
    // 通过 method 属性指定该方法只处理 POST 请求
    // 通过 params 属性指定该方法只处理包含 username 请求参数, 且参数值为 crazyit.org 的请求
    // 通过 consumes 属性指定该方法只处理
    // Content-Type 为 application/x-www-form-urlencoded 的请求
    // 通过 headers 属性指定该方法只处理包含 Referer 请求头
    // 且其值为 http://localhost:8888/RequestMapping/loginForm.jsp 的请求
    @RequestMapping(path="/login",
        method = RequestMethod.POST,
        params="username=crazyit.org",
        consumes="application/x-www-form-urlencoded",
        headers="Referer=http://localhost:8888/RequestMapping/loginForm.jsp")
    public String login(String username, String pass, Model model)
    {
        if (userService.userLogin(username, pass) > 0)
        {
            model.addAttribute("tip", "欢迎您，登录成功！");
            return "success";
        }
        model.addAttribute("tip", "对不起，您输入的用户名、密码不正确！");
        return "error";
    }
}
```

上面程序中的粗体字代码使用@RequestMapping 注解修饰了控制器的处理方法，并通过 path 属性（等同于 value 属性）指定了该处理方法映射的处理路径。

此外，上面粗体字代码还指定了 method = RequestMethod.POST，这表明被修饰的方法只处理 POST 请求。

该注解还指定了 params="username=crazyit.org"，这表明被修饰的方法只处理包含 username 请求参数，且参数值为 crazyit.org 的请求。

该注解还指定了 consumes="application/x-www-form-urlencoded"，这表明被修饰的方法只处理 Content-Type 为 application/x-www-form-urlencoded 的请求。

该注解还指定了 headers="Referer=http://localhost:8888/RequestMapping/loginForm.jsp"，这表明被修饰的方法只处理包含 Referer 请求头，且其值为 http://localhost:8888/RequestMapping/loginForm.jsp 的请求。

运行该示例，访问应用的 loginForm.jsp 页面，在"用户名"（对应 username 请求参数）文本框中输入 crazyit.org，在"密码"文本框中随便输入后提交请求，依然可以看到该应用正常运行。

如果在"用户名"（对应 username 请求参数）文本框中输入的不是 crazyit.org，那么意味着该请求将没有合适的方法处理——上面@RequestMapping 注解指定了 params="username=crazyit.org"，此时提交请求，将看到如图 6.26 所示的错误页面。

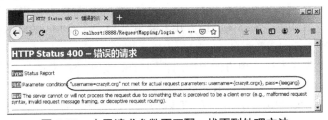

图 6.26 由于请求参数不匹配，找不到处理方法

由于提交表单的请求的 Content-Type 是 application/x-www-form-urlencoded，正好符合上面 @RequestMapping 注解中 consumes="application/x-www-form-urlencoded"属性的要求；如果将上面注解中的 consumes 属性值改为"application/json"，再次编译、运行该项目，即使在登录页面中使用 crazyit.org 用户名进行登录，也会看到如图 6.27 所示的错误页面。

图 6.27　由于请求的 Content-Type 不匹配，找不到处理方法

此时还可在 Tomcat 控制台看到如下输出：

```
[org.springframework.web.HttpMediaTypeNotSupportedException: Content type
'application/x-www-form-urlencoded' not supported]
```

按此方式，读者可自行修改@RequestMapping 注解中其他属性的值，这样就能体会到该注解中各属性的效果了。

@RequestMapping 注解还有如下几个变体。

➢ @GetMapping：该注解修饰的方法只能处理 GET 请求。该注解相当于 method 属性值为 RequestMethod.GET 的@RequestMapping 注解，且该注解只能修饰方法。

➢ @PostMapping：该注解修饰的方法只能处理 POST 请求。该注解相当于 method 属性值为 RequestMethod.POST 的@RequestMapping 注解，该注解可修饰类或方法。

➢ @PutMapping：该注解修饰的方法只能处理 PUT 请求。该注解相当于 method 属性值为 RequestMethod.PUT 的@RequestMapping 注解，且该注解只能修饰方法。

➢ @DeleteMapping：该注解修饰的方法只能处理 DELETE 请求。该注解相当于 method 属性值为 RequestMethod.DELETE 的@RequestMapping 注解，且该注解只能修饰方法。

➢ @PatchMapping：该注解修饰的方法只能处理 PATCH 请求。该注解相当于 method 属性值为 RequestMethod.PATCH 的@RequestMapping 注解，且该注解只能修饰方法。

上面这些注解其实是@RequestMapping 注解指定了 method 属性后的变体，因此，这些注解支持的属性与@RequestMapping 注解大致相同，只是不能指定 method 属性。

▶▶ 6.6.4　处理方法允许的返回值类型

正如从前面示例中所看到的，控制器的处理方法最常见的返回值是 String 对象；前面还见过处理方法返回 View 对象；也见过实现 Controller 接口的控制器的处理方法必须返回 ModelAndView 对象。

实际上，控制器的处理方法的返回值允许是以下常见的类型。

➢ String：String 对象代表该处理方法返回的逻辑视图名。

➢ ModelAndView：早期控制器的处理方法要求返回该对象，该对象用于组合视图对象和 model。它组合的视图对象既可以是 String 类型的逻辑视图名，也可以是代表实际视图的 View 对象。由于早期控制器的处理方法不能声明 Model 或 ModelMap 形参，因此需要让处理方法返回包含 model 数据的 ModelAndView 对象。

➢ View：View 对象代表该处理方法返回的视图对象，如果控制器的处理方法返回 View 对象，那么意味着该返回值无须 ViewResolver 解析。

➢ HttpHeaders：如果希望服务器响应只有响应头，没有响应体，则让控制器的处理方法返回该类型的参数。

➤ Map 或 Model：该类型的返回值包含的属性将被添加到隐式的 model 中。由于该类型的返回值并未包含有效的视图名或视图对象，因此 Spring MVC 将通过 RequestToViewNameTranslator 对象获取隐式的逻辑视图名。

> **提示：**
> RequestToViewNameTranslator 是一个策略接口，你可以为它提供自己的策略实现类；Spring MVC 为该接口提供了一个默认实现类：DefaultRequestToViewNameTranslator，这个默认实现类的处理思路简单，用户请求是什么，它就返回什么逻辑视图名。比如请求地址为 http://localhost:8888/crazyit/display.html，它解析得到的逻辑视图名就是 display；请求地址为 http://localhost:8888/crazyit/admin/index.html，它解析得到的逻辑视图名就是 admin/index。

➤ @ResponseBody：使用该注解修饰处理方法时，该方法的返回值将由 HttpMessageConverter 负责转换，并将该返回值直接作为响应输出。

➤ @ModelAttribute：使用该注解修饰处理方法时，该方法的返回值将被绑定为 model 的指定属性。

➤ HttpEntity<B>或 ResponseEntity<B>：ResponseEntity 是 HttpEntity 的子类，当它们作为返回值时，其包含的数据及 HTTP 头、HTTP 状态都会被转换成响应输出。

➤ Callable<V>：当控制器的处理方法返回 Callable 对象时，Spring MVC 会通过线程池启动一条新线程来执行该 Callable 对象。

➤ DeferredResult<V>：DeferredResult 类型的返回值是 Callable 返回值的替代方案，用它来实现异步处理会更方便。

➤ ListenableFuture<V>、CompletionStage<V>或 CompletableFuture<V>：当应用程序想从线程池中提交任务生成返回值时，让处理方法返回它们。

➤ ResponseBodyEmitter：当程序想以异步方式输出多个对象给响应时，让处理方法返回该对象。

➤ SseEmitter：当程序想以异步方式将 Server-Sent 事件输出到响应时，让处理方法返回该对象。

➤ StreamingResponseBody：当程序想把字节输出流（OutputStream）以异步方式输出到响应时，让处理方法返回该对象。

void：当控制器的处理方法的返回值类型为 void（或返回了 null 值），且该方法具有 ServletResponse 形参或 OutputStream 形参，或者使用了@ResponseStatus 注解修饰时，就意味着该方法将会自己来生成响应——无须 DispatcherServlet 进行任何后续处理。此外，void 返回值也可表示 REST 控制器没有生成响应体或为 HTML 控制器选择默认的视图。

➤ 其他返回值：控制器的处理方法也可返回任何复合类型的对象。如果返回 String 或 void 之外的其他简单类型（使用 BeanUtils 的 isSimpleProperty()方法返回 true），这种类型的视图名将无法解析。

➤➤ 6.6.5 @RequestParam 注解与 MultiValueMap

@RequestParam 是一个最基本的注解，它专门用于修饰控制器的处理方法的形参，将查询参数、表单域参数甚至 multipart 请求的 part 参数映射到该形参——通俗来说，控制器方法可直接通过该形参访问对应的请求参数（包括查询参数、表单域参数和 part 参数）。

@RequestParam 注解支持的属性如表 6.3 所示。

表 6.3　@RequestParam 注解支持的属性

属性	类型	是否必需	说明
value	String	否	指定被修饰的参数对应的请求参数名
name	String	否	value 属性的别名
required	boolean	否	指定该请求参数是否必需，默认值为 true
defaultValue	String	否	当该请求参数不存在或该请求参数值为 null 时，该属性用于为该参数指定默认值

从表 6.3 可以看出，@RequestParam 注解其实很简单，通常只需指定 value 或 name 属性，指定要将哪个请求参数映射到被修饰的形参。

按理来说，@RequestParam 注解是非常重要的，毕竟它负责的是参数映射，但实际上这个注解并不常用，因为 Spring MVC 非常强大，只要保证请求参数名与处理方法的形参名相同，Spring MVC 就会自动完成请求参数与处理方法参数的映射，无须使用@RequestParam 注解。

当请求参数名与处理方法的形参名不同时，可以使用@RequestParam 注解完成映射。例如如下控制器类代码。

程序清单：codes\06\6.6\RequestParam\WEB-INF\src\org\crazyit\app\controller\UserController.java

```java
@Controller
public class UserController
{
    // 依赖注入 userService 组件
    @Resource(name = "userService")
    private UserService userService;
    // @PostMapping 指定该方法处理/login 请求
    @PostMapping("/login")
    public String login(@RequestParam("username") String name,
        @RequestParam("pass") String p, Model model)
    {
        if (userService.userLogin(name, p) > 0)
        {
            model.addAttribute("tip", "欢迎您，登录成功！");
            return "success";
        }
        model.addAttribute("tip", "对不起，您输入的用户名、密码不正确！");
        return "error";
    }
}
```

看上面粗体字的处理方法，该处理方法的形参名分别为 name 和 p，它们与请求参数名（username、pass）不同，因此程序使用@RequestParam 注解执行映射。其中，@RequestParam("username")修饰的 name 参数被映射到 username 请求参数；@RequestParam("pass")修饰的 p 参数被映射到 pass 请求参数。

此外，Spring MVC 还提供了一种"简单、粗暴"地处理请求参数的方法：将控制器的处理方法的形参声明为 Map<String, String>或 MultiValueMap<String, String>类型（当一个参数可能存在多个值时用该类型），这样请求的所有参数都会被自动传入该 Map 对象，其中 key 作为参数名，value 作为参数值。

对于这种使用 Map<String, String>或 MultiValueMap<String, String>形参获取请求参数的情形，Spring MVC 要求使用@RequestParam 注解修饰该参数，而且无须指定 name 或 value 属性。

提示：

MultiValueMap<String, String>是 Spring 提供的类型，它其实就是 Map<K,List<V>>的子类，其中 key 代表请求参数名，对应的 value（List<V>）代表多个请求参数值。

下面程序示范了使用 MultiValueMap<String, String>作为控制器的处理方法的参数类型。

程序清单：codes\06\6.6\MultiValueMap\WEB-INF\src\org\crazyit\app\controller\UserController.java

```java
@Controller
public class UserController
{
    // 依赖注入 userService 组件
    @Resource(name = "userService")
    private UserService userService;
    // @PostMapping 指定该方法处理/login 请求
    @PostMapping("/login")
    public String login(@RequestParam MultiValueMap<String, String> params, Model
model)
    {
        // 通过 MultiValueMap 获取 username、pass 参数值
        // 由于 MultiValueMap 的 value 是 List<String>，若用 Map 的 get(key)将返回 List 集合
        // 调用 getFirst()方法返回该 key 对应的 List 集合的第一个元素
        String username = params.getFirst("username");
        String pass = params.getFirst("pass");
        if (userService.userLogin(username, pass) > 0)
        {
            model.addAttribute("tip", "欢迎您，登录成功！");
            return "success";
        }
        model.addAttribute("tip", "对不起，您输入的用户名、密码不正确！");
        return "error";
    }
}
```

上面控制器的处理方法定义了一个 MultiValueMap 形参来接收所有的请求参数，因此使用不带任何属性的@RequestParam 注解来修饰该参数。

当使用 MultiValueMap 形参来接收请求参数时，请求参数名将作为该 Map 的 key，请求参数值将作为该 Map 的 value——如果某个请求参数有多个参数值，多个参数值将会组成 value（value 是 List 集合）的元素。

使用 MultiValueMap 形参接收请求参数"简单、粗暴"，在实际编程时并不方便——程序必须显式调用 get()或 getFirst()方法来获取请求参数值，往往可能还需要对请求参数值进行类型转换，因此这种方式并不值得推荐。

类似于 Map 形参，却比 Map 形参更方便的方式是：采用自定义的复合类型的形参来接收请求参数。假如用户提交的请求包含 name、password、age 这三个请求参数——程序可定义一个 User 类型的参数，该 User 类包含 name、password、age 这三个属性——属性名和请求参数名相同，Spring MVC 就会自动将 name、password、age 这三个请求参数封装成 User 对象。

使用复合类型的形参来接收请求参数时，甚至无须使用@RequestParam 注解修饰。

下面示例的用户注册页面包含 name、password、age 这三个请求参数，该注册页面的代码比较简单，读者可自行参考 codes\06\6.6\RequestParam2 目录下的 registForm.jsp。为了封装这三个请求参数，先为它们定义一个 User 类，该 User 类的代码如下。

程序清单：codes\06\6.6\RequestParam2\WEB-INF\src\org\crazyit\app\domain\User.java

```java
public class User
{
    private String name;
    private String password;
    private Integer age;
    // 省略 getter、setter 方法
    ...
}
```

接下来只要在控制器的处理方法中定义一个 User 类型的请求参数，Spring MVC 就会把 name、password、age 请求参数封装成 User 对象。下面是处理用户注册、用户登录的控制器类的代码。

程序清单：codes\06\6.6\RequestParam2\WEB-INF\src\org\crazyit\app\controller\UserController.java

```java
@Controller
public class UserController
{
    // 依赖注入 userService 组件
    @Resource(name = "userService")
    private UserService userService;
    // @PostMapping 指定该方法处理/login 请求
    @PostMapping("/login")
    public String login(User user, Model model)
    {
        if (userService.userLogin(user) > 0)
        {
            model.addAttribute("tip", "欢迎您，登录成功！");
            return "success";
        }
        model.addAttribute("tip", "对不起，您输入的用户名、密码不正确！");
        return "error";
    }
    @PostMapping("/regist")
    public String regist(User user, Model model)
    {
        if (userService.addUser(user) > 0)
        {
            model.addAttribute("tip", "欢迎您，注册成功！");
            return "success";
        }
        model.addAttribute("tip", "对不起，注册失败，请联系系统管理员");
        return "error";
    }
}
```

上面两个处理方法都只定义了一个 User 类型的形参，Spring MVC 会自动将 name、password、age 这三个参数封装成 User 对象——这也是 Spring MVC 带来的便捷之处：由于 Spring MVC 会对 String 类型的请求参数进行类型转换，再将多个请求参数封装成对象，这样整个后续编程都能"面向对象"进行。

正如从上面代码所看到的，从控制器的处理方法开始，Spring MVC 已将多个 String 类型的参数转型、封装成了 User 对象，接下来当控制器调用 Service 组件的方法时，将会直接传入 User 对象（无须传入多个 String 类型的参数）；当 Service 组件调用 DAO 组件的方法时，同样也是传入 User 对象——别忘了 MyBatis 的内容：MyBatis 可面向对象执行持久化操作。

在上面这个完整的过程中，从 Spring MVC 将请求参数封装成对象开始，接下来的控制器、Service 组件、DAO 组件都可面向对象编程，因此非常方便，这也是本书推荐的方式。

UserService 组件也可面向对象编程，因此将它的方法参数都改为面向 User 类型。下面是 UserServiceImpl 实现类的代码。

程序清单：codes\06\6.6\RequestParam2\WEB-INF\src\org\crazyit\app\service\impl\UserServiceImpl.java

```java
public class UserServiceImpl implements UserService
{
    // 使用 List 集合模拟内存中的数据库
    private static List<User> userList = Collections.synchronizedList(
        new ArrayList<>());
    public Integer userLogin(User user)
    {
        for (User u : userList)
```

```
    {
        // 查找内存中的数据库（userList），如果找到记录则返回 19
        if (u.getName().equals(user.getName())
            && u.getPassword().equals(user.getPassword()))
        {
            return 19;
        }
    }
    return -1;
}
public Integer addUser(User user)
{
    userList.add(user);
    return userList.size();
}
}
```

正如从上面粗体字代码所看到的，该 UserService 组件的两个方法的参数都是 User，不再是基本的 String 类型。

为了简化起见，UserService 并未提供底层的 DAO（Mapper）组件，而是使用一个 List 集合来模拟内存中的数据库。如果读者还记得前面关于 MyBatis 与 Spring 整合的知识，则完全可以为该应用提供 Mapper 组件，并将 Mapper 组件注入该 UserService，这样该应用就可以操作实际数据库了。

运行该示例后，当用户通过注册页面来添加新用户时，新添加的用户只是被保存在 List\<User\> 集合中，只要应用不重启，新注册的用户信息就总是保存在该 List\<User\> 集合中，因此，用户可通过新注册的用户来登录系统；每次应用重启，该集合中的数据都会丢失。

▶▶ 6.6.6　使用@PathVariable 获取路径变量的值

使用@PathVariable 注解可以非常方便地将请求 URL 中的动态参数绑定到处理方法的请求参数。例如控制器的处理方法可处理的 URL 为 http://www.example.com/users/{userId}，其中{userId}相当于一个占位符，它是可动态变化的。假如用户请求的 URL 为 http://www.example.com/users/crazyit，这就相当于该请求包含了动态参数，其参数值为 crazyit。

@PathVariable 注解支持的属性如表 6.4 所示。

表 6.4　@PathVariable 注解支持的属性

属性	类型	是否必需	说明
value	String	否	指定被修饰的参数对应的路径变量名，如果省略该属性，则绑定同名变量
name	String	否	value 属性的别名
required	boolean	否	指定该参数是否必需，默认值为 true

从表 6.4 可以看出，@PathVariable 注解其实很简单，通常只需指定 value 或 name 属性，指定要将哪个路径变量（就是 URL 地址中花括号里的部分）绑定到被修饰的形参；如果路径变量名与处理方法的形参名相同，那么在使用@PathVariable 注解时甚至无须指定 value 或 name 属性。

每个处理方法都可包含任意个使用@PathVariable 注解修饰的形参，即使有的路径变量来自类级别的@RequestMapping，有的路径变量来自方法级别的@RequestMapping，@PathVariable 也都可应付自如。

下面示例示范了使用@PathVariable 注解处理路径变量。该示例将可处理如下形式的 URL：

http://localhost:8888/PathVariable/authors/{authorId}/books/{keyword}

先看本示例的首页代码，该首页上包含两个链接，其 URL 都满足上面的形式。

程序清单：codes\06\6.6\PathVariable\WEB-INF\content\index.jsp

```
<div class="container">
<h4>首页</h4>
<a href="${pageContext.request.contextPath}/authors/1/books/java"
    class="btn btn-primary">查看 id 为 1 的作者的 Java 图书</a>
<a href="${pageContext.request.contextPath}/authors/2/books/c"
    class="btn btn-primary">查看 id 为 2 的作者的 C 图书</a>
</div>
```

请留意上面的 index.jsp 页面被放在了\WEB-INF\content 路径下，这意味着该页面不能直接访问，必须经由 DispatcherServlet 负责跳转，需要在控制器中先提供一个处理方法，再由逻辑视图跳转到该视图页面。

试想一下，在实际应用中可能存在大量需要跳转的页面，难道要为每个页面都提供一个处理方法？那太麻烦了，实际上只要提供类似于如下的通用处理器即可。

程序清单：codes\06\6.6\PathVariable\WEB-INF\src\org\crazyit\app\controller\CommonController.java

```
@Controller
public class CommonController
{
    // 指定该方法能处理所有的/{url}请求
    @GetMapping("/{url}")
    public String handle(@PathVariable String url)
    {
        return url;
    }
}
```

上面粗体字代码指定被修饰的方法可以处理/{url}请求，且返回 url 作为逻辑视图名。例如用户请求/abc，则意味着该方法返回 abc 逻辑视图名——该逻辑视图名将会被解析为访问\WEB-INF\content\abc.jsp 页面。

接下来定义处理上面两个链接请求的控制器类的代码。

程序清单：codes\06\6.6\PathVariable\WEB-INF\src\org\crazyit\app\controller\BookController.java

```
@Controller
@RequestMapping("/authors/{authorId}")
public class BookController
{
    // 依赖注入bookService组件
    @Resource(name = "bookService")
    private BookService bookService;
    // @GetMapping指定该方法处理/books/{keyword}请求
    @GetMapping("/books/{keyword}")
    public String viewBooks(@PathVariable Integer authorId,
            @PathVariable("keyword") String kw, Model model)
    {
        model.addAttribute("author", bookService.getAuthor(authorId).getName());
        model.addAttribute("books", bookService
            .getBooksByAuthorAndKeyword(authorId, kw));
        return "books";
    }
}
```

上面控制器类使用了@RequestMapping("/authors/{authorId}")修饰，它的 viewBooks()方法使用了@GetMapping("/books/{keyword}")修饰，这意味着该方法可以处理如下请求：

/authors/{authorId}/books/{keyword}

上面 URL 中包含两个路径变量：authorId 和 keyword，而控制器中 viewBooks()处理方法的第一个形参名为 authorId，它和请求 URL 中的路径变量同名，因此可直接使用@PathVariable 修饰（无须指定属性）；viewBooks()处理方法的第二个形参名为 kw，它和请求 URL 中的路径变量不同名，因此必须使用@PathVariable("keyword")修饰，说明将这个 kw 参数映射到 URL 中名为 keyword 的路径变量。

上面 BookController 控制器类调用了 BookService 组件的两个方法，该 BookService 组件使用 Map 模拟内存中的数据库。下面是 BookServiceImpl 实现类的代码。

程序清单：codes\06\6.6\PathVariable\WEB-INF\src\org\crazyit\app\service\impl\BookServiceImpl.java

```java
public class BookServiceImpl implements BookService
{
    // 使用 List 集合模拟内存中的数据库
    private static Map<Author, List<Book>> bookDb =
        Collections.synchronizedMap(new LinkedHashMap<>());
    // 使用静态初始化块添加一些初始数据，模拟内存中的数据库
    static {
        bookDb.put(new Author(1, "李刚", "广州", 25),
            List.of(new Book(1, "疯狂 Java 讲义", 138, "国人必读的 Java 经典"),
            new Book(2, "疯狂 Python 讲义", 118, "最好的 Python 经典图书"),
            new Book(3, "疯狂 Android 讲义", 128, "系统学习 Android 编程的图书"),
            new Book(4, "轻量级 Java EE 企业应用实战", 128, "Web 应用开发最佳实战图书")));
        bookDb.put(new Author(2, "Lippman", "USA", 25),
            List.of(new Book(4, "C++ Primier", 168, "C++编程的经典图书")));
    }
    @Override
    public Author getAuthor(Integer authorId)
    {
        for (var author : bookDb.keySet())
        {
            // 找到指定 id 对应的 Author 对象
            if (author.getId() == authorId)
            {
                return author;
            }
        }
        return null;
    }
    @Override
    public List<Book> getBooksByAuthorAndKeyword(
            Integer authorId, String kw)
    {
        var bookList = new ArrayList<Book>();
        for (var author : bookDb.keySet())
        {
            // 找到指定 id 对应的 Author 对象
            if (author.getId() == authorId)
            {
                // 遍历该作者的所有图书
                for (var book : bookDb.get(author))
                {
                    // 如果图书书名中包含 kw 关键字，则将该图书添加到 bookList 集合中
                    if (book.getName().toLowerCase().contains(kw.toLowerCase()))
                    {
                        bookList.add(book);
                    }
                }
            }
        }
        return bookList;
    }
}
```

上面 BookServiceImpl 使用了一个 Map<Author, List<Book>>来模拟数据库，该 Map 的 key 代表 Author 对象，value 则代表该 Author 对应的图书。该 BookServiceImpl 的方法代码主要是进行简单的集合操作，相信读者很容易理解它们。

单击 index.jsp 页面（通过 index 访问）上的第一个链接时，程序向/authors/1/books/java 发送请求，此时 authorId 参数为 1，keyword 参数为 java，可以看到应用显示如图 6.28 所示的页面。

图 6.28　使用@PathVariable 映射路径变量 1

单击 index.jsp 页面上的第二个链接时，程序向/authors/2/books/c 发送请求，此时 authorId 参数为 2，keyword 参数为 c，可以看到应用显示如图 6.29 所示的页面。

图 6.29　使用@PathVariable 映射路径变量 2

▶▶ 6.6.7　使用@PathVariable 处理正则表达式

使用@PathVariable 注解不仅可以处理简单的{参数名}形式的路径变量，还可以根据正则表达式提取 URL 中的路径变量。在 URL 中定义正则表达式路径变量的语法格式为：{varName:regex}，其中 varName 指定参数名，regex 代表一个有效的正则表达式。

例如，对于如下请求地址：

```
http://localhost:8888/<context>/mybatis-3.5.2.zip
```

如果程序希望将后面的 mybatis-3.5.2.zip 分解成三个参数，其中 mybatis 作为档案名，3.5.2 作为版本号，.zip 作为后缀名，即可借助@PathVariable 处理正则表达式的功能。此时可定义控制器的方法处理如下形式的请求地址：

```
/{arName:[a-z-]+}-{version:\\d\\.\\d\\.\\d}{extension:\\.[a-z]+}
```

上面地址定义了三个路径变量，其中：

➤ {arName:[a-z-]+}定义第一个路径变量，该路径变量的名称为 arName，其正则表达式为 [a-z-]+。

➤ {version:\\d\\.\\d\\.\\d}定义第二个路径变量，该路径变量的名称为 version，其正则表达式为 \\d\\.\\d\\.\\d。

➤ {extension:\\.[a-z]+}定义第三个路径变量，该路径变量的名称为 extension，其正则表达式为 \\.[a-z]+。

下面示例示范了使用@PathVariable 注解处理正则表达式。先看该示例的首页上的两个链接。

程序清单：codes\06\6.6\PathVariable_regex\index.jsp

```
<a href="${pageContext.request.contextPath}/spring-web-5.1.9.jar"
  class="btn btn-primary">查看 Spring 的包</a>
```

```html
<a href="${pageContext.request.contextPath}/mybatis-3.5.2.zip"
    class="btn btn-primary">查看 MyBatis 的包</a>
```

为上面两个链接的 URL 定义如下控制器进行处理，该控制器的方法将使用@PathVariable 注解提取其中的档案名、版本号和后缀名这三个参数。

程序清单：codes\06\6.6\PathVariable_regex\WEB-INF\src\org\crazyit\app\controller\ArchiverController.java

```java
@Controller
public class ArchiverController
{
    // @GetMapping 指定该方法处理指定请求
    @GetMapping("/{arName:[a-z-]+}-{version:\\d\\.\\d\\.\\d}{extension:\\.[a-z]+}")
    public String viewBooks(@PathVariable String arName,
            @PathVariable String version, @PathVariable String extension,
            Model model)
    {
        model.addAttribute("arName", arName);
        model.addAttribute("version", version);
        model.addAttribute("extension", extension);
        return "success";
    }
}
```

上面粗体字注解指定被修饰的方法负责处理如下请求：

```
/{arName:[a-z-]+}-{version:\\d\\.\\d\\.\\d}{extension:\\.[a-z]+}
```

该请求就是前面所分析的，它使用正则表达式定义了三个路径变量，因此这三个路径变量将被传给控制器的处理方法的参数。

本示例并未根据请求参数进行任何业务处理，只是将请求放入 model 中，这样以便传给视图页面显示——本示例的主要目的就是演示如何使用@PathVariable 注解处理正则表达式。

运行该示例后，单击首页上的第一个链接，将看到如图 6.30 所示的效果。

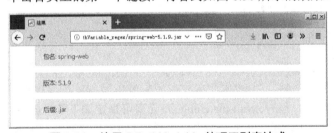

图 6.30　使用@PathVariable 处理正则表达式

▶▶ 6.6.8　路径模式

@RequestMapping 注解及其所有变体（@GetMapping、@PostMapping 等）都可支持 Ant 风格的路径模式。例如如下路径模式。

➢ /users/*.do：它可匹配/users/crazyit.do、/users/wawa.do 等 URL。

➢ /owers/*/pets/{petId}：它可匹配/owers/crazyit/pets/1、/owers/nono/pets/2 等 URL。

➢ /authors/**/{bookId}：它可匹配/authors/aaa/bbb/123、/authors/aaa/456 等 URL。

➢ /authors/**/books：它可匹配/authors/books、/authors/aaa/bbb/books 等 URL。

➢ /authors/books??：它可匹配/authors/booksaa、/authors/booksbb 等 URL。

当系统存在多个路径模式与请求 URL 匹配时，Spring MVC 将按"精确优先"的原则进行匹配。

➢ 路径模式包含的路径变量越少、通配符越少，Spring MVC 认为它越精确。例如/hotels/{hotel}/*只包含一个路径变量和一个通配符，它会被认为比/hotels/{hotel}/**更精确，因为后者包含一个路径变量和两个通配符。

➤ 如果两个路径模式包含的路径变量和通配符数量相同，长度更长的路径模式会被认为更精确。例如/foo/bar*和/foo/*两个路径模式都只包含一个通配符，但/foo/bar*的长度更长，因此它会被认为更精确。

➤ 当两个路径模式包含的路径变量和通配符总数相同时，通配符较少的路径模式会被认为更精确。例如/hotels/{hotel}和/hotels/*都只包含一个路径变量和通配符，但/hotels/{hotel}只包含路径变量，没有包含通配符，因此它被认为更精确。

此外，还有如下匹配规则。

➤ /**路径模式几乎可匹配任何请求地址，因此其他任何路径模式都比它更精确。例如/api/{a}/{b}/{c}虽然包含了三个路径变量，但它依然比/**更精确。

➤ /public/**几乎可匹配/public/路径下的任何请求地址，因此任何不包含**通配符的路径模式都比它更精确。例如/public/{a}/{b}/{c}虽然包含了三个路径变量，但它依然比 public/**更精确。

Spring MVC 默认开启了后缀模式匹配，还记得前面关于 ContentNegotiatingViewResolver 的示例吗？当用户请求 viewBooks.json、viewBooks.xls、viewBooks.json 时，Spring MVC 都会交给 @RequestMapping("/viewBooks")修饰的方法处理。

这说明 Spring MVC 默认开启了后缀模式匹配，@RequestMapping("/viewBooks")其实隐式映射了@RequestMapping("/viewBooks.*")。

Spring MVC 的路径模式匹配行为和后缀模式匹配都是可自定义配置的，在 <mvc:annotation-driven.../>元素内添加<mvc:path-matching.../>元素即可配置路径匹配模式。例如如下配置：

```
<mvc:annotation-driven>
    <mvc:path-matching
        suffix-pattern="true"
        trailing-slash="false"
        registered-suffixes-only="true"
        path-helper="pathHelper"
        path-matcher="pathMatcher"/>
</mvc:annotation-driven>
<bean id="pathHelper" class="org.crazyit.app.MyPathHelper"/>
<bean id="pathMatcher" class="org.crazyit.app.MyPathMatcher"/>
```

从上面配置可以看出，<mvc:path-matching.../>元素可指定如下 5 个属性。

➤ suffix-pattern：用于指定是否开启后缀匹配模式。如果将该属性指定为 true（默认值为 true），则意味着开启后缀匹配模式，"/viewBooks"其实隐式映射了"/viewBooks.*"。

➤ trailing-slash：用于指定是否开启结尾的斜杠匹配。如果将该属性指定为 true（默认值为 true），则意味着"/users"也能匹配"/users/"。

➤ registered-suffixes-only：用于指定后缀匹配模式是否只匹配指定后缀（由 Content Negotiating 显式声明这些后缀）。只有当 suffix-pattern 属性为 true 时，该属性才有意义。如果将该属性设为 true（默认值为 false），则意味着后缀匹配模式只匹配 Content Negotiating 显式指定的后缀。

➤ path-helper：用于指定自定义的 UrlPathHelper 对象。

➤ path-matcher：用于指定自定义的路径匹配器，Spring MVC 默认使用 AntPathMatcher 作为路径匹配器——这就是 Spring MVC 支持 Ant 风格的路径模式的原因。

如果希望提供应用的安全性，让后缀匹配模式只匹配指定后缀——比如"/viewBooks"只隐式映射了"/viewBooks.json"和"/viewBooks.xml"，则可为<mvc:annotation-driven.../>元素指定 content-negotiation-manager 属性，并通过该属性引用的 Bean 的 mediaTypes 属性来限制后缀。例如如下配置片段：

```
<!-- suffix-pattern 属性默认为 true，即默认开启了后缀匹配模式 -->
<mvc:annotation-driven content-negotiation-manager="contentNegotiationManager">
    <!-- 指定后缀匹配模式是否只匹配 Content Negotiation 显式指定的后缀 -->
    <mvc:path-matching
        registered-suffixes-only="true"/>
</mvc:annotation-driven>
<bean id="contentNegotiationManager"
    class="org.springframework.web.accept.ContentNegotiationManagerFactoryBean">
    <property name="mediaTypes">
        <props>
            <prop key="json">application/json</prop>
            <prop key="xml">application/xml</prop>
        </props>
    </property>
</bean>
```

上面粗体字代码限制了 Content Negotiation 时只处理 json 和 xml 两个后缀，这样就限制了后缀匹配模式只能匹配 json 和 xml 两个后缀。

▶▶ 6.6.9 使用@MatrixVariable 处理 Matrix 变量

@MatrixVariable 注解也用于提取请求 URL 中的路径变量，但它能提取更复杂的路径变量。比如用户的 GET 请求地址如下：

```
/pets/42;q=11;r=22
```

对于/pets/后面的字符串"42;q=11;r=22"，它其实包含了三个变量值，但如果简单地定义"/pets/{petId}"为路径模式，那么就没法准确获得 q 和 r 两个变量的值了。

@MatrixVariable 注解就是专门用于获取类似于上面 q、r 这种变量的值的。

@MatrixVariable 注解支持的属性如表 6.5 所示。

表 6.5 @MatrixVariable 注解支持的属性

属性	类型	是否必需	说明
value	String	否	指定被修饰的参数对应的 Matrix 变量名，如果省略该属性，则绑定同名变量
name	String	否	value 属性的别名
pathVar	String	否	指定该 Matrix 变量所属的路径变量名。例如，上面 q、r 两个 Matrix 变量都属于 petId 路径变量
required	boolean	否	指定该参数是否必需，默认值为 true
defaultValue	boolean	否	当该 Matrix 变量不存在时，为其指定默认值

从表 6.5 可以看出，@MatrixVariable 注解其实很简单，通常只需指定 value（或 name）属性以及 pathVar 属性，指定要将哪个 Matrix 变量绑定到被修饰的形参；如果 Matrix 变量名与处理方法的形参名相同，那么在使用@MatrixVariable 注解时甚至无须指定 value（或 name）属性。

需要说明的是，Spring MVC 默认关闭了 Matrix 变量的支持，如果要开启 Matrix 变量的支持，则需要将<mvc:annotation-driven.../>元素的 enable-matrix-variables 属性指定为 true。

例如，如下链接的 URL 中包含了路径变量和 Matrix 变量：

```
<a href="${pageContext.request.contextPath}/pets/42;q=11;r=22"
    class="btn btn-primary">测试 1</a>
```

上面链接的 URL 中包含了两个 Matrix 变量，则可定义如下处理方法来处理它们。

程序清单：codes\06\6.6\MatrixVariable\WEB-INF\src\org\crazyit\app\controller\CrazyitController.java

```
@GetMapping("/pets/{petId}")
public String findPet(@PathVariable String petId,
    @MatrixVariable int q, @MatrixVariable int r, Model model)
```

```
{
    model.addAttribute("petId", petId);
    model.addAttribute("q", q);
    model.addAttribute("r", r);
    return "pet";
}
```

上面路径模式中只有一个路径变量：petId，且 Matrix 变量与处理方法的形参名相同，因此只要使用@MatrixVariable 注解修饰形参即可，无须指定 pathVar 和 value 属性，如上面粗体字代码所示。

上面处理方法并未调用业务逻辑处理这些变量值，只是将这些变量值放入 model 中，以便在视图页面中显示它们——因为本示例的重点就是示范使用@MatrixVariable 注解获取 Matrix 变量。

运行该应用，单击首页上的第一个"链接"（即上面的链接），可以看到如图 6.31 所示的页面。

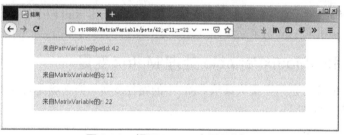

图 6.31　提取 Matrix 变量示例 1

例如，如下链接的 URL 中包含了两个路径变量，每个路径变量都包含一个名为 q 的 Matrix 变量：

```
<a href="${pageContext.request.contextPath}/owners/2;q=crazyit/pets/42;q=cat"
class="btn btn-primary">测试 2</a>
```

可定义如下处理方法来处理它们。

程序清单：codes\06\6.6\MatrixVariable\WEB-INF\src\org\crazyit\app\controller\CrazyitController.java

```
@GetMapping("/owners/{ownerId}/pets/{petId}")
public String findPet(Model model,
        @PathVariable Integer ownerId, @PathVariable Integer petId,
        @MatrixVariable(name = "q", pathVar = "ownerId") String q1,
        @MatrixVariable(name = "q", pathVar = "petId") String q2)
{
    model.addAttribute("ownerId", ownerId);
    model.addAttribute("petId", petId);
    model.addAttribute("q1", q1);
    model.addAttribute("q2", q2);
    return "pet2";
}
```

上面路径模式中有两个路径变量：ownerId 和 petId，且 Matrix 变量与处理方法的形参名不同，因此需要为@MatrixVariable 注解明确指定 pathVar 和 name 属性，如上面粗体字代码所示。

上面处理方法并未调用业务逻辑处理这些变量值，只是将这些变量值放入 model 中，以便在视图页面中显示它们——因为本示例的重点就是示范使用@MatrixVariable 注解获取 Matrix 变量。

运行该应用，单击首页上的第二个"链接"（即上面的链接），可以看到如图 6.32 所示的页面。

Spring MVC 还允许使用@MatrixVariable 注解修饰 MultiValueMap 类型的形参，这样 Spring MVC 会将所有 Matrix 变量放入 MultiValueMap 参数中，其中 key 代表 Matrix 变量的变量名，value 代表 Matrix 变量的变量值。

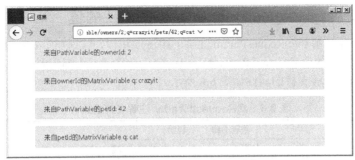

图 6.32　提取 Matrix 变量示例 2

例如，对于如下链接：

```
<a href="${pageContext.request.contextPath}/authors/1;q=java;r=CN/books/42;
q=CLASSIC;max=150"
        class="btn btn-primary">测试 3</a>
```

可定义如下处理方法来处理它们。

程序清单：codes\06\6.6\MatrixVariable\WEB-INF\src\org\crazyit\app\controller\CrazyitController.java

```
@GetMapping("/authors/{authorId}/books/{bookId}")
public String findPet(Model model,
        @PathVariable Integer authorId, @PathVariable Integer bookId,
        // 未指定 pathVar 属性，则意味着获取所有的 Matrix 变量
        @MatrixVariable MultiValueMap<String, String> allMatrixVars,
        // 指定 pathVar 属性为 bookId，则意味着只获取 bookId 对应的 Matrix 变量
        @MatrixVariable(pathVar = "bookId") MultiValueMap<String, String>
        bookMatrixVars)
{
    model.addAttribute("authorId", authorId);
    model.addAttribute("bookId", bookId);
    model.addAttribute("allMatrixVars", allMatrixVars);
    model.addAttribute("bookMatrixVars", bookMatrixVars);
    return "book";
}
```

上面第一行粗体字代码使用不带任何属性的@MatrixVariable 注解修饰 MultiValueMap 参数，这意味着 Spring MVC 会将请求中的全部 Matrix 变量都存入该 MultiValueMap 对象中。

上面第二行粗体字代码使用带 pathVar = "bookId"属性的 @MatrixVariable 注解修饰 MultiValueMap 参数，这意味着 Spring MVC 会将 bookId 路径变量中的所有 Matrix 变量都存入该 MultiValueMap 对象中。

上面处理方法并未调用业务逻辑处理这些变量值，只是将这些变量值放入 model 中，以便在视图页面中显示它们——因为本示例的重点就是示范使用@MatrixVariable 注解获取 Matrix 变量。

运行该应用，单击首页上的第三个"链接"（即上面的链接），可以看到如图 6.33 所示的页面。

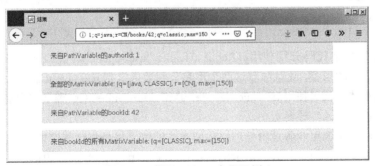

图 6.33　提取 Matrix 变量示例 3

➤➤ 6.6.10 使用@RequestHeader 获取请求头的值

@RequestHeader 注解和@ReqesParam 注解的用法很相似，区别在于@ReqesParam 负责将请求参数绑定到处理方法的形参，而@RequestHeader 则负责将请求头绑定到处理方法的形参。@RequestHeader 注解支持的属性如表 6.6 所示。

表 6.6 @RequestHeader 注解支持的属性

属性	类型	是否必需	说明
value	String	否	指定被修饰的参数对应的请求头的名称
name	String	否	value 属性的别名
required	boolean	否	指定该请求头是否必需，默认值为 true
defaultValue	String	否	当该请求头不存在或该请求头的值为 null 时，该属性用于为该请求头指定默认值

从表 6.6 可以看出，@RequestHeader 注解其实很简单，通常只需指定 value 或 name 属性，指定要将哪个请求头映射到被修饰的形参。

如果使用@RequestHeader 注解修饰 Map<String, String>、MultiValueMap<String, String>或 HttpHeaders（MultiValueMap<String, String>的实现类）类型的形参，Spring MVC 会将所有请求头都放入该参数中，其中 key 代表请求头的名称，value 代表请求头的值。

下面示例将会示范使用两种方式来获取请求头。下面页面中包含两个链接，分别示范了使用两种不同方式来获取请求头。

```
<a href="${pageContext.request.contextPath}/first"
    class="btn btn-primary">查看 User-Agent 和 Accept 两个请求头</a>
<a href="${pageContext.request.contextPath}/second"
    class="btn btn-primary">查看全部请求头</a>
```

下面两个方法分别示范了使用两种方式来获取请求头。

程序清单：codes\06\6.6\RequestHeader\WEB-INF\src\org\crazyit\app\controller\CrazyitController.java

```java
// @GetMapping 指定该方法处理指定请求
@GetMapping("/first")
public void first(@RequestHeader("user-agent") String userAgent,
        @RequestHeader("accept") List<String> accepts, Model model)
{
    model.addAttribute("userAgent", userAgent);
    model.addAttribute("accepts", accepts);
}

// @GetMapping 指定该方法处理指定请求
@GetMapping("/second")
public void second(@RequestHeader MultiValueMap<String, String> headers,
        Model model)
{
    model.addAttribute("headers", headers);
}
```

上面第一行粗体字代码分别使用@RequestHeader("user-agent")和@RequestHeader("accept")两个注解修饰处理方法的形参，这意味着这两个形参分别被绑定到 user-agent 请求头、accpet 请求头。

上面第二行粗体字代码使用@RequestHeader 修饰 MultiValueMap 类型的形参，这意味着所有请求头的值都会被"放入"该参数中。

上面处理方法并未调用业务逻辑处理这些请求头的值，只是将这些请求头的值放入 model 中，以便在视图页面中显示它们——因为本示例的重点就是示范使用@RequestHeader 注解获取请求头的值。

运行该应用，单击首页上的第一个"链接"，可以看到如图 6.34 所示的页面。

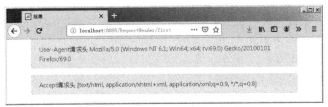

图 6.34 获取指定请求头的值

> **提示：**
>
> 该应用的首页被放在/WEB-INF/content 目录下，直接访问应用根路径下的 index 会
> 跳转到/WEB-INF/content/index.jsp 视图页面。

单击首页上的第二个"链接"，可以看到如图 6.35 所示的页面。

图 6.35 获取全部请求头

▶▶ 6.6.11 异步处理

Spring MVC 的控制器是单例的，这意味着对同一个类中的处理方法发送的所有请求，都会共享同一个实例，因此控制器的处理方法不适合执行某些耗时的操作或调用某些耗时的方法。

当控制器的处理方法确实需要执行某些耗时的操作或调用某些耗时的方法时，建议采用异步方式来进行。如果程序让控制器的处理方法返回一个 Callable 对象，Spring MVC 将会启动新线程来执行该 Callable 对象，Callable 对象的 call()方法的返回值才会被当成处理方法的实际返回值——DispatcherServlet 会根据 call()方法的返回值进行视图解析、转发等。

下面控制器需要调用一个耗时的方法来处理用户请求。看下面的控制器代码。

程序清单：codes\06\6.6\ReturnCallable\WEB-INF\src\org\crazyit\app\controller\BookController.java

```java
@Controller
public class BookController
{
    @Resource(name = "bookService")
    private BookService bookService;
    @GetMapping("/viewBooks")
    public Callable<String> viewBooks(Model model)
    {
        System.out.println("主线程开始，线程 id 为: "
                + Thread.currentThread().getId());
        // 创建 Callable 对象
        Callable<String> result = () ->
        {
            System.out.println("新线程开始，线程 id 为: "
                    + Thread.currentThread().getId());
            // 调用耗时方法
            model.addAttribute("books", bookService.getBooks());  // ①
            System.out.println("新线程返回，线程 id 为: "
                    + Thread.currentThread().getId() + "时间: " + new Date());
```

```
        return "books";
    };
    System.out.println("主线程返回, 线程 id 为: "
            + Thread.currentThread().getId() + "时间: " + new Date());
    // 返回 Callable 对象
    return result;
    }
}
```

上面程序中的粗体字代码使用 Lambda 表达式实现了一个 Callable 对象，这个 Lambda 表达式的执行体实际上就是实现 Callable 接口的 call()方法，其中①号粗体字代码调用了 BookService 组件的 getBooks()方法（这是一个耗时方法），因此在 call()方法中调用 getBooks()方法，就是以异步方式调用 getBooks()方法的。

从上面代码不难看出，得益于 Spring MVC 的良好封装，当控制器方法希望以异步方式执行某种操作时，程序只要把该耗时操作放在 Callble 对象的 call()方法中调用即可。

下面是 BookService 组件实现类的 getBooks()方法的实现。

程序清单：codes\06\6.6\ReturnCallable\WEB-INF\src\org\crazyit\app\service\impl\BookServiceImpl.java

```
public class BookServiceImpl implements BookService
{
    @Override
    public List<String> getBooks()
    {
        try
        {
            // 程序暂停 4 秒, 模拟耗时操作
            TimeUnit.SECONDS.sleep(4);
        }
        catch (Exception ex) { }
        return List.of("疯狂 Java 讲义", "疯狂 Python 讲义",
            "轻量级 Java EE 企业应用实战", "疯狂 Android 讲义");
    }
}
```

上面 getBooks()方法用程序暂停 4 秒模拟了耗时操作。

Spring MVC 的异步机制是基于 Servlet 3.x 规范的，因此本示例必须使用支持 Servlet 3.x 以上规范的容器（比如 Tomcat 9.0），而且必须在配置 DispatcherServlet 时开启异步机制。下面是在 web.xml 文件中配置 DispatcherServlet 的代码片段。

程序清单：codes\06\6.6\ReturnCallable\WEB-INF\web.xml

```
<servlet>
    <!-- 配置 Spring MVC 的核心控制器 -->
    <servlet-name>springmvc</servlet-name>
    <servlet-class>org.springframework.web.servlet.DispatcherServlet</servlet-class>
    <!-- 开启异步支持 -->
    <async-supported>true</async-supported>"
    <load-on-startup>1</load-on-startup>
</servlet>
<servlet-mapping>
    <!-- 配置 Spring MVC 的核心控制器处理所有请求 -->
    <servlet-name>springmvc</servlet-name>
    <url-pattern>/</url-pattern>
</servlet-mapping>
```

上面粗体字代码将 DispatcherServlet 的 async-supported 配置为 true，这样就开启了 DispatcherServlet 的异步支持。

正如前面所介绍的，当控制器的处理方法返回 Callable 对象时，Spring MVC 会启动新线程来执行该 Callable 对象，那么 Spring MVC 会每次都创建一条全新的线程吗？这种方式显然太不合适了！使用线程池才是更理想的方式。

在默认情况下，Spring MVC 会创建 SimpleAsyncTaskExecutor 作为默认的线程池——但这个所谓的线程池其实是假的！在该类的 API 文档中可以看到如下介绍：

NOTE: This implementation does not reuse threads!（注意：该实现不会复用线程）

因此，开发者必须显式配置自己的线程池，并为异步支持指定自定义的线程池。下面是本示例的 Spring MVC 配置文件中关于线程池、异步支持的配置片段。

> 程序清单：codes\06\6.6\ReturnCallable\WEB-INF\springmvc-servlet.xml

```xml
<!-- 配置一个线程池
     其中 corePoolSize 配置线程池的核心线程数
     maxPoolSize 配置线程池的最大线程数
     queueCapacity 配置线程池的缓冲队列的容量
     threadNamePrefix 配置线程池所产生的线程名的前缀
     keepAliveSeconds 配置线程池的空闲线程的存活时间（秒）
-->
<bean id="taskExecutor"
    class="org.springframework.scheduling.concurrent.ThreadPoolTaskExecutor"
    p:corePoolSize="10"
    p:maxPoolSize="100"
    p:queueCapacity="1024"
    p:threadNamePrefix="crazyt-pool-"
    p:keepAliveSeconds="30"/>

<mvc:annotation-driven>
    <!-- 启动异步支持，通过 task-executor 指定自定义的线程池，
        default-timeout 指定默认的超时时长 -->
    <mvc:async-support task-executor="taskExecutor"
        default-timeout="5000">
    </mvc:async-support>
</mvc:annotation-driven>
```

上面程序中的第一段粗体字代码配置了一个 ThreadPoolTaskExecutor Bean，它是 Spring 内置的线程池实现。配置该 Bean 并没有任何特别之处：<bean.../>元素驱动 Spring 调用该类的无参数构造器创建实例，p:前缀（或<property.../>子元素）驱动 Spring 调用该类的实例的 setter 方法执行设值注入，经过上面配置就得到了一个线程池。

程序中的第二段粗体字代码为 Spring MVC 启用异步支持，并通过 task-executor 属性指定自定义的线程池，还通过 default-timeout 指定默认的超时时长。

指定默认的超时时长的意义在于：当控制器的处理方法以异步方式执行耗时操作时，如果超过 default-timeout 指定的时长还未返回，那么 Spring MVC 就会认为该方法超时。此处将 default-timeout 指定为 5000，它代表 5 秒，但前面 BookServiceImpl 的 getBooks()方法只是暂停 4 秒，因此该方法不会超时。

部署、运行该示例，单击首页上的"查看作者图书"链接，将看到浏览器大约需要 4 秒才能载入新的视图页面。但如果查看 Web 服务器控制台，将可以看到如图 6.36 所示的输出。

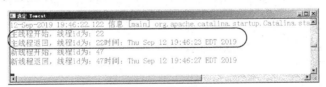

图 6.36　异步机制

从图 6.36 可以看出，控制器方法早就结束了，而 Callable 对象的 call()方法要等到 4 秒之后才返回，但这个延迟对控制器没有影响，这就是异步机制的优势所在。

如果处理方法执行耗时操作的时间超过了 default-timeout 属性指定的时长，Spring MVC 就会认为该处理方法执行超时。假如将上面 BookServiceImpl 的 getBooks()方法中程序暂停 4 秒改为暂停 6 秒，再次单击首页上的"查看作者图书"链接，将会看到如图 6.37 所示的页面。

图 6.37　控制器的处理方法超时

如果超时就显示图 6.37 所示的页面，这显然并不是用户希望看到的。如果希望在控制器的处理方法超时时进行某种"修复"处理：提供给用户一个更友好的界面，则可以提供自定义的超时拦截器。

自定义的超时拦截器需要实现 CallableProcessingInterceptor 接口，并重写该接口中的 handleTimeout(NativeWebRequest request, Callable<T> task)方法。

提示：

> Spring MVC 为 CallableProcessingInterceptor 提供了一个默认实现类：TimeoutCallableProcessingInterceptor，打开它的源代码就会发现，它实现的 handleTimeout()方法直接返回一个 AsyncRequestTimeoutException 异常，该异常会被 Spring MVC 默认的异常处理器解析成 503 错误，这就是在图 6.37 中看到 503 错误的原因。

下面是本示例所使用的超时拦截器。

程序清单： codes\06\6.6\ReturnCallable\WEB-INF\org\crazyit\app\controller\CrazyItCallableInterceptor.java

```java
public class CrazyItCallableInterceptor
    implements CallableProcessingInterceptor
{
    @Override
    public <T> Object handleTimeout(NativeWebRequest request,
        Callable<T> task) throws Exception
    {
        return "timeout_error";
    }
}
```

上面的超时拦截器并未进行过多处理，它只是简单地返回"timeout_error"字符串作为逻辑视图名，该逻辑视图名将会被解析到\WEB-INF\content 目录下的 timeout_error.jsp 视图页面，提供一个简单的 timeout_error.jsp 超时信息页面即可。

在定义了上面的超时拦截器之后，接下来使用<mvc:callable-interceptors.../>元素配置该拦截器。下面是 Spring MVC 配置文件中配置超时拦截器的配置片段。

程序清单： codes\06\6.6\ReturnCallable\WEB-INF\springmvc-servlet.xml

```xml
<mvc:annotation-driven>
    <!-- 启动异步支持，通过 task-executor 指定自定义的线程池，
        default-timeout 指定默认的超时时长 -->
    <mvc:async-support task-executor="taskExecutor"
        default-timeout="5000">
        <!-- 配置超时拦截器 -->
        <mvc:callable-interceptors>
            <!-- 此处列出所有的超时拦截器 -->
            <bean class="org.crazyit.app.controller.CrazyItCallableInterceptor" />
        </mvc:callable-interceptors>
```

```
    </mvc:async-support>
  </mvc:annotation-driven>
```

经过上面配置之后，再次刷新图 6.37 所示的页面——依然超时，但此时将显示如图 6.38 所示的页面。

图 6.38　超时信息页面

图 6.38 所示的提示页面就友好多了，这就是自定义超时拦截器的作用。如果有必要（比如开发 RESTful 服务），超时拦截器的 handleTimeout()方法也可直接生成 JSON 响应——基本上，该方法的返回值有点类似于控制器中处理方法的返回值。

▶▶ 6.6.12　使用 DeferredResult 支持异步处理

DeferredResult 是 Callable 接口的替代品，而且使用 DeferredResult 支持异步处理会更加简单。

DeferredResult 设计的精髓就在 Defer 这个词上，Defer 是什么意思？延迟！简单来说，DeferredResult 代表一个"延迟结果"，它是对"真实结果"的包装。

控制器的处理方法可直接返回 DeferredResult 对象，这样控制器的处理方法就可以立即执行完成，不会因为调用耗时操作而发生阻塞；而 DeferredResult 代表的是"延迟结果"，它可以在未来的某个时间点调用 setResult()方法来设置"真实结果"，一旦 DeferredResult 设置了"真实结果"，该真实结果就会被当成控制器的处理方法的真实返回值，接下来由 DispatcherServlet 进行后续的视图解析、转发等处理。

可能有读者会产生疑问：程序到底在何时、通过什么方式为 DeferredResult 设置"真实结果"呢？答案是没有限制，既可以重新启动一条新线程执行耗时任务，当耗时任务执行完成时为 DeferredResult 设置"真实结果"，也可以使用消息队列来管理 DeferredResult，让消息消费者为它设置真实的值……总之，一切都是自由的。

下面示例将使用 DeferredResult 来改写上面的程序。下面是该示例的控制器代码。

程序清单： codes\06\6.6\DeferredResult\WEB-INF\src\org\crazyit\app\controller\BookController.java

```java
@Controller
public class BookController
{
    @Resource(name = "bookService")
    private BookService bookService;
    @GetMapping("/viewBooks")
    public DeferredResult<String> viewBooks(Model model)
    {
        System.out.println("主线程开始，线程id为："
            + Thread.currentThread().getId());
        // 创建 DeferredResult, 5000(ms) 为超时时长, timeout_error 为超时的默认返回值
        var deferredResult = new DeferredResult<String>(5000L, "timeout_error");
        // 启动新线程执行耗时任务
        new Thread(() -> {
            System.out.println("新线程开始，线程id为："
                + Thread.currentThread().getId());
            // 调用耗时方法
            model.addAttribute("books", bookService.getBooks());
            System.out.println("新线程返回，线程id为："
                + Thread.currentThread().getId() + "时间：" + new Date());
```

```
        deferredResult.setResult("books");  // ①
    }).start();
    System.out.println("主线程返回，线程 id 为: "
            + Thread.currentThread().getId() + "时间: " + new Date());
    // 返回 DeferredResult 对象
    return deferredResult;
    }
}
```

上面程序中的粗体字代码启动了一条新线程来执行耗时任务，当耗时任务执行完成时，①号粗体字代码调用 setResult() 方法为 DeferredResult 对象设置了"真实结果"。

正如前面所介绍的，该控制器的处理方法先创建了一个 DeferredResult 对象，在处理方法的最后直接返回了 DeferredResult 对象——这就是 DeferredResult 对象最简单的用法。其实完全可以将上面程序中的粗体字代码注释掉，如果真这样干了，那么你会发现在请求/viewBooks 时总是超时——为什么呢？因为 DeferredResult 代表的是"延迟结果"，如果程序一直不为它设置"真实结果"，那么它就永远没有真实的结果，DispatcherServlet 也就拿不到控制器的处理方法的真实返回值，自然就导致超时了。

上面控制器代码中的粗体字代码使用一条新线程执行耗时任务，然后为 DeferredResult 对象设置了真实结果——这只是出于示范随便选择的一种做法。实际上可以将这段粗体字代码换成任何耗时代码——只要程序能在 5000ms 内为 DeferredResult 设置"真实结果"即可。

从上面代码可以看出，程序在创建 DeferredResult 对象的第一个参数时指定了该"延迟任务"的超时时长，如果程序不能在超时时长的时间内为 DeferredResult 设置"真实结果"，它就会返回第二个参数："timeout_error"字符串。可见，使用 DeferredResult 实现异步机制比 Callable 更方便。

在使用 DeferredResult 实现异步处理时并不强制使用线程池——正如从上面程序中所看到的，上面程序自行创建并启动 Thread 对象来执行耗时任务，因此无须在 Spring MVC 的配置文件中配置线程池等，只要在 web.xml 文件中配置 DispatcherServlet 时将<async-supported.../>子元素的值设为 true 即可。

 提示：

> 使用 DeferredResult 并不强制使用线程池，开发者完全可以根据实际需要在合适的时候为 DeferredResult 设置"真实结果"，但如果打算启动新线程来执行耗时任务，为 DeferredResult 设置"真实结果"，还是建议使用线程池来管理、复用线程，以便获得更好的性能。

部署、运行该示例，单击首页上的"查看作者图书"链接，将看到浏览器大约需要 4 秒才能载入新的视图页面。但如果查看 Web 服务器控制台，将看到如图 6.39 所示的输出。

图 6.39　使用 DeferredResult 实现异步处理

从图 6.39 中可以看出，控制器方法早就结束了，而新线程要等 4 秒之后才能执行完成，才能为 DeferredResult 设置"真实结果"，但这个延迟对控制器没有影响。

假如将上面 BookServiceImpl 的 getBooks() 方法中程序暂停 4 秒改为暂停 6 秒，再次单击首页上的"查看作者图书"链接，同样会看到如图 6.38 所示的页面——因为在创建 DeferredResult 对象时指定了它超时的时候将返回"timeout_error"字符串，它会被 DispatcherServlet 当成逻辑视图进行解析。

>> 6.6.13　使用@ModelAttribute 修饰方法

@ModelAttribute 是一个功能比较丰富的注解，使用它既可修饰控制器中的方法，也可修饰控制器中方法的形参。

当使用@ModelAttribute 修饰控制器中的方法时，意味着将该方法的返回值绑定到 model 的属性；当使用@ModelAttribute 修饰方法的形参时，意味着将该参数与 model 的指定属性进行绑定。

当使用@ModelAttribute 修饰方法，将方法的返回值绑定到 model 的属性时，意味着当该方法返回时，该返回值才会被存储为 model 的属性；当使用@ModelAttribute 修饰方法的形参，将参数绑定到 model 的指定属性时，意味着该方法被调用、形参被赋值，该参数的值就会被存储为 model 的属性。

@ModelAttribute 注解支持的属性如表 6.7 所示。

表 6.7　@ModelAttribute 注解支持的属性

属性	类型	是否必需	说明
value	String	否	指定该注解要绑定的 model 属性名；如果省略指定该属性，则可分两种情况：当修饰方法本身时，该属性的默认值是方法返回值类型的首字母小写形式；当修饰方法的形参时，该属性的默认值就是形参类型的首字母小写形式
name	String	否	value 属性的别名
binding	boolean	否	设置是否禁用数据绑定

从表 6.7 可以看出，@ModelAttribute 注解本身并不复杂，通常只需指定 name 或 value 属性，指定该注解修饰的目标要绑定到 model 的哪个属性。

下面先看使用@ModelAttribute 注解修饰方法的情况，分为两种。

> 使用@ModelAttribute 修饰控制器的普通方法——即该方法没有使用@RequestMapping 或其变体修饰，这些方法不能处理用户请求。
> 使用@ModelAttribute 修饰控制器的处理方法——即该方法使用@RequestMapping 或其变体修饰，这些方法可以处理用户请求。

1. 使用@ModelAttribute 修饰控制器的普通方法

当使用@ModelAttribute 修饰控制器的普通方法时，这些普通方法会自动在控制器的处理方法之前执行。每次控制器的处理方法开始处理用户请求之前，Spring MVC 都会自动调用@ModelAttribute 修饰的方法。

使用@ModelAttribute 修饰的普通方法到底有什么用呢？这些方法都会在控制器的处理方法之前执行，因此这些方法的主要作用就是为处理方法准备 model 数据——对 model 数据做一些初始化操作。

需要说明的是，使用@ModelAttribute 修饰的普通方法除不能处理用户请求、不返回视图之外，它们与处理方法并没有太大的区别，它们一样可以通过@RequestParam 修饰的形参获取请求参数的值（当形参名与请求参数同名时，可省略@RequestParam 注解），一样可以通过@PathVariable、@MatrixVariable 修饰的形参获取路径变量，一样可以通过@RequestHeader 修饰的形参获取请求头的值……这些方面与控制器的处理方法并没有区别。

下面控制器中定义了三个@ModelAttribute 修饰的普通方法。该控制器类的代码如下。

程序清单：codes\06\6.6\ModelAttribute_method\WEB-INF\src\org\crazyit\app\controller\MyController.java

```
@Controller
public class MyController
{
    // 方法没有返回值，不执行任何绑定
    @ModelAttribute
```

```java
public void m1(String name, Model model)
{
    System.out.println("------m1-----");
    // 向 model 中存入数据
    model.addAttribute("name", name);
}
// 将方法的返回值绑定到 model 的 string 属性
@ModelAttribute
public String m2(@RequestParam("price") double p, Model model)
{
    System.out.println("------m2-----");
    // 向 model 中存入数据
    model.addAttribute("price", p);
    return "美丽新世界";
}
// 将方法的返回值绑定到 model 的 book 属性
@ModelAttribute("book")
public String m3(@PathVariable String q, Model model)
{
    System.out.println("------m3-----");
    // 向 model 中存入数据
    model.addAttribute("q", q);
    return "疯狂 Java 讲义";
}
// 指定该方法能处理 /test/{q} 请求
@GetMapping("/test/{q}")
public String test(Model model)
{
    System.out.println(model.asMap());
    return "test";
}
}
```

上面控制器中定义了三个 @ModelAttribute 修饰的普通方法，下面依次介绍每个方法上 @ModelAttribute 注解的意义。

先看 m1() 方法上的 @ModelAttribute 注解。m1() 方法并没有返回值，因此该注解并不执行任何绑定。不过，由于该方法内有一行 "model.addAttribute("name", name);" 代码，这意味着该方法会将 name 请求参数的值以 "name" 作为属性名存入 model 中。

再看 m2() 方法上的 @ModelAttribute 注解。m2() 方法有返回值，因此该注解将会把该方法的返回值绑定到 model 的属性；该 @ModelAttribute 注解并未指定 name 或 value 属性，默认以该方法的返回值类型的首字母小写——string 作为属性名，因此该注解将会把 m2() 方法的返回值绑定到 model 的 string 属性。此外，该方法内还有一行 "model.addAttribute("price", p);" 代码，这行代码还会将 p 参数（代表 price 请求参数）的值以 "price" 作为属性名存入 model 中。

经过上面介绍不难发现，m2() 方法执行完成后会向 model 中添加两个属性，其中名为 string 的属性由 @ModelAttribute 注解添加；名为 price 的属性由方法中的代码添加。

最后看 m3() 方法上的 @ModelAttribute 注解。m3() 方法有返回值，因此该注解将会把该方法的返回值绑定到 model 的属性；该 @ModelAttribute 注解指定 value 属性为 book，因此该注解将会把 m3() 方法的返回值绑定到 model 的 book 属性。此外，该方法内还有一行 "model.addAttribute("q", q);" 代码，这行代码还会将 q 参数（代表 q 路径变量）的值以 "q" 作为属性名存入 model 中。

经过上面介绍不难发现，m3() 方法执行完成后会向 model 中添加两个属性，其中名为 book 的属性由 @ModelAttribute 注解添加；名为 q 的属性由方法中的代码添加。

如果向应用的 "/test/crazyit?name=fkjava&price=128" URL 发送请求，该请求包含路径变量、name 请求参数和 price 请求参数，此时将在控制台中看到如图 6.40 所示的输出。

图 6.40　使用@ModelAttribute 修饰方法输出 1

从图 6.40 中可以看出，在处理用户请求的 test()方法执行之前，程序先执行了三个 @ModelAttribute 修饰的方法。m1()方法最终为 model 添加了一个属性，m2()方法最终为 model 添加了两个属性，m3()方法最终为 model 添加了两个属性，因此从图 6.40 中的最后一行输出（由 test() 方法输出）可以看到，此时 model 包含了 5 个属性。

> **注意**
>
> 当控制器中存在多个@ModelAttribute 修饰的方法时，它们都会在处理方法之前执行，但 Spring MVC 并不保证这些@ModelAttribute 修饰的方法之间的执行顺序。因此，从上面程序中看到 m1()、m2()、m3()方法的执行顺序并无明显的规律。

如果向应用的 "/test/crazyit?price=128" URL 发送请求，该请求包含路径变量、price 请求参数，此时将在控制台中看到如图 6.41 所示的输出。

图 6.41　使用@ModelAttribute 修饰方法输出 2

从图 6.41 中可以看出，该请求不包含 name 请求参数，因此 model 中的 name 属性为 null。

2. 使用@ModelAttribute 修饰控制器的处理方法

在极端情况下，@ModelAttribute 注解也可被用来直接修饰控制器的处理方法（由@RequestMapping 注解或其变体修饰），@ModelAttribute 注解同样会把该方法的返回值绑定成 model 的属性，这样就导致该处理方法的返回值不再是视图名，因此该方法就没有返回逻辑视图名——此时就轮到 RequestToViewNameTranslator 登场了，它的默认实现类 DefaultRequestToViewNameTranslator 会将请求名解析为逻辑视图名。假如用户请求为/abc，即认为该方法返回的逻辑视图名为 abc。

> **提示：**
>
> 在使用@ModelAttribute 修饰处理方法时，该方法的返回值就变成了绑定到 model 的属性；实际上就相当于 6.6.4 节介绍的处理方法返回 Model 或 ModelMap 的情况，该处理方法并未返回有效的逻辑视图名，因此必须由 RequestToViewNameTranslator 根据请求名来生成逻辑视图名。

在使用@ModelAttribute 注解修饰方法时，它的执行流程是在方法返回后，将方法返回值添加成 model 的属性，这意味着如果 model 原本包含了同名的属性，@ModelAttribute 注解新绑定的属性值就会覆盖 model 中原有的、同名的属性值。

下面控制器示范了使用@ModelAttribute 注解修饰处理方法。

程序清单：codes\06\6.6\ModelAttribute_method\WEB-INF\src\org\crazyit\app\controller\SecController.java

```
@Controller
public class SecController
{
    // 将方法的返回值绑定到 model 的 string 属性
    @ModelAttribute
```

```
public String m2(@RequestParam("price") double p, Model model)
{
    System.out.println("------m2-----");
    // 向 model 中存入数据
    model.addAttribute("price", p);
    return "美丽新世界";
}
// 指定该方法能处理/my 请求
@GetMapping("/my") @ModelAttribute
public String test(Model model)
{
    System.out.println(model.asMap());  // ①
    return "test";
}
}
```

上面程序中的粗体字代码使用@ModelAttribute 注解修饰了控制器的处理方法，这意味着该方法的返回值（字符串"test"）不再是逻辑视图名，而是被绑定成 model 的属性。又由于@ModelAttribute 注解并未指定 name 属性，它会将该方法的返回值绑定到 model 中名为 string 的属性。

不过请注意：该控制器中的 m2()方法也使用了@ModelAttribute 修饰，这意味着 m2()方法会在 test()处理方法之前执行。当 m2()方法执行完成后，m2()方法上的@ModelAttribute 注解会将该方法的返回值绑定到 model 中名为 string 的属性，这意味着程序执行到①号代码处时，可以看到 model 中名为 string 的属性值为"美丽新世界"；当 test()方法执行完成后，model 中名为 string 的属性值将会被覆盖成"test"。

部署、运行该程序，向应用的"/my?price=128" URL 发送请求，将在控制台中看到如图 6.42 所示的输出。

图 6.42　model 属性值被覆盖之前的输出

如图 6.42 所示的输出就是程序中①号代码的输出，可以看到此时 model 中的 string 属性值还是"美丽新世界"——该属性值来自 m2()方法的返回值，是由 m2()方法上的@ModelAttribute 注解执行的绑定。

在浏览器中却看到如图 6.43 所示的界面。

图 6.43　model 属性值被覆盖之前的输出（浏览器界面）

从图 6.43 中可以看到，model 中的 string 属性值变成了"test"字符串，这就是 test()处理方法上的@ModelAttribute 注解用该方法的返回值覆盖了 model 中的 string 属性值。

▶▶ 6.6.14　使用@ModelAttribute 修饰方法参数

当使用@ModelAttribute 修饰方法参数时，意味着该参数的值会被自动绑定成 model 属性。Spring MVC 可以从以下几个地方来获取该参数的值。

➢ 同名的请求参数。
➢ 同名的路径变量。
➢ 同名的 model 属性。

例如，如下控制器示范了使用@ModelAttribute 修饰方法参数。

程序清单：codes\06\6.6\ModelAttribute_param\WEB-INF\src\org\crazyit\app\controller\MyController.java

```java
@Controller
public class MyController
{
    // 指定该方法能处理/book 请求
    @GetMapping("/book")
    public String test1(@ModelAttribute Book bb, Model model)
    {
        System.out.println(model.asMap());
        return "test";
    }
    // 指定该方法能处理/test/{info}请求
    @GetMapping("/test/{info}")
    public String test2(@ModelAttribute("info") String info, Model model)
    {
        System.out.println(info);
        System.out.println(model.asMap());
        return "test";
    }
}
```

上面程序中的第一个粗体字方法使用@ModelAttribute 注解修饰了 Book bb 参数。该注解并未指定 name 或 value 属性，因此该注解会将该参数的值绑定到 model 的 book 属性（类型的首字母小写）。

上面程序中的第二个粗体字方法使用@ModelAttribute("info")注解修饰了 String info 参数。该注解指定了 value 属性为 info，因此该注解会将该参数的值绑定到 model 的 info 属性。

当程序直接请求"/book"URL 时，该请求不带任何参数，也没有任何路径变量，此时将会在控制台中看到如图 6.44 所示的输出。

图 6.44　不为@ModelAttribute 修饰的参数传值

从图 6.44 中可以看出，即使程序无法为 test1()方法的 Book bb 参数确定参数值，@ModelAttribute 注解也依然会创建默认的 Book 实例，并将其绑定到 model 的 book 属性。

当程序请求"/book?name=crazy%20java&author=ligang"URL 时，该请求带上了 name、author 两个请求参数，此时将会在控制台中看到如图 6.45 所示的输出。

图 6.45　为@ModelAttribute 修饰的参数传值

从图 6.45 中可以看出，虽然向 test1()方法请求时传入的两个参数分别为 name、author，但由于 Book 类包含了 name、author 两个属性（读者可自行参考本示例的 Book 类），@ModelAttribute 注解会先创建默认的 Book 实例，然后将 name、author 请求参数的值注入 Book 实例，再将其绑定到 model 的 book 属性。

当程序请求"/test/fkit"URL 时，该请求带上了名为 info 的路径变量，该路径变量的值为 fkit，此时将会在控制台中看到如图 6.46 所示的输出。

图 6.46　用路径变量为@ModelAttribute 修饰的参数传值

从图 6.46 中可以看出，此次传入的路径变量的名字为 info，而且此次要绑定的 model 属性也是 info，因此该路径变量的值（fkit）就被绑定到 model 的 info 属性。

使用@ModelAttribute 修饰的方法参数的值，也可能来自前面绑定的 model 属性，例如如下控制器代码。

程序清单：codes\06\6.6\ModelAttribute_param\WEB-INF\src\org\crazyit\app\controller\SecController.java

```java
@Controller
public class SecController
{
    // 将方法的返回值绑定到 model 的 string 属性
    @ModelAttribute("book")
    public String m2(WebRequest webRequest)
    {
        System.out.println("-------m2-------");
        return "疯狂 Python 讲义";
    }
    // 指定该方法能处理/my 请求
    @GetMapping("/my")
    public String my(@ModelAttribute("book") String s,
            Model model)
    {
        System.out.println("变量 s:" + s);
        System.out.println(model.asMap());
        return "test";
    }
}
```

上面程序中的第一行粗体字代码使用@ModelAttribute("book")修饰了方法本身，这意味着该方法将会在控制器的处理方法执行之前执行，并将该方法的返回值绑定到 model 的 book 属性。

接下来程序的第二行粗体字代码使用@ModelAttribute("book")修饰了 String s 参数，这意味程序会将 model 的 book 属性传给该 s 参数。

当程序直接请求"/my" URL 时，虽然该请求不带任何参数，也没有任何路径变量，但在处理方法执行之前，m2()方法已在 model 中绑定了名为 book 的属性，因此可以在控制台中看到如图 6.47 所示的输出。

图 6.47　用 model 属性为@ModelAttribute 修饰的参数传值

6.7　将数据传给视图页面

当控制器的处理方法处理完用户请求之后，通常都会有一些数据要传给视图页面，Spring MVC 除可通过 Model、ModelMap 将数据传给视图页面之外，还提供了将数据放入 HTTP Session 范围内的方式，本节将会详细介绍这些方式。

▶▶ 6.7.1　Model、ModelMap 和 RedirectAttributes

将数据传给视图页面最常见的做法就是使用 Model 或 ModelMap，在 6.5.7 节已经讲过，Model 是 Spring 2.5 新增的模型接口，ModelMap 则是 Spring 2.0 引入的 Map 类（继承了 LinkedHashMap <String,Object>类）。

不管是使用 Model 接口，还是使用 ModelMap 实现类，Spring MVC 底层实际使用的都是 ExtendedModelMap 实现类（它是 ModelMap 的子类）。

现在 Spring MVC 通常推荐通过 Model 接口将数据传给视图页面，毕竟面向接口编程具有更好的灵活性。不管是使用 Model 接口，还是使用 ModelMap 实现类，它们常用的方法无非是如下几个。

- ➢ addAllAttributes(Collection<?> attributeValues)：将 Collection 集合中的所有元素都添加成 model 属性，使用自动生成的属性名。
- ➢ addAllAttributes(Map<String,?> attributes)：将 Map 集合中的所有 key-value 对都添加成 model 属性，其中 key 是属性名，value 是属性值。
- ➢ addAttribute(Object attributeValue)：为 model 添加单个的属性，使用自动生成的属性名。
- ➢ addAttribute(String attributeName, Object attributeValue)：为 model 添加单个的属性，使用 attributeName 作为属性名。

在使用 Model 或 ModelMap 来传递数据时，程序既可使用 Model、ModelMap 作为处理方法的参数，也可将其作为处理方法的返回值；从编程方便性的角度来看，现在一般推荐为处理方法声明 Model 或 ModelMap 类型的形参，Spring MVC 会自动将 model 中的模型数据传给视图页面。

Model 接口还提供了一个 RedirectAttributes 接口，该接口增加了操作"flash 属性"的功能，它可以将 flash 属性传给重定向的目标。RedirectAttributes 增加了如下方法。

- ➢ addFlashAttribute(Object attributeValue)：为 model 添加单个的 flash 属性，使用自动生成属性名。
- ➢ addFlashAttribute(String attributeName, Object attributeValue)：为 model 添加单个的 flash 属性，使用 attributeName 作为属性名。
- ➢ Map<String,?> getFlashAttributes()：获取 model 中所有的 flash 属性。

当程序使用 RedirectAttributes 将数据传给重定向的目标时，Spring MVC 底层实际使用的是 RedirectAttributesModelMap 实现类，它是 ModelMap 的子类。

下面总结关于 Model、ModelMap 和 RedirectAttributes 的适用场景。

- ➢ Model 和 ModelMap：用于将数据传给转发的目标（视图页面），它们既可作为处理方法的返回值，也可作为处理方法的形参。它们的功能几乎是一样的，一般推荐使用 Model 接口编程。
- ➢ RedirectAttributes：它提供了操作"flash 属性"的方法，用于将数据传给重定向的目标，它通常只能作为处理方法的形参。

前面已经提供了大量使用 Model 将数据传给视图页面的示例，此处不再给出示例；6.5.7 节也给出了使用 RedirectAttributes 将数据传给重定向的视图页面的示例，此处也不再给出示例。

除了 Model、ModelMap，早期 Spring MVC 还提供了一个 ModelAndView 类，从名字上就可以看出，它是 Model 和 View 的组合，它可以包含一个 Map 对象（key 作为属性名，value 作为属性值）或 Object 对象作为 model 数据，还可以包含一个 String 对象（逻辑视图名）或 View 作为视图对象。

早期 Spring MVC 要求控制器的处理方法必须返回 ModelAndView 对象，它封装的 model 数据将会被传给 View 代表的视图页面。6.6.2 节已经介绍了使用 ModelAndView 作为处理方法返回值的示例，此处不再给出示例。

▶▶ 6.7.2 使用@SessionAttributes 添加 session 属性

@SessionAttributes 注解用于告诉 Spring MVC 要将 model 中的哪些属性保存到 HTTP Session 范围内。

@SessionAttributes 注解支持的属性如表 6.8 所示。

表 6.8 @SessionAttributes 注解支持的属性

属性	类型	是否必需	说明
names	String[]	否	列出要将 model 中的哪些属性保存到 HTTP Session 范围内。当这些属性被保存到 HTTP Session 范围内时，也会使用相同的属性名

续表

属性	类型	是否必需	说明
value	String[]	否	names 属性的别名
types	Class<?>[]	否	依次指定该属性的类型

从表 6.8 可以看出，@SessionAttributes 注解其实很简单，通常只需指定 names 或 value 属性，指定要将哪些属性存储到 HTTP Session 范围内即可。

需要说明的是，使用@SessionAttributes 注解只能修饰控制器类本身，不能直接修饰控制器方法。

下面示例在前面@PathVariable 注解示例的基础上进行了修改，该示例的控制器类使用@SessionAttributes 注解修饰。下面是该示例的控制器类的代码。

程序清单：codes\06\6.7\SessionAttributes\WEB-INF\src\org\crazyit\app\controller\BookController.java

```java
@Controller
@RequestMapping("/authors/{authorId}")
@SessionAttributes(names = "author")
public class BookController
{
    // 依赖注入 bookService 组件
    @Resource(name = "bookService")
    private BookService bookService;
    // @GetMapping 指定该方法处理/books/{keyword}请求
    @GetMapping("/books/{keyword}")
    public String viewBooks(@PathVariable Integer authorId,
            @PathVariable("keyword") String kw, Model model)
    {
        model.addAttribute("author", bookService.getAuthor(authorId));
        model.addAttribute("books", bookService
                .getBooksByAuthorAndKeyword(authorId, kw));
        return "books";
    }
}
```

上面粗体字注解指定要将 model 中名为 author 的属性存储到 HTTP Session 范围内——不需要提供其他额外的代码，只要添加该注解，Spring MVC 就会自动将 model 中的 author 属性存储到 HTTP Session 范围内。

接下来即可在 JSP 页面中获取 HTTP Session 范围内的属性了，例如如下代码片段。

程序清单：codes\06\6.7\SessionAttributes\WEB-INF\content\books.jsp

```jsp
<h3 class="text-info">作者${sessionScope.author.name}的图书</h3>
```

@SessionAttributes 注解也支持将 model 的多个属性存储到 HTTP Session 范围内。假如将上面控制器类的代码改为如下形式：

```java
@Controller
@RequestMapping("/authors/{authorId}")
@SessionAttributes(names = {"author", "books"}, types = {Author.class, Book[].class})
public class BookController
{
    // 依赖注入 bookService 组件
    @Resource(name = "bookService")
    private BookService bookService;
    // @GetMapping 指定该方法处理/books/{keyword}请求
    @GetMapping("/books/{keyword}")
    public String viewBooks(@PathVariable Integer authorId,
            @PathVariable("keyword") String kw, Model model)
    {
        model.addAttribute("author", bookService.getAuthor(authorId));
        model.addAttribute("books", bookService
                .getBooksByAuthorAndKeyword(authorId, kw));
```

```
        return "books";
    }
}
```

上面粗体字注解指定将 model 中的 author 和 books 两个属性都存储到 HTTP Session 范围内。此处使用@SessionAttributes 注解时，还通过 types 属性指定了 author 和 books 两个属性的类型。

6.8 RESTful **服务支持**

目前 Java EE 应用的一种主流架构就是前后端分离的架构，在这种架构下，前端应用被部署在前端服务器上，后端应用被部署在后端服务器上，前端应用和后端应用是完全分离的，后端应用通常对外暴露 RESTful 服务，而前端应用则通过 RESTful 服务接口与后端应用交互。

▶▶ 6.8.1 RESTful **简介**

RESTful（Representational State Transfer）架构是针对传统 Web 应用提出的一种改进，是一种新型的分布式软件设计架构。对于异构系统如何整合的问题，传统的主流做法都集中在使用 SOAP、WSDL 和 WS-*规范的 Web Service 上。而 RESTful 架构实际上是解决异构系统整合问题的一种新思路。

如果开发者在开发过程中能坚持 RESTful 原则，则可以得到一个使用了优质 Web 架构的系统，从而为系统提供更好的可伸缩性，并降低开发难度。关于 RESTful 架构的主要原则如下。

- ➢ 网络上的所有事物都可被抽象为资源（Resource）。
- ➢ 每个资源都有一个唯一的资源标识符（Resource Identifier）。
- ➢ 同一个资源具有多种表现形式。
- ➢ 使用标准方法操作资源。
- ➢ 通过缓存来提高性能。
- ➢ 对资源的各种操作不会改变资源标识符。
- ➢ 所有的操作都是无状态的（Stateless）。

仅从上面几条原则来看 RESTful 架构，其实依然比较难以理解，下面将从两个方面来介绍 RESTful 架构。

1. 资源和标识符

现在的 Web 应用上包含了大量信息，但这些信息都被隐藏在 HTML、CSS 和 JavaScript 代码中，对于普通浏览者而言，他们进入这个系统时无法知道该系统包含哪些页面；对于一个需要访问该系统资源的第三方系统而言，同样无法明白这个系统包含多少功能和信息。

从 RESTful 架构的角度来看，该系统包含的所有功能和信息都可被称为资源（Resource），RESTful 架构中的资源包括静态页面、JSP 和 Servlet 等，该应用暴露在网络上的所有功能和信息都可被称为资源。

此外，RESTful 架构规范了应用资源的命名方式，RESTful 规定对应用资源使用统一的命名方式——RESTful 系统中的资源必须统一命名和规划，RESTful 系统由使用 URI（Uniform Resource Identifier，统一资源标识符）命名的资源组成。RESTful 对资源使用了基于 URI 的统一命名方式，因此这些信息就自然被暴露出来，从而避免了"信息地窖"的不良后果。

 提示：

> 与 URI 相关的概念还有 URL，URL（Uniform Resource Locator）即统一资源定位符。比如 http://www.crazyit.org 就是一个统一资源定位符，URL 是 URI 的子集。简而言之，每个 URL 都是 URI，但不是每个 URI 都是 URL。

对于当今最常见的网络应用来说，资源标识符就是 URI，资源的使用者根据 URI 来操作应用资源。当 URI 发生改变时，表明客户端所使用的资源发生了改变。

对于 RESTful API 的设计者而言，应为所有资源指定能"顾名思义"的标识符，一般推荐遵守以下两条原则：

➤ 资源标识符应该用名词。

➤ 尽量使用复数。

比如设计一个代表图书的资源标识符，如下所示。

➤ /books：代表所有图书资源的标识符。不要使用/viewBooks，也不要使用/addBook——动作在后面有标准的规范。

➤ /books/1：代表 id 为 1 的图书。不要使用/book/1——推荐统一使用复数。

➤ /books?q=关键字：代表查询包含"关键字"的图书。

从资源的角度来看，当客户端操作不同的资源时，资源所在的 Web 页（将 Web 页当成虚拟的状态机来看）的状态就会发生改变、迁移（Transfer），这就是 RESTful 术语中 ST（State Transfer）的由来。

客户端为了操作不同状态的资源，需要发送一些 Representational 数据，这些数据包含必要的交互数据，以及描述这些数据的元数据。这就是 REST 术语中 RE（Representational）的由来。

2. 操作资源的动作

对于 RESTful 架构的服务器端而言，它提供的是资源，但同一个资源具有多种表现形式（可通过在 HTTP Content-type 头中包含关于数据类型的元数据来体现）。如果客户程序完全支持 HTTP 应用协议，并能正确处理 RESTful 架构的标准数据格式，那么它就可以与世界上任意一个 RESTful 风格的用户交互了。

上面的情况不仅适用于从服务器端到客户端的数据，反之亦然——倘若从客户端传来的数据符合 RESTful 架构的标准数据格式，那么服务器端就可以正确处理数据，而不用关心客户端的类型。

在典型情况下，RESTful 风格的资源能以 HTML、XML 和 JSON 三种格式存在，其中 XML 格式是 Web Service 技术的数据交换格式；JSON 则是另一种轻量级的数据交换格式；HTML 格式的数据则主要由浏览器负责呈现。

当服务器为所有资源提供了多种表现形式之后，这些资源不仅可以被标准的 Web 浏览器所使用，还可以被前端应用以异步方式进行调用，或者以 RPC（Remote Procedure Call）风格调用，从而变成 RESTful 风格的 Web Service。

RESTful 架构除规定服务器提供资源的方式之外，还推荐客户端使用 HTTP 作为 Generic Connector Interface（通用的连接器接口），而 HTTP 则把对一个 URI 的操作限制在 5 个动作之内，即 GET、POST、PUT、DELETE 和 PATCH。

简单来说，可以将 RESTful API 理解为如下公式：

$$动作 + 资源标识符$$

比如对资源的请求为"GET /books/1"，其中 GET 就是动作，/books/1 就是资源标识符，该请求代表获取 id 为 1 的 Book；再比如对资源的请求为"POST /books"，其中 POST 就是动作，/books 就是资源标识符，该请求代表添加 Book 对象——该请求的请求体中包含了要添加的 Book 数据。

对于 RESTful API 的设计者而言，要牢记以下 5 个动作的大致意义。

➤ GET：读取实体。

➤ POST：新增实体。

➤ PUT：更新实体。

➤ PATCH：部分更新实体。

➤ DELETE：删除实体。

此外，RESTful 架构要求客户端的所有操作在本质上是无状态的，即从客户端到服务器端的每个请求都必须包含理解该请求的所有必需信息。这种无状态性的规范提供了如下几点好处。

> ➢ 无状态性使得客户端和服务器端不必保存对方的详细信息,服务器端只需要处理当前请求,而不必了解前面请求的历史。
> ➢ 无状态性减少了服务器端从局部错误中恢复的任务量,可以非常方便地实现 Fail Over 技术,从而很容易地将服务器组件部署在集群内。
> ➢ 无状态性使得服务器端不必在多个请求中保存状态,从而可以更容易地释放资源。
> ➢ 无状态性无须服务器组件保存请求状态,因此可以让服务器端充分利用池技术来提高稳定性和性能。

当然,无状态性会使得服务器端不再保存请求的状态数据,因此需要在一系列请求中发送重复数据,从而提高了系统的通信成本。为了改善无状态性带来的性能下降问题,RESTful 架构添加了缓存约束。缓存约束允许隐式或显式地标记一个响应数据,这样就赋予了客户端缓存响应数据的功能,就可以为以后的请求共用缓存的数据,部分或全部消除一些交互,提高了网络传输的效率。但是由于客户端缓存了信息,也就同时增加了客户端与服务器端数据不一致的可能,从而降低了可靠性。

▶▶ 6.8.2 @RequestBody 与@ResponseBody 注解

正如前面所介绍的,比如用户请求 "POST /books" 时代表向/books 添加 Book 对象,此时还需要通过请求体来封装 Book 数据,请求体除了使用传统的 application/x-www-form-urlencoded、multipart/form-data 等编码方式来编码数据,还可使用 raw、binary 等方式。

> **提示:**
>
> application/x-www-form-urlencoded 是提交表单数据时默认的编码方式。如果要上传文件,则需要将<form.../>元素的 enctype 属性设为 "multipart/form-data" 字符串,此时表单数据就会以 application/form-data 方式编码。使用 application/x-www-form-urlencoded 方式编码表单数据时,表单数据将被编码为多个 key-value 对;使用 application/form-data 方式编码表单数据时,表单数据将被编码为一条消息,每个控件对应消息的一部分。使用 raw 方式就是表示不做任何编码处理,直接提交原始的请求数据。

当请求体以 raw 方式来编码请求数据时,只要使用@RequestBody 注解修饰控制器中处理方法的参数,Spring MVC 就能 "智能" 地提取其请求体为 application/json 或 application/xml 格式的请求数据。

> **提示:**
>
> 其实@RequestBody 和@RequestParam 两个注解的功能是相同的,它们都用于修饰处理方法的参数,这样 Spring MVC 就会 "自动" 将请求数据传给被修饰的参数;它们的区别在于: @RequestParam 只能处理 application/x-www-form-urlencoded 编码方式的请求数据; 而@RequestBody 还能处理 raw 编码方式,请求体为 application/json、application/xml 等格式的请求数据。

对于 RESTful 架构的应用而言,控制器的处理方法会直接生成 JSON 或 XML 响应,无须使用额外的视图资源。Spring MVC 提供了@ResponseBody 注解,该注解修饰的方法的返回值将被直接转换为 JSON、XML 或文本等响应。

从 Spring 4 开始,@ResponseBody 注解也可被用来直接修饰控制器类本身,这样就相当于为该类中的所有方法都使用了@ResponseBody 注解修饰。

@RequestBody 和@ResponseBody 两个注解的用法都很简单,它们不需要指定任何属性。

下面通过一个示例来示范@RequestBody 和@ResponseBody 两个注解的用法。

下面是本示例的控制器类的代码。

程序清单：codes\06\6.8\Body\WEB-INF\src\org\crazyit\app\controller\BookController.java

```java
@Controller
public class BookController
{
    @Resource(name = "bookService")
    private BookService bookService;
    @PostMapping(value = "/books") @ResponseBody
    public ResponseEntity<String> addBook(@RequestBody Book book)
    {
        bookService.addBook(book);
        // 创建一个 HttpHeaders 对象
        var headers = new HttpHeaders();
        headers.add(HttpHeaders.CONTENT_TYPE,
                "text/plain; charset=utf-8");    // ①
        // 返回 ResponseEntity 对象
        return new ResponseEntity<>("恭喜您，图书添加成功!",
                headers, HttpStatus.OK);
    }
}
```

上面控制器中的 addBook()方法使用了@ResponseBody 注解修饰，这意味着 Spring MVC 会将该方法的返回值转换成响应。

上面 addBook()方法的返回值是 ResponseEntity 对象，它是 HttpEntity 的子类，它们二者的区别如下。

➤ HttpEntity：能封装响应体数据和响应头。它提供了 HttpEntity(T body, MultiValueMap\<String,String> headers)构造器来封装响应体数据和响应头。

➤ ResponseEntity：不仅能封装响应体数据和响应头，还能额外封装一个响应状态码。它提供了 ResponseEntity(T body, MultiValueMap\<String,String> headers, HttpStatus status)构造器来封装响应体数据、响应头和响应状态码。

可见，ResponseEntity 比 HttpEntity 只是多封装了一个响应状态码。

一般来说，如果程序希望直接把控制器方法的返回值当成响应，则通常建议将返回值包装成 ResponseEntity 或 HttpEntity 对象——将实际要返回的数据封装成响应体，还可根据需要封装额外的响应头和响应状态码。

例如，上面程序中①号代码定义了"Content-Type"响应头为"text/plain; charset=utf-8"字符串，这样可避免中文字符生成乱码。

提示：
正如 6.6.4 节所介绍的，当控制器的处理方法返回 HttpEntity 或 ResponseEntity 对象时，该返回值本身会被当成响应输出。这意味着上面控制器的 addBook()方法也可不用@ResponseBody 注解修饰。

addBook()方法的 book 参数使用了@RequestBody 注解修饰，这意味 Spring MVC 可以将 application/json 或 application/xml 格式的请求数据传给该参数。

本示例的 Book 类非常简单，下面是 Book 类的代码片段。

程序清单：codes\06\6.8\Body\WEB-INF\src\org\crazyit\app\domain\Book.java

```java
public class Book
{
    private Integer id;
    private String name;
    private String author;
    private double price;
```

```
        // 省略 setter、getter 方法
        ...
}
```

本示例的 BookService 组件的实现类代码如下。

　　程序清单：codes\06\6.8\Body\WEB-INF\src\org\crazyit\app\service\impl\BookService.java

```
public class BookServiceImpl implements BookService
{
    private static List<Book> bookList = Collections
        .synchronizedList(new ArrayList<>());
    private static Integer nextId = 1;
    @Override
    public Integer addBook(Book book)
    {
        // 使用 nextId 作为 Book 的 id
        book.setId(nextId++);
        bookList.add(book);
        System.out.println(bookList);
        return book.getId();
    }
}
```

该 Service 组件只使用一个 List 集合来模拟内存中的数据库，当程序调用 addBook()方法添加 Book 对象时，只是将它添加到 List 集合中。

Spring MVC 底层可以使用 Jackson 框架或 Google Gson 作为 JSON 的解析工具，因此，既可在应用的 WEB-INF/lib 路径下添加 Jackson core 的三个 JAR 包：jackson-annotations-2.9.9.jar、jackson-core-2.9.9.jar、jackson-databind-2.9.9.jar，也可在应用的 WEB-INF/lib 路径下添加 Google Gson 的 JAR 包：gson-2.8.5.jar。

读者可访问 链接 10 下载 Jackson core 的三个 JAR 包，也可访问 链接 11 下载 Google Gson 的 JAR 包。

 提示：
　　　　无论 Spring MVC 底层使用的是 Jackson 还是 Google Gson，应用本身的代码都无须任何修改。

至此，本示例应用开发完成。部署、运行该应用，本示例在"http://主机:端口/Body/books"暴露了一个 API。

上面示例开发的只是后端 API，如果你只负责开发后端应用，那么可以使用 Postman 工具来测试；如果你要开发完整的应用，还需要为该应用编写前端页面。

下面介绍如何使用 Postman 工具测试 RESTful API。当然，在使用 Postman 工具之前需要先安装它。登录 Postman 的官方站点下载 Postman 安装程序，单击该安装程序即可自动安装 Postman。

启动 Postman 工具，按图 6.48 所示输入测试数据。

上面的 addBook()处理方法只能处理 POST 请求，因此在 Postman 中选择提交请求的方法是 POST。接下来选择 raw 编码方式，并选择请求的内容类型是 application/json。

这里的关键就是在请求数据（中间的文本框）内输入一段 JSON 字符串，这段 JSON 字符串正好代表了要添加的 Book 对象。

按图 6.48 所示填好数据之后，单击 Postman 界面上的"Send"按钮，将会在服务器控制台中看到如图 6.49 所示的输出信息。

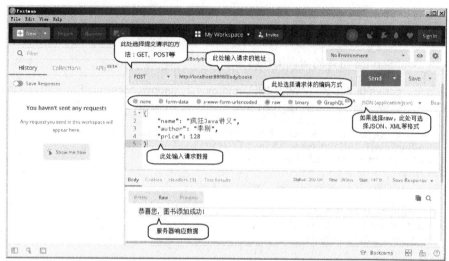

图 6.48　使用 Postman 测试 RESTful API

图 6.49　添加成功输出信息

此外，也可在 Postman 界面下方的输出窗口内看到远程服务器生成的响应消息，如图 6.48 所示。如果希望查看服务器生成的 Cookie、响应头等信息，还可单击 Postman 界面下方的 Cookies、Headers 等标签页。例如，单击图 6.48 所示 Postman 界面下方的 "Headers" 标签页，将可看到如图 6.50 所示的响应头。

图 6.50　查看服务器响应头

经过 Postman 测试，确定该 API 暴露成功，可以将该 API 提供给前端开发者调用了。

下面为该 API 提供一个简单的前端页面，该前端页面使用 jQuery 来实现。该前端页面的代码如下。

程序清单：codes\06\6.8\Body\WEB-INF\index.html

```
<body>
<div class="container">
<h4>添加图书</h4>
<form id="book_form">
    <!-- 省略定义表单的代码，该表单包含 name、author、price 三个表单域 -->
</form>
</div>
<script type="text/javascript">
// 为 jQuery 扩展一个将表单序列化转换为 JSON 对象的方法
(function($){
    $.fn.serializeJSON = function()
    {
        var serializeObj = {};
        // 使用 jQuery 内置的序列化方法
```

```
            var array = this.serializeArray();
            var str = this.serialize();
            // 遍历每个表单域，将每个表单域的值添加到 JSON 对象中
            $(array).each(function()
            {
                if(serializeObj[this.name])
                {
                    if($.isArray(serializeObj[this.name]))
                    {
                        serializeObj[this.name].push(this.value);
                    }
                    else
                    {
                        serializeObj[this.name] = [serializeObj[this.name], this.value];
                    }
                }
                else
                {
                    serializeObj[this.name] = this.value;
                }
            });
            return serializeObj;
        };
    }) (jQuery);
    $("button.btn-primary").click(function()
    {
        $.ajax("books", {
            type : "post", // 指定提交请求的方式
            contentType : "application/json", // 指定提交请求的 Content-Type
            // 发送到服务器的数据
            data : JSON.stringify($("#book_form").serializeJSON()),
            // 请求成功后的回调函数
            success : function(data) {
                alert(data);
                // 清空所有表单域
                $("#book_form")[0].reset();
            }
        });
    });
    $("button.btn-danger").click(function()
    {
        $("#book_form")[0].reset();
    });
</script>
</body>
```

上面代码直接使用 jQuery 的 ajax()方法提交请求，其中第一行粗体字代码指定请求的
Content-Type 为 application/json，第二行粗体字代码指定请求数据，该数据就是一个 JSON 字符串。

通过该页面添加图书信息，同样也可在服务器控制台中看到如图 6.49 所示的输出，进一步说
明该 API 完全正确。

▶▶ 6.8.3　HttpMessageConverter 与消息转换

看完上面示例，读者可能对@RequestBody、@ResponseBody 两个注解的功能印象很深刻，其
实它们底层都是靠 HttpMessageConverter 对象来实现的，它能把请求体中的数据转换成 Java 对象
或 HttpEntity，也能将处理方法返回的 Java 对象或 ResponseEntity 转换成响应数据。

图 6.51 显示了 HttpMessageConverter 的大致功能示意图。

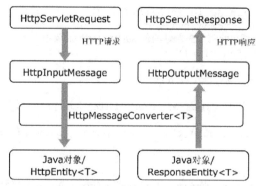

图 6.51　HttpMessageConverter 的大致功能示意图

HttpMessageConverter 接口提供了如下两个关键方法。

➢ T read(Class<? extends T> clazz, HttpInputMessage inputMessage)：从输入消息中读取指定类型的对象，并返回该对象。

➢ void write(T t, MediaType contentType, HttpOutputMessage outputMessage)：将对象 t 输出到输出消息中。

Spring 为 HttpMessageConverter 提供了大量的实现类，这些实现类组成了一个功能强大、用途广泛的信息转换家族。详细说明如下。

➢ StringHttpMessageConverter：实现 HttpMessageConverter<String> 接口，默认可读取 Content-Type 为*/*的所有请求信息，也可通过设置 supportedMediaTypes 属性来限定允许读取的 Content-Type 类型。响应数据的 Content-Type 为 text/plain。

➢ FormHttpMessageConverter：实现 HttpMessageConverter<MultiValueMap<String,?>>接口，可将表单数据读取到 MultiValueMap 中。支持读取 application/x-www-form-urlencoded 类型的数据，但不支持读取 multipart/form-data 类型的数据。可以输出 application/x-www-form-urlencoded 及 multipart/form-data 类型的响应数据。

➢ SourceHttpMessageConverter：可读/写 javax.xml.transform.Source 类型的数据。泛型 T 为 javax.xml.transform.Source 类型及其子类，包括 DOMSource、SAXSource、JAXBSource、SAXSource、StAXSource 和 StreamSource。可读取 Content-Type 为 text/xml 或 application/xml 的请求数据，输出 Content-Type 为 text/xml 或 application/xml 的响应数据。

➢ ResourceHttpMessageConverter：实现 HttpMessageConverter<Resource>接口，可用于读/写 Resource 对象，默认可读取 Content-Type 为*/*的所有请求信息。它会使用 MediaTypeFactory 来自动控制输出数据的 Content-Type。

➢ BufferedImageHttpMessageConverter：实现 HttpMessageConverter<BufferedImage 接口，用于读/写 BufferedImage 对象。

➢ ByteArrayHttpMessageConverter：实现 HttpMessageConverter<byte[]>接口，用于读/写二进制数据。默认可读取 Content-Type 为*/*的所有请求信息，响应数据的 Content-Type 默认为 application/octet-stream，也可通过设置 supportMediaTypes 属性改变默认的 Content-Type。

➢ MarshallingHttpMessageConverter：实现 HttpMessageConverter<Object>接口，使用 Spring 的 Marshaller 抽象（将 Java 对象序列化转换成 XML 消息）和 Unmarshaller 抽象（将 XML 消息反序列化转换成 Java 对象）读/写 XML 消息。默认可读/写 Content-Type 为 text/xml 或 application/xml 的数据。

➢ Jaxb2RootElementHttpMessageConverter：实现 HttpMessageConverter<Object>接口，通过 JAXB2 读/写 XML 消息的转换器，默认可读/写 Content-Type 为 text/xml 或 application/xml 的数据。该转换器可读取使用@XmlRootElement 和@XmlType 注解修饰的类，也可输出使用@XmlRootElement 注解修饰的类的对象。

➢ MappingJackson2XmlHttpMessageConverter：实现 HttpMessageConverter<Object>接口，通过 Jackson 2.x XML 来读/写 XML 数据。默认可读/写 Content-Type 为 text/xml、application/xml、application/*+xml 的数据。

➢ MappingJackson2HttpMessageConverter：实现 HttpMessageConverter<Object>接口，使用 Jackson 2.x 的 ObjectMapper 来读/写 JSON 数据。默认可读/写 Content-Type 为 UTF-8、application/json 的数据。

➢ GsonHttpMessageConverter：实现 HttpMessageConverter<Object>接口，使用 Google Gson 库读/写 JSON 数据。默认可读/写 Content-Type 为 UTF-8、application/json、application/*+json 的数据。

> **提示：**
> Spring MVC 会自动识别项目的类加载路径，如果识别到类加载路径中带 Jackson 库，Spring MVC 自动注册 MappingJackson2HttpMessageConverter；如果识别到类加载路径中带 Gson 库，Spring MVC 自动注册 GsonHttpMessageConverter。

➢ RssChannelHttpMessageConverter：实现 HttpMessageConverter<com.rometools.rome.feed.rss. Channel>接口。该转换器可读/写 RSS feed 消息，具体来说，该转换器负责处理 ROME 项目的 Channel 对象。默认可读/写 Content-Type 为 application/rss+xml 的数据。

➢ AtomFeedHttpMessageConverter：实现 HttpMessageConverter<com.rometools.rome.feed.atom. Feed>接口。该转换器可读/写 Atom feed 消息，具体来说，该转换器负责处理 ROME 项目的 Feed 对象。默认可读/写 Content-Type 为 application/atom+xml 的数据。

一般来说，Spring MVC 已经配置了默认的 HttpMessageConverter 对象，开发者甚至无须感受到它们的存在，正如上一节的示例：程序需要将 Jackson core 的三个 JAR 包复制到应用的 WEB-INF/lib 目录下，Spring MVC 会自动注册 MappingJackson2HttpMessageConverter 转换器，完全不需要开发者关心。

在个别情况下，开发者希望使用第三方 HttpMessageConverter 实现类实现，Spring MVC 同样提供了支持，可通过在<mvc:annotation-driven.../>元素内配置<mvc:message-converters.../>元素来配置第三方实现类。

下面通过示例示范如何配置使用第三方 HttpMessageConverter 实现类。本示例为了更好地示范 JSON 请求、JSON 响应，对控制器类进行了一点小小的修改。下面是本示例的控制器类的代码。

程序清单：codes\06\6.8\Body_Fastjson\WEB-INF\src\org\crazyit\app\controller\BookController.java

```java
@Controller
public class BookController
{
    @Resource(name = "bookService")
    private BookService bookService;
    @PostMapping(value = "/books") @ResponseBody
    public ResponseEntity<Map<String, String>> addBook(@RequestBody Book book)
    {
        bookService.addBook(book);
        // 创建一个 HttpHeaders 对象
        var headers = new HttpHeaders();
        headers.add(HttpHeaders.CONTENT_TYPE,
                "application/json; charset=utf-8");    // ①
        // 返回 ResponseEntity 对象
        return new ResponseEntity<>(Map.of("tip", "恭喜您，图书添加成功!"),
                headers, HttpStatus.OK);
    }
}
```

上面①号粗体字代码将 Content-Type 响应头设置为 "application/json; charset=utf-8"，而且程序

最后一行返回 ResponseEntity 对象时，它封装的响应体为 Map 对象，而不是简单的字符串，Spring MVC 会自动将该 Map 对象转换为 JSON 响应数据。

如果打算使用 Spring MVC 内置的 HttpMessageConverter 实现类，那么只要在应用的 WEB-INF/lib 目录下添加 Jackson core 的三个 JAR 包或 Gson JAR 包即可。

此处打算使用第三方 HttpMessageConverter 实现类——Fastjson 提供的实现类。首先访问 链接12 下载 Fastjson 的最新 JAR 包，本示例使用的是 Fastjson 1.2.60，将下载得到的 fastjson-1.2.60.jar 添加到应用的 WEB-INF/lib 目录下。

接下来修改 Spring MVC 配置文件，将其中的<mvc:annotation-driven.../>元素改为如下形式。

程序清单：codes\06\6.8\Body_Fastjson\WEB-INF\springmvc-servlet.xml

```
<mvc:annotation-driven>
    <!-- 该元素用于显式配置 HTTP 消息转换器 -->
    <mvc:message-converters>
        <!-- 配置 Fastjson 实现的 FastJsonHttpMessageConverter,
        它实现了 HttpMessageConverter 接口，因此可作为转换器 -->
        <bean class=
        "com.alibaba.fastjson.support.spring.FastJsonHttpMessageConverter"/>
    </mvc:message-converters>
</mvc:annotation-driven>
```

上面粗体字代码配置了 FastJsonHttpMessageConverter 转换器，从它的包名可以看出，它并不是 Spring MVC 提供的转换器，而是第三方提供的转换器。

通过上面配置为 Spring MVC 增加了 FastJsonHttpMessageConverter 转换器之后，接下来它就能按图 6.51 所示的流程来处理请求、响应的 JSON 数据了。

提示：

> 不要被 Fastjson 这个名字所误导！Spring MVC 之所以不支持它，就是因为它在解析 JSON 格式的数据时，性能远低于 Jackson——数据量较大时表现尤为明显。本示例只是通过它来示范如何配置第三方 HttpMessageConverter，在实际应用中还是推荐使用 Jackson 或 Google Gson。

▶▶ 6.8.4 转换 XML 数据

下面示例将会同时暴露 JSON 和 XML 接口。本示例不仅可以生成 JSON 响应数据，也可以生成 XML 响应数据。

先看该示例的控制器类的代码。

程序清单：codes\06\6.8\Body_XML\WEB-INF\src\org\crazyit\app\controller\BookController.java

```
@Controller
public class BookController
{
    @Resource(name = "bookService")
    private BookService bookService;
    @PostMapping(value = "/books") @ResponseBody
    public ResponseEntity<ListWrapper> addBook(@RequestBody Book book)
    {
        // 调用 Service 组件的方法添加 Book 对象
        bookService.addBook(book);
        // 调用 Service 组件的 getAllBooks()方法返回全部 Book 实体
        return new ResponseEntity<>(new ListWrapper(bookService.getAllBooks()),
            HttpStatus.OK);
    }
}
```

查看该控制器类的代码即可发现，其实该控制器类的代码变化并不大，控制器方法依然只要使用@ResponseBody 注解修饰即可。

请注意该控制器类代码最后一行的 return 语句,这样的语法返回的依然是 ResponseEntity 对象,但该对象封装的是一个 ListWrapper 对象,为什么不直接返回一个 List<Book>集合呢?

如果只需要该控制器生成 JSON 响应数据,那么直接返回 List<Book>集合就可以了。但如果希望还能生成 XML 响应数据,那么直接返回 List<Book>集合可能就不太合适了。这是为什么呢?

这是因为将 List 集合转换为 JSON 字符串更简单,只要将 List 集合转换成 JSON 数组即可;但将 List 集合转换为 XML 文档时就面临一个问题:必须选择一个根元素。比如程序要将包含两个 Book 实体的 List 集合转换为 XML 元素, 可能需要转换成如下格式的 XML 文档:

```
<根元素>
    <book>...</book>
    <book>...</book>
</根元素>
```

那么到底选择什么作为根元素呢?Spring MVC 需要根据 JAXB 2 的@XmlRootElement(name = "根元素名")注解来选择根元素——问题在于 List、ArrayList 都是 JDK 提供的类,它们并没有使用该注解修饰,因此 Spring MVC 就不知道如何确定根元素了。

简单来说,将数据转换为 XML 文档必然比转换为 JSON 字符串更复杂,因为在转换为 XML 文档时必须要确定合适的根元素。

因此,上面程序使用了 ListWrapper 来包装 List 集合。下面是 ListWrapper 类的代码。

程序清单:codes\06\6.8\Body_XML\WEB-INF\src\org\crazyit\app\domain\ListWrapper.java

```java
@XmlRootElement
public class ListWrapper<T>
{
    private List<T> list;
    public ListWrapper() {}
    // 初始化全部成员变量的构造器
    public ListWrapper(List<T> list)
    {
        this.list = list;
    }
    // list 的 setter 和 getter 方法
    public void setList(List<T> list)
    {
        this.list = list;
    }
    // 声明该 List 集合元素是 Book 类型时,对应于 book 元素
    @XmlElements({
        @XmlElement(name = "book", type = Book.class)
    })
    public List<T> getList()
    {
        return this.list;
    }
}
```

上面第一行粗体字代码使用了@XmlRootElement 注解修饰 ListWrappe 类,该注解并未指定 name 属性,这意味着会选择类名首字母小写作为根元素。

第二段粗体字代码使用了@XmlElements 注解修饰 getList()方法,此处用于为 List 集合元素指定对应的 XML 元素。每个@XmlElement 指定一个元素类型,此处指定当集合元素为 Book 类型时,将使用<book.../>元素封装。

程序还需要完成 Book 对象与 XML 数据之间的转换,因此同样面临为 Book 对象选择根元素的问题,因此也需要为 Book 类添加@XmlRootElement 注解。下面是 Book 类的代码。

程序清单：codes\06\6.8\Body_XML\WEB-INF\src\org\crazyit\app\domain\Book.java

```java
@XmlRootElement
public class Book
{
    private Integer id;
    private String name;
    private String author;
    private double price;
    // 省略 getter、setter 方法
    ...
}
```

正如从上面代码所看到的，Book 类使用了 @XmlRootElement 注解修饰，这意味着将把 Book 对象转换为<book.../>元素。

本示例的 BookService 组件不仅要提供 addBook()方法，还要提供 getAllBooks()方法，下面是 BookServiceImpl 实现类的代码。

程序清单：codes\06\6.8\Body_XML\WEB-INF\src\org\crazyit\app\service\impl\BookServiceImpl.java

```java
public class BookServiceImpl implements BookService
{
    private static List<Book> bookList = Collections
        .synchronizedList(new ArrayList<>());
    private static Integer nextId = 1;
    @Override
    public Integer addBook(Book book)
    {
        // 使用 nextId 作为 Book 的 id
        book.setId(nextId++);
        bookList.add(book);
        System.out.println(bookList);
        return book.getId();
    }
    @Override
    public List<Book> getAllBooks()
    {
        return Collections.unmodifiableList(bookList);
    }
}
```

上面的 Book 类、ListWrapper 类用到了 @XmlRootElement、@XmlElements、XmlElement 等注解，这些注解原本都是 JDK 自带的，但自从 Java 模块化后这些注解就被从 JDK 中删除了，因此必须额外下载 jaxb-api-2.3.1.jar 包。读者可登录 链接 13 站点下载最新的 JAR 包，并将下载得到的 JAR 包添加到应用的 WEB-INF/lib 目录下，这样上面的 Book 类、ListWrapper 类才可成功编译。

正如前面介绍的，Java 对象与 XML 消息之间的转换由 HttpMessageConverter 完成，Spring MVC 既可使用 Jaxb2RootElementHttpMessageConverter 实现类，也可使用 MappingJackson2XmlHttpMessageConverter 实现类——取决于类加载路径中是包含 Jackson XML 2 的类库，还是包含 JAXB 2 的类库。

如果打算使用 JAXB 2 来完成 Java 对象与 XML 消息之间的转换，则需要将 jaxb-impl-2.3.2.jar（下载地址：链接 14）、istack-commons-runtime- 3.0.8.jar（下载地址：链接 15）和 activation-1.1.1.jar（下载地址：链接 16）这三个 JAR 包复制到应用的 WEB-INF/lib 目录下。

如果打算使用 Jackson XML 2 来完成 Java 对象与 XML 消息之间的转换，则需要将 jackson-dataformat-xml-2.9.9.jar（下载地址：链接 17）、jackson-module-jaxb-annotations-2.9.9.jar（下载地址：链接 18）和 stax2- api-4.2.jar（下载地址：链接 19）这三个 JAR 包复制到应用的 WEB-INF/lib 目录下。

无论使用哪种具体的 XML 绑定实现，开发者都无须做任何修改。

部署、运行该应用，使用 Postman 来测试该应用暴露的 API。先测试/books.json，此处使用.json 后缀，控制器会自动生成 JSON 响应数据。测试结果如图 6.52 所示。

图 6.52　测试/books.json API

从图 6.52 中可以看出，当请求地址为/books.json 时，请求地址的后缀是.json，因此控制器生成的响应就是 JSON 数据。

接下来测试/books.xml，测试结果如图 6.53 所示。

图 6.53　测试/books.xml API

从图 6.53 中可以看出，当请求地址为/books.xml 时，请求地址的后缀是.xml，因此控制器生成的响应就是 XML 数据。

本示例也为/books.json 和/books.xml 两个 API 分别提供了前端页面，由于前端页面不是本书的重点，读者可自行参考本示例根目录下的 index.html 和 index_xml.html。

▶▶ 6.8.5 使用@RestController 修饰 RESTful 控制器

@RestController 注解相当于@Controller 注解和@ResponseBody 注解的组合体，这意味着使用 @RestController 注解修饰的类不仅会被当成控制器类处理，而且相当于该控制器类中的所有处理 方法（由@RequestMapping 注解或其变体修饰的方法）会自动添加@ResponseBody 注解修饰。

简单来说，@RestController 注解是实现 RESTful API 的便捷注解。下面使用@RestController 注解改写上面示例的控制器类。

程序清单：codes\06\6.8\RestController\WEB-INF\src\org\crazyit\app\controller\BookController.java

```java
@RestController
public class BookController
{
    @Resource(name = "bookService")
    private BookService bookService;
    @PostMapping(value = "/books")
    public ResponseEntity<ListWrapper<Book>> addBook(@RequestBody Book book)
    {
        // 调用 Service 组件的方法添加 Book 对象
        bookService.addBook(book);
        // 调用 Service 组件的 getAllBooks()方法返回全部 Book 实体
        return new ResponseEntity<>(new ListWrapper<>(bookService.getAllBooks()),
                HttpStatus.OK);
    }
}
```

上面控制器类使用了@RestController 注解修饰，这样该控制器类中的处理方法（addBook()） 就会自动添加@ResponseBody 注解修饰，因此在该方法上无须再使用@ResponseBody 注解修饰。

从上面控制器类的代码可以看出，@RestController 只不过是@Controller 和@ResponseBody 的 组合体，并没有什么特别的地方。

该示例的运行结果与上一个示例的运行结果完全相同，此处不再赘述。

▶▶ 6.8.6 @CrossOrigin 注解与跨域请求

如果希望控制器中的处理方法能处理来自其他应用的请求（跨域请求），则应该使用 @CrossOrigin 注解修饰该方法。

 提示：

在前后端分离的开发架构中，前端应用和后端应用往往是彻底隔离的，二者不在同一个应用服务器内，甚至不在同一个物理节点上。在这种架构下，前端应用可能采用前端框架（比如 Angular、Vue 等）向后端应用发送请求，这种请求就是跨域请求。

@CrossOrigin 注解支持的属性如表 6.9 所示。

表 6.9 @CrossOrigin 注解支持的属性

属性	类型	是否必需	说明
value	String[]	否	指定被修饰的目标能处理来自哪些域的请求；如果不指定该属性，则表明能处理来自任何域的请求
origins	String[]	否	value 属性的别名
methods	RequestMethod[]	否	指定被修饰的目标只能处理哪些方式的请求，如 GET、POST 等
maxAge	long	否	指定响应缓存的最长时间（单位为秒）
allowCredentials	String	否	指定浏览器是否应该发送证书。比如与跨域请求一起发送 cookie
allowedHeaders	String[]	否	指定在实际请求中允许使用的请求头列表；如果不指定该属性，则表明允许使用所有请求头

续表

属性	类型	是否必需	说明
exposedHeaders	String[]	否	指定允许暴露给客户端访问的响应头列表；如果不指定该属性，则表明不允许客户端使用任何响应头

使用@CrossOrigin 注解既可修饰控制器类本身，也可修饰控制器中的处理方法。当使用该注解修饰控制器类本身时，用于声明该类中的所有处理方法都可处理跨域请求；当使用该注解修饰控制器中的处理方法时，用于声明只有该方法可处理跨域请求。当处理方法上的@CrossOrigin 注解与控制器类上的@CrossOrigin 注解冲突时，处理方法上的@CrossOrigin 注解取胜。

例如，如下代码使用@CrossOrigin 注解修饰了控制器类本身：

```
@CrossOrigin(maxAge = 3600) @Controller
public class CrossOriginController
{
    // ...
}
```

上面控制器类本身使用了@CrossOrigin 注解修饰，这表明该控制器类中的所有处理方法都可处理来自任何域的请求。

下面控制器类本身使用了带 origins 属性的@CrossOrigin 注解修饰：

```
@CrossOrigin(origins = "http://www.crazyit.org", maxAge = 3600)
@Controller
public class CrossOriginController
{
    // ...
}
```

上面控制器类本身使用了 origins = "http://www.crazyit.org"的@CrossOrigin 注解修饰，这表明该控制器类中的所有处理方法都可处理来自 http://www.crazyit.org 的跨域请求。

下面控制器类及其处理方法都使用了@CrossOrigin 注解修饰：

```
@CrossOrigin(maxAge=3600) @Controller
public class CrossOriginController
{
    @CrossOrigin(origins = "http://www.crazyit.org")
    @GetMapping(value="/test")
    public String test()
    {
        // ......
    }
}
```

上面控制器类使用了@CrossOrigin 注解修饰，这表明该控制器类中的所有处理方法都可处理来自任何域的请求；该控制器类中的 test()方法使用了 origins = "http://www.crazyit.org" 的@CrossOrigin 注解修饰，这意味该方法只能处理来自 http://www.crazyit.org 的跨域请求。

下面给出一个"简单"的前后端开发示例。为了简单起见，本示例的前端应用只使用简单的 jQuery 开发，并未使用专业的 Angular 或 Vue 前端框架。

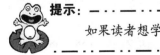 **提示:** -
　　如果读者想学习 Angular 相关内容，则可参考《疯狂前端开发讲义》。

下面是前端应用的页面代码。

程序清单：codes\06\6.8\test\index.html

```
<div class="container">
    <a id="bn" href="#" class="btn btn-primary">查看作者的图书</a>
    <div class="toast" role="alert" id="resultToast" data-delay="900000">
```

```
            <div class="toast-header">
                <h5>作者的图书</h5>
                <button type="button" class="ml-2 mb-1 close"
                    data-dismiss="toast" aria-label="关闭">
                    <span aria-hidden="true">&times;</span>
                </button>
            </div>
            <div class="toast-body" id="content">
            </div>
        </div>
    <div>
    <script type="text/javascript">
        $('#bn').click(function(){
            $.get("http://192.168.1.88:8888/CrossOrigin/books", null, function(data){
                // 清空 content 元素里的内容
                $("#content").html("");
                $("#content").append("<ul class='list-group'>");
                // 遍历 data 数组，为每个数组元素添加一个 li 元素
                for (b in data)
                {
                    $("#content").append("<li  class='list-group-item'>" + data[b] +
"</li>");
                }
                $("#content").append("</ul>");
                $('#resultToast').toast('show');
            })
        });
    </script>
```

上面粗体字代码显示了该前端应用需要向 http://192.168.1.88:8888/CrossOrigin/books 发送请求，其中 CrossOrigin 就代表部署在 192.168.1.88 节点上的后端应用。

接下来需要在 CrossOrigin 应用中开发一个能处理跨域请求的处理方法。下面是控制器类的代码。

程序清单：codes\06\6.8\CrossOrigin\WEB-INF\src\org\crazyit\app\controller\BookController.java

```
@RestController
public class BookController
{
    @GetMapping("/books")
    @CrossOrigin(maxAge = 3600)
    public ResponseEntity<List<String>> books()
    {
        var books = List.of("疯狂 Java 讲义",
            "疯狂 Python 讲义",
            "轻量级 Java EE 企业应用实战",
            "疯狂 Android 讲义");
        return new ResponseEntity<>(books, HttpStatus.OK);
    }
}
```

上面控制器类中的处理方法使用了 @CrossOrigin 注解修饰，这意味着该方法可以处理跨域请求，而且该方法直接生成 JSON 响应数据，该响应数据能被前端应用解析、显示出来。

先部署、运行该示例的 CrossOrigin 后端应用（必须将它部署在 IP 地址为 192.168.1.88 的计算机上），再部署、运行 test 前端应用。查看前端应用的 index.html 页面，然后单击该页面上的 "查看作者的图书" 链接，将看到如图 6.54 所示的效果。

此外，还可以在 Spring MVC 配置文件的根元素下添加 <mvc:cors.../> 元素来配置跨域访问的全局属性。

图 6.54　实现跨域请求

在<mvc:cors>元素下可配置多个<mvc:mapping.../>元素，每个<mvc:mapping.../>元素配置一条跨域访问规则，<mvc:mapping.../>元素除了指定 path 属性（指定这条访问规则对哪个 URL 起作用），还可指定 allow-credentials、allowed-headers、allowed-methods、allowed-origins、exposed-headers、max-age 属性。

细心的读者不难发现<mvc:mapping.../>元素可指定的属性与@CrossOrigin 注解能指定的属性完全相同——只不过@CrossOrigin 注解支持的属性名采用的是"驼峰"写法，而<mvc:mapping.../>元素支持的属性名采用的是"烤串"写法。因此，<mvc:mapping.../>元素中的这些属性与@CrossOrigin 注解中对应属性的作用是相同的，只不过<mvc:mapping.../>元素中的这些属性是全局有效的。

比如希望项目中的所有方法都允许跨域访问，可配置如下代码：

```
<mvc:cors>
    <mvc:mapping path="/**" />
</mvc:cors>
```

如果只想指定/api/路径下的 URL 允许跨域访问，可配置如下代码。

```
<mvc:cors>
    <mvc:mapping path="/api/*"/>
</mvc:cors>
```

上面配置意味着/api/abc、/api/xyz 允许跨域访问；但/api/abc/wawa、/api/abc/nono 不允许跨域访问。

如果希望/api/abc、/api/xyz、/api/abc/wawa、/api/abc/nono 都允许跨域访问，甚至连/api/abc/foo/bar 也允许……不管/api/多少级子路径下的 URL 都允许访问，可配置如下代码：

```
<mvc:cors>
    <mvc:mapping path="/api/**"/>
</mvc:cors>
```

也可配置多个<mvc:mapping.../>元素为不同的 URL 指定不同的规则。例如如下配置：

```
<mvc:cors>
    <mvc:mapping path="/api/**"
        allowed-origins="http://www.fkjava.org, http://www.crazyit.org"
        allowed-methods="GET, PUT, POST, DELETE, PATCH"
        max-age="3600" />
    <mvc:mapping path="/root/**"
        allowed-origins="http://www.crazyit.org"
        allowed-methods="GET, POST"
        max-age="1800" />
</mvc:cors>
```

上面配置在<mvc:cors.../>元素内增加了两个<mvc:mapping.../>元素，其中第一个<mvc:mapping.../>元素配置的规则对/api/路径及其所有子路径（不限深度）有效，它指定只允许来自 www.fkjava.org 和 www.crazyit.org 的跨域访问，而且可接受 GET、PUT、POST、DELETE 和 PATCH 请求，最大缓存时间是 1 小时。

第二个<mvc:mapping.../>元素配置的规则对/root/路径及其所有子路径（不限深度）有效，它指定只允许来自 www.crazyit.org 的跨域访问，而且只接受 GET、POST 请求，最大缓存时间是半小时。

6.9 访问 Servlet API 相关数据

Spring MVC 终归是一个 Web 框架，而 Web 应用难免需要根据 HTTP Session 状态访问 cookie 等，这些操作不可避免地要用到 Servlet API。Spring MVC 提供了很多灵活的方式来访问 Servlet API，本节将会详细介绍这些方式。

▶▶ 6.9.1 处理方法可接受的形参类型

Spring MVC 中控制器的绝大部分访问操作都是通过方法参数来实现的，下面先归纳控制器的处理方法可接受的形参类型。

> ➢ WebRequest 或 NativeWebRequest：这是用于访问 request、session 属性的两个常用类，后面会有详细介绍。
> ➢ ServletRequest、ServletResponse、HttpSession：通过这些参数可直接访问 Servlet API。
> ➢ PushBuilder：用于直接访问 Servlet 4.0 的 push builder API。
> ➢ Principal：用于获取当前的授权用户。
> ➢ HttpMethod：用于获取请求的方式，比如 GET、POST 等。
> ➢ Locale：用于获取当前请求的 Locale（语言、区域对象）。
> ➢ TimeZone（Java 6 及以上版本）或 ZoneId（Java 8 及以上版本）：用于获取当前请求的时区。
> ➢ InputStream 或 Reader：用于读取请求数据的输入流；完全等同于通过 Servlet API 获取的输入流。
> ➢ OutputStream 或 Writer：用于将数据输出到服务器响应的输出流；完全等同于通过 Servlet API 获取的输出流。
> ➢ @PathVariable 修饰的参数：用于获取请求 URL 中的路径变量。
> ➢ @MatrixVariable 修饰的参数：用于获取请求 URL 中的 Matrix 变量。
> ➢ @RequestParam 修饰的参数：用于获取请求参数的值。相当于先调用 request.getParameter() 获取请求参数的值，然后进行类型转换，转换为声明该形参的类型。
> ➢ @RequestHeader 修饰的参数：用于获取请求头的值。相当于先调用 request.getHeader() 获取请求头的值，然后进行类型转换，转换为声明该形参的类型。
> ➢ @CookieValue 修饰的参数：用于获取指定 cookie 的值。
> ➢ @RequestBody 修饰的参数：用于获取请求体的数据，然后进行类型转换，转换为声明该形参的类型。
> ➢ @RequestPart 修饰的参数：用于获取"multipart/form-data"请求（文件上传请求）的请求体数据。
> ➢ @SessionAttribute 修饰的参数：用于获取 session 中指定属性的值。相当于先调用 session.getAttribute() 获取指定属性的值，然后进行类型转换，转换为声明该形参的类型。
> ➢ @RequestAttribute 修饰的参数：用于获取 request 中指定属性的值。相当于先调用 request.getAttribute() 获取指定属性的值，然后进行类型转换，转换为声明该形参的类型。
> ➢ @ModelAttribute 修饰的参数：用于访问 model 的指定属性，并将该参数绑定到 model 的指定属性。
> ➢ HttpEntity<?>：正如前面所介绍的，HttpEntity 同时封装了 HttpHeaders 和请求体，因此通过该参数可同时访问请求的请求头和请求体。

> ➤ Map、Model 或 ModelMap：它们都代表了将数据传给下一个视图页面的 model。
> ➤ RedirectAttributes：主要用于将数据传给重定向的视图页面，该对象可用于操作 flash 属性。
> ➤ Errors 或 BindingResult：用于访问数据校验错误和数据绑定结果。
> ➤ SessionStatus+类级别的@SessionAtrributes 注解：用于访问代表 session 处理状态的信息。
> ➤ UriComponentsBuilder：用于拼接 URL 的工具对象。
> ➤ 其他类型：如果处理方法的参数类型不是以上类型，而且是简单类型，则默认先尝试使用
> @RequestParam 解析，否则尝试使用@ModelAttribute 解析；如果是复合类型，则尝试使用
> 请求参数来封装该类的实例。

上面的介绍只是一个概要归纳，下面对上面所列出的一些广泛使用的参数类型进行示例讲解。

▶▶ 6.9.2　使用@RequestAttribute 获取请求属性

@RequestAttribute 注解用于将 request 中指定属性的值传给被该注解修饰的参数。

@RequestAttribute 注解支持的属性如表 6.10 所示。

表 6.10　@RequestAttribute 注解支持的属性

属性	类型	是否必需	说明
value	String	否	指定被修饰的参数对应的请求属性名
name	String	否	value 属性的别名
required	boolean	否	指定该请求属性是否必需，默认值为 true

从表 6.10 可以看出，@RequestAttribute 注解其实很简单，通常只需指定 value 或 name 属性，指定要将哪个请求属性映射到被修饰的形参。

下面示例的控制器类中的处理方法示范了使用@RequestAttribute 来访问 request 范围的属性。下面是该控制器类的代码。

程序清单：codes\06\6.9\RequestAttribute\WEB-INF\src\org\crazyit\app\controller\UserController.java

```
@Controller
public class UserController
{
    // 使用@ModelAttribute 修饰的方法，会在处理方法之前执行
    @ModelAttribute
    public void put(ServletRequest request)
    {
        // 在 request 中添加两个属性
        request.setAttribute("userName", "测试名");
        request.setAttribute("book", "疯狂 Java 讲义");
    }
    @GetMapping("/show")
    public String show(@RequestAttribute("userName") String name,
        @RequestAttribute String book, Model model)
    {
        System.out.println("request 的 userName 属性：" + name);
        System.out.println("request 的 book 属性：" + book);
        model.addAttribute("name", name);
        model.addAttribute("book", book);
        return "show";
    }
}
```

上面控制器类中定义了一个@ModelAttribute 修饰的方法，该方法会在处理方法执行之前执行。该方法使用 ServletRequest 向 request 中添加了两个属性：userName 和 book。

程序中 show()处理方法内定义了两个@RequestAttribute 修饰的参数，其中第一个 name 参数使用了@RequestAttribute("userName")修饰，这意味着 request 中的 userName 属性值会被传给该参数；

第二个 book 参数使用了@RequestAttribute 修饰，该注解没有指定 value 属性，这意味着 request 中的 book 属性（与 book 参数同名）值会被传给该参数。

部署、运行该应用，向应用的/show 地址发送请求，将在控制台中看到如图 6.55 所示的输出结果。

图 6.55　使用@RequestAttribute 访问 request 属性

▶▶ 6.9.3　使用@SessionAttribute 获取 session 属性

@SessionAttribute 注解用于将 session 中指定属性的值传给被该注解修饰的参数。

@SessionAttribute 注解支持的属性如表 6.11 所示。

表 6.11　@SessionAttribute 注解支持的属性

属性	类型	是否必需	说明
value	String	否	指定被修饰的参数对应的 session 属性名
name	String	否	value 属性的别名
required	boolean	否	指定该 session 属性是否必需，默认值为 true

从表 6.11 可以看出，@SessionAttribute 注解其实很简单，通常只需指定 value 或 name 属性，指定要将哪个 session 属性映射到被修饰的形参。

下面示例的控制器类中的处理方法示范了使用@SessionAttribute 来访问 session 范围的属性。下面是该控制器类的代码。

程序清单：codes\06\6.9\SessionAttribute\WEB-INF\src\org\crazyit\app\controller\UserController.java

```java
@Controller
// 指定将 model 的 userName 和 userId 属性放入 session 中
@SessionAttributes({"userName", "userId"})
public class UserController
{
    // 依赖注入 userService 组件
    @Resource(name = "userService")
    private UserService userService;
    @GetMapping("/{url}")
    public String url(@PathVariable String url)
    {
        return url;
    }
    // @PostMapping 指定该方法处理/login 请求
    @PostMapping("/login")
    public String login(User user, Model model)
    {
        Integer userId = userService.userLogin(user);
        if (userId > 0)
        {
            model.addAttribute("tip", "欢迎您，登录成功！");
            // 将 userName、userId 设为 model 的属性
            model.addAttribute("userName", user.getUsername());
            model.addAttribute("userId", userId);
            return "success";
        }
        model.addAttribute("tip", "对不起，您输入的用户名、密码不正确！");
        return "error";
    }
    @GetMapping("/pets")
    public String viewPets(@SessionAttribute(required = false)
```

```
                Integer userId, Model model)
    {
        // 如果 session 中的 userId 属性存在，且属性值大于 0
        if (userId != null && userId > 0)
        {
            // 获取指定 User 对应的所有宠物
            model.addAttribute("pets", userService.getPetsByUser(userId));
            return "viewPets";
        }
        // 如果 session 中的 userId 属性不存在，返回登录页面
        model.addAttribute("login_tip", "对不起，您还未登录，请先登录！");
        return "loginForm";
    }
}
```

上面控制器类本身使用了@SessionAttributes({"userName", "userId"})修饰，这意味着 Spring MVC 会将 model 的 userName 和 userId 两个属性存储为 session 属性。

上面控制器类定义了一个 login()方法，该方法可处理/login 请求，当用户登录成功后，程序向 model 中存入了 userName 和 userId 两个属性，它们也会被存储为 session 属性——@SessionAttributes 注解的功能

上面控制器类还定义了一个 viewPets()方法，该方法的 userId 参数使用了@SessionAttribute (required = false)注解修饰，这表明 session 中的 userId 属性（与 userId 参数同名）值会被传给该参数。该方法内的代码先判断 userId 参数（绑定了 session 中的 userId 属性值）是否存在，且值大于 0——只有当该条件为 true 时，才表明用户已登录系统，这样就可通过该 userId 参数来获取对应的宠物信息了。

该控制器类依赖 UserService 组件，该组件使用一个 Map 对象来模拟内存中的数据库。下面是 UserServiceImpl 实现类的代码。

程序清单：codes\06\6.9\SessionAttribute\WEB-INF\src\org\crazyit\app\service\impl\UserServiceImpl.java

```java
public class UserServiceImpl implements UserService
{
    // 定义一个 Map 对象模拟保存系统中的所有 User 对象及其关联的 Pet
    private static Map<User, List<Pet>> userDb = Collections
        .synchronizedMap(new LinkedHashMap<>());
    static {
        userDb.put(new User(1, "sun", "32145"), List.of(
            new Pet(1, "Garfield", "橙色"),
            new Pet(2, "Jerry", "蓝色")));
        userDb.put(new User(2, "zhu", "83433"), List.of(
            new Pet(3, "Kitty", "白色"),
            new Pet(4, "Snoopy", "黑白色")));
        userDb.put(new User(3, "crazyit.org", "leegang"), List.of(
            new Pet(5, "Duke", "蓝色"),
            new Pet(6, "Mickey", "红色")));
    }
    @Override
    public Integer userLogin(User user)
    {
        // 如果能找到目标 User 对象，则返回该 User 的 id
        for (User u : userDb.keySet())
        {
            if (u.equals(user))
            {
                return u.getId();
            }
        }
        return -1;
    }
```

```
    @Override
    public List<Pet> getPetsByUser(Integer userId)
    {
        // 如果能找到目标 User 对象，则返回该 User 的 id
        for (User u : userDb.keySet())
        {
            if (u.getId() == userId)
            {
                return userDb.get(u);
            }
        }
        return null;
    }
}
```

上面 UserServiceImp 使用 Map<User, List<Pet>>保存系统中的所有用户及其对应的宠物，其中 Map 的 key 代表用户，Map 的 value 代表该用户对应的宠物。

Map 的 keySet()方法可返回所有 key——也就是系统中的所有用户，因此判断用户是否登录成功时只要遍历 Map 的 keySet()的返回值即可；getPetsByUser()方法用于根据用户 id 获取其对应的宠物，程序只要先找到对应的用户，然后调用 Map 的 get(key)方法即可返回该用户对应的所有宠物。

该示例还定义了 User 和 Pet 两个 Domain 类，它们的代码都非常简单，读者可自行参考本示例的配套代码，此处不再赘述。

控制器中的 login()处理方法处理登录请求成功后，将返回"success"逻辑视图名，它对应的视图页面代码如下。

程序清单：codes\06\6.9\SessionAttribute\WEB-INF\content\success.jsp

```
<body>
<div class="container">
<div class="alert alert-primary">${sessionScope.userName}, ${tip}</div>
<a class="btn btn-primary" href="${pageContext.request.contextPath}/pets">查看自己的宠物</a>
</div>
</body>
```

上面粗体字代码在页面上输出了 session 中的 userName 属性。

部署、运行该应用，向应用的/loginForm 地址发送请求可打开登录页面，输入正确的用户名、密码登录后，可以看到如图 6.56 所示的登录成功页面。

图 6.56　登录成功页面

从图 6.56 所示的页面中可以看到 session 中的 userName 属性值为 crazyit.org。

单击图 6.56 所示页面中的"查看自己的宠物"链接，该链接将会向/pets 发送请求，该请求将根据 userId 参数（绑定了 session 中的 userId 属性值）来获取该用户的宠物信息，处理成功后将返回"viewPets"逻辑视图名，它对应的视图页面代码如下。

程序清单：codes\06\6.9\SessionAttribute\WEB-INF\content\viewPets.jsp

```
<body>
<div class="container">
<h4>查看宠物</h4>
<table class="table table-hover">
```

```
<thead>
    <th>ID</th>
    <th>名字</th>
    <th>颜色</th>
</thead>
<tbody>
    <c:forEach var="p" items="${pets}">
    <tr>
        <td>${p.id}</td>
        <td>${p.name}</td>
        <td>${p.color}</td>
    </tr>
    </c:forEach>
</tbody>
</table>
</div>
</body>
```

单击"查看自己的宠物"链接，将看到如图 6.57 所示的宠物信息。

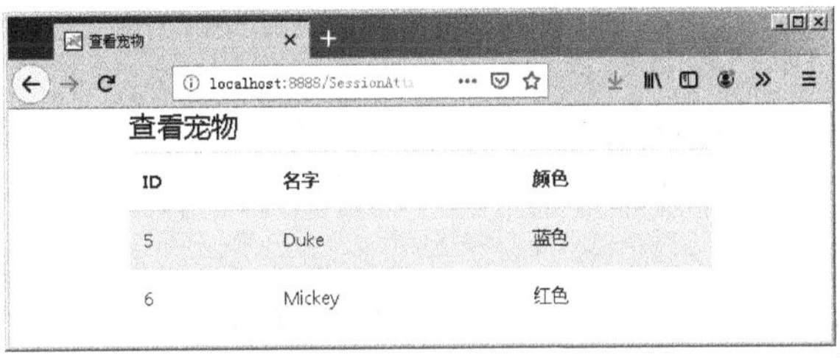

图 6.57　宠物信息（通过@ SessionAttribute 访问 session 属性）

▶▶ 6.9.4　直接访问 Servlet API

在某些情况下，控制器依然需要访问 Servlet API——比如程序要添加 cookie，此时就需要借助 HttpServletResponse 才能实现。

Spring MVC 提供了非常简单的方法来访问 Servlet API，只要在控制器方法中声明 Servlet API（如 HttpServletRequest、HttpSession 等）类型的参数即可。

下面对上一个示例略做修改，该示例将直接使用 HttpSession 来添加 session 属性，而且使用 HttpServletResponse 来添加 cookie。下面是控制器类的代码。

程序清单：codes\06\6.9\Servlet_API\WEB-INF\src\org\crazyit\app\controller\UserController.java

```
@Controller
public class UserController
{
    // 依赖注入 userService 组件
    @Resource(name = "userService")
    private UserService userService;
    @GetMapping("/{url}")
    public String url(@PathVariable String url)
    {
        return url;
    }
    // @PostMapping 指定该方法处理/login 请求
    @PostMapping("/login")
    public String login(User user, Model model,
        HttpSession session, HttpServletResponse response)
    {
        Integer userId = userService.userLogin(user);
        if (userId > 0)
        {
            model.addAttribute("tip", "欢迎您，登录成功！");
```

```
        // 在 session 中添加 userId 个属性
        session.setAttribute("userId", userId);
        // 创建 cookie, 并设置 cookie 的最长保存时间
        Cookie cookie = new Cookie("userName", user.getUsername());
        cookie.setMaxAge(24 * 3600);
        // 添加 cookie
        response.addCookie(cookie);
        return "success";
    }
    model.addAttribute("tip", "对不起，您输入的用户名、密码不正确！");
    return "error";
}
@GetMapping("/pets")
public String viewPets(@SessionAttribute(required = false) Integer userId,
Model model)
{
    if (userId != null && userId > 0)
    {
        // 获取指定 User 对应的所有宠物
        model.addAttribute("pets", userService.getPetsByUser(userId));
        return "viewPets";
    }
    model.addAttribute("login_tip", "对不起，您还未登录，请先登录！");
    return "loginForm";
}
}
```

上面控制器类定义了一个 login()方法，程序直接在该方法中声明了 HttpSession、HttpServletResponse 类型的形参——这两个参数将由 Spring MVC 负责注入，在该方法中直接调用它们的方法即可，非常方便。

在控制器方法中直接使用 Servlet API 虽然也很简单，但这种方式会造成控制器类与 Servlet API 耦合，既造成了代码污染，也增加了测试难度，如果不是非这样不可，一般不推荐在控制器类中使用 Servlet API。

该示例改为使用 cookie 保存用户登录之后的用户名，userId 依然被保存为 session 属性——该示例直接通过 HttpSession 添加属性。

该示例的运行结果与上一个示例的运行结果大致相同，无非是用户的登录名（userName）保存得更久一些——它被保存在 cookie 中。

▶▶ 6.9.5 使用 WebRequest 和 NativeWebRequest 伪访问

除通过使用注解修饰方法的形参来获取 request、session 属性之外，Spring MVC 还提供了 WebRequest 来访问 request、session 属性——使用该 API 的优势在于：程序既可相对自由地访问 request、session 属性，又无须与 Servlet API 耦合。

WebRequest 包含的常用方法如下。

➤ String getContextPath()：获取该请求的上下文路径。其等同于 HttpServletRequest 的 getContextPath()方法。

➤ String getHeader(String headerName)：获取指定请求头的值。其等同于 HttpServletRequest 的 getHeader()方法。

➤ Iterator<String> getHeaderNames()：获取所有请求头的名称。其等同于 HttpServletRequest 的 getHeaderNames()方法。

➤ String[] getHeaderValues(String headerName)：获取指定请求头的多个值。

➤ String getParameter(String paramName)：获取指定请求参数的值。其等同于 HttpServletRequest 的 getParameter()方法。

➤ Map<String,String[]> getParameterMap()：获取所有请求参数名与请求参数值组成的 Map 对

象。其等同于 HttpServletRequest 的 getParameterMap()方法。

- ➢ Iterator<String> getParameterNames()：获取所有请求参数的名称。其等同于 HttpServlet-Request 的 getParameterNames()方法。
- ➢ String[] getParameterValues(String paramName)：获取指定请求参数的多个值。其等同于 HttpServletRequest 的 getParameterValues()方法。
- ➢ Object getAttribute(String name, int scope)：获取指定范围（request 或 session）内指定属性的值。其大致相当于 JspContext 的 getAttribute()方法。
- ➢ String[] getAttributeNames(int scope)：获取指定范围（request 或 session）内所有属性的名称。其大致相当于 JspContext 的 getAttributeNamesInScope()方法。
- ➢ void removeAttribute(String name, int scope)：删除指定范围（request 或 session）内指定的属性。其大致相当于 JspContext 的 removeAttribute()方法。
- ➢ void setAttribute(String name, Object value, int scope)：在指定范围（request 或 session）内设置属性值。其大致相当于 JspContext 的 setAttribute()方法。

通过这些常用方法的介绍不难看出，WebRequest 其实就是一个便捷性的 API。程序只要在方法中声明一个 WebRequest 类型的形参，接下来即可在该方法中通过它来操作 request 参数和属性，也可以通过它来操作 session 属性。

大部分时候，如果只是希望灵活地访问 request 参数和属性以及 session 属性，那么只要在控制器方法中声明一个 WebRequest 类型的形参即可，这样也可以避免控制器类与 Servlet API 耦合。

NativeWebRequest 是 WebRequest 的子类，它除支持 WebRequest 的所有功能之外，还额外提供了如下泛型方法。

- ➢ <T> T getNativeRequest(Class<T> requiredType)：可获取 Servlet API——ServletRequest 或 HttpServletRequest。
- ➢ <T> T getNativeResponse(Class<T> requiredType)：可获取 Servlet API——ServletResponse 或 HttpServletResponse。

> **提示：**
>
> NativeWebRequest 还提供了两个非泛型方法，但非泛型方法用起来不方便，一般推荐使用上面两个泛型方法。

由此可见，使用 NativeWebRequest 的唯一理由就是：程序需要直接使用 Servlet API，否则使用 WebRequest 即可。

下面对上一个示例略做修改，使用 NativeWebRequest 获取 Servlet API。控制器类的代码如下。

程序清单：codes\06\6.9\NativeWebRequest\WEB-INF\src\org\crazyit\app\controller\UserController.java

```
@Controller
public class UserController
{
    // 依赖注入 userService 组件
    @Resource(name = "userService")
    private UserService userService;
    @GetMapping("/{url}")
    public String url(@PathVariable String url)
    {
        return url;
    }
    // @PostMapping 指定该方法处理/login 请求
    @PostMapping("/login")
    public String login(User user, Model model, NativeWebRequest webRequest)
    {
        // 获取 HttpServletRequest 对象
```

```
final var request = webRequest.getNativeRequest(HttpServletRequest.class);
// 获取 HttpSession 对象
final var session = request.getSession();
// 获取 HttpServletResponse 对象
final var response = webRequest.getNativeResponse(HttpServletResponse.class);
Integer userId = userService.userLogin(user);
if (userId > 0)
{
    model.addAttribute("tip", "欢迎您，登录成功！");
    // 在 session 中添加 userId 属性
    session.setAttribute("userId", userId);
    // 创建 cookie，并设置 cookie 的最长保存时间
    Cookie cookie = new Cookie("userName", user.getUsername());
    cookie.setMaxAge(24 * 3600);
    // 添加 cookie
    response.addCookie(cookie);
    return "success";
}
model.addAttribute("tip", "对不起，您输入的用户名、密码不正确！");
return "error";
}
@GetMapping("/pets")
public String viewPets(@SessionAttribute(required = false) Integer userId,
Model model)
{
    if (userId != null && userId > 0)
    {
        // 获取指定 User 对应的所有宠物
        model.addAttribute("pets", userService.getPetsByUser(userId));
        return "viewPets";
    }
    model.addAttribute("login_tip", "对不起，您还未登录，请先登录！");
    return "loginForm";
}
}
```

上面控制器类中的 login()方法声明了一个 NativeWebRequest 形参，这样该方法即可通过该形参来获取 Servlet API。该方法中的三行粗体字代码分别获取了 HttpServletRequest、HttpSession、HttpServletResponse 对象，在获取这些 Servlet API 之后，接下来即可调用它们的方法了。

不管是直接声明 Servlet API 类型的参数，还是通过 NativeWebRequest 获取 Servlet API 对象，其本质是一样的，都会造成控制器类与 Servlet API 耦合。

该示例与上一个示例的运行结果完全相同。

➤➤ 6.9.6　使用@CookieValue 获取 cookie 值

@CookieValue 注解用于将指定 cookie 的值传给被该注解修饰的参数。

@CookieValue 注解支持的属性如表 6.12 所示。

表 6.12　@CookieValue 注解支持的属性

属性	类型	是否必需	说明
value	String	否	指定被修饰的参数对应的 cookie 名称
name	String	否	value 属性的别名
required	boolean	否	指定该 cookie 是否必需，默认值为 true
defaultValue	String	否	当该 cookie 不存在时，该属性指定的值将作为默认值

从表 6.12 可以看出，@CookieValue 注解其实很简单，通常只需指定 value 或 name 属性，指定要将哪个 cookie 的值映射到被修饰的形参。

下面示例的控制器类中的处理方法示范了使用@CookieValue 来访问指定 cookie 的值。下面是该控制器类的代码。

程序清单：codes\06\6.9\CookieValue\WEB-INF\src\org\crazyit\app\controller\UserController.java

```java
@Controller
public class UserController
{
    // 依赖注入 userService 组件
    @Resource(name = "userService")
    private UserService userService;
    @GetMapping("/{url}")
    public String url(@PathVariable String url)
    {
        return url;
    }
    // @PostMapping 指定该方法处理/login 请求
    @PostMapping("/login")
    public String login(User user, Model model,
            HttpServletResponse response)
    {
        Integer userId = userService.userLogin(user);
        if (userId > 0)
        {
            model.addAttribute("tip", "欢迎您，登录成功！");
            // 创建 cookie，并设置 cookie 的最长保存时间
            Cookie cookie = new Cookie("userName", user.getUsername());
            cookie.setMaxAge(24 * 3600);
            // 添加 cookie
            response.addCookie(cookie);
            return "success";
        }
        model.addAttribute("tip", "对不起，您输入的用户名、密码不正确！");
        return "error";
    }
    // @GetMapping 指定该方法处理/viewCookie 请求
    @GetMapping("/viewCookie")
    public String viewCookie(@CookieValue("userName") String name, Model model)
    {
        System.out.println("userName cookie 的值为：" + name);
        model.addAttribute("tip", "userName cookie 的值为：" + name);
        return "viewCookie";
    }
}
```

上面控制器类中定义了 login()方法来处理用户登录，该方法声明了一个 HttpServletResponse 类型的参数，当用户登录成功时，程序通过 HttpServletResponse 参数来添加 cookie。

该控制器类中的 viewCookie()方法定义了一个@CookieValue("userName")修饰的参数，程序即可通过该参数获取名为 userName 的 cookie 值，该方法中代码先输出了 name 参数的值——也就是输出名为 userName 的 cookie 值。接下来程序还将 name 参数的值（对应名为 userName 的 cookie 值）放入 model 中，以便在下一个页面显示它。

该控制器类依赖的 UserService 组件的实现类代码如下。

程序清单：codes\06\6.9\CookieValue\WEB-INF\src\org\crazyit\app\service\impl\UserServiceImpl.java

```java
public class UserServiceImpl implements UserService
{
    // 定义一个 List 集合模拟保存系统中的所有 User 对象
    private static List<User> userList = Collections
            .synchronizedList(new ArrayList<>());
    static {
```

```
        userList.add(new User(1, "sun", "32145"));
        userList.add(new User(2, "zhu", "83433"));
        userList.add(new User(3, "crazyit.org", "leegang"));
    }
    @Override
    public Integer userLogin(User user)
    {
        // 如果能找到目标 User 对象，则返回该 User 的 id
        for (User u : userList)
        {
            if (u.equals(user))
            {
                return u.getId();
            }
        }
        return -1;
    }
}
```

从该 Service 组件的实现类代码可以看出，该 Service 组件使用了一个 List 集合来模拟保存系统中的所有 User 对象。在处理用户登录时，程序就遍历 List<User>集合，如果在该集合中找到了匹配的 User 对象，userLogin()方法就返回该 User 的 id。

部署、运行该应用，先使用 UserServiceImpl 组件中 List<User>集合里的数据来登录系统，登录成功后，查看所添加的 cookie 值，即可看到如图 6.58 所示的页面。

图 6.58　使用@CookieValue 获取 cookie 值

▶▶ 6.9.7　在处理方法中使用 IO 流

Spring MVC 还允许在控制器的处理方法中定义 InputStream、OutputStream、Reader、Writer 类型的形参，这些 IO 流本质上也属于 Servlet API 的一部分，因此它们就是通过 HttpServletRequest、HttpServletResponse 这两个 Servlet API 来获取的。

其中 HttpServletRequest 的 getInputStream()、getReader()方法的返回值就是 InputStream、Reader；HttpServletResponse 的 getOutputStream()、getWriter()方法的返回值就是 OutputStream、Writer。

下面的控制器类代码示范了使用 OutputStream 形参来输出图片。

程序清单：codes\06\6.9\OutputStream\WEB-INF\src\org\crazyit\app\controller\ImageController.java

```
@Controller
public class ImageController
{
    // 定义图形验证码的大小
    private final int IMG_WIDTH = 200;
    private final int IMG_HEIGTH = 40;
    // 定义图形验证码中绘制字符的字体
    private final Font mFont =
        new Font("Arial Black", Font.PLAIN, 32);
    // 定义一个获取随机颜色的方法
    private Color getRandColor(int fc, int bc)
    {
        Random random = new Random();
        if (fc > 255) fc = 255;
        if (bc > 255) bc = 255;
        var r = fc + random.nextInt(bc - fc);
        var g = fc + random.nextInt(bc - fc);
```

```
        var b = fc + random.nextInt(bc - fc);
        // 得到随机颜色
        return new Color(r, g, b);
    }
    // 定义获取随机字符的方法
    private String getRandomChar()
    {
        // 生成一个随机数字 0、1、2
        var rand = (int) Math.round(Math.random() * 2);
        var ctmp = '\u0000';
        switch (rand)
        {
            // 生成大写字母
            case 1:
                ctmp = (char) Math.round(Math.random() * 25 + 65);
                return String.valueOf(ctmp);
            // 生成小写字母
            case 2:
                ctmp = (char) Math.round(Math.random() * 25 + 97);
                return String.valueOf(ctmp);
            // 生成数字
            default :
                var itmp = Math.round(Math.random() * 9);
                return itmp + "";
        }
    }
    @GetMapping("/img")
    public void show(OutputStream os) throws IOException
    {
        var image = new BufferedImage
            (IMG_WIDTH, IMG_HEIGTH, BufferedImage.TYPE_INT_RGB);
        var g = image.getGraphics();
        var random = new Random();
        g.setColor(getRandColor(200, 250));
        // 填充背景色
        g.fillRect(1, 1, IMG_WIDTH - 1, IMG_HEIGTH - 1);
        // 为图形验证码绘制边框
        g.setColor(new Color(102, 102, 102));
        g.drawRect(0, 0, IMG_WIDTH - 1, IMG_HEIGTH - 1);
        // 设置绘制字符的字体
        g.setFont(mFont);
        // 用于保存系统生成的随机字符串
        var sRand = "";
        for (var i = 0; i < 6; i++)
        {
            var tmp = getRandomChar();
            sRand += tmp;
            // 获取随机颜色
            g.setColor(new Color(20 + random.nextInt(110),
                20 + random.nextInt(110),
                20 + random.nextInt(110)));
            // 在图片上绘制系统生成的随机字符
            g.drawString(tmp, 32 * i + 10, 32);
        }
        g.dispose();
        // 向输出流中输出图片
        ImageIO.write(image, "PNG", os);
    }
}
```

上面程序中的粗体字 show()方法声明了一个 OutputStream 形参，因此该方法可通过该参数来输出二进制数据的响应。上面 show()方法先在内存中生成了一个 BufferedImage 对象，并在该对象中绘制了随机的图形验证码。接下来程序使用 OutputStream 来输出该 BufferedImage 对象，这样即可将图形验证码作为响应输出。

本示例在首页通过如下代码来查看图形验证码。

程序清单：codes\06\6.9\OutputStream\index.jsp

```
<div class="container">
<img alt="验证码" src="${pageContext.request.contextPath}/img">
</div>
```

部署、运行该应用，浏览该应用的首页，可以看到如图 6.59 所示的图形验证码。

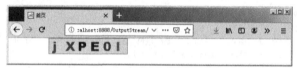

图 6.59　使用 IO 流生成图形验证码

通过该示例可以看出，控制器的处理方法一般不需要直接使用 IO 流，只有当程序需要生成二进制数据的响应时，才将处理方法的返回值声明为 void，并在该方法中通过 OutputStream 输出二进制数据作为响应。

 # 6.10　本章小结

本章主要介绍了 Spring MVC 的基础用法。本章首先介绍了 MVC 模式及其优势，并简单对比了 Spring MVC 与 Struts 2 的差异，通过对比不难发现 Spring MVC 逐渐取代 Struts 2 的原因。

本章内容大致分为以下 6 个部分。

➢ Spring MVC 开发入门：这部分先大致介绍了利用 Spring MVC 框架开发的大致流程、Spring MVC 的运行流程，以及 Spring 框架的几大核心组件——DispatcherServlet、HandlerMapping、HandlerAdapter、控制器、视图解析器、视图。学习完本章之后，读者必须深刻掌握这些组件各自的功能以及调用关系。

➢ 静态资源处理：Spring MVC 提供了静态资源映射和默认 Servlet 两种处理方式。

➢ 视图解析器：视图解析器负责根据逻辑视图名返回实际的 View 对象。

➢ 请求映射与参数处理：这是本章的重点内容。Spring MVC 提供了很多方式来处理请求参数，读者务必熟练掌握。

➢ RESTful 服务支持：这部分内容主要是@RequestBody 和@ResponseBody 两个注解，还需要重点掌握 HttpMessageConverter 的功能及其各种实现类。

➢ 访问 Servlet API 相关数据：这部分介绍了 Spring MVC 如何操作 request 和 session 属性、cookie 以及二进制流响应等。

上面 6 个部分的内容都是 Spring MVC 的基础功能，在实际开发中使用得非常频繁，读者必须扎实地掌握它们。

第 7 章
深入使用 Spring MVC

本章要点

- 理解国际化的本质和实现方式
- 掌握 Spring MVC 应用国际化的方法和步骤
- 掌握三种确定 Locale 的方法
- 理解 MVC 框架异常处理的总体思路
- 大致了解 Spring MVC 传统的异常处理
- 掌握 Spring MVC 的声明式异常处理
- @ControllerAdvice 注解和@RestControllerAdvice 注解
- Spring MVC 提供的两套标签库
- 理解数据转换和绑定的功能与意义
- 使用传统的 PropertyEditor 实现数据转换
- 使用 ConversionService 实现数据转换
- 处理转换错误
- 使用格式化器实现数据转换
- 注册格式化器的两种方式
- 理解数据校验的功能与意义
- 使用 Validation 执行校验
- 基于 JSR 303 执行校验
- 使用 MultipartFile 处理文件上传
- 使用@RequestPart 注解实现文件上传
- 使用 ResponseEntity 返回值实现文件下载
- 掌握 Spring MVC 拦截器的功能与用法
- 掌握 SSM 整合开发的步骤和详细过程

第 6 章已经介绍了 Spring MVC 的基本知识，包括 Spring MVC 框架的核心知识、静态资源处理、视图解析器、请求映射、参数绑定、将数据传给视图页面、访问 Servlet API 等内容，这些内容也是所有 MVC 框架都应提供的基本功能。

与所有 MVC 框架类似，Spring MVC 也提供了国际化支持、异常处理，以及类型转换和数据校验功能。Spring MVC 提供了非常强大的类型转换支持，它既可使用传统的 PropertyEditor 执行类型转换，也可使用新式的 ConversionService 执行类型转换——在使用 ConversionService 时，既可使用基于 Converter 的单向转换，也可使用基于 Formatter 的双向转换。在数据校验方面，Spring 既可使用传统的 validation 机制，以编程式的方式执行数据校验，也可使用 JSR 303 注解，以声明式的方式执行数据校验。

此外，文件上传、下载也是 MVC 框架必须提供的功能，Spring MVC 提供了非常方便的文件上传支持。Spring MVC 的文件上传是一种高层抽象：底层既可使用 Commons FileUpload 组件，也可直接利用 Servlet 3.0+的文件上传支持，而开发者只需要面向 Spring MVC 的文件上传接口编程即可，无须理会底层的细节差异。

本章还将详细介绍 Spring MVC 的拦截器机制。作为 SSM（Spring MVC+Spring+MyBatis）主体内容的最后一章，本章最后将会详细介绍一个 SSM 整合开发的案例。

7.1 国际化

程序国际化是商业系统的一个基本要求，今天的软件系统不再是简单的单机程序，往往是一个开放系统，需要面对来自全世界各个地方的浏览者，因此，国际化是商业系统中不可或缺的一部分。

前面介绍 Spring 时已提到 ApplicationContext 对国际化的支持，而 Spring MVC 的国际化支持完全基于 ApplicationContext 对国际化的支持。

▶▶ 7.1.1 国际化到底怎么做

现在读者应该至少已经掌握了 Java 的国际化和 Spring 的国际化，如果读者以前阅读过《轻量级 Java EE 企业应用实战》一书，那么应该还知道 Struts 2 的国际化。

 提示:
> Java 的国际化靠 ResourceBundle 和 Locale 两个类，其中 ResourceBundle 负责加载、管理国际化资源文件；Locale 是一个代表语言、区域的对象。

随着知识越学越多，有时候可能给人带来困惑——这叫"学而不思则罔"，但如果认真思考、总结知识之间的共性，就能找到它们的本质，达到知识"越学越少"的层次——这里所说的"少"，并不是内容少，而是因为把握了本质，所以感觉内容少了。

如果认真去整理所有国际化知识的本质，不难发现国际化的本质就是查找、替换。

程序国际化时，在程序界面中不再直接写"死的"文本内容，而是写国际化消息的"key"，这些 key 在不同语言区域的资源包中对应不同的国际化消息（不同的资源包以文件名进行区分）。

比如，简体中文的资源包中有如下 key-value 对：

```
hi=您好
```

再比如，美式英语的资源包中有如下 key-value 对：

```
hi=Hello
```

在程序界面中既不写"您好"，也不写"Hello"，而是写"hi"这个 key。

当实际显示界面时，程序就会执行查找、替换——从相应的语言资源包中找到 key 对应的 value，将程序界面中所有出现 key 的地方都替换成 value。

国际化机制根据文件名来确定要使用哪个语言资源包，比如要显示简体中文界面，就用主文件名以_zh_CN 结尾的资源文件；要显示美式英语界面，就用主文件名以_en_US 结尾的资源文件——这些都是提前规定好的。

通过上面的描述，即可发现所有程序国际化（无论是 Java 还是 Spring 程序国际化，甚至是 iOS 程序以及其他语言程序国际化），其实都只需要三步。

① 编写国际化资源文件，这些文件的主文件名必须以"_语言代码_国家代码"结尾。

 提示:

> 如果需要知道不同语言、不同国家的代码，则可通过 Locale 类的类方法来获取。关于 Locale 的用法可参考《疯狂 Java 讲义》的第 7 章。

② 加载国际化资源文件。必须让程序加载第 1 步所编写的国际化资源文件，这些国际化资源文件才会起作用。

③ 在程序界面中"输出"国际化消息的 key。

回忆 Java 程序国际化是不是这个步骤？①编写国际化资源文件；②使用 ResourceBundle 类加载国际化资源文件；③调用 ResourceBundle 的 getString()方法根据 key 输出国际化消息。

再回忆 Spring 程序国际化是不是这个步骤？①编写国际化资源文件；②使用 ResourceBundleMessageSource 类加载国际化资源文件；③调用 ApplicationContext 的 getMessage() 方法根据 key 输出国际化消息。

Spring MVC 程序国际化也完全需要上面三个步骤。

① 编写国际化资源文件。这一步没啥好说的，都一样。

② 加载国际化资源文件。同样使用 ResourceBundleMessageSource 类来加载国际化资源文件。

③ 在程序界面中"输出"国际化消息的 key。这一步可分为两种情况：

➢ 在 JSP 视图页面中，Spring MVC 提供了<spring:message.../>标签根据 key 输出国际化消息。如果国际化消息中包含占位符，则使用<spring:argument.../>为占位符指定参数值。

➢ 在控制器等 Java 类中，Spring MVC 提供了 RequestContext 根据 key 输出国际化消息。

在程序国际化的三个步骤中，总涉及一个重要的 API：Locale——它是一个代表语言、区域的对象，国际化程序总要根据 Locale 来确定通过哪个语言资源包文件来执行查找、替换。

Spring MVC 如何确定浏览用户的 Locale 呢？Spring MVC 使用 LocaleResolver 接口来解析客户端的 Locale，该接口包含如下实现类。

➢ AcceptHeaderLocaleResolver：根据用户浏览器的"Accept-Language"请求头确定客户端的 Locale。比如"Accept-Language"请求头以"zh-CN"开头，该解析器会认为客户端的 Locale 为简体中文。

➢ SessionLocaleResolver：根据名为"LOCALE_SESSION_ATTRIBUTE_NAME"的常量值的 session 属性来确定客户端的 Locale。比如属性值为"zh"，该解析器会认为客户端的 Locale 为简体中文。

➢ CookieLocaleResolver：根据名为"DEFAULT_COOKIE_NAME"的常量值的 cookie 值来确定客户端的 Locale。比如 cookie 值为"zh"，该解析器会认为客户端的 Locale 为简体中文。

➢ FixedLocaleResolver：直接使用服务器所在 JVM 的默认 Locale。

从上面介绍可以看出，AcceptHeaderLocaleResolver 是最常用的实现类，它会根据用户浏览器的设置"智能"地选择 Locale，从而呈现相应的国际化界面；SessionLocaleResolver、CookieLocaleResolver 可以让用户通过程序来选择 Locale，从而动态改变程序界面；而 FixedLocaleResolver 基本没用，因为它获取的是服务器 JVM 的 Locale，压根就不是客户端的 Locale。

下面分别介绍基于上面前三个 LocaleResolver 来实现 Spring MVC 程序国际化。

▶▶ 7.1.2 根据浏览器请求头确定 Locale

AcceptHeaderLocaleResolver 是 Spring MVC 默认的语言、区域解析器，它根据浏览器的"Accept-Language"请求头来确定客户端的 Locale。

使用 AcceptHeaderLocaleResolver 时无须显式配置，当然也可以显式配置（没必要）。

接下来就按前面介绍的三步来开发一个具有国际化功能的 Spring MVC 应用。第 1 步是提供不同语言、国家的语言资源包。

本示例需要自适应简体中文、美式英语两种环境，因此需要分别为它们提供各自的语言资源文件。下面是简体中文的语言资源文件。

程序清单：codes\07\7.1\AcceptHeader\WEB-INF\src\login_mess_zh_CN.properties

```
login_title=用户登录
name_label=用户名：
name_hint=请输入用户名
password_label=密码：
password_hint=请输入密码
login_btn=登录
reset_btn=重设
success_title=登录成功
success_info={0}，欢迎您，登录成功！
error_title=登录失败
error_info=对不起，您输入的用户名、密码不正确！
```

以 UTF-8 字符集保存上面的资源文件，该资源文件的主文件名以 _zh_CN 结尾，这表明它是简体中文环境的语言资源文件。

下面是美式英语的语言资源文件。

程序清单：codes\07\7.1\AcceptHeader\WEB-INF\src\login_mess_en_US.properties

```
login_title=Login Page
name_label=username:
name_hint=input your username
password_label=password:
password_hint=input your password
login_btn=login
reset_btn=reset
success_title=login successful
success_info={0}, welcome, you have logined!
error_title=failed to login
error_info=sorry, you inputed incorrect username/password!
```

该资源文件的主文件名以 _en_US 结尾，这表明它是美式英语环境的语言资源文件。

第 2 步是使用 ResourceBundleMessageSource 类加载国际化资源文件。下面是本示例的 Spring MVC 配置文件。

程序清单：codes\07\7.1\AcceptHeader\WEB-INF\src\springmvc-servlet.xml

```
<?xml version="1.0" encoding="UTF-8"?>
<beans xmlns="http://www.springframework.org/schema/beans"
    xmlns:xsi="http://www.w3.org/2001/XMLSchema-instance"
    xmlns:p="http://www.springframework.org/schema/p"
    xmlns:context="http://www.springframework.org/schema/context"
    xmlns:mvc="http://www.springframework.org/schema/mvc"
    xsi:schemaLocation="http://www.springframework.org/schema/beans
    http://www.springframework.org/schema/beans/spring-beans.xsd
    http://www.springframework.org/schema/context
    http://www.springframework.org/schema/context/spring-context.xsd
    http://www.springframework.org/schema/mvc
    http://www.springframework.org/schema/mvc/spring-mvc.xsd">
```

```
<!-- 配置 Spring 自动扫描指定包及其子包中的所有 Bean -->
<context:component-scan base-package="org.crazyit.app.controller" />
<!-- 将/resources/路径下的资源映射为/res/**虚拟路径下的资源 -->
<mvc:resources mapping="/res/**" location="/resources/" />
<!-- 将/images/路径下的资源映射为/imgs/**虚拟路径下的资源 -->
<mvc:resources mapping="/imgs/**" location="/images/" />
<mvc:annotation-driven/>
<!-- 配置 InternalResourceViewResolver 作为视图解析器 -->
<!-- 指定 prefix 和 suffix 属性 -->
<bean class="org.springframework.web.servlet.view.InternalResourceViewResolver"
    p:prefix="/WEB-INF/content/"
    p:suffix=".jsp" />
<!-- 加载国际化资源的 Bean,
使用 SpEL 列出所有资源文件的 basename, 多个 basename 之间用英文逗号隔开
-->
<bean id="messageSource"
    class="org.springframework.context.support.ResourceBundleMessageSource"
    p:basenames="#{{'login_mess'}}"
    p:defaultEncoding="utf-8"/>
</beans>
```

上面粗体字代码配置了 ResourceBundleMessageSource,并通过 basenames 属性指定了它所加载的国际化资源文件的 basename——此处使用了 SpEL 表达式,#{...}里的{}用于直接构建一个当成数组使用的 List 集合。

如果程序需要加载多个国际化资源文件,只要按上面粗体字代码所示,在 basenames 指定的属性值内的#{{..}}中列出多个 basename 即可,多个 basename 之间用英文逗号隔开。

第 3 步是根据 key 来显示国际化消息。

如果要在 JSP 视图页面中根据 key 来显示国际化资源消息,则需要使用 Spring MVC 提供的 <spring:message.../>标签,该标签支持的属性如表 7.1 所示。

表 7.1   <spring:message.../>标签支持的属性

属性	是否必需	解释
arguments	否	当国际化消息中有占位符时,该属性指定的多个值用于填充国际化消息中的占位符,多个值之间用英文逗号分隔
argumentSeparator	否	设置 arguments 指定的多个值之间的分隔符,该属性的默认值是英文逗号
code	否	指定国际化消息的 key
htmlEscape	否	设置是否转义 HTML 标签
javascriptEscape	否	设置是否转义 JS 代码
message	否	指定一个 MessageSourceResolvable 参数
text	否	当 code 指定的国际化消息不存在时,该属性指定的字符串将作为默认值
var	否	如果指定该属性,不再将国际化消息输出到页面上,而是绑定到 var 属性指定的变量。该变量被保存为 scope 指定区域的属性
scope	否	与 var 属性结合使用。指定将 var 变量存入 page、request、session 或 application 范围其中之一

从上面介绍可以看出,如果只是将国际化消息在页面上输出,通常只要指定 code 和 arguments 属性即可——只有当国际化消息中包含占位符时才需要指定 arguments 属性;如果要将国际化消息存入 page、request、session 或 application 范围中,还需要指定 var 和 scope 属性。

下面是本示例中 loginForm.jsp 页面的代码。

程序清单:codes\07\7.1\AcceptHeader\WEB-INF\content\loginForm.jsp

```
<%@ page contentType="text/html; charset=utf-8" language="java" errorPage="" %>
<%@taglib prefix="spring" uri="http://www.springframework.org/tags"%>
```

```
<!DOCTYPE html>
<html>
<head>
    <meta http-equiv="Content-Type" content="text/html; charset=utf-8" />
    <link rel="stylesheet"
    href="${pageContext.request.contextPath}/res/bootstrap-4.3.1/css/
bootstrap.min.css">
    <script src="${pageContext.request.contextPath}/res/jquery-3.4.1.min.js">
    </script>
    <script src="${pageContext.request.contextPath}/res/bootstrap-4.3.1/js/
bootstrap.min.js">
    </script>
    <title><spring:message code="login_title"/></title>
</head>
<body>
<div class="container">
<img src="${pageContext.request.contextPath}/imgs/logo.gif"
class="rounded mx-auto d-block"><h4><spring:message code="login_title"/></h4>
<form method="post" action="login">
<div class="form-group row">
    <label for="username" class="col-sm-3 col-form-label">
    <spring:message code="name_label"/></label>
    <div class="col-sm-9">
        <input type="text" id="username" name="username"
    class="form-control" placeholder="<spring:message code='name_hint'/>">
    </div>
</div>
<div class="form-group row">
    <label for="pass" class="col-sm-3 col-form-label">
    <spring:message code="password_label"/></label>
    <div class="col-sm-9">
        <input type="password" id="pass" name="pass"
    class="form-control" placeholder="<spring:message code='password_hint'/>">
    </div>
</div>
<div class="form-group row">
    <div class="col-sm-6 text-right">
        <button type="submit" class="btn btn-primary">
        <spring:message code="login_btn"/></button>
    </div>
    <div class="col-sm-6">
        <button type="reset" class="btn btn-danger">
        <spring:message code="reset_btn"/></button>
    </div>
</div>
</form>
</div>
</body>
</html>
```

上面程序中的第一行粗体字代码使用 taglib 指令导入了 Spring 标签库，并为该标签库指定前缀为 spring。

接下来的粗体字代码都是使用<spring:message.../>标签来输出国际化消息的。

本示例的另外两个页面 success.jsp 和 error.jsp 的处理思路也是一样的：先使用 taglib 指令导入 Spring 标签库，然后使用<spring:message.../>输出国际化消息，读者可自行参考配套代码中这两个页面的源代码。

如果要在 Java 程序（如控制器）中根据 key 来显示国际化消息，则需要使用 Spring 提供的 RequestContext 类。该类提供了大量重载的 getMessage()方法来输出国际化消息，其中以下两个方法最常用。

➤ String getMessage(String code)：根据 key 获取国际化消息。

➤ String getMessage(String code, List<?>/Object[] args)：根据 key 获取国际化消息，其中第二个参数用于为国际化消息中的占位符填充值。

下面是本示例中控制器类的代码。

程序清单：codes\07\7.1\AcceptHeader\WEB-INF\src\org\crazyit\app\controller\UserController.java

```java
@Controller
public class UserController
{
    // 依赖注入 userService 组件
    @Resource(name = "userService")
    private UserService userService;
    @GetMapping("/{url}")
    public String url(@PathVariable String url)
    {
        return url;
    }
    @PostMapping("/login")
    public String login(User user, Model model,
            WebRequest webRequest, HttpServletRequest request)
    {
        var requestContext = new RequestContext(request);
        if (userService.userLogin(user) > 0)
        {
            model.addAttribute("tip", requestContext.getMessage(
                    "success_info", new String[]{user.getUsername()}));
            // 为 session 添加属性
            webRequest.setAttribute("userName", user.getUsername(),
                    WebRequest.SCOPE_SESSION);
            return "success";
        }
        model.addAttribute("tip", requestContext.getMessage("error_info"));
        return "error";
    }
}
```

正如从上面粗体字代码所看到的，当程序为 model 添加 tip 属性时，不再直接使用"固定"的字符串，而是通过 RequestContext 根据 key 来获取国际化消息，这样就完成了该程序的国际化。

部署、运行该应用，使用浏览器浏览应用的/loginForm，程序将会跳转为显示 loginForm.jsp 页面，此时可以看到如图 7.1 所示的界面。

输入正确的用户名、密码（比如用户名为 crazyit.org，密码为 leegang），单击"登录"按钮，应用将会进入登录成功的页面，显示如图 7.2 所示。

图 7.1 简体中文界面

图 7.2 登录成功的简体中文界面

在本示例中，Spring MVC 使用默认的 AcceptHeaderLocaleResolver 作为语言、区域解析器，它根据浏览器发送的"Accept-Language"请求头进行解析，也就是根据浏览器设置来决定客户端的语言、区域。

如果希望看到该应用显示英语界面，则需要对浏览器设置进行更改。此处以最新版的 Firefox

为例，在浏览器的空白标签页中输入"about:preferences"后按回车键，浏览器将打开"选项"设置界面。

在 Firefox 的"选项"设置界面的左边选中"常规"，然后将界面拖到"语言"处，单击"选择"按钮，如图 7.3 所示。

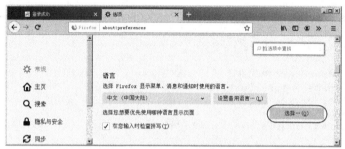

图 7.3　设置 Firefox 的网页语言

此时将会打开"网页语言设置"对话框，设置首选的网页语言，如图 7.4 所示。

图 7.4　设置首选的网页语言

从图 7.4 中可以看出，"中文（中国大陆）（zh-cn）"项排在最上面，这说明 Firefox 当前优先使用简体中文。

如果希望应用显示英语界面，则先选中"英语（美国）（en-us）"项，然后单击右边的"上移"按钮，将"英语（美国）（en-us）"项放到最上面，最后单击"确定"按钮完成设置。

完成上面设置之后，刷新应用的/loginForm，将会看到如图 7.5 所示的界面。

图 7.5　美式英语界面

现在打开 Firefox 的控制台看一下请求头信息。在 Firefox 中按下"Ctrl+Shift+I"快捷键，将会打开该浏览器的控制台。

打开控制台之后，选中"网络"选项卡，然后刷新该页面，将在"网络"选项卡中看到本次刷新所请求的所有资源。选中本次请求的/loginForm 资源项，在浏览器的控制台右边将看到本次请求的请求头和响应头，如图 7.6 所示。

通过图 7.6 可以看到，本次请求的"Accept-Language"请求头以 en-US 开头，然后才是 zh-CN。不难发现，在图 7.4 中对 Firefox 所做的设置，正好在此处体现出来了。

图 7.6　通过浏览器的控制台查看请求头信息

正是由于用户请求的"Accept-Language"请求头的值以"en-US"开头，AcceptHeaderLocaleResolver 认为客户端的语言是美式英语，应用就呈现了英语界面。

在图 7.5 所示的登录界面中输入正确的用户名、密码，登录成功后，可以看到如图 7.7 所示的界面。

图 7.7　登录成功的美式英语界面

▶▶ 7.1.3　根据 session 确定 Locale

前面介绍的国际化方式完全依赖于浏览器的设置，用户不能通过程序修改，大部分时候这种国际化方式可以满足需求。

但某些时候完全通过浏览器执行国际化并不合适，比如有些用户并不知道如何设置浏览器，或者用户只是临时用一下公共的电脑……在这种情况下，用户希望可以通过程序来动态改变国际化界面。

得益于 Spring MVC 的良好设计，如果需要通过程序来动态改变国际化界面，用户几乎不需要书写任何代码，只要为 HandlerMapping 配置一个 LocaleChangeInterceptor 对象即可。

LocaleChangeInterceptor 是 Spring 拦截器机制的一个实现类，它会拦截所有控制器的处理方法，在处理方法之前进行一些预处理；对于 LocaleChangeInterceptor 而言，它所做的预处理无非就是通过程序来确定客户端的 Locale。

还是来看看 LocaleChangeInterceptor 的源代码吧，在该类中可以看到如下 preHandle()方法。

```java
@Override
public boolean preHandle(HttpServletRequest request,
    HttpServletResponse response, Object handler)
    throws ServletException
{
    // 根据 getParamName() 的返回值获取请求参数的值
    String newLocale = request.getParameter(getParamName());
    // 如果 newLocale 请求参数的值不为 null, 则改变 Locale
    if (newLocale != null)
    {
        if (checkHttpMethod(request.getMethod()))
        {
            // 获取 Spring 容器中的 LocaleResolver
            LocaleResolver localeResolver = RequestContextUtils
                .getLocaleResolver(request);
            // 如果 LocaleResolver 为 null, 程序抛出异常
            if (localeResolver == null)
```

```
        {
            throw new IllegalStateException(
                "No LocaleResolver found: not in a DispatcherServlet request?");
        }
        try
        {
            // 关键代码：根据 newLocale 改变 Locale
            localeResolver.setLocale(request, response,
                parseLocaleValue(newLocale));
        }
        catch (IllegalArgumentException ex)
        {
            if (isIgnoreInvalidLocale())
            {
                if (logger.isDebugEnabled())
                {
                    logger.debug("Ignoring invalid locale value ["
                        + newLocale + "]: " + ex.getMessage());
                }
            }
            else
            {
                throw ex;
            }
        }
    }
    // 继续向下处理
    return true;
}
```

　　上面的方法非常简单，该方法首先获取一个指定的请求参数的值——该请求参数的值由 getParamName() 的返回值决定——只要该请求参数的值不为 null，程序就会调用容器中 LocaleResolver 的 setLocale() 方法来改变 Locale。

　　LocaleChangeInterceptor 提供了一个 setParamName() 方法，开发者可通过配置来改变 paramName 属性值（即 getParamName() 方法的返回值）。

　　从上面源代码可以清楚地看出，LocaleChangeInterceptor 只是一个拦截器，它所做的就两件事情：

① 获取指定的请求参数的值。

② 调用容器中 LocaleResolver 的 setLocale() 方法来改变 Locale。

　　由此可见，上面方法的关键在于 LocaleResolver 的 setLocale() 方法。此处介绍的是 SessionLocaleResolver 实现类，因此来看看它的 setLocale() 方法。打开它的源代码，发现它自己并没有提供 setLocale() 方法，而是直接使用了父类 AbstractLocaleContextResolver 的 setLocale() 方法，该方法的代码如下：

```
@Override
public void setLocale(HttpServletRequest request, @Nullable HttpServletResponse
        response, @Nullable Locale locale) {
    setLocaleContext(request, response,
        (locale != null ? new SimpleLocaleContext(locale) : null));
}
```

　　从上面粗体字代码可以看到，原来 setLocale() 方法最终调用了 SessionLocaleResolver 的 setLocaleContext() 方法，打开 SessionLocaleResolver 可以看到该方法的源代码如下：

```
@Override
public void setLocaleContext(HttpServletRequest request,
    @Nullable HttpServletResponse response,
    @Nullable LocaleContext localeContext)
{
```

```
Locale locale = null;
TimeZone timeZone = null;
if (localeContext != null)
{
    // 通过 localeContext 获取 Locale 对象
    locale = localeContext.getLocale();
    if (localeContext instanceof TimeZoneAwareLocaleContext)
    {
        timeZone = ((TimeZoneAwareLocaleContext) localeContext)
            .getTimeZone();
    }
}
// 使用 session 属性保存 Locale 信息
WebUtils.setSessionAttribute(request, this.localeAttributeName, locale);
// 使用 session 属性保存时区信息
WebUtils.setSessionAttribute(request, this.timeZoneAttributeName, timeZone);
}
```

上面方法的关键就在于两行粗体字代码，从这两行代码可以清楚地看到，SessionLocaleResolver 使用 session 来保存 Locale 信息，这意味着一旦用户选择 Locale 之后，只要他继续浏览该应用，SessionLocaleResolver 就能从 session 中获得他所选择的 Locale，这样即可提供对应的本地化界面。

能理解上面的源代码解析最好！不能理解也没关系，对于普通开发者来说，只要在 Spring MVC 配置文件中配置两个东西即可。

➤ 配置 LocaleChangeInterceptor，它会根据指定的请求参数值来解析 Locale。

➤ 配置 LocaleResolver，比如 SessionLocaleResolver。

本示例对上一个示例略做修改，完全不需要修改控制器类，也不需要增加额外的处理方法——完全不需要修改 Java 代码，只要在 Spring MVC 配置文件中增加配置 LocaleChangeInterceptor 和 LocaleResolver 即可。

下面是本示例的 Spring MVC 配置文件。

程序清单：codes\07\7.1\SessionResolver\WEB-INF\springmvc-servlet.xml

```xml
<?xml version="1.0" encoding="UTF-8"?>
<beans xmlns="http://www.springframework.org/schema/beans"
    xmlns:xsi="http://www.w3.org/2001/XMLSchema-instance"
    xmlns:p="http://www.springframework.org/schema/p"
    xmlns:context="http://www.springframework.org/schema/context"
    xmlns:mvc="http://www.springframework.org/schema/mvc"
    xsi:schemaLocation="http://www.springframework.org/schema/beans
    http://www.springframework.org/schema/beans/spring-beans.xsd
    http://www.springframework.org/schema/context
    http://www.springframework.org/schema/context/spring-context.xsd
    http://www.springframework.org/schema/mvc
    http://www.springframework.org/schema/mvc/spring-mvc.xsd">
    <!-- 配置 Spring 自动扫描指定包及其子包中的所有 Bean -->
    <context:component-scan base-package="org.crazyit.app.controller" />
    <!-- 将/resources/路径下的资源映射为/res/**虚拟路径下的资源 -->
    <mvc:resources mapping="/res/**" location="/resources/" />
    <!-- 将/images/路径下的资源映射为/imgs/**虚拟路径下的资源 -->
    <mvc:resources mapping="/imgs/**" location="/images/" />
    <mvc:annotation-driven/>
    <!-- 配置 InternalResourceViewResolver 作为视图解析器 -->
    <!-- 指定 prefix 和 suffix 属性 -->
    <bean class="org.springframework.web.servlet.view.InternalResourceViewResolver"
        p:prefix="/WEB-INF/content/"
        p:suffix=".jsp" />
    <!-- 加载国际化资源的 Bean,
    使用 SpEL 列出所有资源文件的 basename, 多个 basename 之间用英文逗号隔开
    -->
    <bean id="messageSource"
```

```
        class="org.springframework.context.support.ResourceBundleMessageSource"
        p:basenames="#{{'login_mess', 'lang_mess'}}"
        p:defaultEncoding="utf-8"/>
    <mvc:interceptors>
        <!-- 配置 LocaleChangeInterceptor, 指定它根据 loc 参数获取 Locale -->
        <bean class=
        "org.springframework.web.servlet.i18n.LocaleChangeInterceptor"
        p:paramName="loc"/>
    </mvc:interceptors>
    <!-- 配置使用 SessionLocaleResolver -->
    <bean id="localeResolver" class=
    "org.springframework.web.servlet.i18n.SessionLocaleResolver"/>
</beans>
```

上面第一段粗体字代码配置了 LocaleChangeInterceptor 拦截器，并将它的 paramName 属性配置为 loc，这意味着该拦截器将会根据 loc 参数获取 Locale。

上面第二段粗体字代码配置了 SessionLocaleResolver 实现类。

此外，上面配置文件中配置 ResourceBundleMessageSource 时还增加了一个国际化资源文件的 basename：lang_mess。

下面是 lang_mess_zh_CN.properties 的代码。

程序清单：codes\07\7.1\SessionResolver\WEB-INF\src\lang_mess_zh_CN.properties

```
choose=选择语言
en=英语
zh=中文
```

下面是 lang_mess_en_US.properties 的代码。

程序清单：codes\07\7.1\SessionResolver\WEB-INF\src\lang_mess_en_US.properties

```
choose=Language
en=English
zh=Chinese
```

上面配置 LocaleChangeInterceptor 拦截器时指定了 paramName 属性值为 loc，这意味着只要用户请求中包含 loc 参数，LocaleChangeInterceptor 就会根据该请求参数的值来改变用户的 Locale。

下面在 loginForm.jsp 页面中增加链接让用户改变自己的 Locale。

程序清单：codes\07\7.1\SessionResolver\WEB-INF\content\loginForm.jsp

```
<!-- 定义选择语言的下拉列表 -->
<div class="dropdown">
    <button class="btn btn-primary dropdown-toggle" type="button"
    id="dropdownMenuButton"    data-toggle="dropdown">
        <spring:message code="choose"/>
    </button>
    <div class="dropdown-menu">
        <a class="dropdown-item"
        href="${pageContext.request.contextPath}/loginForm?loc=en_US">
            <spring:message code="en"/></a>
        <a class="dropdown-item"
        href="${pageContext.request.contextPath}/loginForm?loc=zh_CN">
            <spring:message code="zh"/></a>
    </div>
</div>
```

上面两行粗体字代码都增加了 loc 请求参数，其中一个请求参数的值为 en_US，这意味着用户单击该链接时将会切换到美式英语界面；另一个请求参数的值为 zh_CN，这意味着用户单击该链接时将会切换到简体中文界面。

部署、运行该应用，浏览该应用的/loginForm，即可看到如图 7.8 所示的界面。

图 7.8 通过程序选择国际化界面

正如从图 7.8 中所看到的，用户可通过界面右上角的下拉列表来改变程序的国际化界面——本质就是通过 SessionLocaleResolver 的 setLocaleContext()方法将用户选择的 Locale 保存在 session 属性中。

➤➤ 7.1.4 根据 cookie 值确定 Locale

SessionLocaleResolver 的策略是使用 session 来保存用户选择的 Locale 的——但 session 不能持久地保存，只要用户关闭浏览器，本次 session 就失效了。

如果程序需要更持久地保存用户选择的 Locale，则可考虑使用 CookieLocaleResolver——此处只是使用 CookieLocaleResolver 来代替 SessionLocaleResolver，因此 LocaleChangeInterceptor 拦截器依然是需要的。

下面看看 CookieLocaleResolver 类中 setLocaleContext()方法的代码。

```java
@Override
public void setLocaleContext(HttpServletRequest request,
    @Nullable HttpServletResponse response,
    @Nullable LocaleContext localeContext)
{
    Assert.notNull(response,
        "HttpServletResponse is required for CookieLocaleResolver");
    Locale locale = null;
    TimeZone timeZone = null;
    if (localeContext != null)
    {
        // 通过 localeContext 获取 Locale 对象
        locale = localeContext.getLocale();
        if (localeContext instanceof TimeZoneAwareLocaleContext)
        {
            // 获取时区信息
            timeZone = ((TimeZoneAwareLocaleContext) localeContext)
            .getTimeZone();
        }
        // 关键代码：添加 cookie，该 cookie 同时保存了 Locale 和 TimeZone 对象
        addCookie(response, (locale != null ? toLocaleValue(locale) : "-")
            + (timeZone != null ? '/' + timeZone.getID() : ""));
    }
    else
    {
        removeCookie(response);
    }
    request.setAttribute(LOCALE_REQUEST_ATTRIBUTE_NAME,
        (locale != null ? locale : determineDefaultLocale(request)));
    request.setAttribute(TIME_ZONE_REQUEST_ATTRIBUTE_NAME,
        (timeZone != null ? timeZone : determineDefaultTimeZone(request)));
}
```

上面方法中的第一行粗体字代码是关键：该方法使用 cookie 同时保存了 Locale 和 TimeZone。

此外，该方法的最后两行粗体字代码还使用 request 属性保存了 Locale 和 TimeZone，这样避免了每次都需要读取 cookie——其实就相当于在 request 范围内缓存了 Locale 和 TimeZone，当程序通过 request 读取 Locale 和 TimeZone 信息时，即可避免通过 cookie 读取。

既然 CookieLocaleResolver 要使用 cookie 来保存 Locale 和 TimeZone 信息，那么可配置如下与 cookie 相关的属性。

➢ cookieName：指定 cookie 的名字。默认值为 classname + LOCALE。

➢ cookieMaxAge：指定 cookie 的最长生存期限。

➢ cookiePath：指定 cookie 的保存路径，默认值为根路径（/）。

本示例将会使用 CookieLocaleResolver 代替前面的 SessionLocaleResolver，因此整个示例完全不需要修改，只要将原来配置 SessionLocaleResolver 的地方改为配置 CookieLocaleResolver 即可。

在 Spring MVC 配置文件中将 localeResolver Bean 改为如下形式。

程序清单：codes\07\7.1\CookieResolver\WEB-INF\springmvc-servlet.xml

```xml
<!-- 配置使用 CookieLocaleResolver -->
<bean id="localeResolver" class=
    "org.springframework.web.servlet.i18n.CookieLocaleResolver"
    p:cookieName="clientlanguage"
    p:cookieMaxAge="3600"/>
```

上面配置指定了 CookieLocaleResolver 保存 Locale 和 TimeZone 的 cookie 名为 clientlanguage，也指定了该 cookie 的最长生存期限为 1 小时。

部署、运行该应用，其运行界面与上一个示例完全相同，只不过该应用会使用 cookie 来保存用户选择的 Locale。

打开 Firefox 浏览器的控制台，在控制台中选择"存储"选项卡，将看到如图 7.9 所示的 cookie 值。

图 7.9 通过 cookie 保存用户选择的 Locale

从图 7.9 中可以看出，当用户选择"英语"界面时，本示例使用名为 clientlanguage 的 cookie 保存了用户选择的 Locale：en-US。

7.2 异常处理

成熟的 MVC 框架都应该提供成熟的异常处理机制，这种异常处理机制最好提供声明式的异常处理：最好能将业务处理代码与异常处理代码彻底分离，最好无须书写过多的异常处理代码。

7.2.1 Spring MVC 异常处理

最容易想到的异常处理方式是：在 Controller 的请求处理方法中手动使用 try...catch 块捕捉异常，当捕捉到指定的异常时，系统返回对应的逻辑视图名——但这种异常处理方式非常烦琐，需要在请求处理方法中书写大量的 catch 块。其最大的缺点还在于异常处理与代码耦合，一旦需要改变异常处理方式，必须修改大量的代码！这是一种相当糟糕的方式。

对于 MVC 框架，希望其提供的异常处理流程如图 7.10 所示。

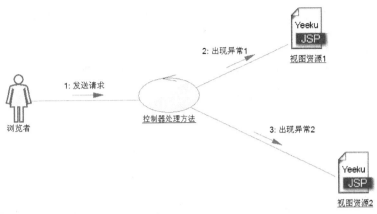

图 7.10　MVC 框架的异常处理流程图

图 7.10 所示的异常处理流程是，当控制器的处理方法处理用户请求时，如果出现了异常 1，则系统转入视图资源 1，并在该视图资源上输出异常提示；如果出现异常 2，则系统转入视图资源 2，并在该视图资源上输出异常提示。

为了满足图 7.10 所示的处理流程，可以采用如下处理方法：

```
public class XxxController
{
    ...
    @RequestMapping("/hello")
    public String hello()
    {
        try
        {
            ...
        }
        catch(异常 1 e)
        {
            return 结果 1
        }
        catch(异常 2 e)
        {
            return 结果 2
        }
        ...
    }
}
```

假如在控制器的处理方法中使用 try...catch 块来捕捉异常，当捕捉到指定的异常时，系统返回对应的逻辑视图名——这种处理方式完全是手动处理异常，非常烦琐，而且可维护性不好：如果有一天需要改变异常处理流程，则必须修改控制器的代码。

如果手动捕捉（catch）异常，然后返回（return）一个字符串作为逻辑视图名，其实质就是定义异常类与逻辑视图名之间的对应关系。既然如此，那么完全可以将这种对应关系放在配置文件中进行管理。实际上，早期 Spring MVC 确实是这么干的——那时候 Spring MVC 主要还是受 Struts 2 的影响。

Spring MVC 异常处理机制主要由 HandlerExceptionResolver 接口负责处理，该接口中只定义了如下抽象方法：

```
ModelAndView resolveException(HttpServletRequest request, HttpServletResponse response,
    @Nullable Object handler, Exception ex)
```

看这个方法的参数和返回值，是不是一切全明白了？

该方法包含 4 个参数，其中 request、response 参数不用管，毕竟处理 Web 请求总离不开这些 Servlet API；handler 代表抛出异常的处理方法；Exception ex 是关键参数，其返回值是 ModelAndView ——该异常解析器做的事情是什么？不就是完成 Exception 类与 ModelAndView 的对应关系吗？

Spring MVC 为 HandlerExceptionResolver 接口提供的实现类如图 7.11 所示。

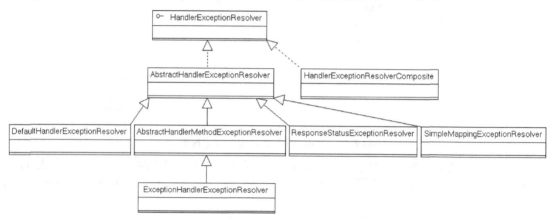

图 7.11　HandlerExceptionResolver 接口的实现类

从图 7.11 可以看出，HandlerExceptionResolver 的实现类有如下几个。

- ➤ SimpleMappingExceptionResolver：这是 Spring MVC 刚出现时提供的实现类，完全是模仿 Struts 2 的一个实现类，现在一般不推荐使用它。
- ➤ DefaultHandlerExceptionResolver：它是 Spring MVC 默认的异常解析器。
- ➤ ResponseStatusExceptionResolver：它负责为@ResponseStatus 注解修饰的异常类提供底层支持。
- ➤ ExceptionHandlerExceptionResolver：它负责为@ExceptionHandler 注解修饰的异常处理方法提供底层支持。
- ➤ HandlerExceptionResolverComposite：它是一系列异常解析器的前端代理。

随着 Spring 1.0 面世的 Spring MVC，难免受到 Struts 2 的影响，因此 HandlerExceptionResolver 只有一个实现类：SimpleMappingExceptionResolver，它的设计哲学完全模仿 Struts 2：在配置文件中定义异常类与逻辑视图名之间的对应关系。

如果 Spring MVC 一直停留在"模仿 Struts 2"的层次，那么就不会有今天 Spring MVC 的辉煌了。

伴随着 Spring 3 的"王者归来"，Spring MVC 带来了"颠覆式"的异常处理机制，它彻底脱离了 Struts 2 的窠臼，改为基于 AOP 的异常处理机制。这种异常处理机制不仅能定义异常类与逻辑视图名之间的对应关系，还可对异常做一些额外的修复处理，并彻底将异常处理代码与业务处理代码分离。这种异常处理机制的底层由 ResponseStatusExceptionResolver、ExceptionHandlerExceptionResolver 等实现类提供支持；而开发者使用@ResponseStatus、@ExceptionHandler、@ControllerAdvice 注解，以声明式方式进行异常处理即可。

至于 DefaultHandlerExceptionResolver 实现类，它是 Spring MVC 内置的异常解析类，定义了常见异常类与 HTTP 状态码之间的对应关系。比如 MissingPathVariableException 异常类，对应 500（SC_INTERNAL_SERVER_ERROR）、TypeMismatchException 异常类对应 400（SC_BAD_REQUEST）……关于该类支持的异常类与 HTTP 状态码之间的对应关系，读者可自行参看该类的 API 文档。

DefaultHandlerExceptionResolver 类只能支持这些异常类，因为它的源代码就是在 doResolveException()方法中以"硬编码"方式写死了这些异常类与 HTTP 状态码之间的对应关系的——读者可自行查看这个实现类的源代码。

DefaultHandlerExceptionResolver 是 Spring MVC 框架本身使用的异常解析器，开发者一般不会

直接用到它。

总结：Spring MVC 的异常处理机制无非两类。

➤ 使用 SimpleMappingExceptionResolver，基于配置文件的异常处理机制。这种机制完全类似于 Struts 2 的异常处理机制。

➤ 使用@ResponseStatus、@ExceptionHandler、@ControllerAdvice，基于 AOP 的异常处理机制。这是目前主流的异常处理机制。

本节将会简单介绍使用 SimpleMappingExceptionResolver 的传统的异常处理机制，重点还是以使用@ResponseStatus、@ExceptionHandler、@ControllerAdvice 的异常处理机制为主。

➤➤ 7.2.2　传统的异常处理机制

SimpleMappingExceptionResolver 的功能就是定义异常类与逻辑视图名之间的对应关系。该类提供了如下 setter 方法（设值注入的方法）。

➤ setDefaultErrorView(String defaultErrorView)：设置默认的错误视图名。对于没有明确指定的异常类，该解析器默认返回该视图名。

➤ setExceptionAttribute(String exceptionAttribute)：设置异常对象的属性名。在异常对应的视图页面中，可通过该属性指定变量名来访问异常对象。

➤ setExceptionMappings(Properties mappings)：指定异常类与逻辑视图名之间的对应关系。该方法的参数是一个 Properties 属性对象，其中属性名为异常类名，属性值为逻辑视图名。

下面通过一个示例来示范 SimpleMappingExceptionResolver 的用法，该示例的控制器类的代码如下。

程序清单：code\07\7.2\SimpleMappingExceptionResolver\WEB-INF\src\org\crazyit\app\controller\ BookController.java

```java
@Controller
public class BookController
{
    // 依赖注入 bookService 组件
    @Resource(name = "bookService")
    private BookService bookService;
    @GetMapping("/{url}")
    public String url(@PathVariable String url)
    {
        return url;
    }
    // @PostMapping 指定该方法处理/addBook 请求
    @PostMapping("/addBook")
    public String add(Book book, Model model) throws Exception
    {
        bookService.addBook(book);
        model.addAttribute("tip", book.getName() + "图书添加成功！");
        return "success";
    }
}
```

上面控制器类的代码其实很简单，该控制器定义了一个 url()方法来处理通用请求，比如用户请求/bookForm，就返回 bookForm 逻辑视图名。该控制器还定义了一个 add()方法用于添加图书，该方法只是调用 BookService 组件的 addBook()方法来添加图书。

为了演示 Spring MVC 的异常处理机制，本示例的 BookService 组件的 addBook()方法会抛出各种异常。下面是 BookServiceImpl 实现类的代码。

程序清单：code\07\7.2\SimpleMappingExceptionResolver\WEB-INF\src\org\crazyit\app\service\
impl\BookServiceImpl.java

```
public class BookServiceImpl implements BookService
{
    @Override
    public Integer addBook(Book book) throws Exception
    {
        if (book.getName().equals("crazyit"))
        {
            throw new HttpMediaTypeNotSupportedException("测试用的异常信息");
        }
        if (book.getPrice() <= 50)
        {
            throw new IllegalArgumentException("图书价格不能低于 50 元");
        }
        if (book.getName().toLowerCase().contains("sql"))
        {
            throw new SQLException("图书名不允许包含 SQL 关键字");
        }
        if (!book.getAuthor().equals("李刚"))
        {
            throw new Exception("只能添加指定作者的图书");
        }
        System.out.println("----添加图书：" + book);
        return 19;
    }
}
```

正如从上面代码所看到的，BookServiceImpl 类的 addBook()方法可能抛出如下异常。

➢ 如果 Book 的 name 属性值等于"crazyit"字符串，则抛出 HttpMediaTypeNotSupported-Exception 异常。

➢ 如果 Book 的 price 属性值小于或等于 50，则抛出 IllegalArgumentException 异常。

➢ 如果 Book 的 name 属性值包含"sql"字符串，则抛出 SQLException 异常。

➢ 如果 Book 的 author 属性值不等于"李刚"字符串，则抛出 Exception 异常。

上面 addBook()方法可能抛出的这些异常，都是精心挑选的，用于模拟在实际项目中 Service 组件可能抛出的各种异常。其中，HttpMediaTypeNotSupportedException 代表 Spring 内置的异常；IllegalArgumentException 代表 Java 的运行时异常；SQLException 代表 Java 的 checked 异常；Exception 代表一般的通用异常。

提示：

在实际项目中，通常 Service 组件并不需要显式抛出这些异常，毕竟写程序不是为了"遭遇异常"。实际项目的 Service 组件会因为底层各种业务规则、各种改变自然出现异常——希望它永远不出现异常是不可能的。此处的 Service 组件通过代码抛出这些异常，就是在模拟实际项目的 Service 组件可能出现的异常。

本示例的 bookForm.jsp 页面中包含了 name、price、author 三个简单的表单域，读者可自行参考配套代码中的 code\07\7.2\SimpleMappingExceptionResolver\WEB-INF\content\bookForm.jsp 文件。

先不为该应用定义任何异常解析器，直接部署、运行该应用，然后用浏览器请求/bookForm，系统将会显示\WEB-INF\content\bookForm.jsp 页面。

如果在 bookForm.jsp 页面的 name 表单域中输入"crazyit"字符串，将会看到浏览器显示如图 7.12 所示的错误页面。

图 7.12　错误页面

在 name 表单域中输入"crazyit"字符串，会导致 BookServiceImpl 的 addBook()方法抛出 HttpMediaTypeNotSupportedException 异常，该异常是 Spring MVC 内置的异常，Spring MVC 默认的异常解析器会负责处理该异常。查看 DefaultHandlerExceptionResolver 的 API 文档，就会发现该异常对应的 HTTP 状态码为 415，也就是从图 7.12 中看到的状态码。

由此可见，即使不指定任何异常解析器，Spring MVC 也会启用内置的 DefaultHandlerException-Resolver 解析器，它不会返回逻辑视图名（返回也没用），它会根据不同的异常类型返回不同的 HTTP 状态码，从而显示 Web 服务器提供的错误页面（这些错误页面也可以自定义）。

如果在 bookForm.jsp 页面的 name 表单域中输入正确，但在 price 表单域中输入的价格低于 50 元，此时 BookServiceImpl 的 addBook()方法抛出 IllegalArgumentException 异常，将会看到浏览器显示如图 7.13 所示的原始错误页面。

图 7.13　原始错误页面

图 7.13 所显示的原始错误页面太差了！如果将这个错误页面显示给最终用户，将非常糟糕：对于普通用户而言，这么"复杂"的异常信息会让他们一头雾水；对于恶意用户而言，这些异常信息暴露了太多的底层细节，他们甚至能看到异常具体发生在哪个类、哪一行，也能清楚地看到抛出异常的具体原因，他们完全可以利用这些信息来入侵系统。

此时可利用 SimpleMappingExceptionResolver 来定义异常类与逻辑视图名之间的对应关系，从而为不同的异常类提供自定义的错误页面。

不需要修改任何 Java 代码，只要在 Spring MVC 的配置文件中增加如下异常解析器的配置即可。

程序清单：code\07\7.2\SimpleMappingExceptionResolver\WEB-INF\springmvc-servlet.xml

```
<!-- 定义 SimpleMappingExceptionResolver 作为异常解析器,
    defaultErrorView 配置默认的错误视图名,
    exceptionAttribute 配置异常对象的属性名 -->
<bean class=
    "org.springframework.web.servlet.handler.SimpleMappingExceptionResolver"
    p:defaultErrorView="error"
    p:exceptionAttribute="ex">
    <property name="exceptionMappings">
```

```
        <props>
            <!-- 下面定义异常类与逻辑视图名之间的对应关系,
                 其中 key 是异常类名, value 是逻辑视图名 -->
            <prop key="IllegalArgumentException">argerror</prop>
            <prop key="SQLException">sqlerror</prop>
        </props>
    </property>
</bean>
```

在配置 SimpleMappingExceptionResolver 时，关键就是上面几行粗体字配置代码，其中 exceptionMappings 的每条属性配置一个异常类与一个逻辑视图名的对应关系，比如如下一行代码：

```
<prop key="IllegalArgumentException">argerror</prop>
```

这行代码指定当控制器的处理方法抛出 IllegalArgumentException 异常时，SimpleMapping-ExceptionResolver 异常解析器会解析 argerror 逻辑视图名。因此，项目需要为哪些异常定义对应的逻辑视图名，只要在上面的<props.../>元素内用<prop.../>子元素列出即可，其中 key 属性指定异常类名，该元素的值指定逻辑视图名。

上面第一行粗体字代码配置的 defaultErrorView 属性用于指定默认的错误视图名，当控制器的处理方法抛出的异常不在<props.../>元素定义的异常范围内时，SimpleMappingExceptionResolver 异常解析器默认解析得到该属性指定的逻辑视图名。

上面第二行粗体字代码配置的 exceptionAttribute 属性用于指定一个变量，比如此处指定为 ex，这意味着接下来可在该异常对应的错误页面上使用该变量来访问异常对象。

上面 SimpleMappingExceptionResolver 异常解析器共配置了三个逻辑视图名。

➢ argerror：当控制器方法抛出 IllegalArgumentException 异常时，对应该视图名。

➢ sqlerror：当控制器方法抛出 SQLException 异常时，对应该视图名。

➢ error：当控制器方法抛出其他异常时，对应该默认的视图名。

接下来还需要为这些逻辑视图名提供对应的物理视图页面。下面是 argerror.jsp 页面的代码。

程序清单：code\07\7.2\SimpleMappingExceptionResolver\WEB-INF\content\argerror.jsp

```
<body>
<div class="container">
<div class="alert alert-warning">非法参数异常，异常信息为: ${ex.message}</div>
</div>
</body>
```

在配置 SimpleMappingExceptionResolver 时指定了 exceptionAttribute 属性为 ex，因此，上面页面可通过 ex 来访问异常对象，ex.message 就表示访问异常对象的 message 属性。

另外的 sqlerror.jsp 和 error.jsp 页面代码与此类似，非常简单，读者可自行参考配套代码。

如果在 bookForm.jsp 页面的 name 表单域中输入正确，但在 price 表单域中输入的价格低于 50 元，此时 BookServiceImpl 的 addBook()方法抛出 IllegalArgumentException 异常，上面配置的异常解析器将解析得到 argerror 逻辑视图名，对应跳转到/WEB-INF/content/argerror.jsp 页面，如图 7.14 所示。

图 7.14 IllegalArgumentException 异常对应的错误页面

如果在 bookForm.jsp 页面的 price 表单域中输入的价格大于 50 元，但在 name 表单域中输入的字符串包含"sql"，此时 BookServiceImpl 的 addBook()方法抛出 SQLException 异常，上面配置的异常解析器将解析得到 sqlerror 逻辑视图名，对应跳转到/WEB-INF/content/sqlerror.jsp 页面，如图 7.15 所示。

如果在 bookForm.jsp 页面的 name 表单域中输入正确，在 price 表单域中输入的价格也大于 50 元，但在 author 表单域中输入的字符串不是"李刚"，此时 BookServiceImpl 的 addBook()方法抛出 Exception 异常，上面配置的异常解析器将解析得到默认的 error 逻辑视图名，对应跳转到 /WEB-INF/content/error.jsp 页面，如图 7.16 所示。

图 7.15 SQLException 异常对应的错误页面

图 7.16 其他异常对应的默认的错误页面

通过该示例不难发现，SimpleMappingExceptionResolver 异常解析器的关键就在于它配置的 exceptionMappings 属性，该属性详细列出了不同异常类对应的逻辑视图名，当控制器方法抛出指定的异常时，应用就会跳转到对应的视图页面；当控制器方法抛出其他异常时，应用也能跳转到 defaultErrorView 属性指定的逻辑视图名对应的视图页面。

▶▶ 7.2.3 使用@ResponseStatus 修饰异常类

如果希望程序抛出自定义异常时也能被异常解析器解析成 HTTP 状态码，从而显示 Web 服务器提供的错误页面，就像前面 DefaultHandlerExceptionResolver 的行为那样，则可使用 Spring MVC 提供的@ResponseStatus 注解。

@ResponseStatus 可用于修饰异常类，为该异常类指定对应的状态码和错误原因，这样当控制器的处理方法抛出该异常时，将由 ResponseStatusExceptionResolver 负责解析成对应的 HTTP 状态码。

此外，@ResponseStatus 还可用于修饰方法，当使用该注解修饰方法时，通常会与@ExceptionHandler 注解结合使用。

@ResponseStatus 注解支持的属性如表 7.2 所示。

表 7.2 @ResponseStatus 注解支持的属性

属性	类型	是否必需	说明
value	HttpStatus	否	指定 HTTP 状态码
code	HttpStatus	否	value 属性的别名
reason	String	否	指定该错误的描述信息

从表 7.2 可以看出，@ResponseStatus 注解其实很简单，通常只需指定 value 或 code 属性，指定该异常类对应的 HTTP 状态码。

需要说明的是，当使用该注解修饰异常类，或者该注解指定了 reason 属性之后，Spring MVC 底层会调用 HttpServletResponse 的 sendError()方法来输出响应消息。

一旦调用了 HttpServletResponse 的 sendError()方法，整个响应就完成了，后面不应该继续输出任何内容。因此，@ResponseStatus 注解不适合在 RESTful API 中使用。

注意

避免在 RESTful API 中使用@ResponseStatus 注解。如果希望 RESTful API 也能生成带 HTTP 状态码的响应消息，只要让处理方法返回 ResponseEntity 对象即可，就如第 6 章所介绍的那样。

下面对上一个示例略做修改，先删除 Spring MVC 配置文件中关于 SimpleMappingExceptionResolver 异常解析器的配置，不再使用这种"老旧"的异常处理机制。

接下来定义一个自定义的异常类。

程序清单：codes\07\7.2\ResponseStatus\WEB-INF\src\org\crazyit\app\exception\BookException.java

```java
@ResponseStatus(code = HttpStatus.FORBIDDEN, reason = "图书业务异常")
public class BookException extends Exception
{
    public BookException() {}
    public BookException(String message)
    {
        super(message);
    }
    public BookException(String message, Throwable cause)
    {
        super(message, cause);
    }
}
```

该异常类使用了@ResponseStatus 注解修饰，并指定了 code 和 reason 属性，这意味着当控制器的处理方法抛出该异常时，该异常就会被解析成 HttpStatus.FORBIDDEN 状态码，并使用 reason 指定异常原因。

该示例对 BookServiceImpl 实现类略做修改，使之能抛出自定义的 BookException 异常。下面是 BookServiceImpl 实现类的代码。

程序清单：codes\07\7.2\ResponseStatus\WEB-INF\src\org\crazyit\app\service\impl\BookServiceImpl.java

```java
public class BookServiceImpl implements BookService
{
    @Override
    public Integer addBook(Book book) throws Exception
    {
        if (book.getName().equals("crazyit"))
        {
            throw new HttpMediaTypeNotSupportedException("测试用的异常信息");
        }
        if (book.getPrice() <= 50)
        {
            throw new BookException("图书价格不能低于 50 元");
        }
        System.out.println("----添加图书：" + book);
        return 19;
    }
}
```

从上面的粗体字代码可以看出，当 Book 的 price 属性值小于或等于 50 时，该方法会抛出 BookException 异常。

提示： 由于本示例不再需要 argerror.jsp、sqlerror.jsp、error.jsp 等错误页面，而是直接使用 Web 服务器提供的错误页面，因此可删除/WEB-INF/content 目录下的 argerror.jsp、sqlerror.jsp、error.jsp 文件。

部署、运行该应用，请求/bookForm，应用会显示/WEB-INF/content/bookForm.jsp 页面，在该页面的 price 表单域中输入小于 50 的数值后提交表单，将看到如图 7.17 所示的错误页面。

从图 7.17 中可以看到，该错误页面的状态码是 403，正好对应 BookException 异常类上 @ResponseStatus 注解的 code 属性值；该错误页面的消息为"图书业务异常"，正好对应 BookException 异常类上@ResponseStatus 注解的 reason 属性值。

图 7.17 错误页面（使用@ResponseStatus 为异常定义 HTTP 状态码）

▶▶ 7.2.4 使用@ExceptionHandler 修饰异常处理方法

@ExceptionHandler 注解修饰的方法被当成异常处理方法，当控制器的处理方法抛出异常时，该方法将会自动执行，对异常进行处理。

@ExceptionHandler 注解只支持一个 value 属性，该属性可通过数组指定一系列的异常类名，表明只有当处理方法抛出对应的异常时，@ExceptionHandler 注解修饰的异常处理方法才会自动执行。

@ExceptionHandler 注解修饰的异常处理方法可声明如下类型的形参。

➤ 任何异常类型：用于访问处理方法抛出的异常。
➤ ServletRequest、ServletResponse、HttpSession 等：用于访问 Servlet API。
➤ WebRequest 或 NativeWebRequest：其作用等同于在控制器的处理方法中声明这种类型的形参。
➤ Locale：用于访问客户端的语言区域。
➤ InputStream、Reader、OutputStream 或 Writer：用于直接访问请求或响应的 IO 流。
➤ Model：代表模型对象。

@ExceptionHandler 注解修饰的异常处理方法可返回如下类型的返回值。

➤ ModelAndView：该返回值同时包含 Model 和 View。
➤ Model 或 Map：该返回值只有模型数据，Spring MVC 会使用 RequestToViewNameTranslator 隐式获取视图名。
➤ View：该返回值就是视图对象。
➤ String：该返回值代表逻辑视图名。
➤ HttpEntity<?>、ResponseEntity<?>或@ResponseBody 修饰的方法：该方法的返回值将直接作为响应消息，通常用于 RESTful API 开发。
➤ void：当异常处理方法自行通过 ServletResponse 或 HttpServletResponse 生成响应消息时，可将该方法的返回值声明为 void；否则，如果将异常处理方法的返回值声明为 void，Spring MVC 会使用 RequestToViewNameTranslator 隐式获取视图名。

下面示例还是对前面的 SimpleMappingExceptionResolver 示例略做修改，先删除 Spring MVC 配置文件中关于 SimpleMappingExceptionResolver 异常解析器的配置，不再使用这种"老旧"的异常处理机制。

下面对控制器类进行修改，在控制器类中增加一个@ExceptionHandler 修饰的方法，该方法将作为异常处理方法。

修改后的控制器类的代码如下。

程序清单：codes\07\7.2\ExceptionHandler\WEB-INF\src\org\crazyit\app\controller\BookController.java

```
@Controller
public class BookController
{
    // 依赖注入 bookService 组件
    @Resource(name = "bookService")
    private BookService bookService;
    @GetMapping("/{url}")
```

```
public String url(@PathVariable String url)
{
    return url;
}
// @PostMapping 指定该方法处理/addBook 请求
@PostMapping("/addBook")
public String add(Book book, Model model) throws Exception
{
    bookService.addBook(book);
    model.addAttribute("tip", book.getName() + "图书添加成功！");
    return "success";
}
@ExceptionHandler
public String errorHandle(Exception ex, Model model)
{
    // 将捕捉到的异常对象添加到 model 中
    model.addAttribute("ex", ex);
    if (ex instanceof IllegalArgumentException)
    {
        // 此处可针对异常做一些额外的修复处理
        // ...
        return "argerror";
    }
    else if (ex instanceof SQLException)
    {
        // 此处可针对异常做一些额外的修复处理
        // ...
        return "sqlerror";
    }
    else
    {
        // 此处可针对异常做一些额外的修复处理
        // ...
        return "error";
    }
}
```

上面控制器类中的粗体字方法就是一个异常处理方法，该方法将会在其他处理方法抛出异常时自动执行。

从上面代码可以看出，该异常处理方法不仅可根据不同的异常返回不同的逻辑视图名（这一点类似于 SimpleMappingExceptionResolver 异常解析器），而且还可针对不同的异常做一些额外的修复处理——具体要做什么处理，完全由项目的业务决定。

从上面介绍不难看出，这个异常处理方法的本质就是 AOP 的 AfterThrowing Advice——它总会在控制器的处理方法抛出异常时自动执行，可见 Spring 3 引入的这种异常处理机制完全基于 AOP，明显更胜一筹。

部署、运行该应用，其运行效果与 SimpleMappingExceptionResolver 示例表面的运行效果完全相同，而且还可以针对不同的异常做一些额外的修复处理，这就是基于 AOP 的异常处理机制的优势所在。

当然，可能有读者会感到失望，采用这种方式居然需要手动修改控制器类的代码，这不是比 SimpleMappingExceptionResolver 更落后了吗？SimpleMappingExceptionResolver 起码与代码无关，开发者只要在 Spring MVC 配置文件中进行配置即可。关于这一点读者无须担心，结合使用 @ControllerAdvice 注解，基于 AOP 的异常处理机制同样可以做到与代码无关，无须修改控制器类的代码（下一节会进行介绍）。

@ExceptionHandler 还可以与@ResponseStatus 结合使用，同时修饰异常处理方法，该异常处理方法无须返回任何逻辑视图名，而是根据@ResponseStatus 指定的 HTTP 状态码，使用 Web 服务器提供的错误页面作为响应。

例如，将控制器类的代码改为如下形式。

程序清单：codes\07\7.2\ExceptionHandler2\WEB-INF\src\org\crazyit\app\controller\BookController.java

```java
@Controller
public class BookController
{
    // 依赖注入 bookService 组件
    @Resource(name = "bookService")
    private BookService bookService;
    @GetMapping("/{url}")
    public String url(@PathVariable String url)
    {
        return url;
    }
    // @PostMapping 指定该方法处理/addBook 请求
    @PostMapping("/addBook")
    public String add(Book book, Model model) throws Exception
    {
        bookService.addBook(book);
        model.addAttribute("tip", book.getName() + "图书添加成功！");
        return "success";
    }
    @ExceptionHandler
    @ResponseStatus(code = HttpStatus.UNAVAILABLE_FOR_LEGAL_REASONS,
        reason = "业务处理时出现了异常")
    public void errorHandle(Exception ex)
    {
        if (ex instanceof IllegalArgumentException)
        {
            // 此处可针对异常做一些额外的修复处理
            // ...
            System.out.println("模拟修复非法参数异常");
        }
        else if (ex instanceof SQLException)
        {
            // 此处可针对异常做一些额外的修复处理
            // ...
            System.out.println("模拟修复 SQL 异常");
        }
        else
        {
            // 此处可针对异常做一些额外的修复处理
            // ...
            System.out.println("模拟修复一般的异常");
        }
    }
}
```

正如从上面粗体字代码所看到的，该异常处理方法使用了@ResponseStatus 注解修饰，因此该方法将返回值声明为 void。

由于该异常处理方法使用了@ResponseStatus 注解修饰，该方法执行完成后总会被解析成@ResponseStatus 注解的 code 属性所指定的 HTTP 状态码，本示例将会自动使用 Web 服务器提供的错误页面，不再提供 error.jsp、argerror.jsp、sqlerror.jsp 这些错误页面。

部署、运行该应用，访问/bookForm，程序将会自动跳转显示 bookForm.jsp 页面，如果在该页面的任何表单域中输入引起 BookService 组件抛出异常，将会看到如图 7.18 所示的错误页面。

从图 7.18 中看到的状态码为 451，这正好对应 errorHandle()方法上@ResponseStatus 注解的 code 属性所指定的 HttpStatus.UNAVAILABLE_FOR_LEGAL_REASONS 状态码；错误信息为"业务处

理时出现了异常"，这正好对应 errorHandle()方法上@ResponseStatus 注解的 reason 属性值。

图 7.18　错误页面（@ExceptionHandler 与@ResponseStatus 结合使用）

在 Web 服务器的控制台可以看到程序输出"模拟修复 xx 异常"字符串，这说明这种方式依然可以针对不同的异常提供对应的修复操作。

➢➢ 7.2.5　使用@ControllerAdvice 定义异常 Aspect

正如从前面所看到的，单独使用@ExceptionHandler 注解修饰异常处理方法，明显存在不足：需要修改控制器类的代码，在控制器类中增加异常处理方法，从而造成了业务处理代码与异常处理代码混杂在一起。

为了解决这个问题，终于轮到@ControllerAdvice 注解登场了，该注解的源代码如下：

```
@Target(ElementType.TYPE)
@Retention(RetentionPolicy.RUNTIME)
@Documented
@Component
public @interface ControllerAdvice
{
    ...
}
```

从上面的粗体字代码可以看出，@ControllerAdvice 注解使用@Target(ElementType.Type)修饰，说明该注解只能修饰类。

@ControllerAdvice 注解使用@Component 修饰，说明<context:component-scan>会扫描该注解。一旦 Spring MVC 扫描到该注解修饰的类，该类中所有用@ExceptionHandler、@ModelAttribute、@InitBinder 修饰的方法就都会被应用到其他控制器的处理方法中。

还记得前面讲过的吗？@ModelAttribute 修饰的方法会在控制器的处理方法执行之前执行；@ExceptionHandler 修饰的方法会在控制器的处理方法抛出异常时执行；其实@InitBinder 修饰的方法也会在控制器的处理方法执行之前执行——@ModelAttribute、@InitBinder 修饰的方法就相当于 AOP 中的 Before Advice，而@ExceptionHandler 修饰的方法就相当于 AOP 中的 AfterThrowing Advice。

讲到这里明白了吧！@ControllerAdvice 注解修饰的类就变成一个 Aspect（切面），而该类中用@ModelAttribute、@InitBinder、@ExceptionHandler 修饰的方法就是 Advice（增强处理）。

提示：

@ControllerAdvice 注解的 API 文档中提到：该注解会让被修饰的类中的@ExceptionHandler、@InitBinder、@ModelAttribute 方法横切多个控制器类——这是典型的 AOP 说法。不过遗憾的是，不知道当初@ControllerAdvice 注解的设计者是怎么想的，该注解的名字明明应该是@ControllerAspect，而不应该是@ControllerAdvice——因为它的作用就是将被修饰的类变成控制器的 Aspect。

无论如何，现在已经明白@ControllerAdvice 的作用了，就是将被修饰的类变成控制器的 Aspect（如果将该注解改名为@ControllerAspect 就完美了），这样即可将异常处理方法（@ExceptionHandler 修饰的方法）统一抽象到 Aspect 中管理——这是典型的 AOP 方式，这样就实现了控制器类的代码无关性。

下面的示例还是对前面的 SimpleMappingExceptionResolver 示例略做修改，先删除 Spring MVC 配置文件中关于 SimpleMappingExceptionResolver 异常解析器的配置，不再使用这种"老旧"的异常处理机制。

这次就不再修改控制器类的代码了，而是为应用增加一个控制器 Aspect 类，该类使用 @ControllerAdvice 修饰，并使用@ExceptionHandler 修饰该类中的异常处理方法。下面是该 Aspect 类的代码。

程序清单：codes\07\7.2\ControllerAdvice\WEB-INF\src\org\crazyit\app\controller\ErrorAspect.java

```java
@ControllerAdvice
public class ErrorAspect
{
    @ExceptionHandler
    public String errorHandle(Exception ex, Model model)
    {
        // 将捕捉到的异常对象添加到model中
        model.addAttribute("ex", ex);
        if (ex instanceof IllegalArgumentException)
        {
            // 此处可针对异常做一些额外的修复处理
            // ...
            return "argerror";
        }
        else if (ex instanceof SQLException)
        {
            // 此处可针对异常做一些额外的修复处理
            // ...
            return "sqlerror";
        }
        else
        {
            // 此处可针对异常做一些额外的修复处理
            // ...
            return "error";
        }
    }
}
```

从上面代码可以看出，ErrorAspect 中的 errorHandle()方法与前面添加到 BookController 控制器中的 errorHandle()方法完全一样，只不过此处使用@ControllerAdvice 修饰的控制器 Aspect 集中管理，这样即可将异常处理方法从控制器中分离出来，从而实现业务处理代码与异常处理代码的分离，而且实现了控制器类的代码无关性——这也是 AOP 的典型优势。

部署、运行该应用，其运行效果与 SimpleMappingExceptionResolver 示例表面的运行效果完全相同，但这种处理机制是基于 AOP 的，因此它同样可以针对特定异常提供相应的修复处理。

▶▶ 7.2.6 使用@RestControllerAdvice 定义异常 Aspect

@RestControllerAdvice 相当于@ControllerAdvice 与@ResponseBody 的组合版，因此被该注解修饰的类中的所有@ExceptionHandler 方法都会增加@ResponseBody 注解，这意味着@ExceptionHandler 方法的返回值将直接作为响应，无须任何视图页面。

本示例对前面的@ControllerAdvice 示例略做修改，将 ErrorAspect 类改为使用@RestControllerAdvice 注解修饰。下面是本示例的 ErrorAspect 类的代码。

程序清单：codes\07\7.2\RestControllerAdvice\WEB-INF\src\org\crazyit\app\controller\ErrorAspect.java

```java
@RestControllerAdvice
public class ErrorAspect
```

```
{
    @ExceptionHandler
    public ResponseEntity<Map<String, Object>> errorHandle(Exception ex)
    {
        // 将捕捉到的异常对象添加到 model 中
        Map<String, Object> map = new HashMap<>();
        map.put("ex", ex);
        if (ex instanceof IllegalArgumentException)
        {
            // 此处可针对异常做一些额外的修复处理
            // ...
            map.put("info", "程序出现非法参数异常");
            return new ResponseEntity<>(map, HttpStatus.INTERNAL_SERVER_ERROR);
        }
        else if (ex instanceof SQLException)
        {
            // 此处可针对异常做一些额外的修复处理
            // ...
            map.put("info", "程序出现 SQL 异常");
            return new ResponseEntity<>(map, HttpStatus.INTERNAL_SERVER_ERROR);
        }
        else
        {
            // 此处可针对异常做一些额外的修复处理
            // ...
            map.put("info", "程序出现未知异常");
            return new ResponseEntity<>(map, HttpStatus.INTERNAL_SERVER_ERROR);
        }
    }
}
```

上面 ErrorAspect 类使用了@RestControllerAdvice 注解修饰，这意味着该类中@ExceptionHandler 修饰的方法的返回值将直接作为响应，而不是返回逻辑视图名，因此 errorHandle()方法的返回值类型被改为 ResponseEntity。

上面程序中的 errorHandle()方法先使用 Map 保存其捕捉到的异常对象，并以 info 为 key 保存详细的异常说明，最后使用 ResponseEntity 来包装该 Map 对象并返回 ResponseEntity。

 提示： -

> 该应用要将 errorHandle()方法的返回值序列化为 JSON 响应，因此需要增加 JSON 解析库，本示例在/WEB-INF/lib 目录下添加了 gson-2.8.5.jar，它将作为 JSON 解析库。

由于 errorHandle()方法的返回值将作为响应，本示例可以删除\WEB-INF\content\目录下的 error.jsp、sqlerror.jsp 和 argerror.jsp 这三个页面。

部署、运行该应用，访问/bookForm，程序将会自动跳转显示 bookForm.jsp 页面，如果在 price 表单域中输入小于 50 元的价格，将会引起 BookService 组件抛出异常，接下来即可看到如图 7.19 所示的 JSON 响应。

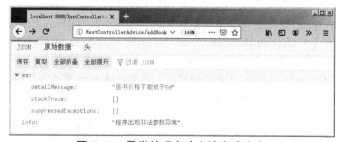

图 7.19 异常处理方法直接生成响应

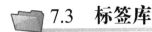

7.3　标签库

Spring MVC 提供了两套标签库,这两套标签库的 TLD 文件位于 spring-webmvc-x.x.x.RELEASE.jar 压缩包的/META-INF/路径下,文件名分别是 spring.tld 和 spring-form.tld。其中:

> spring.tld 定义的标签库,主要用于输出错误信息,设置主题和输出国际化消息。

> spring-form.tld 定义的标签库,主要用于将表单域与 model 属性进行绑定。

▶▶ 7.3.1　form 标签与普通表单域标签

from 标签及以下普通表单域标签都位于 spring-form.tld 文件中,为了使用这些标签,需要先使用 taglib 指令导入 form 标签库。例如如下代码:

```
<!-- 导入 Spring MVC 的 form 标签库 -->
<%@ taglib prefix="form" uri="http://www.springframework.org/tags/form" %>
```

上面指令中的 uri 指定标签库的 URI,该 URI 由标签库的 TLD 文件定义(由 spring-form.tld 文件定义),相当于标签库的唯一标识,因此不能更改。prefix 指定标签库的短名前缀,该属性值可以随意改变,但一般建议与标签库的 TLD 文件中的<short-name.../>元素值保持一致。

form 标签用于生成 HTML 的<form.../>标签,在使用 form 标签时,可指定如下属性。

> cssClass:相当于指定 HTML 的 class 属性。

> cssStyle:相当于指定 HTML 的 style 属性。

> htmlEscape:指定是否要对输出内容执行 HTML 转义。

> methodParam:指定通过哪个参数来表示 GET、POST 之外的其他请求。默认值为_method,表明使用_method 参数。

> modelAttribute:表明该表单域默认绑定哪个 model 属性,默认值为 command。

此外,form 标签还支持大量 HTML 的标准属性,比如 enctype、method、onclick 等,这些属性与 HTML 的<form.../>标签中同名的属性完全一样,没什么好说明的。

button 标签用于生成 HTML 的 type 为 submit、reset 或 button 的<input.../>标签,在使用 button 标签时没有额外的属性可指定,它支持 HTML 的<input.../>标签的所有标准属性。

hidden 标签用于生成 HTML 的 type 为 hidden 的<input.../>标签。hidden 标签除了支持 HTML 的<input.../>标签的所有标准属性,还支持如下额外的属性。

> htmlEscape:指定是否对输出值进行 HTML 转义。

> path:指定将该标签绑定到 model 属性的哪个属性路径。比如希望将该表单域绑定到 model 中 book 属性的 name 属性,应该先将 form 标签的 modelAttribute 属性指定为 book,再将该表单域的 path 属性指定为 name。

input 标签用于生成 HTML 的 type 为 text 的<input.../>标签。input 标签除支持 HTML 的<input.../>标签的所有标准属性之外,还支持如下额外的属性。

> cssClass:相当于指定 HTML 的 class 属性。

> cssErrorClass:相当于指定 HTML 的 class 属性;当该表单域的数据校验出现错误时,该 class 属性将会作用于显示校验错误的元素。

> cssStyle:相当于指定 HTML 的 style 属性。

> htmlEscape:指定是否对输出值进行 HTML 转义。

> path:指定将该标签绑定到 model 属性的哪个属性路径。比如希望将该表单域绑定到 model 中 book 属性的 name 属性,应该先将 form 标签的 modelAttribute 属性指定为 book,再将该表单域的 path 属性指定为 name。

> **提示：**
>
> 实际上，Spring MVC 提供的 input 标签依然可指定 type 属性。例如，将 type 属性指定为 HTML 5 支持的 color、number 等，这意味着 Spring MVC 的 input 标签完全可支持 HTML 5 的属性。

password 标签用于生成 HTML 的 type 为 password 的<input.../>标签。password 标签除了支持 HTML 的<input.../>标签的所有标准属性，还支持如下额外的属性。

- ➤ cssClass：相当于指定 HTML 的 class 属性。
- ➤ cssErrorClass：相当于指定 HTML 的 class 属性；当该表单域的数据校验出现错误时，该 class 属性将会作用于显示校验错误的元素。
- ➤ cssStyle：相当于指定 HTML 的 style 属性。
- ➤ htmlEscape：指定是否对输出值进行 HTML 转义。
- ➤ path：指定将该标签绑定到 model 属性的哪个属性路径。比如希望将该表单域绑定到 model 中 book 属性的 name 属性，应该先将 form 标签的 modelAttribute 属性指定为 book，再将该表单域的 path 属性指定为 name。
- ➤ showPassword：设置是否明文显示密码。

textarea 标签用于生成 HTML 的<textarea.../>标签。textarea 标签除了支持 HTML 的<input.../>标签的所有标准属性，还支持如下额外的属性。

- ➤ cssClass：相当于指定 HTML 的 class 属性。
- ➤ cssErrorClass：相当于指定 HTML 的 class 属性；当该表单域的数据校验出现错误时，该 class 属性将会作用于显示校验错误的元素。
- ➤ cssStyle：相当于指定 HTML 的 style 属性。
- ➤ htmlEscape：指定是否对输出值进行 HTML 转义。
- ➤ path：指定将该标签的 value 绑定到 model 属性的哪个属性路径。比如希望将该表单域绑定到 model 中 book 属性的 name 属性，应该先将 form 标签的 modelAttribute 属性指定为 book，再将该表单域的 path 属性指定为 name。

从上面介绍可以发现，这些表单域标签支持的属性大同小异，主要就是使用 path 属性来绑定 model 属性的属性。下面的页面代码示范了这些标签的用法。

程序清单：codes\07\7.3\formTag\WEB-INF\content\bookForm.jsp

```jsp
<!-- 导入 Spring MVC 的 form 标签库 -->
<%@ taglib prefix="form" uri="http://www.springframework.org/tags/form" %>
...
<body>
<div class="container">
<img src="${pageContext.request.contextPath}/imgs/logo.gif"
class="rounded mx-auto d-block"><h4>添加图书</h4>
<form:form method="post" action="addBook" modelAttribute="book">
<form:hidden id="domain" path="domain"/>
<div class="form-group row">
    <form:label path="name" class="col-sm-3 col-form-label">图书名：</form:label>
    <div class="col-sm-9">
        <form:input type="text" id="name" path="name"
            class="form-control" placeholder="请输入图书名"/>
    </div>
</div>
<div class="form-group row">
    <form:label path="price" class="col-sm-3 col-form-label">价格：</form:label>
    <div class="col-sm-9">
        <form:input type="number" id="price" path="price"
            class="form-control" placeholder="请输入价格" />  <!-- ① -->
```

```
          </div>
      </div>
      <div class="form-group row">
          <form:label path="author" class="col-sm-3 col-form-label">作者: </form:label>
          <div class="col-sm-9">
              <form:input type="text" id="author" path="author"
                  class="form-control" placeholder="请输入作者名"/>
          </div>
      </div>
      <div class="form-group row">
          <form:label path="description" class="col-sm-3 col-form-label">描述信息:
</form:label>
          <div class="col-sm-9">
              <form:textarea type="text" id="description" path="description"
                  class="form-control" placeholder="请输入描述信息"/>
          </div>
      </div>
      <div class="form-group row">
          <div class="col-sm-6 text-right">
              <form:button type="submit" class="btn btn-primary">添加</form:button>
          </div>
          <div class="col-sm-6">
              <form:button type="reset" class="btn btn-danger">重设</form:button>
          </div>
      </div>
  </form:form>
  </div>
  </body>
```

上面第一行粗体字代码使用 taglib 指令导入了 form 标签库。

上面粗体字代码就是使用 form 标签及普通表单域标签的示例，正如从①号代码所看到的，Spring MVC 的<form:input.../>标签依然可以将 type 属性指定为 HTML 5 的 number，这些表单域标签也允许指定 HTML 5 支持的 placeholder 属性。简单来说，Spring MVC 提供的这些表单域标签几乎支持所有 HTML 标准属性：原来在 HTML 元素中是怎么使用这些属性的，在这些表单域标签中还那样使用这些属性即可。

上面<form:form.../>标签指定了 modelAttribute 为 book，这意味着该表单对象将会被绑定到 model 的 book 属性，因此进入该表单页面时 model 中必须有 book 属性。下面是本示例中为该表单页面提供的控制器类的代码。

程序清单：codes\07\7.3\formTag\WEB-INF\src\org\crazyit\app\controller\BookController.java

```java
@Controller
public class BookController
{
    // 依赖注入 bookService 组件
    @Resource(name = "bookService")
    private BookService bookService;
    @GetMapping("/bookForm")
    public String bookForm(Book b)
    {
        b.setName("疯狂 Java 讲义");
        b.setPrice(50);
        b.setDomain("crazyit.org");
        b.setDescription("简单描述");
        return "bookForm";
    }
    // @PostMapping 指定该方法处理/addBook 请求
    @PostMapping("/addBook")
    public String add(Book book, Model model) throws Exception
    {
        bookService.addBook(book);
```

```
            model.addAttribute("tip", book.getName() + "图书添加成功！");
            return "success";
        }
    }
```

上面控制器类中的粗体字 bookForm()方法就是进入 bookForm.jsp 页面之前的处理方法，该方法定义了一个 Book b 形参，该形参将会被自动绑定到名为 book（形参类名首字母小写）的 model 属性——当然，也可使用@ModelAttribute("book")注解显式指定。

上面 bookForm()方法对参数 b 执行了初始化，这就相当于对 model 中的 book 属性执行了初始化，这些初始值将会被自动绑定到 bookForm.jsp 页面的表单域。

部署、运行该应用，向地址/bookForm 发送请求，将可以看到如图 7.20 所示的页面。

图 7.20　form 标签及表单域标签的使用示例

▶▶ 7.3.2　radiobutton 和 radiobuttons 标签

radiobutton标签用于生成HTML的type为radio的<input.../>标签。radiobutton标签除支持HTML的<input.../>标签的所有标准属性之外，还支持如下额外的属性。

- ➢ cssClass：相当于指定 HTML 的 class 属性。
- ➢ cssErrorClass：相当于指定 HTML 的 class 属性；当该表单域的数据校验出现错误时，该 class 属性将会作用于显示校验错误的元素。
- ➢ cssStyle：相当于指定 HTML 的 style 属性。
- ➢ htmlEscape：指定是否对输出值进行 HTML 转义。
- ➢ label：指定该单选钮的标签。
- ➢ path：指定将该标签的 value 绑定到 model 属性的哪个属性路径。比如希望将该表单域绑定到 model 中 book 属性的 name 属性，应该先将 form 标签的 modelAttribute 属性指定为 book，再将该表单域的 path 属性指定为 name。

当 radiobutton 标签绑定的 model 属性的属性值与该标签的 value 属性值相等时，该单选钮就会自动处于选中状态。

radiobuttons 标签用于生成多个 HTML 的 type 为 radio 的<input.../>标签。radiobuttons 标签除支持普通 radionbutton 标签的全部属性之外，还支持如下额外的属性。

- ➢ delimiter：指定单选钮之间的分隔符。
- ➢ element：指定用于包围每个单选钮的 HTML 元素，默认是<span.../>元素。
- ➢ items：指定一个集合、Map 或数组属性，每个元素生成一个单选钮。
- ➢ itemLabel：指定集合元素或数组元素的属性名，该属性的值将作为单选钮的 label。
- ➢ itemValue：指定集合元素或数组元素的属性名，该属性的值将作为单选钮的 value 值。

下面示例示范了 radiobutton 和 radiobuttons 标签的用法。

程序清单：codes\07\7.3\formTag\WEB-INF\content\employeeForm.jsp

```jsp
<!-- 导入 Spring MVC 的 form 标签库 -->
<%@ taglib prefix="form" uri="http://www.springframework.org/tags/form" %>
...
<body>
<div class="container">
<h4>添加员工</h4>
<form:form method="post" action="addEmployee" modelAttribute="employee">
<div class="form-group row">
    <form:label path="name" class="col-sm-3 col-form-label">员工名：</form:label>
    <div class="col-sm-9">
        <form:input type="text" id="name" path="name"
            class="form-control" placeholder="请输入员工名"/>
    </div>
</div>
<div class="form-group row">
    <form:label path="diploma" class="col-sm-3 col-form-label">学历：</form:label>
    <div class="col-sm-9">
        <form:radiobutton path="diploma"
            value="大专" label="大专"/>
        <form:radiobutton path="diploma"
            value="本科" label="本科"/>
        <form:radiobutton path="diploma"
            value="硕士及以上" label="硕士及以上"/>
    </div>
</div>
<div class="form-group row">
    <form:label path="city" class="col-sm-3 col-form-label">居住城市：</form:label>
    <div class="col-sm-9">
        <form:radiobuttons path="city" items="${citys}"
            class="form-check-input" element="div"/>
    </div>
</div>
<div class="form-group row">
    <div class="col-sm-6 text-right">
        <form:button type="submit" class="btn btn-primary">添加</form:button>
    </div>
    <div class="col-sm-6">
        <form:button type="reset" class="btn btn-danger">重设</form:button>
    </div>
</div>
</form:form>
</div>
</body>
```

上面第一行粗体字代码使用 taglib 指令导入了 form 标签库。

上面中间的 6 行粗体字代码示范了<form:radiobutton.../>标签的用法，与前面的表单域标签类似，只要通过 path 属性对这些单选钮执行绑定即可。

最后两行粗体字代码示范了<form:radionbuttons.../>标签的用法，该标签指定了 items 属性，因此 Spring MVC 将会根据该 items 属性的值来生成多个单选钮。

上面<form:form.../>标签指定了 modelAttribute 为 employee，这意味着该表单对象将会被绑定到 model 的 employee 属性，因此进入该表单页面时 model 中必须有 employee 属性。下面是本示例中为该表单页面提供的控制器类的代码。

程序清单：codes\07\7.3\formTag\WEB-INF\src\org\crazyit\app\controller\EmployeeController.java

```java
@Controller
public class EmployeeController
{
    @GetMapping("/employeeForm")
```

```java
public String employeeForm(@ModelAttribute("employee") Employee emp,
        Model model)
{
    // 初始化 employee 属性
    emp.setName("孙悟空");
    emp.setDiploma("大专");
    emp.setCity(1);
    var citys = Map.of(1, "花果山", 2, "福陵山", 3, "积雷山");
    // 为 model 添加一个 citys 属性，该属性的值是一个 Map 对象
    model.addAttribute("citys", citys);
    return "employeeForm";
}
@PostMapping("/addEmployee")
public String addEmployee(Employee emp, Model model)
{
    System.out.println("--添加员工: " + emp);
    model.addAttribute("tip", "添加员工成功");
    return "success";
}
```

上面控制器类中的 employeeForm()方法对 model 的 employee 属性执行了初始化——这些初始值将会被绑定到表单页面对应的表单域。

此外，上面粗体字代码还为 model 添加了一个 citys 属性，该属性值是一个 Map 对象，<form:radiobuttons.../>标签将会根据该 citys 属性值来生成多个单选钮。

部署、运行该应用，向地址/employeeForm 发送请求，将可以看到如图 7.21 所示的页面。

图 7.21　radiobutton 和 radionbuttons 标签的使用示例

▶▶ 7.3.3　checkbox 和 checkboxes 标签

checkbox 标签用于生成 HTML 的 type 为 checkbox 的<input.../>标签。checkbox 标签除支持 HTML 的<input.../>标签的所有标准属性之外，还支持如下额外的属性。

➢ cssClass：相当于指定 HTML 的 class 属性。

➢ cssErrorClass：相当于指定 HTML 的 class 属性；当该表单域的数据校验出现错误时，该 class 属性将会作用于显示校验错误的元素。

➢ cssStyle：相当于指定 HTML 的 style 属性。

➢ htmlEscape：指定是否对输出值进行 HTML 转义。

➢ label：指定该复选框的标签。

➢ path：指定将该标签绑定到 model 属性的哪个属性路径。比如希望将该表单域绑定到 model 中 book 属性的 name 属性，应该先将 form 标签的 modelAttribute 属性指定为 book，再将该表单域的 path 属性指定为 name。

当 checkbox 标签绑定的 model 属性的属性值与该标签的 value 属性值相等时，该复选框就会自动处于选中状态。

checkboxes 标签用于生成多个 HTML 的 type 为 checkbox 的<input.../>标签。checkboxes 标签除

支持普通 checkbox 标签的全部属性之外，还支持如下额外的属性。

➢ delimiter：指定复选框之间的分隔符。

➢ element：指定用于包围每个复选框的 HTML 元素，默认是<span.../>元素。

➢ items：指定一个集合、Map 或数组属性，每个元素生成一个复选框。

➢ itemLabel：指定集合元素或数组元素的属性名，该属性的值将作为复选框的 label。

➢ itemValue：指定集合元素或数组元素的属性名，该属性的值将作为复选框的 value 值。

下面示例示范了 checkbox 和 checkboxes 标签的用法。

程序清单：codes\07\7.3\formTag\WEB-INF\content\financeForm.jsp

```
<!-- 导入 Spring MVC 的 form 标签库 -->
<%@ taglib prefix="form" uri="http://www.springframework.org/tags/form" %>
...
<body>
<div class="container">
<h4>填写资产状况</h4>
<form:form method="post" action="addFinance" modelAttribute="finance">
<div class="form-group row">
    <form:label path="name" class="col-sm-3 col-form-label">客户名: </form:label>
    <div class="col-sm-9">
        <form:input type="text" id="name" path="name"
            class="form-control" placeholder="请输入客户名"/>
    </div>
</div>
<div class="form-group row">
    <form:label path="assets" class="col-sm-3 col-form-label">资产组成: </form:label>
    <div class="col-sm-9">
        <form:checkbox path="assets"
            value="股票" label="股票"/>
        <form:checkbox path="assets"
            value="基金" label="基金"/>
        <form:checkbox path="assets"
            value="债券" label="债券"/>
        <form:checkbox path="assets"
            value="股份" label="股份"/>
        <form:checkbox path="assets"
            value="房产" label="房产"/>
    </div>
</div>
    <div class="form-group row">
        <form:label path="countries" class="col-sm-3 col-form-label">居住国家:
</form:label>
        <div class="col-sm-9">
            <form:checkboxes path="countries" items="${countries}"
                element="div" itemValue="code" itemLabel="name"
                class="form-check-input"/>
        </div>
    </div>
    <div class="form-group row">
        <div class="col-sm-6 text-right">
            <form:button type="submit" class="btn btn-primary">添加</form:button>
        </div>
        <div class="col-sm-6">
            <form:button type="reset" class="btn btn-danger">重设</form:button>
        </div>
    </div>
</form:form>
</div>
</body>
```

上面中间的一段粗体字代码示范了<form:checkbox.../>标签的用法，与前面的表单域标签类似，只要通过 path 属性对这些复选框执行绑定即可，每个<form:checkbox.../>标签只生成一个复选框。

上面最后三行粗体字代码示范了<form:checkboxes.../>标签的用法，该标签指定了 items 属性，因此 Spring MVC 将会根据该 items 属性的值来生成多个复选框。该 items 属性指定了一个 List<Country> 列表，因此列表中每个 Country 对象生成一个复选框。此处还指定了 itemLabel="name"，这意味着对于每个复选框，都将使用 Country 的 name 属性作为复选框的 label；itemValue="code"，这意味着对于每个复选框，都将使用 Country 的 code 属性作为复选框的 value 值。

上面<form:form.../>标签指定了 modelAttribute 为 finance，这意味着该表单对象将会被绑定到 model 的 finance 属性，因此进入该表单页面时 model 中必须有 finance 属性。下面是本示例中为该表单页面提供的控制器类的代码。

程序清单：codes\07\7.3\formTag\WEB-INF\src\org\crazyit\app\controller\FinanceController.java

```java
@Controller
public class FinanceController
{
    @GetMapping("/financeForm")
    public String financeForm(@ModelAttribute("finance") Finance finance,
        Model model)
    {
        // 初始化 finance 属性
        finance.setName("牛魔王");
        finance.setAssets(List.of("股票", "债券", "房产"));
        finance.setCountries(List.of("086", "001"));
        var countries = List.of(new Country("001", "美国"),
            new Country("086", "中国"),
            new Country("061", "澳大利亚"));
        // 为 model 添加一个 countries 属性，该属性的值是一个 List<Country>对象
        model.addAttribute("countries", countries);
        return "financeForm";
    }
    @PostMapping("/addFinance")
    public String addFinance(Finance finance, Model model)
    {
        System.out.println("--添加财务信息：" + finance);
        model.addAttribute("tip", "添加财务成功");
        return "success";
    }
}
```

上面控制器类中的 financeForm()方法对 model 的 finance 属性执行了初始化——这些初始值将会被绑定到表单页面对应的表单域。

此外，上面最后一行粗体字代码还为 model 添加了一个 countries 属性，该属性的值是一个 List<Country>对象，<form:checkboxes.../>标签将会根据该 countries 属性的值来生成多个复选框。

部署、运行该应用，向地址/financeForm 发送请求，将可以看到如图 7.22 所示的页面。

图 7.22 checkbox 和 checkboxes 标签的使用示例

▶▶ 7.3.4 select 和 option、options 标签

select 标签用于生成 HTML 的<select.../>标签,如果为该标签指定了 items 属性,该标签还能为 HTML 的<select.../>标签生成列表项。select 标签除支持 HTML 的<select.../>标签的所有标准属性之外,还支持如下额外的属性。

- ➢ cssClass:相当于指定 HTML 的 class 属性。
- ➢ cssErrorClass:相当于指定 HTML 的 class 属性;当该表单域的数据校验出现错误时,该 class 属性将会作用于显示校验错误的元素。
- ➢ cssStyle:相当于指定 HTML 的 style 属性。
- ➢ htmlEscape:指定是否对输出值进行 HTML 转义。
- ➢ path:指定将该标签绑定到 model 属性的哪个属性路径。比如希望将该表单域绑定到 model 中 book 属性的 name 属性,应该先将 form 标签的 modelAttribute 属性指定为 book,再将该表单域的 path 属性指定为 name。
- ➢ items:指定一个集合、Map 或数组属性,每个元素生成一个列表项。
- ➢ itemLabel:指定集合元素或数组元素的属性名,该属性的值将作为列表项的显示内容。
- ➢ itemValue:指定集合元素或数组元素的属性名,该属性的值将作为列表项的 value 值。

option 标签用于为 HTML 的<select.../>标签生成单个列表项。option 标签除支持 HTML 的<select.../>标签的所有标准属性之外,还支持如下额外的属性。

- ➢ cssClass:相当于指定 HTML 的 class 属性。
- ➢ cssErrorClass:相当于指定 HTML 的 class 属性;当该表单域的数据校验出现错误时,该 class 属性将会作用于显示校验错误的元素。
- ➢ cssStyle:相当于指定 HTML 的 style 属性。
- ➢ htmlEscape:指定是否对输出值进行 IITML 转义。

options 标签用于为 HTML 的<select.../>标签生成多个列表项。options 标签除支持与 option 标签相同的属性之外,还支持如下额外的属性。

- ➢ items:指定一个集合、Map 或数组属性,每个元素生成一个列表项。
- ➢ itemLabel:指定集合元素或数组元素的属性名,该属性的值将作为列表项的显示内容。
- ➢ itemValue:指定集合元素或数组元素的属性名,该属性的值将作为列表项的 value 值。

下面示例示范了 select、option 和 options 标签的用法。

程序清单:codes\07\7.3\formTag\WEB-INF\content\financeForm.jsp

```jsp
<!-- 导入 Spring MVC 的 form 标签库 -->
<%@ taglib prefix="form" uri="http://www.springframework.org/tags/form" %>
...
<body>
<div class="container">
<h4>填写度假调查表</h4>
<form:form method="post" action="addVacation" modelAttribute="vacation">
<div class="form-group row">
    <form:label path="name" class="col-sm-3 col-form-label">客户名: </form:label>
    <div class="col-sm-9">
        <form:input type="text" id="name" path="name"
            class="form-control" placeholder="请输入客户名"/>
    </div>
</div>
<div class="form-group row">
    <form:label path="transport" class="col-sm-3 col-form-label">交通方式:
</form:label>
    <div class="col-sm-9">
        <form:select id="transport" path="transport"
            class="custom-select"
```

```
            items="${transports}"/>
        </div>
    </div>
    <div class="form-group row">
        <form:label path="countries" class="col-sm-3 col-form-label">意向国家</form:label>
        <div class="col-sm-9">
            <form:select id="countries" path="countries"
                multiple="multiple" class="custom-select">
                <form:option label="法国" value="034" />
                <form:option label="德国" value="049" />
                <optgroup label="英语国家">
                <form:options items="${countries}"
                    itemValue="code" itemLabel="name" />
                </optgroup>
            </form:select>
        </div>
    </div>
    <div class="form-group row">
        <div class="col-sm-6 text-right">
            <form:button type="submit" class="btn btn-primary">添加</form:button>
        </div>
        <div class="col-sm-6">
            <form:button type="reset" class="btn btn-danger">重设</form:button>
        </div>
    </div>
</form:form>
</div>
</body>
```

上面第一段粗体字代码示范了<form:select.../>标签的用法，该标签指定了path="transport"，表明该标签生成的表单域被绑定到 model 属性的 transport 属性。此外，该标签还指定了 items 属性，因此该标签无须使用<form:option.../>或<form:options.../>定义列表项，它会直接根据 items 属性的值生成多个列表项。

上面第二段粗体字代码示范了使用<form:option.../>和<form:options.../>生成列表项，其中<form:option.../>只能生成一个列表项，因此只要简单地指定 label 和 value 属性即可；<form:options.../>可以生成多个列表项，因此需要指定 items、itemValue、itemLabel 属性，它们的作用完全类似于<form:select.../>标签中这些属性的作用，该<form:options.../>要根据 items 指定的 countries 属性的值生成多个列表项。

上面<form:form.../>标签指定了 modelAttribute 为 vacation，这意味着该表单对象将会被绑定到 model 的 vacation 属性，因此进入该表单页面时 model 中必须有 vacation 属性。下面是本示例中为该表单页面提供的控制器类的代码。

程序清单：codes\07\7.3\formTag\WEB-INF\src\org\crazyit\app\controller\VacationController.java

```
@Controller
public class VacationController
{
    @GetMapping("/vacationForm")
    public String vacationForm(@ModelAttribute("vacation") Vacation vacation,
        Model model)
    {
        // 初始化 vacation 属性
        vacation.setName("猪八戒");
        vacation.setTransport("3");
        vacation.setCountries(List.of("086", "001"));
        var countries = List.of(new Country("001", "美国"),
            new Country("044", "英国"),
            new Country("061", "澳大利亚"));
        // 为 model 添加一个 countries 属性，该属性的值是一个 List<Country>对象
```

```
        model.addAttribute("countries", countries);
        // 为 model 添加一个 transports 属性，该属性的值是一个 Map<String, String>
        model.addAttribute("transports",
                Map.of("1", "火车", "2", "飞机", "3", "邮轮"));
        return "vacationForm";
    }
    @PostMapping("/addVacation")
    public String addVacation(Vacation vacation, Model model)
    {
        System.out.println("--添加度假信息: " + vacation);
        model.addAttribute("tip", "添加度假成功");
        return "success";
    }
}
```

上面控制器类中的 vacationForm()方法对 model 的 vacation 属性执行了初始化——这些初始值将会被绑定到表单页面对应的表单域。

此外，上面最后两行粗体字代码还为 model 添加了一个 countries 属性，该属性的值是一个 List<Country>对象，<form:options.../>标签将会根据该 countries 属性的值生成多个列表项；为 model 添加了一个 transports 属性，该属性的值是一个 Map<String, String>对象，<form:select.../>标签将会根据该 transports 属性的值生成多个列表项。

部署、运行该应用，向地址/vacationForm 发送请求，将可以看到如图 7.23 所示的页面。

图 7.23　select、option 和 options 标签的使用示例

errors 标签主要用于输出表单域的校验错误信息，本章将会在介绍数据校验时详细讲解该标签的用法。

▶▶ 7.3.5　htmlEscape 和 escapeBody 标签

本节和 7.3.6 节介绍的标签都位于 spring.tld 文件中，为了使用这些标签，需要先使用 taglib 指令导入标签库。例如如下代码：

```
<!-- 导入 Spring MVC 的标签库 -->
<%@ taglib prefix="spring" uri="http://www.springframework.org/tags" %>
```

上面指令中的 uri 指定标签库的 URI，该 URI 由标签库的 TLD 文件定义（由 spring.tld 文件定义），相当于标签库的唯一标识，因此不能更改。prefix 指定标签库的短名前缀，该属性值可以随意改变，但一般建议与标签库的 TLD 文件中的<short-name.../>元素值保持一致。

htmlEscape 标签只支持一个 defaultHtmlEscape 属性，用于覆盖 web.xml 中 defaultHtmlEscape 参数的值；该标签设置的 defaultHtmlEscape 属性值仅对当前页面起作用。

如果想对页面中某一段内容执行转义，则可使用 escapeBody 标签，该标签支持如下两个属性。

➤ htmlEscape：指定是否对 HTML 代码执行转义。

➤ javaScriptEscape：指定是否对 JS 代码执行转义。

例如，如下代码示范了 escapeBody 标签的功能与用法。

程序清单：codes\07\7.3\springTag\WEB-INF\content\spring_escapeBody.jsp

```
<!-- 导入 Spring MVC 的标签库 -->
<%@ taglib prefix="spring" uri="http://www.springframework.org/tags" %>
...
<body>
<div class="container">
<div class="alert alert-primary">
<spring:escapeBody htmlEscape="true">
<ul>
    <li>疯狂 Java 讲义</li>
</ul>
</spring:escapeBody>
</div>
<div class="alert alert-primary">
<spring:escapeBody htmlEscape="true" javaScriptEscape="true">
<ul>
    <li>疯狂 Java 讲义</li>
</ul>
</spring:escapeBody>
</div>
</div>
</body>
```

上面程序的第一行粗体字代码使用 taglib 指令导入了 http://www.springframework.org/tags 标签库，并为该标签库指定前缀为 spring。

上面程序的中间一段粗体字代码示范了<spring:escapeBody.../>标签的用法，该标签对它包含的一段 HTML 代码执行转义。由于只指定了 htmlEscape="true"，因此该标签只对 HTML 代码执行转义：主要就是对尖括号执行转义。中间这段粗体字代码转义之后的输出结果为：

```
&lt;ul&gt;
    &lt;li&gt;疯狂 Java 讲义&lt;/li&gt;
&lt;/ul&gt;
```

上面程序的最后一段粗体字代码为<spring:escapeBody.../>标签的用法，该标签同时指定了 htmlEscape="true"和 javaScriptEscape="true"，这意味着该标签会同时对 HTML 代码和 JS 代码执行转义：不仅会对尖括号执行转义，还会对代码中的换行、空格等字符执行转义。最后这段粗体字代码转义之后的输出结果为：

```
\n&lt;ul&gt;\n\t&lt;li&gt;疯狂 Java 讲义&lt;\/li&gt;\n&lt;\/ul&gt;\n
```

部署、运行该应用，向地址/spring_escapeBody 发送请求，将可以看到如图 7.24 所示的页面。

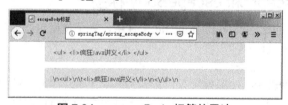

图 7.24　escapeBody 标签的用法

▶▶ 7.3.6　url 和 param 标签

url 标签用于构建一个 URL，使用它可以非常方便地构建绝对地址，避免应用重构时出现引用资源丢失的问题。

还记得在前面的页面代码示例中导入 CSS 样式单或 JS 代码的代码吗？

```
<link rel="stylesheet"
    href="${pageContext.request.contextPath}/res/bootstrap-4.3.1/css/
bootstrap.min.css">
```

上面的 href 属性指定要导入的 CSS 样式单的路径,此处为何要以${pageContext.request.contextPath}开头呢? 直接用相对地址不是更简单吗?

由于实际项目在开发过程中经常会发生重构,比如 abc.jsp 页面原来被放在应用的根路径下,那么它与被引用资源的相对路径是以根路径作为基路径的;一旦项目发生重构,如将 abc.jsp 页面移动到项目的/foo 路径下,此时它与被引用资源的相对路径就以/foo 路径为基路径——原来按相对路径引用的资源将全部失效,这意味着所有引用资源的代码都需要改写。因此,在实际项目中引入资源时都会避免使用相对路径,而是使用${pageContext.request.contextPath}来获取绝对路径。

url 标签不仅代替了${pageContext.request.contextPath}的写法,而且还支持在 URL 中使用参数。url 标签支持如下属性。

> value:指定要构建的 URL。在 value 属性指定的 URL 中可以使用{placeholders}形式的占位符参数。

> context:指定其他应用的 context 路径;如果不指定该属性,默认使用当前应用的 context 路径。

> var:如果指定该属性,则表明该标签生成的 URL 不在页面上输出,而是以 var 指定的变量名保存起来。

> scope:该属性需要与 var 属性结合使用,scope 属性指定要将 var 指定的变量存入 application、session、request 或 page 范围内。

> htmlEscape:指定是否对 HTML 代码执行转义。

> javaScriptEscape:指定是否对 JS 代码执行转义。

如果 url 标签的 value 属性值中包含了占位符,则可使用 param 标签为这些占位符指定参数值。param 标签可指定如下两个属性。

> name:指定参数名。

> value:指定参数值。

下面代码示范了 url 标签的功能与用法。

程序清单:codes\07\7.3\springTag\WEB-INF\content\spring_url.jsp

```
<!-- 导入 Spring MVC 的标签库 -->
<%@ taglib prefix="spring" uri="http://www.springframework.org/tags" %>
...
<body>
<div class="container">
<div class="alert alert-primary">
<spring:url value="/owners/{name}">
    <spring:param name="name" value="charbear"/>
</spring:url>
</div>
<div class="alert alert-primary">
<spring:url value="/authors/{authorId}/books/{bookId}">
    <spring:param name="authorId" value="crazyit.org"/>
    <spring:param name="bookId" value="2"/>
</spring:url>
</div>
<div class="alert alert-primary">
<spring:url value="/owners/{name}" context="test">
    <spring:param name="name" value="charbear"/>
</spring:url>
</div>
<a href="<spring:url value='/authors/2'/>" class="btn btn-primary">查看作者</a>
<a href="<spring:url value='/authors/2' context='other'/>"
    class="btn btn-primary">查看作者</a>
</div>
</body>
```

上面页面代码中的前三个<spring:url.../>只是在页面上输出它生成的 URL，其中第二个<spring:url.../>的 value 属性值中包含两个占位符，因此在该标签内定义了两个<spring:param.../>标签为它们传入参数值；第三个<spring:url.../>指定了 context 属性，这样它会以 context 属性值代替当前应用的 context。

上面代码中的后面两个<spring:url.../>直接作为超链接的 href 属性值，也是合法的。

部署、运行该应用，向地址/spring_url 发送请求，将可以看到如图 7.25 所示的页面。

图 7.25 url 标签的用法

<spring:eval.../>标签用于计算、输出表达式的值，如果不需要对表达式的值进行格式化，则直接使用 JSP EL 输出即可；但如果需要利用格式化器对表达式的值执行格式化，则应使用<spring:eval.../>标签。7.5 节介绍格式化器时会详细讲解<spring:eval.../>标签的用法。

<spring:message.../>标签用于输出国际化消息，它的 code 属性用于指定国际化消息的 key。前面介绍国际化时已经详细示范了该标签的用法，故此处不再给出示例。

<spring:argument.../>标签通常被放在<spring:message.../>标签内部，用于为国际化消息中的占位符提供参数值。

至于其他的 bind、nestedPath、transform 等标签，早期可能还偶尔用到，现在基本很少使用了，故此处不再详细介绍它们的用法。

7.4 类型转换与绑定

数据绑定可以将用户输入动态地绑定到应用程序的领域对象（或任何处理用户输入的对象），Spring 使用 DataBinder 执行数据绑定，使用 Validator 执行数据校验，它们共同组成了 validation 包，validation 包主要适用于 Spring MVC 框架，也可脱离 Spring MVC 使用。

Spring MVC 执行数据绑定的核心组件是 DataBinder 对象，整个数据转换、绑定的校验的大致过程如下：

① Spring MVC 将 ServletRequest 对象及目标处理方法的形参传给 WebDataBinderFactory 对象，WebDataBinderFactory 会为之创建对应的 DataBinder 对象。

② DataBinder 会调用 Spring 容器中的 ConversionService Bean 对 ServletRequest 的请求参数执行数据类型转换等操作，然后用转换结果填充处理方法的参数。

③ 使用 Validator 组件对处理方法的参数执行数据校验，如果存在校验错误，则生成对应的错误对象。

④ Spring MVC 负责提取 BindingResult 中的参数与错误对象，将它们保存到处理方法的 model 属性中，以便控制器中的处理方法访问这些信息。

DataBinder 的大致流程图如图 7.26 所示。

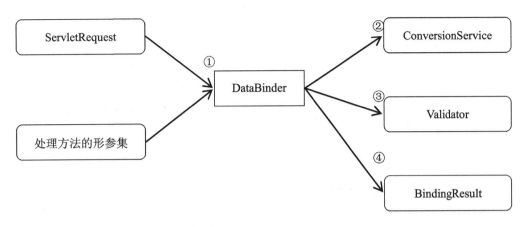

图 7.26 DataBinder 的大致流程图

▶▶ 7.4.1 BeanWrapper 简介

BeanWrapper 是 DataBinder 的基础，BeanWrapper 接口封装了对 Bean 的基本操作，包括读取和设置 Bean 的属性值。

一般来说，在应用程序中并不需要直接使用 BeanWrapper，只要使用 DataBinder 即可；而 DataBinder 则借助 BeanWrapper 的支持，可以动态地将字符串参数转换成目标类型，为 Bean 的属性赋值。

BeanWrapper 接口提供了一个 BeanWrapperImpl 实现类，程序创建 BeanWrapperImpl 对象时，必须传入被包装的对象——该对象必须是一个符合 Java Bean 规范的对象。

 提示： ━
> Java Bean 规范要求该 Java 类必须提供无参数的构造器，而且为每个需要暴露的属性都提供对应的 setter 和 getter 方法。

程序使用 BeanWrapperImpl 包装 Java 对象之后，接下来通过 BeanWrapper 来设置和访问 Bean 属性时，只需要传入字符串属性，无须理会属性的类型——因为 Spring 内置的各种 PropertyEditor 会自动完成类型转换。

当然，如果希望 BeanWrapper 能自动处理用户自定义类型，则需要开发自定义的 PropertyEditor。 BeanWrapper 可操作如下形式的属性。

➤ name：如果获取 name 属性，则对应于调用 getName()或 isName()方法；如果对 name 属性赋值，则对应于调用 setName()方法。

➤ author.name：如果获取 author.name 属性，则对应于调用 getAuthor().getName() 或 getAuthor().isName()方法；如果对 author.name 属性赋值，则对应于调用 getAuthor().setName() 方法。

➤ books[2]：表示访问 books 属性的第三个元素。books 属性的值可以是 List 集合、数组或其他支持自然排序的集合。

➤ scores['java']：表示访问 scores 属性的 key 为'java'的 value，scores 属性必须是 Map 类型。

下面示例简单示范了 BeanWrapper 的功能与用法。先定义简单的 Book 类和 Author 类，它们都是符合 Java Bean 规范的类。这两个类的代码如下。

程序清单：codes\07\7.4\BeanWrapper\src\org\crazyit\app\domain\Book.java

```
public class Book
{
```

```
    private Integer id;
    private String name;
    private double price;
    private Author author;
    // 省略构造器和 setter、getter 方法
    ...
}
```

程序清单：codes\07\7.4\BeanWrapper\src\org\crazyit\app\domain\Author.java

```
public class Author
{
    private Integer id;
    private String name;
    private int age;
    // 省略构造器和 setter、getter 方法
    ...
}
```

提供上面两个符合 Java Bean 规范的 Java 类之后，接下来看 BeanWrapper 的功能。

程序清单：codes\07\7.4\BeanWrapper\src\lee\BeanWrapperTest .java

```
public class BeanWrapperTest
{
    public static void main(String[] args) throws Exception
    {
        var book = new Book();
        // 将 book 对象包装成 BeanWrapper 实例。
        var bookWrapper = new BeanWrapperImpl(book);
        // 通过 BeanWrapper 为 name 属性设置值
        bookWrapper.setPropertyValue("name", "疯狂 Java 讲义");
        // 通过 book 对象的 getter 方法访问属性值
        System.out.println("当前 name 属性值：" + book.getName());
        // 通过 BeanWrapper 的 getPropertyValue 方法访问属性值
        System.out.println("当前 name 属性值："
                + bookWrapper.getPropertyValue("name"));
        // 也可以按如下方式来设置
        // 先创建一个 PropertyValue 对象
        var v = new PropertyValue("name", "疯狂 Python 讲义");
        // 再将 PropertyValue 作为参数传入 setPropertyValue 方法
        bookWrapper.setPropertyValue(v);
        // 获取修改后的 name 属性值
        System.out.println("当前 name 属性值：" + book.getName());
        System.out.println("当前 name 属性值："
                + bookWrapper.getPropertyValue("name"));
        var author = new Author();
        // 将 Author 实例包装成 BeanWrapper 实例
        var authorWrapper = new BeanWrapperImpl(author);
        // 通过 setPropertyValue 方法为 author 的 name 属性设置值
        authorWrapper.setPropertyValue("name", "李刚");
        // 通过 setPropertyValue 方法为 book 的 author 属性设置值
        bookWrapper.setPropertyValue("author", author);
        // 通过复合属性获取属性值
        System.out.println("作者名："
                + bookWrapper.getPropertyValue("author.name"));
        // 通过复合属性设置属性值
        bookWrapper.setPropertyValue("author.age", 25);
        // 获取修改后的 author 的 age 属性值
        System.out.println("作者年龄："
                + authorWrapper.getPropertyValue("age"));
    }
}
```

正如从上面前两行粗体字代码所看到的，程序大量使用了 BeanWrapper 的如下两个方法。

➢ setPropertyValue(String propertyName,Object value)/setPropertyValue(PropertyValue pv)

➢ getPropertyValue(String propertyName)

BeanWrapper 正是通过这两个方法来设置和读取 Bean 的属性的。程序执行结果如下：

```
[java] 当前 name 属性值：疯狂 Java 讲义
[java] 当前 name 属性值：疯狂 Java 讲义
[java] 当前 name 属性值：疯狂 Python 讲义
[java] 当前 name 属性值：疯狂 Python 讲义
[java] 作者名：李刚
[java] 作者年龄：25
```

➢➢ 7.4.2　PropertyEditor 与内置实现类

正如从前面程序所看到的，程序调用 BeanWrapper 的 setPropertyValue()方法时，所有传入参数的类型都是 String（从 XML 配置文件中解析得到的值都是 String 类型的，通过 ServletRequest 获取的请求参数也都是 String 类型的），而 BeanWrapper 则可以将 String 类型自动转换为目标类型

Spring 底层是由 PropertyEditor 负责完成类型转换的，Spring 内置了多种 PropertyEditor，它们都是 java.beans.PropertyEditorSupport（PropertyEditor 的实现类）的子类，可用于完成各种常用类型的转换。

➢ ByteArrayPropertyEditor：字节数组的 PropertyEditor，能将字符串转换成对应的字节数组。BeanWrapperImpl 默认注册。

➢ ClassEditor：类 PropertyEditor，能将类名字符串转换成对应的类。如果该类不存在，则抛出 IllegalArgumentException 异常。BeanWrapperImpl 默认注册。

➢ CustomBooleanEditor：Boolean 属性的自定义 PropertyEditor。BeanWrapperImpl 默认注册，用户也可以覆盖该注册。

➢ CustomCollectionEditor：集合的 PropertyEditor，能将任何源集合转换成目的集合类型。

➢ CustomDateEditor：Date 的自定义 PropertyEditor，可以自己定义日期格式。BeanWrapperImpl 默认没有注册，如果需要使用该 PropertyEditor，用户必须提供合适的日期格式，然后手动注册。

➢ CustomNumberEditor：Number 类如 Integer、Long、Float、Double 的自定义 PropertyEditor。BeanWrapperImpl 默认注册，用户也可以覆盖该注册。

➢ FileEditor：File 类的 PropertyEditor，能将字符串转换成 java.io.File 对象。BeanWrapperImpl 默认注册。

➢ InputStreamEditor：单向 PropertyEditor，能读取一个文本字符串，然后通过内部的 PropertyEditor 和 Resource，创建对应的 InputStream。因此，InputStream 属性可直接使用字符串设置。注意：系统并没有关闭 InputStream，使用完后，记得关闭流。BeanWrapperImpl 默认注册。

➢ LocaleEditor：Locale 类的 PropertyEditor，能将字符串转换成 Locale 对象，反之亦然。字符串必须遵守[language]_[country]_[variant]格式，BeanWrapperImpl 默认注册。

➢ PatternEditor：Pattern 类对应的 PropertyEditor，能将字符串转换成 Pattern 对象，反之亦然。

➢ PropertiesEditor：能将字符串转换成 Properties 对象，字符串格式必须符合 Javadoc 中描述的 java.lang.Properties 的格式。BeanWrapperImpl 默认注册。

➢ StringArrayPropertyEditor：能将用逗号分隔的字符串（简单来说，字符串必须满足 CSV 格式）转换成字符串数组。BeanWrapperImpl 默认注册。

➢ StringTrimmerEditor：去掉字符串空格的 PropertyEditor，可选特性——能将空字符串转换成 null。BeanWrapperImpl 默认没有注册，如需使用，用户手动注册。

➤ URLEditor：能将字符串转换成其对应的 URL 对象。BeanWrapperImpl 默认注册。

➤➤ 7.4.3　自定义 PropertyEditor

Spring 无法预知用户自定义的类，因而无法将字符串转换成用户自定义类的实例。如果要将字符串转换成用户自定义类的实例，则需要执行如下两步。

① 实现自定义的 PropertyEditor 类，该类需要实现 PropertyEditor 接口，通常只要继承 PropertyEditorSupport 基类并重写它的 setAsText() 方法即可——因为该基类已经实现了 PropertyEditor 接口。

② 注册自定义的 PropertyEditor 类。通常有三种注册方法。

➤ 默认注册：将 PropertyEditor 实现类与被转换类放在相同的包内，且让 PropertyEditor 实现类的类名为 "<目标类>Editor" 即可。比如要转换的目标类是 Author，则让 PropertyEditor 实现类的类名为 AuthorEditor 即可。

➤ 使用 @InitBinder 修饰的方法完成注册。

➤ 使用 WebBindingInitializer 注册全局 PropertyEditor。

下面示例要转换的 Book 类包含 4 个属性，其中 id、name 较为简单，Spring 可自行转换；而 publishDate 属性是 Date 类型，除非用户总能以 Spring 期望的格式输入，否则 Spring 通常无法自行转换；author 属性是 Author 类型，Spring 绝对无法自行转换。

下面是 Book 类的代码。

　　程序清单：codes\07\7.4\PropertyEditor\WEB-INF\src\org\crazyit\app\domain\Book.java

```
public class Book
{
    private Integer id;
    private String name;
    private Date publishDate;
    private Author author;
    // 省略构造器和 setter、getter 方法
    ...
}
```

上面两行粗体字代码就代表了 Spring 无法自行转换的属性，其中 Author 是一个自定义类，该类的代码如下。

　　程序清单：codes\07\7.4\PropertyEditor\WEB-INF\src\org\crazyit\app\domain\Author.java

```
public class Author
{
    private Integer id;
    private String name;
    private int age;
    // 省略构造器和 setter、getter 方法
    ...
}
```

该示例的表单页面上包含三个表单域，供用户输入图书名、出版日期和作者信息，其中作者信息要求按 "id-名字-年龄" 的格式输入。该表单页面的代码比较简单，读者可自行参考配套代码中的\WEB-INF\content\bookForm.jsp 文件。

先来看 Author 的转换器，定义一个名为 AuthorEditor 的转换器类，并将该类放在与 Author 相同的目录下。下面是 AuthorEditor 类的代码。

　　程序清单：codes\07\7.4\PropertyEditor\WEB-INF\src\org\crazyit\app\domain\AuthorEditor.java

```
public class AuthorEditor extends PropertyEditorSupport
{
    /**
```

```
     * 重写 setAsText 方法, 该方法将字符串转换成目标对象
     * @ param text 参数字符串, 程序使用该字符串创建目标对象
     */
    @Override
    public void setAsText(String text)
    {
        // 将传入的字符串参数以 " - " 为分隔符, 分隔成字符串数组
        var args = text.split("-");
        // 以传入的参数创建 Author 对象 (即将传入的参数转换为 Author 对象)
        var author = new Author(Integer.parseInt(args[0]), args[1],
                Integer.parseInt(args[2]));
        // 将创建的 Author 对象传给 setValue() 方法
        setValue(author);
    }
}
```

正如前面所介绍的, 实现自定义的 AuthorEditor 只要继承 PropertyEditorSupport, 并重写它的 setAsText() 方法即可, 如上面的粗体字代码所示。

由于上面转换器类的类名是 AuthorEditor (为 Author+Editor 的组合), 且该转换器类与 Author 放在相同的包内, 因此 Spring 会自动注册该转换器。

接下来为 Date 也开发一个自定义的转换器, 同样继承 PropertyEditorSupport 类。下面是 DateEditor 类的代码。

程序清单: codes\07\7.4\PropertyEditor\WEB-INF\src\org\crazyit\app\domain\DateEditor.java

```
public class DateEditor extends PropertyEditorSupport
{
    /**
     * 重写 setAsText 方法, 该方法将字符串转换成目标对象
     * @ param text 参数字符串, 程序使用该字符串创建目标对象
     */
    @Override
    public void setAsText(String text)
    {
        // 创建一个 SimpleDateFormat 格式化器
        var dateFormat = new SimpleDateFormat("yyyy-MM-dd");
        try
        {
            // 将传入的字符串参数解析成 Date
            var date = dateFormat.parse(text);
            setValue(date);
        }
        catch (ParseException e) { e.printStackTrace();}
    }
}
```

从上面的粗体字代码可以看出, 该转换器使用 SimpleDateFormat 按 "yyyy-MM-dd" 模板执行转换, 这意味着它要求用户在 publishDate 表单域中输入的日期要匹配 "yyyy-MM-dd" 格式。

由于 DateEditor 无法与 Date 类放在相同的包中, 因此必须显式注册该类型转换器。本示例将使用@InitBinder 修饰的方法来注册类型转换器。本示例使用一个控制器切面类 (@ControllerAdvice 修饰的类) 来定义@InitBinder 方法。下面是该控制器切面类的代码。

程序清单: codes\07\7.4\PropertyEditor\WEB-INF\src\org\crazyit\app\controller\ControllerAspect.java

```
@ControllerAdvice
public class ControllerAspect
{
    // 该方法会在控制器初始化时执行
    @InitBinder
    public void initBinder(WebDataBinder binder)
    {
```

```
    // 注册自定义 PropertyEditor，指定 Date 类使用 DateEditor 进行类型转换
    binder.registerCustomEditor(Date.class, new DateEditor());
    }
}
```

上面 initBinder()方法使用了@InitBinder 修饰，这意味着该方法将会在控制器初始化时执行。该方法体内只有一行代码——程序调用 WebDataBinder 为 Date 类注册了自定义的类型转换器：DateEditor。

经过上面步骤，本示例的两个类型转换器都已注册完成，其中 AuthorEditor 采用的是隐式注册，而 DateEditor 则采用@InitBinder 方法显式注册。

下面是本示例的控制器，该控制器没有太多特别的地方。

程序清单：codes\07\7.4\PropertyEditor\WEB-INF\src\org\crazyit\app\controller\BookController.java

```
@Controller
public class BookController
{
    @GetMapping("/{url}")
    public String url(@PathVariable String url)
    {
        return url;
    }
    // @PostMapping 指定该方法处理/addBook 请求
    @PostMapping("/addBook")
    public String add(Book book, Model model)
    {
        System.out.println("添加的图书：" + book);
        model.addAttribute("tip", book.getName() + "图书添加成功！");
        model.addAttribute("book", book);
        return "success";
    }
}
```

正如从上面粗体字代码所看到的，该控制器的 add()方法只要定义一个 Book 类型的形参，该方法即可接收来自用户输入的参数——虽然这些参数都是 String 类型的，但由于 DateEditor、AuthorEditor 在底层负责类型转换，这些字符串参数都能被自动转换为 Date、Author。

部署、运行该应用，向应用的/bookForm 发送请求，浏览器将会呈现如图 7.27 所示的表单页面。

在图 7.27 所示表单页面的"出版日期"和"作者"表单域中按合法格式输入信息，然后提交表单，将看到如图 7.28 所示的效果。

图 7.27 表单页面

图 7.28 自定义 PropertyEditor 作为类型转换器的效果

▶▶ 7.4.4 使用 WebBindingInitializer 注册全局 PropertyEditor

如果希望在全局范围内使用自定义的类型转换器，则可通过实现 WebBindingInitializer 接口并实现该接口中的 initBinder()方法来注册自定义的类型转换器。

下面示例对上一个示例略做修改，主要是改变注册 DateEditor 的方式。本示例不打算使用

@InitBinder 方法来注册类型转换器，因此可以先删除原来的 ControllerAspect 类。

接下来提供如下的 WebBindingInitializer 实现类。

程序清单：codes\07\7.4\WebBindingInitializer\WEB-INF\src\org\crazyit\app\binding\
DateBindingInitializer.java

```java
public class DateBindingInitializer implements WebBindingInitializer
{
    @Override
    public void initBinder(WebDataBinder binder)
    {
        // 注册自定义的 DateEditor
        binder.registerCustomEditor(Date.class, new DateEditor());
    }
}
```

上面的类实现了 WebBindingInitializer 接口，并实现了该接口中的 initBinder()方法——该方法用于注册全局的类型转换器。

在开发了 WebBindingInitializer 实现类之后，还需要配置 HandlerAdapter 来加载它。

还记得 <mvc:annotation-driven/> 元素吗？原本该元素会自动配置 HandlerAdapter、HandlerMapping 和 HandlerExceptionResolver 这些特殊的 Bean，但由于<mvc:annotation-driven/>元素没有提供属性来加载 WebBindingInitializer 实现类，开发者必须手动配置 HandlerAdapter、HandlerMapping 和 HandlerExceptionResolver 这些特殊的 Bean。

下面是本示例所使用的 Spring MVC 配置文件。

程序清单：codes\07\7.4\WebBindingInitializer\WEB-INF\springmvc-servlet.xml

```xml
<?xml version="1.0" encoding="UTF-8"?>
<beans xmlns="http://www.springframework.org/schema/beans"
    xmlns:xsi="http://www.w3.org/2001/XMLSchema-instance"
    xmlns:p="http://www.springframework.org/schema/p"
    xmlns:context="http://www.springframework.org/schema/context"
    xmlns:mvc="http://www.springframework.org/schema/mvc"
    xsi:schemaLocation="http://www.springframework.org/schema/beans
    http://www.springframework.org/schema/beans/spring-beans.xsd
    http://www.springframework.org/schema/context
    http://www.springframework.org/schema/context/spring-context.xsd
    http://www.springframework.org/schema/mvc
    http://www.springframework.org/schema/mvc/spring-mvc.xsd">
    <!-- 配置 Spring 自动扫描指定包及其子包中的所有 Bean -->
    <context:component-scan base-package="org.crazyit.app.controller" />
    <!-- 将/resources/路径下的资源映射为/res/**虚拟路径下的资源 -->
    <mvc:resources mapping="/res/**" location="/resources/" />
    <!-- 将/images/路径下的资源映射为/imgs/**虚拟路径下的资源 -->
    <mvc:resources mapping="/imgs/**" location="/images/" />
    <!-- 配置 InternalResourceViewResolver 作为视图解析器 -->
    <!-- 指定 prefix 和 suffix 属性 -->
    <bean class="org.springframework.web.servlet.view.InternalResourceViewResolver"
        p:prefix="/WEB-INF/content/"
        p:suffix=".jsp" />

    <!-- 使用 RequestMappingHandlerAdapter 加载 DateBindingInitializer -->
    <bean class=
    "org.springframework.web.servlet.mvc.method.annotation.
RequestMappingHandlerAdapter"
    p:webBindingInitializer="#{new org.crazyit.app.binding.DateBindingInitializer()}"/>
    <!-- 配置 HandlerMapping 特殊的 Bean -->
    <bean class=
    "org.springframework.web.servlet.mvc.method.annotation.
RequestMappingHandlerMapping"/>
```

```
    <!-- 配置 HandlerExceptionResolver 特殊的 Bean -->
    <bean class=
    "org.springframework.web.servlet.mvc.method.annotation.
ExceptionHandlerExceptionResolver"/>
    </beans>
```

上面配置文件中取消了<mvc:annotation-driven/>元素的使用，而是改为使用上面三个 Bean 配置（粗体字代码）来代替该元素。

其中第一个 Bean 配置了 HandlerAdapter 特殊的 Bean，并使用该特殊的 Bean 来加载自定义的 DateBindingInitializer 实现类；后面两个 Bean 分别配置了 HandlerMapping、HandlerExceptionResolver 两个特殊的 Bean。

通过上面的配置代码不难看出，如果要通过 WebBindingInitializer 来注册全局的 PropertyEditor，Spring MVC 配置文件就不能利用简化的<mvc:annotation-driven/>元素了，这是一点不足。

但通过这种方式注册的 PropertyEditor 可以作用于所有控制器，而不需要为每个控制器都单独注册局部的 PropertyEditor，当程序需要为多个控制器注册公用的 PropertyEditor 时，这种方式可以提供更好的性能。

部署、运行该应用，其运行效果与上一个示例的运行效果大致相同。

▶▶ 7.4.5　使用 ConversionService 执行转换

ConversionService 是从 Spring 3 开始引入的类型转换机制，相比传统的 PropertyEditor 类型转换机制，ConversionService 具有以下优点。

➢ 可完成任意两个 Java 类型之间的转换，而不像 PropertyEditor 只能完成 String 与其他 Java 类型之间的转换。

➢ 可利用目标类型的上下文信息（如注解），因此，ConversionService 可支持基于注解的类型转换。

Spring MVC 同时支持传统的 PropertyEditor 类型转换机制和 ConversionService 转换，读者可根据需要自行选择。

一般来说，如果只是为个别控制器提供局部的类型转换器，则依然可以使用传统的 PropertyEditor 类型转换机制；如果要注册全局的类型转换器，则建议使用 ConversionService。

基于 ConversionService 提供自定义的类型转换器同样只需要两步。

① 开发自定义的类型转换器。自定义的类型转换器可实现 Converter、ConverterFactory 和 GenericConverter 接口的其中之一。这三个接口各有特点，下面会进行说明。

② 使用 ConversionService 配置自定义的类型转换器。

先看 Converter、ConverterFactory 和 GenericConverter 这三个接口的区别。

➢ Converter<S,T>：该接口是最简单的转换器接口。该接口中只有一个方法：

```
T convert(S source)
```

该方法负责将 S 类型的对象转换为 T 类型的对象。

➢ ConverterFactory<S,R>：如果希望将一种类型的对象转换为另一种类型及其子类对象，比如将 String 转换为 Number 及 Integer、Double 等对象，就需要一系列的 Converter，如 StringToInteger、StringToDouble 等。ConverterFactory<S,R>接口的作用就是根据要转换的目标类型来提供实际的 Converter 对象。该接口中也只定义了一个方法：

```
<T extends R> Converter<S,T> getConverter(Class<T> targetType)
```

从方法签名可以看出，该方法就是根据目标类型 targetType 来返回对应的 Converter 对象的。

ConverterFactory 正如它的名字所示，其本身并不能完成实际的类型转换，它只是负责"生产" Converter 的工厂，它会根据要转换的目标类型"生产"实际的 Converter。因此，它必须与多个 Converter 结合使用。

> GenericConverter：这是最灵活的，也是最复杂的类型转换器接口，它可以完成两种或两种以上类型之间的转换。而且 GenericConverter 实现类可以访问源类型和目标类型的上下文，根据上下文信息进行转换。简单来说，它可以解析成员变量上的注解信息，并根据注解信息进行类型转换。

GenericConverter 接口中定义了如下两个方法：

```
Set<GenericConverter.ConvertiblePair> getConvertibleTypes()
```

该方法的返回值决定该转换器能对哪些类型执行转换。其中 ConvertiblePair 集合元素封装了源类型和目标类型，该方法返回的 Set 包含几个元素，该转换器就支持几组源类型和目标类型之间的转换。

```
Object convert(Object source,TypeDescriptor sourceType,TypeDescriptor targetType)
```

该方法完成实际的转换。其中 TypeDescriptor 参数包含了需要转换的源类型和目标类型对象的上下文信息（如注解），因此该方法可以利用这些上下文信息（如注解）执行类型转换。

一般来说，使用简单的 Converter 和 ConverterFactory 接口就能实现大部分自定义的类型转换器，通常没必要实现 GenericConverter 来开发自定义的类型转换器。

本示例只要使用 Converter 接口即可开发自定义的类型转换器。下面是本示例的类型转换器实现类。

程序清单：codes\07\7.4\ConversionService\WEB-INF\src\org\crazyit\app\converter\
StringToAuthorConverter.java

```java
// 实现 Converter<String, Author>接口，说明它可完成从 String 到 Author 的转换
public class StringToAuthorConverter implements Converter<String, Author>
{
    @Override
    public Author convert(String text)
    {
        try
        {
            // 将传入的字符串参数以"-"为分隔符，分隔成字符串数组
            var args = text.split("-");
            // 以传入的参数创建 Author 对象（即将传入的参数转换为 Author 对象）
            var author = new Author(Integer.parseInt(args[0]), args[1],
                    Integer.parseInt(args[2]));
            // 返回转换结果：Author 对象
            return author;
        }
        catch (Exception ex)
        {
            ex.printStackTrace();
            return null;
        }
    }
}
```

上面转换器实现了最简单的 Converter<String, Author>接口，该转换器负责将 String 对象转换成 Author 对象；程序实现了该接口中的 convert(String text)方法，该方法可以将传入的 String 对象转换成 Author 对象。该方法的实现逻辑很简单，它只是以"-"为分隔符，将用户输入的字符串分成三个子串，其中第一个子串作为 Author 的 id 属性，第二个子串作为 Author 的 name 属性，第三个子串作为 Author 的 age 属性。

在提供了上面的转换器之后，接下来使用 ConversionService 加载、配置该转换器。

ConversionService 是 Spring 类型转换体系的核心接口，Spring 也为它提供了一些实现类，但实际上并不直接配置 ConversionService 实现类，而是通过 ConversionServiceFactoryBean 来配置 ConversionService。因为 ConversionServiceFactoryBean 实现了 FactoryBean<ConversionService>接

口，它是一个标准的工厂 Bean，程序获取 ConversionServiceFactoryBean 时，实际返回的是它的产品：ConversionService。

此外，Spring 还提供了一个 FormattingConversionServiceFactoryBean，它也是工厂 Bean，它返回的产品是 FormattingConversionService 对象（ConversionService 的实现类）。该转换器可通过如下两个注解执行类型转换。

➢ @DateTimeFormat：用于对 Date 类型执行转换。

➢ @NumberFormat：用于对 Number 及其子类执行转换。

通常推荐使用 FormattingConversionServiceFactoryBean 配置 ConversionService。下面是本示例的 Spring MVC 配置文件。

程序清单：codes\07\7.4\ConversionService\WEB-INF\springmvc-servlet.xml

```xml
<?xml version="1.0" encoding="UTF-8"?>
<beans xmlns="http://www.springframework.org/schema/beans"
    xmlns:xsi="http://www.w3.org/2001/XMLSchema-instance"
    xmlns:p="http://www.springframework.org/schema/p"
    xmlns:context="http://www.springframework.org/schema/context"
    xmlns:mvc="http://www.springframework.org/schema/mvc"
    xsi:schemaLocation="http://www.springframework.org/schema/beans
    http://www.springframework.org/schema/beans/spring-beans.xsd
    http://www.springframework.org/schema/context
    http://www.springframework.org/schema/context/spring-context.xsd
    http://www.springframework.org/schema/mvc
    http://www.springframework.org/schema/mvc/spring-mvc.xsd">
    <!-- 配置 Spring 自动扫描指定包及其子包中的所有 Bean -->
    <context:component-scan base-package="org.crazyit.app.controller" />
    <!-- 将/resources/路径下的资源映射为/res/**虚拟路径下的资源 -->
    <mvc:resources mapping="/res/**" location="/resources/" />
    <!-- 将/images/路径下的资源映射为/imgs/**虚拟路径下的资源 -->
    <mvc:resources mapping="/imgs/**" location="/images/" />
    <mvc:annotation-driven conversion-service="conversionService"/> <!-- ① -->
    <!-- 配置 InternalResourceViewResolver 作为视图解析器 -->
    <!-- 指定 prefix 和 suffix 属性 -->
    <bean class="org.springframework.web.servlet.view.InternalResourceViewResolver"
        p:prefix="/WEB-INF/content/"
        p:suffix=".jsp" />
    <!-- 自定义的 ConversionService -->
    <bean id="conversionService" class=
        "org.springframework.format.support.FormattingConversionServiceFactoryBean">
        <!-- 添加自定义的类型转换器 -->
        <property name="converters">
            <set>
                <bean class="org.crazyit.app.converter.StringToAuthorConverter"/>
            </set>
        </property>
    </bean>
</beans>
```

上面最后一段粗体字代码使用 FormattingConversionServiceFactoryBean 配置了 ConversionService，并通过它的 converters 属性添加了自定义的类型转换器——如果程序还需要更多的类型转换器，只要在此处列出即可。

在配置了 ConversionService 之后，别忘了为<mvc:annotation-driven.../>元素指定 conversion-service 属性，该属性引用项目容器中实际配置的 ConversionService Bean；如果不指定该属性，那么<mvc:annotation-driven.../>将会继续使用它原来的 ConversionService 组件。

经过上面两步，该应用中的 StringToAuthorConverter 转换器就开发、配置完成了。

接下来还要处理 Book 的 Date 类型的 publishDate 属性，此时完全不需要开发额外的转换器，只要使用@DateTimeFormat 注解修饰 publishDate 即可——这就是 ConversionService 的优势。

下面是本示例的 Book 类的代码。

程序清单：codes\07\7.4\ConversionService\WEB-INF\src\org\crazyit\app\domain\Book.java

```
public class Book
{
    private Integer id;
    private String name;
    @DateTimeFormat(pattern = "yyyy-MM-dd")
    private Date publishDate;
    private Author author;
    // 省略构造器和 setter、getter 方法
    ...
}
```

上面粗体字代码使用 @DateTimeFormat 注解修饰了 publishDate，并指定了 pattern 为 "yyyy-MM-dd"，这样 FormattingConversionService 即可根据该注解指定的日期模板对用户输入的日期字符串进行转换，非常方便，无须开发额外的转换器。

部署、运行该应用，其运行效果与上一个示例的运行效果大致相同。

对于同一种类型的对象来说，如果既通过 ConversionService 加载了自定义的类型转换器，又通过 WebBindingInitializer 装配了全局的自定义 PropertyEditor，同时还使用 @InitBinder 修饰的方法装配了自定义 PropertyEditor，此时 Spring MVC 将按照以下的优先顺序查找对应的类型转换器。

① 查找 @InitBinder 修饰的方法装配的自定义 PropertyEditor。

② 查找 ConversionService 加载的自定义的类型转换器。

③ 查找通过 WebBindingInitializer 加载的全局的自定义 PropertyEditor。

▶▶ 7.4.6　处理转换错误

从项目实际运行的角度来看，用户经常会输入与程序要求个相符的格式，比如程序希望在 publishDate 表单域中按 yyyy-MM-dd 格式输入，但用户完全可能输入其他格式；程序希望在 author 表单域中按 "id-名字-年龄" 格式输入，但用户完全可能输入其他格式；程序希望用户输入一个数值，但用户实际输入的是字符串……总之，只要用户不按程序要求输入，类型转换就会失败。

当类型转换失败时，应用会显示如图 7.29 所示的错误页面。

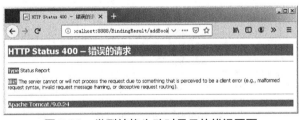

图 7.29　类型转换失败时显示的错误页面

图 7.29 所示的错误页面真是太糟糕了，将这样的页面呈现给用户，只会让用户感到一头雾水。

比较理想的处理流程是：当用户输入不符合格式、类型转换失败时，程序自动跳转回表单页面，并在表单页面上显示提示信息。

为了实现上面的处理流程，需要对程序增加两步修改。

① 修改控制器类的处理方法，在处理方法的表单对象参数之后增加一个 BindingResult 类型的参数，如果类型转换失败，转换失败的错误信息会被自动封装在 BindingResult 参数中。

② 在页面上使用 <form:errors.../> 标签输出类型转换失败的错误信息。

下面先看对控制器类的修改，修改后的控制器类的代码如下。

程序清单：codes\07\7.4\BindingResult\WEB-INF\src\org\crazyit\app\controller\BookController.java

```
@Controller
```

```java
public class BookController
{
    @GetMapping("/{url}")
    public String url(@PathVariable String url)
    {
        return url;
    }
    // @PostMapping 指定该方法处理/addBook 请求
    // BindingResult 参数必须紧跟在 Book 参数之后
    @PostMapping("/addBook")
    public String add(Book book, BindingResult result, Model model)
    {
        if (result.getErrorCount() > 0)
        {
            return "bookForm";
        }
        System.out.println("添加的图书: " + book);
        model.addAttribute("tip", book.getName() + "图书添加成功! ");
        return "success";
    }
}
```

上面粗体字代码定义的 add()方法在 Book book 参数后增加了一个 BindingResult 类型的参数，其中 Book book 参数对应表单对象，因此这个 BindingResult 参数必须紧跟在 Book book 参数之后。

当 Book 参数，也就是用于封装整个表单数据的参数中某个表单域转换失败时，错误信息会被封装成一个 FiledError 对象，而 BindingResult 则封装了所有的 FiledError。

正如从上面粗体字代码所看到的，程序判断了 BindingResult 参数的 getErrorCount()返回值，如果该返回值大于 0，则表明至少存在一个表单域的类型转换失败，于是该处理方法返回"bookForm"作为逻辑视图名，这意味着程序会再次跳转到表单页面。

经过上面步骤，对控制器类的修改完成。接下来对表单页面进行修改，在表单页面上使用<form:errors.../>输出错误信息。将表单页面代码改成如下形式。

程序清单：codes\07\7.4\BindingResult\WEB-INF\content\bookForm.jsp

```jsp
<%@ taglib prefix="form" uri="http://www.springframework.org/tags/form" %>
...
<body>
<div class="container">
<img src="${pageContext.request.contextPath}/imgs/logo.gif"
class="rounded mx-auto d-block"><h4>添加图书</h4>
<form method="post" action="addBook">
<div class="form-group row">
    <label for="name" class="col-sm-2 col-form-label">图书名: </label>
    <div class="col-sm-7">
        <input type="text" id="name" name="name"
            value="${book.name}"
            class="form-control" placeholder="请输入图书名">
    </div>
    <div class="col-sm-3 text-danger">
        <form:errors path="book.name"/>
    </div>
</div>
<div class="form-group row">
    <label for="publishDate" class="col-sm-2 col-form-label">出版日期</label>
    <div class="col-sm-7">
        <input type="text" id="publishDate" name="publishDate"
            value="${book.publishDate}"
            class="form-control" placeholder="请输入出版日期（yyyy-MM-dd）" >
    </div>
    <div class="col-sm-3 text-danger">
        <form:errors path="book.publishDate"/>
```

```
            </div>
        </div>
        <div class="form-group row">
            <label for="author" class="col-sm-2 col-form-label">作者：</label>
            <div class="col-sm-7">
                <input type="text" id="author" name="author"
                    value="${book.author}"
                    class="form-control" placeholder="请输入作者信息（id-名字-年龄）"/>
            </div>
            <div class="col-sm-3 text-danger">
                <form:errors path="book.author"/>
            </div>
        </div>
        <div class="form-group row">
            <div class="col-sm-6 text-right">
                <button type="submit" class="btn btn-primary">添加</button>
            </div>
            <div class="col-sm-6">
                <button type="reset" class="btn btn-danger">重设</button>
            </div>
        </div>
    </form>
    </div>
</body>
```

上面三行粗体字代码使用了<form:errors.../>标签来输出类型转换错误提示信息（也可用于输出数据校验错误提示信息）。

可能有读者已经发现问题了，比如<form:errors path="book.publishDate"/>到底输出什么呢？当表单页面的 publishDate 类型转换失败时，该标签怎么知道输出什么呢？

当任意一个表单域转换失败时，转换失败信息都会被封装成 FiledError 对象，该对象包含一个 codes 属性和一个 defaultMessage 属性，其中 codes 属性用于显示国际化消息，defaultMessage 则代表国际化消息不存在时的默认信息。

每个表单域转换失败时生成的 FiledError 都包含如下 4 个 code：

➢ typeMismatch.表单对象名.表单域名
➢ typeMismatch.表单域名
➢ typeMismatch.表单域类型
➢ typeMismatch

这 4 个 code 的优先级是从上到下的，只有当前面 code 找不到对应的国际化消息时，才会使用后面 code 对应的国际化消息。

以上面 book 表单对象的 publishDate 表单域为例，如果它类型转换失败，对应生成的 FiledError 包含如下 4 个 code：

```
typeMismatch.book.publishDate
typeMismatch.publishDate
typeMismatch.java.util.Date
typeMismatch
```

在理解了 FiledError 中的 codes 属性之后，如果希望表单页面在类型转换失败时能显示指定的提示信息，则可为该应用提供如下国际化资源文件。

程序清单：codes\07\7.4\BindingResult\WEB-INF\src\bookForm_converter_zh_CN.properties

```
typeMismatch.book.author=作者格式必须符合"id-名字-年龄"
typeMismatch.book.publishDate=出版日期格式必须符合"yyyy-MM-dd"
```

程序清单：codes\07\7.4\BindingResult\WEB-INF\src\bookForm_converter_en_US.properties

```
typeMismatch.book.author=Author format must be "id-name-age"
typeMismatch.book.publishDate=publish date format must be "yyyy-MM-dd"
```

在增加了上面两个国际化资源文件之后，还应该在 Spring MVC 配置文件中添加如下配置片段来加载国际化资源文件。

程序清单：codes\07\7.4\BindingResult\WEB-INF\springmvc-servlet.xml

```
<!-- 加载国际化资源文件 -->
<bean id="messageSource"
    class="org.springframework.context.support.ResourceBundleMessageSource"
    p:basenames="#{{'bookForm_converter'}}"
    p:defaultEncoding="utf-8"/>
```

部署、运行该应用，如果在表单页面（请求/bookForm 会看到表单页面）上的输入不符合格式、类型转换失败，将看到如图 7.30 所示的页面。

图 7.30　类型转换失败时显示的页面

 # 7.5　格式化

读者可能已经发现：Spring 的转换器接口中只定义了一个方法，这意味着这种类型转换是单向的。比如转换器实现了 Converter<String, Author>接口，那么它就只能将 String 对象转换成 Author 对象，而不能将 Author 对象转换成 String 对象。

对于 Spring MVC 来说，它要处理的类型转换其实包括两个方向：将 String 类型的请求参数转换为目标类型；当程序需要在页面上输出目标对象时，还需要将目标类型转换为 String 类型。

Spring 提供了格式化器（Formatter）来完成这种双向转换。格式化器虽然能支持两种类型的相互转换，但它只能支持 String 类型与其他类型之间的转换。比如格式化器实现了 Formatter<Author>接口，那么它就只能在 String 对象与 Author 对象之间执行相互转换。

转换器与格式化器的对比如表 7.3 所示。

表 7.3　转换器与格式化器的对比

	转换器（Converter）	格式化器（Formatter）
是否支持双向转换	否	是
是否支持多种类型的转换	是	否

通过对比可以发现，转换器其实是一种更通用的类型转换工具，它可以完成任意两种类型的单向转换；而格式化器则更适用于 Spring MVC 层，因为当程序从 ServletRequest 获取的请求参数都是 String 类型时，需要将这些 String 类型的参数转换为目标类型；当程序需要在页面上输出、展示 Java 对象时，就需要将目标类型对象转换为 String 类型。

如果只想单纯地完成两种类型之间的单向转换，比如将 String 类型的请求参数转换为目标类型，则可考虑实现 Converter 接口来实现转换器；但在 Spring MVC 应用中，通常需要实现 String 类型与目标类型之间的双向转换，此时建议实现 Formatter 接口来实现格式化器。

➤➤ 7.5.1　使用格式化器

使用格式化器执行类型转换同样只需要两步。

① 开发自定义的格式化器。自定义的格式化器应实现 Formatter 接口，并实现该接口中的两个方法。

② 使用 FormattingConversionService 配置自定义的转换器。FormattingConversionService 其实是 ConversionService 的实现类。

先来看 Formatter 接口的简要说明。Formatter<T>接口继承了 Printer<T>和 Parser<T>两个父接口（Java 的接口支持多继承）。

Printer<T>接口中定义了如下方法：

```
String print(T object, Locale locale)
```

该方法完成从 T 类型到 String 类型的转换。

Parser<T>接口中定义了如下方法：

```
T parse(String text, Locale locale)
```

该方法完成从 String 类型到 T 类型的转换。

很容易即可发现，在实现 Formatter 接口时，必须实现的如下两个方法的作用。

➢ print()：该方法负责完成从目标类型到 String 类型的转换。

➢ parse()：该方法负责完成从 String 类型到目标类型的转换。

下面示例将会对 7.4.5 节中的 ConversionService 示例进行修改：不再使用 Converter 执行类型转换，而是改为使用 Formatter 执行类型转换。删除 7.4.5 节示例中的 StringToAuthorConverter 转换器类，本示例使用格式化器来代替转换器。

下面通过实现 Formatter<Author>接口来实现一个格式化器。

程序清单： codes\07\7.5\Formatter\WEB-INF\src\org\crazyit\app\formatter\AuthorFormatter.java

```java
// 实现Formatter<Author>接口，说明它可完成Author 与 String 之间的相互转换
public class AuthorFormatter implements Formatter<Author>
{
    // 完成从 Author 到 String 的转换
    @Override
    public String print(Author author, Locale locale)
    {
        return author.getId() + "-" + author.getName()
            + "-" + author.getAge();
    }
    // 完成从 String 到 Author 的转换
    @Override
    public Author parse(String text, Locale locale)
        throws ParseException
    {
        try
        {
            // 将传入的字符串参数以 "-" 为分隔符，分隔成字符串数组
            var args = text.split("-");
            // 以传入的参数创建 Author 对象（即将传入的参数转换为 Author 对象）
            var author = new Author(Integer.parseInt(args[0]), args[1],
                    Integer.parseInt(args[2]));
            // 返回转换结果：Author 对象
```

```
            return author;
        }
        catch (Exception ex)
        {
            throw new ParseException(ex.getMessage(), 46);
        }
    }
}
```

上面 AuthorFormatter 类实现了 Formatter<Author>接口，并实现了该接口中的 print()和 parse()两个方法，这样 AuthorFormatter 就可以作为格式化器使用，完成 Author 与 String 之间的双向转换。

接下来需要在 Spring MVC 配置文件中配置该格式化器。Converter 和 Formatter 其实都属于 Spring 的 ConversionService 体系，因此都需要通过 ConversionService 进行配置，只不过在配置格式化器时必须使用 ConversionService 的实现类：FormattingConversionService，而实际配置时则使用它的工厂类：FormattingConversionServiceFactoryBean。

 提示: ‑‑

> 7.4.5 节示例的配置文件使用的已经是 FormattingConversionServiceFactoryBean 了，这意味着前面程序已经使用了 Spring 内置的格式化器。

在配置 FormattingConversionServiceFactoryBean 时，可以通过 converters 属性来配置多个转换器，也可以通过 formatters 属性来配置多个格式化器。

本示例的 Spring MVC 配置文件的代码如下。

程序清单：codes\07\7.5\Formatter\WEB-INF\springmvc-servlet.xml

```xml
<?xml version="1.0" encoding="UTF-8"?>
<beans xmlns="http://www.springframework.org/schema/beans"
    xmlns:xsi="http://www.w3.org/2001/XMLSchema-instance"
    xmlns:p="http://www.springframework.org/schema/p"
    xmlns:context="http://www.springframework.org/schema/context"
    xmlns:mvc="http://www.springframework.org/schema/mvc"
    xsi:schemaLocation="http://www.springframework.org/schema/beans
    http://www.springframework.org/schema/beans/spring-beans.xsd
    http://www.springframework.org/schema/context
    http://www.springframework.org/schema/context/spring-context.xsd
    http://www.springframework.org/schema/mvc
    http://www.springframework.org/schema/mvc/spring-mvc.xsd">
    <!-- 配置 Spring 自动扫描指定包及其子包中的所有 Bean -->
    <context:component-scan base-package="org.crazyit.app.controller" />
    <!-- 将/resources/路径下的资源映射为/res/**虚拟路径下的资源 -->
    <mvc:resources mapping="/res/**" location="/resources/" />
    <!-- 将/images/路径下的资源映射为/imgs/**虚拟路径下的资源 -->
    <mvc:resources mapping="/imgs/**" location="/images/" />
    <mvc:annotation-driven conversion-service="conversionService"/> <!-- ① -->
    <!-- 配置 InternalResourceViewResolver 作为视图解析器 -->
    <!-- 指定 prefix 和 suffix 属性 -->
    <bean class="org.springframework.web.servlet.view.InternalResourceViewResolver"
        p:prefix="/WEB-INF/content/"
        p:suffix=".jsp" />

    <!-- 自定义的 ConversionService -->
    <bean id="conversionService" class=
        "org.springframework.format.support.FormattingConversionServiceFactoryBean">
        <!-- 添加自定义的格式化器 -->
        <property name="formatters">
            <set>
                <bean class="org.crazyit.app.formatter.AuthorFormatter"/>
            </set>
        </property>
```

```
    </bean>
    <!-- 加载国际化资源文件 -->
    <bean id="messageSource"
        class="org.springframework.context.support.ResourceBundleMessageSource"
        p:basenames="#{{'bookForm_converter'}}"
        p:defaultEncoding="utf-8"/>
</beans>
```

将该示例的配置文件与 7.4.5 节示例的配置文件进行对比，不难发现两个示例的配置文件大同小异，区别只是 7.4.5 节的示例为 FormattingConversionServiceFactoryBean 配置了 converters 属性，通过该属性可为系统配置多个转换器；而本示例配置的是 formatters 属性，通过该属性可为系统配置多个格式化器。

格式化器与转换器不同，格式化器可以完成目标类型与 String 类型之间的双向转换，因此它可以在页面输出时起作用。

为了在页面输出时让格式化器发挥作用，在页面上应使用 spring 标签库的 eval 标签来计算、输出指定表达式的值。eval 标签可指定如下属性。

- ➢ expression：指定该标签要计算的表达式。
- ➢ var：如果指定该属性，则表明该标签计算的结果不在页面上输出，而是以 var 指定的变量名保存起来。
- ➢ scope：该属性需要与 var 属性结合使用，scope 属性指定要将 var 指定的变量存入 application、session、request 或 page 范围内。
- ➢ htmlEscape：指定是否对 HTML 代码执行转义。
- ➢ javaScriptEscape：指定是否对 JS 代码执行转义。

例如，将 success.jsp 页面代码改为如下形式。

程序清单：codes\07\7.5\Formatter\WEB-INF\content\success.jsp

```
<!-- 导入 Spring MVC 的标签库 -->
<%@ taglib prefix="spring" uri="http://www.springframework.org/tags" %>
...
<body>
<div class="container">
<div class="alert alert-primary">${tip}<br>
书名：${book.name}<br>
出版日期：<spring:eval expression="book.publishDate"/><br>
作者：<spring:eval expression="book.author"/><br>
</div>
</div>
</body>
```

上面两行粗体字代码使用<spring:eval.../>输出了 book.publishDate 和 book.author 属性，这样即可看到格式化器发挥作用的效果。

部署、运行该应用，向应用的/bookForm 发送请求，在应用呈现的表单页面中输入符合格式的数据，然后提交表单，将可以看到如图 7.31 所示的输出信息。

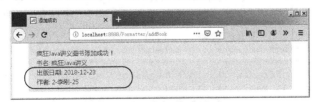

图 7.31　格式化输出信息

从图 7.31 所示页面的最后两行可以看出，此时输出的不是 book.publishDate、book.author 这两个属性值的 toString()返回值，而是格式化器转换得到的 String。

▶▶ 7.5.2 使用 FormatterRegistrar 注册格式化器

FormattingConversionServiceFactoryBean 工厂 Bean 除可通过 converters 属性配置转换器、通过 formatters 属性配置格式化器之外，还提供了如下 setter 方法：

```
setFormatterRegistrars(Set<FormatterRegistrar> formatterRegistrars)
```

前面介绍 Spring 时已经讲过：对于 Spring Bean 而言，所有的 setter 方法都可配置设值，因此上面的方法意味着 FormattingConversionServiceFactoryBean 可通过 formatterRegistrars 属性配置多个 FormatterRegistrar。

FormatterRegistrar 是一个接口，该接口的实现类可通过实现 registerFormatters(FormatterRegistry registry) 方法来注册多个格式化器。

简单来说，可以把 FormatterRegistrar 理解为一组格式化器，因此，当程序通过 formatterRegistrars 配置多个 FormatterRegistrar 时，相当于配置了多组格式化器。

当程序需要为某个格式化类别（如日期时间格式化）注册多个相关的格式化器时，使用 FormatterRegistrar 会比较有用。此外，当使用 XML 声明注册不足以解决问题时，使用 FormatterRegistrar 也是较好的替代方案。

该示例对上一个示例略做修改，改为使用 FormatterRegistrar 来注册格式化器。本示例提供了如下实现类来注册格式化器。

程序清单：codes\07\7.4\FormatterRegistrar\WEB-INF\content\success.jsp

```
public class AuthorFormatterRegistrar implements FormatterRegistrar
{
    // 重写该方法来注册 Formmatter
    @Override
    public void registerFormatters(FormatterRegistry registry)
    {
        // 注册 Formmatter
        registry.addFormatter(new AuthorFormatter());
        // 接下来还可根据需要注册更多的格式化器
    }
}
```

上面 AuthorFormatterRegistrar 类实现了 FormatterRegistrar 接口，并重写了该接口中的 registerFormatters() 方法，程序即可在该方法中注册多个格式化器——这样 AuthorFormatterRegistrar 就相当于组合了这些格式化器。

提供了 FormatterRegistrar 实现类之后，还需要把它们传给 FormattingConversionService-FactoryBean 的 formatterRegistrars 属性。下面是本示例的 Spring MVC 配置文件。

程序清单：codes\07\7.5\FormatterRegistrar\WEB-INF\springmvc-servlet.xml

```
<?xml version="1.0" encoding="UTF-8"?>
<beans xmlns="http://www.springframework.org/schema/beans"
    xmlns:xsi="http://www.w3.org/2001/XMLSchema-instance"
    xmlns:p="http://www.springframework.org/schema/p"
    xmlns:context="http://www.springframework.org/schema/context"
    xmlns:mvc="http://www.springframework.org/schema/mvc"
    xsi:schemaLocation="http://www.springframework.org/schema/beans
    http://www.springframework.org/schema/beans/spring-beans.xsd
    http://www.springframework.org/schema/context
    http://www.springframework.org/schema/context/spring-context.xsd
    http://www.springframework.org/schema/mvc
    http://www.springframework.org/schema/mvc/spring-mvc.xsd">
    <!-- 配置 Spring 自动扫描指定包及其子包中的所有 Bean -->
    <context:component-scan base-package="org.crazyit.app.controller" />
    <!-- 将/resources/路径下的资源映射为/res/**虚拟路径下的资源 -->
    <mvc:resources mapping="/res/**" location="/resources/" />
```

```
<!-- 将/images/路径下的资源映射为/imgs/**虚拟路径下的资源 -->
<mvc:resources mapping="/imgs/**" location="/images/" />
<mvc:annotation-driven conversion-service="conversionService"/>  <!-- ① -->
<!-- 配置 InternalResourceViewResolver 作为视图解析器 -->
<!-- 指定 prefix 和 suffix 属性 -->
<bean class="org.springframework.web.servlet.view.InternalResourceViewResolver"
    p:prefix="/WEB-INF/content/"
    p:suffix=".jsp" />

<!-- 自定义的类型转换器 -->
<bean id="conversionService" class=
    "org.springframework.format.support.FormattingConversionServiceFactoryBean">
    <!-- 使用 FormatterRegistrar 来注册格式化器 -->
    <property name="formatterRegistrars">
        <set>
            <bean class="org.crazyit.app.formatter.AuthorFormatterRegistrar"/>
        </set>
    </property>
</bean>
<!-- 加载国际化资源文件 -->
<bean id="messageSource"
    class="org.springframework.context.support.ResourceBundleMessageSource"
    p:basenames="#{{'bookForm_converter'}}"
    p:defaultEncoding="utf-8"/>
</beans>
```

从上面的粗体字代码可以看到，程序此时配置的是 formatterRegistrars 属性，该属性配置的每个元素都是 FormatterRegistrar 对象，每个 FormatterRegistrar 都相当于一组格式化器。

部署、运行该应用，其运行效果与上一个示例的运行效果完全相同。

7.6　数据校验

表现层的另一个数据处理是数据校验，数据校验可分为客户端校验和服务器端校验两种。客户端校验和服务器端校验都是必不可少的，二者分别完成不同的过滤。

➢ 客户端校验进行基本校验，如检验非空字段是否为空、数字格式是否正确等。客户端校验主要用来过滤用户的误操作。客户端校验的作用是：拒绝误操作输入被提交到服务器端处理，降低服务器端的负担。

➢ 服务器端校验用于防止非法数据进入程序，以免导致程序异常、底层数据库异常。服务器端校验是保证程序有效运行及数据完整的手段。

Spring 支持的数据校验主要是执行服务器端校验，客户端校验则可借助第三方 JS 框架来实现。本节主要介绍 Spring 支持的服务器端校验。

Spring 支持的服务器端校验可分为两种。

➢ 使用 Spring 原生提供的 Validation，这种校验方式需要开发者手写校验代码，比较烦琐。

➢ 使用 JSR 303 校验机制，这种校验方式只需使用注解，即可以声明式的方式进行校验，非常方便。

本节将会详细介绍 Spring 支持的这两种校验方式，但在实际项目中还是建议使用 JSR 303 校验机制。

➤➤ 7.6.1　使用 Validation 执行校验

使用 Validation 执行校验的步骤很简单，只要两步。

① 实现 Validator 接口或 SmartValidator 接口编写校验器。

② 在控制器中使用@InitBinder 方法注册校验器，并为处理方法的被校验参数添加@Valid 或

@Validated 注解。

在编写校验器时必须实现 Validator 接口或 SmartValidator 接口，其中 SmartValidator 是 Validator 的子接口，增加了一些关于校验提示（validation 'hints'）的支持，通常实现 Validator 接口就好。

在实现 Validator 接口时必须实现如下两个方法。

- boolean supports(Class<?> clazz)：该方法的返回值决定该校验器能否对 clazz 类执行校验。
- void validate(Object target, Errors errors)：该方法的代码对 target 执行实际校验，并使用 Errors 参数来收集校验错误信息。

编写校验器涉及一个 Errors 接口，该接口是前面介绍的 BindingResult 的父接口，因此，Errors 同样也可用于封装 FiledError 对象。

Spring 校验框架的常用接口和类总结如下。

- Errors：专门用于存储和暴露特定的对象的绑定、校验信息。
- BindingResult：Errors 的子接口，主要增加了一些绑定信息分析和模型构建的功能。
- FiledError：封装一个表单域的类型转换失败或数据校验错误信息。每个 FiledError 对应一个表单域。
- ObjectError：FiledError 的父类。

此外，Spring 还为数据校验提供了一个 ValidationUtils 工具类，该工具类提供了一些 rejectIfEmptyXxx()方法，用于对指定的表单域执行非空校验——当然，也可以不用这个工具类，这意味着必须自己去判断空字符串、空白内容等，这就比较烦琐了。

本示例的表单页面只包含两个简单的表单域：name 和 price，此处不再给出表单页面代码，读者可自行参考配套代码中本示例的 bookForm.jsp 文件。

本示例提供了一个简单的 Book 类，该类用于封装表单的请求参数。

程序清单：codes\07\7.6\Validator\WEB-INF\src\org\crazyit\app\domain\Book.java

```java
public class Book
{
    private Integer id;
    private String name;
    private Double price;
    // 省略构造器和 setter、getter 方法
    ...
}
```

接下来为本示例增加数据校验功能，先实现 Validator 接口或 SmartValidator 接口编写校验器。下面是本示例的校验器类的代码。

程序清单：codes\07\7.6\Validator\WEB-INF\src\org\crazyit\app\domain\BookValidator.java

```java
public class BookValidator implements Validator
{
    public static final double MIN_PRICE = 50.0;
    // 该方法的返回值决定该校验器是否能对 clazz 类执行校验
    @Override
    public boolean supports(Class<?> clazz)
    {
        // 判断 Book 是否为 clazz 类本身或其父类或 clazz 所实现的接口
        return Book.class.isAssignableFrom(clazz);
    }
    // 对目标类 target 进行校验，并将校验错误信息记录在 errors 当中
    @Override
    public void validate(Object target, Errors errors)
    {
        // 调用 ValidationUtils 的类方法对 name、price 执行非空校验
        ValidationUtils.rejectIfEmpty(errors, "name",
                null, "图书名不能为空");
```

```
ValidationUtils.rejectIfEmpty(errors, "price",
        "priceNotEmpty", "图书价格不能为空");
var book = (Book) target;
// 要求 name 的字符长度不能少于 6 个字符
if (book.getName() != null && book.getName().length() < 6)
{
    // 使用 Errors 的 rejectValue 方法校验
    errors.rejectValue("name", null, "图书名长度至少包含 6 个字符");
}
// 要求 price 不能小于 50
if (book.getPrice() != null && book.getPrice() < MIN_PRICE)
{
    errors.rejectValue("price", "price_too_low", new Double[]{MIN_PRICE},
        "图书价格不能低于" + MIN_PRICE);
}
    }
}
```

上面校验器类实现了 Validator 接口，并实现了该接口中的两个方法，其中实现 supports()方法的目标就是判断目标类（由 clazz 参数代表）是否可由该校验器校验。该方法的实现代码比较简单，只要 clazz 参数是 Book 类或其子类，该校验器即可校验它。

上面校验器的重点就是实现 validate()方法，其中第一个参数 target 就代表了被校验对象；如果程序要校验的字段很多，那么该方法的代码也会很多。

程序中的 validate()方法只校验了 name、price 两个表单域，因此代码相对比较简单，该方法的头两行粗体字代码调用 ValidationUtils 类对 name、price 两个表单域执行了非空校验。执行非空校验的方法有很多个重载版本，其中最完整的方法签名如下：

```
void rejectIfEmpty(Errors errors, String field, String errorCode, Object[]
errorArgs, String defaultMessage)
```

该方法中各参数的作用说明如下。

➢ Errors errors：用于收集校验错误信息。
➢ String field：指定对哪个字段（表单域）执行非空校验。
➢ String errorCode：指定校验失败后错误信息的国际化消息的 key。简单来说，如果要让错误提示信息具有国际化功能，应该指定该参数。
➢ Object[] errorArgs：用于为国际化消息中的占位符填充参数值。
➢ String defaultMessage：如果没有指定国际化消息的 key，或者 key 对应的国际化消息不存在，该参数指定的字符串会作为错误提示信息。

在理解了 rejectIfEmpty()方法各参数的作用之后，可以看出 validate()方法中第一行粗体字代码没有为错误提示指定国际化消息的 key，因此将使用 defaultMessage 参数作为校验失败的错误提示；validate()方法中第二行粗体字代码为错误提示指定了国际化消息的 key，这样它就可以输出国际化的错误提示。

validate()方法中后面两行粗体字代码调用了 Errors 对象的方法来添加校验失败信息。Errors 同样提供了大量重载的方法来添加校验失败信息，其中最完整的方法签名如下：

```
rejectValue(String field, String errorCode, Object[] errorArgs, String
defaultMessage)
```

不难发现，该方法的参数与前面的 rejectIfEmpty()方法的参数大致相同，只不过少了一个 Errors 参数，这是因为该方法本来就是由 Errors 对象调用的。

一旦理解了 ValidationUtils 和 Errors 的方法的用法之后，开发校验器类其实非常简单，只是当要校验的字段很多时，校验器类就会大量重复调用 ValidationUtils、Errors 的方法，但代码大多是重复的，并不复杂——大家理解为何本示例只定义两个表单域了吧！出于教学示范的目的，两个就足以演示了，搞更多的字段校验只是简单的重复，徒增篇幅而已。

下面是本示例的控制器类的代码。

程序清单：codes\07\7.6\Validator\WEB-INF\src\org\crazyit\app\controller\BookController.java

```
@Controller
public class BookController
{
    @GetMapping("/{url}")
    public String url(@PathVariable String url)
    {
        return url;
    }
    // 使用@InitBinder方法来绑定校验器
    @InitBinder
    public void initBinder(WebDataBinder binder)
    {
        binder.replaceValidators(new BookValidator());
    }
    // @PostMapping指定该方法处理/addBook请求
    // @Validated注解修饰的对象，表明该对象需要被校验
    @PostMapping("/addBook")
    public String add(@Validated Book book, BindingResult result, Model model)
    {
        if (result.getErrorCount() > 0)
        {
            return "bookForm";
        }
        System.out.println("添加的图书：" + book);
        model.addAttribute("tip", book.getName() + "图书添加成功！");
        return "success";
    }
}
```

上面控制器类定义了一个@InitBinder 修饰的方法，该方法的实现代码调用 WebDataBinder 参数的方法为控制器绑定了 BookValidator 校验器。

上面控制器的处理方法中最重要的就是 book 参数前面的@Validated 注解，该注解告诉 Spring MVC 使用绑定的校验器对 book 参数执行数据校验。

@Validated 注解和 Java 提供的@Valid 注解功能类似，@Validated 是 Spring 专门为@Valid 提供的一个变体，因此使用起来更方便。

与类型转换失败的处理类似，程序需要在处理方法的表单对象参数之后紧跟一个 BindingResult 参数，该参数用于封装类型转换失败、数据校验失败的 FiledError——无论哪个表单域的类型转换失败或数据校验失败，Spring 都会将失败信息自动封装成对应的 FiledError，并添加到 BindingResult 参数中。

由于 BindingResult 封装了所有类型转换失败或数据校验失败的信息，因此 add()方法判断了 result 的 getErrorCount()方法的返回值，如果其返回值大于 0，程序返回 "bookForm" 逻辑视图名，表明应用返回表单页面。

接下来同样需要在表单页面上使用<form:errors.../>标签来输出校验失败的提示信息——与输出类型转换失败的提示信息相同，读者可自行参考本示例中 bookForm.jsp 页面的代码。

需要说明的是，上面校验器用到了 "priceNotEmpty" "price_too_low" 两个国际化消息的 key，因此还需要提供国际化资源文件。下面是为本示例提供的简体中文和美式英语两个国际化资源文件。

程序清单：codes\07\7.6\Validator\WEB-INF\src\bookForm_validation_zh_CN.properties

```
priceNotEmpty=图书价格必须填写
price_too_low=图书价格要高于{0}
```

程序清单：codes\07\7.6\Validator\WEB-INF\src\bookForm_validation_en_US.properties

```
priceNotEmpty=The price must be filled
price_too_low=The price of book must greater than {0}
```

在提供了上面的国际化资源文件之后，自然也需要在 Spring MVC 的配置文件中加载它们，在配置文件中增加如下配置即可。

程序清单：codes\07\7.6\Validator\WEB-INF\springmvc-servlet.xml

```xml
<!-- 加载国际化资源文件 -->
<bean id="messageSource"
    class="org.springframework.context.support.ResourceBundleMessageSource"
    p:basenames="#{{'bookForm_validation'}}"
    p:defaultEncoding="utf-8"/>
```

部署、运行该应用，向应用的/bookForm 发送请求，在应用呈现的表单页面中输入不符合校验规则的数据，然后提交表单，将可以看到如图 7.32 所示的提示信息。

图 7.32　数据校验的提示信息

测试用的浏览器的首选语言是美式英语，因此从图 7.32 中可以看山，"价格"表单域校验失败后的提示信息是英文；而"图书名"表单域校验失败后的提示信息依然是中文——这是由于这些信息是以"硬编码"方式写在程序里的。

▶▶ 7.6.2　基于 JSR 303 执行校验

JSR 303 规范叫作 Bean Validation，它作为 Java EE 6 规范的重要组成部分，伴随着 Java EE 6 一起发布。

 提示：--
　　　读者可访问 链接20 查看 JSR 303 的具体介绍。

Bean Validation 规范专门用于对 Java Bean 的属性值执行校验。它用起来非常简单，只要程序在 Java Bean 的成员变量或 setter 方法上添加类似于@NotNull、@Max 的注解来指定校验规则，接下来标准的校验接口就能根据这些注解对 Bean 执行校验。

需要说明的是，JSR 303 本身只是一套规范，而 Spring 也没有提供 JSR 303 的实现。因此，如果要基于 JSR 303 执行数据校验，则必须提供 JSR 303 的实现。JSR 303 官方推荐的实现是 Hibernate Validator（不是 Hibernate ORM 框架），这也是本书所使用的 JSR 303 的实现。

使用 JSR 303 的关键就是一套允许添加在成员变量或 setter 方法上的注解。下面是 JSR 303 提供的注解，位于 javax.validation.constraints 包下。

➢ @AssertFalse：要求被修饰的 boolean 类型的属性必须为 false。
➢ @AssertTrue：要求被修饰的 boolean 类型的属性必须为 true。
➢ @DecimalMax(value)：要求被修饰的属性值不能大于该注解指定的值。
➢ @DecimalMin(value)：要求被修饰的属性值不能小于该注解指定的值。

> ➤ @Digits(integer, fraction)：要求被修饰的属性值必须具有指定的整数位数和小数位数。其中 integer 指定整数位数，fraction 指定小数位数。
> ➤ @Email：要求被修饰的属性值必须是有效的邮件地址。
> ➤ @Future(value)：要求被修饰的 Date 或 Calendar 类型的属性值必须位于该注解指定的日期之后。
> ➤ @FutureOrPresent(value)：与@Future 的区别是，它允许被修饰的属性值等于该注解指定的日期。
> ➤ @Max(value)：要求被修饰的属性值不能大于该注解指定的值。
> ➤ @Min(value)：要求被修饰的属性值不能小于该注解指定的值。
> ➤ @Negative：要求被修饰的属性值必须是负数。
> ➤ @NegativeOrZero：要求被修饰的属性必须是负数或零。
> ➤ @NotBlank：要求被修饰的 String 类型的属性值不能为 null，不能为空字符串，去掉前后空格之后也不能为空字符串。
> ➤ @NotEmpty：要求被修饰的集合类型的属性值不能为空集合。
> ➤ @NotNul：要求被修饰的属性必须不为 null。
> ➤ @Null：要求被修饰的属性必须为 null。
> ➤ @Past(value)：要求被修饰的 Date 或 Calendar 类型的属性值必须位于该注解指定的日期之前。
> ➤ @PastOrPresent(value)：与@Past 的区别是，它允许被修饰的属性值等于该注解指定的日期。
> ➤ @Pattern(regex)：要求被修饰的属性值必须匹配该注解指定的正则表达式。
> ➤ @Positive：要求被修饰的属性必须是正数。
> ➤ @PositiveOrZero：要求被修饰的属性必须是正数或零。
> ➤ @Size(min, max)：要求被修饰的集合类型的属性值包含的集合元素的个数必须在 min~max 范围之内。

此外，Hibernate Validator 在 org.hibernate.validator.constraints 包下又补充了如下常用的支持数据校验的注解。

> ➤ @CreditCardNumber：要求被修饰的属性必须是合法的信用卡卡号。
> ➤ @Currency：要求被修饰的属性值必须是合法的货币写法（必须有货币符号，而且写法要符合规范）。
> ➤ @ISBN：要求被修饰的属性值必须是全球有效的 ISBN 编号。
> ➤ @Length(min, max)：要求被修饰的 String 类型的属性值的长度必须为 min~max。
> ➤ @Range(min, max)：要求被修饰的属性值必须为 min~max。
> ➤ @URL：要求被修饰的属性值必须是一个有效的 URL 字符串。

在大致了解了上面这些注解的功能之后，下面通过一个例子示范如何在 Spring MVC 应用中通过 JSR 303 规范来完成数据校验。

在 Spring MVC 应用中使用 JSR 303 规范之前，必须先增加 JSR 303 规范的实现。本书使用 Hibernate Validator 作为规范的实现。下载和安装 Hibernate Validator 的步骤如下。

① 登录 链接21 站点，下载 Hibernate Validator 的最新稳定版，本书下载的是 6.0.17.Final 版。

② 下载完成后，得到一个 hibernate-validator-6.0.17.Final-dist.jar 文件，解压缩下载得到的压缩包，可看到如下文件结构。

> ➤ dist：该目录下存放 Hibernate Validator 的核心 JAR 包及依赖包。
> ➤ doc：该目录下存放 Hibernate Validator 的 API 文档和说明文档。
> ➤ project：该目录下存放 Hibernate Validator 的源代码等与项目相关的资源。
> ➤ 一些说明性文档。

③ 如果单独使用 Hibernate Validator 项目，则需要添加解压缩目录的 dist 目录下的 3 个 JAR

包及 dist\required 目录下的所有 JAR 包；如果在 Spring MVC 中使用 Hibernate Validator，则只需要添加 hibernate-validator-6.0.17.Final.jar、validation-api-2.0.1.Final.jar、jboss-logging-3.4.1.Final.jar 和 classmate-1.5.0.jar 这 4 个 JAR 包即可。

本示例的表单页面中包含图书名、价格、出版日期、联系邮件、联系电话这 5 个表单域，此处不再给出表单页面代码，读者可自行参考配套代码中本示例的 bookForm.jsp 文件。

接下来在 Book 类中增加 JSR 303 规范的注解，该类的代码如下。

程序清单：codes\07\7.6\JSR303\WEB-INF\src\org\crazyit\app\domain\Book.java

```java
public class Book
{
    private Integer id;
    @NotBlank(message = "图书名不允许为空")
    @Length(min = 6, max = 30, message = "书名长度必须为6~30个字符")
    private String name;
    @Range(min = 50, max = 200, message="图书价格必须为50~200")
    private Double price;
    @DateTimeFormat(pattern = "yyyy-MM-dd")
    @Past(message = "出版日期必须是一个过去的日期")
    private Date publishDate;
    @Email(message = "必须输入合法的邮件地址")
    private String email;
    @Pattern(regexp = "[1][3-8][0-9]{9}", message = "必须输入有效的手机号")
    private String phone;
    // 省略构造器和 setter、getter 方法
    ...
}
```

从上面代码可以看出，使用 JSR 303 规范的注解来执行数据校验非常方便，只要程序使用数据校验的注解来修饰这些成员变量即可。

接下来的控制器与上一个示例类似，同样使用@Validated 注解修饰 Book book 参数，并在该参数后面增加 BindingResult 参数，用于收集数据校验失败的信息。本示例的控制器类的代码与上一个示例完全相同，故此处不再给出其代码，读者可自行查看配套代码。

上面为 Book 类增加数据校验的注解时都指定了 message 属性，该属性的值是数据校验失败的提示信息，但这种提示信息是以"硬编码"方式写死的，它不能生成国际化的提示信息。

如果要生成国际化的提示信息，则需要提供国际化资源文件。实际上，每个属性校验失败后，JSR 303 规范都会自动为该属性生成 4 个国际化消息的 key，这 4 个 key 按优先级高低依次排列如下：

➢ 注解名.表单对象名.表单域名
➢ 注解名.表单域名
➢ 注解名.表单域类型
➢ 注解名

以上面 Book 类中 name 成员变量前的@Length 注解为例，当 name 的值不能通过@Length 数据校验规则时，JSR 303 就会产生如下 4 个错误代码。

➢ Length.book.name
➢ Length.name
➢ Length.java.lang.String
➢ Length

当程序既通过国际化资源文件，又通过数据校验的注解的 message 属性指定校验失败的提示信息时，国际化资源文件指定的提示信息会生效，毕竟 message 属性指定的提示信息仅作为 defaultMessage。

为了示范国际化资源文件的作用，为本示例增加如下两个国际化资源文件。

程序清单：codes\07\7.6\JSR303\WEB-INF\src\bookForm_validation_zh_CN.properties

```
Length.book.name=图书名的长度必须在 6 和 30 之间
Range.book.price=图书价格必须在 50 和 200 之间
```

程序清单：codes\07\7.6\JSR303\WEB-INF\src\bookForm_validation_en_US.properties

```
Length.book.name=The length of book name must be in range of 6 and 30
Range.book.price=The price of book must be in range of 50 and 200
```

在提供了上面的国际化资源文件之后，自然也需要在 Spring MVC 的配置文件中加载它们，在配置文件中增加如下配置即可。

程序清单：codes\07\7.6\JSR303\WEB-INF\springmvc-servlet.xml

```
<!-- 加载国际化资源文件 -->
<bean id="messageSource"
    class="org.springframework.context.support.ResourceBundleMessageSource"
    p:basenames="#{{'bookForm_validation'}}"
    p:defaultEncoding="utf-8"/>
```

部署、运行该应用，向应用的/bookForm 发送请求，在应用呈现的表单页面中输入不符合校验规则的数据，然后提交表单，将可以看到如图 7.33 所示的提示信息。

图 7.33 使用 Bean Validation 校验规范的提示信息

测试用的浏览器的首选语言是美式英语，因此从图 7.33 中可以看出，"图书名"和"价格"两个表单域校验失败后的提示信息是英文；而其他表单域校验失败后的提示信息依然是中文——这是因为前面的国际化资源文件只为Length.book.name、Range.book.price这两个key提供了国际化消息。如果希望上面所有的提示信息都能支持国际化，那么就应该为所有表单域对应的校验规则都提供对应的国际化消息。

7.7 文件上传与下载

为了能上传文件，必须将表单的 method 属性设置为 POST，并将 enctype 属性设置为 multipart/form-data。只有在这种情况下，浏览器才会把用户选择的文件的二进制数据发送给服务器。

一旦设置了 enctype 为 multipart/form-data，浏览器就将采用二进制流的方式来处理表单数据。Servlet 3.0 及以上版本规范的 HttpServletRequest 已经提供了方法来处理文件上传，Spring MVC 则对底层的文件上传提供了进一步的封装。

▶▶ 7.7.1 使用 MultipartFile 处理文件上传

使用 application/x-www-form-urlencoded 方式编码表单数据时，表单数据被编码为多个

key-value 对，因此，只需使用 ServletRequest 的 getParameter()方法即可获取请求参数。

对于文件上传的请求，其表单的 enctype 属性被设置为 multipart/form-data，因此，这种请求也被称为 multipart 请求。multipart 请求会将表单数据编码为一条消息，每个表单域对应消息的一部分，因此，这种请求必须使用特定的解析器进行处理。

Spring MVC 使用 MultipartResolver 特殊的 Bean 来解析 multipart 请求。MultipartResolver 是一个接口，该接口提供了如下两个实现。

➢ CommonsMultipartResolver：这种解析器实现需要依赖 Apache Commons FileUpload 组件。
➢ StandardServletMultipartResolver：这种解析器实现直接使用 Servlet 3.0 及以上版本规范的文件上传支持，因此无须第三方 JAR 包。它需要 Web 容器支持 Servlet 3.0 及以上版本规范。

Spring MVC 默认并未配置 MultipartResolver 特殊的 Bean，因此，如果程序要处理文件上传请求，那么就必须在 Spring 容器中显式配置 MultipartResolver 特殊的 Bean。

> **提示：**
> Spring MVC 使用 MultipartResolver 隔离了文件上传的底层差异，开发者只要选择配置合适的 MultipartResolver 实现，就可以轻松地在不同的文件上传策略之间自由切换。MultipartResolver 的设计也是一种典型的策略模式。

下面先介绍基于 Servlet 3.0 及以上版本规范的文件上传策略。如果打算选择这种文件上传策略，那么就需要在 Spring MVC 的配置文件中配置 StandardServletMultipartResolver 特殊的 Bean，也就是增加如下配置片段。

程序清单：codes\07\7.7\servlet3Upload\WEB-INF\springmvc-servlet.xml

```xml
<!-- 配置 StandardServletMultipartResolver 作为 MultipartResolver Bean,
    表明直接使用 Servlet 3.0 及以上版本规范的文件上传支持 -->
<bean id="multipartResolver" class=
"org.springframework.web.multipart.support.StandardServletMultipartResolver"/>
```

上面的粗体字代码配置了 StandardServletMultipartResolver 作为 MultipartResolver Bean。

如果读者有扎实的 Java Web 基础，则会记得使用 Servlet 3.0 及以上版本规范的文件上传支持时，需要使用@MultipartConfig 修饰该 Servlet 类或为该 Servlet 的配置增加<multipart-config.../>子元素，这样该 Servlet 才具有处理文件上传的能力。

而 Spring MVC 的核心 Servlet 是 DispatcherServlet，该类由 Spring MVC 框架提供，给它增加@MultipartConfig 注解显然不现实，因此，只能在 web.xml 文件中为该 Servlet 的配置增加<multipart-config.../>子元素。

> **提示：**
> 很多人喜欢把 Spring、Spring MVC 框架想得过于复杂，实际上，这些框架都是对基础知识的封装，如果具有扎实的 Java 基础，学习这些框架会非常轻松；相反，如果学习者总是急功近利地从框架开始学习，忽视对 Java 基础本身的夯实，往往只能学到这些框架的表皮，而且学的内容越多，内心越迷惘：会感觉知识越学越多，无穷无尽，而且找不到它们内在的关联。

在 web.xml 文件中为 DispatcherServlet 的配置增加如下粗体字代码片段。

程序清单：codes\07\7.7\servlet3Upload\WEB-INF\web.xml

```xml
<servlet>
    <!-- 配置 Spring MVC 的核心控制器 -->
    <servlet-name>springmvc</servlet-name>
    <servlet-class>org.springframework.web.servlet.DispatcherServlet </servlet-class>
    <load-on-startup>1</load-on-startup>
```

```
    <multipart-config>
        <!-- 指定上传文件的临时目录 -->
        <location>d:/</location>
        <!-- 上传文件最大 2MB -->
        <max-file-size>2097152</max-file-size>
        <!-- 上传文件整个请求不超过 4MB -->
        <max-request-size>4194304</max-request-size>
    </multipart-config>
</servlet>
<servlet-mapping>
    <!-- 配置 Spring MVC 的核心控制器处理所有请求 -->
    <servlet-name>springmvc</servlet-name>
    <url-pattern>/</url-pattern>
</servlet-mapping>
```

上面粗体字代码为配置 DispatcherServlet 增加了<multipart-config.../>子元素，这段配置就使用了 DispatcherServlet 的文件上传支持。

 提示：

上面<multipart-config.../>元素中配置的三个子元素需要底层 Web 服务器的支持，在某些 Web 服务器上这三个子元素的配置并不起作用。

一旦为 Spring MVC 选择了合适的 MultipartResolver Bean，开发者只要将文件上传的表单域定义成 MultipartFile 类型的变量即可，其他什么都不用管。

假设有如图 7.34 所示的文件上传页面，其中包含两个表单域：文件标题和文件上传域——当然，为了能完成文件上传，应该将这两个表单域所在表单的 enctype 属性设置为"multipart/form-data"。

图 7.34　文件上传页面

该页面的代码如下。

程序清单：codes\07\7.7\servlet3Upload\WEB-INF\content\bookForm.jsp

```html
<div class="container">
<h4>添加图书</h4>
<form method="post" action="addBook" enctype="multipart/form-data">
<div class="form-group row">
    <label for="name" class="col-sm-2 col-form-label">图书名：</label>
    <div class="col-sm-7">
        <input type="text" id="name" name="name"
            value="${book.name}"
            class="form-control" placeholder="请输入图书名">
    </div>
    <div class="col-sm-3 text-danger">
        <form:errors path="book.name"/>
    </div>
</div>
<div class="form-group row">
    <label for="cover" class="col-sm-2 col-form-label">图书封面：</label>
    <div class="col-sm-7">
        <div class="custom-file">
```

```
        <input type="file" id="cover" name="cover"
            class="custom-file-input" >
        <label class="custom-file-label" for="cover">选择文件</label>
      </div>
    </div>
    <div class="col-sm-3 text-danger">
      <form:errors path="book.cover"/>
    </div>
  </div>
  <div class="form-group row">
    <div class="col-sm-6 text-right">
      <button type="submit" class="btn btn-primary">添加</button>
    </div>
    <div class="col-sm-6">
      <button type="reset" class="btn btn-danger">重设</button>
    </div>
  </div>
  </form>
</div>
```

上面页面的表单设置了 enctype 为 multipart/form-data，因此在提交该表单时将会以 multipart/form-data 方式编码表单数据。

下面是 Spring MVC 的控制器类的代码。

程序清单：codes\07\7.7\servlet3Upload\WEB-INF\src\org\crazyit\app\controller\BookController.java

```
@Controller
public class BookController
{
    @GetMapping("/{url}")
    public String url(@PathVariable String url)
    {
        return url;
    }
    // @PostMapping 指定该方法处理/addBook 请求
    @PostMapping("/addBook")
    public String add(Book book, Errors errors, Model model,
            ServletRequest request) throws IOException
    {
        System.out.println("---" + book.getCover().getClass());
        // 如果文件不是图片
        if (!book.getCover().getContentType().toLowerCase().startsWith("image"))
        {
            errors.rejectValue("cover", null, "只能上传图片");
        }
        // 如果文件大小大于 2MB
        if (book.getCover().getSize() > 2 * 1024 * 1024)
        {
            errors.rejectValue("cover", null, "图片大小不能超过 2MB");
        }
        // 如果校验失败
        if (errors.getErrorCount() > 0)
        {
            return "bookForm";
        }
        else
        {
            // 获取上传文件的保存路径
            var path = request.getServletContext().getRealPath("/uploads/");
            // 调用 MultipartFile 的 getOriginalFilename()方法获取原始文件名
            // 然后调用 StringUtils 的 getFilenameExtension()方法获取扩展名
            var extName = StringUtils.getFilenameExtension(
                    book.getCover().getOriginalFilename());
```

```
                var targetName = UUID.randomUUID().toString()
                    + "." + extName;
                // 调用 MultipartFile 的 transferTo() 方法完成文件复制
                book.getCover().transferTo(new File(path + targetName));
                book.setTargetName(targetName);
                System.out.println("添加的图书: " + book.getName());
                model.addAttribute("tip", book.getName() + "图书添加成功！");
                return "success";
            }
        }
    }
```

查看控制器类中处理文件上传的处理方法：add()，可以看到该方法的形参并没有任何改变，程序依然使用 Book book 参数封装所有的表单参数，与普通请求完全一样。这要感谢 MultipartResolver Bean 这位无名英雄，它在底层"默默"地解析 mutlipart 请求，使得开发者的控制器代码依然保持简单、优雅。

需要说明的是，上面的表单页面包含了两个表单域：名为 name 的普通表单域和名为 cover 的文件上传域——文件上传域对应的参数需要使用 MultipartFile 类型的变量封装。下面是本示例的 Book 类的代码。

程序清单：codes\07\7.7\servlet3Upload\WEB-INF\src\org\crazyit\app\domain\Book.java

```
public class Book
{
    private String name;
    private MultipartFile cover;
    private String targetName;
    // 省略了构造器和 setter、getter 方法
    ...
}
```

MultipartFile 也是接口，Spring 提供了该接口来封装文件上传域的数据。该接口提供了如下常用的方法。

- ➢ byte[] getBytes()：获取上传文件的数据。
- ➢ String getContentType()：获取上传文件的类型。
- ➢ String getName()：获取文件上传域对应的请求参数名。
- ➢ String getOriginalFilename()：获取上传文件的原始文件名。
- ➢ long getSize()：获取上传文件的大小。
- ➢ void transferTo(File|Path dest)：将上传文件复制为 dest 代表的文件，通过该方法即可实现文件上传。

上面控制器类的 add() 处理方法调用了 MultipartFile 的 getContentType() 方法、getSize() 方法来判断上传文件的类型、大小，从而对上传文件的类型、大小进行过滤，避免上传非法的、过大的文件。

如果用户上传的文件不是图片，或者文件过大，那么 add() 方法将使用 Errors 参数将错误提示信息封装成 FiledError，以便在 JSP 页面上使用 <form:errors.../> 标签来输出这些错误提示信息。

如果用户上传的文件是图片，大小也没有超过 2MB，那么 add() 方法将调用 MultipartFile 对象的 transferTo() 方法来完成实际的文件上传。

部署、运行该应用，向应用的/bookForm 发送请求，将可以看到如图 7.34 所示的表单页面。在该表单页面中输入合适的数据，然后提交表单，将可以看到如图 7.35 所示的页面。

图 7.35 所示的页面表示文件上传成

图 7.35　文件上传成功页面

功，用户可以在应用的根目录的 uploads\目录下找到刚刚上传的文件。文件上传成功后，可以在 Tomcat 控制台看到如下输出：

```
class org.springframework.web.multipart.support.StandardMultipartHttpServlet-
Request$StandardMultipartFile
```

这表明当选择 Servlet 3.0 及以上版本规范的文件上传策略时（使用 StandardServletMultipartResolver 作为 MultipartResolver Bean），上面的实现类将作为 MultipartFile 接口的实现类。

如果用户尝试上传的文件不是图片，将会看到如图 7.36 所示的错误提示页面。

图 7.36 文件类型过滤的错误提示页面

▶▶ 7.7.2 基于 Commons FileUpload 组件上传文件

如果不希望使用 Servlet 3.0 及以上版本规范的文件上传支持（可能底层 Web 服务器不支持，或者项目方认为 Servlet 3.0 及以上版本规范的文件上传的效率不好），Spring MVC 允许使用 Commons FileUpload 组件上传文件——这种切换不需要修改代码，只要改变 MultipartResolver Bean 的配置即可。

在 Spring MVC 的配置文件中将 MultipartResolver Bean 的配置改为如下形式。

程序清单：codes\07\7.7\commonsUpload\WEB-INF\springmvc-servlet.xml

```xml
<!-- 配置 CommonsMultipartResolver 作为 MultipartResolver Bean,
    表明需要使用 Commons-FileUpload 组件
    maxUploadSize: 指定所有上传文件的总大小不允许超过的最大值
    maxUploadSizePerFile: 指定单个上传文件的大小不允许超过的最大值
    defaultEncoding: 指定对上传请求编码所用的字符集，建议和页面保持一致
    uploadTempDir: 指定上传文件的临时目录
    -->
<bean id="multipartResolver"
    class="org.springframework.web.multipart.commons.CommonsMultipartResolver"
    p:maxUploadSize="10485760"
    p:maxUploadSizePerFile="10485760"
    p:defaultEncoding="UTF-8"
    p:uploadTempDir="file:///d:/"/>
```

上面程序中的粗体字代码配置了 CommonsMultipartResolver 作为 MultipartResolver Bean，这意味着该应用将使用 Commons File Upload 组件上传文件。

上面的 CommonsMultipartResolver 提供了如下 setter 方法，因此在配置 CommonsMultipartResolver 时可直接配置这些 setter 方法对应的属性。

- ➢ setDefaultEncoding：设置对上传请求编码所用的字符集。
- ➢ setMaxUploadSize：设置上传请求允许的最大大小。
- ➢ setMaxUploadSizePerFile：设置上传请求中每个文件允许的最大大小。
- ➢ setUploadTempDir：设置上传文件使用的临时目录。

在选择 CommonsMultipartResolver 作为 MultipartResolver Bean 之后，程序不再需要 Servlet 3.0 及以上版本规范的文件上传支持，因此删除 web.xml 文件中配置 DispatcherServlet 使用的 <multipart-config.../>子元素。

使用 CommonsMultipartResolver 需要提供 Commons FileUpload 和它依赖的 Commons IO 两个

JAR 包。

Commons FileUpload 的 JAR 包可登录 链接 22 站点下载，Commons IO 的 JAR 包可登录 链接 23 站点下载。

该示例的其他代码完全不需要修改，运行效果也没有什么变化，但是文件上传成功后，会在 Tomcat 控制台看到如下输出：

```
class org.springframework.web.multipart.commons.CommonsMultipartFile
```

这表明当选择基于 Commons FileUpload 的文件上传策略时（使用 CommonsMultipartResolver 作为 MultipartResolver Bean），上面的实现类将作为 MultipartFile 接口的实现类。

▶▶ 7.7.3 使用@RequestPart 注解

得益于 Spring MVC 的良好封装，对于提交表单的文件上传请求，控制器中处理方法的参数基本不需要使用@RequestPart 注解，使用@RequestParam 注解修饰即可。

如果查看@RequestPart 注解的 API 文档，就会发现@RequestParam 和@RequestPart 两个注解都可处理 multipart 请求的数据；它们的主要区别在于：当控制器中处理方法的参数类型不是 String 或 MultipartFile 时，@RequestParam 注解使用 PropertyEditor 或类型转换器（由 ConversionService 注册管理）进行类型转换；而@RequestPart 注解则使用 HttpMessageConverters 对消息执行转换。

从用户使用的角度来看，对于提交表单的文件上传请求，处理方法的参数使用@RequestParam 注解修饰即可（或者干脆不使用该注解，如上面的示例所示）；但对于 JSON 或 XML 格式的文件上传请求（通常是异步请求），处理方法的参数则应该使用@RequestPart 注解修饰。

下面示例示范了 Spring MVC 如何处理 JSON 格式的文件上传请求。先看本示例的表单页面代码，该页面将会使用 JS 代码来提交异步的、JSON 格式的请求。

程序清单：codes\07\7.7\jsonUpload\WEB-INF\content\bookForm.jsp

```html
<div class="container">
<h4>添加图书</h4>
<form method="post" action="addBook" enctype="multipart/form-data">
<div class="form-group row">
    <label for="name" class="col-sm-2 col-form-label">图书名：</label>
    <div class="col-sm-7">
        <input type="text" id="name" name="name"
            value="${book.name}"
            class="form-control" placeholder="请输入图书名">
    </div>
    <div class="col-sm-3 text-danger">
    </div>
</div>
<div class="form-group row">
    <label for="cover" class="col-sm-2 col-form-label">图书封面：</label>
    <div class="col-sm-7">
    <div class="custom-file">
        <input type="file" id="cover" name="cover"
            class="custom-file-input" >
        <label class="custom-file-label" for="cover">选择文件</label>
    </div>
    </div>
    <div class="col-sm-3 text-danger" id="coverError">
    </div>
</div>
<div class="form-group row">
    <div class="col-sm-6 text-right">
        <button type="button" class="btn btn-primary">添加</button>
    </div>
    <div class="col-sm-6">
```

```
            <button type="reset" class="btn btn-danger">重设</button>
        </div>
    </div>
    </form>
    </div>
    <script type="text/javascript">
    $(function () {
        $("button[type='button']").click(function () {
            // 创建 FormData 对象
            let formData = new FormData();
            // 获取并添加要上传的文件
            let cover = document.getElementById("cover").files[0];
            formData.append("cover", cover);
            // 获取并添加其他普通表单域
            let bookInfo = JSON.stringify({
                "name": $('#name').val()
            });
            formData.append('book', new Blob([bookInfo], {type: "application/json"}));
            // 发送异步请求
            $.ajax({
                url: "addBook",
                type: "post",
                // 忽略 contentType
                contentType: false,
                // formData 已经是序列化的数据，因此无须数据转换
                processData: false,
                dataType: "json",
                data: formData,
                success: function (data) {
                    // 重设表单
                    $("form").get(0).reset();
                    alert(data.tip + "\n" + "封面的文件名：" + data.book.targetName);
                },
                error: function (err) {
                    $("#coverError").html(JSON.parse(err.responseText).cover);
                }
            });
        });
    })
    </script>
```

上面的页面代码依然定义了一个表单，但该表单内的"添加"按钮不再是 submit 按钮，而是一个普通的、无默认动作的按钮，因此，该页面通过 JS 代码为该按钮的单击事件绑定了事件监听器。

上面第一行粗体字代码创建了一个 FormData 对象，该 FormData 对象专门用于封装表单数据，甚至包括要上传的文件数据；第二行粗体字代码为 FormData 对象添加了 cover 参数，该参数的值是用户要上传的文件；第三行粗体字代码为 FormData 对象添加了 book 参数，该参数的值是一个 JSON 字符串，这意味着该参数可封装任意多个、普通的请求参数。

上面代码最后调用了 jQuery 的 ajax() 方法来发送请求，该请求是一个复杂的、JSON 格式的请求，因此处理该请求的处理方法的参数需要使用 @RequestPart 修饰。下面是本示例的控制器类的代码。

程序清单：codes\07\7.7\jsonUpload\WEB-INF\src\org\crazyit\app\controller\BookController.java

```
@Controller
public class BookController
{
    @GetMapping("/{url}")
    public String url(@PathVariable String url)
    {
        return url;
    }
    // @PostMapping 指定该方法处理/addBook 请求
```

```
@PostMapping("/addBook")
@ResponseBody
public ResponseEntity<Map<String, ?>> add(@RequestPart MultipartFile cover,
    @RequestPart Book book, ServletRequest request) throws IOException
{
    // 如果文件不是图片
    if (!cover.getContentType().toLowerCase().startsWith("image"))
    {
        var errorTip = Map.of("cover", "只能上传图片");
        return new ResponseEntity<>(errorTip, HttpStatus.BAD_REQUEST);
    }
    // 如果文件大小大于 2MB
    else if (cover.getSize() > 2 * 1024 * 1024)
    {
        var errorTip = Map.of("cover", "图片大小不能超过 2MB");
        return new ResponseEntity<>(errorTip, HttpStatus.BAD_REQUEST);
    }
    else
    {
        // 获取上传文件的保存路径
        var path = request.getServletContext().getRealPath("/uploads/");
        // 调用 MultipartFile 的 getOriginalFilename()方法获取原始文件名
        // 然后调用 StringUtils 的 getFilenameExtension()方法获取扩展名
        var extName = StringUtils.getFilenameExtension(
                cover.getOriginalFilename());
        var targetName = UUID.randomUUID().toString()
                + "." + extName;
        // 调用 MultipartFile 的 transferTo()方法完成文件复制
        cover.transferTo(new File(path + targetName));
        book.setTargetName(targetName);
        System.out.println("添加的图书：" + book.getName());
        var tip = Map.of("tip", book.getName() + "图书添加成功！",
            "book", book);
        return new ResponseEntity<>(tip, HttpStatus.OK);
    }
}
```

看上面控制器类中粗体字 add()方法的签名，该方法包含两个参数，其中 MultipartFile cover 参数用于封装文件上传域的数据；Book book 参数则用于封装普通的表单参数，这两个参数都使用了 @RequestPart 注解修饰。

正如前面所讲的，当使用 @RequestPart 注解修饰处理方法的参数时，底层将会使用 HttpMessageConverters 来转换请求数据，因此，它需要一个 JSON 库解析 JSON 格式的请求。本示例在/WEB-INF/lib 目录下添加了一个 gson-2.8.5.jar 作为 JSON 库——也可选择添加 Jackson 的三个 JAR 包作为 JSON 库。

本示例的 Book 类不再需要封装文件上传域的数据，因此不再需要 MultipartFile 类型的属性。下面是本示例的 Book 类的代码。

程序清单：codes\07\7.7\jsonUpload\WEB-INF\src\org\crazyit\app\domain\Book.java

```
public class Book
{
    private String name;
    private String targetName;
    // 省略构造器和 setter、getter 方法
    ...
}
```

上面控制器类的处理方法添加了 @ResponseBody 注解修饰，因此，该处理方法的返回值将直接作为响应，无须跳转到视图页面生成响应。这与前面 bookForm.jsp 页面的 JS 代码是对应的：

success 或 error 属性指定的 JS 函数会根据服务器端的 JSON 响应来生成提示信息。

部署、运行该应用，向应用的/bookForm 发送请求，依然可以看到类似于图 7.34 所示的表单页面。在该表单页面中输入合适的数据，然后单击"添加"按钮，将可以看到如图 7.37 所示的输出信息。

图 7.37　使用 JSON 格式异步上传文件成功的输出信息

图 7.37 所示的页面表示文件上传成功，用户可以在应用的根目录的 uploads\目录下找到刚刚上传的文件。

▶▶ 7.7.4　文件下载

可能很多读者会觉得，文件下载太简单，直接在页面中给出一个超链接，该链接的 href 属性等于要下载文件的文件名，不就可以实现文件下载了吗？这样做大部分时候的确可以实现文件下载，但如果该文件的文件名是中文，在某些早期的浏览器中就会导致下载失败（使用最新的 Firefox、Opera、Chrome、Safari 都可以正常下载文件名为中文的文件）；如果应用程序需要在用户下载之前进行进一步的检查，比如判断用户是否有足够的权限来下载该文件等，那么就需要让 Spring MVC 来控制下载了。

要实现文件下载的处理方法，也就是让处理方法直接以被下载文件的内容作为响应，Spring MVC 为此提供了很好的支持：只要让处理方法返回 ResponseEntity 或 HttpEntity 对象，使用该对象来包装被下载文件的内容（字节数组）即可。

此外，为了更好地控制下载，可以为 ResponseEntity 或 HttpEntity 增加一些响应头，这些响应头用于告诉浏览器执行下载，以及下载的文件名是什么。

下面是本示例实现文件下载的控制器类的代码。

程序清单：codes\07\7.7\down\WEB-INF\src\org\crazyit\app\domain\DownloadController.java

```java
@Controller
public class DownloadController
{
    @GetMapping("/{url}")
    public String url(@PathVariable String url)
    {
        return url;
    }
    @GetMapping("/download")
    public ResponseEntity<byte[]> download(String fileName,
        @RequestHeader("User-Agent") String userAgent,
        ServletRequest request) throws Exception
    {
        // 按 UTF-8 字符集解码要下载的文件名
        fileName = URLDecoder.decode(fileName, "UTF-8");
        var realPath = request.getServletContext()
            .getRealPath("/WEB-INF/files/" + fileName);// 得到文件所在位置
        // 创建响应头
        var headers = new HttpHeaders();
```

```
                // 添加名为 Content-Type 的响应头
        headers.setContentType(MediaType.APPLICATION_OCTET_STREAM);
                // 针对不同的浏览器添加不同的 Content-Disposition 响应头
                // IE 内核的浏览器可能包含如下三个子串
        if (userAgent.indexOf("MSIE") > 0 ||
                userAgent.indexOf("Trident") > 0 ||
                userAgent.indexOf("Edge") > 0)
        {
            // 对于 IE 内核的浏览器，只要用 UTF-8 字符集进行 URL 编码即可
            headers.setContentDispositionFormData("attachment",
                URLEncoder.encode(fileName, "UTF-8"));
        }
        else
        {
            // 对于其他浏览器，统一用 ISO-8859-1 字符集编码
            headers.setContentDispositionFormData("attachment",
                new String(fileName.getBytes("UTF-8"), "ISO-8859-1"));
        }
        // 调用 FileUtils 的 readFileToByteArray()方法读取文件内容,
        // 并将文件内容（字节数组）封装成 ResponseEntity 后返回
        return new ResponseEntity<>(FileUtils
                .readFileToByteArray(new File(realPath)),
                headers, HttpStatus.OK);
    }
}
```

上面控制器的 download()方法的代码很简单，程序开始只是对 fileName 参数做了一些转码，以便获取实际要下载的文件名，然后调用 ServletContext 的 getRealPath()方法来获取 Web 应用的实际路径，最后将该实际路径与要下载的文件名拼接在一起，这样即可得到要下载文件的绝对路径。

上面第一行粗体字代码为响应添加 Content-Type 响应头，该响应头的值被设为 MediaType.APPLICATION_OCTET_STREAM 常量——该常量代表二进制数据。

上面第二行、第三行粗体字代码的作用是一样的，都是添加 Content-Disposition 响应头，该响应头用于告诉浏览器执行"下载附件"行为，并指定附件的文件名。IE 与其他浏览器在处理附件的文件名时有一些差异，因此程序针对不同的浏览器做了判断，并针对不同的浏览器添加不同的响应头。

download()方法的最后调用了 FileUtils（Commons IO 的工具类）的 readFileToByteArray()方法读取文件内容，并将文件内容封装成 ResponseEntity 后返回。

总体来说，使用 Spring MVC 实现文件下载很简单，只要记住以下两点即可。

➤ 处理方法返回包装了文件内容的 ResponseEntity。

➤ 添加一些控制文件下载的响应头。

最后在页面上添加下载文件的链接，该链接需要对下载文件的文件名（尤其是中文文件名）进行统一编码，以便控制器的处理方法能正确获取到该文件名。

上面控制器的处理方法统一使用了 UTF-8 字符集来解码要下载的文件名，因此这里也使用 UTF-8 字符集对要下载的文件名进行统一编码。下面是页面中的下载链接代码。

程序清单：codes\07\7.7\down\WEB-INF\content\index.jsp

```
<div class="alert alert-primary" role="alert">
    图片下载链接: <a href="${pageContext.request.contextPath}/download?fileName=
    <%=URLEncoder.encode("图标.jpg", "UTF-8")%>" class="alert-link">下载图标</a>
</div>
```

上面粗体字代码调用了 URLEncoder 的 encode()方法对文件名进行解码，因此该页面必须使用 page 指令来导入 URLEncoder 类。

> **提示:**
> 　　如果你有代码洁癖,不希望看到 JSP 页面中出现<%=%>这种形式的代码,也可将上面 URLEncoder 的 encode()方法定义成 JSP EL 的函数,这样即可使用 JSP EL 语法来完成文件名的编码。关于 JSP EL 自定义函数的知识,可参考《轻量级 Java EE 企业应用实战》的 2.11 节。

　　部署、运行该应用,向应用的/index 发送请求,应用会自动跳转显示 index.jsp 页面,单击该页面中的"下载图标"链接,即可看到如图 7.38 所示的文件下载界面。

图 7.38　文件下载界面

▶▶ 7.7.5　下载前的授权控制

　　通过 Spring MVC 的下载支持,应用程序可以在用户下载文件之前,先通过控制器来检查用户是否有权限下载该文件,这样即可实现下载前的授权控制。

　　下面控制器的处理方法在返回 ResponseEntity 响应之前,先判断 session 中的 user 属性值是否为 crazyit.org,如果用户名通过验证就允许下载,否则直接返回登录页面。下面是该处理方法的代码。

　　程序清单:codes\07\7.7\down\WEB-INF\src\org\crazyit\app\domain\DownloadController.java

```java
@GetMapping("/download2")
public Object download2(String fileName,
    @RequestHeader("User-Agent") String userAgent,
    ServletRequest request, HttpSession session) throws Exception
{
    var user = (String) session.getAttribute("user");
    if (user == null || !user.equals("crazyit.org"))
    {
        request.setAttribute("tip",
            "您还没有登录,或登录的用户名不正确,请重新登录! ");
        return "loginForm";
    }
    // 剩下部分与前面的download()方法相同
    ...
}
```

　　上面粗体字代码先获取了 session 中的 user 属性,然后要求该 user 属性不能为 null,且该属性值必须为 crazyit.org,否则程序将会返回"loginForm"逻辑视图名,这样程序将会自动跳转到 loginForm.jsp 页面。

　　如果不登录系统,试图通过单击链接来下载文件,将看到如图 7.39 所示的登录页面。

图 7.39 下载前的登录页面

为了能看到图 7.39 所示的登录页面，必须在应用的 down\WEB-INF\content 目录下添加 loginForm.jsp 页面。

在图 7.39 所示页面的"用户名"表单域中输入 crazyit.org 字符串，在"密码"表单域中输入 leegang，然后提交该登录请求（该请求对应的处理方法将完成简单登录）。一旦完成了正常登录，用户的 session 中的 user 属性值为 crazyit.org 后，文件下载就完全正常了。

 ## 7.8 拦截器

Spring MVC 的拦截器依然是 AOP 思想的产物，拦截器可以拦截控制器的处理方法并对处理方法执行细粒度的运行增强。从本质上说，拦截器就相当于 AOP 中的 Aspect，而拦截器中的方法就相当于 AOP 中的 Advice。

为 Spring MVC 应用增加拦截器只需要两步。

① 开发一个实现 HandlerInterceptor 接口的拦截器类。

② 在 Spring MVC 配置文件中通过<mvc:interceptors.../>元素配置拦截器。

首先介绍开发实现 HandlerInterceptor 接口的拦截器类。正如它的名字所暗示的，HandlerInterceptor 实现类负责拦截处理方法（Handler），该接口中定义了如下三个方法。

➢ boolean preHandle(HttpServletRequest request, HttpServletResponse response, Object handle)：该方法在 HandlerMapping 检测到合理的 Handler 之后、HandlerAdapter 调用该 Handler 之前执行。该方法的返回值决定请求是否被继续处理，如果该方法返回 true，则意味着程序会继续向下执行（执行下一个拦截器的 preHandle()方法或调用 Handler）；如果该方法返回 false，则意味着该拦截器处理完该请求后，无须调用后续的拦截器或 Handler 继续处理。

➢ void postHandle(HttpServletRequest request, HttpServletResponse response, Object handler, ModelAndView mv)：该方法在 HandlerAdapter 实际执行 Handler 之后、在 DispatcherServlet 生成视图响应之前执行。因此，该方法可通过 ModelAndView 参数来添加额外的 model 属性，甚至改变逻辑视图名。

➢ void afterCompletion(HttpServletRequest request, HttpServletResponse response, Object handler, Exception exception)：该方法在整个请求处理结束、DispatcherServlet 生成视图响应之后执行。该方法的主要作用是进行资源清理。

在理解了 HandlerInterceptor 接口中三个方法的执行时间之后，可以发现拦截器中的三个方法在控制器处理方法的三个关键时刻"插入"，其中 preHandle()方法不仅可以对请求参数、请求属性进行某些预处理，甚至可以修改请求参数、请求属性等；而 postHandle()方法则可用于修改处理方法的执行结果，包括添加额外的 model 属性，甚至修改逻辑视图名等。因此，这些拦截器方法的功能非常强大。

下面示例将会通过拦截器拦截处理方法，该拦截器对请求执行检查：只有当用户已经登录系统时，才能正常使用应用的功能，否则应用将自动跳转到登录页面。下面是本示例的控制器类的代码。

程序清单：codes\07\7.8\interceptor\WEB-INF\src\org\crazyit\app\interceptor\AuthorizationInterceptor.java

```java
// 实现 HandlerInterceptor 接口的拦截器
public class AuthorizationInterceptor implements HandlerInterceptor
{
    // 定义该拦截器直接"放行"的请求：/loginForm 和/login
    private static final String[] IGNORE_URIS = {"/loginForm", "/login"};
    @Override
    public boolean preHandle(HttpServletRequest request,
        HttpServletResponse response, Object handler) throws Exception
    {
        System.out.println("----执行 preHandle 方法---");
        // 获取请求的路径进行判断
        var servletPath = request.getServletPath();
        // 判断请求是否需要拦截
        for (var s : IGNORE_URIS)
        {
            if (servletPath.contains(s))
            {
                // 如果请求不需要拦截，则直接"放行"请求
                return true;
            }
        }
        // 获取 session 中的 user 属性
        var user = (String) request.getSession().getAttribute("user");
        // 要求用户必须以特定用户名登录
        if (user == null || !user.equals("crazyit.org"))
        {
            // 如果用户没有登录，则设置提示信息，跳转到登录页面
            request.setAttribute("tip", "请先登录再查看图书");
            request.getRequestDispatcher("loginForm").forward(request, response);
            // 返回 false，不再执行后续处理
            return false;
        }
        else
        {
            // 如果用户已经登录，则验证通过，"放行"请求
            return true;
        }
    }
    @Override
    public void postHandle(HttpServletRequest request,
        HttpServletResponse response,
        Object handler, ModelAndView mv) throws Exception
    {
        System.out.println("----执行 postHandle 方法---");
    }
    @Override
    public void afterCompletion(HttpServletRequest request,
        HttpServletResponse response, Object handler, Exception exception)
        throws Exception
    {
        System.out.println("----执行 afterCompletion 方法---");
    }
}
```

由于该拦截器的功能是执行权限检查，判断用户是否登录，如果用户已经登录，该拦截器就直接"放行"请求，否则应用就会跳转到登录页面。因此，该拦截器主要就是重写 preHandle()方法，该方法将会在处理方法执行之前调用，这样的拦截才有意义。

上面 preHandle()方法先判断用户的请求地址，如果请求地址是/loginForm 或/login，该方法直接返回 true，这意味着该拦截器会直接"放行"这些请求；接下来程序获取 session 中的 user 属性——如

果该 user 属性为 null 或 user 属性值不等于 crazyit.org，该方法将请求 forward 到 loginForm（相当于跳转到 loginForm.jsp 页面），并返回 false，这意味着该拦截器已处理完用户请求，不再需要调用后续的拦截器、控制器进行处理。

在开发了拦截器之后，接下来介绍在 Spring MVC 配置文件中配置拦截器。

Spring MVC 提供了 <mvc:interceptors.../> 元素来配置拦截器，所有拦截器都在该元素中配置，在该元素内部每个 <mvc:interceptor.../> 元素配置一个拦截器。

在 <mvc:interceptors.../> 元素内可使用多个 <mvc:interceptor.../> 元素配置多个拦截器，它们会形成拦截器列表，排在前面的拦截器将位于拦截器列表的前端，排在后面的拦截器将位于拦截器列表的后端。

在 <mvc:interceptor.../> 元素内可指定如下子元素。

➢ 多个 <mvc:mapping.../> 子元素：<mvc:mapping.../> 子元素的 path 属性指定该拦截器负责拦截的 URL；如果指定了多个 <mvc:mapping.../> 子元素，则意味着该拦截器会拦截多个 URL。

➢ 多个 <mvc:exclude-mapping.../> 子元素：<mvc:exclude-mapping.../> 子元素的 path 属性指定该拦截器要排除的 URL（即不拦截的 URL）；如果指定了多个 <mvc:exclude-mapping.../> 子元素，则意味着排除多个 URL。

➢ <bean.../> 或 <ref.../> 子元素：指定实际的拦截器对象。<bean.../> 元素表明使用嵌套 Bean 定义拦截器对象；<ref.../> 元素表明引用容器中已有的 Bean 作为拦截器对象。

本示例使用 AuthorizationInterceptor 拦截应用的所有请求，因此，只要在 Spring MVC 配置文件中增加如下配置片段即可。

程序清单：codes\07\7.8\interceptor\WEB-INF\springmvc-servlet.xml

```xml
<!-- 所有拦截器都在该元素内部配置 -->
<mvc:interceptors>
    <!-- 每个 mvc:interceptor 元素配置一个拦截器 -->
    <mvc:interceptor>
        <!-- 可定义多个 mvc:mapping 元素，指定该拦截器要拦截的 URL -->
        <mvc:mapping path="/*"/>
        <!-- 使用 bean 元素定义一个 Interceptor -->
        <bean class="org.crazyit.app.interceptor.AuthorizationInterceptor"/>
    </mvc:interceptor>
</mvc:interceptors>
```

上面配置中的第一行粗体字代码指定了该拦截器要拦截的 URL；第二行粗体字代码则使用嵌套 Bean 定义了拦截器对象。

部署、运行该应用，单击应用首页上的"查看图书"链接，将会看到拦截器发挥作用，应用自动跳转到登录页面，如图 7.40 所示。

图 7.40　登录页面（拦截器执行权限检查）

为了能看到图 7.40 所示的登录页面，必须在应用的 down\WEB-INF\content 目录下添加 loginForm.jsp 页面。

此外，还可在 Tomcat 控制台看到如下输出，通过这些输出可以清楚地看到拦截器中各方法的执行顺序。

```
----执行 preHandle 方法---
----执行 preHandle 方法---
----执行 postHandle 方法---
----执行 afterCompletion 方法---
```

7.9 SSM 整合开发

作为本章的终点，本节将会介绍一个基于 SSM 整合的增删改查（CRUD）小案例。老实说，只要把本书前面的知识点熟练掌握了，学习本节内容应该非常轻松，因为本节已没有新的知识点，它只是对前面知识点进行简单的综合运用。

 提示：

在网络上看到一种说法：只会 CRUD 并没有多大的技术含量。对于这种说法应该怎么看呢？如果你"只"会按照某种固定的技术对数据库执行 CRUD 操作，这确实没有太大的技术含量，但并不意味着可以跳过这一步——它是你走向更高层次的基础。有一篇寓言中讲道：有个傻子吃了 6 个包子没吃饱，当他吃完第 7 个包子时，终于吃饱了。于是他感叹：早知道直接吃第 7 个包子，那就不用吃前面 6 个包子了。大部分人都会嘲笑寓言中的傻子，但很多人在学习时何尝不是那个傻子？

有人可能会说：只掌握 CRUD 是不够的，因为实际项目开发的业务规则是很复杂的。抱这种说法的人大致可分为两种：

➤ 基础技术并不扎实，让这些人写最单纯的 CRUD 示例都需要查阅各种示例、文档。

➤ 真正在项目中遇到了非常复杂的业务规则。

先看第一种情况。这种人就像中学时不会做几何证明题的学生，他们总觉得自己记住了那些公理、定理，但依然不会做题。他们不明白这种"记住"（有些甚至还要翻书才能想起）是不够的，如果等到做题时还要去想那些单个的公理、定理，那么怎么能融会贯通呢？当公理、定理烂熟于心后，它们本身就会启发你的解题思路；同理，当你把最基础的知识点掌握到烂熟于心后，它们才能启发你的开发思路，你才能做到融会贯通。

再看第二种情况。有些项目确实会出现比较复杂的业务规则，这种"复杂"可能已经不仅仅是技术层面的东西，它需要开发者对项目业务本身有一定的理解。至于如何理解业务规范，编程技术可能真的帮助不大；但一旦理解了项目的业务规范，接下来就是建立相应的编程模型，再将业务操作分解成多个遵循一定顺序的原子步骤，这些原子步骤依然是 CRUD 操作。只有具备扎实的技术基础，你的脑海中才会有编程模型，才知道如何为业务规则建立这些模型；只有具备扎实的技术基础，你的脑海中才会有系统、全面的编程步骤，这样你才知道业务操作应该分解为哪些编程操作。

从广义的角度来看，真正掌握 CRUD 并不简单。首先你得理解 CRUD 覆盖的范围有多广、涉及的技术有哪些。从广义的角度来看，所有软件的功能本质上都是对信息的"再整理"——也就是 CRUD。各种流行、热门的技术，本质上都是为了进行更好的 CRUD。比如 Java 领域多年前使用 JDBC 执行 CRUD，后来使用实体 EJB 执行 CRUD，再后来使用 S2SH、SSM 执行 CRUD，变的只是技术栈，但做的事情在本质上并没有改变；再比如消息队列，其本质是对消息的 CRUD：当消息发布者发布消息之后，消息队列负责管理这些消息——这何尝不是对消息的"增加"？当消息消费者要"消费"消息时，消息队列负责取出消息并提供给消息消费者——这何尝不是对消息的"查询""删除"？当你看到这个层次时，你才会真正明白何谓"CRUD"。

▶▶ 7.9.1　搭建项目

本书 5.7 节已经介绍了 Java EE 项目的分层，也介绍了 Spring + MyBatis 的整合开发，因此，本节要做的事情其实很简单：只要在 web.xml 文件中配置 DispatcherServlet 并开发控制器类和视图页面即可。

首先为项目添加 JAR 包。本例用的 JAR 包比 5.7 节的示例多了 6 个：JSTL 的 2 个 JAR 包和 JSR 303 实现的 4 个 JAR 包。读者可自行查看本节配套代码中的\WEB-INF\lib 目录下的 JAR 包。

然后在 web.xml 文件中配置 DispatcherServlet。下面是本例的 web.xml 文件代码。

程序清单：codes\07\7.9\ssm\WEB-INF\web.xml

```xml
<?xml version="1.0" encoding="UTF-8"?>
<web-app xmlns="http://xmlns.jcp.org/xml/ns/javaee"
    xmlns:xsi="http://www.w3.org/2001/XMLSchema-instance"
    xsi:schemaLocation="http://xmlns.jcp.org/xml/ns/javaee
    http://xmlns.jcp.org/xml/ns/javaee/web-app_4_0.xsd"
    version="4.0">
    <servlet>
        <!-- 配置 Spring MVC 的核心控制器 -->
        <servlet-name>springmvc</servlet-name>
        <servlet-class>org.springframework.web.servlet.DispatcherServlet
</servlet-class>
        <load-on-startup>1</load-on-startup>
    </servlet>
    <servlet-mapping>
        <!-- 配置 Spring MVC 的核心控制器处理所有请求 -->
        <servlet-name>springmvc</servlet-name>
        <url-pattern>/</url-pattern>
    </servlet-mapping>
    <!-- 为创建 Spring 容器指定多个配置文件 -->
    <context-param>
        <!-- 参数名为 contextConfigLocation -->
        <param-name>contextConfigLocation</param-name>
        <!-- 多个配置文件之间以 "," 隔开 -->
        <param-value>/WEB-INF/daoContext.xml
            ,/WEB-INF/appContext.xml</param-value>
    </context-param>
    <listener>
        <!-- 使用 ContextLoaderListener 在 Web 应用启动时初始化 Spring 容器 -->
        <listener-class>org.springframework.web.context.ContextLoaderListener
</listener-class>
    </listener>
    <!-- 定义字符编码的过滤器：CharacterEncodingFilter -->
    <filter>
        <filter-name>characterEncodingFilter</filter-name>
        <filter-class>org.springframework.web.filter.CharacterEncodingFilter
</filter-class>
        <init-param>
            <param-name>encoding</param-name>
            <param-value>UTF-8</param-value>
        </init-param>
        <init-param>
            <param-name>forceEncoding</param-name>
            <param-value>true</param-value>
        </init-param>
    </filter>
    <!-- 使用 CharacterEncodingFilter 过滤所有请求 -->
    <filter-mapping>
        <filter-name>characterEncodingFilter</filter-name>
        <url-pattern>/*</url-pattern>
```

```
        </filter-mapping>
</web-app>
```

该 web.xml 文件并没有什么特别的地方，它主要配置了如下三个组件。

➤ DispatcherServlet：Spring MVC 的核心 Servlet，负责拦截所有请求。

➤ ContextLoaderListener：负责在应用启动时初始化 Spring 容器。

➤ CharacterEncodingFilter：负责过滤所有请求，使用指定的字符集对请求进行处理。该过滤
器主要用于解决 POST 请求的中文请求参数。

上面配置文件指定了初始化 Spring 容器时需要 appContext.xml 和 daoContext.xml 两个文件，其
中 appContext.xml 用于管理应用的业务组件，daoContext.xml 用于管理应用的 DAO 组件。

下面是本例的 appContext.xml 文件。

程序清单：codes\07\7.9\ssm\WEB-INF\appContext.xml

```xml
<?xml version="1.0" encoding="utf-8"?>
<beans xmlns="http://www.springframework.org/schema/beans"
    xmlns:xsi="http://www.w3.org/2001/XMLSchema-instance"
    xmlns:p="http://www.springframework.org/schema/p"
    xmlns:c="http://www.springframework.org/schema/c"
    xmlns:context="http://www.springframework.org/schema/context"
    xsi:schemaLocation="http://www.springframework.org/schema/beans
    http://www.springframework.org/schema/beans/spring-beans.xsd
    http://www.springframework.org/schema/context
    http://www.springframework.org/schema/context/spring-context.xsd">
    <!-- 自动扫描指定包及其子包下的所有 Bean 类 -->
    <context:component-scan
        base-package="org.crazyit.app.service"/>
    <!-- 配置事务管理器 -->
    <bean id="transactionManager"
        class="org.springframework.jdbc.datasource.DataSourceTransactionManager"
        p:dataSource-ref="dataSource" />
    <!-- 根据注解来生成事务代理 -->
    <tx:annotation-driven transaction-manager="transactionManager"/>
</beans>
```

本例打算使用注解来配置 Service 组件，因此，上面粗体字代码配置了自动扫描 org.crazyit.app.service
包及其子包下的所有 Service 组件。

下面是本例的 daoContext.xml 文件。

程序清单：codes\07\7.9\ssm\WEB-INF\daoContext.xml

```xml
<?xml version="1.0" encoding="utf-8"?>
<beans xmlns="http://www.springframework.org/schema/beans"
    xmlns:xsi="http://www.w3.org/2001/XMLSchema-instance"
    xmlns:p="http://www.springframework.org/schema/p"
    xmlns:mybatis="http://mybatis.org/schema/mybatis-spring"
    xsi:schemaLocation="http://www.springframework.org/schema/beans
    http://www.springframework.org/schema/beans/spring-beans.xsd
    http://mybatis.org/schema/mybatis-spring
    http://mybatis.org/schema/mybatis-spring.xsd">
    <!-- 定义数据源 Bean，使用 C3P0 数据源实现 -->
    <bean id="dataSource" class="com.mchange.v2.c3p0.ComboPooledDataSource"
        destroy-method="close"
        p:driverClass="com.mysql.cj.jdbc.Driver"
        p:jdbcUrl="jdbc:mysql://localhost:3306/ssm?serverTimezone=UTC"
        p:user="root"
        p:password="32147"/>
    <!-- 配置 MyBatis 的核心组件：SqlSessionFactory,
        并为该 SqlSessionFactory 配置它依赖的 DataSource,
        指定为 org.crazyit.app.domain 包下的所有类注册别名 -->
    <bean id="sqlSessionFactory" class="org.mybatis.spring.SqlSessionFactoryBean"
```

```
        p:dataSource-ref="dataSource"
        p:typeAliasesPackage="org.crazyit.app.domain"/>
    <!-- 自动扫描指定包及其子包下的所有 Mapper 组件 -->
    <mybatis:scan
        base-package="org.crazyit.app.dao"/>
</beans>
```

上面配置文件中先配置了两个 Bean，其中第一个 Bean 是一个 DataSource Bean，它负责管理本例与底层数据库的数据源；第二个 Bean 是 MyBatis 的核心组件：SqlSessionFactory。

本例打算使用自动扫描的方式来加载 Mapper 组件，因此，上面配置了<mybatis:scan.../>元素，该元素告诉 Spring 自动扫描 org.crazyit.app.dao 包及其子包下的所有 Mapper 组件。

此外，DispatcherServlet 加载时还需要一个配置文件。下面是本例的 Spring MVC 配置文件。

程序清单：codes\07\7.9\ssm\WEB-INF\springmvc-servlet.xml

```
<?xml version="1.0" encoding="UTF-8"?>
<beans xmlns="http://www.springframework.org/schema/beans"
    xmlns:xsi="http://www.w3.org/2001/XMLSchema-instance"
    xmlns:p="http://www.springframework.org/schema/p"
    xmlns:context="http://www.springframework.org/schema/context"
    xmlns:mvc="http://www.springframework.org/schema/mvc"
    xsi:schemaLocation="http://www.springframework.org/schema/beans
    http://www.springframework.org/schema/beans/spring-beans.xsd
    http://www.springframework.org/schema/context
    http://www.springframework.org/schema/context/spring-context.xsd
    http://www.springframework.org/schema/mvc
    http://www.springframework.org/schema/mvc/spring-mvc.xsd">
    <!-- 配置 Spring 自动扫描指定包及其子包中的所有 Bean -->
    <context:component-scan base-package="org.crazyit.app.controller" />
    <!-- 将/resources/路径下的资源映射为/res/**虚拟路径下的资源 -->
    <mvc:resources mapping="/res/**" location="/resources/" />
    <!-- 将/images/路径下的资源映射为/imgs/**虚拟路径下的资源 -->
    <mvc:resources mapping="/imgs/**" location="/images/" />
    <mvc:annotation-driven/>
    <!-- 配置 InternalResourceViewResolver 作为视图解析器 -->
    <!-- 指定 prefix 和 suffix 属性 -->
    <bean class="org.springframework.web.servlet.view.InternalResourceViewResolver"
        p:prefix="/WEB-INF/content/"
        p:suffix=".jsp" />
</beans>
```

上面的配置代码也没啥特别之处，其中<context:component-scan.../>元素用于告诉 Spring 扫描指定包下的控制器；接下来的两个<mvc:resources.../>元素用于配置静态资源映射。

<mvc:annotation-driven/>是 Spring MVC 核心的简化配置，它主要配置了 HandlerMapping、HandlerAdapter 和 HandlerExceptionResolver 这三种特殊的 Bean。上面配置文件中的最后一个 Bean 配置了 Spring MVC 的 ViewResolver 组件。

经过上面步骤，项目搭建完成，接下来只要填充代码即可。

▶▶ 7.9.2　开发 Mapper 组件

使用 MyBatis 作为持久化技术之后，通常应用都使用 Mapper 组件来代替 DAO 组件。Mapper 组件由 Mapper 接口+XML Mapper 组成。

下面是本例的 Mapper 接口代码。

程序清单：codes\07\7.9\ssm\WEB-INF\src\org\crazyit\app\dao\BookMapper.java

```
public interface BookMapper
{
    int save(Book book);
```

```
    Book findById(int id);

    List<Book> findAll();

    Integer update(Book book);

    Integer delete(Integer id);
}
```

正如前面所介绍的，本例只是一个单纯的 CRUD 应用，因此，该 Mapper 接口只定义了对 Book 实体最基本的 CRUD 操作。

> **提示：**
>
> 实际上，无论多么复杂的项目，Mapper 组件（DAO 组件）的接口变化并不大，最大的区别无非是多定义几个 findByXxx()方法而已。因为实际项目可能会涉及比较复杂的查询，这些复杂的查询就需要在 Mapper 组件（DAO 组件）中定义更多的查询方法。至于业务逻辑的复杂性，则不会扩散到 DAO 层。

Mapper 组件的 XML Mapper 文件就是为上面的方法定义对应的 SQL 语句。下面是本例的 XML Mapper 文件。

程序清单：codes\07\7.9\ssm\WEB-INF\src\org\crazyit\app\dao\BookMapper.xml

```xml
<?xml version="1.0" encoding="UTF-8" ?>
<!DOCTYPE mapper PUBLIC "-//mybatis.org//DTD Mapper 3.0//EN"
    "http://mybatis.org/dtd/mybatis-3-mapper.dtd">
<mapper namespace="org.crazyit.app.dao.BookMapper">
    <insert id="save">
        insert into book_inf values(null, #{title}, #{author}, #{price})
    </insert>
    <select id="findById" resultType="book">
        select book_id id, book_title title, book_author author,
        book_price price from book_inf where book_id=#{id}
    </select>
    <select id="findAll" resultType="book">
        select book_id id, book_title title, book_author author,
        book_price price from book_inf;
    </select>
    <update id="update" parameterType="book">
        update book_inf set book_title=#{title},
        book_author=#{author}, book_price=#{price}
        where book_id=#{id};
    </update>
    <delete id="delete">
        delete from book_inf where book_id=#{id};
    </delete>
</mapper>
```

▶▶ 7.9.3 开发 Service 组件

本例只是一个单纯的 CRUD 应用，并没有特别复杂的业务逻辑，因此，业务组件也只需定义简单的 CRUD 方法即可。下面是本例的 Service 组件的实现类（接口就不给出了）。

程序清单：codes\07\7.9\ssm\WEB-INF\src\org\crazyit\app\service\impl\BookServiceImpl.java

```java
@Service("bookService")
@Transactional(propagation = Propagation.REQUIRED,
    isolation = Isolation.DEFAULT, timeout = 5)
public class BookServiceImpl implements BookService
{
    // 指定将容器中的 bookMapper Bean 注入成员变量
    @Resource(name = "bookMapper")
```

```
private BookMapper bookMapper;
@Override
public List<Book> getAllBooks()
{
    return bookMapper.findAll();
}
@Override
public Book getBook(Integer id)
{
    return bookMapper.findById(id);
}
@Override
public Integer saveBook(Book book)
{
    return bookMapper.save(book);
}
@Override
public Integer updateBook(Book book)
{
    return bookMapper.update(book);
}
@Override
public Integer deleteBook(Integer id)
{
    return bookMapper.delete(id);
}
}
```

上面两行粗体字代码就是 Service 组件的典型代码，其中第一行粗体字代码为该 Service 组件增加了声明式事务的注解，这样就可以为 Service 组件的方法添加事务控制；第二行粗体字使用 @Resource 注解修饰了 DAO 组件，这样以便 Spring 容器为之注入 DAO 组件。

本例的 Service 组件非常简单，因此，它的每个业务方法都只需要调用一次 DAO 方法。但这并不意味着 Service 组件可以省略，保留 Service 组件主要出于以下两点考虑。

➤ Service 组件的主要职责是实现业务规则，避免业务规范扩散到 DAO 层。

➤ Service 组件的方法是添加事务控制的最佳位置。

提示：

对于实际的企业项目，由于业务规范比较复杂，一个 Service 组件可能需要依赖多个 DAO 组件，这样就需要在 Service 组件中定义多个代表 DAO 组件的成员变量，并使用 @Resource 注解修饰它们。在这种设计下，Service 组件相当于多个 DAO 组件的门面组件，这是典型的门面模式。

▶▶ 7.9.4　控制器与视图

显示添加图书的表单页面的请求地址是/bookForm，该请求的处理方法如下。

程序清单：codes\07\7.9\ssm\WEB-INF\src\org\crazyit\app\controller\BookController.java

```
@GetMapping("/bookForm")
public void bookForm(Book book)
{}
```

上面的处理方法并没有做任何处理，它的主要功能就是初始化一个空的 Book 对象，以便表单页面的<form:form.../>标签可以绑定到该 Book 对象。

下面是添加图书的表单页面代码。

程序清单：codes\07\7.9\ssm\WEB-INF\content\bookForm.jsp

```
<form:form method="post" action="addBook" modelAttribute="book">
<div class="form-group row">
```

```
        <form:label path="title" class="col-sm-2 col-form-label">图书名：</form:label>
        <div class="col-sm-7">
            <form:input type="text" id="title" path="title"
                class="form-control" placeholder="请输入图书名"/>
        </div>
        <div class="col-sm-3 text-danger">
            <form:errors path="title"/>
        </div>
    </div>
    <div class="form-group row">
        <form:label path="author" class="col-sm-2 col-form-label">作者：</form:label>
        <div class="col-sm-7">
            <form:input type="text" id="author" path="author"
                class="form-control" placeholder="请输入作者名"/>
        </div>
        <div class="col-sm-3 text-danger">
            <form:errors path="author"/>
        </div>
    </div>
    <div class="form-group row">
        <form:label path="price" class="col-sm-2 col-form-label">价格：</form:label>
        <div class="col-sm-7">
            <form:input type="number" id="price" path="price"
                class="form-control" placeholder="请输入价格" />
        </div>
        <div class="col-sm-3 text-danger">
            <form:errors path="price"/>
        </div>
    </div>
    <div class="form-group row">
        <div class="col-sm text-center">
            <form:button type="submit" class="btn btn-success">添加</form:button>
            <form:button type="reset" class="btn btn-danger">重设</form:button>
            <a href="${pageContext.request.contextPath}/books"
                class="btn btn-primary">返回</a>
        </div>
    </div>
</form:form>
```

部署、运行该应用，向应用的/bookForm 发送请求，即可看到 bookForm.jsp 页面的显示效果，如图 7.41 所示。

图 7.41　添加图书的表单页面

当用户单击图 7.41 所示表单页面中的"添加"按钮时，该表单被提交到/addBook，它对应的处理方法如下。

　　程序清单：codes\07\7.9\ssm\WEB-INF\src\org\crazyit\app\controller\BookController.java

```
@PostMapping("/addBook")
public String addBook(@Validated Book book, BindingResult bindingResult,
    RedirectAttributes attrs)
```

```
{
    if (bindingResult.getErrorCount() > 0)
    {
        return "bookForm";
    }
    Integer id = bookService.saveBook(book);
    if (id > 0)
    {
        attrs.addFlashAttribute("tip", "图书添加成功");
        return "redirect:books";
    }
    else
    {
        attrs.addFlashAttribute("tip", "图书添加失败，请您重新添加");
        return "redirect:bookForm";
    }
}
```

从上面的 addBook()方法签名可以看到，程序使用了@Validated 注解修饰 book 参数，这意味着要对 book 执行数据校验。本例使用 JSR 303 的 Bean Validation，因此，只要为 Book 类增加数据校验的注解即可。下面是 Book 类的代码片段。

程序清单：codes\07\7.9\ssm\WEB-INF\src\org\crazyit\app\domain\Book.java

```
public class Book
{
    private Integer id;
    @NotBlank(message = "图书名不允许为空")
    @Length(min = 6, max = 30, message = "书名长度必须为 6~30 个字符")
    private String title;
    @NotBlank(message = "作者名不允许为空")
    @Length(min = 2, max = 10, message = "作者名长度必须为 2~10 个字符")
    private String author;
    @Range(min = 50, max = 200, message = "图书价格必须为 50~200")
    private double price;
    // 省略构造器和 setter、getter 方法
    ...
}
```

为 Book 类增加了数据校验的注解之后，上面的 addBook()方法会对 Book 对象执行数据校验，并使用 BindingResult 参数接收数据校验的错误信息，因此可通过 BindingResult 参数判断数据校验是否通过——如果数据校验出现错误，该方法返回"bookForm"逻辑视图名，这样应用就会跳转到 bookForm.jsp 页面。

如果数据校验通过，addBook()方法就调用 BookService 组件的 saveBook()方法来添加图书。如果添加图书成功，程序返回"redirect:books"逻辑视图名，这意味着程序将会重定向到/books。为了将添加图书的提示信息传递到下一个页面，该方法使用了 RedirectAttributes 来添加 Flash 属性。

/books 对应的处理方法如下。

程序清单：codes\07\7.9\ssm\WEB-INF\src\org\crazyit\app\controller\BookController.java

```
@GetMapping("/books")
public void books(Model model)
{
    // 调用 BookService 的方法来获取所有图书
    model.addAttribute("books", bookService.getAllBooks());
}
```

books()处理方法的代码很简单，就是调用 BookService 的 getAllBooks()方法获取所有图书，并将 getAllBooks()返回的 List<Book>添加成 model 属性，以便在 books 视图页面中显示它们。

下面是在 books 视图页面中生成表格的代码片段。

程序清单：codes\07\7.9\ssm\WEB-INF\content\books.jsp

```
<table class="table table-hover">
    <thead>
    <tr>
        <th scope="col">书名</th>
        <th scope="col">作者</th>
        <th scope="col">价格</th>
        <th scope="col">操作</th>
    </tr>
    </thead>
    <tbody>
<c:forEach var="item" items="${books}">
<tr>
    <td>${item.title}</td>
    <td>${item.author}</td>
    <td>${item.price}</td>
    <td><a href="${pageContext.request.contextPath}/updateForm?id=${item.id}"
        class="badge badge-warning">修改</a>
    <a href="${pageContext.request.contextPath}/deleteBook?id=${item.id}"
        onclick="return confirm('请您确认是否真的删除');"
        class="badge badge-danger">删除</a></td>
</tr>
</c:forEach>
    </tbody>
</table>
```

在上面的页面代码中，使用了`<c:forEach.../>`标签来迭代输出 List<Book>图书列表。此外，该页面上还使用了 Bootstrap 的 Toast 组件来显示添加图书的提示信息，读者可自行参考配套代码中的 books.jsp 页面代码。

添加图书成功后，会看到如图 7.42 所示的提示信息，并自动列出系统中的所有图书。

图 7.42 添加图书成功

如果用户单击图书列表右边的"修改"链接，程序将会向/updateForm?id=${item.id}发送请求，该请求用于进入修改图书页面。/updateForm 对应的处理方法如下。

程序清单：codes\07\7.9\ssm\WEB-INF\src\org\crazyit\app\controller\BookController.java

```
@GetMapping("/updateForm")
public void updateForm(Integer id, Model model)
{
    model.addAttribute("book", bookService.getBook(id));
}
```

该方法根据传入的 id 参数，获取对应的 Book 对象，并将该 Book 对象添加成 model 属性，以便在 updateForm.jsp 页面上回显要修改的 Book 对象。updateForm.jsp 页面的代码与 bookForm.jsp 页面的代码大同小异，故此处不再给出其代码，读者可自行参考配套代码。

单击图书列表右边的"修改"链接，将看到如图 7.43 所示的修改图书页面。

图 7.43　修改图书页面

当用户在图 7.43 所示页面上完成对图书信息的修改，单击"修改"按钮后，该表单将会被提交到/updateBook 地址，它对应的处理方法如下。

程序清单：codes\07\7.9\ssm\WEB-INF\src\org\crazyit\app\controller\BookController.java

```java
@PostMapping("/updateBook")
public String updateBook(@Validated Book book, BindingResult bindingResult,
        RedirectAttributes attrs)
{
    if (bindingResult.getErrorCount() > 0)
    {
        return "updateForm";
    }
    Integer count = bookService.updateBook(book);
    if (count > 0)
    {
        attrs.addFlashAttribute("tip", "图书修改成功");
        return "redirect:books";
    }
    else
    {
        attrs.addFlashAttribute("tip", "图书修改失败，请您重新尝试");
        return "updateForm";
    }
}
```

不难看出，updateBook()与 addBook()方法的代码基本相同，只不过该方法调用 BookService 组件的 updateBook()方法来修改图书；如果图书修改成功，程序再次重定向到/books，显示修改后的图书列表。

如果用户单击图书列表右边的"删除"链接，程序将会向/deleteBook?id=${item.id}发送请求，该请求用于删除指定图书。/deleteBook 对应的处理方法如下。

程序清单：codes\07\7.9\ssm\WEB-INF\src\org\crazyit\app\controller\BookController.java

```java
@GetMapping("/deleteBook")
public String deleteBook(Integer id, RedirectAttributes attrs)
{
    Integer count = bookService.deleteBook(id);
    if (count > 0)
    {
        attrs.addFlashAttribute("tip", "图书删除成功");
    }
    else
    {
        attrs.addFlashAttribute("tip", "图书删除失败，请您重新尝试");
    }
    return "redirect:books";
}
```

上面粗体字代码表示调用 BookService 的 deleteBook()方法根据 id 来删除指定图书，这样就实现了删除图书的功能。图书删除成功后，程序再次重定向到/books，显示最新的图书列表。

至此，这个 SSM 整合开发的小案例就介绍完了，读者不要满足于"磕磕绊绊"地实现了这个应用。正如本节开头所说的，这个小案例只是对基础知识点的综合运用，这些基础知识需要强调的是熟练程度，而不是简单的学会。

7.10 本章小结

本章主要介绍了 Spring MVC 框架的高级内容。本章开篇先介绍了 Spring MVC 国际化和异常处理，读者需要掌握 Spring MVC 应用国际化的方法和步骤，并掌握 Spring MVC 的三种确定 Locale 的方法。Spring MVC 提供了两种异常处理方式：①传统的基于 SimpleMappingExceptionResolver 的异常处理方式，这种方式是对早期 MVC 框架的异常处理的简单模仿，读者只要大致了解这种方式即可；②新式的基于注解的声明式异常处理，读者应该重点掌握这种方式。

本章详细讲解了 Spring MVC 框架的类型转换和数据校验。对所有的 MVC 框架而言，类型转换和数据校验都是非常重要的内容——类型转换负责将字符串类型的请求参数转换成实际所需的类型；数据校验则用于保证用户输入的合法性。Spring MVC 同时支持传统的 PropertyEditor 类型转换和新式的 ConversionService 类型转换，这两种方式都需要掌握；在输入校验方面，Spring MVC 提供了传统的 validation 校验支持和新式的 JSR 303 校验支持，建议读者认真掌握后者。

本章还介绍了 Spring MVC 的文件上传和下载。Spring MVC 对文件上传提供了高度的封装，底层可以在 Commons FileUpload 和 Servlet 3.0 及以上版本规范之间任意切换，而上层程序无须任何改变。Spring MVC 允许处理方法返回 ResponseEntity<byte[]>类型的返回值，这样即可实现文件下载。

本章也讲解了 Spring MVC 拦截器的机制和用法，并通过示例示范了拦截器的实际用法。本章最后详细介绍了一个 SSM 整合开发的小案例，读者应该做到非常熟练地开发这个小案例，以便真正掌握 SSM 整合开发的步骤和详细过程。

第8章
简单工作流系统

本章要点

- ❯ 工作流的背景知识和概述
- ❯ 系统需求分析的基本思路
- ❯ 轻量级 Java EE 应用的分层模型
- ❯ 轻量级 Java EE 应用的总体架构及实现方案
- ❯ 根据系统需求提取系统实体
- ❯ 实现领域对象层
- ❯ 基于 MyBatis 实现 Mapper 组件
- ❯ 实现业务逻辑层
- ❯ 基于 AOP 的声明式事务
- ❯ Quartz 任务调度框架
- ❯ 在 Spring 中使用 Quartz 进行任务调度
- ❯ 实现 Web 层
- ❯ 使用拦截器进行权限检查

本章将会综合运用前面章节所介绍的知识来开发一个简单的工作流系统。本章的工作流系统没有使用任何工作流引擎,完全由程序自己实现公司日常工作的流程管理,因此所处理的流程比较简单。本系统可以完成员工每日上下班打卡,而系统将负责为每个员工进行考勤,当员工发现自己的考勤记录异常时,可以向其经理申请改变。此外,本系统还可根据员工的考勤情况自动结算工资。

本系统采用前面介绍的 Java EE 架构——Spring MVC 5.1 + Spring 5.1 + MyBatis 3.5,该系统结构成熟,性能良好,运行稳定。Spring 的 IoC 容器负责管理业务逻辑组件、持久层组件及控制层组件,充分利用依赖注入的优势,进一步增强系统的解耦,提高应用的可扩展性,降低系统重构的成本,系统后台的作业调度使用 Quartz 框架完成。

8.1 项目背景及系统结构

本章将以一个简单的工作流系统为例,为读者示范如何开发轻量级 Java EE 应用。该系统包含公司日常的事务:日常考勤、工资结算及签核申请等。

▶▶ 8.1.1 应用背景

所谓工作流,就是企业或组织日常工作的固定流程,比如签核流程、外贸企业的报关流程等。工作流是 Java EE 的主要应用方向之一。在计算机信息系统尚未形成主流时,很多工作流都是由人工完成的,但人工完成存在诸多不利,如工作效率低(一个节点的延迟将导致整个工作流的停滞)、信息传递响应速度慢,以及纸张、通信资源浪费等。

20 世纪 80 年代,人们终于找到了消除这些弊病的办法,就是依赖网络的工作流技术。

工作流是完全自动化的流程,避免了使用各种申请文件的人工传送,而申请文件都是电子文件形式,避免了传送延迟,提高了效率等。

结合了网络技术的工作流功能更加强大,一个全球性的企业信息化平台,借助 E-mail、即时通信工具以及自定义工作流,完全可以将各地区的组织有机地组织在一起。各区域的通信、各种流程申请等完全是即时响应,避免等待。

本示例应用的签核系统,完成了改变考勤申请的送签,以及对申请的签核。这是一种简单的工作流,同样可以提高企业的生产效率。另外,本应用的打卡系统、自动工资结算等,也可以在一定程度上提高企业的生产效率。

 提示: ——————————————————————————————————
    实际上,目前有不少开源工作流引擎,比如 Activiti。本章介绍的应用只涉及少量流程处理,并没有使用任何工作流引擎,而是靠应用自己来实现简单的流程控制。

▶▶ 8.1.2 系统功能介绍

系统的用户分为两种角色:普通员工和经理。

普通员工的功能包括:系统将自动完成员工每天上下班的考勤记录,包括迟到、早退、旷工等;员工也可以查看本人最近 3 天的考勤情况,如果发现考勤记录与实际不符(例如出差或者病假等),则可提出申请,该申请将由系统自动转发给经理,如果经理通过核准,则此申请自动生效,系统将考勤记录改为实际的情况。此外,员工还可查看自己的工资记录。

经理的功能除了包括普通员工的功能,还有签核员工申请的功能,以及对新增员工的查看和查看员工的上月工资等功能。经理对考勤的修改不能提出申请,但在实际的项目中,经理会有更上一级的管理者,因此经理也可以对考勤异动提出申请。在实际项目中采用树形结构图来组织部门,每个员工属于某个部门。

当然,这个系统与实际应用还有一些距离,此示例仅介绍如何开发轻量级 Java EE 应用,而不是介绍如何开发工作流系统的。

▶▶ 8.1.3　相关技术介绍

本系统主要涉及三个开源框架——Spring MVC 5.1、Spring 5.1 和 MyBatis 3.5，同时使用了 JSP 作为表现层技术。本系统将这 4 种技术有机地结合在一起，从而构建出一个健壮的 Java EE 应用。

1．传统表现层技术：JSP

本系统使用 JSP 作为表现层技术，负责收集用户请求数据以及业务数据表示。

JSP 是最传统也是最有效的表现层技术。本系统的 JSP 页面是单纯的表现层，所有的 JSP 页面不再使用 Java 脚本。结合 JSTL 的表现层标签，JSP 可完成全部的表现层功能——数据收集、数据表示和输入数据校验。

另外，本章的示例还使用 Bootstrap 样式对界面进行了简单的美化。关于 Bootstrap 的介绍可参考《疯狂前端开发讲义》一书。

2．MVC 框架

本系统使用 Spring MVC 5.1 作为 MVC 框架。Spring MVC 是目前主流的 MVC 框架，真正做到了简单、易用，而且功能强大。Spring MVC 正在迅速成长为 MVC 框架中新的王者。本应用的所有用户请求，包括系统的超链接和表单提交等，都不再直接发送到表现层 JSP 页面，而是必须发送给 Spring MVC 控制器的处理方法，控制器控制所有请求的处理和转发。

通过 Spring MVC 拦截所有的请求有一个好处：将所有的 JSP 页面放入 WEB-INF 路径下，可以避免用户直接访问 JSP 页面，从而提高系统的安全性。

本应用采用基于 Spring MVC 拦截器的权限控制，应用中的控制器没有进行权限检查，但每个控制器都需要重复检查调用者是否有足够的访问权限，这种通用操作正是拦截器的用武之地。整个应用有普通员工、经理两种权限检查，只需在 Spring MVC 的配置文件中为两种角色配置不同的拦截器，即可完成对普通员工、经理两种角色的权限检查。

3．Spring 框架的作用

Spring 框架是系统的核心部分，Spring 提供的 IoC 容器是业务逻辑组件和 DAO 组件的工厂，它负责生成并管理这些实例。

借助 Spring 的依赖注入，各组件以松耦合的方式组合在一起，组件与组件之间的依赖正是通过 Spring 的依赖注入管理的。其 Service 组件和 DAO 对象都采用面向接口编程的方式，从而降低了系统重构的成本，极大地提高了系统的可维护性、可修改性。

应用事务采用 Spring 的声明式事务框架。通过声明式事务，无须将事务策略以硬编码的方式与代码耦合在一起，而是放在配置文件中声明，使业务逻辑组件可以更加专注于业务的实现，从而简化开发。同时，采用声明式事务降低了不同事务策略的切换代价。

该系统的工资自动结算和自动考勤等都采用 Quartz 框架，该框架使用 Cron 表达式触发来调度作业，从而完成任务自动化。

4．MyBatis 的作用

MyBatis 作为 SQL Mapping 框架使用，其 SQL Mapping 功能简化了数据库的访问，并在 JDBC 层提供了更好的封装。它以面向对象的方式操作数据库，更加符合面向对象程序设计的思路。

MyBatis 作为一个半自动的 SQL Mapping 框架，极大地简化了 Mapper 组件（DAO 组件）的开发步骤，开发者只要定义 Mapper 接口，并通过 XML Mapper 配置文件或注解为接口中的 CRUD 方法编写 SQL 语句，MyBatis 就会自动为 Mapper 接口生成实现类。

半自动的 MyBatis 框架既可简化 DAO 组件的开发，也可让开发者手动编写 SQL 语句。因此，开发者可以充分利用自己的 SQL 知识，写出简单、灵活的 SQL 语句，并对 SQL 语句进行优化，从而提高程序性能。

➤➤ 8.1.4　系统结构

本系统采用严格的 Java EE 应用结构，主要有如下几个分层。

➢ 表现层：由 JSP 页面组成。

➢ 控制器层：使用 Spring MVC 框架。

➢ 业务逻辑层：主要由 Spring IoC 容器管理的业务逻辑组件组成。

➢ DAO 层：由 7 个 MyBatis Mapper 组件组成。

➢ 领域对象层：由 7 个领域对象组成。

➢ 数据库服务层：使用 MySQL 数据库存储持久化数据。

整个系统的结构图如图 8.1 所示。

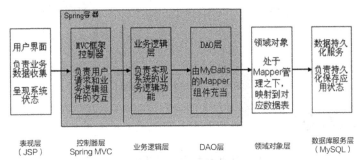

图 8.1　系统结构图

图 8.1 中灰色大方框内的控制器组件、业务逻辑组件、Mapper 组件等都由 Spring IoC 容器负责生成，并管理组件的实例。

➤➤ 8.1.5　系统的功能模块

本系统可以大致分为两个模块——经理模块和员工模块，其主要业务逻辑通过 EmpManager 和 MgrManager 两个业务逻辑组件实现，因此可以使用这两个业务逻辑组件来封装 Mapper 组件（DAO 组件）。

 提示： ┄┄┄┄┄┄┄┄┄┄┄┄┄┄┄┄┄┄┄┄┄┄┄┄┄┄┄┄┄┄┄┄┄┄┄┄┄

通常建议按细粒度的模块来设计 Service 组件，让业务逻辑组件作为 Mapper 组件的门面，这符合门面模式的设计。同时让 Mapper 组件负责系统持久化逻辑，可以将系统在持久化技术这个维度上的变化独立出去，而业务逻辑组件负责业务逻辑这个维度上的改变。

系统以业务逻辑组件作为 Mapper 组件的门面，封装这些 Mapper 组件，业务逻辑组件底层依赖这些 Mapper 组件，向上实现系统的业务逻辑功能。

本系统主要有如下 7 个 Mapper 对象。

➢ ApplicationMapper：提供对 application_inf 表的基本操作。

➢ AttendMapper：提供对 attend_inf 表的基本操作。

➢ AttendTypeMapper：提供对 attend_type_inf 表的基本操作。

➢ CheckBackMapper：提供对 checkback_inf 表的基本操作。

➢ EmployeeMapper：提供对 employee_inf 表的基本操作。

➢ ManagerMapper：提供对 employee_inf 表中代表经理的记录的基本操作。

➢ PaymentMapper：提供对 payment_inf 表的基本操作。

本系统还提供了如下两个业务逻辑组件。

➢ EmpManager：提供 Employee 角色所需业务逻辑功能的实现。

➢ MgrManager：提供 Manager 角色所需业务逻辑功能的实现。

本应用的中间层主要由上述 9 个组件组成，这 9 个组件之间的结构关系如图 8.2 所示。

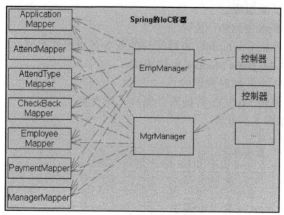

图 8.2　系统组件结构图

 # 8.2　领域对象层

通过使用 MyBatis 对领域对象执行持久化操作，可以避免使用传统的 JDBC 方式来操作数据库。利用 MyBatis 提供的 SQL Mapping 支持，从而允许程序使用面向对象的方式来操作关系数据库，保证了整个软件开发过程以面向对象的方式进行，即面向对象分析、面向对象设计、面向对象编程。

▶▶ 8.2.1　设计领域对象

面向对象分析，是指根据系统需求提取应用中的对象，将这些对象抽象成类，再抽取出需要持久化保存的类，这些需要持久化保存的类就是领域对象。该系统并没有预先设计数据库，而是完全从面向对象分析开始，设计了 7 个领域对象类。

➢ Application：对应普通员工的考勤申请，包括申请理由、是否被批复及申请改变的类型等属性。

➢ Attend：对应每天的考勤，包括考勤时间、考勤员工、是否上班及考勤类型等信息。

➢ AttendType：对应考勤的类型，包括考勤的名称，如迟到、早退等名称。

➢ CheckBack：对应批复，包括该批复对应的申请、是否通过申请、由哪个经理完成批复等属性。

➢ Employee：对应系统的员工信息，包括员工的用户名、密码、工资以及对应的经理等属性。

➢ Manager：对应系统的经理信息，仅包括经理管理的部门名。实际上，Manager 继承了 Employee 类，因此该类同样包含 Employee 的所有属性。

➢ Payment：对应每月的工资信息，包括发工资的月份、领工资的员工及工资数等信息。

在富领域模式的设计中，领域对象也应该包含系统的业务逻辑方法，也就是使用领域对象来为它们建模；但因为本应用采用贫血模式来设计它们，所以不打算为它们提供任何业务逻辑方法，而是将所有的业务逻辑方法放到业务逻辑组件中实现。

当采用贫血模式的架构模型时，系统中的领域对象十分简明，它们都是单纯的数据类，不需要考虑到底应该包含哪些业务逻辑方法，因此开发起来非常便捷；而系统的所有业务逻辑都由业务逻辑组件负责实现，可以将业务逻辑的变化限制在业务逻辑层内，从而避免扩散到两个层，因此降低了系统的开发难度。

客观世界中的对象不是孤立存在的，以上 7 个领域对象类也不是孤立存在的，它们之间存在复杂的关联关系。分析关联关系是面向对象分析的必要步骤，这 7 个领域对象类之间的关联关系如下。

➤ Employee 是 Manager 的父类，同时 Manager 和 Employee 之间存在 1－N 的关系，即一个 Manager 对应多个 Employee，但每个 Employee 只能对应一个 Manager。

➤ Employee 和 Payment 之间存在 1－N 的关系，即每个员工可以多次领取工资。

➤ Employee 和 Attend 之间存在 1－N 的关系，即每个员工可以参与多次考勤，但每次考勤只对应一个员工。

➤ Manager 继承了 Employee 类，因此具有 Employee 的全部属性。另外，Manager 还与 CheckBack 之间存在 1－N 的关系。

➤ Application 与 Attend 之间存在 N－1 的关系，即每次考勤可以被多次申请。

➤ Application 与 AttendType 之间存在 N－1 的关系，即每次申请都有明确的考勤类型，而一种考勤类型可以对应多个申请。

➤ Attend 与 AttendType 之间存在 N－1 的关系，即每次考勤只属于一种考勤类型。

上面 7 个领域对象类之间的关系如图 8.3 所示。

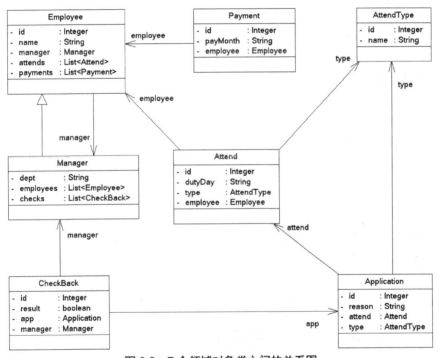

图 8.3　7 个领域对象类之间的关系图

▶▶ 8.2.2　创建领域对象类

从图 8.3 可以看出，领域对象类之间的关联关系以成员变量的方式表现出来。当然，这些成员变量同样需要 setter 和 getter 方法的支持。领域对象类之间的关联关系通常对应数据库的主、外键约束。

此外，领域对象类还有自己的普通类型的成员变量，这些成员变量通常对应数据库的字段。

下面是 Employee 类的源代码。

程序清单：codes\08\HRSystem\WEB-INF\src\org\crazyit\hrsystem\domain\Employee.java

```
public class Employee implements Serializable
{
    private static final long serialVersionUID = 48L;
```

```java
    // 标识属性
    private Integer id;
    // 员工姓名
    @NotBlank(message = "用户名不允许为空",
            groups = {AddEmployee.class, Login.class})
    @Length(min = 4, max = 25, message = "用户名长度必须在 4~25 个字符之间",
            groups = {AddEmployee.class, Login.class})
    private String name;
    // 员工密码
    @NotBlank(message = "密码不允许为空",
            groups = {AddEmployee.class, Login.class})
    @Length(min = 4, max = 25, message = "密码长度必须在 4~25 个字符之间",
            groups = {AddEmployee.class, Login.class})
    private String pass;
    // 员工工资
    @NotNull(message = "员工工资不能为空", groups = AddEmployee.class)
    @Range(min = 3000, max = 6000, message = "员工工资必须在 3000~6000 之间",
            groups = AddEmployee.class)
    private double salary;
    // 员工对应的经理
    private Manager manager;
    // 员工对应的考勤记录
    private List<Attend> attends;
    // 员工对应的工资支付记录
    private List<Payment> payments;
    // 无参数的构造器
    public Employee()
    {
    }
    // 初始化全部成员变量的构造器
    public Employee(Integer id, String name, String pass, double salary,
            Manager manager, List<Attend> attends, List<Payment> payments)
    {
        this.id = id;
        this.name = name;
        this.pass = pass;
        this.salary = salary;
        this.manager = manager;
        this.attends = attends;
        this.payments = payments;
    }
    // 省略 id、name、pass、salary 的 setter 和 getter 方法
    ...
    // manager 的 setter 和 getter 方法
    public void setManager(Manager manager)
    {
        this.manager = manager;
    }
    public Manager getManager()
    {
        return this.manager;
    }
    // attends 的 setter 和 getter 方法
    public void setAttends(List<Attend> attends)
    {
        this.attends = attends;
    }
    public List<Attend> getAttends()
    {
        return this.attends;
    }
    // payments 的 setter 和 getter 方法
```

```
public void setPayments(List<Payment> payments)
{
    this.payments = payments;
}
public List<Payment> getPayments()
{
    return this.payments;
}
// 根据 name、pass 来重写 hashCode() 方法
@Override
public int hashCode()
{
    final int prime = 31;
    int result = 1;
    result = prime * result + ((name == null) ? 0 : name.hashCode());
    result = prime * result + ((pass == null) ? 0 : pass.hashCode());
    return result;
}
// 根据 name、pass 来重写 equals() 方法，只要是 name、pass 相同的员工即认为相等
@Override
public boolean equals(Object obj)
{
    if (this == obj) return true;
    if (obj == null) return false;
    if (getClass() != obj.getClass()) return false;
    Employee other = (Employee) obj;
    if (name == null)
    {
        if (other.name != null) return false;
    }
    else if (!name.equals(other.name)) return false;
    if (pass == null)
    {
        if (other.pass != null) return false;
    }
    else if (!pass.equals(other.pass)) return false;
    return true;
}
}
```

上面的 Employee 类完全是一个普通的 POJO 类，MyBatis 完全支持普通类与查询结果之间的映射。通常 POJO 应尽量遵守如下规则。

➤ 提供一个默认的（无参数的）构造器。

➤ 提供一个标识属性（identifier property）用于标识该实例。

➤ 使用非 final 的类。尽量避免将 POJO 声明成 final，否则将导致其性能下降——因为 MyBatis 无法为 final 类的对象创建动态代理，也就无法使用代理模式来提高性能了。

此外，本系统中 Employee 对象里的用户名是唯一的，因此可以根据 name 属性来重写 Employee 类的 equals() 和 hashCode() 两个方法。

Employee 与 Manager 实体之间存在 $N-1$ 双向关联关系，多个 Employee 与一个 Manager 之间存在关联关系。另外，Manager 实体继承了 Employee 实体，因此这两个实体之间存在典型的继承关系。

分析对象之间的继承层次也是非常重要的任务。在面向对象设计中，继承是软件复用的重要手段（实际上，对于设计良好的架构，有时候推荐使用组合来代替继承，因为继承会破坏父类的封装）。在本系统中 Manager 类继承了 Employee 类。MyBatis 对继承映射也提供了支持，只要在映射文件中使用<discriminator.../>元素定义辨别者列，MyBatis 即可根据该列的值来区分一条记录属于哪个类的实例。

上面程序中的粗体字代码使用注解定义了一些数据校验规则，这些校验规则的注解属于 JSR 303

规范，它们将由 Spring MVC 负责读取并处理。

上面定义的校验规则可分为两组。

➢ 用户登录时的校验规则：需要对 name、pass 两个成员变量执行数据校验。

➢ 添加员工时的校验规则：需要对 name、pass、salary 三个成员变量执行数据校验。

上面代码中位于 name、pass 成员变量之前的注解的 groups 属性指定了 AddEmployee 和 Login 两个组，这表明 name、pass 成员变量的数据校验在这两个组中都执行；而位于 salary 成员变量之前的注解的 groups 属性只指定了 AddEmployee 组，这意味着 salary 成员变量的数据校验只在 AddEmployee 组中执行。

AddEmployee 和 Login 这两个组其实就是一个简单的标识，为它们分别定义对应的接口即可。下面是 AddEmployee.java 的源代码。

程序清单：codes\08\HRSystem\WEB-INF\src\org\crazyit\hrsystem\domain\AddEmployee.java

```
public interface AddEmployee
{
}
```

Login.java 的源代码与之类似，这是一个空接口，此处不再给出该接口的源代码。

下面给出另外两个领域对象类的源代码，其中一个是 Employee 的子类，需要使用继承映射；另一个是 Employee 的关联类，需要使用关联映射。

程序清单：codes\08\HRSystem\WEB-INF\src\org\crazyit\hrsystem\domain\Manager.java

```
public class Manager extends Employee
    implements Serializable
{
    private static final long serialVersionUID = 48L;
    // 该经理管理的部门
    private String dept;
    // 该经理对应的所有员工
    private List<Employee> employees;
    // 该经理签署的所有批复
    private List<CheckBack> checks;
    // 无参数的构造器
    public Manager()
    {
    }
    // 初始化全部成员变量的构造器
    public Manager(String dept, List<Employee> employees,
        List<CheckBack> checks)
    {
        this.dept = dept;
        this.employees = employees;
        this.checks = checks;
    }
    // 省略 dept、employees、checks 的 setter 和 getter 方法
    ...
}
```

上面程序中的粗体字代码提供了 employees 和 checks 两个属性的 setter 和 getter 方法，这两个属性用于保留 Manager 所关联的实体：CheckBack 和 Employee。一个 Manager 可对应多个 CheckBack，一个 Manager 可对应多个 Employee。

程序清单：codes\08\HRSystem\WEB-INF\src\org\crazyit\hrsystem\domain\Attend.java

```
public class Attend implements Serializable
{
    private static final long serialVersionUID = 48L;
    // 代表标识属性
    private Integer id;
```

```
// 考勤日期
private String dutyDay;
// 打卡时间
private Date punchTime;
// 代表本次打卡是否为上班打卡
private boolean isCome;
// 本次考勤的类型
private AttendType type;
// 本次考勤关联的员工
private Employee employee;
// 无参数的构造器
public Attend()
{
}
// 初始化全部成员变量的构造器
public Attend(Integer id, String dutyDay, Date punchTime,
        boolean isCome, AttendType type, Employee employee)
{
    this.id = id;
    this.dutyDay = dutyDay;
    this.punchTime = punchTime;
    this.isCome = isCome;
    this.type = type;
    this.employee = employee;
}
// 省略 id、dutyDay、punchTime、isCome 的 setter 和 getter 方法
...
// type 的 setter 和 getter 方法
public void setType(AttendType type)
{
    this.type = type;
}
public AttendType getType()
{
    return this.type;
}
// employee 的 setter 和 getter 方法
public void setEmployee(Employee employee)
{
    this.employee = employee;
}
public Employee getEmployee()
{
    return this.employee;
}
// 根据 employee、isCome、dutyDay 来重写 hashCode() 方法
@Override
public int hashCode()
{
    final int prime = 31;
    int result = 1;
    result = prime * result
        + ((dutyDay == null) ? 0 : dutyDay.hashCode());
    result = prime * result
        + ((employee == null) ? 0 : employee.hashCode());
    result = prime * result + (isCome ? 1231 : 1237);
    return result;
}
// 根据 employee、isCome、dutyDay 来重写 equals() 方法
@Override
public boolean equals(Object obj)
{
    if (this == obj) return true;
```

```
        if (obj == null) return false;
        if (getClass() != obj.getClass()) return false;
        Attend other = (Attend) obj;
        if (dutyDay == null)
        {
            if (other.dutyDay != null) return false;
        }
        else if (!dutyDay.equals(other.dutyDay)) return false;
        if (employee == null)
        {
            if (other.employee != null) return false;
        }
        else if (!employee.equals(other.employee)) return false;
        if (isCome != other.isCome) return false;
        return true;
    }
}
```

上面程序中后面两段粗体字代码也用于提供 Attend 与 AttendType、Employee 之间的关联关系，多个 Attend 对象对应一个 AttendType 对象，多个 Attend 对象对应一个 Employee 对象。

8.3 实现 Mapper（DAO）层

MyBatis 的主要优势之一就是可以使用 Mapper 组件来充当 DAO 组件，开发者只要简单地定义 Mapper 接口，并通过 XML 文件为 Mapper 接口中的方法提供对应的 SQL 语句，就开发完成了 Mapper 组件。

使用 Mapper 组件充当 DAO 组件，使用 Mapper 组件再次封装数据库操作，这也是 Java EE 应用中常用的 DAO 模式。当使用 DAO 模式时，既体现了业务逻辑组件封装 Mapper 组件的门面模式，也可分离业务逻辑组件和 Mapper 组件的功能：业务逻辑组件负责业务逻辑的变化，而 Mapper 组件负责持久化技术的变化。这正是桥接模式的应用。

在引入 DAO 模式后，每个 Mapper 组件都包含了数据库的访问逻辑，每个 Mapper 组件都可对一个数据库表完成基本的 CRUD 操作。

DAO 模式是一种更符合软件工程的开发方式，使用 DAO 模式有如下理由。

➤ DAO 模式抽象出数据访问方式，业务逻辑组件无须理会底层的数据库访问细节，只专注于业务逻辑的实现，业务逻辑组件只负责业务功能的改变。

➤ DAO 将数据访问集中在独立的一层，所有的数据访问都由 DAO 组件完成，这层独立的 DAO 分离了数据访问的实现与其他业务逻辑，使得系统更具可维护性。

➤ DAO 还有助于提升系统的可移植性。独立的 DAO 层使得系统能在不同的数据库之间轻易切换，底层的数据库实现对业务逻辑组件是透明的。数据库移植时仅仅影响 DAO 层，不同数据库的切换不会影响业务逻辑组件，因此提高了系统的可复用性。

➤➤ 8.3.1 Mapper 组件的定义

Mapper 组件提供了各持久化对象的基本 CRUD 操作，而 Mapper 接口则负责声明该组件所应该包含的各种 CRUD 方法。

Mapper 组件中的方法不是一开始就设计出来的，其中的很多方法可能是随着业务逻辑的需求增加的，但以下几个方法是通用的。

➤ get(Serializable id)：根据主键加载持久化实例。

➤ save(Object entity)：保存持久化实例。

➤ update(Object entity)：更新持久化实例。

➤ delete(Object entity)：删除持久化实例。

➢ delete(Serializable id)：根据主键来删除持久化实例。

➢ findAll()：获取数据库表中全部的持久化实例。

DAO 接口无须给出任何实现，仅仅定义 DAO 组件应该包含的 CRUD 方法即可，这些方法的实现取决于底层的持久化技术。DAO 组件的实现既可以使用传统 JDBC，也可以采用 MyBatis 等持久化技术。

下面是本应用中各具体 Mapper 接口的源代码。

ApplicationMapper 接口定义如下。

程序清单：codes\08\HRSystem\WEB-INF\src\org\crazyit\hrsystem\dao\ApplicationMapper.java

```
public interface ApplicationMapper
{
    /**
     * 保存异动申请
     * @param application 要保存的 Application 对象
     * @return 新 Application 对象的 id
     */
    Integer save(Application application);
    /**
     * 更新异动申请
     * @param application 要保存的 Application 对象
     * @return 受影响的 Application 的记录数
     */
    Integer update(Application application);

    /**
     * 根据 id 获取异动申请
     * @param id 获取加载的 Application 对象的 id
     * @return 指定 id 对应的 Application
     */
    Application get(Integer id);
    /**
     * 根据员工查询未处理的异动申请
     * @param emp 需要查询的员工
     * @return 该员工对应的未处理的异动申请
     */
    List<Application> findByEmp(Employee emp);
}
```

从上面的源代码可以看出，ApplicationMapper 只要额外提供一个与业务相关的查询方法即可，其他持久化操作都是通用的 CRUD 操作。

AttendMapper 接口定义如下。

程序清单：codes\08\HRSystem\WEB-INF\src\org\crazyit\hrsystem\dao\AttendMapper.java

```
public interface AttendMapper
{
    /**
     * 根据 id 获取考勤记录
     * @param id 获取加载的 Attend 对象的 id
     * @return 指定 id 对应的 Attend
     */
    Attend get(Integer id);
    /**
     * 保存考勤记录
     * @param attend 要保存的 Attend 对象
     * @return 新 Attend 对象的 id
     */
    Integer save(Attend attend);
```

```
    /**
     * 更新考勤记录
     * @param attend 要保存的 Attend 对象
     * @return 受影响的 Attend 的记录数
     */
    Integer update(Attend attend);
    /**
     * 根据员工、月份查询该员工的考勤记录
     * @param emp 员工
     * @param month 月份，月份是形如 2012-02 格式的字符串
     * @return 该员工、指定月份的全部考勤记录
     */
    List<Attend> findByEmpAndMonth(Employee emp, String month);
    /**
     * 根据员工、日期查询该员工的打卡记录集合
     * @param emp 员工
     * @param dutyDay 日期
     * @return 该员工某天的打卡记录集合
     */
    List<Attend> findByEmpAndDutyDay(Employee emp,
        String dutyDay);
    /**
     * 根据员工、日期、上下班情况查询该员工的打卡记录集合
     * @param emp 员工
     * @param dutyDay 日期
     * @param isCome 是否上班
     * @return 该员工某天上班或下班的打卡记录
     */
    Attend findByEmpAndDutyDayAndCome(Employee emp,
        String dutyDay, boolean isCome);
    /**
     * 查看员工前三天的非正常打卡情况
     * @param emp 员工
     * @return 该员工前三天的非正常打卡情况
     */
    List<Attend> findByEmpUnAttend(Employee emp,
        AttendType type);
}
```

AttendTypeMapper 接口定义如下。

程序清单：codes\08\HRSystem\WEB-INF\src\org\crazyit\hrsystem\dao\AttendTypeMapper.java

```
public interface AttendTypeMapper
{
    /**
     * 根据 id 获取考勤类型
     * @param id 获取加载的 AttendType 对象的 id
     * @return 指定 id 对应的 AttendType
     */
    AttendType get(Integer id);
    /**
     * 查询全部考勤类型
     * @return 全部考勤类型
     */
    List<AttendType> findAll();
}
```

从上面的源代码可以看出，AttendTypeMapper 根本不需要增加额外的查询方法，该 Mapper 组件只要提供简单的 get()和 findAll()方法即可。

CheckBackMapper 接口定义如下。

程序清单：codes\08\HRSystem\WEB-INF\src\org\crazyit\hrsystem\dao\CheckBackMapper.java

```java
public interface CheckBackMapper
{
    Integer save(CheckBack checkback);
}
```

CheckBackMapper 也只需一个简单的 save()方法即可。

EmployeeMapper 接口定义如下。

程序清单：codes\08\HRSystem\WEB-INF\src\org\crazyit\hrsystem\dao\EmployeeMapper.java

```java
public interface EmployeeMapper
{
    /**
     * 保存员工
     * @param emp 要保存的 Employee 对象
     * @return 新保存的 Employee 对象的 id
     */
    Integer save(Employee emp);
    /**
     * 查询所有员工
     * @return 所有员工集合
     */
    List<Employee> findAll();
    /**
     * 根据用户名和密码查询员工
     * @param emp 包含指定用户名、密码的员工
     * @return 符合指定用户名和密码的员工集合
     */
    List<Employee> findByNameAndPass(Employee emp);
    /**
     * 根据用户名查询员工
     * @param name 员工的用户名
     * @return 符合用户名的员工
     */
    Employee findByName(String name);
}
```

ManagerMapper 接口定义如下。

程序清单：codes\08\HRSystem\WEB-INF\src\org\crazyit\hrsystem\dao\ManagerMapper.java

```java
public interface ManagerMapper
{
    /**
     * 根据用户名和密码查询经理
     * @param emp 包含指定用户名、密码的经理
     * @return 符合指定用户名和密码的经理
     */
    List<Manager> findByNameAndPass(Manager mgr);
    /**
     * 根据用户名查找经理
     * @param name 经理的名字
     * @return 名字对应的经理
     */
    Manager findByName(String name);
}
```

PaymentMapper 接口定义如下。

程序清单：codes\08\HRSystem\WEB-INF\src\org\crazyit\hrsystem\dao\PaymentMapper.java

```java
public interface PaymentMapper
{
    /**
     * 保存月结工资
     * @param payment 要保存的 Payment 对象
     * @return 新保存的 Payment 对象的 id
     */
    Integer save(Payment payment);
    /**
     * 根据员工查询月结工资
     * @return 该员工对应的月结工资集合
     */
    List<Payment> findByEmp(Employee emp);
    /**
     * 根据员工和发工资月份来查询月结工资
     * @param payMonth 发工资月份
     * @param emp 领工资的员工
     * @return 指定员工、指定月份的月结工资
     */
    Payment findByMonthAndEmp(String payMonth, Employee emp);
}
```

正如从上面的 Mapper 接口中所看到的，每个 Mapper 接口除了需要定义一些通用的 CRUD 操作，还可能需要根据业务需求来定义额外的查询方法，这些查询方法是实现业务逻辑方法的基础。

在 Mapper 接口中只定义了 Mapper 组件应该实现的方法，接下来只要为 Mapper 接口使用注解或 XML 文件来配置 SQL 语句即可，编写 SQL 语句才是实现 Mapper 组件的关键部分。

➤➤ 8.3.2 实现 Mapper 组件

正如前面所说的，开发者并不需要为 Mapper 接口提供实现类，只要使用注解或 XML 文件为 Mapper 接口中的各方法提供 SQL 语句即可。

如下是 ApplicationMapper.xml 的源代码。

程序清单：codes\08\HRSystem\WEB-INF\src\org\crazyit\hrsystem\dao\ApplicationMapper.xml

```xml
<?xml version="1.0" encoding="UTF-8" ?>
<!DOCTYPE mapper PUBLIC "-//mybatis.org//DTD Mapper 3.0//EN"
    "http://mybatis.org/dtd/mybatis-3-mapper.dtd">
<mapper namespace="org.crazyit.hrsystem.dao.ApplicationMapper">
    <insert id="save" parameterType="application">
        insert application_inf values (null, #{attend.id},
        #{reason}, false, #{type.id});
    </insert>
    <update id="update" parameterType="application">
        update application_inf set attend_id = #{attend.id},
        app_reason = #{reason}, app_result = #{result},
        type_id = #{type.id}
        where app_id = #{id}
    </update>
    <!-- 使用多表连接查询 -->
    <select id="get" resultMap="applicationMap">
        select app.*, type.*
        from application_inf app
        join attend_inf attend
        on app.attend_id = attend.attend_id
        join attend_type_inf type
        on app.type_id = type.type_id
        where app.app_id = #{id}
    </select>
    <!-- 使用多表连接查询 -->
```

```xml
<select id="findByEmp" resultMap="applicationMap">
    select app.*, type.*
    from application_inf app
    join attend_inf attend
    on app.attend_id = attend.attend_id
    join attend_type_inf type
    on app.type_id = type.type_id
    where attend.emp_id = #{id}
</select>
<resultMap id="applicationMap" type="application">
    <!-- 指定将 app_id、app_reason、app_result 映射到
        Application 实体的属性 -->
    <id column="app_id" property="id"/>
    <result column="app_reason" property="reason"/>
    <result column="app_result" property="result"/>
    <!-- 映射关联实体 -->
    <association property="attend" javaType="attend"
        column="attend_id"
        select="org.crazyit.hrsystem.dao.AttendMapper.get"
        fetchType="lazy"/>
    <association property="type" javaType="attendType"
        resultMap="org.crazyit.hrsystem.dao.AttendTypeMapper.typeMap"/>
</resultMap>
<!-- 开启默认的二级缓存 -->
<cache/>
</mapper>
```

正如从上面的粗体字代码中所看到的，XML Mapper 只要为 CRUD 方法提供 SQL 语句即可；对于查询方法，则使用<select.../>元素来定义查询语句，并使用 resultMap 属性指定结果集与对象之间的映射关系。

下面是 AttendMapper.xml 的源代码。

程序清单：codes\08\HRSystem\WEB-INF\src\org\crazyit\hrsystem\dao\AttendMapper.xml

```xml
<?xml version="1.0" encoding="UTF-8" ?>
<!DOCTYPE mapper PUBLIC "-//mybatis.org//DTD Mapper 3.0//EN"
    "http://mybatis.org/dtd/mybatis-3-mapper.dtd">
<mapper namespace="org.crazyit.hrsystem.dao.AttendMapper">
    <!-- 使用多表连接查询 -->
    <select id="get" resultMap="attendMap">
        select attend.*, type.*, emp.*
        from attend_inf attend
        join attend_type_inf type
        on attend.type_id = type.type_id
        join employee_inf emp
        on attend.emp_id = emp.emp_id
        where attend.attend_id = #{id}
    </select>
    <insert id="save" parameterType="attend">
        insert into attend_inf
        values(null, #{dutyDay}, #{punchTime},
        #{isCome}, #{type.id}, #{employee.id});
    </insert>
    <update id="update" parameterType="attend">
        update attend_inf set
        duty_day = #{dutyDay},
        punch_time = #{punchTime},
        is_come = #{isCome},
        type_id = #{type.id},
        emp_id = #{employee.id}
        where attend_id = #{id};
    </update>
    <!-- 使用多表连接查询 -->
```

```xml
<select id="findByEmpId" resultMap="attendMap">
    select attend.*, type.*, emp.*
    from attend_inf attend
    join attend_type_inf type
    on attend.type_id = type.type_id
    join employee_inf emp
    on attend.emp_id = emp.emp_id
    where attend.emp_id = #{id}
</select>
<!-- 使用多表连接查询 -->
<select id="findByEmpAndMonth" resultMap="attendMap">
    select attend.*, type.*, emp.*
    from attend_inf attend
    join attend_type_inf type
    on attend.type_id = type.type_id
    join employee_inf emp
    on attend.emp_id = emp.emp_id
    where emp.emp_id = #{arg0.id}
    and substring(attend.duty_day, 1, 7) = #{arg1}
</select>
<!-- 使用多表连接查询 -->
<select id="findByEmpAndDutyDay" resultMap="attendMap">
    select attend.*, type.*, emp.*
    from attend_inf attend
    join attend_type_inf type
    on attend.type_id = type.type_id
    join employee_inf emp
    on attend.emp_id = emp.emp_id
    where emp.emp_id = #{arg0.id}
    and attend.duty_day = #{arg1}
</select>
<!-- 使用多表连接查询 -->
<select id="findByEmpAndDutyDayAndCome" resultMap="attendMap">
    select attend.*, type.*, emp.*
    from attend_inf attend
    join attend_type_inf type
    on attend.type_id = type.type_id
    join employee_inf emp
    on attend.emp_id = emp.emp_id
    where emp.emp_id = #{arg0.id}
    and attend.duty_day = #{arg1}
    and is_come = #{arg2}
</select>
<!-- 使用多表连接查询 -->
<select id="findByEmpUnAttend" resultMap="attendMap">
    select attend.*, type.*, emp.*
    from attend_inf attend
    join attend_type_inf type
    on attend.type_id = type.type_id
    join employee_inf emp
    on attend.emp_id = emp.emp_id
    where emp.emp_id = #{arg0.id}
    and attend.type_id != #{arg1.id}
    and str_to_date(attend.duty_day, '%Y-%m-%d')
    between date_sub(now(), interval 3 day) and now();
</select>
<resultMap id="attendMap" type="attend">
    <!-- 指定将 attend_id、duty_day、punch_time、is_come 映射
        到 Attend 实体的属性 -->
    <id column="attend_id" property="id"/>
    <result column="duty_day" property="dutyDay"/>
    <result column="punch_time" property="punchTime"/>
    <result column="is_come" property="isCome"/>
    <!-- 映射关联实体 -->
```

```
        <association property="type" javaType="attendType"
            resultMap="org.crazyit.hrsystem.dao.AttendTypeMapper.typeMap"/>
        <association property="employee" javaType="Employee"
            resultMap="org.crazyit.hrsystem.dao.EmployeeMapper.employeeMap"/>
    </resultMap>
    <!-- 开启默认的二级缓存 -->
    <cache/>
</mapper>
```

与上一个 XML Mapper 完全类似，该 Mapper 组件同样只需为持久化方法提供对应的 SQL 语句即可。

通过这两个 XML Mapper 的代码可以看出 MyBatis 的两大优势：

➤ 为应用实现 Mapper 组件非常简单，只要为 Mapper 定义接口，并为接口中的每个 CRUD 方法定义对应的 SQL 语句即可。

➤ 使用 XML 文件来单独管理 SQL 语句，可以提高后期项目的可维护性。

程序中 AttendTypeMapper.xml 和 CheckBackMapper.xml 的源代码比较简单，此处不再给出，读者可自行参考本章配套代码。下面是 EmployeeMapper.xml 的源代码。

程序清单：codes\08\HRSystem\WEB-INF\src\org\crazyit\hrsystem\dao\EmployeeMapper.xml

```xml
<?xml version="1.0" encoding="UTF-8" ?>
<!DOCTYPE mapper PUBLIC "-//mybatis.org//DTD Mapper 3.0//EN"
    "http://mybatis.org/dtd/mybatis-3-mapper.dtd">
<mapper namespace="org.crazyit.hrsystem.dao.EmployeeMapper">
    <insert id="save" parameterType="employee">
        insert employee_inf values (null, 1,
        #{name}, #{pass}, #{salary}, #{manager.id}, null);
    </insert>
    <select id="get" resultMap="employeeMap">
        select * from employee_inf
        where emp_id = #{id}
    </select>
    <select id="findAll" resultMap="employeeMap">
        select * from employee_inf
    </select>
    <select id="findByNameAndPass" resultMap="employeeMap">
        select * from employee_inf
        where emp_name = #{name}
        and emp_pass = #{pass}
    </select>
    <select id="findByName" resultMap="employeeMap">
        select * from employee_inf
        where emp_name = #{name}
    </select>
    <select id="findByMgrId" resultMap="employeeMap">
        select * from employee_inf
        where mgr_id = #{id}
    </select>
    <resultMap id="employeeMap" type="employee">
        <!-- 指定将 emp_id、emp_name 等列映射到 employee 实体 -->
        <id column="emp_id" property="id"/>
        <result column="emp_name" property="name"/>
        <result column="emp_pass" property="pass"/>
        <result column="emp_salary" property="salary"/>
        <!-- 映射关联实体 -->
        <association property="manager" javaType="manager"
            column="emp_id"
            select="org.crazyit.hrsystem.dao.EmployeeMapper.get"
            fetchType="lazy"/>
        <!-- 使用 select 指定的 select 语句去抓取关联实体，
            将当前实体的 emp_id 列的值作为参数传给 select 语句，
            ofType 属性指定关联实体（集合元素）的类型 -->
```

```xml
            <collection property="attends" javaType="ArrayList"
                ofType="attend" column="emp_id"
                select="org.crazyit.hrsystem.dao.AttendMapper.findByEmpId"
                fetchType="lazy"/>
            <!-- 使用 select 指定的 select 语句去抓取关联实体,
                 将当前实体的 emp_id 列的值作为参数传给 select 语句,
                 ofType 属性指定关联实体(集合元素)的类型 -->
            <collection property="payments" javaType="ArrayList"
                ofType="payment" column="emp_id"
                select="org.crazyit.hrsystem.dao.PaymentMapper.findByEmpId"
                fetchType="lazy"/>
            <!-- 定义辨别者列, 列名为 emp_type -->
            <discriminator column="emp_type" javaType="int">
                <!-- 当辨别者列的值为 2 时, 使用 ManagerMapper 的 managerMap -->
                <case value="2"
                    resultMap="org.crazyit.hrsystem.dao.ManagerMapper.managerMap"/>
            </discriminator>
        </resultMap>
        <!-- 开启默认的二级缓存 -->
        <cache/>
</mapper>
```

系统中剩下的 ManagerMapper.xml 和 PaymentMapper.xml 的源代码与前面介绍的源代码大致相似,此处不再给出。

▶▶ 8.3.3　部署 Mapper 层

通过前面的介绍不难发现,部署 Mapper 组件只需要一个 SqlSessionFactory 属性,Mapper 组件既可使用 MapperFactoryBean 工厂 Bean 进行配置,也可使用<mybatis:scan.../>自动扫描来配置。

如果使用 MapperFactoryBean 配置 Mapper 组件,则每个 Mapper 组件都需要单独配置,比较烦琐;如果使用<mybatis:scan.../>元素配置自动扫描 Mapper 组件,则简单多了,因此本章将会使用这种配置策略。

1. Mapper 组件运行的基础

整合 Spring 和 MyBatis 之后,Spring 容器将会负责生成并管理 Mapper 组件。Spring 容器负责为 Mapper 组件注入其运行所需的基础 SqlSessionFactory。

MyBatis 为整合 Spring 提供了一个 SqlSessionFactoryBean 工具类,通过 SqlSessionFactoryBean 类,可以将 MyBatis 的 SqlSessionFactory 纳入其 IoC 容器内。

在使用 SqlSessionFactoryBean 配置 SqlSessionFactory 之前,必须为其提供对应的数据源,本应用使用 C3P0 数据源。Spring 容器负责管理数据源,在 Spring 容器中配置数据源的代码如下。

程序清单：codes\08\HRSystem\WEB-INF\daoContext.xml

```xml
<!-- 定义数据源 Bean, 使用 C3P0 数据源实现 -->
<bean id="dataSource" class="com.mchange.v2.c3p0.ComboPooledDataSource"
    destroy-method="close"
    p:driverClass="com.mysql.cj.jdbc.Driver"
    p:jdbcUrl="jdbc:mysql://localhost:3306/hrSystem?serverTimezone=UTC"
    p:user="root"
    p:password="32147"/>
```

一旦配置了应用所需的数据源之后,程序就可以在此数据源基础上配置 SqlSessionFactory 对象了。配置 SqlSessionFactory Bean 的代码如下(程序清单同上)：

```xml
<!-- 配置 MyBatis 的核心组件: SqlSessionFactory,
     并为该 SqlSessionFactory 配置它依赖的 DataSource,
     指定为 org.crazyit.hrsystem.domain 包下的所有类注册别名 -->
<bean id="sqlSessionFactory" class="org.mybatis.spring.SqlSessionFactoryBean"
```

```
p:dataSource-ref="dataSource"
p:typeAliasesPackage="org.crazyit.hrsystem.domain">
<property name="configuration">
    <bean class="org.apache.ibatis.session.Configuration"
        p:logImpl="org.apache.ibatis.logging.log4j2.Log4j2Impl"/>
</property>
</bean>
```

MyBatis 属性既可直接在 SqlSessionFactoryBean 中配置，也可在 mybatis-config.xml 文件中配置。本示例没有使用额外的 mybatis-config.xml 文件，而是直接在 SqlSessionFactoryBean 中配置了 MyBatis 的相关属性。

2．配置 Mapper 组件

在 Spring 容器中配置好 SqlSessionFactory 之后，接下来只要使用<mybatis:scan.../>元素配置扫描 Mapper 组件的包及其子包即可。在 Spring 配置文件中增加如下片段（程序清单同上）：

```
<!-- 自动扫描指定包及其子包下的所有 Mapper 组件 -->
<mybatis:scan
    base-package="org.crazyit.hrsystem.dao"/>
```

在增加了上面的配置之后，Spring 会自动扫描 org.crazyit.hrsystem.dao 包及其子包下的所有 Mapper 组件。本示例将所有的 Mapper 接口和 XML Mapper 配置文件都放在 org.crazyit.hrsystem.dao 包下，因此 Spring 容器即可扫描并加载这些 Mapper 组件。

📁 8.4　实现 Service 层

本系统只使用了两个业务逻辑组件，分别为系统中两个角色模块的业务逻辑提供实现：Manager 模块和 Employee 模块。这两个模块分别使用不同的业务逻辑组件，每个组件作为门面封装 7 个 Mapper 组件，系统使用这两个业务逻辑组件将这些 Mapper 对象封装在一起。

▶▶ 8.4.1　业务逻辑组件的设计

业务逻辑组件是 Mapper 组件的门面，所以也可理解为业务逻辑组件需要依赖 Mapper 组件。Mapper 组件与 EmpManager（业务逻辑组件）之间的关系如图 8.4 所示。

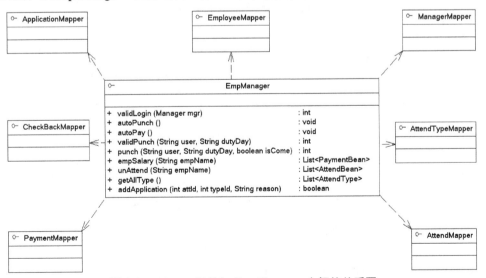

图 8.4　Mapper 组件与 EmpManager 之间的关系图

在 EmpManager 接口里定义了大量的业务方法，这些方法的实现依赖 Mapper 组件。每个业务方法要涉及多个 CRUD 操作，其 CRUD 操作是对单条数据记录的操作，而业务逻辑方法的访问则涉及多个 Mapper 方法，因此每个业务逻辑方法可能涉及对多条数据记录的访问。

业务逻辑组件面向 Mapper 接口编程，可以让业务逻辑组件从 Mapper 组件的实现中分离出来。因此，业务逻辑组件只关心业务逻辑的实现，无须关心数据访问逻辑的实现。

▶▶ 8.4.2 实现业务逻辑组件

业务逻辑组件负责实现系统所需的业务方法，系统有多少个业务需求，业务逻辑组件就提供多少个对应方法。本应用采用的是贫血模式的架构模型，因此业务逻辑方法完全由业务逻辑组件负责实现。

业务逻辑组件只负责业务逻辑上的变化，而持久层的变化则交给 Mapper 层负责，因此业务逻辑组件必须依赖 Mapper 组件。

下面是 EmpManagerImpl 的源代码。

程序清单：codes\08\HRSystem\WEB-INF\src\org\crazyit\hrsystem\service\impl\EmpManagerImpl.java

```
public class EmpManagerImpl
    implements EmpManager
{
    private ApplicationMapper appMapper;
    private AttendMapper attendMapper;
    private AttendTypeMapper typeMapper;
    private CheckBackMapper checkMapper;
    private EmployeeMapper empMapper;
    private ManagerMapper mgrMapper;
    private PaymentMapper payMapper;
    // 省略了注入 7 个 Mapper 组件所需的 setter 方法
    ...
    /**
     * 以经理身份来验证登录
     * @param mgr 登录的经理身份
     * @return 登录后的身份确认：0 为登录失败，1 为登录 emp，2 为登录 mgr
     */
    public int validLogin(Manager mgr)
    {
        // 如果找到一个经理，以经理身份登录
        if (mgrMapper.findByNameAndPass(mgr).size() >= 1)
        {
            return LOGIN_MGR;
        }
        // 如果找到普通员工，以普通员工身份登录
        else if (empMapper.findByNameAndPass(mgr).size() >= 1)
        {
            return LOGIN_EMP;
        }
        else
        {
            return LOGIN_FAIL;
        }
    }
    /**
     * 自动打卡，星期一到星期五，早上 7:00 为每个员工插入旷工记录
     */
    public void autoPunch()
    {
        System.out.println("自动插入旷工记录");
        var emps = empMapper.findAll();
        // 获取当前时间
        var dutyDay = new java.sql.Date(
            System.currentTimeMillis()).toString();
```

```java
    for (var e : emps)
    {
        // 获取旷工对应的考勤类型
        var atype = typeMapper.get(6);
        var a = new Attend();
        a.setDutyDay(dutyDay);
        a.setType(atype);
        // 如果当前时间是早上，对应于上班打卡
        if (Calendar.getInstance()
            .get(Calendar.HOUR_OF_DAY) < AM_LIMIT)
        {
            // 上班打卡
            a.setIsCome(true);
        }
        else
        {
            // 下班打卡
            a.setIsCome(false);
        }
        a.setEmployee(e);
        attendMapper.save(a);
    }
}
/**
 * 自动结算工资，每月 3 日，结算上个月的工资
 */
public void autoPay()
{
    System.out.println("自动插入工资结算");
    var emps = empMapper.findAll();
    // 获取上个月时间
    var c = Calendar.getInstance();
    c.add(Calendar.DAY_OF_MONTH, -15);
    var sdf = new SimpleDateFormat("yyyy-MM");
    var payMonth = sdf.format(c.getTime());
    // 为每个员工计算上个月的工资
    for (var e : emps)
    {
        var pay = new Payment();
        // 获取该员工的工资
        var amount = e.getSalary();
        // 获取该员工上个月的考勤记录
        var attends = attendMapper.findByEmpAndMonth(e, payMonth);
        // 用工资累积其考勤记录的工资
        for (var a : attends)
        {
            amount += a.getType().getAmerce();
        }
        // 添加工资结算
        pay.setPayMonth(payMonth);
        pay.setEmployee(e);
        pay.setAmount(amount);
        payMapper.save(pay);
    }
}
/**
 * 验证某个员工是否可打卡
 * @param user 员工用户名
 * @param dutyDay 日期
 * @return 可打卡的类型
 */
public int validPunch(String user, String dutyDay)
{
```

```java
            // 不能查找到对应用户，返回无法打卡
            var emp = empMapper.findByName(user);
            if (emp == null)
            {
                return NO_PUNCH;
            }
            // 找到员工当前的考勤记录
            var attends = attendMapper.findByEmpAndDutyDay(emp, dutyDay);
            // 系统没有为用户在当天插入空打卡记录，无法打卡
            if (attends == null || attends.size() <= 0)
            {
                return NO_PUNCH;
            }
            // 开始上班打卡
            else if (attends.size() == 1
                && attends.get(0).getIsCome()
                && attends.get(0).getPunchTime() == null)
            {
                return COME_PUNCH;
            }
            else if (attends.size() == 1
                && attends.get(0).getPunchTime() == null)
            {
                return LEAVE_PUNCH;
            }
            else if (attends.size() == 2)
            {
                // 可以上班、下班打卡
                if (attends.get(0).getPunchTime() == null
                    && attends.get(1).getPunchTime() == null)
                {
                    return BOTH_PUNCH;
                }
                // 可以下班打卡
                else if (attends.get(1).getPunchTime() == null)
                {
                    return LEAVE_PUNCH;
                }
                else
                {
                    return NO_PUNCH;
                }
            }
        return NO_PUNCH;
    }
    /**
     * 打卡
     * @param user 员工用户名
     * @param dutyDay 打卡日期
     * @param isCome 是否是上班打卡
     * @return 打卡结果
     */
    public int punch(String user, String dutyDay, boolean isCome)
    {
        var emp = empMapper.findByName(user);
        if (emp == null)
        {
            return PUNCH_FAIL;
        }
        // 找到员工本次打卡对应的考勤记录
        var attend = attendMapper.findByEmpAndDutyDayAndCome(emp,
            dutyDay, isCome);
        if (attend == null)
```

```
    {
        return PUNCH_FAIL;
    }
    // 已经打卡
    if (attend.getPunchTime() != null)
    {
        return PUNCHED;
    }
    System.out.println("===========打卡=========");
    // 获取打卡时间
    var punchHour = Calendar.getInstance()
            .get(Calendar.HOUR_OF_DAY);
    attend.setPunchTime(new Date());
    // 上班打卡
    if (isCome)
    {
        // 9:00 之前算正常
        if (punchHour < COME_LIMIT)
        {
            attend.setType(typeMapper.get(1));
        }
        // 9:00—11:00 算迟到
        else if (punchHour < LATE_LIMIT)
        {
            attend.setType(typeMapper.get(4));
        }
        // 11:00 之后算旷工，无须理会
    }
    // 下班打卡
    else
    {
        // 18:00 之后算正常
        if (punchHour >= LEAVE_LIMIT)
        {
            attend.setType(typeMapper.get(1));
        }
        // 16:00—18:00 算早退
        else if (punchHour >= EARLY_LIMIT)
        {
            attend.setType(typeMapper.get(5));
        }
    }
    attendMapper.update(attend);
    return PUNCH_SUCC;
}
/**
 * 根据员工浏览对应的工资
 * @param empName 员工用户名
 * @return 该员工的工资列表
 */
public List<PaymentBean> empSalary(String empName)
{
    // 获取当前员工
    var emp = empMapper.findByName(empName);
    // 获取该员工的全部工资列表
    var pays = payMapper.findByEmp(emp);
    var result = new ArrayList<PaymentBean>();
    // 封装 VO 集合
    for (var p : pays)
    {
        result.add(new PaymentBean(p.getPayMonth(),
            p.getAmount()));
    }
```

```
        return result;
    }
    /**
     * 员工查看自己最近三天的非正常打卡情况
     * @param empName 员工用户名
     * @return 该员工最近三天的非正常打卡记录
     */
    public List<AttendBean> unAttend(String empName)
    {
        // 找出正常上班的考勤类型
        var type = typeMapper.get(1);
        var emp = empMapper.findByName(empName);
        // 找出非正常上班的考勤记录
        var attends = attendMapper.findByEmpUnAttend(emp, type);
        var result = new ArrayList<AttendBean>();
        // 封装 VO 集合
        for (var att : attends)
        {
            result.add(new AttendBean(att.getId(), att.getDutyDay(),
                    att.getType().getName(), att.getPunchTime()));
        }
        return result;
    }
    /**
     * 返回全部的考勤类型
     * @return 全部的考勤类型
     */
    public List<AttendType> getAllType()
    {
        return typeMapper.findAll();
    }
    /**
     * 添加申请
     * @param attId 申请的考勤 ID
     * @param typeId 申请的类型 ID
     * @param reason 申请的理由
     * @return 添加的结果
     */
    public boolean addApplication(int attId, int typeId,
            String reason)
    {
        // 创建一个申请
        var app = new Application();
        // 获取申请需要改变的考勤记录
        var attend = attendMapper.get(attId);
        var type = typeMapper.get(typeId);
        app.setAttend(attend);
        app.setType(type);
        if (reason != null)
        {
            app.setReason(reason);
        }
        appMapper.save(app);
        return true;
    }
}
```

在上面的业务逻辑组件中，有 autoPunch()和 autoPay()两个方法，这两个方法并不由客户端直接调用，而是由任务调度来执行，其中 autoPunch()负责每天为员工完成自动考勤（为员工每天插入旷工考勤记录），以及每月 3 日为所有员工完成工资结算。

在上面所提供的几个业务逻辑方法中，大部分方法都比较容易理解，但读者对 autoPunch()、

validPunch()和 punch()三个方法可能有些迷惑，对它们各自的作用不是十分明晰。

在介绍这三个方法的详细作用之前，下面先来介绍本系统中打卡考勤的实现。本系统会在每天早上 7:00、中午 12:00 时自动插入两条"旷工"考勤记录，而系统中的 autoPunch()方法就负责插入这样的旷工记录。

可能有读者会提出疑问：为什么每天要为员工插入两条"旷工"记录呢？因为本系统认为每天开始时，每个员工默认的考勤记录是"旷工"，当该员工上班打卡、下班打卡时，系统就会根据员工的打卡时间来判断该员工究竟是正常上班、迟到，还是早退或干脆就是"旷工"。每当员工打卡时，系统并不是插入考勤记录，而是修改系统自动插入的考勤记录。上面的 punch()业务逻辑方法用于实现普通员工的打卡考勤。

程序的 validPunch()方法则用于判断当前员工可进行哪种考勤：上班或下班。在正常上班时间内，系统每天 7:00、12:00 会为所有员工自动插入"旷工"考勤记录，validPunch()方法会根据员工用户名来判断当天上班"旷工"考勤、下班"旷工"考勤是否存在，且该考勤记录没有打卡时间，即表明该员工还可打卡考勤；否则，该员工将不能打卡考勤。

▶▶ 8.4.3　事务管理

与所有的 Java EE 应用类似，本系统的事务管理负责管理业务逻辑组件中的业务逻辑方法，只有对业务逻辑方法增加事务管理才有实际的意义，对单个 Mapper 方法（基本的 CRUD 方法）增加事务管理是没有太大实际意义的。

借助 Spring Schema 所提供的 tx:、aop:两个命名空间的帮助，系统可以非常方便地为业务逻辑组件配置事务管理。其中 tx:命名空间下的<tx:advice.../>元素用于配置事务增强处理，而 aop:命名空间下的<aop:advisor.../>元素用于配置自动代理。

下面是本应用中事务管理的配置代码。

程序清单：codes\08\HRSystem\WEB-INF\appContext.xml

```xml
<!-- 配置 MyBatis 的局部事务管理器，使用 DataSourceTransactionManager 类
    并注入 DataSource 的引用 -->
<bean id="transactionManager"
    class="org.springframework.jdbc.datasource.DataSourceTransactionManager"
    p:dataSource-ref="dataSource" />
<!-- 配置事务增强处理 Bean，指定事务管理器 -->
<tx:advice id="txAdvice" transaction-manager="transactionManager">
    <!-- 用于配置详细的事务语义 -->
    <tx:attributes>
        <!-- 所有以 get 开头的方法都是只读的 -->
        <tx:method name="get*" read-only="true"/>
        <!-- 其他方法使用默认的事务设置 -->
        <tx:method name="*"/>
    </tx:attributes>
</tx:advice>
<aop:config>
    <!-- 配置一个切入点，匹配 empManager 和 mgrManager
        两个 Bean 的所有方法的执行 -->
    <aop:pointcut id="leePointcut"
        expression="bean(empManager) or bean(mgrManager)"/>
    <!-- 指定在 leePointcut 切入点应用 txAdvice 事务增强处理 -->
    <aop:advisor advice-ref="txAdvice"
        pointcut-ref="leePointcut"/>
</aop:config>
```

通过上面提供的配置代码，系统会自动为 empManager 和 mgrManager 两个 Bean 的所有方法增加事务管理，这样的事务配置方式非常简明，可以极好地简化 Spring 配置文件。

▶▶ 8.4.4 部署业务逻辑组件

单独配置系统的业务逻辑层，可避免因配置文件过大而难以阅读。将配置文件按层和模块分开配置，可以提高 Spring 配置文件的可读性和可理解性。

在 appContext.xml 配置文件中配置数据源、业务逻辑组件和事务管理器等 Bean。具体的配置文件如下。

程序清单：codes\08\HRSystem\WEB-INF\appContext.xml

```xml
<!-- 定义业务逻辑组件模板，为之注入 Mapper 组件 -->
<bean id="managerTemplate" abstract="true" lazy-init="true"
    p:appMapper-ref="applicationMapper"
    p:attendMapper-ref="attendMapper"
    p:typeMapper-ref="attendTypeMapper"
    p:checkMapper-ref="checkBackMapper"
    p:empMapper-ref="employeeMapper"
    p:mgrMapper-ref="managerMapper"
    p:payMapper-ref="paymentMapper"/>
<!-- 定义两个业务逻辑组件，继承业务逻辑组件的模板 -->
<bean id="empManager"
    class="org.crazyit.hrsystem.service.impl.EmpManagerImpl"
    parent="managerTemplate"/>
<bean id="mgrManager"
    class="org.crazyit.hrsystem.service.impl.MgrManagerImpl"
    parent="managerTemplate"/>
```

提示： --

配套项目中的 appContext.xml 文件和此处给出的配置文件可能存在一些差别，因为在配套代码里的配置文件中还包含任务调度的配置信息。

从上面的配置文件可以看出，使用 Spring 容器来管理各个组件之间的依赖关系，将各个组件之间的耦合从代码中抽离处理，放在配置文件中进行管理，这确实是一种优秀的解耦方式。

📁 8.5 实现任务的自动调度

系统中常常有些需要自动执行的任务，这些任务可能每隔一段时间就要执行一次，也可能需要在指定时间点自动执行，这些任务的自动执行必须使用任务的自动调度。

JDK 为简单的任务调度提供了 Timer 支持，但对于更复杂的调度，例如需要在某个特定时刻调度任务时，Timer 就有点"力不从心"了。好在有另一个开源框架 Quartz，借助它的支持，既可以实现简单的任务调度，也可以执行复杂的任务调度。

▶▶ 8.5.1 使用 Quartz

Quartz 是一个任务调度框架，具有简单、易用的任务调度系统。借助 Cron 表达式，Quartz 可以支持各种复杂的任务调度。

1. 下载和安装 Quartz

请按如下步骤下载和安装 Quartz。

① 登录 Quartz 的官方站点，下载 Quartz 的最新版本。本书成书之时，Quartz 的最新版本为 2.3.1，本书的示例程序就是基于该版本完成的，建议读者也下载该版本的 Quartz。下载完成后将得到一个 quartz-2.3.1.tar.gz 文件，将该压缩文件解压缩，文件结构如下。

- ➤ docs：存放 Quartz 的相关文档，包括 API 等文档。
- ➤ examples：存放 Quartz 的示例程序。

➢ javadoc：存放 Quartz 的 API 文档。

➢ lib：存放 Quartz 的 JAR 包，以及 Quartz 编译或运行所依赖的第三方类库。

➢ src：存放 Quartz 的源文件。

➢ 其他 Quartz 相关说明文档。

② 在普通情况下，只需将 quartz-2.3.1.jar 文件添加到 CLASSPATH 环境变量中，让 JDK 编译和运行时可以访问到该 JAR 包中包含的类文件即可。当然，也可使用 Ant 或者其他 IDE 工具来管理项目的类库，这样就无须添加任何环境变量了。

③ 如果需要在 Web 应用中使用 Quartz，则应将 quartz-2.3.1.jar 文件复制到 Web 应用的 WEB-INF/lib 路径下。

实际上，Quartz 还使用了 SLF4J 作为日志工具，因此读者还需要将 lib 子目录下与 SLF4J 相关的 JAR 包复制到项目的类加载路径下。

2．Quartz 运行的基本属性

Quartz 允许提供一个名为 quartz.properties 的配置文件，通过该配置文件，可以修改框架运行时的环境。默认使用 quartz-2.3.1.jar 里的 quartz.properties 文件（在该压缩文件的 org\quartz 路径下）。如果需要改变默认的 Quartz 属性，程序可以自己创建一个 quartz.properties 文件，并将它放在系统的类加载路径下，ClassLoader 会自动加载并启用其中的各种属性。下面是 quartz.properties 文件的示例。

程序清单：codes\08\QuartzQs\src\quartz.properties

```
# 配置主调度器属性
org.quartz.scheduler.instanceName=QuartzScheduler
org.quartz.scheduler.instanceId=AUTO
# 配置线程池
# Quartz 线程池的实现类
org.quartz.threadPool.class=org.quartz.simpl.SimpleThreadPool
# 线程池的线程数量
org.quartz.threadPool.threadCount=1
# 线程池里线程的优先级
org.quartz.threadPool.threadPriority=5
# 配置作业存储
org.quartz.jobStore.misfireThreshold=60000
org.quartz.jobStore.class=org.quartz.simpl.RAMJobStore
```

Quartz 提供两种作业存储方式。

➢ RAMJobStore：利用内存来持久化调度程序信息。这种作业存储方式最容易配置和运行。对于许多应用来说，这种存储方式已经足够了。然而，由于调度程序信息被保存在 JVM 的内存里面，因此，一旦应用程序中止，所有的调度信息就会丢失。

➢ JDBC 作业存储：需要 JDBC 驱动程序和后台数据库保存调度程序信息，由需要调度程序维护调度信息的用户来设计。

大部分时候，使用 Quartz 提供的 RAMJobStore 存储方式就足够了，因此上面属性文件中的粗体字代码指定了本示例应用使用 RAMJobStore 存储方式。

此外，在上面的属性文件中还指定了 Quartz 线程池的线程数——1，这表明系统 Quartz 最多启动一条线程来执行指定任务。如果此处指定更大的线程数，程序将会启动更多的线程来执行指定任务，这意味着系统可能有多个任务并发执行。

3．Quartz 里的作业

作业是一个执行指定任务的 Java 类，当 Quartz 调用某个 Java 任务执行时，实际上就是执行该任务对象的 execute()方法。Quartz 里的作业类需要实现 org.quartz.Job 接口，该 Job 接口中包含一个 execute()方法，execute()方法体是被调度的作业体。

一旦实现了 Job 接口和 execute()方法，当 Quartz 调度该作业运行时，该 execute()方法就会自动运行。

下面是本示例程序中的作业，该作业实现了 Job 接口，并实现了该接口里的 execute()方法，该方法循环 100 次来模拟一个费时的任务。

程序清单：codes\08\QuartzQs\src\lee\TestJob.java

```java
public class TestJob implements Job
{
    // 判断作业是否执行的旗标
    private boolean isRunning = false;
    public void execute(JobExecutionContext context)
        throws JobExecutionException
    {
        // 如果作业没有被调度
        if (!isRunning)
        {
            System.out.println(new Date() + " 作业被调度。");
            // 循环 100 次来模拟任务的执行
            for (var i = 0; i < 100; i++)
            {
                System.out.println("作业完成" + (i + 1) + "%");
                try
                {
                    Thread.sleep(100);
                }
                catch (InterruptedException ex)
                {
                    ex.printStackTrace();
                }
            }
            System.out.println(new Date() + " 作业调度结束。");
        }
        // 如果作业正在运行，即使获得调度，也立即退出
        else
        {
            System.out.println(new Date() + "任务退出");
        }
    }
}
```

★ 注意 ★

上面使用了旗标来控制作业的执行，该旗标保证作业不会被重复执行。

4. Quartz 里的触发器

Quartz 允许作业与作业调度分离。Quartz 使用触发器将任务与任务调度分离。Quartz 里的触发器用来指定任务的被调度时机，其框架提供了一系列触发器类型，但以下两种是最常用的。

➢ SimpleTrigger：主要用于简单的调度。例如，如果需要在给定的时间内重复执行作业，或者间隔固定时间执行作业，则可以选择 SimpleTrigger。SimpleTrigger 类似于 JDK 的 Timer。

➢ CronTrigger：用于执行更复杂的调度。该调度器基于 Calendar-like。例如，需要在除星期六和星期日以外的每天上午 10:30 调度某个任务时，则应该使用 CronTrigger。CronTrigger 是基于 UNIX Cron 的表达式。

Cron 表达式是一个字符串，字符串以 5 个或 6 个空格隔开，分成 6 个或 7 个域，每个域代表一个时间域。Cron 表达式有如下两种语法格式。

```
Seconds Minutes Hours DayofMonth Month DayofWeek Year
```

上面是包含 7 个域的表达式，还有只包含 6 个域的 Cron 表达式。

```
Seconds Minutes Hours DayofMonth Month DayofWeek
```

每个域可出现的字符如下。

> ➤ Seconds：可出现、-、*、/ 4 个特殊字符和数字，有效范围为 0~59 的整数。
> ➤ Minutes：可出现、-、*、/ 4 个特殊字符和数字，有效范围为 0~59 的整数。
> ➤ Hours：可出现、-、*、/ 4 个特殊字符和数字，有效范围为 0~23 的整数。
> ➤ DayofMonth：可出现、-、*、?、/、L、W、C 8 个特殊字符和数字，有效范围为 1~31 的整数。
> ➤ Month：可出现、-、*、/ 4 个特殊字符和数字，有效范围为 1~12 或 JAN~DEC。
> ➤ DayofWeek：可出现、-、*、?、/、L、C、# 8 个特殊字符和数字，有效范围为 1~7 或 SUN~SAT。其中 1 表示星期日，2 表示星期一，依此类推。
> ➤ Year：可出现、-、*、/ 4 个特殊字符和数字，有效范围为 1970~2099。

通常每个域都使用数字，但可以出现如下特殊字符，它们的含义如下。

> ➤ *：表示匹配该域的任意值。假如在 Minutes 域中使用 "*"，即表示每分钟都会触发事件。
> ➤ ?：只能用在 DayofMonth 和 DayofWeek 两个域中。它也会匹配该域的任意值，但在实际应用中则不会，因为 DayOfMonth 和 DayofWeek 会互相影响。例如，想在每月的 20 日触发调度，无论 20 日是星期几，只能使用这种写法：13 13 15 20 * ?，其中最后一位只能使用 "?"，而不能使用 "*"，如果使用 "*"，则表示无论星期几都会触发，但实际并不是这样的。
> ➤ -：表示范围。例如，在 Minutes 域中使用 5-20，表示从 5 分钟到 20 分钟内每分钟触发一次。
> ➤ /：表示从起始时间开始触发，然后每隔固定时间触发一次。例如，在 Minutes 域中使用 5/20，则表示 5 分钟触发一次，在 25、45 等分钟时分别触发一次。
> ➤ ,：表示列出枚举值。例如，在 Minutes 域中使用 5, 20，则表示在 5 和 20 分钟时分别触发一次。
> ➤ L：表示最后，只能出现在 DayofWeek 和 DayofMonth 域中。如果在 DayofWeek 域中使用 5L，则表示在最后一个星期四触发。
> ➤ W：表示有效工作日（星期一到星期五），只能出现在 DayofMonth 域中，系统将在离指定日期最近的有效工作日触发事件。例如，在 DayofMonth 域中使用 5W，如果 5 日是星期六，则将在最近的工作日星期一，即 4 日触发；如果 5 日是星期一到星期五中的一天，则就在 5 日触发。需要注意的是，W 不会跨月寻找，例如 1W，1 日恰好是星期六，系统不会在上月的最后一天触发，而是到 3 日触发。
> ➤ LW：这两个字符可以连接使用，表示某个月最后一个工作日，即最后一个星期五。
> ➤ #：用于确定每个月的第几个星期几，只能出现在 DayofMonth 域中。例如 4 # 5，表示某月的第 5 个星期三。

下面的 Quartz Cron 表达式表示在星期一到星期五的每天上午 10:15 调度该任务。

```
0 15 10 ? * MON-FRI
```

下面的表达式则表示在 2002 年至 2005 年中每个月的最后一个星期五上午 10:15 调度该任务。

```
0 15 10 ? * 6L 2002-2005
```

5．Quartz 里的调度器

调度器用于将任务与触发器关联起来，一个任务可关联多个触发器，一个触发器也可用于控制多个任务。当一个任务关联多个触发器时，每个触发器被触发时，这个任务都会被调度一次；当一个触发器控制多个任务时，此触发器被触发时，所有关联到该触发器的任务都将被调度。

Quartz 里的调度器由 Scheduler 接口体现。该接口声明了如下方法。

➢ void addJob(JobDetail jobDetail, boolean replace)：将给定的 JobDetail 实例添加到调度器里。

➢ Date scheduleJob(JobDetail jobDetail, Trigger trigger)：将指定的 JobDetail 实例与给定的 trigger 关联起来，即使用该 trigger 来控制该任务。

➢ Date scheduleJob(Trigger trigger)：添加触发器 trigger 来调度作业。

下面定义一个主程序来调度前面所定义的任务，该主程序代码如下。

程序清单：codes\08\QuartzQs\src\lee\MyQuartzServer.java

```java
public class MyQuartzServer
{
    public static void main(String[] args)
    {
        var server = new MyQuartzServer();
        try
        {
            server.startScheduler();
        }
        catch (SchedulerException ex)
        {
            ex.printStackTrace();
        }
    }
    // 执行调度
    private void startScheduler() throws SchedulerException
    {
        // 使用工厂创建调度器实例
        var scheduler = StdSchedulerFactory.getDefaultScheduler();
        // 以 Job 实现类创建 JobDetail 实例
        var jobDetail = JobBuilder.newJob(TestJob.class)
            .withIdentity("fkJob").build();
        // 创建 Trigger 对象，该对象代表一个简单的调度器
        // 指定该任务被重复调度 50 次，每次间隔 60 秒
        var trigger = TriggerBuilder.newTrigger()
            .withIdentity(TriggerKey.triggerKey("fkTrigger", "fkTriggerGroup"))
            .withSchedule(SimpleScheduleBuilder.simpleSchedule()
            .withIntervalInSeconds(60)
            .repeatForever())
            .startNow()
            .build();
        // 调度器将作业与 trigger 关联起来
        scheduler.scheduleJob(jobDetail, trigger);
        // 开始调度
        scheduler.start();
    }
}
```

上面程序中的粗体字代码就是调度任务的关键代码，程序并没有使用 CronTrigger 来控制任务的调度，只使用了一个 SimpleTrigger 来控制任务的调度。当程序使用 JobDetail 来包装指定作业时，指定了该作业的名称、作业所在的组。

注意

使用 JobDetail 包装一个作业，在包装时，包括给作业命名，以及指定作业所在的组。

运行该程序，前面的 TestJob 任务将被调度 50 次，每两次调度之间的时间间隔为 2 秒。前面

看到的是使用 Java 程序来调度任务，实际上，Quartz 完全支持使用配置文件进行任务调度，但这不是本书介绍的重点，此处不再赘述。

▶▶ 8.5.2 在 Spring 中使用 Quartz

Spring 的任务调度抽象层简化了任务调度，在 Quartz 基础上提供了更好的调度抽象。本系统使用 Qurtaz 框架来完成任务调度。创建 Quartz 的作业 Bean 有以下两种方法。

➤ 利用 JobDetailBean 包装 QuartzJobBean 子类的实例。

➤ 利用 MethodInvokingJobDetailFactoryBean 工厂 Bean 包装普通的 Java 对象。

采用这两种方法都可创建一个 Quartz 所需的 JobDetailBean，也就是 Quartz 所需的任务对象。

如果采用第一种方法来创建 Quartz 的作业 Bean，则作业 Bean 类必须继承 QuartzJobBean 类。QuartzJobBean 是一个抽象类，包含如下抽象方法。

➤ executeInternal(JobExecutionContext ctx)：被调度任务的执行体。

如果采用 MethodInvokingJobDetailFactoryBean 包装，则无须继承任何父类，直接使用配置即可。配置 MethodInvokingJobDetailFactoryBean，需要指定以下两个属性。

➤ targetObject：指定包含任务执行体的 Bean 实例。

➤ targetMethod：指定将指定 Bean 实例的该方法包装成任务执行体。

采用 JobDetailBean 包装任务 Bean 的配置示例如下：

```
<!-- 定义 JobDetailBean Bean -->
<!-- 以指定 QuartzJobBean 子类实例的 executeInternal()方法作为任务执行体 -->
<bean name="quartzDetail" class="org.springframework.scheduling.quartz.JobDetailBean"
    p:jobClass="QuartzJobBean 子类"/>
```

如果采用 MethodInvokingJobDetailFactoryBean 包装，格式如下：

```
<!-- 定义目标 Bean -->
<bean id="testQuartz" class="lee.TestQuartz"/>
<!-- 定义 MethodInvokingJobDetailFactoryBean Bean-->
<bean id="quartzDetail"
    class="org.springframework.scheduling.quartz.MethodInvokingJobDetailFactoryBean"
    p:targetObject-ref="testQuartz"
    p:targetMethod="test"/>
```

在完成上面的配置之后，只需要以下两个步骤即可完成任务调度。

① 使用 SimpleTriggerBean 或 CronTriggerBean 定义触发器 Bean。

② 使用 SchedulerFactoryBean 调度作业。

下面介绍本系统中两个任务调度的作业类。

第一个是考勤作业：PunchJob。系统每天为员工自动插入两次"旷工"考勤记录，而每次员工实际打卡时将会修改对应的考勤记录。

程序清单：codes\08\HRSystem\WEB-INF\src\org\crazyit\hrsystem\schedule\PunchJob.java

```java
public class PunchJob extends QuartzJobBean
{
    // 判断作业是否执行的旗标
    private boolean isRunning = false;
    // 该作业类所依赖的业务逻辑组件
    private EmpManager empMgr;
    public void setEmpMgr(EmpManager empMgr)
    {
        this.empMgr = empMgr;
    }
    // 定义任务执行体
    public void executeInternal(JobExecutionContext ctx)
        throws JobExecutionException
    {
```

```
        if (!isRunning)
        {
            System.out.println("开始调度自动打卡");
            isRunning = true;
            // 调用业务逻辑方法
            empMgr.autoPunch();
            isRunning = false;
        }
    }
}
```

正如从上面粗体字代码所看到的，该任务 Bean 仅仅在 executeInternal()方法内调用了业务逻辑方法，这使得该任务被调度时，指定的业务逻辑方法将可以获得执行的机会。

第二个是工资结算作业：PayJob。该作业在每月 3 日自动结算每个员工上个月的工资。

程序清单：codes\08\HRSystem\WEB-INF\src\org\crazyit\hrsystem\schedule\PayJob.java

```
public class PayJob extends QuartzJobBean
{
    // 判断作业是否执行的旗标
    private boolean isRunning = false;
    // 该作业类所依赖的业务逻辑组件
    private EmpManager empMgr;
    public void setEmpMgr(EmpManager empMgr)
    {
        this.empMgr = empMgr;
    }
    // 定义任务执行体
    public void executeInternal(JobExecutionContext ctx)
        throws JobExecutionException
    {
        if (!isRunning)
        {
            System.out.println("开始调度自动结算工资");
            isRunning = true;
            // 调用业务逻辑方法
            empMgr.autoPay();
            isRunning = false;
        }
    }
}
```

不难发现，这两个作业 Bean 的实现几乎完全相同。为这两个作业分别定义一个类真是太浪费了，读者可以思考如何改进这两个类的设计。

在定义了上面两个任务 Bean 之后，接下来只要在 Spring 配置文件中增加如下配置，Spring 就会为整个应用提供任务调度的支持。

程序清单：codes\08\HRSystem\WEB-INF\appContext.xml

```
<!-- cronExpression 指定 Cron 表达式：每月 3 日 2 时启动 -->
<bean id="cronTriggerPay"
    class="org.springframework.scheduling.quartz.CronTriggerFactoryBean"
    p:cronExpression="0 0 23 * ? *">
    <property name="jobDetail">
        <!-- 使用嵌套 Bean 的方式来定义任务 Bean，
            jobClass 指定任务 Bean 的实现类 -->
        <bean class="org.springframework.scheduling.quartz.JobDetailFactoryBean"
            p:jobClass="org.crazyit.hrsystem.schedule.PayJob"
            p:durability="true">
            <!-- 为任务 Bean 注入属性 -->
            <property name="jobDataAsMap">
                <map>
                    <entry key="empMgr" value-ref="empManager"/>
```

```
            </map>
        </property>
    </bean>
</property>
</bean>

<!-- 定义触发器来管理任务 Bean,
    cronExpression 指定 Cron 表达式: 星期一到星期五 7:00、12:00 执行调度-->
<bean id="cronTriggerPunch"
    class="org.springframework.scheduling.quartz.CronTriggerFactoryBean"
    p:cronExpression="0 0 7,12 ? * MON-FRI">
    <property name="jobDetail">
        <!-- 使用嵌套 Bean 的方式来定义任务 Bean,
            jobClass 指定任务 Bean 的实现类 -->
        <bean class="org.springframework.scheduling.quartz.JobDetailFactoryBean"
            p:jobClass="org.crazyit.hrsystem.schedule.PunchJob"
            p:durability="true">
            <!-- 为任务 Bean 注入属性 -->
            <property name="jobDataAsMap">
                <map>
                    <entry key="empMgr" value-ref="empManager"/>
                </map>
            </property>
        </bean>
    </property>
</bean>
<!-- 执行实际的调度 -->
<bean class="org.springframework.scheduling.quartz.SchedulerFactoryBean">
    <property name="triggers">
        <list>
            <ref bean="cronTriggerPay"/>
            <ref bean="cronTriggerPunch"/>
        </list>
    </property>
</bean>
```

8.6　实现系统 Web 层

前面部分已经实现了本应用的所有中间层内容，系统的所有业务逻辑组件也都被部署在 Spring 容器中，接下来应该为应用实现 Web 层了。通常而言，系统的控制器和 JSP 页面应该一起设计。因为当 JSP 页面发出请求后，该请求被控制器接收到，然后控制器负责调用业务逻辑组件来处理请求。从这个意义上说，控制器是 JSP 页面和业务逻辑组件之间的纽带。

▶▶ 8.6.1　配置核心控制器和启动 Spring 容器

为了在应用中启用 Spring MVC，首先必须在 web.xml 文件中配置 Spring MVC 的核心 Servlet，让该 Servlet 拦截所有用户请求。在 web.xml 文件中增加如下配置片段。

程序清单：codes\08\HRSystem\WEB-INF\web.xml

```
<servlet>
    <!-- 配置 Spring MVC 的核心控制器 -->
    <servlet-name>springmvc</servlet-name>
    <servlet-class>org.springframework.web.servlet.DispatcherServlet</servlet-class>
    <load-on-startup>1</load-on-startup>
</servlet>
<servlet-mapping>
    <!-- 配置 Spring MVC 的核心控制器处理所有请求 -->
    <servlet-name>springmvc</servlet-name>
```

```
    <url-pattern>/</url-pattern>
</servlet-mapping>
```

在启动了 Spring MVC 的核心 Servlet 之后，用户请求将被纳入 Spring MVC 管理之下，而 DispatcherServlet 就会调用用户实现的控制器来处理用户请求。

为了让该核心 Servlet 能正常处理中文请求，还需要为该应用配置处理字符编码的过滤器（Filter）——CharacterEncodingFilter，强制该 Filter 使用 UTF-8 字符集来处理编码（本应用的所有页面、文档都采用 UTF-8 字符集）。下面是配置该 Filter 的配置片段（程序清单同上）。

```xml
<!-- 定义处理字符编码的过滤器：CharacterEncodingFilter -->
<filter>
    <filter-name>characterEncodingFilter</filter-name>
    <filter-class>org.springframework.web.filter.CharacterEncodingFilter</filter-class>
    <init-param>
        <param-name>encoding</param-name>
        <param-value>UTF-8</param-value>
    </init-param>
    <init-param>
        <param-name>forceEncoding</param-name>
        <param-value>true</param-value>
    </init-param>
</filter>
<!-- 使用 CharacterEncodingFilter 过滤所有请求 -->
<filter-mapping>
    <filter-name>characterEncodingFilter</filter-name>
    <url-pattern>/*</url-pattern>
</filter-mapping>
```

实际上，Spring MVC 的控制器只是用户请求和业务逻辑方法之间的纽带——控制器需要调用业务逻辑组件的方法来处理用户请求，而系统的所有业务逻辑组件都由 Spring 负责管理，所以需要在 web.xml 文件中使用 Listener 来初始化 Spring 容器。为此，在 web.xml 文件中增加如下配置片段（程序清单同上）：

```xml
<!-- 为创建 Spring 容器指定多个配置文件 -->
<context-param>
    <!-- 参数名为 contextConfigLocation -->
    <param-name>contextConfigLocation</param-name>
    <!-- 多个配置文件之间以 "," 隔开 -->
    <param-value>/WEB-INF/daoContext.xml
        ,/WEB-INF/appContext.xml</param-value>
</context-param>
<listener>
    <!-- 使用 ContextLoaderListener 在 Web 应用启动时初始化 Spring 容器 -->
    <listener-class>org.springframework.web.context.ContextLoaderListener
    </listener-class>
</listener>
```

上面配置文件中使用 ContextLoaderListener 来初始化 Spring 容器，并指定使用/WEB-INF/路径下的 appContext.xml、daoContext.xml 文件作为 Spring 配置文件。

一旦 Spring 容器初始化完成，Spring MVC 的控制器、Service 组件、Mapper 组件就会处于 Spring 容器的管理之下，而且 Spring 容器会使用依赖注入将 Mapper 组件注入 Service 组件，将 Service 组件注入控制器，这样整个应用的各组件就组织起来了。

▶▶ 8.6.2 控制器的处理顺序

当控制器接收到用户请求后，它并不会处理用户请求，而只是将用户请求参数解析出来，然后调用业务逻辑方法来处理用户请求；当用户请求处理完成后，控制器负责将处理结果通过 JSP 页面呈现给用户。图 8.5 显示了控制器的处理顺序图。

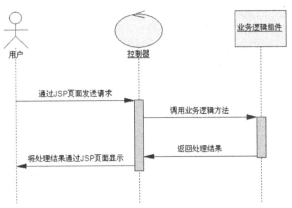

图 8.5 控制器的处理顺序图

对于 Spring MVC 应用而言，控制器由两个部分组成：系统的核心控制器 DispatcherServlet 和业务控制器。关于两个控制器相互协作的细节请参看本书第 6 章。

下面通过几个具有代表性的用例来介绍控制器层的实现。

▶▶ 8.6.3 员工登录

本系统的登录页面是 login.jsp，当员工提交登录请求后，员工输入的用户名、密码被提交到 /processLogin，该请求对应的处理方法将会根据返回值决定呈现哪个视图资源。员工登录流程图如图 8.6 所示。

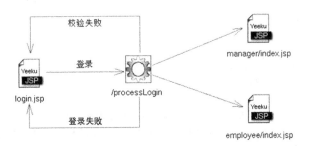

图 8.6 员工登录流程图

从图 8.6 中可以看出，当/processLogin 处理登录请求后，程序可以返回 4 个逻辑视图，其中校验失败或登录失败后都会返回 login.jsp 页面。当员工登录成功后，如果其身份是经理，则返回 "manager/index" 逻辑视图名，转入 manager/index.jsp 页面；如果其身份是普通员工，则返回 "employee/index" 逻辑视图名，转入 employee/index.jsp 页面。

用户登录的处理方法的代码如下。

程序清单：codes\08\HRSystem\WEB-INF\src\org\crazyit\hrsystem\controller\EmployeeController.java

```java
// 定义登录系统的处理方法
@PostMapping("/processLogin")
public String processLogin(@Validated(Login.class) Manager manager,
        BindingResult bindingResult, String vercode,
        RedirectAttributes attrs, WebRequest webRequest)
{
    if (bindingResult.getErrorCount() > 0)
    {
        return "login";
    }
```

```
    // 获取 HttpSession 中的 rand 属性
    var ver2 = (String) webRequest.getAttribute("rand",
        WebRequest.SCOPE_SESSION);
    if (vercode.equalsIgnoreCase(ver2))
    {
        // 调用业务逻辑方法来处理登录请求
        var result = mgr.validLogin(manager);
        // 登录结果为普通员工
        if (result == EmpManager.LOGIN_EMP)
        {
            webRequest.setAttribute(WebConstant.USER,
                manager.getName(), WebRequest.SCOPE_SESSION);
            webRequest.setAttribute(WebConstant.LEVEL,
                WebConstant.EMP_LEVEL, WebRequest.SCOPE_SESSION);
            attrs.addFlashAttribute("tip", "您已经成功登录系统");
            return "employee/index";
        }
        // 登录结果为经理
        else if (result == EmpManager.LOGIN_MGR)
        {
            webRequest.setAttribute(WebConstant.USER,
                manager.getName(), WebRequest.SCOPE_SESSION);
            webRequest.setAttribute(WebConstant.LEVEL,
                WebConstant.MGR_LEVEL, WebRequest.SCOPE_SESSION);
            attrs.addFlashAttribute("tip", "您已经成功登录系统");
            return "manager/index";
        }
        // 用户名和密码不匹配
        else
        {
            attrs.addFlashAttribute("error", "用户名/密码不匹配");
            return "redirect:login";
        }
    }
    // 验证码不匹配
    attrs.addFlashAttribute("error", "验证码不匹配,请重新输入");
    return "redirect:login";
}
```

　　在上面的处理方法中，先判断用户输入的验证码是否正确，如果验证码正确，则开始处理用户请求，否则直接退回登录页面。如果验证码正确，用户登录所用的用户名和密码也正确，则表明登录系统成功。

　　上面处理方法的 Manager 参数使用了@Validated(Login.class)注解修饰，该注解的 value 属性被指定为 Login.class——该属性的值就是分组校验的组名。

　　还记得前面 Employee 类中校验注解的分组吗？其中 name、pass 两个成员变量注解的 groups 属性值为 Login.class 和 AddEmployee.class，这意味着 name、pass 这两个成员变量会在 Login、AddEmployee 组下执行数据校验；而 salary 成员变量注解的 groups 属性值为 AddEmployee，这意味着 salary 成员变量只在 AddEmployee 组下执行数据校验。

　　上面处理方法中的@Validated 注解将 value 属性指定为 Login.class，这意味着该校验分组是 Login，因此只对 Manager 参数的 name、pass 两个成员变量执行数据校验。

　　用户登录页面是 login.jsp，如果数据校验失败、登录失败也返回 login.jsp 页面。该页面的核心代码片段如下。

程序清单：codes\08\HRSystem\WEB-INF\content\login.jsp

```
<%@ taglib prefix="form" uri="http://www.springframework.org/tags/form" %>
<%@ taglib prefix="c" uri="http://java.sun.com/jsp/jstl/core" %>
...
  <div class="container">
```

```
<c:if test="${not empty error}">
  <div class="alert alert-danger">
    ${error}
  </div>
</c:if>
<h3 class="card-title">请输入用户名和密码来登录</h3>
<form method="post" action="processLogin">
  <div class="form-group row">
    <label for="name" class="col-sm-2 control-label">用户名: </label>
    <div class="col-sm-7">
      <input type="text" class="form-control" id="name"
        name="name" placeholder="请输入用户名" value="${manager.name}">
    </div>
    <div class="col-sm-3 text-danger">
      <form:errors path="manager.name"/>
    </div>
  </div>
  <div class="form-group row">
    <label for="pass" class="col-sm-2 control-label">密码: </label>
    <div class="col-sm-7">
      <input type="password" class="form-control" id="pass"
        name="pass" placeholder="请输入密码" value="${manager.pass}">
    </div>
    <div class="col-sm-3 text-danger">
      <form:errors path="manager.pass"/>
    </div>
  </div>
  <div class="form-group row">
    <label for="vercode" class="col-sm-2 control-label">验证码: </label>
    <div class="col-sm-4">
      <input type="text" class="form-control" id="vercode"
        name="vercode" placeholder="验证码">
    </div>
    <div class="col-sm-3">
      <img name="d" src="authImg">
    </div>
  </div>
  <div class="form-group row">
    <div class="col-sm text-center">
      <button type="submit" class="btn btn-primary">提交</button>
      <button type="reset" class="btn btn-danger">重填</button>
    </div>
  </div>
</form>
</div>
```

　　上面的页面就是一个普通的表单页面,程序只为该表单页面增加了一些 Bootstrap 的 CSS 样式。从上面的粗体字代码可以看出,这里使用了 JSTL 标签来输出登录失败的错误页面,还使用了 Spring 的 form 标签来输出数据校验失败的提示信息。

　　当用户输入的用户名、密码不能通过数据校验时,将看到如图 8.7 所示的错误提示页面。

图 8.7　数据校验失败显示的错误提示页面

当员工登录成功后，processLogin()方法会根据登录员工的身份决定跳转到 manager/index.jsp 或者 employee/index.jsp 页面。

▶▶ 8.6.4　进入打卡

不管是普通员工还是经理，他们都可以通过单击"打卡"链接进入打卡，当用户发送"打卡"请求后，将该请求交给{category}Punch 进行处理，该地址可同时处理经理打卡、普通员工打卡两个请求。该地址会返回当前用户的可打卡状态。

用户进入打卡、打卡处理的完整流程图如图 8.8 所示。

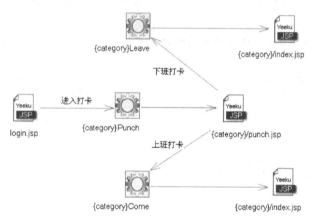

图 8.8　用户进入打卡、打卡处理的完整流程图

从图 8.8 中可以看出，当用户发送"打卡"请求后，该请求将由/{category}Punch 处理，该处理地址支持一个路径参数——category，所以它既可处理/employeePunch，也可处理/managerPunch。该处理地址对应的处理方法的代码如下。

程序清单：codes\08\HRSystem\WEB-INF\src\org\crazyit\hrsystem\controller\EmployeeController.java

```java
// 进入打卡的处理方法
@GetMapping("/{category}Punch")
public String punch(@PathVariable String category,
        Model model, WebRequest webRequest)
{
    // 获取 HttpSession 中的 user 属性
    var user = (String) webRequest.getAttribute(WebConstant.USER,
            WebRequest.SCOPE_SESSION);
    var sdf = new SimpleDateFormat("yyyy-MM-dd");
    // 格式化当前时间
    var dutyDay = sdf.format(new Date());
    // 调用业务逻辑方法处理用户请求
    var result = mgr.validPunch(user, dutyDay);
    model.addAttribute("punchIsValid", result);
    return StringUtils.uncapitalize(category) + "/punch";
}
```

该处理方法会调用业务逻辑组件的 validPunch()来处理用户请求，处理结束后返回 StringUtils.uncapitalize(category) + "/punch"作为逻辑视图名。因此，该处理方法处理普通员工的进入打卡请求后，将返回"employee/punch"逻辑视图名；处理经理的进入打卡请求后，将返回"manager/punch"逻辑视图名。

Employee 模块和 Manager 模块的 punch.jsp 页面的代码基本类似，都是对 model 中的 punchIsValid 属性进行判断，并根据该属性值来生成对应的打卡按钮。下面是 punch.jsp 页面的核心代码。

程序清单：codes\08\HRSystem\WEB-INF\content\punch.jsp

```jsp
<%@ taglib prefix="c" uri="http://java.sun.com/jsp/jstl/core" %>
...
<div class="container">
  <div class="card m-2">
    <div class="card-header">
      <h3 class="card-title">电子打卡系统</h3>
    </div>
    <div class="card-body">
      <p> </p>
      <p> </p>
      <div class="row">
        <div class="col-sm-12 text-center">
          ${sessionScope.user},
        </div>
      </div>
      <div class="row">
        <div class="col-sm-6 text-right">
          <!-- 当 punchIsValid 为 1、3 时，可上班打卡 -->
          <c:if test="${punchIsValid == 1 || punchIsValid == 3}">
            <a href="${pageContext.request.contextPath}/employeeCome"
              class="btn btn-primary">上班打卡
            </a>
          </c:if>
        </div>
        <div class="col-sm-6 text-left">
          <!-- 当 punchIsValid 为 2、3 时，可下班打卡 -->
          <c:if test="${punchIsValid == 2 || punchIsValid == 3}">
            <a href="${pageContext.request.contextPath}/employeeLeave"
              class="btn btn-primary">下班打卡
            </a>
          </c:if>
        </div>
        <p> </p>
        <p> </p>
      </div>
    </div>
  </div>
</div>
```

对"进入打卡"的请求处理结束后，系统将会根据当天的可打卡状态显示不同的打卡按钮，如图 8.9 所示。

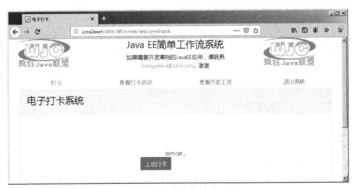

图 8.9　系统打卡页面

从图 8.9 中可以看到，当前用户只能进行上班打卡，这就是程序中 EmployeeManager 组件的 validPunch()方法返回的结果。

提示：

　　可能有读者会反映，程序进入"打卡"页面时看不到"上班打卡"按钮——对于一个刚刚启动的应用，看不到"上班打卡"按钮是正常的。因为本系统必须在特定时间段才能看到"上班打卡"按钮，系统使用 Quartz 控制每天 7:00 插入一条代表"旷工"的记录，这样才能看到当天的"上班打卡"按钮。为了立即看到"上班打卡"按钮，读者可以先将应用编译、部署到 Tomcat 服务器上，再将系统时间调设为早上 6:58，然后启动Tomcat（一定要先修改系统时间，再启动 Tomcat），等到时间过了 7:00 之后即可看到"上班打卡"按钮。类似地，后面程序还有"下班打卡"按钮，也可先将应用编译、部署到Tomcat 服务器上，再将系统时间调设为中午 11:58，然后启动 Tomcat，等到时间过了 12:00之后即可看到"下班打卡"按钮。为了看到自动的工资结算信息，也可先将应用编译、部署到 Tomcat 服务器上，再将系统时间调设为任意一个月的 3 日 01:58，然后启动 Tomcat，等到时间过了当月 3 日 2 时即可看到工资结算信息。

▶▶ 8.6.5　处理打卡

　　当用户单击图 8.9 所示的"上班打卡"按钮（当系统判断用户可以进行"上班打卡"时才会出现该按钮）时，系统将会向/{category}Come 发送请求；单击"下班打卡"按钮，系统将会向/{category}Leave 发送请求，两个处理方法基于同一个方法来实现，只是传入一个不同的参数而已。这两个处理方法的代码如下。

程序清单：codes\08\HRSystem\WEB-INF\src\org\crazyit\hrsystem\controller\EmployeeController.java

```java
// 上班打卡的处理方法
@GetMapping("/{category}Come")
public String come(@PathVariable String category,
        Model model, WebRequest webRequest)
{
    return process(category, true, model, webRequest);
}
// 下班打卡的处理方法
@GetMapping("/{category}Leave")
public String leave(@PathVariable String category,
        Model model, WebRequest webRequest)
{
    return process(category, false, model, webRequest);
}
private String process(String category, boolean isCome,
        Model model, WebRequest webRequest)
{
    // 获取 HttpSession 中的 user 属性
    var user = (String) webRequest.getAttribute(WebConstant.USER,
            WebRequest.SCOPE_SESSION);
    var dutyDay = new java.sql.Date(
        System.currentTimeMillis()).toString();
    // 调用业务逻辑方法处理打卡请求
    var result = mgr.punch(user, dutyDay, isCome);
    switch(result)
    {
        case EmpManager.PUNCH_FAIL:
            model.addAttribute("tip", "打卡失败");
            break;
        case EmpManager.PUNCHED:
            model.addAttribute("tip", "您已经打过卡了，不要重复打卡");
            break;
        case EmpManager.PUNCH_SUCC:
```

```
            model.addAttribute("tip", "打卡成功");
            break;
    }
    return StringUtils.uncapitalize(category) + "/index";
}
```

上面的 process() 方法负责处理打卡请求，其核心代码是调用 EmployeeManager 组件的 punch() 方法，该方法将会根据当前时间决定用户的考勤类型。而处理用户请求的两个处理方法分别是 come() 和 leave()，但这两个方法实际上基于系统的 process() 方法来实现。

上面的 come() 方法使用了 @GetMapping("/{category}Come") 注解修饰，这意味着该方法既可处理 /employeeCome 请求，也可处理 /managerCome 请求；而 leave() 方法使用了 @GetMapping("/{category}Leave") 注解修饰，这意味着该方法既可处理 /employeeLeave 请求，也可处理 /managerLeave() 请求。

▶▶ 8.6.6　进入申请

当用户查看自己最近三天的异常考勤情况时，如果对某次考勤记录有异议，则可以对此次考勤记录提出改变申请，这种申请将被自动提交给该用户的所属经理，经理有权通过或拒绝此次申请。

因为用户在申请改变考勤类型时，必须指定转换成哪种考勤类型，所以系统进入申请页面时，该页面必须能列出系统中所有的考勤类型，而这些数据应该由该业务逻辑组件的方法来提供。

用户进入申请、提交申请的处理流图如图 8.10 所示。

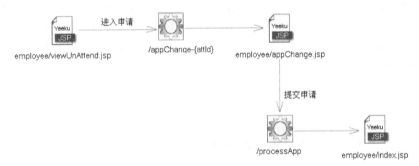

图 8.10　用户进入申请、提交申请的处理流程图

进入申请的处理方法的代码如下。

程序清单：codes\08\HRSystem\WEB-INF\src\org\crazyit\hrsystem\controller\EmployeeController.java

```
// 进入申请的处理方法
@GetMapping("/appChange-{attId}")
public String appChange(@PathVariable String attId,
        Model model, WebRequest webRequest)
{
    model.addAttribute("attId", attId);
    model.addAttribute("types", mgr.getAllType());
    return "employee/appChange";
}
```

该处理方法的处理比较简单，它仅仅获取系统的全部考勤类型，全部考勤类型以 types 属性传入 employee/appChange.jsp，在该 JSP 页面中会以 JSTL 标签迭代输出所有的考勤类型，以供用户选择。下面是在 appChange.jsp 页面中生成提交表单的代码。

程序清单：codes\08\HRSystem\WEB-INF\content\employee\appChange.jsp

```
<form action="processApp" method="post">
  <input type="hidden" name="attId" value="${attId}" />
  <div class="form-group row">
    <label for="type_id" class="col-sm-2 control-label">申请类别：</label>
```

```
      <div class="col-sm-7">
        <select type="text" class="form-control" id="type_id"
         name="typeId" placeholder="用户名">
         <c:forEach items="${types}" var="ty">
           <option value="${ty.id}">${ty.name}</option>
         </c:forEach>
        </select>
      </div>
    </div>
    <div class="form-group row">
     <label for="reason" class="col-sm-2 control-label">申请理由：</label>
     <div class="col-sm-7">
       <textarea class="form-control" id="reason" rows="4" col="20"
         name="reason" placeholder="填写申请理由"></textarea>
     </div>
     <div class="col-sm-3">
     </div>
    </div>
    <div class="form-group row">
     <div class="col-sm text-center">
       <button type="submit" class="btn btn-primary">提交申请</button>
       <button type="reset" class="btn btn-danger">重填</button>
     </div>
    </div>
  </div>
</form>
```

上面粗体字代码使用 select 标签输出了 types 集合，将 types 集合元素的 name 属性作为列表选项的文本，将集合元素的 id 作为列表选项的 value。

当用户查看到最近三天的非正常考勤情况，并针对指定的考勤记录进入申请页面后，将可以看到如图 8.11 所示的页面。

图 8.11　进入申请页面

当用户单击"提交申请"按钮后，程序将会向/processApp 发送请求，也就是用户提交了申请请求。

8.6.7　提交申请

当用户提交了申请请求后，该请求由/processApp 进行处理，其对应的处理方法的代码如下。

程序清单：codes\08\HRSystem\WEB-INF\src\org\crazyit\hrsystem\controller\EmployeeController.java

```
// 申请请求的处理方法
@PostMapping("/processApp")
public String processApp(Integer attId, Integer typeId,
     String reason, Model model)
{
```

```
    // 处理申请
    var result = mgr.addApplication(attId, typeId, reason);
    // 如果申请成功
    if(result)
    {
        model.addAttribute("tip", "您已经申请成功，等待经理审阅");
    }
    else
    {
        model.addAttribute("tip", "申请失败，请注意不要重复申请");
    }
    return "employee/index";
}
```

上面的处理方法直接调用业务逻辑组件的 addApplication()方法来处理用户申请，该处理方法还根据处理结果在视图页面中呈现不同的提示信息。

▶▶ 8.6.8　使用拦截器完成权限管理

本系统将会使用拦截器来检查当前用户的权限，判断该权限是否足够处理实际请求。如果权限不够，系统将退回登录页面。

本系统为普通员工、经理分别提供了不同的拦截器，普通员工的拦截器只要求 HttpSession 中的 level 属性不为 null，且 level 属性为 emp 或 mgr 都可以。下面是普通员工的权限检查拦截器代码。

程序清单：codes\08\HRSystem\WEB-INF\src\org\crazyit\hrsystem\controller\interceptor

EmployeeInterceptor.java

```
public class EmployeeInterceptor implements HandlerInterceptor
{
    @Override
    public boolean preHandle(HttpServletRequest request,
        HttpServletResponse response, Object handler) throws Exception
    {
        // 获取 HttpSession 中的 level 属性
        var level = (String) request.getSession()
            .getAttribute(WebConstant.LEVEL);
        // 如果 level 不为 null，且 level 为 emp 或 mgr
        if (level != null && (level.equals(WebConstant.EMP_LEVEL)
            || level.equals(WebConstant.MGR_LEVEL)))
        {
            return true;
        }
        // 如果用户没有登录，则设置提示信息，跳转到登录页面
        request.setAttribute("tip", "请先登录再使用本系统功能");
        request.getRequestDispatcher("login").forward(request, response);
        // 返回 false，不再执行后续处理
        return false;
    }
}
```

正如上面程序中的粗体字代码所示，如果 HttpSession 中的 level 属性不为 null，且 level 属性为 emp 或 mgr，该拦截器将会"放行"该请求，该请求就可以得到正常处理；否则，该拦截器将会调用 RequestDispatcher 的 forward()方法跳转到"login"视图（对应于 login.jsp 页面），也就是让用户重新登录。

对经理身份进行权限检查的拦截器代码与此类似，只是它需要 HttpSession 中的 level 属性为 mgr，如下面的程序所示。

程序清单：codes\08\HRSystem\WEB-INF\src\org\crazyit\hrsystem\controller\interceptor\
ManagerInterceptor.java

```java
public class ManagerInterceptor implements HandlerInterceptor
{
    @Override
    public boolean preHandle(HttpServletRequest request,
        HttpServletResponse response, Object handler) throws Exception
    {
        // 获取 HttpSession 中的 level 属性
        var level = (String) request.getSession()
            .getAttribute(WebConstant.LEVEL);
        // 如果 level 不为 null, 且 level 为 mgr
        if (level != null && level.equals(WebConstant.MGR_LEVEL))
        {
            return true;
        }
        // 如果用户没有登录，则设置提示信息，跳转到登录页面
        request.setAttribute("tip", "请先以经理账号登录再使用经理的功能");
        request.getRequestDispatcher("login").forward(request, response);
        // 返回 false, 不再执行后续处理
        return false;
    }
}
```

将这两个拦截器配置在 Spring MVC 的配置文件中，其配置片段如下。

程序清单：codes\08\HRSystem\WEB-INF\springmvc-servlet.xml

```xml
<!-- 所有拦截器都在该元素内部配置 -->
<mvc:interceptors>
    <!-- 每个 mvc:interceptor 元素配置一个拦截器 -->
    <mvc:interceptor>
        <!-- 可定义多个 mvc:mapping 元素，指定该拦截器要拦截的 URL -->
        <mvc:mapping path="/employeePunch"/>
        <mvc:mapping path="/employeeCome"/>
        <mvc:mapping path="/employeeLeave"/>
        <mvc:mapping path="/viewUnAttend"/>
        <mvc:mapping path="/appChange-*"/>
        <mvc:mapping path="/processApp"/>
        <mvc:mapping path="/viewEmployeeSalary"/>
        <!-- 定义拦截普通员工功能的权限拦截器 -->
        <bean class=
            "org.crazyit.hrsystem.controller.interceptor.EmployeeInterceptor"/>
    </mvc:interceptor>
    <!-- 每个 mvc:interceptor 元素配置一个拦截器 -->
    <mvc:interceptor>
        <!-- 可定义多个 mvc:mapping 元素，指定该拦截器要拦截的 URL -->
        <mvc:mapping path="/managerPunch"/>
        <mvc:mapping path="/managerCome"/>
        <mvc:mapping path="/managerLeave"/>
        <mvc:mapping path="/viewManagerSalary"/>
        <mvc:mapping path="/viewDeptSal"/>
        <mvc:mapping path="/viewEmps"/>
        <mvc:mapping path="/viewApps"/>
        <mvc:mapping path="/addEmp"/>
        <mvc:mapping path="/processAdd"/>
        <mvc:mapping path="/checkApp"/>
        <!-- 定义拦截经理功能的权限拦截器 -->
        <bean class=
            "org.crazyit.hrsystem.controller.interceptor.ManagerInterceptor"/>
    </mvc:interceptor>
</mvc:interceptors>
```

上面配置片段中分别配置了两个拦截器，其中 EmployeeInterceptor 拦截器负责拦截与 Employee 角色相关的请求，而 ManagerInterceptor 拦截器负责拦截与 Manager 角色相关的请求。

上面配置片段中在配置 EmployeeInterceptor、ManagerInterceptor 两个拦截器时，都采用"白名单"方式显式列出了该拦截器要拦截的所有 URL。这种配置方式略显烦琐，但这种方式清晰明了——开发者只要查看配置文件，即可看到各拦截器分别拦截了哪些 URL。

如果希望简化上面拦截器的配置片段，则可考虑将 Employee、Manager 两个角色的请求地址配置在不同的请求空间下，比如将 Employee 角色的请求地址配置在/employee 请求空间下，将 Manager 角色的请求地址配置在/manager 请求空间下。这样即可在拦截器配置中使用通配符简化配置，比如让 EmployeeInterceptor 拦截器负责拦截/employee/*请求，让 ManagerInterceptor 拦截器负责拦截/manager/*请求。

8.7 本章小结

本章介绍了一个完整的 Java EE 项目——简单工作流系统，在此系统的基础上可扩展出企业 OA、企业工作流等。由于企业平台本身的复杂性，本项目涉及的表达到 7 个，而且工作流的业务逻辑也比较复杂，这些对初学者可能有一定的难度，但只要读者先认真阅读本书前面 7 章所介绍的知识，并结合本章的讲解，再配合配套代码中的案例代码，就一定可以掌握本章所介绍的内容。

本章所介绍的 Java EE 应用综合了前面介绍的三个框架：Spring MVC 5.1 + Spring 5.1 + MyBatis 3.5。因此，本章内容既是对前面知识点的回顾和复习，也是将理论知识应用到实际开发中的典范。一旦读者掌握了本章案例的开发方法之后，就会对实际 Java EE 企业应用的开发产生豁然开朗的感觉。